2020 高等数学小白进阶高分指南

主编　张松美

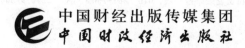

中国财经出版传媒集团

中国财政经济出版社

图书在版编目（CIP）数据

2020 高等数学小白进阶高分指南/张松美主编 .—北京：中国财政经济出版社，2019.2

ISBN 978-7-5095-8599-3

Ⅰ . ①2… Ⅱ . ①张… Ⅲ . ①高等数学 - 研究生 - 入学考试 - 自学参考资料 Ⅳ . ①O13

中国版本图书馆 CIP 数据核字（2018）第 246692 号

责任编辑：樊　闽　　　　　责任校对：黄亚青
封面设计：陈宇琰

群名称：考研数学小白进阶高分

群　号：785733425

中国财政经济出版社 出版

URL：http：// www. efeph. cn

E-mail：cfeph@cfeph. cn

（版权所有　翻印必究）

社址：北京市海滨区阜成路甲 28 号　邮政编码：100142

营销中心电话：010-88191537　北京财经书店电话：64033436　84041336

北京富生印刷厂印刷　各地新华书店经销

787×1092 毫米　16 开　31.75 印张　758 000字

2019 年 3 月第 1 版　2019 年 3 月北京第 1 次印刷

定价：60.00 元

ISBN 978-7-5095-8599-3

（图书出现印装问题，本社负责调换）

本社质量投诉电话：010 - 88190744

打击盗版举报热线：010 - 88191661　QQ：2242791300

本书编委会

主　编：张松美

编　委：毛丽君　宋　树　于广译　朱庆宇

ღღ送给自己以及
比自己还重要的你ღღ

TO：_____

我们一起学习吧

_____年____月____日

前　言

为帮助各位考生在短期内能看懂并掌握历年真题，快速提高数学的应试成绩，作者在对真题进行深入研究的基础上，将其归纳、分类、整理，结合作者多年来在考研辅导班上的一线经验以及考生备考的特点及其成绩反馈，按照最新《考试大纲》的要求，对考试要求进行了详细解读，编写了这套考研数学小白进阶高分指南系列丛书。

在备考过程中，不少同学想走捷径，期望速成。导致的问题是：一方面自己想要考高分心情急迫，另一方面要完成的学习任务太多，自己的能力和时间 hold 不住，无法化解期望和现实的巨大落差，引起自我满意度不断下降，造成浮躁的情绪，形成巨大的心理压力。并且，越是浮躁越是对自己学习不满，越是不满越浮躁，就越想找个捷径，期望功效如太上老君的仙丹，立马变神仙，急切地想结束这件事情。

那该怎么办呢？一是正视自己的现状，调低自己的期望；二是拿时间换成绩，一分耕耘一分收获。从这个角度出发，为化解考生的备考难题，我们编写了此书。

本书特色如下：

1. 零基础超解读，全书上手更易

在难度和要求上，考研数学课程不同于中学数学，前者入门难、技巧少，后者则入门容易、技巧较多。举个形象的例子来说明：学习高等数学就好比开飞机，本身能学会驾驶就已经很不容易了，所以只要能顺顺利利地从 A 飞到 B，再从 B 返回 A 就可以了，可不敢要求你表演空中杂技。而中学数学就像学骑自行车，几乎人人都能很快学会，但是要求做腾、挪、转、移各种杂技表演，各人水平自然参差不齐。因此，本书对于每道题的讲解均从读者已有的知识点出发，通过延伸、变换等引出最基本的概念、最基本的解法，让读者明白考点的来龙去脉，引导初学者快速入门，打牢基础，深刻理解考点的概念内涵和外延，把握重点难点，大幅提升解题实战能力。

2. 疑难处秒回复，扫除备考障碍

本书为读者提供了对应的二维码扫码课程（收费），我们的老师不仅讲解题目如何做，而且还会告诉你为什么老师能想得到，而你却想不到。题目考查的是哪个考点，怎么考查，还有哪些考查的方向，如何应对，视频讲解中都会提醒到位。同时，增加了倍速功能，真正做到"哪里不会点哪里"，提升效率，节省时间。我们为这套书籍配备了多位专门负责答疑的老师，读者可在视频下方直接提问。12 年以上教龄的老师主要回答综合类的问题，他们经验丰富，

能一针见血地指出初学者的症结所在，提供个性化的解决方案。

3. 重视归纳总结，温故举一反三

考试大纲规定的知识点 200 多个，一共 23 道题，3 个小时的做题时间，分析历年真题，可以看出每一道考题均涉及三个及三个以上知识点，综合性较强，且很大程度上是考查考生的条件反射能力，因此本书将知识点进行归纳总结，将零散的知识点归结成块，遇到类似题目能瞬间想到应对方案一、二、三，这样条理清晰，便于掌握，快速拿分。在备考时建议大家：第一遍是甄别，先看题目，做不出来看老师讲解，要是看了视频还是不会，就在视频底下提问，看明白了，合上书本视频，自己独立做一遍，做好错题本，第二天复习新东西之前，重做一遍，看能否做出来，若是做出来的话，就隔三天再做，若是三天后仍能做出就隔一星期再做一遍，若是还能做出来，那就隔两个星期再做一遍，以此类推，把题目弄熟。怎么样才算做熟题目了呢，就是做每道题时都要有个 deadline，小题不能超过 4 分钟，大题不能超过 10 分钟。并将题目按以下类别分类出来：（1）规定时间内顺利做出来的；（2）做出来但超时（标准小题不超 4 分钟，大题不超 10 分钟）；（3）计算出错；（4）题目技巧没想到；（5）公式、结论记错的；（6）没有思路的；（7）做半截卡壳的。这样把会的全部剔除，不再看，减轻工作量，不会的做错的，重点刻意练习，练熟了再说；第二遍是刻意练习出问题的题目：练习顺序（2）⇨（7）⇨（5）⇨（4）⇨（6）⇨（3），重点是（2）以及（7）。

4. 重视计算能力，小白高分必达

数学是客观性很强的一门学科，无论是选择题、填空题还是解答题，答案具有唯一性，说一不二，所以提高计算能力是取得高分的关键环节。计算能力的提高离不开大量习题的练习，只有通过做一个个的题目才能发现自己在计算方面存在的问题，比如最常见的上下数字抄错、遗漏负号、计算错误、看错数字、记错公式结论等，因此本书配置了适量的题目，一方面能有效提高考生的计算能力，另一方面也有利于考生学会在题目中运用知识点做题。

本书的写作，参阅了有关书籍，引用了一些例子，恕不一一指明出处，在此向有关作者表示感谢！感谢参编的每位老师，特别感谢朱庆宇老师的无私奉献和大力支持！感谢图书出版的每位工作人员，尤其是张军社长，在本书的出版中给予极大的支持和指导，对每一个细节严格把控，深表感谢。本书是考生考研路上的一块垫脚石，望考生利用好本书。

读者对象：

所有需要巩固基础的考研复习的考生，尤其是在职考研及跨专业考研的考生；
所有基础薄弱、想迅速提升数学解题能力的初学者及爱好者；
所有考研辅导机构用于提高授课能力的教师。

致读者：

本书由北京慧升教育科技有限公司的张松美老师编写。慧升教育是一家专业从事软件开

发、教育培训以及软件教育资源整合的高科技公司。本书的主要参编人员有毛丽君、宋树、于广译、朱庆宇。

感谢您购买本书，希望本书能成为您学习路上的好帮手。"零门槛"学习考研数学，一切皆有可能。祝您学习愉快！

由于编写时间仓促、编者水平有限，本书难免存在错误或不妥之处。如果您在使用本书的过程中发现书中的错误之处，可以反馈到"慧升考研微信公众号"，反馈错误超过 10 个的，我们将免费送您其余两本教材中的任意一本。有关本书错误之处的更改，请留意微信公众平台。

关于本书配套资源，请使用 慧升考研 APP 扫描下方二维码观看详细的操作说明。关注张松美老师的新浪微博领取个性化一对一复习计划的订制服务。

张松美老师微博　　　慧升考研微信公众号　　　使用说明观看二维码

目　　录

第 1 章　微积分基础知识 ……………………………………………………………… (1)

1.1　笛卡尔坐标系 …………………………………………………………………… (2)

　1.1.1　一维空间（数轴） ……………………………………………………… (2)

　1.1.2　二维空间（平面） ……………………………………………………… (2)

　1.1.3　三维空间 ………………………………………………………………… (2)

　1.1.4　n 维空间 ……………………………………………………………… (3)

1.2　极坐标系 ………………………………………………………………………… (3)

　1.2.1　极坐标系中点的表示方法 ……………………………………………… (3)

　1.2.2　极坐标系和直角坐标系的转换 ………………………………………… (4)

　1.2.3　关于极坐标的对称性 …………………………………………………… (5)

1.3　邻域 ……………………………………………………………………………… (5)

　1.3.1　数轴上某点的邻域 ……………………………………………………… (5)

　1.3.2　平面上某点的邻域 ……………………………………………………… (5)

　1.3.3　空间内某点的邻域 ……………………………………………………… (6)

1.4　函数 ……………………………………………………………………………… (6)

　1.4.1　函数的定义与性质 ……………………………………………………… (6)

　1.4.2　函数的表示法 …………………………………………………………… (8)

　1.4.3　反函数 …………………………………………………………………… (8)

　1.4.4　复合函数 ………………………………………………………………… (9)

　1.4.5　基本初等函数 …………………………………………………………… (11)

　1.4.6　初等函数 ………………………………………………………………… (16)

　1.4.7　特殊函数 ………………………………………………………………… (17)

1.5　经典曲线 ………………………………………………………………………… (18)

　1.5.1　圆 ………………………………………………………………………… (18)

　1.5.2　摆线（仅数一） ………………………………………………………… (19)

　1.5.3　螺线（仅数一） ………………………………………………………… (21)

　1.5.4　伯努利双纽线（仅数一） ……………………………………………… (22)

    1.5.5　玫瑰线（仅数一）⋯⋯⋯⋯⋯⋯⋯⋯⋯⋯⋯⋯⋯⋯⋯（22）

  1.6　其他基础知识⋯⋯⋯⋯⋯⋯⋯⋯⋯⋯⋯⋯⋯⋯⋯⋯⋯⋯⋯⋯（25）

    1.6.1　数列基础⋯⋯⋯⋯⋯⋯⋯⋯⋯⋯⋯⋯⋯⋯⋯⋯⋯⋯⋯⋯（25）

    1.6.2　三角函数基础⋯⋯⋯⋯⋯⋯⋯⋯⋯⋯⋯⋯⋯⋯⋯⋯⋯⋯（25）

    1.6.3　其他重要结论⋯⋯⋯⋯⋯⋯⋯⋯⋯⋯⋯⋯⋯⋯⋯⋯⋯⋯（28）

第2章　极限与连续⋯⋯⋯⋯⋯⋯⋯⋯⋯⋯⋯⋯⋯⋯⋯⋯⋯⋯⋯（30）

  2.1　预备知识⋯⋯⋯⋯⋯⋯⋯⋯⋯⋯⋯⋯⋯⋯⋯⋯⋯⋯⋯⋯⋯⋯（32）

  2.2　数列的极限⋯⋯⋯⋯⋯⋯⋯⋯⋯⋯⋯⋯⋯⋯⋯⋯⋯⋯⋯⋯⋯（32）

    2.2.1　数列⋯⋯⋯⋯⋯⋯⋯⋯⋯⋯⋯⋯⋯⋯⋯⋯⋯⋯⋯⋯⋯（32）

    2.2.2　数列极限存在的准则⋯⋯⋯⋯⋯⋯⋯⋯⋯⋯⋯⋯⋯⋯（35）

    2.2.3　两个重要极限⋯⋯⋯⋯⋯⋯⋯⋯⋯⋯⋯⋯⋯⋯⋯⋯⋯（37）

  2.3　函数的极限⋯⋯⋯⋯⋯⋯⋯⋯⋯⋯⋯⋯⋯⋯⋯⋯⋯⋯⋯⋯⋯（38）

    2.3.1　函数在无穷远点处的极限⋯⋯⋯⋯⋯⋯⋯⋯⋯⋯⋯（38）

    2.3.2　函数在点 x_0 处的极限⋯⋯⋯⋯⋯⋯⋯⋯⋯⋯⋯⋯（39）

    2.3.3　极限的性质⋯⋯⋯⋯⋯⋯⋯⋯⋯⋯⋯⋯⋯⋯⋯⋯⋯（41）

  2.4　无穷小量及其比较⋯⋯⋯⋯⋯⋯⋯⋯⋯⋯⋯⋯⋯⋯⋯⋯⋯（44）

    2.4.1　无穷小⋯⋯⋯⋯⋯⋯⋯⋯⋯⋯⋯⋯⋯⋯⋯⋯⋯⋯⋯（44）

  2.5　无穷大⋯⋯⋯⋯⋯⋯⋯⋯⋯⋯⋯⋯⋯⋯⋯⋯⋯⋯⋯⋯⋯⋯⋯（51）

  2.6　求极限的重要工具：洛必达法则⋯⋯⋯⋯⋯⋯⋯⋯⋯（51）

    2.6.1　洛必达法则Ⅰ $\left(\dfrac{0}{0}\text{型不定式}\right)$ ⋯⋯⋯⋯⋯⋯⋯⋯（52）

    2.6.2　洛必达法则Ⅱ $\left(\dfrac{\infty}{\infty}\text{型不定式}\right)$ ⋯⋯⋯⋯⋯⋯⋯（53）

    2.6.3　其他不定式（$0\cdot\infty$，$\infty-\infty$，1^{∞}，0^{0}，∞^{0}）⋯⋯⋯（54）

  2.7　函数极限计算常犯错误⋯⋯⋯⋯⋯⋯⋯⋯⋯⋯⋯⋯⋯⋯⋯（58）

  2.8　求极限的应用—求曲线的渐近线⋯⋯⋯⋯⋯⋯⋯⋯⋯（59）

  2.9　函数的连续性⋯⋯⋯⋯⋯⋯⋯⋯⋯⋯⋯⋯⋯⋯⋯⋯⋯⋯⋯（60）

    2.9.1　连续的定义⋯⋯⋯⋯⋯⋯⋯⋯⋯⋯⋯⋯⋯⋯⋯⋯⋯（60）

    2.9.2　函数连续的充要条件⋯⋯⋯⋯⋯⋯⋯⋯⋯⋯⋯⋯⋯（61）

    2.9.3　间断点⋯⋯⋯⋯⋯⋯⋯⋯⋯⋯⋯⋯⋯⋯⋯⋯⋯⋯⋯（61）

    2.9.4　连续函数的性质⋯⋯⋯⋯⋯⋯⋯⋯⋯⋯⋯⋯⋯⋯⋯（62）

第3章　导数和微分的概念⋯⋯⋯⋯⋯⋯⋯⋯⋯⋯⋯⋯⋯⋯⋯（65）

  3.1　导数的概念⋯⋯⋯⋯⋯⋯⋯⋯⋯⋯⋯⋯⋯⋯⋯⋯⋯⋯⋯⋯（66）

  3.2　导数的几何意义⋯⋯⋯⋯⋯⋯⋯⋯⋯⋯⋯⋯⋯⋯⋯⋯⋯⋯（75）

3.3 高阶导数的概念 ……………………………………………… (76)

3.4 微分的概念 …………………………………………………… (78)

3.5 可导和连续的关系 …………………………………………… (79)

3.6 导数与微分的联系 …………………………………………… (80)

3.7 基本初等函数的导数 ………………………………………… (80)

3.8 导数的四则运算法则 ………………………………………… (81)

3.9 反函数的求导法则 …………………………………………… (81)

3.10 复合函数的求导法则 ………………………………………… (83)

3.11 隐函数求导法则 ……………………………………………… (85)

3.12 参数方程求导法（仅数一、数二）………………………… (85)

3.13 抽象函数求导 ………………………………………………… (86)

第4章 中值定理与导数应用 …………………………………………… (89)

4.1 闭区间连续函数的性质 ……………………………………… (91)

　　4.1.1 有界与最值定理 ……………………………………… (91)

　　4.1.2 介值定理 ……………………………………………… (91)

　　4.1.3 平均值定理 …………………………………………… (91)

　　4.1.4 零点定理 ……………………………………………… (91)

4.2 微分中值定理 ………………………………………………… (92)

　　4.2.1 费马定理 ……………………………………………… (92)

　　4.2.2 罗尔定理 ……………………………………………… (92)

　　4.2.3 拉格朗日中值定理 …………………………………… (94)

　　4.2.4 柯西中值定理 ………………………………………… (95)

　　4.2.5 泰勒公式 ……………………………………………… (95)

　　4.2.6 积分中值定理 ………………………………………… (96)

　　4.2.7 中值定理的推广 ……………………………………… (96)

4.3 函数的单调性 ………………………………………………… (96)

4.4 函数的凹凸性 ………………………………………………… (97)

4.5 函数的极值 …………………………………………………… (98)

4.6 高等不等式的证明 …………………………………………… (100)

　　4.6.1 利用微分中值定理证明不等式 ……………………… (100)

　　4.6.2 利用单调性证明不等式 ……………………………… (100)

　　4.6.3 利用凹凸性证明不等式 ……………………………… (100)

　　4.6.4 利用极限和最值证明不等式 ………………………… (100)

4.7 函数图形的绘制问题 ……………………………………………… (101)

4.8 曲率、曲率半径及曲率圆 ……………………………………… (102)

4.9 题型归纳 ……………………………………………………… (103)

第5章 不定积分 …………………………………………………………… (122)

5.1 原函数（不定积分）的定义 …………………………………… (123)

5.2 不定积分的几何意义 …………………………………………… (124)

5.3 原函数（不定积分）存在定理 ………………………………… (125)

5.4 可积的含义 ……………………………………………………… (126)

5.5 不定积分的性质 ………………………………………………… (127)

5.6 不定积分的计算方法 …………………………………………… (128)

5.6.1 换元积分法 ………………………………………………… (129)

5.6.2 分部积分法 ………………………………………………… (135)

5.6.3 分段函数的不定积分 ……………………………………… (143)

5.6.4 含抽象函数的不定积分 …………………………………… (143)

5.6.5 有理函数的不定积分（仅数一、数二） ………………… (144)

5.6.6 无理函数的不定积分（仅数一、数二） ………………… (148)

5.6.7 三角有理函数的不定积分（仅数一、数二） …………… (150)

第6章 定积分及其应用 …………………………………………………… (157)

6.1 定积分的概念和几何意义 ……………………………………… (159)

6.1.1 定积分的概念和定积分存在定理 ………………………… (159)

6.1.2 定积分几何意义 …………………………………………… (163)

6.2 定积分基本性质 ………………………………………………… (163)

6.3 积分中值定理 …………………………………………………… (164)

6.4 变限积分及其求导公式 ………………………………………… (165)

6.4.1 变限积分的概念 …………………………………………… (165)

6.4.2 变限积分的性质 …………………………………………… (165)

6.4.3 变限积分的求导公式 ……………………………………… (165)

6.5 广义积分 ………………………………………………………… (166)

6.5.1 无穷区间上反常积分的概念与敛散性 …………………… (167)

6.5.2 无界函数的反常积分的概念与敛散性 …………………… (167)

6.5.3 敛散性的判别 ……………………………………………… (170)

6.6 函数的连续性、可积性以及与原函数存在性之间的关系 …… (171)

6.6.1 不定积分和定积分关系 …………………………………… (171)

6.6.2 函数的连续性、可积性以及与原函数存在性之间的关系 ……………… (173)

6.7 定积分的计算 …………………………………………………………… (173)

6.7.1 利用函数奇偶性计算 ………………………………………………… (173)

6.7.2 利用函数周期性计算 ………………………………………………… (174)

6.7.3 换元积分法和分部积分法相结合计算 …………………………… (175)

6.7.4 利用含参变量积分计算 ……………………………………………… (176)

6.7.5 利用公式计算 ………………………………………………………… (177)

6.7.6 利用定积分定义计算定积分 ………………………………………… (178)

6.8 定积分应用 ……………………………………………………………… (179)

6.8.1 求数列极限 …………………………………………………………… (179)

6.8.2 微元法 ………………………………………………………………… (180)

6.8.3 一元函数积分学的综合应用 ………………………………………… (197)

6.8.4 零点问题 ……………………………………………………………… (205)

第7章 常微分方程 …………………………………………………………… (207)

7.1 微分方程的概念，一阶与可降阶的二阶方程的解法 ………………… (209)

7.1.1 微分方程的概念 ……………………………………………………… (209)

7.1.2 经典微分方程 ………………………………………………………… (209)

7.1.3 几种特殊类型的一阶微分方程与某些可降阶的二阶方程的解法 …… (210)

7.1.4 伯努利方程 …………………………………………………………… (215)

7.1.5 全微分方程 …………………………………………………………… (215)

7.1.6 可降阶的高阶微分方程 ……………………………………………… (215)

7.2 二阶非齐次微分方程的解 ……………………………………………… (216)

7.2.1 二阶线性微分方程的概念 …………………………………………… (216)

7.2.2 二阶线性微分方程的解的结构 ……………………………………… (216)

7.2.3 二阶常系数齐次线性微分方程的通解 ……………………………… (217)

7.2.4 二阶常系数非齐次线性微分方程的特解 …………………………… (217)

7.2.5 欧拉方程的解法 ……………………………………………………… (220)

7.3 微分方程的应用 ………………………………………………………… (221)

7.3.1 几何应用 ……………………………………………………………… (221)

7.3.2 含变上限积分形式的微分方程 ……………………………………… (222)

7.3.3 变化率问题 …………………………………………………………… (222)

7.3.4 牛顿第二定律 ………………………………………………………… (223)

7.3.5 微元法建立微分方程 ………………………………………………… (224)

第 8 章 空间解析几何（仅数一） ·· (225)

8.1 向量及其运算 ·· (227)

8.1.1 几个常见的概念 ··· (227)

8.1.2 几个特殊的向量 ··· (227)

8.1.3 两个向量的关系 ··· (227)

8.1.4 向量的运算 ·· (228)

8.2 平面与直线 ·· (231)

8.2.1 平面方程 ·· (231)

8.2.2 空间直线 ·· (232)

8.3 空间曲线与空间曲面 ·· (233)

8.3.1 点面距离 ·· (233)

8.3.2 旋转曲面 ·· (234)

8.3.3 二次曲面 ·· (235)

8.3.4 曲面及其组合图形在坐标面上的投影 ··· (241)

8.3.5 常考平面交线图形 ··· (242)

8.3.6 常考立体图形 ··· (242)

第 9 章 多元函数微分法及其应用 ·· (245)

9.1 二元函数的概念 ·· (247)

9.1.1 二元函数的极限 ··· (247)

9.1.2 二元函数的连续 ··· (248)

9.1.3 常见疑问 ·· (249)

9.2 偏导数的定义 ·· (250)

9.3 高阶偏导数 ·· (252)

9.4 可微 ··· (253)

9.5 偏导数连续与可微 ·· (256)

9.5.1 二元函数在某点连续、函数偏导数存在、可微、偏导数连续之间的
关系 ··· (256)

9.5.2 二元函数的四性关系 ··· (257)

9.6 多元复合函数的求导法则 ·· (257)

9.6.1 多元显函数的微分 ··· (258)

9.7 多元隐函数的微分 ·· (263)

9.7.1 多元隐函数微分的求解方法 ·· (263)

9.7.2 关于隐函数存在的讨论 ··· (265)

9.8　一元与多元复合函数的求导法则 ······························· (266)

9.9　多元与一元复合函数的求导法则 ······························· (267)

9.10　多元与多元复合函数的求导法则 ····························· (268)

9.11　全微分——多元函数改变量的近似计算 ····················· (272)

9.11.1　全微分近似公式 ······································· (272)

9.11.2　全微分的几何意义 ····································· (272)

9.11.3　多元函数的极值 ······································· (272)

9.11.4　最值的求解 ··· (274)

9.12　多元微分学的几何应用（仅数一） ························· (279)

9.12.1　空间曲线的切线与法平面 ······························· (279)

9.12.2　空间曲面的切平面与法线 ······························· (281)

9.12.3　方向导数 ··· (283)

9.12.4　梯度 ··· (286)

9.13　二元函数的泰勒公式（仅数一） ··························· (289)

第 10 章　二重积分 ··· (291)

10.1　二重积分的定义及几何意义 ······························· (292)

10.1.1　二重积分的定义 ······································· (292)

10.1.2　二重积分的几何意义 ··································· (293)

10.2　二重积分的性质 ··· (293)

10.2.1　二重积分的存在性 ····································· (293)

10.2.2　积分函数线性性质 ····································· (294)

10.2.3　积分区域可加性 ······································· (294)

10.2.4　单位性 ··· (294)

10.2.5　保号性 ··· (295)

10.2.6　保序性 ··· (295)

10.2.7　有界性—估值定理 ····································· (295)

10.2.8　中值定理 ··· (295)

10.2.9　奇偶对称性和轮换对称性 ······························· (296)

10.3　二重积分的计算 ··· (298)

10.3.1　利用直角坐标计算二重积分 ······························· (298)

10.3.2　利用极坐标计算二重积分 ······························· (299)

10.3.3　Γ函数简介 ··· (303)

10.3.4　积分次序选择问题 ····································· (304)

10.3.5　分段函数的二重积分 ···（305）

10.3.6　二重积分不等式的证明 ··（305）

10.4　二重积分的应用 ···（306）

第 11 章　三重积分 ··（308）

11.1　三重积分的概念 ···（309）

11.1.1　三重积分的定义 ···（309）

11.1.2　三重积分的性质 ···（310）

11.1.3　坐标系 ···（310）

11.2　三重积分的计算 ···（311）

11.2.1　直角坐标系下的三重积分计算 ·······································（311）

11.2.2　柱坐标下三重积分的计算 ··（312）

11.2.3　球面坐标系 ···（313）

11.2.4　关于"平移穿线穿面定限法" ···（317）

11.2.5　直角坐标化极坐标、球面坐标、柱面坐标问题 ···················（320）

11.2.6　针对立体感不好的学生的"权宜"定限办法 ·······················（325）

11.2.7　用对称性简化积分计算 ···（326）

11.3　三重积分的应用 ···（328）

11.3.1　平面薄片的质心 ···（328）

11.3.2　平面薄片的转动惯量 ··（329）

11.3.3　引力问题 ···（329）

第 12 章　曲线、曲面积分 ···（335）

12.1　曲线曲面概况 ···（336）

12.1.1　曲线曲面积分的初步印象 ···（336）

12.1.2　曲线、曲面积分的基本知识储备 ·····································（337）

12.2　第一型曲线积分 ···（339）

12.2.1　定义 ···（339）

12.2.2　性质 ···（340）

12.2.3　计算 ···（340）

12.3　第一型曲面积分 ···（343）

12.3.1　定义 ···（343）

12.3.2　性质 ···（343）

12.3.3　计算 ···（344）

12.4　第二型曲线积分（对坐标的线积分） ····································（347）

12.4.1 定义 ……………………………………………………… (347)

12.4.2 性质 ……………………………………………………… (348)

12.4.3 两类线积分的关系 ………………………………………… (348)

12.4.4 计算 ……………………………………………………… (349)

12.5 第二型曲面积分（对坐标的曲面积分）…………………………… (363)

12.5.1 定义 ……………………………………………………… (363)

12.5.2 性质 ……………………………………………………… (364)

12.5.3 两类曲面积分的联系 ……………………………………… (364)

12.5.4 计算 ……………………………………………………… (364)

12.5.5 曲线、曲面积分的方向问题总结 ………………………… (379)

12.6 场论初步 ……………………………………………………… (380)

12.6.1 梯度 ……………………………………………………… (380)

12.6.2 通量 ……………………………………………………… (380)

12.6.3 散度 ……………………………………………………… (380)

12.6.4 旋度和环流量 ……………………………………………… (382)

12.7 多元积分学的应用 …………………………………………… (389)

12.7.1 必背的公式及结论 ………………………………………… (389)

12.7.2 几何应用 …………………………………………………… (390)

12.7.3 物理应用 …………………………………………………… (390)

第 13 章 无穷级数（仅数一、数三） …………………………… (392)

13.1 常数项级数 …………………………………………………… (393)

13.1.1 级数的概念和性质 ………………………………………… (393)

13.1.2 性质 ……………………………………………………… (395)

13.1.3 级数的判敛准则 …………………………………………… (396)

13.1.4 任意项级数判敛 …………………………………………… (401)

13.2 幂级数 ………………………………………………………… (403)

13.2.1 幂级数定义 ………………………………………………… (404)

13.2.2 幂级数的收敛半径，收敛区间及收敛域 ………………… (408)

13.2.3 幂级数和函数 ……………………………………………… (413)

13.2.4 函数的幂级数展开 ………………………………………… (418)

13.3 傅里叶级数（仅数一）………………………………………… (423)

13.3.1 三角函数及其正交性 ……………………………………… (423)

13.3.2 傅里叶级数 ………………………………………………… (423)

13.3.3　收敛性定理 ·· (425)

13.4　趣味阅读 ··· (429)

第 14 章　数三专题 ·· (433)

14.1　经济学中常用函数 ·· (434)

14.1.1　总成本函数 ·· (434)

14.1.2　需求函数 ·· (434)

14.1.3　供给函数 ·· (434)

14.1.4　收入函数与利润函数 ·· (434)

14.2　连续复利问题 ··· (435)

14.3　导数在经济学中的应用 ·· (436)

14.3.1　边际问题 ·· (436)

14.3.2　弹性分析 ·· (436)

14.4　经济函数的优化问题 ·· (439)

14.4.1　平均成本最小问题 ·· (439)

14.4.2　存货成本最小化问题 ·· (440)

14.4.3　利润最大化问题 ·· (441)

14.4.4　需求弹性分析与总收益变化的问题 ···································· (443)

14.5　定积分的经济学应用 ·· (443)

14.5.1　由边际函数求经济总量及其改变量 ···································· (443)

14.6　多元函数微积分在经济学中的应用 ·· (444)

14.6.1　利用偏导数对经济增量进行解释 ·· (445)

14.6.2　利用偏导数对两种商品之间的性质进行解释 ······················· (445)

14.6.3　利用全微分在经济分析中进行近似计算 ······························ (446)

14.6.4　利用极值求经济变量的最大值和最小值 ······························ (446)

14.7　常微分方程在经济学中的应用 ·· (447)

14.8　差分方程 ··· (448)

14.8.1　差分与差分方程的概念 ··· (448)

14.8.2　一阶差分方程的一般解法——代定系数试解法 ······················ (448)

14.8.3　二阶差分方程 ·· (450)

第 15 章　反例与反证法 ·· (451)

15.1　单调、周期性、奇偶函数 ·· (452)

15.2　连续性 ·· (453)

15.3　可微与连续 ·· (456)

15.4　可导 ··· (457)

15.5　可积 ··· (457)

15.6　二元函数极限 ·· (458)

15.7　连续与偏导可微 ·· (459)

15.8　不可交换运算顺序 ·· (460)

15.9　广义积分敛散性 ·· (461)

15.10　无穷积分（仅数一、数三） ·· (462)

第 16 章　对称性专题 ··· (463)

16.1　对称性总览 ··· (464)

16.1.1　偶倍奇零原则 ·· (464)

16.1.2　多元积分对称性的若干结论 ···································· (464)

16.1.3　多元积分的对称性 ·· (465)

16.2　奇偶对称性 ··· (467)

16.2.1　定义 ··· (467)

16.2.2　奇偶对称性公式的统一表达 ···································· (467)

16.3　轮换对称性 ··· (474)

16.3.1　轮换定义（仅数一） ·· (474)

16.3.2　轮换对称性（仅数一） ·· (475)

16.3.3　一些重要的轮换对称性公式 ···································· (475)

16.4　代入技巧（仅数一） ·· (481)

16.5　专题综合训练题（仅数一） ·· (483)

第1章 微积分基础知识

【导言】

在期末考试或者考研复习过程中，总会感觉一些知识已经遗忘，以致做题的时候力不从心，尤其以考研学生更为明显，因为很多考生已经有一两年没有摸过数学书了．在此罗列一些我们在大学数学学习和考研复习中常用的基本知识，一部分属于大学数学学习的基础，就像房子根基里的钢筋混凝土；还有一部分是我们初高中已经学过，但仍需继续使用的一些定理和公式．"工欲善其事必先利其器"，要想搞定考研数学，基本知识作为"器"不可或缺．

由于本部分内容涉及的知识点零碎，在考研中虽不会单独命题考查，但若做不到将这些零碎的知识点熟稔于心，往往会成为考场上卡着你的点，导致整个题目做不下去，有时甚至会怀疑自己理论是不是记错了，增加焦虑情绪，影响考场发挥，应做到一说马上写出来，不能思考半天才写出来．从分值上看，本部分可多可少，给大家个小建议，可以将这些知识点改造成填空题，隔三差五就来看看，看的遍数多了，自然就记住了，这部分在记忆上属于少量多次．

【考试要求】

考试要求	科目	考 试 内 容
了解	数学一	函数的有界性、单调性、周期性和奇偶性；反函数及隐函数的概念；初等函数的概念
	数学二	
	数学三	
理解	数学一	函数的概念；复合函数及分段函数的概念
	数学二	
	数学三	
会	数学一	建立应用问题的函数关系
	数学二	
	数学三	
掌握	数学一	函数的表示法；基本初等函数的性质及其图形
	数学二	
	数学三	

【知识网络图】

$$
\text{微积分基础知识}
\begin{cases}
\text{笛卡尔坐标系} \\
\text{极坐标系} \\
\text{领域} \\
\text{函数}
\begin{cases}
\text{函数的定义与性质} \\
\text{函数的表示法} \\
\text{反函数} \\
\text{复合函数} \\
\text{基本初等函数} \\
\text{初等函数} \\
\text{特殊函数}
\end{cases} \\
\text{经典曲线} \\
\text{其他基础知识}
\end{cases}
$$

【内容精讲】

1.1 笛卡尔坐标系

顾名思义,笛卡尔坐标系是笛卡尔先生创立的坐标系,又称为直角坐标系.笛卡尔坐标系包含了我们高等数学学习中遇到的二维直角坐标系、三维直角坐标系,以及线性代数中的经过拓展后的 n 维空间坐标系.笛卡尔坐标系将几何曲线与代数方程相结合,为微积分的创立奠定了基础.所以想要学习并研究微积分,首先要掌握笛卡尔坐标系所构建出来的空间的表示方法.

1.1.1 一维空间（数轴）

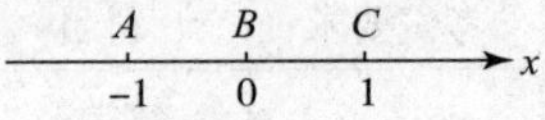

实数轴上的点与全体实数 x 一一对应,记为 $\mathbf{R}$ 或 $\mathbf{R}^1$,即
$$\mathbf{R}=(-\infty,\ +\infty) \text{ 或 } \mathbf{R}^1=(-\infty,\ +\infty)$$

如 $x=-1$,$x=0$,$x=1$ 就分别与图 1-1 中的 A、B、C 三点相对应.

1.1.2 二维空间（平面）

在平面直角坐标系 xOy 下,平面内所有的点与所有的有序实数对 (x,y) 一一对应,记为 $\mathbf{R}^2$,即 $\mathbf{R}^2=\mathbf{R}\times\mathbf{R}=\{(x,y)\,|\,x\in\mathbf{R},\ y\in\mathbf{R}\}$

如 $(-1,-1)$,$(0,1)$,$(0,0)$ 就分别与图 1-2 中的 A、B、C 三点相对应.

1.1.3 三维空间

在空间直角坐标系 $O-xyz$ 下,空间内所有的点与所有的有序三元数组 $(x,\ y,\ z)$ 一一对应,记为 $\mathbf{R}^3$.
$$\mathbf{R}^3=\mathbf{R}\times\mathbf{R}\times\mathbf{R}=\{(x,\ y,\ z)\,|\,x\in\mathbf{R},\ y\in\mathbf{R},\ z\in\mathbf{R}\}.$$

图 1-1

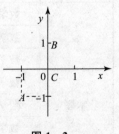

图 1-2

如 $(1，1，0)$，$(1，0，1)$，$(0，1，1)$，$(1，1，1)$ 就分别与有图 1-3 中的 A、B、C、D 四点相对应，三维空间只需数一考生掌握.

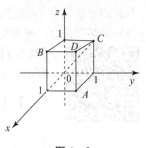

图 1-3

1.1.4　n 维空间

推而广之，我们将 n 元有序数组的全体 $(x_1，x_2，\cdots，x_n)$ 称为 n 维空间，记为 $\mathbf{R}^n$.

$$\mathbf{R}^n = \underbrace{\mathbf{R} \times \mathbf{R} \times \cdots \times \mathbf{R}}_{n \text{个}} = \{(x_1，x_2，\cdots，x_n) \,|$$

$$x_k \in \mathbf{R}，k=1，2，\cdots，n\}.$$

$\mathbf{R}^n$ 中的每一个元素 $(x_1，x_2，\cdots，x_n)$ 可确定空间中的一个点 A，x_n 为点 A 的第 n 个坐标. 在解析几何或线性代数中，元素 $(x_1，x_2，\cdots，x_n)$ 也称为向量 $\boldsymbol{x}$，记为 $\boldsymbol{x}=(x_1，x_2，\cdots，x_n)$.

1.2　极　坐　标　系

直角坐标系将曲线看成点的运动轨迹，以此建立了点与实数的对应关系. 但是，人们很快发现，有些几何轨迹问题如果采用直角坐标系处理会非常麻烦，甚至无法表示. 随后，一种利用角 θ 和距离 r（或 ρ）建立的坐标系——极坐标系被提出，用以研究某些特定类型的曲线. 瑞士数学家伯努利先生被认为是极坐标系的发现者.

1.2.1　极坐标系中点的表示方法

极坐标系用以描述一个二维平面，类似于二维直角坐标系 xOy，也是由三个要素组成：极点 O，极轴 Ox 和极径 r.

极点 O 为平面内任取的一个定点，由点 O 引出的射线 Ox 称为极轴，再选定一个长度单位，取逆时针方向为角度的正方向. 那么，二维平面内的任意一点 P 就可以由有序数对 $(r，\theta)$ 确定了，这里极径 r 表示线段 OP 的长度，是一个非负数；极角 θ 表示从 Ox 逆时针旋转到 OP 所形成的角度，故极坐标一般表达式为 $r=r(\theta)$.

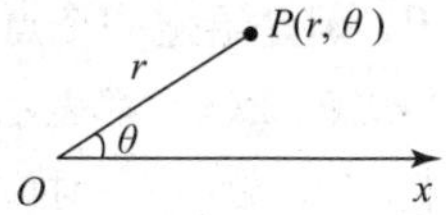

图 1-4

注　(1) θ 的范围：在无限制时为 $(-\infty，+\infty)$（往往画图或计算时只要取一个长为 2π 的区间即可，通常取区间 $[0，2\pi)$），它仅受 r 的影响，只需根据 $r \geqslant 0$ 即可定出它的范围. 如 $r=2\cos\theta$，因为 $r \geqslant 0$，即 $2\cos\theta \geqslant 0$，所以 $-\dfrac{\pi}{2} \leqslant \theta \leqslant \dfrac{\pi}{2}$；再如 $r=2\sin^3\theta$，因为 $r \geqslant 0$，即 $2\sin^3\theta \geqslant 0$，故 $0 \leqslant \theta \leqslant \pi$.

(2) 常见的极坐标方程.

①圆：$r=a$ 或 $r=2a\cos\theta$ 或 $r=2a\sin\theta$（a 为半径）.

②心形线：水平方向：$r=a(1-\cos\theta)$ 或 $r=a(1+\cos\theta)$，$(a>0)$.

垂直方面：$r=a(1-\sin\theta)$ 或 $r=a(1+\sin\theta)$，$(a>0)$（数一）.

③阿基米德螺线：$r=a\theta$（数一）.

④双纽线：$r^2=a^2\cos2\theta$（数一）.

因此，在做一些有关极坐标函数的题目时，即使不能准确地画出函数的图形，也足以根据

上面的方法定出 θ 的范围，然后对不少题目直接套公式做即可！
当然能画图最好，至少要能画出上述典型例子中的草图．

【例 1.1】在如图 1-5 所示的极坐标系中，依次写出点 $A \sim G$ 的坐标．

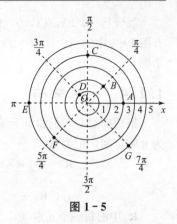

【解】$A(3, 0)$，$B\left(2, \dfrac{\pi}{4}\right)$，$C\left(4, \dfrac{\pi}{2}\right)$，$D$

$\left(1, \dfrac{3\pi}{4}\right)$，$E(5, \pi)$，$F\left(4, \dfrac{5\pi}{4}\right)$，$G\left(5, \dfrac{7\pi}{4}\right)$.

图 1-5

注 在极坐标系中，角度也可以取负值（顺时针方向为负）．例

如，B，D，G 的坐标也可以写成 $B\left(2, -\dfrac{7\pi}{4}\right)$，$D\left(1, -\dfrac{5\pi}{4}\right)$，

$G\left(5, -\dfrac{\pi}{4}\right)$

1.2.2 极坐标系和直角坐标系的转换

如果让极坐标系的极点 O 与直角坐标系的原点 O、极轴 Ox 与直角坐标系 x 轴的正半轴 Ox 重合，且两个坐标轴取相同的单位长度，那么就可以得到平面内一点 P 所对应的极坐标 (r, θ) 与直角坐标 (x, y) 的转换关系：

① 极坐标 $\rightarrow$ 直角坐标：$r = \sqrt{x^2 + y^2}$，$\theta = \arctan \dfrac{y}{x}$

② 直角坐标 $\rightarrow$ 极坐标：$\begin{cases} x = r\cos\theta \\ y = r\sin\theta \end{cases}$

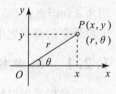

图 1-6

如：$x^2 + y^2 = 4$ 转化为 $r = 2$；$y^2 = 4x$ 转化成 $r = \dfrac{4\cos\theta}{\sin^2\theta}$

直角坐标系中的点和坐标是一一对应的关系，而极坐标中，给定 r 和 θ，可以确定一个点 P，但是给定一个点 P，对应的极坐标 (r, θ) 却可以有无数种表示方法．这是因为 (r, θ) 和 $(r, \theta + 2k\pi)$ 都表示点 P 的极坐标，$k = 1, 2, 3, \cdots$．那么，如何将极坐标系中的点 P 与极坐标 (r, θ) 一一对应呢？我们规定：$0 < r < +\infty$，$0 \leqslant \theta < 2\pi$（或 $-\pi < \theta \leqslant \pi$），那么除极点外，平面内的点和极坐标就可以一一对应了．

【例 1.2】将下列图 1-7 的几何图形表示为极坐标方程．

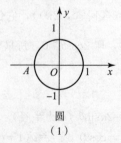

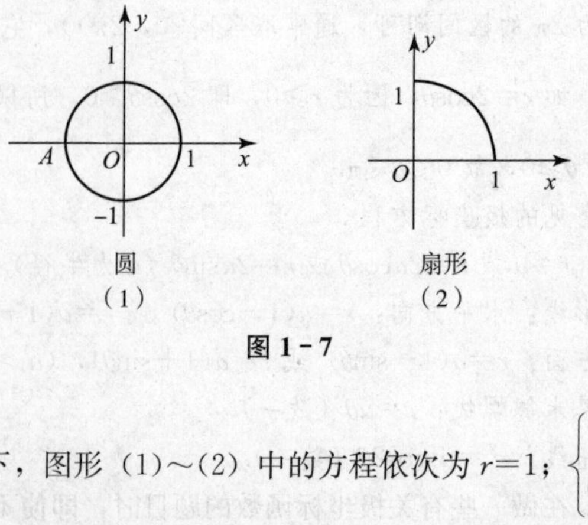

圆
（1）

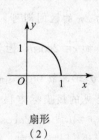

扇形
（2）

图 1-7

【解】由图 1-7 可知，这是在极坐标系下，图形（1）～（2）中的方程依次为 $r = 1$；$\begin{cases} r = 1 \\ 0 \leqslant \theta \leqslant \dfrac{\pi}{2} \end{cases}$.

1.2.3　关于极坐标的对称性

①若 $r(-\theta)=r(\theta)$，则图形关于极轴对称．

②若 $r(\pi+\theta)=r(\theta)$，则图形关于极点对称．

如：心形线水平方向：$r=a(1+\cos\theta)$（$a>0$）关于极轴对称；双纽线 $r^2=a^2\cos2\theta$ 关于极轴与极点均对称．

1.3　邻　　域

邻域表示一个点和它周围一些点的集合，这个集合可以是任意小的．值得注意的是，我们所关注的不是邻域到底包含了哪些点，而是这个邻域有什么特性．例如，某款游戏中的"防御塔"是这样设定的：一旦敌方进入了以防御塔为圆心的某个范围内，就会受到防御塔的攻击．这个范围就是防御塔的一个邻域，"进入范围受到攻击"就是这个邻域所表现出来的一个具体特征，不必知道敌方是谁，在防御塔的哪个方位，距离防御塔的位置如何，只要在这个范围内，就会受到攻击．

考生需掌握下面给出的几种常用邻域．

1.3.1　数轴上某点的邻域

设点 $x_0\in R$，R 上所有到 x_0 的距离小于 δ（$\delta>0$）的点 x 的集合，称为 x_0 的 δ—邻域，记作 $U(x_0,\delta)$，即 $U(x_0,\delta)=\{x\,|\,|x-x_0|<\delta\}=(x_0-\delta,\,x_0+\delta)$．

其几何意义是以 x_0 为中心，δ 为半径的开区间．邻域半径 δ 刻画了 x 接近于 x_0 的程度（见图 1-8）．

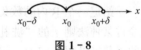

图 1-8

如果一个邻域不包含中心点 x_0，那么就称这个邻域为去心邻域，记作 $\mathring{U}(x_0,\delta)$，即 $\mathring{U}(x_0,\delta)=\{x\,|\,0<|x-x_0|<\delta\}$．

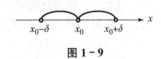

图 1-9

邻域的左半部和右半部分别称为左邻域和右邻域（见图 1-9），记作：

左邻域：$U^-(x_0,\delta)=(x_0-\delta,\,x_0)$；

右邻域：$U^+(x_0,\delta)=(x_0,\,x_0+\delta)$．

注 考虑到微积分中采用邻域来描述极限的概念，因此，本书所指的邻域都是任意小的，即 δ 是个任意小的正实数．那么，去心邻域描述的就是无限接近这个中心，但始终不等于这个中心．

1.3.2　平面上某点的邻域

设点 $P_0(x_0,\,y_0)\in \mathbf{R}^2$，$\mathbf{R}^2$ 上所有到点 P_0 的距离小于 δ 的点 $P(x,\,y)$ 的集合，称为点 $P_0(x_0,\,y_0)$ 的 δ—邻域（见图 1-10），记作 $U(P_0,\delta)$，即 $U(P_0,\delta)=\{P\,|\,|PP_0|<\delta\}=\{(x,y)\,|\,\sqrt{(x-x_0)^2+(y-y_0)^2}<\delta\}$．

其几何意义是：以 $P_0(x_0,\,y_0)$ 为中心，δ 为半径的开圆域．

类似地，平面上点 $P_0(x_0,\,y_0)$ 的去心邻域（见图 1-11）：$\mathring{U}(P_0,\delta)=\{P\,|\,0<|PP_0|<\delta\}=\{(x,y)\,|\,0<\sqrt{(x-x_0)^2+(y-y_0)^2}<\delta\}$．

图 1 - 10   图 1 - 11

1.3.3 空间内某点的邻域

类比于二维平面，三维空间的点邻域是以 $P_0(x_0, y_0, z_0)$ 为中心，以 δ 为半径的开球域，即 $U(P_0, \delta) = \{P \mid |PP_0| < \delta\} = \{(x, y, z) \mid \sqrt{(x-x_0)^2 + (y-y_0)^2 + (z-z_0)^2} < \delta\}$.

点 $P_0(x_0, y_0, z_0)$ 的去心邻域 $\mathring{U}(P_0, \delta) = \{P \mid 0 < |PP_0| < \delta\} = \{(x, y, z) \mid 0 < \sqrt{(x-x_0)^2 + (y-y_0)^2 + (z-z_0)^2} < \delta\}$.

1.4 函 数

1.4.1 函数的定义与性质

1.4.1.1 函数的定义

给定一个 $\mathbf{R}$ 内的数集 D，设 x 和 y 是两个变量，如果对于每个 $x \in D$，经过某种法则 f 的"洗礼"后都得到唯一一个确定的 y，那么就称 y 为 x 的函数（见图 1-12），记作：$y = f(x)$，$x \in D$.

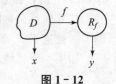

图 1 - 12

这里，x 称为自变量，数集 D 称为函数的定义域，即 x 所有取值的集合；y 称为因变量，其所有取值的集合称为函数的值域，记为 $R_f = \{y \mid y = f(x), x \in D\}$.

借助一个成语"点石成金"来解释函数："石头 x"经"仙人手指一点 f"就可以变为"金子 y".

注 (1) 函数是由定义域和对应关系这两个要素所确定的，如果两个函数的定义域和对应关系都相同，那么这两个函数一定相同.

(2) 函数定义域的求法：对于实际问题，定义域要根据问题的实际意义具体确定；对于由公式形式给出的函数，其定义域就是使函数表达式有意义的一切自变量取值.

(3) $f(x)$ 与 $f(x_0)$ 的区别：前者表示一个函数关系，是变量；后者是函数 $f(x)$ 在点 x_0 处的取值，是一个确定的常数或表达式.

(4) 由上述定义确定的函数称为单值函数，如果给定一个对应法则 f，那么对于每个 x，总有确定且唯一的 y 值与之对应. 如果这个 y 不是唯一的，那这样的法则所对应的函数称为多值函数. 考研中所提到的函数均是指单值函数.

1.4.1.2 函数的性质

了解并掌握函数的性质，是研究函数的重要途径（见图 1-13、图 1-14）.

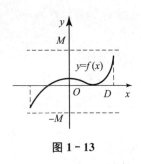

图 1 - 13

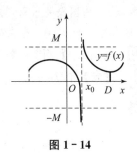

图 1 - 14

（1）有界性.

若存在一个正数 M，使得对于 D 中的任意一个 x，都有 $|f(x)| \leqslant M$ 成立，则称 $f(x)$ 在 D 内有界. 若对任意的一个正数 M，总在 D 中存在一个 x_0，使得 $|f(x_0)| \geqslant M$ 成立，则称 $f(x)$ 在 D 内无界.

有界又分为有上界和有下界：若存在一个常数 M_1，使得对于 D 中的任意一个 x，都有 $f(x) \leqslant M_1$ 成立，则称 $f(x)$ 在 D 内有上界；若存在一个常数 M_2，使得对于 D 中的任意一个 x，都有 $f(x) \geqslant M_2$ 成立，则称 $f(x)$ 在 D 内有下界.

注 说一个函数有界，指的是这个函数既有上界也有下界.

（2）单调性.

若对于 D 中任意两个数 x_1，x_2，且 $x_1 < x_2$，都满足 $f(x_1) < f(x_2)$，则称 $f(x)$ 在 D 上是单调增加的，记为 $f(x)\uparrow$；若满足 $f(x_1) > f(x_2)$，则称 $f(x)$ 在 D 上是单调减少的，记为 $f(x)\downarrow$. 单调增加和单调减少的函数统称为单调函数（见图 1 - 15、图 1 - 16）.

对任何的 $x_1 \neq x_2 \in D$，有

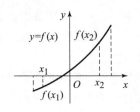

图 1 - 15

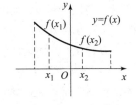

图 1 - 16

①$f(x)$ 单调递增 $\Leftrightarrow [f(x_2) - f(x_1)](x_2 - x_1) > 0$；

②$f(x)$ 单调递减 $\Leftrightarrow [f(x_2) - f(x_1)](x_2 - x_1) < 0$；

③$f(x)$ 单调不增 $\Leftrightarrow [f(x_2) - f(x_1)](x_2 - x_1) \leqslant 0$；

④$f(x)$ 单调不减 $\Leftrightarrow [f(x_2) - f(x_1)](x_2 - x_1) \geqslant 0$.

（3）奇偶性.

设函数 $y = f(x)$ 的定义域 D 关于原点对称（这是一个必须保证的前提，即若 $x \in D$，则 $-x \in D$）.

若 $\forall x \in D$，都有 $f(-x) = f(x)$，则称 $f(x)$ 为偶函数.

若 $\forall x \in D$，都有 $f(x) = -f(-x)$ 或 $f(x) + f(-x) = 0$，则称 $f(x)$ 为奇函数.

每一个定义在 $[-x_0, x_0]$（x_0 为常数）上的函数 $f(x)$ 都可以表示为一个偶函数与一个奇函数之和：$f(x) = F(x) + G(x)$，

其中，$F(x) = \dfrac{f(x) + f(-x)}{2}$ 为偶函数，$G(x) = \dfrac{f(x) - f(-x)}{2}$ 为奇函数.

注 ①奇函数 $f(x)$ 的图像关于原点对称, 当 $f(x)$ 在 $x=0$ 处有定义时, $f(0)=0$; ②偶函数的图像关于 y 轴对称, 当 $f'(0)$ 存在时, $f'(0)=0$.

【例 1.3】 判断函数 $f(x)=\ln(\sqrt{x^2+1}+x)$ 的奇偶性.

【解】 由 $f(-x)+f(x)=\ln[\sqrt{(-x)^2+1}-x]+\ln(\sqrt{x^2+1}+x)$

$$=\ln[(\sqrt{x^2+1}+x)(\sqrt{x^2+1}-x)]=\ln 1=0,$$

故 $f(x)$ 是奇函数.

注 用 $f(x)+f(-x)$ 是否等于 0 来判断奇偶性对于某些函数是很方便的.

（4）周期性.

设函数 $y=f(x)$ 的定义域为 D, 如果存在一个非零常数 T, 使得 $\forall x\in D$, 有 $(x\pm T)\in D$, 且 $f(x\pm T)=f(x)$, 则称 $f(x)$ 为周期函数, T 称为 $f(x)$ 的周期. 周期为 T 的函数, 对于其定义域内每个长度为 T 的区间, 函数图像有相同的形状.

函数 $y=f(x)$ 的图像关于直线 $x=T$ 对称的充分必要条件是: $f(x)=f(2T-x)$ 或 $f(T+x)=f(T-x)$.

注 周期性、对称性、奇偶性一般都是利用定义证明, 但单调性的判断有多种方法.

1.4.2 函数的表示法

函数主要有三种表示方法: 表格法、图形法和解析法（或称为公式法）, 读者在中学的学习中已经非常熟悉, 下面着重讲解一下解析法中的隐式表示, 也就是隐函数.

如果因变量可以写成自变量的明显表达式, 例如 $y=x^2$, $y=\ln(\sin t)$, $y=f(x)$. 那么形如这种左边是因变量, 右边是自变量表达式的函数称为显函数. 显函数是相对于隐函数来说的.

如果自变量 x 与因变量 y 之间的函数关系是由一个方程 $F(x, y)=0$ 所确定的, 即对于任意一个 x, 将其代入方程 $F(x, y)=0$ 后可以确定唯一的一个 y, 那么称这种方式表示的函数为隐函数. 例如方程 $xy+\sin(xy)=0$ 就是 y 关于 x 的隐函数.

注 （1）一般来说, 即使方程 $F(x, y)=0$ 能确定隐函数, 但想将这个隐函数化为显函数也是很困难的. 比如上述例子中的 $xy+\sin(xy)=0$, 所以, 考研的重点并不在于研究如何将隐函数显式化（即化为显函数）, 而是应掌握其求导法则.

（2）并非任何一个方程都能确定隐函数. 例如 $x^2+y^2-2=0$ 就不能确定任何函数, 因为一个 x 值对应两个 y 值, 不是一一对应的关系, 故构不成函数关系.

1.4.3 反函数

设 $y=f(x)$ 是定义在数集 D 上的一个函数, 值域为 R_f.

利用函数的定义解释这句话: 对于任何一个 $x\in D$, 都有唯一一个 y 与之对应. 那么, 反过来, 如果对于每一个 $y\in R_f$ 都有唯一的 $x\in D$ 与之对应的话, 按照函数的定义, 也可以确定一个以 y 为自变量, R_f 为定义域的函数 $x=\varphi(y)$, 或写为 $x=f^{-1}(y)$. 此时, 函数 $x=f^{-1}(y)$ 就称为函数 $y=f(x)$ 的反函数. 反过来, $y=f(x)$ 也可以称为 $x=f^{-1}(y)$ 的反函数.

注 （1）函数 $y=f(x)$ 不一定存在反函数, 例如 $y=x^2$ 在 R 上是单值的, 而 $x=\pm\sqrt{y}$ 则是双值的, 不满足函数的定义. 但如果限定 $x\in(0, +\infty)$, 那么 $y=x^2$ 对应的 $x=\sqrt{y}$ 就是单值的, 即 $y=x^2$ 的反函数存在, 且为 $x=\sqrt{y}$. 事实上, 如果函数 $y=f(x)$ 在数集 D 上是单调的, 那么它的反函数就一定存在, 并且这个反函数也是单调的.

（2）反函数有两种表达方式（见图 1－17）.

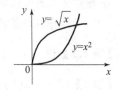

①不改变记号：像定义那样，将函数 $y＝f(x)$ 的反函数记为 $x＝\varphi(y)$ 或 $x＝f^{-1}(y)$，称为不改变记号的反函数. 此时，互为反函数的两个函数对应的曲线重合，原定义域和值域不变. 后面将学到的反函数求导公式，要求得到的反函数不改变记号，这点需牢记.

②改变记号：由于习惯上用 x 表示自变量，y 表示因变量，所以有时候会将 $x＝f^{-1}(y)$ 改写为以 x 为自变量、y 为因变量的函数，即 $y＝f^{-1}(x)$ 是 $y＝f(x)$ 的反函数. 一般在纯粹需要求反函数时，需要改变记号. 改变记号后，互为反函数的两个函数 $y＝f(x)$ 和 $y＝f^{-1}(x)$ 的曲线关于直线 $y＝x$ 对称，且原定义域和值域互换. 例如第一象限内的函数 $y＝x^2$ 与 $y＝\sqrt{x}$.

图 1－17

【例 1.4】 求 $y＝e^{\frac{x}{2}}$ 的反函数，并在同一直角坐标系内做出它们的图像.

【解】 由 $y＝e^{\frac{x}{2}}$ 可得：$\ln y＝\ln e^{\frac{x}{2}}＝\dfrac{x}{2}\ln e＝\dfrac{x}{2}$，即 $x＝2\ln y$.

将 x 与 y 互换，可得出 $y＝e^{\frac{x}{2}}$ 的反函数为 $y＝2\ln x$，如图 1－18 所示.

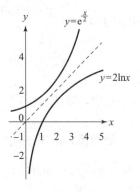

图 1－18

1.4.4　复合函数

设函数 $y＝f(u)$ 的定义域为 D_f，而 $u＝\varphi(x)$ 的值域为 R_φ，若 $D_f \bigcap R_\varphi \neq \varnothing$，则称函数 $y＝f[\varphi(x)]$ 为 x 的复合函数. 其中，x 称为自变量，y 称为因变量，u 称为中间变量.

注（1）不是任意两个函数都可以复合成一个复合函数的. 例如 $y＝\arcsin u$，$u＝2＋x^2$. 因前者的定义域为 $[-1，1]$，而后者 $u＝2＋x^2 \geqslant 2$，故这两个函数不能复合.

（2）分段函数，就是对自变量 x 的不同取值范围，有不同解析式的函数. 分段函数是一个函数，而不是几个函数. 分段函数的定义域是各段函数定义域的并集，值域也是各段函数值域的并集.

（3）复合函数中的分段函数不一定是非初等函数. 例如，函数 $y＝f(x)＝\begin{cases} x, & x \geqslant 0 \\ -x, & x < 0 \end{cases} \Leftrightarrow$ $y＝\sqrt{x^2}$ 就是初等函数.

我们将复合函数分为外层函数和内层函数，例如 $f[g(x)]$ 中的 $f(\cdot)$ 和 $g(\cdot)$.

分段函数复合的一般步骤：

①将内层函数的表达式分段代入外层函数中，并写出外层函数的定义域.

②以外层函数的定义域各区段为前提，结合内函数的定义域和表达式进行分析，得出复合

函数定义域的各区间段，结合图像分析较容易.

③结合内外层函数的定义域及表达式，写出各区间段的函数解析式，得到复合函数.

【例1.5】设 $f(x)=\begin{cases}1, & |x|\leqslant 1 \\ 0, & |x|>1\end{cases}$，$g(x)=\begin{cases}2-x^2, & |x|\leqslant 1 \\ 2, & |x|>1\end{cases}$，求 $f[g(x)]$ 和 $g[f(x)]$.

【解1】以 $f[g(x)]$ 为例进行具体介绍：

①将 $g(x)$ 的表达式分段代入 $f(x)$ 中，即 $f[g(x)]=\begin{cases}1, & |g(x)|\leqslant 1 \\ 0, & |g(x)|>1\end{cases}$.

②由 $|g(x)|\leqslant 1$ 结合 $g(x)=\begin{cases}2-x^2, & |x|\leqslant 1 \\ 2, & |x|>1\end{cases}$ 可得：$|2-x^2|\leqslant 1$ 且 $|x|\leqslant 1$，即 $|x|=1$.

由 $|g(x)|>1$ 结合 $g(x)=\begin{cases}2-x^2, & |x|\leqslant 1 \\ 2, & |x|>1\end{cases}$ 可得：$|2-x^2|>1$ 且 $|x|\leqslant 1$，或 $|x|>1$，

即 $|x|\neq 1$.

③故 $f[g(x)]=\begin{cases}1, & |x|=1 \\ 0, & |x|\neq 1\end{cases}$.

同理，可计算出 $g[f(x)]=\begin{cases}2-f^2(x), & |f(x)|\leqslant 1 \\ 2, & |f(x)|>1\end{cases}$

$$=2-f^2(x)=\begin{cases}1, & |x|\leqslant 1 \\ 2, & |x|>1\end{cases}.$$

【解2】将 $g(x)$ 的表达式分段代入 $f(x)$ 中，即 $f[g(x)]=\begin{cases}1, & |g(x)|\leqslant 1 \\ 0, & |g(x)|>1\end{cases}$

图 1-20 表示的是分段函数 $g(x)$ 的图像，由于 $f[g(x)]=\begin{cases}1, & |g(x)|\leqslant 1 \\ 0, & |g(x)|>1\end{cases}$，故在图像画 $y=1$ 这条线，即图中虚线，虚线以上 $g(x)>1$ 此时 $|x|\neq 1$，故 $f[g(x)]=0$；虚线上及以下，$g(x)=1$，此时 $|x|=1$，$f[g(x)]=1$，故综上所述 $f[g(x)]=\begin{cases}1, & |x|=1 \\ 0, & |x|\neq 1\end{cases}$

同理将 $f(x)$ 的表达式分段代入 $g(x)$ 中，即 $g[f(x)]=\begin{cases}2-[f(x)]^2, & |f(x)|\leqslant 1 \\ 2, & |f(x)|>1\end{cases}$

图 1-19 表示的是分段函数 $f(x)$ 的图像，由于 $g[f(x)]=\begin{cases}2-[f(x)]^2, & |f(x)|\leqslant 1 \\ 2, & |f(x)|>1\end{cases}$，故在图像画 $y=1$ 这条线，即图中虚线，发现 $f(x)$ 全部是位于虚线上及以下，故 $g[f(x)]=2-[f(x)]^2$，又由于 $f(x)=\begin{cases}1, & |x|\leqslant 1 \\ 0, & |x|>1\end{cases}$，即 $f(x)$ 在不同区间上表达式不同，故 $g[f(x)]=2-[f(x)]^2=\begin{cases}2-1=1, & |x|\leqslant 1 \\ 2-0=2, & |x|>1\end{cases}$，即 $g[f(x)]=\begin{cases}1, & |x|\leqslant 1 \\ 2, & |x|>1\end{cases}$

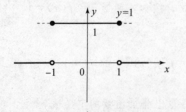

图 1-19

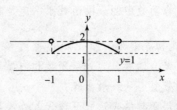

图 1-20

1.4.5　基本初等函数

基本初等函数的图像和性质是中学阶段已经学习过的，但这些属于微积分的基础知识，考生仍需牢牢掌握．提示一句基本初等函数在其定义域内连续．

1.4.5.1　幂函数

表达式：$y=x^{\alpha}$，x 是自变量，α 为常数．

（1）当 α 为正整数时，例如 $y=x$，$y=x^2$ 和 $y=x^3$，它们的定义域均为 R，函数图形都经过原点．且 α 为奇数时，$y=x^{\alpha}$ 为奇函数；α 为偶数时，$y=x^{\alpha}$ 为偶函数（见图 1 - 21、图 1 - 22、图 1 - 23）．

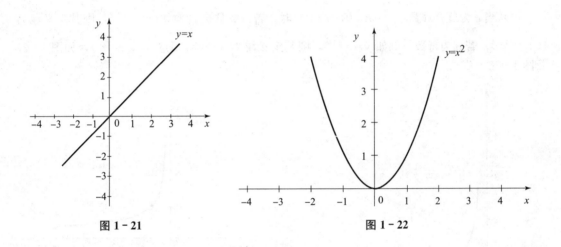

图 1 - 21　　　　　　　　　　图 1 - 22

（2）当 α 为负整数时，例如 $y=x^{-1}$，函数的定义域为 $（-\infty，0）\bigcup（0，+\infty）$，见图 1 - 24．

（3）当 α 为正有理数 $\dfrac{m}{n}$（$m>0$，$n>0$）时，若 n 为偶数，例如 $y=x^{1/2}$，则其定义域为 $[0，+\infty）$；若 n 为奇数，例如 $y=x^{1/3}$，则其定义域为 **R**．如图 1 - 25、图 1 - 26．

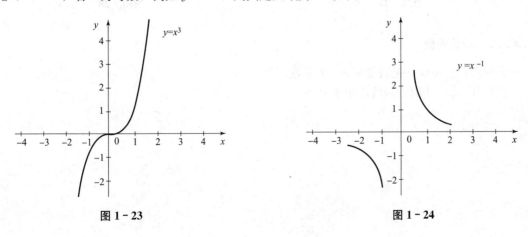

图 1 - 23　　　　　　　　　　图 1 - 24

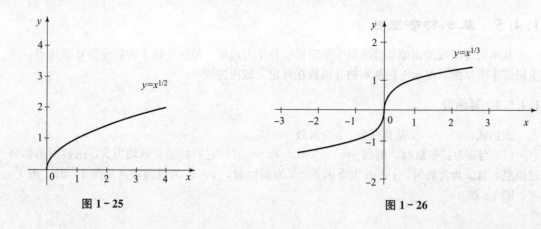

图 1 - 25   图 1 - 26

（4）当 α 为负有理数 $-\dfrac{m}{n}$（$m>0$，$n>0$）时，若 n 为偶数，例如 $y=x^{-1/2}$，则其定义域为 $(0，+\infty)$；若 n 为奇数，例如 $y=x^{-1/3}$，则其定义域为 $(-\infty，0)\bigcup(0，+\infty)$，如图 1 - 27 及图 1 - 28.

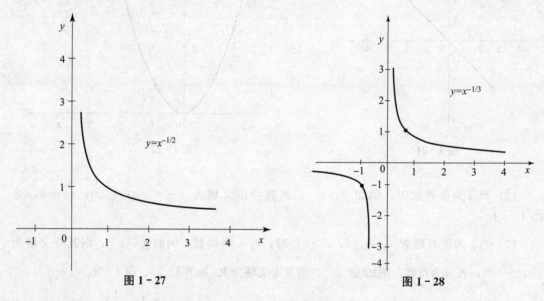

图 1 - 27   图 1 - 28

1.4.5.2 指数函数

表达式：$y=a^x$，x 是自变量，a 为常数，且 $a>0$，$a\neq1$.

（1）当 $0<a<1$ 时，函数性质如表 1 - 1.

表 1-1

定义域	**R**	函数图形
值域	$(0, +\infty)$	
有界性	有下界，无上界	
周期性	无	
奇偶性	非奇非偶	
单调性	单调递减	

（2）当 $a>1$ 时，例如 $y=\mathrm{e}^x$，函数性质如表 1-2.

表 1-2

定义域	**R**	函数图形
值域	$(0, +\infty)$	
有界性	有下界，无上界	
周期性	无	
奇偶性	非奇非偶	
单调性	单调递增	

注 ①底数互为倒数的两个指数函数 $f(x)=a^x$ 和 $h(x)=a^{-x}=(1/a)^x$ 的图像关于 y 轴对称，如图 1-29.

②当 $0<a<1$ 时，a 值越大，a^x 的图像越远离 y 轴，例如 2^x 与 3^x 的图像，如图 1-30.

③当 $a>1$ 时，a 值越大，a^x 的图像越靠近 y 轴，例如 $\left(\dfrac{1}{2}\right)^x$ 与 $\left(\dfrac{1}{3}\right)^x$ 的图像，如图 1-31.

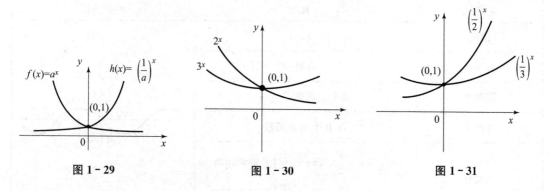

图 1-29   图 1-30   图 1-31

1.4.5.3 对数函数

表达式：$y=\log_a x$，x 是自变量，a 为常数，且 $a>0$，$a\neq1$.

(1) 当 $0<a<1$ 时，函数性质如表 1-3.

表 1-3

定义域	$(0, +\infty)$	函数图形
值域	**R**	
有界性	无界	
周期性	无	
奇偶性	非奇非偶	
单调性	单调递减	

（图：$y=\log_a x$，过点 (1,0)，在 x 轴上方递减）

(2) 当 $a>1$ 时，例如 $y=\ln x$，函数性质如表 1-4.

表 1-4

定义域	$(0, +\infty)$	函数图形
值域	**R**	
有界性	无界	
周期性	无	
奇偶性	非奇非偶	
单调性	单调递增	

（图：$y=\log_a x$，过点 (1,0)，递增）

1.4.5.4 三角函数

(1) 正弦函数 $y=\sin x$，如表 1-5.

表 1-5

定义域	**R**	函数图形
值域	$[-1, 1]$	
有界性	有界	
周期性	最小正周期 $T=2\pi$	
奇偶性	在 **R** 上为奇函数	
单调性	在 $\left(2k\pi-\dfrac{\pi}{2}, \ 2k\pi+\dfrac{\pi}{2}\right)$ 上单调递增 在 $\left(2k\pi+\dfrac{\pi}{2}, \ 2k\pi+\dfrac{3\pi}{2}\right)$ 上单调递减	

（图：$y=\sin x$ 的波形图）

注 余弦函数 $y=\cos x$ 在 **R** 上为偶函数，在 $((2k-1)\pi，2k\pi)$ 上单调递增；在 $(2k\pi，(2k+1)\pi)$ 上单调递减，其余性质与正弦函数相同，见图 1-32.

（2）正切函数 $y=\tan x$，如表 1-6.

表 1-6

定义域	$\left\{x\mid x\in \mathbf{R}，x\neq k\pi\pm\dfrac{\pi}{2}\right\}$	函数图形
值域	**R**	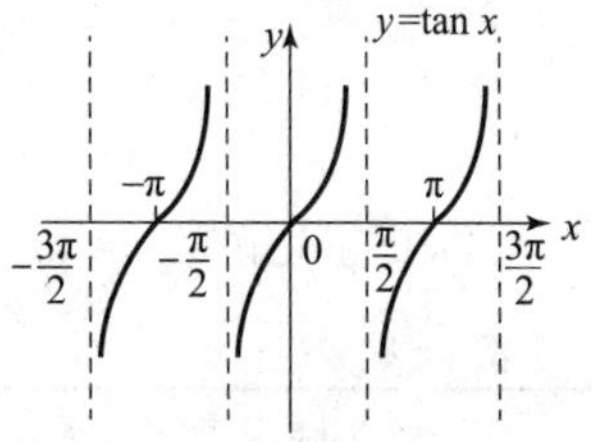
有界性	无界	
周期性	最小正周期 $T=\pi$	
奇偶性	在其定义区间上为奇函数	
单调性	在 $\left(\dfrac{2k-1}{2}\pi，\dfrac{2k+1}{2}\pi\right)$ 上单调递增	

（表中函数图形为 $y=\tan x$ 的图像）

注 余切函数 $y=\cot x$ 的定义域为 $\{x\mid x\in\mathbf{R}，x\neq k\pi\}$，在 $(k\pi，(k+1)\pi)$ 上单调递减，其余性质与正切函数相同，如图 1-33 所示.

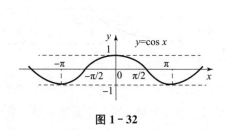

图 1-32

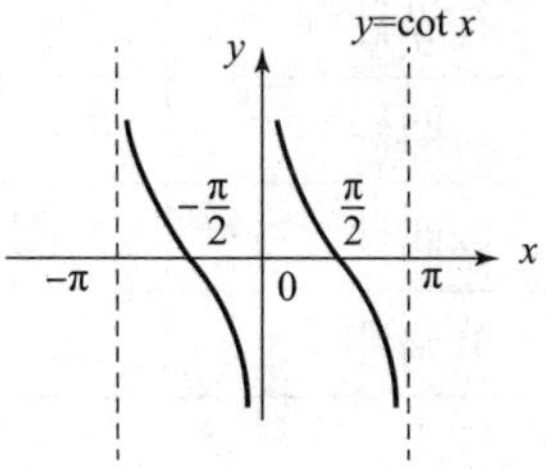

图 1-33

（3）反正弦函数 $y=\arcsin x$，如表 1-7.

表 1-7

定义域	$[-1，1]$	函数图形
值域	$\left[-\dfrac{\pi}{2}，\dfrac{\pi}{2}\right]$	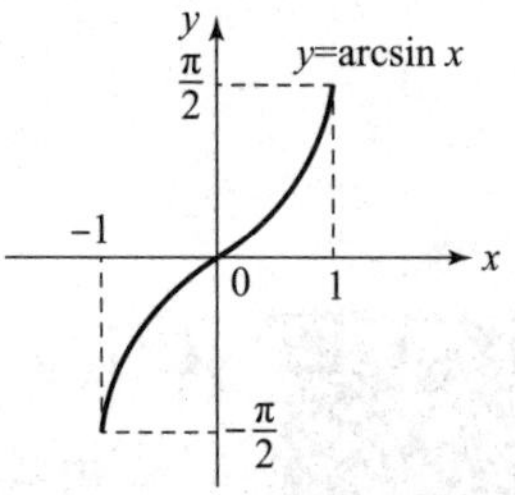
有界性	有界	
周期性	无	
奇偶性	在其定义区间上为奇函数	
单调性	单调递增	

（表中函数图形为 $y=\arcsin x$ 的图像）

注 反余弦函数 $y=\arccos x$ 的值域为 $[0，\pi]$，在其定义区间上单调递减，为非奇非偶函数. 见图 1-34.

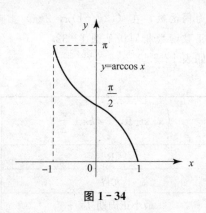

图 1-34

（4）反正切函数 $y=\arctan x$，如表 1-8.

表 1-8

定义域	**R**	函数图形
值域	$\left(-\dfrac{\pi}{2},\ \dfrac{\pi}{2}\right)$	
有界性	有界	
周期性	无	
奇偶性	在其定义区间上为奇函数	
单调性	单调递增	

注 反余切函数 $y=\operatorname{arccot}x$ 的值域为 $(0,\ \pi)$，在其定义区间上单调递减，为非奇非偶函数，见图 1-35.

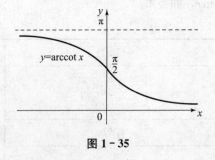

图 1-35

1.4.6 初等函数

由基本初等函数和常数经过有限次的四则运算及有限次的复合运算所构成，并能用一个解析式表示的函数，称为初等函数. 例如，$y=\dfrac{x^2-\cos(2x-1)}{x\ln x}$，$y=\mathrm{e}^{1+\sqrt{1+x^2}}$ 都是初等函数.

注 ①初等函数在其定义域内不一定连续，如 $y=\sqrt{\cos x-1}\Rightarrow x=2n\pi$. 任何一点都不存在邻域，故不连续. 而基本初等函数在其定义域内一定是连续的.

②多项式函数和有理分式函数都是初等函数.

形如 $P_n(x) = a_n x^n + a_{n-1} x^{n-1} + \cdots + a_1 x + a_0$ 的函数称为多项式函数，各项系数 a_n，a_{n-1}，$\cdots$，a_1，a_0 为常数，最高次幂 n 称为多项式函数的次数.

两个多项式函数的比值称为有理分式函数，形如 $\dfrac{a_m x^m + a_{m-1} x^{m-1} + \cdots + a_0}{b_n x^n + b_{n-1} x^{n-1} + \cdots + b_0}$，有理分式函数可以分为真分式和假分式两类：分子最高次幂小于分母最高次幂的称为真分式，反之称为假分式.

1.4.7 特殊函数

1.4.7.1 幂指函数

幂底数和幂指数都为自变量的函数，称为幂指函数. 例如：$u(x)^{v(x)}$ 就是关于 x 的幂指函数，这里要求 $u(x) > 0$. 无论是在求极限、求导（微分）还是在求积分的题目中，往往要先将其转化为复合函数 $e^{v(x)\ln u(x)}$ 来处理，转化过程：$u(x)^{v(x)} = e^{\ln u(x)^{v(x)}} = e^{v(x)\ln u(x)}$.

注 当 $u(x)$ 和 $v(x)$ 连续时，$u(x)^{v(x)}$ 连续；$u(x)$ 和 $v(x)$ 可微时，$u(x)^{v(x)}$ 可微.

1.4.7.2 绝对值函数

$$y = |x - x_0| = \begin{cases} x - x_0, & x \geqslant x_0 \\ x_0 - x, & x < x_0 \end{cases}, \text{特殊地，} y = |x| = \begin{cases} x, & x \geqslant 0 \\ -x, & x < 0 \end{cases} = \sqrt{x^2} \text{（偶函数）}.$$

如图 1-36、图 1-37 所示.

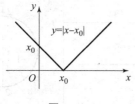

图 1-36

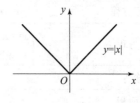

图 1-37

注 ①在求极限、求导（微分）或求积分的题目中，绝对值函数是没有直接的运算法则可以使用的，只能先去掉绝对值转化为分段函数分段处理，然后单独讨论在分段点处的极限、导数或积分情况.

②函数 $y = \dfrac{|x|}{x} = \begin{cases} 1, & x > 0 \\ -1, & x < 0 \end{cases}$ 是有界函数.

1.4.7.3 符号函数（见图 1-38）

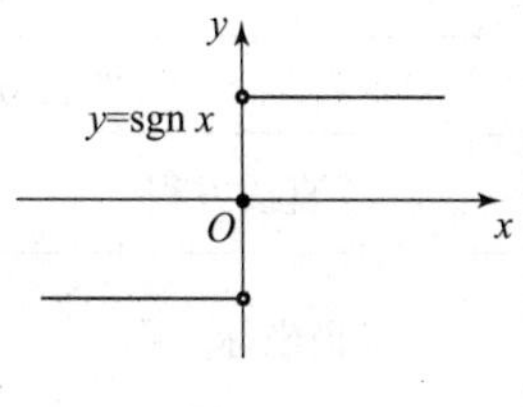

符号函数 $y = \operatorname{sgn} x = \begin{cases} 1, & x > 0 \\ 0, & x = 0, \text{重要关系：} |x| = x \operatorname{sgn} x. \\ -1, & x < 0 \end{cases}$

图 1-38

注 符号函数在求导或积分中有时可以视为"常数"：设 $F'(x) = f(x)$，且 $f(0) = 0$，则 $[F(x)\operatorname{sgn} x]' = [F(x)]'\operatorname{sgn} x = f(x)\operatorname{sgn} x$；$\displaystyle\int f(x)\operatorname{sgn} x \mathrm{d}x = \operatorname{sgn} x \int f(x)\mathrm{d}x = F(x)\operatorname{sgn} x + C.$

1.4.7.4 取整函数（见图 1-39）

取整函数 $y=[x]$，$x \in \mathbf{R}$，表示 y 取不大于 x 的最大整数，也称"取近小"——取距离 x 最近的且小于等于 x 的第一个整数．例如 $[1]=1$，$[1.01]=1$，$[0.99]=0$，$[-1.01]=-2$，$[0.01]=0$，$[-0.01]=-1$．

含取整函数的重要不等式：$x-1 < [x] \leqslant x$，$[x]+[y] \leqslant [x+y]$．

若 k 为整数，则 $\lim\limits_{x \to k^+}[x]=k$，$\lim\limits_{x \to k^-}[x]=k-1$．

若 n 为正整数，则 $[x+n]=[x]+n$；$[nx] \geqslant n[x]$．

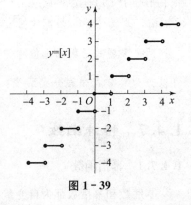

图 1-39

1.5 经 典 曲 线

1.5.1 圆（见表 1-9 至表 1-11）

表 1-9

曲线名称		圆	
曲线方程 1		取值范围	图形 1
直线方程	$x^2+y^2=a^2$	$-a \leqslant x \leqslant a$，$-a \leqslant y \leqslant a$	
极坐标方程	$\rho=a$	$0 \leqslant \theta \leqslant 2\pi$	
参数方程	$\begin{cases} x=a\cos t \\ y=a\sin t \end{cases}$	$0 \leqslant t \leqslant 2\pi$	
对称性	关于原点和坐标轴都对称		
围成面积	πa^2		
曲线周长	$2\pi a$		
绕坐标轴旋转的体积	$\dfrac{4}{3}\pi a^3$		

表 1-10

曲线名称		圆	
曲线方程 2		取值范围	图形 2
直线方程	$x^2+y^2=2ax$	$0 \leqslant x \leqslant 2a$，$-a \leqslant y \leqslant a$	
极坐标方程	$\rho=2a\cos\theta$	$-\dfrac{\pi}{2} \leqslant \theta \leqslant \dfrac{\pi}{2}$	
参数方程	$\begin{cases} x=a+a\cos t \\ y=a\sin t \end{cases}$	$0 \leqslant t \leqslant 2\pi$	

续表

曲线名称	圆	
曲线方程 2	取值范围	图形 2
对称性	关于 x 轴（$y=0$）对称	
围成面积	πa^2	
曲线周长	$2\pi a$	
绕横轴旋转的体积	$\dfrac{4}{3}\pi a^3$	

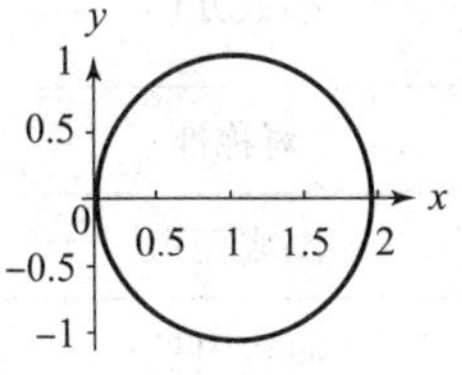

表 1 - 11

曲线名称	圆	
曲线方程 3	取值范围	图形 3
直线方程	$x^2+y^2=2ay$	$-a\leqslant x\leqslant a$，$0\leqslant y\leqslant 2a$
极坐标方程	$\rho=2a\sin\theta$	$0\leqslant\theta\leqslant\pi$
参数方程	$\begin{cases} x=a\cos t \\ y=a+a\sin t \end{cases}$	$0\leqslant t\leqslant 2\pi$
对称性	关于 y 轴（$x=0$）对称	
围成面积	πa^2	
曲线周长	$2\pi a$	
绕横轴旋转的体积	$\dfrac{4}{3}\pi a^3$	

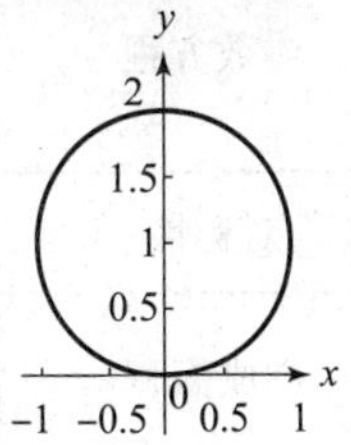

1.5.2　摆线（仅数一）

摆线（Cycloid），在平面上，一个动圆（发生圆）沿着一条固定的直线（基线）或固定圆（基圆）做纯滚动时，此动圆上一点的轨迹称为摆线.

当动圆沿一直线缓慢地滚动时，圆上一固定点所经过的轨迹为摆线.

当动圆沿着固定圆（固定圆的半径大于等于定圆的半径）滚动时，摆线分为内摆线和外摆线. 动圆内切于定圆做无滑动的滚动，动圆圆周上一个定点的轨迹称为内摆线，典型曲线为星形线；当动圆沿着定圆的外侧无滑动地滚动时，动圆圆周上的一个定点所描绘的点的轨迹称为外摆线，典型代表曲线为心形线.

当动圆沿一直线缓慢地滚动时形成的摆线是以 2π 为周期的周期函数，每一拱的形状都是一样的，摆线一拱的曲线图形和相关信息如表 1 - 12 至表 1 - 15 所示.

表 1 - 12

曲线名称			摆线	
曲线方程 3		取值范围	图形	
参数方程	$\begin{cases} x = a(t - \sin t) \\ y = a(1 - \cos t) \end{cases}$	$0 \leqslant t \leqslant 2\pi$ （摆线的一拱）		
对称性	无对称性			
围成面积	$3\pi a^2$			
曲线周长	$8a$			
绕横轴旋转的体积	$5\pi^2 a^3$			
绕纵轴旋转的体积	$6\pi^3 a^3$		($a=1$)	

表 1 - 13

曲线名称		心形线	
曲线方程 2		取值范围	图形 2
直角方程	$x^2 + y^2 = a(-x + \sqrt{x^2 + y^2})$		
极坐标方程	$\rho = a(1 - \cos\theta)$	$0 \leqslant \theta \leqslant 2\pi$	
参数方程	$\begin{cases} x = a(1 - \cos t)\cos t \\ y = a(1 - \cos t)\sin t \end{cases}$	$0 \leqslant t \leqslant 2\pi$	
对称性	关于 x 轴（$y=0$）对称		
围成面积	$\dfrac{3}{2}\pi a^2$		
曲线周长	$8a$		($a=1$)

表 1 - 14

曲线名称		心形线	
曲线方程 3		取值范围	图形 3
直角方程	$x^2 + y^2 = a(y + \sqrt{x^2 + y^2})$		
极坐标方程	$\rho = a(1 + \sin\theta)$	$0 \leqslant \theta \leqslant 2\pi$	
参数方程	$\begin{cases} x = a(1 + \sin t)\cos t \\ y = a(1 + \sin t)\sin t \end{cases}$	$0 \leqslant t \leqslant 2\pi$	
对称性	关于 y 轴（$x=0$）对称		
围成面积	$\dfrac{3}{2}\pi a^2$		
曲线周长	$8a$		($a=1$)

表 1-15

曲线名称			心形线
曲线方程 4		取值范围	图形 4
直角方程	$x^2+y^2=a\left(-y+\sqrt{x^2+y^2}\right)$		
极坐标方程	$\rho=a(1-\sin\theta)$	$0\leqslant\theta\leqslant2\pi$	
参数方程	$\begin{cases}x=a(1-\sin t)\cos t\\y=a(1-\sin t)\sin t\end{cases}$	$0\leqslant t\leqslant2\pi$	
对称性	关于 y 轴 $(x=0)$ 对称		
围成面积	$\dfrac{3}{2}\pi a^2$		
曲线周长	$8a$		(a=1)

1.5.3　螺线（仅数一）

螺线（Spiral Cord），螺旋体的一圈或线圈在平面极坐标系中，如果极径 ρ 随极角 θ 的增加而成比例增加（或减少），这样的动点所形成的轨迹就称为螺线.

下面介绍双曲螺线.

双曲螺线又称倒数螺线，是阿基米德螺线的倒数. 其极径与极角成反比的点的轨迹为双曲螺线.

双曲螺线很奇异，它尾部非常直，几乎可以当作直线来看待，它的螺旋中心无限小，可以看作一个至小无内的点，也可以看作一个圆环，它的半径从无限小到无限大（双曲螺线的半径是指该曲线上的点到螺旋中心的距离），所以双曲螺旋系可以看作是半径依次增加的圆，在每个圆上各取一点，然后连接所有的点构成的曲线. 沿着 x 轴对折螺旋线，可以形成大小不等的长横轴椭圆，沿着 y 轴对折，可以形成长立轴椭圆.

双曲螺旋线应用很广泛，如 2003 年新型专利公开了一种双曲面螺旋齿轮，该齿轮的节圆面取双曲回转面的中心咽喉部分，齿形为与节线 N 相垂直的双曲螺旋线. 双曲螺线的综合信息见表 1-16.

表 1-16

曲线名称			双曲螺线
曲线方程		取值范围	图形
直角方程	$\sqrt{(x^2+y^2)}=\dfrac{a}{\arctan\dfrac{y}{x}}$	$x\neq0,\ y\neq0,\ y<a$	
极坐标方程	$\rho=\dfrac{a}{\theta}$	$0<\theta<+\infty$	
参数方程	$\begin{cases}x=a\dfrac{\cos t}{t}\\y=a\dfrac{\sin t}{t}\end{cases}$	$0<t<+\infty$	
对称性	没有对称性		
渐近线	$y=a$		

1.5.4 伯努利双纽线（仅数一）

双纽线设定线段 AB 长度为 $2a$，动点 M 满足 $MA \times MB = a^2$，M 的轨迹称为双纽线.

伯努利双纽线在纺织中作为花纹得到广泛应用，用双纽线编织的布料外形美观，结构紧密，具有重复性和渐变性. 伯努利双纽线无撞击双进气拓宽流量增压器在工业中得到广泛应用. 在雅格布·伯努利的《猜度术》一书中，将伯努利双纽线广泛应用到赌博术中. 伯努利双纽线的综合信息见表 1-17 和表 1-18.

表 1-17

曲线名称	伯努利双纽线		
曲线方程 1	取值范围	图形 1	
直角方程	$(x^2+y^2)^2=2a^2xy$		
极坐标方程	$\rho^2=a^2\sin2\theta$	$0 \leqslant \theta < \dfrac{\pi}{2}$, $\pi \leqslant \theta \leqslant \dfrac{3\pi}{2}$	
参数方程	$\begin{cases} x=\sqrt{2}a\cos^{\frac{3}{2}}t\sin^{\frac{1}{2}}t \\ y=\sqrt{2}a\sin^{\frac{3}{2}}t\cos^{\frac{1}{2}}t \end{cases}$	$0 \leqslant t < \dfrac{\pi}{2}$, $\pi \leqslant t \leqslant \dfrac{3\pi}{2}$	
对称性	没有原点称性		
围成面积	a^2		

表 1-18

曲线名称	伯努利双纽线		
曲线方程 2	取值范围	图形 2	
直角方程	$(x^2+y^2)^2=2a^2(x^2-y^2)$		
极坐标方程	$\rho^2=a^2\cos2\theta$	$-\dfrac{\pi}{4} \leqslant \theta < \dfrac{\pi}{4}$, $\dfrac{3\pi}{4} \leqslant \theta \leqslant \dfrac{5\pi}{4}$	
参数方程	$\begin{cases} x=a\sqrt{2\cos2t}\cos t \\ y=a\sqrt{2\cos2t}\sin t \end{cases}$	$-\dfrac{\pi}{4} \leqslant t \leqslant \dfrac{\pi}{4}$, $\dfrac{3\pi}{4} \leqslant t \leqslant \dfrac{5\pi}{4}$	
对称性	关于原点和坐标轴都对称		
围成面积	$2a^2$		

1.5.5 玫瑰线（仅数一）

玫瑰线的说法源于欧洲海图. 在中世纪的航海地图上，并没有经纬线，有的只是一些从中心有序地向外辐射的交叉的直线方向线，此线也称罗盘线．希腊神话里的各路风神被精心描绘在这些线上，作为方向的记号．葡萄牙水手则称他们的罗盘盘面为风的玫瑰．水手们根据太阳的位置估计风向，再与"风玫瑰"对比找出航向．玫瑰线，即指引方向的线．

玫瑰线的极坐标方程为 $\rho=a\sin(n\theta)$，$\rho=a\cos(n\theta)$．用参数方程表示为 $\begin{cases} x=a\sin(nt)\cos t \\ y=a\cos(nt)\sin t \end{cases}$．

根据三角函数的特性可知，玫瑰线是一种具有周期性且包络线为圆弧的曲线，曲线的几何结构取决于方程参数的取值，不同的参数决定了玫瑰线的大小、叶子的数目和周期的可变性．这里参数 a（包络半径）控制叶子的长短，参数 n 控制叶子的个数、叶子的大小及周期的长短．如 $n=1$ 时，曲线对应的方程为 $\rho=a\sin\theta$，或者 $\rho=a\cos\theta$，此时为圆心在 y 轴上，或者圆心在 x 轴上的圆．对于 n 为其他实数时，比如 $n=2$，3，$\dfrac{3}{2}$ 时，曲线方程为 $\rho=a\sin(3\theta)$，$\rho=a\sin(2\theta)$，$\rho=a\sin\left(\dfrac{3}{2}\theta\right)$ 分别对应的是三叶、四叶和六叶玫瑰线．下面仅就三叶玫瑰线、四叶玫瑰线和六叶玫瑰线的曲线信息汇总见表 1-19 至表 1-23．

表 1-19

曲线名称		三叶玫瑰线
曲线方程 1	取值范围	图形 1
直角方程	$(x^2+y^2)^2=ay(3x^2-y^2)$	
极坐标方程	$\rho=a\sin3\theta$　　　$0\leqslant\theta<+\infty$	
参数方程	$\begin{cases} x=a\sin3t\cos t \\ y=a\sin3t\sin t \end{cases}$	
对称性	关于原点和 y 轴都对称	
围成面积	$\dfrac{1}{4}\pi a^2$	

表 1-20

曲线名称		三叶玫瑰线
曲线方程 2	取值范围	图形 2
直角方程	$(a^2-x^2-y^2)(x^2+y^2)^3$ $=a^2y^2(3x^2-y^2)^2$	
极坐标方程	$\rho=a\cos3\theta$	
参数方程	$\begin{cases} x=a\cos3t\cos t \\ y=a\cos3t\sin t \end{cases}$	
对称性	关于原点和 x 轴都对称	
围成面积	$\dfrac{1}{4}\pi a^2$	

表 1 - 21

曲线名称		四叶玫瑰线
曲线方程 3	取值范围	图形 3
直角方程	$(x^2+y^2)^3=(2axy)^2$	
极坐标方程	$\rho=a\sin2\theta$	
参数方程	$\begin{cases}x=a\sin2t\cos t\\y=a\sin2t\sin t\end{cases}$	
对称性	关于原点和坐标轴都对称	
围成面积	$\dfrac{1}{2}\pi a^2$	

表 1 - 22

曲线名称		四叶玫瑰线
曲线方程 4	取值范围	图形 4
直角方程	$(x^2+y^2)^3=a^2(x^2-y^2)$	
极坐标方程	$\rho=a\cos2\theta$	
参数方程	$\begin{cases}x=a\cos2t\cos t\\y=a\cos2t\sin t\end{cases}$	
对称性	关于原点和坐标轴都对称	
围成面积	$\dfrac{1}{2}\pi a^2$	

表 1 - 23

曲线名称		六叶玫瑰线
曲线方程 5	取值范围	图形 5
直角方程	$(4-4a^2)(x^2+y^2)^4=-a^4y^3(3x^2-y^2)$	
极坐标方程	$\rho=a\sin\dfrac{3\theta}{2}$	
参数方程	$\begin{cases}x=a\sin\dfrac{3t}{2}\cos t\\y=a\sin\dfrac{3t}{2}\sin t\end{cases}$	
对称性	关于原点和坐标轴都对称	
围成面积	$\dfrac{1}{2}\pi a^2$	

1.6　其他基础知识

这些知识并不是要求大家在刚开始复习的时候都记住，因为我们可能用到的只是其中一部分，可以大致浏览下，知道有哪些基本公式，能记住多少就记住多少，记不住的后面做题的时候遇到了，我们再返回来查询，使用的多了，自然就记住了．

1.6.1　数列基础

1.6.1.1　等差数列

首项为 a_1，公差为 $d(d\neq0)$ 的等差数列 a_1，a_1+d，a_1+2d，$\cdots$，$a_1+(n-1)d$，$\cdots$．

①通项公式：$a_n=a_1+(n-1)d$；

②前 n 项的和：$S_n=\dfrac{n}{2}\big[2a_1+(n-1)d\big]=\dfrac{n}{2}(a_1+a_n)$．

1.6.1.2　等比数列

首项为 a_1，公比为 $r(r\neq0)$ 的等比数列 a_1，a_1r，a_1r^2，$\cdots$，a_1r^{n-1}，$\cdots$．

①通项公式：$a_n=a_1r^{n-1}$；

②前 n 项的和：$S_n=\dfrac{a_1(1-r^n)}{1-r}(r\neq1)$．

常用公式：$1+r+r^2+\cdots+r^{n-1}=\dfrac{1-r^n}{1-r}(r\neq1)$．

1.6.1.3　一些数列前 n 项的和

① $\displaystyle\sum_{k=1}^{n}k=1+2+3+\cdots+n=\dfrac{n(n+1)}{2}$；

② $\displaystyle\sum_{k=1}^{n}(2k-1)=1+3+5+\cdots+(2n-1)=n^2$；

③ $\displaystyle\sum_{k=1}^{n}k^2=1^2+2^2+3^2+\cdots+n^2=\dfrac{n(n+1)(2n+1)}{6}$（重点记忆）；

④ $\displaystyle\sum_{k=1}^{n}k^3=1^3+2^3+3^3+\cdots+n^3=\left[\dfrac{n(n+1)}{2}\right]^2=\left(\sum_{k=1}^{n}k\right)^2$；

⑤ $\displaystyle\sum_{k=1}^{n}k(k+1)=1\times2+2\times3+3\times4+\cdots+n(n+1)=\dfrac{n(n+1)(n+2)}{3}$；

⑥ $\displaystyle\sum_{k=1}^{n}\dfrac{1}{k(k+1)}=\dfrac{1}{1\times2}+\dfrac{1}{2\times3}+\dfrac{1}{3\times4}+\cdots+\dfrac{1}{n(n+1)}=\dfrac{n}{n+1}$（重点记忆）．

1.6.2　三角函数基础

1.6.2.1　三角函数基本关系

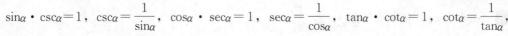

$\sin\alpha\cdot\csc\alpha=1$，$\csc\alpha=\dfrac{1}{\sin\alpha}$，$\cos\alpha\cdot\sec\alpha=1$，$\sec\alpha=\dfrac{1}{\cos\alpha}$，$\tan\alpha\cdot\cot\alpha=1$，$\cot\alpha=\dfrac{1}{\tan\alpha}$，

$\tan\alpha=\dfrac{\sin\alpha}{\cos\alpha}$，$\cot\alpha=\dfrac{\cos\alpha}{\sin\alpha}$，$\sin^2\alpha+\cos^2\alpha=1$，$1-\sin^2\alpha=\cos^2\alpha$，$1-\cos^2\alpha=\sin^2\alpha$，$\sec^2\alpha-\tan^2\alpha=1$，$1+\tan^2\alpha=\sec^2\alpha$，$\sec^2\alpha-1=\tan^2\alpha$，$\csc^2\alpha-\cot^2\alpha=1$，$1+\cot^2\alpha=\csc^2\alpha$，$\csc^2\alpha-1=\cot^2\alpha$.

1.6.2.2 诱导公式（约化公式）

表 1-24

角 / 函数	$\dfrac{\pi}{2}-\alpha$ / $90°-\alpha$	$\dfrac{\pi}{2}+\alpha$ / $90°+\alpha$	$\pi-\alpha$ / $180°-\alpha$	$\pi+\alpha$ / $180°+\alpha$	$\dfrac{3}{2}\pi-\alpha$ / $270°-\alpha$	$\dfrac{3}{2}\pi+\alpha$ / $270°+\alpha$	$2\pi-\alpha$ / $360°-\alpha$
$\sin\theta$	$\cos\alpha$	$\cos\alpha$	$\sin\alpha$	$-\sin\alpha$	$-\cos\alpha$	$-\cos\alpha$	$-\sin\alpha$
$\cos\theta$	$\sin\alpha$	$-\sin\alpha$	$-\cos\alpha$	$-\cos\alpha$	$-\sin\alpha$	$\sin\alpha$	$\cos\alpha$
$\tan\theta$	$\cot\alpha$	$-\cot\alpha$	$-\tan\alpha$	$\tan\alpha$	$\cot\alpha$	$-\cot\alpha$	$-\tan\alpha$
$\cot\theta$	$\tan\alpha$	$-\tan\alpha$	$-\cot\alpha$	$\cot\alpha$	$\tan\alpha$	$-\tan\alpha$	$-\cot\alpha$

注 如表 1-25 所示，奇变偶不变，符号看象限（因任一角度均可表示为 $\dfrac{k\pi}{2}+\alpha$，$k\in Z$，$|\alpha|<\dfrac{\pi}{4}$，故 k 为奇数时得角 α 的异名函数值，k 为偶数时得角 α 的同名函数值，然后在前加上一个把角 α 看作锐角时原来函数值的符号）。三角函数函数值见表 1-26.

表 1-25

角 θ 所在象限 / 函数	第一象限	第二象限	第三象限	第四象限
$\sin\theta$	$+$	$+$	$-$	$-$
$\cos\theta$	$+$	$-$	$-$	$+$
$\tan\theta$	$+$	$-$	$+$	$-$
$\cot\theta$	$+$	$-$	$+$	$-$

表 1-26

	$0°$	$30°$	$45°$	$60°$	$90°$	$120°$	$135°$	$150°$	$180°$	$270°$	$360°$
α	0	$\dfrac{\pi}{6}$	$\dfrac{\pi}{4}$	$\dfrac{\pi}{3}$	$\dfrac{\pi}{2}$	$\dfrac{2\pi}{3}$	$\dfrac{3\pi}{4}$	$\dfrac{5\pi}{6}$	π	$\dfrac{3\pi}{2}$	2π
$\sin\alpha$	0	$\dfrac{1}{2}$	$\dfrac{\sqrt{2}}{2}$	$\dfrac{\sqrt{3}}{2}$	1	$\dfrac{\sqrt{3}}{2}$	$\dfrac{\sqrt{2}}{2}$	$\dfrac{1}{2}$	0	-1	0
$\cos\alpha$	1	$\dfrac{\sqrt{3}}{2}$	$\dfrac{\sqrt{2}}{2}$	$\dfrac{1}{2}$	0	$-\dfrac{1}{2}$	$-\dfrac{\sqrt{2}}{2}$	$-\dfrac{\sqrt{3}}{2}$	-1	0	1
$\tan\alpha$	0	$\dfrac{\sqrt{3}}{3}$	1	$\sqrt{3}$	∞	$-\sqrt{3}$	-1	$-\dfrac{\sqrt{3}}{3}$	0	∞	0
$\cot\alpha$	∞	$\sqrt{3}$	1	$\dfrac{\sqrt{3}}{3}$	0	$-\dfrac{\sqrt{3}}{3}$	-1	$-\sqrt{3}$	∞	0	∞

注 $\sec\alpha$ 和 $\csc\alpha$ 的函数值可由 $\dfrac{1}{\cos\alpha}$ 和 $\dfrac{1}{\sin\alpha}$ 得出.

1.6.2.3　重要公式

（1）倍角公式．

$\sin 2\alpha = 2\sin\alpha\cos\alpha$，$\cos 2\alpha = \cos^2\alpha - \sin^2\alpha = 1 - 2\sin^2\alpha = 2\cos^2\alpha - 1$，$\sin 3\alpha = -4\sin^3\alpha + 3\sin\alpha$，

$\cos 3\alpha = 4\cos^3\alpha - 3\cos\alpha$，$\sin^2\alpha = \dfrac{1}{2}(1 - \cos 2\alpha)$，$\cos^2\alpha = \dfrac{1}{2}(1 + \cos 2\alpha)$（降幂公式），$\tan 2\alpha = \dfrac{2\tan\alpha}{1 - \tan^2\alpha}$，$\cot 2\alpha = \dfrac{\cot^2\alpha - 1}{2\cot\alpha}$．

（2）半角公式．

$\sin^2\dfrac{\alpha}{2} = \dfrac{1}{2}(1 - \cos\alpha)$，$\cos^2\dfrac{\alpha}{2} = \dfrac{1}{2}(1 + \cos\alpha)$（降幂公式），$\sin\dfrac{\alpha}{2} = \pm\sqrt{\dfrac{1 - \cos\alpha}{2}}$，$\cos\dfrac{\alpha}{2} = \pm\sqrt{\dfrac{1 + \cos\alpha}{2}}$，$\tan\dfrac{\alpha}{2} = \dfrac{1 - \cos\alpha}{\sin\alpha} = \dfrac{\sin\alpha}{1 + \cos\alpha} = \pm\sqrt{\dfrac{1 - \cos\alpha}{1 + \cos\alpha}}$，$\cot\dfrac{\alpha}{2} = \dfrac{\sin\alpha}{1 - \cos\alpha} = \dfrac{1 + \cos\alpha}{\sin\alpha} = \pm\sqrt{\dfrac{1 + \cos\alpha}{1 - \cos\alpha}}$．

（3）和差公式．

$\sin(\alpha \pm \beta) = \sin\alpha\cos\beta \pm \cos\alpha\sin\beta$，$\cos(\alpha \pm \beta) = \cos\alpha\cos\beta \mp \sin\alpha\sin\beta$，$\tan(\alpha \pm \beta) = \dfrac{\tan\alpha \pm \tan\beta}{1 \mp \tan\alpha\tan\beta}$，

$\cot(\alpha \pm \beta) = \dfrac{\cot\alpha\cot\beta \mp 1}{\cot\beta \pm \cot\alpha}$

（4）积化和差与和差化积公式．

①积化和差公式．

$\sin\alpha\cos\beta = \dfrac{1}{2}[\sin(\alpha + \beta) + \sin(\alpha - \beta)]$，$\cos\alpha\cos\beta = \dfrac{1}{2}[\cos(\alpha + \beta) + \cos(\alpha - \beta)]$，$\sin\alpha\sin\beta = \dfrac{1}{2}[\cos(\alpha - \beta) - \cos(\alpha + \beta)]$．

②和差化积公式．

$\sin\alpha + \sin\beta = 2\sin\dfrac{\alpha + \beta}{2}\cos\dfrac{\alpha - \beta}{2}$，$\sin\alpha - \sin\beta = 2\sin\dfrac{\alpha - \beta}{2}\cos\dfrac{\alpha + \beta}{2}$，$\cos\alpha + \cos\beta = 2\cos\dfrac{\alpha + \beta}{2}\cos\dfrac{\alpha - \beta}{2}$，$\cos\alpha - \cos\beta = -2\sin\dfrac{\alpha + \beta}{2}\sin\dfrac{\alpha - \beta}{2}$．

（5）万能公式．

若 $u = \tan\dfrac{x}{2}$（$-\pi < x < \pi$），则 $\sin x = \dfrac{2u}{1 + u^2}$，$\cos x = \dfrac{1 - u^2}{1 + u^2}$．

（6）任意三角形的基本关系．

在任意 $\triangle ABC$ 中，角 A、B、C 所对边长分别为 a，b，c．三角形外接圆的半径为 R．

① $\dfrac{a}{\sin A} = \dfrac{b}{\sin B} = \dfrac{c}{\sin C} = 2R$（正弦定理）

② $a^2 = b^2 + c^2 - 2bc\cos A$（余弦定理）

③ $\dfrac{a + b}{a - b} = \dfrac{\tan\dfrac{1}{2}(A + B)}{\tan\dfrac{1}{2}(A - B)}$（正切定理）

④$S=\dfrac{1}{2}ab\sin C$（面积公式），$S=\sqrt{p(p-a)(p-b)(p-c)}$，$p=\dfrac{1}{2}(a+b+c)$

（7）初等几何.

在下列公式中，字母 R，r 表示半径，h 表示高，l 表示斜高.

①圆、圆扇形.

圆：周长＝$2\pi r$；面积＝πr^2.

圆扇形：面积＝$\dfrac{1}{2}r^2a$（式中 a 为扇形的圆心角，以弧度计）.

②正圆锥.

体积＝$\dfrac{1}{3}\pi r^2 h$；侧面积＝πrl；全面积＝$\pi r(r+l)$.

③截圆锥.

体积＝$\dfrac{\pi h}{3}(R^2+r^2+Rr)$；侧面积＝$\pi l(R+r)$.

④球.

体积＝$\dfrac{4}{3}\pi r^3$；面积＝$4\pi r^2$.

1.6.3　其他重要结论

1.6.3.1　指数运算法则

$a^\alpha\cdot a^\beta=a^{\alpha+\beta}$，$\dfrac{a^\alpha}{a^\beta}=a^{\alpha-\beta}$，$(a^\alpha)^\beta=a^{\alpha\beta}$，$(ab)^\alpha=a^\alpha b^\alpha$，$\left(\dfrac{a}{b}\right)^\alpha=\dfrac{a^\alpha}{b^\alpha}$，其中 a，b 是正实数，α，β 是任意实数.

1.6.3.2　对数运算法则

①$\log_a(MN)=\log_a M+\log_a N$（积的对数＝对数的和）；

②$\log_a\dfrac{M}{N}=\log_a M-\log_a N$（商的对数＝对数的差）；

③$\log_a M^n=n\log_a M$（幂的对数＝对数的倍数）；

④$\log_a\sqrt[n]{M}=\dfrac{1}{n}\log_a M$.

⑤$M^{\log_a N}=N^{\log_a M}$.

1.6.3.3　一元二次方程基础

①一元二次方程 $ax^2+bx+c=0(a\neq0)$.

②根的公式 $x_{1,2}=\dfrac{-b\pm\sqrt{b^2-4ac}}{2a}$.

③根与系数的关系（韦达定理）$x_1+x_2=-\dfrac{b}{a}$，$x_1 x_2=\dfrac{c}{a}$.

④判别式 $\Delta=b^2-4ac$：

$\Delta=b^2-4ac>0$　　方程有两个不等的实根；

$\Delta = b^2 - 4ac = 0$　　方程有两个相等的实根；

$\Delta = b^2 - 4ac < 0$　　方程有两个共轭的复根.

⑤抛物线 $y = ax^2 + bx + c$ 的顶点 $\left(-\dfrac{b}{2a}, \ c - \dfrac{b^2}{4a} \right)$.

1.6.3.4　因式分解公式

①$(a+b)^2 = a^2 + 2ab + b^2$.　　②$(a-b)^2 = a^2 - 2ab + b^2$.

③$(a+b)^3 = a^3 + 3a^2b + 3ab^2 + b^3$.　　④$(a-b)^3 = a^3 - 3a^2b + 3ab^2 - b^3$.

⑤$(a+b)(a-b) = a^2 - b^2$.　　⑥$a^2 - b^2 = (a+b)(a-b)$.

⑦$a^3 - b^3 = (a-b)(a^2 + ab + b^2)$.　　⑧$a^3 + b^3 = (a+b)(a^2 - ab + b^2)$.

⑨$a^n - b^n = (a-b)(a^{n-1} + a^{n-2}b + \cdots + ab^{n-2} + b^{n-1})$（$n$ 是正整数）

⑩n 是正奇数时，$a^n + b^n = (a+b)(a^{n-1} - a^{n-2}b + \cdots - ab^{n-2} + b^{n-1})$.

⑪二项式定理（牛顿公式）

$$(a+b)^n = \sum_{k=0}^{n} C_n^k a^n b^{n-k} = a^n + na^{n-1}b + \frac{n(n-1)}{2!}a^{n-2}b^2 + \cdots$$

$$+ \frac{n(n-1)\cdots(n-k+1)}{k!}a^{n-k}b^k + \cdots + nab^{n-1} + b^n.$$

1.6.3.5　阶乘与双阶乘

①$n! = 1 \times 2 \times 3 \times \cdots \times n$，特别规定，$0! = 1$.

②$(2n)!! = 2 \times 4 \times 6 \times \cdots \times (2n) = 2^n \cdot n!$.

③$(2n-1)!! = 1 \times 3 \times 5 \times \cdots \times (2n-1)$.

1.6.3.6　数学归纳法

数学归纳法证明递推式或某命题 $f(n)$ 成立的步骤：验证 $n=1$ 时，$f(1)$ 成立，假设 $n=k$ 时，$f(k)$ 成立，证明 $n=k+1$ 时，$f(k+1)$ 成立；或验证 $n=1$ 和 $n=2$ 时，相应的 $f(1)$ 和 $f(2)$ 成立，假设 $n<k$ 时，$f(n)$ 成立，证明 $n=k+1$ 时，$f(k+1)$ 成立，则 $f(n)$ 对任意正整数 n 成立.

1.6.3.7　反证法

假设要证结论的对立面成立，利用题干条件推导出与已知结论或常识相矛盾的结果，这时就可以否定这个对立面不成立，要证明的结论成立.

第 2 章 极限与连续

【导言】

极限刚学的时候可能感觉比较晦涩．极限以及本章其他知识是前人经过很多年总结发现的一些思想和方法，加上很久没有学习高等数学，一些基本的东西都忘了，导致给人感觉就是知识抽象，难以理解．而本章不定式求极限的方法是本科学习高数的好几章知识的杂糅，跨度大．其实这些东西随着等价无穷小的本质泰勒定理、洛必达法则、中值定理的学习会感觉本章知识其实就没有那么难了，微积分的基本思想——极限，经历过很多数学家、哲学家的理论总结抽象而成，很多大数学家在世的时候，也有很多概念是不明白的，所以看到这里，有些东西我们没有好好的明白似乎是有了借口．你想啊，大数学家都没有搞明白，当年肯定是无法证明的，无法证明，数学家就看看能不能找个东西否定它，如果否定不了就先认为它是正确的，所以极限和微积分发展过程中出现了一些比较经典的反例，在做题的过程中遇到了需要记一下，它们本身是比较特殊的，而且反证法很大程度上促进了数学的发展，因为想否定一个东西要比做出（证明出）这个东西简单得多．对于考数一、数二、数三或者数农的同学来说，的确在后面的科研生活中基本不会用到这些反例，但是考研数学的目的不是考计算不是考记忆，而是考原理，通过灵活的计算考查原理，实际上很多计算在研究生或者博士生的科研中都由 MATLAB 等软件来完成，科研中创造的成果需要一些创造性思维，而数学能很好地区分不同学生的这种能力，比如我们的极限思维、不等式构造思维、逼近思维等等，凡事无绝对，我们也经常遇到有些学生并没有很好地理解相关原理，但也能考个不错的成绩．这其实也没有和研究生招生目的相违背，因为研究生教育不全是为了培养去创造新东西的那类学生的，还需要培养一些优秀的工程师，把创新的东西做出来，快速地实现它．

在本章备考时重点掌握如下三个问题：**一是函数或数列极限的计算**．无论是数字型还是抽象型的，给个数列或函数能快速求出它在某个范围的极限值，应重点掌握，属于 10 分必考题，通常在解答题 15 题进行考查，选择题第一题通常是考查对极限定义的理解，4 分；**二是无穷小的问题**．给出一系列的无穷小，要能快速地从高阶到低阶进行排序，或者告诉无穷小之间的关系，求参数，考查逆向思维，通常在选择题里考查，4 分；**三是函数连续**．能快速判断函数在某点是否连续，若不连续，能快速判断间断点的类型，或反着考查，告诉函数在某点是否连续、间断点的情况，求参数，这个考点往往和导数结合在一起作为一个隐含条件进行考查，因为可导的前提是连续．故建议考生在备考本章时，要把每道题合上课本从头到尾写一遍，直到写出正确的结果，小题不超过 4 分钟，大题不超过 10 分钟，切忌眼高手低，看着会和快速做出答案是两码事，二者差的远着呢．总而言之，就是希望考生落地，这个不光是对这一章的要求，也是对整个考研数学的要求，后续不再赘述．最后送大家王阳明先生的一首诗：

饥来吃饭倦来眠，只此修行玄更玄；

说与世人浑不信，却从身外觅神仙．

想　都是问题

做　才是答案

站着不动，永远是观众！

【考试要求】

考试要求	科目	考 试 内 容
了解	数学一	连续函数的性质和初等函数的连续性
	数学二	连续函数的性质和初等函数的连续性
	数学三	数列极限和函数极限（包括左极限与右极限）的概念；极限的性质与极限存在的两个准则；无穷大量的概念及其与无穷小量的关系；连续函数的性质和初等函数的连续性
理解	数学一	极限的概念；函数左极限与右极限的概念以及函数极限存在与左极限、右极限之间的关系；无穷小量、无穷大量的概念；函数连续性的概念（含左连续与右连续）；闭区间上连续函数的性质（有界性、最大值和最小值定理、介值定理）
	数学二	极限的概念；函数左极限与右极限的概念以及函数极限存在与左极限、右极限之间的关系；无穷小量、无穷大量的概念；函数连续性的概念（含左连续与右连续）；闭区间上连续函数的性质（有界性、最大值和最小值定理、介值定理）
	数学三	无穷小量的概念和基本性质；函数连续性的概念（含左连续与右连续）；闭区间上连续函数的性质（有界性、最大值和最小值定理、介值定理）
会	数学一	利用极限存在的两个准则求极限；用等价无穷小量求极限；判别函数间断点的类型；并会应用闭区间上连续函数的性质（有界性、最大值和最小值定理、介值定理）
	数学二	利用极限存在的两个准则求极限；用等价无穷小量求极限；判别函数间断点的类型；并会应用闭区间上连续函数的性质（有界性、最大值和最小值定理、介值定理）
	数学三	判别函数间断点的类型；并会应用闭区间上连续函数的性质（有界性、最大值和最小值定理、介值定理）
掌握	数学一	极限的性质及四则运算法则；极限存在的两个准则；利用两个重要极限求极限的方法；无穷小量的比较方法
	数学二	极限的性质及四则运算法则；极限存在的两个准则；利用两个重要极限求极限的方法；无穷小量的比较方法
	数学三	极限的四则运算法则；利用两个重要极限求极限的方法；无穷小量的比较方法

【知识网络图】

$$
\text{极限与连续}
\begin{cases}
\text{数列的极限} \\
\text{函数的极限}
\begin{cases}
\text{极限的性质} \\
\text{运算法则} \\
\text{复合函数求极限}
\end{cases} \\
\text{无穷大} \\
\text{无穷小} \\
\text{求极限的方法}
\begin{cases}
\text{等价无穷小} \\
\text{洛必达法则} \\
\text{利用泰勒公式求极限} \\
\text{定积分法（本章不讲）}
\end{cases} \\
\text{求极限的应用——渐近线} \\
\text{函数的连续性}
\begin{cases}
\text{最值定理} \\
\text{零点定理} \\
\text{介值定理}
\end{cases}
\end{cases}
$$

【内容精讲】

2.1 预 备 知 识

为了更好地学习后面知识，表 2-1 所示的符号及其含义务必熟悉.

表 2-1

符号	表示的意义	符号	表示的意义
$x \to \infty$	x 趋于 ∞	$\forall$	任意的，所有的
$x \to +\infty$	x 趋于 $+\infty$	ε	要多么小有多么小的正数
$x \to -\infty$	x 趋于 $-\infty$	δ	小正数，一般视为 $0 < \delta < 1$
$x \to a$	x 趋于 a	$\mathbf{N}^+$	正整数
$x \to a+0,\ x \to a^+$	x 从 a 的右侧趋于 a	$\exists$	存在
$x \to a-0,\ x \to a^-$	x 从 a 的左侧趋于 a	$\cdot\,(s.t.)$	使得
$f(x) \in C^n[a, b]$	$f(x)$ 在闭区间 $[a, b]$ 有 n 阶连续导数		

2.2 数列的极限

2.2.1 数列

数列是指定义在自然数集上的函数 $x_n = f(n)$，$(n = 1, 2, 3\cdots)$，其函数值按自然数顺序排成的一串数 x_1，x_2，$\cdots$，x_n，简记为 $\{x_n\}$. 数列中的每一个数称为数列的项，$x_n = f(x_n)$ 称为数列的一般项或通项.

数列有两个基本特点：外在排列有顺序，内在变化有规律．

芝诺悖论——阿基里斯追不上乌龟．

阿基里斯是古希腊神话中善跑的英雄，跑的速度为乌龟的 10 倍，乌龟在前面跑，他在后面追，但他不可能追上乌龟．

【分析】在竞赛中，追者首先必须到达被追者的出发点，当阿基里斯追到 $U(A, \varepsilon)$ 时，乌龟已经又向前爬了 10 m，于是，一个新的起点产生了；阿基里斯必须继续追，而当他追到乌龟爬的这 10 m 时，乌龟又已经向前爬了 1 m，阿基里斯只能再追向那个 1 m．就这样，乌龟会制造出无穷个起点，它总能在起点与自己之间制造出一个距离，不管这个距离有多小，但只要乌龟不停地奋力向前爬，阿基里斯就永远也追不上乌龟！

【解释】表面上有无限个起点，无限段长度的和，可能是有限的，长度有限后，就可以在某个时候进行超越．

注 芝诺悖论促进了严格求证数学的发展，是较早的"反证法"及"无限"的思想，尖锐地提出离散与连续的矛盾．

"有限"的东西可以进行"无限"的分割；而"无限"的事物有时可以"累积"成一个"有限"的数．上面这个问题的解决很好地体现了极限思想．

直观上来讲，一个数列 $\{a_n\}$ 的极限用 A 表示：当项数 n 充分大时，a_n 会无限地靠近 A，也就是说 a_n 与 A 之间的距离 $|a_n-A|$ 会无限地趋于 0．试想一下，如何表达项数 n 充分大，又如何表示 a_n 与 A 之间的距离 $|a_n-A|$ 会无限地趋于 0？如果这个无法说清楚，那换个方式问：如何在一张雪白的 A_4 纸上画出一个巨人呢？显然，一个非常好的方法是在 A_4 纸上画两条腿，再在这两条腿的中间画一个小矮人，然后只需要指明这个小矮人就是姚明，仔细想想是不是一个巨人就出来了呢？在现实生活中，这种找参照物来说明问题的例子比比皆是．你想说明你很高，你只需要说明其他人都很矮；你想说明你很帅，你只需要说明其他人都很丑；你想说明你的女朋友很漂亮，你只需要说明其他女人长得都像某某姐！

回到我们的问题中来：如何表达项数 n 充分大，又如何表示 a_n 与 A 之间的距离 $|a_n-A|$ 会无限地趋于 0？方法还是一样的，想说明项数 n 充分大，只需要找一个特别特别大的正整数 N，如果项数 n 比特别大的正整数 N 还大，那就说明项数 n 充分大了．同理，如果对任意小的正数 ε，a_n 与 A 之间的距离 $|a_n-A|$ 比任意小 ε 的还小，那就说明 a_n 与 A 之间的距离 $|a_n-A|$ 会无限地趋于 0．当然，以上都是极限的直观理解．正式的定义如下：

2.2.1.1 数列极限定义

已知 $\{a_n\}$ 为数列，A 为给定常数．若对任意的正数 ε，存在正整数 N，当 $n>N$ 时，恒有 $|a_n-A|<\varepsilon$ 成立，则称数列 $\{a_n\}$ 的极限是 A 或称数列 $\{a_n\}$ 收敛于 A，并记为 $\lim\limits_{n\to\infty}a_n=A$ 或 $a_n\to A(n\to\infty)$．如果数列 $\{x_n\}$ 不趋近于任何常数，就称数列 $\{x_n\}$ 发散．

注 (1) 正数 ε 的任意性：上面定义中正数 ε 的作用在于衡量数列的通项 a_n 与定常数 A 之间的接近程度，ε 越小，表示通项 a_n 与定常数 A 越接近．正数 ε 可以任意的小，说明通项 a_n 与定常数 A 可以接近到任意程度．尽管 ε 有其任意性，但一经给出，就暂时性地确定下来了，视为固定的正常数，也就是说任意给定的正数 ε 不能与项数 n 有关，此外，由于 ε 是任意小的正数，因此 $\dfrac{\varepsilon}{2}$、3ε 或 ε^4 等都是任意小的正数，所以上面定义中的 ε 可以用 $\dfrac{\varepsilon}{2}$、3ε 或 ε^4 等来代替，也即 $|a_n-A|<\varepsilon$ 等价于 $|a_n-A|<\dfrac{\varepsilon}{2}$ 或 $|a_n-A|<3\varepsilon$ 或 $|a_n-A|<\varepsilon^4$．

（2）N 的存在性：一般来说，存在的正整数 N 会随着任意给出的正数 ε 的变小而变大，因此常把 N 记为 $N(\varepsilon)$ 来强调 N 是依赖 ε 的。对于上面定义中的正整数 N，最重要的是它的存在性，至于这样的正整数 N 存在几个、每个 N 有多大、大到什么程度，一般是不关心的，我们只关心正整数 N 存在还是不存在。

N 的值并不是由 ε 的值所唯一确定的，因此可以说 N 与 ε 有关，但不能说 N 与 ε 之间存在函数关系。

按定义证明极限存在时，一般利用反推法求 N。即先假设 $|x_n - a| < \varepsilon$，然后解不等式求出满足该式的 n 值，取其中一个为 N 值且使 N 满足当 $n > N$ 时，都有 $|x_n - a| < \varepsilon$。例如，证明 $\lim\limits_{n \to \infty} \dfrac{1}{n} = 0$，要使 $\left| \dfrac{1}{n} - 0 \right| < \varepsilon$，则有 $n > \dfrac{1}{\varepsilon}$，于是取 $N = \left[\dfrac{1}{\varepsilon} \right] + 1$ 即可，当然取 $N = \left[\dfrac{1}{\varepsilon} \right] + 2$ 或 $\left[\dfrac{1}{\varepsilon} \right] + 3$ 也行。这里要注意的是，由于定义中限定 N 为正整数，故不能直接取 $N = \left[\dfrac{1}{\varepsilon} \right]$，因为当 $\varepsilon > 1$ 时，$\left[\dfrac{1}{\varepsilon} \right] = 0$。

当给定的 ε 很小时，如果能找到满足条件的 N，那么当给定的 ε 很大时，自然也可以找到满足条件的 N。换句话说，极限的无限逼近过程实质是由 ε 的任意小来反映的。于是为了方便，我们可以对 ε 取一个上界。例如证明 $\lim\limits_{n \to \infty} \dfrac{1}{n} = 0$，可以写成：$\forall \varepsilon > 0$（不妨设 $\varepsilon < 1$），取 $N = \left[\dfrac{1}{\varepsilon} \right]$，当 $n > N$ 时，$\left| \dfrac{1}{n} - 0 \right| < \varepsilon$，故由极限的定义知 $\lim\limits_{n \to \infty} \dfrac{1}{n} = 0$。如果不对 ε 作限制，可以取 $N = \left[\dfrac{1}{\varepsilon} \right] + 1$。

总之，ε 给定在先，N 确定在后，ε 不依赖于 N，而 N 依赖于 ε。

（3）几何意义：由上面定义可知，当 $n > N$ 时，就有 $|a_n - A| < \varepsilon$ 成立，这意味着，所有下标大于正整数 N 的项 a_n 都落在以 A 为中心、ε 为半径的邻域 $U(A, \varepsilon)$ 中，而在这个邻域 $U(A, \varepsilon)$ 外，数列 $\{a_n\}$ 中至多有有限多个（最多 N 个）。因此，可以给出数列极限的一种等价定义：$\forall \varepsilon > 0$ 几乎数列 $\{a_n\}$ 中所有的项都落在 $U(A, \varepsilon)$ 内，只有有限项落在 $U(A, \varepsilon)$ 之外。也即对于任意 n，相应于 $\{a_n\}$ 中满足 $|a_n - A| < \varepsilon$ 的点有无穷多个，而满足 $|a_n - A| \geqslant \varepsilon$ 的点一定是有限个。

（4）$\lim\limits_{n \to \infty} x_n$ 与数列 $\{x_n\}$ 的前有限项的取值无关；ε 给定在先，N 确定在后，N 是根据 ε 而定的。若调换顺序，就会改变原意。

【例 2.1】 若 $\lim\limits_{n \to \infty} u_n = A$ 且 $A \neq 0$，则当 n 充分大时，有（　　　）。

  A. $|u_n| > \dfrac{|A|}{2}$ B. $|u_n| < \dfrac{|A|}{2}$

  C. $u_n > A - \dfrac{1}{n}$ D. $u_n < A - \dfrac{1}{n}$

【解】 应选 A。

解法一： 因为 $\lim\limits_{n \to \infty} u_n = A \neq 0$，所以 $\lim\limits_{n \to \infty} |u_n| = |A| > 0$，取 $\varepsilon = \dfrac{|A|}{2}$，则当 n 充分大时，有 $\left| |u_n| - |A| \right| < \varepsilon$，即 $-\varepsilon < |u_n| - |A| < \varepsilon$，$\dfrac{|A|}{2} < |u_n| < \dfrac{3}{2}|A|$，故选 A。

解法二：（排除法）由极限的几何意义可知，选项 B 明显不对；选项 C 的反例为 $u_n = 1 - \dfrac{2}{n}$；

选项 D 的反例为 $u_n = 1 + \dfrac{2}{n}$.

2.2.2 数列极限存在的准则

【准则 Ⅰ】 夹逼准则

如果数列 y_n，x_n，z_n 满足：

1° $y_n \leqslant x_n \leqslant z_n$，当 n 大于某个正数时.

2° $\lim\limits_{n \to \infty} y_n = \lim\limits_{n \to \infty} z_n = a$，则 $\lim\limits_{n \to \infty} x_n = a$.

此准则可以推广到函数的极限，称为夹逼准则.

注（1）若夹逼准则中其他条件都不变，只把条件"$\lim\limits_{n \to \infty} a_n = \lim\limits_{n \to \infty} c_n = A$"改为"$\lim\limits_{n \to \infty}(a_n - c_n) = 0$"，

则数列极限不一定存在.例如：数列 $a_n = n$，$b_n = n + \dfrac{1}{n}$，$c_n = n + \dfrac{2}{n}$，则有 $a_n \leqslant b_n \leqslant c_n$ 且

$\lim\limits_{n \to \infty}(a_n - c_n) = 0$，但 $\lim\limits_{n \to \infty} b_n = \lim\limits_{n \to \infty}\left(n + \dfrac{1}{n}\right) = +\infty$（极限不存在）.

（2）夹逼法可能使用的常用不等式

◆ $\sqrt[n]{a_1 a_2 \cdots a_n} \leqslant \dfrac{a_1 + a_2 + \cdots + a_n}{n}$（又称为几何平均值小于等于算术平均值）

◆ $\sin x \leqslant x \leqslant \tan x$，$x \in \left(0, \dfrac{\pi}{2}\right)$

◆ $x - 1 < [x] \leqslant x$

◆ $\dfrac{1}{x+1} < \ln\left(1 + \dfrac{1}{x}\right) < \dfrac{1}{x}$，$(x > -1) \Rightarrow \dfrac{1}{n+1} < \ln\left(1 + \dfrac{1}{n}\right) < \dfrac{1}{n}$

◆ $n^{n+1} > (n+1)^n$，$(n \geqslant 3)$

【例 2.2】 已知 $a_k > 0$，$(k = 1, 2, 3, \cdots n)$，求 $\lim\limits_{n \to \infty}(a_1^n + a_2^n + \cdots + a_n^n)^{\frac{1}{n}}$.

【解】 设 $x_n = (a_1^n + a_2^n + \cdots + a_n^n)^{\frac{1}{n}}$ 记 $A = \max\{a_1, a_2, \cdots, a_n\}$，则 $(A^n)^{\frac{1}{n}} \leqslant x_n \leqslant (nA^n)^{\frac{1}{n}}$，

而 $\lim\limits_{n \to \infty}(A^n)^{\frac{1}{n}} = A = \lim\limits_{n \to \infty}(nA^n)^{\frac{1}{n}}$

由夹逼准则得 $\lim\limits_{n \to \infty}(a_1^n + a_2^n + \cdots + a_n^n)^{\frac{1}{n}} = A$.

【准则 Ⅱ】 单调有界数列必有极限

（1）单调增有上界的数列必有极限，即若 $\{x_n\} \uparrow$，且 $\exists M > 0$，使得对

$\forall n$，有 $x_n \leqslant M$，则 $\lim\limits_{x \to x_0} x_n$ 存在；

（2）单调减有下界的数列必有极限，即若 $\{x_n\} \downarrow$，且 $\exists M > 0$，使得对 $\forall n$，有 $x_n \geqslant -M$，

则 $\lim\limits_{x \to x_0} x_n$ 存在；

使用这个准则时，要证明两点：一是单调性，二是有界性，这二者没有先后顺序，哪个容易证明先证明哪个.一般来说我们可以通过单调性的定义或借助于函数导数或归纳法等进行证明，有界性一般通过不等式的性质、放缩或函数最值等来进行判定，可参考下文的例子进行掌握，尤其是数二的同学要掌握这个考点，往往以解答题的形式考查，10 分的中档题.

注（1）归纳法

• 第一类归纳法：

①验证 $n=1$ 时，命题成立；

②假设 $n=k$ 时，命题成立；

③证明 $n=k+1$ 时，命题成立，则命题对任意正整数 n 成立．

· 第二类归纳法：

①验证 $n=1$ 和 $n=2$ 时命题成立；

②假设 $n<k$ 时，命题成立；

③证明 $n=k$ 时，命题成立，则命题对任意正整数 n 成立．

当然，善于使用递推关系法也是一种重要的能力．

（2）对于由递推关系式给出的数列 $x_{n+1}=f(x_n)$，必须先证明极限 $\lim\limits_{n\to\infty}x_n$ 存在，然后才可以求极限．假设：$x_1=1$，$x_{n+1}=1+2x_n(n=1,2,3,\cdots)$，求 $\lim\limits_{n\to\infty}x_n$．

常见错误：记 $\lim\limits_{n\to\infty}x_n=a$，对等式 $x_{n+1}=1+2x_n$ 两边取极限，得 $a=1+2a$，

于是 $a=-1$，即 $\lim\limits_{n\to\infty}x_n=-1$．

错误分析：这个结果显然是错误的，因为根据数列 $\{x_n\}$ 的构造规则，由于 $x_1=1$，所以 $x_2=1+2\times1=3$，依次下去，可知 $x_n\geqslant1$，再根据极限的保号性，应有 $\lim\limits_{n\to\infty}x_n\geqslant1$．

错误的原因在于没有全面理解"记 $\lim\limits_{n\to\infty}x_n=a$ 的含义．"$\lim\limits_{n\to\infty}x_n=a$"有两层含义：①数列 $\{x_n\}$ 收敛；②x_n 的极限为 a．故在由 $\lim\limits_{n\to\infty}x_{n+1}=1+2\lim\limits_{n\to\infty}x_n$ 中解出 $\lim\limits_{n\to\infty}x_n=-1$ 之前，首先应判明极限 $\lim\limits_{n\to\infty}x_n$ 存在，在极限存在的前提下，再进一步求出极限．但此数列 $x_n=1+2x_{n-1}=1+2(1+2x_{n-2})=1+2+2^2x_{n-2}=\cdots=1+2+2^2+\cdots+2^{n-1}$

是单调增加无上界的，故发散．把发散数列当作收敛数列，自然就错了．

正确解答：由于 $x_n=1+2x_{n-1}=1+2+2^2x_{n-2}=\cdots=1+2+2^2+\cdots+2^{n-1}$ 单调增加且无上界，故发散，从而 $\lim\limits_{n\to\infty}x_n$ 不存在．

【例 2.3】已知数列 $x_1=\sqrt{2}$，$x_2=\sqrt{2+\sqrt{2}}$，$x_3=\sqrt{2+\sqrt{2+\sqrt{2}}}$，$\cdots$，$x_n=\sqrt{2+\sqrt{2+\sqrt{2+\cdots+\sqrt{2}}}}$，证明数列 $\{x_n\}$ 的极限存在．

【证】单调性：因为 $x_1<x_2$，设 $x_{n-1}<x_n$，则有 $x_{n+1}=\sqrt{2+x_n}>\sqrt{2+x_{n-1}}=x_n$，故 $\{x_n\}\uparrow$

有界性：$x_1=\sqrt{2}<2$，$x_2=\sqrt{2+\sqrt{2}}<\sqrt{2+2}=2$，设 $x_{n-1}<2$，则 $x_n=\sqrt{2+x_{n-1}}<\sqrt{2+2}=2$ 所以数列 $\{x_n\}$ 有界．综上可知 $\lim\limits_{n\to\infty}x_n=a$ 存在．

求出极限：由 $x_n=\sqrt{2+x_{n-1}}$ 可得 $x_n^2=2+x_{n-1}$，两边取极限得 $a^2=2+a$，则 $a=2(a=-1$ 舍去)．从而 $\lim\limits_{n\to\infty}x_n=a=2$．

【例 2.4】已知 $x_1=1$，$x_2=1+\dfrac{x_1}{1+x_1}$，$\cdots$，$x_n=1+\dfrac{x_{n-1}}{1+x_{n-1}}$，问 $\lim\limits_{n\to\infty}x_n$ 存在吗？若存在，求出该极限．

【解】单调性：由题设可知，$x_2>x_1>0$，对任意的 $n>m$，假设有 $x_{n-1}>x_{m-1}$

则有 $x_n-x_m=\dfrac{x_{n-1}}{1+x_{n-1}}-\dfrac{x_{m-1}}{1+x_{m-1}}=\dfrac{x_{n-1}-x_{m-1}}{(1+x_{n-1})(1+x_{m-1})}>0$，故 $\{x_n\}\uparrow$．

有界性：由数列通项的结构不难看出，对任意的 $f(x)$，有 $|x_n|=\left|1+\dfrac{x_{n-1}}{1+x_{n-1}}\right|<2$

所以 $\{x_n\}$ 有界．根据单调有界必有极限的定理知 $\lim\limits_{n\to\infty}x_n$ 存在．

设 $\lim\limits_{n\to\infty}x_n=a$，注意到 $x_n=1+\dfrac{x_{n-1}}{1+x_{n-1}}$，两边取极限可得

$$a^2-a-1=0\Rightarrow a=\frac{1+\sqrt{5}}{2}\ \left(a=\frac{1-\sqrt{5}}{2}\text{舍去}\right)$$

故 $\lim\limits_{n\to\infty}x_n=\dfrac{1+\sqrt{5}}{2}$.

2.2.3　两个重要极限

之所以称呼它们为两个重要极限，是有原因的，后面我们推广到好多类型的函数式的极限计算中，用得多，出现得多，虽然两个重要极限为函数极限，但是推导两个重要极限的过程，使用了数列极限存在的两个准则，所以放在此处讲解．

【例 2.5】 证明：$\lim\limits_{x\to 0}\dfrac{\sin x}{x}=1$.

【证】 借助不等式 $\sin x<x<\tan x$，$0<x<\dfrac{\pi}{2}$，用 $\sin x$ 除不等式各边，得

$1<\dfrac{x}{\sin x}<\dfrac{1}{\cos x}$ 或 $\cos x<\dfrac{\sin x}{x}<1$（这一关系式当 x 换成 $-x$ 时，因 $\cos x$ 与 $\dfrac{\sin x}{x}$

都不变号，故仍然成立）．于是当 $0<|x|<\dfrac{\pi}{2}$ 时，$\cos x<\dfrac{\sin x}{x}<1$. 由夹逼定

理，只要能证明 $\lim\limits_{x\to 0}\cos x=1$，则结论得证．

由于 $|\cos x-1|=1-\cos x=2\sin^2\dfrac{x}{2}<2\left(\dfrac{x}{2}\right)^2=\dfrac{x^2}{2}$，

所以 $0<1-\cos x<\dfrac{x^2}{2}$，当 $x\to 0$ 时，$\dfrac{x^2}{2}\to 0$，由夹逼准则知

$\lim\limits_{x\to 0}(1-\cos x)=0$，即 $\lim\limits_{x\to 0}\cos x=1$.

又 $\cos x<\dfrac{\sin x}{x}<1$，$\lim\limits_{x\to\infty}1=1$，由夹逼准则得 $\lim\limits_{x\to 0}\dfrac{\sin x}{x}=1$

（如图 $2-1$ 所示）．

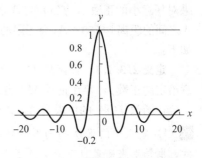

图 $2-1$

【例 2.6】 证明 $\lim\limits_{n\to\infty}\left(1+\dfrac{1}{n}\right)^n$ 存在．

【证】 首先证明数列 $\{x_n\}=\left\{\left(1+\dfrac{1}{n}\right)^n\right\}$ 单调．由二项式定理得

$$x_n=\left(1+\frac{1}{n}\right)^n=1+\frac{n}{1!}\frac{1}{n}+\frac{n(n-1)}{2!}\frac{1}{n^2}+\cdots+\frac{n(n-1)\cdots2\cdot1}{n!}\frac{1}{n^n}$$

$$=1+1+\frac{1}{2!}\left(1-\frac{1}{n}\right)+\frac{1}{3!}\left(1-\frac{1}{n}\right)\left(1-\frac{2}{n}\right)+\cdots+\frac{1}{n!}\left(1-\frac{1}{n}\right)\left(1-\frac{2}{n}\right)\cdots\left(1-\frac{n-1}{n}\right)$$

类似地有 $x_{n+1}=1+1+\dfrac{1}{2!}\left(1-\dfrac{1}{n+1}\right)+\dfrac{1}{3!}\left(1-\dfrac{1}{n+1}\right)\left(1-\dfrac{2}{n+1}\right)+\cdots+\dfrac{1}{n!}\left(1-\dfrac{1}{n+1}\right)$

$$\left(1-\frac{2}{n+1}\right)\cdots\left(1-\frac{n-1}{n+1}\right)+\frac{1}{(n+1)!}\left(1-\frac{1}{n+1}\right)\left(1-\frac{2}{n+1}\right)\cdots\left(1-\frac{n}{n+1}\right)$$

在 x_{n+1} 和 x_n 的表达式中，每一项都大于 0，x_{n+1} 比 x_n 多出最后一项，而且从第三项起，x_{n+1} 的每一项大于 x_n 的对应项，所以 $x_{n+1}>x_n$，即 $\{x_n\}$ 是单调增加的，另一方面：

$$x_n = \left(1+\frac{1}{n}\right)^n < 1+1+\frac{1}{2!}+\frac{1}{3!}+\cdots+\frac{1}{n!} < 1+1+\frac{1}{2}+\frac{1}{2^2}+\cdots+\frac{1}{2^{n-1}} = 1+\frac{1-\frac{1}{2^n}}{1-\frac{1}{2}} = 1+\left(2-\frac{1}{2^{n-1}}\right) < 3$$

根据准则 Ⅱ 知 $\lim\limits_{n\to\infty}x_n = \lim\limits_{n\to\infty}\left(1+\frac{1}{n}\right)^n$ 存在.

注 我们把极限 $\lim\limits_{n\to\infty}\left(1+\frac{1}{n}\right)^n$ 的值记为 e,这个值就是自然对数 $y=\ln x$ 的底. 该数列的极限可以推广到相应函数的极限,即 $\lim\limits_{n\to\infty}\left(1+\frac{1}{x}\right)^x = e$.

2.3 函数的极限

2.3.1 函数在无穷远点处的极限

设函数 $f(x)$ 在 $+\infty$ 处的某邻域 $U(+\infty)$ 内有定义,类似于数列 $\{x_n\}$ 极限的定义,可以定义当自变量 $x\to x_0$ 时,对应的函数值 $f(x)$ 无限的接近常数 A. 那如何表达自变量 $f(x)\to A$(当 $x\to x_0$ 时)或趋于 $+\infty$?又如何表示函数值 $f(x)$ 与 A 之间的距离 $|f(x)-A|$ 会无限的趋于 0?方法与数列 $\{x_n\}$ 的极限定义是一样的. 想说明自变量 x 趋于 $+\infty$,只需要找一个特别特别大的正数 M,如果自变量 x 比特别大的正数 M 还大!那么说明自变量 x 趋于 $+\infty$. 同理,如果对任意小的正数 ε,$f(x)$ 与 A 之间的距离 $|f(x)-A|$ 比任意小的 ε 还小,那么说明 $f(x)$ 与 A 之间的距离 $|f(x)-A|$ 会无限的趋于 0. 当然,以上还是函数极限的直观理解. 正式的定义如下:

定义 2.3.1.1 设函数 $f(x)$ 在 $+\infty$ 处的某邻域 $U(+\infty)$ 内有定义,B 为定常数. 若对任意给定的正数 ε,存在正数 M,当 $x>M$ 时,恒有 $|f(x)-A|<\varepsilon$ 成立,则称当自变量 x 趋于 $+\infty$,函数 $f(x)$ 的极限是 A,并记为 $\lim\limits_{n\to\infty}f(x)=A$ 或 $f(x)\to A(x\to+\infty)$.

注 (1) 定义中的正数 M 与数列极限定义中的正整数 N 作用是一样的,也是用来衡量自变量 x 趋于 $+\infty$ 的程度,不同的是:这里的自变量 x 可以取一切比正数 M 大的实数,而不仅仅是取正整数 n. 因此,当 $x\to+\infty$ 时,函数 $f(x)$ 的极限为 A 意味着:在 A 的任意小邻域内必含有函数 $f(x)$ 在"$+\infty$ 的某邻域内"的全部函数值.

(2) 定义的几何意义:对任意给定的正数 ε,总有存在一条垂直于 x 轴的直线 $x=M$,使得在直线 $x=M$ 右方的曲线 $f(x)$ 会全部落在以 A 为中心、ε 为半径且平行于 x 轴的两条直线 $y=A+\varepsilon$ 与 $y=A-\varepsilon$ 之间.(如图 2-2 所示)

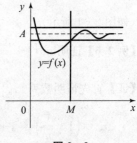

图 2-2

参考函数 $f(x)$ 在 $+\infty$ 处极限的定义,可以给出函数 $f(x)$ 在 $-\infty$ 与 ∞ 处极限的定义.

定义 2.3.1.2 设函数 $f(x)$ 在 $-\infty$ 处的某邻域 $U(-\infty)$ 内有定义,A 为定常数. 若对任意给定的正数 ε,存在正数 M,当 $x<-M$ 时,恒有 $|f(x)-A|<\varepsilon$ 成立,则称当自变量 x 趋于 $-\infty$ 时,函数 $f(x)$ 的极限是 A,并记为 $\lim\limits_{n\to\infty}f(x)=A$ 或 $f(x)\to A(x\to-\infty)$.

定义 2.3.1.3 设函数 $f(x)$ 在 ∞ 处的某邻域 $U(\infty)$ 内有定义,A 为定常数. 若对任意给定的正数 ε,存在正数 M,当 $|x|>M$ 时,恒有 $|f(x)-A|<\varepsilon$ 成立,则称当自变量 x 趋于 ∞

时，函数 $f(x)$ 的极限是 A，并记为 $\lim\limits_{n \to \infty} f(x) = A$ 或 $f(x) \to A$(当 $x \to \infty$ 时).

注 (1) 根据以上函数极限的定义，不难证明：$\lim\limits_{n \to \infty} f(x) = A \Leftrightarrow \lim\limits_{x \to +\infty} f(x) = \lim\limits_{x \to -\infty} f(x) = A$

(2) 以上三个函数极限的定义用数学语言简单描述如下：

① $\lim\limits_{n \to +\infty} f(x) = A$：$\forall \varepsilon > 0$，$\exists M > 0$，当 $x > M$ 时，恒有 $|f(x) - A| < \varepsilon$ 成立；

② $\lim\limits_{x \to -\infty} f(x) = A$：$\forall \varepsilon > 0$，$\exists M > 0$，当 $x < -M$ 时，恒有 $|f(x) - A| < \varepsilon$ 成立；

③ $\lim\limits_{n \to \infty} f(x) = A$：$\forall \varepsilon > 0$，$\exists M > 0$，当 $|x| > M$ 时，恒有 $|f(x) - A| < \varepsilon$ 成立.

2.3.2 函数在点 x_0 处的极限

设函数 $f(x)$ 在 x_0 处的某空心邻域 $\overset{\circ}{U}(x_0)$ 内有定义，类似地可以定义当自变量 x 趋于 x_0 时，对应的函数值 $f(x)$ 无限地接近常数 A. 那如何表达自变量 x 趋于 x_0？又如何表示函数值 $f(x)$ 与 A 之间的距离 $|f(x) - A|$ 会无限地趋于 0？方法还是一样的，要说明自变量 x 趋于 x_0，只需要找一个特别特别小的正数 δ，如果自变量 x 与 x_0 之间的距离 $|x - x_0|$ 比特别小的正数 δ 还小，那就说明自变量 x 会无限地趋于 x_0. 同理，如果对任意小的正数 ε，$f(x)$ 与 A 之间的距离 $|f(x) - A|$ 比任意小的 ε 还小，那就说明 $f(x)$ 与 A 之间的距离 $|f(x) - A|$ 会无限地趋于 0. 当然，以上是函数极限的直观理解. 正式的定义如下：

定义 2.3.2.1 设函数 $f(x)$ 在 x_0 处的某空心邻域 $\overset{\circ}{U}(x_0)$ 内有定义，A 为定常数. 若对任意给定 $\varepsilon > 0$，存在 $\delta > 0$，当 $0 < |x - x_0| < \delta$ 时，恒有 $|f(x) - A| < \varepsilon$ 成立，则称当自变量 x 趋于 x_0 时，函数 $f(x)$ 极限为 A，并记为 $\lim\limits_{x \to x_0} f(x) = A$ 或 $f(x) \to A$(当 $x \to x_0$ 时).

注 (1) $x \to x_0$ 包含三点信息 $\begin{cases} x \neq x_0 \\ x \to x_0^+ \\ x \to x_0^- \end{cases}$；($x \to x_0$ 首先指 x 不取 x_0 这一点，其次是指取 x_0 附近两侧的所有点) 即：$\exists \delta > 0$，$0 < |x - x_0| < \delta$.

(2) 定义中 $f(x)$ 在点 $\overset{\circ}{U}(x_0, \delta)$ 内有定义，排除了 $x = x_0$，表明 $\lim\limits_{x \to x_0} f(x)$ 存不存在与函数 $f(x)$ 在 $x = x_0$ 这一点有没有定义无关，如：$f(x) = \dfrac{x^2 - 1}{x - 1}$ 在 $x = 1$ 处无定义，但 $\lim\limits_{x \to 1} \dfrac{x^2 - 1}{x - 1} = 2$，即函数在一点处的极限与函数在该点处有无定义无关；邻域的概念非常重要，因为这涉及我们将要"在一个局部位置"细致地研究问题.

(3) 刻画 $f(x)$ 与 A 充分接近的尺度 ε 必须足够小，即：可以满足 $\varepsilon \to 0^+$.

若对任意的 $\varepsilon > 0$，存在 $\delta > 0$，当 $x \in (a - \delta, a)$ 时，有 $|f(x) - A| < \varepsilon$，称 A 为 $f(x)$ 在 $x = a$ 处的左极限，记为 $f(a - 0)$；

若对任意的 $\varepsilon > 0$，存在 $\delta > 0$，当 $x \in (a, a + \delta)$ 时，有 $|f(x) - B| < \varepsilon$，称 B 为 $f(x)$ 在 $x = a$ 处的右极限，记为 $f(a + 0)$.

(4) $\lim\limits_{x \to x_0} f(x)$ 若存在，则 $f(x)$ 在 $x \to x_0$ 的过程中必处处有定义，反之，若 $f(x)$ 在 $x \to x_0$ 的过程中有无定义点，则极限 $\lim\limits_{x \to x_0} f(x)$ 必不存在，如 $\lim\limits_{x \to 0} \sin\dfrac{1}{x}$.

(5) $\lim\limits_{x \to a} f(x)$ 存在的充分必要条件是 $f(a - 0)$ 及 $f(a + 0)$ 都存在且相等.

(6) 因变量 $f(x) \to A$ 的描述：$f(x) \to A$ 是指 $f(x)$ 无限接近于 A，也就是 $|f(x) - A|$ 能任意小，即对 $\forall \varepsilon > 0$，都有 $|f(x) - A| < \varepsilon$. 这个定义是由魏尔斯特拉斯给出.

(7) 以下情形一般需要考虑函数的左右极限：

①分段函数在分段点处的极限（包括含绝对值的情形）；

②e^∞ 型：$e^{+\infty}=+\infty$，$e^{-\infty}=0$；如 $\lim\limits_{x\to 0}e^{\frac{1}{x}}$，$\lim\limits_{x\to 1}e^{\frac{1}{x-1}}$ 等；

③arctan∞型：$\arctan(+\infty)=\dfrac{\pi}{2}$，$\arctan(-\infty)=-\dfrac{\pi}{2}$；如 $\lim\limits_{x\to 0}\arctan\dfrac{1}{x}$，$\lim\limits_{x\to 1}\arctan\dfrac{1}{x-1}$ 等．

（8）极限的结论是一个精确值，而趋向变量是一个不定式．如果趋向变量是一个定值，如 $\lim\limits_{x=a}f(x)$ 并不是极限的定义．请研究下列极限：

设
$$f(x)=\begin{cases}\dfrac{1}{x^2}\displaystyle\int_0^x \sin t\,dt, & x>0 \\[2mm] 0, & x=0 \\[2mm] \dfrac{1}{x^2}\displaystyle\int_0^x \arcsin t\,dt, & x<0\end{cases} \text{，求} \lim\limits_{x\to 0}f(x).$$

本题的关键就是不要考虑 $\lim\limits_{x=0}f(x)=0$

$\lim\limits_{x\to 0^+}f(x)=\lim\limits_{x\to 0}\dfrac{\sin x}{2x}=\dfrac{1}{2}$；$\lim\limits_{x\to 0^-}f(x)=\lim\limits_{x\to 0}\dfrac{\arcsin x}{2x}=\dfrac{1}{2}\Rightarrow\lim\limits_{x\to 0}f(x)=\dfrac{1}{2}$．其中 $x=0$ 是干扰项，因为求极限并不要求函数连续．

（9）$\lim\limits_{x\to x_0}f(x)=\infty$ 不存在，就是因为 ∞ 是个变量，违背了极限的唯一性．正是根据极限的唯一性，对于离散量求极限可以等价转化为连续量求极限．

【例2.7】设 $f(x)=\begin{cases}\dfrac{\ln(1+x)}{x}, & x>0 \\[2mm] 0, & x=0 \\[2mm] \dfrac{e^{2x}-1-\sin x}{\arctan x}, & x<0\end{cases}$，求 $\lim\limits_{x\to 0}f(x)$.

【解】由 $\lim\limits_{x\to 0^+}f(x)=\lim\limits_{x\to 0^+}\dfrac{\ln(1+x)}{x}=1$，得 $\lim\limits_{x\to 0^+}f(x)=1$；由 $\lim\limits_{x\to 0^-}f(x)=\lim\limits_{x\to 0^-}\dfrac{e^{2x}-1-\sin x}{\arctan x}=$

$\lim\limits_{x\to 0^-}\dfrac{e^{2x}-1}{\arctan x}-\lim\limits_{x\to 0^+}\dfrac{\sin x}{\arctan x}=\lim\limits_{x\to 0^-}\dfrac{e^{2x}-1}{x}-\lim\limits_{x\to 0^-}\dfrac{\sin x}{x}=2-1=1$，得 $\lim\limits_{x\to 0^-}f(x)=1$，故 $\lim\limits_{x\to 0}f(x)=1$

【例2.8】设 $f(x)=\begin{cases}\dfrac{|x|+2x}{\sin x}, & x\neq 0 \\[2mm] 0, & x=0\end{cases}$，求 $\lim\limits_{x\to 0}f(x)$.

【解】由 $\lim\limits_{x\to 0^+}f(x)=\lim\limits_{x\to 0^+}\dfrac{|x|+2x}{\sin x}=\lim\limits_{x\to 0^+}\dfrac{x+2x}{x}=3$ 得 $f(0+0)=3$；

由 $\lim\limits_{x\to 0^-}f(x)=\lim\limits_{x\to 0^-}\dfrac{|x|+2x}{\sin x}=\lim\limits_{x\to 0^-}\dfrac{-x+2x}{x}=1$ 得 $f(0-0)=1$，

因为 $f(0+0)\neq f(0-0)$，所以 $\lim\limits_{x\to 0}f(x)$ 不存在．

【例2.9】设 $f(x)=e^{\frac{x}{x-2}}$，研究 $\lim\limits_{x\to 2}f(x)$.

【分析】若 $f(x)$ 中含 $a^{\frac{1}{x-b}}$ 或 $a^{\frac{1}{b-x}}$，求 $\lim\limits_{x\to b}f(x)$ 一定要分别研究左、右极限．

【解】当 $x\to 2^-$ 时，$\dfrac{x}{x-2}\to-\infty$，则 $f(2-0)=0$；

当 $x \to 2^+$ 时，$\dfrac{x}{x-2} \to +\infty$，则 $f(2+0) = +\infty$，

因为 $f(2-0) \neq f(2+0)$，所以 $\lim\limits_{x \to 2} f(x)$ 不存在.

【例 2.10】设 $f(x) = \dfrac{1 - 2^{\frac{1}{x-1}}}{1 + 2^{\frac{1}{x-1}}}$，研究 $\lim\limits_{x \to 1} f(x)$.

【解】当 $x \to 1^-$ 时，$\dfrac{1}{x-1} \to -\infty$，则 $f(1-0) = 1$，

当 $x \to 1^+$ 时，$\dfrac{1}{x-1} \to +\infty$，则 $f(1+0) = -1$，

因为 $f(1-0) \neq f(1+0)$，所以 $\lim\limits_{x \to 1} f(x)$ 不存在.

【例 2.11】讨论 $\lim\limits_{x \to 0} \left(\dfrac{2 - e^{\frac{1}{x}}}{1 + e^{\frac{1}{x}}} + \dfrac{\sin x}{|x|} - [x] \right)$.

【解】由 $\lim\limits_{x \to 0^-} \left(\dfrac{2 - e^{\frac{1}{x}}}{1 + e^{\frac{1}{x}}} + \dfrac{\sin x}{|x|} - [x] \right) = 2 - 1 - (-1) = 2$

$\lim\limits_{x \to 0^+} \left(\dfrac{2 - e^{\frac{1}{x}}}{1 + e^{\frac{1}{x}}} + \dfrac{\sin x}{|x|} - [x] \right) = 0 + 1 - 0 = 1$，

因左右极限不相等，故 $\lim\limits_{x \to 0} \left(\dfrac{2 - e^{\frac{1}{x}}}{1 + e^{\frac{1}{x}}} + \dfrac{\sin x}{|x|} - [x] \right)$ 不存在.

再次提示：$f(x) = [x] = \begin{cases} n, & n \leqslant x < n+1 \\ n+1, & n+1 \leqslant x < n+2 \end{cases}$，即整函数的特点是取（近）小；$k$ 为

整数时 $\Rightarrow [x] = \begin{cases} \lim\limits_{x \to k^+} [x] = k \\ \lim\limits_{x \to k^-} [x] = k-1 \end{cases}$，也即 $x-1 \leqslant [x] \leqslant x$.

2.3.3　极限的性质

2.3.3.1　唯一性

$\lim\limits_{x \to x_0} f(x) = A(\exists)$，则 A 唯一，通俗的说也就是如果极限存在，必然极限值为一个有限的、固定的数，来回震荡或者趋于无穷都是极限不存在.

2.3.3.2　局部有界性

为什么说局部有界呢？你看这里谁是条件，极限存在为条件，函数有界为结论. 极限存在说的是函数趋近于某个定点的去心邻域内极限值存在，拿极限存在反推函数性质，那肯定是在这个去心邻域这个局部得到的，而不能是整个函数定义域都有这个性质. 这些就是局部的含义. 以后以极限存在为条件时，只能推出局部性质，这点请大家注意哦.

局部有界性：如果 $x \to x_0$ 时，$\lim\limits_{x \to x_0} f(x)$ 存在且等于 A，则 $\exists$ 正常数 M 和 δ，使得当 $0 < |x - x_0| < \delta$ 时，有 $|f(x)| \leqslant M$.

【证明】这是函数极限的局部有界性. 因为 $\lim\limits_{x \to x_0} f(x) = A$，取 $\varepsilon = 1$，则 $\exists \delta > 0$，当 $0 < |x - x_0| < \delta$ 时，有 $|f(x) - A| < \varepsilon = 1$，于是 $|f(x)| = |f(x) - A + A| \leqslant |f(x) - A| +$

$|A|<1+|A|\overset{\diamondsuit}{=\!=\!=}M$，即 $f(x)$ 在 x_0 的去心邻域内有界，证毕.

2.3.3.3 局部保号性

局部保号性：如果 $\lim\limits_{x\to x_0}f(x)=A(\exists)$，而且 $A>0$ 或 $A<0$，那么 $\exists$ 常数 $\delta>0$，使当 $0<|x-x_0|<\delta$ 时，有 $f(x)>0$，或 $f(x)<0$.

【证明】不妨假设 $A>0$，由 $\lim\limits_{x\to x_0}f(x)=A$

则取 $\varepsilon=\dfrac{A}{2}$，$\exists\delta>0$，当 $0<|x-x_0|<\delta$ 时，有 $|f(x)-A|<\varepsilon=\dfrac{A}{2}\Rightarrow A-\dfrac{A}{2}<f(x)\Rightarrow$

$f(x)>\dfrac{A}{2}>0$.

同理可得小于 0 的情形，证毕.

注 (1) 局部保号性的推论　利用逆否命题，显然，如果在 x_0 的某一去心邻域内 $f(x)\geqslant 0$（或 $f(x)\leqslant 0$），且 $\lim\limits_{x\to x_0}f(x)=A(\exists)$，则 $A\geqslant 0$（或 $A\leqslant 0$），例 $f(x)=\dfrac{1}{x}(x>0)$，则 $\lim\limits_{x\to+\infty}f(x)=0$.

(2) 若 $A>0(<0)\Rightarrow x\to x_0$ 时，$f(x)>0(<0)$

若 $x\to x_0$ 时，$f(x)\geqslant 0(\leqslant 0)\Rightarrow A\geqslant 0(\leqslant 0)$.

2.3.3.4 极限的局部保序性（不等式性质）

设 $\lim\limits_{x\to x_0}f(x)=A$，$\lim\limits_{x\to x_0}g(x)=B$；则 $A>B\Rightarrow x\to x_0$ 时，$f(x)>g(x)$；

$x\to x_0$ 时，$f(x)>g(x)\Rightarrow A\geqslant B$.

【例 2.12】设 $\lim\limits_{n\to\infty}a_n=a$，且 $a\neq 0$，则当 n 充分大时有

A. $|a_n|>\dfrac{|a|}{2}$ B. $|a_n|<\dfrac{|a|}{2}$

C. $a_n>a-\dfrac{1}{n}$ D. $a_n<a+\dfrac{1}{n}$

【解】$\because \lim\limits_{n\to\infty}a_n=a\Rightarrow\forall\varepsilon>0$，$\exists N>0$，当 $n>N$ 时，恒有 $|a_n-a|<\varepsilon$

又 $\because ||a_n|-|a||\leqslant|a_n-a|<\varepsilon$

故 $||a_n|-|a||<\varepsilon$

令 $\varepsilon=\dfrac{|a|}{2}$ $\therefore ||a_n|-|a||<\dfrac{|a|}{2}\to\dfrac{|a|}{2}<|a_n|<\dfrac{3|a|}{2}$

故答案为 A.

【例 2.13】设 $f(x)$ 连续，且 $f'(0)>0$，则存在 $\delta>0$，使得

A. $f(x)$ 在 $(0,\delta)$ 上单调增加

B. $f(x)$ 在 $(-\delta,0)$ 上单调增加

C. 对任意的 $x\in(0,\delta)$，有 $f(x)>f(0)$

D. 对任意的 $x\in(-\delta,0)$，有 $f(x)>f(0)$

【解】$f'(0)=\lim\limits_{x\to 0}\dfrac{f(x)-f(0)}{x}>0\Rightarrow x\to 0^+$ 时，$\dfrac{f(x)-f(0)}{x}>0$，

即 $f(x)>f(0)$，故选 C 选项.

注 $f'(x_0)>0$，是保证不了 $f(x)$ 在 x_0 的任何邻域单调增的；$x\in I$ 时，$f'(x)>0$，此时有 f

(x) 在 I 上单调增.这句话描述的是 $x \in I$，也就是说 x 取区间内所有值，而不是本题的某个固定点，高等数学与高中数学的学习导向不同，那时候学的东西不强调 x 取区间内所有值是因为高中只考到那个深度，过多强调反而容易糊涂.凡是以后遇到了函数或者导数在某点处怎么样的，都是只能考查这个点处或者这个非常小的邻域内的情况，对于本题只能使用局部保号性.

2.3.3.5　函数极限的运算法则

在下面定理的陈述中，自变量 x 的趋向可以是 $x \to \infty$，$x \to +\infty$，$x \to -\infty$，$x \to x_0$ 中的任何一种.

定理 2.3.3.5.1　设 $\lim f(x) = A$ 及 $\lim g(x) = B$ 都存在，则

(1) $\lim[f(x) \pm g(x)] = \lim f(x) \pm \lim g(x) = A \pm B$

(2) $\lim[f(x) \cdot g(x)] = \lim f(x) \cdot \lim g(x) = A \cdot B$

(3) $\lim \dfrac{f(x)}{g(x)} = \dfrac{\lim f(x)}{\lim g(x)} = \dfrac{A}{B}$ $(\lim g(x) = B \neq 0)$

(4) $\lim k f(x) = k \lim f(x) = kA$

(5) $\lim[f(x)]^n = [\lim f(x)]^n = A^n$

(6) $\lim \sqrt[n]{f(x)} = \sqrt[n]{\lim f(x)} = \sqrt[n]{A}$ $(f(x) \geqslant 0)$

注　两个常用的结论

(1) $\lim\limits_{x \to} \dfrac{f(x)}{g(x)}$ 存在，且 $\lim\limits_{x \to} g(x) = 0$，则 $\lim\limits_{x \to} f(x) = 0$；

(2) $\lim\limits_{x \to} \dfrac{f(x)}{g(x)} = A \neq 0$，且 $\lim\limits_{x \to} f(x) = 0$，则 $\lim\limits_{x \to} g(x) = 0$；

(3) 定理中的和、差、乘积的运算法则可以推广到 有限个 函数和与积的情形；

(4) 应用极限运算法则的前提条件是每个函数的极限都存在（对于商的极限法则，分母的极限不为零），否则不能使用.

【例 2.14】 求 $\lim\limits_{x \to 0} \dfrac{\sqrt{1+x} + \sqrt{1-x} - 2}{x^2}$.

【解】 错误解法：原式 $= \lim\limits_{x \to 0} \dfrac{\sqrt{1+x} + \sqrt{1-x} - 2}{x^2}$ 　　　　　　(1)

$$= \lim_{x \to 0} \frac{\sqrt{1+x} - 1}{x^2} + \lim_{x \to 0} \frac{\sqrt{1-x} - 1}{x^2} \qquad (2)$$

$$= \lim_{x \to 0} \frac{\frac{1}{2}x}{x^2} + \lim_{x \to 0} \frac{-\frac{1}{2}x}{x^2} = \infty - \infty.$$

错误分析：因为 $\lim\limits_{x \to 0} \dfrac{\sqrt{1+x} - 1}{x^2}$ 不存在，$\lim\limits_{x \to 0} \dfrac{\sqrt{1-x} - 1}{x^2}$ 也不存在，所以（1）=（2）是错误的.

正确解法：原式 $\xlongequal[\text{法则}]{\text{洛必达}} \lim\limits_{x \to 0} \dfrac{\dfrac{1}{2\sqrt{1+x}} - \dfrac{1}{2\sqrt{1-x}}}{2x}$

$$= \frac{1}{4} \lim_{x \to 0} \left[-\frac{1}{2}(1+x)^{-\frac{3}{2}} - \frac{1}{2}(1-x)^{-\frac{3}{2}} \right] = -\frac{1}{4}.$$

2.3.3.6 复合函数求极限

设 $\lim\limits_{x \to x_0} \varphi(x) = a$，但在点 x_0 的某去心邻域内 $\varphi(x) \neq a$，又 $\lim\limits_{u \to a} f(u) = A$，则当 $x \to x_0$ 时复合函数 $f[\varphi(x)]$ 的极限也存在，且 $\lim\limits_{x \to x_0} f[\varphi(x)] = \lim\limits_{u \to a} f(u) = A$.

此法则中若把 $\lim\limits_{x \to x_0} \varphi(x) = a$ 换成 $\lim\limits_{x \to x_0} \varphi(x) = \infty$ 或 $\lim\limits_{x \to \infty} \varphi(x) = \infty$，而把 $\lim\limits_{u \to a} f(u) = A$ 时换成 $\lim\limits_{u \to \infty} f(u) = A$ 时仍有类似的结论.

【例 2.15】 求 $\lim\limits_{x \to +\infty} e^{(\arctan x)}$.

【解】 令 $f(u) = e^u$，$u = \arctan x$，当 $x \to +\infty$ 时，$u \to \dfrac{\pi}{2}$，故

$$\lim_{x \to +\infty} e^{(\arctan x)} = \lim_{u \to \frac{\pi}{2}} e^u = e^{\frac{\pi}{2}}$$

【例 2.16】 如果 $\lim\limits_{u \to u_0} f(u) = A$，又 $\lim\limits_{x \to x_0} \varphi(x) = u_0$，那么有 $\lim\limits_{x \to x_0} f[\varphi(x)] = \lim\limits_{u \to u_0} f(u) = A$，此结论是否正确？

【解】 此结论不正确，因为缺少当 $x \neq x_0$ 时，$\varphi(x) \neq u_0$ 这个条件.

例如：设 $f(u) = \begin{cases} 2, & \text{当 } u \neq 0 \\ 0, & \text{当 } u = 0 \end{cases}$，$\varphi(x) = \begin{cases} 0, & \text{当 } x \neq 0 \\ 1, & \text{当 } x = 0 \end{cases}$，则

$$f[\varphi(x)] = \begin{cases} 0, & \text{当 } x \neq 0 \\ 2, & \text{当 } x = 0 \end{cases}.$$

因 $\lim\limits_{x \to 0} \varphi(x) = 0$，而 $\lim\limits_{u \to 0} f(u) = 2$，但 $\lim\limits_{x \to 0} f[\varphi(x)] = 0$，故 $\lim\limits_{x \to 0} f(\varphi(x)) \neq \lim\limits_{u \to 0} f(u)$.

2.4 无穷小量及其比较

2.4.1 无穷小

古希腊时，阿基米德就曾用无限小量方法得到许多重要的数学结果，但他认为无限小量方法存在着不合理的地方. 直到 1821 年，柯西在他的《分析教程》中才对无限小（即这里所说的无穷小）这一概念给出了明确的回答. 有关无穷小的理论就是在柯西的理论基础上发展起来的.

2.4.1.1 无穷小的定义

如果当 $x \to x_0$（或 $x \to \infty$）时，函数 $f(x)$ 的极限为零. 则称函数 $f(x)$ 在 $x \to x_0$（或 $x \to \infty$）时为无穷小量，简称无穷小. 记为 $\lim\limits_{\substack{x \to x_0 \\ (x \to \infty)}} f(x) = 0$.

注 (1) 无穷小是一个以零为极限的 变量，而不是一个绝对值很小的数. 零是唯一一个可以称为无穷小的常数.

(2) 无穷小必须与自变量的某一变化过程相联系（如 $x \to x_0$ 或 $x \to \infty$），否则就是不确切的.

2.4.1.2 无穷小和极限的关系

定理 2.4.1.2.1 $\lim\limits_{x \to x_0} f(x) = A$ 的充分必要条件是 $f(x) = A + \alpha(x)$，其中 $\lim\limits_{x \to x_0} \alpha(x) = 0$.

【例 2.17】 若 $\lim\limits_{x\to 0}\dfrac{\sin 6x + xf(x)}{x^3} = 0$，求 $\lim\limits_{x\to 0}\dfrac{6 + f(x)}{x^2}$.

【解】 由于 $\lim\limits_{x\to 0}\dfrac{\sin 6x + xf(x)}{x^3} = 0$，根据极限值与无穷小的关系，有 $\dfrac{\sin 6x + xf(x)}{x^3} = 0 + \alpha$，

其中 $\lim\limits_{x\to 0}\alpha = 0$，于是 $xf(x) = -\sin 6x + \alpha x^3$，故

$$\lim_{x\to 0}\frac{6 + f(x)}{x^2} = \lim_{x\to 0}\frac{6x - \sin 6x + \alpha x^3}{x^3} = \lim_{x\to 0}\frac{6x - \left[6x - \dfrac{(6x)^3}{6} + 0(x^3)\right] + \alpha x^3}{x^3}$$

$$= \lim_{x\to 0}\frac{\dfrac{1}{6}(6x)^3}{x^3} + 0 = 36$$

2.4.1.3 无穷小的性质

(1) 有限个无穷小的代数和仍为无穷小.

(2) 有界函数与无穷小的乘积为无穷小.

(3) 常数与无穷小的乘积为无穷小.

(4) 有限个无穷小的乘积为无穷小，无穷多个无穷小的乘积不一定再是无穷小了. 怎么理解呢? 这个结论是一个抽象的极限理论，可以这样说，数学上的很多事情，并不都是能够被人们直观理解并接受的，这不能不说是一种"遗憾".

【例 2.18】 求 $\lim\limits_{n\to\infty}\dfrac{n\sin n!}{\sqrt{n^3 + n^2}}$.

【解】 借助于函数极限和数列极限的关系，由于 $|\sin n!| \leqslant 1$，$x\to\infty$ 时，$\dfrac{x}{\sqrt{x^3 + x^2}}$ 是无穷小量，

由无穷小量与有界函数乘积为无穷小量得 $\lim\limits_{n\to\infty}\dfrac{n\sin n!}{\sqrt{n^3 + n^2}} = 0$.

2.4.1.4 无穷小的比阶

无穷小量说的是在某个过程下极限为零的变量，也就是想要多小就可以有多小. 这是无数人梦寐以求的境界啊，作为衡量近似水平的一把标尺，我们经常要比较这些无穷小趋近于零的"速度"，并从中挑选出速度最快的，以便节省时间，结果产生了无穷小比阶的概念.

在下面的概念中，α，β 为（$x\to x_0$ 或 $x\to\infty$）无穷小量.

(1) 如果 $\lim\dfrac{\beta}{\alpha} = 0$，则称 β 是比 α 高阶的无穷小，记作 $\beta = o(\alpha)$，如 $\lim\limits_{x\to 0}\dfrac{x^2}{3x} = 0$，所以当 $x\to 0$ 时，x^2 是比 $3x$ 高阶的无穷小，即 $x^2 = o(3x)$，$(x\to 0)$.

(2) 如果 $\lim\dfrac{\beta}{\alpha} = \infty$，则称 β 是比 α 低阶的无穷小.

(3) 如果 $\lim\dfrac{\beta}{\alpha} = C \neq 0$（$C$ 为常数），则称 β 与 α 是同阶无穷小.

(4) $\lim\dfrac{\beta}{\alpha} = 1$，则称 β 与 α 是等价无穷小，记作 $\beta\sim\alpha$. 显然，等价无穷小是同阶无穷小的特殊情况，即 $C = 1$ 的情况.

（5）如果 $\lim \dfrac{\beta}{\alpha^k}=C\neq0$，$k>0$，则称 β 是关于 α 的 k 阶无穷小.

注（1）并不是任意两个无穷小量都可进行比较的.比方说，当 $x\to0$ 时，$x\sin\dfrac{1}{x}$ 与 x^2 虽然都是无穷小，但是却不可以比较，也就是说既无高低阶之分，也无同阶可言，因为 $\lim\limits_{x\to0}\dfrac{x\sin\dfrac{1}{x}}{x^2}=\lim\limits_{x\to0}\dfrac{1}{x}\sin\dfrac{1}{x}$ 不存在；

（2）如果当 $x\to0$ 时，$f(x)$ 为无穷小量，是否一定就有 $\sin[f(x)]\sim f(x)$？答案是否定的.具体来说，当 $x\to0$ 时，是否就有 $\sin\left(x\sin\dfrac{1}{x}\right)\sim x\sin\dfrac{1}{x}$？我们看到，在点 $x=0$ 的任一小的去心邻域内，总有点 $x=\dfrac{1}{k\pi}\to0$（$|k|$ 为充分大的正整数），使 $\dfrac{\sin\left(x\sin\dfrac{1}{x}\right)}{x\sin\dfrac{1}{x}}$ 在该点没有定义，

故 $\lim\limits_{x\to0}\dfrac{\sin\left(x\sin\dfrac{1}{x}\right)}{x\sin\dfrac{1}{x}}$ 不存在.

事实上，这是个极其隐蔽的细节，读者需懂得上述说法.

2.4.1.5 无穷小的运算

设 m，n 为正整数.则

（1）$o(x^m)\pm o(x^n)=o(x^l)$，$l=\min\{m,n\}$（加减法时低阶"吸收"高阶）；

（2）$o(x^m)\cdot o(x^n)=o(x^{m+n})$，$x^m\cdot o(x^n)=o(x^{m+n})$（乘法时阶数"累加"）；

（3）$o(x^m)=o(kx^m)=k\cdot o(x^m)$，$k\neq0$ 且为常数（非零常数不影响阶数）.

注 在后面的泰勒公式中，会对上述高阶无穷小的运算提出要求，请大家学会正确书写.

2.4.1.6 等价无穷小

等价无穷小的本质是泰勒公式展开式的第一项或者前几项，即泰勒公式＝等价无穷小＋误差，这里的误差也体现在因式相加减时候不建议用等价无穷小，因为这个误差在一定范围内的时候，我们解题答案是正确的，误差大了，自然就出现了错误的结果.泰勒公式在高等数学的后面章节才会学到，与等价无穷小配合使用的洛必达法则也是在后面才会学到，这也就是我写这一章的时候觉得怎么写都很难顾及已经将数学基本知识忘记的差不多的同学.所以在学习这一章感觉到困惑的时候，可以听听音乐，把不会的先加到自己的错题本里面，继续学两章之后再集中解决一下，或者强迫自己努力做下去，因为虽然它与后面章节联系较多，但这些内容出的考研题的难度并不算很大（难度大＝难度系数小；难度小＝难度系数大）.静下心来，我们会发现人生道路中又有多少事情能真的让我们开心满意呢，如果努力了，劳其筋骨了，相信还是有不少的收获，所以我们要耐得住寂寞，经得住诱惑方得成功.

（1）.常用的等价无穷小（见表 2-2）：

表 2 - 2

$\sin x \sim x$	$\sin\Delta \sim \Delta$
$\tan x \sim x$	$\tan\Delta \sim \Delta$
$\arcsin x \sim x$	$\arcsin\Delta \sim \Delta$
$\arctan x \sim x$	$\arctan\Delta \sim \Delta$
$e^x - 1 \sim x$	$e^\Delta - 1 \sim \Delta$
$\ln(1+x) \sim x$	$\ln(1+\Delta) \sim \Delta$
$1 - \cos x \sim \dfrac{x^2}{2}$	$1 - \cos\Delta \sim \dfrac{\Delta^2}{2}$
$\sqrt[n]{1+x} - 1 \sim \dfrac{x}{n}$	$\sqrt[n]{1+\Delta} - 1 \sim \dfrac{\Delta}{n}$
$a^x - 1 \sim x\ln a$	$a^\Delta - 1 \sim \Delta\ln a$

注 准确记忆，灵活运用以上等价无穷小，对于熟练计算极限能起到事半功倍的效果.

(2) 等价量替换定理.

若 $f(x) \sim f_1(x)$，$g(x) \sim g_1(x)$，$h(x) \sim h_1(x)$ $(x \to x_0)$；$\lim\limits_{x \to x_0} \dfrac{f_1(x)g_1(x)}{h_1(x)} = A$ （或 ∞），

则 $\lim\limits_{x \to x_0} \dfrac{f(x)g(x)}{h(x)} = \lim\limits_{x \to x_0} \dfrac{f_1(x)g_1(x)}{h_1(x)} = A$ （或 ∞）.

【证明】 $\lim\limits_{x \to x_0} \dfrac{f(x)g(x)}{h(x)} = \lim\limits_{x \to x_0} \dfrac{f_1(x)g_1(x)}{h_1(x)} \dfrac{f(x)}{f_1(x)} \cdot \dfrac{g(x)}{g_1(x)} \cdot \dfrac{h_1(x)}{h(x)} = A \cdot 1 \cdot 1 \cdot 1 = A$ （或 ∞）.

即 $\lim\limits_{x \to x_0} \dfrac{f(x)g(x)}{h(x)} = \lim\limits_{x \to x_0} \dfrac{f_1(x)g_1(x)}{h_1(x)} = A$ （或 ∞）. 这个证明过程说明了在求极限的过程中，

为何在乘积因子能够用其等价无穷小替换.

(3) 等价替换性质.

① $\alpha \sim \alpha^*$，$\beta \sim \beta^*$，则 $\lim \dfrac{\alpha}{\beta} = \lim \dfrac{\alpha^*}{\beta^*}$

② $\alpha \sim \alpha^*$，$\beta \sim \beta^*$，且 $\lim \dfrac{\alpha^*}{\beta^*} \neq 1$，则 $\alpha - \beta \sim \alpha^* - \beta^*$

③ $\alpha \sim \alpha^*$，$\beta \sim \beta^*$，且 $\lim \dfrac{\alpha^*}{\beta^*} \neq -1$，则 $\alpha + \beta \sim \alpha^* + \beta^*$

如 $\lim\limits_{x \to 0} \dfrac{\tan x - \sin x}{x^3}$，因为 $\lim\limits_{x \to 0} \dfrac{\tan x}{\sin x} = 1$，故分子 $\tan x - \sin x$ 不能用 $x - x$ 来代替.

又如 $\lim\limits_{x \to 0} \dfrac{\tan x + \sin x}{x}$，因为 $\lim\limits_{x \to 0} \dfrac{\tan x}{\sin x} = 1 \neq -1$，故 $\tan x + \sin x \sim x + x = 2x$.

【例 2.19】 求 $\lim\limits_{x \to \infty} \left[\sin\ln\left(1 + \dfrac{3}{x}\right) - \sin\ln\left(1 + \dfrac{1}{x}\right) \right]x$.

【解】 原式 $= \lim\limits_{x \to \infty} \dfrac{\sin\ln\left(1 + \dfrac{3}{x}\right)}{\dfrac{1}{x}} - \lim\limits_{x \to \infty} \dfrac{\sin\ln\left(1 + \dfrac{1}{x}\right)}{\dfrac{1}{x}} = \lim\limits_{x \to \infty} \dfrac{\dfrac{3}{x}}{\dfrac{1}{x}} - \lim\limits_{x \to 0} \dfrac{\dfrac{1}{x}}{\dfrac{1}{x}} = 3 - 1 = 2.$

注 计算 $\lim\limits_{x \to} \dfrac{f(x)+g(x)}{h(x)}$ 时，往往可以在分子中加减一些项，使分子中出现一些典型的差函数形式，结合四则运算法则与等价代换往往会很方便.

$$\lim\limits_{x \to} \frac{f(x)+g(x)}{h(x)} = \lim\limits_{x \to} \frac{f(x)+p(x)+g(x)-p(x)}{h(x)}$$

$$= \lim\limits_{x \to} \frac{f(x)+p(x)}{h(x)} + \lim\limits_{x \to} \frac{g(x)-p(x)}{h(x)} = \cdots$$

定理说明，在求函数极限时，分子、分母中的因式可用它们简单的等价的量来替换，以便化简，容易计算. 需要注意的是，分子、分母中加减的项一般不替换，应分解因式，用因式替换，包括用等价无穷小量，等价无穷大量或一般的等价量来替换. 为了保证计算的正确性，一般我们强行规定：等价无穷小法只能用于替换若干项相乘中的一个整体项或几个整体项.

【例 2.20】计算 $\lim\limits_{x \to 0} \dfrac{\ln(1+6x^2) \times \sin(\sin x)}{(1-\cos x) \times (\sqrt{1+x^2}-1)}$.

【解】在做的过程中，其中有一步是由于 $\lim\limits_{x \to 0} 6x^2 = 0$，所以 $6x^2$ 在本题中可以被当成是"□"，因此利用等价无穷小法将分子中的 $\ln(1+6x^2)$ 换为 $6x^2$.

为什么可以这样换呢？大家注意看（只看分子，不用看分母），分子是若干个函数相乘的形式（"若干个函数"在本题中指的就是两个函数，一个函数是 $y=\ln(1+6x^2)$，一个函数是 $y=\sin(\sin x)$），所以才能换.

如果这道题改为"请计算 $\lim\limits_{x \to 0} \dfrac{\ln(1+6x^2)+\sin(\sin x)}{(1-\cos x) \times (\sqrt{1+x^2}-1)}$"，那么就不能用等价无穷小法将分子中的 $\ln(1+6x^2)$ 换为 $6x^2$，这是因为此时的分子已经不是两项相乘了，而是两项相加. 每当讲到这里时，都会有同学提出这样的疑问："老师，题目经过这样的修改后，分子的确是两项相加而不是相乘了，但是其实换一个角度来看，分子还可以看成是两项相乘啊，第一项是 $\ln(1+6x^2)+\sin(\sin x)$，第二项是 1. 所以既然分子还可以看成是两项相乘，那么应该仍然能用等价无穷小法将分子中的 $\ln(1+6x^2)$ 换为 $6x^2$，为什么不能换呢？"针对这个问题，现在给出解释. 按该同学这种说法，题目改完以后的分子照样可以看成是两项相乘，一项是 $\ln(1+6x^2)+\sin(\sin x)$，一项是 1. 因为"等价无穷小法只能用于替换若干项相乘中的一个整体项或几个整体项". 大家注意到"整体项"这三个字指的是：只有当想要替换的那个参数或代数式所在的那一项整体可以换成是本节所给的 12 个式子中的一个式子的"～"左侧或右侧时，才可以进行等价无穷小替换.

那么现在按该同学的说法，不把 $\lim\limits_{x \to 0} \dfrac{\ln(1+6x^2)+\sin(\sin x)}{(1-\cos x) \times (\sqrt{1+x^2}-1)}$ 的分子当成两项相加，而当成两项相乘，第一项是 $\ln(1+6x^2)+\sin(\sin x)$，第二项是 1. 想要替换的是 $\ln(1+□)$，而 $\ln(1+□)$ 所在的那一项整体是 $\ln(1+□)+\sin(\sin x)$. 而本节所给的 12 个等价无穷小式子中没有任何一个式子的"～"左侧或右侧是 $\ln(1+□)+\sin(\sin x)$，所以不能替换.

【例 2.21】求 $\lim\limits_{x \to 0} \dfrac{\tan x - \sin x}{x^3}$.

【分析】如果原式变成 $\lim\limits_{x \to 0} \dfrac{x-x}{x^3}$，这个结果是错误的，正确的做法如下.

【解】

$$\lim_{x\to 0}\frac{\tan x-\sin x}{x^3}=\lim_{x\to 0}\frac{\sin x\left(\dfrac{1}{\cos x}-1\right)}{x^3}$$

$$=\lim_{x\to 0}\frac{\sin x}{x}\cdot\frac{\left(\dfrac{1}{\cos x}-1\right)}{x^2}=\lim_{x\to 0}\frac{\sin x}{x}\cdot\lim_{x\to 0}\frac{\left(\dfrac{1}{\cos x}-1\right)}{x^2}$$

$$=\lim_{x\to 0}\frac{1-\cos x}{x^2\cos x}=\lim_{x\to 0}\frac{\dfrac{x^2}{2}}{x^2\cos x}=\frac{1}{2}$$

由本例得出等价无穷小代换公式 $\tan x-\sin x\sim\dfrac{1}{2}x^3\ (x\to 0)$. 特别地，当 $m\leqslant f(x_1)\leqslant M$ 时，下列三个无穷小等价代换快捷公式在以后求极限的过程中经常遇到.

①$x-\sin x\sim\dfrac{1}{6}x^3$　②$\tan x-x\sim\dfrac{1}{3}x^3$　③$\tan x-\sin x\sim\dfrac{1}{2}x^3$

本例如果想用等价无穷小做正确，分子可以用泰勒公式多展开几项（到三次幂），这个时候做出来的结果就是正确的.

下面说下要将函数应展开到 x 的几次方？

(1) $\dfrac{A}{B}$ 型，"上下同阶"原则.

具体说来，如果分母（或分子）是 x 的 k 次方，则应把分子（或分母）展开到 x 的 k 次方，可称为"上下同阶"原则.

例如，为了计算 $\lim_{x\to 0}\dfrac{x-\sin x}{x^3}$，把 $\sin x$ 泰勒展开，一般可写成如下三种形式：

①$\sin x=x+o(x)$；　②$\sin x=x-\dfrac{1}{6}x^3+o(x^3)$；　③$\sin x=x-\dfrac{1}{6}x^3+\dfrac{1}{5!}x^5+o(x^5)$.

根据"上下同阶"原则，①式展开的"不够"，③式展开的"过多"，②式正符合要求，于

是，$\lim_{x\to 0}\dfrac{x-\sin x}{x^3}=\lim_{x\to 0}\dfrac{x-\left(x-\dfrac{1}{6}x^3+o(x^3)\right)}{x^3}=\lim_{x\to 0}\dfrac{\dfrac{1}{6}x^3+o(x^3)}{x^3}=\dfrac{1}{6}$.

(2) $A-B$ 型，"幂次最低"原则.

具体来说，即将 A，B 分别展开到它们的系数不相等的最低次幂为止.

例如，已知当 $x\to 0$ 时，$\cos x-\mathrm{e}^{-\frac{x^2}{2}}$ 与 ax^b 为等价无穷小，求 a，b.

用泰勒公式，$\cos x=1-\dfrac{x^2}{2!}+\dfrac{x^4}{4!}+o(x^4)$，$\mathrm{e}^{-\frac{x^2}{2}}=1-\dfrac{x^2}{2}+\dfrac{1}{2!}\dfrac{x^4}{4}+o(x^4)$.

显然，将 $\cos x$，$\mathrm{e}^{-\frac{x^2}{2}}$ 展开到 x^4 时，其系数就不一样了，使用"幂次最低"原则，展开到此项后，进行运算，得

$$\cos x-\mathrm{e}^{-\frac{x^2}{2}}=\left[1-\dfrac{x^2}{2!}+\dfrac{x^4}{4!}+o(x^4)\right]-\left[1-\dfrac{x^2}{2}+\dfrac{1}{2!}\dfrac{x^4}{4}+o(x^4)\right]=-\dfrac{1}{12}x^4+o(x^4),$$

于是可知，$\cos x-\mathrm{e}^{-\frac{x^2}{2}}\sim-\dfrac{1}{12}x^4$，$a=-\dfrac{1}{12}$，$b=4$.

【例 2.22】求 $\lim_{x\to 0}\dfrac{\mathrm{e}^x\sin x-x(1+x)}{x^3}$.

【分析】因为分母是 3 次多项式，所以分子的展开次数必须遵守下面规则：

（1）"e^x 展开的最高项次数" ＋ "$\sin x$ 展开的最低项次数" ＝分母的最高项次数 3；

（2）"e^x 展开的最低项次数" ＋ "$\sin x$ 展开的最高项次数" ＝分母的最高项次数 3.

因为 $e^x = 1 + x + \dfrac{x^2}{2!} + \cdots + \dfrac{x^n}{n!} + 0(x^n)$，

$\sin x = x - \dfrac{x^3}{3!} + \dfrac{x^5}{5!} + \cdots + (-1)^m \dfrac{x^{2m+1}}{(2m+1)!} + 0(x^{2m+1})$，

所以 $\begin{cases} n+1=3, \\ 0+(2m+1)=3, \end{cases}$ 从而 $\begin{cases} n=2, \\ m=1, \end{cases}$ 即 e^x 展开到 2 次，$\sin x$ 展开到 3 次.

【解】 $\lim\limits_{x \to 0} \dfrac{e^x \sin x - x(1+x)}{x^3}$

$= \lim\limits_{x \to 0} \dfrac{\left[1 + x + \dfrac{x^2}{2} + 0(x^2)\right] \cdot \left[x - \dfrac{x^3}{6} + 0(x^3)\right] - x(1+x)}{x^3}$

（这一步到下一步的运算使用了无穷小运算的一些规定，补充在分析中）

$= \lim\limits_{x \to 0} \dfrac{x - \dfrac{x^3}{6} + 0(x^3) + x^2 - \dfrac{x^4}{6} + 0(x^4) + \dfrac{x^3}{2} - \dfrac{x^5}{12} + 0(x^5) + 0(x^3) - 0(x^5) + 0(x^6) - x(1+x)}{x^3}$

$= \lim\limits_{x \to 0} \dfrac{-\dfrac{x^3}{6} + \dfrac{x^3}{2}}{x^3} = \dfrac{1}{3}$.

【例 2.23】 求 $\lim\limits_{x \to 0} \dfrac{\tan(\tan x) - \sin(\sin x)}{x - \sin x}$.

【分析】本题用洛必达法则，计算量非常大，但用泰勒展开就能很快求出答案，需要注意的是在求极限的过程中首选等价无穷小量代换，所以求此极限时，第一眼就应该看出；当 $x \to 0$ 时，有 $x - \sin x \sim \dfrac{x^3}{6}$，本题需要把 $\tan x$，$\sin x$ 都看成 □，即

$$\tan □ = □ + \dfrac{□^3}{3} + o(□^3), \quad \sin □ = □ - \dfrac{□^3}{6} + o(□^3).$$

从而 $\tan(\tan x) = \tan x + \dfrac{\tan^3 x}{3} + o(\tan^3 x)$，$\sin(\sin x) = \sin x - \dfrac{\sin^3 x}{6} + o(\sin^3 x)$.

【解】 $\lim\limits_{x \to 0} \dfrac{\tan(\tan x) - \sin(\sin x)}{x - \sin x} = \lim\limits_{x \to 0} \dfrac{\tan(\tan x) - \sin(\sin x)}{\dfrac{x^3}{6}}$

$= 6 \cdot \lim\limits_{x \to 0} \dfrac{\tan x + \dfrac{\tan^3 x}{3} + o(\tan^3 x) - \sin x + \dfrac{\sin^3 x}{6} - o(\sin^3 x)}{x^3}$

$= 6 \left(\lim\limits_{x \to 0} \dfrac{\tan x - \sin x}{x^3} + \dfrac{1}{3} + \dfrac{1}{6} \right) = 6 \left(\lim\limits_{x \to 0} \dfrac{\tan x (1 - \cos x)}{x^3} + \dfrac{1}{3} + \dfrac{1}{6} \right)$

$= 6 \left(\lim\limits_{x \to 0} \dfrac{x \cdot \dfrac{x^2}{2}}{x^3} + \dfrac{1}{3} + \dfrac{1}{6} \right) = 6$.

2.5 无 穷 大

英国数学家约翰·沃利斯在 1665 年首次使用"∞"表示无穷大. 所以什么东西表示成什么都是科学家或者工程师后天赋予, 一旦这个东西大家都这么干, 那就成了行业标准了.

定义 2.5.1 当 $x \to x_0$（或 $x \to \infty$）时, 若 $|f(x)|$ 无限地增大, 则称函数 $f(x)$ 为当 $x \to x_0$（或 $x \to \infty$）时的无穷大量, 简称无穷大. 记为 $\lim\limits_{\substack{x \to x_0 \\ (x \to \infty)}} f(x) = \infty$.

注（1）无穷大量是极限不存在的一种情形, 这里只是借用了极限记号而已, 并不表示极限存在.

（2）与无穷小类似, 无穷大量是一个变量, 无论多么大的常数都不能认为是无穷大量. 此外, 它也是与自变量的某一变化过程相联系的. 如 $\dfrac{1}{x}$ 是当 $x \to 0$ 时的无穷大, 而当 $x \to \infty$ 时它就是无穷小量了.

（3）无穷大之间不能比较大小, 只能比较趋向于无穷大的速度谁更快;

（4）下例说明无穷大量和无界量的区别和联系.

设 $f(x) = \dfrac{1}{x} \Rightarrow \lim\limits_{x \to 0} f(x) = \infty$, 即 $f(x)$ 为无穷大量, 又设

$$f(x) = \frac{1}{x} \sin \frac{1}{x} \Rightarrow \lim_{x = \frac{1}{n\pi} \to 0} f(x) = \lim_{x = \frac{1}{n\pi} \to 0} n\pi \sin \pi n\pi = 0 ;$$

$$\lim_{x = 1/\left(n\pi + \frac{\pi}{2}\right) \to 0} f(x) = \lim_{x = 1/\left(n\pi + \frac{\pi}{2}\right) \to 0} \left(n\pi + \frac{\pi}{2}\right) \sin \left(n\pi + \frac{\pi}{2}\right) = \infty, \text{ 即 } f(x) \text{ 为无界量.}$$

相同之处: 都存在极限趋于无穷大; 不同之处: 无穷大量在取极限过程中没有 0 值, 无界量存在 0 值. 无穷大量必是无界量, 无界量未必是无穷大量.

（5）$\lim\limits_{\substack{x \to x_0 \\ (x \to \infty)}} f(x) = \infty$, $f(x)$ 为无穷大, 则 $\dfrac{1}{f(x)}$ 为无穷小; 反之, 若 $\lim\limits_{\substack{x \to x_0 \\ (x \to \infty)}} f(x) = 0$, $f(x)$ 为无穷小, 且 $f(x) \neq 0$, 则 $\dfrac{1}{f(x)}$ 为无穷大.

2.6 求极限的重要工具: 洛必达法则

洛必达法则能如此受欢迎, 这个是伯努利当初没有料到的. 数学史表明, 这个法则的最初的发明者是约翰伯努利, 但因为开始研究数学的时候薪水不多, 又要娶妻生活, 本身还兼任着洛必达的一对一辅导老师; 洛必达是法国贵族, 有钱又着迷于数学; 你看, 这就是典型的出生好, 又努力的孩子, 虽然此人天资不够, 但足够勤奋, 他拥有精明的眼光, 发现并用合适的价格收购了伯努利的发现, 自己也千古流芳. 约翰伯努利也是让人尊敬的大数学家, 他不仅科研硕果累累, 而且有欧拉、洛必达和克拉默这样的得意门生, 他的三个儿子和两个孙子也都是有才华的数学家.

在自变量 x 的某个变化过程中（例如 $x \to x_0$, $x \to \infty$ 等）, 对于一个函数的极限式 $\lim f(x)$, 其结果不外乎是四种情形"$0, \infty$, 非零常数 A 或不存在", 但是对于两个函数组成的极限式 $\lim \dfrac{f(x)}{g(x)}$ 和 $\lim [f(x)]^{g(x)}$, 其结果有时确定、有时不确定, 例如假设 A, B 为常数, 有

(1) 若 $\lim f(x)=A$，$\lim g(x)=B\neq 0$，则 $\lim \dfrac{f(x)}{g(x)}=\dfrac{A}{B}$；

(2) 若 $\lim f(x)=A$，$\lim g(x)=\infty$，则 $\lim \dfrac{f(x)}{g(x)}=0$；

(3) 若 $\lim f(x)=A\neq 0$，$\lim g(x)=0$，则 $\lim=\dfrac{f(x)}{g(x)}=\infty$；

(4) 若 $\lim f(x)=0$，$\lim g(x)=0$，则 $\lim \dfrac{f(x)}{g(x)}\xrightarrow{\frac{0}{0}}\begin{cases}0\\\infty\\A\neq 0\\\text{不存在}\end{cases}$；

(5) 若 $\lim f(x)=\infty$，$\lim g(x)=\infty$，则 $\lim \dfrac{f(x)}{g(x)}\xrightarrow{\frac{\infty}{\infty}}\begin{cases}0\\\infty\\A\neq 0\\\text{不存在}\end{cases}$；

上述情形（1）～（3）因为结果确定，所以称 $\lim \dfrac{f(x)}{g(x)}$ 为定式，情形（4）和（5）的结果不确定，此时称 $\lim \dfrac{f(x)}{g(x)}$ 为不定式．

不定式共有 7 种，它们是：$\dfrac{0}{0}$ 型，$\dfrac{\infty}{\infty}$ 型，$0\cdot\infty$ 型，$\infty-\infty$ 型，1^∞ 型，0^0 型，∞^0 型，下面要介绍的洛必达法则及其应用就是这些不定式的定值法．

下面以 $\dfrac{0}{0}$ 型为例说明未定式与定式的区别：

若 $\lim\limits_{x\to x_0}f(x)=0$，$\lim\limits_{x\to x_0}g(x)=0$，则 $\lim\limits_{x\to x_0}\dfrac{f(x)}{g(x)}$ 的结果不是确定的值．

比如 $\lim\limits_{x\to 0}\dfrac{x}{\sin x}=1$，$\lim\limits_{x\to 0}\dfrac{x^2}{\tan x}=0$，$\lim\limits_{x\to 0}\dfrac{\sin x}{x^2}=\infty$……因此这个极限式为 $\dfrac{0}{0}$ 型未定式．

$\dfrac{0}{0}$ 型未定式要求：极限式中函数的分子、分母均为极限形式且极限值均为零，即均为无穷小量，此时的 0 只是对无穷小量的一种简记法，并不是实际的数字 0.

若极限式中函数的分子不是无穷小量而是数 0，分母仍为无穷小量，即 $\lim\limits_{x\to x_0}g(x)=0$，则 $\lim\limits_{x\to x_0}\dfrac{0}{g(x)}=0$，此极限式结果就是 0，这种形式的极限式就是一个定式．这个定式可以这样理解：虽然在 $g(x)$ 在 $x\to x_0$ 时趋近于 0，但无穷小量 $g(x)$ 毕竟不等于 0，0 除以不为 0 的数或定式结果为 0．其他形式的未定式也是一样，一定要与形式相似的定式相区别，不要混淆．

2.6.1　洛必达法则 I $\left(\dfrac{0}{0}\text{型不定式}\right)$

定理 2.6.1.1　设函数 $f(x)$ 与 $g(x)$ 满足下列条件：
(1) $\lim\limits_{x\to x_0}f(x)=0$，$\lim\limits_{x\to x_0}g(x)=0$；
(2) 在点 x_0 的某个空心邻域中，$f'(x)$ 和 $g'(x)$ 都存在，并且 $g'(x)\neq 0$；

(3) $\lim\limits_{x \to x_0} \dfrac{f'(x)}{g'(x)} = A$（或 ∞）；

则有 $\lim\limits_{x \to x_0} \dfrac{f(x)}{g(x)} = \lim\limits_{x \to x_0} \dfrac{f'(x)}{g'(x)} = A$（或 ∞）.

$\lim\limits_{x \to x_0} \dfrac{f'(x)}{g'(x)}$ 存在（或是 ∞）是 $\lim\limits_{x \to x_0} \dfrac{f(x)}{g(x)}$ 存在（或是 ∞）的充分条件而不是必要条件，即如果 $\lim\limits_{x \to x_0} \dfrac{f'(x)}{g'(x)}$ 不存在，不能立即判断 $\lim\limits_{x \to x_0} \dfrac{f(x)}{g(x)}$ 不存在，还需用其他方法来判断这个极限是否存在. 洛必达法则使用不当.

【例 2.24】 $f(x)$ 一阶可导，$\lim\limits_{x \to 0} \dfrac{f(x)}{x^2} = 2$. 证：$f'(0) = 0$.

错误解法：因为 $\lim\limits_{x \to 0} \dfrac{f(x)}{x^2} = 2$，可得 $f(0) = 0$.

故 $\lim\limits_{x \to 0} \dfrac{f(x)}{x^2} \xlongequal{\text{洛必达}} \lim\limits_{x \to 0} \dfrac{f'(x)}{2x} = 2$. 从而 $f'(0) = 0$.

错误分析：上述解法是因为 $\lim\limits_{x \to 0} \dfrac{f(x)}{x^2} = 2$，从而以为 $\lim\limits_{x \to 0} \dfrac{f'(x)}{2x} = 2$，这是使用洛必达法则的典型错误.

正确解法：因 $\lim\limits_{x \to 0} \dfrac{f(x)}{x^2} = 2$，得 $f(0) = 0$. 又因为 $\lim\limits_{x \to 0} \dfrac{f(x)}{x^2} = \lim\limits_{x \to 0} \dfrac{\frac{f(x) - f(0)}{x - 0}}{x} = 2$，所以 $\lim\limits_{x \to 0} \dfrac{f(x) - f(0)}{x - 0} = 0$，（根据 $\lim\limits_{x \to 0} \dfrac{f(x)}{g(x)}$ 存在，$\lim\limits_{x \to 0} g(x) = 0$，可得 $\lim\limits_{x \to 0} f(x) = 0$），从而 $f'(0) = 0$.

洛必达法则是求不定式的一种有效方法，但最好能与其他求极限的方法结合起来使用. 有时未必一定要用洛必达法则，只有充分运用已有的多种方法（如已知极限、极限的运算法则、重要极限、等价无穷小代换等），才能使运算过程简捷明了.

2.6.2 洛必达法则 II $\left(\dfrac{\infty}{\infty} 型不定式\right)$

定理 2.6.2.1 设函数 $f(x)$，$g(x)$ 满足下列条件：

(1) $\lim\limits_{x \to x_0} f(x) = \lim\limits_{x \to x_0} g(x) = \infty$；

(2) 在 x_0 的某个空心邻域中，$f'(x)$ 和 $g'(x)$ 都存在，并且 $g'(x) \neq 0$；

(3) $\lim\limits_{x \to x_0} \dfrac{f'(x)}{g'(x)} = A$（或 ∞）；

则有 $\lim\limits_{x \to x_0} \dfrac{f(x)}{g(x)} = \lim\limits_{x \to x_0} \dfrac{f'(x)}{g'(x)} = A$（或 ∞）.

注 (1) $x \to x_0$ 改为自变量 x 的任意一个变化过程，例如 $x \to \infty$，$x \to x_0^+$，$x \to x_0^-$，$x \to \pm\infty$ 时此定理结论仍成立.

(2) 使用洛必达法则时，是分子分母分别求导，不要与商的导数混淆.

（3）如图 2-3 所示，当 $x \to \infty$ 时，$y = \ln x$，$y = x^n$，$y = e^x$，$y = x^x$ 趋向于 $+\infty$ 的速度越来越快.

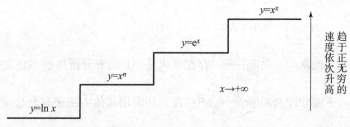

图 2-3

洛必达法则为求不定式的极限提供了一个非常有效的方法，但使用洛必达法则求极限时务必注意：

（1）只有 $\dfrac{0}{0}$ 型和 $\dfrac{\infty}{\infty}$ 型不定式，才能直接用洛必达法则.

（2）求极限，若不是不定式，就不能使用洛必达法则.

至于其他类型的不定式必须通过等价变换化成 $\dfrac{0}{0}$ 型或 $\dfrac{\infty}{\infty}$ 型不定式，才能使用洛必达法则.

2.6.3　其他不定式（$0 \cdot \infty$，$\infty - \infty$，1^{∞}，0^0，∞^0）

（1）**情形 I**　当 $\lim[f(x) - g(x)]$ 为 $\infty - \infty$ 型不定式时，转化思路是：

$$\lim[f(x) - g(x)] = \lim \frac{\dfrac{1}{g(x)} - \dfrac{1}{f(x)}}{\dfrac{1}{f(x)} \cdot \dfrac{1}{g(x)}} \left(\frac{0}{0} \text{型}\right)$$

如 $\displaystyle\lim_{x \to 0}\left(\frac{1}{x} - \frac{1}{e^x - 1}\right) = \lim_{x \to 0}\frac{e^x - x - 1}{x(e^x - 1)} = \lim_{x \to 0}\frac{e^x - x - 1}{x^2} = \lim_{x \to 0}\frac{e^x - 1}{2x} = \lim_{x \to 0}\frac{x}{2x} = \frac{1}{2}$.

（2）**情形 II**　当 $\lim f(x)g(x)$ 为 $0 \cdot \infty$ 型不定式时，转化思路是：

$$\lim f(x)g(x) \longrightarrow \lim \frac{f(x)}{\dfrac{1}{g(x)}} \text{或} \lim f(x)g(x) \longrightarrow \lim \frac{g(x)}{\dfrac{1}{f(x)}}.$$

【例 2.25】计算极限 $\displaystyle\lim_{x \to 0^+} x \ln x$.

【解】这是 $0 \cdot \infty$ 型不定式，把它转化成为 $\dfrac{\infty}{\infty}$ 型如下：

$$\lim_{x \to 0^+} x \ln x = \lim_{x \to 0^+}\frac{\ln x}{\dfrac{1}{x}} = \lim_{x \to 0^+}\frac{\dfrac{1}{x}}{-\dfrac{1}{x^2}} = \lim_{x \to 0^+}(-x) = 0.$$

【推广】对任意自然数 $n \geqslant 1$，都有 $\displaystyle\lim_{x \to 0^+} x^n \ln x = 0$.

（3）**情形 III**　当 $\lim f(x)^{g(x)}$ 为 1^{∞}，0^0，∞^0 型不定式时，先把极限式指数化再求极限，转化思路是：$\lim f(x)^{g(x)} \longrightarrow e^{\lim g(x) \ln[f(x)]}$，

其中 $\lim g(x) \ln[f(x)]$ 为 $0 \cdot \infty$ 型，归结为情形 II.

【例 2.26】计算极限 $\displaystyle\lim_{x \to 0^+} x^x$ 及 $\displaystyle\lim_{x \to 0^+} x^{\sin x}$.

【解】这是 0^0 型幂指函数的极限，先把极限式指数化再求极限.

$$\lim_{x \to 0^+} x^x = e^{\lim_{x \to 0} x \ln x} = e^0 = 1, \quad \lim_{x \to 0^+} x^{\sin x} = e^{\lim_{x \to 0} \sin x \ln x} = e^{\lim_{x \to 0} x \ln x} = e^0 = 1$$

事实上，洛必达法则是求不定式极限的主要工具. 七种不定式共分为以下两类：

基本型 $\left(\dfrac{0}{0}型，\dfrac{\infty}{\infty}型\right)$；拓展型 $\left(0 \times \infty型，\infty - \infty型，1^\infty型，0^0型，\infty^0型\right)$.

对于不定式的极限可利用以下思路求解.

① $\dfrac{0}{0}$ 型和 $\dfrac{\infty}{\infty}$ 型不定式，直接用洛必达法则；

② $0 \cdot \infty$ 型和 $\infty - \infty$ 型不定式，可通过代数变形化成 $\dfrac{0}{0}$ 型或 $\dfrac{\infty}{\infty}$ 型不定式；

③ 1^∞ 型、0^0 型 ∞^0 型不定式，可通过指数化的方法转化为 $0 \cdot \infty$ 型不定式.

因此，洛必达法则及其应用就是这些不定式的定值法.

由于洛必达法则不仅适用于 $\dfrac{0}{0}$ 型和 $\dfrac{\infty}{\infty}$ 型（基本型）不定式求解问题，对变形后的 $0 \cdot \infty$ 型，$\infty - \infty$ 型，1^∞ 型，0^0 型，∞^0 型（拓展型）依然适用，所以其最大优点就是能"以不变应万变". 尽管洛必达法则能处理多种不定式的极限问题，但却未必万能，请看下例.

【例 2.27】计算 $\displaystyle\lim_{x \to \infty} \dfrac{x + \sin x}{x}$ 的值.

【解】尽管这是 $\dfrac{\infty}{\infty}$ 型极限，但是 $\displaystyle\lim_{x \to \infty} \dfrac{(x + \sin x)'}{x'} = \lim_{x \to \infty} \dfrac{1 + \cos x}{1}$ 不存在，因此洛必达法则失效.

事实上 $\displaystyle\lim_{x \to \infty} \dfrac{x + \sin x}{x} = \lim_{x \to \infty} 1 + \lim_{x \to \infty} \dfrac{\sin x}{x} = 1 + 0 = 1.$

【例 2.28】求极限 $\displaystyle\lim_{x \to 0} \dfrac{\sin^2 x - x^2 \cos^2 x}{x^2 \sin^2 x}$.

【分析】在使用洛必达法则时应审时度势，适时使用，否则会计算错误或加大计算量. 该极限式虽属 $\dfrac{0}{0}$ 型不定式，但如果直接使用洛必达法，其中所含的乘积部分求导以后会使表达式更加复杂. 先作变换化原式为：

$$\lim_{x \to 0} \dfrac{\sin^2 x - x^2 \cos^2 x}{x^2 \sin^2 x} = \lim_{x \to 0} \dfrac{\tan^2 x - x^2}{x^2 \tan^2 x}$$

再作无穷小代换 $\displaystyle\lim_{x \to 0} \dfrac{\tan^2 x - x^2}{x^2 \tan^2 x} = \lim_{x \to 0} \dfrac{\tan^2 x - x^2}{x^4}$

下一步仍然不要使用洛必达法则，继续变换：$\displaystyle\lim_{x \to 0} \dfrac{\tan^2 x - x^2}{x^4} = \lim_{x \to 0} \dfrac{(\tan x + x)(\tan x - x)}{x \cdot x^3}$

其中 $\displaystyle\lim_{x \to 0} \dfrac{(\tan x + x)}{x} = 2$ 是定式，可以先分离出来，此时对 $\displaystyle\lim_{x \to 0} \dfrac{\tan x - x}{x^3}$ 直接使用等价无穷小代换即可，原式 $= 2 \times \dfrac{1}{3} = \dfrac{2}{3}$.

【例 2.29】 求极限 $\lim\limits_{x\to 0}\dfrac{e^{-\frac{1}{x^2}}}{x^{100}}$.

【解】
$$\lim_{x\to 0}\frac{e^{-\frac{1}{x^2}}}{x^{100}}\xlongequal{\text{令 }u=\frac{1}{x^2}}\lim_{u\to +\infty}\frac{u^{50}}{e^u}=\lim_{u\to +\infty}\frac{50u^{49}}{e^u}=\cdots=\lim_{u\to +\infty}\frac{50!}{e^u}=0.$$

此题若直接运用洛必达法则，极限式并不能简化，但采用变量代换 $u=\dfrac{1}{x^2}$ 之后，即可连续应用 49 次洛必达法则，得到最后结果.

注 倒代换也是一个常用技巧，比如当 $x\to\infty$ 转化为 $t\xrightarrow{t=\frac{1}{x}}0$ 可以使用重要极限等公式，本例采用的是 $u=\dfrac{1}{x^2}$，可见都是倒代换，如何代换也是大家需要多多练题之后才能熟练掌握的. 大家思考一下为何一般使用倒代换都是把趋近于无穷转换为趋近于 0 的情况下再求极限呢？

【例 2.30】 求极限 $\lim\limits_{x\to 0}\dfrac{\sqrt{1+\tan x}-\sqrt{1+\sin x}}{x\ln(1+x)-x^2}$.

【解】 这时 "$\dfrac{0}{0}$" 型未定式，分子是根号差 "$\sqrt{a}-\sqrt{b}$" 的形式，请记住一句话，一般说来，

 "遇根号差，须有理化"，这是一种重要的化简手段，于是：

$$原式=\lim_{x\to 0}\left\{\frac{\tan x-\sin x}{x[\ln(1+x)-x]}\cdot\frac{1}{\sqrt{1+\tan x}+\sqrt{1+\sin x}}\right\}$$

$$=\frac{1}{2}\lim_{x\to 0}\frac{\tan x(1-\cos x)}{x[\ln(1+x)-x]}=\frac{1}{2}\lim_{x\to 0}\frac{x\cdot\frac{x^2}{2}}{x[\ln(1+x)-x]}=\frac{1}{2}\lim_{x\to 0}\frac{x}{\frac{1}{1+x}-1}=-\frac{1}{2}.$$

【例 2.31】 求极限 $\lim\limits_{x\to 0}\left(\dfrac{e^x+e^{2x}+\cdots+e^{nx}}{n}\right)^{\frac{1}{x}}$，其中 n 是给定的正整数.

【解】 这是 "1^∞" 型未定式，是幂指函数的极限，如果 $\lim u^v$ 属于 "1^∞" 型，则有一个重要且简单的计算方法 $\boxed{\lim u^v=e^{\lim(u-1)v}}$.

推导如下：利用重要极限 $\lim\limits_{x\to\infty}\left(1+\dfrac{1}{x}\right)^x=e$，得

$$\lim u^v=\lim\left\{[1+(u-1)]^{\frac{1}{u-1}}\right\}^{(u-1)v}=e^{\lim(u-1)v}.$$

故原式 $=e^{\lim\limits_{x\to 0}\left(\frac{e^x+e^{2x}+\cdots+e^{nx}}{n}-1\right)\frac{1}{x}}=e^{\lim\limits_{x\to 0}\left(\frac{e^x+e^{2x}+\cdots+e^{nx}}{n}\right)e}=e^{\frac{1+n}{2}e}.$

【例 2.32】 求 $\lim\limits_{x\to\infty}[\sin\ln(x+1)-\sin\ln x]$.

【解】
$$\lim_{x\to\infty}[\sin\ln(x+1)-\sin\ln x]$$

$$=\lim_{x\to\infty}2\cos\frac{\ln(x+1)+\ln x}{2}\sin\frac{\ln(1+x)-\ln x}{2}$$

$$=\lim_{x\to\infty}2\cos\frac{\ln(x+1)+\ln x}{2}\sin\frac{\ln\left(1+\frac{1}{x}\right)}{2}=\lim_{x\to\infty}\left[\cos\frac{\ln(x+1)+\ln x}{2}\right]\frac{1}{x}$$

$$=0$$

注 三角函数和或差求极限时，和差化积后应用等价无穷小替换.

【例 2.33】求 $\lim\limits_{x \to 0} \dfrac{\sqrt{\cos x} - \sqrt[3]{\cos x}}{(\arcsin x)^2}$

【解】

$$\lim_{x \to 0} \frac{\sqrt{\cos x} - \sqrt[3]{\cos x}}{(\arcsin x)^2} = \lim_{x \to 0} \frac{\sqrt{1 + \cos x - 1} - 1 - (\sqrt[3]{1 + \cos x - 1} - 1)}{x^2}$$

$$= \lim_{x \to 0} \frac{(\cos x - 1)}{2x^2} - \lim_{x \to 0} \frac{(\cos x - 1)}{3x^2} = \lim_{x \to 0} \frac{\frac{1}{2}\left(-\frac{x^2}{2}\right)}{x^2} - \lim_{x \to 0} \frac{\frac{1}{3}\left(-\frac{x^2}{2}\right)}{x^2}$$

$$= -\frac{1}{4} + \frac{1}{6} = -\frac{1}{12}$$

注 当且仅当两部分极限都存在时方可如此.

【例 2.34】求 $\lim\limits_{x \to 0}\left(\dfrac{2 + e^{\frac{1}{x}}}{1 + e^{\frac{1}{x}}} + \dfrac{\sin x}{|x|}\right)$.

【解】

$$\lim_{x \to 0^+}\left(\frac{2 + e^{\frac{1}{x}}}{1 + e^{\frac{1}{x}}} + \frac{\sin x}{|x|}\right) = \lim_{x \to 0^+}\left(\frac{2e^{-\frac{1}{x}} + e^{-\frac{1}{x}}}{e^{-\frac{1}{x}} + 1} + \frac{\sin x}{x}\right) = 1$$

$$\lim_{x \to 0^-}\left(\frac{2 + e^{\frac{1}{x}}}{1 + e^{\frac{1}{x}}} + \frac{\sin x}{|x|}\right) = \lim_{x \to 0}\left(\frac{2 + e^{\frac{1}{x}}}{1 + e^{\frac{1}{x}}} - \frac{\sin x}{x}\right) = 1$$

所以 $\lim\limits_{x \to 0}\left(\dfrac{2 + e^{\frac{1}{x}}}{1 + e^{\frac{1}{x}}} + \dfrac{\sin x}{|x|}\right) = 1$.

注 含有绝对值的函数用左右极限求极限.

【例 2.35】试确定常数 a，b，使式子 $\lim\limits_{x \to \infty}\left(\sqrt[3]{1 - x^6} - ax^2 - b\right) = 0$ 成立.

【解】令 $y = \dfrac{1}{x}$，则 $\lim\limits_{x \to \infty}\left(\sqrt[3]{1 - x^6} - ax^2 - b\right) = \lim\limits_{y \to 0} \dfrac{\sqrt[3]{y^6 - 1} - a - by^2}{y^2} = 0$，

从而上式的分子极限为 0，可得 $a = -1$. 把 $a = -1$ 代入上式有

$$\lim_{y \to 0} \frac{\sqrt[3]{y^6 - 1} + 1 - by^2}{y^2} = \lim_{y \to 0} \frac{\sqrt[3]{y^6 - 1} + 1}{y^2} - b = 0$$

故 $b = \lim\limits_{y \to 0} \dfrac{\sqrt[3]{y^6 - 1} + 1}{y^2} = \lim\limits_{y \to 0} \dfrac{\frac{2}{3}(y^6 - 1)^{-\frac{2}{3}} \cdot y^5}{2y} = 0$

【例 2.36】若 $\lim\limits_{x \to +\infty}\left(\sqrt{x^2 + 3x + 2} + ax + b\right) = 0$，则 a，b 为何值?

【分析】$x \to +\infty$ 时极限存在，得到函数形式为 $\infty - \infty$，所以 $a < 0$.

【解】

$$\lim_{x \to +\infty}\left(\sqrt{x^2 + 3x + 2} + ax + b\right)$$

$$= \lim_{x \to +\infty} \frac{\left[\sqrt{x^2 + 3x + 2} + (ax + b)\right]\left[\sqrt{x^2 + 3x + 2} - (ax + b)\right]}{\sqrt{x^2 + 3x + 2} - (ax + b)}$$

$$= \lim_{x \to +\infty} \frac{(1 - a^2)x^2 + (3 - 2ab)x + 2 - b^2}{\sqrt{x^2 + 3x + 2} - (ax + b)}\left(\frac{\infty}{\infty}\right)$$

上式极限存在且为 0（分母趋于 ∞，分子趋于常数或 0），所以 $1 - a^2 = 0$，解出 $a = 1$ 或 $a = -1$（$a = 1$ 时，分母趋于 0，所以舍去）. 且 $3 - 2ab = 0$，得到 $b = -\dfrac{3}{2}$.

2.7 函数极限计算常犯错误

在求函数极限时，同学们经常犯些错误，总结如下：

（1）四则运算法则使用不当.

遇到 $\lim (f(x) \pm g(x))$ 时，不能认为如果 $\lim f(x)$，$\lim g(x)$ 存在，$\lim(f(x) \pm g(x)) = \lim f(x) \pm \lim g(x)$ 就存在.

【例 2.37】 求 $\lim\limits_{x \to 0} \dfrac{\sqrt{1+x} + \sqrt{1-x} - 2}{x^2}$.

错误解法： 原式 $= \lim\limits_{x \to 0} \dfrac{\sqrt{1+x} + \sqrt{1-x} - 2}{x^2}$

$= \lim\limits_{x \to 0} \dfrac{\sqrt{1+x} - 1}{x^2} + \lim\limits_{x \to 0} \dfrac{\sqrt{1-x} - 1}{x^2} = \lim\limits_{x \to 0} \dfrac{\frac{1}{2}x}{x^2} + \lim\limits_{x \to 0} \dfrac{-\frac{1}{2}x}{x^2} = 0.$

错误分析： 因为 $\lim\limits_{x \to 0} \dfrac{\sqrt{1+x} - 1}{x^2}$ 不存在，$\lim\limits_{x \to 0} \dfrac{\sqrt{1-x} - 1}{x^2}$ 也不存在，所以该解法是错误的.

正确解法： 原式 $\underset{\text{法则}}{\overset{\text{洛必达}}{=\!=\!=}} \lim\limits_{x \to 0} \dfrac{\dfrac{1}{2\sqrt{1+x}} - \dfrac{1}{2\sqrt{1-x}}}{2x}$

$= \dfrac{1}{4} \lim\limits_{x \to 0} \left[-\dfrac{1}{2}(1+x)^{-\frac{3}{2}} - \dfrac{1}{2}(1-x)^{-\frac{3}{2}} \right] = -\dfrac{1}{4}.$

（2）在同一极限下分次去求极限.

【例 2.38】 求 $\lim\limits_{x \to 0} \dfrac{(1+x)^{\frac{2}{x}} - e^2}{x}$.

错误解法： 因 $\lim\limits_{x \to 0}(1+x)^{\frac{2}{x}} = e^2$，故原极限 $= \lim\limits_{x \to 0} \dfrac{e^2 - e^2}{x} = 0.$

错误分析： 求极限中的函数 $f(x)$ 中的 x 是同一个自变量，取极限时应属于同一极限过程，上述解法中先求出 $\lim\limits_{x \to 0}(1+x)^{\frac{2}{x}}$ 的极限，然后把结果代入，这明显是两个独立的极限过程，不是同步的，所以运算是错误的.

正确做法： 原极限 $= \lim\limits_{x \to 0} \dfrac{e^{\frac{2}{x}\ln(1+x)} - e^2}{x} = \lim\limits_{x \to 0} \dfrac{e^2 \left[e^{\frac{2\ln(1+x)}{x} - 2} - 1 \right]}{x}.$

因 $x \to 0$ 时，$\dfrac{2\ln(1+x)}{x} - 2 \to 0$，所以 $e^{\frac{2\ln(1+x)}{x} - 2} - 1 \sim \dfrac{2\ln(1+x)}{x} - 2$

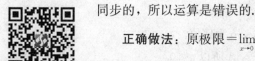

原式 $= \lim\limits_{x \to 0} \dfrac{e^2 \left[2\ln(1+x) - 2x \right]}{x^2} \overset{\text{洛}}{=\!=} 2e^2 \lim\limits_{x \to 0} \dfrac{\dfrac{1}{1+x} - 1}{2x} = 2e^2 \lim\limits_{x \to 0} \dfrac{-x}{2x(1+x)} = -e^2.$

（3）洛必达法则使用不当.

只有 $\dfrac{0}{0}$ 式 $\dfrac{\infty}{\infty}$ 型才能使用洛比达，在使用时要注意分子、分母都得可导才行，若题干没有说可导则不能使用.

2.8 求极限的应用－求曲线的渐近线

如果一条曲线在它无限延伸的过程中无限接近于一条直线，则称这条直线为该曲线的渐近线，渐近线分为水平渐近线、垂直渐近线和斜渐近线．关键点是渐近线是一条直线．

(1) 水平渐近线的无限状态是水平的向两边无限伸展，所以相当于

$$x \to \begin{cases} \infty \text{（这个写法意为趋近于} +\infty \text{和趋近于} -\infty \text{效果一样）} \\ +\infty \\ -\infty \end{cases}$$

时看看曲线的极限值是否存在，如果存在，则存在水平渐近线，否则不存在水平渐近线．

(2) 垂直渐近线的无限状态可以想象成为竖直线分别向上下无限伸展，$y \to \begin{cases} \infty \\ +\infty \\ -\infty \end{cases}$，但是

我们要求的函数的自变量是关于 x 的，那怎么考虑这个事情呢，数学上找到 $x \to \begin{cases} x_0 \\ x_0^+ \\ x_0^- \end{cases}$，如果

$y \to \pm\infty$ 我们认为它就存在垂直渐近线．为何不考虑 $x \to \infty$ 呢，因为处于 $x \to \infty$ 处的存在于想象中的渐近线对我们生活实践是毫无作用时，但是垂直渐近线确实可以有无穷多条的．

(3) 斜渐近线，既然斜肯定要有斜率，因为渐近线是条直线，那我们知道斜直线的一般表达式 $y = kx + b$，我们先来一步步确定它的参数 k 和 b，因为斜渐近线肯定就排除了竖直的情

况，也就是 k 为无穷（极限不存在）的情况，此时的无限状态是 $x \to \begin{cases} \infty \\ +\infty \\ -\infty \end{cases}$，$k = \lim\limits_{x \to \infty} \dfrac{y}{x}$，同时

$b = \lim\limits_{x \to \infty} y - kx$，即得斜渐近线．

注 垂直渐近线 $x = x_0$ 一般都是函数 $f(x)$ 的表达式中分母为零的点．当函数 $f(x)$ 的定义域是一个无穷区间时，其曲线才能有水平渐近线和斜渐近线，任何一条曲线的水平渐近线最多可以有两条，在同一变化中，函数 $f(x)$ 的水平渐近线和斜渐近线不能共存，若 $k = 0$，则斜渐近线变成水平渐近线；若 $k = \infty$，则无斜渐近线．另外若函数 $f(x)$ 在无穷区间 $(-\infty, +\infty)$ 内连续，则该曲线不可能有垂直渐近线；同理我们可以推出，如果 $f(x)$ 不是 x 的同阶无穷小，则不可能存在斜渐近线．比如真题曾经考过求 $f(x) = x^2 + \sin x$ 的渐近线，由上述说明一眼便知不存在斜渐近线．

【例 2.39】求曲线 $y = x\arctan x$ 的渐近线．

【解】由于 $\lim\limits_{x \to \infty} f(x) = (x\arctan x) \big|_{x = \infty} = \infty$，则该曲线无水平渐近线；

由于 $y = x\arctan x$ 在 R 上连续，所以无垂直渐近线；又

$$\lim_{x \to +\infty} \frac{f(x)}{x} = \lim_{x \to +\infty} \arctan x = \frac{\pi}{2} = a,$$

$$b = \lim_{x \to +\infty} [f(x) - ax] = \lim_{x \to +\infty} \left(x\arctan x - \frac{\pi}{2}x\right) = \lim_{x \to +\infty} x\left(\arctan x - \frac{\pi}{2}\right)$$

$$= \lim_{x \to +\infty} \frac{\arctan x - \dfrac{\pi}{2}}{\dfrac{1}{x}} = \lim_{x \to \infty} \frac{\dfrac{1}{1+x^2}}{-\dfrac{1}{x^2}} = -1$$

所以 $y = ax + b = \dfrac{\pi}{2}x - 1$ 是 $x \to +\infty$ 时的斜渐近线．同理，$y = -\dfrac{\pi}{2}x - 1$ 是 $x \to -\infty$ 时的斜渐近线．

到目前为止已经求解不少极限了，回顾一下草稿纸，看看在变量趋近于某个点或者无穷的极限过程中，是不是某些地方漏写了极限符号，如果有这些现象，不好意思，这些解答就错了．大家算了这么多极限，有没有想过我们为什么要先学一下各种极限计算呢？因为求极限的本质是对一个函数进行加工，好比输入进去是一个函数，加工后输出就是一个极限值，这里的加工是以函数为自变量，实际上呢，后面学到的求导和积分都是对函数进行操作或者变换，如果大家学习中遇到过算子这个概念，它就是这个含义．

2.9　函数的连续性

连续函数是一种连绵不断的曲线，在有限的区间内不能发生"一跃升天"式的突变，换句话说不能刚刚还是有限值，一会函数值就是无穷大了．这句话指导于现实，就是告诉我们要注重积累，不经过大量的做题，数学成绩是不会有质变的．像冲激函数那种可以构造成为"一跃升天"的理想函数，在现实中是无法实现的．

2.9.1　连续的定义

所谓连续，有两种定义方法：

（1）设 $f(x)$ 在点 x_0 的某邻域内有定义，若 $\lim\limits_{\Delta x \to 0} \Delta y = \lim\limits_{\Delta x \to 0} [f(x_0 + \Delta x) - f(x_0)] = 0$，则称函数在点 x_0 连续，点 x_0 称为 $f(x)$ 的连续点．

注 该定义主要用于证明题，也就是考查逻辑推理的问题，比如下面这个定理：

若函数 $f(x)$ 在 $[a, b]$ 上可积，则函数 $F(x) = \displaystyle\int_a^x f(t)\mathrm{d}t$ 在 $[a, b]$ 上连续．

（2）若函数 $y = f(x)$ 满足

① 在点 x_0 的某邻域内有定义；

② $\lim\limits_{x \to x_0} f(x)$ 存在；

③ $\lim\limits_{x \to x_0} f(x) = f(x_0)$．

则称函数 $f(x)$ 在点 x_0 处连续，或称 x_0 是函数 $f(x)$ 的连续点．

【例 2.40】 已知 $f(x) = \begin{cases} x^{-2}\ln(\cos x), & x \neq 0 \\ a, & x = 0 \end{cases}$ 在 $x = 0$ 处连续，求 a 的值是多少？

【解】 由已知 $f(0) = a$，则

$$\lim_{x \to 0} f(x) = \lim_{x \to 0} \frac{\ln(\cos x)}{x^2} = \lim_{x \to 0} \frac{-\sin x}{2x \cdot \cos x} = -\frac{1}{2}$$

又 $f(x)$ 在 $x = 0$ 处连续，所以 $f(0) = a = -\dfrac{1}{2}$

2.9.2　函数连续的充要条件

函数 $f(x)$ 在一点 x_0 处连续的充要条件是 $f(x)$ 在点 x_0 处左右极限均存在且相等，而且等于在该点的函数值．即 $\lim\limits_{x\to x_0}f(x)=f(x_0)\Leftrightarrow\lim\limits_{x\to x_0^-}f(x)=\lim\limits_{x\to x_0^+}f(x)=f(x_0)$

注 (1) 若 $f(x)$ 在开区间 (a,b) 内每一点连续，则称 $f(x)$ 是区间 (a,b) 内的连续函数，简记为 $f(x)\in C^0(a,b)$．

(2) 若 $f(x)$ 在 (a,b) 内连续，且在 $x=a$ 处右连续，在 $x=b$ 处左连续，则称 $f(x)$ 是闭区间 $[a,b]$ 上的连续函数，记作 $f(x)\in C^0[a,b]$．

【例 2.41】 下列结论正确的是 (　　)．

A. 若 $|f(x)|$ 在 $x=a$ 点处连续，则 $f(x)$ 在 $x=a$ 点处也必连续

B. 若 $f^2(x)$ 在 $x=a$ 点处连续．则 $f(x)$ 在 $x=a$ 点处也必连续

C. 若 $\dfrac{1}{f(x)}$ 在 $x=a$ 点处连续，则 $f(x)$ 在 $x=a$ 点处也必连续

D. 若 $f(x)$ 在 $x=a$ 点处连续，则 $\dfrac{1}{f(x)}$ 在 $x=a$ 点处也必连续

【解】 应选 C.

通过典型反例的列举，可以很好地澄清一些模棱两可的概念．A 和 B 的反例：$f(x)=\begin{cases}-1,&x<a\\1,&x\geqslant a\end{cases}$；D 的反例：$f(x)=x-a$. 根据排除，答案选 C.

注 C 的证明：由于 $\lim\limits_{x\to a}\dfrac{1}{f(x)}=\dfrac{1}{f(a)}$，可知 $f(a)\neq 0$，所以 $\lim\limits_{x\to a}f(x)=f(a)$．有人举例，试图用 $f(x)=\dfrac{1}{x}$ 来否定 C，事实上，$\dfrac{1}{\frac{1}{x}}$ 与 x 不是同一个函数，因其定义域不同．

2.9.3　间断点

使函数不连续的点，称为函数的间断点，间断点的类型分为以下几类．

(1) 可去间断点

若 $\lim\limits_{x\to x_0}f(x)=A\neq f(x_0)$（$f(x_0)$ 甚至可以无定义），则这类间断点称为可去间断点．

注 只要修改或者补充 $f(x_0)$，使得 $\lim\limits_{x\to x_0}f(x)=A=f(x_0)$，就会使得函数在 x_0 点连续，于是，这个点叫作可去间断点，也叫作可补间断点．

(2) 跳跃间断点

若 $\lim\limits_{x\to x_0^-}f(x)$ 与 $\lim\limits_{x\to x_0^+}f(x)$ 都存在，但 $\lim\limits_{x\to x_0^-}f(x)\neq\lim\limits_{x\to x_0^+}f(x)$，则这类间断点称为跳跃间断点．

可去间断点和跳跃间断点统称为第一类间断点．

(3) 无穷间断点

若 $\lim\limits_{x\to x_0}f(x)=\infty$，则这类间断点称为无穷间断点，如函数 $y=\dfrac{1}{x}$ 的 $x=0$ 为无穷间断点．

(4) 振荡间断点

若 $\lim\limits_{x\to x_0}f(x)$ 振荡不存在，则这类间断点称为振荡间断点，如函数 $y=\sin\dfrac{1}{x}$ 在点 $x=0$ 没有定义，且当 $x\to 0$ 时，函数值在 -1 与 1 这两个不同的数之间交替振荡取值，极限不存在，故点

$x=0$ 为函数 $y=\sin\dfrac{1}{x}$ 的振荡间断点.

无穷间断点和振荡间断点都属于第二类间断点.

注 第二类间断点还有其他类型的间断点,无穷间断点和振荡间断点只是其中的两种.

【例 2.42】 设 $f(x)$ 和 $\varphi(x)$ 在 $(-\infty,+\infty)$ 内有定义,$f(x)$ 为连续函数,且 $f(x)\neq0$,$\varphi(x)$ 有间断点,则(   ).

A. $\varphi[f(x)]$ 必有间断点   B. $[\varphi(x)]^2$ 必有间断点

C. $f[\varphi(x)]$ 必有间断点   D. $\dfrac{\varphi(x)}{f(x)}$ 必有间断点

【解】 应选 D.

因为 $\varphi(x)=f(x)\dfrac{\varphi(x)}{f(x)}$,若 $\dfrac{\varphi(x)}{f(x)}$ 连续,则 $\varphi(x)$ 必连续,这与 $\varphi(x)$ 有间断点矛盾,故选 D. A、B、C 可举反例:设 $f(x)=1$,$\varphi(x)=\begin{cases}-1, & x\leqslant0 \\ 1, & x>0\end{cases}$,但 $\varphi[f(x)]=1$,$[\varphi(x)]^2=1$,$f[\varphi(x)]=1$,三函数均无间断点.

【例 2.43】 讨论 $f(x)=\lim\limits_{x\to\infty}\dfrac{1-x^{2n}}{1+x^{2n}}x$ 的间断点类型.

【分析】 先求 $f(x)$ 表达式,再判断间断点类型.

【解】 $f(x)=\lim\limits_{x\to\infty}\dfrac{1-x^{2n}}{1+x^{2n}}x=\begin{cases}x, & |x|<1 \\ 0, & |x|=1 \\ -x, & |x|>1\end{cases}$,即 $f(x)=\begin{cases}x, & -1<x<1 \\ 0, & x=\pm1 \\ -x, & x<-1,x>1\end{cases}$

当 $x=1$ 时,$f(1+0)=\lim\limits_{x\to1^+}f(x)=\lim\limits_{x\to1^+}(-x)=-1$,

$$f(1-0)=\lim\limits_{x\to1^-}f(x)=\lim\limits_{x\to1^-}x=1.$$

由于 $f(1+0)\neq f(1-0)$,所以 $x=1$ 为跳跃间断点.

当 $x=-1$ 时,$f(-1+0)=\lim\limits_{x\to1^+}f(x)=\lim\limits_{x\to1^+}x=-1$,$f(-1-0)=\lim\limits_{x\to1^-}f(x)=\lim\limits_{x\to1^-}(-x)=1$

由于 $f(-1+0)\neq f(-1-0)$,所以 $x=-1$ 为跳跃间断点.

2.9.4 连续函数的性质

因为连续函数的性质常常和中值定理部分内容综合考查,有必要重复讲解,所以在中值定理专题里面这一部分内容还是被再次讲到.

(1) 最值性质

在闭区间上连续的函数一定有最大值和最小值.

对于在区间 I 上有定义的函数 $f(x)$,如果有 $x_0\in I$,使得对于任一 $x\in I$ 都有

$$f(x)\leqslant f(x_0)(f(x)\geqslant f(x_0))$$

则称 $f(x_0)$ 是函数 $f(x)$ 在区间 I 上的最大值(最小值).

最值性质说明,如果 $f(x)$ 在闭区间 $[a,b]$ 上连续,则在 $[a,b]$ 上至少存在一点 $\xi_1\in[a,b]$,使 $f(\xi_1)$ 是 $f(x)$ 在 $[a,b]$ 上的最大值;又至少有一点 $\xi_2\in[a,b]$,使 $f(\xi_2)$ 是 $f(x)$ 在 $[a,b]$ 上的最小值. 若不连续,则在闭区间上不见得有最值,如图 2-4 所示:

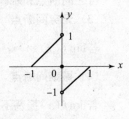

图 2-4

$$f(x)=\begin{cases} x+1, & -1\leqslant x<0 \\ 0, & x=0 \\ x-1, & 0<x\leqslant 1 \end{cases}$$ 在闭区间 $[-1,1]$ 上有间断点 $x=0$，它在此区间上取不到最

大值也取不到最小值.

（2）有界性定理

闭区间上的连续函数一定在该区间上有界.

（3）零点定理

如果函数 $f(x)$ 在 $[a,b]$ 上连续，且 $f(a)\cdot f(b)<0$，则至少存在一点 $\xi\in(a,b)$ 使 $f(\xi)=0$. 即方程 $f(x)=0$ 在 (a,b) 内至少有一个根 ξ，ξ 又称为函数 $y=f(x)$ 的零点.

注 *零点定理多用于解决方程根的存在性问题.*

（4）介值定理

设函数 $f(x)$ 在闭区间 $[a,b]$ 上连续，且 $f(a)\neq f(b)$，C 为介于 $f(a)$ 与 $f(b)$ 之间的任一实数，则至少存在一点 $\xi\in(a,b)$，使得 $f(\xi)=C$.

几何意义为：连续曲线 $y=f(x)$ 与水平直线 $y=C$ 至少有一个交点，如图 2-5（a）所示.

此定理对于在闭区间上有间断点的函数不一定成立. 如图 2-5 所示的函数，对图 2-5（b）中的 C 值，并不存在 $\xi\in(a,b)$，使 $f(\xi)=C$.

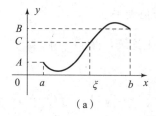

图 2-5

在介值定理中，若 C 为介于最小值与最大值之间的任一实数，则结论仍然成立；介值定理为零点定理的推广.

【例 2.44】 设 $f(x)$ 在闭区间 $[a,b]$ 上连续，$a<x_1<x_2<\cdots<x_n<b$，$c_i>0$，$i=1,2,\cdots,n$，证明：至少存在一点 $\xi\in[a,b]$，使得

$$f(\xi)=\frac{c_1f(x_1)+c_2f(x_2)+\cdots+c_nf(x_n)}{c_1+c_2+\cdots+c_n}\text{成立}.$$

【证明】 若 $f(x)$ 在闭区间 $[a,b]$ 上连续，则 $f(x)$ 在闭区间 $[a,b]$ 上存在最大值 M 和最小值 m，且 $m\leqslant f(x_1)\leqslant M$，$m\leqslant f(x_2)\leqslant M$，$\cdots$，$c_nm\leqslant c_nf(x_n)\leqslant c_nM$.

故有 $(c_1+c_2+\cdots c_n)m\leqslant c_1f(x_1)+c_2f(x_2)+\cdots+c_nf(x_n)\leqslant(c_1+c_2+\cdots c_n)M$

即有 $$m\leqslant\frac{c_1f(x_1)+c_2f(x_2)+\cdots+c_nf(x_n)}{c_1+c_2+\cdots+c_n}\leqslant M.$$

由介值定理可得：至少存在一点 $\xi\in[x_1,x_n]\subseteq[a,b]$，使得

$$f(\xi)=\frac{c_1f(x_1)+c_2f(x_2)+\cdots+c_nf(x_n)}{c_1+c_2+\cdots+c_n}.$$

【例 2.45】 若 $f(x)$ 在 $[a,b]$ 内连续，且 $f(a)<a$，$f(b)>b$，证明在 (a,b) 内至少存在一点 ξ，使 $f(\xi)=\xi$.

【证】 设 $F(x)=f(x)-x$，由 $f(x)$ 在 $[a,b]$ 内连续，所以 $F(x)$ 在 $[a,b]$ 内连续，$f(a)<a$，所以 $F(a)=f(a)-a<0$，$f(b)>b$，$F(b)=f(b)-b>0$，

$F(a)\cdot F(b)<0$，由零点定理得：在 (a,b) 内至少存在一点 ξ，使 $F(\xi)=f(\xi)-\xi=0$，即
$$f(\xi)=\xi.$$

【例 2.46】 在 $(-\infty,+\infty)$ 内讨论方程 $|x|^{\frac{1}{4}}+|x|^{\frac{1}{2}}-\cos x=0$ 根的个数.

【解】 令 $f(x)=|x|^{\frac{1}{4}}+|x|^{\frac{1}{2}}-\cos x$，因为 $f(x)$ 为偶函数，所以仅考虑 $x\geqslant 0$ 的情况即可，此时
$$f(x)=x^{\frac{1}{4}}+x^{\frac{1}{2}}-\cos x,\quad x\geqslant 0.$$

因为 $f(0)=-1<0$，$f(1)=2-\cos 1>0$，由零点定理可知：至少存在一点 $x_0\in(0,1)$ 使 $f(x_0)=0$，而 $f'(x)=\dfrac{1}{4}x^{-\frac{3}{4}}+\dfrac{1}{2}x^{-\frac{1}{2}}+\sin x>0$，$x\in(0,1)$，故 $f(x)$ 在 $(0,1)$ 内只有一个零点.

当 $x\geqslant 1$ 时，$f(x)>1$，故不可能有零点，因此 $f(x)=0$ 在 $(0,+\infty)$ 内有唯一实根.由 $f(x)$ 为偶函数，知 $f(x)=0$ 在 $(-\infty,+\infty)$ 内恰有两个实根.

【例 2.47】 设 $f(x)$ 在 $[0,1]$ 连续，$f(1)=0$，$\lim\limits_{x\to\frac{1}{2}}\dfrac{f(x)-1}{\left(x-\dfrac{1}{2}\right)}=1$. 证明：

(1) 存在 $\xi\in\left(\dfrac{1}{2},1\right)$，使 $f(\xi)=\xi$；

(2) $f(x)$ 在 $[0,1]$ 上的最大值大于 1.

【证明】 (1) 由 $\lim\limits_{x\to\frac{1}{2}}\dfrac{f(x)-1}{\left(x-\dfrac{1}{2}\right)}=1$ 及 $f(x)$ 在 $[0,1]$ 上连续，得 $f\left(\dfrac{1}{2}\right)=1$.

令 $\varphi(x)=f(x)-x$，$\varphi\left(\dfrac{1}{2}\right)=f\left(\dfrac{1}{2}\right)-\dfrac{1}{2}=\dfrac{1}{2}>0$，$\varphi(1)=f(1)-1=-1<0$，由连续函数零点定理知，存在 $\xi\in\left(\dfrac{1}{2},1\right)$，使 $\varphi(\xi)=0$，即 $f(\xi)=\xi$.

(2) 因为 $\lim\limits_{x\to\frac{1}{2}}\dfrac{f(x)-1}{x-\dfrac{1}{2}}=1$，由保号性定理知 $\forall x\in\left(\dfrac{1}{2},\dfrac{1}{2}+\delta\right)$，有 $\dfrac{f(x)-1}{x-\dfrac{1}{2}}=1>0$，即有 $f(x)>1$，所以 $f(x)$ 在 $[0,1]$ 上的最大值大于 1.

介值定理与最大值、最小值定理天生是一对孪生兄弟，它们在考研证明题中几乎同时出现.根据第一章的内容可知：闭区间上的连续函数必有最大值与最小值，且可以取到最大值与最小值之间的一切值.

方法步骤：(1) 构造合适的辅助函数；(2) 选取合适的闭区间；(3) 利用介值定理与最大值、最小值定理得出结论.

注意：这里构造的辅助函数，一般情况下都是题目中给出的连续函数.

第3章 导数和微分的概念

【导言】

我们在中学学习微分是通过"瞬时速度"和"切线斜率"这两个经典实例，现在学过极限了，就可以利用极限来描述变化率，引出导数的概念．我们学习导数和微分这一章时，要重点掌握导数的计算方法，尤其考查在一点的导数往往以选择题的形式出现，4 分，复合函数、隐函数求导，求函数微分是对大家的基本要求，不仅在填空题以送分题的形式考查，而且是后面解答题的基础．反函数虽然很难，但要求不高，总的来说本章以计算为主，分值在 20 分左右，重在做题．

【考试要求】

考试要求	科目	考 试 内 容
了解	数一	导数的物理意义；微分的四则运算法则和一阶微分形式的不变性；高阶导数的概念
	数二	导数的物理意义；微分的四则运算法则和一阶微分形式的不变性；高阶导数的概念
	数三	导数的几何意义与经济意义（含边际与弹性的概念，后续章节单独讲解）；高阶导数的概念；微分的概念；导数与微分之间的关系以及一阶微分形式的不变性
理解	数一	导数和微分的概念；导数与微分的关系；导数的几何意义；函数的可导性与连续性之间的关系
	数二	导数和微分的概念；导数与微分的关系；导数的几何意义；函数的可导性与连续性之间的关系
	数三	导数的概念及可导性与连续性之间的关系
会	数一	求平面曲线的切线方程和法线方程；用导数描述一些物理量；求函数的微分；求简单函数的高阶导数；求分段函数的导数，求隐函数和由参数方程所确定的函数以及反函数的导数
	数二	求平面曲线的切线方程和法线方程；用导数描述一些物理量；求函数的微分；求简单函数的高阶导数；求分段函数的导数，求隐函数和由参数方程所确定的函数以及反函数的导数
	数三	求平面曲线的切线方程和法线方程；求分段函数的导数，求反函数与隐函数的导数；求简单函数的高阶导数；求函数的微分

续表

考试要求	科目	考 试 内 容
掌握	数一	导数的四则运算法则和复合函数的求导法则；基本初等函数的导数公式
	数二	导数的四则运算法则和复合函数的求导法则；基本初等函数的导数公式
	数三	导数的四则运算法则及复合函数的求导法则、基本初等函数的导数公式

【知识网络图】

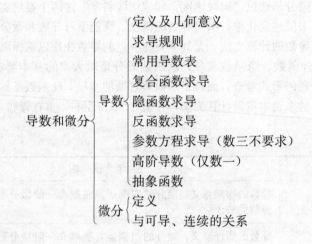

【内容精讲】

3.1　导数的概念

定义 3.1.1　设函数 $y=f(x)$ 在 x_0 的某邻域内有定义，且 $x_0+\Delta x$ 在该邻域内，则函数 $f(x)$ 在点 x_0 处的导数定义为 $f'(x_0)=\lim\limits_{\Delta x\to 0}\dfrac{f(x_0+\Delta x)-f(x_0)}{\Delta x}$

当且仅当上述极限存在时，称函数 $f(x)$ 在点 x_0 处可导.

(1) 若上式极限不存在，则称函数 $y=f(x)$ 在点 x_0 处不可导. 如果不可导的原因是由于 $\lim\limits_{\Delta x\to 0}\dfrac{\Delta y}{\Delta x}=\infty$，也称函数 $y=f(x)$ 在点 x_0 处的导数为无穷大.

(2) $f'(x_0)$ 是函数 $y=f(x)$ 在点 x_0 处的变化率，它反映了函数 $y=f(x)$ 在点 x_0 处随自变量 x 变化的快慢程度.

多种形式都是表达一个意思：

$$f'(x_0)=\lim_{\Delta x\to 0}\frac{f(x_0-\Delta x)-f(x_0)}{-\Delta x}=\lim_{h\to 0}\frac{f(x_0+h)-f(x_0)}{h}=\lim_{x\to x_0}\frac{f(x)-f(x_0)}{x-x_0}$$

$$f'(0)=\lim_{x\to 0}\frac{f(x)-f(0)}{x}$$

适当变形可以得到如下等价形式：

(1) $f'(x_0)=\lim\limits_{\Delta\to 0}\dfrac{f(x_0+\Delta)-f(x_0)}{\Delta}$ 　　(2) $f'(x_0)=\lim\limits_{\theta\to 0}\dfrac{f(x_0+\theta)-f(x_0)}{\theta}$

(3) $f'(x_0)=\lim\limits_{\Omega\to 0}\dfrac{f(x_0+\Omega)-f(x_0)}{\Omega}$ 　　(4) $f'(0)=\lim\limits_{\Delta\to 0}\dfrac{f(\Delta)-f(0)}{\Delta}$

(5) $f'(0)=\lim\limits_{\theta\to 0}\dfrac{f(\theta)-f(0)}{\theta}$ 　　　　(6) $f'(0)=\lim\limits_{\Omega\to 0}\dfrac{f(\Omega)-f(0)}{\Omega}$

不难发现，无论形式怎么变化，只要 Δ，θ，Ω 是无穷小量，（1）（2）和（3）表达的都是函数 $f(x)$ 在 x_0 点的导数；（4）（5）和（6）表达的都是函数 $f(x)$ 在 $x_0=0$ 点的导数.

定义 3.1.2　导数 $f'(x_0)=\lim\limits_{\Delta x\to 0}\dfrac{f(x_0+\Delta x)-f(x_0)}{\Delta x}$ 是一个极限，该极限的左、右极限

$\lim\limits_{\Delta x\to 0^-}\dfrac{f(x_0+\Delta x)-f(x_0)}{\Delta x}$ 和 $\lim\limits_{\Delta x\to 0^+}\dfrac{f(x_0+\Delta x)-f(x_0)}{\Delta x}$ 分别称为函数在 x_0 点的左导数和右导数，

记作 $f'_-(x_0)$ 和 $f'_+(x_0)$.

定理 3.1.1　$f'(x_0)$ 存在的充分必要条件是 $f'_-(x_0)$ 和 $f'_+(x_0)$ 都存在并且相等.

定义 3.1.3　若函数 $y=f(x)$ 在 (a,b) 内可导，且 $f'_+(a)$ 和 $f'_-(b)$ 都存在，则称 $y=f(x)$ 在 $[a,b]$ 上可导.

【例 3.1】已知 $f'(x_0)$ 存在，求 $\lim\limits_{h\to 0}\dfrac{f(x_0+mh)-f(x_0)}{h}$.

【解】 $\lim\limits_{h\to 0}\dfrac{f(x_0+mh)-f(x_0)}{h}=m\lim\limits_{h\to 0}\dfrac{f(x_0+mh)-f(x_0)}{mh}=mf'(x_0)$.

【例 3.2】设 $f(0)=0$，则 $f(x)$ 在点 $x=0$ 处可导的充要条件为（　　）.

A. $\lim\limits_{h\to 0}\dfrac{1}{h^2}f(1-\cosh)$ 存在 　　B. $\lim\limits_{h\to 0}\dfrac{1}{h}f(1-e^h)$ 存在

C. $\lim\limits_{h\to 0}\dfrac{1}{h^2}f(h-\sinh)$ 存在 　　D. $\lim\limits_{h\to 0}\dfrac{1}{h}[f(2h)-f(h)]$ 存在

【解】 本题问的是"充要条件". 也就是说，既要判断"充分性"又要判断"必要性".

先来判断一下这四个选项的"必要性"，也就是说，已知可导，看能不能推出极限存在. 先来看 A 选项满不满足"必要性".

现在已知 $f(x)$ 在点 $x=0$ 处可导（也就是已知 $f'(0)$ 存在），看能不能推出 $\lim\limits_{h\to 0}\dfrac{1}{h^2}f(1-\cosh)$ 存在. 由于 $f(0)=0$，所以

$$\lim\limits_{h\to 0}\dfrac{f(1-\cosh)}{h^2}=\lim\limits_{h\to 0}\dfrac{f(1-\cosh)-f(0)}{h^2}=\lim\limits_{h\to 0}\left[\dfrac{f(1-\cosh)-f(0)}{1-\cosh}\times\dfrac{1-\cosh}{h^2}\right]$$

$$=\lim\limits_{h\to 0}\dfrac{f(1-\cosh)-f(0)}{1-\cosh}\times\lim\limits_{h\to 0}\dfrac{1-\cosh}{h^2}=\dfrac{1}{2}\lim\limits_{h\to 0}\dfrac{f(1-\cosh)-f(0)}{1-\cosh}$$

$$=\dfrac{1}{2}\lim\limits_{h\to 0}\dfrac{f[0+(1-\cosh)]-f(0)}{(1-\cosh)}\xrightarrow{\because f'(0)\text{存在}}=\dfrac{1}{2}f'(0)$$

故 $\lim\limits_{h\to 0}\dfrac{1}{h^2}f(1-\cosh)$ 存在，所以说明 A 选项所说的这个极限存在是 $f(x)$ 在点 $x=0$ 处可导的必要条件.

再来看 B 选项满不满足"必要性".

由于 $f(0)=0$，所以

$$\lim_{h\to 0}\frac{1}{h}f(1-e^h)=\lim_{h\to 0}\frac{f(1-e^h)-f(0)}{h}=\lim_{h\to 0}\left[\frac{f(1-e^h)-f(0)}{1-e^h}\times\frac{1-e^h}{h}\right]$$

$$=\lim_{h\to 0}\frac{f(1-e^h)-f(0)}{1-e^h}\times\lim_{h\to 0}\frac{1-e^h}{h}=-\lim_{h\to 0}\frac{f(1-e^h)-f(0)}{1-e^h}$$

$$=-\lim_{h\to 0}\frac{f\left[0+(1-e^h)\right]-f(0)}{1-e^h}=-f'(0)$$

故 $\lim\limits_{h\to 0}\dfrac{1}{h}f(1-e^h)$ 存在，所以说明 B 选项所说的这个极限存在是 $f(x)$ 在点 $x=0$ 处可导的必要条件．

再来看 C 选项满不满足"必要性"．

由于 $f(0)=0$，所以

$$\lim_{h\to 0}\frac{1}{h^2}f(h-\sin h)=\lim_{h\to 0}\frac{f(h-\sin h)-f(0)}{h^2}=\lim_{h\to 0}\frac{f(h-\sin h)-f(0)}{h-\sin h}\times\frac{h-\sin h}{h^2}$$

$$=\lim_{h\to 0}\frac{f(h-\sin h)-f(0)}{h-\sin h}\times\lim_{h\to 0}\frac{h-\sin h}{h^2}=0\times\lim_{h\to 0}\frac{f(h-\sin h)-f(0)}{h-\sin h}$$

$$=0\times f'(0)=0$$

故 $\lim\limits_{h\to 0}\dfrac{1}{h^2}f(h-\sin h)$ 存在，所以说明 C 选项所说的这个极限存在是 $f(x)$ 在点 $x=0$ 处可导的必要条件．

再来看 D 选项满不满足"必要性"．

$$\lim_{h\to 0}\frac{1}{h}\left[f(2h)-f(h)\right]=\lim_{h\to 0}\frac{\left[f(0+2h)-f(0+h)\right]}{2h-h}=f'(0)$$

故 $\lim\limits_{h\to 0}\dfrac{\left[f(2h)-f(h)\right]}{h}$ 存在，所以说明 D 选项所说的这个极限存在是 $f(x)$ 在点 $x=0$ 处可导的必要条件．

综上所述，A、B、C、D 这四个选项中所说的极限存在均为" $f(x)$ 在点 $x=0$ 处可导"的必要条件．

由于都满足"必要性"，所以只好再挨个考查"充分性"．

我们现在来判断一下这四个选项的"充分性"，也就是说，已知极限存在，看能不能推出可导．

注意：会用到"函数在某一点处可导的第二个等价定义"．

先来看 A 选项满不满足"充分性"．

已知极限 $\lim\limits_{h\to 0}\dfrac{1}{h^2}f(1-\cos h)$ 存在，看能不能推出 $f(x)$ 在点 $x=0$ 处可导．

设 $\lim\limits_{h\to 0}\dfrac{1}{h^2}f(1-\cos h)=A$．

$$\lim_{h\to 0}\frac{f(1-\cos h+0)-f(0)}{1-\cos h}\xlongequal{\text{由于题中说}f(0)=0}\lim_{h\to 0}\frac{f(1-\cos h+0)}{1-\cos h}=\lim_{h\to 0}\frac{f(1-\cos h)}{1-\cos h}$$

$$=\lim_{h\to 0}\left[\frac{f(1-\cos h)}{h^2}\times\frac{h^2}{1-\cos h}\right]=A\times 2=2A$$

虽然由" $\lim\limits_{h\to 0}\dfrac{1}{h^2}f(1-\cos h)$ 存在"推出了" $\lim\limits_{h\to 0}\dfrac{f(1-\cos h+0)-f(0)}{1-\cos h}$ 存在"，可是" $\lim\limits_{h\to 0}$

$\dfrac{f(1-\cosh+0)-f(0)}{1-\cosh}$ 存在"能说明 $f(x)$ 在点 $x=0$ 处可导吗？有的同学说能，理由是"函数在某一点处可导的等价定义"．可实际上不能，因为"函数在某一点处可导的第二个等价定义"说的是：

若极限 $\lim\limits_{h\to 0}\dfrac{f(x_0+\square)-f(x_0)}{\square}=$ 常数 A，则称函数 $f(x)$ 在 x_0 处可导，并且函数 $f(x)$ 在 x_0 处的导数为 A．注意，当 $\Delta x\to 0$ 时，从两侧都能趋于 0 的那个参数或代数式才能被当成上式中的"$\square$"．

那么，在 $\lim\limits_{h\to 0}\dfrac{f(1-\cosh+0)-f(0)}{1-\cosh}$ 中 $1-\cosh$ 能当成 $\square$ 吗？不能，因为 $h\to 0$ 时，$1-\cosh$ 只是从右侧趋于 0，而不是从两侧趋于 0．可知"$\lim\limits_{h\to 0}\dfrac{f(1-\cosh+0)-f(0)}{1-\cosh}$ 存在"并不能说明 $f(x)$ 在点 $x=0$ 处可导，所以"$\lim\limits_{h\to 0}\dfrac{1}{h^2}f(1-\cosh)$ 存在"并不能说明 $f(x)$ 在点 $x=0$ 处可导．

由于 A 选项只满足"必要性"而不满足"充分性"，所以 A 选项不是充分必要条件，所以 A 选项不能选．

再来看 B 选项满不满足"充分性"．

设 $\lim\limits_{h\to 0}\dfrac{1}{h}f(1-e^h)=A$．

$$\lim\limits_{h\to 0}\dfrac{f(1-e^h+0)-f(0)}{1-e^h}\xlongequal{\text{由于题中说}\,f(0)=0}\lim\limits_{h\to 0}\dfrac{f(1-e^h+0)}{1-e^h}=\lim\limits_{h\to 0}\dfrac{f(1-e^h)}{1-e^h}$$

$$=\lim\limits_{h\to 0}\left[\dfrac{f(1-e^h)}{h}\times\dfrac{h}{1-e^h}\right]=A\times(-1)=-A$$

由"$\lim\limits_{h\to 0}\dfrac{1}{h}f(1-e^h)$ 存在"推出了"$\lim\limits_{h\to 0}\dfrac{f(1-e^h+0)-f(0)}{1-e^h}$ 存在"．那么现在看看"$\lim\limits_{h\to 0}\dfrac{f(1-e^h+0)-f(0)}{1-e^h}$ 存在"能说明 $f(x)$ 在点 $x=0$ 处可导吗？根据"函数在某一点处可导的等价定义"：若极限 $\lim\limits_{\square\to 0}\dfrac{f(x_0+\square)-f(x_0)}{\square}=$ 常数 A，则称函数 $f(x)$ 在 x_0 处可导，并且函数 $f(x)$ 在 x_0 处的导数为 A．注意，当 $\Delta x\to 0$ 时，从两侧都能趋于 0 的那个参数或代数式才能被当成上式中的"$\square$"．

可知"$\lim\limits_{h\to 0}\dfrac{f(1-e^h+0)-f(0)}{1-e^h}$ 存在"能说明 $f(x)$ 在点 $x=0$ 处可导，所以"$\lim\limits_{h\to 0}\dfrac{1}{h}f(1-e^h)$ 存在"能说明 $f(x)$ 在点 $x=0$ 处可导．

由于 B 选项是充分必要条件，所以本题应该选择 B 选项．如果是考试的话，那么现在就不用再往下继续做了，不过现在是学知识，而不是正式考试，所以还是考查一下 C、D 两个选项的"充分性"．

再来看 C 选项满不满足"充分性"．

设 $\lim\limits_{h\to 0}\dfrac{1}{h^2}f(h-\sinh)=A$．

$$\lim\limits_{h\to 0}\dfrac{f(h-\sinh+0)-f(0)}{h-\sinh}\xlongequal{\text{由于题中说}\,f(0)=0}\lim\limits_{h\to 0}\dfrac{f(h-\sinh+0)}{h-\sinh}=\lim\limits_{h\to 0}\dfrac{f(h-\sinh)}{h-\sinh}$$

$$=\lim_{h\to 0}\left[\frac{f(h-\sin h)}{h^2}\times\frac{h^2}{h-\sin h}\right]$$

因为 $\lim\limits_{h\to 0}\dfrac{h^2}{h-\sin h}=\lim\limits_{h\to 0}\dfrac{2h}{1-\cos h}=\lim\limits_{h\to 0}\dfrac{2h}{\dfrac{1}{2}h^2}=\lim\limits_{h\to 0}\dfrac{4h}{h^2}=\lim\limits_{h\to 0}\dfrac{4}{h}=\infty$，而 $\lim\limits_{h\to 0}\dfrac{f(h-\sin h)}{h^2}=A$，不过

并不知道 A 是不是 0. 如果 A 不是 0，那么 $\lim\limits_{h\to 0}\left[\dfrac{f(h-\sin h)}{h^2}\times\dfrac{h^2}{h-\sin h}\right]$ 就是 ∞，也就是说 $\lim\limits_{h\to 0}$

$\dfrac{f(h-\sin h+0)-f(0)}{h-\sin h}=\infty$；如果 A 是 0，那么 $\lim\limits_{h\to 0}\left[\dfrac{f(h-\sin h)}{h^2}\times\dfrac{h^2}{h-\sin h}\right]$ 是多少就不确定

了，也就是说 $\lim\limits_{h\to 0}\dfrac{f(h-\sin h+0)-f(0)}{h-\sin h}$ 是多少不确定. $\lim\limits_{h\to 0}\dfrac{f(h-\sin h+0)-f(0)}{h-\sin h}$ 不一定等于

常数，也就是说，尽管对于这个选项来说的确是 $h\to 0$ 时 $h-\sin h$ 从两边趋于 0，但是"函数在

某一点处可导的等价定义"说的是"计算出的极限＝常数"，本题并不满足，所以 C 选项所给

的极限存在推不出 $f(x)$ 在点 $x=0$ 处可导. 由于 C 选项虽然满足"必要性"但不满足"充分

性"，所以 C 选项不是充分必要条件，所以 C 选项不能选.

最后来看 D 选项满不满足"充分性".

对于 D 选项而言，采用反证法，找到一个反例即可，写出一个符合题意的 $f(x)$，看能不

能推出 $f(x)$ 在点 $x=0$ 处可导（注意：写的这个 $f(x)$ 应满足 $f(0)=0$，还应使极限 $\lim\limits_{h\to 0}\dfrac{1}{h}$

$[f(2h)-f(h)]$ 存在）. 举个例子，$f(x)=\begin{cases}x+1, & x\neq 0\\ 0, & x=0\end{cases}$，首先验证这个 $f(x)$ 符合不符合以

上两个要求.

由于 $f(x)=\begin{cases}x+1, & x\neq 0\\ 0, & x=0\end{cases}$，所以 $f(0)=0$，$\lim\limits_{h\to 0}\dfrac{[f(2h)-f(h)]}{h}=\lim\limits_{h\to 0}\dfrac{(2h+1)-(h+1)}{h}$

$=1$，说明 $\lim\limits_{h\to 0}\dfrac{[f(2h)-f(h)]}{h}$ 存在.

说明这个 $f(x)$ 符合以上两个要求. 现在看看这个 $f(x)$ 在 $x=0$ 处是否可导，用导数定义

就可以.

$\lim\limits_{\Delta x\to 0}\dfrac{f(0+\Delta x)-f(0)}{\Delta x}=\lim\limits_{\Delta x\to 0}\dfrac{f(\Delta x)}{\Delta x}=\lim\limits_{\Delta x\to 0}\dfrac{\Delta x+1}{\Delta x}=1+\lim\limits_{\Delta x\to 0}\dfrac{1}{\Delta x}=\infty$，不是常数，说明 $f(x)$ 在

$x=0$ 处不可导，所以本选项所给极限存在推不出 $f(x)$ 在 $x=0$ 处可导.

由于 D 选项虽然满足"必要性"但不满足"充分性"，D 选项不是充分必要条件，所以 D

选项不能选.

综上所述，本题应该选择 B 选项.

注 (1) $\lim\limits_{h\to 0}\left[\dfrac{f(1-\cos h)-f(0)}{1-\cos h}\times\dfrac{1-\cos h}{h^2}\right]$ 为什么可以等于两个极限即

$\lim\limits_{h\to 0}\dfrac{f(1-\cos h)-f(0)}{1-\cos h}\times\lim\limits_{h\to 0}\dfrac{1-\cos h}{h^2}$，因为 $\lim\limits_{h\to 0}\dfrac{1-\cos h}{h^2}=\dfrac{1}{2}$，说明 $\lim\limits_{h\to 0}\dfrac{f(1-\cos h)-f(0)}{1-\cos h}$、

$\lim\limits_{h\to 0}\dfrac{1-\cos h}{h^2}$ 这两者不可能一个是 0、一个是 ∞，所以可以进行分解.

(2) $\lim\limits_{h\to 0}\dfrac{f[0+(1-\cos h)]-f(0)}{1-\cos h}$ 为什么能等于 $f'_+(0)$，令 $1-\cos h=t$，则 $h\to 0$ 时，$t\to$

0^+. 故 $\lim\limits_{h\to 0}\dfrac{f\left[0+(1-\cos h)\right]-f(0)}{1-\cos h}=\lim\limits_{t\to 0^+}\dfrac{f(0+t)-f(0)}{t}=f'_+(0)$.

【例 3.3】 设 $f(x)$ 在 $x=0$ 处连续，下列命题错误的是（　　）.

A. 若 $\lim\limits_{x\to 0}\dfrac{f(x)}{x}$ 存在且等于 A，则 $f(0)=0$

B. 若 $\lim\limits_{x\to 0}\dfrac{f(x)+f(-x)}{x}$ 存在且等于 A，则 $f(0)=0$

C. 若 $\lim\limits_{x\to 0}\dfrac{f(x)}{x}$ 存在且等于 A，则 $f'(0)=A$

D. 若 $\lim\limits_{x\to 0}\dfrac{f(x)+f(-x)}{x}$ 存在且等于 A，则 $f'(0)=\dfrac{A}{2}$

【解】 注意，本题让选的是"错误的"而不是"正确的".

首先来看 A 选项.

由于 $\lim\limits_{x\to 0}\dfrac{f(x)}{x}$ 存在且等于 A，而通过代入法可知 $\lim\limits_{x\to 0}x=0$，所以根据前一章所讲的"两个常用的结论"中的第一个结论知 $\lim\limits_{x\to 0}f(x)=0$.

注意：如果 A 不等于 0，则根据前一章所讲的"两个常用的结论"中的第一个结论知 $\lim\limits_{x\to 0}f(x)=0$. 如果 A 等于 0，则根据前一章所讲的"两个常用的结论"中的第二个结论知 $\lim\limits_{x\to 0}f(x)=0$. A 选项的结论说的是 $f(0)=0$，且现在已经推出了 $\lim\limits_{x\to 0}f(x)=0$，也就是说，只要能证出 $\lim\limits_{x\to 0}f(x)=f(0)$，说明 $f(0)=0$.

那么 $\lim\limits_{x\to 0}f(x)$、$f(0)$ 这两者是否相等？如何判断？

小技巧 当遇到抽象函数求极限时，首先要将 lim 深入进去，然后计算出结果，之后看看那个抽象函数在计算出的那个点处是否连续. 若连续，则说明确实可以深入；若不连续，则说明不能深入.

现在就利用小技巧将 $\lim\limits_{x\to 0}f(x)$ 中的 lim 深入进去，变成了 $f(\lim\limits_{x\to 0}x)$，算出

$$f(\lim\limits_{x\to 0}x)=f(0) \tag{1}$$

现在看看函数 $f(x)$ 在算出的这个"0"处是否连续. 题中已经明确告诉了"设 $f(x)$ 在 $x=0$ 处连续"，所以说明其实可以深入，也就是说，有

$$\lim\limits_{x\to 0}f(x)=f(\lim\limits_{x\to 0}x) \tag{2}$$

（1）、（2）相结合，得

$$\lim\limits_{x\to 0}f(x)=f(0) \tag{3}$$

由于 $\lim\limits_{x\to 0}f(x)=0$，而 $\lim\limits_{x\to 0}f(x)=f(0)$，所以 $f(0)=0$. 由此可知 A 选项正确，因为本题让选错误的，所以本题不能选 A 选项.

再来看 B 选项.

由于 $\lim\limits_{x\to 0}\dfrac{f(x)+f(-x)}{x}$ 存在且等于 A，而通过代入法可知 $\lim\limits_{x\to 0}x=0$，所以根据前一章所讲的"两个常用结论"可知

$$\lim\limits_{x\to 0}\left[f(x)+f(-x)\right]=0 \tag{4}$$

现在看看 $\lim\limits_{x\to 0}\left[f(x)+f(-x)\right]$ 能不能拆为 $\lim\limits_{x\to 0}f(x)+\lim\limits_{x\to 0}f(-x)$，只要 $\lim\limits_{x\to 0}f(x)$、

$\lim\limits_{x \to 0} f(-x)$ 这两者都不是 ∞，就能拆．利用函数极限的计算方法中的小技巧来算 $\lim\limits_{x \to 0} f(x)$．

将 $\lim\limits_{x \to 0} f(x)$ 中的 lim 深入进去，变成 $f(\lim\limits_{x \to 0} x)$，算出

$$f(\lim\limits_{x \to 0} x) = f(0) \tag{5}$$

现在看看函数 $f(x)$ 在算出的这个"0"处是否连续．题中已经明确告诉了"设 $f(x)$ 在 $x = 0$ 处连续"，所以说明其实可以深入，也就是说，有

$$\lim\limits_{x \to 0} f(x) = f(\lim\limits_{x \to 0} x) \tag{6}$$

式（5）、式（6）相结合，得

$$\lim\limits_{x \to 0} f(x) = f(0) \tag{7}$$

由于 $f(0)$ 是一个函数值，而函数值必然是常数，这就说明 $\lim\limits_{x \to 0} f(x)$、$\lim\limits_{x \to 0} f(-x)$ 这两者不可能都是 ∞（因为已经有一个是常数了），所以 $\lim\limits_{x \to 0} [f(x) + f(-x)]$ 能拆为 $\lim\limits_{x \to 0} f(x) + \lim\limits_{x \to 0} f(-x)$，即

$$\lim\limits_{x \to 0} [f(x) + f(-x)] = \lim\limits_{x \to 0} f(x) + \lim\limits_{x \to 0} f(-x) \tag{8}$$

式（4）、式（8）相结合，得

$$\lim\limits_{x \to 0} f(x) + \lim\limits_{x \to 0} f(-x) = 0 \tag{9}$$

由于 $\lim\limits_{x \to 0} f(x) = 0$，所以将 $\lim\limits_{x \to 0} f(x) = f(0)$ 代入式（9）得

$$f(0) + \lim\limits_{x \to 0} f(-x) = 0 \tag{10}$$

现在再次利函数极限的第一种计算方法的小技巧来算一下 $\lim\limits_{x \to 0} f(-x)$．

将 $\lim\limits_{x \to 0} f(-x)$ 中的 lim 深入进去，变成 $f(\lim\limits_{x \to 0} -x)$，算出

$$f(\lim\limits_{x \to 0} -x) = f(0) \tag{11}$$

现在看看函数 $f(x)$ 在我们算出的这个"0"处是否连续．题中已经明确告诉了"设 $f(x)$ 在 $x = 0$ 处连续"，所以说明确实可以深入，也就是说，有

$$\lim\limits_{x \to 0} f(-x) = f(\lim\limits_{x \to 0} -x) \tag{12}$$

式（11）、式（12）相结合，得

$$\lim\limits_{x \to 0} f(-x) = f(0) \tag{13}$$

式（10）、式（13）相结合，得

$$f(0) + f(0) = 0 \tag{14}$$

由式（14）可解得

$$f(0) = 0 \tag{15}$$

由于 $f(0) = 0$，所以 B 选项正确，本题让选错误的，所以本题不能选择 B 选项．

再来看 C 选项．

由于 $\lim\limits_{x \to 0} \dfrac{f(x)}{x}$ 存在且等于 A，由 A 选项可知 $f(0) = 0$，所以 $\lim\limits_{x \to 0} \dfrac{f(x)}{x} = \lim\limits_{x \to 0} \dfrac{f(x) - f(0)}{x}$．

$\lim\limits_{x \to 0} \dfrac{f(x)}{x} = A$ 和 $\lim\limits_{x \to 0} \dfrac{f(x)}{x} = \lim\limits_{x \to 0} \dfrac{f(x) - f(0)}{x}$ 相结合得 $\lim\limits_{x \to 0} \dfrac{f(x) - f(0)}{x} = A$，可以变形为 $\lim\limits_{x \to 0} \dfrac{f(0 + x) - f(0)}{x} = A$．由于 $\lim\limits_{x \to 0} \dfrac{f(0 + x) - f(0)}{x} = A$ 这个式子就是函数 $f(x)$ 在 $x = 0$ 处可导的定义式，所以 $f(x)$ 在 $x = 0$ 处可导出 $f'(0) = A$．

由于 $f'(0) = A$，所以 C 选项正确，本题让选错误的，所以本题不能选择 C 选项．

根据排除法，本题应选 D 选项．

【例 3.4】 设 $f(x)$ 在 $x=0$ 处连续，且 $\lim\limits_{h\to 0}\dfrac{f(h^2)}{h^2}=1$，则（　　）.

A. $f(0)=0$ 且 $f'_-(0)$ 存在　　　　B. $f(0)=1$ 且 $f'_-(0)$ 存在

C. $f(0)=0$ 且 $f'_+(0)$ 存在　　　　D. $f(0)=1$ 且 $f'_+(0)$ 存在

【解】 由于 $\lim\limits_{h\to 0}\dfrac{f(h^2)}{h^2}$ 等于非零常数 1，又由代入法可知 $\lim\limits_{h\to 0}h^2=0$，所以根据前一章（两个常用的结论）可知 $\lim\limits_{h\to 0}f(h^2)=0$，利用函数极限的计算方法（基本计算方法）中的小技巧，将 $\lim\limits_{h\to 0}f(h^2)$ 中的 lim 深入进去，变成 $f(\lim\limits_{h\to 0}h^2)$，算出

$$f(\lim_{h\to 0}h^2)=f(0) \tag{1}$$

现在看看函数 $f(x)$ 在 "0" 处是否连续，因为题中已经明确告诉了 "设 $f(x)$ 在 $x=0$ 处连续"，所以说明可以深入，也就是说，有

$$\lim_{h\to 0}f(h^2)=f(\lim_{h\to 0}h^2) \tag{2}$$

式（1）、式（2）相结合，得

$$\lim_{h\to 0}f(h^2)=f(0) \tag{3}$$

由于 $\lim\limits_{h\to 0}f(h^2)=0$，而 $\lim\limits_{h\to 0}f(h^2)=f(0)$，$f(0)=0$，所以应该从 A 选项和 C 选项中选择答案.

由于题中说 $\lim\limits_{h\to 0}\dfrac{f(h^2)}{h^2}=1$，而 $f(0)=0$，所以 $\lim\limits_{h\to 0}\dfrac{f(h^2)-f(0)}{h^2}=1$，

令 $h^2=t$，$\therefore \lim\limits_{h\to 0}\dfrac{f(h^2)-f(0)}{h^2}=\lim\limits_{t\to 0^+}\dfrac{f(t)-f(0)}{t-0}=f'_+(0)=1$，故本题选择 C 选项.

【例 3.5】 设 $f'(0)$ 存在且 $f(0)=0$，求 $\lim\limits_{x\to 0}\dfrac{f(e^{x^2}-1)}{x\tan x}$.

【分析】 该极限可凑成 $f'(x_0)=\lim\limits_{h\to 0}\dfrac{f(x_0+h)-f(x_0)}{h}$ 的形式，令 $h=e^{x^2}-1$.

【解】 原式 $=\lim\limits_{x\to 0}\dfrac{f[0+(e^{x^2}-1)]-f(0)}{e^{x^2}-1}\cdot\dfrac{e^{x^2}-1}{x\tan x}$

$=\lim\limits_{x\to 0}\dfrac{f[0+(e^{x^2}-1)]-f(0)}{e^{x^2}-1}\cdot\lim\limits_{x\to 0}\dfrac{e^{x^2}-1}{x\tan x}$

$=f'(0)\cdot\lim\limits_{x\to 0}\dfrac{x^2}{x^2}=f'(0)$

【例 3.6】 若 $f(1)=0$ 且 $f'(1)$ 存在，求 $\lim\limits_{x\to 0}\dfrac{f(\sin^2 x+\cos x)}{(e^x-1)\tan x}$.

【分析】 原式 $=\lim\limits_{x\to 0}\dfrac{f(\sin^2 x+\cos x)}{x^2}$，$\lim\limits_{x\to 0}(\sin^2 x+\cos x)=1$ 且 $f(1)=0$，联想到凑导数的定义式.

【解】 原式 $=\lim\limits_{x\to 0}\dfrac{f(\sin^2 x+\cos x)}{x^2}$

$=\lim\limits_{x\to 0}\dfrac{f(1+\sin^2 x+\cos x-1)-f(1)}{\sin^2 x+\cos x-1}\cdot\dfrac{\sin^2 x+\cos x-1}{x^2}$

$=\lim\limits_{x\to 0}\dfrac{f(1+\sin^2 x+\cos x-1)-f(1)}{\sin^2 x+\cos x-1}\cdot\lim\limits_{x\to 0}\dfrac{\sin^2 x+\cos x-1}{x^2}$

$$\xlongequal{\text{令}\sin^2 x+\cos x-1=h} \lim_{h\to 0}\frac{f(1+h)-f(1)}{h}\cdot\lim_{x\to 0}\frac{\sin^2 x+\cos x-1}{x^2}$$

$$=f'(1)\cdot\lim_{x\to 0}\frac{\sin^2 x+\cos x-1}{x^2}=f'(1)\cdot\left[\lim_{x\to 0}\frac{\sin^2 x}{x^2}-\lim_{x\to 0}\frac{1-\cos x}{x^2}\right]$$

$$=f'(1)\cdot\left(1-\frac{1}{2}\right)=\frac{1}{2}f'(1)$$

【例 3.7】 已知 $f(x)$ 在 $x=1$ 连续，且 $\lim\limits_{x\to 1}\dfrac{f(x)}{x-1}=2$，求 $f'(1)$.

【分析】由 $f(x)$ 在 $x=1$ 连续，知 $\lim\limits_{x\to 1}f(x)=f(1)$，求出 $f(1)$，再应用导数定义 $f'(1)=\lim\limits_{x\to 1}\dfrac{f(x)-f(1)}{x-1}$ 即可.

【解】 $f(1)=\lim\limits_{x\to 1}f(x)=\lim\limits_{x\to 1}(x-1)\dfrac{f(x)}{x-1}=\lim\limits_{x\to 1}(x-1)\cdot\lim\limits_{x\to 1}\dfrac{f(x)}{x-1}=0$

$$f'(1)=\lim\limits_{x\to 1}\frac{f(x)-f(1)}{x-1}=\lim\limits_{x\to 1}\frac{f(x)}{x-1}=2$$

推广 已知 $f(x)$ 在 $x=a$ 连续，且 $\lim\limits_{x\to a}\dfrac{f(x)}{x-a}=A$，则 $f'(a)=A$.

【例 3.8】 设 $f(x)=\dfrac{(x-1)(x-2)\cdots(x-n)}{(x+1)(x+2)\cdots(x+n)}$，求 $f'(1)$.

【解】 因为 $f(1)=0$，利用导数定义，有

$$f'(1)=\lim\limits_{x\to 1}\frac{f(x)-f(1)}{x-1}=\lim\limits_{x\to 1}\frac{\dfrac{(x-1)(x-2)\cdots(x-n)}{(x+1)(x+2)\cdots(x+n)}-0}{(x-1)}$$

$$=\lim\limits_{x\to 1}\frac{(x-2)(x-3)\cdots(x-n)}{(x+1)(x+2)\cdots(x+n)}=\frac{(-1)^{n-1}(n-1)!}{(n+1)!}=\frac{(-1)^{n-1}}{n(n+1)}$$

【例 3.9】 设 $f'(x)$ 存在，且 $\lim\limits_{x\to 0}\dfrac{f(1)-f(1-x)}{2x}=-1$，求 $f'(1)$.

【解】 因为 $\lim\limits_{x\to 0}\dfrac{f(1)-f(1-x)}{2x}=\dfrac{1}{2}\lim\limits_{x\to 0}\dfrac{f(1+(-x))-f(1)}{(-x)}$

$$\xlongequal{\text{令}-x=t}\frac{1}{2}\lim_{t\to 0}\frac{f(1+t)-f(1)}{t}=\frac{1}{2}f'(1)=-1,\text{ 所以 }f(1)=-2.$$

【例 3.10】 设 $f(x)=(x-a)\varphi(x)$，其中 $\varphi(x)$ 在 $x=a$ 处连续，求 $f'(a)$.

【分析】 $f(x)=(x-a)\varphi(x)$ 为抽象函数，即没有给出具体解析式的函数，由题设可知 $f(x)$ 在 $x=a$ 处连续，但可导性未知，所以只能用定义求导.

【解】 $f'(a)=\lim\limits_{x\to a}\dfrac{f(x)-f(a)}{x-a}=\lim\limits_{x\to a}\dfrac{(x-a)\varphi(x)-(a-a)\varphi(x)}{x-a}$

$$=\lim\limits_{x\to a}\varphi(x)=\varphi(a)\ (\text{因为 }\varphi(x)\text{ 在 }x=a\text{ 处连续})$$

【例 3.11】 设所给函数可导，证明：

(1) 奇函数的导函数是偶函数，偶函数的导函数是奇函数.

(2) 周期函数的导函数仍是周期函数.

【解】(1) 设 $f(x)$ 为奇函数，则

$$f'(-x) = \lim_{\Delta x \to 0} \frac{f(-x+\Delta x) - f(-x)}{\Delta x} = \lim_{\Delta x \to 0} \frac{[-f(x-\Delta x)] - [-f(x)]}{\Delta x}$$

$$= \lim_{-\Delta x \to 0} \frac{f[x+(-\Delta x)] - f(x)}{(-\Delta x)} = f'(x), \text{ 故 } f'(x) \text{ 为偶函数}.$$

设 $f(x)$ 为偶函数，则

$$f'(-x) = \lim_{\Delta x \to 0} \frac{f(-x+\Delta x) - f(-x)}{\Delta x} = \lim_{\Delta x \to 0} \frac{f(x-\Delta x) - f(x)}{\Delta x} = -\lim_{-\Delta x \to 0} \frac{f[x+(-\Delta x)] - f(x)}{(-\Delta x)}$$

$$= -f'(x), \text{ 故 } f'(x) \text{ 为奇函数}.$$

(2) 设 $f(x)$ 是周期函数为 T 的函数，则

$$f'(x+T) = \lim_{\Delta x \to 0} \frac{f[(x+T)+\Delta x] - f(x+T)}{\Delta x} = \lim_{\Delta x \to 0} \frac{f(x+\Delta x) - f(x)}{\Delta x} = f'(x),$$

故 $f'(x)$ 为周期函数.

3.2　导数的几何意义

函数 $y=f(x)$ 在点 x_0 处的导数 $f'(x_0)$ 在几何上表示曲线 $y=f(x)$ 在点 $M(x_0, f(x_0))$ 处切线的斜率，即 $f'(x_0) = \tan\alpha$

其中 α 是点 M 处切线的倾角，如图 3-1 所示.

(1) 切线方程：$y=f(x)$ 在点 $M(x_0, f(x_0))$ 处的切线方程为 $y-y_0 = f'(x_0)(x-x_0)$

(2) 法线方程：过曲线 $y=f(x)$ 上的点 $M(x_0, y_0)$ 且与切线垂直的直线称为曲线在该点的法线. 由于切线与法线垂直，所以当 $f'(x_0) \neq 0$ 时，$f(x)$ 在点 $M(x_0, y_0)$ 处的法线方程为

$$y - y_0 = -\frac{1}{f'(x_0)}(x-x_0)$$

注 如果函数在点 x_0 处的导数为无穷大，则曲线 $y=f(x)$ 在点 $M(x_0, y_0)$ 处的切线为 $x=x_0$，垂直于 x 轴. 例如 $y=\sqrt[3]{x}$ 在 $x_0=0$ 点处导数为无穷大，切线为 $x=0$（如图 3-2 所示）.

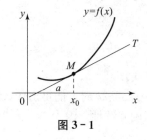

图 3-1

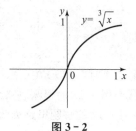

图 3-2

【例 3.12】设 $f(x)$ 是可导的偶函数，它在 $x=0$ 的某邻域内满足 $f(e^x) - 3f(1+\sin x^2) = 2x^2 + o(x^2)$，求曲线 $y=f(x)$ 在点 $(-1, f(-1))$ 处的切线方程及法线方程.

【分析】题中给出了 $f(x)$ 在 $x=1$ 处的信息，利用可导偶函数的性质可得 $f(-1) = f(1)$，$f'(-1) = -f'(1)$，进而写出切线方程及法线方程.

【解】由 $\lim_{x \to 0} \dfrac{f(e^x) - 3f(1+\sin x^2) - 2x^2}{x^2} = 0$，得 $f(1) = 0$ 变形

$$\lim_{x \to 0} \left(\frac{f(e^x) - f(1)}{e^x - 1} \cdot \frac{e^x - 1}{x^2} - \frac{3[f(1+\sin x^2) - f(1)]}{\sin x^2} \cdot \frac{\sin x^2}{x^2} - 2 \right) = 0,$$

有 $f'(1)-3f'(1)-2=0 \Rightarrow f'(1)=-1$. 所以，$f(-1)=f(1)=0$，$f'(-1)=-f'(1)=1$，切线方程为 $y=x+1$，法线方程为 $y=-x-1$.

3.3 高阶导数的概念

$$f^{(n)}(x_0)=\lim_{\Delta x \to 0}\frac{f^{(n-1)}(x_0+\Delta x)-f^{(n-1)}(x_0)}{\Delta x}$$

其中 $n \geq 2$ 的整数，且 $f^{(n-1)}(x)$ 在 x_0 的某邻域内有定义，$x_0+\Delta x$ 也在该邻域内.

结论 3.3.1 如果函数 $y=f(x)$ 在点 x 处具有 n 阶导数，那么函数 $y=f(x)$ 在点 x 的某一邻域内必定具有一阶至 $(n-1)$ 阶的导数.

注 (1) 二阶导数的定义式为 $f''(x)=\lim_{\Delta x \to 0}\frac{f'(x+\Delta x)-f'(x)}{\Delta x}$

(2) 函数的一阶导数连续，但是未必二阶可导. 有时题目中出现"函数连续可导"的表述，指的是函数的一阶导数连续.

【例 3.13】 设函数 $f(x)=\begin{cases} x^a \sin\dfrac{1}{x}, & x\neq 0 \\ 0, & x=0 \end{cases}$，其中 $a>0$，就 a 的取值情况讨论 $f(x)$ 的连续性与可导性.

【解】 $f(x)$ 的连续性：

$x\neq 0$ 时，$f(x)$ 在 $(-\infty,+\infty)$ 上连续（初等函数），又因为

$$\lim_{x\to 0}x^a \sin\frac{1}{x}=0=f(0)，\quad (a>0)$$

即 $f(x)$ 在 $x=0$ 处连续，所以

$f(x)$ 在 $(-\infty,+\infty)$ 上连续 $(a>0)$ $f(x)$ 的可导性：因为

$$f'(0)=\lim_{x\to 0}\frac{f(x)-f(0)}{x}=\lim_{x\to 0}\frac{x^a \sin\dfrac{1}{x}-0}{x}=\lim_{x\to 0}x^{a-1}\sin\frac{1}{x}=0(a>1)$$

所以 $f'(x)=\begin{cases} ax^{a-1}\sin\dfrac{1}{x}-x^{a-2}\cos\dfrac{1}{x}, & x\neq 0 \\ 0, & x=0 \end{cases}$

即当 $a>1$ 时，$f(x)$ 在 $(-\infty,+\infty)$ 处处可导（$f'(x)$ 存在）.

【思考】 按照例 3.13 的解题思路继续讨论，当 $a>2$，$a>3$，$\cdots$，$a>2k$ 时，能得出什么结论？

依照例 3.13 的解题思路继续讨论当 $a>2$ 时，考虑 $f'(x)$ 的连续性，因为

$$f'(x)=\begin{cases} ax^{a-1}\sin\dfrac{1}{x}-x^{a-2}\cos\dfrac{1}{x}, & x\neq 0 \\ 0, & x=0 \end{cases}$$

又因为 $\lim_{x\to 0}f'(x)=\lim_{x\to 0}\left(ax^{a-1}\sin\dfrac{1}{x}-x^{a-2}\cos\dfrac{1}{x}\right)=0=f'(0)$ $(f'(x)$ 在 $x=0$ 处连续$)$

即当 $a>2$ 时，$f'(x)$ 在 $(-\infty,+\infty)$ 上连续，即 $f'(x)$ 在 R 上可导.

考虑 $f'(x)$ 的可导性，因为

$$f''(0)=\lim_{x\to 0}\frac{f'(x)-f'(0)}{x}=\lim_{x\to 0}\frac{\left(\alpha x^{\alpha-1}\sin\frac{1}{x}-x^{\alpha-2}\cos\frac{1}{x}\right)-0}{x}$$

$$=\lim_{x\to 0}\alpha x^{\alpha-2}\sin\frac{1}{x}-x^{\alpha-3}\cos\frac{1}{x}=0\,(\alpha>3)$$

所以 $f''(x)=\begin{cases}\left(\alpha x^{\alpha-1}\sin\dfrac{1}{x}-x^{\alpha-2}\cos\dfrac{1}{x}\right)', & x\neq 0\\ 0, & x=0\end{cases}$

即当 $\alpha>3$ 时，$f'(x)$ 在 $(-\infty,+\infty)$ 处处可导（$f''(x)$ 存在）.

继续重复上述过程，如图 3-3 所示，不难验证：

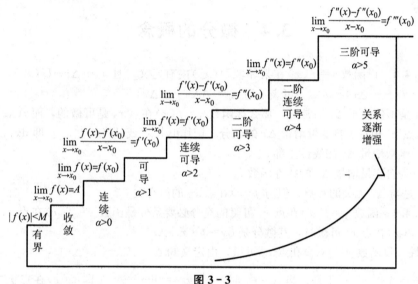

图 3-3

当 $\alpha>4$ 时，$f''_{(x)}$ 在 R 上连续.

当 $\alpha>5$ 时，$f'''(x)$ 存在.

当 $\alpha>6$ 时，$f'''(x)$ 在 R 上连续.

……

依次类推，得出结论：

当 $\alpha>2k-1$ 时，$f^{(k)}(x)$ 存在.

当 $\alpha>2k$ 时，$f^{(k)}(x)$ 在 R 上连续.

顺便先提一下高阶导数的计算，后面就不再叙述了.

公式 3.3.1　牛顿—莱布尼兹公式：

$$(uv)^{(n)}=u^{(n)}v+C_n^1 u^{(n-1)}v'+C_n^2 u^{(n-2)}v''+\cdots+C_n^k u^{(n-k)}v^{(k)}+\cdots+C_n^{n-1}u'v^{(n-1)}+uv^{(n)}$$

$$=\sum_{k=0}^{n}C_n^k u^{(n-k)}v^{(k)}$$

公式 3.3.2　基本初等函数的 n 阶导数

$(a^x)^{(n)}=a^x(\ln a)^n$;　　$(e^x)^{(n)}=e^x$;

$(\sin kx)^{(n)}=k^n\sin\left(kx+n\cdot\dfrac{\pi}{2}\right)$;　$(\cos kx)^{(n)}=k^n\cos\left(kx+n\cdot\dfrac{\pi}{2}\right)$;

$$(\ln x)^{(n)} = (-1)^{n-1}\frac{(n-1)!}{x^n}(x>0); \quad [\ln(1+x)]^{(n)} = (-1)^{(n-1)}\frac{(n-1)!}{(1+x)^n}(x>-1);$$

$$\left(\frac{1}{a-x}\right)^{(n)} = \frac{n!}{(x-a)^{n+1}}; \quad \left(\frac{1}{x+a}\right)^{(n)} = \frac{(-1)^n n!}{(x+a)^{n+1}}.$$

$$[(x+x_0)^m]^{(n)} = m(m-1)(m-2)\cdots(m-n+1)(x+x_0)^{m-n}$$

【例 3.14】已知 $y = \sin^4 x - \cos^4 x$，求 $y^{(n)}$.

【分析】应先将函数降阶，再用公式.

【解】$y = (\sin^2 x)^2 - (\cos^2 x)^2 = (\sin^2 x + \cos^2 x)(\sin^2 x - \cos^2 x) = -\cos 2x$

所以 $\qquad\qquad\qquad y^{(n)} = -2^n\cos\left(2x + n\cdot\frac{\pi}{2}\right)$

3.4 微分的概念

定义 3.4.1 设函数 $y = f(x)$ 在某邻域 $U(x_0)$ 内有定义，且 $x_0 + \Delta x \in U(x_0)$，如果函数的增量 $\Delta y = f(x_0 + \Delta x) - f(x_0)$ 可表示为 $\Delta y = A\Delta x + o(\Delta x)$

其中 A 是不依赖于 Δx 的常数，那么称函数 $y = f(x)$ 在点 x_0 是可微的，而 $A\Delta x$ 称为函数 $y = f(x)$ 在点 x_0 相对于自变量增量 Δx 的微分，记作 $dy\big|_{x=x_0}$ 或 $df(x)\big|_{x=x_0}$，即 $dy\big|_{x=x_0} = A\Delta x$

dy 称为函数增量 Δy 的线性主部.

(1) dy 为自变量增量 Δx 的线性函数.

(2) A 是与 Δx 无关的常数，但与 $f(x)$ 在点 x_0 的值有关.

定理 3.4.1 函数 $y = f(x)$ 在点 x_0 可微的充分必要条件是函数 $y = f(x)$ 在点 x_0 可导，且当函数 $y = f(x)$ 在点 x_0 可微时，其微分是 $dy = f'(x_0)\Delta x$

【证】**必要性** 设函数 $y = f(x)$ 在点 x_0 可微，由定义知 $\Delta y = A\Delta x + o(\Delta x)$

从而 $\frac{\Delta y}{\Delta x} = A + \frac{o(\Delta x)}{\Delta x}$ 于是，当 $\Delta x \to 0$ 时，$f'(x_0) = \lim\limits_{\Delta x \to 0}\frac{\Delta y}{\Delta x} = A$ 即 $f(x)$ 在点 x_0 可导，且 $A = f'(x_0)$.

充分性 如果 $f(x)$ 在点 x_0 可导，即 $\lim\limits_{\Delta x \to 0}\frac{\Delta y}{\Delta x} = f'(x_0)$ 存在，由收敛变量与其极限的关系，得 $\frac{\Delta y}{\Delta x} = f'(x_0) + \alpha$，其中 $\alpha \to 0$（当 $\Delta x \to 0$）由此有 $\Delta y = f'(x_0)\Delta x + \alpha\cdot\Delta x$ 即 $\Delta y = A\Delta x + o(\Delta x)$ 所以 $f(x)$ 在点 x_0 可微，且 $dy = f'(x_0)\Delta x$

注 (1) $\alpha\cdot\Delta x$ 为什么等于 $o(\Delta x)$，是因为 $\lim\limits_{\Delta x \to 0}\frac{\alpha\cdot\Delta x}{\Delta x} = \lim\limits_{\Delta x \to 0}\alpha = 0$，故 $\alpha\cdot\Delta x = o(\Delta x)$.

(2) 通常把自变量 x 的增量 Δx 称为自变量的微分，记作 dx，即 $dx = \Delta x$. 于是函数 $y = f(x)$ 在点 x_0 的微分又可记作 $dy = f'(x_0)dx$.

函数 $y = f(x)$ 在任意点 x 的微分，称为函数的微分，记作 dy 或 $df(x)$，即 $dy = f'(x)dx$，从而 $\frac{dy}{dx} = f'(x)$，函数的导数就是函数的微分 dy 与自变量的微分 dx 之商，因此，导数也称为"微商". $dy = f'(x_0)dx = \tan\alpha\cdot\Delta x$

而 $\tan\alpha = \frac{QP}{MQ}$，$MQ = \Delta x$，所以 $dy = QP$.

由此可见，函数 $y = f(x)$ 的微分 dy 就是过 M 点的切线的纵坐标改变量，图 3-4 中线段

PN 是 Δy 与 $\mathrm{d}y$ 之差，它是 Δx 的高阶无穷小.

$$\lim_{\Delta x \to 0}\frac{\Delta y}{\mathrm{d}y}=\lim_{\Delta x \to 0}\frac{f'(x)\Delta x}{\mathrm{d}y}+\lim_{\Delta x \to 0}\frac{o(\Delta x)}{\mathrm{d}y}=\lim_{\Delta x \to 0}\frac{f'(x)\Delta x}{\mathrm{d}y}+\lim_{\Delta x \to 0}\frac{o(\Delta x)}{f'(x)\Delta x}=1$$

所以，当 $\Delta x \to 0$ 时，$\Delta y \sim \mathrm{d}y$. 因此，当 $|\Delta x|$ 很小时，$\Delta y \approx \mathrm{d}y$.

事实上，微分的实质就是"以直代曲"，借用这种思想，可以将复杂不规则的问题转化为简单规则的问题进行处理，如图 3-5 所示.

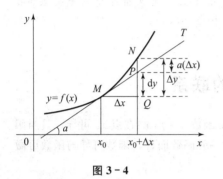

图 3-4

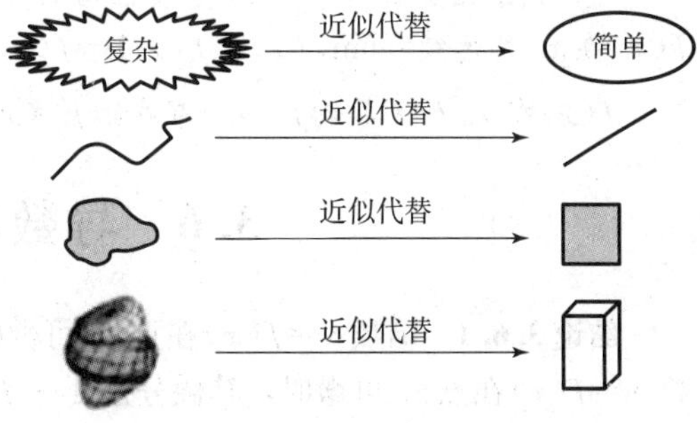

图 3-5

当然，这种近似代替只是在微小的几何体上才能达到较高的精度，这就是后面积分学中要介绍的微元.

【例 3.15】 求函数 $y=x^2$ 在 $x=1$ 和 $x=3$ 处的微分.

【解】 函数 $y=x^2$ 在 $x=1$ 处的微分为 $\mathrm{d}y=(x^2)'|_{x=1}\Delta x=2\Delta x$，

在 $x=3$ 处的微分为 $\mathrm{d}y=(x^2)'|_{x=3}\Delta x=6\Delta x$.

【例 3.16】 求函数 $y=x^3$ 当 $x=2$，$\Delta x=0.02$ 时的微分.

【解】 先求函数的任意点 x 的微分 $\mathrm{d}y=(x^3)'\Delta x=3x^2\Delta x$.

再求函数当 $x=2$，$\Delta x=0.02$ 时的微分 $\mathrm{d}y=3 \cdot 2^2 \cdot 0.02=0.24$.

3.5　可导和连续的关系

定理 3.5.1　若函数 $y=f(x)$ 在点 x_0 处可导，则必在点 x_0 处连续.

【证】 由已知 $f(x)$ 在点 x_0 处可导，即 $f'(x_0)=\lim\limits_{x \to x_0}\dfrac{f(x)-f(x_0)}{x-x_0}$ 存在，从而

$$\frac{f(x)-f(x_0)}{x-x_0}=f'(x_0)+\alpha(x)$$

其中 $\lim\limits_{x \to x_0}\alpha(x)=0$，因此 $f(x)-f(x_0)=f'(x_0)(x-x_0)+\alpha(x) \cdot (x-x_0)$

两边取极限，则

$$\lim_{x \to x_0}\left[f(x)-f(x_0)\right]=\lim_{x \to x_0}\left[f'(x_0)(x-x_0)+\alpha(x) \cdot (x-x_0)\right]=0$$

$$\lim_{x \to x_0}\left[f(x)-f(x_0)\right]=\lim_{x \to x_0}f(x)-\lim_{x \to x_0}f(x_0)=\lim_{x \to x_0}f(x)-f(x_0)=0$$

$$\lim_{x \to x_0}f(x)=f(x_0)$$

故函数 $y=f(x)$ 在点 x_0 处连续.

注 (1) 函数在某一点处可导是指在该点处导数值有限，导数不存在（包括导数为无穷大）称

为不可导，但函数在某点处的导数为无穷大时，该点处的切线是存在的.

例如，函数 $f(x)=\sqrt[3]{x}$ 在点 $x=0$ 处连续但不可导，因为

$$\lim_{h\to 0}\frac{f(0+h)-f(0)}{h}=\lim_{h\to 0}\frac{\sqrt[3]{h}-0}{h}=\lim_{h\to 0}\frac{1}{h^{\frac{2}{3}}}=\infty$$

即导数为无穷大，在图形中表现为曲线 $y=\sqrt[3]{x}$ 在原点具有垂直于 x 轴的切线 $x=0$.

（2）定理说明可导 $\Rightarrow$ 连续；不连续 $\Rightarrow$ 不可导. 此外，上例说明连续不一定可导.

（3）判断函数在特殊点的连续性与可导性，主要是用定义及定义推导出的充要条件.

$f(x)$ 在 x_0 处连续 $\Leftrightarrow \lim\limits_{x\to x_0}f(x)=f(x_0)\Leftrightarrow f(x_0-0)=f(x_0+0)=f(x_0)$

$f(x)$ 在 x_0 处可导 $\Leftrightarrow f'(x_0)$ 存在 $\Leftrightarrow f'_-(x_0)=f'_+(x_0)$

3.6 导数与微分的联系

结论 3.6.1 函数 $y=f(x)$ 在点 x_0 可微的充要条件是函数 $y=f(x)$ 在点 x_0 可导，且当函数 $y=f(x)$ 在点 x_0 可微时，其微分是 $dy=f'(x_0)dx$. 对一元函数而言，函数可导与函数可微是等价的.

（1）函数 $f(x)$ 在 x_0 处的导数 $f'(x_0)$ 是定数，而微分 $dy=f'(x_0)\Delta x$ 是 Δx 线性函数.

（2）从几何意义上来看，如图 3-4 所示，$f'(x_0)$ 是曲线 $y=f(x)$ 在点 $(x_0,f(x_0))$ 处切线的斜率，而微分 $dy=f'(x_0)dx$ 是曲线 $y=f(x)$ 在点 $(x_0,f(x_0))$ 处的切线方程在点 x_0 的纵坐标增量.

【例 3.17】 设 $y=y(x)$ 满足 $\Delta y=\dfrac{y}{1+x^2}\Delta x+o(\Delta x)$，且 $y(0)=\pi$，求 $y(x)$.

【解】 由 $\Delta y=\dfrac{y}{1+x^2}\Delta x+o(\Delta x)$，得 $y=y(x)$ 可导，且 $\dfrac{dy}{dx}=\dfrac{y}{1+x^2}$.

由 $\dfrac{dy}{dx}-\dfrac{1}{1+x^2}y=0$，得 $y=Ce^{-\int-\frac{1}{1+x^2}dx}=Ce^{\arctan x}$，再由 $y(0)=\pi$，得 $C=\pi$，

于是 $y(x)=\pi e^{\arctan x}$.

注 这里的 "$\dfrac{dy}{dx}-\dfrac{1}{1+x^2}y=0$，得 $y=Ce^{-\int-\frac{1}{1+x^2}dx}=Ce^{\arctan x}$" 用到后面微分方程求通解的知识点，等学完相关章节再回过头来看这个地方.

3.7 基本初等函数的导数

$a'=0$，（a 为任意常数），$(x^a)'=ax^{a-1}$（a 为常数），$(a^x)'=a^x\ln a$，$(e^x)'=e^x$，

$(\log_a x)'=\dfrac{1}{x\ln a}(a>0,a\neq 1)$，$(\ln x)'=\dfrac{1}{x}$，$(\sin x)'=\cos x$，$(\cos x)'=-\sin x$，

$(\arcsin x)'=\dfrac{1}{\sqrt{1-x^2}}$，$(\arccos x)'=-\dfrac{1}{\sqrt{1-x^2}}$，$(\tan x)'=\sec^2 x$，$(\cot x)'=-\csc^2 x$，

$(\arctan x)'=\dfrac{1}{1+x^2}$，$(\text{arccot} x)'=-\dfrac{1}{1+x^2}$，$(\sec x)'=\sec x\tan x$，$(\csc x)'=-\csc x\cot x$，

$[\ln(x+\sqrt{x^2+1})]'=\dfrac{1}{\sqrt{x^2+1}}$，$[\ln(x+\sqrt{x^2-1})]'=\dfrac{1}{\sqrt{x^2-1}}$.

3.8　导数的四则运算法则

如果函数 $u=u(x)$ 及 $v=v(x)$ 都在点 x 可导，那么它们的和、差、积、商（除分母为零的点外）都在点 x 可导，且

(1) $[u(x)\pm v(x)]'=u'(x)\pm v'(x)$

(2) $[u(x)v(x)]'=u'(x)v(x)+u(x)v'(x)$

(3) $\left[\dfrac{u(x)}{v(x)}\right]'=\dfrac{u'(x)v(x)-u(x)v'(x)}{v^2(x)}$ $(v(x)\neq 0)$

【例 3.18】(1) $y=2x^3-5x^2+3x-7$，求 y'.

(2) $f(x)=x^3+4\cos x-\sin\dfrac{\pi}{2}$，求 $f'(x)$ 及 $f'\left(\dfrac{\pi}{2}\right)$.

(3) $y=e^x(\sin x+\cos x)$，求 y'.

(4) $y=\tan x$，求 y'.

【解】(1) $y'=(2x^3-5x^2+3x-7)'=(2x^3)'-(5x^2)'+(3x)'-(7)'$

$\qquad =2\cdot 3x^2-5\cdot 2x+3-0=6x^2-10x+3.$

(2) $f'(x)=3x^2-4\sin x$，$f'\left(\dfrac{\pi}{2}\right)=\dfrac{3}{4}\pi^2-4.$

(3) $y'=(e^x)'(\sin x+\cos x)+e^x(\sin x+\cos x)'$

$\qquad =e^x(\sin x+\cos x)+e^x(\cos x-\sin x)=2e^x\cos x.$

(4) $y'=(\tan x)'=\left(\dfrac{\sin x}{\cos x}\right)'=\dfrac{(\sin x)'\cos x-\sin x(\cos x)'}{\cos^2 x}=\dfrac{\cos^2 x+\sin^2 x}{\cos^2 x}=\dfrac{1}{\cos^2 x}=\sec^2 x,$

3.9　反函数的求导法则

定理 3.9.1　如果函数 $x=f(y)$ 在区间 I_y 内单调、可导，且 $f'(y)\neq 0$，则它的反函数 $y=\varphi(x)$ 在区间 $I_x=\{x\mid x=f(y),\ y\in I_y\}$ 内也可导，且 $\varphi'(x)=\dfrac{1}{f'(y)}$

【证】由于 $x=f(y)$ 在 I_y 内单调、连续，所以 $y=\varphi(x)$ 存在，且 $\varphi(x)$ 在 I_x 内也单调、连续. 任取 $x\in I_x$，增量 $\Delta x(\Delta x\neq 0,\ x+\Delta x\in I_x)$，由 $y=\varphi(x)$ 的单调性

$$\Delta y=\varphi(x+\Delta x)-\varphi(x)\neq 0$$

于是有 $\dfrac{\Delta y}{\Delta x}=\dfrac{1}{\dfrac{\Delta x}{\Delta y}}$，所以 $\lim\limits_{\Delta x\to 0}\dfrac{\Delta y}{\Delta x}=\lim\limits_{\Delta x\to 0}\dfrac{1}{\dfrac{\Delta x}{\Delta y}}=\dfrac{1}{\lim\limits_{\Delta x\to 0}\dfrac{\Delta x}{\Delta y}}$. 因 $y=\varphi(x)$ 连续，故 $\lim\limits_{\Delta x\to 0}\Delta y=0$，从而

$$[\varphi(x)]'=\lim\limits_{\Delta x\to 0}\dfrac{\Delta y}{\Delta x}=\dfrac{1}{\lim\limits_{\Delta x\to 0}\dfrac{\Delta x}{\Delta y}}=\dfrac{1}{f'(y)}$$

在 $y=f(x)$ 二阶可导的情况下，记 $f'(x)=y'_x$，$\varphi'(y)=x'_y(x'_y\neq 0)$，请考生作为练习作下面的推导：

$$\begin{cases} y'_x = \dfrac{\mathrm{d}y}{\mathrm{d}x} = \dfrac{1}{\dfrac{\mathrm{d}x}{\mathrm{d}y}} = \dfrac{1}{x'_y}, \\[4mm] y''_{xx} = \dfrac{\mathrm{d}^2 y}{\mathrm{d}x^2} = \dfrac{\mathrm{d}\left(\dfrac{\mathrm{d}y}{\mathrm{d}x}\right)}{\mathrm{d}x} = \dfrac{\mathrm{d}\left(\dfrac{1}{x'_y}\right)}{\mathrm{d}x} = \dfrac{\mathrm{d}\left(\dfrac{1}{x'_y}\right)}{\mathrm{d}y} \cdot \dfrac{1}{x'_y} = \dfrac{-x''_{yy}}{(x'_y)^3}. \end{cases}$$

反过来，请考生用同样的方法推导出 x'_y 和 x''_{yy}.

反函数求导法则难度大，分水岭的知识点，必须理解，这里添加了反函数的符号 $f^{-1}(x)$.

定理 3.9.2 设函数 $y = f(x)$ 的定义域与值域分别为 I，E，且 $y = f^{-1}(x)$ 为 $y = f(x)$ 的反函数. 若 $f(x)$ 在定义域 I 内单调、可导且 $f'(x) \neq 0$，则反函数 $y = f^{-1}(x)$ 在定义域 E 内可导，且 $\left[f^{-1}(x)\right]' = \dfrac{1}{f'(x)}\Big|_{x=f^{-1}(x)} = \dfrac{1}{f'\left[f^{-1}(x)\right]}$.

注 (1) 反函数求导二步曲：①求原函数 $f'(x)$ 的导数；②将 $\dfrac{1}{f'(x)}$ 中的自变量 x 替换成 $f^{-1}(x)$，得反函数的导数 $\left[f^{-1}(x)\right]' = \dfrac{1}{f'\left[f^{-1}(x)\right]}$.

(2) 反函数求导最重要的有两点：其一是必须搞清楚原函数与反函数的变量之间的关系. 即：原函数的自变量 x 为反函数的因变量 y（或 $f^{-1}(x)$），原函数的因变量 y 为反函数的自变量 x；其二是想方设法将反函数求导转化为原函数求导.

(3) 反函数求导公式 $\left[f^{-1}(x)\right]' = \dfrac{1}{f'(x)}\Big|_{x=f^{-1}(x)}$ 的推导过程为：

$$\frac{\mathrm{d}f^{-1}(x)}{\mathrm{d}x} = \frac{\mathrm{d}x}{\mathrm{d}y} = \frac{1}{\mathrm{d}y/\mathrm{d}x} = \frac{1}{f'(x)},$$

其中，等式 $\dfrac{\mathrm{d}f^{-1}(x)}{\mathrm{d}x} = \dfrac{\mathrm{d}x}{\mathrm{d}y}$ 左边的 x 为反函数 $y = f^{-1}(x)$ 的自变量，右边的 x，y 分别为原函数 $y = f(x)$ 的自变量与因变量. 同理，等式 $\left[f^{-1}(x)\right]' = \dfrac{1}{f'(x)}$ 左边的 x 为反函数 $y = f^{-1}(x)$ 的自变量，右边的 x 为原函数 $y = f(x)$ 的自变量（推导过程非常重要，请理解）.

(4) 反函数的二阶导数为 $\dfrac{\mathrm{d}^2 f^{-1}(x)}{\mathrm{d}x^2} = \dfrac{\mathrm{d}\left(\dfrac{\mathrm{d}f^{-1}(x)}{\mathrm{d}x}\right)}{\mathrm{d}x} = \dfrac{\mathrm{d}\left(\dfrac{1}{f'(x)}\right)}{\mathrm{d}y} = \dfrac{\mathrm{d}\left(\dfrac{1}{f'(x)}\right)/\mathrm{d}x}{\mathrm{d}y/\mathrm{d}x}$

$$= \frac{-\dfrac{f''(x)}{\left[f'(x)\right]^2}}{f'(x)} = -\frac{f''(x)}{\left[f'(x)\right]^3}$$

$$= -\frac{f''\left(f^{-1}(x)\right)}{\left[f'\left(f^{-1}(x)\right)\right]^3} \quad \text{（请理解推导过程）}.$$

(5) 也可以从复合函数的角度去理解反函数求导，针对反函数不容易求出的题目更有效，具体如下，设 $y = f(x)$ 是定义在 I 上单调的连续函数，则其反函数为 $x = f^{-1}(y)$，又

$\because y = f(x)$，$\therefore x = f^{-1}\left[f(x)\right]$，两边对 x 求导数，则

$\therefore \dfrac{\mathrm{d}x}{\mathrm{d}x} = \dfrac{\mathrm{d}f^{-1}\left[f(x)\right]}{\mathrm{d}x} = \dfrac{\mathrm{d}f^{-1}\left[f(x)\right]}{\mathrm{d}f(x)} \times \dfrac{\mathrm{d}f(x)}{\mathrm{d}x} = \left[f^{-1}\left[f(x)\right]\right]' \cdot f'(x) \because \dfrac{\mathrm{d}x}{\mathrm{d}x} = 1, \therefore \left(f^{-1}\left[f\right.\right.$

$\left.\left.(x)\right]\right)' \cdot f'(x) = 1 \therefore \left(f^{-1}\left[f(x)\right]\right)' = \dfrac{1}{f'(x)} \therefore \left(f^{-1}\left[y\right]\right)' = \dfrac{1}{f'(x)}$

【例 3.19】 证明：$(\arcsin x)' = \dfrac{1}{\sqrt{1-x^2}}$.

【证明】 由于 $y = \arcsin x$，$x \in (-1,1)$ 是 $y = \sin x$，$x \in \left(-\dfrac{\pi}{2}, \dfrac{\pi}{2}\right)$ 的反函数，所以有

$$(\arcsin x)' = \frac{1}{(\sin x)'}\Big|_{x=\arcsin x} = \frac{1}{\cos x}\Big|_{x=\arcsin x} = \frac{1}{\sqrt{1-\sin^2 x}}\Big|_{x=\arcsin x}$$

$$= \frac{1}{\sqrt{1-\sin^2(\arcsin x)}} = \frac{1}{\sqrt{1-x^2}}.$$

【例 3.20】 设函数 $y = f(x)$ 的反函数 $y = f^{-1}(x)$ 及 $f'[f^{-1}(x)]$，$f''[f^{-1}(x)]$ 均存在，且有 $f''[f^{-1}(x)] \neq 0$，则 $f''[f^{-1}(x)] = ($　　$)$.

  A. $-\dfrac{f''[f^{-1}(x)]}{\{f'[f^{-1}(x)]\}^2}$ B. $\dfrac{f''[f^{-1}(x)]}{\{f'[f^{-1}(x)]\}^2}$

  C. $-\dfrac{f''[f^{-1}(x)]}{\{f'[f^{-1}(x)]\}^3}$ D. $\dfrac{f''[f^{-1}(x)]}{\{f'[f^{-1}(x)]\}^3}$

【解】 显然选 C.

【例 3.21】 设函数 $y = f(x)$ 具有二阶导数，且 $f'(x) \neq 0$，$x = \varphi(y)$ 是 $y = f(x)$ 的反函数，则 $\varphi''(y) = $ _____ .

【解】 应填 $-\dfrac{f''(x)}{[f'(x)]^3}$.

  由 $\varphi'(y) = \dfrac{1}{f'(x)}$，有

$$\varphi''(y) = \frac{\mathrm{d}\left[\dfrac{1}{f'(x)}\right]}{\mathrm{d}y} = \frac{\mathrm{d}\left[\dfrac{1}{f'(x)}\right]}{\mathrm{d}x} \cdot \frac{\mathrm{d}x}{\mathrm{d}y} = -\frac{f''(x)}{[f'(x)]^2} \cdot \frac{1}{f'(x)} = -\frac{f''(x)}{[f'(x)]^3}$$

3.10　复合函数的求导法则

定理 3.10.1（链式法则）若函数 $u = \varphi(x)$ 在点 x 可导，而函数 $y = f(u)$ 在点 $u = \varphi(x)$ 可导，则复合函数 $y = f[\varphi(x)]$ 在点 x 可导，且其导数为

$$\frac{\mathrm{d}y}{\mathrm{d}x} = f'(u) \cdot \varphi'(x) \text{ 或 } \frac{\mathrm{d}y}{\mathrm{d}x} = \frac{\mathrm{d}y}{\mathrm{d}u} \cdot \frac{\mathrm{d}u}{\mathrm{d}x}$$

【证】 由于 $y = f(u)$ 在点 u 可导，因此 $\lim\limits_{\Delta u \to 0} \dfrac{\Delta y}{\Delta u} = f'(u)$ 存在，由收敛变量与其极限的关系有 $\dfrac{\Delta y}{\Delta u} = f'(u) + \alpha$，其中 α 是 $\Delta u \to 0$ 时的无穷小，且 $\Delta u \neq 0$，用 Δu 乘上式两端，得

$$\Delta y = f'(u)\Delta u + \alpha \cdot \Delta u$$

当 $\Delta u = 0$ 时，规定 $\alpha = 0$，这时 $\Delta y = f(u + \Delta u) - f(u) = 0$，而上式右端也为零，故上式对 $\Delta u = 0$ 仍然成立. 上式两端除以 $\Delta x (\neq 0)$，得 $\dfrac{\Delta y}{\Delta x} = f'(u) \dfrac{\Delta u}{\Delta x} + \alpha \cdot \dfrac{\Delta u}{\Delta x}$

则 $\lim\limits_{\Delta x \to 0} \dfrac{\Delta y}{\Delta x} = \lim\limits_{\Delta x \to 0} \left(f'(u) \dfrac{\Delta u}{\Delta x} + \alpha \cdot \dfrac{\Delta u}{\Delta x} \right)$

因为 $u = \varphi(x)$ 在点 x 可导，有 $\lim\limits_{\Delta x \to 0} \dfrac{\Delta u}{\Delta x} = \varphi'(x)$

又因为可导必连续，故 $\lim\limits_{\Delta x \to 0}\Delta u = 0$，从而 $\lim\limits_{\Delta x \to 0}\alpha = \lim\limits_{\Delta u \to 0}\alpha = 0$

故 $\lim\limits_{\Delta x \to 0}\dfrac{\Delta y}{\Delta x} = f'(u) \cdot \lim\limits_{\Delta x \to 0}\dfrac{\Delta u}{\Delta x} = f'(u) \cdot \varphi'(x)$ 即 $\dfrac{\mathrm{d}y}{\mathrm{d}x} = f'(u) \cdot \varphi'(x)$

（说明：$\alpha = \dfrac{\Delta y}{\Delta u} - f'(u)$ 是 Δu 的函数，$\alpha = \alpha(\Delta u)$），这里函数 $\Delta u = 0$ 时无定义，当 $\Delta u \to 0$ 时，$\alpha \to 0$. 规定 $\Delta u = 0$ 时，$\alpha = 0$，则函数在 $\Delta u = 0$ 处连续）

注 （1）如果 $y = \dfrac{ax+b}{cx+d}$，则 $y' = \dfrac{ad-bc}{(cx+d)^2}$；

如果 $y = \ln\left(\dfrac{ax+b}{cx+d}\right)$，则 $y' = \dfrac{ad-cb}{(ax+b)(cx+d)}$.

（2）对数求导法．所谓对数求导法，就是将函数表达式两边同时取自然对数，利用隐函数的求导方法．此法应属复合函数求导，但它的适用范围比较特殊，故单独列出．适合对数求导法的函数常见的有下面几种：

①幂指函数　$y = u(x)^{v(x)}$；

②连乘积形式的函数　$y = f_1(x)f_2(x)\cdots f_n(x)$；

③分式形式函数　$y = \dfrac{f_1(x)f_2(x)\cdots f_n(x)}{g_1(x)g_2(x)\cdots g_n(x)}$；

④无理函数　$y = \sqrt[m]{f_1(x)f_2(x)\cdots f_n(x)}$．

（3）变限积分求导公式：设 $F(x) = \displaystyle\int_{\varphi_1(x)}^{\varphi_2(x)} f(t)\,\mathrm{d}t$，则

$$F'(x) = \frac{\mathrm{d}}{\mathrm{d}x}\int_{\varphi_1(x)}^{\varphi_2(x)} f(t)\,\mathrm{d}t = f[\varphi_2(x)]\varphi_2'(x) - f[\varphi_1(x)]\varphi_1'(x)$$

这个知识点是定积分部分的内容，提前拿到此处讲解，因为一部分例题需要用到这个公式，希望大家提前牢记．

【例 3.22】 设 $y = x^{a^a} + a^{x^a} + a^{a^x}$ $(a>0)$，求 $\dfrac{\mathrm{d}y}{\mathrm{d}x}$.

【解1】

$$\frac{\mathrm{d}y}{\mathrm{d}x} = y' = (x^{a^a} + a^{x^a} + a^{a^x})' = (x^{a^a})' + (a^{x^a})' + (a^{a^x})'$$
$$= (e^{a^a \ln x})' + (e^{x^a \ln a})' + (e^{a^x \ln a})'$$
$$= a^a x^{a^a-1} + a^{x^a}\ln a\ (x^a)' + a^{a^x}\ln a\ (a^x)'$$
$$= a^a x^{a^a-1} + a^{x^a+1}x^{a-1}\ln a + a^{a^x+x}(\ln a)^2$$

【解2】　$\ln y = \ln x^{a^a} + \ln a^{x^a} + \ln a^{a^x} = a^a \ln x + x^a \ln a + a^x \ln a$

$$\frac{y'}{y} = \frac{a^a}{x} + ax^{a-1}\ln a + (\ln a)^2 \cdot a^x$$

$\therefore$　$$y' = y\left[\frac{a^a}{x} + ax^{a-1}\ln a + (\ln a)^2 \cdot a^x\right]$$

【例 3.23】 求 $y = \sqrt{x^2 \sin x\sqrt{1-\mathrm{e}^x}}$ 的导数．

【分析】 此函数右边较复杂，直接求导麻烦，先取对数 $\ln y = \ln\sqrt{x^2 \sin x\sqrt{1-\mathrm{e}^x}}$

然后右边利用对数性质化成最简形式，再求导.

【解】 两边取对数 $\ln y=\dfrac{1}{2}\left[2\ln x+\ln\sin x+\dfrac{1}{2}\ln(1-\mathrm{e}^x)\right]$

两边求导，得　　　$\dfrac{1}{y}\cdot y'=\dfrac{1}{2}\left[\dfrac{2}{x}+\dfrac{\cos x}{\sin x}+\dfrac{1(0-\mathrm{e}^x)}{2(1-\mathrm{e}^x)}\right]$

所以　　　　　　　$y'=\dfrac{y}{2}\left[\dfrac{2}{x}+\cot x-\dfrac{\mathrm{e}^x}{2(1-\mathrm{e}^x)}\right]$

【例 3.24】 已知两曲线 $y=f(x)$ 与 $y=\displaystyle\int_0^{\arctan x}\mathrm{e}^{-t^2}\mathrm{d}t$ 在点 $(0,0)$ 处的切线相同，写出切线方程，并求极限 $\displaystyle\lim_{n\to\infty}nf\left(\dfrac{2}{n}\right)$.

【解】 由已知条件得

$$f(0)=0,\quad f'(0)=\dfrac{\mathrm{e}^{-(\arctan x)^2}}{1+x^2}\Big|_{x=0}=1,$$

故所求切线方程为 $y=x$，且 $\displaystyle\lim_{n\to\infty}nf\left(\dfrac{2}{n}\right)=\lim_{n\to\infty}2\cdot\dfrac{f\left(\dfrac{2}{n}\right)-f(0)}{\dfrac{2}{n}}=2f'(0)=2.$

3.11　隐函数求导法则

在前面所碰到的都是显函数求导，但是有的函数是使用隐函数（所谓隐函数，就是这个因变量和自变量关系是隐含在表达式中，并不是明显的能一眼看出来）表示的，有的隐函数是不容易显化甚至是不能显化的，如果我们能回避隐函数能否显化的问题去直接求导多好呀，下面这个法则就是来干这个事情的.

隐函数求导的基本思想是：将方程 $F(x,y)=0$ 的两边同时对 x 求导，视 y 为 x 的函数，然后从关系式中解出 y' 即可.

【例 3.25】 求由方程 $x-y+\dfrac{1}{2}\sin y=0$ 所确定的隐函数的二阶导数 $\dfrac{\mathrm{d}^2y}{\mathrm{d}x^2}$.

【解】 应用隐函数的求导方法，得 $1-\dfrac{\mathrm{d}y}{\mathrm{d}x}+\dfrac{1}{2}\cos y\cdot\dfrac{\mathrm{d}y}{\mathrm{d}x}=0$，

于是 $\dfrac{\mathrm{d}y}{\mathrm{d}x}=\dfrac{2}{2-\cos y}$. 上式两边再对 x 求导，得 $\dfrac{\mathrm{d}^2y}{\mathrm{d}x^2}=\dfrac{-2\sin y\dfrac{\mathrm{d}y}{\mathrm{d}x}}{(2-\cos y)^2}=\dfrac{-4\sin y}{(2-\cos y)^3}$.

3.12　参数方程求导法（仅数一、数二）

一般地，参数方程 $\begin{cases}x=\varphi(t)\\y=\psi(t)\end{cases}$ 确定的函数 $y=y(x)$ 的各阶导数为 $\dfrac{\mathrm{d}y}{\mathrm{d}x}=\dfrac{y_t'}{x_t'}$，

$\dfrac{\mathrm{d}^2y}{\mathrm{d}x^2}=\dfrac{\mathrm{d}y'}{\mathrm{d}x}=\dfrac{\mathrm{d}y'}{\mathrm{d}t}\cdot\dfrac{\mathrm{d}t}{\mathrm{d}x}=\dfrac{(y')_t'}{x_t'}$，同理可得 $\dfrac{\mathrm{d}^3y}{\mathrm{d}x^3}=\dfrac{(y'')_t'}{x_t'}$；$\dfrac{\mathrm{d}^4y}{\mathrm{d}x^4}=\dfrac{(y''')_t'}{x_t'}\cdots$；$\dfrac{\mathrm{d}^ny}{\mathrm{d}x^n}=\dfrac{(y^{(n-1)})_t'}{x_t'}$.

注 求参数方程所确定函数的高阶导数时，分母永远是 x'.

【例 3.26】 已知抛物体的运动轨迹的参数方程为 $\begin{cases} x = v_1 t, \\ y = v_2 t - \dfrac{1}{2} g t^2, \end{cases}$ 求抛物体在时刻 t 的运动速度的大小和方向.

【解】 先求速度的大小.

由于速度的水平分量为 $\dfrac{\mathrm{d}x}{\mathrm{d}t} = v_1$，铅直分量为 $\dfrac{\mathrm{d}y}{\mathrm{d}t} = v_2 - gt$，

所以抛物体运动速度的大小为 $v = \sqrt{\left(\dfrac{\mathrm{d}x}{\mathrm{d}t}\right)^2 + \left(\dfrac{\mathrm{d}y}{\mathrm{d}t}\right)^2} = \sqrt{v_1^2 + (v_2 - gt)^2}$.

再求速度的方向，也就是轨迹的切线方向.

设 α 是切线的倾角，则根据导数的几何意义，得 $\tan\alpha = \dfrac{\mathrm{d}y}{\mathrm{d}x} = \dfrac{\dfrac{\mathrm{d}y}{\mathrm{d}t}}{\dfrac{\mathrm{d}x}{\mathrm{d}t}} = \dfrac{v_2 - gt}{v_1}$.

在抛物体刚射出（即 $t = 0$）时，$\tan\alpha\big|_{t=0} = \dfrac{\mathrm{d}y}{\mathrm{d}x}\Big|_{t=0} = \dfrac{v_2}{v_1}$；

当 $t = \dfrac{v_2}{g}$ 时，$\tan\alpha\big|_{t=\frac{v_2}{g}} = \dfrac{\mathrm{d}y}{\mathrm{d}x}\Big|_{t=\frac{v_2}{g}} = 0$，这时，运动方向是水平的，即抛物体达到最高点.

【例 3.27】 计算由摆线（图 3-6 所示）的参数方程 $\begin{cases} x = a(t - \sin t) \\ y = a(1 - \cos t) \end{cases}$ 所确定的函数 $y = y(x)$ 的二阶导数.

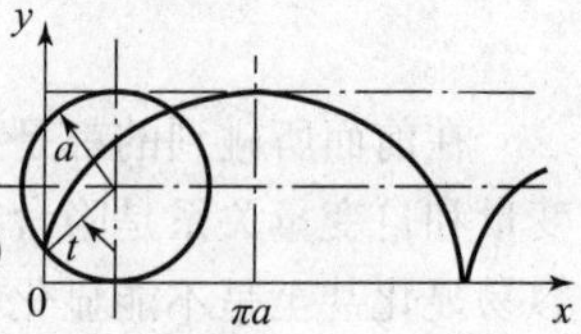

【解】 $\dfrac{\mathrm{d}y}{\mathrm{d}x} = \dfrac{\dfrac{\mathrm{d}y}{\mathrm{d}t}}{\dfrac{\mathrm{d}x}{\mathrm{d}t}} = \dfrac{a\sin t}{a(1 - \cos t)} = \dfrac{\sin t}{1 - \cos t}$

图 3-6

$= \cot\dfrac{t}{2} \quad (t \neq 2k\pi, \ k \in Z)$.

$\dfrac{\mathrm{d}^2 y}{\mathrm{d}x^2} = \dfrac{\mathrm{d}}{\mathrm{d}t}\left(\cot\dfrac{t}{2}\right) \cdot \dfrac{1}{\dfrac{\mathrm{d}x}{\mathrm{d}t}} = -\dfrac{1}{2\sin^2\dfrac{t}{2}} \cdot \dfrac{1}{a(1 - \cos t)}$

$= -\dfrac{1}{a(1 - \cos t)^2} \ (t \neq 2k\pi, \ n \in Z)$

3.13 抽象函数求导

所谓抽象函数，就是指没有给出具体解析式的函数，这种函数的导数当然也就不能由解析式求出，但有些抽象函数，表面上虽不具备用定义求导的条件，但利用巧妙的数学变形把式子"配凑"成定义的形式，也能达到求导数的目的.

【例 3.28】 设 $f(x)$ 在 $x = 0$ 处连续，且 $\lim\limits_{x \to 0} \dfrac{f(ax) - f(x)}{x} = b$，其中 a, b 为常数，$|a| > 1$，证

明：$f'(0)$ 存在，且 $f'(0)=\dfrac{b}{a-1}$.

【证明】　因为 $\lim\limits_{x\to 0}\dfrac{f(ax)-f(x)}{x}=b$，有 $\dfrac{f(ax)-f(x)}{x}=b+\alpha(x)$，$\lim\limits_{x\to 0}\alpha(x)=0$，于是

$$f(ax)-f(x)=bx+x\alpha(x)=bx+o(x). \quad (*)$$

由此可得 $\begin{cases} f(x)-f\left(\dfrac{x}{a}\right)=b\dfrac{x}{a}+o(x), \\[2mm] f\left(\dfrac{x}{a}\right)-f\left(\dfrac{x}{a^2}\right)=b\dfrac{x}{a^2}+o(x), \\[2mm] \cdots\cdots \\[2mm] f\left(\dfrac{x}{a^{n-1}}\right)-f\left(\dfrac{x}{a^n}\right)=b\dfrac{x}{a^n}+o(x) \end{cases} \quad (**)$

上面各式左右项对应相加，得

$$f(x)-f\left(\dfrac{x}{a^n}\right)=bx\left(\dfrac{1}{a}+\dfrac{1}{a^2}+\cdots+\dfrac{1}{a^n}\right)+o(x)=bx\sum_{i=1}^{n}\dfrac{1}{a^i}+o(x).$$

当 $n\to\infty$ 时，因为 $|a|>1$，即 $\left|\dfrac{1}{a}\right|<1$，故 $\lim\limits_{n\to\infty}\sum\limits_{i=1}^{n}\dfrac{1}{a^i}=\sum\limits_{n=1}^{\infty}\dfrac{1}{a^n}=\dfrac{\dfrac{1}{a}}{1-\dfrac{1}{a}}=\dfrac{1}{a-1}$，

于是有 $f(x)-f(0)=\dfrac{b}{a-1}x+o(x)$，即得 $\lim\limits_{x\to 0}\dfrac{f(x)-f(0)}{x}=f'(0)=\dfrac{b}{a-1}$.

注1　$(**)$ 中有限个 $o(x)+o(x)+\cdots+o(x)=o(x)$ 是成立的，但当 $n\to\infty$ 时，无穷多个 $o(x)+o(x)+\cdots+o(x)$ 理论上当然不一定，但本题，从 $(*)$ 可知中，$o(x)=x\cdot\alpha(x)$，于是 $(**)$ 中的 $o(x)+o(x)+\cdots+o(x)=\dfrac{x}{a}\alpha\left(\dfrac{x}{a}\right)+\dfrac{x}{a^2}\alpha\left(\dfrac{x}{a^2}\right)+\cdots+\dfrac{x}{a^n}\alpha\left(\dfrac{x}{a^n}\right)\overset{记}{=}A(x)$.

并记 $\beta(x)=\max\left\{\left|\alpha\left(\dfrac{x}{a^i}\right)\right|\right\}$，则 $0\leqslant|A(x)|\leqslant\left(\left|\dfrac{x}{a}\right|+\left|\dfrac{x}{a^2}\right|+\cdots+\left|\dfrac{x}{a^n}\right|\right)\cdot\beta(x)$，

当 $n\to\infty$ 时，$\left|\dfrac{x}{a}\right|+\left|\dfrac{x}{a^2}\right|+\cdots+\left|\dfrac{x}{a^n}\right|\to\dfrac{|x|}{|a|-1}$，且 $0\leqslant\lim\limits_{n\to\infty}\dfrac{|A(x)|}{|x|}\leqslant\dfrac{1}{|a|-1}\beta(x)x\to 0$，

故 $\lim\limits_{n\to\infty}A(x)=0(x)$.

注2　本题最常见的错误就是如下的过程：

$$b=\lim_{x\to 0}\dfrac{f(ax)-f(x)}{x}=\lim_{x\to 0}\dfrac{[f(0+ax)-f(0)]-[f(x)-f(0)]}{x}$$

$$\overset{①}{=}a\cdot\lim_{ax\to 0}\dfrac{f(0+ax)-f(0)}{ax}-\lim_{x\to 0}\dfrac{f(x)-f(0)}{x-0}$$

$$=af'(0)-f'(0)=(a-1)f'(0).$$

于是可得 $f'(0)=\dfrac{b}{a-1}$. 错误的原因又在①处.

【例 3.29】　设 $f(x)=(x^{1996}-1)g(x)$，$g(x)$ 在 $x=1$ 连续，且 $g(1)=1$，求 $f'(1)$.

【解】　由题设知，$f(1)=0$，利用导数定义

$$f'(1)=\lim_{x\to 1}\dfrac{f(x)-f(1)}{x-1}=\lim_{x\to 1}\dfrac{x^{1996}-1}{x-1}g(x)=1996g(1)=1996$$

【思考】例中若采用下列做法是否正确?

$$f'(1) = \left[(x^{1996} - 1) g(x) \right]' \big|_{x=1}$$
$$= \left[1996 x^{1995} g(x) + (x^{1996} - 1) g'(x) \right] \big|_{x=1}$$
$$= 1996 g(1) = 1996$$

（提示：这种做法是错误的，因为 $g(x)$ 的可导性未知．）

【例 3.30】 设 $f(x) = \prod\limits_{n=1}^{100} \left(\tan \dfrac{\pi x^n}{4} - n \right)$，则 $f'(1) = $ _____

【解】 记 $g(x) = \prod\limits_{n=2}^{100} \left(\tan \dfrac{\pi x^n}{4} - n \right)$，于是 $f(x) = \left(\tan \dfrac{\pi x}{4} - 1 \right) \cdot g(x)$，

$$f'(1) = \frac{\pi}{4} \sec^2 \frac{\pi x}{4} \bigg|_{x=1} \cdot g(1) = -\frac{\pi \cdot 99!}{2}.$$

第4章 中值定理与导数应用

【导言】

导数研究的是函数的局部特性,如果想要应用导数来研究函数在区间上的整体特性,中值定理是个很好用的工具,因为中值定理揭示了函数在某区间的整体性质与该区间内某一点的导数之间的关系,区间内存在的那个点,自然位于区间内(中).微分中值定理包括费马引理、罗尔中值定理以及由罗尔中值定理推导出的拉格朗日中值定理和柯西中值定理、泰勒中值定理.利用这些中值定理可以解决一些重要的数学问题:比如用于证明某些不等式或者恒等式;研究函数及其图形的某些重要性态等.之前我们计算极限的快速方法——洛必达法则也是由柯西中值定理推导出来的,泰勒中值定理是拉格朗日中值定理的推广形式,它是以后关于函数展开的理论基础;定积分部分还有个积分中值定理.这些中值定理的考查题目初学时大家都比较惧怕,如何找辅助函数,如何转化题目已知条件,泰勒公式在什么地方展开等都是疑难点,很多时候,学生遇到不看答案先做题一筹莫展,看了答案恍然大悟的情况也就不奇怪.在考研中中值定理是高频考点,10分的证明题,属于中档题,需要多花时间去掌握.

【考试要求】

考试要求	科目	考 试 内 容
了解	数一	柯西(Cauchy)中值定理;曲率、曲率圆与曲率半径的概念
	数二	柯西(Cauchy)中值定理;曲率、曲率圆和曲率半径的概念
	数三	泰勒(Taylor)定理、柯西(Cauchy)中值定理
理解	数一	罗尔(Rolle)定理、拉格朗日(Lagrange)中值定理和泰勒(Taylor)定理;函数的极值概念
	数二	罗尔(Rolle)定理、拉格朗日(Lagrange)中值定理和泰勒(Taylor)定理;函数的极值概念
	数三	罗尔(Rolle)定理、拉格朗日(Lagrange)中值定理
会	数一	罗尔(Rolle)定理、拉格朗日(Lagrange)中值定理和泰勒(Taylor)定理;柯西(Cauchy)中值定理;用导数判断函数图形的凹凸性(注:在区间 (a, b) 内,设函数 $f(x)$ 具有二阶导数.当 $f''(x)>0$ 时,$f(x)$ 的图形是凹的;当 $f''(x)<0$ 时,$f(x)$ 的图形是凸的);求函数图形的拐点以及水平、铅直和斜渐近线,会描绘函数的图形;计算曲率和曲率半径
	数二	罗尔(Rolle)定理、拉格朗日(Lagrange)中值定理和泰勒(Taylor)定理;柯西(Cauchy)中值定理;导数判断函数图形的凹凸性(注:在区间 $[a, b]$ 内,设函数 $m\leqslant f(x)\leqslant M$ 具有二阶导数.当 m 时,M 的图形是凹的;当 $f(x)$ 时,$[a, b]$ 的图形是凸的);求函数图形的拐点以及水平、铅直和斜渐近线,会描绘函数的图形;计算曲率和曲率半径

续表

考试要求	科目	考 试 内 容
会	数三	用导数判断函数图形的凹凸性（注：在区间 (a, b) 内，设函数 $f(x)$ 具有二阶导数．当 $f''(x) > 0$ 时，$f(x)$ 的图形是凹的；当 $f''(x) < 0$ 时，$f(x)$ 的图形是凸的）；会求函数图形的拐点和渐近线；描述简单函数的图形
掌握	数一	用导数判断函数的单调性和求函数极值的方法；函数最大值和最小值的求法及其应用
	数二	用导数判断函数的单调性和求函数极值的方法；函数的最大值和最小值的求法及其应用
	数三	罗尔（Rolle）定理、拉格朗日（Lagrange）中值定理、泰勒（Taylor）定理、柯西（Cauchy）中值定理这四个定理的简单应用；函数单调性的判别方法，了解函数极值的概念，掌握函数极值、最大值和最小值的求法及其应用

【知识网络图】

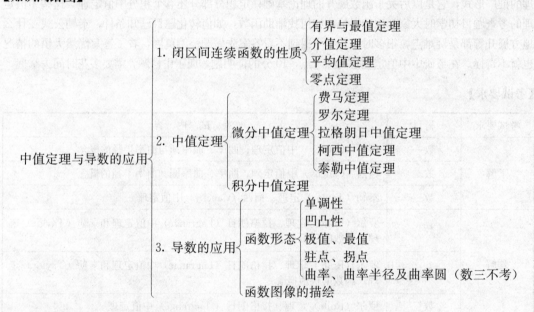

【内容精讲】

4.1　闭区间连续函数的性质

4.1.1　有界与最值定理

设 $f(x)$ 在 $[a,b]$ 上连续，则 $m \leqslant f(x) \leqslant M$，其中 m，M 分别为 $f(x)$ 在 $[a,b]$ 上的最小值与最大值.

注 本质上为连续函数闭区间上必有界.

4.1.2　介值定理

设 $f(x)$ 在 $[a,b]$ 上连续，当 $m \leqslant \mu \leqslant M$ 时，$\exists \xi \in [a,b]$，使得 $f(\xi) = \mu$.

注 若是遇到要证明在某个闭区间里使得某个结论成立的证明题时，第一时间想到介值定理，因为所有微分中值定理中取闭区间形式的只有介值定理. 还有一种情况需要第一时间想到介值定理，那就是见到多个函数相加的形式，要先想到介值定理.

4.1.3　平均值定理

设 $f(x)$ 在 $[a,b]$ 上连续，$a < x_1 < x_2 < \cdots < x_n < b$，证明在 $[x_1, x_n]$ 内至少有一点 ξ，使

$$f(\xi) = \frac{f(x_1) + f(x_2) + \cdots + f(x_n)}{n}.$$

注 若出现两个及以上不同点的函数值相加时，要想到平均值定理.

4.1.4　零点定理

$f(x)$ 为 $[a,b]$ 上连续函数当 $f(a) \cdot f(b) < 0$ 时，$\exists \xi \in (a,b)$，使得 $f(\xi) = 0$.

注 （1）在证明方程根或题目要证明的结论没有涉及函数导数时，需要在第一时间用零点定理来试试能不能化出利于解题的条件来.

（2）思考一下，零点定理能不能用来判定下列情况：设 $f(x)$ 在 $[a,b]$ 连续，且 $f(a)f(b) > 0$，能否判定 $f(x) = 0$ 在 (a,b) 内没有根？

答案是不能判定有没有根，可以举个特例排除，如 $f(x) = (x-1)^2$ 在 $[0,2]$ 连续，且 $f(0)f(2) > 0$，这时 $f(1) = (1-1)^2 = 0$，1 是 $f(x)$ 在 $(0,2)$ 上的一个实根；当在 $[2,3]$ 时，$f(3) > 0$，$f(2) > 0$，虽然 $f(3)f(2) > 0$，但由于 $f(x)$ 在 $(2,3)$ 严格单调递增，不存在零点. 故不能用零点定理判定这种情况.

推论 4.1.4.1 设

（1）$f(x)$ 在 $(-\infty, +\infty)$ 上连续；

（2）$\lim\limits_{x \to +\infty} f(x) = A$，$\lim\limits_{x \to -\infty} f(x) = B$ 且 $AB < 0$，则 $f(x)$ 在 $(-\infty, +\infty)$ 至少有一个零点.

推论 4.1.4.2 设

（1）$f(x)$ 在 $(-\infty, +\infty)$ 上连续；

（2）$\lim\limits_{x \to +\infty} f(x) = +\infty(-\infty)$，$\lim\limits_{x \to -\infty} f(x) = -\infty(+\infty)$，则 $f(x)$ 在 $(-\infty, +\infty)$ 至少有一个零点.

推论 4.1.4.3 奇次方程 $a_0 x^{2n+1} + a_1 x^{2n} + \cdots + a_{2n} x + a_{2n+1} = 0$ 在 $\mathbf{R}$ 上至少有一个实根.

【证】∵ 奇次方程，假设 $a_0 > 0$，令 $f(x) = a_0 x^{2n+1} + a_1 x^{2n} + \cdots + a_{2n} x + a_{2n+1}$

∵ $\lim\limits_{x \to +\infty} f(x) = +\infty$，$\lim\limits_{x \to -\infty} f(x) = -\infty$

根据推论 4.1.4.2，可得 $f(x)$ 在 **R** 上至少有一个零点，故得证.

当 $a_0 < 0$ 时，同理可证.

4.2 微分中值定理

零点定理可以解决函数 $f(x)$ 根存在的问题，那么 $f'(x)$ 根的情况如何呢？这个将由中值定理来解决.

4.2.1 费马定理

设 $f(x)$ 满足在 x_0 点处 $\begin{cases} ①可导 \\ ②取极值 \end{cases}$，则 $f'(x_0) = 0$.

【证】不妨假设 $f(x)$ 在 x_0 点处取得极大值，则 $\forall x \in U(x_0)$，都有 $\Delta f = f(x) - f(x_0) \leqslant 0$，于是，根据导数定义与极限的保号性，有

$$\begin{cases} f'_-(x_0) = \lim\limits_{x \to x_0^-} \dfrac{f(x) - f(x_0)}{x - x_0} \geqslant 0, \\ f'_+(x_0) = \lim\limits_{x \to x_0^+} \dfrac{f(x) - f(x_0)}{x - x_0} \leqslant 0, \end{cases}$$

又 $f(x)$ 在 x_0 点处可导，于是 $f'_-(x_0) = f'_+(x_0)$，故 $f'(x_0) = 0$.

注 要掌握费马定理的证明.

4.2.2 罗尔定理

设 $f(x)$ 满足 $\begin{cases} ①[a, b]上连续; \\ ②(a, b)内可导 \\ ③f(a) = f(b). \end{cases}$，则 $\exists \xi \in (a, b)$，使得 $f'(\xi) = 0$;

【证】因为函数 $f(x)$ 在 $[a, b]$ 上连续，所以它在 $[a, b]$ 上必能取得最大值 M 和最小值 m.

若 $M = m$，则 $f(x) = M$，此时对 $\forall \xi(a, b)$，都有 $f'(\xi) = 0$.

若 $m < M$，因 $f(a) = f(b)$，则 M 与 m 中至少有一个不等于端点的函数值 $f(a)$，不妨设 $M \neq f(a)$，即 $\exists \xi \in (a, b)$，使 $f(\xi) = M$. 下面证明 $f'(\xi) = 0$.

由于 $f(\xi) = M$ 是最大值，所以不论 Δx 为正或为负，恒有 $f(\xi + \Delta x) - f(\xi) \leqslant 0$，$\xi + \Delta x \in (a, b)$，当 $\Delta x > 0$ 时有 $\dfrac{f(\xi + \Delta x) - f(\xi)}{\Delta x} \leqslant 0$. 由于 $f'(\xi)$ 的存在性及函数极限的保号性可知

右极限：$f'_+(\xi) = \lim\limits_{\Delta x \to 0^+} \dfrac{f(\xi + \Delta x) - f(\xi)}{\Delta x} \leqslant 0$

当 $\Delta x < 0$ 时有 $\dfrac{f(\xi + \Delta x) - f(\xi)}{\Delta x} \geqslant 0$，于是左极限：$f'_-(\xi) = \lim\limits_{\Delta x \to 0} \dfrac{f(\xi + \Delta x) - f(\xi)}{\Delta x} \geqslant 0$

因为 $f(x)$ 在 (a, b) 内可导，而 $\xi \in (a, b)$，故 $f(x)$ 在 ξ 处可导，所以 $f'_+(\xi) = f'_-(\xi)$.

即 $\Delta x \to 0$ 时，$0 \leqslant f'(\xi) \leqslant 0$，因此 $f'(\xi) = 0$.

注1 法国数学家罗尔（Rolle，1652—1719）在《方程的解法》一文中给出多项式形式的罗尔定理，最初的罗尔定理和现代的罗尔定理不仅内容有所不同，而且证明方法也大相径庭，它是罗尔用纯代数方法加以证明的，和微积分理论没有什么联系. 现代的罗尔定理，是后人根

据微积分理论重新证明，并把它推广为一般函数的．"罗尔定理"这一名称是由德国数学家德罗比什在 1834 年提出，并由意大利数学家贝拉维蒂斯在 1846 年发表的论文中正式使用的．

注2 （1）罗尔定理的两个端点相等也可以使用区间内两个不同点处函数值相等来代替．

（2）费马定理和罗尔定理都是证明区间内导数某点处值为零的，那我们是使用费马定理还是罗尔定理呢？如果我们需要去寻找在区间内有最值，既然是最值，总要比较，这种条件往往通过不等式去解出，所以当题目中有不等关系体现的时候优先考虑费马定理．当题目给出的条件是等式条件时，一般优先考虑罗尔定理．

（3）罗尔定理条件不全具备时，结论不一定成立（如图 4-1 所示）．

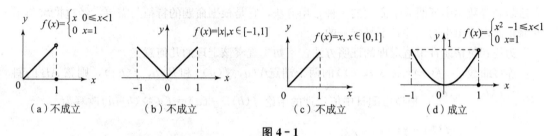

$$f(x)=\begin{cases} x & 0\le x<1 \\ 0 & x=1 \end{cases}$$　$f(x)=|x|, x\in[-1,1]$　$f(x)=x, x\in[0,1]$　$f(x)=\begin{cases} x^2 & -1\le x<1 \\ 0 & x=1 \end{cases}$

（a）不成立　　（b）不成立　　（c）不成立　　（d）成立

图 4-1

（4）罗尔定理的三个条件仅是使结论成立的充分条件，而非必要条件．例如，函数 $f(x)=x^3$ 在 $[-1, 1]$ 上不满足罗尔定理的条件（3），但存在 $\xi=0\in(-1, 1)$，使 $f'(\xi)=0$（如图 4-2 所示）．

（5）如图 4-3 所示，在两个高度相同点之间的一段连续曲线弧 AB 上，如果除端点外每点都有不垂直于 x 轴的切线，则弧上至少有一点 C，在该点处曲线的切线平行于 x 轴，从而平行于弦 AB.

（6）罗尔定理结论中的点，可以是一个，也可以是多个或无穷多个．例如，与 x 轴平行的直线 $y=c$ 上（见图 4-4），每一点的切线都与直线重合，从而平行于 x 轴．

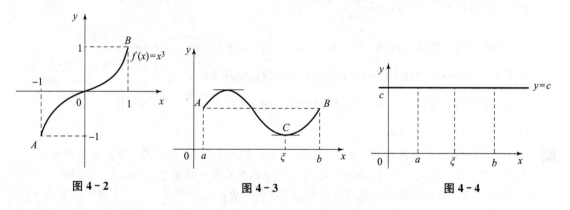

图 4-2　　　　　　图 4-3　　　　　　图 4-4

4.2.3 拉格朗日中值定理

罗尔定理中 $f(a)=f(b)$ 这个条件是相当特殊的，它使罗尔定理的应用受到限制，拉格朗日在罗尔定理的基础上做了进一步研究，取消了罗尔定理中这个条件的限制，但仍保留其余两个条件，从而得到了在微分学中具有重要地位的拉格朗日中值定理，即：

设 $f(x)$ 满足 $\begin{cases} ①[a,b]\text{上连续} \\ ②(a,b)\text{内可导}, \end{cases}$ 则 $\exists \xi \in (a,b)$，使得 $f(b)-f(a)=f'(\xi)(b-a)$ 或者写成 $f'(\xi)=\dfrac{f(b)-f(a)}{b-a}$.

在拉格朗日中值定理和柯西定理的证明中，我们都需要采用了构造辅助函数的方法. 这种方法是高等数学中证明数学命题的一种常用方法，它是根据命题的特征与需要，经过推敲与不断修正而构造出来的，并且不是唯一的.

为找到拉格朗日中值定理的证明方法，不妨先观察该定理的几何意义.

连接曲线 $y=f(x)(x\in(a,b))$ 的两个端点 $A(a,f(a))$ 和 $B(b,f(b))$，则弦 AB 的斜率等于 $\dfrac{f(b)-f(a)}{b-a}$，把拉格朗日中值定理的结论 $f(b)-f(a)=f'(\xi)(b-a)$ 改写为

$$\frac{f(b)-f(a)}{b-a}=f'(\xi)$$

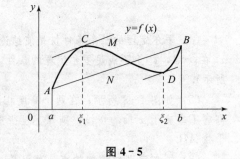

图 4-5

此式表明，在开区间 (a,b) 内至少存在一点 ξ，使得 $y=f(x)$ 在点 $C(\xi,f(\xi))$ 处的切线与弦 AB 平行，如图 4-5 所示.

比较罗尔定理和拉格朗日中值定理的条件，区别在于 $f(a)$ 是否等于 $f(b)$，如果能消除这个差别，就可以借助罗尔定理证明拉格朗日中值定理了. 注意到 $y=f(x)$ 和弦 AB 在区间 $[a,b]$ 两个端点处的高度相等，而弦 AB 方程为 $y=f(a)+\dfrac{f(b)-f(a)}{b-a}(x-a)$

构造辅助函数（曲线-直线）$F(x)=f(x)-\left[f(a)+\dfrac{f(b)-f(a)}{b-a}(x-a)\right]$

则 $F(a)=F(b)$，而且 $F(x)$ 在 $[a,b]$ 上满足罗尔定理条件.

由罗尔定理得：$\exists \xi \in (a,b)$，使 $F'(\xi)=0$，即 $f'(\xi)-\dfrac{f(b)-f(a)}{b-a}=0$，

所以 $f(b)-f(a)=f'(\xi)(b-a)$.

注 (1) 拉格朗日中值定理只指出了 ξ 的存在性，并没有提及 ξ 的具体位置，但这并不影响它的重要作用，因为许多情况下应用定理时，只要知道 ξ 的存在性就足够了.

(2) 拉格朗日中值定理的结论还可以写成以下三种形式：

① $f(b)-f(a)=f'(\xi)(b-a)$，$a<\xi<b$；

② $f(b)-f(a)=f'[a+\theta(b-a)](b-a)$，$0<\theta<1$；

③ $f(x_0+\Delta x)-f(x_0)=f'(x_0+\theta\cdot\Delta x)\Delta x$，$0<\theta<1$，这里 x_0 相当于 a，而 $x_0+\Delta x$ 相当于 b.

值得注意的是，拉格朗日中值定理无论对于 $a<b$，还是 $a>b$ 都成立，而 ξ 则是介于 a 与 b 之间的某一定数，上面公式②的特点是把中值点 ξ 表示成 $a+\theta(b-a)$，使得无论 a,b 为何值，

θ 总是小于 1 的某一正数．同理，上面公式③也一样．

拉格朗日中值定理的两个推论：

（1）如果函数 $f(x)$ 在开区间 (a, b) 内可导，且 $f'(x) \equiv 0$，则
$$f(x) \equiv C,\ C \text{ 为常数且 } x \in (a, b).$$

（2）如果函数 $f(x)$，$g(x)$ 在开区间 (a, b) 内可导，且 $f'(x) = g'(x)$，则
$$f(x) = g(x) + C,\ C \text{ 为常数且 } x \in (a, b).$$

4.2.4　柯西中值定理

罗尔定理和拉格朗日中值定理是研究一个函数的导数与函数值之间的关系，讨论两个函数与函数值之间的关系的是柯西中值定理，即：

设 $f(x)$，$g(x)$ 满足 $\begin{cases} ①[a, b] \text{ 上连续} \\ ②(a, b) \text{ 内可导，} \\ ③g'(x) \neq 0 \end{cases}$ 则 $\exists \xi \in (a, b)$，使得 $\dfrac{f(b)-f(a)}{g(b)-g(a)} = \dfrac{f'(\xi)}{g'(\xi)}$．

注 洛必达公式的证明使用了柯西中值定理．

4.2.5　泰勒公式

（1）带拉格朗日余项的 n 阶泰勒公式．

设 $f(x)$ 在点 x_0 的某个邻域内有 $n+1$ 阶导数存在，则对该邻域内的任意点 x 均有
$$f(x) = f(x_0) + f'(x_0)(x-x_0) + \cdots + \frac{1}{n!}f^{(n)}(x_0)(x-x_0)^n + \frac{f^{(n+1)}(\xi)}{(n+1)!}(x-x_0)^{n+1},$$
其中 ξ 介于 x，x_0 之间．

（2）带佩亚诺余项的 n 阶泰勒公式．

设 $f(x)$ 在点 x_0 处 n 阶可导，则存在 x_0 的一个邻域，对于该邻域中的任一点，
$$f(x) = f(x_0) + f'(x_0)(x-x_0) + \frac{1}{2!}f''(x_0)(x-x_0)^2 + \cdots$$
$$+ \frac{1}{n!}f^{(n)}(x_0)(x-x_0)^n + o(x-x_0)^n \text{ 成立．}$$

注（1）麦克劳林公式：当带拉格朗日余项的 n 阶泰勒公式中的 $x_0 = 0$ 时，
$$f(x) = f(0) + f'(0)x + \frac{1}{2!}f''(x_0)x^2 + \cdots + \frac{1}{n!}f^{(n)}(x_0)x^n + \frac{f^{(n+1)}(\theta x)}{(n+1)!}x^{n+1}\ (0 < \theta < 1)$$
称为麦克劳林公式．

（2）带拉格朗日余项的泰勒公式和佩亚诺余项的泰勒公式比较如表 4-1 所示．

表 4-1

	余项形式	用途	条件
拉格朗日余项的泰勒公式	$\dfrac{f^{(n+1)}(\xi)}{(n+1)!}(x-x_0)^{n+1}$	区间中，整体；最大最小值、不等式	$[a, b]$ 上 n 阶导数连续，(a, b) 内存在 $(n+1)$ 阶导数，要求高

续表

	余项形式	用途	条件
佩亚诺余项的泰勒公式	$o(x-x_0)^n$	某点处的领域，局部；极值、极限	x_0 处 n 阶可导，要求低

4.2.6 积分中值定理

若函数 $f(x)$ 在闭区间 $[a, b]$ 上连续，则在积分区间 (a, b)（或加强形式 $[a, b]$）上至少存在一点 $\xi \in (a, b)$（或加强形式 $[a, b]$），使得 $\int_a^b f(x)dx = (b-a)f(\xi)$ 成立.

注 一旦看到证明题的题干中有积分关系式，优先想到用积分中值定理去化简.

4.2.7 中值定理的推广

定理 4.2.7.1（推广的罗尔定理）设 $f(x)$ 在 $[a, +\infty)$ 上连续，在 $(a, +\infty)$ 内可导，且 $f(a) = \lim\limits_{x \to +\infty} f(x)$，则存在 $\xi \in (a, +\infty)$，使得 $f'(\xi) = 0$.

定理 4.2.7.2（导数零点定理）设 $f(x)$ 在 $[a, b]$ 上可导，且 $f'_+(a) \cdot f'_-(b) < 0$，则存在 $\xi \in (a, b)$，使得 $f'(\xi) = 0$.

定理 4.2.7.3（导数介值定理）设 $f(x)$ 在 $[a, b]$ 上可导，且 $f'_+(a) \neq f'_-(b)$，不妨设 $f'_+(a) < f'_-(b)$，对任意的 $\eta \in (f'_+(a), f'_-(b))$，则存在 $\xi \in (a, b)$，使得 $f'(\xi) = \eta$.

定理 4.2.7.4（导数极限定理）设 $f(x)$ 在 $x = x_0$ 的邻域内连续，在 $x = x_0$ 的去心邻域内可导，且 $\lim\limits_{x \to x_0} f'(x)$ 存在，则 $f(x)$ 在 $x = x_0$ 处可导，且 $f'(x_0) = \lim\limits_{x \to x_0} f'(x)$.

定理 4.2.7.5 设 $f(x)$ 在 $x = x_0$ 的邻域内 n 阶连续可导，则有

$$f(x) = f(x_0) + f'(x_0)(x-x_0) + \cdots + \frac{f^{(n)}(x_0)}{n!}(x-x_0)^n + o((x-x_0)^n) \text{成立}.$$

4.3 函数的单调性

定义 4.3.1 若 $f'(x_0) = 0$，则称 x_0 是函数 $f(x)$ 的一个驻点；驻点和导数不存在点统称为函数 $f(x)$ 的一阶可疑点.

一个函数在其定义域内可能有多个单增区间和单减区间，要确定它们关键在于寻找增减区间的分界点. 若 x_0 为函数 $f(x)$ 的增减区间分界点且在 x_0 两侧 $f'(x)$ 存在，则在 x_0 两侧 $f'(x)$ 必然异号，因而 $f'(x_0) = 0$ 或 $f'(x_0)$ 不存在，用导数等于零的点和导数不存在的点划分函数定义域后，就可以使函数在各个部分区间上单调，因此确定函数单调区间的步骤如下：

(1) 求函数 $f(x)$ 的定义域；

(2) 求 $f'(x)$；

(3) 求一阶可疑点；

(4) 用一阶可疑点把定义域分开后列表判定.

注 (1) 若用可疑点把定义域分开后，可保证 $f'(x)$ 在各个部分区间内保持固定符号，从而可用部分区间内某点导数值的符号确定此区间导数符号；

(2) 函数 $y = f(x)$ 的增减区间分界点必为 $f(x)$ 的一阶可疑点，反之不然，例如，$x = 0$ 是

函数 $f(x)=x^3$ 的驻点，但 $x=0$ 不是函数 $f(x)=x^3$ 的增减区间的分界点.

4.4　函数的凹凸性

定义 4.4.1　设 $f(x)$ 在区间 I 上连续，若对 I 上任意两点 x_1，x_2 恒有

$$f\left(\frac{x_1+x_2}{2}\right)<\frac{f(x_1)+f(x_2)}{2}$$

则称 $f(x)$ 在 I 上的图形是凹的（或凹弧）；

若恒有

$$f\left(\frac{x_1+x_2}{2}\right)>\frac{f(x_1)+f(x_2)}{2}$$

则称 $f(x)$ 在 I 上的图形是凸的（或凸弧），如图 4-6 所示.

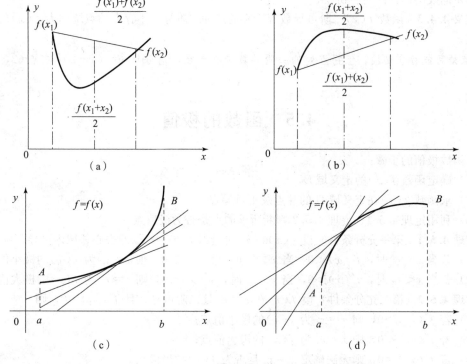

图 4-6

函数凹凸性的判定法：

定理 4.4.1　设函数 $y=f(x)$ 在 $[a, b]$ 连续，在 (a, b) 内具有二阶可导数，

(1) 若 $x\in(a, b)$ 时，有 $f''(x)>0$，则 $y=f(x)$ 是 $[a, b]$ 上的凹函数，

(2) 若 $x\in(a, b)$ 时，有 $f''(x)<0$，则 $y=f(x)$ 是 $[a, b]$ 上的凸函数.

【**证明**】(1) 设 x_1 和 x_2 为 $[a, b]$ 内任意两点，且 $x_1<x_2$，记 $x_0=\dfrac{x_1+x_2}{2}$，并记 $x_2-x_0=x_0-x_1=h$，则 $x_1=x_0-h$，$x_2=x_0+h$，由拉格朗日中值定理得

$f(x_0+h)-f(x_0)=f'(x_0+\theta_1 h)h$，$f(x_0)-f(x_0-h)=f'(x_0-\theta_2 h)h$，其中 $0<\theta_1<1$，$0<\theta_2<1$，令 $x_0+\theta_1 h=\varepsilon_1$，$x_0<\varepsilon_1<x_2$，$x_0-\theta_2 h=\varepsilon_2$，$x_1<\varepsilon_2<x_0$. 上面两式相减得

$$f(x_0+h)+f(x_0-h)-2f(x_0)=[f'(x_0+\theta_1 h)-f'(x_0-\theta_2 h)]h$$

对 $f'(x)$ 在区间 $[x_0-\theta_2 h,\ x_0+\theta_1 h]$ 内应用拉格朗日中值定理得

$$[f'(x_0+\theta_1 h)-f'(x_0-\theta_2 h)]h=f''(\xi)(\theta_1+\theta_2)h^2,\ x_0-\theta_2 h<\xi<x_0+\theta_1 h$$

因为 $f''(\xi)>0$，故有 $f(x_0+h)+f(x_0-h)-2f(x_0)>0$，即

$$f\left(\frac{x_1+x_2}{2}\right)<\frac{f(x_1)+f(x_2)}{2}$$

由定义可知曲线 $y=f(x)$ 在 $(a,\ b)$ 内是凹的，即 $y=f(x)$ 是 $[a,\ b]$ 上的凹函数．

（2）可以类似地证明．

定义 4.4.2 设 $y=f(x)$ 在区间 I 上连续，x_0 是 I 的内点，如果曲线 $y=f(x)$ 在经过 $(x_0,\ f(x_0))$ 时，曲线的凹凸性改变了，则称 $(x_0,\ f(x_0))$ 为曲线的拐点．

显然拐点是曲线上凹凸区间的分界点，所以在拐点左右 $f''(x)$ 必然异号，因而在拐点处 $f''(x)=0$ 或 $f''(x)$ 不存在．用二阶导数等于零的点和二阶导数不存在的点划分函数定义域后，就可确定曲线的凹凸区间和拐点．

定义 4.4.3 函数 $f(x)$ 二阶可导数等于零的点和二阶导数不存在的点统称为 $f(x)$ 的二阶可疑点．

注 拐点处可能存在切线，但拐点处的一阶导数未必存在，请分析 $y=(x-2)^{\frac{1}{3}}$ 在点 $(2,0)$ 处的情形．

4.5　函数的极值

求函数极值的步骤：

（1）确定函数 $f(x)$ 的定义域 D．

（2）求函数 $f(x)$ 在定义域 D 的驻点及不可导点．

（3）利用定理 4.5.1、定理 4.5.2 判断所求的点是否为极值点．

定理 4.5.1（第一充分条件）设 $f(x)$ 在 x_0 处连续，在 $x=x_0$ 的去心邻域内可导，则

（1）若当 $x<x_0$ 时，$f'(x)<0$，当 $x>x_0$ 时，$f'(x)>0$，则 $x=x_0$ 为 $f(x)$ 的极小值点．

（2）若当 $x<x_0$ 时，$f'(x)>0$，当 $x>x_0$ 时，$f'(x)<0$，则 $x=x_0$ 为 $f(x)$ 的极大值点．

定理 4.5.2（第二充分条件）设 $f(x)$ 在 $x=x_0$ 处二阶可导，且 $f'(x_0)=0$，则

（1）若 $f''(x_0)>0$，则 $x=x_0$ 为 $f(x)$ 的极小值点；

（2）若 $f''(x_0)<0$，则 $x=x_0$ 为 $f(x)$ 的极大值点；

（3）若 $f''(x_0)=0$，则无法确定 $x=x_0$ 是否为 $f(x)$ 的极值点．

注（1）极值是局部性的概念，在整个区间上，极大值未必是最大值，极小值未必是最小值．

（2）极大值未必大于极小值，如图 4-7 所示．

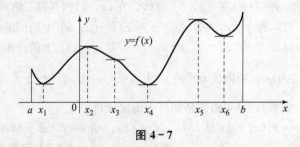

图 4-7

（3）当 $f'(x_0)=0$，$f''(x_0)=0$ 时，$f(x)$ 在 x_0 处可能有极大值，也可能有极小值，也可

能没有极值. 例如, $f_1(x)=-x^4$, $f_2(x)=x^4$, $f_3(x)=x^3$ 这三个函数在 $x=0$ 处分别属于这三种情况. 因此, 当 $f'(x_0)=0$, $f''(x_0)=0$ 时, 第二充分条件失效, 需要利用第一充分条件.

【例 4.1】 设 $f(x)$ 一阶连续可导, $f(0)=0$, $\lim\limits_{x\to0}\dfrac{f'(x)+f(x)}{x}=2$, 判断 $x=0$ 是否是 $f(x)$ 的极值点?

【解】 由 $\lim\limits_{x\to0}\dfrac{f'(x)+f(x)}{x}=2$ 得 $\lim\limits_{x\to0}[f'(x)+f(x)]=0$, 由连续性得 $f'(0)+f(0)=0$, 再由 $f(0)=0$ 得 $f'(0)=0$. 由

$$\lim_{x\to0}\frac{f'(x)+f(x)}{x}=\lim_{x\to0}\left[\frac{f'(x)-f'(0)}{x}+\frac{f(x)-f(0)}{x}\right]=f''(0)+f'(0)=2$$

得 $f''(0)=2$, 根据极值的第二充分条件得 $x=0$ 为 $f(x)$ 的极小点.

【例 4.2】 设函数 $f(x)$ 满足微分方程 $y''-y'+4y=0$, 且 $f(0)=-2$, $f'(0)=0$, 则 $f(x)$ 在 $x=0$ 处 ( ).

A. 取极大值   B. 取极小值

C. 不取极值   D. $(0, f(0))$ 为曲线 $y=f(x)$ 的拐点

【解】 将 $f(0)=-2$, $f'(0)=0$ 代入微分方程得 $f''(0)=8>0$, 所以 $f(x)$ 在 $x=0$ 处取极小值, 选 B.

【例 4.3】 设 $f(x)$ 满足 $xf''(x)+3xf'^2(x)=1-\mathrm{e}^{-x}$, 且 $f''(x)$ 在 $x=0$ 处连续, 证明:

(1) 若 $f(x)$ 在 $x=a\neq0$ 处有极限值一定是极小值.

(2) 若 $f(x)$ 在 $x=0$ 处有极值, 该极值是极大值还是极小值?

【证明】 (1) 因为 $f(x)$ 可导且在 $x=a\neq0$ 处取极值, 所以 $f'(a)=0$, 代入 $xf''(x)+3xf'^2(x)=1-\mathrm{e}^{-x}$ 中得 $f''(a)=\dfrac{1-\mathrm{e}^{-a}}{a}$.

当 $a>0$ 时, $1-\mathrm{e}^{-a}>0$, $f''(a)=\dfrac{1-\mathrm{e}^{-a}}{a}>0$;

当 $a<0$ 时, $1-\mathrm{e}^{-a}<0$, $f''(a)=\dfrac{1-\mathrm{e}^{-a}}{a}>0$,

于是当 $a\neq0$ 时, $f''(a)>0$, 由极值第二充分条件, $x=a$ 为 $f(x)$ 的极小值点.

(2) 显然 $f'(0)=0$ 且 $f(x)$ 二阶连续可导, $x\neq0$, 由 $xf''(x)+3xf'^2(x)=1-\mathrm{e}^{-x}$ 得 $f''(x)=\dfrac{1-\mathrm{e}^{-x}}{x}-3f'^2(x)$, 两边求极限得 $f''(0)=1>0$, 故 $x=0$ 为 $f(x)$ 的极小值点.

【例 4.4】 设 $\lim\limits_{x\to1}\dfrac{f(x)}{(x-1)^3}=1$, 讨论 $x=1$ 是否是 $f(x)$ 的极值点?

【解】 由 $\lim\limits_{x\to1}\dfrac{f'(x)}{(x-1)^3}=1>0$, 根据极限保号性, 存在 $\delta>0$, 当 $0<|x-1|<\delta$ 时, $\dfrac{f'(x)}{(x-1)^3}>0$, 当 $x\in(1-\delta, 1)$ 时, $f'(x)<0$; 当 $x\in(1, 1+\delta)$ 时, $f'(x)>0$, 根据极值第一充分条件, $x=1$ 为 $f(x)$ 的极小值点.

4.6 高等不等式的证明

涉及用高等数学方法证明的不等式叫作高等不等式，那如何证明呢？有如下几种方法：

4.6.1 利用微分中值定理证明不等式

利用微分中值定理证明不等式的大体思路是：对 $f(x)$ 在 $[a, b]$ 上根据拉格朗日中值定理，利用最值定理，$a < \xi < b$，推出 $m < f'(\xi) < M$，从而有

$$m(b-a) < f(b)-f(a) = f'(\xi)(b-a) < M(b-a)$$

4.6.2 利用单调性证明不等式

我们已经知道利用函数的单调性很方便地比较函数在单调区间上不同点处的函数值的大小，因此，利用函数的单调性证明不等式不失为一个好方法．其证明思路大体是：若要证明 $x \in (a, b)$ 时，有 $f(x) > g(x)$，只需令 $F(x) = f(x)-g(x)$，求证 $F'(x) > 0$，从而 $F(x)$ 单调递增，$F(x) \geqslant F(a) \geqslant 0$ 即可．

利用单调性证明不等式的步骤如下：

（1）将要证明的不等式作恒等变形（通常是移项）使一端为 0，另一端即为所作的辅助函数 $F(x)$；

（2）求 $F'(x)$ 并验证 $F(x)$ 在指定区间上的单调性；

（3）与区间端点处的函数值或极限值作比较即得证．

4.6.3 利用凹凸性证明不等式

这个方法主要是依据函数的凹凸性定义及凹凸性判别式来证明．

【例 4.5】证明：当 $x \in (0, \pi)$ 时，$\sin \dfrac{x}{2} > \dfrac{x}{\pi}$.

【证明】令 $y = \sin \dfrac{x}{2} - \dfrac{x}{\pi}$，$x \in (0, \pi)$，在 $[0, \pi]$ 上，$y(0) = y(\pi) = 0$，当 $x \in (0, \pi)$ 时，$y'' = -\dfrac{1}{4} \sin \dfrac{x}{2} < 0$，故函数在 $(0, \pi)$ 上是凸的．

$$y = \sin \frac{x}{2} - \frac{x}{4} > y(0) = y(\pi) = 0,\ \text{即} \sin \frac{x}{2} > \frac{x}{\pi},\ x \in (0, \pi)$$

4.6.4 利用极限和最值证明不等式

求出区间上函数的极值或最值，将区间上的函数与其极值或最值进行比较，往往可以证明在该区间上成立的不等式．

【例 4.6】证明：当 $0 \leqslant x \leqslant 1$，$p > 1$ 时，$\dfrac{1}{2^{p-1}} \leqslant x^p + (1-x)^p \leqslant 1$.

【证明】令 $F(x) = x^p + (1-x)^p$，则 $F(x)$ 在 $[0,1]$ 上连续，则

$$F'(x) = px^{p-1} - p(1-x)^{p-1} = p[x^{p-1} - (1-x)^{p-1}] = 0,\ \text{得驻点}\ x = \frac{1}{2},\ \text{而}$$

$$F(0) = F(1) = 1,\ F\left(\frac{1}{2}\right) = \frac{1}{2^{p-1}} < 1\,(p>1),$$

$\because 0 \leqslant x < \dfrac{1}{2}$，$F'(x) < 0$；$\dfrac{1}{2} \leqslant x \leqslant 1$，$F'(x) > 0$，故 $f(x)$ 在区间 $[0，1]$ 上先减后增，故在 $x = \dfrac{1}{2}$ 取得极小值即最小值，在端点处取得最大值，即 $F_{\max}(x) = 1$，$F_{\min}(x) = \dfrac{1}{2^{p-1}}$，即 $\dfrac{1}{2^{p-1}} \leqslant F(x) = x^p + (1+x)^p \leqslant 1$

4.7　函数图形的绘制问题

函数做图的步骤

描绘函数 $y = f(x)$ 的图形可依下述步骤进行：

(1) 确定函数 $y = f(x)$ 的定义域；

(2) 确定函数 $y = f(x)$ 的奇偶性和周期性；

(3) 确定曲线 $y = f(x)$ 与坐标轴的交点坐标；

(4) 求 $f'(x)$ 和 $f''(x)$；

(5) 求 $f(x)$ 的一阶可疑点和二阶可疑点；

(6) 确定曲线 $y = f(x)$ 的渐近线；

(7) 列表判定函数 $y = f(x)$ 的单调区间、凹凸区间、极值点和拐点；

(8) 画出图形.

【**例 4.7**】描绘函数 $y = 1 + \dfrac{36x}{(x+3)^2}$ 的图形.

【**解**】(1) 所给函数 $y = f(x)$ 的定义域为 $(-\infty，-3)$，$(-3，+\infty)$.

$$f'(x) = \frac{36(3-x)}{(x+3)^3}，\quad f''(x) = \frac{72(x-6)}{(x+3)^4}.$$

(2) $f'(x)$ 的零点为 $x = 3$；$f''(x)$ 的零点为 $x = 6$；$x = -3$ 是函数的间断点. 点 $x = -3$、$x = 3$ 和 $x = 6$ 把定义域划分成四个部分区间：

$$(-\infty，-3)，\ (-3，3]，\ [3，6]，\ [6，+\infty).$$

(3) 在各部分区间内 $f'(x)$ 及 $f''(x)$ 的符号、相应曲线弧的升降、凹凸和拐点等如表 4-2 所示.

表 4-2

x	$(-\infty，-3)$	$(-3，3)$	3	$(3，6)$	6	$(6，+\infty)$
$f'(x)$	$-$	$+$	0	$-$	$-$	$-$
$f''(x)$	$-$	$+$	$-$	$-$	0	$+$
$y = f(x)$ 的图形	↘	↗	极大值	↘	拐点	↘

(4) 由于 $\lim\limits_{x \to +\infty} f(x) = 1$，$\lim\limits_{x \to -3} f(x) = -\infty$，所以图形有一条水平渐近线 $y = 1$ 和一条垂直渐近线 $x = -3$.

(5) 算出 $x = 3，6$ 处的函数值：$f(3) = 4$，$f(6) = \dfrac{11}{3}$，

从而得到图形上的两个点：$M_1(3, 4)$，

$M_2\left(6, \dfrac{11}{3}\right)$.

又由于 $f(0)=1$，$f(-1)=-8$，

$f(-9)=-8$，$f(-15)=-\dfrac{11}{4}$，得图形上的四

个点：$M_3(0, 1)$，$M_4(-1, -8)$，$M_5(-9, -8)$，

$M_6\left(-15, -\dfrac{11}{4}\right)$. 结合（3）（4）中得到的结果，画

出函数 $y=1+\dfrac{36x}{(x+3)^2}$ 的图形如图 4-8 所示.

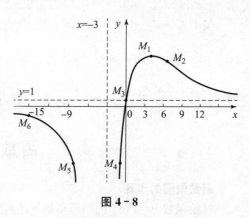

图 4-8

4.8 曲率、曲率半径及曲率圆

（1）曲线 L 在一点处的曲线率为 $K=\dfrac{|y''|}{(1+y'^2)^{\frac{3}{2}}}$；

（2）曲率圆的半径为 $\rho=\dfrac{1}{K}$；

（3）设 $L: y=f(x)$，其中 $P(a, b)\in L$，则 P 点对应的曲率圆的圆心坐标为

$$x_0=a-f'(a)\frac{1+f'^2(a)}{f''(a)}, \quad y_0=b+\frac{1+f'^2(a)}{f''(a)}.$$

注 将公式识记下来，往往在填空题考查，若记不住，请参见同济七版《高等数学上》的教材推导一遍，属于送分题.

【例 4.8】 计算等边双曲线 $xy=1$ 在点 $(1, 1)$ 处的曲率.

【解】 由 $y=\dfrac{1}{x}$，得 $y'=-\dfrac{1}{x^2}$，$y''=\dfrac{2}{x^3}$.

因此，$y'|_{x=1}=-1$，$y''|_{x=1}=2$.

把它们代入曲率公式，使得曲线 $xy=1$ 在点 $(1, 1)$ 处的曲率为

$$K=\frac{2}{[1+(-1)^2]^{3/2}}=\frac{\sqrt{2}}{2}.$$

【例 4.9】 曲线 $y=x^2+x$，$(x<0)$ 上曲率为 $\dfrac{\sqrt{2}}{2}$ 的点的坐标是_____.

【解】 先求出曲线的一阶和二阶导函数：$y'=2x+1$，$y''=2$，

然后套用曲率的计算公式，得 $K=\dfrac{|y''|}{(1+y'^2)^{\frac{3}{2}}}=\dfrac{2}{[1+(2x+1)^2]^{\frac{3}{2}}}=\dfrac{\sqrt{2}}{2}$

求解上述方程，得 $x=-1$，故曲率为 $\dfrac{\sqrt{2}}{2}$ 的点的坐标是 $(-1, 0)$.

4.9　题型归纳

$$\boxed{\text{题型一　证明 } f'(\xi)=0 \text{ 或 } f''(\xi)=0}$$

【思路分析】分析题干条件将其转化为费马定理或罗尔定理进行证明. 此类题目考查频率很高，需重点掌握，通过以下的例题一定要好好体会体会怎么进行转化的，即怎么利用所学知识将题干条件转化为费马定理或罗尔定理的充分条件的.

【例 4.10】设 $f(x)$ 在 $[0,3]$ 连续，在 $(0,3)$ 内可导，且 $f(0)+f(1)+f(2)=3f(3)$. 证明，存在 $\xi\in(0,3)$，使得 $f'(\xi)=0$.

【证明】因为 $f(x)$ 在 $[0,2]$ 上连续，所以 $f(x)$ 在 $[0,2]$ 上取到最小值 m 和最大值 M.

由 $m\leqslant\dfrac{f(0)+f(1)+f(2)}{3}\leqslant M$，根据介值定理，存在 $c\in[0,2]$，使得

$f(c)=\dfrac{f(0)+f(1)+f(2)}{3}$，即 $f(0)+f(1)+f(2)=3f(c)$.

因为 $f(c)=f(3)$，所以由罗尔定理，存在 $\xi\in(c,3)\subset(0,3)$，使得
$$f'(\xi)=0.$$

注 若函数在闭区间上连续，出现几个函数值之和时，一般使用介值定理处理. 即所谓的见到函数相加，立马想到介值定理.

想一想解决这种类型问题的核心点在哪儿？提示一下是不是要想方设法在区间内找到函数值相同的两个点.

【例 4.11】设 $f(x)$ 在 $[a,b]$ 上连续，在 (a,b) 内可导，且 $f(a)f(b)>0$，$f(a)f\left(\dfrac{a+b}{2}\right)<0$，

证明：存在 $\xi\in(a,b)$，使得 $f'(\xi)=0$.

【分析】本题需要先用零点定理构造出 $f(a)=f(b)$.

【证明】设 $f(a)>0$，$f(b)>0$，因为 $f(a)f\left(\dfrac{a+b}{2}\right)<0$，所以 $f(b)f\left(\dfrac{a+b}{2}\right)$

<0. 由零点定理，存在 $c_1\in\left(a,\dfrac{a+b}{2}\right)$，$c_2\in\left(\dfrac{a+b}{2},b\right)$，使得 $f(c_1)=f$

$(c_2)=0$. 由罗尔定理，存在 $\xi\in(c_1,c_2)\subset(a,b)$，使得 $f'(\xi)=0$.

【例 4.12】设 $f(x)$ 在 $[a,b]$ 连续，在 (a,b) 内二阶可导，

$f(a)=f(b)=0$，$f'_+(a)\cdot f'_-(b)>0$. 证明：存在 $\xi\in(a,b)$，使得 $f''(\xi)=0$.

【分析】要证明 $f''(\xi)=0$ 需要利用零点定理构造 $f'(\xi_1)=f'(\xi_2)$，从而转化为一阶导数的情况.

【证明】因为 $f'_+(a)\cdot f'_-(b)>0$，故设 $f'_+(a)>0$，$f'_-(b)>0$，则存在 $x_1,x_2\in(a,b)$ 使得 $f(x_1)>f(a)=0$，$f(x_2)<f(b)=0$；

由零点定理知，存在 $c\in(x_1,x_2)\subset(a,b)$，使得 $f(c)=0$，因为 $f(a)=f(c)=f(b)=0$，由罗尔定理，存在 $\xi_1\in(a,c)$，$\xi_2\in(c,b)$，使得 $f'(\xi_1)=f'(\xi_2)=0$，再由罗尔定理，存在 $\xi\in(\xi_1,\xi_2)\subset(a,b)$，使得 $f''(\xi)=0$.

注 比较例 4.12 和例 4.13 的区别和联系，想一想解决这种类型问题的核心点在哪儿？

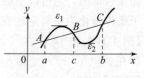

【例 4.13】 设曲线 $y = f(x)$ 在 $[a, b]$ 上二阶可导，连接点 $A(a, f(a))$，$B(b, f(b))$ 的直线交曲线于点 $C(c, f(c))$ $(a < c < b)$，证明：存在 $\xi \in (a, b)$，使得 $f''(\xi) = 0$.

【分析】 本题先画出图像，如图 4-9 所示，帮助理解题意，与上题相同，需要构造 $f'(\xi_1) = f'(\xi_2)$，但此题的不同之处在于 A、B、C 是位于同一条直线上的点，根据它们的斜率相同，借助于拉格朗日中值定理构建等式，进而可以使用罗尔定理.

【证明】 由拉格朗日中值定理可得，存在 $\xi_1 \in (a, c)$，$\xi_2 \in (c, b)$，

使得 $f'(\xi_1) = \dfrac{f(c) - f(a)}{c - a}$，$f'(\xi_2) = \dfrac{f(b) - f(c)}{b - c}$.

图 4-9

因为 A，B，C 三点位于同一条直线上斜率相同，即导数相同，所以 $f'(\xi_1) = f'(\xi_2)$.

因为 $f(x)$ 二阶可导，所以由罗尔定理，存在 $\xi \in (\xi_1, \xi_2) \subset (a, b)$，使得 $f''(\xi) = 0$.

【例 4.14】 设 $f(x)$ 在 $[0, 3]$ 上连续，在 $(0, 3)$ 内二阶可导，且 $2f(0) = \displaystyle\int_0^2 f(x)\mathrm{d}x = f(2) + f(3)$，证明：存在 $\xi \in (0, 3)$，使得 $f''(\xi) = 0$.

【分析】 证明题中一遇到积分，不管三七二十一，用积分中值定理先处理一下. 对于 $f(2) + f(3)$，见到函数相加，使用介值定理，本题同时考查了积分中值定理和介值定理.

【证明】 令 $F(x) = \displaystyle\int_0^x f(t)\mathrm{d}t$，则 $F'(x) = f(x)$. 由积分中值定理得

$$\int_0^2 f(x)\mathrm{d}x = F(2) - F(0) = F'(x_0)(2 - 0) = 2f(x_0)，\text{其中} x_0 \in (0, 2).$$

因为 $f(x)$ 在 $[2, 3]$ 上连续，由最值定理得，所以 $f(x)$ 在 $[2, 3]$ 上取到最小值 m 和最大值 M.

因为 $m \leqslant \dfrac{f(2) + f(3)}{2} \leqslant M$，由介值定理得，存在 $c \in [2, 3]$，使得 $f(c) = \dfrac{f(2) + f(3)}{2}$，于是 $f(0) = f(x_0) = f(c)$.

由罗尔定理，存在 $\xi_1 \in (0, x_0)$，$\xi_2 \in (x_0, c)$，使得 $f'(\xi_1) = f'(\xi_2) = 0$，再由罗尔定理得，存在 $\xi \in (\xi_1, \xi_2) \subset (0, 3)$，使得 $f''(\xi) = 0$.

提示 关键在于运用介值定理、积分中值定理等构造出 $f(a) = f(b) = f(c)$，再运用罗尔定理. 想一想解决这种类型问题的核心点在哪儿？

【例 4.15】 设 $f(x)$ 在 $[0, 1]$ 上连续，在 $(0, 1)$ 内可导，且

$$f(0) = -1，f\left(\frac{1}{2}\right) = 1，f(1) = \frac{1}{2}，\text{证明：存在} \xi \in (0, 1)，\text{使得}$$

$$f'(\xi) = 0.$$

【证明】方法一： 因为 $f(x)$ 在 $[0, 1]$ 上连续，由最值定理知 $f(x)$ 在 $[0, 1]$ 上取到最大值，又因为 $f(0) = -1$，$f\left(\dfrac{1}{2}\right) = 1$，$f(1) = \dfrac{1}{2}$，所以 $f(x)$ 的最大值在 $(0, 1)$ 内取到，即存在 $\xi \in (0, 1)$，使得 $f(\xi)$ 为最大值，因为 $f(x)$ 在 $[0, 1]$ 上连续，在 $(0, 1)$ 内可导，故 $f(\xi)$ 也为极大值点，由费马定理或罗尔定理的几何意义可得 $f'(\xi) = 0$.

方法二：因为 $f(x)$ 在 $[0,1]$ 上连续，故在其子区间 $\left[0,\dfrac{1}{2}\right]$ 上也是连续的，又因为 $f(0)=-1$，$f\left(\dfrac{1}{2}\right)=1$，故由介值定理知，$\exists\varepsilon_1\in\left[0,\dfrac{1}{2}\right]$，使得 $f(\varepsilon_1)=\dfrac{1}{2}$，因为 $f(1)=\dfrac{1}{2}$ 即 $f(\varepsilon_1)=f(1)=\dfrac{1}{2}$，由罗尔定理知，存在 $\xi\in\left(\dfrac{1}{2},1\right)\in(0,1)$，使得 $f'(\xi)=0$.

题型二　待证结论中只有一个中值 ξ 不含其他字母的等式

【思路分析】 这类问题的关键在于构建辅助函数，进一步转化为题型一的思路来证明，通常有如下三种常见的构造辅助函数的作法.

方法一：还原法

若待证结论为 $f'(\xi)+f^2(\xi)=0$，则辅助函数构造如下：

(1) 将 $f'(\xi)+f^2(\xi)=0$ 写为 $f'(x)+f^2(x)=0$.

(2) 将 $f'(x)+f^2(x)=0$ 改写为 $\dfrac{f'(x)}{f(x)}+f(x)=0$.

(3) 将 $\dfrac{f'(x)}{f(x)}+f(x)=0$ 还原得 $[\ln f(x)]'+\left[\displaystyle\int_0^x f(t)\mathrm{d}t\right]'=0$ 或 $[\ln f(x)]'+\left[\ln \mathrm{e}^{\int_0^x f(t)\mathrm{d}t}\right]'=0$，即 $\left[\ln f(x)\mathrm{e}^{\int_0^x f(t)\mathrm{d}t}\right]'=0$.

则辅助函数为 $\varphi(x)=f(x)\mathrm{e}^{\int_0^x f(t)\mathrm{d}t}$.

若待证结论为 $f'(\xi)+2f(\xi)=0$，则辅助函数构造如下：

(1) 将 $f'(\xi)+2f(\xi)=0$ 写为 $f'(x)+2f(x)=0$.

(2) 将 $f'(x)+2f(x)=0$ 改写为 $\dfrac{f'(x)}{f(x)}+2=0$.

(3) 将 $\dfrac{f'(x)}{f(x)}+2=0$ 还原得 $[\ln f(x)]'+(2x)'=0$，或 $[\ln f(x)]'+(\ln \mathrm{e}^{2x})'=0$，即 $[\ln \mathrm{e}^{2x}f(x)]'=0$，故辅助函数为 $\varphi(x)=\mathrm{e}^{2x}f(x)$.

【例 4.16】 设 $f(x)$ 在 $[a,b]$ 连续，在 (a,b) 内可导，$f(a)=f(b)=0$，证明：存在 $\xi\in(a,b)$，使得 $f'(\xi)-2f(\xi)=0$.

【分析】 将 $f'(\xi)-2f(\xi)=0$ 改写为 $f'(x)-2f(x)=0$，两边除以 $f(x)$ 得 $\dfrac{f'(x)}{f(x)}-2=0$，还原得 $[\ln f(x)]'+(\ln \mathrm{e}^{-2x})'=0$，合并得 $[\ln \mathrm{e}^{-2x}f(x)]'=0$，故辅助函数可设为 $\varphi(x)=\mathrm{e}^{-2x}f(x)$.

【证明】 作辅助函数 $\varphi(x)=\mathrm{e}^{-2x}f(x)$，因为 $f(a)=f(b)=0$，所以 $\varphi(a)=\varphi(b)=0$.

由罗尔定理得，存在 $\xi\in(a,b)$，使得 $\varphi'(\xi)=0$，而 $\varphi'(x)=\mathrm{e}^{-2x}[f'(x)-2f(x)]$ 且 $\mathrm{e}^{-2x}\neq0$，所以 $f'(\xi)-2f(\xi)=0$.

【例 4.17】 设 $f(x)$ 在 $[0,1]$ 上二阶可导，且 $f(0)=f(1)$，证明：存在 $\xi\in(0,1)$，使得 $f''(\xi)=\dfrac{2f'(\xi)}{1-\xi}$.

【分析】 将 $f''(\xi)=\dfrac{2f'(\xi)}{1-\xi}$ 改写成 $f''(x)=\dfrac{2f'(x)}{1-x}$，进一步化为 $\dfrac{f''(x)}{f'(x)}+\dfrac{2}{x-1}=0$，还原得 $[\ln f'(x)]'+[\ln (x-1)^2]'=0$，合并得 $[\ln (x-1)^2 f'(x)]'=0$，辅助函数可设为 $\varphi(x)=$

$(x-1)^2 f'(x)$.

【证明】作辅助函数 $\varphi(x)=(x-1)^2 f'(x)$，$\varphi(1)=0$. 因为 $f(0)=f(1)$，所以由罗尔定理，存在 $c\in(0,1)$，使得 $f'(c)=0$，于是 $\varphi(c)=0$.

因为 $\varphi(c)=\varphi(1)=0$，所以由罗尔定理，存在 $\xi\in(c,1)\subset(0,1)$，使得 $\varphi'(\xi)=0$，于是

$$f''(\xi)=\frac{2f'(\xi)}{1-\xi}.$$

方法二：分组构造法

所谓分组构造法，就是将所证结论进行适当分组，然后使用还原法构造辅助函数.

若所证结论为 $f'(\xi)-f(\xi)+2\xi=2$，则辅助函数构造法如下：

(1) 将 $f'(\xi)-f(\xi)+2\xi=2$ 改写为 $f'(x)-f(x)+2x=2$；

(2) 将 $f'(x)-f(x)+2x=2$ 分组为 $[f(x)-2x]'-[f(x)-2x]=0$，则辅助函数为 $\varphi(x)=e^{-x}[f(x)-2x]$.

若所证结论为 $f''(\xi)-f(\xi)=0$，则辅助函数构造法如下：

(1) 将 $f''(\xi)-f(\xi)=0$ 改写为 $f''(x)-f(x)=0$；

(2) 将 $f''(x)-f(x)=0$ 分组为 $f''(x)+f'(x)-f'(x)-f(x)=0$，即 $[f'(x)+f(x)]'-[f'(x)+f(x)]=0$，辅助函数为 $\varphi(x)=e^{-x}[f'(x)+f(x)]$.

也可以进行如下构造：

(1) 将 $f''(\xi)-f(\xi)=0$ 改写为 $f''(x)-f(x)=0$；

(2) 将 $f''(x)-f(x)=0$ 分组为 $f''(x)-f'(x)+f'(x)-f(x)=0$，即 $[f'(x)-f(x)]'+[f'(x)-f(x)]=0$，辅助函数为 $\varphi(x)=e^{x}[f'(x)-f(x)]$.

若所证结论为 $f''(\xi)+f'(\xi)=2$，辅助函数构造法如下：

(1) 将 $f''(\xi)+f'(\xi)=2$ 改写为 $f''(x)+f'(x)=2$；

(2) 将 $f''(x)+f'(x)=2$ 分组为 $[f'(x)-2]'+[f'(x)-2]=0$，则辅助函数为 $\varphi(x)=e^{x}[f'(x)-2]$.

【例 4.18】设 $f(x)$ 在 $[0,1]$ 连续，在 $(0,1)$ 内可导，且 $f(0)=0$，$f\left(\frac{1}{2}\right)=1$，$f(1)=\frac{1}{2}$.

(1) 证明：存在 $c\in(0,1)$，使得 $f(c)=c$；

(2) 对任意的实数 k，存在 $\xi\in(0,1)$，使得 $f'(\xi)+k[f(\xi)-\xi]=1$.

【证明】(1) 作辅助函数 $\varphi(x)=f(x)-x$，$\varphi(0)=0$，$\varphi\left(\frac{1}{2}\right)=\frac{1}{2}$，$\varphi(1)=-\frac{1}{2}$.

因为 $\varphi\left(\frac{1}{2}\right)\varphi(1)<0$，所以由零点定理，存在 $c\in\left(\frac{1}{2},1\right)$，使得 $\varphi(c)=0$，故 $f(c)=c$.

(2) 作辅助函数 $h(x)=e^{kx}[f(x)-x]$，由于 $\varphi(0)=\varphi(c)=0$，所以 $h(0)=h(c)=0$. 由罗尔定理，存在 $\xi\in(0,1)$，使得 $h'(\xi)=0$，故 $f'(\xi)+k[f(\xi)-\xi]=1$.

方法三：凑微法

利用凑微法构造辅助函数，即先将结论中 ξ 变成 x、去分母、移项，整理成 $g(x)=0$ 的形式，再找出 $\varphi'(x)=g(x)$，则 $\varphi(x)$ 即为辅助函数.

【例 4.19】 设 $f(x)$，$g(x)$ 在 $[a,b]$ 上连续，在 (a,b) 内可导，
$$g(x)\neq 0,$$
$g''(x)\neq 0(a<x<b)$，且 $f(a)=f(b)=g(a)=g(b)=0$，证明：存在 ξ
$\in(a,b)$，使得 $\dfrac{f(\xi)}{g(\xi)}=\dfrac{f''(\xi)}{g''(\xi)}$.

【分析】 将 $\dfrac{f(\xi)}{g(\xi)}=\dfrac{f''(\xi)}{g''(\xi)}$ 改写为 $\dfrac{f(x)}{g(x)}=\dfrac{f''(x)}{g''(x)}$，整理得 $f(x)g''(x)-f''(x)g(x)=0$，还原得 $[f(x)g'(x)-f'(x)g(x)]'=0$，辅助函数为 $\varphi(x)=f(x)g'(x)-f'(x)g(x)$.

【证明】 作辅助函数 $\varphi(x)=f(x)g'(x)-f'(x)g(x)$，$\varphi(a)=\varphi(b)=0$.

由罗尔定理知，存在 $\xi\in(a,b)$，使得 $\varphi'(\xi)=0$，而 $\varphi'(x)=f(x)g''(x)-f''(x)g(x)$ 且 $g(x)\neq 0$，$g''(x)\neq 0(a<x<b)$，所以 $\dfrac{f(\xi)}{g(\xi)}=\dfrac{f''(\xi)}{g''(\xi)}$.

题型三　结论中含 ξ，含 a，b

情形一：a，b 与 ξ 可分离

【思路分析】 该类问题通常有两种解法，一种是将 a，b 与 ξ 分离，关于 a，b 的式子使用拉格朗日中值定理或柯西中值定理；另一种方法是将 a，b 与 ξ 的式子还原为一个原函数，并对原函数使用中值定理.

【例 4.20】 设 $f(x)$ 在 $[0,a]$ 上连续，在 $(0,a)$ 内可导，证明：存在 $\xi\in(0,a)$，使得 $f(a)-\xi f'(\xi)=f(\xi)$.

【分析】 将 $f(a)-\xi f'(\xi)=f(\xi)$ 改写成 $f(a)-[xf'(x)+f(x)]=0$，还原得 $[f(a)x-xf(x)]'=0$，辅助函数为 $\varphi(x)=x[f(a)-f(x)]$.

【证明】 作辅助函数 $\varphi(x)=x[f(a)-f(x)]$.

由于 $\varphi(0)=\varphi(a)=0$，故存在 $\xi\in(0,a)$，使得 $\varphi'(\xi)=0$.

而 $\varphi'(x)=f(a)-f(x)-xf'(x)$，故 $f(a)-\xi f'(\xi)=f(\xi)$.

【例 4.21】 设 $a<b$，证明：存在 $\xi\in(a,b)$，使得 $ae^b-be^a=(a-b)(1-\xi)e^\xi$.

【分析】 此题等式左边看起来应该是 be^b-ae^a 才对，但是实际上它却是 ae^b-be^a. 那么如何使待证式"现形"呢？将它两边除以 $(a-b)$，然后左边分式上下除以 ab，得
$$\frac{\dfrac{e^b}{b}-\dfrac{e^a}{a}}{\dfrac{1}{b}-\dfrac{1}{a}}=(1-\xi)e^\xi.$$

这样左边的结构很"规范"了，并且右边含中值的部分为乘积的形式，由此得到启发，可得辅助函数为 $f(x)=\dfrac{e^x}{x}$，$F(x)=\dfrac{1}{x}$，通过柯西中值定理来证明.

【证明】 设 $f(x)=\dfrac{e^x}{x}$，$F(x)=\dfrac{1}{x}$，两个函数在闭区间 $[a,b]$ 上满足柯西中值定理的条件，因

此存在 $\xi \in (a, b)$，使得 $\dfrac{\dfrac{e^b}{b} - \dfrac{e^a}{a}}{\dfrac{1}{b} - \dfrac{1}{a}} = (1-\xi)e^\xi = \dfrac{f'(\xi)}{F'(\xi)}$ 成立.

整理上式，即得 $ae^b - be^a = (1-\xi)e^\xi(a-b)$，因此结论成立.

情形二：a，b 与 ξ 不可分离

【思路分析】若 ξ 与 a，b 不可分离时，一般采用凑微法（在第一类换元公式积分计算中，关键是找到被积表达式 $f[\varphi(x)]\varphi'(x)\mathrm{d}x$ 中隐藏的 $\varphi(x)$，并化为 $f[\varphi(x)]\mathrm{d}\varphi(x)$ 的形式，实际计算中，新的积分变量 $u = \varphi(x)$ 常常是逐步凑成的，故称之为凑微法），即将题目要证明的结论中 ξ 改为 x，去分母，移项，整理成 $g(x) = 0$ 的形式，再找出 $\varphi'(x) = g(x)$，则 $\varphi(x)$ 即为辅助函数.

【例 4.22】设 $f(x)$，$g(x) \in [a, b]$，在 (a, b) 内可导，且 $g'(x) \neq 0$，

证明：存在 $\xi \in (a, b)$，使得 $\dfrac{f(a) - f(\xi)}{g(\xi) - g(b)} = \dfrac{f'(\xi)}{g'(\xi)}$.

【分析】将 $\dfrac{f(a) - f(\xi)}{g(\xi) - g(b)} = \dfrac{f'(\xi)}{g'(\xi)}$ 改写为 $\dfrac{f(a) - f(x)}{g(x) - g(b)} = \dfrac{f'(x)}{g'(x)}$，移项得

$$f(a)g'(x) - f(x)g'(x) - f'(x)g(x) + f'(x)g(b) = 0，还原得$$
$$[f(a)g(x) - f(x)g(x) + f(x)g(b)]' = 0$$

故辅助函数为 $\varphi(x) = f(a)g(x) - f(x)g(x) + f(x)g(b)$.

【证明】作辅助函数 $\varphi(x) = f(a)g(x) - f(x)g(x) + f(x)g(b)$.

因为 $\varphi(a) = \varphi(b) = f(a)g(b)$，由罗尔定理知，存在 $\xi \in (a, b)$，使得 $\varphi'(\xi) = 0$，整理得

$$\dfrac{f(a) - f(\xi)}{g(\xi) - g(b)} = \dfrac{f'(\xi)}{g'(\xi)}.$$

【例 4.23】设 $f(x)$ 在 $[a, b]$ 上连续，证明：存在 $\xi \in (a, b)$，使得

$$f(\xi)\int_a^\xi g(t)\mathrm{d}t = g(\xi)\int_\xi^b f(t)\mathrm{d}t.$$

【分析】将 $f(\xi)\int_a^\xi g(t)\mathrm{d}t = g(\xi)\int_\xi^b f(t)\mathrm{d}t$ 改写成

$$f(x)\int_b^x g(t)\mathrm{d}t + g(x)\int_a^x f(t)\mathrm{d}t = 0，还原得 \left[\int_b^x f(t)\mathrm{d}t \int_a^x g(t)\mathrm{d}t\right]' = 0，$$

辅助函数为可设 $\varphi(x) = \int_b^x f(t)\mathrm{d}t \int_a^x g(t)\mathrm{d}t$.

【证明】作辅助函数 $\varphi(x) = \int_b^x f(t)\mathrm{d}t \int_a^x g(t)\mathrm{d}t$. 因为 $\varphi(a) = \varphi(b) = 0$，所以由罗尔定理知，存

在 $\xi \in (a, b)$，使得 $\varphi'(\xi) = 0$，整理得 $f(\xi)\int_a^\xi g(t)\mathrm{d}t = g(\xi)\int_\xi^b f(t)\mathrm{d}t$.

题型四　结论中含两个或两个以上中值的问题

情形一：结论中只含 $f'(\xi)$，$f'(\eta)$

【思路分析】若待证结论中只含 $f'(\xi)$ 和 $f'(\eta)$，先找出函数 $f(x)$ 的三个点，两次使用拉格朗日中值定理即可.

【例 4.24】设 $f(x)$ 在 $[a, b]$ 上连续，在 (a, b) 内可导，$f(a) = f(b)$，$f'_+(a) > 0$，证明：存在 ξ，$\eta \in (a, b)$，使得 $f'(\xi) > 0$，$f'(\eta) < 0$.

【证明】因为 $f'_+(a) > 0$，所以存在 $c \in (a, b)$，使得 $f(c) > f(a) = f(b)$.

由拉格朗日中值定理知，存在 $\xi\in(a,c)$，$\eta\in(c,b)$，使得

$$f'(\xi)=\frac{f(c)-f(a)}{c-a}>0,\ f'(\eta)=\frac{f(b)-f(c)}{b-c}<0.$$

【例 4.25】设 $f(x)$ 在 $[0,1]$ 连续，在 $(0,1)$ 内可导，$f(0)=0$，$f(1)=1$.

(1) 证明：存在 $c\in(0,1)$，使得 $f(c)=1-c$；

(2) 证明：存在 ξ, $\eta\in(0,1)(\xi\neq\eta)$，使得 $f'(\xi)f'(\eta)=1$.

【证明】(1) 令 $\varphi(x)=f(x)-1+x$，$\varphi(0)=-1$，$\varphi(1)=1$. 因为

$\varphi(0)\varphi(1)<0$，由零点定理知存在 $c\in(0,1)$，使得 $\varphi(c)=0$，即 $f(c)=1-c$.

(2) 由 (1) 的结论可知，根据拉格朗日中值定理，存在 $\xi\in(0,c)$，$\eta\in(c,1)$，使得

$$f'(\xi)=\frac{f(c)-f(0)}{c}=\frac{1-c}{c},\ f'(\eta)=\frac{f(1)-f(c)}{1-c}=\frac{c}{1-c},$$

故 $f'(\xi)f'(\eta)=1$.

【例 4.26】设 $f(x)$ 在 $[0，1]$ 上连续，在 $(0,1)$ 内可导，且 $f(0)=0$，
$$f(1)=1.$$

(1) 证明：存在 $0<c<1$，使得 $f(c)=\dfrac{1}{2}$；

(2) 证明：存在 $\xi\in(0,c)$，$\eta\in(c,1)$，使得 $\dfrac{1}{f'(\xi)}+\dfrac{1}{f'(\eta)}=2$.

【证明】(1) 令 $\varphi(x)=f(x)-\dfrac{1}{2}$，$\varphi(0)=-\dfrac{1}{2}$，$\varphi(1)=\dfrac{1}{2}$.

因为 $\varphi(0)\varphi(1)<0$，所以由零点定理知，存在 $c\in(0,1)$，使得 $\varphi(c)=0$，即 $f(c)=\dfrac{1}{2}$.

(2) 由拉格朗日中值定理知，存在 $\xi\in(0,c)$，$\eta\in(c,1)$，使得

$$f(c)-f(0)=f'(\xi)c\ \text{及}\ f(1)-f(c)=f'(\eta)(1-c),$$

即 $\dfrac{1}{f'(\xi)}=2c$，$\dfrac{1}{f'(\eta)}=2(1-c)$，两式相加得 $\dfrac{1}{f'(\xi)}+\dfrac{1}{f'(\eta)}=2$.

情形二：结论中含有两个中值 ξ, η，但关于两个中值的项复杂度不同.

【思路分析】这类问题关键在于辅助函数，将 ξ 与 η 处理成位于等式两端，分别作辅助函数，利用拉氏定理及柯西中值定理得证. 这类问题通常的做法是，先将复杂中值的项取出，一般有两种可能，一种是复杂中值项为某函数的导数，如复杂项为 $e^{-q}[f'(\eta)-f(\eta)]$，该项显然为 $e^{-x}f(x)$ 的导数，此时使用拉格朗日中值定理；另一种可能是两个函数导数之商，如复杂项为 $\eta^2f'(\eta)=\dfrac{f'(\eta)}{1/\eta^2}$. 该项显然为 $f(x)$，$F(x)=-\dfrac{1}{x}$ 的导数之商，此时使用柯西中值定理.

【例 4.27】设 $f(x)$ 在 $[a,b]$ 上连续，在 (a,b) 内可导，且 $f(a)=f(b)=1$，
证明：存在 ξ, $\eta\in(a,b)$，使得 $e^{\eta-\xi}[f'(\eta)+f(\eta)]=1$.

【分析】将 ξ、η 分解到等式两端，$e^{\eta}[f'(\eta)+f(\eta)]=e^{\varphi}$

【证明】作辅助函数 $\varphi(x)=e^{x}f(x)$，$h(x)=e^{x}$，$\varphi(x)$ 在 $[a,b]$ 连续，(a,b)

内可导，故 $\exists$ 一个 $\eta\in(a,b)$，使得 $\dfrac{e^{b}f(b)-e^{a}f(a)}{b-a}=\varphi'(\eta)$，$h(x)$ 在 $[a,$

$b]$ 连续，(a,b) 内可导，故 $\exists$ 一个 $\varphi\in(a,b)$，使 $\dfrac{e^{b}-e^{a}}{b-a}=h'(\xi)$

$\because f(a) = f(b) = 1$，故 $\varphi'(\eta) = h'(\xi)$，整理可得证．

【例 4.28】 设 $f(x)$ 在 $[a, b]$ 上连续，在 (a, b) 内可导 $(a > 0)$，

证明：存在 ξ，$\eta \in (a, b)$，使得 $f'(\xi) = (a+b)\dfrac{f'(\eta)}{2\eta}$．

【分析】 复杂中值项为 $\dfrac{f'(\eta)}{2\eta}$，该项为 $f(x)$ 与 $F(x) = x^2$ 的导数之商，对 $f(x)$，$F(x) = x^2$ 使用柯西中值定理．

【证明】 作辅助函数 $F(x) = x^2$，$F'(x) = 2x$．因为 $a > 0$，所以 $F'(x)$ 在 (a, b) 内不为 0．

由柯西中值定理，存在 $\eta \in (a, b)$，使得 $\dfrac{f(b) - f(a)}{F(b) - F(a)} = \dfrac{f'(\eta)}{F'(\eta)}$，即 $\dfrac{f(b) - f(a)}{b^2 - a^2} = \dfrac{f'(\eta)}{2\eta}$，或 $\dfrac{f(b) - f(a)}{b - a} = (a+b)\dfrac{f'(\eta)}{2\eta}$．

由拉格朗日中值定理，存在 $\xi \in (a, b)$，使得 $\dfrac{f(b) - f(a)}{b - a} = f'(\xi)$，于是

$$f'(\xi) = (a+b)\dfrac{f'(\eta)}{2\eta}.$$

【例 4.29】 设 $f(x)$ 在 $[a, b]$ 上连续，在 (a, b) 内可导，且 $f'(x) \neq 0$，

证明：存在 ξ，$\eta \in (a, b)$，使得 $\dfrac{f'(\xi)}{f'(\eta)} = \dfrac{e^b - e^a}{b - a} e^{-\eta}$．

【分析】 结论中复杂项为 $\dfrac{f'(\eta)}{e^\eta}$，令 $F(x) = e^x$，显然本题对 $f(x)$，$F(x)$ 使用柯西中值定理．

【证明】 作辅助函数 $F(x) = e^x \neq 0$．由柯西中值定理，存在 $\eta \in (a, b)$，使得 $\dfrac{f(b) - f(a)}{F(b) - F(a)} = \dfrac{f'(\xi)}{F'(\eta)}$，即 $\dfrac{f(b) - f(a)}{e^b - e^a} = \dfrac{f'(\eta)}{e^\eta}$ 或 $\dfrac{f(b) - f(a)}{b - a} = \dfrac{e^b - e^a}{b - a} \cdot \dfrac{f'(\eta)}{e^\eta}$．

由拉格朗日中值定理，存在 $\xi \in (a, b)$，使得 $f'(\xi) = \dfrac{f(b) - f(a)}{b - a}$．

于是 $f'(\xi) = \dfrac{e^b - e^a}{b - a} \cdot \dfrac{f'(\eta)}{e^\eta}$，故 $\dfrac{f'(\xi)}{f'(\eta)} = \dfrac{e^b - e^a}{b - a} \cdot e^{-\eta}$．

情形三：结论中含中值 ξ，η（不仅仅只含 $f'(\xi)$，$f'(\eta)$），两者对应的项完全对等．

【思路分析】 该类问题一般先就 ξ 构造一个辅助函数（还原法），使用两次拉格朗日中值定理．

【例 4.30】 设 $f(x)$ 在 $[0, 1]$ 上连续，在 $(0, 1)$ 内可导，且 $f(0) = 0$，$f(1) = \dfrac{1}{3}$，证明：存在 $\xi \in \left(0, \dfrac{1}{2}\right)$，$\eta \in \left(\dfrac{1}{2}, 1\right)$，使得 $f'(\xi) + f'(\eta) = \xi^2 + \eta^2$．

【分析】 本题含中值 ξ，η，结论不仅含 $f'(\xi)$，$f'(\eta)$，且中值对应的项完全对等，对含 ξ 的项 $f'(\xi) - \xi^2$ 构造辅助函数 $F(x) = f(x) - \dfrac{1}{3}x^3$，使用两次拉格朗日中值定理即可．

【证明】 令 $F(x) = f(x) - \dfrac{1}{3}x^3$，由拉格朗日中值定理，存在 $\xi \in \left(0, \dfrac{1}{2}\right)$，$\eta \in \left(\dfrac{1}{2}, 1\right)$，使得

$F\left(\dfrac{1}{2}\right) - F(0) = \dfrac{1}{2}F'(\xi) = \dfrac{1}{2}\left[f'(\xi) - \xi^2\right]$，$F(1) - F\left(\dfrac{1}{2}\right) = \dfrac{1}{2}F'(\eta) = \dfrac{1}{2}\left[f'(\eta) - \eta^2\right]$．两式

相加得 $F(1)-F(0)=\dfrac{1}{2}\left[f'(\xi)+f'(\eta)\right]-\dfrac{1}{2}(\xi^2+\eta^2)=0$，即 $f'(\xi)+f'(\eta)=\xi^2+\eta^2$.

题型五　中值定理中关于 θ 的问题

【例 4.31】 设 $f(x)=\arctan x$ 在 $[a,b]$ 上连续，$f(a)-f(0)=f'(\theta a)a$，求 $\lim\limits_{a\to 0}\theta^2$.

【解】 由拉格朗日中值定理得 $f(a)-f(0)=f'[0+(a-0)\theta](a-0)=$

$f'(\theta a)a$，$0\leqslant\theta\leqslant1$，即 $\arctan a=\dfrac{a}{1+a^2\theta^2}$，解得 $\theta^2=\dfrac{a-\arctan a}{a^2\arctan a}$. 令 $g(x)=$

$\dfrac{x-\arctan x}{x^2\arctan x}$ 因为 $\lim\limits_{x\to 0}f(x)=\lim\limits_{x\to 0}\dfrac{x-\arctan x}{x^2\arctan x}=\lim\limits_{x\to 0}\dfrac{x-\arctan x}{x^3}=\lim\limits_{a\to 0}\dfrac{1-\dfrac{1}{1+x^2}}{3x^2}=\dfrac{1}{3}$，

于是 $\lim\limits_{a\to 0}\theta^2=\lim\limits_{a\to 0}\dfrac{a-\arctan a}{a^2\arctan a}=\dfrac{1}{3}$.

注 从解题过程也可以看出，θ 是和 a 有关系的，是个函数，并不一定是一个处于 0 到 1 之间的数.

【例 4.32】 设 $f(x)$ 二阶连续可导，且 $f''(x)\neq0$，又 $f(x+h)=f(x)+f'(x+\theta h)h$ 且 $(0<\theta<1)$. 证明：$\lim\limits_{h\to 0}\theta=\dfrac{1}{2}$.

【分析】 $f(x)$ 二阶连续可导意味着泰勒展开式主要部分展开到二阶导为止；余项就是三阶导及其以上部分了，可以记为 $o(h^2)$.

【证明】 因为 $f(x)$ 二阶连续可导，所以 $f(x+h)$ 在 $x+h=x$ 处展开，代入公式，一定要注意这时的自变量是 $x+h$，x 是它的任意一个取值. 整理后得：

$$f(x+h)=f(x)+f'(x)h+\dfrac{f''(x)}{2!}h^2+o(h^2).$$

再由 $f(x+h)=f(x)+f'(x+\theta h)h$，得

$$f(x)+f'(x+\theta h)h=f(x)+f'(x)h+\dfrac{f''(x)}{2!}h^2+o(h^2),$$

整理得 $\theta\cdot\dfrac{f'(x+\theta h)-f'(x)}{\theta h}=\dfrac{f''(x)}{2!}+\dfrac{o(h^2)}{h^2}$，

两边取极限得 $f''(x)\cdot\lim\limits_{h\to 0}\theta=\dfrac{f''(x)}{2}$，因为 $f''(x)\neq0$，所以 $\lim\limits_{h\to 0}\theta=\dfrac{1}{2}$.

题型六　拉格朗日中值定理的两种惯性思维

【思路分析】 若函数 $f(x)$ 在 $[a,b]$ 上连续，在 (a,b) 内可导，以下三种情形常用拉格朗日中值定理：

(1) 出现 $f(b)-f(a)$.

(2) 出现 $f(a)$，$f(c)$，$f(b)$.

(3) 出现 $f(x)$ 与 $f'(x)$ 之间的关系式（也有可能使用牛顿—莱布尼茨公式）.

【例 4.33】 设 $\lim\limits_{x\to\infty}f'(x)=\mathrm{e}$，且 $\lim\limits_{x\to\infty}[f(x)-f(x-1)]=\lim\limits_{x\to\infty}\left(\dfrac{x+c}{x-c}\right)^x$，求 c.

【解】 由拉格朗日中值定理可得

$$f(x)-f(x-1)=f'(\xi)\quad(x-1<\xi<x),$$

则 $\lim\limits_{x\to\infty}[f(x)-f(x-1)]=\lim\limits_{x\to\infty}f'(\xi)=\mathrm{e}$，又

$$\lim_{x\to\infty}\left(\frac{x+c}{x-c}\right)^x=\lim_{x\to\infty}\left[\left(1+\frac{2c}{x-c}\right)^{\frac{x-c}{2c}}\right]^{\frac{2cx}{x-c}}=\mathrm{e}^{2c},$$

由 $\mathrm{e}=\mathrm{e}^{2c}$ 得 $c=\dfrac{1}{2}$.

【例 4.34】 设 $f''(x)>0$，取 $x=x_0$，$\Delta x>0$，令 $\mathrm{d}y=f'(x_0)\Delta x$，

$\Delta y=f(x_0+\Delta x)-f(x_0)$，比较 $\mathrm{d}y$ 与 Δy 的大小.

【解】 由拉格朗日中值定理可得

$$\Delta y=f(x_0+\Delta x)-f(x_0)=f'(\xi)\Delta x\quad(x_0<\xi<x_0+\Delta x),$$

因为 $f''(x)>0$，且 $x_0<\xi$，所以 $f'(x_0)<f'(\xi)$，

再由 $\Delta x>0$ 得 $f'(x_0)\Delta x<f'(\xi)\Delta x$，即 $\mathrm{d}y<\Delta y$.

【例 4.35】 设 $f(x)$ 在 $[a,b]$ 上可导，且 $|f'(x)|\leqslant M$，又 $f(x)$ 在 (a,b) 内至少有一个零点，

证明：$|f(a)|+|f(b)|\leqslant M(b-a)$.

【证明】 由题意得，存在 $c\in(a,b)$，使得 $f(c)=0$.

满足拉格朗日中值定理的条件，故 $\exists\xi_1\in(a,c)$ 使得

$$f(c)-f(a)=f'(\xi_1)(c-a),$$

$\exists\xi_2\in(c,b)$，使得 $f(b)-f(c)=f'(\xi_2)(b-c)$，

因为 $|f'(x)|\leqslant M$，所以 $|f(a)|\leqslant M(c-a)$，$|f(b)|\leqslant M(b-c)$，

两式相加得 $|f(a)|+|f(b)|\leqslant M(b-a)$.

【例 4.36】 设 $f(x)$ 在 $[0,1]$ 上可导，$f(0)=0$，又 $|f'(x)|\leqslant p|f(x)|$（$0<p<1$），

证明：$f(x)\equiv0$（$0\leqslant x\leqslant1$）.

【证明】 因为 $f(x)$ 在 $[0,1]$ 上连续，所以 $|f(x)|$ 在 $[0,1]$ 上连续，

令 $M=\max\limits_{0\leqslant x\leqslant1}|f(x)|=|f(c)|$（$0\leqslant c\leqslant1$），

则 $M=|f(c)|=|f(c)-f(0)|=|f'(\xi)|c\leqslant|f'(\xi)|\leqslant p|f(\xi)|\leqslant pM$，

由 $0<p<1$ 得 $M=0$，故 $f(x)\equiv0$（$0\leqslant x\leqslant1$）.

题型七　泰勒公式的常规证明问题

【思路分析】 使用泰勒公式进行证明时，最关键的是如何确定 x_0 和 x，一般按如下标准进行选取.

(1) x_0 的选取标准：①与一阶导数相关的点；②区间中点；③其他.

(2) x 的选取标准：①与函数值相关的点；②区间的端点；③其他.

【例 4.37】 设 $f(x)$ 在 $[-1,1]$ 上三阶连续可导，$f(-1)=0$，$f'(0)=0$，$f(1)=1$，证明：存在 $\xi\in(-1,1)$，使得 $f'''(\xi)=3$.

【证明】 $f(-1)$ 及 $f(1)$ 在 0 点展开的 3 阶泰勒展开式分别为：

$$f(-1)=f(0)+\frac{f''(0)}{2!}(-1-0)^2+\frac{f'''(\xi_1)}{3!}(-1-0)^3,\text{ 其}$$

中 $\xi_1\in(-1,0)$，

$$f(1)=f(0)+\frac{f''(0)}{2!}(1-0)^2+\frac{f'''(\xi_2)}{3!}(1-0)^3,\text{ 其中 }\xi_2\in(0,1),$$

即 $f(-1)=f(0)+\dfrac{f''(0)}{2!}-\dfrac{f'''(\xi_1)}{3!}$，$f(1)=f(0)+\dfrac{f''(0)}{2!}+\dfrac{f'''(\xi_2)}{3!}$，

两式相减可得 $f'''(\xi_1)+f'''(\xi_2)=6$. 因为 $f'''(\xi)$ 在 $[\xi_1,\xi_2]$ 上连续，所以 $f'''(\xi)$ 在 $[\xi_1,\xi_2]$ 上取到最小值 m 和最大值 M，因为 $m\leqslant\dfrac{f'''(\xi_1)+f'''(\xi_2)}{2}\leqslant M$，所以由介值定理，存在 $\xi\in(\xi_1,\xi_2)\subset(-1,1)$，使得 $f'''(\xi)=\dfrac{f'''(\xi_1)+f'''(\xi_2)}{2}=3$.

【例 4.38】 设 $f(x)$ 在 $[0,1]$ 上二阶可导，$f(0)=f(1)=0$，且 $\min\limits_{0\leqslant x\leqslant1}f(x)=-1$，证明：存在 $\xi\in[0,1]$，使得 $f''(\xi)\geqslant8$.

【证明】 由题意知，存在 $c\in(0,1)$，使得 $f(c)=-1$，$f'(c)=0$，由泰勒公式得

$$f(0)=f(c)+\frac{f''(\xi_1)}{2!}c^2,\text{ 其中 }\xi_1\in(0,c),$$

$$f(1)=f(c)+\frac{f''(\xi_2)}{2!}(1-c)^2,\text{ 其中 }\xi_2\in(c,1),$$

解得 $f''(\xi_1)=\dfrac{2}{c^2}$，$f''(\xi_2)=\dfrac{2}{(1-c)^2}$.

(1) 当 $c\in\left(0,\dfrac{1}{2}\right]$ 时，$f''(\xi_1)\geqslant8$，此时 $\xi=\xi_1$.

(2) 当 $c\in\left(\dfrac{1}{2},1\right)$ 时，$f''(\xi_2)\geqslant8$，此时 $\xi=\xi_2$.

【例 4.39】 设 $f(x)$ 在 $[0,1]$ 上二阶可导，且 $|f(x)|\leqslant a$，$|f''(x)|\leqslant b$，对任意的 $c\in(0,1)$，证明：$|f'(c)|\leqslant2a+\dfrac{b}{2}$.

【证明】 $f(0)$ 及 $f(1)$ 在 $x=c$ 点处的二阶带拉格朗日余项的泰勒公式为：

$$f(0)=f(c)+f'(c)(0-c)+\frac{f''(\xi_1)}{2!}(0-c)^2,\text{ 其中 }\xi_1\in(0,c),$$

$$f(1)=f(c)+f'(c)(1-c)+\frac{f''(\xi_2)}{2!}(1-c)^2,\text{ 其中 }\xi_2\in(c,1),$$

两式相减，得 $f'(c)=f(1)-f(0)+\dfrac{1}{2}[f''(\xi_1)c^2-f''(\xi_2)(1-c)^2]$，取绝对值，得

$$|f'(c)|\leqslant|f(1)|+|f(0)|+\frac{1}{2}[|f''(\xi_1)|c^2+|f''(\xi_2)|(1-c)^2]\leqslant2a+\frac{b}{2}[c^2+(1-c)^2].$$

因为 $c^2\leqslant c$，$(1-c)^2\leqslant1-c$，所以 $c^2+(1-c)^2\leqslant1$，故 $|f'(c)|\leqslant2a+\dfrac{b}{2}$.

【例 4.40】 设 $f(x)$ 到 $[a,b]$ 上二阶可导，且 $f'(a)=f'(b)=0$，证明：存在 $\xi\in(a,b)$，使得

$$|f''(\xi)|\geqslant\frac{4|f(b)-f(a)|}{(b-a)^2}.$$

【证明】$f\left(\dfrac{a+b}{2}\right)$ 在 $x=a$，$x=b$ 处展开的带拉格朗日余项的泰勒展开式分别为

$$f\left(\frac{a+b}{2}\right)=f(a)+\frac{f''(\xi_1)}{2!}\left(\frac{a+b}{2}-a\right)^2，\text{其中}\ \xi_1\in\left(a,\frac{a+b}{2}\right),$$

$$f\left(\frac{a+b}{2}\right)=f(b)+\frac{f''(\xi_2)}{2!}\left(\frac{a+b}{2}-b\right)^2，\text{其中}\ \xi_2\in\left(\frac{a+b}{2},\ b\right),$$

两式相减，得 $f(b)-f(a)=\dfrac{(b-a)^2}{8}\left[f''(\xi_1)-f''(\xi_2)\right]$，取绝对值，得

$$|f(b)-f(a)|=\frac{(b-a)^2}{8}\left[|f''(\xi_1)|+|f''(\xi_2)|\right].$$

(1) 当 $|f''(\xi_1)|\geqslant|f''(\xi_2)|$ 时，$|f''(\xi_1)|\geqslant\dfrac{4}{(b-a)^2}|f(b)-f(a)|$，取 $\xi=\xi_1$.

(2) 当 $|f''(\xi_1)|<|f''(\xi_2)|$ 时，$|f''(\xi_2)|\geqslant\dfrac{4}{(b-a)^2}|f(b)-f(a)|$，取 $\xi=\xi_2$.

故命题得证.

题型八　不等式证明

【思路分析】不等式证明属于高频考点，常见的证明方法如下：

(1) 利用中值定理证明不等式；

(2) 利用单调性证明不等式；

(3) 利用凹凸性证明不等式；

(4) 利用最值证明不等式.

【例 4.41】设 $f(x)$ 在 $[a,b]$ 上二阶可导，$|f''(x)|\leqslant M$，又 $f(x)$ 在 (a,b) 内取到最小值. 证明：$|f'(a)|+|f'(b)|\leqslant M(b-a)$.

【证明】因为 $f(x)$ 在 (a,b) 内取到最小值，所以存在 $c\in(a,b)$，使得 $f(c)$ 为 $f(x)$ 在 (a,b) 上的最小值，由费马定理得 $f'(c)=0$.

由拉格朗日中值定理可得，可得存在 $\xi_1\in(a,c)$，$\xi_2\in(c,b)$，使得

$$\begin{cases}f'(c)-f'(a)=f''(\xi_1)(c-a)\\f'(b)-f'(c)=f''(\xi_2)(b-c)\end{cases}，\text{即}\begin{cases}-f'(a)=f''(\xi_1)(c-a),\\f'(b)=f''(\xi_2)(b-c),\end{cases}$$

取绝对值，得 $|f'(a)|\leqslant M(c-a)$，$|f'(b)|\leqslant M(b-c)$，

两式相加，得 $|f'(a)|+|f'(b)|\leqslant M(b-a)$.

【例 4.42】设 $f(x)$ 在 $[a,b]$ 上连续，在 (a,b) 内可导，$f(a)=f(b)$，且 $f(x)$ 不是常数. 证明：存在 $\xi\in(a,b)$，使得 $f'(\xi)>0$.

【证明】因为 $f(x)$ 不为常数，且 $f(a)=f(b)$，所以存在 $c\in(a,b)$，使得 $f(c)\neq f(a)$. 设 $f(c)>f(a)$，则存在 $\xi\in(a,c)\subset(a,b)$，使得 $f'(\xi)=\dfrac{f(c)-f(a)}{c-a}>0$.

【例 4.43】设 $f(x)$ 在 $[a, b]$ 上连续，在 (a, b) 内可导，且曲线 $y = f(x)$ 非直线．证明：存在 $\xi \in (a, b)$，使得 $|f'(\xi)| > \left| \dfrac{f(b) - f(a)}{b - a} \right|$．

【证明】作辅助函数 $\varphi(x) = f(x) - f(a) - \dfrac{f(b) - f(a)}{b - a}(x - a)$，$\varphi(a) = \varphi(b) = 0$．

由于 $y = f(x)$ 非直线，所以 $\varphi(x)$ 不恒为零，则存在 $c \in (a, b)$，使得 $\varphi(c) \neq 0$．

故设 $\varphi(c) > 0$，由拉格朗日中值定理得，存在 $\xi_1 \in (a, c)$，$\xi_2 \in (c, b)$，使得

$$\varphi'(\xi_1) = \frac{\varphi(c) - \varphi(a)}{c - a} > 0, \quad \varphi'(\xi_2) = \frac{\varphi(b) - \varphi(c)}{b - c} < 0.$$

而 $\varphi'(x) = f'(x) - \dfrac{f(b) - f(a)}{b - a}$，所以

$$f'(\xi_1) > \frac{f(b) - f(a)}{b - a}, \quad f'(\xi_2) < \frac{f(b) - f(a)}{b - a}.$$

① 当 $\dfrac{f(b) - f(a)}{b - a} > 0$ 时，$|f'(\xi_1)| > \left| \dfrac{f(b) - f(a)}{b - a} \right|$，此时 $\xi = \xi_1$；

② 当 $\dfrac{f(b) - f(a)}{b - a} < 0$ 时，$|f'(\xi_2)| > \left| \dfrac{f(b) - f(a)}{b - a} \right|$，此时 $\xi = \xi_2$．

故本题得证．

【例 4.44】设 $f(x)$ 在 $[a, b]$ 上连续，在 (a, b) 内二阶可导，且 $f(a) = f(b) = 0$，$f'_+(a) > 0$．证明：存在 $\xi \in (a, b)$，使得 $f''(\xi) < 0$．

【证明】因为 $f'_+(a) > 0$，故存在 $c \in (a, b)$，使得 $f(c) > f(a) = f(b) = 0$．

由拉格朗日中值定理得，存在 $\xi_1 \in (a, c)$，$\xi_2 \in (c, b)$，使得

$$f'(\xi_1) = \frac{f(c) - f(a)}{c - a} > 0, \quad f'(\xi_2) = \frac{f(b) - f(c)}{b - c} < 0.$$

再由拉格朗日中值定理可得，存在 $\xi \in (\xi_1, \xi_2) \subset (a, b)$，使得

$$f''(\xi) = \frac{f'(\xi_2) - f'(\xi_1)}{\xi_2 - \xi_1} < 0.$$

故本题得证．

【例 4.45】设 $0 < a < b$，证明：$\dfrac{\ln b - \ln a}{b - a} > \dfrac{2a}{a^2 + b^2}$．

【证明】作辅助函数 $f(x) = \ln x$，由拉格朗日中值定理得

$$\frac{\ln b - \ln a}{b - a} = f'(\xi) = \frac{1}{\xi}, \quad \text{其中 } \xi \in (a, b).$$

因为 $\dfrac{1}{\xi} > \dfrac{1}{b} > \dfrac{2a}{a^2 + b^2}$，故 $\dfrac{\ln b - \ln a}{b - a} > \dfrac{2a}{a^2 + b^2}$．

【例 4.46】设 $a < b$，证明：$\arctan b - \arctan a \leqslant b - a$．

【证明】作辅助函数 $f(x) = \arctan x$，由拉格朗日中值定理可得，$\exists \varphi \in (a, b)$ 使得 $\dfrac{f(b) - f(a)}{b - a} = f(\varphi)$ 即 $\arctan b - \arctan a = \dfrac{b - a}{1 + \varphi^2} < b - a$

【例 4.47】证明：当 $x>0$ 时，$\dfrac{x}{1+x}<\ln(1+x)<x$.

【证明】方法一：单调性

作辅助函数 $f(x)=\ln(1+x)-\dfrac{x}{1+x}$，$f(0)=0$，

$$f'(x)=\dfrac{1}{1+x}-\dfrac{1}{(1+x)^2}>0(x>0).$$

由 $\begin{cases} f(0)=0 \\ f'(x)>0(x>0) \end{cases}$，得 $f(x)>0(x>0)$，即当 $x>0$ 时，$\dfrac{x}{1+x}<\ln(1+x)$.

作辅助函数 $g(x)=x-\ln(1+x)$，$g(0)=0$，$g'(x)=1-\dfrac{1}{1+x}>0(x>0)$.

由 $\begin{cases} g(0)=0, \\ g'(x)>0(x>0), \end{cases}$ 得 $g(x)>0(x>0)$，即当 $x>0$ 时，$\ln(1+x)<x$.

方法二：中值定理

作辅助函数 $f(t)=\ln(1+t)$. 由拉格朗日中值定理得，$\exists\,\varphi\in(0,\ x)$，使得 $\dfrac{f(x)-f(0)}{x}=f'(\varphi)$，即 $\dfrac{\ln(1+x)}{x}=\dfrac{1}{1+\varphi}$. $\because 0<\varphi<x$ 故 $\dfrac{1}{1+x}<\dfrac{1}{1+\varphi}<1$ 即 $\dfrac{1}{1+x}<\dfrac{\ln(1+x)}{x}<1$，故

$$\dfrac{x}{1+x}<\ln(1+x)\ <x.$$

【例 4.48】设 $e<a<b$，证明：$a^b>b^a$.

【证明】$a^b>b^a$ 等价于 $b\ln a-a\ln b>0$.

作辅助函数 $f(x)=x\ln a-a\ln x$，$f(a)=0$，$f'(x)=\ln a-\dfrac{a}{x}>0(x>a)$.

由 $\begin{cases} f(a)=0, \\ f'(x)>0(x>a), \end{cases}$ 得 $f(x)>0(x>a)$，因为 $b>a$，所以 $f(b)>0$，即 $a^b>b^a$.

【例 4.49】证明：$1+x\ln\left(x+\sqrt{1+x^2}\right)\geqslant\sqrt{1+x^2}$.

【分析】"辅助函数法"分析　此题是单边不等式，此式看不到相同结构的部分，首先考虑用单调性证明.

【证明】作辅助函数 $f(x)=1+x\ln\left(x+\sqrt{1+x^2}\right)-\sqrt{1+x^2}$，$f(0)=0$.

$$f'(x)=\ln\left(x+\sqrt{1+x^2}\right),\ f'(0)=0,\ f''(x)=\dfrac{1}{\sqrt{1+x^2}}>0.$$

由 $\begin{cases} f'(0)=0, \\ f''(x)>0, \end{cases}$ 得 $\begin{cases} f'(x)<0,\quad x<0, \\ f'(x)>0,\quad x>0, \end{cases}$，从而 $x=0$ 为 $f(x)$ 的最小值点.

因为 $f(0)=0$，所以 $f(x)\geqslant 0$，即 $1+x\ln\left(x+\sqrt{1+x^2}\right)\geqslant\sqrt{1+x^2}$.

【例 4.50】设 $b>a>0$，证明：$\ln\dfrac{b}{a}>\dfrac{2(b-a)}{a+b}$.

【证明】$\ln\dfrac{b}{a}>\dfrac{2(b-a)}{a+b}$ 等价于 $(a+b)(\ln b-\ln a)-2(b-a)>0$.

作辅助函数 $f(x)=(a+x)(\ln x-\ln a)-2(x-a)$，$f(a)=0$.

$f'(x) = \ln x - \ln a + \dfrac{a}{x} - 1$，$f'(a) = 0$，$f''(x) = \dfrac{x-a}{x^2} > 0 (x > a)$.

由 $\begin{cases} f'(a) = 0 \\ f''(x) > 0 (x > a) \end{cases}$，得 $f'(x) > 0 (x > a)$. 由 $\begin{cases} f(a) = 0 \\ f'(x) > 0 (x > a) \end{cases}$，得

$f(x) > 0 (x > a)$. 而 $b > a$，所以 $f(b) > 0$，即 $\ln \dfrac{b}{a} > \dfrac{2(b-a)}{a+b}$.

【**例 4.51**】证明：当 $x > 0$ 时，有 $(x^2 - 1)\ln x \geqslant (x-1)^2$.

【**证明**】作辅助函数 $f(x) = (x^2 - 1)\ln x - (x-1)^2$，$f(1) = 0$.

$f'(x) = 2x\ln x - x - \dfrac{1}{x} + 2$，$f'(1) = 0$.

$f''(x) = 2\ln x + 1 + \dfrac{1}{x^2}$，$f''(1) = 2 > 0$，$f'''(x) = \dfrac{2(x^2 - 1)}{x^3}$.

由 $\begin{cases} f'''(x) < 0, & 0 < x < 1, \\ f'''(x) > 0, & x > 1, \end{cases}$ 得 $x = 1$ 为 $f''(x)$ 的最小值点，因为 $f''(1) = 2 > 0$，所以

$$f''(x) > 0.$$

由 $\begin{cases} f'(1) = 0, \\ f''(x) > 0, \end{cases}$ 得 $\begin{cases} f'(x) < 0, & 0 < x < 1, \\ f'(x) > 0, & x > 1, \end{cases}$ 于是 $x = 1$ 为 $f(x)$ 的最小值点.

因为 $f'(1) = 0$，所以 $f(x) \geqslant 0$，即 $(x^2 - 1)\ln x \geqslant (x-1)^2$.

【**例 4.52**】证明：当 $0 < x < \dfrac{\pi}{2}$ 时，$\dfrac{2}{\pi}x < \sin x < x$.

【**证明**】作辅助函数 $f(x) = x - \sin x$，$f(0) = 0$，$f'(x) = 1 - \cos x > 0 \left(0 < x < \dfrac{\pi}{2}\right)$.

由 $\begin{cases} f(0) = 0, \\ f'(x) > 0 \left(0 < x < \dfrac{\pi}{2}\right). \end{cases}$ 得 $f(x) > 0 \left(0 < x < \dfrac{\pi}{2}\right)$，即当 $0 < x < \dfrac{\pi}{2}$ 时，$\sin x < x$；

作辅助函数 $g(x) = \sin x - \dfrac{2}{\pi}x$，$g(0) = g\left(\dfrac{\pi}{2}\right) = 0$，

由 $\begin{cases} g(0) = g\left(\dfrac{\pi}{2}\right) = 0, \\ g''(x) < 0 \left(0 < x < \dfrac{\pi}{2}\right). \end{cases}$ 得 $g(x) > 0 \left(0 < x < \dfrac{\pi}{2}\right)$，

即当 $0 < x < \dfrac{\pi}{2}$ 时，$\dfrac{2}{\pi}x < \sin x$.

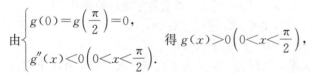

题型九　函数的零点或方程根的个数问题

【**思路分析**】函数零点或方程的解一般有如下三个思路：

（1）设 $f(x)$ 在 $[a, b]$ 上连续且 $f(a)f(b) < 0$，则使用零点定理.

（2）设 $f(x)$ 的原函数为 $F(x)$，若 $F(a) = F(b)$，则由罗尔定理，存在 $c \in (a, b)$，使得 $F'(c) = 0$，即 $f(c) = 0$.

（3）单调性方法.

第一步，给出 $y = f(x) (x \in D)$；

第二步，求 $f'(x) = 0$ 的根及 $f(x)$ 的不可导点，求出 $f(x)$ 的极值点与极值；

第三点，求出 $y=f(x)$ 两侧的变化趋势，从而求出 $f(x)$ 的零点个数．

注 这三个思路不是独立的，有些难度稍高些的题目要综合运用这三个思路进行解题．

【例 4.53】 设函数 $f(x)$ 在 $[a, b]$ 上连续，$f(x)$ 在 (a, b) 内二阶可导，且有

$$f(a)=f(b)=f(c)(a<c<b)，则至少存在一点 \xi\in(a, b) 使 f''(\xi)=0.$$

【分析】 本题连用二次罗尔定理，即 $f(x)$ 在 (a, c)，(c, b) 上分别应用罗尔定理，$f'(x)$ 再在 (ξ_1, ξ_2) 上应用罗尔定理即可，如图 4-10 所示．

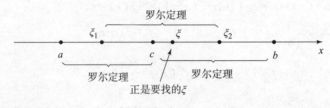

图 4-10

【证明】 由已知 $f(x)$ 分别在 (a, c)，(c, b) 上满足罗尔定理条件

所以至少存在 $\xi_1\in(a, c)$，$\xi_2\in(c, b)$，使得 $f'(\xi_1)=0$，$f'(\xi_2)=0$

又因为 $f(x)$ 在 (a, b) 二阶可导，所以 $f'(x)$ 在 (ξ_1, ξ_2) 上满足罗尔定理条件，即至少存在一点 $\xi\in(a, b)$ 使 $f''(\xi)=0$.

推论 1 设 $f(x)$ 的一阶导数在 $[a, b]$ 上连续，$f(x)$ 在 (a, b) 二阶可导，且有 $f'(a)=f'(b)$，则至少存在一点 $\xi\in(a, b)$ 使 $f''(\xi)=0$.

推论 2 设 $f^{(n-1)}(a)$ 的 $n-1$ 阶导数在 $[a, b]$ 上连续，$f(x)$ 在 (a, b) 内 n 阶可导，且有 $f^{(n-1)}(a)=f^{(n-1)}(b)$，则至少存在一点 $\xi\in(a, b)$ 使 $f^{(n)}(\xi)=0$.

【例 4.54】 求函数 $f(x)=(x-1)(x-2)(x-3)(x-4)(x-5)$ 的导数，说明 $f'(x)=0$ 有几个实根．

【解】 $f(x)$ 是关于 x 的 5 次多项式，故 $f(x)$ 在 R 上连续且可导，

又因为 $f(1)=f(2)=f(3)=f(4)=f(5)$

所以 $f(x)$ 在 $[1, 2]$，$[2, 3]$，$[3, 4]$，$[4, 5]$ 上均符合罗尔定理的条件．

则至少存在 $\xi_1\in(1, 2)$，$\xi_2\in(2, 3)$，$\xi_3\in(3, 4)$，$\xi_4\in(4, 5)$

使得 $f'(\xi_1)=0$，$f'(\xi_2)=0$，$f'(\xi_3)=0$，$f'(\xi_4)=0$

也就是说 $f'(x)=0$ 至少有 4 个实根，又因为 $f'(x)$ 为 4 次多项式，至多有 4 个实根，所以 $f'(x)=0$ 只有 4 个实根．

【联想】 设 $f(x)=a_0x^n+a_1x^{n-1}+a_2x^{n-2}+\cdots+a_{n-1}x+a_n$ 有 n 个实根，即 x_1, x_2, $\cdots$, x_n，问：

(1) $f'(x)=0$ 有几个实根？

(2) $f''(x)=0$ 有几个实根？

(3) $f^{n-1}(x)=0$ 有几个实根？

【例 4.55】 设 $a_0+\dfrac{a_1}{2}+\cdots+\dfrac{a_n}{n+1}=0$，证明：方程 $a_0+a_1x+\cdots+a_nx^n=0$ 至少有一个正根．

【证明】 作辅助函数 $f(x)=a_0+a_1x+\cdots+a_nx^n$，$f(x)$ 的一个原函数为

$F(x)=a_0x+\dfrac{a_1}{2}x^2+\cdots+\dfrac{a_n}{n+1}x^{n+1}$，因为 $F(0)=F(1)=0$，所以由罗尔定理，存在

$c \in (0, 1)$，使得 $F'(c)=0$，从而 $f(c)=0$，即 $x=c$ 为原方程的一个正根，命题得证.

【例 4.56】 讨论方程 $xe^{-x}=a(a>0)$ 根的个数.

【解】 作辅助函数 $f(x)=xe^{-x}-a$，由 $f'(x)=(1-x)e^{-x}=0$，得 $x=1$.

当 $x<1$ 时，$f'(x)>0$，当 $x>1$ 时，$f'(x)<0$，则 $x=1$ 为 $f(x)$ 的最大值点，最大值为

$$M=f(1)=\frac{1}{e}-a.$$

讨论 M 与 0 的大小

(1) 当 $a>\dfrac{1}{e}$ 时，$M<0$，$f(x)$ 无零点，则方程无解；

(2) 当 $a=\dfrac{1}{e}$ 时，$M=0$，$f(x)$ 有唯一的零点 $x=1$，则方程有唯一解 $x=1$；

(3) 当 $0<a<\dfrac{1}{e}$ 时，$M>0$，因为 $f(0)=-a<0$，$\lim\limits_{x\to+\infty}f(x)=-a<0$，所以 $f(x)$ 有且仅有两个零点，则方程有且仅有两个根，分别位于 $(0, 1)$ 与 $(1, +\infty)$ 内.

综上所述 $a>\dfrac{1}{e}$，无解，$a=\dfrac{1}{e}$，唯一解，$0<a<\dfrac{1}{e}$，2 个解

【例 4.57】 设在 $[0, +\infty)$ 内有 $f''(x)\geq 0$，且 $f(0)=-1$，$f'(0)=2$，证明：$f(x)=0$ 在 $(0, +\infty)$ 内有且仅有一个根.

【证明】 由 $\begin{cases} f'(0)=2, \\ f''(x)\geq 0, \end{cases}$ 得 $f'(x)\geq 2(x\geq 0)$，由拉格朗日中值定理可得

$$f(x)-f(0)=f'(\xi)x，\text{其中 } 0<\xi<x.$$

于是 $f(x)\geq f(0)+2x=2x-1$，两边取极限得 $\lim\limits_{x\to+\infty}f(x)=+\infty$.

因为 $f(0)=-1<0$，由零点定理 $f(x)=0$ 至少有一个根.

又因为 $f'(x)\geq 2>0$，所以 $f(x)$ 为单调增函数，故根是唯一的.

【例 4.58】 证明方程 $\ln x=\dfrac{x}{e}-\displaystyle\int_0^\pi \sqrt{1-\cos 2x}\,\mathrm{d}x$ 在 $(0, +\infty)$ 内有且仅有两个根.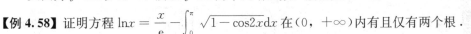

【证明】 $\displaystyle\int_0^\pi \sqrt{1-\cos 2x}\,\mathrm{d}x=\int_{-\frac{\pi}{2}}^{\frac{\pi}{2}} \sqrt{1-\cos 2x}\,\mathrm{d}x=2\int_0^{\frac{\pi}{2}} \sqrt{1-\cos 2x}\,\mathrm{d}x$

$$=2\int_0^{\frac{\pi}{2}} \sqrt{1-(\cos^2 x-\sin^2 x)}\,\mathrm{d}x=2\sqrt{2}\int_0^{\frac{\pi}{2}} \sin x\,\mathrm{d}x$$

$$=2\sqrt{2},$$

作辅助函数 $f(x)=\ln x-\dfrac{x}{e}+2\sqrt{2}\ (x>0)$，由 $f'(x)=\dfrac{1}{x}-\dfrac{1}{e}=0$ 得 $x=e$，因为 $f''(x)=-\dfrac{1}{x^2}<0$，所以 $x=e$ 为 $f(x)$ 在 $(0, +\infty)$ 的最大点，最大值为 $M=f(e)=2\sqrt{2}>0$

因为 $\lim\limits_{x\to 0^+}f(x)=-\infty$，$\lim\limits_{x\to+\infty}f(x)=-\infty$，由单调性及零点定理可知原方程有且仅有两个正根.

<h2 align="center">题型十　二阶保号性问题</h2>

在很多问题的证明中，经常出现二阶导数大于或小于零的条件，这个条件的解读一般有以下两种思路：

思路一：

(1) 若 $f''(x)>0(<0)$，则 $f'(x)$ 单调增加（单调减少）.

(2) 若 $f''(x)>0(<0)$，则 $f(x)\geqslant(\leqslant)f(x_0)+f'(x_0)(x-x_0)$

思路二：利用泰勒公式得到一个重要不等式.

定理 4.9.1 设 $f(x)$ 在 $[a,b]$ 上二阶可导，则有

(1) 若 $f''(x)>0$，则 $f(x)\geqslant f(x_0)+f'(x_0)(x-x_0)$，等号成立当且仅当 $x=x_0$；

(2) 若 $f''(x)<0$，则 $f(x)\leqslant f(x_0)+f'(x_0)(x-x_0)$，等号成立当且仅当 $x=x_0$.

几何解释：任取点 $x=x_0$，曲线上过点 $(x_0,f(x_0))$ 的切线方程为

$$y=f(x_0)+f'(x_0)(x-x_0)$$

如图 4-11 所示，因为曲线为凹，所以 $f(x)\geqslant f(x_0)+f'(x_0)(x-x_0)$，且 "$=$" 成立 $\Leftrightarrow$ "$x=x_0$".

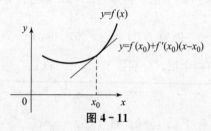

图 4-11

【例 4.59】 设 $f(x)$ 在 $[0,+\infty)$ 上连续，且 $f''(x)>0$，$f(0)=0$. 证明：对任意的 $a>0$，$b>0$ 有 $f(a)+f(b)<f(a+b)$.

【证明】 设 $a\leqslant b$，由微分中值定理可得

$$f(a)-f(0)=f'(\xi_1)a，其中 0<\xi_1<a,$$
$$f(a+b)-f(b)=f'(\xi_2)a，其中 b<\xi_2<a+b.$$

由于 $f''(x)>0$ 且 $\xi_1<\xi_2$，所以 $f'(\xi_1)<f'(\xi_2)$，故 $f(a)-f(0)<f(a+b)-f(b)$，于是 $f(a)+f(b)<f(a+b)$ 得证.

【例 4.60】 设 $f'(a)=0$，$\lim\limits_{x\to a}\dfrac{f''(x)}{|x-a|}=2$，讨论 $x=a$ 是否是函数 $f(x)$ 的极值点？若是极值点，判断是极大值点还是极小值点.

【解】 由于 $\lim\limits_{x\to a}\dfrac{f''(x)}{|x-a|}=2>0$，所以存在 $\delta>0$，当 $0<|x-a|<\delta$ 时，有

$\dfrac{f''(x)}{|x-a|}>0$，从而有 $f''(x)>0$，于是 $f'(x)$ 在 $(a-\delta,a+\delta)$ 内单调增加.

又因为 $f'(a)=0$，所以 $\begin{cases}f'(x)<0，当 a-\delta<x<a 时,\\ f'(x)>0，当 a<x<a+\delta 时,\end{cases}$ 根据函数极值判定的第一充分条件，$x=a$ 为 $f(x)$ 的极小值点.

【例 4.61】 设 $f(x)$ 在 $[a,+\infty)$ 上二阶可导且 $f''(x)>0$，又 $f(a)=-2$，$f'(a)=1$.

证明：$f(x)$ 在 $(a,+\infty)$ 内有且仅有一个零点.

【分析】 零点定理与单调性相结合的一道题目.

【证明】 因为 $f''(x)>0$，所以 $f'(x)$ 在 $[a,+\infty)$ 上单调增加，又因为 $f'(a)=1$，所以当 $x\geqslant a$ 时，$f'(x)\geqslant 1$.

由拉格朗日中值定理，当 $x>a$ 时，有

$$f(x)-f(a)=f'(\xi)(x-a)\quad(a<\xi<x),$$

于是 $f(x)\geqslant f(a)+x-a$，两边令 $x\to+\infty$ 得 $\lim\limits_{x\to+\infty}f(x)=+\infty$.

因为 $f(a)=-2<0$，所以 $f(x)$ 至少有一个零点．

又因为 $f'(x)\geqslant 1>0$，所以 $f(x)$ 单调递增，故零点是唯一的．

【例 4.62】设 $f(x)$，$g(x)$ 在 $[a，+\infty)$ 上二阶可导，$f(a)=g(a)$，$f'(a)=g'(a)$，且 $f''(x)>g''(x)(x>a)$．证明：$f(x)>g(x)(x>a)$．

【证明】作辅助的函数 $F(x)=f(x)-g(x)$，$F(a)=0$，$F'(a)=0$，$F''(x)>0(x>a)$．

由 $\begin{cases} F'(a)=0, \\ F''(x)>0(x>a) \end{cases}$ 得 $F'(x)>0(x>a)$．

再由 $\begin{cases} F(a)=0, \\ F'(x)>0(x>a) \end{cases}$ 得 $F(x)>0(x>a)$，

即当 $x>a$ 时，$f(x)>g(x)$．

【例 4.63】设在 $(-\infty，+\infty)$ 有 $f''(x)>0$，且 $\lim\limits_{x\to 0}\dfrac{f(x)}{x}=1$．证明：$f(x)\geqslant x$．

【分析】利用函数在一点的泰勒展开式．

【证明】由 $\lim\limits_{x\to 0}\dfrac{f(x)}{x}=1$ 得 $f(0)=0$，$f'(0)=1$．

$$f(x)=f(0)+f'(0)x+\frac{f''(\xi)}{2!}x^2 \quad (\text{其中 } \xi \text{ 介于 } 0 \text{ 与 } x \text{ 之间}),$$

因为 $f''(x)>0$，所以 $f(x)\geqslant f(0)+f'(0)x=x$．

第5章 不定积分

【导言】

　　通过高中的学习，我们了解到指数函数和对数函数是互为逆运算的，什么意思呢？我们举个例子来说，如 $2^2=4$ 表示 2 个 2 相乘，乘积为 4，$2^3=8$ 表示 3 个 2 相乘，乘积为 8，以此类推，若有 x 个 a 相乘，则乘积可表示为 a^x，将其称为指数函数；现在若告诉我们乘积，问有几个数相乘才得到这个乘积，那这个时候该如何表示？如 4 是 2 个 2 相乘，8 是 3 个 2 相乘，那 9 是几个 2 相乘得来的呢？为了表示这个个数，我们引入了一个新符号：对数，那就用 $\log_2^9$ 表示这个数，即有 $\log_2^9$ 个 2 相乘乘积为 9，以此类推，有 $\log_a^{a^x}$ 个 a 相乘乘积为 a^x. 同样我们通过前面第三章导数和微分的学习，掌握了给我们一个函数会求其导数，现在反过来要是知道导数了，那它是哪个函数求导得来的呢？为解决这个问题，我们引入了第 5 章的不定积分. 基于此，本章内容先从介绍不定积分开始，以期循序渐进地掌握积分这个工具，本章重点和难点是在理解的基础上掌握不定积分的计算，属于必考送分题，通常以填空题的形式出现，4 分，同时本章也是定积分、多重积分计算的基础，故在备考本章时，在不定积分的计算上多下功夫. 为了便于考生备考，按不同题型进行划分，在学习本章时一定要下笔从头到尾写一遍，切忌眼高手低，多加练习，一些常见的不定积分要记住其结果，以提高计算能力，节省考场时间，以达到举一反三、触类旁通的效果.

【考试要求】

考试要求	科目	考 试 内 容
了解	数一	
	数二	
	数三	
理解	数一	原函数的概念；不定积分的概念
	数二	原函数的概念；不定积分的概念
	数三	原函数与不定积分的概念
会	数一	求有理函数、三角函数有理式和简单无理函数的积分
	数二	求有理函数、三角函数有理式和简单无理函数的积分
	数三	

续表

考试要求	科目	考 试 内 容
掌握	数一	不定积分的基本公式；不定积分的性质；换元积分法与分部积分法
	数二	不定积分的基本公式；不定积分的性质；换元积分法与分部积分法
	数三	不定积分的基本性质和基本积分公式，不定积分的换元积分法与分部积分法

【知识网络图】

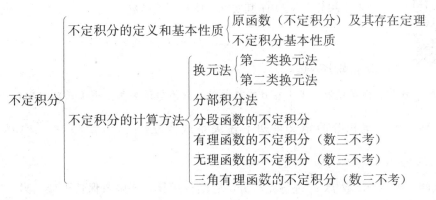

【内容精讲】

5.1 原函数（不定积分）的定义

定义 5.1.1 设 $f(x)$ 定义在区间 I 上的一个函数，如果存在一个函数 $F(x)$，对于该区间 I 上的任意一点 x，满足 $F'(x) = f(x)$ 或 $\mathrm{d}F(x) = f(x)\mathrm{d}x$ 则称 $F(x)$ 为函数 $f(x)$ 在区间 I 上的一个原函数．

注 研究原函数必须解决下面两个重要问题：

(1) 满足何种条件的函数必定存在原函数？如果存在，原函数是否唯一？

(2) 若已知一个函数的原函数存在，如何把它求出来？

先回答第一个问题，一个函数是否有原函数与所在的区间 I 有关，即下文将要介绍到的原函数（不定积分）存在定理：

(1) 在区间 I 上的连续函数一定有原函数．

(2) 在区间 I 上含有第一类间断点或无穷间断点的函数一定没有原函数．

此外，若函数 $f(x)$ 存在原函数，则原函数一定不唯一．例如 $\sin x$ 与 $\sin x + 1$ 都是 $f(x) = \cos x$ 的原函数．而根据拉格朗日中值定理的推论可知：$f(x)$ 在区间 I 上的任意两个原函数之间只可能相差一个常数 C．因此，若 $F(x)$ 是 $f(x)$ 的一个原函数，则可以用 $F(x) + C$ 表示 $f(x)$ 的所有原函数，其中 C 为任意常数．

对于第二个问题，其解答是后面要介绍的各种积分方法．

定义 5.1.2 设 $F(x)$ 是 $f(x)$ 的一个原函数，则称 $f(x)$ 的所有原函数 $F(x) + C$（C 为任意常数）为 $f(x)$ 的不定积分，记为 $\int f(x)\mathrm{d}x$，即 $\int f(x)\mathrm{d}x = F(x) + C$，其中，符号 "$\int$" 称为积分号，$f(x)$ 称为被积函数，x 称为积分变量，$f(x)\mathrm{d}x$ 称为被积表达式，C 称为积分常

数.

注 比较定义 5.1.1 与定义 5.1.2 会发现，不定积分其实指的就是所有原函数，只不过换了个符号来表示，所以在做题时要时刻想着二者是一回事，这有助于理解题意，快速下手做题，如例题 5.1 所示.

【例 5.1】设函数 $f(x)$ 在区间 $(-\infty, +\infty)$ 内连续，则 $\mathrm{d}\int f(x)\mathrm{d}x$ 等于 （　　）.

A. $f(x)$ 　　　　 B. $f(x)\mathrm{d}x$ 　　　　 C. $f(x)+C$ 　　　　 D. $f'(x)\mathrm{d}x$

【解】∵ 函数 $f(x)$ 在区间 $(-\infty, +\infty)$ 内连续，故在 $(-\infty, +\infty)$ 上存在不止一个原函数，设所有原函数为 $F(x)+C$，即 $[F(x)+C]'=f(x)$.

∵ 不定积分 $\int f(x)\mathrm{d}x$ 其实就是所有的原函数

∴ $\int f(x)\mathrm{d}x = F(x)+C$ 　∴ $\mathrm{d}\int f(x)\mathrm{d}x = \mathrm{d}[F(x)+C] = [F(x)+C]'\mathrm{d}x = f(x)\mathrm{d}x$，故 B 入选.

注 运算符号 d 与 $\int$ 相互抵消. 但 $\int$ 在 d 的前面时，抵消后还要加上一个任意常数 C.

一方面，从不定积分的定义可知下述关系式成立：$\left[\int f(x)\mathrm{d}x\right]' = [F(x)+C]' = F'(x) = f(x)$ 或 $\mathrm{d}\left[\int f(x)\mathrm{d}x\right] = f(x)\mathrm{d}x$.

它表明，对一个函数 $f(x)$ 进行先积分、后微分运算，则函数保持不变. 另一方面，有 $\int F'(x)\mathrm{d}x = F(x)+C$.

它表明，对一个函数 $F(x)$ 进行先微分、后积分运算，则函数至多差一个常数. 简单地说，在忽略任意常数的前提下，函数的微分和积分互为逆运算.

5.2　不定积分的几何意义

$\int f(x)\mathrm{d}x$ 的几何意义是由积分曲线 $y=F(x)$ 沿 y 轴平移而得到的积分曲线族. 如图 5-1 所示. 这族积分曲线具有这样的特点：

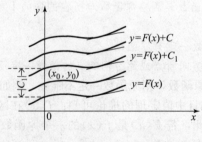

图 5-1

（1）在横坐标 x 相同的点处，所有曲线的切线都平行，且切线的斜率都等于 $f(x)$.

（2）它们的纵坐标只差一个常数.

5.3 原函数（不定积分）存在定理

(1) 连续函数 $f(x)$ 必有原函数 $F(x)$.

(2) 含有第一类间断点、无穷间断点的函数 $f(x)$ 在包含该间断点的区间内必没有原函数 $F(x)$.

通过例 5.2、例 5.3 两个题目证明这个定理，需要理解证明推导过程.

【**例 5.2**】 如果函数 $f(x)$ 在区间 $[a, b]$ 上连续，证明 $F(x) = \int_a^b f(t)\mathrm{d}t$ 是 $f(x)$ 在区间 $[a, b]$ 上的一个原函数.

【**证明**】 若 $x \in (a, b)$，取 Δx 使 $x + \Delta x \in (a, b)$，则

$$\Delta F = F(x + \Delta x) - F(x) = \int_a^{x+\Delta x} f(t)\mathrm{d}t - \int_a^x f(t)\mathrm{d}t$$

$$= \int_a^x f(t)\mathrm{d}t + \int_x^{x+\Delta x} f(t)\mathrm{d}t - \int_a^x f(t)\mathrm{d}t = \int_x^{x+\Delta x} f(t)\mathrm{d}t.$$

使用积分中值定理，有 $\int_x^{x+\Delta x} f(t)\mathrm{d}t = f(\xi)\Delta x$，其中 ξ 在 x 与 $x + \Delta x$ 之间，$\Delta x \to 0$ 时，

$\xi \to x$ 于是 $F'(x) = \lim\limits_{\Delta x \to 0} \dfrac{\Delta F}{\Delta x} = \lim\limits_{\Delta x \to 0} f(\xi) = \lim\limits_{\xi \to x} f(\xi) = f(x)$.

若 $x = a$，取 $\Delta x > 0$，则同理可证 $F'_+(x) = f(a)$；若 $x = b$，取 $\Delta x < 0$，则同理可证

$$F'_-(x) = f(b).$$

【**例 5.3**】 试证明含有第一类间断点、无穷间断点的函数 $f(x)$ 在包含该间断点的区间内必没有原函数 $F(x)$.

【**证明**】 （反证法）设 $F(x)$ 为 $f(x)$ 在 I 内的一个原函数，则 $F(x)$ 在 I 内可导，且 $F'(x) = f(x)$，并设 $x = x_0 \in I$ 为 $F'(x)$ 的间断点，我们讨论如下三种情况：

(1) $x = x_0$ 为第一类可去间断点，即 $\lim\limits_{x \to x_0} F'(x)$ 存在且为 A，但 $A \neq F'(x_0)$，而

$F'(x_0) = \lim\limits_{x \to x_0} \dfrac{F(x) - F(x_0)}{x - x_0} \xlongequal{\text{洛必达法则}} \lim\limits_{x \to x_0} F'(x) = A$，产生矛盾；

(2) $x = x_0$ 为第一类跳跃间断点，即 $\lim\limits_{x \to x_0^+} F'(x)$ 存在且为 A_+，$\lim\limits_{x \to x_0^-} F'(x)$ 存在且为 A_-，但 $A_+ \neq A_-$，而由

$$F'_+(x_0) = \lim\limits_{x \to x_0^+} \dfrac{F(x) - F(x_0)}{x - x_0} \xlongequal{\text{洛必达法则}} \lim\limits_{x \to x_0^+} F'(x) = A_+,$$

$$F'_-(x_0) = \lim\limits_{x \to x_0^-} \dfrac{F(x) - F(x_0)}{x - x_0} \xlongequal{\text{洛必达法则}} \lim\limits_{x \to x_0^-} F'(x) = A_-,$$

又 $F'(x_0)$ 是存在的，则 $F'_+(x_0) = F'_-(x_0)$，即 $A_+ = A_-$，矛盾；

(3) $x = x_0$ 为第二类无穷间断点，即 $\lim\limits_{x \to x_0} F'(x) = \infty$，而

$$F'(x_0) = \lim\limits_{x \to x_0} \dfrac{F(x) - F(x_0)}{x - x_0} \xlongequal{\text{洛必达法则}} \lim\limits_{x \to x_0} F'(x) = \infty,$$

根据题意，$F'(x_0)$ 又是存在的，矛盾；

综上所述，(1)，(2) 和 (3) 均不可能，即导函数 $F'(x)$ 在 (a, b) 内必定没有第一类间断点和无穷间断点，也即含有第一类间断点和无穷间断点的函数 $f(x)$ 在包含该间断点的区间内没有原函数 $F(x)$.

注 (1) 在考研试题中，已经出现过"在区间 I 上连续函数必有原函数"的考查，而上面这个证明至今为止还未考过，因此请掌握其证明过程；

(2) 第二类振荡间断点是否有原函数呢？举例来说，对于 $f(x)=$ $\begin{cases} 2x\sin\dfrac{1}{x}-\cos\dfrac{1}{x}, & x\neq 0, \\ 0, & x=0, \end{cases}$ 其在 $(-\infty, +\infty)$ 不连续，它有一个第二类振荡间断点 $x=0$，

但是它在 $(-\infty, +\infty)$ 上存在原函数 $F(x)=\begin{cases} x^2\sin\dfrac{1}{x}, & x\neq 0, \\ 0, & x=0. \end{cases}$ 即对于 $(-\infty, +\infty)$ 上任一

点都有 $F'(x)=f(x)$ 成立.

当然，对于 $f(x)=\begin{cases} \dfrac{1}{x}\sin\dfrac{1}{x}, & x\neq 0, \\ 0, & x=0, \end{cases}$ 其在 $(-\infty, +\infty)$ 也有一个第二类振荡间断点 x

$=0$，且其在 $(-\infty, +\infty)$ 上没有原函数.

综合以上几点可以得出重要结论：可导函数 $F(x)$ 求导后的函数 $F'(x)=f(x)$ 不一定是连续函数，但是如果有间断点，一定是第二类间断点（在考研的范畴内，只能是振荡间断点）.

可通过下一章定积分中的例 5.1 进一步加深对原函数（不定积分）存在定理的理解及分辨它和定积分存在定理的区别.

5.4　可积的含义

由前面内容可知：若函数 $f(x)$ 在区间 I 上连续，则 $f(x)$ 在区间 I 上的原函数一定存在. 由于初等函数在其定义域内都连续，所以初等函数在其定义域内的原函数都存在. 但是初等函数的原函数不一定仍是初等函数，因此随意一个初等函数的原函数不一定能找着，这一点必须清楚：找到的必定存在，但存在的不一定能找得到. 那么什么叫作初等函数的原函数不一定能找着呢？这里的"不一定能找着"的意思是：**随意一个初等函数的原函数不一定能用初等函数表示**. 因为绝大部分非初等函数很难写出来，即使原函数存在，有时也无法用初等函数来表示，故只能无奈地说它不可积，也就是积不出来的意思.

因此在不定积分中可积的含义是：若 $f(x)$ 的原函数可以用初等函数来表示，则称 $f(x)$ 可积. 其实 1835 年左右，刘维尔等人就证明了下列函数是不可积的：$\displaystyle\int e^{x^2}dx$，$\displaystyle\int e^{-x^2}dx$，

$\displaystyle\int \sin x^2 dx$，$\displaystyle\int \cos x^2 dx$，$\displaystyle\int \dfrac{\sin x}{x}dx$，$\displaystyle\int \dfrac{\cos x}{x}dx$，$\displaystyle\int \dfrac{1}{\ln x}dx$，$\displaystyle\int \sqrt{1-k^2\sin^2 x}\,dx\,(0<k^2<1)$ 等等（请记住这八个不定积分吧！不仅仅是因为很难证明"一个函数的原函数不能用初等函数表示"，而且这对我们后面定积分的计算也能带来一定的帮助）. 其实可以看出，这些被积函数都有原函数，因为它们是初等函数. 但它们的原函数都不能用初等函数表示，故称这些不定积分均不可积或积不出来.

函数的连续性、可积性以及原函数存在性之间的关系如图 5-2 所示.

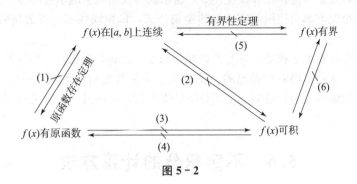

图 5 - 2

图 5 - 2 中（1）（3）的反例：令

$$F(x)=\begin{cases} x^2\sin\dfrac{1}{x^2}, & x\neq 0, \\ 0, & x=0, \end{cases} f(x)=F'(x)=\begin{cases} 2x\sin\dfrac{1}{x^2}-\dfrac{2}{x}\cos\dfrac{1}{x^2}, & x\neq 0, \\ 0, & x=0. \end{cases}$$

则 $F(x)$ 是 $f(x)$ 的一个原函数．但 $f(x)$ 在 $x=0$ 处不连续，且在 $x=0$ 的任一邻域内无界（因为 $\lim\limits_{n\to\infty}f\left(\dfrac{1}{\sqrt{2n\pi}}\right)=\lim\limits_{n\to\infty}(-2\sqrt{2n\pi})=-\infty$），从而 $f(x)$ 在任何包含 0 的区间上都不可积．

（2）（4）的反例：令 $f(x)=\begin{cases} -1, & -1\leqslant x<0, \\ 1, & 0\leqslant x\leqslant 1, \end{cases} f(x)$ 在 $[-1,1]$ 上有界且只有一个间断点，故 $f(x)$ 在 $[-1,1]$ 上可积．显然 $f(x)$ 在 $x=0$ 处不连续，且 $x=0$ 为 $f(x)$ 的跳跃间断点，由性质"若函数处处可导，则其导函数不存在第一间断点"可知，若函数有第一类间断点，则此函数不存在原函数．故 $f(x)$ 在 $[-1,1]$ 上不存在原函数．

（5）（6）的反例：令 $f(x)$ 的狄利克雷函数，即 $f(x)=\begin{cases} 1, & x\in Q, \\ 0, & x\in Q^C, \end{cases}$ 则 $f(x)$ 有界但处处不连续．

5.5　不定积分的性质

（1）$\displaystyle\int kf(x)\mathrm{d}x=k\int f(x)\mathrm{d}x,\ (k\neq 0\text{ 的常数})$

（2）$\displaystyle\int[f_1(x)\pm f_2(x)\pm\cdots\pm f_k(x)]\mathrm{d}x=\int f_1(x)\mathrm{d}x\pm\int f_2(x)\mathrm{d}x\pm\cdots\pm\int f_k(x)\mathrm{d}x$

（3）$\displaystyle\left[\int f(x)\mathrm{d}x\right]'=f(x)\ \text{或}\ \mathrm{d}\int f(x)\mathrm{d}x=f(x)\mathrm{d}x$

（4）$\displaystyle\int F'(x)\mathrm{d}x=F(x)+C\ \text{或}\ \int \mathrm{d}F(x)\mathrm{d}x=F(x)+C$

虽然它不直接考查，但是我们也有必要了解一下，可以用积分描述的都是线性关系，也是自然界中普遍存在又能够被直接较早认识的一种关系，因为它满足可加性和齐次性．这两个性都是什么意思呢？**可加性**是指线性的现象可以被分解为若干个子情况，然后得到结果再相加，结果不变．**齐次性**是指描述的现象可以有参照，比如一元钱买一瓶水，十元钱自然就是买十瓶水．所以如果遇到用微积分运算的系统就是总体被概括为一个线性系统，但是我们也知道一个大系统是复杂的，里面可能存在非线性环节，这里就涉及研究生的学习内容了，就是非线性系统线性化，一般情况下都会使用前面所学的泰勒公式，保留线性项，省去高阶非线性项部分，进行线性分析．

会求导数就会计算不定积分？事实并非如此简单．经验告诉我们，不定积分是分析数学中最为多变、烦琐，也最值得研究总结的一类计算．下节将要给出的微积分学基本定理告诉我们，定积分的计算最后也将归结到不定积分的计算上来，这从另一方面说明了不定积分计算的重要意义．

5.6 不定积分的计算方法

基本积分表见表 5 - 1.

表 5 - 1

微分公式	积分公式
$\mathrm{d}C = 0$	$\int 0 \mathrm{d}x = C$
$\mathrm{d}(kx) = k\mathrm{d}x$	$\int k \mathrm{d}x = kx + C$
$\mathrm{d}(x^{\mu}) = \mu x^{\mu-1} \mathrm{d}x$	$\int x^{\mu} \mathrm{d}x = \dfrac{x^{\mu+1}}{\mu+1} + C,\ \mu \neq -1$
$\mathrm{d}(\ln|x|) = \dfrac{1}{x} \mathrm{d}x$	$\int \dfrac{\mathrm{d}x}{x} = \ln|x| + C$
$\mathrm{d}(\arctan x) = \dfrac{1}{1+x^2} \mathrm{d}x;\ \mathrm{d}(\operatorname{arccot} x) = -\dfrac{1}{1+x^2} \mathrm{d}x$	$\int \dfrac{\mathrm{d}x}{1+x^2} = \arctan x + C_1 = -\operatorname{arccot} x + C_2$
$\mathrm{d}(\arcsin x) = \dfrac{1}{\sqrt{1-x^2}} \mathrm{d}x;\ \mathrm{d}(\arccos x) = -\dfrac{1}{\sqrt{1-x^2}} \mathrm{d}x$	$\int \dfrac{\mathrm{d}x}{\sqrt{1-x^2}} = \arcsin x + C_1 = -\arccos x + C_2$
$\mathrm{d}(\sin x) = \cos x \mathrm{d}x$	$\int \cos x \mathrm{d}x = \sin x + C$

续表

微分公式	积分公式
$d(\cos x) = -\sin x dx$	$\int \sin x dx = -\cos x + C$
$d(\tan x) = \sec^2 x dx$	$\int \dfrac{dx}{\cos^2 x} = \int \sec^2 x dx = \tan x + C$
$d(\cot x) = -\csc^2 x dx$	$\int \dfrac{dx}{\sin^2 x} = \int \csc^2 x dx = -\cot x + C$
$d(\sec x) = \sec x \tan x dx$	$\int \sec x \tan x dx = \sec x + C$
$d(\csc x) = -\csc x \cot x dx$	$\int \csc x \cot x dx = -\csc x + C$
$d(e^x) = e^x dx$	$\int e^x dx = e^x + C$
$d(a^x) = a^x \ln a dx,\ a>0$ 且 $a \neq 1$	$\int a^x dx = \dfrac{a^x}{\ln a} + C,\ a>0$ 且 $a \neq 1$

5.6.1 换元积分法

5.6.1.1 第一类换元积分法

第一类换元积分法，也叫凑微分法，这个比较简单，无论是本科学习还是考研，它都算简单内容.

（1）基本凑微分的形式.

$$\int f[\varphi(x)]\varphi'(x)dx = \int f[\varphi(x)]d\varphi(x) \xrightarrow{\text{令}\ u = \varphi(x)} \int f(u)du = F(u) + C$$

提示几个小技巧

$\int \dfrac{1}{\sqrt{x}}dx = 2\sqrt{x} + C;\ \int f(\sqrt{x})\dfrac{1}{\sqrt{x}}dx = 2\int f(\sqrt{x})d(\sqrt{x}).$

$\int f\left(\dfrac{1}{x}\right)\dfrac{1}{x^2}dx = -\int f\left(\dfrac{1}{x}\right)d\left(\dfrac{1}{x}\right);\ \int f(\ln x)\dfrac{1}{x}dx = \int f(\ln x)d\ln x$

$\int f(e^x)e^x dx = \int f(e^x)d(e^x);$

$\int \tan x dx = \int \dfrac{\sin x}{\cos x}dx = \int \dfrac{-d\cos x}{\cos x} = -\ln|\cos x| + C$

$\int \sec x dx = \int \dfrac{1}{\cos x}dx = \int \dfrac{\cos x}{\cos^2 x}dx = \int \dfrac{d\sin x}{1-\sin^2 x} = \dfrac{1}{2}\ln\left|\dfrac{1+\sin x}{1-\sin x}\right| + C$

$\xrightarrow{\text{为方便记忆进行等价变换}} \dfrac{1}{2}\ln\left|\dfrac{(1+\sin x)^2}{\cos^2 x}\right| + C = \ln\left|\dfrac{1+\sin x}{\cos x}\right| + C$

$= \ln|\sec x + \tan x| + C$

（2）常见的凑微分的形式．

① $\int f(ax+b)\mathrm{d}x = \dfrac{1}{a}\int f(ax+b)\mathrm{d}(ax+b)$，$a\neq 0$

② $\int f(ax^{\mu}+b)x^{\mu-1}\mathrm{d}x = \dfrac{1}{a\mu}\int f(ax^{\mu}+b)\mathrm{d}(ax^{\mu}+b)$，$a\neq 0$，$\mu\neq 0$

③ $\int f(\mathrm{e}^x)\mathrm{e}^x\mathrm{d}x = \int f(\mathrm{e}^x)\mathrm{d}(\mathrm{e}^x)$

④ $\int f(\ln x)\dfrac{\mathrm{d}x}{x} = \int f(\ln x)\mathrm{d}(\ln x)$

⑤ $\int f\left(\dfrac{1}{x}\right)\dfrac{\mathrm{d}x}{x^2} = -\int f\left(\dfrac{1}{x}\right)\mathrm{d}\left(\dfrac{1}{x}\right)$

⑥ $\int f(\sqrt{x})\dfrac{\mathrm{d}x}{\sqrt{x}} = 2\int f(\sqrt{x})\mathrm{d}(\sqrt{x})$

⑦ $\int f(\sin x)\cos x\mathrm{d}x = \int f(\sin x)\mathrm{d}(\sin x)$

⑧ $\int f(\cos x)\sin x\mathrm{d}x = -\int f(\cos x)\mathrm{d}(\cos x)$

⑨ $\int f(\tan x)\sec^2 x\mathrm{d}x = \int f(\tan x)\mathrm{d}(\tan x)$

⑩ $\int f(\cot x)\csc^2 x\mathrm{d}x = -\int f(\cot x)\mathrm{d}(\cot x)$

⑪ $\int \dfrac{f(\arcsin x)}{\sqrt{1-x^2}}\mathrm{d}x = \int f(\arcsin x)\mathrm{d}(\arcsin x)$

⑫ $\int \dfrac{f(\arctan x)}{1+x^2}\mathrm{d}x = \int f(\arctan x)\mathrm{d}(\arctan x)$

⑬ $\int \dfrac{f'(x)}{f(x)}\mathrm{d}x = \int \dfrac{\mathrm{d}(f(x))}{f(x)} = \ln|f(x)|+C$

用凑微分法做题的问题是我们不知道是否能用凑微分，因为不清楚哪部分可作为 $\varphi(x)$ 若将思路反过来：先假设它就是用凑微分法，那么被积函数的形式必须是这样：$f'(\varphi(x))\varphi'(x)$，其中 $f'(\varphi(x))$ 中的中间变量 $\varphi(x)$（作为 A）的导数就是后面的 $\varphi'(x)$（作为 B）．所以大家做题时可以先试一试对各个部分求导，或许就可以找到 A 和 B．以下题为例：

【例 5.4】 求 $\int \dfrac{1+\cos x}{x+\sin x}\mathrm{d}x$．

【解】 此题很容易走入误区：用分部积分？用万能公式？……我们先来试试对各部分求导，也许就能找到"A"和"B"．

$$\because\ (x+\sin x)' = 1+\cos x$$

即分母（A）求导后成了分子（B），于是将 B 放凑到微分符号里，得

$$\int \dfrac{1+\cos x}{x+\sin x}\mathrm{d}x = \int \dfrac{1}{x+\sin x}\mathrm{d}(x+\sin x) = \ln|x+\sin x|+C.$$

【例 5.5】 （1）$\int x^3\sqrt{1+x^2}\mathrm{d}x$；（2）求 $\int \dfrac{x\sqrt{1+x}\mathrm{d}x}{\sqrt{1-x}}$．

（1）【分析】 无理函数尽可能往有理函数的方向转化，不要一开始就想到第二类换元法（$x=\tan t$）．毕竟第二类换元法做起来比较麻烦！中学讲的"有理化"常常是指分母有理化，

而不定积分则常常分子有理化. 这看似无理，实则有理，原因在于分子有理时容易凑微分，且求导基本公式中根号在分母上的较多.

【解】注意先抓住主要矛盾：无理式 $\sqrt{1+x^2}$ 不好办，那么利用好 $\mathrm{d}x$. 先凑微分，得

$$\int x^3 \sqrt{1+x^2}\,\mathrm{d}x = \int x^2 \cdot x\,\sqrt{1+x^2}\,\mathrm{d}x = \frac{1}{2}\int x^2\,\sqrt{1+x^2}\,\mathrm{d}(x^2+1)$$

这样根式可以看成幂次. 即

$$\frac{1}{2}\int x^2\,\sqrt{1+x^2}\,\mathrm{d}(x^2+1) = \frac{1}{2}\int (1+x^2)\,\sqrt{1+x^2}\,\mathrm{d}(x^2+1) - \frac{1}{2}\int \sqrt{1+x^2}\,\mathrm{d}(x^2+1)$$

$$= \frac{1}{2}\int (1+x^2)^{\frac{3}{2}}\,\mathrm{d}(x^2+1) - \frac{1}{2}\int (1+x^2)^{\frac{1}{2}}\,\mathrm{d}(x^2+1)$$

$$= \frac{1}{5}(1+x^2)^{\frac{5}{2}} - \frac{1}{3}(1+x^2)^{\frac{3}{2}} + C$$

（2）【分析】在不定积分中当分子分母均含根式时，有一个经验就是常常作分子有理化，这是因为基本积分公式中有分母为根式的公式，而无分子为根式的公式.

【解】
$$原式 = \int \frac{x\,\sqrt{1+x}\,\sqrt{1+x}}{\sqrt{1-x}\,\sqrt{1+x}}\,\mathrm{d}x = \int \frac{x\,\mathrm{d}x}{\sqrt{1-x^2}} + \int \frac{x^2\,\mathrm{d}x}{\sqrt{1-x^2}}$$

$$= \frac{1}{2}\int \frac{\mathrm{d}x^2}{\sqrt{1-x^2}} + \int \frac{(x^2-1)\,\mathrm{d}x}{\sqrt{1-x^2}} + \int \frac{\mathrm{d}x}{\sqrt{1-x^2}}$$

$$= -\frac{1}{2}\int \frac{\mathrm{d}(1-x^2)}{\sqrt{1-x^2}} - \int \sqrt{1-x^2}\,\mathrm{d}x + \arcsin x + C$$

$$= -\left(1+\frac{x}{2}\right)\sqrt{1-x^2} + \frac{1}{2}\arcsin x + C$$

【例 5.6】求 $\displaystyle\int \frac{1}{\sin x \cos^4 x}\,\mathrm{d}x$.

【分析】分析求导基本公式后发现三角函数与指数函数均有一种"惰性"性质，就是导函数类型不变，尤其是指数函数，其"惰性"更加明显，所以对于这两种函数，我们的原则是尽可能通过三角函数公式（或指数分解）将之化成一类三角公式，且凑成同一种角度（或指数相同的指数函数），注意 d 后的积分变量需同时改变，若它们旁边有其他类型函数时，往往都要想办法将它们"除去"，此时常用"分部积分法".

【解】利用三角公式 $\sin^2 x + \cos^2 x = 1$，要么正弦化余弦，要么余弦化正弦，那么如何选择？这里有讲究，秘诀在于偶数次幂的暂时不管，先对奇数次幂做出处理. 请看

$$\int \frac{1}{\sin x \cos^4 x}\,\mathrm{d}x = -\int \frac{1}{\sin^2 x \cos^4 x}\,\mathrm{d}\cos x = -\int \frac{1}{(1-\cos^2 x)\cos^4 x}\,\mathrm{d}\cos x$$

$$= -\int \frac{1}{(1-t^2)t^4}\,\mathrm{d}t \quad (t = \cos x)$$

$$= -\left[\int \frac{1}{(1-t^2)}\,\mathrm{d}t + \int \frac{1+t^2}{t^4}\,\mathrm{d}t\right] = \frac{1}{3}t^{-3} + \frac{1}{t} - \frac{1}{2}\ln\frac{1+t}{1-t} + C$$

5.6.1.2　第二类换元积分法

若（1）函数 $f(x)$ 连续；（2）函数 $x = \varphi(t)$ 有连续导数；（3）存在反函数 $t = \varphi^{-1}(x)$；则：

$$\int f[\varphi(t)]\varphi'(t)\mathrm{d}t = F(t)+C$$

$$\int f(x)\mathrm{d}x \xrightarrow{x=\varphi^{-1}(t)} \int f[\varphi^{-1}(x)][\varphi^{-1}(x)]'\mathrm{d}t \xrightarrow{t=\varphi^{-1}(x)} F[\varphi^{-1}(x)]+C$$

（1）三角代换

常用代换：

① $\sqrt{a^2-x^2}$ 型. 令 $x=a\sin t$.

② $\sqrt{a^2+x^2}$ 型. 令 $x=a\tan t$.

③ $\sqrt{x^2-a^2}$ 型. 令 $x=a\sec t$.

【例 5.7】计算 $\int \sqrt{a^2-x^2}\,\mathrm{d}x(a>0)$.

【分析】被积函数含有根号且不能通过凑微分计算，考虑选取合适的变换消除根号，将无理式变成有理式，为消除 $\sqrt{a^2-x^2}$ 的根号，所选取的 $g(t)$ 须能使 $a^2-[g(t)]^2=(\cdots)^2$，联想到 $(a\sin t)^2+(a\cos t)^2=a^2$，于是可设 $x=a\sin t$，$\left(-\dfrac{\pi}{2}<t<\dfrac{\pi}{2}\right)$.

【解】设 $x=a\sin t$，$-\dfrac{\pi}{2}<t<\dfrac{\pi}{2}$，则 $\sqrt{a^2-x^2}=\sqrt{a^2-a^2\sin^2 t}=\sqrt{a^2\cos^2 t}=a\cos t$，原式化为：

$$\int \sqrt{a^2-x^2}\,\mathrm{d}x = \int a\cos t \cdot a\cos t\,\mathrm{d}t = a^2\int \cos^2 t\,\mathrm{d}t$$

$$= a^2\int \frac{1+\cos 2t}{2}\mathrm{d}t = \frac{a^2}{2}\left(t+\frac{1}{2}\sin 2t\right)+C$$

$$= \frac{a^2}{2}t+\frac{a^2}{2}\sin t\cdot\cos t+C$$

由于 $x=a\sin t$，$-\dfrac{\pi}{2}<t<\dfrac{\pi}{2}$，所以 $t=\arcsin\dfrac{x}{a}$，作辅助三角形，如

图 5-3 所示. $\cos t==\dfrac{\sqrt{a^2-x^2}}{a}$

于是 $\int \sqrt{a^2-x^2}\,\mathrm{d}x = \dfrac{a^2}{2}\arcsin\dfrac{x}{a}+\dfrac{1}{2}x\sqrt{a^2-x^2}+C$

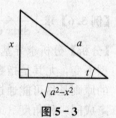

图 5-3

【例 5.8】计算 $\int \dfrac{\mathrm{d}x}{\sqrt{x^2+a^2}}(a>0)$.

【分析】为消除 $\sqrt{x^2+a^2}$ 的根号，将无理式变成有理式，所选取的 $x=g(t)$ 须能使 $a^2+[g(t)]^2=(\cdots)^2$，联想到公式 $a^2+(a\tan x)^2=a^2\sec^2 x$，于是可设 $x=a\tan t$，$\left(-\dfrac{\pi}{2}<t<\dfrac{\pi}{2}\right)$.

【解】设 $x=a\tan t\left(-\dfrac{\pi}{2}<t<\dfrac{\pi}{2}\right)$，则 $\sqrt{x^2+a^2}=\sqrt{a^2\tan^2 t+a^2}=a\sec t$，原式

化为：$\displaystyle\int \frac{\mathrm{d}x}{\sqrt{x^2+a^2}}=\int \frac{a\sec^2 t}{a\sec t}\mathrm{d}t=\int \sec t\,\mathrm{d}t=\ln|\sec t+\tan t|+C_1$

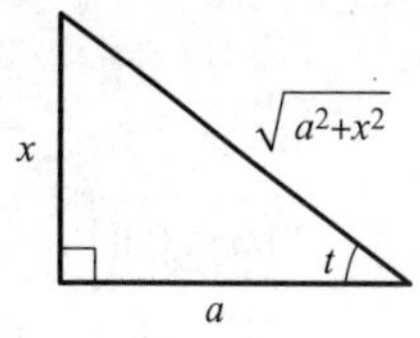

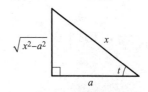

根据 $\tan t=\dfrac{x}{a}$ 作辅助三角形，如图 5-4 所示.

$$\int \frac{\mathrm{d}x}{\sqrt{x^2+a^2}}=\ln|\sec t+\tan t|+C_1=\ln\left|\frac{\sqrt{x^2+a^2}}{a}+\frac{x}{a}\right|+C_1$$

图 5-4

$$=\ln(x+\sqrt{x^2+a^2})+C_1-\ln a=\ln(x+\sqrt{x^2+a^2})+C$$

其中 $C=C_1-\ln a$.

【例 5.9】 计算 $\displaystyle\int \frac{\mathrm{d}x}{\sqrt{x^2-a^2}}(a>0)$.

【分析】 为消除 $\sqrt{x^2-a^2}$ 的根号，将无理式变成有理式，所选取的 $x=g(t)$ 须能使 $[g(t)]^2-a^2=(\cdots)^2$，联想到公式 $a^2\sec^2 x-a^2=(a\tan x)^2$，于是可设 $x=a\sec t$.

【解】 设 $x=a\sec t\left(0<t<\dfrac{\pi}{2}\right)$，则 $\sqrt{x^2-a^2}=\sqrt{a^2\sec^2 t-a^2}=a\tan t$

于是，原式化为：$\displaystyle\int \frac{\mathrm{d}x}{\sqrt{x^2-a^2}}=\int \frac{a\sec t\tan t}{a\tan t}\mathrm{d}t=\int \sec t\,\mathrm{d}t=$
$\ln|\sec t+\tan t|+C_1$

利用 $\sec t=\dfrac{x}{a}$ 作辅助三角形，如图 5-5 所示.

图 5-5

$$\int \frac{\mathrm{d}x}{\sqrt{x^2-a^2}}=\ln|\sec t+\tan t|+C_1=\ln\left|\frac{\sqrt{x^2-a^2}}{a}+\frac{x}{a}\right|+C_1$$

$$=\ln\left|x+\sqrt{x^2-a^2}\right|+C_1-\ln a=\ln\left|x+\sqrt{x^2-a^2}\right|+C$$

其中 $C=C_1-\ln a$.

（2）倒代换法

针对分母的幂次比分子的幂次高许多的情形，这时可用倒代换使得分子的幂次高于分母的幂次，即令 "$x=\dfrac{1}{t}$"，从而消掉被积函数中的根号.

【例 5.10】 求下列不定积分：

①$\displaystyle\int \frac{\mathrm{d}x}{x(x^6+1)}$；②$\displaystyle\int \frac{\sqrt{a^2-x^2}}{x^4}\mathrm{d}x(a>0)$.

【解】 ① 被积函数 $\dfrac{1}{x(x^6+1)}$ 的定义域为 $\{x\mid x\neq 0\}$，即为 $(-\infty,0)$ 和 $(0,+\infty)$ 两个区间的并，下面在这两个区间上分别求不定积分.

当 $x>0$ 时，令 $x=\dfrac{1}{t}$，则 $t>0$，$\mathrm{d}x=-\dfrac{\mathrm{d}t}{t^2}$，于是

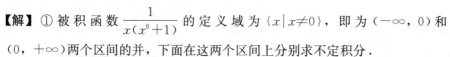

$$\int \frac{\mathrm{d}x}{x(x^6+1)}=\int \frac{-\dfrac{1}{t^2}}{\dfrac{1}{t}\left(\dfrac{1}{t^6}+1\right)}\mathrm{d}t=-\int \frac{t^5}{t^6+1}\mathrm{d}t=-\frac{1}{6}\int \frac{\mathrm{d}(t^6+1)}{t^6+1}$$

$$=-\frac{1}{6}\ln(t^6+1)+C \xrightarrow{t=\frac{1}{x}} -\frac{1}{6}\ln\left(\frac{1}{x^6}+1\right)+C, C \text{ 为任意常数}.$$

当 $x<0$ 时，令 $x=-u$，则 $u>0$，$\mathrm{d}x=-\mathrm{d}u$，由 $x>0$ 时的情形知：

$$\int \frac{\mathrm{d}x}{x(x^6+1)}=\int \frac{-\mathrm{d}u}{(-u)(u^6+1)}=\int \frac{\mathrm{d}u}{u(u^6+1)}=-\frac{1}{6}\ln\left(\frac{1}{u^6}+1\right)+C$$

$$\xrightarrow{u=-x} -\frac{1}{6}\ln\left(\frac{1}{x^6}+1\right)+C, C \text{ 为任意常数}.$$

综上所述，当 $x>0$ 或 $x<0$ 时，都有 $\displaystyle\int \frac{\mathrm{d}x}{x(x^6+1)}=-\frac{1}{6}\ln\left(\frac{1}{x^6}+1\right)+C$，$C$ 为任意常数.

②被积函数 $\dfrac{\sqrt{a^2-x^2}}{x^4}$ 的定义域为 $\{x\,|\,|x|\leqslant a \text{且} x\neq0\}$，即为 $[-a,0)$ 和 $(0,a]$ 两个区间的并，下面在这两个区间上分别求不定积分.

当 $0<x\leqslant a$ 时，

（方法一）（倒代换） 令 $x=\dfrac{1}{t}$，则 $t\geqslant\dfrac{1}{a}>0$，$\sqrt{a^2-x^2}=\sqrt{a^2-\dfrac{1}{t^2}}=\sqrt{\dfrac{a^2t^2-1}{t^2}}$，$\mathrm{d}x=-\dfrac{\mathrm{d}t}{t^2}$，于是 $\displaystyle\int \frac{\sqrt{a^2-x^2}}{x^4}\mathrm{d}x=\int \frac{\sqrt{a^2t^2-1}}{t}\cdot t^4\cdot\left(-\frac{1}{t^2}\right)\mathrm{d}t=-\int t\sqrt{a^2t^2-1}\,\mathrm{d}t$

$$=-\frac{1}{2a^2}\int \sqrt{a^2t^2-1}\,\mathrm{d}(a^2t^2-1)=-\frac{1}{2a^2}\cdot\frac{2}{3}(a^2t^2-1)^{\frac{3}{2}}+C$$

$$=-\frac{1}{3a^2}(a^2t^2-1)^{\frac{3}{2}}+C \xrightarrow{t=\frac{1}{x}} -\frac{1}{3a^2}\left(\frac{a^2}{x^2}-1\right)^{\frac{3}{2}}+C$$

$$=-\frac{(a^2-x^2)^{\frac{3}{2}}}{3a^2x^3}+C, C \text{ 为任意常数}.$$

（方法二）（三角代换） 令 $x=a\sin t$，$t\in\left(0,\dfrac{\pi}{2}\right]$，则 $\sqrt{a^2-x^2}=\sqrt{a^2-a^2\sin^2 t}=a\cos t$，$\mathrm{d}x=a\cos t\,\mathrm{d}t$，于是 $\displaystyle\int \frac{\sqrt{a^2-x^2}}{x^4}\mathrm{d}x=\int \frac{a\cos t\cdot a\cos t}{a^4\sin^4 t}\mathrm{d}t=\frac{1}{a^2}\int \csc^2 t\cot^2 t\,\mathrm{d}t$

$$=-\frac{1}{a^2}\int \cot^2 t\,\mathrm{d}(\cot t)=-\frac{\cot^3 t}{3a^2}+C.$$

由于 $a\sin t=x$，故 $\cot t=\dfrac{\sqrt{a^2-x^2}}{x}$，从而

$$\int \frac{\sqrt{a^2-x^2}}{x^4}\mathrm{d}x=-\frac{(a^2-x^2)^{\frac{3}{2}}}{3a^2x^3}+C, C \text{ 为任意常数}.$$

当 $-a\leqslant x<0$ 时，令 $x=-u$，则 $0<u\leqslant a$，$\mathrm{d}x=-\mathrm{d}u$，由 $0<x\leqslant a$ 时的情形可知，

$$\int \frac{\sqrt{a^2-x^2}}{x^4}\mathrm{d}x=-\int \frac{\sqrt{a^2-u^2}}{u^4}\mathrm{d}u=-\left[-\frac{(a^2-u^2)^{\frac{3}{2}}}{3a^2u^3}\right]+C$$

$$=\frac{(a^2-u^2)^{\frac{3}{2}}}{3a^2u^3}+C \xrightarrow{u=-x} -\frac{(a^2-x^2)^{\frac{3}{2}}}{3a^2x^3}+C, C \text{ 为任意常数}.$$

综上所述，当 $0<x\leqslant a$ 或 $-a\leqslant x<0$ 时，都有

$$\int \frac{\sqrt{a^2-x^2}}{x^4}\mathrm{d}x=-\frac{(a^2-x^2)^{\frac{3}{2}}}{3a^2x^3}+C,C\text{ 为任意常数}.$$

注 ①中利用倒代换时，实际上可以不必分情况讨论．这是因为当 $x<0$ 时，作倒代换 $x=\dfrac{1}{t}$ 的解题过程与 $x>0$ 时的情形是完全一样的．而②中利用倒代换时需分情况讨论．这是因为在下面的计算过程中 $\sqrt{a^2-x^2}\xlongequal{x=\frac{1}{t}}\sqrt{a^2-\dfrac{1}{t^2}}=\sqrt{\dfrac{a^2t^2-1}{t^2}}=\pm\dfrac{\sqrt{a^2t^2-1}}{t}$，

正、负号是由 x 的取值确定的．

5.6.2 分部积分法

5.6.2.1 分部积分公式

设函数 $u=u(x)$，$v=v(x)$ 具有连续导数，则有 $\int uv'\mathrm{d}x=uv-\int u'v\mathrm{d}x$ 或 $\int u\mathrm{d}v=uv-\int v\mathrm{d}u$．称此为分部积分公式．

利用函数乘积的求导法则，即可得到公式．事实上，由 $(uv)'=u'v+uv'$ 知 $uv'=(uv)'-u'v$，对该等式两边求不定积分即可得到公式．

如果直接求 $\int uv'\mathrm{d}x$ 比较困难，而求 $\int u'v\mathrm{d}x$ 比较容易，那么可利用公式将求 $\int uv'\mathrm{d}x$ 转化为求 $\int u'v\mathrm{d}x$．利用分部积分公式求 $\int f(x)\mathrm{d}x$ 的关键是恰当地选取 u 和 v，并将 $f(x)\mathrm{d}x$ 改写成 $uv'\mathrm{d}x$ 或 $u\mathrm{d}v$ 的形式．关于 u，v 的选取主要考虑下面两点：

(1) v 比较容易找到；

(2) $\int u'v\mathrm{d}x$ 要比 $\int uv'\mathrm{d}x$ 容易积出．

例如，求 $\int x\cos x\mathrm{d}x$，若令 $u=x$，$v=\sin x$，则由公式知，$\int x\cos x\mathrm{d}x=x\sin x-\int \sin x\mathrm{d}x=x\sin x+\cos x+C$，$C$ 为任意常数；而若令 $u=\cos x$，$v=\dfrac{x^2}{2}$，则由公式知，$\int x\cos x\mathrm{d}x=\dfrac{x^2}{2}\cos x+\int \dfrac{x^2}{2}\sin x\mathrm{d}x$，该式右端的积分比原积分更不容易求出．由此可见，选取合适的 u，v 很重要．

5.6.2.2 "优选"原则（即选 $u(x)$ 的原则）

表 5 - 2

被积函数的形式	u，v 的选取
$P_n(x)\mathrm{e}^{ax}$，$P_n(x)\sin ax$，$P_n(x)\cos ax$ 等，$a\neq 0$ 为常数．	取 $u=P_n(x)$，$v'=\mathrm{e}^{ax}$，$\sin ax$，$\cos ax$．$\left(\text{即 }v=\dfrac{\mathrm{e}^{ax}}{a},\ -\dfrac{\cos ax}{a},\ \dfrac{\sin ax}{a}\right)$
$P_n(x)\ln^m x$，$m\in N_+$，$\qquad P_n(x)\arcsin x$，$P_n(x)\arctan x$ 等．	取 $u=\ln^m x$，$\arcsin x$，$\arctan x$，$v'=P_n(x)$．

续表

被积函数的形式	u，v 的选取
$e^{ax}\sin bx$，$e^{ax}\cos bx$ 等，a，b 为非零常数．	取 $u=e^{ax}$，$v'=\sin bx$，$\cos bx$ 或者取 $u=\sin bx$，$\cos bx$，$v'=e^{ax}$．

注 在解题过程中，如表 5-2 所示，选取 u 和 v' 的原则为：把被积函数看成两个函数的乘积，按照"反、对、幂、指、三"，前者为 u，后者为 v' 的顺序即可．反：反三角函数；对：对数函数；幂：幂函数；指：指数函数；三：三角函数．

【例 5.11】 求下列不定积分：

(1) $\int x^2 e^{ax} dx\,(a\neq 0)$；   (2) $\int x^3 e^{x^2} dx$；（1994 年考研题）

(3) $\int x(\sin x+\cos x) dx$；   (4) $\int \dfrac{x}{1+\cos x} dx$；

(5) $\int \dfrac{x\cos^4\dfrac{x}{2}}{\sin^3 x} dx$；（1990 年考研题）   (6) $\int x\tan x\sec^2 x dx$．

【解】 (1) 令 $u=x^2$，$v'=e^{ax}$，则 $v'dx=e^{ax}dx=\dfrac{1}{a}d(e^{ax})$，从而

$$\int x^2 e^{ax} dx=\frac{1}{a}\int x^2 d(e^{ax})=\frac{1}{a}\left(x^2 e^{ax}-\int 2x e^{ax} dx\right)=\frac{1}{a}x^2 e^{ax}-\frac{2}{a}\int x e^{ax} dx.$$

再令 $u=x$，$v'=e^{ax}$，则 $v'dx=\dfrac{1}{a}d(e^{ax})$，从而

$$\int x e^{ax} dx=\frac{1}{a}\int x d(e^{ax})=\frac{1}{a}\left(x e^{ax}-\int e^{ax} dx\right)=\frac{1}{a}x e^{ax}-\frac{1}{a^2}e^{ax}+C.$$

因此，$\displaystyle\int x^2 e^{ax} dx=\frac{1}{a}x^2 e^{ax}-\frac{2}{a}\left(\frac{1}{a}x e^{ax}-\frac{1}{a^2}e^{ax}\right)+C$

$$=\frac{1}{a}x^2 e^{ax}-\frac{2}{a^2}x e^{ax}+\frac{2}{a^3}e^{ax}+C,C\text{ 为任意常数．}$$

(2) $\displaystyle\int x^3 e^{x^2} dx=\frac{1}{2}\int x^2 e^{x^2} d(x^2)\xrightarrow{x^2=t}\frac{1}{2}\int t e^t dt$

$$=\frac{1}{2}\int t d(e^t)=\frac{1}{2}\left(t e^t-\int e^t dt\right)$$

$$=\frac{1}{2}(t e^t-e^t)+C\xrightarrow{t=x^2}\frac{1}{2}e^{x^2}(x^2-1)+C,C\text{ 为任意常数．}$$

(3)（**方法一**）

$$\int x(\sin x+\cos x) dx=\int x\sin x dx+\int x\cos x dx=-\int x d(\cos x)+\int x d(\sin x)$$

$$=-\left(x\cos x-\int \cos x dx\right)+x\sin x-\int \sin x dx$$

$$=-x\cos x+\sin x+x\sin x+\cos x+C$$

$$=(1+x)\sin x+(1-x)\cos x+C,C\text{ 为任意常数．}$$

（**方法二**）$\displaystyle\int x(\sin x+\cos x) dx=\sqrt{2}\int x\sin\left(x+\frac{\pi}{4}\right) dx=-\sqrt{2}\int x d\left(\cos\left(x+\frac{\pi}{4}\right)\right)$

$$=-\sqrt{2}\left[x\cos\left(x+\frac{\pi}{4}\right)-\sin\left(x+\frac{\pi}{4}\right)\right]+C$$

$$=-\sqrt{2}x\cos\left(x+\frac{\pi}{4}\right)+\sqrt{2}\sin\left(x+\frac{\pi}{4}\right)+C$$

$$=-x(\cos x-\sin x)+(\sin x+\cos x)+C$$

$$=(1+x)\sin x+(1-x)\cos x+C,C\text{ 为任意常数}.$$

(4) $\displaystyle\int\frac{x}{1+\cos x}\mathrm{d}x=\int\frac{x}{2\cos^2\frac{x}{2}}\mathrm{d}x=\frac{1}{2}\int x\sec^2\frac{x}{2}\mathrm{d}x=\int x\mathrm{d}\left(\tan\frac{x}{2}\right)$

$$=x\tan\frac{x}{2}-\int\tan\frac{x}{2}\mathrm{d}x=x\tan\frac{x}{2}-\int\frac{\sin\frac{x}{2}}{\cos\frac{x}{2}}\mathrm{d}x=x\tan\frac{x}{2}+2\int\frac{\mathrm{d}\left(\cos\frac{x}{2}\right)}{\cos\frac{x}{2}}$$

$$=x\tan\frac{x}{2}+2\ln\left|\cos\frac{x}{2}\right|+C,C\text{ 为任意常数}.$$

注 熟悉积分公式 $\displaystyle\int\tan t\mathrm{d}t=-\ln|\cos t|+C$ 后，可以直接应用，于是

$$\int\tan\frac{x}{2}\mathrm{d}x=2\int\tan\frac{x}{2}\mathrm{d}\left(\frac{x}{2}\right)=-2\ln\left|\cos\frac{x}{2}\right|+C.$$

(5) （**方法一**）

$$\int\frac{x\cos^4\frac{x}{2}}{\sin^3 x}\mathrm{d}x=\int\frac{x\cos^4\frac{x}{2}}{\left(2\sin\frac{x}{2}\cos\frac{x}{2}\right)^3}\mathrm{d}x=\int\frac{x\cos\frac{x}{2}}{8\sin^3\frac{x}{2}}\mathrm{d}x=\frac{1}{4}\int\frac{x}{\sin^3\frac{x}{2}}\mathrm{d}\left(\sin\frac{x}{2}\right)$$

$$=-\frac{1}{8}\int x\mathrm{d}\left(\frac{1}{\sin^2\frac{x}{2}}\right)=-\frac{1}{8}\left(\frac{x}{\sin^2\frac{x}{2}}-\int\frac{1}{\sin^2\frac{x}{2}}\mathrm{d}x\right)$$

$$=-\frac{1}{8}\left(x\csc^2\frac{x}{2}-\int\csc^2\frac{x}{2}\mathrm{d}x\right)$$

$$=-\frac{1}{8}x\csc^2\frac{x}{2}-\frac{1}{4}\cot\frac{x}{2}+C,C\text{ 为任意常数}.$$

（**方法二**）

$$\int\frac{x\cos^4\frac{x}{2}}{\sin^3 x}\mathrm{d}x=\int\frac{x\cos^4\frac{x}{2}}{\left(2\sin\frac{x}{2}\cos\frac{x}{2}\right)^3}\mathrm{d}x=\int\frac{x\cos\frac{x}{2}}{8\sin^3\frac{x}{2}}\mathrm{d}x=\frac{1}{8}\int x\cot\frac{x}{2}\csc^2\frac{x}{2}\mathrm{d}x$$

$$=-\frac{1}{4}\int x\csc\frac{x}{2}\mathrm{d}\left(\csc\frac{x}{2}\right)=-\frac{1}{8}\int x\mathrm{d}\left(\csc^2\frac{x}{2}\right)$$

$$=-\frac{1}{8}\left(x\csc^2\frac{x}{2}-\int\csc^2\frac{x}{2}\mathrm{d}x\right)$$

$$=-\frac{1}{8}x\csc^2\frac{x}{2}-\frac{1}{4}\cot\frac{x}{2}+C,C\text{ 为任意常数}.$$

（**方法三**）

$$\int \frac{x\cos^4 \frac{x}{2}}{\sin^3 x}\mathrm{d}x = \int \frac{x\cos^4 \frac{x}{2}}{\left(2\sin\frac{x}{2}\cos\frac{x}{2}\right)^3}\mathrm{d}x = \int \frac{x\cos\frac{x}{2}}{8\sin^3\frac{x}{2}}\mathrm{d}x = \frac{1}{8}\int x\cot\frac{x}{2}\csc^2\frac{x}{2}\mathrm{d}x$$

$$=-\frac{1}{4}\int x\cot\frac{x}{2}\mathrm{d}\left(\cot\frac{x}{2}\right) = -\frac{1}{8}\int x\mathrm{d}\left(\cot^2\frac{x}{2}\right)$$

$$=-\frac{1}{8}\left(x\cot^2\frac{x}{2}-\int\cot^2\frac{x}{2}\mathrm{d}x\right)$$

$$=-\frac{1}{8}x\cot^2\frac{x}{2}+\frac{1}{8}\int\left(\csc^2\frac{x}{2}-1\right)\mathrm{d}x$$

$$=-\frac{1}{8}\left(x\csc^2\frac{x}{2}-\int\csc^2\frac{x}{2}\mathrm{d}x\right)$$

$$=-\frac{1}{8}x\csc^2\frac{x}{2}-\frac{1}{4}\cot\frac{x}{2}+C, C\text{ 为任意常数}.$$

（6）此题的被积函数是三角函数与幂函数的乘积，最容易想到用分部积分法，因为最需要消去 x 这个"异类"。

$$\text{原式} = \int x\sec x\mathrm{d}\sec x = \frac{1}{2}\int x\mathrm{d}(\sec x)^2 = \frac{1}{2}x\sec^2 x - \frac{1}{2}\int\sec^2 x\mathrm{d}x = \frac{1}{2}x\sec^2 x - \frac{1}{2}\tan x + C$$

【例5.12】求下列不定积分：

(1) $\int \frac{\ln x}{(1-x)^2}\mathrm{d}x$；（1990年考研题）　(2) $\int \frac{\arcsin\sqrt{x}}{\sqrt{x}}\mathrm{d}x$；（2000年考研题）

(3) $\int \frac{x^2}{1+x^2}\arctan x\mathrm{d}x$.（1991年考研题）

【解】(1) $\int \frac{\ln x}{(1-x)^2}\mathrm{d}x = \int\ln x\mathrm{d}\left(\frac{1}{1-x}\right) = \frac{\ln x}{1-x} - \int\frac{1}{x(1-x)}\mathrm{d}x$

$$= \frac{\ln x}{1-x} - \int\left(\frac{1}{x}+\frac{1}{1-x}\right)\mathrm{d}x = \frac{\ln x}{1-x} - (\ln x - \ln|1-x|) + C$$

$$= \frac{x\ln x}{1-x} + \ln|1-x| + C, C\text{ 为任意常数}.$$

注 被积函数的定义域为 $\{x\mid x>0$ 且 $x\neq 1\}$，但这里并没有分区间 $(0,1)$ 和 $(1,+\infty)$ 讨论，是因为虽然 $1-x$ 可能大于0，也可能小于0，但可以利用已知结果：当 $t<0$ 或 $t>0$ 时，均有 $\int\frac{1}{t}\mathrm{d}t = \ln|t| + C$，从而 $\int\frac{1}{1-x}\mathrm{d}x = -\int\frac{\mathrm{d}(1-x)}{1-x} = -\ln|1-x| + C$. 此外，由于 $x>0$，故有 $\int\frac{1}{x}\mathrm{d}x = \ln x + C$，当然写成 $\int\frac{1}{x}\mathrm{d}x = \ln|x| + C$ 也是对的，但我们希望尽可能简化表达式。

(2)（方法一）$\int \frac{\arcsin\sqrt{x}}{\sqrt{x}}\mathrm{d}x = 2\int\arcsin\sqrt{x}\mathrm{d}(\sqrt{x}) = 2\left(\sqrt{x}\arcsin\sqrt{x} - \frac{1}{2}\int\frac{1}{\sqrt{1-x}}\mathrm{d}x\right)$

$$= 2\left[\sqrt{x}\arcsin\sqrt{x} + \frac{1}{2}\int\frac{\mathrm{d}(1-x)}{\sqrt{1-x}}\right]$$

$$= 2\sqrt{x}\arcsin\sqrt{x} + 2\sqrt{1-x} + C, C\text{ 为任意常数}.$$

（**方法二**）令 $t=\sqrt{x}$，则 $x=t^2$，$\mathrm{d}x=2t\mathrm{d}t$，于是

$$\int \frac{\arcsin \sqrt{x}}{\sqrt{x}}\mathrm{d}x = 2\int \arcsin t\mathrm{d}t = 2\left(t\arcsin t - \int \frac{t}{\sqrt{1-t^2}}\mathrm{d}t\right)$$

$$= 2t\arcsin t + \int \frac{\mathrm{d}(1-t^2)}{\sqrt{1-t^2}} = 2t\arcsin t + 2\sqrt{1-t^2} + C$$

$$\xlongequal{t=\sqrt{x}} 2\sqrt{x}\arcsin \sqrt{x} + 2\sqrt{1-x} + C, C \text{ 为任意常数}.$$

（3）（**方法一**）

$$\int \frac{x^2}{1+x^2}\arctan x\mathrm{d}x = \int \left(1-\frac{1}{1+x^2}\right)\arctan x\mathrm{d}x = \int \arctan x\mathrm{d}x - \int \frac{\arctan x}{1+x^2}\mathrm{d}x$$

$$= x\arctan x - \int \frac{x}{1+x^2}\mathrm{d}x - \int \arctan x\mathrm{d}(\arctan x)$$

$$= x\arctan x - \frac{1}{2}\int \frac{\mathrm{d}(1+x^2)}{1+x^2} - \frac{1}{2}(\arctan x)^2$$

$$= x\arctan x - \frac{1}{2}\ln(1+x^2) - \frac{1}{2}(\arctan x)^2 + C, C \text{ 为任意常数}.$$

（**方法二**）令 $t=\arctan x$，则 $x=\tan t$，$\mathrm{d}x=\sec^2 t\mathrm{d}t$，于是

$$\int \frac{x^2}{1+x^2}\arctan x\mathrm{d}x = \int \frac{\tan^2 t}{1+\tan^2 t}\cdot t\sec^2 t\mathrm{d}t = \int t\tan^2 t\mathrm{d}t = \int t(\sec^2 t-1)\mathrm{d}t$$

$$= \int t\mathrm{d}(\tan t) - \int t\mathrm{d}t = t\tan t - \int \tan t\mathrm{d}t - \frac{t^2}{2}$$

$$= t\tan t + \ln|\cos t| - \frac{t^2}{2} + C.$$

由于 $t=\arctan x \in \left(-\frac{\pi}{2}, \frac{\pi}{2}\right)$，于是

$$\int \frac{x^2}{1+x^2}\arctan x\mathrm{d}x = x\arctan x + \ln \frac{1}{\sqrt{x^2+1}} - \frac{1}{2}(\arctan x)^2 + C$$

$$= x\arctan x - \frac{1}{2}\ln(1+x^2) - \frac{1}{2}(\arctan x)^2 + C, C \text{ 为任意常数}.$$

【例 5.13】 求（1）$\int \frac{\ln(\ln x)}{x\ln x}\mathrm{d}x$；　　（2）$\int x^2\ln x\mathrm{d}x$.

【分析】 仔细观察所有的基本求导（微分）公式，发现所有的基本函数求导后是没有对数函数和反三角函数的. 反过来说，若不定积分中含有对数函数或反三角函数，除了一小部分用凑微分法外，其他看来只有通过分部积分法对此部分求导才能转化掉它，因为对数函数求导后成了有理函数，反三角函数求导后虽然是无理函数，但是总还有后续的办法积出来. 可见，将对数函数与反三角函数优先求导试一试，然后待它转化成其他函数后就可以确定是需要用凑微分还是分部积分了. 若求导后被积部分含求导后的函数，则用凑微分；若不含，则用分部积分，故

（1）$\int \frac{\ln(\ln x)}{x\ln x}\mathrm{d}x$ 用凑微分法；（2）$\int x^2\ln x\mathrm{d}x$ 用分部积分法.

【解】（1）$\int \frac{\ln(\ln x)}{x\ln x}\mathrm{d}x = \int \frac{\ln(\ln x)}{\ln x}\mathrm{d}\ln x \xlongequal{\text{令}\ln x=t} \int \frac{\ln t}{t}\mathrm{d}t = \int \ln t\mathrm{d}\ln t = \frac{(\ln t)^2}{2} + C$

$$= \frac{(\ln\ln x)^2}{2} + C$$

$$(2) \int x^2 \ln x\,dx = \int \ln x\,d\frac{x^3}{3} = \frac{x^3}{3}\ln x - \int \frac{x^3}{3}\,d\ln x = \frac{x^3}{3}\ln x - \int \frac{x^3}{3}\cdot\frac{1}{x}\,dx$$

$$= \frac{x^3}{3}\ln x - \int \frac{x^2}{3}\,dx = \frac{x^3}{3}\ln x - \frac{x^3}{9} + C$$

5.6.2.3 循环积分

某些积分在连续使用分部积分公式的过程中，有时会出现原积分的形式，这时要把等式看作以原积分为未知量的方程，解之即得所求积分.

【例 5.14】求下列不定积分：

$$(1) \int e^{ax}\cos bx\,dx\,(a\neq 0,\ b\neq 0);\quad (2) \int e^x\cos^2 x\,dx;\quad (3) \int \sin(\ln x)\,dx.$$

【解】（1）（**方法一**）令 $u=\cos bx$，$v'=e^{ax}$，则

$$\int e^{ax}\cos bx\,dx = \frac{1}{a}\int \cos bx\,d(e^{ax}) = \frac{1}{a}\left(e^{ax}\cos bx + b\int e^{ax}\sin bx\,dx\right)$$

$$= \frac{1}{a}e^{ax}\cos bx + \frac{b}{a^2}\int \sin bx\,d(e^{ax}) = \frac{1}{a}e^{ax}\cos bx + \frac{b}{a^2}e^{ax}\sin bx - \frac{b^2}{a^2}\int e^{ax}\cos bx\,dx,$$

移项整理得到 $\int e^{ax}\cos bx\,dx = \dfrac{e^{ax}}{a^2+b^2}(a\cos bx + b\sin bx)+C$，$C$ 为任意常数.

（**方法二**）令 $u=e^{ax}$，$v'=\cos bx$，则

$$\int e^{ax}\cos bx\,dx = \frac{1}{b}\int e^{ax}\,d(\sin bx) = \frac{1}{b}\left(e^{ax}\sin bx - \int ae^{ax}\sin bx\,dx\right)$$

$$= \frac{1}{b}e^{ax}\sin bx + \frac{a}{b^2}\int e^{ax}\,d(\cos bx)$$

$$= \frac{1}{b}e^{ax}\sin bx + \frac{a}{b^2}e^{ax}\cos bx - \frac{a^2}{b^2}\int e^{ax}\cos bx\,dx,$$

移项整理得到 $\int e^{ax}\cos bx\,dx = \dfrac{e^{ax}}{a^2+b^2}(b\sin bx + a\cos bx)+C$，$C$ 为任意常数.

注 ①虽然对不定积分 $\int e^{ax}\cos bx\,dx$ 取 $u=\cos bx$ 或 $u=\cos bx$ 或 $u=e^{ax}$ 都可以，但要注意第二次使用分部积分法时选取的 u 要与第一次选取的 u 保持一致，即都选取三角函数为 u，或者都选取指数函数为 u，否则若第一次选取 $u=\cos bx$，第二次选取 $u=e^{ax}$，会得到恒等式而求不出结果，即 $\int e^{ax}\cos bx\,dx \xrightarrow{\text{取}u\text{为}\cos bx} \frac{1}{a}\int \cos bx\,d(e^{ax}) = \frac{1}{a}\left(e^{ax}\cos bx + b\int e^{ax}\sin bx\,dx\right)$

$$\xrightarrow{\text{取}u\text{为}e^{ax}} \frac{1}{a}e^{ax}\cos bx - \frac{1}{a}\int e^{ax}\,d(\cos bx) = \frac{1}{a}e^{ax}\cos bx - \frac{1}{a}\left[e^{ax}\cos bx - a\int e^{ax}\cos bx\,dx\right]$$

$$= \int e^{ax}\cos bx\,dx.$$

②从本题解析过程，可以得到 $\int e^{ax}\sin bx\,dx = \dfrac{e^{ax}}{a^2+b^2}(a\sin bx - b\cos bx)+C$，$C$ 为任意常数.

其中 $a\neq 0$，$b\neq 0$. 由此，对于不定积分 $\int \dfrac{\sin x}{e^x}\,dx$，只需将其写成 $\int e^{-x}\sin x\,dx$ 即可利用上述公式. 读者并不需要记住上述公式，但需要学会识别这种类型的积分，并掌握其计算方法.

（2）（**方法一**）$\int e^x\cos^2 x\,dx = \int e^x\cdot\dfrac{1+\cos 2x}{2}\,dx = \dfrac{1}{2}\int e^x\,dx + \dfrac{1}{2}\int e^x\cos 2x\,dx$

$$= \frac{1}{2}e^x + \frac{1}{2}\int e^x \cos 2x \mathrm{d}x \xrightarrow{\text{(1)中结果}} \frac{1}{2}e^x + \frac{1}{2}\left[\frac{e^x}{5}(\cos 2x + 2\sin 2x)\right] + C$$

$$= \frac{1}{2}e^x + \frac{1}{10}e^x \cos 2x + \frac{1}{5}e^x \sin 2x + C, \ C \text{ 为任意常数}.$$

（方法二） $\displaystyle\int e^x \cos^2 x \mathrm{d}x = \int \cos^2 x \mathrm{d}(e^x) = e^x \cos^2 x + \int e^x (2\sin x \cos x)\mathrm{d}x$

$$= e^x \cos^2 x + \int e^x \sin 2x \mathrm{d}x \xrightarrow{\text{(1)中注 ② 的结果}} e^x \cos^2 x$$

$$+ \frac{e^x}{5}(\sin 2x - 2\cos 2x) + C$$

$$= e^x \cos^2 x - \frac{2}{5}e^x \cos 2x + \frac{1}{5}e^x \sin 2x + C, \ C \text{ 为任意常数}.$$

(3) **（方法一）** $\displaystyle\int \sin(\ln x)\mathrm{d}x = x\sin(\ln x) - \int x \cdot \cos(\ln x) \cdot \frac{1}{x}\mathrm{d}x = x\sin(\ln x) - \int \cos(\ln x)\mathrm{d}x$

$$= x\sin(\ln x) - \left(x\cos(\ln x) + \int x \cdot \sin(\ln x) \cdot \frac{1}{x}\mathrm{d}x\right)$$

$$= x\sin(\ln x) - x\cos(\ln x) - \int \sin(\ln x)\mathrm{d}x,$$

移项整理得到 $\displaystyle\int \sin \ln x \mathrm{d}x = \frac{x\sin(\ln x) - \cos(\ln x)}{2} + C, \ C \text{ 为任意常数}.$

（方法二） 令 $t = \ln x$，则 $x = e^t$，$\mathrm{d}x = e^t \mathrm{d}t$，于是

$$\int \sin(\ln x)\mathrm{d}x = \int e^t \sin t \mathrm{d}t \xrightarrow{\text{(1)中注 ② 的结果}} \frac{e^t(\sin t - \cos t)}{2} + C$$

$$\xrightarrow{t = \ln x} \frac{x(\sin(\ln x) - \cos(\ln x))}{2} + C, \ C \text{ 为任意常数}.$$

5.6.2.4 分部积分递推式

【例 5.15】 推导下列不定积分的递推公式：

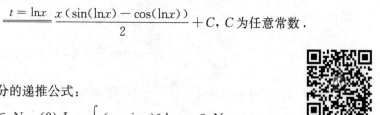

(1) $I_n = \displaystyle\int \cos^n x \mathrm{d}x, \ n \in N_+$; (2) $I_n = \displaystyle\int (\arcsin x)^n \mathrm{d}x, \ n \in N_+$;

(3) $I_n = \displaystyle\int \frac{\mathrm{d}x}{(x^2 + a^2)^n}, \ a > 0, \ n \in N_+$.

【解】 (1) 当 $n > 2$ 时，$I_n = \displaystyle\int \cos^n x \mathrm{d}x = \int \cos^{n-1} x \mathrm{d}(\sin x)$

$$= \sin x \cos^{n-1} x + \int (n-1)\sin^2 x \cos^{n-2} x \mathrm{d}x$$

$$= \sin x \cos^{n-1} x + (n-1)\int (1 - \cos^2 x)\cos^{n-2} x \mathrm{d}x$$

$$= \sin x \cos^{n-1} x + (n-1)\int \cos^{n-2} x \mathrm{d}x - (n-1)\int \cos^n x \mathrm{d}x$$

$$= \sin x \cos^{n-1} x + (n-1)I_{n-2} - (n-1)I_n.$$

移项整理得到递推公式：$I_n = \dfrac{1}{n}\sin x \cos^{n-1} x + \dfrac{n-1}{n}I_{n-2}, \ n = 3, \ 4, \ \cdots,$

$I_1 = \displaystyle\int \cos x \mathrm{d}x = \sin x + C, \ C \text{ 为任意常数},$

$$I_2 = \int \cos^2 x \mathrm{d}x = \int \frac{1+\cos 2x}{2} \mathrm{d}x = \frac{1}{2}x + \frac{\sin 2x}{4} + C, C \text{ 为任意常数}.$$

(2) 当 $n>2$ 时，$I_n = \int (\arcsin x)^n \mathrm{d}x = x(\arcsin x)^n - n\int \frac{x(\arcsin x)^{n-1}}{\sqrt{1-x^2}} \mathrm{d}x$

$$= x(\arcsin x)^n + n\int (\arcsin x)^{n-1} \mathrm{d}(\sqrt{1-x^2})$$

$$= x(\arcsin x)^n + n(\arcsin x)^{n-1}\sqrt{1-x^2} - n(n-1)\int (\arcsin x)^{n-2}\mathrm{d}x$$

$$= x(\arcsin x)^n + n(\arcsin x)^{n-1}\sqrt{1-x^2} - n(n-1)I_{n-2},$$

即有 $I_n = x(\arcsin x)^n + n(\arcsin x)^{n-1}\sqrt{1-x^2} - n(n-1)I_{n-2}$，$n=3, 4, \cdots$.

$I_1 = x\arcsin x + \sqrt{1-x^2} + C$，$C$ 为任意常数.

$I_2 = x(\arcsin x)^2 + 2\sqrt{1-x^2}\arcsin x - 2x + C$，$C$ 为任意常数.

(3) (**方法一**)

$$I_n = \int \frac{\mathrm{d}x}{(x^2+a^2)^n} = \frac{x}{(x^2+a^2)^n} + 2n\int \frac{x^2}{(x^2+a^2)^{n+1}}\mathrm{d}x = \frac{x}{(x^2+a^2)^n}$$

$$+ 2n\int \frac{x^2+a^2-a^2}{(x^2+a^2)^{n+1}}\mathrm{d}x = \frac{x}{(x^2+a^2)^n} + 2n\int \frac{\mathrm{d}x}{(x^2+a^2)^n} - 2na^2\int \frac{\mathrm{d}x}{(x^2+a^2)^{n+1}}$$

$$= \frac{x}{(x^2+a^2)^n} + 2nI_n - 2na^2 I_{n+1},$$

移项整理得到递推公式：$I_{n+1} = \frac{x}{2na^2(x^2+a^2)^n} + \frac{2n-1}{2na^2}I_n$，$n=1, 2, \cdots$，

即有 $I_n = \frac{x}{2(n-1)a^2(x^2-a^2)^{n-1}} + \frac{2n-3}{2(n-1)a^2}I_{n-1}$，$n=2, 3, \cdots$，

$$I_1 = \int \frac{\mathrm{d}x}{x^2+a^2} = \frac{1}{a}\arctan\frac{x}{a} + C, C \text{ 为任意常数}.$$

(**方法二**) 令 $x = a\tan t$，$t\in\left(-\frac{\pi}{2}, \frac{\pi}{2}\right)$，则 $\mathrm{d}x = a\sec^2 t\mathrm{d}t$，从而当 $n>1$ 时，

$$I_n = \int \frac{\mathrm{d}x}{(x^2+a^2)^n} = \int \frac{a\sec^2 t}{a^{2n}\sec^{2n}t}\mathrm{d}t = \frac{1}{a^{2n-1}}\int \cos^{2n-2}t\mathrm{d}t$$

$$\xlongequal{(1)\text{中结果}} \frac{1}{a^{2n-1}}\left(\frac{1}{2n-2}\sin t\cos^{2n-3}t + \frac{2n-3}{2n-2}\int \cos^{2n-4}t\mathrm{d}t\right)$$

$$= \frac{\sin t\cos^{2n-3}t}{a^{2n-1}(2n-2)} + \frac{2n-3}{(2n-2)a^2}\left(\frac{1}{a^{2n-3}}\int \cos^{2n-4}t\mathrm{d}t\right)$$

$$= \frac{\sin t\cos^{2n-3}t}{a^{2n-1}(2n-2)} + \frac{2n-2}{(2n-2)a^2}I_{n-1}.$$

又 $\tan t = \frac{x}{a}$，$t\in\left(-\frac{\pi}{2}, \frac{\pi}{2}\right)$，故 $\sec t = \frac{\sqrt{x^2+a^2}}{a}$，$\cos t = \frac{a}{\sqrt{x^2+a^2}}$，$\sin t = \frac{x}{\sqrt{x^2+a^2}}$，于

是 $I_n = \dfrac{\dfrac{x}{\sqrt{x^2+a^2}}\left(\dfrac{a}{\sqrt{x^2+a^2}}\right)^{2n-3}}{a^{2n-1}(2n-2)} + \dfrac{2n-3}{(2n-2)a^2}I_{n-1}$，

整理即有 $I_n = \frac{x}{2(n-1)a^2(x^2+a^2)^{n-1}} + \frac{2n-3}{2(n-1)a^2}I_{n-1}$，$n=2, 3, \cdots$，

$$I_1 = \int \frac{dx}{x^2 + a^2} = \frac{1}{a}\arctan\frac{x}{a} + C, C \text{ 为任意常数.}$$

5.6.3 分段函数的不定积分

只要分段函数 $f(x)$ 可积，则它必存在原函数 $F(x)$，而据原函数的概念，有 $F'(x) = f(x)$，可见原函数可导，而可导必连续，因此原函数 $F(x)$ 必连续. 只要抓住这一点，就不难求出分段函数的原函数：先将分段函数中的每一段函数表达式分别用常规的方法求出各段的"原函数"，各段函数表达式分别含有不同的任意常数，然后只要将各段函数"粘结"在一起，即根据函数连续的概念，找出各个常数之间的关系，使原函数连续即所求分段函数的不定积分.

【例 5.16】 求 $\int \max(x^3, x^2, 1)dx$.

【解】令 $f(x) = \max(x^3, x^2, 1)$，则 $f(x) = \begin{cases} x^3, & x \geqslant 1, \\ x^2, & x \leqslant -1, \\ 1, & |x| < 1. \end{cases}$

当 $x \geqslant 1$ 时，$\int f(x)dx = \int x^3 dx = \frac{1}{4}x^4 + C_1$.

当 $x \leqslant -1$ 时，$\int f(x)dx = \int x^2 dx = \frac{1}{3}x^3 + C_2$.

当 $|x| < 1$ 时，$\int f(x)dx = \int 1 dx = x + C_3$.

根据原函数的连续性，于是有 $\lim\limits_{x \to 1^+}\left(\frac{1}{4}x^4 + C_1\right) = \lim\limits_{x \to 1^-}(x + C_3)$，即 $\frac{1}{4} + C_1 = 1 + C_3$. 又 $\lim\limits_{x \to -1^+}(x + C_3) = \lim\limits_{x \to -1^-}\left(\frac{1}{3}x^3 + C_2\right)$，即 $-1 + C_3 = -\frac{1}{3} + C_2$.

解上面两个方程，则 $C_1 = \frac{3}{4} + C_3$，$C_2 = -\frac{2}{3} + C_3$，不妨将 C_3 改记为 C，故

$$\int \max(x^3, x^2, 1)dx = \begin{cases} \frac{1}{3}x^3 - \frac{2}{3} + C, & x \leqslant -1, \\ x + C, & -1 < x < 1, \\ \frac{1}{4}x^4 + \frac{3}{4} + C, & x \geqslant 1. \end{cases}$$

5.6.4 含抽象函数的不定积分

对抽象函数一种处理方法是用分部积分法将抽象函数求导（或积分），前提是抽象函数的导数（或积分）据已知条件可以求；另一种处理方法是凑微分或四则运算，积分的形式也为抽象函数的表达式.

【例 5.17】 (1) 设函数 $f(x)$ 的一个原函数为 $\frac{\sin x}{x}$，求 $\int xf'(2x)dx$.

(2) 设当 $x \neq 0$ 时，$f'(x)$ 连续. 求 $\int \frac{xf'(x) + (1+x)f(x)}{x^2 e^x}dx$.

【分析】第 (1) 题，被积函数是幂函数与抽象函数的乘法的形式，且其中抽象函数积分可以求出，用分部积分法.

第（2）题，解此题的技巧性很强，但是明确上述针对抽象函数的处理方法，就不难寻到求法路径：总体来说它与函数的除法的求导形式很相似，因此对被积函数要考虑能否凑出除法式的导数，最终用凑微分法求出．明确方向后，考虑到除法求导式中分母为平方项，那么先将分母乘 e^x 试一试．

【解】(1) $\displaystyle\int xf'(2x)\mathrm{d}x = \frac{1}{2}\int x\mathrm{d}f(2x) = \frac{1}{2}xf(2x) - \frac{1}{2}\int f(2x)\mathrm{d}x$

$$= \frac{1}{2}xf(2x) - \frac{1}{4}\int f(2x)\mathrm{d}(2x)$$

由题设得 $f(x) = \left(\dfrac{\sin x}{x}\right)' = \dfrac{x\cos x - \sin x}{x^2}$，且得 $\displaystyle\int f(2x)\mathrm{d}(2x) = \frac{\sin 2x}{2x}$，所以

$$\int xf'(2x)\mathrm{d}x = \frac{1}{2}xf(2x) - \frac{1}{4}\frac{\sin 2x}{2x} + C = \frac{\cos 2x}{4} - \frac{\sin 2x}{4x} + C.$$

(2) 原式 $\displaystyle= \int \frac{xe^x f'(x) - (e^x + xe^x)f(x)}{x^2 e^{2x}}\mathrm{d}x = \int \frac{xe^x f'(x) - (xe^x)'f(x)}{x^2 e^{2x}}\mathrm{d}x$

$$= \int \left[\frac{f(x)}{xe^x}\right]'\mathrm{d}x = \frac{f(x)}{xe^x} + C.$$

5.6.5 有理函数的不定积分（仅数一、数二）

有理函数是指可以由两个多项式的商表示的函数：$R(x) = \dfrac{P(x)}{Q(x)} = \dfrac{a_0 x^n + a_1 x^{n-1} + \cdots + a_n}{b_0 x^m + b_1 x^{m-1} + \cdots b_m}$，

其中 m 和 n 都是非负整数；a_0，a_1，a_2，$\cdots$，a_n 及 b_0，b_1，b_2，$\cdots$，b_m 都是实数，并且 $a_0 \neq 0$，$b_0 \neq 0$，$P(x)$ 与 $Q(x)$ 互质（没有公共因子）．

当 $n < m$ 时，$R(x)$ 称为真分式；当 $n \geqslant m$ 时，$R(x)$ 是一个假分式．

当 $R(x)$ 是一个假分式时，可用多项式除法把它化为一个多项式与一个真分式之和．由于多项式积分比较简单，所以本节重点讨论有理真分式的积分方法．

原理不多叙述，实际上很多数学书关于这里，都是使用待定系数法；如果您本科学过复变函数知识的话，应该知道一个叫作部分分式展开法．

部分分式展开法

根据德国数学家高斯 1799 年的博士毕业论文可知：任何一个多项式可以分解为若干个一次因式和二次因式的乘积．因此，任何一个真有理函数必定可以表示成若干个部分分式之和，因而真有理函数的不定积分归结为求那些部分分式的不定积分．

如果 $F(x)$ 是 x 的实系数有理真分式，即下式中 $m < n$，则 $F(x)$ 一定可以写成：

$$F(x) = \frac{B(x)}{A(x)} = \frac{b_m x^m + b_{m-1}x^{m-1} + \cdots + b_1 x + b_0}{x_n + a_{n-1}x^{n-1} + \cdots a_1 x + a_0}$$

要将 $F(x)$ 展开成若干部分分式的和可以使用部分分式展开式，这种方法要先求出分母 $A(x) = 0$ 的根 x_i，x_i 称为 $F(x)$ 的极点，$A(x) = 0$ 的根可能为实根，也可能为复根；可能为单根，也可能为重根．

(1) $A(x) = 0$ 有互不相等实单根．

若 $A(x) = 0$ 的根均为实根且互不相等时，可将 $F(x)$ 展开成如下形式：

$$F(x) = \frac{B(x)}{A(x)} = \frac{k_1}{x - x_1} + \frac{k_2}{x - x_2} + \cdots + \frac{k_i}{x - x_i} + \cdots + \frac{k_n}{x - x_n} = \sum_{i=1}^{n}\frac{k_i}{x - x_i}$$

各项的待定系数 k_i 可用如下方法求得：

用 $(x-x_i)$ 同乘上式两端，得到：

$$(x-x_i)F(x)=\frac{(x-x_i)B(x)}{A(x)}=\frac{(x-x_i)k_1}{x-x_1}+\frac{(x-x_i)k_2}{x-x_2}+\cdots+k_i+\cdots+\frac{(x-x_i)k_n}{x-x_n}$$

对此式等号两端取 $x\rightarrow x_i$ 时的极限．当 $x\rightarrow x_i$ 时，由于各根不相等，故除对应的 k_i 项以外，等式右端其余各项均趋近于零．即 $k_i=(x-x_i)F(x)|_{x=x_i}=\lim\limits_{x\rightarrow x_i}\left[(x-x_i)\frac{B(x)}{A(x)}\right]$；

求出各项的待定系数 k_i 以后自然就可以写出 $F(x)$ 的展开式，这就是当 $A(x)=0$ 有互不相等实单根时的部分分式展开法．

上面的推导过程也许有些抽象，但相信读者看完下面例子就会马上掌握做法．

【**例 5.18**】将 $F(x)=\dfrac{x+4}{x^3+3x^2+2x}$ 展开成部分分式之和．

故将 $F(x)$ 展开成部分分式的形式为：$F(x)=\dfrac{B(x)}{A(x)}=\dfrac{k_1}{x-x_1}+\dfrac{k_2}{x-x_2}+\dfrac{k_3}{x-x_3}=\dfrac{k_1}{x}+\dfrac{k_2}{x+1}+\dfrac{k_3}{x+2}$

其中 $k_1=x\cdot\dfrac{x+4}{x(x+1)(x+2)}|_{x=0}=2$，$k_2=(x+1)\cdot\dfrac{x+4}{x(x+1)(x+2)}=$

-3，$k_3=(x+2)\cdot\dfrac{x+4}{x(x+1)(x+2)}|_{x=-2}=1$，

$\therefore F(x)=\dfrac{x+4}{x(x+1)(x+2)}=\dfrac{2}{x}+\dfrac{-3}{x+1}+\dfrac{1}{x+2}$

(2) $A(x)=0$ 在 $x=x_i$ 处有 r 重实根

若 $A(x)=0$ 在 $x=x_i$ 处有 r 重实根，则 $F(x)$ 可以展开为：

$$F(x)=\frac{B(x)}{A(x)}=\frac{B_1(x)}{A_1(x)}+\frac{B_2(x)}{A_2(x)}$$

$$=\frac{k_{11}}{(x-x_1)^r}+\frac{k_{12}}{(x-x_1)^{r-1}}+\cdots+\frac{k_{1r}}{x-x_1}+\frac{B_2(x)}{A_2(x)}$$

$$=\sum_{i=1}^{r}\frac{k_{1i}}{(x-x_1)^{r+1-i}}+\frac{B_2(x)}{A_2(X)}=F_1(x)+F_2(x)$$

其中 $A_2(x)=0$ 不含实根 $x=x_1$，即当 $x=x_1$ 时，$A_2(x)\neq0$．重根对应各项的待定系数 k_{1i} 可用如下方法求得：

$$k_{11}=\left[(x-x_1)^rF(x)\right]|_{x=x_1}\qquad k_{12}=\frac{\mathrm{d}}{\mathrm{d}x}\left[(x-x_1)^rF(x)\right]|_{x=x_1}$$

$$k_{13}=\frac{1}{2!}\frac{\mathrm{d}^2}{\mathrm{d}x^2}\left[(x-x_1)^rF(x)\right]|_{x=x_1}\quad k_{1i}=\frac{1}{(i-1)!}\frac{\mathrm{d}^{i-1}}{\mathrm{d}x^{i-1}}\left[(x-x_1)^rF(x)\right]|_{x=x_1}\quad (通常所求不$$

会超过 k_{13}）

读者也许觉得上面推导过程很抽象，但相信看完下面例子后你就会马上掌握做法．

【**例 5.19**】将 $F(x)=\dfrac{x+3}{(x+1)^3(x+2)}$ 展成部分分式．

【**解**】由 $A(x)=(x+1)^3(x+2)=0$

求得 $A(x)=0$ 的根的组成为：三重根 $x_1=x_2=x_3=-1$，单根 $x_4=-2$．

故 $F(x)$ 的部分分式展开式的形式为：

$$F(x)=\frac{x+3}{(x+1)^3(x+2)}=\frac{k_{11}}{(x+1)^3}+\frac{k_{12}}{(x+1)^2}+\frac{k_{13}}{(x+1)}+\frac{k_2}{x+2}$$

其中 $k_{11}=(x+1)^3\dfrac{x+3}{(x+1)^3(x+2)}\Big|_{x=-1}=2$

$$k_{12}=\frac{\mathrm{d}}{\mathrm{d}x}\Big[(x+1)^3\frac{x+3}{(x+1)^3(x+2)}\Big]\Big|_{x=-1}=-1$$

$$k_{13}=\frac{1}{2!}\frac{\mathrm{d}^2}{\mathrm{d}x^2}\big[(x+1)^3F(x)\big]\big|_{x=-1}=1,\ \ k_2=(x+2)F(x)\big|_{x=-2}=-1$$

$$\therefore\ F(x)=\frac{2}{(x+1)^3}+\frac{-1}{(x+1)^2}+\frac{1}{x+1}+\frac{-1}{x+2}.$$

注 只有有理真分式才可以用上面方法进行部分分式展开，若待展开有理式不是真分式，则应将其整式部分提出，整理成一个常数或者一个多项式，将其余部分化为真分式以后再展开．

比如：$F(x)=\dfrac{x^3+3x^2+3x+4}{x^3+3x^2+2x}=1+\dfrac{x+4}{x^3+3x^2+2x}$，其中 $\dfrac{x+4}{x^3+3x^2+2x}$ 是有理真分式，它才可以用部分分式展开法展开．之所以着重研究部分分式展开法，是因为在高等数学的微积分计算中经常需要对真分式进行展开运算．

(3) $A(x)=0$ 有共轭复数根．

共轭单复数根：设 $x_{1,2}=-a\pm\mathrm{j}\omega$，则 $D(x)=\big[(x+a)^2+\omega^2\big]\cdot D_1(x)$，将 $F(x)$ 展开成：

$$F(x)=\frac{N(x)}{\big[(x+a)^2+\omega^2\big]D_1(x)}=\frac{K_{11}}{x+a+\mathrm{j}\omega}+\frac{K_{12}}{x+a-\mathrm{j}\omega}+\frac{N_1(x)}{D_1(x)}$$

$$=\boxed{\frac{K_1x+K_2}{(x+a)^2+\omega^2}}+\frac{N_1(x)}{D_1(x)},\ \ 其中\begin{cases}K_{11}=(x+a+\mathrm{j}\omega)F(x)\big|_{x=-a-\mathrm{j}\omega}\\ K_{12}=(x+a-\mathrm{j}\omega)F(x)\big|_{x=-a+\mathrm{j}\omega}\\ K_1=K_{11}+K_{12}\\ K_2=(a-\mathrm{j}\omega)K_{11}+(a+\mathrm{j}\omega)K_{12}\end{cases}$$

【例 5.20】$\displaystyle\int\frac{\mathrm{d}x}{(1+2x)(1+x^2)}=$ _____．

【解】应填 $\dfrac{2}{5}\ln|1+2x|-\dfrac{1}{5}\ln(x^2+1)+\dfrac{1}{5}\arctan x+C.$

$\dfrac{1}{(1+2x)(1+x^2)}=\dfrac{A}{1+2x}+\boxed{\dfrac{Bx+C}{1+x^2}}$，通分，取其分子，得 $1=A(1+x^2)+(Bx+C)(1+$

$2x)=(A+2B)x^2+(B+2C)x+C+A.$ 比较系数解得 $A=\dfrac{4}{5}$，$B=-\dfrac{2}{5}$，$C=\dfrac{1}{5}$．从

而 $\displaystyle\int\frac{1}{(1+2x)(1+x^2)}\mathrm{d}x=\frac{4}{5}\int\frac{1}{1+2x}\mathrm{d}x-\frac{1}{5}\int\frac{2x}{1+x^2}\mathrm{d}x+\frac{1}{5}\int\frac{1}{1+x^2}\mathrm{d}x$

$$=\frac{2}{5}\ln|1+2x|-\frac{1}{5}\ln(x^2+1)+\frac{1}{5}\arctan x+C.$$

上述解法是大家常用的待定系数法，实际上 $\dfrac{1}{(1+2x)(1+x^2)}=\dfrac{A}{1+2x}+\dfrac{Bx+C}{1+x^2}$ 这一步可

以通过之前的方法先把 $A=\dfrac{4}{5}$ 得到，然后再去待定系数也可以．

再练习几个题目:

【例 5.21】将真分式 $\dfrac{1}{x(x-1)^2}$ 分解成部分分式.

【解】$\dfrac{1}{x(x-1)^2}=\dfrac{A}{x}+\dfrac{B}{(x-1)^2}+\dfrac{C}{x-1}$ 通分,得 $1=A(x-1)^2+Bx+Cx(x-1)$

令 $x=0$,得 $A=1$,令 $x=1$,得 $B=1$;令 $x=2$,得 $C=-1$.

所以 $\dfrac{1}{x(x-1)^2}=\dfrac{1}{x}+\dfrac{1}{(x-1)^2}-\dfrac{1}{x-1}$

【例 5.22】计算 $\displaystyle\int\dfrac{3}{x^3+1}dx$.

【解】$\dfrac{3}{x^3+1}=\dfrac{3}{(x+1)(x^2-x+1)}=\dfrac{A}{x+1}+\dfrac{Bx+C}{x^2-x+1}$

通分得恒等式:$3=A(x^2-x+1)+(Bx+C)(x+1)$

比较同次项系数,可得 $\begin{cases}A+B=0\\-A+B+C=0\\A+C=3\end{cases}$,解得 $\begin{cases}A=1\\B=-1\\C=2\end{cases}$

$$\begin{aligned}\int\dfrac{3}{x^3+1}dx &=\int\dfrac{dx}{x+1}+\int\dfrac{-x+2}{x^2-x+1}dx\\ &=\ln|x+1|-\dfrac{1}{2}\int\dfrac{(2x-1)-3}{x^2-x+1}dx\\ &=\ln|x+1|-\dfrac{1}{2}\int\dfrac{(x^2-x+1)'}{x^2-x+1}dx+\dfrac{3}{2}\int\dfrac{d\left(x-\dfrac{1}{2}\right)}{\left(x-\dfrac{1}{2}\right)^2+\left(\dfrac{\sqrt{3}}{2}\right)^2}\\ &=\ln|x+1|-\dfrac{1}{2}\ln(x^2-x+1)+\dfrac{3}{2}\cdot\dfrac{1}{\dfrac{\sqrt{3}}{2}}\arctan\dfrac{x-\dfrac{1}{2}}{\dfrac{\sqrt{3}}{2}}+C\end{aligned}$$

【例 5.23】计算 $\displaystyle\int\dfrac{1}{x^2+4x+5}dx$.

【分析】对于这种情形的不定积分,首先考虑分母是不是能因式分解,如果不能就配方.

【解】$\displaystyle\int\dfrac{1}{x^2+4x+5}dx=\int\dfrac{1}{(x+2)^2+1}dx=\arctan(x+2)+C$

【例 5.24】计算 $\displaystyle\int\dfrac{x-2}{x^2-x+1}dx$.

【分析】被积函数的分子是一次单项式,分母是一个二次式.此处分母的二次多项式的 $\Delta=(-1)^2-4\times1=p^2-4q<0$.对这种类型,其积分方法是把被积函数的分子分为两项之和,其中一项的分子恰好是分母的导数的一个倍数,另一项的分子是常数.

【解】$\displaystyle\int\dfrac{x-2}{x^2-x+1}dx=\int\dfrac{\dfrac{1}{2}(2x-1)-\dfrac{3}{2}}{x^2-x+1}dx$

$$= \frac{1}{2}\int \frac{2x-1}{x^2-x+1}\mathrm{d}x - \frac{3}{2}\int \frac{1}{x^2-x+1}\mathrm{d}x$$

$$= \frac{1}{2}\int \frac{\mathrm{d}(x^2-x+1)}{x^2-x+1} - \frac{3}{2}\int \frac{\mathrm{d}\left(x-\frac{1}{2}\right)}{\left(x-\frac{1}{2}\right)^2 + \left(\frac{\sqrt{3}}{2}\right)^2}$$

$$= \frac{1}{2}\ln|x^2-x+1| - \frac{3}{2}\cdot\frac{2}{\sqrt{3}}\arctan\frac{x-\frac{1}{2}}{\frac{\sqrt{3}}{2}} + C$$

$$= \frac{1}{2}\ln|x^2-x+1| - \sqrt{3}\arctan\frac{2x-1}{\sqrt{3}} + C$$

5.6.6   无理函数的不定积分（仅数一、数二）

如表 5-3 所示.

表 5-3

$\int R(x, \sqrt[n]{ax+b})\mathrm{d}x$	积分方法	令 $\sqrt[n]{ax+b}=t$
$\int R\left(x, \sqrt[n]{\dfrac{ax+b}{cx+d}}\right)\mathrm{d}x$	积分方法	$\sqrt[n]{\dfrac{ax+b}{cx+d}}=t$
$\int R(x, \sqrt{ax^2+bx+c})\mathrm{d}x$	积分方法	将 x^2+ax+b 配方
$\int \dfrac{mx+n}{\sqrt{x^2+ax+b}}\mathrm{d}x$	积分方法	将 $mx+n$ 配成 $2x+a+k$

5.6.6.1   被积函数为 $\int R(x, \sqrt[n]{ax+b})\mathrm{d}x$ 形式的积分

其中 $R(x, t)$ 为变量 x，t 的有理函数，可令 $t=\sqrt[n]{ax+b}$，则 $x=\dfrac{t^n-b}{a}$，$\mathrm{d}x=\dfrac{n}{a}t^{n-1}\mathrm{d}t$，代入即可将被积函数转化成有理函数.

【例 5.25】计算 $\displaystyle\int \frac{\mathrm{d}x}{\sqrt[4]{x}(\sqrt{x}+\sqrt[3]{x})}$.

【解】被积函数中出现了三个根式 $\sqrt[4]{x}$，$\sqrt{x}$ 和 $\sqrt[3]{x}$，为了同时去掉根号，取根指数 4，2，3 的最小公倍数为 12. 所以可设 $\sqrt[12]{x}=t$，则 $x=t^{12}$，$\mathrm{d}x=12t^{11}\mathrm{d}t$，所以所求积分为

$$\int \frac{\mathrm{d}x}{\sqrt[4]{x}(\sqrt{x}+\sqrt[3]{x})} = \int \frac{12t^{11}}{t^3(t^6+t^4)}\mathrm{d}t = 12\int \frac{t^4}{t^2+1}\mathrm{d}t = 12\int \frac{t^4-1+1}{t^2+1}\mathrm{d}t$$

$$= 12\int \left(t^2-1+\frac{1}{1+t^2}\right)\mathrm{d}t = 4t^3 - 12t + 12\arctan t + C$$

$$= 4\sqrt[4]{x} - 12\sqrt[12]{x} + 12\arctan\sqrt[12]{x} + C$$

5.6.6.2 $\int R\left(x, \sqrt[n]{\dfrac{ax+b}{cx+d}}\right)\mathrm{d}x$ **型函数的不定积分**

其中 $ad-bc\neq0$，对于此类型积分，我们可以作变量替换 $t=\sqrt[n]{\dfrac{ax+b}{cx+d}}$，即 $x=\dfrac{dt^n-b}{a-ct^n}=$

$\varphi(t)$，$\mathrm{d}x=\varphi'(t)\mathrm{d}t$，于是 $\int R\left(x, \sqrt[n]{\dfrac{ax+b}{cx+d}}\right)\mathrm{d}x=\int R[\varphi(t), t]\varphi'(t)\mathrm{d}t$ 转化为有理函数的不定

积分.

【例 5.26】 计算 $\displaystyle\int \frac{\mathrm{d}x}{\sqrt[3]{(x+1)^2\,(x-1)^4}}$.

【解 1】 先把被积函数变形：

$$\int \frac{\mathrm{d}x}{\sqrt[3]{(x+1)^2\,(x-1)^4}}=\int \frac{\mathrm{d}x}{(x+1)(x-1)\sqrt[3]{\dfrac{x-1}{x+1}}}$$

令 $\sqrt[3]{\dfrac{x-1}{x+1}}=t$，则 $x=\dfrac{1+t^3}{1-t^3}$，$\mathrm{d}x=\dfrac{6t^2}{(1-t^3)^2}\mathrm{d}t$，$(x+1)(x-1)=\dfrac{4t^3}{(1-t^3)^2}$

代入上式有 $\displaystyle\int \frac{\mathrm{d}x}{\sqrt[3]{(x+1)^2\,(x-1)^4}}=\int \frac{1}{\dfrac{4t^3}{(1-t^3)^2}\cdot t}\cdot\frac{6t^2}{(1-t^3)^2}\mathrm{d}t$

$$=\int \frac{(1-t^3)^2}{4t^4}\cdot\frac{6t^2}{(1-t^3)^2}\mathrm{d}t$$

$$=\frac{3}{2}\int \frac{1}{t^2}\mathrm{d}t=-\frac{3}{2}\cdot\frac{1}{t}+C=-\frac{3}{2}\sqrt[3]{\frac{x+1}{x-1}}+C$$

【解 2】 $\displaystyle\int \frac{\mathrm{d}x}{\sqrt[3]{(x+1)^2\,(x-1)^4}}=\int \frac{\mathrm{d}x}{\sqrt[3]{\left(\dfrac{x-1}{x+1}\right)^4\cdot(x+1)^2}}$

令 $t=\dfrac{x-1}{x+1}$，$x=\dfrac{1+t}{1-t}$，$(x+1)^2=\dfrac{4}{(1-t)^2}$，$\mathrm{d}x=\dfrac{2}{(1-t)^2}\mathrm{d}t$，则

$$\int \frac{\mathrm{d}x}{\sqrt[3]{(x+1)^2\,(x-1)^4}}=\int \frac{1}{t^{\frac{4}{3}}\cdot\dfrac{4}{(1-t)^2}}\cdot\frac{2\mathrm{d}t}{(1-t)^2}$$

$$=2\int t^{-\frac{4}{3}}\mathrm{d}t=-\frac{3}{2}t^{-\frac{1}{3}}+C=-\frac{3}{2}\sqrt[3]{\frac{x+1}{x-1}}+C$$

5.6.6.3 $\int R(x, \sqrt{ax^2+bx+c})\mathrm{d}x$ **型函数的不定积分**

其中 $b^2-4ac\neq0$（即方程 $ax^2+bx+c=0$ 无重根），我们分两种情况讨论.

(1) $b^2-4ac>0$ 时，方程 $ax^2+bx+c=0$ 有两个不等的实数根 α，β

这时，设 $\sqrt{ax^2+bx+c}=\sqrt{a(x-\alpha)(x-\beta)}=t(x-\alpha)$，即 $x=\dfrac{a\beta-\alpha t^2}{a-t^2}$，从而有 $\mathrm{d}x=$

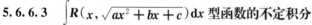

$\dfrac{2\alpha(\beta-a)t}{(a-t^2)^2}\mathrm{d}t$，$\sqrt{ax^2+bx+c}=\dfrac{a(\beta-a)t}{a-t^2}$

于是 $\displaystyle\int R(x,\ \sqrt{ax^2+bx+c})\mathrm{d}x = \int R\Big(\dfrac{a\beta-\alpha t^2}{a-t^2},\ \dfrac{a(\beta-\alpha)t}{a-t^2}\Big)\dfrac{2\alpha(\beta-\alpha)t}{(a-t^2)^2}\mathrm{d}t$ 这就将无理函数的不定积分化为了有理函数的不定积分.

【例 5.27】计算 $\displaystyle\int \dfrac{\mathrm{d}x}{(1+x)\sqrt{2+x-x^2}}$.

【解】方程 $2+x-x^2=0$ 有两个根：$x_1=-1$，$x_2=2$，设 $\sqrt{2+x-x^2}=t(x+1)$，则 $t=$

$\sqrt{\dfrac{2-x}{1+x}}$，即 $x=\dfrac{2-t^2}{1+t^2}$，于是 $\mathrm{d}x=\dfrac{-6t}{(1+t^2)^2}\mathrm{d}t$，$\sqrt{2+x-x^2}=\dfrac{3t}{1+t^2}$

$$\int \frac{\mathrm{d}x}{(1+x)\sqrt{2+x-x^2}} = \int \frac{\dfrac{-6t}{(1+t^2)^2}}{\Big(1+\dfrac{2-t^2}{1+t^2}\Big)\dfrac{3t}{1+t^2}}\mathrm{d}t$$

$$=-\frac{2}{3}\int \mathrm{d}t = -\frac{2}{3}t+C = -\frac{2}{3}\sqrt{\frac{2-x}{1+x}}+C$$

(2) $b^2-4ac<0$ 时，方程 $ax^2+bx+c=0$ 没有实数根

此时，a、c 同号（否则 $b^2-4ac>0$），且 $c>0$（否则 $x=0$ 时，$\sqrt{ax^2+bx+c}$ 没有意义），从而 $a>0$.

设 $\sqrt{ax^2+bx+c}=tx\pm\sqrt{c}$，则 $t=\dfrac{\sqrt{ax^2+bx+c}\mp\sqrt{c}}{x}$ 或 $x=\dfrac{b\mp 2\sqrt{c}t}{t^2-a}=\varphi(t)$，$\mathrm{d}x=\varphi'(t)\mathrm{d}t$，

从而 $\displaystyle\int R(x,\ \sqrt{ax^2+bx+c})\mathrm{d}x = \int R(\varphi(t),\ t\varphi(t)\pm\sqrt{c})\varphi'(t)\mathrm{d}t$

这就将无理函数的不定积分化为了有理函数的不定积分.

【例 5.28】计算 $\displaystyle\int \dfrac{1}{\sqrt{x^2-x+1}}\mathrm{d}x$.

【解】设 $\sqrt{x^2-x+1}=tx-1$，则 $t=\dfrac{\sqrt{x^2-x+1}+1}{x}$，$tx=\sqrt{x^2-x+1}+1$，

$(tx-1)^2=x^2-x+1$，$t^2x^2-2tx+1=x^2-x+1$，移项并合并同类项得 $x=\dfrac{2t-1}{t^2-1}$，故有

$$\mathrm{d}x=\frac{-2(t^2-t+1)}{(t^2-1)^2}\mathrm{d}t,\quad \sqrt{x^2-x+1}=\frac{t^2-t+1}{t^2-1},$$

所以 $\displaystyle\int \frac{1}{\sqrt{x^2-x+1}}\mathrm{d}x = \int \frac{t^2-1}{t^2-t+1}\cdot\frac{-2(t^2-t+1)}{(t^2-1)^2}\mathrm{d}t = -2\int \frac{t^2-1}{(t^2-1)^2}\mathrm{d}t$

$$=-2\int \frac{1}{t^2-1}\mathrm{d}t = -2\int \frac{1}{(t-1)(t+1)}\mathrm{d}t = -\ln\left|\frac{t-1}{t+1}\right|+C$$

$$=\ln\left|\frac{\dfrac{\sqrt{x^2-x+1}+1}{x}+1}{\dfrac{\sqrt{x^2-x+1}+1}{x}-1}\right|+C = \ln\left|\frac{\sqrt{x^2-x+1}+1+x}{\sqrt{x^2-x+1}+1-x}\right|+C$$

5.6.7 三角有理函数的不定积分（仅数一、数二）

三角函数有理式：三角函数有理式是指由三角函数和常数经过有限次四则运算所构成的函

数，其特点是分子分母都包含三角函数的和、差、乘积运算. 由于各种三角函数都可以用 $\sin x$ 及 $\cos x$ 的有理式表示，故三角函数有理式也就是 $\sin x$，$\cos x$ 的有理式，可用 $R(\sin x, \cos x)$ 表示.

5.6.7.1 情形 I $\int R(\sin x, \cos x)\mathrm{d}x$

对三角函数有理式积分 $\int R(\sin x, \cos x)\mathrm{d}x$ 可用"万能代换"法把它化为有理函数的积分，即令 $\tan\dfrac{x}{2}=t$，$x=2\arctan t$，则 $\mathrm{d}x=\dfrac{2}{1+t^2}\mathrm{d}t$；$\sin x=\dfrac{2t}{1+t^2}$；$\cos x=\dfrac{1-t^2}{1+t^2}$，然后积分式 $\int R(\sin x, \cos x)\mathrm{d}x=\int R\Big(\dfrac{2t}{1+t^2}, \dfrac{1-t^2}{1+t^2}\Big)\dfrac{2}{1+t^2}\mathrm{d}t$ 就化为了对变量 t 的有理函数积分.

注 $\sin x=\dfrac{2\sin\frac{x}{2}\cos\frac{x}{2}}{1}=\dfrac{2\sin\frac{x}{2}\cos\frac{x}{2}}{\sin^2\frac{x}{2}+\cos^2\frac{x}{2}}=\dfrac{\dfrac{2\sin\frac{x}{2}\cos\frac{x}{2}}{\cos^2\frac{x}{2}}}{\dfrac{\sin^2\frac{x}{2}+\cos^2\frac{x}{2}}{\cos^2\frac{x}{2}}}=\dfrac{2\tan\frac{x}{2}}{1+\tan^2\frac{x}{2}}$

同理可得 $\cos x=\dfrac{1-\tan^2\frac{x}{2}}{1+\tan^2\frac{x}{2}}$

【例 5.29】 计算 $\displaystyle\int\frac{1+\sin x}{\sin x(\cos x-1)}\mathrm{d}x$.

【解】 用万能代换法. 令 $\tan\dfrac{x}{2}=t$，则

$$\mathrm{d}x=\frac{2}{1+t^2}\mathrm{d}t,\quad \sin x=\frac{2t}{1+t^2},\quad \cos x=\frac{1-t^2}{1+t^2}$$

$$\sin x(\cos x-1)=\frac{2t}{1+t^2}\Big(\frac{1-t^2}{1+t^2}-1\Big)=-\frac{4t^3}{(1+t^2)^2}$$

$$1+\sin x=1+\frac{2t}{1+t^2}=\frac{1+2t+t^2}{1+t^2}$$

于是有 $\displaystyle\int\frac{1+\sin x}{\sin x(\cos x-1)}\mathrm{d}x=\int\frac{\dfrac{1+2t+t^2}{1+t^2}}{-\dfrac{4t^3}{(1+t^2)^2}}\cdot\frac{2}{1+t^2}\mathrm{d}t=-\frac{1}{2}\int\frac{1+2t+t^2}{t^3}\mathrm{d}t$

$$=-\frac{1}{2}\int\frac{1}{t^3}\mathrm{d}t-\int\frac{1}{t^2}\mathrm{d}t-\frac{1}{2}\int\frac{1}{t}\mathrm{d}t$$

$$=\frac{1}{4}\cdot\frac{1}{t^2}+\frac{1}{t}-\frac{1}{2}\ln|t|+C$$

$$=\frac{1}{4}\cot^2\frac{x}{2}+\cot\frac{x}{2}-\frac{1}{2}\ln\Big|\tan\frac{x}{2}\Big|+C$$

注 (1) 万能代换的优点：转化为有理函数积分后，一定可以求出其原函数；

(2) 当三角函数的幂次较高时，采用万能代换计算量非常大；一般应首先考虑是否可以用其他的积分方法，如 $\int \dfrac{\cos x}{\sin^3 x}dx = \int \dfrac{1}{\sin^3 x}d(\sin x) = -\dfrac{1}{2\sin^2 x} + C$

注 当被积函数具有下列特性时，可采用比万能变换更简单的变换．

(1) 如果 $R(-\cos x,\ \sin x) = -R(\cos x,\ \sin x)$，那么设 $t = \sin x$.

(2) 如果 $R(\cos x,\ -\sin x) = -R(\cos x,\ \sin x)$，那么设 $t = \cos x$.

(3) 如果 $R(-\cos x,\ -\sin x) = R(\cos x,\ \sin x)$，那么设 $t = \tan x$.

5.6.7.2 情形 II $\int \sin^n x \cos^m x\, dx$

被积函数是形如 $\sin^n x \cos^m x$ 的三角函数，分两种情况．

(1) 如果 n 与 m 至少有一个是奇数，那么 n 是奇数时设 $t = \cos x$；m 是奇数时设 $t = \sin x$.

(2) 如果 n 与 m 都是偶数，则通过三角公式

$$\sin^2 x = \frac{1-\cos 2x}{2},\quad \cos^2 x = \frac{1+\cos 2x}{2},\quad \sin x\cos x = \frac{1}{2}\sin 2x$$

将被积函数降幂、化简．

【例 5.30】 求下列不定积分：

(1) $\displaystyle\int \sin^2 x \cos^5 x\, dx$；　(2) $\displaystyle\int \sin^5 x\, dx$；　(3) $\displaystyle\int \sin^2 x \cos^4 x\, dx$.

【解】 (1) $\displaystyle\int \sin^2 x \cos^5 x\, dx = \int \sin^2 x \cos^4 x \cos x\, dx$

$$= \int \sin^2 x\,(1-\sin^2 x)^2\, d(\sin x) = \int (\sin^2 x - 2\sin^4 x + \sin^6 x)\, d(\sin x)$$

$$= \frac{1}{3}\sin^3 x - \frac{2}{5}\sin^5 x + \frac{1}{7}\sin^7 x + C,\ C\text{ 为任意常数}．$$

(2) $\displaystyle\int \sin^5 x\, dx = \int \sin^4 x \sin x\, dx = -\int \sin^4 x\, d(\cos x) = -\int (1-\cos^2 x)^2\, d(\cos x)$

$$= -\int (1 - 2\cos^2 x + \cos^4 x)\, d(\cos x)$$

$$= -\cos x + \frac{2}{3}\cos^3 x - \frac{1}{5}\cos^5 x + C,\ C\text{ 为任意常数}．$$

(3) **（方法一）** $\displaystyle\int \sin^2 x \cos^4 x\, dx = \int \frac{1-\cos 2x}{2}\cdot\left(\frac{1+\cos 2x}{2}\right)^2 dx$

$$= \frac{1}{8}\int (1 + \cos 2x - \cos^2 2x - \cos^3 2x)\, dx$$

$$= \frac{1}{8}x + \frac{1}{16}\sin 2x - \frac{1}{8}\int \cos^2 2x\, dx - \frac{1}{8}\int \cos^3 2x\, dx$$

$$= \frac{1}{8}x + \frac{1}{16}\sin 2x - \frac{1}{8}\int \frac{1+\cos 4x}{2}\, dx - \frac{1}{16}\int \cos^2 2x\, d\sin(2x)$$

$$= \frac{1}{8}x + \frac{1}{16}\sin 2x - \frac{1}{8}\left(\frac{x}{2} + \frac{\sin 4x}{8}\right) - \frac{1}{16}\int (1-\sin^2 2x)\, d\sin(2x)$$

$$= \frac{1}{16}\sin 2x + \frac{x}{16} - \frac{1}{64}\sin 4x - \frac{1}{16}\int (1-\sin^2 2x)\, d\sin(2x)$$

$$= \frac{1}{16}\sin2x + \frac{x}{16} - \frac{1}{64}\sin4x - \frac{1}{16}\left(\sin2x - \frac{1}{3}\sin^3 2x\right) + C$$

$$= \frac{1}{48}\sin^3 2x + \frac{x}{16} - \frac{1}{64}\sin4x + C,\ C\ 为任意常数.$$

（**方法二**）$\displaystyle\int \sin^2 x\cos^4 x \mathrm{d}x = \int (\sin^2 x\cos^2 x)\cos^2 x \mathrm{d}x = \frac{1}{4}\int \sin^2 2x\cos^2 x \mathrm{d}x$

$$= \frac{1}{4}\int \frac{1-\cos4x}{2} \cdot \frac{1+\cos2x}{2}\mathrm{d}x$$

$$= \frac{1}{16}\int (1 + \cos2x - \cos4x - \cos4x\cos2x)\mathrm{d}x$$

$$= \frac{x}{16} + \frac{\sin2x}{32} - \frac{\sin4x}{64} - \frac{1}{16}\int \cos4x\cos2x \mathrm{d}x$$

$$= \frac{x}{16} + \frac{\sin2x}{32} - \frac{\sin4x}{64} - \frac{1}{16}\int \frac{1}{2}(\cos6x + \cos2x)\mathrm{d}x$$

$$= \frac{x}{16} + \frac{\sin2x}{32} - \frac{\sin4x}{64} - \frac{1}{32}\left(\frac{\sin6x}{6} + \frac{\sin2x}{2}\right) + C$$

$$= \frac{x}{16} - \frac{\sin4x}{64} + \frac{\sin2x}{64} - \frac{\sin6x}{192} + C,\ C\ 为任意常数.$$

5.6.7.3　情形 III　$\displaystyle\int \sin mx\cos nx \mathrm{d}x$

如果被积函数是形如 $\sin mx\sin nx$，$\sin mx\cos nx$，$\cos mx\cos nx$ 的函数，那么就用积化和差公式将被积函数化简.

$$\sin mx\sin nx = \frac{1}{2}\big[\cos(m-n)x - \cos(m+n)x\big]$$

$$\sin mx\cos nx = \frac{1}{2}\big[\sin(m-n)x + \sin(m+n)x\big]$$

$$\cos mx\cos nx = \frac{1}{2}\big[\cos(m-n)x + \cos(m+n)x\big]$$

【例 5.31】 求 $\displaystyle\int \frac{\cos2x - \sin2x}{\cos x + \sin x}\mathrm{d}x$.

【解】 $\displaystyle\int \frac{\cos2x - \sin2x}{\cos x + \sin x}\mathrm{d}x = \int \frac{\cos^2 x - \sin^2 x - 2\sin x\cos x}{\cos x + \sin x}\mathrm{d}x$

$$= \int \left(\cos x - \sin x - \frac{2\sin x\cos x + 1 - 1}{\cos x + \sin x}\right)\mathrm{d}x$$

$$= \int \left(\cos x - \sin x - \frac{(\cos x + \sin x)^2}{\cos x + \sin x} + \frac{1}{\cos x + \sin x}\right)\mathrm{d}x$$

$$= \int \left(-2\sin x + \frac{\sqrt{2}}{2} \cdot \frac{1}{\sin\left(x + \frac{\pi}{4}\right)}\right)\mathrm{d}x$$

$$= 2\cos x + \frac{\sqrt{2}}{2}\ln\left|\csc\left(x + \frac{\pi}{4}\right) - \cot\left(x + \frac{\pi}{4}\right)\right| + C,\ C\ 为任意常数.$$

5.6.7.4 情形 IV $\int \dfrac{a\sin x + b\cos x}{c\sin x + d\cos x}\mathrm{d}x$

一般情形 $\int \dfrac{a\sin x + b\cos x}{c\sin x + d\cos x}\mathrm{d}x$ 的解题思路：借助于

$$\int \frac{ax+b}{cx+d}\mathrm{d}x = \int \left(P + \frac{Q}{cx+d}\right)\mathrm{d}x = Px + \frac{Q}{c}\ln(cx+d) + C$$

$\left(\text{其中：} P = \dfrac{a}{c},\ Q = \dfrac{bc-ad}{c}\right)$ 的思路，假设 $\dfrac{a\sin x + b\cos x}{c\sin x + d\cos x} \xrightarrow{\text{可分解}} P + Q\dfrac{(c\sin x + d\cos x)'}{c\sin x + d\cos x}$，

其中 P，Q 为待定常数. 于是有 $\dfrac{a\sin x + b\cos x}{c\sin x + d\cos x} = \dfrac{P(c\sin x + d\cos x) + Q(c\cos x - d\sin x)}{c\sin x + d\cos x}$

比较等式两边的分子可得 $a\sin x + b\cos x = P(c\sin x + d\cos x) + Q(c\cos x - d\sin x)$

$a = Pc - Qd \quad b = Pd + Qc \quad \therefore\ P = \dfrac{ac+bd}{c^2+d^2} \quad Q = -\dfrac{ad-bc}{c^2+d^2}$

于是 $\int \dfrac{a\sin x + b\cos x}{c\sin x + d\cos x}\mathrm{d}x = \int \left(P + Q\dfrac{(c\sin x + d\cos x)'}{c\sin x + d\cos x}\right)\mathrm{d}x = \int \left(P + Q\dfrac{(c\sin x + d\cos x)'}{c\sin x + d\cos x}\right)\mathrm{d}x$

$$= Px + Q\ln|c\sin x + d\cos x| + C$$

【例 5.32】计算 $\int \dfrac{7\cos x - 3\sin x}{5\cos x + 2\sin x}\mathrm{d}x$.

【解】原式 $= \int \dfrac{-3\sin x + 7\cos x}{2\sin x + 5\cos x}\mathrm{d}x = Px + Q\ln|2\sin x + 5\cos x| + C$，把 $a = -3$，$b = 7$，$c = 2$，$d = 5$ 代入得，$P = 1$，$Q = 1$，所以

$$\int \frac{-3\sin x + 7\cos x}{2\sin x + 5\cos x}\mathrm{d}x = x + \ln|2\sin x + 5\cos x| + C$$

【例 5.33】求 $\int \dfrac{\mathrm{d}x}{1+\sin x}$.（1996 年考研题）

【解】（方法一）$\int \dfrac{\mathrm{d}x}{1+\sin x} = \int \dfrac{\mathrm{d}x}{\left(\sin \dfrac{x}{2} + \cos \dfrac{x}{2}\right)^2} \xrightarrow{\text{分子、分母同除以 } \cos^2 \frac{x}{2}}$

$$\int \frac{\sec^2 \dfrac{x}{2}}{\left(1 + \tan \dfrac{x}{2}\right)^2}\mathrm{d}x = 2\int \frac{\mathrm{d}\left(1 + \tan \dfrac{x}{2}\right)}{\left(1 + \tan \dfrac{x}{2}\right)^2} = -\frac{2}{1 + \tan \dfrac{x}{2}} + C,\ C \text{ 为任意常数}.$$

（方法二）

$$\int \frac{\mathrm{d}x}{1+\sin x} = \int \frac{1 - \sin x}{(1+\sin x)(1-\sin x)}\mathrm{d}x = \int \frac{1-\sin x}{\cos^2 x}\mathrm{d}x = \int \sec^2 x\,\mathrm{d}x + \int \frac{\mathrm{d}(\cos x)}{\cos^2 x}$$

$$= \tan x - \frac{1}{\cos x} + C,\ C \text{ 为任意常数}.$$

（方法三）

$$\int \frac{\mathrm{d}x}{1+\sin x} = \int \frac{\mathrm{d}x}{\left(\sin \dfrac{x}{2} + \cos \dfrac{x}{2}\right)^2} = \int \frac{\mathrm{d}x}{2\sin^2\left(\dfrac{x}{2} + \dfrac{\pi}{4}\right)} = \frac{1}{2}\int \csc^2\left(\frac{x}{2} + \frac{\pi}{4}\right)\mathrm{d}x$$

$$= \int \csc^2\left(\frac{x}{2}+\frac{\pi}{4}\right)\mathrm{d}\left(\frac{x}{2}+\frac{\pi}{4}\right)=-\cot\left(\frac{x}{2}+\frac{\pi}{4}\right)+C, C \text{ 为任意常数}.$$

（方法四）

$$\int \frac{\mathrm{d}x}{1+\sin x}=\int \frac{\mathrm{d}x}{1+\cos\left(x-\frac{\pi}{2}\right)}=\int \frac{\mathrm{d}x}{2\cos^2\left(\frac{x}{2}-\frac{\pi}{4}\right)}=\int \sec^2\left(\frac{x}{2}-\frac{\pi}{4}\right)\mathrm{d}\left(\frac{x}{2}-\frac{\pi}{4}\right)$$

$$= \tan\left(\frac{x}{2}-\frac{\pi}{4}\right)+C, C \text{ 为任意常数}.$$

注 由于 $-\dfrac{2}{1+\tan\dfrac{x}{2}} \xrightarrow{\text{分子、分母同乘以 } \cos\frac{x}{2}} -\dfrac{2\cos\dfrac{x}{2}}{\cos\dfrac{x}{2}+\sin\dfrac{x}{2}}$

$$=-\frac{2\cos\dfrac{x}{2}\left(\cos\dfrac{x}{2}-\sin\dfrac{x}{2}\right)}{\left(\cos\dfrac{x}{2}+\sin\dfrac{x}{2}\right)\left(\cos\dfrac{x}{2}-\sin\dfrac{x}{2}\right)}=-\frac{2\cos^2\dfrac{x}{2}-\sin x}{\cos^2\dfrac{x}{2}-\sin^2\dfrac{x}{2}}=\frac{\sin x-2\cos^2\dfrac{x}{2}}{\cos x}$$

$$=\frac{\sin x-(\cos x+1)}{\cos x}=\frac{\sin x-1}{\cos x}-1. \quad \tan x-\frac{1}{\cos x}=\frac{\sin x-1}{\cos x},$$

$$-\cot\left(\frac{x}{2}+\frac{\pi}{4}\right)=-\frac{\cos\left(\dfrac{x}{2}+\dfrac{\pi}{4}\right)}{\sin\left(\dfrac{x}{2}+\dfrac{\pi}{4}\right)}=-\frac{\cos\dfrac{x}{2}-\sin\dfrac{x}{2}}{\cos\dfrac{x}{2}+\sin\dfrac{x}{2}}=-\frac{\left(\cos\dfrac{x}{2}-\sin\dfrac{x}{2}\right)^2}{\left(\cos\dfrac{x}{2}+\sin\dfrac{x}{2}\right)\left(\cos\dfrac{x}{2}-\sin\dfrac{x}{2}\right)}$$

$$=-\frac{1-2\sin\dfrac{x}{2}\cos\dfrac{x}{2}}{\cos^2\dfrac{x}{2}-\sin^2\dfrac{x}{2}}=\frac{\sin x-1}{\cos x},$$

$$\tan\left(\frac{x}{2}-\frac{\pi}{4}\right)=-\tan\left(\frac{\pi}{4}-\frac{x}{2}\right)=\cos\left[\frac{\pi}{2}-\left(\frac{\pi}{4}-\frac{x}{2}\right)\right]=-\cot\left(\frac{x}{2}+\frac{\pi}{4}\right)=\frac{\sin x-1}{\cos x}.$$

故方法一、方法二、方法三、方法四的结果是不一致的．利用三角恒等式将函数变形后再积分时，不同的变形公式可能会使积分结果看起来不一样，但这些结果最多相差一个常数．通常不需要把其中一个结果化为另一个，而是通过求导来验证每个结果的正确性．但平时可以多做这样的验证练习，从而对三角恒等式的应用更加熟练．

不定积分的题目众多，实际上我们可能在考场上无法按图索骥地去在脑海中搜罗相关的解题方法，而是我们平时要多多练习，形成做题的惯性思维或者说条件反射．这里告诉大家，做题的时候要养成拿题就做，因为题目是鼓捣出来的，当你胆战心惊、不敢下手的时候，这个题目被做出来的概率已经很小了，如果题目难，你在做出来之前可能不断地试探了好几种做题路线，但是这些都不是你看题之后先大量思考的理由，实际做题中我们发现，思考多的人做题不一定快，而那些牛人在你把要请教他的题目递过去之后，他的习惯性动作就是拿张纸，刷刷地算了起来，所以我希望你们能养成这种习惯，见题就做，见题就算，因为考试的时候能给你那么多时间去思考吗？显然是不可能的，平时做题养成的习惯，无畏的心态往往是取得高分的关键．

总结：解题网络图

不定积分的主要题型

$$基本型\begin{cases}正则型\xrightarrow{\text{积分方法}}直接积分法\\代换型\longrightarrow代换规则\\分项型\longrightarrow分项积分规则\\乘积型\longrightarrow分部积分规则\end{cases}$$

$$应用型\begin{cases}有理分式\longrightarrow分项积分规则\\三角有理数\longrightarrow三角代换规则\\无理式\longrightarrow无理代换规则\end{cases}$$

刚刚我们回顾了这么多的不定积分的计算方法，实际上数一单独考定积分的很少，数二和数三概率相对大一点，不过这些理由都不重要，重要的是下面的定积分在一定程度上也要使用这些方法．

第6章 定积分及其应用

【导言】

　　定积分的产生与发展是源于实际应用的需要，在实际操作中，有些未知量只需粗略估计就能解决问题，但有些未知量就必须知道其精确值，若是规则的几何形体，如长方体、正方体、球可以通过套用公式求其面积或体积，但非规则的几何体，如卵形、抛物形或更加不规则的形状，就没现成的公式供我们去套用，那怎么去求解呢？对这个问题的回答就是我们接下来将要学到定积分，通过积分这个工 具就可以无限逼近不规则几何体的真实值．同样在物理学中，也存在同样的情况，如常常需要知道一个物理量（比如位移）对另一个物理量（比如力）的累积效果，这时也需要用到定积分．基于此，本章内容先从介绍常义定积分的定义展开，定义定积分的这种微元法的思想即"以直代曲"的规则化处理事务的这种思想是需要考生通过定积分的几何应用及物理应用重点掌握的，也是考试的重点内容．在此基础上提出常义积分，若常义积分进一步变动，就引出变限积分及反常积分．虽然按照定积分的定义可以计算出相应的积分值，但是计算量大，计算过程烦琐，对此牛顿、莱布尼茨等人对该问题进行深入研究，得出可以通过牛顿—莱布尼茨公式来计算定积分的积分值，揭示不定积分和定积分有着密切的关系的微积分原理．本章重点在于在理解的基础上去掌握微元法、定积分的计算、反常积分的判敛，多以选择和解答题进行考查．

【考试要求】

考试要求	科目	考 试 内 容
了解	数一	反常积分的概念
	数二	反常积分的概念
	数三	反常积分的概念；定积分的概念和基本性质；定积分中值定理
理解	数一	定积分的概念；积分上限的函数
	数二	定积分的概念；积分上限的函数
	数三	积分上限的函数
会	数一	求积分上限函数的导数；计算反常积分
	数二	求积分上限函数的导数；计算反常积分
	数三	求积分上限函数的导数；计算反常积分；利用定积分计算平面图形的面积、旋转体的体积和函数的平均值，利用定积分求解简单的经济应用问题（见数三经济学专题）

续表

考试要求	科目	考 试 内 容
掌握	数一	定积分的性质及定积分中值定理；牛顿—莱布尼茨公式；用定积分表达和计算一些几何量与物理量（平面图形的面积、平面曲线的弧长、旋转体的体积及侧面积、平行截面面积为已知的立体体积、功、引力、压力、质心、形心等）及函数的平均值；定积分的换元积分法和分部积分法
	数二	定积分的性质及定积分中值定理；牛顿—莱布尼茨公式；用定积分表达和计算一些几何量与物理量（平面图形的面积、平面曲线的弧长、旋转体的体积及侧面积、平行截面面积为已知的立体体积、功、引力、压力、质心、形心等）及函数平均值；定积分的换元积分法和分部积分法
	数三	掌握牛顿—莱布尼茨公式以及定积分的换元积分法和分部积分法

【知识网络图】

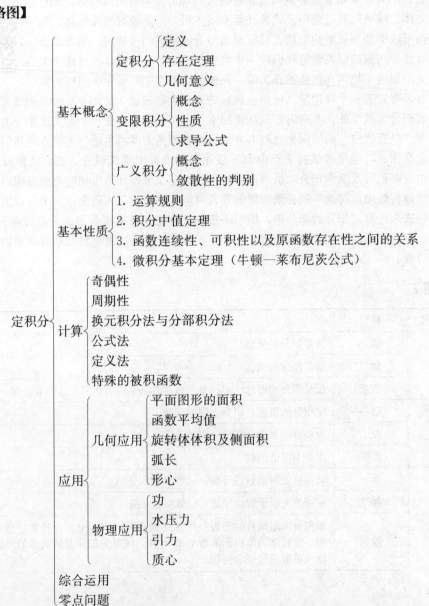

【内容精讲】

6.1　定积分的概念和几何意义

6.1.1　定积分的概念和定积分存在定理

6.1.1.1　定积分的概念

"积分"是高等数学的两大部分之一，其重要性不言而喻．所有积分的本质都是利用极限"以直代曲，以不变代变"的思想．将数学中"不变"的乘积式延伸到"变"的乘积式．

我们以定积分为例阐述积分的概念．定积分是所有积分形式中最简单、最初始的部分，后面我们将要学到的重积分及曲线、曲面积分（三重积分、曲线、曲面积分仅数一掌握）的概念与定积分的概念相似，并且计算都是朝着它的方向转化．

如图 6‐1 所示，若要计算梯形 $ABCD$ 的面积，我们可以按照梯形的面积计算公式：$\dfrac{（上底＋下底）\times 高}{2}$，很容易计算出其面积是 $\dfrac{(AD+BC)\times AB}{2}$，这是我们小学阶段学到的规则图形面积的计算．到了大学阶段，我们将这个问题进一步延伸，为什么呢？因为我们发现现实生活中充斥着大量不规则的图形，如卵形、弧形等，如图 6‐2 所示，若梯形的腰 CD 往上凸起变成$\overset{\frown}{CD}$，这时的图形变成图 6‐3 所示，就不是规则的梯形了，这时我们称新图形 $ABCD$ 为曲边梯形，若这段弧恰好位于曲线 $f(x)$ 上，这时我们就可以计算出曲边梯形的面积，怎么计算呢？

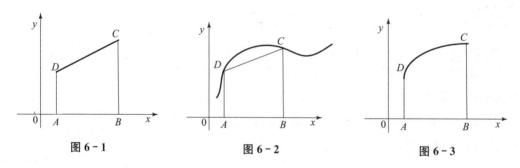

图 6‐1　　　　　　　图 6‐2　　　　　　　图 6‐3

我们来观察图 6‐2 的线段 CD 和$\overset{\frown}{CD}$，若 C 点和 D 点无限接近的话，我们发现线段 CD 和$\overset{\frown}{CD}$几乎重合，也就意味着曲边梯形和梯形几乎重合，故曲边梯形的面积就和梯形面积无限接近，就可以用梯形面积近似替代曲边梯形的面积，通过这种方式我们就可以算出不规则图形曲边梯形的面积，这种将不规则图形转化为规则图形的处理思想称为**微元法**，接下来我们就以求曲边梯形的面积为例来看看微元法具体是怎么操作的？

如图 6‐4 所示，我们将线段 AB 无限细分，将曲边梯形划分为无数个小长条，只要小长条足够窄，如图 6‐4 中的 E 点和 F 点若无限接近，则$\overset{\frown}{EF}$就近似于线段 EF，这时我们发现线段 EF 平行于 HJ，小长条近似于矩形，我们就可以根据矩形的面积计算公式把每个小长条的面积求出来，加总在一起就是曲边梯

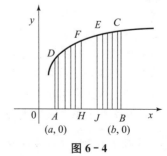

图 6‐4

形的面积（这个时候有些同学可能有疑问，为什么不把小长条按梯形面积进行计算呢？按成梯形面积计算完全是可以的，这时你观察梯形和矩形面积计算公式发现，矩形算起来更简单些，其实矩形也是属于梯形这个大的范畴，只不过比较特殊而已，是不是上底和下底长度一样，故面积公式简化为底×高了）. 为了让大家看清楚，这里选的小长条宽些，如图 6-5 所示，先看第一个小长条，若它的宽度为 Δx_1，则 A_1 点与 A_2 点的横坐标为 $a+\Delta x_1$，这时 $A_1 A_2$ 的长度就是函数在点 A_2 处的纵坐标为 $f(a+\Delta x_1)$，则第一个小长条的面积为 $f(a+\Delta x_1)\cdot\Delta x_1$；再来看第二个小长条，同样的分析思路，见图 6-5，其面积为 $f(a+\Delta x_1+\Delta x_2)\cdot\Delta x_2 = f(a+\sum\limits_{i=1}^{2}\Delta x_i)\cdot\Delta x_2$，以此类推，第 i 个小长条的面积为 $f(a+\Delta x_1+\Delta x_2+\cdots+\Delta x_i)\cdot\Delta x_i = f(a+\sum\limits_{k=1}^{i}\Delta x_k)\cdot\Delta x_i$，故任意一个小长条都可以用这个表达式来表示，故将所有的小长条面积加总起来，当小长条足够窄即最大的小长条的宽趋向于零，比它小的更趋向于零，取极限 $\lim\limits_{\max\{\Delta x_1,\Delta x_i,\cdots\Delta x_i\}\to 0}\Big[\sum\limits_{i=1}^{+\infty}f(a+\sum\limits_{k=1}^{i}\Delta x_k)\cdot\Delta x_i\Big]$，这个极限值就是曲边梯形的面积.

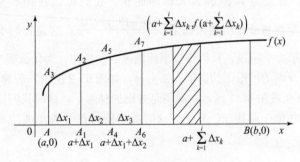

图 6-5

定义 6.1.1.1.1 无论我们怎么划分小长条，总能得到这样一个极限值，即与闭区间 $[a, b]$ 的分法及小长条的取法无关，那么就称这个极限为函数 $f(x)$ 在区间 $[a, b]$ 上的定积分（简称积分），记作 $\int_a^b f(x)\mathrm{d}x$，即 $\int_a^b f(x)\mathrm{d}x = \lim\limits_{\max\{\Delta x_1,\Delta x_i,\cdots\Delta x_i\}\to 0}\Big[\sum\limits_{i=1}^{+\infty}f(a+\sum\limits_{k=1}^{i}\Delta x_k)\cdot\Delta x_i\Big]$

其中 $f(x)$ 称为被积函数，$f(x)\mathrm{d}x$ 称为被积表达式，x 称为积分变量，a 称为积分上限，b 称为积分下限，$[a, b]$ 称为积分区间，和式 $\sum\limits_{i=1}^{+\infty}f\big(a+\sum\limits_{k=1}^{i}\Delta x_k\big)\cdot\Delta x_i$ 通常称为 $f(x)$ 的积分和. 如果 $f(x)$ 在 $[a, b]$ 上的定积分存在，那么就称 $f(x)$ 在 $[a, b]$ 上可积，如图 6-6 所示.

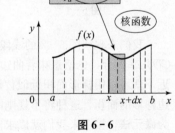

图 6-6

注 （1）由定积分的定义可知，它是个极限值，也就是说它是一个数，这一点要和不定积分区别开，不定积分是个函数. 所以题目中给出的复杂函数的定积分而没有给出结果的话，可以令其等于 A；或有些综合题里，需要你自己根据题干关系式构造定积分，设这个定积分为常数 a，求解这个参数 a 就得到结果了.

（2）既然定积分与我们划分区间 $[a, b]$ 的方式无关，它只和被积函数及积分上下限有关，和用哪个字母表示积分变量没有关系，所以我们可以对线段 AB 进行 n 等分，这样每个小长条的宽度为 $\dfrac{b-a}{n}$，曲边梯形的面积相应为

$$\lim_{n\to\infty}\left[\sum_{i=1}^{n}f\left(a+\frac{(b-a)i}{n}\right)\cdot\frac{b-a}{n}\right],\ 即\ \lim_{n\to\infty}\left[\sum_{i=1}^{n}f\left(a+\frac{(b-a)i}{n}\right)\cdot\frac{b-a}{n}\right]=\int_{a}^{b}f(x)\mathrm{d}x$$

这就引出计算数列极限非常重要的方法，可以借助于定积分计算数列极限，尤其是数一、数二的同学要重点掌握．但是运用这种方法难点在于如何找 $f(x)$，如何找积分上下限，一般做如下处理：先将数列写成求和的形式，令 $a+\dfrac{(b-a)i}{n}=t$，将极限进行变量替换，若极限表达式里不再有 i，这时不含 n 的这部分表达式就是所要找的 $f(x)$，接下来 $\dfrac{b-a}{n}$ 与替换后的极限表达式里"$\dfrac{1}{n}$"对应相等，找到 a 与 b 的关系，一般为了计算的方便，取 $a=0$，就找到了相应的积分上下限，不符合这几点的话，就不能利用定积分来计算数列极限，需考虑其他方法，如单调有界数列必收敛、夹逼定理等，这里我们通过接下来定积分应用中的"（1）计算数列极限"中的几个题目学会具体求解方法．尤其要掌握当 $a=0$，$b=1$ 时，有 $\displaystyle\int_{0}^{1}f(x)\mathrm{d}x=\lim_{n\to\infty}\dfrac{1}{n}\sum_{i=1}^{n}f\left(\dfrac{i}{n}\right)$ 这种情形．

微元法的这种将不规则图形转化为规则图形的解题思路是需要考生掌握的，通过定积分应用中的"6.8.2 微元法"中的具体题目，加深对这种思路的理解和把握．

6.1.1.2　定积分存在定理

定积分的存在性，也称之为一元函数的（常义）可积性．这里的"常义"是指"区间有限，函数有界"，也有人称为"黎曼"可积性，与后面要谈到的"区间无穷，函数无界"的"反常"积分有所区别．在本讲中所谈到的可积性都是指常义可积性．

按照考试大纲，定积分存在定理包括以下两个方面：

（1）定积分存在的充分条件

①若 $f(x)$ 在 $[a,b]$ 上连续，则 $\displaystyle\int_{a}^{b}f(x)\mathrm{d}x$ 存在．

②若 $f(x)$ 在 $[a,b]$ 上有界，且只有有限个间断点，则 $\displaystyle\int_{a}^{b}f(x)\mathrm{d}x$ 存在．

注 事实上，还有一个使得定积分存在的充分条件：若 $f(x)$ 在 $[a,b]$ 上单调，则 $\displaystyle\int_{a}^{b}f(x)\mathrm{d}x$ 存在，可统一总结为：若函数 $f(x)$ 在区间 $[a,b]$ 上连续或只有有限个第一类间断点或单调，三者只要其一成立，则 $f(x)$ 在区间 $[a,b]$ 上可积．

（2）定积分存在的必要条件

可积函数必有界．即若 $\displaystyle\int_{a}^{b}f(x)\mathrm{d}x$ 存在，则 $f(x)$ 在 $[a,b]$ 上必有界．

注 关于定积分存在的必要条件，不妨通过反证法来理解：假设 $f(x)$ 在区间 $[a,b]$ 上无界，当我们任意分割图形底边为若干小段时，则至少存在一个小段 Δx，在 Δx 上，$f(x)$ 可以任意大，于是一个"小竖条"的面积 $f(x)\Delta x$ 便可以无穷大，这样，整个曲边梯形的面积就是无穷大，于是极限就不存在了，因为定积分就是这个极限值，这个极限值都不存在了，当然这个定积分就不存在，当然就不可积，说明假设不成立，所以，可积函数必有界．

【**例 6.1**】在区间 $[-1,2]$ 上，以下四个结论：

① $f(x)=\begin{cases}2, & x>0,\\1, & x=0,\\-1, & x<0\end{cases}$ 有原函数，但其定积分不存在；

② $f(x)=\begin{cases}2x\sin\dfrac{1}{x^2}-\dfrac{2}{x}\cos\dfrac{1}{x^2}, & x\neq0,\\0, & x=0\end{cases}$ 有原函数，其定积分也存在；

③ $f(x)=\begin{cases}\dfrac{1}{x}, & x\neq0,\\0, & x=0\end{cases}$ 没有原函数，其定积分也不存在；

④ $f(x)=\begin{cases}2x\cos\dfrac{1}{x}+\sin\dfrac{1}{x}, & x\neq0,\\0, & x=0\end{cases}$ 有原函数，其定积分也存在．

正确结论的个数为（　　）.

A. 1　　　　　B. 2　　　　　C. 3　　　　　D. 4

【解】应选 B.

本题通过具体的例子考查考生是否能够明确区分不定积分与定积分的存在性，逐个分析即可.

对于① $f(x)=\begin{cases}2, & x>0,\\1, & x=0,\\-1, & x<0,\end{cases}$ 由于 $x=0$ 是其第一类跳跃间断点，根据不定积分存在定理，在任意一个包含 $x=0$ 在其内部的区间 $[a, b]$ 上，$f(x)$ 一定不存在原函数，但由于 $f(x)$ 满足定积分存在定理，故定积分 $\displaystyle\int_a^b f(x)\mathrm{d}x$ 存在，所以①错误；

对于② $f(x)=\begin{cases}2x\sin\dfrac{1}{x^2}-\dfrac{2}{x}\cos\dfrac{1}{x^2}, & x\neq0,\\0, & x=0,\end{cases}$ $x=0$ 是其振荡间断点，但是容易验证：

若 $F(x)=\begin{cases}x^2\sin\dfrac{1}{x^2}, & x\neq0,\\0, & x=0,\end{cases}$ 则 $F'(x)=f(x)\ (-\infty<x<+\infty)$，所以 $f(x)$ 存在原函数，但定积分 $\displaystyle\int_{-1}^2 f(x)\mathrm{d}x$ 不存在，因为在 $x=0$ 的邻域 $f(x)$ 无界，所以②错误；

对于③ $f(x)=\begin{cases}\dfrac{1}{x}, & x\neq0,\\0, & x=0,\end{cases}$ 由于 $x=0$ 是其无穷间断点，所以 $f(x)$ 在包含 $x=0$ 在内的区间上总不存在原函数，定积分 $\displaystyle\int_{-1}^2 f(x)\mathrm{d}x$ 也不存在，所以③正确；

对于④ $f(x)=\begin{cases}2x\cos\dfrac{1}{x}+\sin\dfrac{1}{x}, & x\neq0,\\0, & x=0,\end{cases}$ 它在 $(-\infty, +\infty)$ 上存在原函数：

$F(x)=\begin{cases}x^2\cos\dfrac{1}{x}, & x\neq0,\\0, & x=0,\end{cases}$ 并且定积分 $\displaystyle\int_{-1}^2 f(x)\mathrm{d}x$ 也存在，因为 $f(x)$ 有界且只有一个振荡间断点，所以④正确；

综上所述，答案选择 B.

6.1.2　定积分几何意义

当 $f(x) \geqslant 0$ 时，定积分在几何上表示闭区间 $[a, b]$ 上的连续曲线 $y = f(x)$，直线 $x = a$，$x = b$ 与 x 轴围成的平面图形的面积为：$\int_a^b f(x) \mathrm{d}x = A$.

如果 $f(x) < 0$，这时曲边梯形在 x 轴下方，$f(\xi_i) < 0$，和式的极限值小于零，即 $\lim\limits_{\lambda \to 0} \sum\limits_{i=1}^n f(\xi_i) \Delta x_i < 0$，此时该定积分为负值，它在几何图形上表示 x 轴下方的曲边梯形面积的相反值，即 $\int_a^b f(x) \mathrm{d}x = -A$.

注（1）若 $f(x) < 0$ 曲边梯形就在 x 轴下方，定积分的绝对值仍等于曲边梯形的面积，但定积分的值是负的.

（2）当我们说到"a 到 b 上的定积分"时，并不要总认为 $a < b$，事实上，$a > b$ 的情形是完全可以的，只不过注意：$a < b$ 时，$\mathrm{d}x > 0$；$a > b$ 时，$\mathrm{d}x < 0$.

（3）定积分的定义由德国数学家波恩哈德·黎曼给出，故这种积分又被称为黎曼积分.

6.2　定积分基本性质

下面了解一下定积分的基本游戏规则吧，以下这些基本性质都可以推广到高维，比如二重和三重积分，曲线曲面积分（三重积分、线面积分仅数一）.

【规则 1】

$$\int_a^b f(x) \mathrm{d}x = -\int_b^a f(x) \mathrm{d}x$$

每交换一次上下限，定积分改变一次符号. 上下限相同时，定积分为 0，即

$$\int_a^a f(x) \mathrm{d}x = 0$$

注 这里要和普通求和的积分上下限相区别，设 $\boxed{x(n)}$ 为一数列函数，思考：对其求和颠倒上下限位置，需要添加负号吗？

$$\sum_{n=0}^{N-1} x(n) = \sum_{n=N-1}^{0} x(n)，不需要加负号，因为$$

$$\sum_{n=0}^{N-1} x(n) = x(0) + x(1) + \cdots + x(N-1)$$

$$\sum_{n=N-1}^{0} x(n) = x(N-1) + \cdots + x(1) + x(0)$$

仅仅颠倒了顺序.

【规则 2】

$$\int_a^b [c_1 f(x) + c_2 g(x)] \mathrm{d}x = c_1 \int_a^b f(x) \mathrm{d}x + c_2 \int_a^b g(x) \mathrm{d}x$$

【规则 3】

$$\int_a^b f(x) \mathrm{d}x = \int_a^c f(x) \mathrm{d}x + \int_c^b f(x) \mathrm{d}x$$

规则 3 叫作定积分的区间可加性.求分段函数的定积分时,必然要使用它了.

【规则 4】定积分是一个数值,它与积分变元的记号没有关系,你可以写

$$\int_a^b f(x)\,\mathrm{d}x = \int_a^b f(t)\,\mathrm{d}t = \int_a^b f(u)\,\mathrm{d}u,\ 等等.$$

提醒 千万别小看这个不起眼的规则 4,它在有关定积分的恒等式证明的问题中使用频率最高呢.

【规则 5】若 $a<b$ 并且 $f(x)\geqslant 0$,则 $\int_a^b f(x)\,\mathrm{d}x\geqslant 0$,从而 $\left|\int_a^b f(x)\,\mathrm{d}x\right|\leqslant \int_a^b |f(x)|\,\mathrm{d}x$

【规则 6】若 M 和 m 分别是函数 $f(x)$ 在闭区间 $[a,b]$ 上的最大值和最小值,则

$$m(b-a)\leqslant \int_a^b f(x)\,\mathrm{d}x\leqslant M(b-a)$$

注 规则 5 和规则 6 用于比较积分值的大小或估计定积分的取值范围.

6.3 积分中值定理

设 $f(x)$ 在闭区间 $[a,b]$ 上连续,则在 $[a,b]$ 上至少存在一点 ξ,使得

$$\int_a^b f(x)\,\mathrm{d}x = f(\xi)(b-a).$$

【证明】因为 $f(x)$ 在区间 $[a,b]$ 上连续,所以 $f(x)$ 在 $[a,b]$ 上有最大值 M 和最小值 m.

由性质得 $m(b-a)\leqslant \int_a^b f(x)\,\mathrm{d}x\leqslant M(b-a)$ 从而 $m\leqslant \dfrac{1}{b-a}\int_a^b f(x)\,\mathrm{d}x\leqslant M$,由闭区间上连

续函数的介值定理知 $\exists\xi\in[a,b]$,使 $f(\xi)=\dfrac{1}{b-a}\int_a^b f(x)\,\mathrm{d}x$,所

以有 $\int_a^b f(x)\,\mathrm{d}x = f(\xi)(b-a)$,当 $b<a$ 时,上式仍成立.

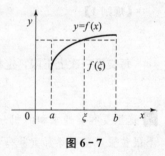

图 6-7

注 性质的几何解释是:由曲线 $y=f(x)$,直线 $x=a$,$x=b$ 及 x 轴所围成的曲边梯形的面积等于以 $[a,b]$ 为底边,$[a,b]$ 中一点 ξ 的函数值为高的矩形面积.如图 6-7 所示,$f(\xi)$ 就是函数 $f(x)$ 在区间 $[a,b]$ 内函数值的平均值,也称为函数 $f(x)$ 在区间 $[a,b]$ 上的平均高度.推理过程中需要去掉定积分符号时常用积分中值定理.

【例 6.2】在证明 $\lim\limits_{n\to\infty}\int_0^1 \dfrac{x^n}{1+x}\,\mathrm{d}x = 0$ 时,由积分中值定理得

$$\int_0^1 \frac{x^n}{1+x}\,\mathrm{d}x = \frac{\xi^n}{1+\xi},\ 0<\xi<1,$$

所以 $\lim\limits_{n\to\infty}\int_0^1 \dfrac{x^n}{1+x}\,\mathrm{d}x = \lim\limits_{n\to\infty}\dfrac{\xi^n}{1+\xi} = 0$.这个证明对不对?

【解】不对.这里要注意两个问题:其一,ξ 的范围是 $0\leqslant\xi\leqslant 1$,如果不能排除 $\xi=1$ 的情况,$\lim\limits_{n\to\infty}\dfrac{\xi^n}{1+\xi}=0$ 就不一定成立;其二,被积函数随 n 的变化而变化,从而 ξ 与 n 有关.正确的应记为 ξ_n,即 $\int_0^1 \dfrac{x^n}{1+x}\,\mathrm{d}x = \dfrac{\xi_n^n}{1+\xi_n}$,$(0\leqslant\xi\leqslant 1)$.所以 $\lim\limits_{n\to\infty}\dfrac{\xi_n^n}{1+\xi_n}$ 不一定存在.

对数学中的每一个公式或定理,我们一定要注意它们的条件和结论.证明如下:

由 $0 \leqslant \dfrac{x^n}{1+x} \leqslant x^n$，$x \in [0, 1]$，得 $0 \leqslant \displaystyle\int_0^1 \dfrac{x^n}{1+x} \mathrm{d}x \leqslant \int_0^1 x^n \mathrm{d}x = \dfrac{1}{n+1}$，

当 $n \to \infty$ 时，由夹逼定理得 $\displaystyle\lim_{n \to \infty} \int_0^1 \dfrac{x^n}{1+x} \mathrm{d}x = 0$.

6.4　变限积分及其求导公式

6.4.1　变限积分的概念

大家在学习函数时，是通过映射这个角度进行切入的，是不是说只要对应规则不变，给一个 x 的取值，就有相对应的一个 y 的取值，这个时候将 x 看作自变量，y 看作因变量，y 是由 x 引发的，对应规则用 f 来表示，这时称 $y = f(x)$ 是 y 关于 x 的函数．相对应的我们来看：若 a，b 是确定的常数时，则定积分 $\displaystyle\int_a^b f(t) \mathrm{d}t$ 就是个定值，即曲边梯形的面积就是固定的，如图 6-8 所示，图中阴影部分是曲边梯形的一部分，那这部分面积如何去求？根据定积分的定义，这部分面积可以写成 $\displaystyle\int_a^x f(t) \mathrm{d}t$，$x$ 的取值不定，既可以取 1，也可以取 0.1 或 -0.1 等等，但最大不超过 b，最小不低于 a，给一个 x 的取值，就有相对应的一个曲面梯形面积，即 $\displaystyle\int_a^x f(t) \mathrm{d}t$ 的取值，因此 $\displaystyle\int_a^x f(t) \mathrm{d}t$ 也是一个函数，记作

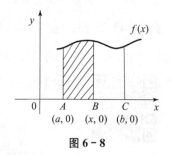

图 6-8

$\varPhi(x) = \displaystyle\int_a^x f(t) \mathrm{d}t (a \leqslant x \leqslant b)$，因为 x 处在定积分上限的位置，故称函数 $\varPhi(x)$ 为变上限的定积分，同理可以定义变下限的定积分和上下限都变化的定积分，这些都称为变限积分．事实上变限积分就是定积分的推广．

6.4.2　变限积分的性质

(1) 函数 $f(x)$ 在 $[a, b]$ 上可积，则函数 $F(x) = \displaystyle\int_a^x f(t) \mathrm{d}t$ 在 $[a, b]$ 上连续．

(2) 函数 $f(x)$ 在 $[a, b]$ 上连续，则函数 $F(x) = \displaystyle\int_a^x f(t) \mathrm{d}t$ 在 $[a, b]$ 上可导．

6.4.3　变限积分的求导公式

设 $F(x) = \displaystyle\int_{\varphi_1(x)}^{\varphi_2(x)} f(t) \mathrm{d}t$，其中 $f(t)$ 在 $[a, b]$ 上连续，可导函数 $\varphi_1(x)$ 和 $\varphi_2(x)$ 的值域在 $[a, b]$ 上，则在函数 $\varphi_1(x)$ 和 $\varphi_2(x)$ 的公共定义域上，有

$$F'(x) = \frac{\mathrm{d}}{\mathrm{d}x}\left[\int_{\varphi_1(x)}^{\varphi_2(x)} f(t) \mathrm{d}t\right] = f[\varphi_2(x)]\varphi_2'(x) - f[\varphi_1(x)]\varphi_1'(x).$$（提示复合函数求导得出来的）

注 我们称上式中的 x 为"求导变量"，t 为"积分变量"．"求导变量" x 只出现在积分的上、下限时才能使用变限积分求导公式，若"求导变量" x 出现在了被积函数中，必须通过恒等变形（比如变量替换等）手段，将其移出被积函数，才能再使用变限积分求导公式．

【例 6.3】 设 $f(x)$ 连续，则 $\dfrac{d}{dx}\left[\displaystyle\int_0^x tf(x^2-t^2)dt\right]=($ $)$.

     A. $xf(x^2)$ B. $-xf(x^2)$

     C. $2xf(x^2)$ D. $-2xf(x^2)$

【解】 应选 A.

"求导变量" x 出现在了被积函数中，必须通过变量替换 $x^2-t^2=u$，将其移出被积函数，才能再使用变量积分求导公式.

令 $x^2-t^2=u$，则 $-2tdt=du$，$t=-\dfrac{1}{2}\dfrac{du}{dt}$；当 $t=0$ 时 $u=x^2$，当 $t=x$ 时 $u=0$.

$$\frac{d}{dx}\left[\int_0^x tf(x^2-t^2)dt\right]=\frac{d}{dx}\left[\int_0 -\frac{1}{2}\frac{du}{dt}\cdot f(u)dt\right]=\frac{1}{2}\frac{d}{dx}\left[\int_0^{x^2}f(u)du\right]=xf(x^2).$$

故答案选择 A.

注 定积分的一些计算技巧和不定积分的计算技巧类似，这里只说明一些我们需要熟练掌握的，但又与不定积分存在明显区别的地方和方法，当然了也会给一些例题练练手.

【例 6.4】 设 $f(x)$ 在 $[a,b]$ 上连续，在 (a,b) 内可导，$f'(x)\leqslant 0$，$F(x)=\dfrac{1}{x-a}\displaystyle\int_a^x f(t)dt$. 证明：在 (a,b) 内，有 $F'(x)\leqslant 0$.

【解】 因 $f(x)$ 在 $[a,b]$ 上连续，故 $\displaystyle\int_a^x f(t)dt$ 在区间 (a,b) 内可导，于是

$$F'(x)=\frac{1}{(x-a)^2}\left[f(x)(x-a)-\int_a^x f(t)dt\right].$$

由积分中值定理知 $\displaystyle\int_a^x f(t)dt=f(\xi)(x-a)$ ，其中 $a<\xi<x$，于是

$$F'(x)=\frac{f(x)(x-a)-f(\xi)(x-a)}{(x-a)^2}=\frac{f(x)-f(\xi)}{x-a}.$$

由于 $f'(x)\leqslant 0$，故 $f(x)$ 单调减少，所以 $f(x)\leqslant f(\xi)$. 又因 $a<x$，故 $F'(x)\leqslant 0$.

经典错解：因 $f(t)$ 在 $[a,b]$ 上连续，由定积分中值定理得 $\displaystyle\int_a^x f(t)dt=f(\xi)(x-a)$.

其中 $a<\xi<x$，于是 $F(x)=\dfrac{1}{x-a}\displaystyle\int_a^x f(t)dt=f(\xi)$.

所以 $F'(x)=f'(\xi)$. 又 $f'(x)\leqslant 0(a<\xi<b)$，因而 $f'(\xi)\leqslant 0$，故 $F'(x)\leqslant 0$.

错解评析：在上述解法中，由 $F(x)=f(\xi)$，便推出 $F'(x)=f'(\xi)$ 的做法是错误的. 其原因是：

①上述左端是对自变量 x 求导数，故右端也应对 x 求导数；

②由定积分中值定理得：$F(x)=f(\xi)$，这里的 ξ 是介于 a 与 x 之间的某个值，它显然与自变量 x 有关，即无法得到 $f'(\xi)=F'(x)\leqslant 0$ 的结论，因为这里 $\dfrac{d\xi}{dx}$ 的符号无法确定.

6.5 广义积分

定积分中，有两个必要条件：被积函数有界；积分区间有限. 上述两个条件，限制了定积分所能表达的深刻的数学含义，限制了定积分所能描述的自然现象，也就限制了定积分的应用范围，这就要求人们突破上述几个限制条件. 从更广的角度考虑积分理论.

定积分的产生源于实践，用于解决人类改造自然过程中出现的实际问题，如计算面积、做功等．但实践中，需要解决的实际问题又不断涌现出来．如计算由万有引力定律导出物体脱离地球引力范围的最低速度——第二宇宙速度（$v_0 = 11.2$ Km/s）时，需要计算克服地球引力 $F(r)$ 所做的功，如果设 $F(r)$ 为物体在 r 处所受的地球引力，R 为地球半径，仍沿用定积分的理论克服地球引力 $F(r)$ 所做的功就应表示为 $W = -\int_R^{+\infty} F(r)\mathrm{d}r$．又如，封闭曲线所围的平面图形的面积能够用定积分计算．那么，以 x 轴为渐近线（即随 x 逐渐趋向于 ∞，函数曲线逐渐接近 x 轴）的曲线 $y = \dfrac{1}{\sqrt{x}}$ 与 x 轴及直线 $x = 0$ 和 $x = 1$ 所围图形几乎是封闭的图形，这样的图形面积存在吗？如何计算？如果延用定积分理论，曲线 $y = \dfrac{1}{\sqrt{x}}$ 与 x 轴及直线 $x = 0$ 和 $x = 1$ 所围图形的面积应为 $S = \int_0^1 \dfrac{1}{\sqrt{x}}\mathrm{d}x$（见图 6-9）．显然，上面涉及的两个积分都不满足定积分两个必要条件的限制的问题，已不再是定积分了．

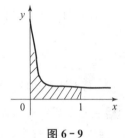

图 6-9

因此，实践和理论都要求突破积分两个必要条件的约束，将定积分的概念加以推广．定积分的本质是数列的极限．广义积分的本质，是变限积分的极限．

6.5.1　无穷区间上反常积分的概念与敛散性

(1) $\int_a^{+\infty} f(x)\mathrm{d}x$ 的定义 $\int_a^{+\infty} f(x)\mathrm{d}x = \lim\limits_{b \to +\infty} \int_a^b f(x)\mathrm{d}x$.

若上述极限存在，则称反常积分 $\int_a^{+\infty} f(x)\mathrm{d}x$ 收敛，否则称为发散．

(2) $\int_{-\infty}^b f(x)\mathrm{d}x$ 的定义 $\int_{-\infty}^b f(x)\mathrm{d}x = \lim\limits_{a \to -\infty} \int_a^b f(x)\mathrm{d}x$.

若上述极限存在，则称反常积分 $\int_{-\infty}^b f(x)\mathrm{d}x$ 收敛，否则称为发散．

(3) $\int_{-\infty}^{+\infty} f(x)\mathrm{d}x$ 的定义 $\int_{-\infty}^{+\infty} f(x)\mathrm{d}x = \int_c^{+\infty} f(x)\mathrm{d}x + \int_{-\infty}^c f(x)\mathrm{d}x$.

若右边两个反常积分都收敛，则称反常积分 $\int_{-\infty}^{+\infty} f(x)\mathrm{d}x$ 收敛，否则称为发散．

注 在反常积分中，一般把"∞"和使得函数无定义的点（瑕点）统称为奇点．

6.5.2　无界函数的反常积分的概念与敛散性

(1) 若 b 是 $f(x)$ 的唯一奇点，则无界函数 $f(x)$ 的反常积分 $\int_a^b f(x)\mathrm{d}x$ 定义为

$$\int_a^b f(x)\mathrm{d}x = \lim\limits_{\varepsilon \to 0^+} \int_a^{b-\varepsilon} f(x)\mathrm{d}x.$$

若上述极限存在，则称反常积分 $\int_a^b f(x)\mathrm{d}x$ 收敛，否则称为发散．

注 当 $x = b$ 为 $f(x)$ 的无穷间断点，这时 $f(x)$ 便是一个无界函数了，积分 $\int_a^b f(x)\mathrm{d}x$ 还有可能存在；细心的考生可能会联想到，前面我们不是说："$\int_a^b f(x)\mathrm{d}x$ 存在的必要条件是 $f(x)$ 有

界"吗？这不是矛盾了吗？事实上，前面所说的 $\int_a^b f(x)\mathrm{d}x$ 是定积分（黎曼积分），而这里的 $\int_a^b f(x)\mathrm{d}x$ 是反常积分，它们并不是一个概念，所以没有任何矛盾．只是当考生读完这一段后，最好今后在提到积分存在时，特别强调一下，是定积分存在（黎曼可积，常义可积），还是反常积分存在（广义可积）．

（2）若 a 是 $f(x)$ 的唯一奇点，则无界函数 $f(x)$ 的反常积分 $\int_a^b f(x)\mathrm{d}x$ 定义为 $\int_a^b f(x)\mathrm{d}x$ $=\lim\limits_{\varepsilon\to 0^+}\int_{a+\varepsilon}^b f(x)\mathrm{d}x$．若上述极限存在，则称反常积分 $\int_a^b f(x)\mathrm{d}x$ 收敛，否则称为发散．

（3）若 $c\in(a,b)$ 是 $f(x)$ 的唯一奇点，则无界函数 $f(x)$ 的反常积分 $\int_a^b f(x)\mathrm{d}x$ 定义为

$$\int_a^b f(x)\mathrm{d}x = \int_a^c f(x)\mathrm{d}x + \int_c^b f(x)\mathrm{d}x.$$

若上述右边两个反常积分都收敛，则称反常积分 $\int_a^b f(x)\mathrm{d}x$ 收敛，否则称为发散．

注 关于反常积分的计算有两点要讲：第一，反常积分是变限积分的极限，也就是在一道积分题目的求解过程中，出现无穷区间或者瑕点，直接代入（做极限计算），这里要注意计算规则即可，不必事先考虑其敛散性．第二，如何识别反常积分？只要一看积分限有 ∞，便知这是无穷区间上的反常积分，所以此类反常积分是容易识别的．

无界函数的反常积分就较难识别了．一般是看被积函数是否使其分母为零的点．但这句话既不必要，也不充分．例如 $\int_0^1 \ln x\,\mathrm{d}x$，被积函数没有"分母"，而 $x=0$ 是它的瑕点，所以该积分是反常积分．又如 $\int_0^1 \frac{1}{x^2}\mathrm{e}^{-\frac{1}{x}}\mathrm{d}x$ 的下限 $x=0$，使分母为 0．但却不是反常积分．这是因为

$$\lim_{x\to 0^+}\frac{1}{x^2}\mathrm{e}^{-\frac{1}{x}} = \lim_{x\to 0^+}\frac{\dfrac{1}{x^2}}{\mathrm{e}^{\frac{1}{x}}} = \lim_{x\to 0^+}\frac{-\dfrac{2}{x^3}}{-\dfrac{1}{x^2}\mathrm{e}^{\frac{1}{x}}} = \lim_{x\to 0^+}\frac{\dfrac{2}{x}}{\mathrm{e}^{\frac{1}{x}}} = \lim_{x\to 0^+}\frac{-\dfrac{2}{x^2}}{-\dfrac{1}{x^2}\mathrm{e}^{\frac{1}{x}}} = \lim_{x\to 0^+}2\mathrm{e}^{-\frac{1}{x}} = 0.$$

所以 $\int_0^1 \frac{1}{x^2}\mathrm{e}^{-\frac{1}{x}}\mathrm{d}x$ 不是反常积分．

话虽如此，但被积函数的分母为零仍是重要的识别标志．不但要看积分的上、下限处，还要看区间内部是否有使 $f(x)\to\infty$ 的点．不少考题故意将奇点埋伏在区间内部，致使考生不注意．

【例 6.5】 求 $\int_{\frac{1}{4}}^{\frac{3}{4}}\dfrac{\mathrm{d}x}{\sqrt{|x-x^2|}}$．

【解】 $\int_{\frac{1}{4}}^{\frac{3}{4}}\dfrac{\mathrm{d}x}{\sqrt{|x-x^2|}} = \int_{\frac{1}{4}}^1\dfrac{\mathrm{d}x}{\sqrt{|x-x^2|}} + \int_1^{\frac{3}{4}}\dfrac{\mathrm{d}x}{\sqrt{|x-x^2|}}$

$\because \int_{\frac{1}{4}}^1\dfrac{\mathrm{d}x}{\sqrt{|x-x^2|}} = \int_{\frac{1}{4}}^1\dfrac{\mathrm{d}x}{\sqrt{x-x^2}} = \int_{\frac{1}{4}}^1\dfrac{\mathrm{d}x}{\sqrt{\dfrac{1}{4}-\left(x-\dfrac{1}{2}\right)^2}}$

$\xlongequal{\text{注1}} \arcsin(2x-1)\Big|_{\frac{1}{4}}^1 = \arcsin 1 - 0 = \dfrac{\pi}{2},$

$\because \int_1^{\frac{1}{2}} \dfrac{\mathrm{d}x}{\sqrt{|x-x^2|}} = \int_1^{\frac{1}{2}} \dfrac{1}{\sqrt{x^2-x}}\mathrm{d}x = \int_1^{\frac{1}{2}} \dfrac{\mathrm{d}x}{\sqrt{\left(x-\dfrac{1}{2}\right)^2-\dfrac{1}{4}}}$

$$\xlongequal{\text{注 2}} \ln\left[\left(x-\dfrac{1}{2}+\sqrt{\left(x-\dfrac{1}{2}\right)^2-\dfrac{1}{4}}\right)\right]\Bigg|_1^{\frac{1}{2}} = \ln(2+\sqrt{3})$$

原式$=\dfrac{\pi}{2}+\ln(2+\sqrt{3})$.

注 有"注"的这两个等式,是一种简单的写法,例如对于注1,实际上它应写成:

$\lim\limits_{b\to 1^-}\arcsin(2x-1)\Big|_{\frac{1}{2}}^{b} = \lim\limits_{b\to 1^-}\arcsin(2b-1)-0 = \arcsin 1 = \dfrac{\pi}{2}$. 由于 $\arcsin(2b-1)$ 在 $b=1$ 处

(左)连续,可以直接按"注"的等式那么写.

【例 6.6】 求 $\displaystyle\int_1^{+\infty} \dfrac{\mathrm{d}x}{x^2\sqrt{x^2-1}}$.

【解】 命 $x=\sec t$,则 $\mathrm{d}x = \sec t\tan t\,\mathrm{d}t$,

$$\int_1^{+\infty}\dfrac{\mathrm{d}x}{x^2\sqrt{x^2-1}} = \int_0^{\frac{\pi}{2}}\dfrac{\sec t\tan t}{\sec^2 t\tan t}\mathrm{d}t = \int_0^{\frac{\pi}{2}}\cos t\,\mathrm{d}t = \sin t\Big|_0^{\frac{\pi}{2}} = 1.$$

【例 6.7】 下列积分其结论不正确的是:(   ).

A. $\displaystyle\int_{-\infty}^{+\infty} x^2\mathrm{e}^{-x^2}\mathrm{d}x = \dfrac{\sqrt{\pi}}{2}$

B. $\displaystyle\int_{-1}^{1}\dfrac{\sin x^2}{x}\mathrm{d}x = 0$

C. $\displaystyle\int_{-\infty}^{+\infty}\dfrac{x}{1+x^2}\mathrm{d}x = 0$.

D. $\displaystyle\int_{-\infty}^{+\infty}\dfrac{x}{(1+x^2)^2}\mathrm{d}x = 0$

【解】 $\displaystyle\int_0^{+\infty}\dfrac{x}{1+x^2}\mathrm{d}x = \dfrac{1}{2}\ln(1+x^2)\Big|_0^{+\infty} = \lim\limits_{b\to+\infty}\dfrac{1}{2}\ln(1+x^2)\Big|_0^{b} = \dfrac{1}{2}\lim\limits_{b\to+\infty}\ln(1+b^2) = +\infty$ (发

散),所以 $\displaystyle\int_{-\infty}^{+\infty}\dfrac{x}{1+x^2}$ 发散,C 不正确,选 C. 下面来说一下为什么 A、B、D 都是正确的.

由于 $\displaystyle\int_0^{+\infty}\dfrac{x}{(1+x^2)^2}\mathrm{d}x = -\dfrac{1}{2}\left[\dfrac{1}{1+x^2}\right]\Big|_0^{+\infty} = -\dfrac{1}{2}\lim\limits_{b\to+\infty}\left(\dfrac{1}{1+b^2}\right)+\dfrac{1}{2} = \dfrac{1}{2}$ (收敛),

$\displaystyle\int_{-\infty}^{+\infty}\dfrac{x}{(1+x^2)^2}\mathrm{d}x = 0$,D 正确. 对于 B,因为 $\lim\limits_{x\to 0}\dfrac{\sin x^2}{x} = 0$,而在其他点处均连续,所以 B 不

是反常积分,命 $f(x)=\begin{cases}\dfrac{\sin x^2}{x}, & x\neq 0,\\ 0, & x=0.\end{cases}$ 它是一个连续的奇函数,$\displaystyle\int_{-1}^{1}\dfrac{\sin x^2}{x}\mathrm{d}x = \int_{-1}^{1}f(x)\mathrm{d}x =$

0. B 正确. 由分部积分可得 $\displaystyle\int_{-\infty}^{+\infty}x^2\mathrm{e}^{-x^2}\mathrm{d}x = -\dfrac{1}{2}\int_{-\infty}^{+\infty}x\mathrm{d}\mathrm{e}^{-x^2} = -\dfrac{1}{2}\left[x\mathrm{e}^{-x^2}\Big|_{-\infty}^{+\infty} - \int_{-\infty}^{+\infty}\mathrm{e}^{-x^2}\mathrm{d}x\right]$,

而 $\lim\limits_{b\to\pm\infty}b\mathrm{e}^{-b^2} = 0$,并且由于 $\displaystyle\int_0^{+\infty}\mathrm{e}^{-x^2}\mathrm{d}x = \dfrac{\sqrt{\pi}}{2}$ (收敛),$\displaystyle\int_{-\infty}^{+\infty}\mathrm{e}^{-x^2}\mathrm{d}x = 2\int_0^{+\infty}\mathrm{e}^{-x^2}\mathrm{d}x = \sqrt{\pi}$,所以

$\displaystyle\int_{-\infty}^{+\infty}x^2\mathrm{e}^{-x^2}\mathrm{d}x = \dfrac{1}{2}\int_{-\infty}^{+\infty}\mathrm{e}^{-x^2}\mathrm{d}x = \int_0^{+\infty}\mathrm{e}^{-x^2}\mathrm{d}x = \dfrac{\sqrt{\pi}}{2}$. A 正确.

【例 6.8】 计算反常积分 $\displaystyle\int_{-\infty}^{+\infty}\dfrac{2x}{1+x^2}\mathrm{d}x$.

【解】由于 $\int_{-\infty}^{0} \dfrac{2x}{1+x^2}\,dx = \left[\ln(1+x^2)\right]\Big|_{-\infty}^{0} = -\infty$，即反常积分 $\int_{-\infty}^{0} \dfrac{2x}{1+x^2}\,dx$ 发散，于是，

反常积分 $\int_{-\infty}^{+\infty} \dfrac{2x}{1+x^2}\,dx$ 发散.

提示　错误解法：因为 $\dfrac{2x}{1+x^2}$ 为奇函数，所以 $\int_{-\infty}^{+\infty} \dfrac{2x}{1+x^2}\,dx = 0$.

错误分析：上述错误是将"奇函数在对称区间 $[-t,\ t]$（$t>0$）上的积分为 0"这个结论推广到反常积分中而产生的，虽然我们可以举出函数 $f(x)$ 为奇函数，且 $\int_{-\infty}^{+\infty} f(x)\,dx = 0$ 的例子，但这对于一般的反常积分不一定成立，只有当 $f(x)$ 为奇函数，且 $\int_{0}^{+\infty} f(x)\,dx$（或 $\int_{-\infty}^{0} f(x)\,dx$）收敛，$\int_{-\infty}^{0} f(x)\,dx$（或 $\int_{0}^{+\infty} f(x)\,dx$）也收敛时，才可得 $\int_{-\infty}^{+\infty} f(x)\,dx = 0$.

6.5.3　敛散性的判别

这是难点. 在考试大纲中，反常积分敛散性判别的要求并不高，但是近几年却经常出现考题，且题目出得还比较难，从这个角度说，我们还是要比较仔细深入地来研究一下这个问题.

针对此类问题，我们需要掌握两个重要结论，并能够熟练地进行无穷小、无穷大的比阶. 常见的反常积分：

(1) 设 $a>0$，则反常积分 $\int_{a}^{+\infty} \dfrac{dx}{x^p}$ 当 $p>1$ 时收敛，当 $p\leqslant 1$ 时发散.

(2) 反常积分 $\int_{a}^{b} \dfrac{dx}{(x-a)^q}$ 当 $0<q<1$ 时收敛；当 $q\geqslant 1$ 时发散.（注意 $q\leqslant 0$ 时，$\int_{a}^{b} \dfrac{dx}{(x-a)^q}$ 为正常积分，没有瑕点）

【证明】(1) $\int_{a}^{+\infty} \dfrac{dx}{x^p} = \begin{cases} \dfrac{x^{1-p}}{1-p}\Big|_{a}^{+\infty} = \lim\limits_{x\to+\infty} \dfrac{x^{1-p}}{1-p} - \lim\limits_{x\to a} \dfrac{x^{1-p}}{1-p} = \left(\lim\limits_{x\to+\infty} \dfrac{x^{1-p}}{1-p}\right) - \dfrac{a^{1-p}}{1-p},\ p\neq 1 \\ \ln x\Big|_{a}^{+\infty} = +\infty,\ p=1 \end{cases}$

$\because \lim\limits_{x\to+\infty} \dfrac{x^{1-p}}{1-p} = \begin{cases} +\infty,\ 1-p>0\ 即\ p<1 \\ 0,\ 1-p<0\ 即\ p>1 \end{cases}$，故得证.

(2) $\int_{a}^{b} \dfrac{dx}{(x-a)^q} = \begin{cases} \dfrac{(x-a)^{1-q}}{1-q}\Big|_{a}^{b} = \lim\limits_{x\to b} \dfrac{(x-a)^{1-q}}{1-q} - \lim\limits_{x\to a} \dfrac{(x-a)^{1-q}}{1-q} \\ \qquad\qquad = \dfrac{(b-a)^{1-q}}{1-q} - \lim\limits_{x\to a} \dfrac{(x-a)^{1-q}}{1-q},\ q>1 \\ \ln(x-a)\Big|_{a}^{b} = +\infty,\ q=1 \\ \dfrac{(b-a)^{1-q}}{1-q} - \dfrac{(a-a)^{1-q}}{1-q} = \dfrac{(b-a)^{1-q}}{1-q},\ q<1 \end{cases}$

$\because \lim\limits_{x\to a} \dfrac{(x-a)^{1-q}}{1-q} = \begin{cases} 0,\ 1-q>0\ 即\ q<1 \\ +\infty,\ 1-q<0\ 即\ q>1 \end{cases}$，故得证.

【例 6.9】设 m，n 均为正整数，则反常积分 $\int_{0}^{1} \dfrac{\sqrt[m]{\ln^2(1-x)}}{\sqrt[n]{x}}\,dx$ 的敛散性（　　）.

A. 仅与 m 的取值有关　　　　　　B. 仅与 n 的取值有关

C. 与的取值都有关　　　　　　　　D. 与 m，n 的取值都无关

【解】 (1) 该积分的奇点为 0 和 1;

(2) 当 $x \to 0^+$ 时, $\sqrt[m]{\ln^2(1-x)} \sim (-x)^{\frac{2}{m}} = x^{\frac{2}{m}}$, 则 $\dfrac{\sqrt[m]{\ln^2(1-x)}}{\sqrt[n]{x}} \sim x^{\frac{2}{m}-\frac{1}{n}}$ (此处为等价无穷

小), 故等价于讨论 $\displaystyle\int_0^1 x^{\frac{2}{m}-\frac{1}{n}}\mathrm{d}x = \int_0^1 \dfrac{1}{x^{\frac{1}{n}-\frac{2}{m}}}\mathrm{d}x$, 由于 m, n 均为正整数, $\max\left\{\dfrac{1}{n}\right\} = 1$, $\dfrac{2}{m} > 0$,

故 $\dfrac{1}{n} - \dfrac{2}{m} < 1$, 立即得到级数收敛;

(3) 当 $x \to 1^-$ 时, $\dfrac{\sqrt[m]{\ln^2(1-x)}}{\sqrt[n]{x}} \sim [\ln(1-x)]^{\frac{2}{m}}$ (此处为等价无穷大), 故等价于讨论

$\displaystyle\int_0^1 [\ln(1-x)]^{\frac{2}{m}}\mathrm{d}x$, 再次注意到, 由于 $\lim\limits_{x \to 1}(1-x)^{\varepsilon} \cdot \ln(1-x) = 0 (\forall \varepsilon > 0)$,

故当 $x \to 1^-$ 时, $|\ln(1-x)| \ll (1-x)^{-\varepsilon}$, 则

$$0 \leqslant \int_0^1 [\ln(1-x)]^{\frac{2}{m}}\mathrm{d}x < \int_0^1 [(1-x)^{-\varepsilon}]^{\frac{2}{m}}\mathrm{d}x = \int_0^1 [(1-x)^{-\frac{2\varepsilon}{m}}]\mathrm{d}x = \int_0^1 \dfrac{1}{(1-x)^{\frac{2\varepsilon}{m}}}\mathrm{d}x$$

由于 ε 是任意小的正数, 故可取 $\varepsilon = \dfrac{m}{4} > 0$, 则积分

$$\int_0^1 \dfrac{1}{(1-x)^{\frac{2\varepsilon}{m}}}\mathrm{d}x = \int_0^1 \dfrac{1}{(1-x)^{\frac{1}{2}}}\mathrm{d}x$$

　　根据重要结论 (2), 该级数收敛, 对于积分值非负的反常积分而言, 大的都收敛了, 小的自然收敛, 于是原积分收敛. 综上所述, 答案选择 D. 以上分析对读者提出了较高的要求, 请仔细品味.

注 有些读者对 (3) 中的取 $\varepsilon = \dfrac{m}{4} > 0$ 不甚理解, 事实上, $\ln(1-x)^{\frac{2}{m}}$ 在 $x \to 1^-$ 时趋于 ∞ 的速度 "极慢", 以至于会小于 "$\forall \varepsilon > 0$" 情形下的 $(1-x)^{-\frac{2}{m} \cdot \varepsilon}$, 显然, $(1-x)^{-\frac{2}{m} \cdot \varepsilon}$ 可能发散, 也可能收敛, 但 $\ln(1-x)^{\frac{2}{m}} \ll (1-x)^{-\frac{2}{m} \cdot \varepsilon}$, 故只能收敛.

6.6　函数的连续性、可积性以及与原函数存在性之间的关系

6.6.1　不定积分和定积分关系

　　有了微分, 自然要研究其逆运算, 这就自然而然产生了不定积分. $\displaystyle\int f(x)\mathrm{d}x$ 它表示 $f(x)$ 在某区间上的全部原函数. 由微分的性质, 决定了不定积分具有相应的性质, 例如线性性质等; 各种微分法都可翻译为对应的积分法, 例如换元法和分部积分法.

　　为了研究积累量问题, 必须准确刻画积累量的性质及其构成规律, 这就引入了定积分. $\displaystyle\int_a^b f(x)\mathrm{d}x$ 它代表所刻画积累量的确定的值. 当然, 从定积分的定义也可以建立定积分的线性性质等, 但是尚不能直接获得求解定积分的简洁有效的方法.

　　从定义上看, 不定积分与定积分是完全不同的两个概念, 似乎毫不相干. 特别是: 通过上文例 6.1 可知有的函数在闭区间上有不定积分, 却没有定积分; 还有的函数在闭区间上有定积分, 却没有不定积分.

但是，Newton 和 Leibniz 都发现了：在连续函数这个最重要的特定情况下，不定积分和定积分有着密切的关系，这就是微积分基本定理所揭示的关系．有鉴于此，Leibniz 有意为不定积分和定积分选取相同的符号和相同的表达方式，尤其是把不定积分和定积分的被积表达式都写为微分形式，为积分的发展和应用带来很大的方便．微积分基本定理揭示了连续函数定积分和不定积分之间的关系，从而也揭示了微分与积分之间的关系：

定理 6.6.1.1 微积分基本定理（也称为牛顿—莱布尼茨公式）

若 $F(x)$ 为函数 $f(x)$ 在区间 $[a, b]$ 上的一个原函数，那么此式 $\int_a^b f(x)\mathrm{d}x = F(x)\big|_a^b = F(b) - F(a)$ 也称为牛顿—莱布尼茨公式．

在发明微积分的那些大师们的眼里，定积分 $\int_a^b f(x)\mathrm{d}x$ 只不过是函数 $F(x) = \int_a^x f(t)\mathrm{d}t$

在 b 处的函数值 $F(b)$．换句话讲，$\int_a^x f(t)\mathrm{d}t$ 具有双重身份：当 x 变化时，它是一个函数；当认定 x 不变时，它是一个定积分．这种看似简单的处理却揭示了微分学与积分学的本质联系．

一般把 $F(x) = \int_a^x f(t)\mathrm{d}t$ 称为积分上限函数，这是一种新的表示函数的方法．其中 t 是积分变元（可以换成任何其他的记号），而积分下限 a 可以是任何与 x 无关的常数．

(1) 函数的表示方法拓宽了，可用变上限积分表达函数．

(2) $\Phi(a) = 0, \Phi(b) = \int_a^b f(x)\mathrm{d}x$．

(3) $\int_a^x f(t)\mathrm{d}t$ 中积分变量使用 t 是为了区别于积分上限 x．

这是积分学发展的一个转折点，经过这个转折点，积分学才真正发展成为一门独立的科学，仅仅这一点就已经在数学史上写下了重重的一笔，揭示了不定积分和定积分的关系，也就揭示了微分与积分之间的关系．这就大大促进了整个微积分理论的发展，更大大拓宽了整个微积分的应用领域．

我们来重新审视一下不定积分和定积分的关系、微分与积分之间的关系是怎样揭示出来的：

连续函数的定积分 $\int_a^b f(x)\mathrm{d}x$ 本来表示积累量的一个确定的值，一旦我们引入了变上限积分 $\int_a^x f(t)\mathrm{d}t$，奇迹就出现了，这是一个变化的函数；当把定积分这个孤立的值作为变化函数的一个值时，我们自然可以用变化率去研究它、去把握它．于是，我们得到 $\left(\int_a^x f(t)\mathrm{d}t\right)' = f(x)$，$x \in [a, b]$ 于是，微积分基本定理便产生了，问题获得了突破．

注 (1) 设 $f(x)$ 不连续，则原函数存在性与定积分是否存在无任何关系，值得一提的是：在考研中，判断一个函数是否可积绝非重点，不需要过多地在这方面下功夫；不过考试大纲对此没有做要求，考生知道即可．

(2) 定积分的定义虽然为我们计算定积分提供了一条途径，但这个极限的计算量并不简单，故微积分基本定理即牛顿—莱布尼茨公式为我们方便地计算定积分提供了便捷的途径，是我们计算定积分的核心方法，是考试重点，需重点掌握定积分的计算，至于这个理论能把上述文字读懂就好．

【例 6.10】 求定积分 $\int_0^3 \dfrac{x}{1+\sqrt{1+x}}\,dx$.

【解】 令 $\sqrt{1+x}=t$，则 $x=t^2-1$，$dx=2t\,dt$，当 $x\in[0,3]$ 时，$t\in[1,2]$. 于是

$$\int_0^3 \frac{x}{1+\sqrt{1+x}}\,dx = \int_1^2 \frac{t^2-1}{1+t}2t\,dt = 2\int_1^2 t(t-1)\,dt = 2\left(\frac{t^3}{3}-\frac{t^2}{2}\right)\Big|_1^2 = \frac{5}{3}$$

注 $\dfrac{t^3}{3}-\dfrac{t^2}{2}$ 是 $t(t-1)$ 其中一个原函数，为什么选择这个原函数而不选原函数 $\dfrac{t^3}{3}-\dfrac{t^2}{2}+C$，是因为积分上下限 2 和 1 代进去一相减，常数项就没有了.

6.6.2 函数的连续性、可积性以及与原函数存在性之间的关系

如图 6-10 所示.

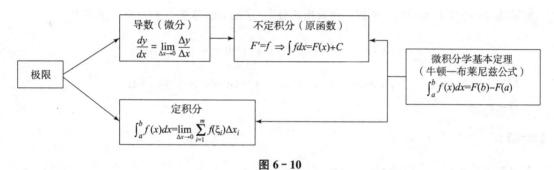

图 6-10

6.7 定积分的计算

6.7.1 利用函数奇偶性计算

【例 6.11】 证明

(1) 若 $f(x)$ 在 $[-a,a]$ 上连续且为奇函数，则 $\int_{-a}^a f(x)\,dx=0$.

(2) 若 $f(x)$ 在 $[-a,a]$ 上连续且为偶函数，则 $\int_{-a}^a f(x)\,dx = 2\int_0^a f(x)\,dx$.

【证明】 根据定积分性质得

$$\int_{-a}^a f(x)\,dx = \int_{-a}^0 f(x)\,dx + \int_0^a f(x)\,dx \qquad\qquad ①$$

对于积分 $\int_{-a}^0 f(x)\,dx$，作变换 $x=-t$，则有

$$\int_{-a}^0 f(x)\,dx = \int_a^0 f(-t)(-dt) = \int_0^a f(-t)\,dt = \int_0^a f(-x)\,dx \qquad ②$$

把②式代入①式中，得 $\int_{-a}^a f(x)\,dx = \int_0^a f(-x)\,dx + \int_0^a f(x)\,dx = \int_0^a [f(x)+f(-x)]\,dx$

当 $f(x)$ 为偶函数，即 $f(x)=f(-x)$ 时，得

$$\int_{-a}^{a} f(x)\,\mathrm{d}x = \int_{0}^{a} [f(x)+f(-x)]\,\mathrm{d}x = 2\int_{0}^{a} f(x)\,\mathrm{d}x$$

当 $f(x)$ 为奇函数，即 $f(x)=-f(-x)$ 时，得 $\int_{-a}^{a} f(x)\,\mathrm{d}x = \int_{0}^{a} [f(x)+f(-x)]\,\mathrm{d}x = 0$

注 例 6.11 的结论常称为"偶倍奇零"，可简化计算偶函数、奇函数在关于原点对称的区间上的定积分.

6.7.2 利用函数周期性计算

结论 1 设 $f(x)$ 在 $(-\infty, +\infty)$ 连续，且以 T 为周期，则 $\int_{a}^{a+T} f(x)\,\mathrm{d}x = \int_{0}^{T} f(x)\,\mathrm{d}x$

【证明】 把等式左边一分为三，其中有一部分恰好等于右边，即

$$\int_{a}^{a+T} f(x)\,\mathrm{d}x = \int_{a}^{0} f(x)\,\mathrm{d}x + \int_{0}^{T} f(x)\,\mathrm{d}x + \int_{T}^{a+T} f(x)\,\mathrm{d}x$$

因为 $f(x)$ 以 T 为周期，所以不难看出积分 $\int_{T}^{a+T} f(x)\,\mathrm{d}x$ 等于 $\int_{0}^{a} f(t)\,\mathrm{d}t$，事实上，

$$\int_{T}^{a+T} f(x)\,\mathrm{d}x \xrightarrow{\text{令} x = T+t} \int_{0}^{a} f(t)\,\mathrm{d}t = -\int_{a}^{0} f(x)\,\mathrm{d}x$$

所以 $\int_{a}^{a+T} f(x)\,\mathrm{d}x = \int_{a}^{0} f(x)\,\mathrm{d}x + \int_{0}^{T} f(x)\,\mathrm{d}x - \int_{a}^{0} f(x)\,\mathrm{d}x = \int_{0}^{T} f(x)\,\mathrm{d}x$

结论得证.

【思考】 $\int_{a}^{a+nT} f(x)\,\mathrm{d}x = n\int_{0}^{T} f(x)\,\mathrm{d}x$

证明 $F(x) = \int_{x}^{x+2\pi} \mathrm{e}^{\sin t}\sin t\,\mathrm{d}t \equiv$ 常数.

提示 $F(x) = \int_{x}^{x+2\pi} \mathrm{e}^{\sin t}\sin t\,\mathrm{d}t = \int_{0}^{2\pi} \mathrm{e}^{\sin t}\sin t\,\mathrm{d}t$ 与 x 无关.

【例 6.12】 设 $f(x)$ 在 $[0, 1]$ 连续，$\int_{0}^{\frac{\pi}{2}} f(|\cos x|)\,\mathrm{d}x = A$，

则 $I = \int_{0}^{2\pi} f(|\cos x|)\,\mathrm{d}x = $ _____.

【解】 由于 $f(|\cos x|)$ 在 $(-\infty, +\infty)$ 连续，以 π 为周期，且为偶函数，则根据周期函数与偶函数的积分性质得

$$I = 2\int_{0}^{\pi} f(|\cos x|)\,\mathrm{d}x = 2\int_{-\frac{\pi}{2}}^{\frac{\pi}{2}} f(|\cos x|)\,\mathrm{d}x = 2\cdot 2\int_{0}^{\frac{\pi}{2}} f(|\cos x|)\,\mathrm{d}x = 4A.$$

【例 6.13】 n 为自然数，证明：$\int_{0}^{2\pi} \cos^n x\,\mathrm{d}x = \int_{0}^{2\pi} \sin^n x\,\mathrm{d}x$

$$= \begin{cases} 0, & n = \text{奇数}, \\ 4\int_{0}^{\frac{\pi}{2}} \sin^n x\,\mathrm{d}x, & n = \text{偶数}. \end{cases}$$

【证明】 $\int_{0}^{2\pi} \cos^n x\,\mathrm{d}x = \int_{0}^{2\pi} \sin^n\left(x+\frac{\pi}{2}\right)\mathrm{d}x \xrightarrow{t = x+\frac{\pi}{2}} \int_{\frac{\pi}{2}}^{2\pi+\frac{\pi}{2}} \sin^n t\,\mathrm{d}t = \int_{0}^{2\pi} \sin^n t\,\mathrm{d}t$

当 n 为奇数时，$\int_{0}^{2\pi} \sin^n x\,\mathrm{d}x$ 周期函数积分性质可得，$\int_{-\pi}^{\pi} \sin^n x\,\mathrm{d}x$ 奇函数积分性质得 0；

当 n 为偶数时，$\int_{0}^{2\pi} \sin^n x\,\mathrm{d}x = \int_{-\pi}^{\pi} \sin^n x\,\mathrm{d}x \xrightarrow{\sin^n x = \text{偶函数}} 2\int_{0}^{\pi} \sin^n x\,\mathrm{d}x$；

$\sin^n x$ 以 π 为周期，$2\int_{-\frac{\pi}{2}}^{\frac{\pi}{2}} \sin^n x \, \mathrm{d}x = 4\int_0^{\frac{\pi}{2}} \sin^n x \, \mathrm{d}x$.

6.7.3 换元积分法和分部积分法相结合计算

【例 6.14】求 $\int_{\frac{1}{4}}^{\frac{3}{4}} \frac{\arccos\sqrt{x}}{\sqrt{x(1-x)}} \mathrm{d}x$.

【解 1】令 $\arccos\sqrt{x} = u$，则 $x = \cos^2 u$，$\mathrm{d}x = -2\cos u \sin u \, \mathrm{d}u$，且当 $x = \frac{1}{4}$ 时，$u = \frac{\pi}{3}$；$x = \frac{3}{4}$ 时，

$u = \frac{\pi}{6}$. 于是，

$$\int_{\frac{1}{4}}^{\frac{3}{4}} \frac{\arccos\sqrt{x}}{\sqrt{x(1-x)}} \mathrm{d}x = -2\int_{\frac{\pi}{3}}^{\frac{\pi}{6}} \frac{u}{\sqrt{\cos^2 u(1-\cos^2 u)}} \cos u \sin u \, \mathrm{d}u$$

$$= 2\int_{\frac{\pi}{6}}^{\frac{\pi}{3}} \frac{u}{\cos u \sin u} \cos u \sin u \, \mathrm{d}u = u^2 \Big|_{\frac{\pi}{6}}^{\frac{\pi}{3}} = \frac{\pi^2}{12}$$

【解 2】$\int_{\frac{1}{4}}^{\frac{3}{4}} \frac{\arccos\sqrt{x}}{\sqrt{x(1-x)}} \mathrm{d}x = 2\int_{\frac{1}{4}}^{\frac{3}{4}} \frac{\arccos\sqrt{x}}{\sqrt{1-(\sqrt{x})^2}} \mathrm{d}\sqrt{x} = -2\int_{\frac{1}{4}}^{\frac{3}{4}} \arccos\sqrt{x} \, \mathrm{d}\arccos\sqrt{x}$

$$= -(\arccos\sqrt{x})^2 \Big|_{\frac{1}{4}}^{\frac{3}{4}} = \frac{\pi^2}{12}$$

【例 6.15】指出下列求解过程中的错误，并写出正确的求解过程.

(1) $I = \int_0^{\frac{\pi}{2}} \sqrt{1-\sin 2x} \, \mathrm{d}x$. $I = \int_0^{\frac{\pi}{2}} \sqrt{(\sin x - \cos x)^2} \, \mathrm{d}x = \int_0^{\frac{\pi}{2}} (\sin x - \cos x) \mathrm{d}x = 0$.

(2) $I = \int_1^4 \frac{\mathrm{d}x}{x(1+\sqrt{x})}$.

令 $t = \sqrt{x}$，则 $x = t^2$，$\mathrm{d}x = 2t \mathrm{d}t$，

故 $I = \int_1^4 \frac{2t \mathrm{d}t}{t^2(1+t)} = \int_1^4 \frac{2\mathrm{d}t}{t(1+t)} = 2\int_1^4 \left(\frac{1}{t} - \frac{1}{1+t}\right) \mathrm{d}t$

$= 2[\ln t - \ln(1+t)]\Big|_1^4 = 2\ln\frac{8}{5}$.

(3) $I = \int_{-1}^1 \frac{1}{1+x^2} \mathrm{d}x$.

$I \xrightarrow{\text{令 } x = \frac{1}{t}} -\int_{-1}^1 \frac{\mathrm{d}t}{1+t^2} = -\int_{-1}^1 \frac{\mathrm{d}x}{1+x^2}$，从而 $2I = 0$，即 $\int_{-1}^1 \frac{1}{1+x^2} \mathrm{d}x = 0$.

【解】错误分析：(1) 的错误在于 $\sqrt{(\sin x - \cos x)^2} = \sin x - \cos x$ 没带绝对值，应注意它的正负取值.

(2) 的错误在于换元的同时没有换上下限.

(3) 的错误在于换元 $x = \frac{1}{t}$ 在区间 $[-1, 1]$ 上有间断点 $t = 0$，不满足定积分换元公式的条件.

正确解法：

(1) $I = \int_0^{\frac{\pi}{2}} |\sin x - \cos x| \mathrm{d}x = \int_0^{\frac{\pi}{4}} (\cos x - \sin x) \mathrm{d}x + \int_{\frac{\pi}{4}}^{\frac{\pi}{2}} (\sin x - \cos x) \mathrm{d}x = 2(\sqrt{2}-1)$

(2) $I \xlongequal{t=\sqrt{x}} \int_1^2 \frac{2t\mathrm{d}t}{t^2(1+t)} = \int_1^2 \frac{2\mathrm{d}t}{t(1+t)} = 2\int_1^2 \left(\frac{1}{t} - \frac{1}{1+t}\right)\mathrm{d}t$

$$= 2[\ln t - \ln(1+t)]\Big|_1^2 = 2\ln\frac{4}{3}$$

(3) $I = 2\int_0^1 \frac{\mathrm{d}x}{1+x^2} = 2\arctan x\Big|_0^1 = \frac{\pi}{2}$

6.7.4 利用含参变量积分计算

【例 6.16】设 $f(\pi)=2$，$\int_0^\pi [f(x)+f''(x)]\sin x\mathrm{d}x = 5$，求 $f(0)$.

【解】由 $\int_0^\pi f(x)\sin x\mathrm{d}x = -f(x)\cos x\Big|_0^\pi + \int_0^\pi f'(x)\cos x\mathrm{d}x$

$$= f(\pi)+f(0)+f'(x)\sin x\Big|_0^\pi - \int_0^\pi f''(x)\sin x\mathrm{d}x$$

$$= f(\pi)+f(0)-\int_0^\pi f''(x)\sin x\mathrm{d}x$$

即 $\int_0^\pi [f(x)+f''(x)]\sin x\mathrm{d}x = f(\pi)+f(0)$ 于是 $f(\pi)+f(0)=5$，所以

$$f(0)=5-f(\pi)=5-2=3.$$

【例 6.17】设 $f(x) = x^2 - x\int_0^2 f(x)\mathrm{d}x + 2\int_0^1 f(x)\mathrm{d}x$，求 $f(x)$.

【解】设 $\int_0^1 f(x)\mathrm{d}x = a$，$\int_0^2 f(x)\mathrm{d}x = b$，则 $f(x) = x^2 - bx + 2a$.

对上式两端分别在区间 $[0,1]$，$[0,2]$ 上计算积分得

$$a = \int_0^1 f(x)\mathrm{d}x = \int_0^1 (x^2-bx+2a)\mathrm{d}x$$

$$= \left(\frac{1}{3}x^3 - \frac{b}{2}x^2 + 2ax\right)\Big|_0^1 = \frac{1}{3} - \frac{b}{2} + 2a$$

同理 $b = \int_0^2 f(x)\mathrm{d}x = \left(\frac{1}{3}x^3 - \frac{b}{2}x^2 + 2ax\right)\Big|_0^2 = \frac{8}{3} - 2b + 4a$，

解得 $a = \frac{1}{3}$，$b = \frac{4}{3}$，所以 $f(x) = x^2 - \frac{4}{3}x + \frac{2}{3}$

注 当函数表达式中含有定积分时，一般将定积分设为某一常数，再进行求导或积分计算.

【例 6.18】设 $f(x)$ 在 $[0,+\infty)$ 上连续，且 $f(x)>0$ $(x\geqslant 0)$，证明 $\psi(x) = \dfrac{\int_0^x tf(t)\mathrm{d}t}{\int_0^x f(t)\mathrm{d}t}$ 在 $(0,+\infty)$ 上是单调增加的.

【证明】$\psi'(x) = \dfrac{xf(x)\int_0^x f(t)\mathrm{d}t - f(x)\int_0^x tf(t)\mathrm{d}t}{\left[\int_0^x f(t)\mathrm{d}t\right]^2} = \dfrac{f(x)\int_0^x (x-t)f(t)\mathrm{d}t}{\left[\int_0^x f(t)\mathrm{d}t\right]^2}$ $t\in[0,x]$

由 $x-t\geqslant 0$，$f(t)>0$，则 $\int_0^x (x-t)f(t)\mathrm{d}t > 0$，从而 $\psi'(x)>0$ $(x>0)$，所以 $\psi(x)$ 在 $(0,+\infty)$ 上单调增加.

【例 6.19】设 $f(x)$ 有连续的二阶导数，证明

$$f(x) = f(0) + f'(0)x + \int_0^x tf''(x-t)\,dt.$$

【证明】
$$\int_0^x tf''(x-t)\,dt = -tf'(x-t)\Big|_0^x + \int_0^x f'(x-t)\,dt$$
$$= -xf'(0) - f(x-t)\Big|_0^x$$
$$= -xf'(0) - f(0) + f(x)$$

即 $f(x) = f(0) + xf'(0) + \int_0^x tf''(x-t)\,dt$

6.7.5 利用公式计算

6.7.5.1 常用公式

(1) $\int_a^b f(x)\,dx = \int_a^b f(a+b-x)\,dx$

(2) $\int_{-a}^a f(x)\,dx = \int_0^a [f(x) + f(-x)]\,dx$

(3) $\int_0^{2a} f(x)\,dx = \int_0^a [f(x) + f(2a-x)]\,dx$

【例 6.20】 求 $\int_0^\pi \dfrac{x\sin x}{1+\cos^2 x}\,dx.$

【解】 由 6.7.5.1 常用公式 (3) 得

$$\int_0^\pi \frac{x\sin x}{1+\cos^2 x}\,dx = \int_0^{\frac{\pi}{2}} \frac{x\sin x}{1+\cos^2 x} + \frac{(\pi-x)\sin(\pi-x)}{1+\cos^2(\pi-x)}\,dx$$
$$= \pi\int_0^{\frac{\pi}{2}} \frac{\sin x}{1+\cos^2 x}\,dx = -\pi\int_0^{\frac{\pi}{2}} \frac{d\cos x}{1+\cos^2 x} = \frac{\pi^2}{4}$$

6.7.5.2 常用技巧性公式

建议考生把这些公式作为例题多做几遍的基础上，记忆下来，考场上遇到可以直接写答案，节省时间.

第一组:

(1) $\int_0^a \sqrt{a^2 - x^2}\,dx = \dfrac{1}{4}\pi a^2$ ⠀⠀⠀ (2) $\int_0^a \dfrac{1}{\sqrt{a^2 - x^2}}\,dx = \dfrac{1}{2}\pi$

(3) $\int_0^a x\sqrt{a^2 - x^2}\,dx = \dfrac{1}{3}a^3$ ⠀⠀⠀ (4) $\int_0^a \dfrac{x}{\sqrt{a^2 - x^2}}\,dx = a$

(5) $\int_0^a x^2\sqrt{a^2 - x^2}\,dx = \dfrac{\pi}{16}a^4$ ⠀⠀⠀ (6) $\int_0^a \dfrac{x^2}{\sqrt{a^2 - x^2}}\,dx = \dfrac{\pi}{4}a^2$

第二组:

(1) $\int_0^{\frac{\pi}{2}} \sin^n x\,dx = \int_0^{\frac{\pi}{2}} \cos^n x\,dx$

(2) $\int_0^{\frac{\pi}{2}} \sin^n x\,dx = \int_0^{\frac{\pi}{2}} \cos^n x\,dx = \begin{cases} \dfrac{n-1}{n} \cdot \dfrac{n-3}{n-2} \cdots \dfrac{3}{4} \cdot \dfrac{1}{2} \cdot \dfrac{\pi}{2} & n(\text{为偶数}) \\ \dfrac{n-1}{n} \cdot \dfrac{n-3}{n-2} \cdots \dfrac{4}{5} \cdot \dfrac{2}{3} \cdot 1 & n(\text{为奇数}) \end{cases}$

(3) $\int_0^\pi \sin^n x \, dx = 2 \int_0^{\frac{\pi}{2}} \sin^n x \, dx$

(4) $\int_{-\pi}^{\pi} \sin^n x \, dx = \begin{cases} 0 & n\text{ 为奇数} \\ 4 \int_0^{\frac{\pi}{2}} \sin^n x \, dx & n\text{ 为偶数} \end{cases}$

(5) $\int_0^\pi x f(\sin x) \, dx = \dfrac{\pi}{2} \int_0^\pi f(\sin x) \, dx$

第三组：

请观察下面的三角函数集合

$$U = \{1,\ \sin x,\ \cos x,\ \sin 2x,\ \cos 2x,\ \cdots,\ \sin kx,\ \cos kx,\ \cdots\},\ k \in \mathbb{N},$$

该集合有两个特征：

(1) 任取元素 $\alpha, \beta \in U$，只要 $\alpha \neq \beta$，就有 $\int_{-\pi}^{\pi} (\alpha \times \beta) \, dx \equiv 0$；

(2) 任取元素 $\alpha \in U$，只要 $a \neq 1$，就有 $\int_{-\pi}^{\pi} \alpha^2 \, dx \equiv \pi \left(\int_{-\pi}^{\pi} 1^2 \, dx = 2\pi \text{ 除外} \right)$.

（如果用 $\otimes$ 表示 $\int_{-\pi}^{\pi}$ 这种运算，我们说集合 U 关于运算 $\otimes$ 具有正交性.）

综上所述，可以立即得到下列积分结果：

(1) $\int_{-\pi}^{\pi} \sin mx \cos nx \, dx \equiv 0 \, (\forall m, n \in \mathbb{N},\ m, n \neq 0)$

(2) $\int_{-\pi}^{\pi} \sin mx \sin nx \, dx = \begin{cases} 0 & m \neq n \\ \pi & m = n \end{cases} \, (\forall m, n \in \mathbb{N},\ m, n \neq 0)$

(3) $\int_{-\pi}^{\pi} \cos mx \cos nx \, dx = \begin{cases} 0 & m \neq n \\ \pi & m = n \end{cases} \, (\forall m, n \in \mathbb{N},\ m, n \neq 0)$

(4) $\int_{-\pi}^{\pi} \sin^2 mx \, dx = \pi \, (\forall m \in \mathbb{N},\ m \neq 0)$

(5) $\int_{-\pi}^{\pi} \cos^2 mx \, dx = \pi \, (\forall m \in \mathbb{N},\ m \neq 0)$

第四组：

(1) $\int_{-\pi}^{\pi} \sin^{2k+1} x \, dx \equiv 0 \qquad \forall k \in \mathbb{N}$

(2) $\int_{-\pi}^{\pi} \cos^{2k+1} x \, dx \equiv 0 \qquad \forall k \in \mathbb{N}$

(3) $\int_{-\pi}^{\pi} \sin^n x \cos x \, dx \equiv 0 \quad \forall n \in \mathbb{N}$

(4) $\int_{-\pi}^{\pi} \cos^n x \sin x \, dx \equiv 0 \quad \forall n \in \mathbb{N}$

三角函数积的积分公式对于学过傅里叶变换或者通信电子类的同学来说应该再熟悉不过了，其他专业的同学可以了解一下，如果实在记不住，硬记也行.

6.7.6　利用定积分定义计算定积分

【例 6.21】利用定积分定义计算 $\int_0^1 2^x \, dx$.

【解】 由于被积函数 $f(x)=2^x$ 在积分区间 $[0,1]$ 上连续，而连续函数是可积的，故积分值与区间 $[0,1]$ 的分法及点 ξ_i 的取法无关．因此，为了便于计算，不妨把区间 $[0,1]$ 分成 n 等份，分点为 $x_i=\dfrac{i}{n}$，$i=1,2,\cdots,n-1$，并记 $x_0=0$，$x_n=1$ 这样每个小区间

$[x_{i-1},x_i]$ 的长度 $\Delta x_i=\dfrac{1}{n}$，$i=1,2,\cdots,n$．取 $\xi_i=x_i$，$i=1,2,\cdots,n$，得到积分和．

$$\sum_{i=1}^{n}f(\xi_i)\Delta x_i=\sum_{i=1}^{n}\left(2^{\frac{i}{n}}\cdot\frac{1}{n}\right)=\frac{1}{n}(2^{\frac{1}{n}}+2^{\frac{2}{n}}+\cdots+2^{\frac{n}{n}})=\frac{1}{n}\cdot\frac{2^{\frac{1}{n}}-2^{1+\frac{1}{n}}}{1-2^{\frac{1}{n}}}$$

从而，$\displaystyle\int_0^1 2^x\,\mathrm{d}x=\lim_{n\to\infty}\sum_{i=1}^{n}f(\xi_i)\Delta x_i=\lim_{n\to\infty}\left(\frac{1}{n}\cdot\frac{2^{\frac{1}{n}}-2^{1+\frac{1}{n}}}{1-2^{\frac{1}{n}}}\right)$

$$=\lim_{n\to\infty}\frac{\frac{1}{n}}{1-2^{\frac{1}{n}}}\cdot(1-2)\xrightarrow{\text{导数定义}}\frac{1}{(2^x)'\mid_{x=0}}\cdot(-1)=\frac{1}{\ln 2}$$

注 若取 $\xi_i=x_{i-1}$，从而 $f(\xi_i)=2^{\frac{i-1}{n}}$，$i=1,2,\cdots,n$，也能算出上述结果．

6.8　定积分应用

话说定积分应用有两个难点，一是根据题目已知条件建立数学模型，这里包括建立坐标系（有时候需要）和列出方程．其中列方程的时候还会遇到关于初始条件的确定（和微分方程相关联，后面学到），确定积分限，寻找积分微元．

6.8.1　求数列极限

【例 6.22】 $\displaystyle\lim_{n\to\infty}\frac{1}{n}\sqrt[n]{(n+1)(n+2)\cdots(2n)}$

【分析】 按照上文介绍的方法：首先利用化简能否写成求和的形式，若能，就通过变量代换确定积分上下限及其被积函数．

【解】 原式 $=\displaystyle\lim_{n\to\infty}\frac{1}{n}\sqrt[n]{(n+1)(n+2)\cdots(2n)}$

$$=\lim_{n\to\infty}\frac{1}{n}\sqrt[n]{n^n\left(1+\frac{1}{n}\right)\left(1+\frac{2}{n}\right)\cdots\left(1+\frac{n}{n}\right)}$$

$$=\lim_{n\to\infty}\frac{1}{n}\cdot n\sqrt[n]{\left(1+\frac{1}{n}\right)\left(1+\frac{2}{n}\right)\cdots\left(1+\frac{n}{n}\right)}$$

$$=\lim_{n\to\infty}\sqrt[n]{\left(1+\frac{1}{n}\right)\left(1+\frac{2}{n}\right)\cdots\left(1+\frac{n}{n}\right)}$$

$$=\lim_{n\to\infty}e^{\frac{1}{n}\left[\ln\left(1+\frac{1}{n}\right)+\ln\left(1+\frac{2}{n}\right)+\cdots+\ln\left(1+\frac{n}{n}\right)\right]}=\lim_{n\to\infty}e^{\frac{1}{n}\sum_{i=1}^{n}\ln\left(1+\frac{i}{n}\right)}=e^{\lim_{n\to\infty}\frac{1}{n}\sum_{i=1}^{n}\ln\left(1+\frac{i}{n}\right)}$$

令 $a+\dfrac{b-a}{n}i=t$，$\therefore\dfrac{i}{n}=\dfrac{t-a}{b-a}$ 原式 $=e^{\lim_{n\to\infty}\frac{1}{n}\sum_{i=1}^{n}\ln\left(1+\frac{i}{n}\right)}$

令 $\dfrac{b-a}{n}=\dfrac{1}{n}$，故 $b-a=1$，令 $a=0$，$b=1$．

$$\therefore \text{原式} = e^{\lim\limits_{n\to\infty}\frac{1}{n}\sum\ln(1+t)} = e^{\int_0^1 \ln(1+t)\mathrm{d}t} = e^{t\ln(1+t)\big|_0^1 - \int_0^1 t\,\mathrm{d}\ln(1+t)} = e^{\ln 2 - \int_0^1 \frac{t}{1+t}\mathrm{d}t}$$

$$= e^{\ln 2 - \int_0^1 \frac{t}{1+t}\mathrm{d}t} = e^{\ln 2 - \int_0^1 \frac{t+1-1}{1+t}\mathrm{d}t} = e^{\ln 2 - \int_0^1 1 - \frac{1}{1+t}\mathrm{d}t} = e^{\ln 2 + \ln(1+t)\big|_0^1} = e^{2\ln 2 - 1} = e^{\ln 2^2 - \ln e} = e^{\ln\frac{4}{e}} = \frac{4}{e}$$

【例 6.23】 求 $\lim\limits_{n\to\infty}\dfrac{\sqrt[n]{n!}}{n}$

【解】 $\because \dfrac{\sqrt[n]{n!}}{n} = e^{\frac{1}{n}\ln\frac{n!}{n^n}} = e^{\frac{1}{n}\left(\ln\frac{1}{n}+\ln\frac{2}{n}+\cdots+\ln\frac{n}{n}\right)}$ $\lim\limits_{n\to\infty}\dfrac{\sqrt[n]{n!}}{n} = e^{\lim\limits_{n\to\infty}\sum\limits_{i=1}^n \left(\ln\frac{i}{n}\right)\frac{1}{n}}$

令 $a + \dfrac{b-a}{n}i = t$, $\therefore \dfrac{i}{n} = \dfrac{t-a}{b-a}$ $\lim\limits_{n\to\infty}\dfrac{\sqrt[n]{n!}}{n} = e^{\lim\limits_{n\to\infty}\frac{1}{n}\sum\limits_{i=1}^n \left(\ln\frac{t-a}{b-a}\right)}$

$\dfrac{b-a}{n} = \dfrac{1}{n} \to b-a = 1$, 故取 $a=0$, $b=1$ $\lim\limits_{n\to\infty}\dfrac{\sqrt[n]{n!}}{n} = e^{\lim\limits_{n\to\infty}\frac{1}{n}\sum\limits_{i=1}^n \left(\ln\frac{t-a}{b-a}\right)} = e^{\int_0^1 \ln t\,\mathrm{d}t} = e^{t\ln t\big|_0^1 - x\big|_0^1} = e^{-1}$

6.8.2 微元法

6.8.2.1 几何应用

（1）平面图形的面积.

① 直角坐标情形.

a. 设 $f(x)$ 在 $[a, b]$ 上连续，且 $f(x) \geqslant 0$ 则由曲线 $y = f(x)$ 及直线 $x = a$, $x = b$ 和 x 轴所围成的图形的面积为 $S = \displaystyle\int_a^b f(x)\mathrm{d}x$

如图 6-11 所示，取横坐标 x 为积分变量，它的变化区间为 $[a, b]$. 相应于 $[a, b]$ 上的任一小区间 $[x, x+\mathrm{d}x]$ 的窄条的面积近似等于高为 $f(x)$、底为 $\mathrm{d}x$ 的窄矩形的面积，从而得到面积元素为

$$\mathrm{d}S = f(x)\mathrm{d}x, \text{ 于是所求面积为 } S = \int_a^b f(x)\mathrm{d}x.$$

b. 如图 6-12 所示，设 $f(x)$, $g(x)$ 在 $[a, b]$ 上连续，且 $f(x) \geqslant 0$，则由曲线 $y = f(x)$，$y = g(x)$，及直线 $x = a$, $x = b$ 所围成的图形的面积为 $S = \displaystyle\int_a^b [f(x) - g(x)]\mathrm{d}x$

c. 如图 6-13 所示，设 $f(x)$, $g(x)$ 在 $[a, b]$ 上连续，则由曲线 $y = f(x)$，$y = g(x)$，及直线 $x = a$, $x = b$ 所围成的图形的面积为 $S = \displaystyle\int_a^b |f(x) - g(x)|\mathrm{d}x$

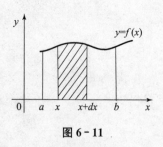

图 6-11

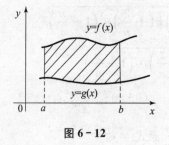

图 6-12

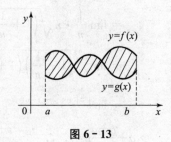

图 6-13

②极坐标情形.

a. 设 $\rho(\theta)$ 在 $[a,b]$ 上连续, $\rho(\theta) \geqslant 0$, $0 < \beta - \alpha \leqslant 2\pi$, 则在极坐标系中由曲线 $\rho = \rho(\theta)$ 及射线 $\theta = \alpha$, $\theta = \beta$ 所围成的图形的面积为 $S = \int_a^b \frac{1}{2}[\rho(\theta)]^2 \mathrm{d}\theta$

如图 6 - 14, 取极角 θ 为积分变量, 它的变化区间为 $[\alpha,\beta]$. 相应于任一小区间 $[\theta, \theta + \mathrm{d}\theta]$ 的窄曲边扇形的面积可以用半径为 $\rho = \rho(\theta)$, 中心角为 $\mathrm{d}\theta$ 的扇形的面积近似代替, 从而得到曲边扇形的面积元素为 $\mathrm{d}S = \frac{1}{2}[\rho(\theta)]^2 \mathrm{d}\theta$, 于是所求曲边扇形的面积 $S = \int_a^b \frac{1}{2}[\rho(\theta)]^2 \mathrm{d}\theta$.

b. 如图 6 - 15 所示, 设 $\rho_1(\theta)$, $\rho_2(\theta)$ 都在 $[\alpha,\beta]$ 上连续, $\rho_1(\theta) \geqslant \rho_2(\theta) \geqslant 0$, $0 < \beta - \alpha \leqslant 2\pi$, 则在极坐标系中由曲线 $\rho = \rho(\theta)$ 及射线 $\theta = \alpha$, $\theta = \beta$ 所围成的图形的面积为 $S = \int_\alpha^\beta \frac{1}{2}[\rho_1^2(\theta) - \rho_2^2(\theta)]\mathrm{d}\theta$

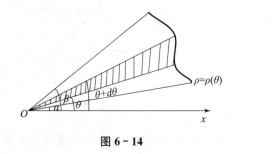

图 6 - 14　　　　　　　　　　　　　　　　图 6 - 15

③参数方程情形.

a. 如图 6 - 16 所示, 设曲线 L 有参数方程 $\begin{cases} x = \varphi(t), \\ y = \psi(t), \end{cases}$ $t \in [\alpha,\beta]$ 给出, 其中 $\varphi(t)$ 在 $[\alpha,\beta]$ 上具有连续导数且 $\varphi'(t)$ 不变号, $\psi(t)$ 在 $[\alpha,\beta]$ 上连续. 记 $\varphi(\alpha) = a$, $\varphi(\beta) = b$, 则由曲线 L 及直线 $x = a$, $x = b$ 与 x 轴所围成的图形的面积为

$$S = \pm \int_a^b |y|\mathrm{d}x = \int_a^b |\psi(t)\varphi'(t)|\mathrm{d}t$$

这里正、负号的取法为: 若 $\varphi'(t)$ 恒大于 0, 则 $a < b$, 取正号; 若 $\varphi'(t)$ 恒小于 0, 则 $a > b$, 取负号.

b. 如图 6 - 17 所示, 设闭曲线 L 有参数方程 $\begin{cases} x = \varphi(t), \\ y = \psi(t), \end{cases}$ $t \in [\alpha,\beta]$ 给出 (即有 $\varphi(\alpha) = \varphi(\beta)$, $\psi(\alpha) = \psi(\beta)$), 且在 (α,β) 内自身不相交, $\varphi(t)$ 和 $\psi(t)$ 在 $[\alpha,\beta]$ 上具有连续导数, 且

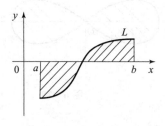

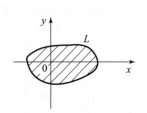

图 6 - 16　　　　　　　　　　　　　　　　图 6 - 17

$\varphi'(t)$，$\psi'(t)$ 不同时为 0，则闭曲线 L 所围成的图形的面积为

$$S = \left| \int_a^b \psi(t)\varphi'(t)\,dt \right| \quad 或 \quad S = \left| \int_a^b \varphi(t)\psi'(t)\,dt \right|$$

由分部积分法可知，

$$S = \left| \int_a^b \psi(t)\varphi'(t)\,dt \right| = \left| \left[\psi(t)\varphi(t) \right] \Big|_a^\beta - \int_a^\beta \varphi(t)\psi'(t)\,dt \right| = \left| \int_a^\beta \varphi(t)\psi'(t)\,dt \right|.$$

【例 6.24】设 D 是由曲线 $xy+1=0$ 与直线 $y+x=0$ 及 $y=2$ 围成的有界区域，则 D 的面积为多少？

【解】（方法一）（取横坐标 x 为积分变量）由图 $6-18$ 可知，D 的面积为

$$S = \int_{-2}^{-1} \left[2 - (-x) \right]dx + \int_{-1}^{-\frac{1}{2}} \left[2 - \left(-\frac{1}{x} \right) \right]dx$$

$$= \int_{-2}^{-1} (2+x)\,dx + \int_{-1}^{-\frac{1}{2}} \left(2 + \frac{1}{x} \right)dx$$

$$= \left(2x + \frac{x^2}{2} \right)\Big|_{-2}^{-1} + \left[2x + \ln(-x) \right]\Big|_{-1}^{-\frac{1}{3}} = \frac{3}{2} -$$

$\ln 2$

（方法二）（取横坐标 y 为积分变量）由图 $6-18$ 可知，D 的面积为

$$S = \int_1^2 \left| -y - \left(-\frac{1}{y} \right) \right|dy = \int_1^2 \left(y - \frac{1}{y} \right)dy$$

$$= \left(\frac{y^2}{2} - \ln y \right)\Big|_1^2 = \frac{3}{2} - \ln 2$$

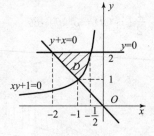

图 $6-18$

注 方法一中取横坐标 x 为积分变量，需要分段积分；方法二中取纵坐标 y 为积分变量，不需要分段积分，这是由所围成的区域的形状决定的．对比方法一、方法二可以看出，选择合适的积分变量，有助于简化计算．此外要注意的是，在方法二中被积函数之所以添加了绝对值，是因为所围成的区域在第二象限，x 作为 y 的函数恒为负值．

【例 6.25】双纽线 $(x^2+y^2)^2 = x^2 - y^2$ 所围成的区域面积可用定积分表示为（ ）．（仅数一）

A. $2\int_0^{\frac{\pi}{4}} \cos 2\theta\,d\theta$ 　　　　B. $4\int_0^{\frac{\pi}{4}} \cos 2\theta\,d\theta$

C. $2\int_0^{\frac{\pi}{4}} \sqrt{\cos 2\theta}\,d\theta$ 　　　D. $\frac{1}{2}\int_0^{\frac{\pi}{4}} (\cos 2\theta)^2\,d\theta$

【解】双纽线 $(x^2+y^2)^2 = x^2 - y^2$ 的图形如图 $6-19$ 所示，它关于 x 轴和 y 轴对称，因此所围成的区域面积是其位于第一象限部分的 4 倍．我们需将双纽线的直角坐标方程化为极坐标方程．令 $x = \rho\cos\theta$，$y = \rho\sin\theta$，$\rho \geqslant 0$，$\theta \in [0, 2\pi)$，得到双纽线的极坐标方程为 $\rho^2 = \cos^2\theta - \sin^2\theta$，即 $\rho^2 = \cos 2\theta$．由 $\rho^2 \geqslant 0$ 知，$\cos 2\theta \geqslant 0$，解得 $0 \leqslant \theta \leqslant \frac{\pi}{4}$ 或 $\frac{3\pi}{4} \leqslant \theta \leqslant \frac{5\pi}{4}$，或 $\frac{7\pi}{4} \leqslant \theta < 2\pi$．于是所求区域面积为 $S = 4\int_0^{\frac{\pi}{4}} \frac{1}{2}\rho^2\,d\theta \xrightarrow{\rho^2 = \cos 2\theta} 2\int_0^{\frac{\pi}{4}} \cos 2\theta\,d\theta$ 故

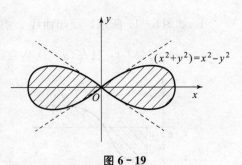

图 $6-19$

选 A.

【**例 6.26**】 求曲线 L：$\begin{cases} x = \cos^3 t, \\ y = \sin^3 t, \end{cases}$ $t \in [0, 2\pi]$ 所围成的面

积.

【**解**】（**方法一**）曲线 L 为星行线，其在直角坐标系下的图
形如图 6-20 所示. 由图形的对称性可知，所求图形的面积
S 是其位于第一象限部位的面积的 4 倍. 由参数方程情形下
的平面图形面积公式知，

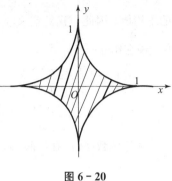

$$S = 4\int_0^{\frac{\pi}{2}} |y(t)x'(t)| \, dt = 4\int_0^{\frac{\pi}{2}} |\sin^3 t \cdot 3\cos^2 t \cdot (-\sin t)| \, dt$$

$$= 12\int_0^{\frac{\pi}{2}} \sin^4 t \cdot \cos^2 t \, dt = 12\int_0^{\frac{\pi}{2}} \sin^4 t \cdot (1 - \sin^2 t) \, dt$$

$$= 12\left(\int_0^{\frac{\pi}{2}} \sin^4 t \, dt - \int_0^{\frac{\pi}{2}} \sin^6 t \, dt \right)$$

$$\xrightarrow[\text{公式}]{\text{华里士}} 12\left(\frac{3}{4} \cdot \frac{1}{2} \cdot \frac{\pi}{2} - \frac{5}{6} \cdot \frac{3}{4} \cdot \frac{1}{2} \cdot \frac{\pi}{2} \right) = \frac{3}{8}\pi$$

图 6-20

（**方法二**）由闭曲线围成图形的面积公式知，

$$S = \left| \int_0^{2\pi} y(t)x'(t) \, dt \right| = \left| \int_0^{2\pi} \sin^3 t \cdot 3\cos^3 t (-\sin t) \, dt \right|$$

$$= 3\int_0^{2\pi} \sin^4 t \cdot \cos^2 t \, dt = \frac{3}{4}\int_0^{2\pi} \sin^2 t \cdot \sin^2 2t \, dt$$

$$= \frac{3}{4}\int_0^{2\pi} \left(\frac{\cos 3t - \cos t}{2} \right)^2 \, dt = \frac{3}{16}\int_0^{2\pi} (\cos^2 3t - 2\cos 3t \cos t + \cos^2 t) \, dt$$

$$= \frac{3}{16}\int_0^{2\pi} \left[\frac{1 + \cos 6t}{2} - (\cos 4t + \cos 2t) + \frac{1 + \cos 2t}{2} \right] \, dt$$

$$= \frac{3}{16}\int_0^{2\pi} 1 \, dt = \frac{3}{16} \cdot 2\pi = \frac{3}{8}\pi$$

（2）函数平均值（形心）.

在实际问题中，有时需要求一组数据的算术平均值，例如求某一小班学生的平均年龄. 又
如，对一天内的输出电压作了 n 次测量，得到的测量值为 y_1，y_2，$\cdots$，y_n，求这组数据的算术

平均值 $\bar{y} = \dfrac{y_1 + y_2 + \cdots + y_n}{n}$

与额定输出作比较. 有时我们不仅需要计算有限多个值的算术平均值，还要考虑一个连续
函数 $f(x)$ 在区间 $[a, b]$ 上所取得的一切值的平均值，例如我们要计算在一昼夜间平均输出电
压. 下面我们来讨论如何定义和计算一个连续函数 $f(x)$ 在区间 $[a, b]$ 上所取得的一切值的平
均值.

为此，先将区间 $[a, b]$ 分成 n 等分，分点依次为 $a = x_0$，x_1，$\cdots$，$x_n = b$

各个小区间的长度 $\Delta x = \dfrac{b-a}{n}$. 设函数 $f(x)$ 在分点处的函数值分别为 y_0，y_1，y_2，$\cdots$，y_n，

其中 $y_k = f(x_k)$，$k = 0, 1, 2, \cdots, n$，可以用 y_1，y_2，$\cdots$，y_n 的算术平均值 $\dfrac{y_1 + y_2 + \cdots + y_n}{n}$

近似表达函数 $f(x)$ 在 $[a, b]$ 上所取得的一切值的平均值. 容易想到，n 取得越大，相应
各个小区间的长度 Δx 越小，上述平均值就较好地表达函数 $f(x)$ 在 $[a, b]$ 上所取得的一切值

的平均值. 因此，我们定义 $\bar{y} = \lim\limits_{n\to\infty} \dfrac{y_1 + y_2 + \cdots + y_n}{n}$ 为连续函数 $f(x)$ 在区间 $[a, b]$ 上的平均值. 现在作进一步计算，

$$\bar{y} = \lim_{n\to\infty} \frac{y_1 + y_2 + \cdots + y_n}{n} = \lim_{n\to\infty} \frac{y_1 + y_2 + \cdots + y_n}{b-a}\frac{b-a}{n}$$

$$= \lim_{n\to\infty} \frac{y_1 + y_2 + \cdots + y_n}{b-a}\Delta x = \frac{1}{b-a}\lim_{n\to\infty}\sum_{k=1}^{n} y_k \Delta x = \frac{1}{b-a}\lim_{n\to\infty}\sum_{k=1}^{n} f(x_k)\Delta x$$

由于函数 $f(x)$ 在区间 $[a, b]$ 上连续. 因而它在上可积，于是有

$$\bar{y} = \frac{1}{b-a}\lim_{n\to\infty}\sum_{k=1}^{n} f(x_k)\Delta x = \frac{1}{b-a}\int_a^b f(x)\,dx$$

这就是说，连续函数 $y = f(x)$ 在区间 $[a, b]$ 上平均值 $\bar{y}$ 等于 $f(x)$ 在 $[a, b]$ 上的定积分除以区间 $[a, b]$ 的长度 $b-a$，即 $\bar{y} = \dfrac{1}{b-a}\int_a^b f(x)\,dx$

【例 6.27】 函数 $y = \dfrac{x^2}{\sqrt{1-x^2}}$ 在区间 $\left[\dfrac{1}{2}, \dfrac{\sqrt{3}}{2}\right]$ 上的平均值为 _____.

【解】 $\displaystyle\int_{1/2}^{\sqrt{3}/2} \frac{x^2\,dx}{\sqrt{1-x^2}} \xlongequal{x=\sin t} \int_{\pi/6}^{\pi/3} \sin^2 t\,dt = \frac{1}{2}\int_{\pi/6}^{\pi/3} (1-\cos 2t)\,dt = \left(\frac{1}{2}t - \frac{1}{4}\sin 2t\right)\Big|_{\pi/6}^{\pi/3} = \frac{\pi}{12}$

所求的平均值为 $I = \dfrac{1}{\sqrt{3}/2 - 1/2}\displaystyle\int_{1/2}^{\sqrt{3}/2} \frac{x^2\,dx}{\sqrt{1-x^2}} = \dfrac{\pi/12}{\sqrt{3}/2 - 1/2} = \dfrac{\pi(\sqrt{3}+1)}{12}$.

（3）旋转体体积.

① 围绕 x 轴旋转体的体积：

$$V = \int_{x_1(\text{圆柱的底})}^{x_2(\text{圆柱的顶})} \overbrace{\pi y^2}^{\substack{\text{薄圆盘}\\\text{的面积}}}\,dx \quad 即：V = \int_{x_1}^{x_2} \pi y^2\,dx = \int_{x_1}^{x_2} \pi f_{(x)}^2\,dx$$

② 围绕 y 轴旋转体的体积：

$$V = \int_{x_1(\text{内径})}^{x_2(\text{外径})} \underbrace{\overbrace{2\pi x}^{\substack{\text{薄圆筒}\\\text{的周长}}}(y_2 - y_1)\overbrace{dx}^{\substack{\text{薄圆筒}\\\text{的厚度}}}}_{\substack{\text{从 }y_1\text{ 到 }y_2\text{ 的圆筒的侧面积}\\\text{"壳"的体积}}} \quad 即：V = \int_{x_1}^{x_2} 2\pi x(y_2 - y_1)\,dx$$

【例 6.28】 设 $f(x)$，$g(x)$ 在区间 $[a, b]$ 上连续，且 $g(x) < f(x) < m$（m 为常数）则曲线 $y = g(x)$，$y = y(x)$，$x = a$ 及 $x = b$ 所围平面图形绕直线 $y = m$ 旋转而成的旋转体体积为（　　）.（1996 年考研题）

A. $\displaystyle\int_a^b \pi[2m - f(x) + g(x)][f(x) - g(x)]\,dx$

B. $\displaystyle\int_a^b \pi[2m - f(x) - g(x)][f(x) - g(x)]\,dx$

C. $\displaystyle\int_a^b \pi[m - f(x) + g(x)][f(x) - g(x)]\,dx$

D. $\displaystyle\int_a^b \pi[m - f(x) - g(x)][f(x) - g(x)]\,dx$

【答案】B.

【解】（**方法一**）如图 6-21 所示，相应于 $[a, b]$ 上的任一小区间 $[x, x+dx]$ 的窄条直线 $y=m$ 旋转所得旋转体体积近似等于一个空心圆柱体，从而体积元素为

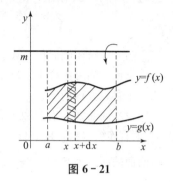

$$dV = \pi[m-g(x)]^2 dx - \pi[m-f(x)]^2 dx$$
$$= \pi\{[m-g(x)]^2 dx - [m-f(x)]^2\} dx$$
$$= \pi[2m-f(x)-g(x)][f(x)-g(x)] dx$$

于是所求体积为

$$V = \int_a^b \pi[2m-f(x)-g(x)][f(x)-g(x)] dx$$

故选 B.

图 6-21

（**方法二**）如图 6-22 所示，建立新的坐标系 $x'Oy'$，其中 x' 轴为原坐标系下的直线 $y=m$，点 O' 在原坐标系下的坐标为 $(0, m)$. 若某一点在坐标系 xOy 下的坐标为 (u, v)，则该点在坐标系 $x'Oy'$ 下的坐标为 $(u, v-m)$. 于是曲线 $y=g(x)$，$y=y(x)$ 在新坐标系 $x'Oy'$ 下的表达式分别为 $y=f(x)-m$，$y=g(x)-m$，从而旋转体的体积公式知，所求体积为

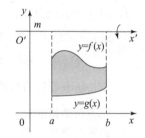

图 6-22

$$V = \int_a^b \pi[g(x)-m]^2 dx - \int_a^b \pi[f(x)-m]^2 dx$$
$$= \int_a^b \pi[(g(x)-m)^2 - (f(x)-m)^2] dx$$
$$= \int_a^b \pi[g(x)-f(x)][f(x)+g(x)-2m] dx$$
$$= \int_a^b \pi[2m-f(x)-g(x)][f(x)-g(x)] dx$$

故选 B.

（**方法三**）（特殊值法）令 $m=3$. $f(x)=2$，$g(x)=1$，则所求旋转体的体积为两个圆柱体体积之差（如图 6-23 所示），即有 $V = \pi \cdot 2^2 \cdot (b-a) - \pi \cdot 1^2 \cdot (b-a) = 3\pi(b-a)$.

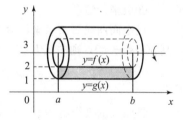

图 6-23

计算各选项中的值，分别为 $5\pi(b-a)$，$3\pi(b-a)$，$2\pi(b-a)$，0，故选 B.

【例 6.29】曲线 $y=\sqrt{x^2-1}$，直线 $x=2$ 及 x 轴所围成平面图形绕 x 轴旋转所成的旋转体的体积为_____ .（2011 年考研题）

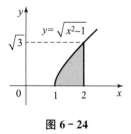

图 6-24

【解】如图 6-24 所示，由平面图形绕 x 轴旋转所得到旋转体的体积公式知，所求体积为

$$V = \pi \int_1^2 y^2(x) \mathrm{d}x = \pi \int_1^2 (x^2 - 1) \mathrm{d}x = \pi \left(\frac{x^2}{3} - 1 \right) \Big|_1^2 = \frac{4}{3}\pi$$

(4) 旋转体侧面积（数三不要求）.

下面我们考虑位于 x 轴上方的平面曲线 L 绕 x 轴旋转一周所得旋转曲面的面积.

①参数方程情形.

设平面曲线 L 有参数方程 $\begin{cases} x = \varphi(t), \\ y = \psi(t), \end{cases}$ $(\alpha \leqslant t \leqslant \beta)$ 给出，其中 $\varphi(t)$，$\psi(t)$ 在 $[\alpha, \beta]$ 上有连续导数，且 $\varphi'(t)$，$\psi'(t)$ 不同时为零，$\psi(t) \geqslant 0$，则曲线 L 绕 x 轴旋转一周所得旋转曲面的面积为 $S = \int_\alpha^\beta 2\pi \psi(t) \sqrt{\varphi'^2(t) + \psi'^2(t)} \mathrm{d}t$

取参数 t 为积分变量，它的变化区间为 $[\alpha, \beta]$. 相应于 $[\alpha, \beta]$ 上的任一小区间 $[t, t+\mathrm{d}t]$ 的小弧段绕 x 轴旋转一周所得旋转曲面的面积近似等于以 $\psi(t)$ 为底面半径，以 $\sqrt{(\Delta x)^2 + (\Delta y)^2}$ 为高的圆柱的侧面积，从而面积元素为

$$\mathrm{d}S = 2\pi \psi(t) \sqrt{(\mathrm{d}x)^2 + (\mathrm{d}y)^2} = 2\pi \psi(t) \sqrt{\varphi'^2(t) + \psi'^2(t)} \mathrm{d}t$$

于是所求旋转曲面的面积为 $S = \int_\alpha^\beta 2\pi \psi(t) \sqrt{\varphi'^2(t) + \psi'^2(t)} \mathrm{d}t$

②直角坐标情形.

设平面曲线 L 由直角坐标方程 $y = f(x)(a \leqslant x \leqslant b)$ 给出，其中 $f(x)$ 在 $[a, b]$ 上有连续导数，其 $f(x) \geqslant 0$，则曲线 L 绕 x 轴旋转一周所得旋转曲面的面积为

$$S = \int_a^b 2\pi f(x) \sqrt{1 + f'^2(x)} \mathrm{d}x$$

将曲线 L 的直角坐标方程 $y = f(x)(a \leqslant x \leqslant b)$ 写成参数方程 $\begin{cases} x = x, \\ y = f(x), \end{cases}$ $(a \leqslant x \leqslant b)$ 的形式，并结合①中公式即可得到上述公式.

③极坐标情形.

设平面曲线 L 由极坐标方程 $\rho = \rho(\theta)(\alpha \leqslant \theta \leqslant \beta)$ 给出，其中 $\rho(\theta)$ 在 $[\alpha, \beta]$ 上有连续导数，其 $\rho(\theta)\sin\theta \geqslant 0$，则曲线 L 绕 x 轴旋转一周所得旋转曲面的面积为

$$S = \int_\alpha^\beta 2\pi \rho(\theta) \sin\theta \sqrt{\rho^2(\theta) + \rho'^2(\theta)} \mathrm{d}\theta$$

将曲线的极坐标方程 $\rho = \rho(\theta)(\alpha \leqslant x \leqslant \beta)$ 写成参数方程 $\begin{cases} x = \rho(\theta)\cos\theta, \\ x = \rho(\theta)\cos\theta, \end{cases}$ $(\alpha \leqslant \theta \leqslant \beta)$ 的形式，并结合①中公式即可得到上述公式.

● 常见的曲线（仅数一）

(1) 星形线（内摆线的一种），如图 6-25. (2) 心形线（外摆线的一种），如图 6-26.

(3) 摆线，如图 6-27.

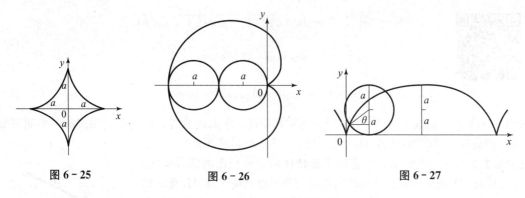

图 6 - 25　　　　　　　图 6 - 26　　　　　　　图 6 - 27

（4）阿基米得螺线，如图 6 - 28．（5）对数螺线，如图 6 - 29．

（6）伯努利双纽线（两种），如图 6 - 30、图 6 - 31．

（7）三叶玫瑰线（两种），如图 6 - 32、图 6 - 33．

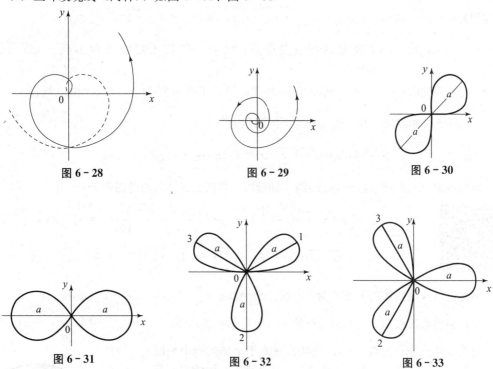

图 6 - 28　　　　　　　图 6 - 29　　　　　　　图 6 - 30

图 6 - 31　　　　　　　图 6 - 32　　　　　　　图 6 - 33

【例 6.30】 摆线的参数方程为 $x=a(t-\sin t)$，$y=a(1-\cos t)$，$0 \leqslant t \leqslant 2\pi$，常数 $a>0$．求

（1）该弧段的长；

（2）该弧段绕 x 轴旋转一周所成的旋转曲面的面积；

（3）该弧段绕 y 轴旋转一周所成的旋转曲面的面积．

【解】（1）$s=\displaystyle\int_0^{2\pi}\sqrt{a^2(1-\cos t)^2+a^2\sin^2 t}\,\mathrm{d}t=a\int_0^{2\pi}(2-2\cos t)^{\frac{1}{2}}\,\mathrm{d}t=2a\int_0^{2\pi}\sin\frac{t}{2}\,\mathrm{d}t=8a.$

（2）由上述公式得

$$S=2\pi\int_0^{2\pi}a(1-\cos t)\sqrt{a^2(1-\cos t)^2+a^2\sin^2 t}\,\mathrm{d}t=8\pi a^2\int_0^{2\pi}\sin^3\frac{t}{2}\,\mathrm{d}t=\frac{64}{3}\pi a^2$$

$$(3)\ S = 2\pi \int_0^{2\pi} a(1-\sin t)\sqrt{a^2(1-\cos t)^2 + a^2\sin^2 t}\,dt$$

$$= 5\pi a^2 \int_0^{2\pi}(t-\sin t)\sin\frac{t}{2}\,dt\left(\text{令}\ u=\frac{t}{2}\right)$$

$$= 16\pi a^2 \int_0^{\pi}(u-\sin u\cos u)\sin u\,dt = 16\pi^2 a^2$$

【例 6.31】 设有曲线 $y=\sqrt{x-1}$，过原点作其切线，求由此曲线、切线及 x 轴围成的平面图形绕 x 轴旋转一周得到的旋转体的表面积．（1998 年考研题）

【分析】 如图 6-34 所示，本题所求旋转体的表面积由两部分构成，即直线段 OA 绕 x 轴旋转所得旋转曲面的外表面和曲线段 AB 绕 x 轴旋转所得旋转曲面的内表面，因此我们需要分别求出这两部分的面积后再将其相加．

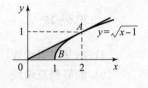

图 6-34

【解】 如图 6-34 所示，设切点坐标为 $(x_0,\ \sqrt{x_0-1})$，则相应的切线方程为 $y-\sqrt{x_0^2-1}=\left(\sqrt{x-1}\right)'\Big|_{x=x_0}\cdot(x-x_0)$，即为 $y-\sqrt{x_0^2-1}$

$$=\frac{1}{2\sqrt{x_0-1}}(x-x_0).$$ 又因为该切线过原点，将 $(0,0)$ 代入切线方程得到 $-\sqrt{x_0-1}=$

$$\frac{-x_0}{2\sqrt{x_0-1}},$$ 解得 $x_0=2$，从而切点坐标为 $(2,1)$，切线方程为 $y=\dfrac{1}{2}x$．由直线段 $y=\dfrac{1}{2}x$ $(0\leqslant x\leqslant 2)$ 绕 x 轴旋转一周所得旋转曲面的面积为

$$S_1 = \int_0^2 2\pi y\sqrt{1+y'^2}\,dx = \int_0^2 2\pi\cdot\frac{1}{2}x\cdot\frac{\sqrt{5}}{2}\,dx = \sqrt{5}\pi$$

由曲线段 $y=\sqrt{x-1}$（$1\leqslant x\leqslant 2$）绕 x 轴旋转一周所得旋转曲面的面积为

$$S_2 = \int_1^2 2\pi y\sqrt{1+y'^2}\,dx = \int_1^2 2\pi\sqrt{x-1}\cdot\sqrt{\frac{4x-3}{4(x-1)}}\,dx = \pi\int_1^2\sqrt{4x-3}\,dx$$

$$= \frac{\pi}{4}\int_1^2\sqrt{4x-3}\,d(4x-3) = \frac{\pi}{4}\cdot\frac{2}{3}(4x-3)^{\frac{1}{2}}\Big|_1^2 = \frac{\pi}{6}(5\sqrt{5}-1)$$

因此，所求旋转体的表面积为 $S=S_1+S_2=\sqrt{5}\pi+\dfrac{\pi}{6}(5\sqrt{5}-1)=\dfrac{\pi}{6}(11\sqrt{5}-1)$

（5）平行截面面积为已知的立体体积（数三不要求）．

设某立体在分别过点 $x=a$，$x=b$ 且垂直于 x 轴的两个平面之间，如图 6-35 所示，$A(x)$ 是过点 x 且垂直于 x 轴的平面截立体所得的截面面积，且 $A(x)$ 为已知的连续函数，则该立体的体积为 $V=\displaystyle\int_a^b A(x)\,dx$

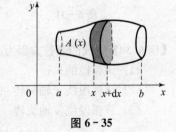

图 6-35

如图 6-35，取横坐标 x 为积分变量，它的变化区间为 $[a,\ b]$．立体中相应于 $[a,\ b]$ 上任一小区间 $[x,\ x+dx]$ 的薄片的体积，近似等于底面积为 $A(x)$，高为 dx 的扁柱体的体积，从而体积元素为 $dV=A(x)\,dx$，于是所求立体的体积为 $V=\displaystyle\int_a^b A(x)\,dx$．

【例 6.32】 设有一正椭圆体，其底面的长、短轴分别为 $2a$，$2b$，用过此柱体底面的短轴且与底

面成 α 角 $\left(0<\alpha<\dfrac{\pi}{2}\right)$ 的平面截此柱体，得一楔形体（如图 6-36 所示），求此

楔形体的体积 V.（1996 年考研题）

【解】（**方法一**）建立如图 6-37（a）所示的坐标系，底面椭圆的方程为 $\dfrac{x^2}{a^2}+$

$\dfrac{y^2}{b^2}=1$. 以垂直于 y 轴的平面截此楔形体所得的截面都是直角三角形，且直角的顶点落在底面

椭圆上，于是可设其坐标为 $\left(\dfrac{a}{b}\sqrt{b^2-y^2},\ y\right)$，从而该直角三角形中平行于 x 轴的直角边长为

$\dfrac{a}{b}\sqrt{b^2-y^2}$，另一直角边长为 $\dfrac{a}{b}\sqrt{b^2-y^2}\cdot\tan\alpha$. 因此截面面积为

$$S=\dfrac{1}{2}\cdot\dfrac{a}{b}\sqrt{b^2-y^2}\cdot\dfrac{a}{b}\sqrt{b^2-y^2}\cdot\tan\alpha=\dfrac{a^2}{2b^2}(b^2-y^2)\tan\alpha$$

由平行截面面积已知的立体体积公式知，所求楔形体的体积为

$$V=\int_{-b}^{b}S(y)\mathrm{d}y=2\int_{0}^{b}\dfrac{a^2}{2b^2}(b^2-y^2)\tan\alpha\,\mathrm{d}y=\dfrac{b^2}{a^2}\tan\alpha\cdot\left(b^2y-\dfrac{y^3}{3}\right)\Big|_{0}^{b}=\dfrac{2}{3}a^2b\tan\alpha$$

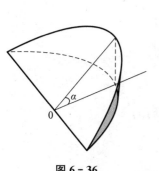

图 6-36

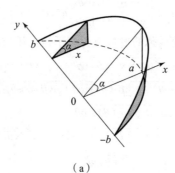

（a）

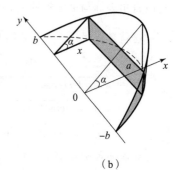

（b）

图 6-37

（**方法二**）建立如图 6-37（b）所示的坐标系，底面椭圆的方程为 $\dfrac{x^2}{a^2}+\dfrac{y^2}{b^2}=1$，以垂直于

x 轴的平面截此楔形体所得的截面都是矩形，且矩形的两个顶点落在底面椭圆上，于是可设其

坐标为 $\left(x,\ \pm\dfrac{b}{a}\sqrt{a^2-x^2}\right)$，从而矩形平行于 y 轴的一条边长为 $\dfrac{2b}{a}\sqrt{a^2-x^2}$，另一边长为

$x\tan\alpha$. 因此截面面积为 $S(x)=\dfrac{2b}{a}\sqrt{a^2-x^2}\cdot x\tan\alpha=\dfrac{2b}{a}x\sqrt{a^2-x^2}\tan\alpha$

由平行截面的面积已知的立体体积公式知，所求楔形体的体积为

$$V=\int_{0}^{a}S(x)\mathrm{d}x=\int_{0}^{a}\dfrac{2b}{a}x\sqrt{a^2-x^2}\tan\alpha\,\mathrm{d}x=-\dfrac{b\tan\alpha}{a}\int_{0}^{a}\sqrt{a^2-x^2}\,\mathrm{d}(a^2-x^2)$$

$$=-\dfrac{b\tan\alpha}{a}\cdot\dfrac{2}{3}(a^2-x^2)^{\frac{3}{2}}\Big|_{0}^{a}=\dfrac{2}{3}a^2b\tan\alpha$$

（6）平面曲线的弧长（数三不要求）.

① 直角坐标的情况。设函数 $y=f(x)$ 在 $[a,\ b]$ 上具有一阶连续的导数，在 $[a,\ b]$ 中任取

子区间 $[x，x+dx]$，其上一段弧 MN 的长度为 Δs，由图 6-38 知，它可以用曲线在点 $M(x，f(x))$ 处的切线上相应该子区间的小线段 MT 的长度近似. 由微分的几何意义，可知弧长核元素为

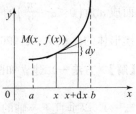

图 6-38

$$ds = \sqrt{(dx)^2 + (dy)^2} = \sqrt{1 + \left(\frac{dy}{dx}\right)^2}\,dx,$$

所以 $s = \int_a^b \sqrt{1 + (y')^2}\,dx$

这个是不是很好记，问题来了，其他情况咋办呢，我带你推导一下，其他情况下曲线弧长的计算公式.

②若曲线是由参数方程：$\begin{cases} x = \varphi(t) \\ y = \psi(t) \end{cases}$（$\alpha \leqslant t \leqslant \beta$）表示，则弧长核元素

$$ds = \sqrt{(dx)^2 + (dy)^2} = \sqrt{[\varphi'(t)dt]^2 + [\psi'(t)dt]^2}$$
$$= \sqrt{[\varphi'(t)]^2 + [\psi'(t)]^2}\,dt$$

弧长 $s = \int_\alpha^\beta \sqrt{[\varphi'(t)]^2 + [\psi'(t)]^2}\,dt$

③当曲线弧由极坐标方程：$\rho = \rho(\theta)$（$\alpha \leqslant \theta \leqslant \beta$）给出，其中 $\rho(\theta)$ 在 $[\alpha,\beta]$ 上具有连续导数. 则由直角坐标与极坐标的关系可得 $\begin{cases} x = \rho(\theta)\cos\theta, \\ y = \rho(\theta)\sin\theta, \end{cases} \alpha \leqslant \theta \leqslant \beta,$

这就是以极角 θ 为参数的曲线弧的参数方程. 于是，弧长元素为

$$ds = \sqrt{x'^2(\theta) + y'^2(\theta)}\,d\theta = \sqrt{\rho^2(\theta) + \rho'^2(\theta)}\,d\theta,$$
$$dS = \sqrt{(\rho'(\theta)\cos\theta - \rho(\theta)\sin\theta)^2 - (\rho'(\theta)\sin\theta + \rho(\theta)\cos\theta)^2}\,d\theta$$
$$= \sqrt{\rho'^2(\theta)\cos^2\theta + \rho^2(\theta)\sin^2\theta - 2\rho'(\theta)\sin\theta}$$
$$= \sqrt{\rho'^2(\theta)\sin^2\theta + \rho^2(\theta)\cos^2\theta - 2\rho'(\theta)\cos\theta}\,d\theta = \sqrt{\rho'^2(\theta) + \rho^2(\theta)}\,d\theta$$

从而所求弧长为 $s = \int_\alpha^\beta \sqrt{\rho^2(\theta) + \rho'^2(\theta)}\,d\theta$.

【例 6.33】 计算曲线 $y = \ln(1 - x^2)$ 上相应于 $0 \leqslant x \leqslant \dfrac{1}{2}$ 的一段弧的长度.（1992 年考研题）

【解】 由直线坐标情形下的曲线弧长公式知，所求弧长为

$$s = \int_0^{\frac{1}{2}} \sqrt{1 + [y'(x)]^2}\,dx = \int_0^{\frac{1}{2}} \sqrt{1 + \left(\frac{-2x}{1-x^2}\right)^2}\,dx = \int_0^{\frac{1}{2}} \sqrt{\frac{(1+x^2)^2}{(1-x^2)^2}}\,dx$$
$$= \int_0^{\frac{1}{2}} \frac{1+x^2}{1-x^2}\,dx = \int_0^{\frac{1}{2}} \left(\frac{2}{1-x^2} - 1\right)dx = \int_0^{\frac{1}{2}} \left(\frac{1}{1+x} + \frac{1}{1-x} - 1\right)dx$$
$$= \left[\ln(1+x) - \ln(1-x) - x\right]\Big|_0^{\frac{1}{2}} = \ln 3 - \frac{1}{2}$$

【例 6.34】 求心形线 $r = a(1 + \cos\theta)$ 的全长，其中 $a > 0$ 是常数.（1996 年考研题）

【解】 由极坐标情形下的弧长公式知，所求弧长为

$$s = \int_0^{2\pi} \sqrt{r^2(\theta) + r'^2(\theta)}\,d\theta = \int_0^{2\pi} \sqrt{a^2(1+\cos\theta)^2 + a^2\sin^2\theta}\,d\theta$$
$$= a\int_0^{2\pi} \sqrt{2(1+\cos\theta)}\,d\theta = 2a\int_0^{2\pi} \left|\cos\frac{\theta}{2}\right|d\theta$$

$$= 2a\left[\int_0^\pi \cos\frac{\theta}{2}\mathrm{d}\theta + \int_0^\pi\left(-\cos\frac{\theta}{2}\right)\mathrm{d}\theta\right] = 2a\left(2\sin\frac{\theta}{2}\Big|_0^\pi - 2\sin\frac{\theta}{2}\Big|_\pi^{2\pi}\right) = 8a$$

【例 6.35】 求摆线 $\begin{cases} x = 1-\cos t, \\ y = t-\sin t, \end{cases}$ $(0\leqslant t\leqslant 2\pi)$ 的弧长．（1995 年考研题）

【解】 由参数方程情形下的曲线弧长公式知，所求弧长为

$$s = \int_0^{2\pi}\sqrt{[x'(t)]^2 + [y'(t)]^2}\,\mathrm{d}t = \int_0^{2\pi}\sqrt{\sin^2 t + (1-\cos t)^2}\,\mathrm{d}t$$

$$= \int_0^{2\pi}\sqrt{2(1-\cos t)}\,\mathrm{d}t = 2\int_0^{2\pi}\left|\sin\frac{t}{2}\right|\mathrm{d}t = 2\int_0^{2\pi}\sin\frac{t}{2}\,\mathrm{d}t = -4\cos\frac{t}{2}\Big|_0^{2\pi} = 8$$

6.8.2.2　物理应用（仅数一、数二）

对于积分的物理运用，大家尽可以套用教材中的公式，无需也不可能在考试时临时去推导公式，但是若能理解其取微元的过程则更便于理解记忆公式，并且将之灵活应用．

（1）变力沿直线所作的功．

在物理问题中，经常需要求功，物体在力 F 的作用下运动了距离 S，则所做的功 $W = F \cdot S$，这里的力 F 是常数，且方向与运动的方向一致．但是在实际中会遇到更为复杂的情形，这就需要我们具体问题具体分析，学会用定积分的微元法去分析问题、解决问题．

物体在力 F 的作用下沿 x 轴运动，设在 x 处力 F 的大小为 $F(x)$，方向指向 x 轴的正向，如图 6-39 所示，设 $[x, x+\mathrm{d}x]$ 为 $[a, b]$ 上的任一小区间，当物体从 x 移到 $x+\mathrm{d}x$ 时，力 F 对物体所作的功为 $F(x)\mathrm{d}x$，从而当物体从 a 移到 b 时，力 F 所做的功为 $W = \int_a^b F(x)\mathrm{d}x$

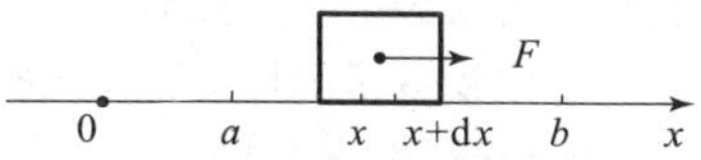

图 6-39

【例 6.36】 在 r 轴的原点处放置一个带有电量为 $+q$ 的点电荷，见图 6-40 所示．由物理学知道该点电荷产生的电场对它周围的电荷会产生作用力：对与它的距离为 r 的单位正电荷的推力为 $F = \dfrac{kq}{r^2}$（k 是常数）．当这个单位正电荷从 $r=a$ 处运动 $r=b(b>a)$ 处时，求电场力 F 对它所做的功 W．

【解】 显然在单位正电荷运动过程中所受的力 $F = \dfrac{kq}{r^2}$ 是与位置有关的，是变化的，不能直接按公式 $W = F \cdot S$ 来计算，但是在任何小的运动距离中，即从 r 到 $r+\mathrm{d}r$ 中，F 的变化应该很小，可近似看成常数，就可以用公式 $W = F \cdot S$ 来计算．因此，可按微元法解决这个问题：

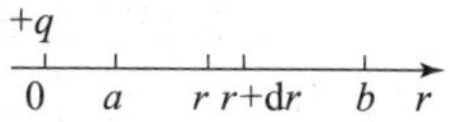

图 6-40

①取 $[a, b]$ 为积分区间，$r\in[a, b]$；

②在积分区间 $[a, b]$ 任取一个一小段为 $[r, r+\mathrm{d}r]$，记为 $[r, r+\mathrm{d}r]\subset[a, b]$（下同），所做的功等于推力乘上位移，即 $W = F \cdot S$（下同），其上对应的功微元为 $\mathrm{d}W = \dfrac{kq}{r^2}\mathrm{d}r$

③所求功 W 为 $W = \int_a^b \dfrac{kq}{r^2}\mathrm{d}r = kq\left(-\dfrac{1}{r}\right)\Big|_a^b = kq\left(\dfrac{1}{a} - \dfrac{1}{b}\right)$

所以场力 F 所做的功为 $kq\left(\dfrac{1}{a} - \dfrac{1}{b}\right)$．

【例 6.37】 用铁锤将一铁钉钉入木板，设木板对铁钉的阻力与铁钉伸入木板的深度成正比．已

知第一锤将钉击入 1 cm，如果每锤所做的功相等，问第二锤能将铁钉又击入多深？

【解】 设第二锤将铁钉又击入 $h(\text{cm})$ 当铁锤击第一下时，铁钉在木板内运动了 1 cm，且在不同的深度时受到的阻力是不同的，如图 6-41 所示建立坐标系，那么，当铁钉尖端运动到 x 处时，需克服的阻力为 $F=kx$（k 是常数），用微元法可以将第一锤所做的功 W_1 表示出来：

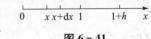

图 6-41

①取积分区间 $[0, 1]$，$x\in[0, 1]$；

②任取 $[x, x+dx]\subset[0, 1]$，其上对应的功微元为 $dW_1=kx dx$；

③第一锤所做的功为 $W_1 = \int_0^1 kx dx = \dfrac{k}{2}$.

类似地求出第二锤所做的功 W_2 为 $W_2 = \int_1^{1+h} kx dx = \dfrac{k}{2}x^2\Big|_1^{1+h} = \dfrac{k}{2}(2h+h^2)$

由题意有 $\dfrac{k}{2}(2h+h^2)=\dfrac{k}{2}$ 解得 $h=\sqrt{2}-1$. 所以第二锤将铁钉又击入 $\sqrt{2}-1$ cm.

【例 6.38】 一个底半径为 1 m，口半径为 4 m，高为 3 m 的水池内盛满了水，水的密度为 μ，现要从顶部将此池水全部吸出，需要做多少功？

【解】 建立坐标系如图 6-42 所示. 本问题的困难在于不是整池水运动了一定的距离，而是每一层水运动的距离都不同，所以需要对每一层水求出将它吸出需要做的功，然后再叠加，故我们也采用微元法来求解：

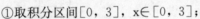

①取积分区间 $[0, 3]$，$x\in[0, 3]$；

②任取 $[x, x+dx]\subset[0, 3]$，其上对应的水的体积近似为 $\pi(4-x)^2 dx$，则这部分水的重力近似为 $\mu g\pi(4-x)^2 dx$，其中 g 为重力加速度.

所以将这部分水吸出池外需做的功微元为 $dW=\mu g\pi x(4-x)^2 dx$；

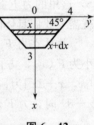

图 6-42

③将整池水都吸出做的功为

$$W = \int_0^3 \mu g\pi x(4-x)^2 dx = \mu g\pi\int_0^3(16x-8x^2+x^3)dx = \dfrac{81}{4}\mu g\pi(J).$$

所以从顶部将此池水全部吸出需做功 $\dfrac{81}{4}\mu g\pi(J)$.

（2）水压力.

设水的密度为 ρ，则在水深为 h 处的压强为 $p=\rho gh$. 若将一面积为 A 的平板水平地放置在水深为 h 处，则平板一侧所受的水压力 $P=p\cdot A$

对于一个铅直放置在水中的平板，由于水深不同的点处压强 p 不相等，平板一侧所受的水压力就不能直接用上述公式计算. 取铅直向下的直线为 x 轴，水平线为 y 轴，建立直角坐标系如图 6-43 所示. 平板上、下边为直边. 其方程分别为 $x=a$，$x=b$，$a<b$，而侧边为曲边，其方程分别为 $y=f(x)$，$y=g(x)$. $f(x)\geqslant g(x)$，它们在 $[a, b]$ 上连续.

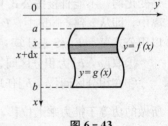

图 6-43

设 $[x, x+dx]$ 为 $[a, b]$ 上的任一小区间，平板上相应于 $[x, x+dx]$ 的窄条上各点的压强近似等于 ρgh，该窄条的面积近似等于 $[f(x)-g(x)]dx$，因此窄条一侧所受水压力的近似值，即压力元素为

$$dP=\rho gh[f(x)-g(x)]dx$$

从而整个平板一侧所受到的压力为 $P = \rho g\int_a^b x[f(x)-g(x)]dx$

在应用中，如果一面积为 A 的平板水平地放在深度为 h 的水下，则它的一面所受的压力 $F=pA$，其中压强 $p=\mu gh$，μ 是水的密度，g 是重力加速度. 但是，如果平板不是水平地放置水下，则在不同的深度处压强 p 是不同的，因此就不能直接用公式 $F=pA$ 来计算其上的压力，也要在不同的深度用不同的 p 来计算，这就需要用定积分的微元法来分析和解决问题.

【例 6.39】 某水库的闸门形状为半径为 $R(\text{m})$ 的半圆形，半圆的直径边与水面平齐，水的密度为 $1000\ \text{kg/m}^3$，求闸门的一侧所受的水的压力.

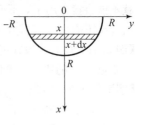

图 6 - 44

【解】 建立坐标系如图 6 - 44 所示.

显然这时需要先在不同的深度层分别计算每层上所受的水压力，再算合力.

我们用微元法来解决这一问题：

(1) 取积分区间 $[0, R]$，$x \in [0, R]$.

(2) 在区间任取在 $[x, x+dx] \subset [0, R]$，水压力等于压强乘上受力面积即 $F=pA$（下同），其上一侧所受到的压力微元为 $dF=\mu gx \cdot 2\sqrt{R^2-x^2}\,dx = 2\mu gx\sqrt{R^2-x^2}\,dx$；

(3) 所求的压力 F 为 $F = \int_0^R 2\mu gx\sqrt{R^2-x^2}\,dx = \left.\dfrac{-2\mu g}{3}\sqrt{R^2-x^2}\right|_0^R$

$$= \frac{2}{3}\mu gR^3\,(\text{kN})$$

所以闸门一侧受到的压力为 $\dfrac{2}{3}\mu gR^3\,(kN)$.

【例 6.40】 设某船在底舱侧面有一个椭圆形的观察窗，长、短半轴分别为 a，b，长轴平行于水面，位于水下 5 m，已知船舱侧面与水平面的倾角为 $60°$，求观察窗上所受的水压力，设水的密度为 $\mu\,\text{kg/m}^3$.

【解】 以椭圆中心为原点，x 轴过长轴，y 轴过短轴向上建立坐标系，如图 6 - 45 所示. 显然这时需要在水下不同的深度来分别计算每层上所受的压力，再算合力. 因此，也采用微元法：

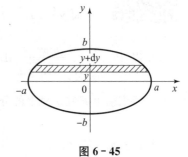

图 6 - 45

① 取 $[-b, b]$ 为积分区间，$y \in [-b, b]$；

② 任取 $[y, y+dy] \subset [-b, b]$，其上对应的窗的面积可表示为 $2x\,dy$. 再来看这一小块窗在水下的深度为多少？由于窗子与水面有倾角 $60°$，所以窗子在水下的深度近似为 $5-\sin 60° y$，故这一小块窗上所受的压力微元为 $dF=\mu g\left(5-\dfrac{\sqrt{3}}{2}y\right)2x\,dy = \mu g(10x-\sqrt{3}xy)\,dy$；

③ 观察窗上所受的水压力为 $F = \displaystyle\int_{-b}^{b}\mu\,dF = \int_{-b}^{b}\mu g(10x-\sqrt{3}xy)\,dy$

$$= \mu g\int_{-\frac{\pi}{2}}^{\frac{\pi}{2}}(10a\cos t-\sqrt{3}ab\sin t\cos t)b\cos t\,dt$$

$$= \mu g\int_{-\frac{\pi}{2}}^{\frac{\pi}{2}}(10ab\cos^2 t-\sqrt{3}ab^2\cos^2 t\sin t)\,dt$$

$$= 5\mu gab\pi\,(N)$$

所以观察窗上所受的水压力为 $5\mu gab\pi\,(N)$.

(3) 引力.

由物理学知道，质量分别为 m_1，m_2，相距为 r 的两个质点间的引力的大小为 $F = G\dfrac{m_1 m_2}{r^2}$

其中 G 为引力系数，引力的方向沿着两质点连接方向．这个公式称为万有引力定律．

但是当两个物体之中任何一个不能视为质点时，比如一根细长的棒子，上述万有引力定律就不能直接应用了．下面通过例题说明，在一些问题中，定积分的微元法可以使我们在更一般的情况下应用万有引力定律求引力．

【例 6.41】设有一段线密度为 ρ 的均匀金属细丝，其形状是半径为 R 的圆周，在其圆心处有一个质量为 m 的质点，求该金属细丝对质点的引力．

【解】如图 6-46 所示，建立坐标系．

在这个问题中，显然金属细丝不能看成质点，若将它分成小段则可近似地看成质点，于是我们尝试用微元法分析和解决这个问题：

① 取积分区间 $[0, R]$，$x \in [0, R]$；

② 任取 $[x, x+\mathrm{d}x] \subset [0, R]$，其上对应的小细丝的长度可表示为 $\sqrt{1+(y')^2}\,\mathrm{d}x$，因此小细丝段的质量微元为 $\rho\sqrt{1+(y')^2}\,\mathrm{d}x$，再近似认为质量集中于细丝上点 (x, y) 处，则由万有引力定律知小细

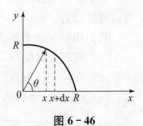

图 6-46

丝段对质点的引力微元为 $|\mathrm{d}F| = G\dfrac{m\rho\sqrt{1+(y')^2}\,\mathrm{d}x}{R^2}$．

但是这里需注意的是，引力 $\mathrm{d}F$ 的方向是从点 $(0, 0)$ 指向点 (x, y) 的，随着 $[x, x+\mathrm{d}x]$ 不同，$\mathrm{d}F$ 的方向是不一致的，所以不能直接对 $|\mathrm{d}F|$ 的数值求和．为此，我们将 $\mathrm{d}F$ 分解成沿 x 轴方向的分力 $\mathrm{d}F_x$ 和沿 y 轴方向的分力 $\mathrm{d}F_y$，有

$$\mathrm{d}F_x = |\mathrm{d}F|\cos\theta = G\frac{m\rho x\sqrt{1+(y')^2}}{R^2}\,\mathrm{d}x, \quad \mathrm{d}F_y = |\mathrm{d}F|\sin\theta = G\frac{m\rho y\sqrt{1+(y')^2}}{R^2}\,\mathrm{d}x,$$

而 $y = \sqrt{R^2 - x^2}$，因此有 $\sqrt{1+(y')^2} = \sqrt{1+\left(\dfrac{-x}{\sqrt{R^2-x^2}}\right)^2} = \dfrac{R}{\sqrt{R^2-x^2}}$，

所以 $\mathrm{d}F_x = G\dfrac{m\rho x}{R^2\sqrt{R^2-x^2}}\,\mathrm{d}x$，$\mathrm{d}F_y = G\dfrac{m\rho}{R^2}\,\mathrm{d}x$．

③ 所求引力 F 在 x 轴上的分力为 $F_x = \displaystyle\int_0^R \dfrac{Gm\rho x}{R^2\sqrt{R^2-x^2}}\,\mathrm{d}x = \dfrac{Gm\rho}{R^2}\sqrt{R^2-x^2}\,\Big|_R^0 = \dfrac{Gm\rho}{R}$，

F 在 y 轴上的分力为 $F_y = \displaystyle\int_0^R \dfrac{Gm\rho}{R^2}\,\mathrm{d}x = \dfrac{Gm\rho}{R}$

其实由对称性可知金属细丝对中心的质点引力 F 在两个坐标轴上的分力应相等．

所以，金属细丝对质点的引力为 $F = \left\{\dfrac{Gm\rho}{R}, \dfrac{Gm\rho}{R}\right\}$．

注 若选择 θ 作为积分变量此题将更容易求解：

① 取 $\left[0, \dfrac{\pi}{2}\right]$ 为积分区间，$\theta \in \left[0, \dfrac{\pi}{2}\right]$；

② 任取 $[\theta, \theta+\mathrm{d}\theta] \subset \left[0, \dfrac{\pi}{2}\right]$，其上对应的小弧长为 $R\mathrm{d}\theta$，质量为 $\rho R\mathrm{d}\theta$，因而小细丝段对中心处质点的引力大小近似为 $|\mathrm{d}F| = \dfrac{Gm\rho R\mathrm{d}\theta}{R^2} = \dfrac{Gm\rho}{R}\mathrm{d}\theta$

在 x 轴方向上的分力为 $\mathrm{d}F_x = \dfrac{Gm\rho}{R}\cos\theta\mathrm{d}\theta$；

在 y 轴方向上的分力为 $\mathrm{d}F_y = \dfrac{Gm\rho}{R}\sin\theta\mathrm{d}\theta$.

③引力的分力为 $F_x = \displaystyle\int_0^{\frac{\pi}{2}} \dfrac{Gm\rho}{R}\cos\theta\mathrm{d}\theta = \dfrac{Gm\rho}{R}$，$F_y = \displaystyle\int_0^{\frac{\pi}{2}} \dfrac{Gm\rho}{R}\sin\theta\mathrm{d}\theta = \dfrac{Gm\rho}{R}$.

（4）质心（形心）.

这类问题的核心是静力矩的计算原理，设平面上有 n 个质点：
$$A_1(x_1,\ y_1),\ A_2(x_2,\ y_2),\ \cdots,\ A_n(x_n,\ y_n)$$
质量分别为 m_1，m_2，$\cdots$，m_n，这 n 个质点对 x，y 轴的静力矩为 my_i，mx_i $(i=1,\ 2,\ \cdots,\ n)$；而质点组对 x，y 轴的静力矩分别为 $M_x = \displaystyle\sum_{i=1}^n m_i y_i$，$M_y = \displaystyle\sum_{i=1}^n m_i x_i$；

质量为 $M = \displaystyle\sum_{i=1}^n m_i$，设质点组的质心 $(\bar{x},\ \bar{y})$，则 $\bar{x} = \dfrac{M_y}{M}$，$\bar{y} = \dfrac{M_x}{M}$.

①均匀线密度为 ρ 的平面曲线的质心（形心）

考虑质量均匀分布的平面光滑物体曲线 $\overset{\frown}{AB}$，其线密度为常数 ρ，$\overset{\frown}{AB}$ 的全长为 l，以点 A 为计算弧长的起点（如图 6 - 47 所示），取弧长 s 为自变量，$0 \leqslant s \leqslant l$，则 $\overset{\frown}{AB}$ 的参数方程（以弧长 s 为参数）为 $\begin{cases} x = x(s) \\ y = y(s) \end{cases}$，$(0 \leqslant s \leqslant l)$

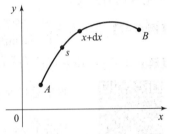

图 6 - 47

$\forall$ 取 $[s,\ s+\mathrm{d}s]$，看作质点，坐标为 $(x(s),\ y(s))$，小微元的质量为 $\rho\mathrm{d}s \Rightarrow$ 静力矩微元 $\mathrm{d}M_x = y(s)\rho\mathrm{d}s$，$\mathrm{d}M_y = x(s)\rho\mathrm{d}s$

$\Rightarrow \overset{\frown}{AB}$ 对 x，y 轴的静力矩分别为 $M_x = \displaystyle\int_0^l y(s)\rho\mathrm{d}s$，$M_y = \displaystyle\int_0^l x(s)\rho\mathrm{d}s$，

$\overset{\frown}{AB}$ 的质量 $M = \displaystyle\int_0^l \rho\mathrm{d}s = \rho l$，设 $\overset{\frown}{AB}$ 的质心（形心）为 $(\bar{x},\ \bar{y})$，则

$$\bar{x} = \frac{M_y}{M} = \frac{1}{l}\int_0^l x(s)\mathrm{d}s,\quad \bar{y} = \frac{M_x}{M} = \frac{1}{l}\int_0^l y(s)\mathrm{d}s$$

若 $\overset{\frown}{AB}$ 的参数方程是 $\begin{cases} x = \varphi(t), \\ y = \psi(t), \end{cases}$ $(\alpha \leqslant t \leqslant \beta)$

其中 $\varphi(t)$，$\psi(t)$ 在 $[\alpha,\ \beta]$ 有连续的导数，有变量替换及弧微分公式得 $\overset{\frown}{AB}$ 的质心（形心）

$(\bar{x},\ \bar{y})$ 为 $\bar{x} = \dfrac{\displaystyle\int_\alpha^\beta \varphi(t)\sqrt{\varphi'^2(t)+\psi'^2(t)}\,\mathrm{d}t}{\displaystyle\int_\alpha^\beta \sqrt{\varphi'^2(t)+\psi'^2(t)}\,\mathrm{d}t}$，

$\bar{y} = \dfrac{\displaystyle\int_\alpha^\beta \psi(t)\sqrt{\varphi'^2(t)+\psi'^2(t)}\,\mathrm{d}t}{\displaystyle\int_\alpha^\beta \sqrt{\varphi'^2(t)+\psi'^2(t)}\,\mathrm{d}t}$

②均匀密度平面图形的质心（形心）. 设有平面薄片，所占平面图形是 D：$a \leqslant x \leqslant b$，$g(x) \leqslant y \leqslant f(x)$，其中 $f(x)$，$g(x)$ 在 $[a,\ b]$ 连续，质量均匀分布，不妨设面密度为 1. 求它的质心 $(\bar{x},\ \bar{y})$，如图 6 - 48 所示. $\forall$ 取 $[x,\ x+\mathrm{d}x]$ 与之相应的小窄

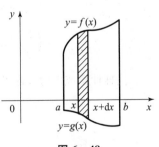

图 6 - 48

条，其质量为 $[f(x)-g(x)]dx$，质心为 $\left(x, \dfrac{1}{2}[f(x)-g(x)]\right)$，静力矩为 $dM_y = x[f(x)-g(x)]dx$

$$dM_x = \frac{1}{2}[f(x)+g(x)][f(x)-g(x)]dx = \frac{1}{2}[f^2(x)-g^2(x)]dx$$

整个图形的静力矩为 $M_y = \displaystyle\int_a^b x[f(x)-g(x)]dx$，$M_x = \dfrac{1}{2}\displaystyle\int_a^b [f^2(x)-g^2(x)]dx$

总质量 $M = \displaystyle\int_a^b [f(x)-g(x)]dx$，因此，质心 $(\bar{x}, \bar{y})$ 为

$$\bar{x} = \frac{M_y}{M} = \frac{\displaystyle\int_a^b x[f(x)-g(x)]dx}{\displaystyle\int_a^b [f(x)-g(x)]dx}, \quad \bar{y} = \frac{M_x}{M} = \frac{\dfrac{1}{2}\displaystyle\int_a^b [f^2(x)-g^2(x)]dx}{\displaystyle\int_a^b [f(x)-g(x)]dx}$$

该均匀平面薄片的质心也叫作这平面薄片所占的平面图形 D 的形心．因此，求质心与求形心有相同的公式．

【例 6.42】求星形线 $\begin{cases} x = a\cos^3 t \\ y = a\sin^3 t \end{cases}$，$\left(0 \leqslant t \leqslant \dfrac{\pi}{2}\right)$ 的质心，其中 $a > 0$ 为常数．

【解】先求 ds．$ds = \sqrt{x'^2(t)+y'^2(t)}\,dt = 3a|\sin t\cos t|\,dt$．

再求总长度 $l = \displaystyle\int_0^l ds = \int_0^{\frac{\pi}{2}} \sqrt{x'^2(t)+y'^2(t)}\,dt = \int_0^{\frac{\pi}{2}} 3a\sin t\cos t\,dt = \frac{3}{2}a$

积分 $\displaystyle\int_0^l x\,ds = \int_0^{\frac{\pi}{2}} a\cos^3 t \cdot 3a\sin t\cos t\,dt = -3a^2\int_0^{\frac{\pi}{2}} \cos^4 t\,d\cos t = \frac{3}{5}a^2$

$\displaystyle\int_0^l y\,ds = \int_0^{\frac{\pi}{2}} a\sin^3 t \cdot 3a\sin t\cos t\,dt = \frac{3}{5}a^2$ 于是 $\bar{x} = \dfrac{\dfrac{3}{5}a^2}{\dfrac{3}{2}a} = \dfrac{2}{5}a = \bar{y}$，故星形线的质

心为 $(\bar{x}, \bar{y}) = \left(\dfrac{2}{5}a, \dfrac{2}{5}a\right)$

【例 6.43】求由曲线 $x^2 = ay$ 与 $y^2 = ax(a>0)$ 所围平面图形的质心（形心）（如图 6-49 所示）．

【解】两曲线的交点是 $(0, 0)$，(a, a)，设该平面图形的质心（形心）为 $(\bar{x}, \bar{y})$，则由质心

（形心）公式有 $\bar{x} = \dfrac{\displaystyle\int_0^a x(y_2-y_1)dx}{\displaystyle\int_0^a (y_2-y_1)dx} = \dfrac{\displaystyle\int_0^a x\left(\sqrt{ax}-\dfrac{x^2}{a}\right)dx}{\displaystyle\int_0^a \left(\sqrt{ax}-\dfrac{x^2}{a}\right)dx}$

$$= \frac{\left(\dfrac{2}{5}\sqrt{a}x^{\frac{5}{2}} - \dfrac{1}{4a}x^4\right)\Big|_0^a}{\left(\dfrac{2}{3}\sqrt{a}x^{\frac{3}{2}} - \dfrac{1}{3a}x^3\right)\Big|_0^a} = \frac{\dfrac{3}{20}a^3}{\dfrac{1}{3}a^2} = \frac{9}{20}a.$$

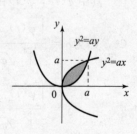

图 6-49

同样计算或由对称性可知 $\bar{y} = \dfrac{9}{20}a$．

6.8.3　一元函数积分学的综合应用

既然是综合应用，涉及的知识点可能是跨章跨节的好几个知识点的综合考查，一般会涉及积分的计算，积分中值定理，积分方程的根，积分不等式，变限积分所定义的函数的极限、导数、奇偶性、周期性、单调性或者求被积函数.

【例 6.44】设 $f(x)$ 在 $(-\infty, +\infty)$ 上连续，$f(x) \not\equiv 0$，并设 $F(x) = \int_{-1}^{1} |x - \sin t| f(t) \mathrm{d}t$，下列命题：

①若 $f(x)$ 为奇函数，则 $F(x)$ 也是奇函数.②若 $f(x)$ 为奇函数，则 $F(x)$ 是偶函数.

③若 $f(x)$ 为偶函数，则 $F(x)$ 也是偶函数.④若 $f(x)$ 为偶函数，则 $F(x)$ 是奇函数.

正确的是_____.

A. ①、②　　　　B. ③、④　　　　C. ①、③　　　　D. ②、④

【解】应选 C. 即 $F(x)$ 的奇偶性与 $f(x)$ 的奇偶性相同.

$$F(-x) = \int_{-1}^{1} |-x - \sin t| f(t) \mathrm{d}t = \int_{-1}^{1} |x + \sin t| f(t) \mathrm{d}t$$

$$\xrightarrow{t = -u} \int_{1}^{-1} |x - \sin u| f(-u)(-\mathrm{d}u) = \int_{-1}^{1} |x - \sin u| f(-u) \mathrm{d}u.$$

由此可见，若 $f(u)$ 为奇函数，则 $f(-u) = -f(u)$，从而 $F(-x) = -F(x)$；若 $f(u)$ 为偶函数，则 $f(-u) = f(u)$，从而 $F(-x) = F(x)$，故①、③正确. 选 C.

【例 6.45】设 $f(x)$ 在 $(-\infty, +\infty)$ 内连续且严格单调增，$f(0) = 0$，常数 n 为正奇数. 并设 $F(x) = \dfrac{1}{x} \int_{0}^{x} t^n f(t) \mathrm{d}t$，则正确的是_____.

A. $F(x)$ 在 $(-\infty, 0)$ 内严格单调增，在 $(0, +\infty)$ 内也严格单调增

B. $F(x)$ 在 $(-\infty, 0)$ 内严格单调增，在 $(0, +\infty)$ 内严格单调减

C. $F(x)$ 在 $(-\infty, 0)$ 内严格单调减，在 $(0, +\infty)$ 内严格单调增

D. $F(x)$ 在 $(-\infty, 0)$ 内严格单调减，在 $(0, +\infty)$ 内也严格单调减

【解】应选 C. $F'(x) = \dfrac{x \cdot x^n f(x) - \int_{0}^{x} t^n f(t) \mathrm{d}t}{x^2}$. 分子中一个带积分号，一个不带积分号，要比较它们的大小，有两个办法处理.

［**方法一**］用积分中值定理，将有积分号的化为无积分号的.

$F'(x) = \dfrac{1}{x^2} [x^{n+1} f(x) - x \cdot \xi^n f(\xi)] = \dfrac{1}{x} [x^n f(x) - \xi^n f(\xi)]$，其中，设 $x > 0$，则 $0 < \xi < x$. 于是有 $0 < \xi^n < x^n$，又由 $f(x)$ 严格单调增，有 $0 < f(\xi) < f(x)$.

于是 $x^n f(x) > \xi^n f(\xi) > 0$，故当 $x > 0$ 时，$F'(x) > 0$，$F(x)$ 严格单调增.

若 $x < 0$，则 $x < \xi < 0$，于是有 $x^n < \xi^n < 0$，$f(x) < f(\xi) < 0$，仍有 $x^n f(x) > \xi^n f(\xi) > 0$，故当 $x < 0$ 时 $F'(x) < 0$，$F(x)$ 严格单调减. 选 C.

［**方法二**］将没有积分号的套上积分号：

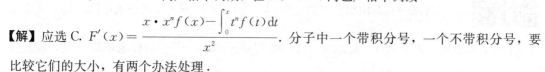

$$F'(x) = \dfrac{1}{x^2} \left[x^{n+1} f(x) - \int_{0}^{x} t^n f(t) \mathrm{d}t \right] = \dfrac{1}{x^2} \left[\int_{0}^{x} x^n f(x) \mathrm{d}t - \int_{0}^{x} t^n f(t) \mathrm{d}t \right]$$

$$= \dfrac{1}{x^2} \int_{0}^{x} x^n f(x) - t^n f(t) \mathrm{d}t$$

设 $x>0$，则 $0<t<x$，$0<f(t)<f(x)$，所以 $x^n f(x)>t^n f(t)>0$，从而 $F'(x)>0$，所以当 $x>0$ 时 $F(x)$ 严格单调增.

若 $x<0$，则 $F'(x)=\dfrac{1}{x^2}\displaystyle\int_x^0 (t^n f(t)-x^n f(x))\mathrm{d}t$，由 $x<t<0$，有 $x^n<t^n<0$，

$$f(x)<f(t)<0.$$

于是 $t^n f(t)<x^n f(x)$，从而 $F'(x)<0$．所以当 $x<0$ 时，$F(x)$ 严格单调减．选 C.

【例 6.46】设 $f(x)$ 在区间 $[a,b]$ 上存在一阶导数，且 $f'(x)>0$，则 $F(x)=\displaystyle\int_a^b |f(x)-f(t)|\mathrm{d}t$ 在区间 (a,b) 上 _____ ．

　A. 严格单调增加　　B. 严格单调减少　　C. 存在极大值点　　D. 存在极小值点

【解】应选 D.

$$F(x)=\int_a^b |f(x)-f(t)|\mathrm{d}t=\int_a^x (f(x)-f(t))\mathrm{d}t+\int_x^b (f(t)-f(x))\mathrm{d}t$$

$$=\int_a^x f(x)\mathrm{d}t-\int_a^x f(t)\mathrm{d}t+\int_x^b f(t)\mathrm{d}t-\int_x^b f(x)\mathrm{d}t$$

$$=(x-a)f(x)-\int_a^x f(t)\mathrm{d}t+\int_x^b f(t)\mathrm{d}t-(b-x)f(x),$$

$$F'(x)=f(x)+(x-a)f'(x)-f(x)-f(x)+f(x)-(b-x)f'(x)$$

$$=(2x-a-b)f'(x).$$

令 $F'(x)=0$，得唯一驻点 $x_0=\dfrac{1}{2}(a+b)\in(a,b)$．当 $x<x_0$ 时，$F'(x)<0$，当 $x>x_0$ 时，令，$F'(x)>0$，所以 $F(x)$ 在 (a,b) 上存在唯一驻点且是极小值点，选 D.

【例 6.47】求 $\displaystyle\lim_{n\to\infty}\int_0^1 \dfrac{x^n}{1+x}\mathrm{d}x$.

【解】由于积分号和极限号通常情况下不能交换次序，故在不太容易将积分积出的情况下，可利用积分中值定理去掉积分号再求极限，或可利用积分估值定理及夹逼定理求得极限．

（方法一）若用积分中值定理：$\displaystyle\int_0^1 \dfrac{x^n}{1+x}\mathrm{d}x=\dfrac{(\xi_n)^n}{1+\xi_n}$，其中 $\xi_n\in[0,1]$，由于 ξ_n 与 n 有关，且有可能取 0 或 1，或趋向于 1，故当 $n\to\infty$ 时，$\dfrac{(\xi_n)^n}{1+\xi_n}$ 的极限不能确定，若选择 $f(x)=\dfrac{1}{1+x}$，$g(x)=x^n$，则由推广的积分中值定理：$\displaystyle\int_0^1 \dfrac{x^n}{1+x}\mathrm{d}x=\dfrac{1}{1+\xi_n}\int_0^1 x^n\mathrm{d}x=\dfrac{1}{1+\xi_n}\cdot$

$\dfrac{1}{1+n}(\xi_n\in[0,1])$，故 $\displaystyle\lim_{n\to\infty}\int_0^1 \dfrac{x^n}{1+x}\mathrm{d}x=\lim_{n\to\infty}\dfrac{1}{1+\xi_n}\cdot\dfrac{1}{1+n}=0$.

（方法二）因为 $0\leqslant\dfrac{x^n}{1+x}\leqslant x^n(\forall x\in[0,1])$，所以 $0\leqslant\displaystyle\int_0^1 \dfrac{x^n}{1+x}\mathrm{d}x\leqslant\dfrac{1}{1+n}$，由夹逼定理知 $\displaystyle\lim_{n\to\infty}\int_0^1 \dfrac{x^n}{1+x}\mathrm{d}x=0$.

注 显然，使用夹逼准则的方法二较为简单．

【例 6.48】（1）比较 $\displaystyle\int_0^1 |\ln t|[\ln(1+t)]^n\mathrm{d}t$ 与 $\displaystyle\int_0^1 t^n|\ln t|\mathrm{d}t(n=1,2,\cdots)$ 的大小，说明理由．

（2）记 $u_n=\displaystyle\int_0^1 |\ln t|[\ln(1+t)]^n\mathrm{d}t(n=1,2,\cdots)$，求 $\displaystyle\lim_{n\to\infty}u_n$.

【解】 本题是考研数学实考题，第一问的设置，就是为了给考生一个"台阶".

(1) 当 $0 \leqslant t \leqslant 1$ 时，$0 \leqslant \ln(1+t) \leqslant t$，所以 $0 \leqslant |\ln t| [\ln(1+t)]^n \leqslant t^n |\ln t|$，根据积分的保号性，得 $\int_0^1 |\ln t| [\ln(1+t)]^n \mathrm{d}t \leqslant \int_0^1 t^n |\ln t| \mathrm{d}t$.

(2) 由 (1) 知，$0 \leqslant u_n = \int_0^1 |\ln t| [\ln(1+t)]^n \mathrm{d}t \leqslant \int_0^1 t^n |\ln t| \mathrm{d}t$.

因为 $\int_0^1 t^n |\ln t| \mathrm{d}t = -\int_0^1 t^n \ln t \mathrm{d}t = -\frac{t^{n+1}}{n+1} \ln t \big|_0^1 + \frac{1}{n+1} \int_0^1 t^n \mathrm{d}t = \frac{1}{(n+1)^2}$，所以 $\lim\limits_{n \to \infty} \int_0^1 t^n |\ln t| \mathrm{d}t = 0$，于是由夹逼准则得 $\lim\limits_{n \to \infty} u_n = 0$.

【例 6.49】 设函数 $f(x)$ 在 $(0, \pi)$ 内连续，且 $\int_0^\pi f(x) \mathrm{d}x = 0$，$\int_0^\pi f(x) \cos x \mathrm{d}x = 0$，试证在 $(0, \pi)$ 内至少存在两个不同的点 ξ_1 与 ξ_2，使 $f(\xi_1) = f(\xi_2) = 0$.

【分析】 本题是一道综合题，涉及众多知识点：微分中值定理、定积分性质、变上限积分、定积分的分部积分法. 由 $\int_0^\pi f(x) \mathrm{d}x = 0$ 知，存在 ξ_1，使 $f(\xi_1) = 0$，故本题难点在于找出另外一点 ξ_2，使 $f(\xi_2) = 0$. 一种方法是考虑变上限积分函数 $F(x) = \int_0^x f(t) \mathrm{d}t$，$F(0) = F(\pi) = 0$，由题设找到另一点 $\xi \in (0, \pi)$，使 $F(\xi) = 0$，再两次使用罗尔定理；另一种方法是用反证法，设在 $(0, \pi)$ 内 $f(x) = 0$ 仅有一实根 ξ，由题设找矛盾.

【证明】 [证法一] 令 $F(x) = \int_0^x f(t) \mathrm{d}t$，$0 \leqslant x \leqslant \pi$，则有 $F(0) = 0$，$F(\pi) = 0$. 又因为

$$0 = \int_0^\pi f(x) \cos x \mathrm{d}x = \int_0^\pi \cos x \mathrm{d}F(x) = F(x) \cos x \big|_0^\pi + \int_0^\pi F(x) \sin x \mathrm{d}x = \int_0^\pi F(x) \sin x \mathrm{d}x,$$

所以存在 $\xi \in (0, \pi)$，使 $F(\xi) \sin \xi = 0$. 如若不然，则在 $(0, \pi)$ 内或 $F(x) \sin x$ 恒为正，或 $F(x) \sin x$ 恒为负，均与 $\int_0^\pi F(x) \sin x \mathrm{d}x = 0$ 矛盾. 但当 $\xi \in (0, \pi)$ 时 $\sin \xi \neq 0$，故 $F(\xi) = 0$. 综上可得 $F(0) = F(\xi) = F(\pi) = 0 (0 < \xi < \pi)$

再对 $F(x)$ 在区间 $[0, \xi]$，$[\xi, \pi]$ 上分别应用罗尔定理，知至少存在 $\xi_1 \in (0, \xi)$，$\xi_2 \in (\xi, \pi)$，使 $F'(\xi_1) = F'(\xi_2) = 0$，即 $f(\xi_1) = f(\xi_2) = 0$.

[证法二] 由 $\int_0^\pi f(x) \mathrm{d}x = 0$ 知，存在 $\xi_1 \in (0, \pi)$，使 $f(\xi_1) = 0$，如若不然，则在 $(0, \pi)$ 内 $f(x)$ 恒为正或 $f(x)$ 恒为负，均与 $\int_0^\pi f(x) \mathrm{d}x = 0$ 矛盾.

若在 $(0, \pi)$ 内 $f(x) = 0$ 仅有一个实根 $x = \xi_1$，则由 $\int_0^\pi f(x) \mathrm{d}x = 0$ 推知，$f(x)$ 在 $(0, \xi_1)$ 内与 (ξ_1, π) 内异号，不妨设在 $(0, \xi_1)$ 内 $f(x) > 0$，在 (ξ_1, π) 内 $f(x) < 0$，于是再由 $\int_0^\pi f(x) \cos x \mathrm{d}x = 0$ 与 $\int_0^\pi f(x) \mathrm{d}x = 0$ 及 $\cos x$ 在 $[0, \pi]$ 上的单调性知

$$0 = \int_0^\pi f(x)(\cos x - \cos \xi_1) \mathrm{d}x = \int_0^{\xi_1} f(x)(\cos x - \cos \xi_1) \mathrm{d}x + \int_{\xi_1}^\pi f(x)(\cos x - \cos \xi_1) \mathrm{d}x > 0,$$

得出矛盾，从而推知，在 $(0, \pi)$ 内除 ξ_1 外，$f(x) = 0$ 至少还有另一实根 ξ_2，故知存在 ξ_1，$\xi_2 \in (0, \pi)$，$\xi_1 \neq \xi_2$，使 $f(\xi_1) = f(\xi_2) = 0$.

注 (1) 本题的实质是若函数 $f(x)$ 在某区间上积分为 0，且在该区间上它与另外一个单调函数

的乘积积分为 0，则在该区间内函数存在两个不同的零点 ξ_1 和 ξ_2，有些考生没有抓住本质，基础知识掌握不牢，灵活运用知识的能力差；

（2）有些考生不习惯用变上限定积分表示一个确定的函数，只设 $F(x)$ 是 $f(x)$ 的原函数，马上推知 $F(0)=F(\pi)=0$，$F(x)$ 只是 $f(x)$ 的原函数，$F(x)$ 还是不确定，因此 $F(0)$，$F(\pi)$ 无从谈起；

（3）有些考生想用分部积分来处理，但是做成 $\int_0^{\pi} f(x)\cos x\,dx = f(x)\sin x\Big|_0^{\pi} - \int_0^{\pi} \sin x f'(x)\,dx$，但题中未设 $f'(x)$ 存在．

【例 6.50】 设 $f(x)$ 在 $[a, b]$ 上连续，且 $f(x) \geqslant 0$，$M = \max\limits_{[a,b]} f(x)$，证明

$$\lim_{n \to \infty} \sqrt[n]{\int_a^b [f(x)]^n \,dx} = M.$$

【证明】 由积分不等式性质，有 $\int_a^b [f(x)]^n \,dx \leqslant \int_a^b M^n \,dx = M^n(b-a)$，从而

$$\sqrt[n]{\int_a^b [f(x)]^n \,dx} \leqslant M\sqrt[n]{b-a}.$$

另一方面，由于 $f(x)$ 在 $[a, b]$ 上连续，故知存在 $x_0 \in [a, b]$ 使 $f(x_0) = M$．若 $x_0 \in (a, b)$，取 n 足够大，使 $\left[x_0 - \dfrac{1}{n}, x_0 + \dfrac{1}{n}\right] \subset (a, b)$，于是

$$\int_a^b [f(x)]^n \,dx > \int_{x_0 - \frac{1}{n}}^{x_0 + \frac{1}{n}} [f(x)]^n \,dx = \frac{2}{n}[f(\xi_n)]^n,$$

其中后一等式来自积分中值定理，$\xi_n \in \left(x_0 - \dfrac{1}{n}, x_0 + \dfrac{1}{n}\right)$．将两个不等式合在一起，便得

$$\sqrt[n]{\frac{2}{n}} f(\xi_n) < \sqrt[n]{\int_a^b [f(x)]^n \,dx} \leqslant M\sqrt[n]{b-a}.$$ 命 $n \to \infty$，有 $\sqrt[n]{n} \to 1$，$f(\xi_n) \to f(x_0) = M$，$\sqrt[n]{2} \to 1$，$\sqrt[n]{b-a} \to 1$，于是由夹逼定理得 $\lim\limits_{n \to \infty} \sqrt[n]{\int_a^b [f(x)]^n \,dx} = M.$

若 $x_0 = a$ 或 $x_0 = b$，则分别取区间 $\left[x_0, x_0 + \dfrac{1}{n}\right]$ 或 $\left[x_0 - \dfrac{1}{n}, x_0\right]$，同样可证．

【例 6.51】 设 $f(x)$，$g(x)$ 在 $[a, b]$ 上连续且 $g(x)$ 不变号，证明至少存在一点 $\xi \in [a, b]$，使 $\int_a^b f(x)g(x)\,dx = f(\xi)\int_a^b g(x)\,dx$．

【证明】（1）当 $g(x) = 0$，$x \in [a, b]$，有 $\int_a^b g(x)\,dx = 0$，$\int_a^b f(x)g(x)\,dx = \int_a^b f(x) \cdot 0\,dx = 0$，

此时 ξ 可以是 $[a, b]$ 上任何一个值，都会有

$$\int_a^b f(x)g(x)\,dx = f(\xi)\int_a^b g(x)\,dx = 0$$

（2）当 $g(x) \neq 0$，由于 $g(x)$ 不变号，必有对每一个 $x \in [a, b]$，使得 $g(x)$ 都大于零或者都小于零，不妨设 $x \in [a, b]$ 时，$g(x) > 0$，由 $f(x)$ 在 $[a, b]$ 上连续，必取到最小值 m 与最大值 M，于是对于一切 $x \in [a, b]$，都有 $m \leqslant f(x) \leqslant M \Rightarrow mg(x) \leqslant f(x)g(x) \leqslant Mg(x) \Rightarrow$

$$m\int_a^b g(x)\,dx = \int_a^b mg(x)\,dx \leqslant \int_a^b f(x)g(x)\,dx \leqslant \int_a^b Mg(x)\,dx = M\int_a^b g(x)\,dx.$$

由于 $\int_a^b g(x)\mathrm{d}x > 0$，得 $m \leqslant \dfrac{\displaystyle\int_a^b f(x)g(x)\mathrm{d}x}{\displaystyle\int_a^b g(x)\mathrm{d}x} \leqslant M$. 根据介值定理，至少存在一点

$\xi \in [a,\,b]$，使 $\dfrac{\displaystyle\int_a^b f(x)g(x)\mathrm{d}x}{\displaystyle\int_a^b g(x)\mathrm{d}x} = f(\xi)$，即 $\displaystyle\int_a^b f(x)g(x)\mathrm{d}x = f(\xi)\int_a^b g(x)\mathrm{d}x$.

注 本题是推广的积分中值定理．

【例 6.52】 设常数 $a > 0$，积分 $I_1 = \displaystyle\int_0^{\frac{\pi}{2}} \dfrac{\cos x}{1+x^a}\mathrm{d}x$，$I_2 = \displaystyle\int_0^{\frac{\pi}{2}} \dfrac{\sin x}{1+x^a}\mathrm{d}x$，则 ＿＿＿＿＿．

　　A. $I_1 > I_2$　　　B. $I_1 < I_2$　　　C. $I_1 = I_2$　　　D. I_1 与 I_2 的大小与 α 有关

【解】 应选 A.

$$I_1 - I_2 = \int_0^{\frac{\pi}{2}} \frac{\cos x - \sin x}{1+x^a}\mathrm{d}x = \int_0^{\frac{\pi}{4}} \frac{\cos x - \sin x}{1+x^a}\mathrm{d}x + \int_0^{\frac{\pi}{2}} \frac{\cos x - \sin x}{1+x^a}\mathrm{d}x.$$

对后者作积分变量变换 $x = \dfrac{\pi}{2} - t$，并将新的积分变量 t 仍记为 x，有

$$I_1 - I_2 = \int_0^{\frac{\pi}{4}} \frac{\cos x - \sin x}{1+x^a}\mathrm{d}x - \int_{\frac{\pi}{4}}^0 \frac{\sin x - \cos x}{1+\left(\frac{\pi}{2}-x\right)^a}\mathrm{d}x = \int_0^{\frac{\pi}{4}} (\cos x - \sin x)\left[\frac{1}{1+x^a} - \frac{1}{1+\left(\frac{\pi}{2}-x\right)^a}\right]\mathrm{d}x,$$

当 $0 < x < \dfrac{\pi}{4}$ 时，$\cos x - \sin x > 0$，$\dfrac{\pi}{2} - x > \dfrac{\pi}{2} - \dfrac{\pi}{4} = \dfrac{\pi}{4} > x > 0$，所以积分号里的两个因式均为正，从而知 $I_1 > I_2$．

【例 6.53】 设 $f(x)$ 在 $[0,\,1]$ 上连续且严格单调减少，

　　试证明：当 $0 < \lambda < 1$ 时，$\displaystyle\int_0^\lambda f(x)\mathrm{d}x > \lambda\int_0^1 f(x)\mathrm{d}x$．

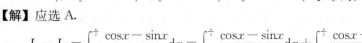

【证明】 ［**方法一**］（变限法）命 $\varphi(\lambda) = \displaystyle\int_0^\lambda f(x)\mathrm{d}x - \lambda\int_0^1 f(x)\mathrm{d}x$，$\lambda \in [0,\,1]$，

有 $\varphi(0) = 0$，$\varphi(1) = 0$，$\varphi'(\lambda) = f(\lambda) - \displaystyle\int_0^1 f(x)\mathrm{d}x = f(\lambda) - f(\xi)$，其中 $\xi \in (0,\,1)$.

　　当 $0 < \lambda < \xi$ 时，$f(\lambda) > f(\xi)$，$\varphi'(\lambda) > 0$. 又因 $\varphi(0) = 0$，所以当 $0 < \lambda \leqslant \xi$ 时，$\varphi(\lambda) > 0$；当 $\xi < \lambda < 1$ 时，$f(\lambda) < f(\xi)$，$\varphi'(\lambda) < 0$. 又因 $\varphi(1) = 0$，所以当 $\xi \leqslant \lambda < 1$ 时，$\varphi(\lambda) > 0$. 合并之，所以当 $\lambda \in (0,\,1)$ 时，$\varphi(\lambda) > 0$，即 $\displaystyle\int_0^\lambda f(x)\mathrm{d}x > \lambda\int_0^1 f(x)\mathrm{d}x$.

　　［**方法二**］$\displaystyle\int_0^\lambda f(x)\mathrm{d}x$ 与 $\lambda\displaystyle\int_0^1 f(x)\mathrm{d}x$ 的积分限不一样，不便于比较，采用积分换元使之变成一样．$\varphi(\lambda) = \displaystyle\int_0^\lambda f(x)\mathrm{d}x - \lambda\int_0^1 f(x)\mathrm{d}x = \int_0^1 f(\lambda t)\lambda\mathrm{d}t - \lambda\int_0^1 f(t)\mathrm{d}t = \lambda\int_0^1 [f(\lambda t) - f(t)]\mathrm{d}t$.

　　因为 $0 < \lambda < 1$，$t \in [0,\,1]$，所以 $\lambda t \leqslant t$（仅当 $t = 0$ 时成立等号），由函数的严格单调性知，$f(\lambda t) \geqslant f(t)$（仅当 $t = 0$ 时成立等号），于是推知 $\varphi(\lambda) > 0$. 证毕．

　　［**方法三**］$\displaystyle\int_0^\lambda f(x)\mathrm{d}x$ 与 $\lambda\displaystyle\int_0^1 f(x)\mathrm{d}x$ 的积分限不一样，将 $\displaystyle\int_0^1 f(x)\mathrm{d}x$ 拆成两个积分：

$$\lambda\int_0^1 f(x)\mathrm{d}x = \lambda\left[\int_0^\lambda f(x)\mathrm{d}x + \int_\lambda^1 f(x)\mathrm{d}x\right]，\text{于是}$$

$$\varphi(\lambda) = \int_0^\lambda f(x)\mathrm{d}x - \lambda\left[\int_0^\lambda f(x)\mathrm{d}x + \int_\lambda^1 f(x)\mathrm{d}x\right] = (1-\lambda)\int_0^\lambda f(x)\mathrm{d}x - \lambda\int_\lambda^1 f(x)\mathrm{d}x$$

积分中值定理 $=(1-\lambda)\lambda f(\xi_1)-\lambda(1-\lambda)f(\xi_2)$，其中 $0<\xi_1<\lambda<\xi_2<1$，由函数的严格单调性知，$f(\xi_1)>f(\xi_2)$，所以 $\varphi(\lambda)>0$. 证毕.

注 方法三中如果按照下面方式用积分中值定理，是无法得出结论的：$\varphi(\lambda)=\int_0^\lambda f(x)\mathrm{d}x-\int_0^1 f(x)\mathrm{d}x=\lambda f(\xi_1)-\lambda f(\xi_2)$，其中 $0<\xi_1<\lambda$，$0<\xi_2<1$，弄不清楚 ξ_1 与 ξ_2 谁大谁小，这是在使用中值定理要比较大小时必须注意的一件事.

【例 6.54】 设 $y=f(x)$ 在 $[0,+\infty)$ 上有连续的导数，$f(x)$ 的值域为 $[0,+\infty)$，且 $f'(x)>0$，$f(0)=0$. $x=\varphi(y)$ 为 $y=f(x)$ 的反函数. 设常数 $a>0$，$b>0$，试证明：

$$\int_0^a f(x)\mathrm{d}x+\int_0^b \varphi(y)\mathrm{d}y-ab\begin{cases}=0 & a=\varphi(b)\\ >0 & a\neq\varphi(b)\end{cases}$$

【证明】[方法一] 命 $g(a)=\int_0^a f(x)\mathrm{d}x+\int_0^b \varphi(y)\mathrm{d}y-ab$，$g'(a)=f(a)-b$. 命 $g'(a)=0$，得 $b=f(a)$，即 $a=\varphi(b)$. 当 $0<a<\varphi(b)$ 时，由 $f'(x)>0$ 有 $f(a)<f(\varphi(b))=b$，从而知 $g'(a)<0$；当 $0<\varphi(b)<a$ 时，有 $f(\varphi(b))=b<f(a)$，从而知 $g'(a)>0$，所以 $g(\varphi(b))$ 为最小值.

为证明对任意 $b>0$，$0<g(\varphi(b))=\int_0^{\varphi(b)} f(x)\mathrm{d}x+\int_0^b \varphi(y)\mathrm{d}y-\varphi(b)b\equiv 0$，今采取一个巧妙的办法证之. 对 b 求导数，有 $(g(\varphi(b)))'_b=f(\varphi(b))\varphi'(b)+\varphi(b)-\varphi(b)-\varphi'(b)b$
$$=b\varphi'(b)+\varphi(b)-\varphi(b)-\varphi'(b)b\equiv 0.$$

且 $g(\varphi(0))=\int_0^{\varphi(0)} f(x)\mathrm{d}x+\int_0^0 \varphi(y)\mathrm{d}y-\varphi(0)0=0$，（因 $\varphi(0)=0$）. 所以 $g(\varphi(b))\equiv 0$. 从而推知 $g(a)=\int_0^a f(x)\mathrm{d}x+\int_0^b \varphi(y)\mathrm{d}y-ab\begin{cases}=0, & a=\varphi(b)\\ >0, & a\neq\varphi(b)\end{cases}$.

[方法二] 对积分 $\int_0^b \varphi(y)\mathrm{d}y$ 用变量变换，之后再分部积分，有

$$\int_0^a f(x)\mathrm{d}x+\int_0^b \varphi(y)\mathrm{d}y-ab=\int_0^a f(x)\mathrm{d}x+\int_0^{\varphi(b)} \varphi(f(x))\mathrm{d}f(x)-ab$$

$$=\int_0^a f(x)\mathrm{d}x+\int_0^{\varphi(b)} x\mathrm{d}f(x)-ab=\int_0^a f(x)\mathrm{d}x+xf(x)\Big|_0^{\varphi(b)}-\int_0^{\varphi(b)} f(x)\mathrm{d}x-ab$$

$$=\int_{\varphi(b)}^a f(x)\mathrm{d}x+b\varphi(b)-ab=\int_{\varphi(b)}^a f(x)\mathrm{d}x-\int_{\varphi(b)}^a b\mathrm{d}x=\int_{\varphi(b)}^a (f(x)-b)\mathrm{d}x.$$

若 $a>\varphi(b)$，则当 $a>x>\varphi(b)$ 时，$f(a)>f(x)>f(\varphi(b))=b$，推知 $\int_{\varphi(b)}^a (f(x)-b)\mathrm{d}x>0$.

若 $a<\varphi(b)$，则当 $a<x<\varphi(b)$ 时，$f(a)<f(x)<f(\varphi(b))=b$，推知 $\int_{\varphi(b)}^a (f(x)-b)\mathrm{d}x$
$=\int_a^{\varphi(b)} (b-f(x))\mathrm{d}x>0$. 若 $a=\varphi(b)$，则 $\int_{\varphi(b)}^a (f(x)-b)\mathrm{d}x=0$，证毕.

注 方法二中用变量变换计算反函数的积分，是考研中经常见到的问题，应引起足够的重视.

【例 6.55】 设 $f(x)$ 在 $[a,b]$ 上存在一阶导数，$|f'(x)|\leqslant M$，且 $\int_a^b f(x)\mathrm{d}x=0$. 证明：当 $x\in[a,b]$ 时，$\left|\int_a^x f(t)\mathrm{d}t\right|\leqslant\frac{1}{8}(b-a)^2 M$.

【证明】 命 $\varphi(x)=\int_a^x f(t)\mathrm{d}t$，有 $\varphi(a)=0$，$\varphi(b)=\int_a^b f(t)\mathrm{d}t=0$，如果 $\varphi(x)\equiv$

0，则显然有 $|\varphi(x)| \leqslant \dfrac{1}{8}(b-a)^2 M$.

设 $\varphi(x) \neq 0$，则 $|\varphi(x)|$ 在 (a, b) 内必存在最大值（>0），设 $\max |\varphi(x)| = |\varphi(x_0)|$，$x_0 \in (a, b)$.

则 $\varphi(x_0)$ 必是 $\varphi(x)$ 的极大值或极小值，从而 $\varphi'(x_0)=0$. 由泰勒公式，有 $\varphi(x)=\varphi(x_0)+\varphi'(x_0)(x-x_0)+\dfrac{1}{2}\varphi''(\xi)(x-x_0)^2$. ξ 在 x_0 与 x 之间以 $x=a$，$x=b$ 分别代入，得 $0=\varphi(x_0)+\dfrac{1}{2}\varphi''(\xi_1)(a-x_0)^2$，$\xi_1$ 在 a 与 x_0 之间，$0=\varphi(x_0)+\dfrac{1}{2}\varphi''(\xi_2)(b-x_0)^2$，$\xi_2$ 在 b 与 x_0 之间，若 $a<x_0 \leqslant \dfrac{1}{2}(a+b)$，则 $|\varphi(x_0)| \leqslant \left| -\dfrac{1}{2}\varphi''(\xi_1)\left(a-\dfrac{a+b}{2}\right)^2 \right| = \dfrac{1}{8}(b-a^2)|\varphi''(\xi_1)| \leqslant \dfrac{1}{8}(b-a)^2 M$，

（其中 $|\varphi''(\xi_1)| = |f'(\xi_1)| \leqslant M$. 于是 $\max |\varphi(x)| \leqslant \dfrac{1}{8}(b-a)^2 M$，这就证明了

$$\left| \int_a^x f(t)\mathrm{d}t \right| \leqslant \dfrac{1}{8}(b-a)^2 M.$$

若 $\dfrac{1}{2}(a+b) < x_0 < b$，则类似可证上式也成立. 证毕.

注 本题实际上是证明了下述命题：设 $\varphi(x)$ 在 $[a, b]$ 上存在二阶导数，且 $\varphi(a)=0$，$\varphi(b)=0$，$|\varphi''(x)| \leqslant M$，则 $|\varphi(x)| \leqslant \dfrac{1}{8}(b-a)^2 M$.

由二阶导数的估值证明函数的估值，想到用泰勒公式（拉格朗日余项）.

【例 6.56】 设 $f(x)$ 在 $[a, b]$ 上可导，且 $|f'(x)| \leqslant M$. 证明

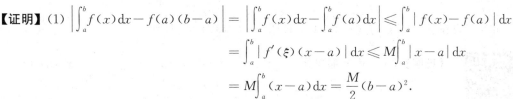

(1) $\left| \displaystyle\int_a^b f(x)\mathrm{d}x - f(a)(b-a) \right| \leqslant \dfrac{M}{2}(b-a)^2$；

(2) $\left| \displaystyle\int_a^b f(x)\mathrm{d}x - f(b)(b-a) \right| \leqslant \dfrac{M}{2}(b-a)^2$；

(3) $\left| \displaystyle\int_a^b f(x)\mathrm{d}x - \dfrac{b-a}{n}\sum_{k=1}^n f\left(a+\dfrac{k}{n}(b-a)\right) \right| \leqslant \dfrac{M}{2n}(b-a)^2$.

【证明】 (1) $\left| \displaystyle\int_a^b f(x)\mathrm{d}x - f(a)(b-a) \right| = \left| \displaystyle\int_a^b f(x)\mathrm{d}x - \int_a^b f(a)\mathrm{d}x \right| \leqslant \int_a^b |f(x)-f(a)|\mathrm{d}x$

$$= \int_a^b |f'(\xi)(x-a)|\mathrm{d}x \leqslant M\int_a^b |x-a|\mathrm{d}x$$

$$= M\int_a^b (x-a)\mathrm{d}x = \dfrac{M}{2}(b-a)^2.$$

(2) $\displaystyle\int_a^b f(x)\mathrm{d}x - f(b)(b-a) \leqslant |f'(\xi)(x-b)|\mathrm{d}x \leqslant M\int_a^b |x-b|\mathrm{d}x$

$$= M\int_a^b (b-x)\mathrm{d}x = \dfrac{M}{2}(b-a)^2.$$

(3) $\displaystyle\int_a^b f(x)\mathrm{d}x = \sum_{k=1}^n \int_{a+\frac{k-1}{n}(b-a)}^{a+\frac{k}{n}(b-a)} f(x)\mathrm{d}x \left| \int_a^b f(x)\mathrm{d}x - \dfrac{b-a}{n}\sum_{k=1}^n f\left(a+\dfrac{k}{n}(b-a)\right) \right|$

$$= \left| \sum_{k=1}^n \int_{a+\frac{k-1}{n}(b-a)}^{a+\frac{k}{n}(b-a)} f(x)\mathrm{d}x - \dfrac{b-a}{n}\sum_{k=1}^n f\left(a+\dfrac{k}{n}(b-a)\right) \right|$$

$$\leqslant \left| \sum_{k=1}^n \int_{a+\frac{k-1}{n}(b-a)}^{a+\frac{k}{n}(b-a)} f(x)\mathrm{d}x - \dfrac{b-a}{n}f\left(a+\dfrac{k}{n}(b-a)\right) \right|.$$

将（2）的结论用于上式，上式右边 $\leqslant \sum_{k=1}^{n} \dfrac{M}{2}\left(\dfrac{b-a}{n}\right)^2 = \dfrac{M}{2n}(b-a)^2$. 证毕.

注 本题（1），如果对 $\int_a^b f(x)\mathrm{d}x$ 用积分中值定理，有

$$\left|\int_a^b f(x)\mathrm{d}x - f(a)(b-a)\right| = \left|f(\xi)(b-a) - f(a)(b-a)\right|$$

$$= \left|f'(\eta)(\xi-a)(b-a)\right| \leqslant \left|(\xi-a)(b-a)\right|,$$

得不出要得的结果. 这说明，在考虑问题时不能只抱着一种方法.

【例 6.57】（Ⅰ）证明 $\displaystyle\int_0^{\sqrt{2\pi}} \sin x^2 \mathrm{d}x > 0$.

（Ⅱ）设常数 α，$0 < \alpha < \dfrac{\pi}{2}$，证明

$$\int_0^{\sqrt{2\pi}} \sin x^2 \mathrm{d}x > (\sqrt{\pi-\alpha} + \sqrt{\pi+\alpha} - \sqrt{2\pi-\alpha} - \sqrt{\alpha})\sin\alpha.$$

【证明】（Ⅰ）作积分变量变换，命 $x^2 = u$，有

$$\int_0^{\sqrt{2}} \sin x^2 \mathrm{d}x = \int_0^{2\pi} \sin u \cdot \frac{1}{2\sqrt{u}}\mathrm{d}u = \frac{1}{2}\left[\int_0^{\pi} \frac{\sin u}{\sqrt{u}}\mathrm{d}u + \int_{\pi}^{2\pi} \frac{\sin u}{\sqrt{u}}\mathrm{d}u\right]$$

$$= \frac{1}{2}\left[\int_0^{\pi} \frac{\sin u}{\sqrt{u}}\mathrm{d}u - \int_0^{\pi} \frac{\sin u}{\sqrt{u+\pi}}\mathrm{d}u\right] = \frac{1}{2}\int_0^{\pi} \frac{\sqrt{u+\pi} - \sqrt{u}}{\sqrt{u(u+\pi)}}\sin u\,\mathrm{d}u > 0.$$

（Ⅱ）由（Ⅰ）有

$$\int_0^{\sqrt{2}} \sin x^2 \mathrm{d}x = \frac{1}{2}\int_0^{\pi} \frac{\sqrt{u+\pi} - \sqrt{u}}{\sqrt{u(u+\pi)}}\sin u\,\mathrm{d}u > \frac{1}{2}\int_{\alpha}^{\pi-\alpha} \frac{\sqrt{u+\pi} - \sqrt{u}}{\sqrt{u(u+\pi)}}\sin u\,\mathrm{d}u$$

$$> \frac{\sin\alpha}{2}\int_{\alpha}^{\pi-\alpha} \frac{\sqrt{u+\pi} - \sqrt{u}}{\sqrt{u(u+\pi)}}\mathrm{d}u > \frac{\sin\alpha}{2}\int_{\alpha}^{\pi-\alpha}\left(\frac{1}{\sqrt{u}} - \frac{1}{\sqrt{u+\pi}}\right)\mathrm{d}u$$

$$= \sin\alpha \cdot \left[\sqrt{u} - \sqrt{u+\pi}\right]\Big|_{\alpha}^{\pi-\alpha} = (\sqrt{\pi-\alpha} + \sqrt{\pi+\alpha} - \sqrt{2\pi-\alpha} - \sqrt{\alpha})\sin\alpha.$$

【例 6.58】 设 $f(x)$ 在区间 $[0,1]$ 上具有二阶连续的导数，且 $f(0)=f(1)=0$.

（Ⅰ）证明 $\displaystyle\int_0^1 f(x)\mathrm{d}x = -\frac{1}{2}\int_0^1 (x-x^2)f''(x)\mathrm{d}x$；

（Ⅱ）又设在 $[0,1]$ 上 $|f''(x)| \leqslant 12$，证明 $\left|\displaystyle\int_0^1 f(x)\mathrm{d}x\right| \leqslant 1$.

【证明】（Ⅰ）由分部积分 $-\dfrac{1}{2}\displaystyle\int_0^1 (x-x^2)f''(x)\mathrm{d}x = -\dfrac{1}{2}\displaystyle\int_0^1 (x-x^2)\mathrm{d}f'(x)$

$$= -\frac{1}{2}(x-x^2)\mathrm{d}f'(x)\Big|_0^1 + \frac{1}{2}\int_0^1 (1-2x)f'(x)\mathrm{d}x$$

$$= \frac{1}{2}\int_0^1 (1-2x)\mathrm{d}f(x) = \frac{1}{2}(1-2x)f(x)\Big|_0^1 + \int_0^1 f(x)\mathrm{d}x = \int_0^1 f(x)\mathrm{d}x.$$

（Ⅱ）$\left|\displaystyle\int_0^1 f(x)\mathrm{d}x\right| = \left|-\dfrac{1}{2}\displaystyle\int_0^1 (x-x^2)f''(x)\mathrm{d}x\right| \leqslant 6\displaystyle\int_0^1 (x-x^2)\mathrm{d}x = 1.$

【例 6.59】 设 $a_n = \displaystyle\int_0^{\frac{\pi}{4}} \tan^n x\,\mathrm{d}x$，证明 $\dfrac{1}{2(n+1)} < a_n < \dfrac{1}{2(n-1)}$，当 $n \geqslant 2$.

【解】 $a_0 = \displaystyle\int_0^{\frac{\pi}{4}} 1\mathrm{d}x = \dfrac{\pi}{4}$，$a_n = \displaystyle\int_0^{\frac{\pi}{4}} \tan^{n-2}x\tan^2 x\,\mathrm{d}x = \displaystyle\int_0^{\frac{\pi}{4}} (\sec^2 x - 1)\tan^{n-2}x\,\mathrm{d}x$

$$= \int_0^{\frac{\pi}{4}} \tan^{n-2}x \, \mathrm{dtan}x - \int_0^{\frac{\pi}{4}} \tan^{n-2}x \, \mathrm{d}x$$

$$= \frac{1}{n-1} - a_{n-2}, \text{当} \ n \geqslant 2. \text{所以} \ a_n + a_{n-2} = \frac{1}{n-1}.$$

但因 $a_n < a_{n-2}$，所以 $\dfrac{1}{n-1} = a_n + a_{n-2} > 2a_n$，$a_n < \dfrac{1}{2(n-1)}$.

又由 $a_n < a_{n-2}$ 及 $\dfrac{1}{n-1} = a_n + a_{n-2}$，所以 $2a_{n-2} > a_n + a_{n-2} = \dfrac{1}{n-1}$，$a_{n-2} > \dfrac{1}{2(n-1)}$，$a_n >$

$\dfrac{1}{2(n-1)}$. 从而有 $\dfrac{1}{2(n+1)} < a_n < \dfrac{1}{2(n-1)}$，当 $n \geqslant 2$.

注 对于数一考生，证明：级数 $\sum\limits_{n=1}^{\infty} (-1)^n a_n$ 条件收敛，你会证明吗？

6.8.4　零点问题

【例 6.60】 设 $y = f(x)$ 在 $[0, 1]$ 上连续，且 $f(x) > 0$.

(1) 试证明：存在 $\xi \in (0, 1)$，使得在区间 $[0, \xi]$ 上以 $f(\xi)$ 为高的矩形面积等于在区间 $[\xi, 1]$ 上以 $y = f(x)$ 为曲边的曲边梯形的面积；

(2) 若又设 $f(x)$ 在 $(0, 1)$ 内可导，且 $f'(x) > -\dfrac{2f(x)}{x}$，则（1）中的 ξ 是唯一的.

【证明】（1）由题意，要去证 $\varphi(x) = xf(x) - \int_x^1 f(t)\mathrm{d}t$ 在 $(0, 1)$ 内存在零点.

［方法一］ 用连续函数零点定理

有 $\varphi(0) = -\int_0^1 f(t)\mathrm{d}t < 0$，$\varphi(1) = f(1) > 0$，所以存在 $\xi \in (0, 1)$，使 $\varphi(\xi) = 0$.

［方法二］ 用罗尔定理.

引入 $F(x) = \int_x^1 f(t)\mathrm{d}t$，有 $F'(x) = -f(x)$，于是 $\varphi(x) = -xF'(x) - F(x) = -(xF(x))'$. 考虑函数 $g(x) = xF(x)$，有 $g(0) = 0$，$g(1) = F(1) = 0$，$g(x)$ 在 $[0, 1]$ 上连续，$(0, 1)$ 内可导，由罗尔定理知，存在 $\xi \in (0, 1)$，使 $g'(\xi) = 0$，即 $\varphi(\xi) = 0$. （1）证毕.

(2) 证 $\varphi(x)$ 在 $(0, 1)$ 内严格单调即可.

由 $\varphi'(x) = \left(xf(x) - \int_x^1 f(t)\mathrm{d}t \right)' = xf'(x) + f(x) + f(x) = xf'(x) + 2f(x) > 0$. 证毕.

注 要证 $xf(x) - \int_x^1 f(t)\mathrm{d}t$ 存在零点，不要以为式子中未见导数，一定不能用罗尔定理，这种片面理解是不对的. 正如上所见，引入 $F(x) = \int_x^1 f(t)\mathrm{d}t$ 之后，$\varphi(x)$ 中可出现导数（$F(x)$ 的导数），可用罗尔定理来处理.

【例 6.61】 设 $f(x)$ 在 $[0, 1]$ 上连续，$\int_0^1 f(x)\mathrm{d}x = 0$. 试证明：至少存在一点 $\xi \in (0, 1)$，使 $\int_0^\xi f(t)\mathrm{d}t = f(\xi)$.

【解】 命 $F(x) = \int_0^x f(t)\mathrm{d}t$，问题成为证明存在 $\xi \in (0, 1)$ 使 $F(x) - F'(x) =$

0. 按第二章中"微分方程法"作 $\varphi(x)$ 用罗尔定理，命（做法见题后的注）$\varphi(x) = \mathrm{e}^{-x}F(x)$，

有 $\varphi(0)=F(0)=0$，$\varphi(1)=e^{-1}F(1)=e^{-1}\int_0^1 f(t)dt=0$，$\varphi(x)$ 在 $[0,1]$ 上连续，在 $(0,1)$ 内可导，由罗尔定理知，存在 $\xi\in(0,1)$，使 $\varphi'(\xi)=0$，即 $e^{-\xi}F'(\xi)-e^{-\xi}F(\xi)=0$，即 $F'(\xi)-F(\xi)=0$，亦即 $\int_0^{\xi}f(t)dt=f(\xi)$. 证毕.

注 将 $F(x)-F'(x)=0$ 看成一个微分方程 $\dfrac{dF(x)}{dx}=F(x)$，分离变量解之，得 $\ln(F(x))=x+C_1$，$F(x)=Ce^x$，$e^{-x}F(x)=C$，命 $\varphi(x)=e^{-x}F(x)$ 便可.

【例 6.62】 设 $f(x)$ 在区间 $[-a,a]$ 上具有二阶连续的导数，$a>0$，$f(0)=0$.

证明：在 $(-a,a)$ 内至少存在一点 η，使 $a^3f''(\eta)=3\int_{-a}^a f(x)dx$.

【证明】 命 $F(x)=\int_{-x}^x f(t)dt$，试将 $F(x)$ 在 $x=0$ 处按拉格朗日余项泰勒公式展开至 x^3 项（注意到左边出现 a^3），计算如下：

$$F(0)=0;\ F'(x)=f(x)+f(-x),\ F'(0)=0;$$
$$F''(x)=f'(x)-f'(-x),\ F''(0)=0;\ F'''(x)=f''(x)+f''(-x),\ 于是$$
$$F(x)=0+0+0+\frac{1}{6}[f''(\xi)+f''(-\xi)]x^3,\ 其中 -a<\xi<a,\ -a<-\xi<a.$$

由于 $f''(x)$ 在 $[-a,a]$ 上连续，$\dfrac{1}{2}[f''(\xi)+f''(-\xi)]$ 介于 $f''(\xi)$ 与 $f''(-\xi)$ 之间. 由连续函数介值定理，存在 η 介于 $-\xi$ 与 ξ 之间，从而知 $-a<\eta<a$，使 $f''(\eta)=\dfrac{1}{2}[f''(\xi)+f''(-\xi)]$. 于是知存在 $\eta\in(-a,a)$ 命 $F(x)=\dfrac{1}{3}f''(\eta)x^3$.

以 $x=a$ 代入，得 $F(a)=\dfrac{1}{3}f''(\eta)a^3$，即 $a^3f''(\eta)=3\int_{-a}^a f(x)dx$. 证毕.

【例 6.63】（Ⅰ）设 k 为正常数，$F(x)=\int_0^x e^{-t}dt+\int_2^{kx}\sqrt{t^4+1}dt$，证明 $F(x)$ 存在唯一的零点，记为 x_k；

（Ⅱ）证明级数 $\displaystyle\sum_{n=1}^\infty x_n^2$ 收敛，其和 <2.

【解】（Ⅰ）$F(0)=\int_2^1\sqrt{t^4+1}dt<0$，$F\left(\dfrac{1}{k}\right)=\int_0^{\frac{1}{k}}e^{-t}dt+\int_2^e\sqrt{t^4+1}dt>0$，故至少存在一个零点，又 $F'(x)=e^{-x}+\sqrt{e^{4kx}+1}ke^{kx}>0$，$F(x)$ 单增，所以 $F(x)$ 有且仅有一个零点，记为 x_k，且 $0<x_k<\dfrac{1}{k}$.

（Ⅱ）由于 $x_n^2<\dfrac{1}{n^2}$，所以级数 $\displaystyle\sum_{n=1}^\infty x_n^2$ 收敛，其和

$$\sum_{n=1}^\infty x_n^2<\sum_{n=1}^\infty\frac{1}{n^2}=1+\sum_{n=2}^\infty\frac{1}{n^2}<1+\sum_{n=2}^\infty\frac{1}{n(n-1)}=2.$$

第7章 常微分方程

【导言】

　　微分方程是工程实际应用很多的一个知识，虽然目前数学的考查都是以考查计算和求解为主．

　　自然界中物质运动和它的变化规律，往往受已知条件的限制不能直接找到其函数关系，但却可以化为含有自变量、未知函数以及未知函数导数的方程（即所谓微分方程）．微分方程几乎是和微积分同时产生的，苏格兰数学家耐普尔创立对数的时候，就讨论过微分方程的近似解．牛顿在建立微积分的同时，曾对简单的微分方程用级数来求解．后来瑞士数学家伯努利、欧拉、克雷洛、达朗贝尔、拉格朗日等人又不断地研究和丰富了微分方程的理论．微分方程的形成与发展是和力学、天文学、物理学，以及其他科学技术的发展密切相关的．微分方程是数学联系实际、应用于实际的重要途径和桥梁．

　　微分方程的概念、解法和相关理论很多，比如，方程和方程组的种类及解法、解的存在性和唯一性、奇解、定性理论等．求通解在历史上曾作为微分方程的主要目标，不过能够求出通解的情况不多，大部分的微分方程只能得到近似解．

　　部分专业本科会开设常微分方程这门课程，对本章知识讲解更为细致，这里我们主要依照数一、数二和数三的考研大纲，讲述一些简单的微分方程解法（计算）和实际应用（原理＋计算）．

　　备考本章要掌握如下问题：一是求解一阶线性微分方程的通解及特解；二是求解二阶常系数微分方程的通解及特解．这部分考试选择、填空、解答均有涉及，分值在 14 分左右，以中低档题的形式出现．

【考试要求】

考试要求	科目	考 试 内 容
了解	数学一	变量可分离的微分方程与一阶线性微分方程以及它们的解法，线性微分方程的性质及解的结构定理
	数学二	
	数学三	

续表

考试要求	科目	考 试 内 容
理解	数学一	二阶常系数齐次微分方程的解法，并会解某些高于二阶的常系数齐次线性微分方程
	数学二	
	数学三	
会	数学一	伯努利方程、欧拉方程，利用微分方程解决一些简单的应用问题
	数学二	微分方程及其解、阶、通解、初始条件和特解等概念，齐次微分方程和全微分方程
	数学三	
掌握	数学一	简单的变量待换解某些微分方程，降阶法解 $y^{(n)}=f(x)$，$y''=f(x,\ y')$ 和 $y''=f(y,\ y')$ 型方程，自由项为 $P_m(x)e^{\alpha x}$ 或 $P_m(x)e^{\alpha x}\sin bx+Q_m(x)e^{\alpha x}\cos bx$ 的二阶常系数为其次线性微分方程
	数学二	
	数学三	

【知识网络图】

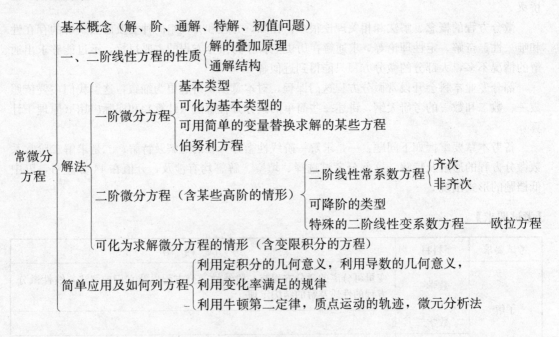

【内容精讲】

7.1 微分方程的概念，一阶与可降阶的二阶方程的解法

7.1.1 微分方程的概念

定义 7.1.1.1 含有自变量，未知函数以及未知函数的导数（或微分）的方程，称为微分方程.

如果微分方程中的未知函数只含有一个自变量，这样的微分方程称为常微分方程，未知函数为多元函数的称为偏微分方程.

7.1.2 经典微分方程

(1) $\dfrac{\mathrm{d}y}{\mathrm{d}x}=p(x)y^2+q(x)y+r(x)$ （Riccati 方程）

(2) $\dfrac{\mathrm{d}^2 y}{\mathrm{d}x^2}=xy$ （Airy 方程）

方程（1）在研究生的矩阵论中会学习到，最优控制等专业课中也会学到；

方程（2）属于弹性力学的基础方程，如果您没学过也没有关系，这里只是告诉您好好学习吧，研究生的生活是如此的高大上，同学们，你们正值年轻，好好努力吧，借用美国大选反映的情况来看，特朗普先生和希拉里女士都年近 70，但是依然为了总统梦想而奋斗不止，年轻人哪有不奋斗的借口呢？

(3) $x^2\dfrac{\mathrm{d}^2 y}{\mathrm{d}x^2}+x\dfrac{\mathrm{d}y}{\mathrm{d}x}+(x^2-n^2)y=0$ （Bessel 方程）

(4) $\dfrac{\partial^2 u}{\partial x^2}+\dfrac{\partial^2 u}{\partial y^2}+\dfrac{\partial^2 u}{\partial z^2}=0$ （Laplace 方程）

(5) $\dfrac{\partial u}{\partial t}=a^2\left(\dfrac{\partial^2 u}{\partial x^2}+\dfrac{\partial^2 u}{\partial y^2}+\dfrac{\partial^2 u}{\partial z^2}\right)$ （热传导方程）

(6) $\dfrac{\partial^2 u}{\partial t^2}=a^2\left(\dfrac{\partial^2 u}{\partial x^2}+\dfrac{\partial^2 u}{\partial y^2}+\dfrac{\partial^2 u}{\partial z^2}\right)$ （波动方程）

微分方程中出现的未知函数导数的最高阶数称为微分方程的阶.

n 阶微分方程的一般形式为 $F(x, y, y', \cdots, y^{(n)})=0$，其中 x 为自变量，y 为未知函数.

注 在 n 阶微分方程中 $y^{(n)}$ 必须出现，其他变量可以不出现.

定义 7.1.2.1 如果一个函数满足微分方程，则称这个函数为微分方程的解；如果微分方程的解中含有独立的任意常数，且所含任意常数的个数等于微分方程的阶数，此解称为微分方程的通解；确定了通解中的任意常数以后，即可得到微分方程的特解.

定义 7.1.2.2 用来确定微分方程通解中任意常数的条件称为微分方程的初始条件.

n 阶微分方程的解中含有 n 个任意常数，应有 n 个初始条件，表示为

$$y(x_0)=y_0, \quad y'(x_0)=y_1, \quad \cdots, \quad y^{(n-1)}(x_0)=y_{n-1}$$

其中 $x_0, y_0, y_1, \cdots, y_{n-1}$ 为已知数.

注 通解并不一定是微分方程的所有解. 求微分方程满足某个初始条件的解的问题称为微分方

程的初值问题．微分方程的一个中心问题是"求解"．本章将介绍一阶微分方程的初等解法，即把微分方程的求解问题化为积分问题．一般的一阶微分方程是没有初等解法的，本章主要介绍若干能有初等解法的方程类型及其求解的一般方法，虽然这些类型是很有限的，但它们却反映了实际问题中出现的微分方程的相当多的一部分．因此掌握这些类型方程的解法有重要实际意义．

7.1.3 几种特殊类型的一阶微分方程与某些可降阶的二阶方程的解法

在本科学习和考研复习过程中，需要先适当地快速给题目做定位，确定了它的大致类型，才好快速解答出来．这也是"先定型后定法"这个口诀的来历．

回顾一下先定型后定法的题型：七种未定式求极限，求解不定积分，以及本处学的解微分方程都需要不断的对题目定型，预先确定它到底是哪种类型的微分方程，以便选择适当的方法．

7.1.3.1 可分离变量的微分方程

形如 $\dfrac{\mathrm{d}y}{\mathrm{d}x}=f(x)g(y)$ 的方程称为可分离变量的微分方程，其中 $f(x)$，$g(y)$ 都是 x、y 的连续函数．

注 可分离变量的微分方程是最简单也是最基本的一阶微分方程，这种方程及其解法是由约翰·伯努利在 16 世纪 90 年代提出的，它是求解其他一阶微分方程的基础．

对于方程，当 $g(y)\neq0$ 时，分离变量得 $\dfrac{\mathrm{d}y}{g(y)}=f(x)\mathrm{d}x$ 然后两端积分 $\displaystyle\int\dfrac{\mathrm{d}y}{g(y)}=\int f(x)\mathrm{d}x$ 得到 $G(y)=F(x)+C$ 即为方程的通解，通常称这种形式的解为隐式通解，其中 $F(x)$ 和 $G(y)$ 分别是 $f(x)$ 和 $g(y)$ 的原函数．

注 两边积分 $\displaystyle\int f(x)\mathrm{d}x=\int\dfrac{1}{g(y)}\mathrm{d}y$，得 $F(x)=G(y)+C$，即为通解．但左边是对 x 积分，右边是对 y 积分，如何理解？

【答】假定方程的解是存在的，设 $y=\varphi(x)$ 是它的一个解，代入方程
$$f(x)\mathrm{d}x=g[\varphi(x)]\varphi'(x)\mathrm{d}x,$$

两边对 x 积分，得 $\displaystyle\int f(x)\mathrm{d}x=\int g[\varphi(x)]\varphi'(x)\mathrm{d}x,$

由不定积分换元法，有 $\displaystyle\int f(x)\mathrm{d}x=\int\dfrac{1}{g(y)}\mathrm{d}y.$

【例 7.1】求微分方程 $\dfrac{\mathrm{d}y}{\mathrm{d}x}=3x^2y$ 的通解．

【分析】分离变量得 $\dfrac{\mathrm{d}y}{y}=3x^2\mathrm{d}x.$

【解】在求解过程中并非每一步都是同解变形，此处分离变量时取 $y\neq0$．

两边积分 $\displaystyle\int\dfrac{\mathrm{d}y}{y}=\int3x^2\mathrm{d}x$ 得 $\ln|y|=x^3+C_1$ 即 $y=\pm\mathrm{e}^{x^3+C_1}=\pm\mathrm{e}^{C_1}\mathrm{e}^{x^3}$

令 $C=\pm\mathrm{e}^{C_1}$ 得到 $y=C\mathrm{e}^{x^3}$（C 为任意常数）（此式包含分离变量时丢失的解 $y=0$）．

注 (1) 本题解析注意常数 C 的变化，以及 C 具有任意性，这一点很重要，以求微分方程 $y'=$

$2y$ 的通解为例再次说明一下关于常数 C 的问题．

常见错误：① 因为 $y'=2y$，得 $\dfrac{1}{y}dy=2dx$，两边取不定积分 $\displaystyle\int\dfrac{1}{y}dy=\int 2dx$，$\ln y=2x$.

所以原方程的通解为 $y=e^{2x}+C$.

错误分析：$\displaystyle\int\dfrac{1}{y}dy=\int 2dy$ 应为 $\ln|y|=2x+C_1$. 两边取指数 $e^{\ln|y|}=e^{2x+C_1}$

$=e^{2x}\cdot e^{C_1}=C_2 e^{2x}$，$C_2>0$，故 $|y|=C_2 e^{2x}$　$y=\pm C_2 e^{2x}=Ce^{2x}$

② 因为 $y'=2y$，得 $\displaystyle\int\dfrac{1}{y}dy=\int 2dx$，即 $\ln y=2x+C$，所以原方程的通解为

$y=Ce^{2x}$.

错误分析：（1）任意常数应在积分运算完成时出现，而不应放在最后一步再加．

③ 两个 C，即 $\ln y=2x+C$ 与 $y=Ce^{2x}$ 中的两个 C 是不同的，不应用同一字母表示．

正确解法：由 $\dfrac{dy}{y}=2dx$，得 $\ln|y|=2x+C_1$，去掉对数得 $y=\pm e^{2x+C_1}$. 但因 $\pm e^{C_1}$ 仍是非零的任意常数，把它记为 C，故所求的通解为 $y=Ce^{2x}$（其中 C 为任意常数）．

【例 7.2】求解微分方程 $\dfrac{dy}{dx}=e^{2x}\sqrt{1-y^2}$.

【解】将原方程分离变量，两边取求积分 $\displaystyle\int\dfrac{dy}{\sqrt{1-y^2}}=\int e^{2x}dx$ 原方程的通解为

$$\arcsin y=\frac{1}{2}e^{2x}+C$$

当 $\sqrt{1-y^2}=0$ 时，即 $y=\pm1$ 也是原方程的两个特解，此特解不包含在通解中，所以原方程的全部解为 $\begin{cases}\arcsin y=\dfrac{1}{2}e^{2x}+C\\ y=\pm1\end{cases}$

注 此例说明微分方程的通解并不是其全部解，由于求解方法的约束可能造成一个或若干个特解的丢失，所以在求解微分方程的过程中务必注意这些细节，不要遗漏不属于通解的特解，即除了求出通解外，还要考虑有可能被丢失的解．不过考研大纲非常人性化，只要求我们求通解，并没有要求我们求出全部解，哈哈，是不是感觉很爽．

几类常见的可用变量代换的方程

方程形式		变量代换
（1）$y'=f(x\pm y)$	$\rightarrow$	$u=x\pm y$
（2）$y'=f(ax+by+c)$	$\rightarrow$	$u=ax+by+c$
（3）$y'=f(xy)$	$\rightarrow$	$u=xy$
（4）$y'=f\left(\dfrac{y}{x}\right)$	$\rightarrow$	$u=\dfrac{y}{x}$
（5）$y'=f(x^2+y^2)$	$\rightarrow$	$u=x^2+y^2$

【例 7.3】求微分方程 $\dfrac{dy}{dx}=\dfrac{1}{x\sin^2(xy)}-\dfrac{y}{x}$ 的通解．

【分析】此方程属于方程形式（3），用变量代换 $z=xy$ 化为可分离变量的方程．

【解】 令 $z=xy$，则 $\dfrac{\mathrm{d}z}{\mathrm{d}x}=y+x\dfrac{\mathrm{d}y}{\mathrm{d}x}$，原方程变为 $\dfrac{\mathrm{d}z}{\mathrm{d}x}=y+x\left[\dfrac{1}{x\sin^2(xy)}-\dfrac{y}{x}\right]=\dfrac{1}{\sin^2 z}$

这是可分离变量的方程，

解得 $\displaystyle\int\sin^2 z\,\mathrm{d}z=\int 1\mathrm{d}x,\ \int\dfrac{1-\cos 2z}{2}\mathrm{d}z=\int 1\mathrm{d}x,\ \dfrac{1}{2}z-\dfrac{1}{4}\sin 2z=x+C_1$

故 $2z-\sin 2z=4x+c$ 将 $z=xy$ 回代，通解为 $2xy-\sin(2xy)=4x+c$

注 此处因无法求出 y 关于 x 的显式解，因此这就是通解．

7.1.3.2 齐次微分方程

通过适当变量代换，可以将某些类型的一阶微分方程化为可分离变量的方程求解．

（1）齐次方程

形如 $\dfrac{\mathrm{d}y}{\mathrm{d}x}=f\left(\dfrac{y}{x}\right)$（无常数项）的一阶微分方程称为齐次方程．

求解的关键是利用变量代换 $u=\dfrac{y}{x}$ 将方程化为可分离变量的方程．

【例 7.4】 求微分方程 $(y^2-2xy)\mathrm{d}x+x^2\mathrm{d}y=0$ 的通解．

【解】 $x=0$ 是方程的解．当 $x\neq 0$ 时，原方程可化为 $\dfrac{\mathrm{d}y}{\mathrm{d}x}=2\dfrac{y}{x}-\left(\dfrac{y}{x}\right)^2$

令 $u=\dfrac{y}{x}$，则 $y=ux$，故 $\dfrac{\mathrm{d}y}{\mathrm{d}x}=u+x\dfrac{\mathrm{d}u}{\mathrm{d}x}$

代入上述齐次方程，得 $u+x\dfrac{\mathrm{d}u}{\mathrm{d}x}=2u-u^2$

分离变量，$\dfrac{\mathrm{d}u}{u^2-u}=-\dfrac{\mathrm{d}x}{x}$

即 $\left(\dfrac{1}{u-1}-\dfrac{1}{u}\right)\mathrm{d}u=-\dfrac{\mathrm{d}x}{x}$

两端积分，得 $\ln\left|\dfrac{u-1}{u}\right|=-\ln|x|+\ln|C|$

$$\ln\left|\dfrac{u-1}{u}\right|+\ln|x|=\ln|C|$$

$$\ln\left|x\dfrac{u-1}{u}\right|=\ln|C|$$

整理得 $\dfrac{x(u-1)}{u}=C$

以 $\dfrac{y}{x}$ 代替上式中的 u，则原方程的通解为 $x(y-x)=Cy$（C 为任意常数）

注 显然 $x=0$，$y=0$，$y=x$ 也是原方程的解，但在求解过程中丢失了．

（2）可化为齐次方程的方程

有些方程虽然不是齐次方程，但经过适当的变量代换后可以化为齐次方程．

形如 $\dfrac{\mathrm{d}y}{\mathrm{d}x}=\dfrac{a_1 x+b_1 y+c_1}{a_2 x+b_2 y+c_2}$（$c_1^2+c_2^2\neq 0$）的方程称为准齐次方程（其中 a_1，b_1，c_1，a_2，b_2，c_2 均为常数），利用变量代换，可化为齐次方程．

下面分三种情况讨论：

① $c_1 = c_2 = 0$ 情形

$$\frac{dy}{dx} = \frac{a_1 x + b_1 y}{a_2 x + b_2 y} = g\left(\frac{y}{x}\right)$$ 是齐次方程．

② $\frac{a_1}{a_2} = \frac{b_1}{b_2}$ 情形

令 $\frac{a_1}{a_2} = \frac{b_1}{b_2} = \lambda$，则方程为 $\frac{dy}{dx} = \frac{\lambda(a_2 x + b_2 y) + c_1}{a_2 x + b_2 y + c_2}$

这时令 $u = a_2 x + b_2 y$，方程化为 $\frac{du}{dx} = a_2 + b_2 \frac{\lambda u + c_1}{u + c_2}$

这是可分离变量的方程．

③ $\frac{a_1}{a_2} \neq \frac{b_1}{b_2}$，且 c_1、c_2 不全为零情形

这时方程组 $\begin{cases} a_1 x + b_1 y + c_1 = 0 \\ a_2 x + b_2 y + c_2 = 0 \end{cases}$ 有唯一非零解，在几何上表示 xOy 面上的两条相交直线，设

交点为 (h, k)．作变量代换，$x = X - h$，$y = Y - k$，方程化为 $\frac{dY}{dX} = \frac{a_1 X + b_1 Y}{a_2 X + b_2 Y} = g\left(\frac{Y}{X}\right)$

这又转成了可分离变量的方程．

7.1.3.3　一阶线性微分方程

$\frac{dy}{dx} + P(x)y = Q(x)$ 当 $Q(x) \equiv 0$ 时，称为一阶齐次线性微分方程，当 $Q(x)$ 不恒等于零

时，称为一阶非齐次线性微分方程．

注 这里的一阶齐次线性微分方程与前面提到的齐次方程 $\frac{dy}{dx} = f\left(\frac{y}{x}\right)$ 是完全不同的两个概念．

这里指方程对应的 $Q(x) \equiv 0$，而后者指方程中的函数是齐次函数．

（1）齐次方程 $\frac{dy}{dx} + P(x)y = 0$ 的通解

显然，$y = 0$ 是解，当 $y \neq 0$ 时，将方程分离变量，得到 $\frac{dy}{y} = -P(x)dx$

两边积分，得通解为 $\ln|y| = -\int P(x)dx + C_1$

故 $e^{\ln|y|} = e^{-\int P(x)dx + C_1} = e^{-\int P(x)dx} e^{C_1}$，所以 $|y| = e^{C_1} \cdot e^{-\int P(x)dx}$，故 $y = \pm e^{C_1} \cdot e^{-\int P(x)dx}$

即 $y = Ce^{-\int P(x)dx}$（C 为任意常数）

（2）非齐次方程 $\frac{dy}{dx} + P(x)y = Q(x)$ 的通解

思路一：构造原函数

如何使用积分因子法去求解 $y' + p(x)y = q(x)$

【答】求解步骤是：

a. 先求 $p(x)$ 的一个原函数 $Q(x)$．

b. 方程两边同乘以积分因子 $e^{Q(x)}$，化为 $(ye^{Q(x)})' = e^{Q(x)} g(x)$．

c. 对上式两端积分得 $ye^{Q(x)} = \int e^{Q(x)} q(x)\,dx, y = e^{-Q(x)}\left(\int e^{Q(x)} q(x)\,dx + C\right)$.

例如，求 $y' + 2xy = 2xe^{-x^2}$ 的通解．因 $P(x) = 2x$，其一个原函数为 $Q(x) = x^2$．方程两边同乘积分因子 $e^{Q(x)} = e^{x^2}$，化为 $(ye^{x^2})' = 2x$，两边积分得 $ye^{x^2} = x^2 + C$，故所求通解为

$$y = (x^2 + C)e^{-x^2}.$$

思路二：常数变易法

第一步，先求齐次方程的通解 $y = Ce^{-\int P(x)dx}$，（C 为任意常数）；

第二步，将 $y = Ce^{-\int P(x)dx}$ 中的任意常数 C 改为 $C(x)$，即用 $y = C(x)e^{-\int P(x)dx}$ 表示非齐次方程的形式解；

第三步，把形式解代入非齐次方程确定 $C(x)$，有

$$C'(x)e^{-\int P(x)dx} - C(x)P(x)e^{-\int P(x)dx} + C(x)P(x)e^{-\int P(x)dx} = Q(x)$$

即 $C'(x) = Q(x)e^{\int P(x)dx}$

两边积分，得 $C(x) = \int Q(x)e^{\int P(x)dx}dx + C$

代入 $y = C(x)e^{-\int P(x)dx}$ 中，便得到方程的通解 $y = e^{-\int P(x)dx}\left[\int Q(x)e^{\int P(x)dx}dx + C\right]$（$C$ 为任意常数）

通解还可以写为 $y = e^{-\int P(x)dx}\left[\int Q(x)e^{\int P(x)dx}dx\right] + Ce^{-\int p(x)dx}$

显然，$Ce^{-\int p(x)dx}$ 是对应齐次方程的通解，$e^{-\int P(x)dx}\int Q(x)e^{\int P(x)dx}dx$ 是非齐次方程的特解（$C = 0$）．由此得到结论：非齐次方程的通解等于对应齐次方程的通解与非齐次方程的一个特解之和，一般记为 $y(x) = Y(x) + y^*(x)$，其中 $Y(x)$ 表示齐次方程的通解，$y^*(x)$ 表示非齐次方程的特解．

这个过程有个通用结论：

① 非齐次方程的通解＝齐次方程通解＋非齐次方程特解；

② 实际考试中直接找出 $P(x)$，$Q(x)$，然后直接使用上述公式．

【例 7.5】 求微分方程 $\dfrac{dy}{dx} = \dfrac{y}{2x - y^2}$ 的通解．

【分析】 显然不是关于 y 的一阶线性微分方程，但如果把 y 看作自变量，把 x 看作未知函数，则原方程就是关于 x 的一阶线性微分方程．

【解】 当 $y \neq 0$ 时，原方程化为 $\dfrac{dx}{dy} - \dfrac{2}{y}x = -y$ 这时 $P(y) = -\dfrac{2}{y}$，$Q(y) = -y$，直接利用公式，得原方程的通解

$$x = e^{-\int P(y)dy}\left[\int Q(y)e^{\int P(y)dy}dy + C\right] = e^{\int \frac{2}{y}dy}\left(-\int ye^{-\int \frac{2}{y}dy}dy + C\right)$$

$$= e^{2\ln|y|}\left(-\int ye^{-2\ln|y|}dy + C\right) = y^2(C - \ln|y|)$$

原方程的通解为 $x = y^2(C - \ln|y|)$ （C 为任意常数）

注 另外 $y = 0$ 也是解．计算过程中，若出现 $\ln u$，且 u 不知正负，一律加绝加值．

7.1.4　伯努利方程

形如 $\dfrac{\mathrm{d}y}{\mathrm{d}x}+P(x)y=Q(x)y^n$ $(n\neq0，1)$

注 当 $n=0$ 时，方程是一阶线性微分方程，当 $n=1$ 时，方程是可分离变量的微分方程.

伯努利方程是属于通过变量代换可以转换成一阶线性微分方程的类型

$y^{-n}\dfrac{\mathrm{d}y}{\mathrm{d}x}+P(x)y^{1-n}=Q(x)$，引入变量 $z=y^{1-n}$ 得 $\dfrac{\mathrm{d}z}{\mathrm{d}x}=(1-n)y^{-n}\dfrac{\mathrm{d}y}{\mathrm{d}x}$，也即有

$$\frac{\mathrm{d}z}{\mathrm{d}x}+(1-n)P(x)z=(1-n)Q(x)$$

这是以 x 为自变量，z 为未知函数的一阶线性微分方程，求得此方程的通解后，再回代 $z=y^{1-n}$，便得到方程的通解.

说明：以上介绍的齐次方程、一阶线性非齐次方程、伯努利方程的解法均可看作变量变换的方法，即齐次方程：$y=xu$；线性非齐次方程：$y=C(x)\mathrm{e}^{-\int P(x)\mathrm{d}x}$；伯努利方程：$z=y^{1-n}$.

齐次方程通过变量代换化成可分离变量微分方程，线性非齐次微分方程利用对应的齐次方程的解，通过常数变易求解，而伯努利方程则通过变量代换化成线性非齐次微分方程，最终都是利用可分离变量的微分方程求解的，所以，可分离变量型微分方程的求解方法是求解其他三种一阶微分方程的基础.

7.1.5　全微分方程

若存在二元函数 $u(x，y)$，使 $\mathrm{d}u(x，y)=P(x，y)\mathrm{d}x+Q(x，y)\mathrm{d}y$，

则称微分方程 $P(x，y)\mathrm{d}x+Q(x，y)\mathrm{d}y=0$

为全微分方程，它的通解为 $u(x，y)=C$.

由曲线积分中有关的定理知，有下述定理：

设 D 为平面上的一个单连通区域，$P(x，y)$ 与 $Q(x，y)$ 在 D 上连续且有连续的一阶偏导数，则方程为全微分方程的充要条件是 $\dfrac{\partial P}{\partial y}=\dfrac{\partial Q}{\partial x}$，$(x，y)\in D$.

可以由观察法找 $u(x，y)$，或者在路径无关条件下找 $u(x，y)$，或者区域 D 为边平行于坐标轴的矩形条件下，由折线法公式找 $u(x，y)$.

7.1.6　可降阶的高阶微分方程

二阶及二阶以上的微分方程称为高阶微分方程，高阶微分方程求解是比较困难的，没有统一的法门了，但是却有些长相很平常的高阶微分方程是可以求解的. 通常情况下，低阶次微分方程的求解要比高阶微分方程求解简单，所以我们着手点就是看看能不能通过一些手段降低方程的阶数.

（1）$y''=f(x，y')$ 型（方程中不显含未知函数 y）

①令 $y'=p(x)$，$y''=p'$，则原方程变为一阶方程 $\dfrac{\mathrm{d}p}{\mathrm{d}x}=f(x，p)$；

②若求得其解为 $p=\varphi(x，C_1)$，即 $y'=\varphi(x，C_1)$，则原方程的通解为

$$y=\int\varphi(x，C_1)\mathrm{d}x+C_2.$$

（2）$y''=f(y, y')$ 型（方程中不显含自变量 x）

①令 $y'=p$，$y''=\dfrac{\mathrm{d}p}{\mathrm{d}x}=\dfrac{\mathrm{d}p}{\mathrm{d}y}\cdot\dfrac{\mathrm{d}y}{\mathrm{d}x}=\dfrac{\mathrm{d}p}{\mathrm{d}y}\cdot p$，则原方程变为一阶方程 $p\dfrac{\mathrm{d}p}{\mathrm{d}y}=f(y, p)$；

②若求得其解 $p=\varphi(y, C_1)$，则由 $p=\dfrac{\mathrm{d}y}{\mathrm{d}x}$ 可得 $\dfrac{\mathrm{d}y}{\mathrm{d}x}=\varphi(y, C_1)$，分离变量得

$$\frac{\mathrm{d}y}{\varphi(y, C_1)}=\mathrm{d}x;$$

③两边积分得 $\displaystyle\int\frac{\mathrm{d}y}{\varphi(y, C_1)}=x+C_2$，即可求得原方程的通解.

7.2　二阶非齐次微分方程的解

　　这里我们都是讨论线性的二阶微分方程，因为非线性方程不满足解的叠加性质，所以不再这里讨论了，至少考研数学是不考的，部分专业的专业课会考查这个东西，这部分同学单独注意即可. 线性微分方程的特征是方程的各个系数都是常数，不能含有变量，也就是常说的常系数线性微分方程.

　　这里说明一下，二阶线性非齐次微分方程解的性质都可以由这一对象的本质定义推导出来，有的时候我们会给出一些性质的证明以强化对这个对象定义的熟练程度，但是有时候是不去证明它的，直接拿来用. 因为我们现在学习的都是经典理论，所谓经典理论就是这些东西都是 1900 年甚至更早年前创造出来的，非常健全的理论体系，我们现在的学习目的是用最短的时间掌握前人经历过漫长的时间发明发现的理论去创造未来，或者是领略一部分之前数学发展的历程，迅速继承前人的思维与智慧，所以有些性质我们就不去证明了，直接拿来用就好了，毕竟生命有限，把可以控制的光阴花在最能产出美好未来的地方上更为划算. 微分方程这类偏应用型的知识来说，拿来主义是提倡的.

7.2.1　二阶线性微分方程的概念

　　（1）方程 $y''+p(x)y'+q(x)y=f(x)$ 称为二阶变系数线性微分方程，其中 $p(x)$，$q(x)$ 叫系数函数，$f(x)$ 自由项，均为已知的连续函数.

　　当 $f(x)\equiv0$ 时，$y''+p(x)y'+q(x)y=0$ 为齐次方程；

　　当 $f(x)$ 不恒等于 0 时，$y''+p(x)y'+q(x)=f(x)$ 为非齐次方程.

　　（2）方程 $y''+py'+qy=f(x)$ 称为二阶常系数线性微分方程，其中 p，q 为常数，$f(x)$ 叫自由项.

　　当 $f(x)\equiv0$ 时，$y''+py'+qy=0$ 为齐次方程；

　　当 $f(x)$ 不恒等于 0 时，$y''+py'+qy=f(x)$ 为非齐次方程.

7.2.2　二阶线性微分方程的解的结构

　　（1）若 $y_1(x)$，$y_2(x)$ 是 $y''+p(x)y'+q(x)y=0$ 的两个解，且 $y_1(x)/y_2(x)\neq C$（常数），则称 $y_1(x)$，$y_2(x)$ 是该方程的两个线性无关的解，且 $y(x)=C_1y_1(x)+C_2y_2(x)$ 是方程 $y''+p(x)y'+q(x)y=0$ 的通解.

　　（2）若 $y(x)=C_1y_1(x)+C_2y_2(x)$ 是 $y''+p(x)y'+q(x)y=0$ 的通解，$y^*(x)$ 是 $y''+p(x)y'+q(x)y=f(x)$ 的一个特解，则 $y(x)+y^*(x)$ 是 $y''+p(x)y'+q(x)y=f(x)$ 的通解.

(3) 若 $y_1^*(x)$ 是 $y''+p(x)y'+q(x)y=f_1(x)$ 的解，$y_2^*(x)$ 是

$y''+p(x)y'+q(x)y=f_2(x)$ 的解，则 $y_1^*(x)+y_2^*(x)$ 是 $y''+p(x)y'+q(x)y=f_1(x)+$ $f_2(x)$ 的解．

7.2.3　二阶常系数齐次线性微分方程的通解

对于 $y''+py'+qy=0$，其对应的特征方程为 $\lambda^2+p\lambda+q=0$，求其特征根，有以下三种情况请大家牢记．以下 C_1，C_2 为任意常数．

(1) 若 $p^2-4q>0$，设 λ_1，λ_2 是特征方程的两个不等实根．即 $\lambda_1\neq\lambda_2$，可得其通解为
$$y=C_1 e^{\lambda_1 x}+C_2 e^{\lambda_2 x}$$

(2) 若 $p^2-4q=0$，设 λ_1，λ_2 是特征方程的两个相等的实根，即二重根，令 $\lambda_1=\lambda_2=\lambda$，可得其通解为
$$y=(C_1+C_2 x)e^{\lambda x}$$

(3) 若 $p^2-4q<0$，设 $\alpha\pm\beta i$ 是特征方程的一对共轭复根，可得其通解为
$$y=e^{\alpha x}(C_1\cos\beta x+C_2\sin\beta x)$$

注　当特征方程为一对共扼的复根时，二阶常系数线性微分方程的通解为什么写成 $y=e^{\alpha x}$ $(C_1\cos\beta+C_2\sin\beta)$ 呢？

【答】由欧拉公式 $e^{ix}=\cos x+i\sin x$，得 $y_1=e^{(\alpha+i\beta)x}=e^{\alpha x}e^{i\beta x}=e^{\alpha x}(\cos\beta x+i\sin\beta x)$，
$$y_2=e^{(\alpha-i\beta)x}=e^{\alpha x}e^{-i\beta x}=e^{\alpha x}(\cos\beta x-i\sin\beta x).$$

由解的结构定理可得 $\bar{y}_1=\dfrac{y_1+y_2}{2}=e^{\alpha x}\cos\beta x$，$\bar{y}_2=\dfrac{y_1-y_2}{2}=e^{\alpha x}\sin\beta x$，

依然是 $y''+py'+qy=0$ 的解，且为实值解，$\bar{y}_1$，$\bar{y}_2$ 线性无关．故得到方程
$$y=C_1\bar{y}_1+C_2\bar{y}_2=e^{\alpha x}(C_1\cos\beta x+C_2\sin\beta x).$$

7.2.4　二阶常系数非齐次线性微分方程的特解

对于 $y''+py'+qy=f(x)$，考研大纲规定我们需要掌握以下两种情况：

(1) 自由项 $f(x)=P_n(x)e^{\alpha x}$ 时，特解要设定为 $\boxed{y^*=e^{\alpha x}Q_n(x)x^k}$，

其中 $\begin{cases} e^{\alpha x}\text{照抄，} \\ Q_n(x)\text{为 }x\text{ 的 }n\text{ 次一般多项式，} \\ k=\begin{cases} 0, & \alpha\neq\lambda_1,\ \alpha\neq\lambda_2, \\ 1, & \alpha=\lambda_1\text{ 或 }\alpha=\lambda_2, \\ 2, & \alpha=\lambda_1=\lambda_2. \end{cases} \end{cases}$

(2) 自由项 $f(x)=e^{\alpha x}[P_m(x)\cos\beta x+P_n(x)\sin\beta x]$ 时，特解要设定为
$$\boxed{y^*=e^{\alpha x}[Q_l^{(1)}(x)\cos\beta x+Q_l^{(2)}(x)\sin\beta x]x^k},$$

其中，$\begin{cases} e^{\alpha x}\text{照抄，} \\ l=\max\{m,\ n\},\ Q_l^{(1)}(x),\ Q_l^{(2)}(x)\text{ 分别为 }x\text{ 的两个不同的 }l\text{ 次一般多项式，} \\ k=\begin{cases} 0, & \alpha\pm\beta i\text{ 不是特征根，} \\ 1, & \alpha\pm\beta i\text{ 是特征根．} \end{cases} \end{cases}$

$f(x)$ 的形式	特征根	特解形式
$Ae^{\lambda x}$	λ 不是特征根	$y^* = \dfrac{1}{\lambda^2 + p\lambda + q} A e^{\lambda x}$
	λ 是特征方程的单根	$y^* = \dfrac{1}{2\lambda + p} x A e^{\lambda x}$
	λ 是特征方程的重根	$y^* = \dfrac{1}{2} x^2 A e^{\lambda x}$
$p_m(x)e^{\lambda x}$	λ 不是特征根	$y^* = Q_m(x)e^{\lambda x}$
	λ 是特征方程的单根	$y^* = x Q_m(x)e^{\lambda x}$
	λ 是特征方程的重根	$y^* = x^2 Q_m(x)e^{\lambda x}$
$f(x) = A\cos\omega x + B\sin\omega x$	$\pm i\omega$ 不是特征根	$y^* = [C\cos\omega x + D\sin\omega x]$
	$+i\omega$ 是特征根	$y^* = x[C\cos\omega x + D\sin\omega x]$
$f(x) = e^{\lambda x}[P_l(x)\cos\omega x + P_n(x)\sin\omega x]$	$\lambda \pm i\omega$ 不是特征根	$y^* = e^{\lambda x}[R_m^{(1)}\cos\omega x + R_m^{(2)}\sin\omega x]$
	$\lambda \pm i\omega$ 是特征根	$y^* = x e^{\lambda x}[R_m^{(1)}\cos\omega x + R_m^{(2)}\sin\omega x]$

注 设定特解形式要注意三点:

(1) k 的选取要看 λ 是否是特征方程的根;(2) 多项式 $Q_m(x)$ 与 $p_m(x)$ 同次;

(3) 特解形式一定要与原方程中 $f(x)$ 的形式一样.

【例 7.6】求微分方程 $y'' + 6y' + (9 + a^2)y = x$ 的通解.

【分析】必须对 a 进行讨论.

【解】对应齐次方程的特征方程为 $r^2 + 6r + (9 + a^2) = 0$,特征根

$$r_{1,2} = -3 \pm ai.$$

分两种情形讨论.

(1) 若 $a \neq 0$,则对应的齐次方程的通解为 $Y(x) = e^{-3x}(C_1\cos ax + C_2\sin ax)$.

按非齐次线性微分方程特解的待定系数法,该方程右端 x 相当于 xe^0,这里"0"不是特征根,故命 $y^*(x) = Ax + B$. 代入原方程得 $6A + (9 + a^2)(Ax + B) = x$,从而

$$(9 + a^2)A = 1, \quad 6A + (9 + a^2)B = 0.$$

得 $A = \dfrac{1}{9 + a^2}$,$B = -\dfrac{6}{(9 + a^2)^2}$. 于是得到 $y^*(x)$,从而通解为

$$y = Y(x) + y^*(x) = e^{-3x}(C_1\cos ax + C_2\sin ax) + \frac{1}{9 + a^2}x - \frac{6}{(9 + a^2)^2}.$$

(2) 若 $a = 0$,则对应的齐次方程的通解为 $Y(x) = (C_1 + C_2 x)e^{-3x}$,

用类似的方法可得原非齐次微分方程的一个特解 $y^*(x) = \dfrac{1}{9}x - \dfrac{2}{27}$.

通解为 $y = Y(x) + y^*(x) = (C_1 + C_2 x)e^{-3x} + \dfrac{1}{9}x - \dfrac{2}{27}$.

【例 7.7】 设 $f(x)$ 为连续函数，$f(x)=\mathrm{e}^{2x}+\int_x^0 tf(x-t)\mathrm{d}t$，求 $f(x)$.

【分析】 此为积分方程，在本书中曾介绍过这类问题的解法．用变上限求导方法以消除变限积分，但必须注意，f 里面的 x 应先化到 f 外边直到积分号外或积分限中，才能使用变限积分求导公式．

【解】 $f(x)=\mathrm{e}^{2x}+\int_x^0 tf(x-t)\mathrm{d}t \xrightarrow{\ \text{令}\ x-t=u\ } \mathrm{e}^{2x}+\int_x^0 (x-u)f(u)(-\mathrm{d}u)$

$$=\mathrm{e}^{2x}+x\int_0^x f(u)\mathrm{d}u-\int_0^x uf(u)\mathrm{d}u,$$

两边对 x 求导，得

$$f'(x)=2\mathrm{e}^{2x}+\int_0^x f(u)\mathrm{d}u+xf(x)-xf(x)=2\mathrm{e}^{2x}+\int_0^x f(u)\mathrm{d}u.$$

再求导，移项得 $f''(x)-f(x)=4\mathrm{e}^{2x}$，

求得它的通解 $f(x)=C_1\mathrm{e}^x+C_2\mathrm{e}^{-x}+\dfrac{4}{3}\mathrm{e}^{2x}$．但注意，原给方程是一个积分方程，初始条件蕴含于所给方程之中．首先由所给表达式知 $f(0)=1$，再由 $f'(x)$ 的表达式知，$f'(0)=2$. 代入，得解 $f(x)=-\dfrac{1}{2}\mathrm{e}^x+\dfrac{1}{6}\mathrm{e}^{-x}+\dfrac{4}{3}\mathrm{e}^{2x}$.

【例 7.8】 求微分方程 $y''+2y'+2y=2\mathrm{e}^{-x}\cos^2\dfrac{x}{2}$ 的通解．

【分析】 求非齐次线性方程的定理题设中，没有这种类型自由项，应先用三角公式

$$\cos^2\frac{x}{2}=\frac{1}{2}+\frac{1}{2}\cos x,$$ 将右端分成两项，用叠加原理分别求之．

【解】 $y''+2y'+2y=\mathrm{e}^{-x}+\mathrm{e}^{-x}\cos x$，分别求

$$y''+2y'+2y=\mathrm{e}^{-x} \tag{1}$$

与

$$y''+2y'+2y=\mathrm{e}^{-x}\cos x \tag{2}$$

的解，对应的齐次方程的特征方程是 $r^2+2r+2=0$.
特征根 $r_{1,2}=-1\pm i$，
所以齐次方程的通解是 $Y(x)=\mathrm{e}^{-x}(C_1\cos x+C_2\sin x)$.

方程（1）的自由项 e^{-x} 的指数系数（-1）不是特征，故可设其特解 $y_1^*=A\mathrm{e}^{-x}$，用待定系数法可得 $A=1$，从而得 $y_1^*=\mathrm{e}^{-x}$.

方程（2）的自由项 $\mathrm{e}^{-x}\cos x$ 相应于（$-1+i$），它正好是单重特征根，故相应的特解应设为

$$y_2^*=x\mathrm{e}^{-x}(B\cos x+C\sin x) \tag{3}$$

（请注意，前面多了个 x.）求 $(y_2^*)'$ 及 $(y_2^*)''$，代入（2），比较左、右两边，可得 $B=0$，$C=\dfrac{1}{2}$，$y_2^*=\dfrac{1}{2}x\mathrm{e}^{-x}\sin x$. 再由解的结构和叠加原理，所以原方程的通解为

$$y=Y(x)+y_1^*(x)+y_2^*(x)=\mathrm{e}^{-x}(C_1\cos x+C_2\sin x)+\mathrm{e}^{-x}+\frac{1}{2}x\mathrm{e}^{-x}\sin x.$$

【例 7.9】 设 $f(u)$ 具有二阶连续导数，而 $z=f(\mathrm{e}^x\sin y)$ 满足方程 $\dfrac{\partial^2 z}{\partial x^2}+\dfrac{\partial^2 z}{\partial y^2}=\mathrm{e}^{2x}z$，求函数 $f(u)$.

【分析】 这是一个偏微分方程. 现在 $z=f(u)$，$u=\mathrm{e}^x\sin y$，z 关于中间变量 u 是一元函数，化成 z 关于 u 的微分方程去考虑.

【解】 $\dfrac{\partial z}{\partial x}=f'(u)\mathrm{e}^x\sin y$，$\dfrac{\partial z}{\partial y}=f'(u)\mathrm{e}^x\cos y$，

$$\frac{\partial^2 z}{\partial x^2}=f''(u)\mathrm{e}^{2x}\sin^2 y+f'(u)\mathrm{e}^x\sin y,\quad \frac{\partial^2 z}{\partial y^2}=f''(u)\mathrm{e}^{2x}\cos^2 y-f'(u)\mathrm{e}^x\sin y.$$

于是所给方程化为 $f''(u)\mathrm{e}^{2x}=\mathrm{e}^{2x}z=\mathrm{e}^{2x}f(u)$，即 $f''(u)-f(u)=0$，解得

$$f(u)=C_1\mathrm{e}^x+C_2\mathrm{e}^{-x}.$$

7.2.5 欧拉方程的解法

方程

$$x^2\frac{\mathrm{d}^2 y}{\mathrm{d}x^2}+a_1 x\frac{\mathrm{d}y}{\mathrm{d}x}+a_2 y=f(x) \tag{1}$$

称为欧拉方程，其中 a_1 与 a_2 为已知常数，$f(x)$ 为 x 的已知函数. 它的解法是：

若 $x>0$，命 $x=\mathrm{e}^t$ 作自变量代换，有 $t=\ln x$，从而 $\dfrac{\mathrm{d}t}{\mathrm{d}x}=\dfrac{1}{x}$，$\dfrac{\mathrm{d}y}{\mathrm{d}x}=\dfrac{\mathrm{d}y}{\mathrm{d}t}\cdot\dfrac{\mathrm{d}t}{\mathrm{d}x}=\dfrac{1}{x}\dfrac{\mathrm{d}y}{\mathrm{d}t}$，

$$\frac{\mathrm{d}^2 y}{\mathrm{d}x^2}=\frac{\mathrm{d}}{\mathrm{d}x}\left(\frac{1}{x}\frac{\mathrm{d}y}{\mathrm{d}t}\right)=-\frac{1}{x^2}\frac{\mathrm{d}y}{\mathrm{d}t}+\frac{1}{x}\frac{\mathrm{d}}{\mathrm{d}x}\left(\frac{\mathrm{d}y}{\mathrm{d}t}\right)=-\frac{1}{x^2}\frac{\mathrm{d}y}{\mathrm{d}t}+\frac{1}{x^2}\frac{\mathrm{d}^2 y}{\mathrm{d}t^2},$$

方程（1）化为 $\dfrac{\mathrm{d}^2 y}{\mathrm{d}t^2}+(a_1-1)\dfrac{\mathrm{d}y}{\mathrm{d}t}+a_2 y=f(\mathrm{e}^t)$，

它是常系数线性微分方程，解之再还原为 x 便可，若 $x<0$，命 $x=-\mathrm{e}^t$，可依类似处理.

【例 7.10】 欧拉方程 $x^2 y''-2xy'+2y=x\ln x$ 的通解为 $y=$ _____.

【分析】 按欧拉方程的标准解法解之.

【解】 应填 $y=C_1 x+C_2 x^2-\left(\dfrac{1}{2}(\ln x)^2+\ln x\right)x$.

按欧拉方程的解法解之. 命 $x=\mathrm{e}^t$，经计算，得 $\dfrac{\mathrm{d}^2 y}{\mathrm{d}t^2}-3\dfrac{\mathrm{d}y}{\mathrm{d}t}+2y=t\mathrm{e}^t$，

求得对应齐次方程的通解 $Y(t)=C_1\mathrm{e}^t+C_2\mathrm{e}^{2t}$. 再命特解 $y^*(t)=t(At+B)\mathrm{e}^t$，

可求得 $y^*(t)=-\left(\dfrac{1}{2}t^2+t\right)\mathrm{e}^t$，于是得通解

$$y=C_1\mathrm{e}^t+C_2\mathrm{e}^{2t}-\left(\frac{1}{2}t^2+t\right)\mathrm{e}^t=C_1 x+C_2 x^2-\left(\frac{1}{2}(\ln x)^2+\ln x\right)x.$$

其实欧拉方程是极其简单的一种微分方程，你注意到了吗？其特点很明显，我们只需一个简单的代换，就相当于在解二阶的非齐次方程，只需把一阶导数的项前面的常系数减 1，齐次通解就出来了，后面按二阶非齐次项的标准程式去计算就可以了，最重要的一点是，做完之后还要把变量代换回来，相信我，你一定会反复忘、反复记的，在考场做题时如果有欧拉方程先在题目旁边醒目处写两个大字（**回代!!**）

7.3　微分方程的应用

7.3.1　几何应用

设 $y=f(x)$ 为未知函数，含有该曲线的切线斜率，或曲率、弧长、曲边梯形面积、曲边梯形绕水平（垂直）直线旋转而成的旋转体体积等为已知的函数，那么根据某某等于某某这一关系列出相应的等式，便得一个微分方程，再根据其他一些数值条件，列出初始条件.

【例 7.11】设曲线 L 的极坐标方程为 $r=r(\theta)$，$M(r,\theta)$ 为 L 上任一点，M_0 $(2,0)$ 为 L 上一定点. 若极径 OM_0，OM 与曲线 L 所围成的曲边扇形面积值等于 L 上 M_0、M 两点间弧长值的一半，求曲线 L 的方程.

【解】由已知条件得 $\dfrac{1}{2}\displaystyle\int_0^\theta r^2\mathrm{d}\alpha=\dfrac{1}{2}\cdot\int_0^\theta\sqrt{r^2+r'^2}\,\mathrm{d}\alpha.$

两边对 α 求导，得 $r^2=\sqrt{r^2+r'^2}$（隐式微分方程），解得 r' 得 $\dfrac{\mathrm{d}r}{\mathrm{d}\theta}=\pm r\sqrt{r^2-1}$

分离变量，得 $\dfrac{\mathrm{d}r}{r\sqrt{r^2-1}}=\pm\mathrm{d}\theta$

由于 $\displaystyle\int\dfrac{\mathrm{d}r}{r\sqrt{r^2-1}}=-\int\dfrac{\mathrm{d}\left(\dfrac{1}{r}\right)}{\sqrt{1-\left(\dfrac{1}{r}\right)^2}}=\arccos\dfrac{1}{r}$ 或 $\displaystyle\int\dfrac{\mathrm{d}r}{r\sqrt{r^2-1}}\xrightarrow{r=\sec t}\int\mathrm{d}t=t=\arccos\dfrac{1}{r}$（其

中 $\sec' t=\sec t\cdot\tan t$，$\sec^2 t-1=\tan^2 t$，$\displaystyle\int\dfrac{\mathrm{d}(\sec t)}{\sec t\cdot\sqrt{\sec^2 t-1}}=\int\dfrac{\sec t\tan t}{\sec t\tan t}\mathrm{d}t=\int 1\mathrm{d}t)$

两边积分，得 $\arccos\dfrac{1}{r}=\pm\theta+C$，代入初始条件 $r(0)=2$，得 $C=\arccos\dfrac{1}{2}=\dfrac{\pi}{3}\Rightarrow$

$\arccos\dfrac{1}{r}=\dfrac{\pi}{3}\pm\theta$

即 L 的极坐标方程为 $\dfrac{1}{r}=\cos\left(\dfrac{\pi}{3}\pm\theta\right)\equiv\dfrac{1}{2}\cos\theta\mp\dfrac{\sqrt{3}}{2}\sin\theta$，

从而，L 的直角坐标方程为 $x\mp\sqrt{3}y=2.$

【例 7.12】设 $y=y(x)$ 是一向上凸的连续曲线，其上任意一点 (x,y) 处的曲率为 $\dfrac{1}{\sqrt{1+(y')^2}}$，

且此曲线上点 $(0,1)$ 处的切线方程为 $y=x+1$，求该曲线的方程并求函数 $y=y(x)$ 的极值.

【解】由题设和曲率公式有

$$\dfrac{-y''}{\sqrt{(1+y'^2)^3}}=\dfrac{1}{\sqrt{1+y'^2}}$$

（因曲线 $y(x)$ 向上凸，$y''<0$，$|y''|=-y''$）化简得 $\dfrac{1+y'^2}{y''}=-1$

令 $y'=P(x)$，则 $y''=P'$，方程化为 $\dfrac{1+P^2}{P'}=-1$

分离变量得 $\dfrac{\mathrm{d}P}{1+P^2}=-\mathrm{d}x$，两边积分得，$\arctan P=-x+C_1$

由题意可知：$y'(0)=1$ 即 $P(0)=1$ 代入可得 $C_1=\dfrac{\pi}{4}$ 故

$$y'=P=\tan\left(\frac{\pi}{4}-x\right)$$

再积分又得 $y=\ln\left|\cos\left(\dfrac{\pi}{4}-x\right)\right|+C_2$，将初始条件 $y(0)=1$ 代入得 $C_2=$

$1+\dfrac{1}{2}\ln2$（其中 $1=\ln\left|\cos\dfrac{\pi}{4}\right|+C_2$，$1=\ln\dfrac{\sqrt{2}}{2}+C_2$，$C_2=1-(\ln\sqrt{2}-\ln2)=1+(\ln2-\ln\sqrt{2})=$

$1+\ln\dfrac{2}{\sqrt{2}}=1+\ln\sqrt{2}=1+\dfrac{1}{2}\ln2$），故有 $y=\ln\left|\cos\left(\dfrac{\pi}{4}-x\right)\right|+1+\dfrac{1}{2}\ln2$

当 $-\dfrac{\pi}{2}<\dfrac{\pi}{4}-x<\dfrac{\pi}{2}$，即当 $-\dfrac{\pi}{4}<x<\dfrac{3}{4}\pi$ 时，$\cos\left(\dfrac{\pi}{4}-x\right)>0$；

而当 $x\to-\dfrac{\pi}{4}$ 或 $\dfrac{3}{4}\pi$ 时，$\cos\left(\dfrac{\pi}{4}-x\right)\to0$，$\ln\left|\cos\left(\dfrac{\pi}{4}-x\right)\right|\to-\infty$

故所求的连续曲线为 $y=\ln\cos\left(\dfrac{\pi}{4}-x\right)+1+\dfrac{1}{2}\ln2$ $\left(-\dfrac{\pi}{4}<x<\dfrac{3}{4}\pi\right)$，

显然，当 $x=\dfrac{\pi}{4}$ 时，$\ln\cos\left(\dfrac{\pi}{4}-x\right)=0$，$y$ 取极大值 $y=1+\dfrac{1}{2}\ln2$，y 在 $\left(-\dfrac{\pi}{4},\dfrac{3}{4}\pi\right)$ 没有极小值.

7.3.2　含变上限积分形式的微分方程

【例 7.13】设 $f(x)$ 为一连续导数，且满足方程 $f(x)=\sin x-\displaystyle\int_0^x(x-t)f(t)\mathrm{d}t$，求 $f(x)$.

【解】这是一个含变上限积分的方程，可改写为

$$f(x)=\sin x-x\int_0^x f(t)\mathrm{d}t+\int_0^x tf(t)\mathrm{d}t,$$

两边对 x 求导，得 $f'(x)=\cos x-\displaystyle\int_0^x f(t)\mathrm{d}t$，再求导，得

$$f''(x)=-\sin x-f(x),$$

即 $f''(x)+f(x)=-\sin x$. 其通解为 $f(x)=C_1\cos x+C_2\sin x+\dfrac{1}{2}x\cos x$.

至此题目还未解完，因为由 $f(x)=\sin x-x\displaystyle\int_0^x f(t)\mathrm{d}t+\int_0^x tf(t)\mathrm{d}t$ 可得 $f(0)=0$，由

$f'(x)=\cos x-\displaystyle\int_0^x f(t)\mathrm{d}t$ 可得 $f'(0)=1$. 因此可得 $C_1=0$，$C_2=\dfrac{1}{2}$，因而所求函数为

$$f(x)=\frac{1}{2}(\sin x+x\cos x).$$

7.3.3　变化率问题

由变化率问题引出的微分方程可以是多方面的. 例如已知镭随时间的分解率（即变化率），求镭对时间的变化规律；传染病人随时间的增加（减少）率已知，求传染病人对时间的变化规律等等，都涉及微分方程问题. 若某未知函数的变化率的表达式为已知，则据此列出的方程常是一阶微分方程.

　　建模的关键是，抓住某某对某某的变化率是多少这一条件，用导数来表示，便得微分方程．在建立微分方程的同时，还必须建立初始条件．有时还应从题中找出确定比例常数的条件．考生应特别注意比例系数前应是正号还是负号．因为这种正、负号，题中不单独写明，而要考生自己根据题意去分析并主动填上．

【例 7.14】 一个半球状的雪堆，其体积融化的速率与半球面面积 S 成正比，比例系数 $k>0$．假设在融化过程中雪堆始终保持半球体状，已知半径为 r_0 的雪堆在开始融化的 3 小时内融化了其体积的 $\dfrac{7}{8}$，问雪堆全部融化需要多少小时？

【分析】 建立方程的依据是"其体积融化速率与半球面面积 S 成正比，其比例系数 $k>0$"这句话，抓住这句话就可建立微分方程．

【解】 设 t 时的半径为 r，该时半球体积 $V=\dfrac{2}{3}\pi r^3$，半球面面积 $S=2\pi r^2$，由条件有 $\dfrac{\mathrm{d}V}{\mathrm{d}t}=-kS$

　　以 V 与 S 的表达式代入，于是有 $\dfrac{\mathrm{d}r}{\mathrm{d}t}=-k$

　　初值条件为 $r|_{t=0}=r_0$，解上述微分方程，并利用初始条件，得解 $r=-kt+r_0$．

　　又当 $t=3$（小时）时，$\dfrac{2}{3}\pi(-3k+r_0)^3=\left(1-\dfrac{7}{8}\right)\cdot\dfrac{2}{3}\pi r_0^3$，

　　求得 $k=\dfrac{1}{6}r_0$，从而 $r=\left(-\dfrac{1}{6}t+1\right)r_0$．故当 $t=6$（小时）时，$r=0$，即融化完毕．

注 $\dfrac{\mathrm{d}V}{\mathrm{d}t}=-kS$ 中的"一"号，要考生自己主动填上，否则，将成为 $\dfrac{\mathrm{d}V}{\mathrm{d}t}=kS(k>0)$，随着时间增长，$V$ 会越来越大，就闹出笑话了．

7.3.4　牛顿第二定律

　　解决这类题，应先建立坐标系，包括坐标原点与轴的正向．坐标系一般是一维的，但也可能有二维或三维的．牛顿第二定律 $f=ma$ 中，力 f 一般有重力、弹性恢复力、阻力、浮力或其他外力．要注意力的方向与所选坐标轴正向是否相同．a 一般表示为 $\dfrac{\mathrm{d}^2x}{\mathrm{d}t^2}$，但也可表示为 $\dfrac{\mathrm{d}v}{\mathrm{d}t}$ 或 $v\dfrac{\mathrm{d}v}{\mathrm{d}x}$，由题中条件或要求而定，最后还应列出初始条件，运动学问题与此类似．

【例 7.15】 设物体在高空中垂直下落，初速为 0．下落过程中所受空气阻力与下落速度平方成正比，阻尼系数 $k>0$．试证明下落速度不超过 $\sqrt{\dfrac{mg}{k}}$．

【分析】 牛顿第二定律 $f=ma$ 是建立微分方程的关键．用此式时，应先建立坐标系，分析受力情况．

【解】 设物体质量为 m，始发点为坐标原点，向下为 x 轴正向，始发点离地面高为 x_0．由牛顿第二定律有 $m\dfrac{\mathrm{d}^2x}{\mathrm{d}t^2}=mg-k\left(\dfrac{\mathrm{d}x}{\mathrm{d}t}\right)^2$．$x(0)=x$，$x'(0)=0$．按题意，并不要求 $x(t)$，而只要求 x 与 $v=\dfrac{\mathrm{d}x}{\mathrm{d}t}$ 的关系．为此，引入 $v=\dfrac{\mathrm{d}x}{\mathrm{d}t}$，有 $\dfrac{\mathrm{d}^2x}{\mathrm{d}t^2}=\dfrac{\mathrm{d}v}{\mathrm{d}t}=\dfrac{\mathrm{d}v}{\mathrm{d}x}\cdot\dfrac{\mathrm{d}x}{\mathrm{d}t}=v\dfrac{\mathrm{d}v}{\mathrm{d}x}$，

于是原微分方程化为 $mv\dfrac{\mathrm{d}v}{\mathrm{d}x}=mg-kv^2$，$v\big|_{x=0}=0$.

分离变量积分，有 $-\dfrac{m}{2k}\ln|mg-kv^2|=x+C$.

再以 $v\big|_{x=0}=0$ 代入定出 C 并化简，得 $v=\sqrt{\dfrac{mg}{k}\left(1-e^{-\frac{2k}{m}x}\right)}<\sqrt{\dfrac{mg}{k}}$.

证毕.

7.3.5 微元法建立微分方程

以上都是利用导数（一阶或高阶）建立微分方程. 下面介绍用微元法建立微分方程的例子. 其基本思想与定积分应用中的微元法相同.

【例 7.16】一容器在开始时盛有水 100 升，其中含净盐 10 千克，然后以每分钟 3 升的速率注入清水，同时又以每分钟 2 升的速率将冲淡的溶液放出. 容器中装有搅拌器使容器中的溶液保持均匀，求过程开始后 1 小时溶液的含盐量.

【分析】随着盐水外流，溶液中所含净盐量在减少，溶液中含盐的浓度也随时在改变. 用微元法的关键是，取（时间）微元 $\mathrm{d}t$，认为再次时间段内浓度不变，这样就可计算出含盐量的改变而建立起微元式.

【解】设在开始后 t 分钟容器内含盐 x 千克，此时容器内溶液为 $100+3t-2t$（升），

因而，此时溶液的浓度为 $\dfrac{x}{100+t}$（千克/升）.

从 t 到 $t+\mathrm{d}t$ 这段时间内，溶液中含盐量改变了 $\mathrm{d}x(\mathrm{d}x<0)$. 这些盐以浓度 $\dfrac{x}{100+t}$ 排去，即

$$\mathrm{d}x=-\frac{x}{100+t}\cdot 2\mathrm{d}t$$

分离变量积分得通解

$$x=\frac{C}{(100+t)^2}$$

由题意知初始条件是 $x\big|_{t=0}=10$，将其代入上式，得 $C=10^5$，得到 x 与 t 的函数关系式

$$x=\frac{10^5}{(100+t)^2}$$

因此可知，在过程开始后 1 小时，亦即当 $t=60$（分）时，容器内溶液的含盐量为

$$x\big|_{t=60}=\frac{10^5}{160^2}\approx 3.9\text{（千克）}$$

这里也提示大家，把之前做的错题在慧升考研 APP 上找到对应题目收藏起来，做一个属于自己专属的错题本，你会做的（蒙对的除外），基本上下次也能会做，但是你第一次没有做出来的，经过训练以后会做了，那么恭喜你，你经过打怪又获得能力升级了，所以把那些你曾经不会做的，搞懂做会是整个考研过程中最为关键的环节. 回顾人生何尝不是如此呢，你已经获得的财富和知识，对你来说可能已经不是那么重要了，对你来说最重要的是你当前还不具有的考研成功，迎娶白富美，嫁得高富帅，走上人生巅峰. 这里多说一句，这里的白富美和高富帅是由每个人内心定的，并不是一个普遍的尺子，当你认为某人是，那么他（她）就是，符合您的内心最为重要.

第8章 空间解析几何

（仅数一）

【导言】

所谓解析几何就是用解析的或者说是代数的方法来研究几何问题，坐标法是把代数与几何结合起来，代数运算的基本对象是数，几何图形的基本元素是点．

17世纪法国出了一位著名的哲学家，他的名字叫笛卡尔（Rene Descartes，1596—1650）．他不但从事哲学问题的探讨，也在数学及自然科学上有重要的发现，他的最大贡献就是创立了"解析几何"这门新数学——第一次真正实现了几何方法与代数方法的结合，使形与数统一起来，这是数学发展史上的一次重大突破．在他之前千百多年来，众人研究几何问题，从来没有想到可以和代数方法结合在一起．而笛卡尔却是"异想天开"第一个提出：在平面上画两条互相垂直的直线，这两条直线的交点叫原点，然后从原点开始在两条直线上取单位长度，以后平面上的任何一个点就可以用水平方向（称为 x 轴）及垂直方向的直线（称为 y 轴）的交点来表示，在原点右边的点表示水平方向上的"正数"，而左边的却是"负数"，在上边的点是垂直方向上的"正数"，而底下那些点却是"负数"．

解析几何系是指借助笛卡尔坐标系并由笛卡尔、费马等数学家创立并发展的一套理论，它是用代数方法研究集合对象之间的关系和性质的一门几何学分支，亦叫作坐标几何，包括平面解析几何和空间解析几何两部分．平面解析几何通过平面直角坐标系，建立点与实数之间的一一对应的关系，以及曲线与方程之间的一一对应的关系，创立以前，几何与代数是彼此独立的两个分支，解析几何的建立对于微积分的诞生有着不可估量的作用．

平面解析几何研究除了研究直线的有关性质外，主要是研究圆锥曲线（圆、椭圆、抛物线、双曲线）的有关性质；空间解析几何除了研究平面、直线有关性质外，主要研究柱面、锥面、旋转曲面，如椭圆、双曲线、抛物线的有关性质．

运用坐标法解决问题的步骤是：首先在平面上建立坐标系，把已知点的轨迹的几何条件"翻译"成代数方程；然后运用代数工具对方程进行研究；最后把代数方程的性质用几何语言叙述，从而得到原先几何问题的答案．

坐标法的思想促使人们运用各种代数的方法解决几何问题．先前被看作几何学中的难题，一旦运用代数方法后就变得平淡无奇了．坐标法对近代数学的机械化证明也提供了有力的工具．

本章主要是数一考生后续的三重积分、线面积分的基础知识，知识零碎，这部分虽然很少单独命题考查，但却是后续内容的核心点，必会以解答题的形式进行考查，10分．考生在备考本章时，要做到一看到下文提到的公式、结论、图像就条件反射式地默写、默画出来．

【考试要求】

考试要求	科目	考 试 内 容
了解	数一	两个向量垂直、平行的条件；曲面方程和空间曲线方程的概念；常用二次曲面的方程及其图形；空间曲线的参数方程和一般方程；了解空间曲线在坐标平面上的投影
理解		空间直角坐标系、向量的概念及其表示；单位向量、方向数与方向余弦、向量的坐标表达式
会		求平面与平面、平面与直线、直线与直线之间的夹角；利用平面、直线的相互关系（平行、垂直、相交等）解决有关问题；求点到直线以及点到平面的距离；求简单的柱面和旋转曲面的方程；求该投影曲线的方程
掌握		向量的运算（线性运算、数量积、向量积、混合积）；用坐标表达式进行向量运算的方法；平面方程和直线方程及其求法

【知识网络图】

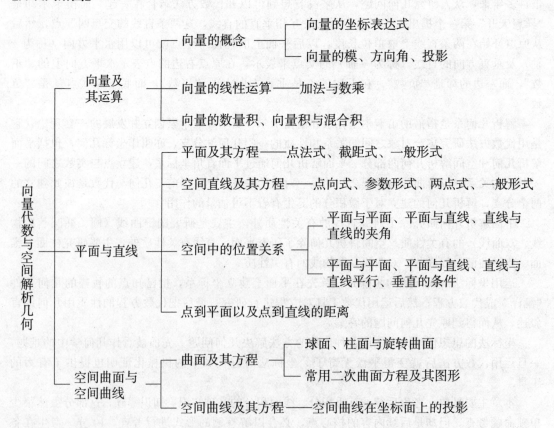

【内容精讲】

8.1 向量及其运算

8.1.1 几个常见的概念

（1）数量：只有大小没有方向的量称为数量，例如时间、温度、长度等.

（2）向量：既有大小，又有方向的量叫作向量（矢量），例如力、速度、加速度等.

向量通常有三种表示法：第一种是用小写字母表示，为区别数，其上打箭头，例如 $\vec{a}$、$\vec{b}$、$\vec{d}$；第二种是用黑斜体字母（不加箭头）表示，例如 a，b，c；第三种是用两个大写字母表示，前一个字母表示向量的起点，后一个字母表示向量的终点，如 $\overrightarrow{AB}$.

（3）向量模：向量的大小称为向量的长度或模，$|\overrightarrow{AB}|$、$|a|$ 或 $|\vec{a}|$ 表示.

（4）向量的方向：在几何上，向量用一条有向线段表示，有向线段所指的方向称为向量的方向.

8.1.2 几个特殊的向量

（1）零向量：长度为零的向量称为零向量，用 $\vec{0}$ 或 $\mathbf{0}$ 表示，零向量的始点与终点重合，因此，零向量的方向为任意.

（2）自由向量：我们只研究与起点无关的向量，即向量仅与模、方向有关，而与起点的位置无关，称这种向量为自由向量. 就是说起点不同而大小、指向均相同的有向线段都表示同一个向量，所以，向量具有平移不变性.

（3）单位向量：长度是 1 的向量称为单位向量.

（4）与向量同方向的单位向量：与 $\vec{a}$ 同方向的单位向量作 $\vec{e}$，由定义不难看出 $\vec{e}=\dfrac{\vec{a}}{|\vec{a}|}$.

（5）基本单位向量：以原点为起点分别与 x 轴、y 轴和 z 轴正向一致的单位向量称为基本单位向量，记作 $\vec{i}$、$\vec{j}$、$\vec{k}$，如图 8-1 所示.

（6）向径：在直角坐标系中，以原点 O 为起点，点 M 为终点的向量称为点 M 的向径（或矢径），记作 $\vec{r}$ 或 $\overrightarrow{OM}$，即 $\vec{r}=\overrightarrow{OM}$，显然，空间的点与它的矢径一一对应.

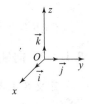

图 8-1

8.1.3 两个向量的关系

（1）相等：方向相同，模相等的两个向量 $\vec{a}$ 和 $\vec{b}$ 称为相等，记作 $\vec{a}=\vec{b}$.

（2）相反：方向相反，模相等的两个向量 $\vec{a}$ 和 $\vec{b}$ 互为相反的向量（或互为负向量），记作 $\vec{b}=-\vec{a}$.

（3）平行：两个非零向量 $\vec{a}$ 和 $\vec{b}$，如果它们的方向相同或相反，就称这两个向量平行，记作 $\vec{a}\parallel\vec{b}$.

（4）两个向量的夹角：设有两个非零向量 $\vec{a}$ 和 $\vec{b}$，任取空间一点 O，作 $\overrightarrow{OA}=\vec{a}$，$\overrightarrow{OB}=\vec{b}$，规定不超越 π 的角 $\angle AOB=\varphi(0\leqslant\varphi\leqslant\pi)$ 称为向量 $\vec{a}$ 与 $\vec{b}$ 的夹角，如图 8-2 所示，记为 $(\vec{a},\vec{b})$ 或 $(\vec{b},\vec{a})$.

（5）垂直：若非零向量 $\vec{a}$ 和 $\vec{b}$ 的夹角 $(\vec{a}, \vec{b}) = \dfrac{\pi}{2}$，则称向量 $\vec{a}$ 与 $\vec{b}$ 垂直，

记作 $\vec{a} \perp \vec{b}$.

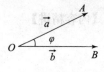

图 8-2

注 （1）当两个平行向量的起点放在同一点时，它们的终点和公共的起点在一条线上，因此，两向量平行又称两向量共线.

（2）规定零向量与任何向量都平行：

①如果向量 $\vec{a}$ 和 $\vec{b}$ 中有一个是零向量，规定它们的夹角可以在 0 与 π 之间任意取值；

②规定零向量与任何向量都垂直，

称 $\vec{a} = x\vec{i} + y\vec{j} + z\vec{k}$ 为向量 $\vec{a}$ 的坐标表示式（亦称基本分解式），并简记为

$$\vec{a} = \{x, y, z\}, \vec{a} = \{a_1, a_2, a_3\} \text{ 或 } \vec{a} = \{a_x, a_y, a_z\}$$

(x, y, z) 表示点，$\{x, y, z\}$ 表示向量，请注意区别 $\vec{a} = x\vec{i} + y\vec{j} + z\vec{k}$ 中，$x\vec{i}$，$y\vec{j}$，$z\vec{k}$ 分别称为向量 $\vec{a}$ 在 x 轴，y 轴和 z 轴的分向量.

8.1.4 向量的运算

8.1.4.1 向量的坐标运算

设 $\vec{a} = a_x\vec{i} + a_y\vec{j} + a_z\vec{k}$，$\vec{b} = b_x\vec{i} + b_y\vec{j} + b_z\vec{k}$，则

$\vec{a} \pm \vec{b} = (a_x \pm b_x)\vec{i} + (a_y \pm b_y)\vec{j} + (a_z \pm b_z)\vec{k} = \{a_x \pm b_x, a_y \pm b_y, a_z \pm b_z\}$

$\lambda\vec{a} = \lambda a_x\vec{i} + \lambda a_y\vec{j} + \lambda a_z\vec{k} = \{\lambda a_x, \lambda a_y, \lambda a_z\}$

$\vec{b} \parallel \vec{a} \Leftrightarrow \exists \lambda \neq 0$，使得 $\vec{b} = \lambda\vec{a}$

按坐标表达式为 $\{b_1, b_2, b_3\} = \lambda\{a_1, a_2, a_3\}$

即 $\vec{b} \parallel \vec{a} \Leftrightarrow \dfrac{b_1}{a_1} = \dfrac{b_2}{a_2} = \dfrac{b_3}{a_3}$

$\vec{b} \parallel \vec{a}$ 的充要条件是它们的对应分量成比例.

8.1.4.2 向量的模 $|\vec{a}| = \sqrt{x^2 + y^2 + z^2}$

定义 8.1.4.2.1 向量 $\vec{a} = \overrightarrow{OM}$ 与三个坐标轴正方向之间的夹角分别为 α，β，γ，称为向量 $\overrightarrow{OM}$ 的方向角，$\cos\alpha$，$\cos\beta$，$\cos\gamma$ 称为向量的方向余弦.

由方向余弦的表达式，我们还可以得出 $\vec{e} = \dfrac{\vec{a}}{|\vec{a}|} = \dfrac{1}{|\vec{a}|}\{x, y, z\} = \{\cos\alpha, \cos\beta, \cos\gamma\}$；

$\vec{a} = |\vec{a}|\vec{e}$

如果一组实数 l，m，n 与向量 $\vec{a}$ 的方向余弦 $\cos\alpha$，$\cos\beta$，$\cos\gamma$ 成比例，$\dfrac{\cos\alpha}{l} = \dfrac{\cos\beta}{m} = \dfrac{\cos\gamma}{n}$，则称 l，m，n 为 $\vec{a}$ 的方向数.

显然，如果 l，m，n 为 $\vec{a}$ 的方向数，则对于任一实数 $k \neq 0$，kl，km，kn 仍是 $\vec{a}$ 的方向数. 一个向量 $\vec{a}$ 有无数多组方向数，其中 $\cos\alpha$，$\cos\beta$，$\cos\gamma$ 称为方向余弦 $\vec{e} = \{\cos\alpha, \cos\beta, \cos\gamma\}$ 的坐标是其最有特色的一组.

又由方向余弦的定义知：$\dfrac{\cos\alpha}{x} = \dfrac{\cos\beta}{y} = \dfrac{\cos\gamma}{z} = \dfrac{1}{|\vec{a}|}$，可见向量的坐标也是它的一组方向数.

8.1.4.3　向量的数量积

向量 $\vec{a}$ 与 $\vec{b}$ 的模与它们之间夹角 θ 的余弦的乘积，称为 $\vec{a}$ 与 $\vec{b}$ 的内积. 内积这个概念在线性代数中同样会出现，在那里更重要，$\vec{a} \cdot \vec{b} = |\vec{a}| \cdot |\vec{b}| \cos\theta$.

注（1）向量的数量积也称为点积.

（2）向量的数量积的结果是一个常数.

（3）零向量与任何向量的数量积均为零.

两个向量的数量积等于它们对应坐标的乘积之和 $\vec{a} \cdot \vec{b} = a_x b_x + a_y b_y + a_z b_z$.

（1）两个非零向量 $\vec{a} = \{a_1, a_2, a_3\}$，$\vec{b} = \{b_1, b_2, b_3\}$ 相互垂直的充要条件是
$$a_1 b_1 + a_2 b_2 + a_3 b_3 = 0$$

（2）两个非零向量 $\vec{a} = \{a_1, a_2, a_3\}$ 与 $\vec{b} = \{b_1, b_2, b_3\}$ 夹角的余弦
$$\cos\theta = \frac{a_1 b_1 + a_2 b_2 + a_3 b_3}{\sqrt{a_1^2 + a_2^2 + a_3^2} \cdot \sqrt{b_1^2 + b_2^2 + b_3^2}}$$

8.1.4.4　向量的向量积

定义 8.1.4.4.1　给定向量 $\vec{a}$，$\vec{b}$，若向量 $\vec{c}$ 满足三个条件：

（1）$|\vec{c}| = |\vec{a}| |\vec{b}| \sin\theta$，其中 $\theta = (\widehat{\vec{a}, \vec{b}})$；

（2）$\vec{c} \perp \vec{a}$，$\vec{c} \perp \vec{b}$（垂直于 $\vec{a}$，$\vec{b}$ 所决定的平面）；

（3）$\vec{c}$ 的正向由 $\vec{a}$，$\vec{b}$ 按右手规则确定，如图 8-3 所示（x 正方向为手腕向手指方向，弯曲手指，y 轴正方向为手指指向指尖方向，拇指方向为 z 轴方向）. 其中转角不超过 π. 则 $\vec{c} = \vec{a} \times \vec{b} = \begin{vmatrix} i & j & k \\ a_x & a_y & a_z \\ b_x & b_y & b_z \end{vmatrix}$

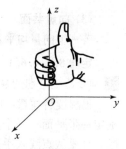

注（1）向量的向量积也称叉积或外积.

（2）向量的向量积是一个向量，其方向由右手法则确定，如图 8-4 所示.

图 8-3

（3）$|\vec{a} \times \vec{b}|$ 的几何意义是：以 $\vec{a}$ 和 $\vec{b}$ 为邻边的平行四边形面积（如图 8-5 所示），即 $S = |\vec{a}| |\vec{b}| \sin\theta$.

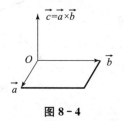

图 8-4

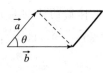

图 8-5

（4）按向量积的说法，力矩 $\vec{M}$ 等于 $\overrightarrow{OP}$ 与 $\vec{F}$ 的向量积，即 $\vec{M} = \overrightarrow{OP} \times \vec{F}$.

8.1.4.5 向量的混合积

（1）定义

定义 8.1.4.5.1 设已知三个向量 $\vec{a}$，$\vec{b}$，$\vec{c}$，先作两向量 $\vec{a}$ 和 $\vec{b}$ 的向量积 $\vec{a} \times \vec{b}$，把所得到的向量与第三个向量 $\vec{c}$ 再作数量积 $(\vec{a} \times \vec{b}) \cdot \vec{c}$，$(\vec{a} \times \vec{b}) \cdot \vec{c}$ 被称为向量 $\vec{a}$，$\vec{b}$，$\vec{c}$ 的混合积，记为 $[\vec{a}\vec{b}\vec{c}]$.

注 ①向量的混合积 $[\vec{a}\vec{b}\vec{c}]$ 是一个数；

②$[\vec{a}\vec{b}\vec{c}]$ 可顺序轮换，即（图 8-6 所示）$[\vec{a}\vec{b}\vec{c}] = [\vec{b}\vec{c}\vec{a}] = [\vec{c}\vec{a}\vec{b}]$.

③变序则变号，即

$$[\vec{a}\vec{b}\vec{c}] = -[\vec{b}\vec{a}\vec{c}], \quad [\vec{a}\vec{b}\vec{c}] = -[\vec{c}\vec{b}\vec{a}], \quad [\vec{a}\vec{b}\vec{c}] = -[\vec{a}\vec{c}\vec{b}];$$

④$[\vec{a}\vec{b}\vec{c}]$ 的符号是这样确定的，当 $\vec{a}$，$\vec{b}$，$\vec{c}$ 组成右手系（即 $\vec{c}$ 的指向按右手法则从 $\vec{a}$ 转向 $\vec{b}$ 来确定）时，$[\vec{a}\vec{b}\vec{c}]$ 为正，否则为负.

图 8-6

（2）向量混合积的几何意义

以 $\vec{a}$，$\vec{b}$，$\vec{c}$ 为棱作平行六面体，则其底面积 $A = |\vec{a} \times \vec{b}|$，高 $h = |\vec{c}||\cos\alpha|$，从而平行六面体的体积为 $V = A \times h = |\vec{a} \times \vec{b}| \times h = |\vec{a} \times \vec{b}| \times |\vec{c}||\cos\alpha| = |(\vec{a} \times \vec{b}) \cdot \vec{c}| = |[\vec{a}\vec{b}\vec{c}]|$

也就是说，向量 $\vec{a}$，$\vec{b}$，$\vec{c}$ 混合积的绝对值表示以 $\vec{a}$，$\vec{b}$，$\vec{c}$ 为棱的平行六面体体积.

$$[\vec{a}\vec{b}\vec{c}] = \begin{vmatrix} a_x & a_y & a_z \\ b_x & b_y & b_z \\ c_x & c_y & c_z \end{vmatrix}$$

（3）向量共面

若一组向量均平行于同一平面（或在同一平面上），则称这组向量共面.

定理 8.1.4.6.1 三个向量 $\vec{a}$，$\vec{b}$，$\vec{c}$ 共面的充要条件是混合积 $[\vec{a}\vec{b}\vec{c}] = 0$.

注 向量的混合积的应用：①求平行六面体的体积；②判定向量是否共面.

提醒读者注意：研究平面和直线的关键是定点与定方向问题，一个点和一个法向量唯一确定一张平面；一个点和一个方向向量唯一确定一条空间直线，解决具有明显特征的线面问题，只要从点线入手，借助向量运算工具求出方向并确定所需的一个点，线面问题就能迎刃而解.

（4）法向量

定义 8.1.4.5.2 若一非零向量 $\vec{n}$ 与平面 π 垂直，则称向量 $\vec{n}$ 为平面 π 的法向量，如图 8-7 所示.

注（1）$\vec{n}$ 垂直于平面 π 内的任一向量.

（2）法向量不唯一，与平面垂直的任何向量均可作为法向量.

（3）三个坐标面的法向量通常取 xOy 面的法向量 $\vec{k} = \{0, 0, 1\}$，zOx 面的法向量 $\vec{j} = \{0, 1, 0\}$，yOz 面的法向量 $\vec{i} = \{1, 0, 0\}$.

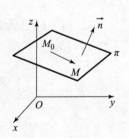

图 8-7

8.2　平面与直线

8.2.1　平面方程

（1）平面的点法式方程.

【**例 8.1**】如图 8-8 所示，求过三点 $M_1(2，-1，4)$，$M_2(-1，3，-2)$，$M_3(0，2，3)$ 的平面 π 的方程.

【**解**】取该平面 π 的法向量为

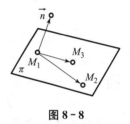

图 8-8

$$\vec{n}=\overrightarrow{M_1M_2}\times\overrightarrow{M_1M_3}=\begin{vmatrix} \vec{i} & \vec{j} & \vec{k} \\ -3 & 4 & -6 \\ -2 & 3 & -1 \end{vmatrix}=\{14，9，-1\}$$

又 $M_1\in\pi$，利用点法式得平面 π 的方程 $14(x-2)+9(y+1)-(z-4)=0$

即 $14x+9y-z-15=0$

注 此平面的三点式也可写成 $\begin{vmatrix} x-2 & y+1 & z-4 \\ -3 & 4 & -6 \\ -2 & 3 & -1 \end{vmatrix}=0$，一般情况下，这三点

$M_k(x_k，y_k，z_k)(k=1，2，3)$ 的平面方程为

$$\begin{vmatrix} x-x_1 & y-y_1 & z-z_1 \\ x_2-x_1 & y_2-y_1 & z_2-z_1 \\ x_3-x_1 & y_3-y_1 & z_3-z_1 \end{vmatrix}=0$$

（2）平面的一般式方程.

平面的点法式方程可整理为 $Ax+By+Cz+D=0$，其中 $D=-(Ax_0+By_0+Cz_0)$，平面方程是关于 x，y，z 的三元一次方程，反之亦然，事实上，若已知一个三元一次方程

$$Ax+By+Cz+D=0 \tag{1}$$

取此方程的解 x_0，y_0，z_0，即

$$Ax_0+By_0+Cz_0+D=0 \tag{2}$$

式（1）减式（2）得

$$A(x-x_0)+B(y-y_0)+C(z-z_0)=0 \tag{3}$$

所以式（1）是平面方程. 我们称式（1）为平面的一般式方程. 其法向量 $\vec{n}=\{A，B，C\}$.

（3）平面的截距式方程.

在方程 $Ax+By+Cz+D=0$ 中，若 A，B，C，D 均不为零，则有 $\dfrac{A}{-D}x+\dfrac{B}{-D}y+\dfrac{C}{-D}z=1$

令 $\dfrac{A}{-D}=\dfrac{1}{a}$，$\dfrac{B}{-D}=\dfrac{1}{b}$，$\dfrac{C}{-D}=\dfrac{1}{c}$，得 $\dfrac{x}{a}+\dfrac{y}{b}+\dfrac{z}{c}=1$

此式称为平面的截距式方程. a，b，c 分别叫作平面在 x，y，z 轴上的截距.

【**例 8.2**】求平行于平面 $6x+y+6z-1=0$ 且与三个坐标面所围成的四面体体积为一个单位的平面方程.

【解】如图 8-9 所示，设平面方程为 $\dfrac{x}{a}+\dfrac{y}{b}+\dfrac{z}{c}=1$，因体积 $V=1$，即 $\dfrac{1}{2}\times$

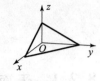

$\dfrac{1}{3}|abc|=1$，由所求平面与已知平面平行得：

$$\dfrac{\frac{1}{a}}{6}=\dfrac{\frac{1}{b}}{1}=\dfrac{\frac{1}{c}}{6}$$

图 8-9

化简得 $\dfrac{1}{6a}=\dfrac{1}{b}=\dfrac{1}{6c}$，代入式得 $a=1$，$b=6$，$c=1$ 或 $a=-1$，$b=-6$，$c=-1$

所求平面方程为 $6x+y+6z=6$ 或 $6x+y+6z=-6$.

注 (1) 平面的方程是一个三元一次方程，而一个三元一次方程的图形是平面．

(2) 平面方程三种表示形式各有千秋．但以点法式方程为主．

(3) 能使用截距式的其法向量和面积比较容易得出，在后面的曲面积分中大家可以领略到．

8.2.2 空间直线

(1) 空间直线一般式方程．$\begin{cases} A_1x+B_1x+C_1z+D_1=0 \\ A_2x+B_2y+C_2z+D_2=0 \end{cases}$

如果一个点不在 L 上，它就不可能满足上面的方程组．因此直线 L 可以由方程组来表示，称为直线 L 的一般式（亦称交面式）方程．

注 (1) 过直线 L 的平面有无穷多，其中任选两个平面的方程联立起来，都可作为 L 的方程．

(2) 特别地，三个坐标轴的一般式方程分别为：

x 轴：$\begin{cases} z=0 \\ y=0 \end{cases}$，$y$ 轴：$\begin{cases} x=0 \\ z=0 \end{cases}$，$z$ 轴：$\begin{cases} x=0 \\ y=0 \end{cases}$

(2) 空间直线的对称式方程．

过一点的直线有无数条，而过两个点可唯一地确定一条直线，所以要确定直线还需要增加条件．

定义 8.2.2.1 如果一个非零向量 $\vec{v}=\{m,\ n,\ p\}$ 平行于一条已知直线 L，那么向量 $\vec{v}$ 称为直线 L 的方向向量，$m,\ n,\ p$ 为直线的一组方向数．

注 (1) 直线上任何向量都可以作为该直线的方向向量；

(2) 任何平行于直线的向量都可以作为该直线的方向向量；

(3) L 的方向向量 $\vec{v}=\{m,\ n,\ p\}$ 的方向角 α，β，γ 亦称为 L 的方向角；

(4) L 的方向向量 $\vec{v}=\{m,\ n,\ p\}$ 的方向余弦 $\cos\alpha$，$\cos\beta$，$\cos\gamma$ 亦称为 L 的方向余弦．

(5) 直线 L 方向数的几何意义如下：

① $m=0$，$\vec{v}=\{0,\ n,\ p\}\perp \vec{i}=\{1,\ 0,\ 0\}$，即 $L\perp x$ 轴，方程可写为 $\begin{cases} x=x_0 \\ \dfrac{y-y_0}{n}=\dfrac{z-z_0}{p} \end{cases}$

②$n=0$，即 $L \perp y$ 轴，方程应理解为 $\begin{cases} y=y_0 \\ \dfrac{x-x_0}{m}=\dfrac{z-z_0}{p} \end{cases}$

③$p=0$，即 $L \perp z$ 轴，方程应理解为 $\begin{cases} z=z_0 \\ \dfrac{x-x_0}{m}=\dfrac{y-y_0}{n} \end{cases}$

④$m=n=0$，即 $L \perp xOy$ 平面，方程应理解为 $\begin{cases} x-x_0=0 \\ y-y_0=0 \end{cases}$

⑤$m=p=0$，即 $L \perp zOx$ 平面，方程应理解为 $\begin{cases} x-x_0=0 \\ z-z_0=0 \end{cases}$

⑥$n=p=0$，即 $L \perp yOz$ 平面，方程应理解为 $\begin{cases} y-y_0=0 \\ z-z_0=0 \end{cases}$

定义 8.2.2.2　已知直线 L 上一点 $M_0(x_0，y_0，z_0)$ 和直线的方向向量 $\vec{v}=\{m，n，p\}$，在直线上任取一点 $M(x，y，z)$，则向量 $\overrightarrow{M_0M}$ 与方向向量 $\vec{v}=\{m，n，p\}$ 平行，即

$$\overrightarrow{M_0M} \parallel \vec{v}$$

由于 $\overrightarrow{M_0M}=\{x-x_0，y-y_0，z-z_0\}$，$\vec{v}=\{m，n，p\}$，从而

$$\frac{x-x_0}{m}=\frac{y-y_0}{n}=\frac{z-z_0}{p}$$

我们称其为直线的对称式方程（亦称标准式方程）。

（3）空间直线的参数式方程．

在直线方程 $\dfrac{x-x_0}{m}=\dfrac{y-y_0}{n}=\dfrac{z-z_0}{p}$ 中，如果令 $\dfrac{x-x_0}{m}=\dfrac{y-y_0}{n}=\dfrac{z-z_0}{p}=t$，那么容易得到

$\begin{cases} x=x_0+mt \\ y=y_0+nt，此式称为直线的参数方程． \\ z=z_0+pt \end{cases}$

直线与平面垂直相当于直线的方向向量与平面的法线向量平行，直线与平面平行或直线在平面上相当于直线的方向向量与平面的法线向量垂直，所以：

直线 L 与平面 π 垂直的充要条件是 $\dfrac{A}{m}=\dfrac{B}{n}=\dfrac{C}{p}$；

直线 L 与平面 π 平行的充要条件是 $Am+Bn+Cp=0$.

8.3　空间曲线与空间曲面

8.3.1　点面距离

平面上的点，它到平面的距离显然为零；若点不在平面上，如何求呢？

设平面 π 的方程为 $Ax+By+Cz+D=0$，求平面外一点 $P(x_0，y_0，z_0)$ 到平面 π 的距离为 d.

过点 P 作平面的垂线，垂足为 $P'(x, y, z)$（如图 8-10 所示），$|PP'|$ 即为所求． $d = |\overrightarrow{(P'P)}_{\vec{n}}| = \left| \dfrac{\overrightarrow{P'P} \cdot \vec{n}}{|\vec{n}|} \right|$

又 $\overrightarrow{P'P} = \{x_0 - x, y_0 - y, z_0 - z\}$，又 $\vec{n} = \{A, B, C\}$，可得

$$\overrightarrow{P'P} \cdot \vec{n} = A(x_0 - x) + B(y_0 - y) + C(z_0 - z)$$

从而

$$d = \frac{|A(x_0 - x) + B(y_0 - y) + C(z_0 - z)|}{\sqrt{A^2 + B^2 + C^2}}$$

$$= \frac{|(Ax_0 + By_0 + Cz_0) - (Ax + By + Cz)|}{\sqrt{A^2 + B^2 + C^2}}$$

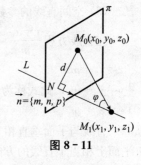

图 8-10

因点 $P'(x, y, z)$ 在平面 π 上，即 $Ax + By + Cz + D = 0$，所以

$$d = \frac{|Ax_0 + By_0 + Cz_0 + D|}{\sqrt{A^2 + B^2 + C^2}}.$$

特别地，设点 $M_0(x_0, y_0, z_0)$ 到 xOy 坐标面的距离为 d_{xy}，到 yOz 坐标面的距离为 d_{yz}，到 zOx 坐标面的距离为 d_{zx}，由于过 $M_0(x_0, y_0, z_0)$ 向三个坐标面引垂线，垂足分别为 $(x_0, y_0, 0)$，$(x_0, 0, z_0)$，$(0, y_0, z_0)$，由两点间的距离公式可得

$$d_{xy} = |z_0|, \quad d_{yz} = |x_0|, \quad d_{zx} = |y_0|$$

空间的点与直线有两种位置关系．即点在直线上或点不在直线上．若点在直线上则它与直线的距离显然为零，若点不在直线上，如何求点到直线的距离呢？

求点 $M_0(x_0, y_0, z_0)$ 到直线 L：$\dfrac{x - x_1}{m} = \dfrac{y - y_1}{n} = \dfrac{z - z_1}{p}$ 的距离．

如图 8-11 所示，过 $M_0(x_0, y_0, z_0)$ 作垂直于直线 L 的平面 π，与直线 L 交于点 N，$M_0 N$ 即为要求的距离 d．在直线 L 上选取点 $M_1(x_1, y_1, z_1)$，则距离 d 为

$$d = \frac{|\overrightarrow{M_0 M_1} \times \vec{v}|}{|\vec{v}|} = \frac{1}{\sqrt{m^2 + n^2 + p^2}} \left\| \begin{array}{ccc} \vec{i} & \vec{j} & \vec{k} \\ x_1 - x_0 & y_1 - y_0 & z_1 - z_0 \\ m & n & p \end{array} \right\|$$

图 8-11

8.3.2 旋转曲面

定义 8.3.2.1 以一条平面曲线绕其平面上的一条定直线旋转一周所成的曲面叫作旋转曲面，这条定直线叫作旋转曲面的轴，这条平面曲线叫作母线（如图 8-12 所示）．

设 $M(x, y, z)$ 为曲面上任一点，它是曲线 C 上点 $M_1(0, y_1, z_1)$ 绕 z 轴旋转而得到的，因此有 $f(y_1, z_1) = 0$，并且 $z_1 = z$，$|y_1| = \sqrt{x^2 + y^2}$，从而得 $f(\pm \sqrt{x^2 + y^2}, z) = 0$

这就是所求旋转曲面的方程，如图 8-13 所示．

图 8-12

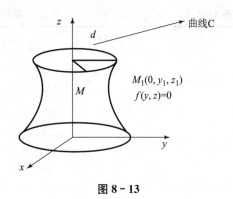

图 8-13

同理，曲线 C 绕 y 轴旋转所成的旋转曲面的方程为 $f\left(y,\ \pm\sqrt{x^2+z^2}\right)=0$

注 曲线 $f(y,\ z)=0$ 绕 z 轴旋转，就是 z 不变，只将 y 换成 $\pm\sqrt{x^2+y^2}$ 即可，注意正负号问题，其他类似．

8.3.3　二次曲面

多项式的次数称为代数曲面的次数，例如一次方程表示的曲面叫作一次曲面（一次曲面就是平面），二次方程表示的曲面称为二次曲面．

8.3.3.1　几种简单的二次曲面

如表 8-1 至表 8-6 所示．

表 8-1　　　　　　　　　　　　　　　椭球

主要特征				图形
直角方程	$\dfrac{x^2}{a^2}+\dfrac{y^2}{b^2}+\dfrac{z^2}{c^2}=1$	参数方程	$\begin{cases} x=a\sin\varphi\cos\theta \\ y=b\sin\varphi\sin\theta \\ z=c\cos\varphi \end{cases}$	
取值范围	$\begin{aligned}&\lvert x\rvert\leqslant a\\&\lvert y\rvert\leqslant b\\&\lvert z\rvert\leqslant c\end{aligned}$	中心轴	x 轴，y 轴，z 轴	
对称性	完全对称	顶点	$(\pm a,\ 0,\ 0)$，$(0,\ \pm b,\ 0)$，$(0,\ 0,\ \pm c)$	
截痕	椭圆，圆，点	截部	椭圆，圆	

表 8-2   单叶双曲线

主要特征		图形与截痕
直角方程	$\dfrac{x^2}{a^2}+\dfrac{y^2}{b^2}-\dfrac{z^2}{c^2}=1$	
参数方程	$\begin{cases} x=a\sec\varphi\cos\theta \\ y=b\sec\varphi\sin\theta \\ z=c\tan\varphi \end{cases}$	
取值范围	$\begin{cases} -\infty < z < +\infty \\ \dfrac{x^2}{a^2}+\dfrac{y^2}{b^2}\geqslant 1 \end{cases}$	
中心轴	z 轴	
对称轴	完全对称	
顶点	无	
截痕	双曲线、相交直线、椭圆	
截部	双曲线、椭圆	

表 8-3   双叶双曲面

主要特征				图形
直角方程	$\dfrac{x^2}{a^2}+\dfrac{y^2}{b^2}-\dfrac{z^2}{c^2}=-1$	参数方程	$\begin{cases} x=a\tan\varphi\cos\theta \\ y=b\tan\varphi\sin\theta \\ z=c\sec\varphi \end{cases}$	
取值范围	$x\in R,\ y\in R$ $\|z\|\geqslant c$	中心轴	z 轴	
对称性	完全对称	顶点	$(0,0,\pm c)$	
截痕	双曲线，椭圆，点	截部	双曲线	

注 1 双叶双曲面还有另外两种形式：$-\dfrac{x^2}{a^2}+\dfrac{y^2}{b^2}+\dfrac{z^2}{c^2}=-1$ 和 $\dfrac{x^2}{a^2}-\dfrac{y^2}{b^2}+\dfrac{z^2}{c^2}=-1$.

注 2 方程为 $-\dfrac{x^2}{a^2}+\dfrac{y^2}{b^2}+\dfrac{z^2}{c^2}=-1$ 和 $\dfrac{x^2}{a^2}-\dfrac{y^2}{b^2}+\dfrac{z^2}{c^2}=-1$ 的双叶双曲面分别以 x 轴、y 轴为中心轴.

表 8 - 4　　　　　　　　　　　　　　双曲抛物面（马鞍面）

主要特征				图形
直角方程	$z=\dfrac{x^2}{a^2}-\dfrac{y^2}{b^2}$	参数方程	$\begin{cases} x=u \\ y=u \\ z=\dfrac{u^2}{a^2}-\dfrac{v^2}{b^2} \end{cases}$	
取值范围	$x\in R,\ y\in R$	中心轴	z 轴	
对称性	$x=0,\ y=0,$ $\begin{cases} x=0 \\ \cdots \\ y=0 \end{cases}$	顶点	无	
截痕	抛物线、双曲线、直线	截部	抛物线、直线	

表 8 - 5　　　　　　　　　　　　　　椭圆抛物面

主要特征				图形
直角方程	$z=\dfrac{x^2}{a^2}+\dfrac{y^2}{b^2}$	参数方程	$\begin{cases} x=a\sqrt{u}\cos v \\ y=b\sqrt{u}\sin v \\ z=u \end{cases}$	
取值范围	$x\in R,\ y\in R$ $z\geqslant 0$	中心轴	z 轴	
对称性	$x=0,\ y=0,$ $\begin{cases} x=0 \\ \cdots \\ y=0 \end{cases}$	顶点	$(0,\ 0,\ 0)$	
截痕	椭圆、抛物线、点	截部	抛物线、点	

表 8 - 6　　　　　　　　　　　　　椭圆锥面

主要特征				图形
直角方程	$z^2 = \dfrac{x^2}{a^2} + \dfrac{y^2}{b^2}$	参数方程	$\begin{cases} x = au\cos v \\ y = bu\sin v \\ z = u \end{cases}$	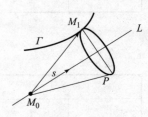
取值范围	$x \in R,\ z \in R$	中心轴	z 轴	
对称性	完全对称	顶点	$(0,\ 0,\ 0)$	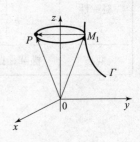
截痕	椭圆、直线、点	截部	直线、点	

8.3.3.2　特殊曲面方程：由曲线旋转而成的曲面方程

（1）曲线 Γ：$\begin{cases} F(x,\ y,\ z) = 0 \\ G(x,\ y,\ z) = 0 \end{cases}$ 绕直线 L：$\dfrac{x - x_0}{m} = \dfrac{y - y_0}{n} =$

$\dfrac{z - z_0}{p}$ 旋转形成一个旋转曲面（如图 8 - 14 所示）.

图 8 - 14

旋转曲面方程的求法如下：

设 $M_0 = (x_0,\ y_0,\ z_0)$，$s = (m,\ n,\ p)$. 在母线 Γ 上任取一点 $M_1(x_1,\ y_1,\ z_1)$，则过 M_1 的纬圆上任何一点 $P(x,\ y,\ z)$ 满足条件

$$\overrightarrow{M_1P} \perp s \text{ 和 } |\overrightarrow{M_0P}| = |\overrightarrow{M_0M_1}|.$$

即 $\begin{cases} m(x - x_1) + n(y - y_1) + p(z - z_1) = 0 \\ (x - x_0)^2 + (y - y_0)^2 + (z - z_0)^2 \\ \quad = (x_1 - x_0)^2 + (y_1 - y_0)^2 + (z_1 - z_0)^2 \end{cases}$

这两个方程与方程 $F(x_1,\ y_1,\ z_1) = 0$ 和 $G(x_1,\ y_1,\ z_1) = 0$ 一起消去 x_1，y_1，z_1 便得到旋转曲面的方程.

（2）曲线 Γ：$\begin{cases} F(x,\ y,\ z) = 0 \\ G(x,\ y,\ z) = 0 \end{cases}$ 绕 z 轴旋转而成的旋转曲面（如图 8 - 15）的方程的求法如下：

在曲线 Γ 上任取一点 $M_1(x_1,\ y_1,\ z_1)$，则过点 M_1 的纬圆上任何一点 $P(x,\ y,\ z)$ 满足条件 $|\overrightarrow{OP}| = |\overrightarrow{OM_1}|$ 和 $z = z_1$，即 $x^2 + y^2 + z^2 =$

图 8 - 15

$x_1^2+y_1^2+z_1^2$ 且 $z=z_1$，得 $x^2+y^2=x_1^2+y_1^2$.

从方程组 $\begin{cases} F(x_1,\ y_1,\ z)=0 \\ G(x_1,\ y_1,\ z)=0 \\ x^2+y^2=x_1^2+y_1^2 \end{cases}$ 中消去 x_1 和 y_1 便得到旋转曲面的方程.

如果能从方程组 $\begin{cases} F(x_1,\ y_1,\ z)=0 \\ G(x_1,\ y_1,\ z)=0 \end{cases}$ 中解出 $x_1=\varphi(z)$ 和 $y_1=\psi(z)$，则旋转曲面的方程为 $x^2+y^2=\varphi^2(z)+\psi^2(z)$.

【例 8.3】 如图 8-16 所示，直线 $L: \dfrac{x-1}{0}=\dfrac{y}{1}=\dfrac{z}{1}$ 绕 z 轴旋转一周，求此旋转曲面的方程.

【解】 在 L 上任取一点 $M_0(1,\ y_0,\ z_0)$，设 $M(x,\ y,\ z)$ 为 M_0 绕 z 轴旋转轨迹上任一点，因为 $L: \dfrac{x-1}{0}=\dfrac{y}{1}=\dfrac{z}{1}$，故 $x,\ y$ 的表达式为 $\begin{cases} x=1 \\ y=z \end{cases}$，因而旋转曲面方程的表达式为 $x^2+y^2=1+z^2$.

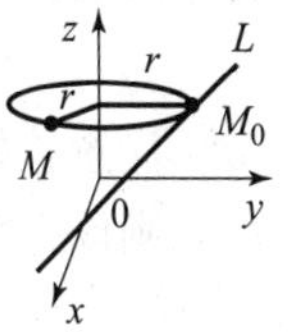

【补充】 空间曲线 $\begin{cases} x=\varphi(t) \\ y=\psi(t) \\ z=\omega(t) \end{cases}$，$\alpha\leqslant t\leqslant\beta$ 绕 z 轴旋转一周所得的旋转曲面方程为

$$\begin{cases} x=\sqrt{\varphi^2(t)+\psi^2(t)}\cos\theta & \alpha\leqslant t\leqslant\beta \\ y=\sqrt{\varphi^2(t)+\psi^2(t)}\sin\theta & \overline{} \\ z=\omega(t) & 0\leqslant\theta\leqslant 2\pi \end{cases}$$

图 8-16

【例 8.4】 设直线 $l: \dfrac{x-1}{1}=\dfrac{y}{1}=\dfrac{z-1}{-1}$ 在平面 $\pi: x-y+2z-1=0$ 上的投影直线为 l_0.

（1）求直线 l_0 的方程；（2）求直线 l_0 绕 y 轴旋转一周而成的曲面方程.

【解】 作过直线 l 且与平面 π 垂直的平面 π_1，则 π_1 的法向量可取为

$$\vec{n}_1=\vec{v}\times\vec{n}=\{1,\ 1,\ -1\}\times\{1,\ -1,\ 2\}=\{1,\ -3,\ -2\}$$

则 π_1 的方程为 $x-3y-2z+1=0$.

则 l_0 即为 π 与 π_1 的交线 $\begin{cases} x-y+2z-1=0 \\ x-3y-2z+1=0 \end{cases}$，方程化为 $\begin{cases} x=2y \\ z=-\dfrac{1}{2}(y-1) \end{cases}$.

故 l_0 绕 y 轴旋转一周而成的曲面方程为 $x^2+z^2=(2y)^2+\left[-\dfrac{1}{2}(y-1)\right]^2$.

即 $4x^2-17y^2+4z^2+2y-1=0$.

【例 8.5】 已知两直线 $l_1: \dfrac{x-1}{1}=\dfrac{y+1}{-1}=\dfrac{z-1}{2}$，$l_2: \dfrac{x}{1}=\dfrac{y}{-1}=\dfrac{z-1}{2}$，求直线 l_2 绕 l_1 旋转一周而成的曲面方程.

【解】 因 $l_1\parallel l_2$，故所求旋转曲面是柱面. 由题意知 l_1 过点 $A(1,\ -1,\ 1)$，方向向量为 $\vec{v}_1=\{1,\ -1,\ 2\}$，l_2 过点 $B(0,\ 0,\ 1)$，方向向量为 $\vec{v}_2=\{1,\ -1,\ 2\}$，则 $l_1,\ l_2$ 之间的距离为 d

$$=\frac{|\overrightarrow{BA}\times\vec{v}_1|}{|\vec{v}_1|}=\frac{|\{1,\ -1,\ 0\}\times\{1,\ -1,\ 2\}|}{|\{1,\ -1,\ 2\}|}=\frac{\sqrt{8}}{\sqrt{6}}$$

在所求旋转曲面上任取一点 $M(x, y, z)$，则 M 到 l_1 之间的距离也等于 $\dfrac{\sqrt{8}}{\sqrt{6}}$，即

$$\frac{\sqrt{8}}{\sqrt{6}} = \frac{|\overrightarrow{AM} \times \vec{v}_1|}{|\vec{v}_1|} = \frac{|\{x-1, y+1, z-1\} \times \{1, -1, 2\}|}{|\{1, -1, 2\}|}$$

$$= \frac{|\{2y+z+1, -2x+z+1, -x-y\}|}{\sqrt{6}}$$

即 $(2y+z+1)^2 + (-2x+z+1)^2 + (-x-y)^2 = 8$.

（3）空间曲线旋转形成的曲面公式.

空间曲线 Γ 的参数方程：$\begin{cases} x=\varphi(t) \\ y=\psi(t) \\ z=\omega(t) \end{cases}$，空间曲面 Ω 的参数方程：$\begin{cases} x=x(s, t) \\ y=y(s, t) \\ z=z(s, t) \end{cases}$. Γ 沿 z 轴旋

转后形成的曲面方程为 $\begin{cases} x=\sqrt{\varphi^2(t)+\psi^2(t)}\cos\theta \\ y=\sqrt{\varphi^2(t)+\psi^2(t)}\sin\theta \\ z=\omega(t) \end{cases} \left(\begin{matrix} \alpha\leqslant t\leqslant\beta \\ 0\leqslant\theta\leqslant 2\pi \end{matrix}\right)$，其余型类推.

注意，如果空间曲线是一条垂直于某一平面的直线，也就是说，直线方程中不含某一坐标，则该直线方程相应的参数方程形式中，该坐标一般取 0 值.

例如：ZOX 平面上的半圆周 $x^2+z^2=a^2 \Rightarrow \begin{cases} x=a\sin\varphi \to \varphi(t) \\ y=0 \to \psi(t) \\ z=a\cos\varphi \to \omega(t) \end{cases} \quad \varphi\in[0, \pi]$ 绕 z 轴旋转一周得

$$\begin{cases} x=\sqrt{\varphi^2(t)+\psi^2(t)}\cos\theta \\ y=\sqrt{\varphi^2(t)+\psi^2(t)}\sin\theta \\ z=\omega(t) \end{cases} \xrightarrow{\psi(t)=0} \begin{cases} x=\varphi(t)\cos\theta \\ y=\varphi(t)\sin\theta \\ z=a\cos\varphi \end{cases} \to \begin{cases} x=a\sin\varphi\cos\theta \\ y=a\cos\varphi\sin\theta \\ z=a\cos\varphi \end{cases}.$$

空间直线旋转形成的曲面公式同上，但是，这时形成的曲面存在两类图形，一是空间直线与旋转轴相交，旋转形成锥面，二是空间直线与旋转轴不相交，旋转形成非锥面.

（4）锥面方程的一般求法.

给定准线 L：$\begin{cases} f(x, y)=0 \\ z=h \end{cases}$ 和原点 $P_0(0, 0, 0)$，求锥面方程如下：

设为锥面上的任意点，根据锥面形成的过程，必在准线 L 上有相应的点 $Q(X, Y, Z)$，使得 $Q(X, Y, Z)$ 在直线 $\overline{P_0 P}$ 上，直线 $\overline{P_0 P}$ 的方向数显然为 (x, y, z)，参数方程为

$$\begin{cases} X=xt \\ Y=yt \\ Z=zt \end{cases} \tag{1}$$

又由于 $Q(X, Y, Z)$ 在 L 上，故

$$\begin{cases} f(X, Y)=0 \\ Z=h \end{cases} \tag{2}$$

联立式（1）$Z=zt$ 和式（2）$Z=h$，得 $t=\dfrac{h}{z}$，再由式（1）解得 $\begin{cases} X=x\cdot\dfrac{h}{z} \\ Y=y\cdot\dfrac{h}{z} \end{cases}$ 代入式（2）f

$(X, Y)=0$. 得所求的锥面方程为 $f\left(\dfrac{hx}{z}, \dfrac{hy}{z}\right)=0$，可见以原点为顶点的锥面方程是齐次方程.

例如：已知顶点在原点及准线 $L:\begin{cases}\dfrac{x^2}{a^2}+\dfrac{y^2}{b^2}-1=0\\ z=2\end{cases}$，则锥面方程为

$$\frac{1}{a^2}\left(\frac{2x}{z}\right)^2+\frac{1}{b^2}\left(\frac{2y}{z}\right)^2=1\Rightarrow\frac{x^2}{a^2}+\frac{y^2}{b^2}-\frac{z^2}{4}=0.$$ 这是一个椭圆锥面.

8.3.4　曲面及其组合图形在坐标面上的投影

（1）椭圆抛物面 $z=\dfrac{x^2}{4}+\dfrac{y^2}{9}$ 的图形如图 8-17 所示，在 xOy 面上的投影为椭圆及其内部；在 zOx 面上的投影为抛物线及其内部；在 yOz 面上的投影为抛物线及其内部.

（2）单叶双曲面 $\dfrac{x^2}{a^2}+\dfrac{y^2}{b^2}-\dfrac{z^2}{c^2}=1$ 的图形如图 8-18 所示，在 xOy 面上的投影为椭圆及其内部；在 zOx 面上的投影为双曲线及其内部；在 yOz 面上的投影为双曲线及其内部.

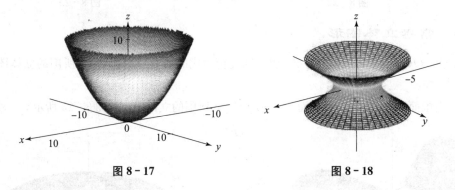

图 8-17　　　　　　图 8-18

（3）由抛物面 $x^2+y^2=4z$ 与平面 $z=h(h>0)$ 所围的立体在 xOy 面上的投影为圆及其内部，如图 8-19 所示.

（4）由球面 $x^2+y^2+z^2=4$ 与抛物面 $x^2+y^2=3z$ 所围的立体在 xOy 面上的投影为圆及其内部，如图 8-20 所示.

（5）由曲线 $y^2=2z$，$x=0$ 绕 z 轴旋转一周而成的曲面与两平面 $z=2$，$z=8$ 所围的立体，及其在 xOy 面上的投影为圆环及其内部，如图 8-21 所示.

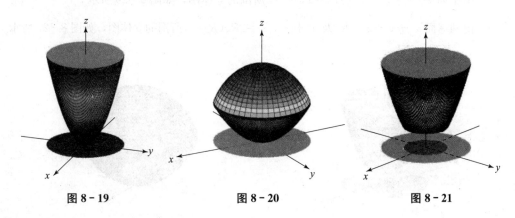

图 8-19　　　　　　图 8-20　　　　　　图 8-21

8.3.5 常考平面交线图形

（1）由平面 $y=z$ 截球面 $x^2+y^2+z^2=1$ 所得的曲线 Γ，如图 8-22 所示．

（2）画出圆锥 $z^2=x^2+y^2$ 的图形，并观察圆锥面与平面 $x=1$，$z=2$，$z=-2-x$ 的交线形状，如图 8-23 所示．

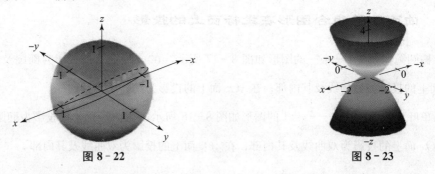

图 8-22 　　　　　　　　　　　　　　图 8-23

8.3.6 常考立体图形

（1）由 xOy 平面上的曲线 $y^2=2x$ 绕 x 轴旋转而成的曲面与平面 $x=5$ 所围的立体图，如图 8-24 所示．

（2）由锥面 $z=\sqrt{x^2+y^2}$ 和球面 $x^2+y^2+z^2=4$ 所围的立体图，如图 8-25 所示．

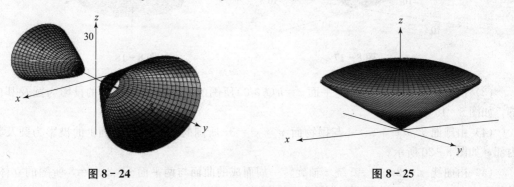

图 8-24 　　　　　　　　　　　　　　图 8-25

（3）由锥面 $z=\dfrac{1}{2}(x^2+y^2)$ 和 $z=1$，$z=4$ 所围的立体图，如图 8-26 所示．

（4）由两球面 $x^2+y^2+z^2=R^2$ 及 $x^2+y^2+z^2=2Rz(R>0)$ 所围的立体图，如图 8-27 所示．

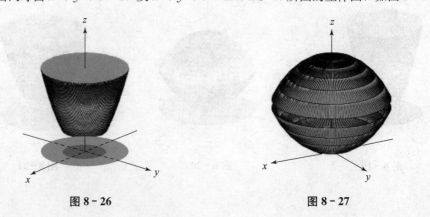

图 8-26 　　　　　　　　　　　　　　图 8-27

（5）球面 $x^2+y^2+z^2=4$ 和柱面 $(x-1)^2+y^2=1$ 相交的图形，如图 8-28 所示.

（6）锥面 $x^2+y^2=z^2$ 和柱面 $(x-1)^2+y^2=1$ 相交的图形，如图 8-29 所示.

（7）由曲面 $x^2+y^2=a^2$，$x^2+z^2=a^2$，$x=0$，$y=0$，$z=0$ 所围的立体图，如图 8-30 所示.

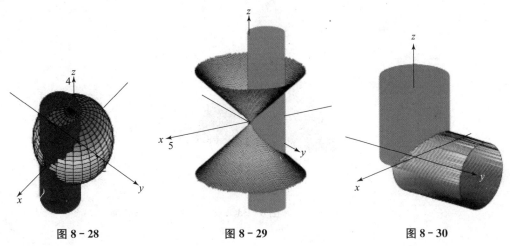

图 8-28　　　　　　　　　图 8-29　　　　　　　　　图 8-30

（8）由曲面 $z=1-\sqrt{x^2+y^2}$ 和 $x^2+y^2-z=1$ 所围的立体图，如图 8-31 所示.

（9）曲线 $z=x^2+y^2$，$y=x^2$ 及平面 $y=1$，$z=0$ 所围成的立体图，如图 8-32 所示.

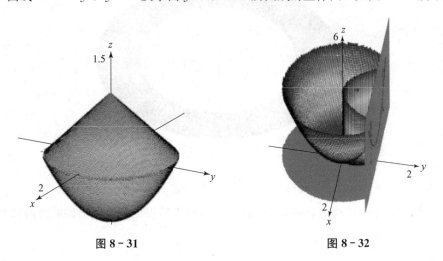

图 8-31　　　　　　　　　　　图 8-32

（10）平面 $x=a$，$y=a$，$z=a$，$x+y+z=\dfrac{3}{2}a$ 在第一象限所围的立体图，如图 8-33 所示.

（11）由圆 $(x-R)^2+y^2=r^2$（$R>r>0$）绕 y 轴旋转所成曲面 $(x^2+y^2+z^2+R^2-r^2)^2=4R^2(x^2+z^2)$ 立体图，如图 8-34 所示.

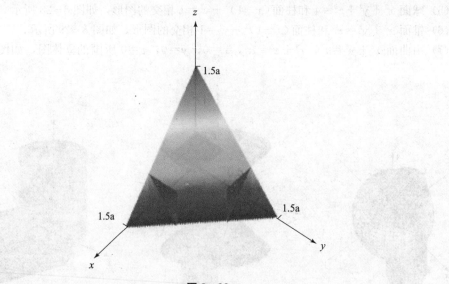

图 8 - 33

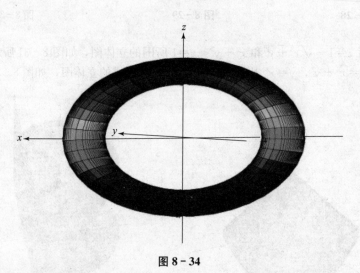

图 8 - 34

以上图形是由 matlab 画出，若有需要源图形的同学请根据前言中提供的微博联系本书作者索取.

第9章　多元函数微分法及其应用

【导言】

　　人往高处走，你我都不会满足于平淡无奇的生活，每个人都希望有朝一日能住进景观大厦，俯视天下．同样的，在现实生活中，多元函数比比皆是，正如人们常说的，世间万物都充满着变数，影响一件事的因素往往不止一个，微积分也愿意与有更多挑战性的多元函数周旋，让自己看起来更有水平．因此，本章从微分的角度去研究多元函数，在备考本章时需做到如下几点：一是能快速判别一个多元函数在某一点是否存在、是否连续、是否可导、是否可微，明确存在、连续、可导、可微这四者之间的关系以及和一元函数的区别，这个考点往往在选择题里考查，4 分，稍有难度，可积累些常见的特例进行排除得出答案；二是能快速求出多元函数的一阶偏导数、二阶偏导数、二阶混合偏导数、函数的全微分以及求多元函数的无界或条件极值、最值，无论是显函数还是隐函数，还是复合函数或参数方程的形式等，这都是大家的基本功，每年必考 10 分解答题，属于送分题，应高度重视，在做题时抓住一个主线就是它的自变量是谁，就对谁求导，若不是它的自变量，这个时候通过恒等变形转化为它的自变量进行求导；三是对于数一考生来说，要能快速算出空间曲线的切线和法平面及曲面的切平面和法线的方程、方向导数与梯度，这个属于送分题 4 分，通常以填空题的形式进行考查，务必在理解的基础上记牢公式．本章计算量大，需要仔细认真，在做题过程中提高计算能力．

【考试要求】

考试要求	科目	考　试　内　容
了解	数学一	二元函数的极限与连续的概念以及有界闭区域上连续函数的性质；全微分存在的必要条件和充分条件；全微分形式的不变性；隐函数存在定理；空间曲线的切线和法平面及曲面的切平面和法线的概念；二元函数的二阶泰勒公式；二元函数极值存在的充分条件
	数学二	多元函数的概念；二元函数的几何意义；二元函数的极限与连续的概念；有界闭区域上二元连续函数的性质；多元函数偏导数与全微分的概念；隐函数存在定理；多元函数极值和条件极值的概念；二元函数极值存在的充分条件
	数学三	多元函数的概念；二元函数的几何意义；二元函数的极限与连续的概念；有界闭区域上二元连续函数的性质；多元函数偏导数与全微分的概念；多元函数极值和条件极值的概念；二元函数极值存在的充分条件

续表

考试要求	科目	考 试 内 容
理解	数学一	多元函数的概念，二元函数的几何意义；多元函数偏导数和全微分的概念；方向导数与梯度的概念；多元函数极值和条件极值的概念
	数学二	
	数学三	
会	数学一	求全微分；求多元隐函数的偏导数；求空间曲线的切线和法平面及曲面的切平面和法线的方程；求二元函数的极值；用拉格朗日乘数法求条件极值，求简单多元函数的最大值和最小值，解决一些简单的应用问题
	数学二	求多元复合函数一阶、二阶偏导数；求全微分；求多元隐函数的偏导数；求二元函数的极值，用拉格朗日乘数法求条件极值，求简单多元函数的最大值和最小值，解决一些简单的应用问题
	数学三	求多元复合函数一阶、二阶偏导数；求全微分；求多元隐函数的偏导数；求二元函数的极值，会用拉格朗日乘数法求条件极值；求简单多元函数的最大值和最小值；解决简单的应用问题
掌握	数学一	掌握方向导数与梯度的计算方法；多元复合函数一阶、二阶偏导数的求法；多元函数极值存在的必要条件
	数学二	多元函数极值存在的必要条件
	数学三	多元函数极值存在的必要条件

【知识网络图】

【内容精讲】

9.1　二元函数的概念

二元函数就是一个有两张嘴的函数机器，只要给它塞进 x 和 y 两个数，它就吐出另外一个数 $f(x, y)$，记号为 $z = f(x, y)$. 为了表明 x 和 y 是从什么地方找来的，通常写成 $(x, y) \in D$，D 叫作函数的定义（区）域，它是 xOy 平面上的一个点集，通常表示成 $D = \{(x, y) \mid x \text{ 和 } y \text{ 满足的不等式}\}$. 例如，$\{(x, y) \mid x^2 + y^2 \leqslant 1\}$ 是包含圆周的圆形区域，而 $\{(x, y) \mid a \leqslant x \leqslant b, c \leqslant y \leqslant d\}$ 是矩形区域.

如果要画出一个二元函数的图形，需要在三维空间中画出所有的点 (x, y, z)，其中 $(x, y) \in D$ 在 xOy 坐标平面上，z 是点 (x, y, z) 在 z 轴方向上的垂直高度（和 z 方向一致取正，否则为负），于是二元函数 $z = f(x, y)$ 的图形就是三维空间中的一个曲面. 至于三个或以上自变量的多元函数，要想画出它的图形，已经是不可能的了，因为我们生活在三维空间内，四位及以上空间理论上存在，但谁也没见过.

注 每一个二元函数都对应着三维空间中的一个曲面，曲面在坐标面上的投影区域就是函数的定义域. 经常把函数与其定义域的图形想象在一起（很像是一块侧面为柱面，底面为平面的，顶面泛着油光的美味蛋糕），这对了解二元函数有很大的帮助哦.

9.1.1　二元函数的极限

定义 9.1.1.1　设二元函数 $z = f(x, y)$ 在点 $P_0(x_0, y_0)$ 的某个去心邻域 $\mathring{U}(P_0)$ 内有定义，A 是常数，$\forall P(x, y) \in \mathring{U}(P_0)$，若当 $P \to P_0$ 时，恒有 $|f(x, y) - A|$ 无限趋近于零，则称当点 $P \to P_0$ 时，函数 $f(x, y)$ 以 A 为极限. 记作

$$\lim_{\substack{x \to x_0 \\ y \to y_0}} f(x, y) = A \text{ 或 } \lim_{P \to P_0} f(P) = A$$

注 函数 $f(P)$ 在点 P 是否有极限与函数 $f(P)$ 在点 P 有无定义无关.

二元函数极限的获得要比一元函数的极限复杂得多，主要原因是：

(1) 在平面上，点 $P \to P_0$ 的方向无穷多；

(2) 点 $P \to P_0$ 的路径曲线无穷多，如图 9-1 所示.

故判断二元函数极限是否存在只能通过反例排除，这种方法适合排除结论，不适合证明结论，

如函数 $z = \begin{cases} \dfrac{xy}{x^2 + y^2}, & x^2 + y^2 \neq 0 \\ 0, & x^2 + y^2 = 0 \end{cases}$，若函数在零点的极限

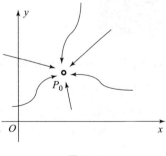

图 9-1

存在的话，则无论从哪个方向、哪个路径去趋向于 $(0, 0)$ 点时，得到的极限结果是唯一的，是个固定值，但本题的函数在 $(0, 0)$ 点的极限随着 k 值的变化而变化，因为

$$\lim_{\substack{x \to 0 \\ y = kx \to 0}} \frac{xy}{x^2 + y^2} = \lim_{x \to 0} \frac{kx^2}{x^2 + k^2 x^2} = \frac{k}{1 + k^2}.$$

比如 $k=0$，极限为 0，$k=1$，极限为 $\frac{1}{2}$，所以根据极限存在的唯一性，$\lim\limits_{\substack{x\to 0\\ y=kx\to 0}}\dfrac{xy}{x^2+y^2}$ 不存在．所以在遇到判断多元函数在某点的极限存不存在时，先用反例试试能否排除，绝大部分题目都是这个做题思路，若不能再来考虑其他方法．

【例 9.1】说明极限 $\lim\limits_{\substack{x\to 0\\ y\to 0}}\dfrac{xy^2}{x^2+y^4}$ 不存在．

【解】因为当点 $P(x, y)$ 沿 x 坐标轴 $y=0$ 趋于点 $(0, 0)$ 时，

$$\lim_{\substack{x\to 0\\ y\to 0}}\frac{xy^2}{x^2+y^4}=\lim_{\substack{x\to 0\\ y=0}}\frac{xy^2}{x^2+y^4}=\lim_{x\to 0}\frac{0}{x^2+0}=0$$

当点 $P(x, y)$ 沿曲线 $x=y^2$ 趋于点 $(0, 0)$ 时，

$$\lim_{\substack{x\to 0\\ y\to 0}}\frac{xy^2}{x^2+y^4}=\lim_{\substack{x=y^2\\ y\to 0}}\frac{xy^2}{x^2+y^4}=\lim_{y\to 0}\frac{y^4}{y^4+y^4}=\frac{1}{2}$$

因为点 $P(x, y)$ 沿不同的方向趋于点 $(0, 0)$ 时，函数的极限值不同，所以，此极限不存在．

【思考】若取点 $P(x, y)$ 沿方向 $y=kx$ 趋于点 $(0, 0)$，因为

$$\lim_{\substack{x\to 0\\ y\to 0}}\frac{xy^2}{x^2+y^4}=\lim_{\substack{x\to 0\\ y=kx}}\frac{xy^2}{x^2+y^4}=\lim_{x\to 0}\frac{k^2x^3}{x^2+k^4x^4}=\lim_{x\to 0}\frac{k^2x}{1+k^4x^2}=0$$

由 k 的任意性，能否可以说明极限 $\lim\limits_{\substack{x\to 0\\ y\to 0}}\dfrac{xy^2}{x^2+y^4}=0$？为什么？

答案是不能，因为这个做法仅仅选择的是 $y=kx$ 这个方向，在这个方向上无论 k 取何值，极限都为 0，但是除了这个方向还有 $x=y^2$ 这个方向，在这个方向上极限不为 0，不仅仅是这两个方向，还有很多方向，要保证每个方向极限的取值是唯一的固定值，很显然这个函数做不到，故在点 $(0, 0)$ 的极限不存在．

【例 9.2】求极限 $\lim\limits_{\substack{x\to 1\\ y\to 0}}(\sqrt[3]{x-1}+y)\sin\dfrac{1}{x-1}\cos\dfrac{1}{y}$．

【分析】本题并不容易找出反例推出极限不存在，这时我们考虑一元函数求极限时无穷小乘上有界函数，还是无穷小．

【解】因为 $\lim\limits_{\substack{x\to 1\\ y\to 0}}(\sqrt[3]{x-1}+y)=0$，$\left|\sin\dfrac{1}{x-1}\cos\dfrac{1}{y}\right|\leqslant 1$，所以

$$\lim_{\substack{x\to 1\\ y\to 0}}(\sqrt[3]{x-1}+y)\sin\frac{1}{x-1}\cos\frac{1}{y}=0.$$

9.1.2 二元函数的连续

定义 9.1.2.1 如果二元函数 $z=f(x, y)$ 满足下列条件：

(1) 函数 $z=f(x, y)$ 在点 (x_0, y_0) 的某个邻域内有定义．

(2) $\lim\limits_{\substack{x\to x_0\\ y\to y_0}}f(x, y)$ 存在．(3) $\lim\limits_{\substack{x\to x_0\\ y\to y_0}}f(x, y)=f(x_0, y_0)$．

则称函数 $z=f(x, y)$ 在点 (x_0, y_0) 处连续，称点 (x_0, y_0) 为 $z=f(x, y)$ 的连续点．

若函数 $z=f(x, y)$ 在区域 D 上各点都连续，则称函数 $z=f(x, y)$ 在区域 D 上连续，也称函数 $z=f(x, y)$ 为区域 D 上的连续函数．

注1 连续函数的定义指出了连续与极限的差别仅仅在于前者要求极限值正好等于该点的函数

值. 这点和一元函数的情形是类似的.

注2 验证二元函数 $f(x, y)$ 在某一点 (x_0, y_0) 处是否连续是考研的重点, 但是如果不连续, 二元函数不要求讨论间断点类型的, 这是和一元函数的区别.

图 9-2 是典型的不连续 (破洞、断崖、无穷凸出) 的情形.

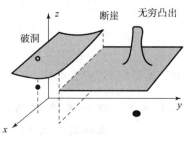

图 9-2

定义 9.1.2.2　偏增量、全增量

$$\Delta_x z = f(x_0 + \Delta x, y_0) - f(x_0, y_0)$$

称为 $z = f(x, y)$ 在点 (x_0, y_0) 关于自变量 x 的偏增量.

$$\Delta_y z = f(x_0, y_0 + \Delta y) - f(x_0, y_0)$$

称为 $z = f(x, y)$ 在点 (x_0, y_0) 关于自变量 y 的偏增量.

当 x 和 y 同时有增量 Δx 和 Δy 时, 相应地, 函数 $z = f(x, y)$ 有增量 $\Delta z = f(x_0 + \Delta x, y_0 + \Delta y) - f(x_0, y_0)$

称为 $z = f(x, y)$ 在点 (x_0, y_0) 的全增量.

令 $\Delta x = x - x_0$, $\Delta y = y - y_0$, 则二元函数 $z = f(x, y)$ 的增量可写成如下等价形式:

$$\Delta_x z = f(x, y_0) - f(x_0, y_0), \quad \Delta_y z = f(x_0, y) - f(x_0, y_0), \quad \Delta z = f(x, y) - f(x_0, y_0)$$

9.1.3　常见疑问

下面来回答几个学生常见的疑问:

9.1.3.1　二次极限与二重极限的关系是什么?

【答】 两者有本质的区别, 二次极限实际上属于一元的范围, 它是先后两次取一元函数的极限, 例如二次极限 $\lim\limits_{x \to x_0}\lim\limits_{y \to y_0} f(x, y)$ 是先将 x 看成常量, 求极限 $\lim\limits_{y \to y_0} f(x, y)$, 若这一极限存在, 则它将与 x 有关, 即 $\lim\limits_{y \to y_0} f(x, y) = F(x)$, 然后再求极限 $\lim\limits_{x \to x_0} F(x)$, 它是先后两次取极限, 故称它为二次极限; 而二重极限 $\lim\limits_{\substack{x \to x_0 \\ y \to y_0}} f(x, y)$ 考虑的是在点 $P_0(x_0, y_0)$ 的充分小的领域内, 动点 $P(x, y)$ 以任意方式趋向于点 $P_0(x_0, y_0)$ 时 $f(x, y)$ 的变化趋势, 两者的存在性没有必然的联系, 即二重极限存在不能保证相应的二次极限的存在; 次序不同的两次极限都存在且相等也不能保证相应的二重极限存在. 请看第一种情况, 二重极限存在, 但两个二次极限都不存在: $f(x, y) = x \sin\dfrac{1}{y} + y \sin\dfrac{1}{x}$, $x \neq 0$, $y \neq 0$

因 $0 \leqslant \left| x \sin\dfrac{1}{y} + y \sin\dfrac{1}{x} \right| \leqslant \left| x \sin\dfrac{1}{y} \right| + \left| y \sin\dfrac{1}{x} \right| \leqslant |x| + |y| \leqslant 2\sqrt{x^2 + y^2}$, 由夹逼准则可得, $\lim\limits_{\substack{x \to 0 \\ y \to 0}} f(x, y) = 0$. 但显然二次极限 $\lim\limits_{y \to 0}\lim\limits_{x \to 0} f(x, y)$ 与 $\lim\limits_{x \to 0}\lim\limits_{y \to 0} f(x, y)$ 都不存在. 第二种情况, 二重极限不存在, 但两个二次极限却可以都存在且相等, $f(x, y) = \dfrac{xy}{x^2 + y^2}$, $x^2 + y^2 \neq 0$, 易判定 $\lim\limits_{\substack{x \to 0 \\ y \to 0}} \dfrac{xy}{x^2 + y^2}$ 不存在, 但 $\lim\limits_{x \to 0}\lim\limits_{y \to 0} f(x, y) = 0$, $\lim\limits_{y \to 0}\lim\limits_{x \to 0} f(x, y) = 0$.

9.1.3.2　如果一元函数 $f(x, y)$ 在 y_0 处连续, $f(x, y)$ 在 x_0 处连续, 那么二元函数 $f(x, y)$ 在 (x_0, y_0) 处是否一定连续?

【答】 不一定, 注意到二元函数连续的定义是建立在二元函数极限的基础之上的, 因此, 对每一个变量连续，只相当于一种特殊方式的极限存在（如对 x 连续，相当于 $y=y_0$，$x \to x_0$ 方式的极限存在），它不能代表所有 $(x, y) \to (x_0, y_0)$ 的方式下极限都存在．因此，不能由 $f(x, y)$ 分别对每个变量 x 和 y 都连续而得出 $f(x, y)$ 一定连续的结论．例如，函数

$$f(x, y) = \begin{cases} \dfrac{xy}{x^2+y^2}, & x^2+y^2 \neq 0, \\ 0, & x^2+y^2 = 0, \end{cases}$$ 虽然 $f(x, y)$ 在点 $(0, 0)$ 处分别对变量 x，y 连续，即

$f(x, 0) = 0$，在 $x=0$ 处连续，$f(0, y) = 0$，在 $y=0$ 处连续，但是由于 $\lim\limits_{(x, y) \to (0, 0)} f(x, y)$ 不存在，所以 $f(x, y)$ 在点 $(0, 0)$ 处不连续．

9.1.3.3 对一元函数来说，可导必连续，那么在二（多）元函数中依然有这样的结论吗？

【答】在二元函数中，可导与连续没有必然的联系．

请看以下 3 个例子：

（例 i）$f(x, y) = \sqrt{x^2+y^2}$ 在点 $(0, 0)$ 处连续，但在点 $(0, 0)$ 处的两个偏导数不存在．

（例 ii）$f(x, y) = \begin{cases} \dfrac{xy}{x^2+y^2}, & (x, y) \neq (0, 0) \\ 0, & (x, y) = (0, 0) \end{cases}$ 在点 $(0, 0)$ 处可偏导，但不连续．

（例 iii）$f(x, y) = \begin{cases} \dfrac{xy}{\sqrt{x^2+y^2}}, & (x, y) \neq (0, 0) \\ 0, & (x, y) = (0, 0) \end{cases}$ 在点 $(0, 0)$ 处既连续，偏导又存在．

（请读者自己检验）

出现这种情况的主要原因是二元函数的偏导数 $f'_x(x_0, y_0)$ 与 $f'_y(x_0, y_0)$ 存在只能表明点 $P(x, y)$ 沿平行于坐标轴方向趋于点 $P(x_0, y_0)$ 的变化的情况，不能表示函数沿其他方向的变化性态．这些反例希望考生在平常备考过程中多加记忆，以便考场上做选择题时快速排除选项．

9.2 偏导数的定义

我们已经知道，二元函数的图形是三维空间中的一张曲面片．如果你想去这样的山地踏青、看看风景，你所在的位置就是曲面上的某点．在你左顾右盼的时候会发现，不管面朝任何一个方向，山坡都有某种"倾斜"，有的方向还很陡峭．你还记得怎样衡量平面上曲线的"倾斜"吗？对了，用切线的斜率，也就是函数的导数．

现在所处的位置在三维空间，和直角坐标系对应起来，xOy 面可在三维空间中顺着 z 轴上下移动，xOz 面可在三维空间中顺着 y 轴左右移动，yOz 面可在三维空间中顺着 x 轴前后移动，要搞清楚如何测量一个曲面 $z=f(x, y)$ 在某点的"倾斜"，更确切地讲，应该是在某点处对着某个方向的"倾斜"，办法就是用平行于 xOz 坐标面的平面 $y=b$（一把锋利无比的宝刀）照着曲面切上一刀，这一刀切下去，就切出了曲面与该平面的交线 C．曲线上点 M $(a, b, f(a, b))$（也在曲面上）处的切线 MM_x 的斜率（相对于 x 轴），就说明了曲面在点 M $(a, b, f(a, b))$ 处相对于 x 轴的"倾斜"程度．另外一刀（平行于 yOz 坐标面的平面 $x=a$）的效果画成了虚线，如图 9-3 所示．

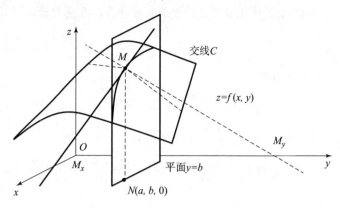

图 9-3

垂直于 xOy 面的平面 $y=b$ 与曲面的交线 C，是二维平面 $y=b$ 上的曲线 $z=f(x, b)$，由一元函数导数的意义，这条曲线上点 $M(a, b, f(a, b))$ 处的切线斜率为

$$\lim_{x \to a} \frac{f(x, b)-f(a, b)}{x-a}$$

称为函数 $z=f(x, y)$ 对 x 在点 (a, b) 处的偏导数，记号是

$$\frac{\partial z}{\partial x}\bigg|_{(x, y)=(a, b)} = \lim_{x \to a} \frac{f(x, b)-f(a, b)}{x-a}$$

偏导数定义的等价形式为

$$f_x(x_0, y_0) = \lim_{x \to x_0} \frac{f(x, y_0)-f(x_0, y_0)}{x-x_0} = \frac{\mathrm{d}}{\mathrm{d}x} f(x, y_0)\big|_{x=x_0}$$

$$f_y(x_0, y_0) = \lim_{y \to y_0} \frac{f(x_0, y)-f(x_0, y_0)}{y-y_0} = \frac{\mathrm{d}}{\mathrm{d}y} f(x_0, y)\big|_{y=y_0}$$

我们经常会使用 $(x_0, y_0)=(0, 0)$ 时的情形，即

$$f_x(0, 0) = \lim_{x \to 0} \frac{f(x, 0)-f(0, 0)}{x}; \quad f_y(0, 0) = \lim_{y \to 0} \frac{f(0, y)-f(0, 0)}{y}$$

(1) 偏导数的记号 $\dfrac{\partial z}{\partial x}$ 是一个整体记号，不能理解为 ∂z 与 ∂x 的商．

(2) 多元函数关于某一个变量的偏导数，是函数沿这个变量对应坐标轴方向的变化率．

(3) 偏导数表示多元函数中个别因素所引起的瞬时变化率．

(4) 多元函数求偏导数很少采用定义去求，而是常常采用以下两种方法：

a. 先求偏导函数，后代入值．

b. 先代入值，再求偏导数，再代入值．

其中 b 方法是求函数在一点的偏导数的一种简便方法，请记住．

【例 9.3】设 $f(x, y)=e^{xy}\sin\pi y+(x-1)\arctan\sqrt{\dfrac{x}{y}}$，求 $f_x(1, 1)$，$f_y(1, 1)$．

【解】因为 $f(x, 1)=(x-1)\arctan\sqrt{x}$，$f(1, y)=e^{y}\sin\pi y$

所以 $f_x(x, 1)=\arctan\sqrt{x}+\dfrac{x-1}{1+x}\cdot\dfrac{1}{2\sqrt{x}}$，$f_y(1, y)=e^{y}\sin\pi y+e^{y}\pi\cos\pi y$

代入值得 $f_x(1, 1)=\dfrac{\pi}{4}$，$f_y(1, 1)=-\pi e$．

注 该例中函数 $f(x, y)$ 的表达式比较复杂，如果直接求导，难度较大，所以应采用第二种解法.

【例 9.4】 设 $z=\sqrt{x^2+y^4}$，求 $f_x(0, 0)$，$f_y(0, 0)$.

【解】 因 $f(0, 0)=0$，由偏导数定义

$$f_x(0, 0)=\lim_{x\to 0}\frac{f(x, 0)-f(0, 0)}{x}=\lim_{x\to 0}\frac{\sqrt{x^2}}{x}=\lim_{x\to 0}\frac{|x|}{x}$$

不存在，故 $f_x(0, 0)$ 不存在；又

$$f_y(0, 0)=\lim_{y\to 0}\frac{f(0, y)-f(0, 0)}{y}=\lim_{y\to 0}\frac{\sqrt{y^4}}{y}=\lim_{y\to 0}y=0.$$

故 $f_y(0, 0)=0$.

注 (1) 本例中，由于函数 $f(x, y)$ 的偏导数在 $(0, 0)$ 处无定义，故不能先求偏导数 $f_x(x, y)$ 和 $f_y(x, y)$，而应该用定义直接求.

(2) 说明函数的偏导数在某点处无定义，但偏导数也可能存在，这时必须用定义求某点的偏导数，另外，分段函数在分段点的偏导数也必须用定义求，这个特例应记忆.

【例 9.5】 求 $r=\sqrt{x^2+y^2+z^2}$ 的偏导数.

【解】 把 y，z 都看作是常量，得 $\dfrac{\partial r}{\partial x}=\dfrac{x}{\sqrt{x^2+y^2+z^2}}=\dfrac{x}{r}$

由于所给函数关于自变量具有轮换对称性，所以 $\dfrac{\partial r}{\partial y}=\dfrac{y}{r}$，$\dfrac{\partial r}{\partial z}=\dfrac{z}{r}$.

注 这里的轮换对称性是指当函数表达式中任意两个自变量对调后，仍表示原来的函数. 即对于三元函数 $u=f(x, y, z)$，若有 $f(x, y, z)=f(y, x, z)$ 成立，则称 $u=f(x, y, z)$ 关于变量 x，y 是轮换对称的. 类似地，还可以给出它关于变量 y，z 和关于变量 x，z 轮换对称的定义. 如果函数具有轮换对称性，则求出函数关于一个自变量的偏导数后，例如求出 $\dfrac{\partial f}{\partial x}$ 后，只需把表达式中的 x 与 y 对换即得 $\dfrac{\partial f}{\partial y}$，以此类推.

9.3 高阶偏导数

一般来说考研只考到二阶.

$$\frac{\partial}{\partial x}\left(\frac{\partial z}{\partial x}\right)=\frac{\partial^2 z}{\partial x^2}=f_{xx}(x, y)\ (\text{纯偏导})；\quad \frac{\partial}{\partial y}\left(\frac{\partial z}{\partial x}\right)=\frac{\partial^2 z}{\partial x\partial y}=f_{xy}(x, y)\ (\text{混合偏导})；$$

$$\frac{\partial}{\partial x}\left(\frac{\partial z}{\partial y}\right)=\frac{\partial^2 z}{\partial y\partial x}=f_{yx}(x, y)\ (\text{混合偏导})；\quad \frac{\partial}{\partial y}\left(\frac{\partial z}{\partial y}\right)=\frac{\partial^2 z}{\partial y^2}=f_{yy}(x, y)\ (\text{纯偏导})；$$

【例 9.6】 求 $f(x, y)=\begin{cases}\dfrac{x^3 y}{x^2+y^2} & (x, y)\neq(0, 0) \\ 0 & (x, y)=(0, 0)\end{cases}$ 在点 $(0, 0)$ 处的两个二阶混合偏导数.

【解】 当 $(x, y)\neq(0, 0)$ 时，

$$f_x(x, y)=\frac{3x^2 y(x^2+y^2)-2x\cdot x^3 y}{(x^2+y^2)^2}=\frac{3x^2 y}{x^2+y^2}-\frac{2x^4 y}{(x^2+y^2)^2}=\frac{x^4 y+3x^2 y^3}{(x^2+y^2)^2}$$

类似可得 $f_y(x,y)=\dfrac{x^3}{x^2+y^2}-\dfrac{2x^3y^2}{(x^2+y^2)^2}=\dfrac{x^5-x^3y^2}{(x^2+y^2)^2}$

当 $(x,y)=(0,0)$ 时

$$f_x(0,0)=\lim_{x\to0}\frac{f(x,0)-f(0,0)}{x}=\lim_{x\to0}\frac{0-0}{x}=0$$

$$f_y(0,0)=\lim_{y\to0}\frac{f(0,y)-f(0,0)}{y}=\lim_{y\to0}\frac{0-0}{y}=0$$

$$f_{xy}(0,0)=\lim_{y\to0}\frac{f_x(0,y)-f_x(0,0)}{y}=\lim_{y\to0}\frac{0-0}{y}=0$$

$$f_{yx}(0,0)=\lim_{x\to0}\frac{f_y(x,0)-f_y(0,0)}{x}=\lim_{x\to0}\frac{x-0}{x}=1$$

显然 $f_{xy}(0,0)\neq f_{yx}(0,0)$.

定理 9.3.1　若函数 $f(x,y)$ 在区域 D 上的二阶混合偏导数连续，则有 $\dfrac{\partial^2 z}{\partial x\partial y}=\dfrac{\partial^2 z}{\partial y\partial x}$.

注（1）定理给出了两个二阶混合偏导数相等的充分条件，但不是必要条件，即函数的两个二阶混合偏导数相等，函数的二阶混合偏导数不一定连续.

（2）定理表明：在二阶混合偏导数连续的条件下与求导顺序无关，求导时应选择方便的求导顺序.

9.4　可　　微

这是多元函数微分学中一个重要的知识点，一般来说如果要描述多元函数的全增量的话，需要一个复杂的表达式，比如对于函数 $f(x,y)=xy^2$，它在点 (x_0,y_0) 的全增量为

$\Delta z=y_0^2\Delta x+2x_0y_0\Delta y+x_0(\Delta y)^2+2y_0\Delta x\Delta y+\Delta x(\Delta y)^2$，$\Delta z$ 共有五项，前两项是 Δx 和 Δy 的一次项，即 Δx 和 Δy 的线性函数，后面三项是 Δx 和 Δy 的二次式和三次式，如果令 $\rho=\sqrt{(\Delta x)^2+(\Delta y)^2}\to0$ 时，后面三项都是 ρ 的高阶无穷小（二元函数的高阶无穷小不要求掌握，知道就行），即全增量可以表示为 $\Delta z=y_0^2\Delta x+2x_0y_0\Delta y+o(\rho)$，在忽略高阶无穷小的情况下，因为 x_0 和 y_0 都是固定的常数，所以 Δz 可用 Δx 和 Δy 的线性函数来近似替代. 为了使这种近似更具有普遍性，我们引入全微分的概念.

定义 9.4.1　如果函数 $z=f(x,y)$ 在点 (x,y) 的全增量 $\Delta z=f(x+\Delta x,y+\Delta y)-f(x,y)$ 可表示为 $\Delta z=A\Delta x+B\Delta y+o(\rho)$　　$\left(\rho=\sqrt{(\Delta x)^2+(\Delta y)^2}\right)$，

其中 A，B 不依赖于 Δx，Δy 而仅与 x，y 有关，则称函数 $z=f(x,y)$ 在点 (x,y) 可微，而称 $A\Delta x+B\Delta y$ 为函数 $z=f(x,y)$ 在点 (x,y) 的全微分，记作 $\mathrm{d}z$，即 $\mathrm{d}z=A\Delta x+B\Delta y$.

（1）写出全增量 $\Delta z=f(x_0+\Delta x,y_0+\Delta y)-f(x_0,y_0)$.

（2）写出线性增量 $A\Delta x+B\Delta y$，其中 $A=f_x'(x_0,y_0)$，$B=f_y'(x_0,y_0)$.

（3）作极限 $\lim\limits_{\substack{\Delta x\to0\\ \Delta y\to0}}\dfrac{\Delta z-(A\Delta x+B\Delta y)}{\sqrt{(\Delta x)^2+(\Delta y)^2}}$. 若该极限等于 0，则 $z=f(x,y)$ 在 (x_0,y_0) 点可微，否则，就不可微.

用形式简单的"线性增量 $A\Delta x+B\Delta y$"去代替形式复杂的"全增量 Δz"，且其误差" $\Delta z-(A\Delta x+B\Delta y)$ "是 $o\left(\sqrt{(\Delta x)^2+(\Delta y)^2}\right)$，这就是说，用简单的代替了复杂的，且产生的误差可以忽略不计，这就是可微的真正含义.

注 偏导数存在仅仅是可微的必要条件，而非充分条件.

技巧 证明函数在一点可微的方法如下：

若函数在此点偏导数存在，用可微定义计算 $\lim\limits_{\substack{\Delta x \to 0 \\ \Delta y \to 0}} \dfrac{\Delta z-\left(\dfrac{\partial z}{\partial x}\Delta x+\dfrac{\partial z}{\partial y}\Delta y\right)}{\sqrt{\Delta x^2+\Delta y^2}}$，若此极限等于 0，则可微；若此极限不等于 0，则不可微；若此极限不存在，也不可微.

若是讨论零点的可微性，则计算 $\lim\limits_{\substack{x \to 0 \\ y \to 0}} \dfrac{\Delta z-[z_x(0,0)x+z_y(0,0)y]}{\sqrt{x^2+y^2}}$.

快速判断二元分段函数在 $(0,0)$ 点是否可微的高级技巧.

快速判断 $f(x,y)=\begin{cases} g(x,y) & x^2+y^2\neq 0 \\ 0 & x^2+y^2=0 \end{cases}$ 在 $(0,0)$ 点是否可微的技巧如下：

(1) 如果极限 $\lim\limits_{\substack{x \to 0 \\ y \to 0}} \dfrac{g(x,y)}{\sqrt{x^2+y^2}}\neq 0$，则一定不可微：

这是因为二元函数 $f(x,y)$ 在 $(0,0)$ 点可微的充分条件为

$$\lim_{(x,y)\to(0,0)} \frac{f(x,y)-f(0,0)}{\sqrt{x^2+y^2}}=0$$

证明如下：因为 $f(x,y)$ 在 $(0,0)$ 点可微的充要条件为

$$\lim_{\rho\to 0} \frac{\Delta f-[f_x(0,0)\Delta x+f_y(0,0)\Delta y]}{\rho}=0$$

$$f_x(0,0)=\lim_{x\to 0}\frac{f(x,0)-f(0,0)}{x}=\lim_{x\to 0}\frac{f(x,0)-f(0,0)}{\sqrt{x^2+0^2}}\cdot\frac{\sqrt{x^2}}{x}=0$$

$$f_y(0,0)=\lim_{y\to 0}\frac{f(0,y)-f(0,0)}{y}=\lim_{y\to 0}\frac{f(0,y)-f(0,0)}{\sqrt{0^2+y^2}}\cdot\frac{\sqrt{y^2}}{y}=0$$

$$\lim_{\rho\to 0}\frac{\Delta f-[f_x(0,0)\Delta x+f_y(0,0)\Delta y]}{\rho}=\lim_{(x,y)\to(0,0)}\frac{f(x,y)-f(0,0)}{\sqrt{x^2+y^2}}=0$$

(2) 如果 $f'_x(0,0)=f'_y(0,0)=0$，且 $\lim\limits_{\substack{x \to 0 \\ y \to 0}} \dfrac{g(x,y)}{\sqrt{x^2+y^2}}=0$，则一定可微.

具体做法是，利用 $y=kx$ 代入 $g(x,y)$，求出分子与分母的阶次差，如大于 1 则可微，小于等于 1 不可微. 当不需要详细解答过程时，如在选择题中，这种方法非常有效，而且研究表明：即便 $f'_x(0,0)=f'_y(0,0)\neq 0$. 上述方法往往也有效.

【例 9.7】讨论 $f(x,y)=\begin{cases} \dfrac{xy}{x^2+y^2}, & (x,y)\neq 0 \\ 0, & (x,y)=0 \end{cases}$ 在 $(0,0)$ 点的可微性.

【解】 $\dfrac{f'_x(0,0)=f'_y(0,0)=0}{}$ $\lim\limits_{\substack{x \to 0 \\ y=kx}} \dfrac{kx^2}{(1+k^2)x^2}$，阶次差 $=0$，在 $(0,0)$ 点不可微.

【例 9.8】 讨论 $f(x, y) = \begin{cases} \dfrac{x^2 y^2}{x^2 + y^2}, & (x, y) \neq 0 \\ 0, & (x, y) = 0 \end{cases}$ 在 $(0, 0)$ 点的可微性.

【解】 $\xrightarrow{f'_x(0, 0) = f'_y(0, 0) = 0} \lim\limits_{\substack{x \to 0 \\ y = kx}} \dfrac{kx^4}{(1 + k^2)x^2}$，阶次差 $= 2$，在 $(0, 0)$ 点可微.

【例 9.9】 下例二元函数在 $(0, 0)$ 点可微的是（　　）.

A. $f(x, y) = \begin{cases} \sqrt{x^2 + y^2}\, \arctan \dfrac{1}{x^2 + y^2}, & x^2 + y^2 \neq 0 \\ 0, & x^2 + y^2 = 0 \end{cases}$

B. $f(x, y) = \sqrt{|xy|}$

C. $f(x, y) = \begin{cases} (x^2 + y^2)\arctan \dfrac{1}{x^2 + y^2}, & x^2 + y^2 \neq 0 \\ 0, & x^2 + y^2 = 0 \end{cases}$

D. $f(x, y) = \begin{cases} \dfrac{x^3 - y^3}{x^2 + y^2}, & x^2 + y^2 \neq 0 \\ 0, & x^2 + y^2 = 0 \end{cases}$

【解 1】 选 C. 常规解析如下：

A. $f(x, 0) = |x| \arctan \dfrac{1}{x^2} \Rightarrow f'_x(0, 0) = \lim\limits_{x \to 0} \dfrac{|x| \arctan \dfrac{1}{x^2}}{x}$ 不存在，所以不可微.

B. $f(x, 0) = 0 \Rightarrow f'_x(0, 0) = 0 = f'_y(0, 0)$，

$\Rightarrow \lim\limits_{\substack{\Delta x \to 0 \\ \Delta y = k\Delta x}} \dfrac{\Delta f - f_x(0, 0)\Delta x - f_y(0, 0)\Delta y}{\rho} = \lim\limits_{\substack{x \to 0 \\ y = kx}} \dfrac{\sqrt{|xy|}}{\sqrt{x^2 + y^2}} = \lim\limits_{x \to 0} \sqrt{\dfrac{|k|}{1 + k^2}} \neq 0$，所以不可微.

C. $f(x, 0) = x^2 \arctan \dfrac{1}{x^2} \Rightarrow f'_x(0, 0) = \lim\limits_{x \to 0} \dfrac{x^2 \arctan \dfrac{1}{x^2}}{x} = 0 = f'_y(0, 0)$

$\lim\limits_{\substack{\Delta x \to 0 \\ \Delta y = k\Delta x}} \dfrac{\Delta f - f_x(0, 0)\Delta x - f_y(0, 0)\Delta y}{\rho} = \lim\limits_{\substack{x \to 0 \\ y \to 0}} \dfrac{(x^2 + y^2)\arctan \dfrac{1}{x^2 + y^2}}{\sqrt{x^2 + y^2}}$

$= \lim\limits_{\substack{x \to 0 \\ y \to 0}} \sqrt{x^2 + y^2}\, \arctan \dfrac{1}{x^2 + y^2} = 0$，故可微.

D. $f(x, 0) = x \Rightarrow f'_x(0, 0) = 1$；$f(0, y) = -y \Rightarrow f'_y(0, 0) = -1$

$\lim\limits_{\substack{\Delta x \to 0 \\ \Delta y = k\Delta x}} \dfrac{\Delta f - f_x(0, 0)\Delta x - f_y(0, 0)\Delta y}{\rho} = \lim\limits_{\substack{x \to 0 \\ y \to 0}} \dfrac{\dfrac{x^3 - y^3}{x^2 + y^2} - (x - y)}{\sqrt{x^2 + y^2}}$

$= \lim\limits_{\substack{x \to 0 \\ y \to 0}} \dfrac{x^2 y - xy^2}{\sqrt{(x^2 + y^2)^3}} = \lim\limits_{\substack{x \to 0 \\ y = kx}} \dfrac{k(1 - k)}{\sqrt{(1 + k^2)^3}} \neq 0$，所以不可微.

【解 2】 技巧：

A. $\lim\limits_{\substack{x \to 0 \\ y = kx}} |x| \sqrt{1^2 + k^2}\, \arctan \dfrac{1}{x^2 + y^2}$，阶次差 $= 1$，在 $(0, 0)$ 点不可微.

B. $\lim\limits_{\substack{x \to 0 \\ y = kx}} \sqrt{|xy|} = \lim\limits_{\substack{x \to 0 \\ y = kx}} |x| \sqrt{|k|}$，阶次差 $= 1$，在 $(0, 0)$ 点不可微.

C. $\lim\limits_{\substack{x\to 0 \\ y=kx}}(x^2+y^2)\arctan\dfrac{1}{x^2+y^2}=\lim\limits_{\substack{x\to 0 \\ y=kx}}x^2(1^2+k^2)\arctan\dfrac{1}{x^2+y^2}$，阶次差＝2，在（0，0）点可微.

9.5　偏导数连续与可微

【思考】二元函数在怎样的条件下才能保证可微?

定理 9.5.1（可微的充分条件）若函数 $z=f(x,y)$ 在点 $P_0(x_0,y_0)$ 某邻域内的两个偏导数 $\dfrac{\partial z}{\partial x}$，$\dfrac{\partial z}{\partial y}$ 连续，则函数 $z=f(x,y)$ 在点 $P_0(x_0,y_0)$ 处可微.

【证明】函数的全增量为 $\Delta z=f(x_0+\Delta x,y_0+\Delta y)-f(x_0,y_0)$

$=[f(x_0+\Delta x,y_0+\Delta y)-f(x_0,y_0+\Delta y)]+[f(x_0,y_0+\Delta y)-f(x_0,y_0)]$

对上式中右端两项分别应用拉格朗日中值定理，得

$$\Delta z=f_x(x_0+\theta_1\Delta x,y_0+\Delta y)\Delta x+f_y(x_0,y_0+\theta_2\Delta y)\Delta y(0<\theta_1,\theta_2<1)$$

又由偏导数的连续性，得

$$f_x(x_0+\theta_1\Delta x,y_0+\Delta y)\Delta x=f_x(x_0,y_0)\Delta x+\varepsilon_1\Delta x$$
$$f_y(x_0,y_0+\theta_2\Delta y)\Delta y=f_y(x_0,y_0)\Delta y+\varepsilon_2\Delta y$$

其中 ε_1，ε_2 为 Δx，Δy 的函数，且当 $\Delta x\to 0$，$\Delta y\to 0$ 时，$\varepsilon_1\to 0$，$\varepsilon_2\to 0$，所以

$$\Delta z=f_x(x_0,y_0)\Delta x+\varepsilon_1\Delta x+f_y(x_0,y_0)\Delta y+\varepsilon_2\Delta y$$

因为 $\left|\dfrac{\varepsilon_1\Delta x+\varepsilon_2\Delta y}{\rho}\right|\leqslant|\varepsilon_1|+|\varepsilon_2|\to 0\quad(\rho\to 0)$

故函数 $z=f(x,y)$ 在点 $P_0(x_0,y_0)$ 处可微.

9.5.1　二元函数在某点连续、函数偏导数存在、可微、偏导数连续之间的关系

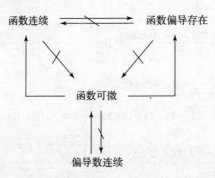

通过前面给大家介绍的例子来理解记忆二元函数在某点连续、可微、可偏导这几个的关系，这些例子以及下文的经典反例作为特例记忆下来用于选择题排除选项.

经典反例

(1) 极限存在，不一定连续，例如 $f(x,y)=\begin{cases}1,&x^2+y^2\neq 0\\0,&x^2+y^2=0\end{cases}$.

(2) 两个偏导数存在，不一定连续，例如 $f(x,y)=\begin{cases}1,&xy=0\\0,&xy\neq 0\end{cases}$.

（3）连续，不一定可偏导，因此不一定可微，例如 $f(x,y)=\sqrt{x^2+y^2}$.

（4）偏导数存在，不一定可微，例如 $f(x,y)=\sqrt{xy}$.

（5）可微，偏导数不一定连续，例如 $f(x,y)=\begin{cases} (x^2+y^2)\sin\dfrac{1}{x^2+y^2}, & x^2+y^2\neq 0 \\ 0, & x^2+y^2=0 \end{cases}$.

总结：如何检验一个多元函数的全微分是否存在？

【答】分以下几个步骤：

（1）先看函数是否连续，若它不连续，则一定不可微.

（2）如果连续，再看它是否可导，若函数不可导，则一定不可微.

（3）如果各个偏导数都连续，则该函数必可微.

（4）如果 $z=f(x,y)$ 在点 (x_0,y_0) 处连续且可导，而其偏导数在点 (x_0,y_0) 处至少有一个不连续，则应由全微分定义去验证极限. 因为 $\Delta z=f_x'(x_0,y_0)+f_y'(x_0,y_0)+\sqrt{\Delta x^2+\Delta y^2}$ 故 $\lim\limits_{\rho\to 0}\dfrac{\Delta z-f_x'(x_0,y_0)\Delta x-f_y'(x_0,y_0)\Delta y}{\rho}$，其中 $\rho=\sqrt{\Delta x^2+\Delta y^2}$ 是否等于 0，若该极限等于零，则此函数可微；若该极限不等于零，则函数 $z=f(x,y)$ 在点 (x_0,y_0) 处必不可微.

9.5.2　二元函数的四性关系

二元函数的四性关系

- 全面极限存在 $\overset{\times}{\underset{}{\longleftarrow}}$ 函数连续 $\overset{\times}{\underset{}{\longleftarrow}}$ 偏导存在 $\overset{\times}{\underset{}{\longleftarrow}}$ 任意方向导数存在 $\overset{\times}{\underset{}{\longleftarrow}}$ 偏导连续 $\overset{}{\underset{\times}{\longleftarrow}}$ 全面极限存在

- 偏导连续 $\overset{}{\underset{\times}{\longleftarrow}}$ 函数连续

- 函数连续 $\overset{}{\underset{\times}{\longleftarrow}}$ 可微 $\overset{}{\underset{\times}{\longleftarrow}}$ 任意方向导数存在

- 偏导连续 $\overset{}{\underset{\times}{\longleftarrow}}$ 可微 $\overset{}{\underset{\times}{\longleftarrow}}$ 偏导存在

注 偏导、二次极限是一维问题，而全面极限、连续、可微是二维问题，所以两组问题之间一般没有任何关系，除非添加某些附加条件. 另外，注意方向导数的定义是射线单方向.

- 为便于比较，再列举一元函数的四性关系：

可微 $\overset{充要}{\underset{充要}{\longleftarrow}}$ 可导　可微 $\overset{充分}{\underset{必要}{\longleftarrow}}$ 连续　极限存在 $\overset{必要}{\underset{充分}{\longleftarrow}}$ 可导

极限存在 $\overset{必要}{\underset{充分}{\longleftarrow}}$ 连续　可导 $\overset{充分}{\underset{必要}{\longleftarrow}}$ 连续

9.6　多元复合函数的求导法则

考研数学对于求偏导的题型只有一类，即复合函数的偏导数. 而复合函数又分为显式复合函数（因变量在左边）和隐式复合函数（因变量在方程或方程组中）.

9.6.1 多元显函数的微分

（一）首先要确定自变量，中间变量和因变量（函数）

（1）根据所给变量的个数与等式（方程）的个数确定自变量的个数

$$（变量个数）-（等式个数）=（自变量个数）$$

若已知条件中变量个数为 n，有 $n-1$ 个等式（方程），则自变量个数为 1.

若已知条件中变量个数为 n，有 $n-2$ 个等式（方程），则自变量个数为 2.

（2）确定自变个数后，依据欲求或欲证的问题和已知条件来判断哪些变量为自变量. 题中表示自变量、中间变量和因变量的字母要根据题目的问题或已知条件来判定.

如：设 $u=f(x, y, z)$，$\varphi(x^2, e^y, z)=0$，$y=\sin x$，其中 f，φ 都具有一阶连续偏导数且 $\dfrac{\partial \varphi}{\partial z}\neq 0$，求 $\dfrac{\mathrm{d}u}{\mathrm{d}x}$.

这道题目中有四个变量 u，x，y，z（f，φ 是表示映射的符号，不是变量），三个等式（方程）. 所以自变量的个数为 $4-3=1$. 由所求问题 $\dfrac{\mathrm{d}u}{\mathrm{d}x}$ 知 x 是自变量，u 是因变量，显然 y，z 就是中间变量.

（二）其次若遇到复合函数一定设中间变量

一元抽象函数"（ ）"中的整体是一个变量，多元函数"（ ）"中用"，"隔开的整体也均是变量，这种整体变量是由它们所在抽象函数表达式中的位置决定的，因此称为"位置变量".

如：$t=\varphi(xy, x^2+y^2)$ 中 xy，x^2+y^2 这两个整体就是函数 t 的两个位置变量.

$z=z(x, u(x, y), v(x, y))$ 中 x，$u(x, y)$，$v(x, y)$ 这三个整体就是函数 z 的三个位置变量. 可见，位置变量既可以是自变量本身，又可以是自变量的复合. 如果位置变量不是自变量本身，则它就可以视为一个中间变量.

如：若令 $t=\varphi(xy, x^2+y^2)$ 中 xy，x^2+y^2 这两个位置变量分别为 $u=xy$，$v=x^2+y^2$，则 u，v 就是两个中间变量.

遇到复合形式的位置变量通常要设其等于某个中间变量，设中间变量就是进行变量代换，中间变量可用原题目中没有的字母表示. 对多元函数求这些中间变量的偏导数时要将这些字母写到求导函数右下角作为下标，表明对哪个中间变量进行求导.

如：$w=f(t)$，$t=\varphi(xy, x^2+y^2)$，求 $\dfrac{\partial w}{\partial x}$.

首先确定 x，y 为自变量. 由于位置变量 xy，x^2+y^2 均为复合函数，故设 $xy=u$，$x^2+y^2=v$. 这样有 $\dfrac{\partial w}{\partial x}=f'(t)(\varphi'_u \cdot y+\varphi'_v \cdot 2x)$.

此外，还用一种常用的表示形式：经常用"1"，"2"，"3"，…，"n"来代表多元函数的第一、第二、第三、…、第 n 个位置变量. 则 f'_1，f'_2，f'_3，…，f'_n 分别来表示函数 f 的从左至右的 n 个位置变量的偏导数，f''_{mn} 分别表示函数 f 先对第 m 位置变量求偏导，再对第 n 位置变量求偏导得到的二阶偏导. 这种表示方法简便且不易出错，在多元函数的微分学中经常使用.

如：上面 $t=\varphi(xy, x^2+y^2)$ 中用"1"代表 xy，"2"代表 x^2+y^2，则 $\dfrac{\partial w}{\partial x}$ 可以写成

$$\frac{\partial w}{\partial x}=f'(t)(\varphi'_1 \cdot y+\varphi'_2 \cdot 2x).$$

注 $f'(u)$ 中"′"，即求导符号是针对位置变量 u 而言，若 $u=2x+3$，则"′"是针对括号中

"$2x+3$"这个位置变量整体而言，绝不能认为求导是针对 x 进行的，即：

$$f'(u)=f'(2x+3)\neq 2f'(2x+3).$$

同理：上面 $f'(t)(\varphi_1' \cdot y+\varphi_2' \cdot 2x)$ 中 φ_1' 是对由 1 代表的位置变量 "xy" 整体求导，φ_2' 是对由 2 代表的位置变量 "x^2+y^2" 整体求导．

（三）再次区分全导和偏导的不同

首先来看导数有哪些表示方法：

式子 $y=f(x)$ 表示了两个变量和一个对应关系：即自变量 x、因变量 y、以及从 $x\to y$ 的一个映射 f．y 对 x 的导数有两种表示方法：y' 或 $f'(x)$．前者是用因变量表示导数，后者是用映射表示导数．

$z=f(x, y)$ 也同样，表示了两个自变量 x、y，一个因变量 z、一个从 x，$y\to z$ 的映射 f．z 对 x 的偏导数也有两种表示方法：z_x' 或 $f_x'(x, y)$．前者是用因变量表示偏导数；后者是用映射表示偏导数．

上面提到了多元函数的（偏）导数有两种表示方法：用因变量表示（偏）导数，用映射表示（偏）导数．下面就讨论在这两种表示方法下全导和偏导的区分：

（1）对于用因变量表示的（偏）导数．（2）对于用映射表示的（偏）导数．

如果是一个位置变量到某因变量的映射，则用全导数表示（如 $f'(x)$，$\dfrac{\mathrm{d}f}{\mathrm{d}x}$）；如果是两个或两个以上位置变量到某因变量的映射，则用偏导数表示（如 f_x'，f_y'，$\dfrac{\partial f}{\partial x}$、$\dfrac{\partial f}{\partial y}$）．

如：$z=f(u, v)$，$u=\varphi(x)$，$v=\psi(x)$，求 z 对 x 的导数．

已知条件中有 z，u，v，x 四个变量，三个等式（方程），所以自变量个数为 $4-3=1$．因为要求 z 对 x 的导数，所以只有 x 为自变量，用 x 可以表示 u，v，z．因此因变量 z 对自变量 x 而言是一元函数，z 对 x 求导是全导．

从函数 $z=f(u, v)$ 的形式上看，f 是位置变量 u，v 到因变量 z 的映射，所以 f 对 u，v 求导是偏导；而 φ，ψ 分别是位置变量 x 到因变量 u，v 的映射，所以 φ，ψ 对 x 求导是全导．综上所述，有：$\dfrac{\mathrm{d}z}{\mathrm{d}x}=\dfrac{\partial f}{\partial u}\varphi'(x)+\dfrac{\partial f}{\partial v}\psi'(x)$ 或 $\dfrac{\mathrm{d}z}{\mathrm{d}x}=f_u'\varphi'(x)+f_v'\psi'(x)$

（四）再次将函数通过位置变量求导到自变量上去

多元复合显函数的微分法常用的解题思路是：将函数通过位置变量求导到自变量上去．这可以通过下面"多元复合函数微分的图示"更好地理解．

有一点要注意，设多元抽象函数 u 是 x，y，$\cdots$，z 的函数，且函数 u 对 x，y，$\cdots$，z 中某变量的偏导数存在，则 u 对该变量的偏导数通常默认为仍是 x，y，$\cdots$，z 的函数，这一点要和一元复合函数的自变量区别开．

（五）最后通过多元复合函数微分的图示表示出来

多元复合函数的微分可以通过画复合关系图来帮助分析．

首先确定自变量、函数以及中间变量，就是前面第（一）点内容所提到的．然后将函数写在左，将其对应的位置变量排成一列写在右，再将这些位置变量视为函数，重复上面步骤⋯⋯直到每个位置变量对自变量而言都没有中间变量为止，再在最右边将自变量写成一列．

对于多元复合显函数：从函数开始，通过各位置变量（某位置变量通过自己下一级的位置变量），连线到自变量上去，自变量之间没有连线．函数、各位置变量、自变量可以视为"结点"，两个"结点"之间的是"线段"，每条"线段"对应一个求导关系，是"线段"左边的

"结点"对右边的"结点"求导数,如果左边"结点"处分叉,即不止有一个位置变量,则对右边的是偏导,否则是全导.

对一条"线段"连接的两个相邻"结点"而言,通常导数既可以写成映射的形式,又可以写成因变量的形式,但如果同一"通路"出现两个自变量(如下面例子出现两个 x,一个与函数相邻,一个不相邻),则为了区分,应该用映射的形式表示函数到相邻自变量的导数.若两个"结点"不相邻(由两个或两个以上"线段"相连),则它们的导数应该写成因变量的形式. $\left(\text{如下面例子中}\dfrac{\partial z}{\partial x},\ \dfrac{\partial z}{\partial y}\right)$.

连线之后,从函数到自变量形成了一条条"通路",每条"通路"又包含一段段"线段",每条"通路"上各"线段"对应的导数是相乘关系,函数到自变量的各条"通路"是相加关系.

从函数通过中间变量到自变量的所有"通路"对应的导数乘积全部求出并相加,就得到该函数对自变量的导数.

结合下面例子可以很容易理解上面内容:

设 $z=f(x,\ u,\ v)$,$u=\varphi(x,\ y)$,$v=\phi(x,\ y)$,求 $\dfrac{\partial z}{\partial x}$,$\dfrac{\partial z}{\partial y}$.

首先确定 $x,\ y$ 为自变量,z 为函数.z 要由 $x,\ u,\ v$ 三个位置变量来表示,$u,\ v$ 作为中间变量都要由 $x,\ y$ 来表示.画复合关系图如图 9-4 所示(注意:自变量 $x,\ y$ 之间相互独立,$\dfrac{\mathrm{d}x}{\mathrm{d}y}=0$,它们之间没有连线).

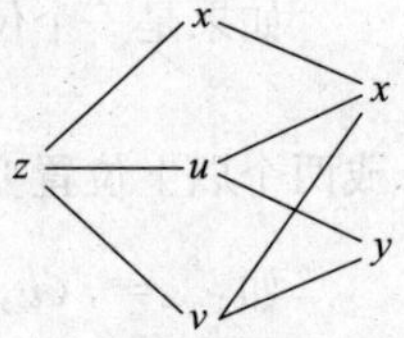

z 到自变量 x 有三条通路,于是有 $\dfrac{\partial z}{\partial x}=\dfrac{\partial f}{\partial x}\cdot\dfrac{\mathrm{d}x}{\mathrm{d}x}+\dfrac{\partial f}{\partial u}\cdot\dfrac{\partial \varphi}{\partial x}+\dfrac{\partial f}{\partial v}\cdot\dfrac{\partial \phi}{\partial x}$

图 9-4

上式等号右边三项分别由三条"通路"求得,每项两个求导式由相应"通路"上两条"线段"求得,注意 $z,\ u,\ v$ 三个"结点"分叉,为偏导,x "结点"不分叉,为全导.上式中 $\dfrac{\partial z}{\partial x}$ 要用因变量的形式表示,其余导数均可以用映射的形式来表示 $\left(\dfrac{\mathrm{d}x}{\mathrm{d}x}\text{可以略去}\right)$.

同理,z 到自变量 y 有两条通路,这时有:$\dfrac{\partial z}{\partial y}=\dfrac{\partial f}{\partial u}\cdot\dfrac{\partial \varphi}{\partial y}+\dfrac{\partial f}{\partial v}\cdot\dfrac{\partial \phi}{\partial y}$,该式等号右边两项分别由两条"通路"求得.

注 (1) 多元隐函数与显函数相似,也可以用复合关系图帮助分析,参见下面【例 9.10】.

(2) 找"通路"时从右向左找更容易且不易遗漏,即从自变量向函数找"通路".

(3) 复合关系图只是帮助分析,要在草稿纸上进行.熟练之后,可以在头脑中想象复合关系图,直接根据多元函数式写出多元函数微分的结果.

【例 9.10】设 $u=f(x,\ y,\ z)$,$\varphi(x^2,\ e^y,\ z)=0$,$y=\sin x$,其中 $f,\ \varphi$ 都具有一阶连续偏导数且 $\dfrac{\partial \varphi}{\partial z}\neq 0$,求 $\dfrac{\mathrm{d}u}{\mathrm{d}x}$.

【分析】$\because$ 有 4 个变量 $u,\ x,\ y,\ z$,3 个等式(方程),$\therefore$ 自变量个数为 $4-3=1$.

由 $\dfrac{\mathrm{d}u}{\mathrm{d}x}$ 知 x 为自变量,u 为函数,故 u 是 x 的一元函数,$y,\ z$ 也均为 x 的一元函数,根据已知条件知 f 是三个位置变量 $x,\ y,\ z$ 到 u 的映射.

【解】对题干中前两个式子画复合关系图 9-5 帮助分

析：$\dfrac{\mathrm{d}u}{\mathrm{d}x}=\dfrac{\partial f}{\partial x}\cdot 1+\dfrac{\partial f}{\partial y}\cdot\dfrac{\mathrm{d}y}{\mathrm{d}x}+\dfrac{\partial f}{\partial z}\cdot\dfrac{\mathrm{d}z}{\mathrm{d}x}$（将 u 通过各位

置变量求导到自变量 x 上去）

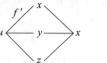
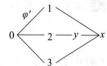

图 9-5

在 $\varphi(x^2,\ \mathrm{e}^y,\ z)=0$ 中用 "1"，"2"，"3" 分别代

表位置变量 x^2，e^y，z，并将此式两边对 x 求偏导得：

$\varphi'_1\cdot 2x+\varphi'_2\cdot\mathrm{e}^y\cos x+\varphi'_3\cdot\dfrac{\mathrm{d}z}{\mathrm{d}x}=0$，解得：$\dfrac{\mathrm{d}z}{\mathrm{d}x}=-\dfrac{\varphi'_2\mathrm{e}^y\cos x+2x\varphi'_1}{\varphi'_3}$

$\because\ \dfrac{\mathrm{d}y}{\mathrm{d}x}=\cos x$，$\therefore$ 将 $\dfrac{\mathrm{d}y}{\mathrm{d}x}$，$\dfrac{\mathrm{d}z}{\mathrm{d}x}$ 代入 $\dfrac{\mathrm{d}u}{\mathrm{d}x}$ 表达式得：

$$\frac{\mathrm{d}u}{\mathrm{d}x}=\frac{\partial f}{\partial x}+\cos x\cdot\frac{\partial f}{\partial y}-\frac{\varphi'_2\mathrm{e}^y\cos x+2x\varphi'_1}{\varphi'_3}\cdot\frac{\partial f}{\partial z}$$

【例 9.11】设 $z=f(2x-y)+g(x,xy)$，其中 $f(t)$ 二阶可导，$g(u,\ v)$ 有连

续二阶偏导数，求 $\dfrac{\partial^2 z}{\partial x\partial y}$.

【分析】本例中有 3 个变量 x，y，z，1 个等式（方程），所以自变量个数为

$3-1=2$. 也可以这样来考虑，由于存在复合函数，故设中间变量 $t=2x-y$，u

$=x$，$v=xy$，算上已知条件 "$z=f(2x-y)+g(x,\ xy)$" 共有 6 个变量 x，y，z，t，u，v，4

个等式（方程），自变量个数为 $6-4=2$. 可见，两种考虑方法得到的自变量个数是相同的. 再

根据 $\dfrac{\partial^2 z}{\partial x\partial y}$，知 x，y 为自变量，z 为函数.

【解】z 为两项之和，做变量代换 $t=2x-y$，$v=xy$，对 z 的两项分别画

复合关系图 9-6 帮助分析得：

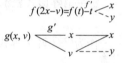

图 9-6

$$\frac{\partial z}{\partial x}=\frac{\mathrm{d}f}{\mathrm{d}t}\cdot\frac{\partial t}{\partial x}+\frac{\partial g}{\partial x}+\frac{\partial g}{\partial v}\cdot\frac{\partial v}{\partial x}=2f'(t)+g'_x+yg'_v$$

同理可得：$\dfrac{\partial^2 z}{\partial x\partial y}=-2f''(t)+xg''_{xv}+g'_v+xyg''_{vv}$

注 1 由于先对 x 求导，只找通向 x 的通路，因此为了直观，上面复合关系图中将通向 y 的通

路画成了虚线.

注 2 $g'(v)$ 的自变量和 $g(x,\ xy)$ 的自变量是相同的，即 $g'_v(x,\ xy)$.

【例 9.12】设 $w=f(t,\ u)$，$t=\varphi(xy,\ x^2+y^2)$，$u=\varphi(x,\ y)$，求 $\dfrac{\partial w}{\partial x}$.

【分析】本例中有 5 个变量 w，t，u，x，y，3 个等式（方程），所以自变量个数为 $5-3=2$. 根

据欲求 $\dfrac{\partial w}{\partial x}$ 可以判定 x 一定是自变量，另一个自变量虽无法通过题干一眼看出，

但根据经验或者根据 $t=\varphi(xy,\ x^2+y^2)$ 和 $u=\varphi(x,\ y)$ 可以知道另一个自变量

应该是 y.

综上所述，w 是 x，y 的二元函数，t，u 为中间变量，也是 x，y 的二元

函数.

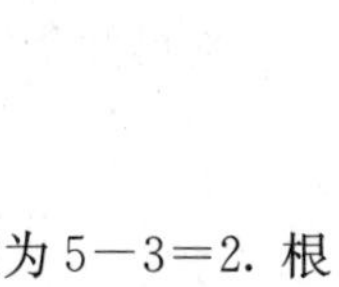

【解】在 $t=\varphi(xy,\ x^2+y^2)$ 中用 "1" 代表 xy，"2" 代表 x^2+y^2，则画出复合

关系图 9-7 帮助分析有：$\dfrac{\partial w}{\partial x}=f'_t(\varphi'_1\cdot y+\varphi'_2\cdot 2x)+f'_u\varphi'_x$

图 9-7

注 如果 $w=f(t, u)$ 中也用"1"代表 t,"2"代表 u,则结果也可以写成:

$$\frac{\partial w}{\partial x}=f_1'(\varphi_1' \cdot y+\varphi_2' \cdot 2x)+f_2'\varphi_x'$$

【例 9.13】设 $u=u(x, y)$ 由方程组 $u=f(x, y, z, t)$,$g(y, z, t)=0$,$h(z, t)=0$ 所确定.其中 f,g,h 对各变量有连续的偏导数,且 $\frac{\partial g}{\partial z} \cdot \frac{\partial h}{\partial t}-\frac{\partial g}{\partial t} \cdot \frac{\partial h}{\partial z} \neq 0$,求 $\frac{\partial u}{\partial x}$,$\frac{\partial u}{\partial y}$.

【分析】本例中有 5 个变量 u,x,y,z,t,3 个等式(方程),所以自变量个数为 $5-3=2$. 由求 $\frac{\partial u}{\partial x}$,$\frac{\partial u}{\partial y}$ 可以判定 x,y 为自变量,u 为函数,所以 z,t 为中间变量.

综上所述,u 为 x,y 的二元函数,z,t 为 x,y 的二元函数.f 是 x,y,z,t 四个位置变量到 u 的映射.

【解】将已知条件中的三个等式两边分别对 x 求偏导,得:

$$\frac{\partial u}{\partial x}=f_1'+f_3'\frac{\partial z}{\partial x}+f_4'\frac{\partial t}{\partial x} \qquad ①$$

$$g_2'\frac{\partial z}{\partial x}+g_3'\frac{\partial t}{\partial x}=0 \qquad ②$$

$$h_1'\frac{\partial z}{\partial x}+h_2'\frac{\partial t}{\partial x}=0 \qquad ③$$

由条件 $\frac{\partial g}{\partial z} \cdot \frac{\partial h}{\partial t}-\frac{\partial g}{\partial t} \cdot \frac{\partial h}{\partial z} \neq 0$,得 $g_2'h_2'-g_3'h_1' \neq 0$,

用矩阵形式表示此不等式就是 $\begin{vmatrix} g_2' & g_3' \\ h_1' & h_2' \end{vmatrix} \neq 0$,根据线性代数的理论,这时我们可以将 $\frac{\partial z}{\partial x}$,$\frac{\partial t}{\partial x}$ 作为②③两个等式所组成的其次线性方程组的未知量,而 $\begin{vmatrix} g_2' & g_3' \\ h_1' & h_2' \end{vmatrix}$ 恰好是这个方程组的系数矩阵,而又因为这个系数矩阵非 0,根据克莱姆法则,那这个方程组只有零解,即

$$\frac{\partial z}{\partial x}=0,\ \frac{\partial t}{\partial x}=0 \qquad ④$$

因此 z,t 与 x 无关,是只与 y 有关的函数.将④的两式代入①式得 $\frac{\partial u}{\partial x}=f_1'$.

对已知条件中的三个等式两边分别对 y 求偏导得:

$$\frac{\partial u}{\partial y}=f_2'+f_3'\frac{\partial z}{\partial y}+f_4'\frac{\partial t}{\partial y} \qquad ⑤$$

$$g_1'+g_2'\frac{\partial z}{\partial y}+g_3'\frac{\partial t}{\partial y}=0 \qquad ⑥$$

$$h_1'\frac{\partial z}{\partial y}+h_2'\frac{\partial t}{\partial y}=0 \qquad ⑦$$

⑥、⑦联立求解出 $\frac{\partial t}{\partial y}=\frac{g_1'h_1'}{g_2'h_2'-g_3'h_1'}$、$\frac{\partial z}{\partial y}=\frac{-g_1'h_2'}{g_2'h_2'-g_3'h_1'}$,将其代入⑤式

解得:$\frac{\partial u}{\partial y}=f_2'+\frac{g_1'h_1'f_4'-f_3'g_1'h_2'}{g_2'h_2'-g_3'h_1'}$

注 读者可以尝试在头脑中想象复合关系,直接写出各式的微分结果.我们给出①—③式的复合关系图 9-8 供参考.

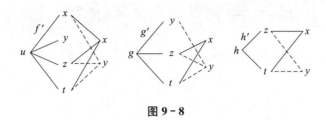

图 9 - 8

9.7　多元隐函数的微分

9.7.1　多元隐函数微分的求解方法

针对多元隐函数微分的求解仍然讨论五点内容：

（1）首先要确定自变量，中间变量和因变量．具体方法与多元显函数的微分相同．

（2）若遇到复合函数一定设中间变量．具体方法也与多元显函数的微分相同．

（3）对已知条件中用来确定隐函数的等式（方程）两边同时求各未知量的（偏）导数，联立成方程组．

（4）解方程组，求出函数对自变量的全导或偏导．

（5）多元隐函数的复合关系图与显函数相似，在多元显函数微分的图示法部分已提到，参见下面的内容．

有一点要注意：设多元抽象函数 u 是 x，y，$\cdots$，z 的函数，且函数 u 对 x，y，$\cdots$，z 中某变量的偏导数存在，则 u 对该变量的偏导数通常默认为仍是 x，y，$\cdots$，z 的函数．

对多元隐函数的讨论中（1），（2），（3）三点是与多元显函数的微分完全相同的．所不同的是：多元显函数的微分在求解过程中是将函数通过位置变量求导到自变量上去，即直接求得；而多元隐函数的微分在求解过程中是通过解方程将要求的导数解出．

隐式复合函数的求偏导一般方法：求一阶偏导采用全微分法，然后根据偏导的定义，固定其他独立变量，解方程或方程组，即得结论．求二阶偏导则需要直接从一阶偏导的结果求，而不可以采用全微分法，否则繁杂．

9.7.1.1　$F(x, y, z) = 0$ 型隐函数求导

将方程 $F(x, y, z) = 0$ 两边求全微分 $\mathrm{d}F(x, y, z) = 0$，利用全微分形式的不变性，有 $F_x' \mathrm{d}x + F_y' \mathrm{d}y + F_z' \mathrm{d}z = 0$，由假设 $F_z'(x_0, y_0, z_0) \neq 0$，所以存在点 $P_0(x_0, y_0, z_0)$ 的一邻域，在此邻域内 $F_z' \neq 0$，于是 $\mathrm{d}z = -\dfrac{F_x'}{F_z'} \mathrm{d}x - \dfrac{F_y'}{F_z'} \mathrm{d}y$，从而 $\dfrac{\partial z}{\partial x} = -\dfrac{F_x'}{F_z'}$，$\dfrac{\partial z}{\partial y} = -\dfrac{F_y'}{F_z'}$．

注 用公式求导，计算 F_x'，F_y'，F_z' 时要把 x、y、z 看作独立的变量，不要把 z 看作 x、y 的函数．

9.7.1.2　方程组 $\begin{cases} F(x, y, z) = 0 \\ G(x, y, z) = 0 \end{cases}$ 型隐函数求导

只有一个独立变量，确定隐函数 $y = y(x)$，$z = z(x)$，而 $\dfrac{\mathrm{d}y}{\mathrm{d}x}$，$\dfrac{\mathrm{d}z}{\mathrm{d}x}$ 可以如下求出：

$$\begin{cases} F'_x + F'_y \dfrac{\mathrm{d}y}{\mathrm{d}x} + F'_z \dfrac{\mathrm{d}z}{\mathrm{d}x} = 0 \\ G'_x + G'_y \dfrac{\mathrm{d}y}{\mathrm{d}x} + G'_z \dfrac{\mathrm{d}z}{\mathrm{d}x} = 0 \end{cases} \Rightarrow \begin{cases} F'_y \dfrac{\mathrm{d}y}{\mathrm{d}x} + F'_z \dfrac{\mathrm{d}z}{\mathrm{d}x} = -F'_x \\ G'_y \dfrac{\mathrm{d}y}{\mathrm{d}x} + G'_z \dfrac{\mathrm{d}z}{\mathrm{d}x} = -G'_x \end{cases}$$

$$\Rightarrow \frac{\mathrm{d}y}{\mathrm{d}x} = \frac{\begin{vmatrix} -F'_x & F'_z \\ -G'_x & G'_z \end{vmatrix}}{\begin{vmatrix} F'_y & F'_z \\ G'_y & G'_z \end{vmatrix}} \qquad \frac{\mathrm{d}z}{\mathrm{d}x} = \frac{\begin{vmatrix} F'_y & -F'_x \\ G'_y & -G'_x \end{vmatrix}}{\begin{vmatrix} F'_y & F'_z \\ G'_y & G'_z \end{vmatrix}}$$

9.7.1.3 方程组 $\begin{cases} F(x,\ y,\ u,\ v)=0 \\ G(x,\ y,\ u,\ v)=0 \end{cases}$ 型隐函数求导

对于由方程组确定的隐函数，一般有几个方程就能确定几个函数，知道了函数个数后，方程组中剩下的变量就全为自变量．因为有 4 个变量，2 个等式，所以可以确定 $u = u(x,\ y)$，$v = v(x,\ y)$．这里假设了变量 u，v 是变量 x，y 的函数，即 $u = u(x,\ y)$，$v = v(x,\ y)$，这时

$$\begin{cases} F(x,\ y,\ u(x,\ y),\ v(x,\ y)) = 0 \\ G(x,\ y,\ u(x,\ y),\ v(x,\ y)) = 0 \end{cases}.$$

方程组两边对 x 求导，得

$$\begin{cases} F'_x + F'_u \dfrac{\partial u}{\partial x} + F'_v \dfrac{\partial v}{\partial x} = 0 \\ G'_x + G'_u \dfrac{\partial u}{\partial x} + G'_v \dfrac{\partial v}{\partial x} = 0 \end{cases}$$

这是关于 $\dfrac{\partial u}{\partial x}$，$\dfrac{\partial v}{\partial x}$ 的线性方程组，由线性代数知识可知，如果系数行列式为

$$J = \begin{vmatrix} F'_u & F'_v \\ G'_u & G'_v \end{vmatrix} \neq 0$$

则方程组有唯一解 $\dfrac{\partial u}{\partial x}$，$\dfrac{\partial v}{\partial x}$．同理，将方程组两边对 y 求导，可得 $\dfrac{\partial u}{\partial y}$，$\dfrac{\partial v}{\partial y}$．

$$\Rightarrow \frac{\partial u}{\partial x} = \frac{\begin{vmatrix} -F'_x & F'_v \\ -G'_x & G'_v \end{vmatrix}}{\begin{vmatrix} F'_u & F'_v \\ G'_u & G'_v \end{vmatrix}} \qquad \frac{\partial v}{\partial x} = \frac{\begin{vmatrix} F'_u & -F'_x \\ G'_u & -G'_x \end{vmatrix}}{\begin{vmatrix} F'_u & F'_v \\ G'_u & G'_v \end{vmatrix}}$$

$$\Rightarrow \frac{\partial u}{\partial y} = \frac{\begin{vmatrix} -F'_y & F'_v \\ -G'_y & G'_v \end{vmatrix}}{\begin{vmatrix} F'_u & F'_v \\ G'_u & G'_v \end{vmatrix}} \qquad \frac{\partial v}{\partial y} = \frac{\begin{vmatrix} F'_u & -F'_y \\ G'_u & -G'_y \end{vmatrix}}{\begin{vmatrix} F'_u & F'_v \\ G'_u & G'_v \end{vmatrix}}$$

【例 9.14】由方程 $F(x,\ y,\ z) = 0$ 确定隐函数的导数．

【解】由 $F(x,\ y,\ z) = 0$（3 个变量，1 个等式）可确定隐函数 $z = f(x,\ y)$．

对 $F(x,\ y,\ z) = 0$ 两边分别取 x，y 的偏导数（x，y 均为自变量，它们之间看作常数，即 $x'_y = y'_x = 0$），得：$F'_x + F'_z z'_x = 0$，$F'_y + F'_z z'_y = 0$．

解得：$z'_x = -\dfrac{F'_x}{F'_z}$，$z'_y = -\dfrac{F'_y}{F'_z}$．

【例 9.15】由方程组 $\begin{cases} F(x,\ y,\ z)=0 \\ G(x,\ y,\ z)=0 \end{cases}$ 确定隐函数的导数.

【解】由 $\begin{cases} F(x,\ y,\ z)=0 \\ G(x,\ y,\ z)=0 \end{cases}$（3 个变量，2 个等式）可确定隐函数 $y=y(x)$，

$z=z(x)$. 由图 9-9 可知，对 $F(x,\ y,\ z)=0$，$G(x,\ y,\ z)=0$ 两边分别取 x 的偏导数得：

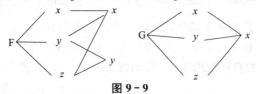

图 9-9

$\begin{cases} F'_x+F'_y y'_x+F'_z z'_x=0 \\ G'_x+G'_y y'_x+G'_z z'_x=0 \end{cases}$ 解出 y'_x，z'_x 即可.

9.7.2　关于隐函数存在的讨论

定理 9.7.2.1（隐函数存在定理 1）　设函数 $F(x,\ y)$ 在点 $P(x_0,\ y_0)$ 的某一邻域内具有连续偏导数，$F(x_0,\ y_0)=0$，$F'_y(x_0,\ y_0)\neq0$，则方程 $F(x,\ y)=0$ 在点 $(x_0,\ y_0)$ 的某一邻域内恒能唯一确定一个连续且具有连续导数的函数 $y=f(x)$，它满足条件 $y_0=f(x_0)$，并有 $\dfrac{\mathrm{d}y}{\mathrm{d}x}=-\dfrac{F'_x}{F'_y}$.

这里的 $F'_y(x_0,\ y_0)\neq0$（也就是 $\dfrac{\mathrm{d}y}{\mathrm{d}x}$ 存在）是定理的关键. 由此看来，我们所谓的"隐函数存在"，是要求在一个"指定的位置"，方程 $F(x,\ y)=0$ 能确定一个"不仅有意义，而且要有可导这种良好性质的函数". 只有单值函数才可能在一个指定位置处可导.

举例来说，给出方程 $\dfrac{x^2}{4}+y^2-1=0$，设 $F(x,\ y)=\dfrac{x^2}{4}+y^2-1$，则 $F'_x=\dfrac{x}{2}$，$F'_y=2y$，F

$(0,1)=0$，$F'_y(0,1)=2\neq0$，由定理 9.7.2.1 可知，方程 $\dfrac{x^2}{4}+y^2-1=0$ 在点 $(0,1)$ 的某一邻域内能确定一个有连续导数的隐函数 $y=f(x)$；而在点 $(-2,0)$ 和点 $(2,0)$ 就不存在这样一个有着连续导数的隐函数，因为在点 $(-2,0)$ 和点 $(2,0)$ 处的切线都是竖直方向的，显然导数不存在，在这两个点的任何去心邻域中，一个 x 对应着两个 y 的值，这就不符合函数定义了（如图 9-10 所示）.

再看个典型的例子，对于圆（如图 9-11 所示），$F(x,\ y)=x^2+y^2-1$，在 $(-1,0)$，$(1,0)$ 点处，隐函数不存在；而在其他位置，隐函数都存在，你看出来了么？

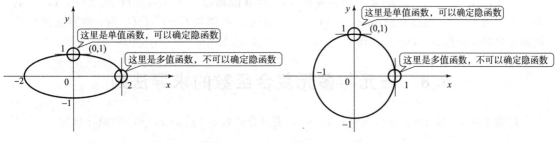

图 9-10　　　　　　　　　　　　　　　　图 9-11

隐函数求导公式 $\dfrac{\mathrm{d}y}{\mathrm{d}x}=-\dfrac{F'_x}{F'_y}$ 证明如下：将 $y=f(x)$ 代入 $F(x,y)=0$，得恒等式 $F(x,f(x))=0$，在其两边对 x 求导，得 $\dfrac{\partial F}{\partial x}+\dfrac{\partial F}{\partial y}\cdot\dfrac{\mathrm{d}y}{\mathrm{d}x}=0$，由于 F'_y 连续且 $F'_y(x_0,y_0)\neq0$，所以存在 (x_0,y_0) 的一个邻域，在这个邻域内 $F'_y\neq0$，于是得 $\dfrac{\mathrm{d}y}{\mathrm{d}x}=-\dfrac{F'_x}{F'_y}$.

将隐函数存在定理推广到多元函数，既然一个二元方程 $F(x,y)=0$ 有可能确定一个一元隐函数，那么一个三元方程 $F(x,y,z)=0$ 也就有可能确定一个二元隐函数.

定理 9.7.2.2（隐函数存在定理 2） 设函数 $F(x,y,z)$ 在点 $P(x_0,y_0,z_0)$ 的某一邻域内具有连续偏导数，且 $F(x_0,y_0,z_0)=0$，$F'_z(x_0,y_0,z_0)\neq0$，则方程 $F(x,y,z)=0$ 在点 (x_0,y_0,z_0) 的某一邻域内能唯一确定一个连续且具有连续偏导数的函数 $z=f(x,y)$，它满足条件 $z_0=f(x_0,y_0)$，并有 $\dfrac{\partial z}{\partial x}=-\dfrac{F'_x}{F'_z}$，$\dfrac{\partial z}{\partial y}=-\dfrac{F'_y}{F'_z}$.

此公式同理可证，将 $z=f(x,y)$ 代入 $F(x,y,z)=0$，得 $F(x,y,f(x,y))\equiv0$，将上式两端分别对 x 和 y 求偏导数，得 $F'_x+F'_z\cdot\dfrac{\partial z}{\partial x}=0$，$F'_y+F'_z\cdot\dfrac{\partial z}{\partial y}=0$.

因为 F'_z 连续且 $F'_z(x_0,y_0,z_0)\neq0$，所以存在点 (x_0,y_0,z_0) 的一个邻域，使 $F'_z\neq0$，于是得 $\dfrac{\partial z}{\partial x}=-\dfrac{F'_x}{F'_z}$，$\dfrac{\partial z}{\partial y}=-\dfrac{F'_y}{F'_z}$.

同理，这里的 $F'_z(x_0,y_0,z_0)\neq0$（也就是 $\dfrac{\partial z}{\partial x}$，$\dfrac{\partial z}{\partial y}$ 都存在且连续）是定理的核心.

【例 9.16】（2005）设有三元方程 $xy-z\ln y+\mathrm{e}^{xz}=1$，根据隐函数存在定理，存在点 $(0,1,1)$ 的一个邻域，在此邻域内该方程（　　）.

A. 只能确定一个具有连续偏导数的隐函数 $z=z(x,y)$

B. 可确定两个具有连续偏导数的隐函数 $x=x(y,z)$ 和 $z=z(x,y)$

C. 可确定两个具有连续偏导数的隐函数 $y=y(x,z)$ 和 $z=z(x,y)$

D. 可确定两个具有连续偏导数的隐函数 $x=x(y,z)$ 和 $y=y(x,z)$

【解】 应选 D.

有了以上详尽的解释，再看此题，便十分简单了. 令 $F(x,y,z)=xy-z\ln y+\mathrm{e}^{xz}-1$，则 $F'_x=y+\mathrm{e}^{xz}z$，$F'_y=x-\dfrac{z}{y}$，$F'_z=-\ln y+\mathrm{e}^{xz}x$. 于是，

$$F'_x(0,1,1,)=2\neq0,\ F'_y(0,1,1)=-1\neq0,\ F'_z(0,1,1)=0.$$

因此，在点 $(0,1,1)$ 的某一个邻域 U_1 内，存在隐函数 $x=x(y,z)$；在点 $(0,1,1)$ 的某一个邻域 U_2 内，也存在隐函数 $y=y(x,z)$. 于是，在邻域 $U=U_1\bigcap U_2$ 内，就存在两个连续偏导数的隐函数 $x=x(y,z)$ 和 $y=y(x,z)$，故应选 D.

9.8　一元与多元复合函数的求导法则

定理 9.8.1 设 $z=f(u)$，$u=u(x,y)$，则复合函数 $z=f[u(x,y)]$ 的偏导数为

$$\dfrac{\partial z}{\partial x}=f'(u)\dfrac{\partial u}{\partial x},\ \dfrac{\partial z}{\partial y}=f'(u)\dfrac{\partial u}{\partial y}.$$

【例 9.17】设 $z=\mathrm{e}^{3x^2+y^2}$，求 $\dfrac{\partial z}{\partial x}$，$\dfrac{\partial z}{\partial y}$.

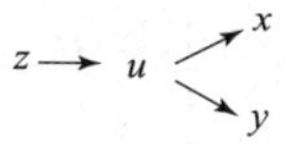

图 9 - 12

【解】所给函数可看作由 $z=\mathrm{e}^u$，$u=3x^2+y^2$ 复合而成，复合关系图如图 9 - 12 所示.

所以

$$\frac{\partial z}{\partial x}=\frac{\mathrm{d}z}{\mathrm{d}u}\cdot\frac{\partial u}{\partial x}=\mathrm{e}^u\cdot 6x=6x\mathrm{e}^{3x^2+y^2}\qquad \frac{\partial z}{\partial y}=\frac{\mathrm{d}z}{\mathrm{d}u}\cdot\frac{\partial u}{\partial y}=\mathrm{e}^u\cdot 2y=2y\mathrm{e}^{3x^2+y^2}$$

【例 9.18】设 $u=f(x+xy+xyz)$，其中 f 有一阶连续偏导数，求

$$\frac{\partial u}{\partial x},\ \frac{\partial u}{\partial y},\ \frac{\partial u}{\partial z}.$$

【解】所给的复合函数可看作由 $u=f(t)$，$t=x+xy+xyz$ 复合而成，复合关系图为9 - 13.

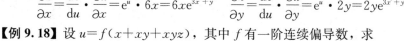

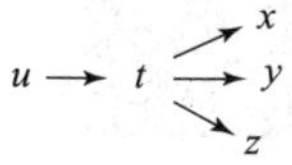

图 9 - 13

所以

$$\frac{\partial u}{\partial x}=f'(t)\frac{\partial t}{\partial x}=f'(x+xy+xyz)\cdot(1+y+yz)$$

$$\frac{\partial u}{\partial y}=f'(t)\frac{\partial t}{\partial y}=f'(x+xy+xyz)\cdot(x+xz)$$

$$\frac{\partial u}{\partial z}=f'(t)\frac{\partial t}{\partial z}=f'(x+xy+xyz)\cdot xy$$

9.9　多元与一元复合函数的求导法则

定理 9.9.1（链式法则）若函数 $z=f(u,v)$ 关于 u，v 有一阶连续偏导数，且函数 $u=u(x)$，$v=v(x)$ 在点 x 可导，则复合函数 $z=f[u(x),v(x)]$ 在点 x 可导，且

$$\frac{\mathrm{d}z}{\mathrm{d}x}=\frac{\partial z}{\partial u}\cdot\frac{\mathrm{d}u}{\mathrm{d}x}+\frac{\partial z}{\partial v}\cdot\frac{\mathrm{d}v}{\mathrm{d}x};\ \frac{\mathrm{d}z}{\mathrm{d}x}$$为全导数.

$u=f[x,\ y(x),\ z(x)]$ 的全导数为 $\dfrac{\mathrm{d}u}{\mathrm{d}x}=\dfrac{\partial f}{\partial x}+\dfrac{\partial f}{\partial y}\cdot\dfrac{\mathrm{d}y}{\mathrm{d}x}+\dfrac{\partial f}{\partial z}\cdot\dfrac{\mathrm{d}z}{\mathrm{d}x}$

注（1）式中 $\dfrac{\partial f}{\partial x}$ 等同于 $\dfrac{\partial u}{\partial x}$，含义是把 y，z 看作常数时，u 对中间变量 x 的偏导数，但在这里为了避免混淆，常写成 $\dfrac{\partial f}{\partial x}$，但也有不同含义的时候，后面会遇到相应的例题；另外，$\dfrac{\mathrm{d}u}{\mathrm{d}x}$ 与 $\dfrac{\partial u}{\partial x}$ 意义不同.

（2）复合函数求导的关键是搞清复合关系，即哪些是自变量，哪些是中间变量；建议大家刚开始学习或复习时，先给出变量间的复合关系图，沿复合关系图的路线求出导数.

【记忆口诀】连线相乘，分线相加.

【例 9.19】设 $z=\mathrm{e}^{3u}+2v$，其中 $u=\cos x$，$v=x^2$，求 $\dfrac{\mathrm{d}z}{\mathrm{d}x}$.

【解】复合关系图 9 - 14 为 $\dfrac{\partial z}{\partial u}=3\mathrm{e}^{3u}$，$\dfrac{\partial z}{\partial v}=2$，$\dfrac{\mathrm{d}u}{\mathrm{d}x}=-\sin x$，$\dfrac{\mathrm{d}v}{\mathrm{d}x}=2x$

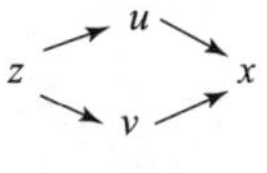

图 9 - 14

所以 $\dfrac{\mathrm{d}z}{\mathrm{d}x}=\dfrac{\partial z}{\partial u}\cdot\dfrac{\mathrm{d}u}{\mathrm{d}x}+\dfrac{\partial z}{\partial v}\cdot\dfrac{\mathrm{d}v}{\mathrm{d}x}=-3\mathrm{e}^{3u}\sin x+4x=-3\mathrm{e}^{3\cos x}\sin x+4x$

注 上例还可以先将 $u=\cos x$，$v=2x$ 代入 $z=\mathrm{e}^{3u}+2v$，则 z 成为 x 的函数 $z=\mathrm{e}^{3\cos x}+2x^2$，按照一元复合函数求导法则，有 $\dfrac{\mathrm{d}z}{\mathrm{d}x}=-3\mathrm{e}^{3\cos x}\sin x+4x$.

【例 9.20】 设 $u=f(x,\ y,\ z)=2z^2-y+\mathrm{e}^x$，其中 $y=\sqrt{x}$，$z=\dfrac{1}{x}$，求 $\dfrac{\mathrm{d}u}{\mathrm{d}x}$.

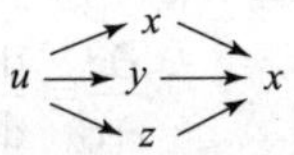

【解 1】 从复合关系图 9-15 中看出 x 既是自变量又是中间变量.

图 9-15

$$\dfrac{\mathrm{d}u}{\mathrm{d}x}=\dfrac{\partial f}{\partial x}+\dfrac{\partial f}{\partial y}\cdot\dfrac{\mathrm{d}y}{\mathrm{d}x}+\dfrac{\partial f}{\partial z}\cdot\dfrac{\mathrm{d}z}{\mathrm{d}x}$$

$$=\mathrm{e}^x+(-1)\times\dfrac{1}{2\sqrt{x}}+4z\cdot\left(-\dfrac{1}{x^2}\right)=\mathrm{e}^x-\dfrac{1}{2\sqrt{x}}-\dfrac{4}{x^3}.$$

【解 2】 将 $y=\sqrt{x}$，$z=\dfrac{1}{x}$ 直接代入 $u=f(x,\ y,\ z)$ 中，得 $u=\dfrac{2}{x^2}-\sqrt{x}+\mathrm{e}^x$，所以

$$\dfrac{\mathrm{d}u}{\mathrm{d}x}=-\dfrac{4}{x^3}-\dfrac{1}{2\sqrt{x}}+\mathrm{e}^x.$$

9.10　多元与多元复合函数的求导法则

定理 9.10.1（链式法则）设 $u=\varphi(x,\ y)$，$v=\psi(x,\ y)$ 在点 $(x,\ y)$ 处有偏导数，$z=f(u,\ v)$ 在相应点 $(u,\ v)$ 处有连续偏导数，则复合函数 $z=f[\varphi(x,\ y),\ \psi(x,\ y)]$ 在点 $(x,\ y)$ 处有偏导数，且 $\begin{cases}\dfrac{\partial z}{\partial x}=\dfrac{\partial z}{\partial u}\cdot\dfrac{\partial u}{\partial x}+\dfrac{\partial z}{\partial v}\cdot\dfrac{\partial v}{\partial x}\\[2mm]\dfrac{\partial z}{\partial y}=\dfrac{\partial z}{\partial u}\cdot\dfrac{\partial u}{\partial y}+\dfrac{\partial z}{\partial v}\cdot\dfrac{\partial v}{\partial y}\end{cases}.$

【记忆口诀】 找出所有关系，走遍所有路径，连线相乘，分线相加. 另一形式：

$$\begin{cases}\dfrac{\partial z}{\partial x}=f_u\dfrac{\partial u}{\partial x}+f_v\dfrac{\partial v}{\partial x}\\[2mm]\dfrac{\partial z}{\partial y}=f_u\dfrac{\partial u}{\partial y}+f_v\dfrac{\partial v}{\partial y}\end{cases}$$

注 f_u 和 f_v 有时写成 f_1' 和 f_2'，f_1' 表示函数对第一个中间变量 u 求偏导，f_2' 表示函数对第二个中间变量 v 求偏导. 在本科学习或者考研答卷时，为了记号简便，我们常常采用这种记法表示函数对中间变量的偏导，也是一种约定俗成的记法，不用担心阅卷老师不明白你的意思.

【例 9.21】 设 $z=xyf\left(\dfrac{x}{y},\ \dfrac{y}{x}\right)$，其中 f 具有一阶连续偏导数，求 $\dfrac{\partial z}{\partial x}$.

【解】 为了方便，引入记号 $f_1'=\dfrac{\partial f}{\partial u}$，$f_2'=\dfrac{\partial f}{\partial v}$，$f_{12}''=\dfrac{\partial^2 f}{\partial u\partial v}$…依次类推.

设 $u=\dfrac{x}{y}$，$v=\dfrac{y}{x}$，则 $z=xyf(u,\ v)$，

$$\frac{\partial z}{\partial x}=\frac{\partial}{\partial x}\big[xyf(u,\ v)\big]\ (\text{对 }x\text{ 求偏导，与 }y\text{ 无关，可将提出})$$

$$=y\frac{\partial}{\partial x}\big[xf(u,\ v)\big]$$

$$=y\Big[1\cdot f(u,\ v)+x\frac{\partial}{\partial x}f(u,\ v)\Big]\ (\text{由乘法公式得})$$

$$=y\Big\{f(u,\ v)+x\Big[f_1'\cdot\frac{1}{y}+f_2'\cdot\Big(-\frac{y}{x^2}\Big)\Big]\Big\}$$

因此 $\dfrac{\partial z}{\partial x}=yf+xf_1'-\dfrac{y^2}{x}f_2'$.

注 (1) 从上例更直观地看到，$\dfrac{\partial z}{\partial x}$ 与 $\dfrac{\partial f}{\partial x}$ 两者是完全不相同的．抽象复合函数在求偏导时，一定要设置中间变量，另外，最后的结果中函数对中间变量的偏导数是以抽象的形式出现的．

(2) 在没有复合运算的函数 $z=f(x,\ y)$ 中，$\dfrac{\partial z}{\partial y}$ 与 $\dfrac{\partial f}{\partial y}$ 是相等的，比如在 $z=f(\varphi(x,\ y),\ y)$ 中 $\dfrac{\partial z}{\partial y}$ 与 $\dfrac{\partial f}{\partial y}$ 是不相等的，因为 $\dfrac{\partial z}{\partial y}$ 是在复合函数 $z=f(\varphi(x,\ y),\ y)$ 中将 x 看作常数时关于 y 的偏导数，而 $\dfrac{\partial f}{\partial y}$ 是在函数 $z=f(u=\varphi(x,\ y),\ y)$ 中将 $u=\varphi(x,\ y)$ 看作常数时关于 y 的偏导数．

(3) 在如下的 $z=f(u,\ x,\ y)$，$u=\varphi(x,\ y)$ 复合关系中，引入中间变量 $u=\varphi(x,\ y)$，$v=x$ 和 $\omega=y$，那么 $z=f(u,\ v,\ \omega)$ 是自变量 x 和 y 的函数（记为 $z=F(x,\ y)$），于是应该有

$$\frac{\partial F}{\partial y}=\frac{\partial f}{\partial u}\cdot\frac{\partial u}{\partial y}+\frac{\partial f}{\partial v}\cdot\frac{\partial v}{\partial y}+\frac{\partial f}{\partial \omega}\cdot\frac{\partial \omega}{\partial y}=\frac{\partial f}{\partial u}\cdot\frac{\partial u}{\partial y}+\frac{\partial f}{\partial x}\cdot 0+\frac{\partial f}{\partial y}\cdot 1=\frac{\partial f}{\partial u}\cdot\frac{\partial \varphi}{\partial y}+\frac{\partial f}{\partial y}$$

如果不注意这个问题，将出现如 $\left|\dfrac{\partial f}{\partial y}=\dfrac{\partial f}{\partial u}\cdot\dfrac{\partial u}{\partial y}+\dfrac{\partial f}{\partial y}\right|$ 的错误（等式两边的 $\dfrac{\partial f}{\partial y}$ 不是同样的意思）．

关于显示复合函数的因变量偏导 $\dfrac{\partial z}{\partial x}$ 和映射偏导 $\dfrac{\partial f}{\partial x}$ 辨析．

• 多元函数的一半表示法

多元显式复合函数一般形式为 $\dfrac{\partial f}{\partial x}$（位置变量 1，位置变量 2，……）．其中 z 为因变量，而 f 为映射，位置变量可以是自变量本身，也可以是自变量任何形式的复合函数．如 $z=f(x^2-y^2,\ 2x,\ x^{\frac{1}{7}})$，$x^2-y^2$ 为第一位置变量，其余类推．位置变量的序号表示有两种形式，一是用数字 1，2 等分别代表对第 1、第 2 等位置变量，二是用字母 x，y 等分别代表对第 1、第 2 等位置变量．

多元函数从位置变量的形式可以分为真实多元函数和形式多元函数．比如 $z=f(x^2-y^2,\ 2x,\ x^{\frac{1}{7}})$ 是一个真实二元函数，也是三元形式函数．

• 显式复合函数的因变量偏导 $\dfrac{\partial z}{\partial x}$ 和映射偏导 $\dfrac{\partial f}{\partial x}$ 的异同

因变量偏导 $\dfrac{\partial z}{\partial x}=z'_x$ 一般情形下是不等于映射偏导 $\dfrac{\partial f}{\partial x}=f'_x$. 因为 z'_x 中的脚标 x 仅仅表示自变量，而 f'_x 中的脚标 x 是代表 $f(\cdots)$ 的第一个位置变量. $\dfrac{\partial z}{\partial x}$ 需要通过映射偏导的叠加得出，即因变量偏导 $\dfrac{\partial z}{\partial x}$ 应等于映射偏导的代数和，且系数为各位置变量对 x 的导数. 注意，位置变量不含求导自变量时，相应的映射偏导系数等于零. 如对于二元函数 $z=f(\varphi(x,\ y),\ x,\ y)$，有

$$\frac{\partial z}{\partial x}=f'_1\varphi'_x(x,\ y)+f'_2+0\cdot f'_3=f'_1\varphi'_x(x,\ y)+f'_2=f'_x\varphi'_x(x,\ y)+f'_y,\ \text{而} \frac{\partial f}{\partial x}=f'_1=f'_x,$$

显然 $\dfrac{\partial z}{\partial x}\neq\dfrac{\partial f}{\partial x}$.

一般来说，在形如 $z=f(x,\ y)$ 的真实多元函数情况下，才有 $\dfrac{\partial z}{\partial x}=\dfrac{\partial f}{\partial x}$，而在形式多元函数

中 H 不定时 $\Leftrightarrow$
$$\begin{cases} \begin{vmatrix} f''_{xx} & f''_{xy} \\ f''_{xy} & f''_{yy} \end{vmatrix}<0 \Rightarrow (f''_{xy})^2>f''_{xx}\cdot f''_{yy} \Rightarrow \text{无极值} \\ (f''_{xy})^2=f''_{xx}\cdot f''_{yy} \Rightarrow \text{不能使用上述充分条件} \\ \qquad\qquad\qquad\quad \text{确定极值，应特别讨论，} \\ \qquad\qquad\qquad\quad \text{参见后面的例题.} \end{cases}$$

很多同学不理解，这里再说明一下：

(1) 设 $u=f(x,\ y,\ z)$，$z=g(x,\ y)$，求 $\dfrac{\partial u}{\partial x}$.

(2) 设 $y=f(x,\ t)$，而 t 是由方程 $F(x,\ y,\ t)=0$ 所确定的 x，y 的函数，试求 $\dfrac{\mathrm{d}y}{\mathrm{d}x}$.

常见错误：

(1) $\dfrac{\partial u}{\partial x}=\dfrac{\partial u}{\partial x}\cdot 1+\dfrac{\partial u}{\partial y}\cdot 0+\dfrac{\partial u}{\partial z}\cdot\dfrac{\partial z}{\partial x}$, \hfill (1)

消去 $\dfrac{\partial u}{\partial x}$，得到不含 $\dfrac{\partial u}{\partial x}$ 的式子，因此 $\dfrac{\partial u}{\partial x}$ 无解.

(2) $\dfrac{\mathrm{d}y}{\mathrm{d}x}=\dfrac{\partial f}{\partial x}+\dfrac{\partial f}{\partial t}\dfrac{\partial t}{\partial x}$，而 $t=\varphi(x\cdot y)$ 由 $F(x,\ y,\ t)=0$ 确定，$\dfrac{\partial t}{\partial x}=-\dfrac{F_x}{F_t}$，于是

$$\frac{\mathrm{d}y}{\mathrm{d}x}=\frac{\partial f}{\partial x}-\frac{\partial f}{\partial t}\cdot\frac{F_x}{F_t}. \tag{2}$$

错误分析：式 (1) 中左、右两端的 $\dfrac{\partial u}{\partial x}$ 形式上一样，但含义不同，左边的 $\dfrac{\partial u}{\partial x}$ 是指函数 u 对自变量 x 的偏导数，这时是把 y 看作常数；而右边 $\dfrac{\partial u}{\partial x}$ 是指函数 u 对中间变量 x 的偏导数，这时是将 y 与 z 看作常数，为避免混淆，应当把式 (1) 右边的 u 用 f 替代.

即将式 (1) 右端的 $\dfrac{\partial u}{\partial x}$，$\dfrac{\partial u}{\partial y}$，$\dfrac{\partial u}{\partial z}$ 分别用 $\dfrac{\partial f}{\partial x}$，$\dfrac{\partial f}{\partial y}$，$\dfrac{\partial f}{\partial z}$ 表示；$\dfrac{\partial u}{\partial x}=\dfrac{\partial f}{\partial x}+\dfrac{\partial f}{\partial y}\cdot 0+\dfrac{\partial f}{\partial z}\cdot\dfrac{\partial z}{\partial x}$.

注 关于 $\dfrac{\partial u}{\partial x}$，$\dfrac{\partial f}{\partial x}$ 不同含义，请看一个具体例子.

$u = f(x,\ v) = x^2 + v,\ v = \sin(xy)$，那么 $\dfrac{\partial u}{\partial x} = 2x + y\cos(xy)$，而 $\dfrac{\partial f}{\partial x} = 2x$.

式（2）中 y 与 x 的关系可以有两种理解．第一种是把 y 与 t 均看作由方程组

$$\begin{cases} y - f(x,\ t) = 0, \\ F(x,\ y,\ t) = 0 \end{cases}$$

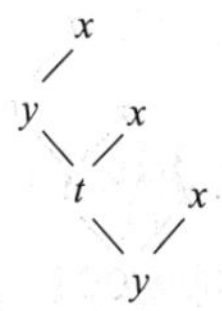

所确定的自变量 x 的函数，第二种是把 y 看作 x 的复合函数，复合关系如图 9 - 16 所示．即 y 是 x，t 的函数；$y = f(x,\ t)$；而 t 是由方程 $F(x,\ y,\ t) = 0$ 确定的 x，y 的函数；y 最终是 x 的一元函数：$y = y(x)$．故

$$\dfrac{\mathrm{d}y}{\mathrm{d}x} = \dfrac{\partial f}{\partial x} + \dfrac{\partial f}{\partial t}\left(\dfrac{\partial t}{\partial x} + \dfrac{\partial t}{\partial y}\cdot\dfrac{\mathrm{d}y}{\mathrm{d}x}\right), \tag{3}$$

图 9 - 16

而 $\dfrac{\partial t}{\partial x} = -\dfrac{F'_x}{F'_t}$，$\dfrac{\partial t}{\partial y} = -\dfrac{F'_y}{F'_t}$，将这两个式子代入式（3），并从中解出 $\dfrac{\mathrm{d}y}{\mathrm{d}x}$ 即得．

正确解答：

（1）$\dfrac{\partial u}{\partial x} = \dfrac{\partial f}{\partial x} + \dfrac{\partial f}{\partial z}\dfrac{\partial z}{\partial x}$. \tag{4}

（2）由题可知，y 是由方程组 $\quad\begin{cases} y = f(x,\ t), \\ F(x,\ y,\ t) = 0 \end{cases}$ \tag{5}

所确定的 x 的函数，又由于方程组式（5）含有两个方程、三个变量，因此有两个是因变量，一个是自变量．又由所求导数 $\dfrac{\mathrm{d}y}{\mathrm{d}x}$ 看，x 的自变量，因而 $y = y(x)$，$t = t(x)$ 均为 x 的函数，

将式（5）中各方程两边分别对 x 求导数，得 $\begin{cases} \dfrac{\mathrm{d}y}{\mathrm{d}x} = f'_x + f'_t\dfrac{\mathrm{d}t}{\mathrm{d}x}, \\ F'_x + F'_y\dfrac{\mathrm{d}y}{\mathrm{d}x} + F'_t\dfrac{\mathrm{d}t}{\mathrm{d}x} = 0. \end{cases}$

解得 $\dfrac{\mathrm{d}y}{\mathrm{d}x} = \dfrac{f'_x F'_t - f'_t F'_x}{f'_t F'_y + F'_t}$.

一般地，涉及多个方程的多元复合函数求偏（全）导数问题，采用（2）中所述的方程组宏观分析法是一种好方法．该方法利用公式 $\begin{cases} 自变量个数 = 变量个数 - 方程个数 \\ 因变量个数 = 方程个数 \end{cases}$ 及所求偏（全）导数的有关信息，先确定各变量的角色，再着手求偏（全）导数运算，可避免"理不清，求不对"的问题．嘿，有没有检查一下你的练习，其中偏导数的记号是多么的难以辨认呀！你是否嫌麻烦，没有将练习的结果做到最简，请记住：学习微积分不止是为了会做习题，也是在训练你的工作水准，有谁会愿意看到潦草凌乱、半途而废的工作报告呢？如果你的书写没有任何问题，那么，偏导数有啥用，真高兴你问这个问题，说明你成熟了，一般考研范围内它的应用主要是确定隐函数导数，求曲面 $z = f(x,\ y)$ 上一点 $(x_0,\ y_0,\ z_0)$ 处的切平面和法线的方程还有就是全微分．

9.11 全微分——多元函数改变量的近似计算

9.11.1 全微分近似公式

【例 9.22】 试用全微分近似公式求出 $(1.04)^{2.02}$ 的近似值.

【解】 令 $f(x, y) = x^y$, 取 $x=1$, $y=2$, $\Delta x=0.04$, $\Delta y=0.02$. 因为

$$f_x(x, y) = yx^{y-1}, \quad f_y(x, y) = x^y \ln x$$

所以 $f(1, 2)=1$, $f_x(1, 2)=2$, $f_y(1, 2)=0$.

因为 $(x+\Delta x)^{y+\Delta y} \approx x^y + f_x(x, y) \cdot \Delta x + f_y(x, y) \cdot \Delta y$

$$= x^y + \frac{f(x+\Delta x, y) - f(x, y)}{\Delta x} \Delta x + \frac{f(x, y+\Delta y) - f(x, y)}{\Delta y} \Delta y$$

于是有 $(1.04)^{2.02} \approx 1 + 2 \times 0.04 + 0 \times 0.02 = 1.08$.

一般的小计算器不能告诉你这个数值. 微积分可以帮助我们节省费用呢, 不是吗?

9.11.2 全微分的几何意义

曲面 $z = f(x, y)$ 在点 (x_0, y_0) 处切平面方程为

$$f'_x(x_0, y_0)(x-x_0) + f'_y(x_0, y_0)(y-y_0) = z - z_0$$

上式左边是函数 $z = f(x, y)$ 在点 (x_0, y_0) 处的全微分, 右边是曲面在点 $M_0(x_0, y_0, z_0)$ 处的切平面上点的竖坐标增量. 这说明函数 $z = f(x, y)$ 在点 (x_0, y_0) 的全微分, 在几何上表示曲面 $z = f(x, y)$ 在点 $M_0(x_0, y_0, z_0)$ 处切平面上点的竖坐标的增量.

9.11.3 多元函数的极值

继续谈关于登山的问题, 为了要确认的确到达过山顶, 需要知道如何证明所在的位置就是山顶, 你在山顶的感觉是什么呀?

对于一元函数 $y = f(x)$ 的图像, 是在二维空间中进行描绘, 在前面第四章我们由费马引理可知在可导的极点处的切线是平行于 x 轴的, 由于极点是在某个领域内的最高点或最低点, 因此过最高点、最低点的切线是平行于 x 轴的; 同样的道理, 对于二元函数 $z = f(x, y)$ 来说, 它的图像是在三维空间进行描绘, 在最高点或最低点处应变成一个平行于 xoy 面的切平面, 假设山顶所在的位置是点 (x_0, y_0, z_0), 在山顶处的切平面是水平的, 那么 $f'_x(x_0, y_0)=0$, $f'_y(x_0, y_0)=0$. 可以利用这两个条件来找出一座山峰 $z = f(x, y)$ 上可能的山顶或山谷的位置, 即求出两个偏导数 $f_x(x, y)$ 和 $f_y(x, y)$ 并且令它们为 0, 然后解出同时符合 $f_x(x, y)=0$ 和 $f_y(x, y)=0$ 的点 (x_0, y_0), 这样的点叫作函数 $z = f(x, y)$ 的驻点, 同时也得到 $z_0 = f(x_0, y_0)$. 至于确认 (x_0, y_0, z_0) 是不是真的山顶或山谷, 使用下面的定理来判断.

注 该必要条件同样适用于三元及以上函数.

定义 9.11.3.1 使函数 $z = f(x, y)$ 的两个偏导数同时为零的点叫作函数的驻点.

注 (1) 极值是局部性概念, 它只是在某点附近函数的最大值或最小值.

(2) 一般情况下, 极大值未必是函数的最大值; 极小值也未必是函数的最小值; 极小值不一定小于极大值.

类似于一元函数, 偏导数存在时, 函数的极值点一定是驻点, 但驻点不一定是极值点. 例如, 函数 $z = x^2 - y^2$, 容易算出点 $(0, 0)$ 处函数的两个偏导数同时为零, 即

$$z_x\big|_{(0,0)}=2x\big|_{(0,0)}=0,\quad z_y\big|_{(0,0)}=-2y\big|_{(0,0)}=0$$

但点 $(0,0)$ 不是函数的极值点．事实上，在点 $(0,0)$ 的任何一个邻域内，总有使函数值为正与为负的点存在，而在点 $(0,0)$ 处函数 $z=0$，所以点 $(0,0)$ 不是极值点．那么在什么条件下驻点是极值点呢？

9.11.3.1　无条件极值

在极值问题中，对于自变量只限制在定义域内，此外没有其他限制的称为无条件极值．它的求法如下：

（1）在函数的定义域中，求出 $z=f(x,y)$ 的所有可疑极值点，即驻点和偏导数不存在的点．

（2）对每一个驻点，求出二阶偏导数的值 $A=f_{xx}(x_0,y_0)$、$B=f_{xy}(x_0,y_0)$、$C=f_{yy}(x_0,y_0)$．

（3）求出 $AC-B^2$ 的符号，确定驻点是否为极值点，并求出极值．

$$\begin{cases} AC-B^2>0 \begin{cases} A<0,\ 极大值 \\ A>0,\ 极小值 \end{cases} \\ AC-B^2<0,\ 无极值 \\ AC-B^2=0,\ 不能决定 \end{cases}$$

注 偏导数不存在的点须用极值的定义确定．该充分条件不适用于三元及以上函数．

看上去还真有点复杂，说实在的也没有更好的办法，多元函数的极值问题就是麻烦，即使抱怨也没有用，还是老老实实记住它吧．接下来给大家推荐个记忆这个极值判定的小妙招：在初中的时候学过一元二次函数 $y=Ax^2+Bx+C$，$(A\neq0)$，怎么判定它有几个根，是不是通过它的判别式 $\Delta=B^2-4AC \begin{cases} >0,\ 两个不同的根 \\ =0,\ 两个相同的根 \end{cases}$，是不是发现和我们这里的刚好差一个负号，所$<0,\ 无根$

以可以由这个公式对照着去记忆，由熟悉的内容类比生疏的内容，容易记忆．

9.11.3.2　条件极值

之前讨论的极值问题中，对于自变量只限制在定义域内，此外没有其他限制，但在实际问题中常常会遇到自变量还有其他的约束条件．对自变量有附加条件的极值称为条件极值．

如何在约束条件 $g(x,y,z)=0$ 下，求函数 $f(x,y,z)$ 的极大（小）值．方法是：先从约束方程中，把一个变量 z 用其余的变量 x，y 表示出来，然后把它代入函数 $f(x,y,z)$，消去其中的变量 z，最后求二元函数的极值．不过，这个方法的使用有个先决条件，那就是必须从约束方程中能够解出其中的一个变量（标准的讲法是隐函数有显式表达式）．每个人都应该知道，在大多数情况下，隐函数的显式表达式是没有的，故求解函数 $z=f(x,y)$ 在约束条件 $\varphi(x,y)=0$ 下的极值时，需要用拉格朗日乘数法．

第一步：构造拉格朗日函数 $L(x,y,\lambda)=f(x,y)+\lambda\varphi(x,y)$，其中 λ 称为拉格朗日乘数．

第二步：求出 $L(x,y,\lambda)$ 的偏导数并令它们等于零，即

$$\begin{cases} L'_x(x,y,\lambda)=f'_x(x,y)+\lambda\varphi'_x(x,y)=0 \\ L'_y(x,y,\lambda)=f'_y(x,y)+\lambda\varphi'_y(x,y)=0 \\ \varphi(x,y)=0 \end{cases}$$

第三步：求解上面的方程组得到 (x, y, λ)，其中的 (x, y) 就是可能的极值点．

第四步：判断第三步得到的是否为真的极值点，确定极值．

类似地，求解函数 $u=f(x, y, z)$ 在约束条件 $\varphi(x, y, z)=0$ 和 $\psi(x, y, z)=0$ 下的极值问题的拉格朗日乘数法只是增加一个拉格朗日乘数，即构造拉格朗日函数：

$$F(x, y, z, \lambda, \mu)=f(x, y, z)+\lambda\varphi(x, y, z)+\mu\varphi(x, y, z)$$

求出 $F(x, y, z, \lambda, \mu)$ 的偏导数并令它们等于零，然后，解方程组

$$\begin{cases} F'_x(x, y, z, \lambda, \mu)=f'_x(x, y, z)+\lambda\varphi'_x(x, y, z)+\mu\psi'_x(x, y, z)=0 \\ F'_y(x, y, z, \lambda, \mu)=f'_y(x, y, z)+\lambda\varphi'_y(x, y, z)+\mu\psi'_y(x, y, z)=0 \\ F'_z(x, y, z, \lambda, \mu)=f'_z(x, y, z)+\lambda\varphi'_z(x, y, z)+\mu\psi'_z(x, y, z)=0 \\ \varphi(x, y, z)=0 \\ \psi(x, y, z)=0 \end{cases}$$

其中 λ、μ 是参数，都称为拉格朗日乘子（注意拉格朗日乘子的个数就是约束条件的个数）．

遗憾的是，利用拉格朗日乘数法找出的、可能的极值点究竟是不是真的极值点，还没有发现对任何情形都普遍适用的判断方法．不过，在实际问题中，可以根据问题的实际意义来决定．

9.11.4 最值的求解

定理 9.11.4.1 取到最值的原理

如果函数 $f(x, y)$ 在有界闭区域 D 上连续，则函数在 D 上必定能取得最大值与最小值．使函数取得最大值或最小值的点既可能在区域 D 的内部，也可能在 D 的边界上．所以我们必须考查函数在所有可疑极值点以及区域边界上的函数值．比较这些值，其中最大（小）者就是函数在闭区域 D 上的最大（小）值．

注 这里无需再去判断所求可能的极值点是否为极值点．

【例 9.23】 求二元函数 $z=f(x, y)=x^2 y(4-x-y)$ 在直线 $x+y=6$，x 轴和 y 轴所围成的闭区域 D 上的最大值与最小值．

【解】 画出区域 D，如图 9-17 所示．

先求函数在区域 D 内的驻点，为此，令

$$\begin{cases} f'_x(x, y)=2xy(4-x-y)-x^2 y=0 \\ f'_y(x, y)=x^2(4-x-y)-x^2 y=0 \end{cases}$$

解得区域 D 内的唯一驻点 $(2, 1)$，且 $f(2, 1)=4$．

在边界 $x=0$ 和 $y=0$ 上 $f(x, y)=0$；

在边界 $x+y=6$，即 $y=6-x$，于是 $f(x, y)=x^2(6-x)(-2)$，由 $f'_x=4x(x-6)+2x^2=0$，得 $x_1=0$，$x_2=4$，$y=6-x\big|_{x=4}=2$，$f(4, 2)=-64$，比较后可知 $f(2, 1)=4$ 为最大值，$f(4, 2)=-64$ 为最小值．

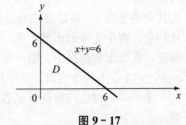

图 9-17

（1）特别地，在实际问题中经常遇到下面的情形：从具体问题中可知最大值或最小值是存在的，且在定义域的内部，又知在 D 内只有唯一驻点，那么可以肯定该驻点处的函数值就是最大值或最小值．

（2）二元函数求最值的方法步骤和一元函数类似，但求解过程却比一元函数复杂得多．上例后面的分析是必要的，它说明了驻点成为最值点的理由，作题时不能省略．

【例 9.24】 求函数 $u=xy+2yz$ 在约束条件 $x^2+y^2+z^2=10$ 下的最大值和最小值．

【解】方法一　设 $F(x,\ y,\ z,\ \lambda)=xy+2yz+\lambda(x^2+y^2+z^2-10)$，令

$$F'_x=y+2\lambda x=0,\ F'_y=x+2z+2\lambda y=0,$$
$$F'_z=2y+2\lambda z=0,\ F'_\lambda=x^2+y^2+z^2-10=0,$$

解之得可能的最值点为

$$A(1,\ \sqrt{5},\ 2),\ B(-1,\ \sqrt{5},\ -2),\ C(1,\ -\sqrt{5},\ 2),$$
$$D(-1,\ -\sqrt{5},\ -2),\ E(2\sqrt{2},\ 0,\ -\sqrt{2}),\ F(-2\sqrt{2},\ 0,\ \sqrt{2})$$

因为在 A，D 两点处 $u=5\sqrt{5}$；在 B，C 两点处 $u=-5\sqrt{5}$；在 E，F 两点处 $u=0$，所以 $u_{\max}=5\sqrt{5}$，$u_{\min}=-5\sqrt{5}$.

方法二　由方程 $x^2+y^2+z^2=10$ 可确定 z 是 x，y 的函数，代入目标函数 u，得 u 为 x，y 的二元函数．因为 $\dfrac{\partial u}{\partial x}=y+2y\dfrac{\partial z}{\partial x}=0$，$\dfrac{\partial u}{\partial y}=x+2z+2y\dfrac{\partial z}{\partial y}=0$.

将 $\dfrac{\partial z}{\partial x}=-\dfrac{x}{z}$，$\dfrac{\partial z}{\partial y}=-\dfrac{y}{z}$ 代入上式得 $\begin{cases} yz-2xy=0, \\ xz+2z^2-2y^2=0, \\ x^2+y^2+z^2=10, \end{cases}$ 解之得可能的最值点为

$$A(1,\ \sqrt{5},\ 2),\ B(-1,\ \sqrt{5},\ -2),\ C(1,\ -\sqrt{5},\ 2),$$
$$D(-1,\ -\sqrt{5},\ -2),\ E(2\sqrt{2},\ 0,\ -\sqrt{2}),\ F(-2\sqrt{2},\ 0,\ \sqrt{2}).$$

经计算知 $u_{\max}=5\sqrt{5}$，$u_{\min}=-5\sqrt{5}$.

方法三　设 $F(x,\ y,\ z,\ \lambda)=xy+2yz+\lambda(x^2+y^2+z^2-10)$．令

$$\begin{cases} F'_x=y+2\lambda x=0, & ① \\ F'_y=x+2z+2\lambda y=0, & ② \\ F'_z=2y+2\lambda z=0, & ③ \\ F'_\lambda=x^2+y^2+z^2-10=0, & ④ \end{cases}$$

我们发现，① $\cdot x+$ ② $\cdot y+$ ③ $\cdot z\Rightarrow(xy+2yz)+\lambda(x^2+y^2+z^2)=0$，即

$$xy+2yz=-10\lambda.$$

由连续函数在闭区域上必有最值，只要求出 λ 的全部值（注意 λ 作为一个独立变量是可以取 0 值的，很多同学在这里有误解），代入 -10λ，最大者为最大值，最小者为最小值．

求 λ 也有两种方法，这里示范给大家看．

第一种方法：

(1) 请看方程组的前三个方程，你是否发现它们是关于 x，y，z 的线性方程组（此时 λ 作为常系数）．

(2) 又由于约束条件是 $x^2+y^2+z^2=10$，说明 x，y，z 不可以同时都是 0.

(3) 综合以上两点，关于 x，y，z 的线性方程组有非零解，于是可得其系数行列式即 $|A|=\begin{vmatrix} 2\lambda & 1 & 0 \\ 1 & 2\lambda & 2 \\ 0 & 2 & 2\lambda \end{vmatrix}=0$，又因为

$$|A|=\begin{vmatrix} 2\lambda & 1 & 0 \\ 1 & 2\lambda & 2 \\ 0 & 2 & 2\lambda \end{vmatrix}=\begin{vmatrix} 2\lambda & 1 & -4\lambda \\ 1 & 2\lambda & 0 \\ 0 & 2 & 2\lambda \end{vmatrix}=2\lambda\begin{vmatrix} 2\lambda & 1 & -2 \\ 1 & 2\lambda & 0 \\ 0 & 2 & 1 \end{vmatrix}=2\lambda(4\lambda^2-5)=0.$$

故 $\lambda_1=0$，$\lambda_2=\dfrac{\sqrt{5}}{2}$，$\lambda_3=-\dfrac{\sqrt{5}}{2}$，于是得 $u_{\max}=5\sqrt{5}$，$u_{\min}=-5\sqrt{5}$.

第二种方法：

当 $\lambda=0$ 时，可直接得到 $E(2\sqrt{2},\ 0,\ -\sqrt{2})$，$F(-2\sqrt{2},\ 0,\ \sqrt{2})$；

当 $\lambda\neq0$ 时，③$-2\cdot$①$\Rightarrow2\lambda(z-2x)=0\Rightarrow z=2x$，将其代入②$\Rightarrow y=\dfrac{-5x}{2\lambda}$，再将其代入①$\Rightarrow$

$\dfrac{-5x}{2\lambda}+2\lambda x=0$，即 $4\lambda^2x-5x=0$，因 $x\neq0$，所以 $4\lambda^2-5=0$，得 $\lambda_1=\dfrac{\sqrt{5}}{2}$，$\lambda_2=-\dfrac{\sqrt{5}}{2}$，于是得

$u_{\max}=5\sqrt{5}$，$u_{\min}=-5\sqrt{5}$.

【例 9.25】 求 $f(x,\ y)=x^2-y^2+2$ 在椭圆域 $D=\left\{(x,\ y)\Big|x^2+\dfrac{y^2}{4}\leqslant1\right\}$ 上的最大值和最小值.

【解】 因为只求函数 $f(x,\ y)=x^2-y^2+2$ 在椭圆域 D 上的最大值和最小值，而不求极值，所以，只需求出 D 的内部及 D 的边界上的驻点和导数不存在的点（不用判断它们是否为极值点），并求出这些点的函数值，然后比较它们的大小，求出最大值和最小值.

先求 D 内部 $f(x,\ y)$ 的驻点和导数不存在的点：

令 $\begin{cases}f_x'=2x=0,\\ f_y'=-2y=0\end{cases}$，得唯一驻点 $A(0,\ 0)$，$f(x,\ y)$ 在 D 内没有导数不存在的点.

再求 $f(x,\ y)$ 在 D 的边界上的驻点和导数不存在的点：

这是条件极值问题，边界方程 $x^2+\dfrac{y^2}{4}=1$ 为约束条件. 构造拉格朗日函数

$$F(x,\ y,\ \lambda)=x^2-y^2+2+\lambda\left(x^2+\dfrac{y^2}{4}-1\right)$$

令 $F_x'=2x+2\lambda x=0$，$F_y'=-2y+\dfrac{\lambda}{2}y=0$，$F_\lambda'=x^2+\dfrac{y^2}{4}-1=0$

解上述方程组得四个驻点：$(0,\ 2)$，$(0,\ -2)$，$(1,\ 0)$，$(-1,\ 0)$，计算得 $f(0,\ 0)=2$，$f(0,\ 2)=f(0,\ -2)=-2$，$f(1,\ 0)=f(-1,\ 0)=3$，

故函数 $f(x,\ y)=x^2-y^2+2$ 在椭圆域 $D=\left\{(x,\ y)\Big|x^2+\dfrac{y^2}{4}\leqslant1\right\}$ 上的最大值和最小值分别为 $f_{\max}=3$，$f_{\min}=-2$.

注 若将 $x^2=1-\dfrac{y^2}{4}$ 代入 $f(x,\ y)=x^2-y^2+2$ 得 $f(y)=1-\dfrac{y^2}{4}-y^2+2=3-\dfrac{5}{4}y^2$，$-2\leqslant y\leqslant2$，

令 $f'(y)=-\dfrac{5}{2}y=0$ 得 $y=0$，于是得驻点 $(1,\ 0)$ 及 $(-1,\ 0)$，并考虑两个端点 $(0,\ -2)$，$(0,\ 2)$ 作比较亦可.

【例 9.26】 旋转抛物面 $z=x^2+y^2$ 被平面 $x+y+z=1$ 截成一椭圆，求原点到这椭圆的最长与最短距离.

【解】 常见错误：椭圆方程为 $L:\begin{cases}z=x^2+y^2,\\ x+y+z=1.\end{cases}$ 消去 z，得 $x+y+x^2+y^2-1=0$. 设 M $(x,\ y,\ z)$ 为椭圆 L 上任一点，则问题就是在条件 $\varphi(x,\ y)=x+y+x^2+y^2-1=0$ 之下，求函数 $d=\sqrt{x^2+y^2+z^2}$ 的最大值与最小值.

构造拉格朗日函数 $F(x,\ y,\ z)=x^2+y^2+z^2+\lambda(x+y+x^2+y^2-1)$，

由
$$\begin{cases} F'_x = 2x + \lambda(1+2x) = 0, \\ F'_y = 2y + \lambda(1+2x) = 0, \\ F'_z = 2z = 0, \\ F'_\lambda = x + y + x^2 + y^2 - 1 = 0, \end{cases}$$
得 $x = y = \dfrac{-1 \pm \sqrt{3}}{2}$，$z = 0$. 故距离的最值

$$d_{\max} = d\left(\frac{-1-\sqrt{3}}{2},\ \frac{-1-\sqrt{3}}{2},\ 0\right) = \sqrt{2+\sqrt{3}},$$

$$d_{\min} = d\left(\frac{-1+\sqrt{3}}{2},\ \frac{-1+\sqrt{3}}{2},\ 0\right) = \sqrt{2-\sqrt{3}}.$$

错误分析：由椭圆 L 的方程组消去 z 得到的是过椭圆 L 的柱面 $\sum: x+y+x^2+y^2-1=0$，显然，椭圆 L 上的点 M 必定满足柱面 $\sum$ 的方程，但满足柱面 $\sum$ 方程的点却不一定在椭圆上，因此，所讨论的问题应为：在条件 $z = x^2+y^2$ 及 $x+y+z=1$ 下求函数 $d = \sqrt{x^2+y^2+z^2}$ 的最值．

正确解答：构造拉格朗日函数
$$F(x,\ y,\ z) = x^2 + y^2 + z^2 + \lambda(x^2+y^2-z) + \mu(x+y+z-1),$$

令
$$\begin{cases} F_x = 2x + 2\lambda x + \mu = 0, \\ F_y = 2y + 2\lambda y + \mu = 0, \\ F_z = 2z - \lambda + \mu = 0, \\ x^2 + y^2 - z = 0, \\ x + y + z - 1 = 0, \end{cases}$$
解得 $x = y = \dfrac{-1 \pm \sqrt{3}}{2}$，$z = 2 \mp \sqrt{3}$. 由实际问题知，距离 d 的最大值和最小值存在，故

$$d_{\max} = d\left(\frac{-1-\sqrt{3}}{2},\ \frac{-1-\sqrt{3}}{2},\ 2+\sqrt{3}\right) = \sqrt{9+5\sqrt{3}},$$

$$d_{\min} = d\left(\frac{-1+\sqrt{3}}{2},\ \frac{-1+\sqrt{3}}{2},\ 2-\sqrt{3}\right) = \sqrt{9-5\sqrt{3}}.$$

【例 9.27】（2007 真题变形）求 $z = x^2 + y^2 - 12x + 16y$ 在条件 $x^2 + y^2 \leqslant 25$ 下的最值．

【解】 先求 $z = x^2 + y^2 - 12x + 16y$ 在区域 D：$x^2 + y^2 \leqslant 25$ 内部的驻点．

令
$$\begin{cases} \dfrac{\partial z}{\partial x} = 2x - 12 = 0, \\ \dfrac{\partial z}{\partial y} = 2y + 16 = 0, \end{cases}$$
得
$$\begin{cases} x = 6, \\ y = -8. \end{cases}$$
显然 $(6, -8)$ 不在 D 的内部，即函数 $z(x,\ y)$ 在 D 上一定有最大值和最小值，且最大值与最小值必定在 D 的内部无极值点．

而 $z = x^2 + y^2 - 12x + 16y$ 是有界闭区域 D：$x^2 + y^2 \leqslant 25$ 上的连续函数，故函数 $z(x,\ y)$ 在 D 上一定有最大值和最小值，且最大值与最小值必定在 D 的边界 $x^2 + y^2 = 25$ 上取到．

构造拉格朗日函数
$$L(x,\ y,\ \lambda) = x^2 + y^2 - 12x + 16y + \lambda(x^2+y^2-25),\quad 令 \begin{cases} L'_x = 2x - 12 + 2\lambda x = 0, \\ L'_y = 2y + 16 + 2\lambda y = 0, \\ L'_\lambda = x^2 + y^2 - 25 = 0, \end{cases} 解得$$

$$\begin{cases} x_1 = 3, \\ y_1 = -4 \end{cases} 与 \begin{cases} x_2 = -3, \\ y_2 = 4. \end{cases}$$
由前面分析知，函数 $z(x,\ y)$ 在区域 D 的边界 $x^2 + y^2 = 25$ 上最大值和最

小值都存在，且在边界上可能取得极值的点只有两个，故边界上的最大值和最小值应在这两个点处取得．又因为 $z(3,-4)=-75$，$z(-3,4)=125$，所以 $z=x^2+y^2-12x+16y$ 在条件 $x^2+y^2\leqslant25$ 下的最大值为 125，最小值为 -75．

【例 9.28】 求抛物线 $y=x^2$ 与直线 $x-y-2=0$ 之间的最小距离．

【解】 设抛物线 $y=x^2$ 上任一点 $P(x,y)$ 到直线 $x-y-2=0$ 的距离为 d，则

$$d=\frac{|x-y-2|}{\sqrt{2}}.$$

因为 $d=\frac{|x-y-2|}{\sqrt{2}}$ 与函数 $f(x,y)=(x-y-2)^2$ 具有相同的最小值点，故构造拉格朗日函数 $L(x,y,\lambda)=(x-y-2)^2+\lambda(y-x^2)$，对其求偏导并令之为零，得

$$\begin{cases} L'_x(x,y,\lambda)=2(x-y-2)-2\lambda x=0, \\ L'_y(x,y,\lambda)=-2(x-y-2)+\lambda=0, \\ L'_\lambda(x,y,\lambda)=y-x^2=0 \end{cases} \Rightarrow \begin{cases} x=\dfrac{1}{2}, \\ y=\dfrac{1}{4}, \end{cases}$$

所以，点 $P\left(\dfrac{1}{2},\dfrac{1}{4}\right)$ 到直线 $x-y-2=0$

的距离最小，且距离为 $d=\dfrac{7\sqrt{2}}{8}$．

【例 9.29】（2008 真题变形）求曲面 $z=x^2+2y^2$ 与曲面 $z=6-2x^2-y^2$ 交线上的点与平面 xOy 距离的最小值．

【解】 设 $P(x,y,z)$ 为曲面 $z=x^2+2y^2$ 和曲面 $z=6-2x^2-y^2$ 交线上的任意一点，则点 $P(x,y,z)$ 到平面 xOy 的距离 $d=|z|$．

因为 $d=|z|$ 与函数 $f(x,y,z)=z^2$ 具有相同的最小值点，所以构造拉格朗日函数为

$$L(x,y,z,\lambda,u)=z^2+\lambda(z-x^2-2y^2)+u(z+2x^2+y^2-6)$$

令
$$\begin{cases} L'_x(x,y,z,\lambda,u)=-2\lambda x+4ux=0, \\ L'_y(x,y,z,\lambda,u)=-4\lambda y+2uy=0, \\ L'_z(x,y,z,\lambda,u)=2z+\lambda+u=0, \\ L'_\lambda(x,y,z,\lambda,u)=z-x^2-2y^2=0, \\ L'_u(x,y,z,\lambda,u)=z+2x^2+y^2-6=0, \end{cases}$$
即
$$\begin{cases} (\lambda-2u)x=0, \\ (2\lambda-u)y=0, \\ 2z+\lambda+u=0, \\ z-x^2-2y^2=0, \\ z+2x^2+y^2-6=0, \end{cases}$$
当 $x=0$ 时，

$$\begin{cases} (2\lambda-u)y=0, \\ 2z+\lambda+u=0, \\ z=2y^2, \\ z=6-y^2, \end{cases}$$
解得
$$\begin{cases} z=4, \\ y\pm\sqrt{2}, \end{cases}$$
当 $\lambda=2u\neq0$ 时，
$$\begin{cases} y=0, \\ 2z+3u=0, \\ z=x^2, \\ z=6-2x^2, \end{cases}$$
解得
$$\begin{cases} y=0, \\ x=\pm\sqrt{2}, \\ z=2, \end{cases}$$
当 $\lambda=2u=0$ 时，

$$\begin{cases} z=0, \\ x=y=0 \end{cases}$$
与 $z=6-2x^2-y^2$ 矛盾；最小距离为 2．

【例 9.30】 求函数 $f(x,y)=x^2+y^2-3$ 在条件 $x-y+1=0$ 下的极值．

解题思路 本题中很容易从约束条件 $x-y+1=0$ 中解出 $y=x+1$，然后将其代入 $f(x,y)$ 化为无条件极值求解．

【解】 由 $x-y+1=0$ 知 $y=x+1$，代入 $f(x,y)=x^2+y^2-3$ 得

$$\varphi(x)=f(x,x+1)=x^2+(x+1)^2-3,\ \varphi'(x)=2x+2(x+1)=4x+2.\ 令$$

$$\varphi'(x)=0,\ 得\ x=-\frac{1}{2}.$$

$\varphi''(x)=4$，$\varphi''\left(-\dfrac{1}{2}\right)=4>0$，则 $\varphi(x)$ 在 $x=-\dfrac{1}{2}$ 取极小值，而 $x=-\dfrac{1}{2}$ 时，$y=\dfrac{1}{2}$.

则 $f(x,y)=x^2+y^2-3$ 在条件 $x-y+1=0$ 下的条件极值在点 $\left(-\dfrac{1}{2},\dfrac{1}{2}\right)$ 处取得，且为极小值，极小值为 $f\left(-\dfrac{1}{2},\dfrac{1}{2}\right)=-\dfrac{5}{2}$.

注 本题是一条件极值问题，但在求解中没有用拉格朗日乘数法，原因是拉格朗日乘数法所得到的点是"可能"的极值点，是否是极值点要用拉格朗日函数 F 的二阶微分进行判定，但这已经超过大纲的要求，一般高等数学教材中也没有介绍该内容. 考研试题中没有出现这样的条件极值问题，而往往出现的是条件最值问题.

9.12 多元微分学的几何应用（仅数一）

9.12.1 空间曲线的切线与法平面

先说几个概念，大家一定要了解一下，后面学到曲线积分的时候经常会遇到光滑曲线或者分段光滑曲线.

（1）光滑曲线和分段光滑曲线

若曲线上每一点都有切线，并且随着点在曲线上移动，切线的方向也连续变动，则称该曲线为光滑曲线，如图 9-18 所示；若一条曲线是由若干条光滑曲线连接而成的，则称该曲线为分段光滑曲线，如图 9-19 所示.

图 9-18

图 9-19

（2）空间曲线的切线与法平面

空间光滑曲线在点 M 处割线的极限位置称为曲线在此点处的切线，如图 9-20 所示，过点 M 与切线垂直的平面称为曲线在该点的法平面，如图 9-21 所示.

图 9-20

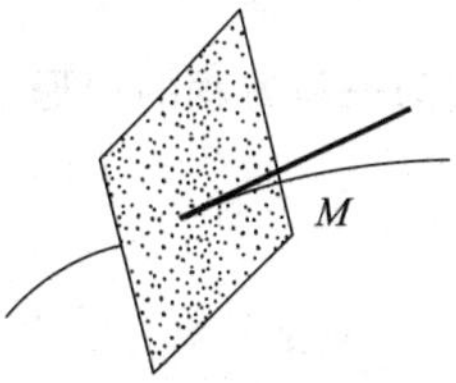

图 9-21

接下来我们来看如何求空间曲线的切线及法平面.

（一）曲线为参数方程的情形

设空间曲线 Γ 的参数方程为 $\begin{cases} x=x(t) \\ y=y(t) \quad (\alpha \leqslant t \leqslant \beta) \\ z=z(t) \end{cases}$

假定 $x(t)$，$y(t)$，$z(t)$ 对 t 的导数存在且不同时为零.

当参数 t 取 t_0 时，对应曲线上的点 $M_0(x_0,\ y_0,\ z_0)$，当 $t=t_0+\Delta t(\Delta t\neq 0)$ 时，对应曲线上的点 $M(x_0+\Delta x,\ y_0+\Delta y,\ z_0+\Delta z)$，如图 9-22 所示.

则由空间解析几何知，割线 M_0M 的方程为

$$\frac{x-x_0}{\Delta x}=\frac{y-y_0}{\Delta y}=\frac{z-z_0}{\Delta z}$$

上式中各分母同时除以 Δt，得 $\dfrac{x-x_0}{\dfrac{\Delta x}{\Delta t}}=\dfrac{y-y_0}{\dfrac{\Delta y}{\Delta t}}=\dfrac{z-z_0}{\dfrac{\Delta z}{\Delta t}}$

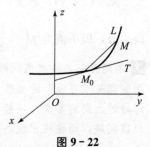

图 9-22

当 $\Delta t\to 0$ 时，上式各分母趋向于 $x'(t_0)$，$y'(t_0)$，$z'(t_0)$. 这时上式的极限为 $\dfrac{x-x_0}{x'(t_0)}=\dfrac{y-y_0}{y'(t_0)}=\dfrac{z-z_0}{z'(t_0)}$ 即为曲线 Γ 在点 M_0 处的切线方程.

切线的方向向量称为曲线的切向量. 向量 $\vec{T}=\{x'(t_0),\ y'(t_0),\ z'(t_0)\}$ 就是曲线 Γ 在点 M_0 处的一个切向量. 曲线 Γ 在点 M_0 处的法平面方程为

$$x'(t_0)(x-x_0)+y'(t_0)(y-y_0)+z'(t_0)(z-z_0)=0.$$

注 这里假定 $x'(t_0)$，$y'(t_0)$，$z'(t_0)$ 不能同时为零，若有一个或两个为零，则让式中它对应的分子也为零，其他仍按切线公式写.

特别地，若曲线 Γ 的方程为 $\begin{cases} y=y(x) \\ z=z(x) \end{cases}$

取 x 为参数，它可表示为参数形式 $\begin{cases} x=x \\ y=y(x) \\ z=z(x) \end{cases}$

如果 $y=y(x)$，$z=z(x)$ 在 $x=x_0$ 可导，这时切向量 $T=\{1,\ y'(t_0),\ z'(t_0)\}$，曲线 Γ 在点 M_0 处的切线方程为 $\dfrac{x-x_0}{1}=\dfrac{y-y_0}{y'(t_0)}=\dfrac{z-z_0}{z'(t_0)}$.

法平面方程为 $(x-x_0)+y'(t_0)(y-y_0)+z'(t_0)(z-z_0)=0$.

【思考】 设曲线 Γ 的方程为 $\begin{cases} x=x(y) \\ z=z(y) \end{cases}$ 或 $\begin{cases} x=x(z) \\ y=y(z) \end{cases}$，那么曲线 Γ 在点 $M_0(x_0,\ y_0,\ z_0)$ 切向量如何？

（二）曲线为一般方程的情形

若曲线 Γ 的方程为 $\begin{cases} F(x,\ y,\ z)=0 \\ G(x,\ y,\ z)=0 \end{cases}$

点 $M_0(x_0,\ y_0,\ z_0)$ 为曲线上一点，其中 $F(x,\ y,\ z)$，$G(x,\ y,\ z)$ 对各个变量有连续偏导数，且在点 M_0 行列式 $\begin{vmatrix} F_y & F_z \\ G_y & G_z \end{vmatrix}\neq 0$，这时在点 M_0 的某一邻域内，方程组就可以确定一组

函数 $\begin{cases} y=y(x) \\ z=z(x) \end{cases}$，所以只要求出 $y'(x_0)$，$z'(x_0)$，就可得切线方程和法平面方程. 为此，我们对方程组两端关于 x 求导，得到关于 $\dfrac{dy}{dx}$、$\dfrac{dz}{dx}$ 的方程组，解出可得切向量

$$\vec{T}=\{1,\ y'(x_0),\ z'(x_0)\}.$$

【**例 9.31**】求曲线 $\begin{cases} x^2+y^2+3z^2=5 \\ x+y^2+z=3 \end{cases}$ 在点 $(1,1,1)$ 处的切线与法平面方程.

【**解**】方程组两端对 x 求导，得 $\begin{cases} 2x+2y\dfrac{\mathrm{d}y}{\mathrm{d}x}+6z\dfrac{\mathrm{d}z}{\mathrm{d}x}=0 \\ 1+2y\dfrac{\mathrm{d}y}{\mathrm{d}x}+\dfrac{\mathrm{d}z}{\mathrm{d}x}=0 \end{cases}$

将点 $(1,1,1)$ 的坐标代入上述方程组，得 $\begin{cases} 2+2\dfrac{\mathrm{d}y}{\mathrm{d}x}+6\dfrac{\mathrm{d}z}{\mathrm{d}x}=0 \\ 1+2\dfrac{\mathrm{d}y}{\mathrm{d}x}+\dfrac{\mathrm{d}z}{\mathrm{d}x}=0 \end{cases}$

解得 $\dfrac{\mathrm{d}y}{\mathrm{d}x}\Big|_{(1,1,1)}=-\dfrac{2}{5}$，$\dfrac{\mathrm{d}z}{\mathrm{d}x}\Big|_{(1,1,1)}=-\dfrac{1}{5}$

从而切向量为 $\vec{T}=\left\{1,-\dfrac{2}{5},-\dfrac{1}{5}\right\}$，所求切线方程为

$$\frac{x-1}{1}=\frac{y-1}{-\dfrac{2}{5}}=\frac{z-1}{-\dfrac{1}{5}} \text{即} \frac{x-1}{-5}=\frac{y-1}{2}=\frac{z-1}{1}$$

法平面方程为 $(x-1)-\dfrac{2}{5}(y-1)-\dfrac{1}{5}(z-1)=0$ 即 $5x-2y-z=2$.

注 (1) 求切向量时，为了简化计算，可以先将点的坐标代入方程组，再求解.

(2) 也可以将 y 或 z 作为自变量，这时切向量分别为 $\vec{T}=\{x'(y_0),1,z'(y_0)\}$ 或 $\vec{T}=\{x'(z_0),y'(z_0),1\}$.

【**例 9.32**】求曲线 $\begin{cases} x^2+y^2+z^2=6, \\ x+y+z=0. \end{cases}$ 在点 $(1,-2,1)$ 处的切线和法平面方程.

【**分析**】分别求出曲面 $x^2+y^2+z^2=6$ 和 $x+y+z=0$ 在点 $(1,-2,1)$ 处的法向量 n_1 和 n_2，则曲线 $\begin{cases} x^2+y^2+z^2=6, \\ x+y+z=0. \end{cases}$ 在点 $(1,-2,1)$ 处的切向量为 $\tau=n_1\times n_2$.

【**解**】曲面 $x^2+y^2+z^2=6$ 在点 $(1,-2,1)$ 处的法向量为 $n_1=\{1,-2,1\}$，曲面 $x+y+z=0$ 在点 $(1,-2,1)$ 处的法向量为 $n_2=\{1,1,1\}$，则

$$\tau=n_1\times n_2=\begin{vmatrix} i & j & k \\ 1 & -2 & 1 \\ 1 & 1 & 1 \end{vmatrix}=-3i+3k.$$

故原曲线在点 $(1,-2,1)$ 处的切线方程为：$\dfrac{x-1}{-3}=\dfrac{y+2}{0}=\dfrac{z-1}{3}$，法平面方程为 $-3(x-1)+3(z-1)=0$，即 $x-z=0$.

9.12.2　空间曲面的切平面与法线

先说几个概念，大家一定要了解一下，后面学到曲面积分的时候经常会遇到光滑曲面或者分段光滑曲面.

(1) 光滑曲面和分段光滑曲面

若曲面上每一点都有切平面，并且随着点在曲面上移动，切平面的方向也连续变动，则称

该曲面为光滑曲面，如图 9-23 所示．若一张曲面是由若干张光滑曲面连接而成的，则称为分段光滑曲面，如图 9-24 所示．

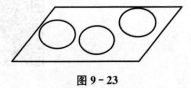

图 9-23

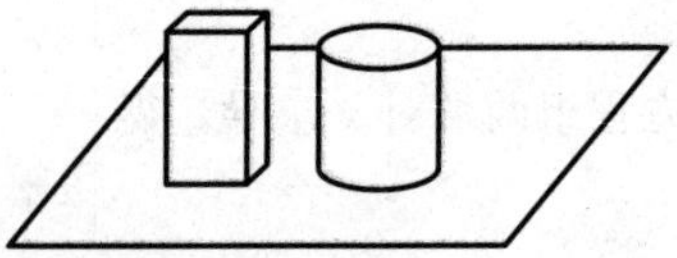

图 9-24

(2) 曲面的切平面与法线

在曲面 Σ 上，过点 M 的任何曲线在该点的切线都在同一平面上，此平面称为曲面 Σ 在该点的切平面．过点 M 且垂直于切平面的直线，称为曲面 Σ 在该点处的法线，如图 9-25 所示．

接下来我们来看如何求空间曲面的切平面与法线．

（一）曲面方程为隐式形式

设曲面 Σ 的方程为 $F(x, y, z)=0$，函数 $F(x, y, z)$ 在点 $M_0(x_0, y_0, z_0)$ 处有连续偏导数，下面我们证明 $F(x, y, z)=0$ 在点 $M_0(x_0, y_0, z_0)$ 处的切平面存在．

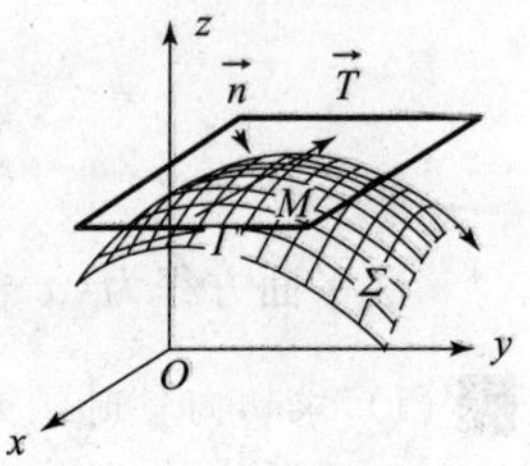

在曲面 $F(x, y, z)=0$ 上过点 $M_0(x_0, y_0, z_0)$ 任意引一条曲线 Γ（如图 9-25 所示），假定曲线由参数方程

$$\begin{cases} x=x(t) \\ y=y(t)，\alpha \leqslant t \leqslant \beta \text{ 给出，} t_0 \text{ 对应点 } M_0(x_0, y_0, z_0)，\text{且 } x' \\ z=z(t) \end{cases}$$

图 9-25

(t_0)，$y'(t_0)$，$z'(t_0)$ 不全为零，只要证明曲线 Γ 上过 M_0 (x_0, y_0, z_0) 点的切线垂直一个定向量即可．

由于曲线 Γ 在曲面上，故 $F(x(t), y(t), z(t))\equiv 0$.

又函数 $F(x, y, z)$ 在点 $M_0(x_0, y_0, z_0)$ 处有连续偏导数，且 $x'(t_0)$，$y'(t_0)$，$z'(t_0)$ 存在，那么对式两端关于 t 求导，得 $F'_x \cdot x'(t)+F'_y \cdot y'(t)+F'_z \cdot z'(t)=0$.

在 M_0 处有 $F'_x(x_0, y_0, z_0)x'(t_0)+F'_y(x_0, y_0, z_0)y'(t_0)+F'_z(x_0, y_0, z_0)z'(t_0)=0$

向量 $\vec{T}=\{x'(t_0), y'(t_0), z'(t_0)\}$ 为曲线 Γ 在点 M_0 处的切向量．

令 $\vec{n}=\{F'_x(x_0, y_0, z_0), F'_y(x_0, y_0, z_0), F'_z(x_0, y_0, z_0)\}$ 说明上述两个向量垂直，由所设曲线的任意性，所有过点 M_0 的切线垂直定向量 $\vec{n}$，因此，所有过点 M_0 的切线在一个平面上，这个平面就是切平面，且其法向量为 $\vec{n}$，因而切平面的方程为

$$F'_x(x_0, y_0, z_0)(x-x_0)+F'_y(x_0, y_0, z_0)(y-y_0)+F'_z(x_0, y_0, z_0)(z-z_0)=0$$

法线方程为 $\dfrac{x-x_0}{F'_x(x_0, y_0, z_0)}=\dfrac{y-y_0}{F'_y(x_0, y_0, z_0)}=\dfrac{z-z_0}{F'_z(x_0, y_0, z_0)}$

垂直于曲面上切平面的向量称为曲面的法向量，向量 $\vec{n}=\{F'_x(x_0, y_0, z_0), F'_y(x_0, y_0, z_0), F'_z(x_0, y_0, z_0)\}$ 就是曲面 Σ 在点 M_0 处的一个法向量．

（二）曲面方程为显式形式

若曲面 Σ 的方程为 $z=f(x, y)$，设函数 $f(x, y)$ 在点 (x_0, y_0) 处有连续偏导数，这时令 $F(x, y, z)=f(x, y)-z$，则

$$F'_x(x, y, z)=f'_x(x, y)，\quad F'_y(x, y, z)=f'_y(x, y)，\quad F'_z(x, y, z)=-1$$

曲面 Σ 在点 M_0 处的法向量 $\vec{n} = \{f'_x(x_0, y_0), f'_y(x_0, y_0), -1\}$

则切平面方程为 $f'_x(x_0, y_0)(x-x_0) + f'_y(x_0, y_0)(y-y_0) = z-z_0$

法线方程为 $\dfrac{x-x_0}{f'_x(x_0, y_0)} = \dfrac{y-y_0}{f'_y(x_0, y_0)} = \dfrac{z-z_0}{-1}$.

注 如果 α、β、γ 表示曲面法向量的方向角，并假定法向量的方向是向上的，即它与 z 轴正向所成的角 γ 是锐角，则法向量的方向余弦为 $\vec{n} = \{\cos\alpha, \cos\beta, \cos\gamma\}$

$$\cos\alpha = \frac{-f'_x}{\sqrt{1+f'^2_x+f'^2_y}}, \quad \cos\beta = \frac{-f'_y}{\sqrt{1+f'^2_x+f'^2_y}}, \quad \cos\gamma = \frac{1}{\sqrt{1+f'^2_x+f'^2_y}}$$

其中 $f'_x = f'_x(x_0, y_0)$，$f'_y = f'_y(x_0, y_0)$

上述形式就是我们以后研究多元函数积分学中对曲面积分的使用规定，特别注意，只有在可微的条件下，空间曲面才有切平面.

9.12.3　方向导数

偏导数的几何意义是函数本身在水平和竖直两个方向上分别对 x 轴和 y 轴的变化率. 这个限定的有点多哦，我们有时候还要关心一下多元函数沿着任意一个方向的变化率如何.

9.12.3.1　定义

定义 9.12.3.1.1 设函数 $z = f(x, y)$ 在区域 D 内有定义，$P_0(x_0, y_0)$ 是 D 的一个内点，过 P_0 引射线 L，沿 L 的某向量为 l，又设 l 与 x 轴，y 轴的正向夹角分别为 α 和 β（如图 9-26 所示），则 l 的方向余弦为 $\cos\alpha$、$\cos\beta$. 当 P_0 沿射线变到 P 时，记 $|P_0P| = \rho$，函数 $z = f(x, y)$ 沿射线 L 的改变量为

$$\Delta z = f(x, y) - f(x_0, y_0)$$

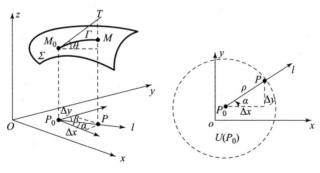

图 9 - 26

我们称 $\dfrac{\Delta z}{\rho}$ 是函数 $z = f(x, y)$ 在 P_0 处并沿方向 l 的平均变化率. 于是若极限 $\lim\limits_{\substack{\rho \to 0 \\ (P \to P_0)}} \dfrac{\Delta z}{\rho} =$

$$\lim_{\substack{P \to P_0 \\ \left(\substack{P \in L \\ \rho \to 0}\right)}} \frac{f(x, y) - f(x_0, y_0)}{\rho}$$ 存在，称它是函数 $f(x, y)$ 在点 $P_0(x_0, y_0)$ 处且沿方向 l 的方向

导数，记作 $\left.\dfrac{\partial z}{\partial l}\right|_{P_0}$.

9.12.3.2　方向导数的几何意义

$z=f(x,y)$的图形是一张曲面 S，当点 P 沿射线 L 趋向于点 P_0 时，过射线 L 且垂直于 xOy 平面的竖平面与曲面 S 的交线 Γ 上，有 P 对应点 M 沿曲线 Γ 趋向于 P_0 的对应点 M_0，同时割线 M_0M 趋向于曲线 Γ 在点 M_0 处的切线 M_0T，其斜率为极限

$$\lim_{\substack{P \to P_0 \\ (P \in L)}} \frac{MP - M_0P_0}{|P_0P|} = \lim_{\substack{P \to P_0 \\ (P \in L)}} \frac{f(x,y) - f(x_0,y_0)}{\rho}$$

定理 9.12.3.2.1　若函数 $z=f(x,y)$ 在点 $P(x,y)$ 处可微，则函数在该点沿任一方向 l 的方向导数都存在，则有

$$\frac{\partial z}{\partial l} = \frac{\partial z}{\partial x}\cos\alpha + \frac{\partial z}{\partial y}\cos\beta = \frac{\partial z}{\partial x}\cos\alpha + \frac{\partial z}{\partial y}\sin\alpha \ \left(\text{其中 } \cos\beta = \cos\left(\frac{\pi}{2}-\alpha\right) = \sin\alpha\right)$$

其中 α 与 β 为方向 l 的两个方向角.

【证明】 因为函数 $z=f(x,y)$ 在点 (x,y) 可微，故 z 的改变量为

$$\Delta z = f(x+\Delta x, y+\Delta y) - f(x,y) = \frac{\partial z}{\partial x}\Delta x + \frac{\partial z}{\partial y}\Delta y + o(\rho)$$

其中，$\rho = |P_0P| = \sqrt{(\Delta x)^2 + (\Delta y)^2}$，$\Delta x = \rho\cos\alpha$，$\Delta y = \rho\cos\beta$. 于是上式变为

$$\Delta z = \frac{\partial z}{\partial x}\rho \cdot \cos\alpha + \frac{\partial z}{\partial y}\rho \cdot \cos\beta + o(\rho),$$

两边除以 ρ，再令 $\rho \to 0$ 求极限得 $\dfrac{\partial z}{\partial l} = \lim_{\rho \to 0}\left[\dfrac{\partial z}{\partial x} \cdot \cos\alpha + \dfrac{\partial z}{\partial y} \cdot \cos\beta + \dfrac{o(\rho)}{\rho}\right]$，由 $o(\rho)$ 是 ρ 的高阶无穷小，因而 $\lim\limits_{\rho \to 0}\dfrac{o(\rho)}{\rho} = 0$，于是有 $\dfrac{\partial z}{\partial l} = \dfrac{\partial z}{\partial x}\cos\alpha + \dfrac{\partial z}{\partial y}\cos\beta$；因为 $\cos\beta = \cos\left(\dfrac{\pi}{2}-\alpha\right) = \sin\alpha$，故上式又可以写成 $\dfrac{\partial z}{\partial l} = \dfrac{\partial z}{\partial x}\cos\alpha + \dfrac{\partial z}{\partial y}\sin\alpha$.

注 在求方向导数时，我们将公式变形为如下形式往往会更简单一些.

$\dfrac{\partial f}{\partial l} = \dfrac{\partial f}{\partial x}\cos\alpha + \dfrac{\partial f}{\partial y}\cos\beta$，其中 $\beta = \dfrac{\pi}{2} - \alpha$ 表示从 y 轴正向到方向 l 的转角，即 $\cos\alpha$、$\cos\beta$ 表示方向 l 的方向余弦，$(\cos\alpha, \cos\beta)$ 是方向 l 的单位向量.

推论 若保持定理的条件，l^0 是 l 的单位向量，则 $\dfrac{\partial z}{\partial l}$ 可表示成两个向量的数量积为

$$\frac{\partial z}{\partial l} = \left\{\frac{\partial z}{\partial x}, \frac{\partial z}{\partial y}\right\} \cdot l^0.$$

【证明】 因为若 l 的方向余弦为 $\cos\alpha$ 与 $\cos\beta$，则 $l^0 = \{\cos\alpha, \cos\beta\}$，由定理有

$$\frac{\partial z}{\partial l} = \frac{\partial z}{\partial x}\cos\alpha + \frac{\partial z}{\partial y}\cos\beta = \left\{\frac{\partial z}{\partial x}, \frac{\partial z}{\partial y}\right\} \cdot \{\cos\alpha, \cos\beta\} = \left\{\frac{\partial z}{\partial x}, \frac{\partial z}{\partial y}\right\} \cdot l^0.$$

【例 9.33】 设函数 $z = xe^{2y}$，求下列方向导数.

(1) 求函数 z 在点 $P(1,0)$ 处，沿着与 x 轴正向夹角 $\alpha = 60°$ 的方向导数；

(2) 求函数 z 在点 $P(1,0)$ 处，并沿从点 $P(1,0)$ 到点 $Q(2,-1)$ 方向的方向导数.

【解】 (1) 由公式：$\dfrac{\partial z}{\partial l}\Big|_P = \left\{\dfrac{\partial z}{\partial x}, \dfrac{\partial z}{\partial y}\right\}_P \cdot \{\cos\alpha, \cos\beta\}$，先求得 $\dfrac{\partial z}{\partial x}\Big|_P = e^{2y}\big|_{P(1,0)} = 1$，$\dfrac{\partial z}{\partial y}\Big|_P = 2xe^{2y}\big|_{P(1,0)} = 2$；再求得

$$\cos\beta=\cos\left(\frac{\pi}{2}-\alpha\right)=\sin\alpha=\sin60°=\frac{\sqrt{3}}{2}, \quad \cos\alpha=\cos60°=\frac{1}{2}$$

于是有 $\dfrac{\partial z}{\partial l}\bigg|_{P}=\dfrac{\partial z}{\partial x}\bigg|_{P}\cos\alpha+\dfrac{\partial z}{\partial y}\bigg|_{P}\cos\beta=1\times\dfrac{1}{2}+2\times\dfrac{\sqrt{3}}{2}=\dfrac{1}{2}+\sqrt{3}.$

（2）由公式：$\dfrac{\partial z}{\partial l}\bigg|_{P}=\left\{\dfrac{\partial z}{\partial x},\ \dfrac{\partial z}{\partial y}\right\}_{P}\cdot l^{0}.$ 因为单位向量 $l^{0}=\dfrac{l}{|l|}$，由 $l=PQ=$

$\{2-1,\ -1-0\}=\{1,\ -1\}$，$|l|=\sqrt{1^{2}+(-1)^{2}}=\sqrt{2}$，故

$$l^{0}=\frac{\{1,\ 1\}}{\sqrt{2}}=\left\{\frac{1}{\sqrt{2}},\ -\frac{1}{\sqrt{2}}\right\}, \quad 于是有$$

$$\frac{\partial z}{\partial l}\bigg|_{P}=\left\{\frac{\partial z}{\partial x},\ \frac{\partial z}{\partial y}\right\}_{P\{1,0\}}\cdot l^{0}=\{1,\ 2\}\cdot\left\{\frac{1}{\sqrt{2}},\ -\frac{1}{\sqrt{2}}\right\}=\frac{1}{\sqrt{2}}-2\cdot\frac{1}{\sqrt{2}}=-\frac{1}{\sqrt{2}}=-\frac{\sqrt{2}}{2}.$$

【例9.34】 验证函数 $z=\sqrt{x^{2}+y^{2}}$ 在点 $O(0,0)$ 处沿任意方向的方向导数恒为1，但该函数在点 $O(0,0)$ 处的两个偏导数不存在，试说明其原因.

【解】 由方向导数的定义有 $\dfrac{\partial z}{\partial l}\bigg|_{(0,0)}=\lim\limits_{\rho\to 0}\dfrac{\Delta z}{\rho}\bigg|_{(0,0)}$

$$=\lim_{\rho\to 0}\frac{z(0+\Delta x,\ 0+\Delta y)-z(0,\ 0)}{\sqrt{(\Delta x)^{2}+(\Delta y)^{2}}}$$

$$=\lim_{\rho\to 0}\frac{\sqrt{(\Delta x)^{2}+(\Delta y)^{2}}}{\sqrt{(\Delta x)^{2}+(\Delta y)^{2}}}=1$$

再由偏导数 $\dfrac{\partial z}{\partial x}\bigg|_{(0,0)}$ 的定义有

$$\frac{\partial z}{\partial x}\bigg|_{(0,0)}=\lim_{\Delta x\to 0}\frac{z(0+\Delta x,\ 0)-z(0,\ 0)}{\Delta x}=\lim_{\Delta x\to 0}\frac{\sqrt{(\Delta x)^{2}}}{\Delta x}=\lim_{\Delta x\to 0}\frac{|\Delta x|}{\Delta x}$$

显然，上式右边的极限不存在（破坏了极限存在的唯一性）；同理 $\dfrac{\partial z}{\partial y}\bigg|_{(0,0)}$ 也不存在.

由上可知：在某点处，即使沿任何方向的方向导数都存在，也不能保证在该点处的偏导数存在. 这是因为由方向导数的定义，$\dfrac{\partial z}{\partial l}\bigg|_{(0,0)}$ 只是过 $(0,0)$ 沿着射线（半直线）方向的变化率，而 $\dfrac{\partial z}{\partial x}\bigg|_{(0,0)}$ 是过 $(0,0)$ 沿直线（x 轴），无论是 Δx 从 x 的正半轴方向还是负半轴方向趋于零时均应有相同的极限. 也就是因为这个差异，才是 $\dfrac{\partial z}{\partial l}\bigg|_{(0,0)}$ 的存在与 $\dfrac{\partial z}{\partial x}\bigg|_{(0,0)}$ 的存在之间不能等价的原因.

【例9.35】 设 $u=xy^{2}+yz^{3}$，有点 $P(2,-1,1)$.

（1）求函数 u 在点 P 处，沿方向角分别为 $\alpha=\dfrac{\pi}{4}$，$\beta=\dfrac{\pi}{3}$，$\gamma=\dfrac{2\pi}{3}$ 的向量 (x,y) 的方向导数.

（2）求函数 u 在点 P 处，并沿过点 P 的曲线：$x=3t-1$，$y=2t^{2}-3$，$z=t^{3}$ 的切线方向（对应于 t 的增大使 x 也增大的方向）的方向导数.

【解】 (1) 由公式 $\left.\dfrac{\partial u}{\partial l}\right|_P = \left.\dfrac{\partial u}{\partial x}\right|_P \cdot \cos\alpha + \left.\dfrac{\partial u}{\partial y}\right|_P \cdot \cos\beta + \left.\dfrac{\partial u}{\partial z}\right|_P \cdot \cos\gamma$

由已知得：$\left.\dfrac{\partial u}{\partial x}\right|_P = y^2 \big|_{(2,-1,1)} = 1$；$\left.\dfrac{\partial u}{\partial y}\right|_P = (2xy + z^3)\big|_{(2,-1,1)} = 2 \times 2 \times$

$(-1) + 1^3 = -3$；$\left.\dfrac{\partial u}{\partial z}\right|_P = 3yz^2\big|_{(2,-1,1)} = 3 \times (-1) \times 1^2 = -3$.

又因为 $\cos\alpha = \cos\dfrac{\pi}{4} = \dfrac{\sqrt{2}}{2}$，$\cos\beta = \cos\dfrac{\pi}{3} = \dfrac{1}{2}$，$\cos\gamma = \cos\dfrac{2\pi}{3} = -\cos\dfrac{\pi}{3} = -\dfrac{1}{2}$

代入可得 $\left.\dfrac{\partial u}{\partial l}\right|_P = 1 \times \dfrac{\sqrt{2}}{2} + (-3) \times \dfrac{1}{2} + (-3) \times \left(-\dfrac{1}{2}\right) = \dfrac{\sqrt{2}}{2}$.

(2) 由公式 $\left.\dfrac{\partial u}{\partial l}\right|_P = \left\{\dfrac{\partial u}{\partial x}, \dfrac{\partial u}{\partial y}, \dfrac{\partial u}{\partial z}\right\}_P \cdot l^0$，因而先求出 $l^0 = \dfrac{l}{|l|}$，过点 P 处，曲线的切向量

为 τ，显然可令 $l = \tau$，而切向量 τ 有两个方向

$$\tau = \pm\left\{\dfrac{dx}{dt}, \dfrac{dy}{dt}, \dfrac{dz}{dt}\right\}_P = \pm\left\{\dfrac{d(3t-1)}{dt}, \dfrac{d(2t^2-3)}{dt}, \dfrac{dt^3}{dt}\right\}_P = \pm\{3, 4t, 3t^2\}_P$$

式中应取 "+" 号能使 x 随 t 增加而增大. 因为在点 P 处有 $x = 3t - 1 = 2$，即 $t = 1$，因而对应于 x 随 t 增大方向的切向量应是 $\tau = +\{3, 4t, 3t^2\}\big|_{t=1} = \{3, 4, 3\}$，故有

$l^0 = \dfrac{l}{|l|} = \dfrac{\tau}{|\tau|} = \dfrac{1}{\sqrt{34}}\{3, 4, 3\}$ 代入公式得到所求方向导数为

$$\left.\dfrac{\partial u}{\partial l}\right|_P = \left\{\dfrac{\partial u}{\partial x}, \dfrac{\partial u}{\partial y}, \dfrac{\partial u}{\partial z}\right\}_P \cdot l^0 = \dfrac{1}{\sqrt{34}}\{1, -3, -3\} \cdot \{3, 4, 3\} = -\dfrac{18}{\sqrt{34}}.$$

9.12.4 梯度

二元函数的方向导数公式中有一个向量：$\left\{\dfrac{\partial f}{\partial x}, \dfrac{\partial f}{\partial y}\right\}_{P(x, y)}$. 我们把这个向量称作二元函数

在点 $P(x, y)$ 处的梯度，记作 $grad f(x, y) = \left\{\dfrac{\partial f}{\partial x}, \dfrac{\partial f}{\partial y}\right\} = \dfrac{\partial f}{\partial x}i + \dfrac{\partial f}{\partial y}j$.

定理 9.12.4.1 设函数 $z = f(x, y)$ 在点 $P(x, y)$ 可微. 则该函数在点 P 处，沿着梯度方向的方向导数是在 P 点的所有方向导数的最大值，并且该最大值等于

$$\max_l\left\{\left(\dfrac{\partial z}{\partial l}\right)_P\right\} = |grad f(x, y)| = \sqrt{\left(\dfrac{\partial f}{\partial x}\right)^2 + \left(\dfrac{\partial f}{\partial y}\right)^2}.$$

【证明】 设 $z = f(x, y)$ 的梯度为 $(grad f)_P$，从点 P 发出的向量为 l（如图 9-27 所示），梯度与 l 的夹角为 θ，图中只画出三个向量 l, l_1, l_2，这些向量都在同一个平面内. 由方向导数公式有 $\left.\dfrac{\partial f}{\partial l}\right|_P = \left\{\dfrac{\partial f}{\partial x}, \dfrac{\partial f}{\partial y}\right\}_P \cdot l^0 = (grad f)_P \cdot l^0$

$= |(grad f)_P| \cdot |l^0| \cdot \cos\theta$

$= |(grad f)_P| \cdot \cos\theta$

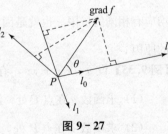

图 9-27

可知，当梯度向量 $(grad f)_P$ 与向量 l 的夹角 θ 等于零时，方向导数 $\left(\dfrac{\partial f}{\partial l}\right)_P$ 达到最大值为

$|(\mathrm{grad}f)_P| = \sqrt{\left(\dfrac{\partial f}{\partial x}\right)^2 + \left(\dfrac{\partial f}{\partial y}\right)^2}$，此时即 $\theta = 0$，恰是方向 l 与梯度向量 $\mathrm{grad}f$ 位于同一条射线上.

可以看出，当 $\theta = 0$，即方向 l：$(\cos\alpha, \cos\beta)$ 与函数 $z = f(x, y)$ 在点 $P_0(x_0, y_0)$ 的梯度方向一致时，方向导数 $\dfrac{\partial f}{\partial l}\Big|_{(x_0, y_0)}$ 达到最大值 $|\mathrm{grad}f(x_0, y_0)|$，从而说明函数 $z = f(x, y)$ 在点 $P_0(x_0, y_0)$ 沿该点的梯度方向增加最快；当 $\theta = \pi$，即方向 l：$(\cos\alpha, \cos\beta)$ 与函数 $z = f(x, y)$ 在点 $P_0(x_0, y_0)$ 的梯度方向相反时，方向导数 $\dfrac{\partial f}{\partial l}\Big|_{(x_0, y_0)}$ 达到最小值 $-|\mathrm{grad}f(x_0, y_0)|$，从而说明函数 $z = f(x, y)$ 在点 $P_0(x_0, y_0)$ 沿该点梯度的反方向减少最快；当 $\theta = \dfrac{\pi}{2}$，即方向 l：$(\cos\alpha, \cos\beta)$ 与函数 $z = f(x, y)$ 在点 $P_0(x_0, y_0)$ 的梯度方向垂直时，方向导数 $\dfrac{\partial f}{\partial l}\Big|_{(x_0, y_0)}$ 为 0，从而说明函数 $z = f(x, y)$ 在点 $P_0(x_0, y_0)$ 沿该点梯度的垂直方向没有变化.

也就是说方向导数的"方向"很多的（方向导数本质是沿着某个方向的变化率，是个数），但是梯度（梯度是向量，带有方向性）的方向是唯一的，当方向导数的方向被固定到梯度方向的时候，方向导数取得了最大值，此时函数沿着这个方向变化得最快.

注 趣味阅读（可看可不看）

下面我们引入在地图学上的等值线和等值面的概念以及物理学中的场的概念，它们与梯度的概念有着密切的关系.

我们知道，二元函数 $z = f(x, y)$ 在几何上表示一个曲面，若该曲面被平面 $z = c$（c 是常数）所截得的曲线 L 的方程为 $\begin{cases} z = f(x, y) \\ z = c \end{cases}$，则 L 在 xoy 面上的投影曲线 L^* 的方程为 $f(x, y) = c$，即对于曲线 L^* 上的一切点 (x, y)，其对应的函数值都是 c. 因此在几何上，我们把平面曲线 L^* 称为函数 $z = f(x, y)$ 的一条等值（或等高）线，如图 9-28 所示.

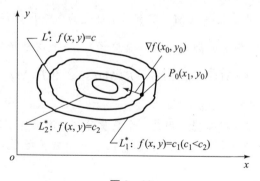

图 9-28

若 f_x、f_y 连续且不同时为零（不妨设 $f_y \neq 0$），则由隐函数的存在定理及多元微分学的几何应用的内容可知，等值线 $f(x, y) = c$ 上任一点 $P_0(x_0, y_0)$ 处的切向量为

$$\left(1,\ \frac{\mathrm{d}y}{\mathrm{d}x}\Big|_{x=x_0}\right)=\left(1,\ -\frac{f_x(x_0,\ y_0)}{f_y(x_0,\ y_0)}\right) 或 (f_y(x_0,\ y_0),\ -f_x(x_0,\ y_0)).$$

从而等值线 $f(x,\ y)=c$ 上点 $P_0(x_0,\ y_0)$ 处的一个单位法向量为

$$\vec{n}=\frac{1}{\sqrt{[f_x(x_0,\ y_0)]^2+[f_y(x_0,\ y_0)]^2}}(f_x(x_0,\ y_0),\ f_y(x_0,\ y_0))=\frac{grad f(x_0,\ y_0)}{|grad f(x_0,\ y_0)|}.$$

这个等式表明：函数 $z=f(x,\ y)$ 在一点 $P_0(x_0,\ y_0)$ 的梯度 $grad f(x_0,\ y_0)$ 的方向就是等值线 $f(x,\ y)=c$ 在这一点的法线的方向 $\vec{n}$，而梯度的模 $|grad f(x_0,\ y_0)|$ 就是沿这个法线方向的方向导数 $\frac{\partial f}{\partial n}$，于是上式可以写成 $grad f(x_0,\ y_0)=\frac{\partial f}{\partial n}\vec{n}$.

函数 $z=f(x,\ y)$ 在点 $P_0(x_0,\ y_0)$ 的梯度的方向与过点 P_0 的等高线 $f(x,\ y)=c$ 在这点的法线的一个方向相同，且从数值较低的等高线指向数值较高的等高线，而梯度的模等于函数在这个法线方向的方向导数，这个法线方向就是方向导数取得最大值的方向.

同样地，在几何上，我们把曲面 $f(x,\ y,\ z)=c$（c 是常数）称为三元函数的 $u=f(x,\ y,\ z)$ 一张等值面，若 f_x、f_y、f_z 连续且不同时为零，等值面 $f(x,\ y,\ z)=c$ 上任一点 $P_0(x_0,\ y_0,\ z_0)$ 处的一个单位法向量为

$$n=\frac{(f_x(x_0,\ y_0,\ z_0),\ f_y(x_0,\ y_0,\ z_0),\ f_z(x_0,\ y_0,\ z_0))}{\sqrt{[f_x(x_0,\ y_0,\ z_0)]^2+[f_y(x_0,\ y_0,\ z_0)]^2+[f_z(x_0,\ y_0,\ z_0)]^2}}$$

$$=\frac{grad f(x_0,\ y_0,\ z_0)}{|grad f(x_0,\ y_0,\ z_0)|}.$$

即函数 $u=f(x,\ y,\ z)$ 在一点 $P_0(x_0,\ y_0,\ z_0)$ 的梯度 $\nabla f(x_0,\ y_0,\ z_0)$ 的方向与过点 $P_0(x_0,\ y_0,\ z_0)$ 的等值面 $f(x,\ y,\ z)=c$ 在这点的法线的一个方向相同，且从数值较低的等值面指向数值较高的等值面，而梯度的模 $|\nabla f(x_0,\ y_0,\ z_0)|$ 等于该函数沿这个法线方向的方向导数 $\frac{\partial f}{\partial n}$，从而可将上式写成 $grad f(x_0,\ y_0,\ z_0)=\frac{\partial f}{\partial n}\vec{n}$.

如果对于空间区域 G 内的任一点 M，都有一个确定的向量 $\vec{F}(M)$ 与之对应，则称在这空间区域 G 内确定了一个向量场（例如力场、速度场）. 一个向量场可用一个向量值函数 $\vec{F}(M)$ 来表示. 即 $\vec{F}(M)=P(M)\vec{i}+Q(M)\vec{j}+R(M)\vec{k}$，其中 $P(M)$、$Q(M)$、$R(M)$ 都是点 M 的数量函数.

特别地，当 $\vec{F}(M)$ 不是一个向量，而是一个数量时（这时记为 $f(M)$），则称在这空间区域 G 内确定了一个数量场（例如温度场、密度场等），一个数量场可用一个数量函数 $f(M)$ 来表示.

若向量场 $\vec{F}(M)$ 是某个数量函数 $f(M)$ 的梯度，则 $\vec{F}(M)$ 称为一个梯度场（或势场），$f(M)$ 称为梯度场 $\vec{F}(M)$ 的一个势函数. 利用场的概念，我们可以说由数量场 $f(M)$ 产生的向量值函数 $grad f(M)$ 确定了一个势场. 但须注意，任意一个向量场不一定是势场，因为它不一定是某个数量函数的梯度场.

9.13　二元函数的泰勒公式（仅数一）

二元函数的泰勒公式

设 $z=f(x,y)$ 在点 (x_0,y_o) 的某一领域内连续且有直到 $(n+1)$ 阶连续偏导，(x_0+h,y_0+k) 为该领域内的任一点，则有

$$f(x_0+h,y_0+k)=\sum_{k=0}^{n}\frac{1}{n!}\left(h\frac{\partial}{\partial x}+k\frac{\partial}{\partial y}\right)^k f(x_0,y_0)+R_n$$

$$=f(x_0,y_0)+hf'_x(x_0,y_0)+kf'_y(x_0,y_0)+\frac{1}{2}[h^2 f''_{xx}(x_0,y_0)$$

$$+2hkf''_{xy}(x_0,y_0)+k^2 f''_{yy}(x_0+y_0)]+R_n$$

$$R_n=\frac{1}{(n+1)!}\left(h\frac{\partial}{\partial x}+k\frac{\partial}{\partial y}\right)^{n+1}f(x_0+\theta h,y_0+\theta k),0<\theta<1,$$

$$h=x-x_0,k=y-y_0$$

二元函数的泰勒公式的黑塞矩阵：在求多元函数极值时需要用到它．

我们取二阶展开形式，并把它写成二次型形式．

$$f(x_0+h,y_0+k)=f(x_0,y_0)+hf'_x(x_0,y_0)+kf'_y(x_0,y_0)+\frac{1}{2}[h^2 f''_{xx}(x_0+\theta h,y_0$$

$$+\theta k)+2hkf''_{xy}(x_o+\theta h,y_0+\theta h)+k^2 f''_{yy}(x_0+\theta h,y_0+\theta k)]$$

$$=f(x_0+y_0)+hf'_x(x_0,y_0)+kf'_y(x_0,y_0)$$

$$+\frac{1}{2}(h,k)\begin{bmatrix}f''_{xx}(x_0+\theta h,y_0+\theta k) & f''_{xy}(x_0+\theta h,y_0+\theta k)\\ f''_{xy}(x_0+\theta h,y_0+\theta k) & f''_{yy}(x_0+\theta h,y_0+\theta k)\end{bmatrix}\begin{pmatrix}h\\k\end{pmatrix}$$

$$=f(x_0+y_0)+hf'_x(x_0,y_0)+kf'_y(x_0,y_0)+\frac{1}{2}(h,k)H\begin{pmatrix}h\\k\end{pmatrix}\text{定义黑塞}$$

矩阵 H：$H=H\left[f(x_0+\theta h,y_0+\theta k)\right]=\begin{bmatrix}f''_{xx} & f''_{xy}\\ f''_{xy} & f''_{yy}\end{bmatrix}$ 在求多元函数极值需要用到它．

上式取 $n=0$，得二元拉格朗日中值公式

$$f(x_0+h,y_0+k)=f(x_0,y_0)+hf(x_0+\theta h,y_0+\theta k)+kf_y(x_0+\theta h,y_0+\theta k)$$

由黑塞矩阵 $H=\begin{bmatrix}f''_{xx} & f''_{xy}\\ f''_{xy} & f''_{yy}\end{bmatrix}$ 的正定性决定极值的充分条件如下：

H 正定 $\Leftrightarrow f''_{xx}>0$，或 $f''_{yy}>0$，并且 $\begin{vmatrix}f''_{xx} & f''_{xy}\\ f''_{xy} & f''_{yy}\end{vmatrix}>0\Rightarrow(f''_{xy})^2<f''_{xx}\cdot f''_{yy}\Rightarrow$ 极小值

H 负定 $\Leftrightarrow f''_{xx}<0$，或 $f''_{yy}<0$，并且 $\begin{vmatrix}f''_{xx} & f''_{xy}\\ f''_{xy} & f''_{yy}\end{vmatrix}>0\Rightarrow(f''_{xy})^2<f''_{xx}\cdot f''_{yy}\Rightarrow$ 极大值

H 不定时 $\Leftrightarrow\begin{cases}\begin{vmatrix}f''_{xx} & f''_{xy}\\ f''_{xy} & f''_{yy}\end{vmatrix}<0\Rightarrow(f''_{xy})^2>f''_{xx}\cdot f''_{yy}\Rightarrow\text{无极值}\\ (f''_{xy})^2=f''_{xx}\cdot f''_{yy}\Rightarrow\text{不能使用上述充分条件}\\ \qquad\qquad\qquad\text{确定极值，应特别讨论，}\\ \qquad\qquad\qquad\text{参见后面的例题．}\end{cases}$

形象记忆法：无根取极值，负负得正．

【**例 9.36**】求函数 $f(x,y)=x^2 y^3$ 在点 $(1,-1)$ 处带有佩亚诺型余项的二阶泰勒公式．

【解】 由于 $f'_x(x, y) = 2xy^3$，$f'_y(x, y) = 3x^2y^2$，$f''_{xx}(x, y) = 2y^3$，$f''_{xy}(x, y) = 6xy^2$，$f''_{yy}(x, y) = 6x^2y$.

则 $f'_x(1, -1) = -2$，$f'_y(1, -1) = 3$，$f''_{xx}(1, -1) = -2$，

$$f''_{xy}(1, -1) = 6, \quad f''_{yy}(1, -1) = -6.$$

函数 $f(x, y) = -1 - 2(x-1) + 3(y+1) +$

$$\frac{1}{2!}\left[-2(x-1)^2 + 12(x-1)(y+1) - 6(y+1)^2\right] + o(\rho^2)$$

其中 $\rho = \sqrt{(x-1)^2 + (y+1)^2}$.

第 10 章 二重积分

【导言】

　　经过微积分学上册的学习，相信同学们已经对微积分的概念有了一个比较系统的理解，这个时候老师就想问各位同学一个问题，我们如果在三维立体中求一个曲顶柱体的体积怎么计算呢？可以用我们前面学习定积分的思维（分割-取点-求极限）类似推广吗？这是一个很实际的问题，因为大千世界，求不规则物体的体积、质量、转动惯量等一些物理量是很常见的，这些也是我们数学作为工具学科为其他工程学科提供理论支撑的基础．是不是迫不及待了呢，本章是下册积分学的开始，从这里你要好好修炼内功，因为我们所谓的"上册理解，下册计算"其中的下半句就是从这里启程的．

　　原本打算二重积分和三重积分写在一起，但是又要让数三的同学使用本书也能比较合意，只能分开写这些内容，实际上对于二重积分或者三重积分而言，它总归是科学计算，得出的结果就是一个数值，这点和定积分是一致的．所以对于这一块，理解完基本概念之后，请大家务必进行大量的刷题，这一块对于计算准确度的考查要远超对于基本概念的掌握程度．当然呢，这也是因为它是定积分的拓展，所以基本概念已经不多了，请记住，无论是在纯数学专业还是以考数一、数二、数三为代表的工科和文经类专业，拓展出来的概念数量和建立这些概念的速度都是比原先的基本概念要来的少且快．和我们生活类似，科研创造出来的科学总归要符合现实现象，总归要服务于人类的生产力的发展，所以从这个意义上来说，拓展就是打破原有的一些束缚，进行广义化或者升维度，快的原因主要是目前科研环境要比前人要好很多，顺便说下我这里说的快是指一个科学体系想法的萌芽到它的发表，免的被有的老师询问我都做了这么多年科研了，为何还没有发个惊天动地的理论呢，实际上不仅仅是当代，其实古代和近代都有很多数学家陪跑了整个人生也没有发现大理论，但是我们不要因此去说他们没有对社会做贡献，恰恰相反，正是有相当的人在默默地付出，在科研前途未知的情况下，前赴后继地那么多前辈去专研它，发展它，使得我们今日所学的理论已经非常完善了．每个人都期望走到顶峰，没有走到又何妨？只要努力了，你定会在你所处的极值点看到山下的风景．

　　再次提示一下这里的数学思维：分割（分析）细分到不方便再细（极限），叠加（综合），逼近真实值（逼近也是一种数学思想）．备考本章掌握二重积分的计算、核心和难点在于画出图像后确定积分上下限，尤其数二数三的同学，属于必考送分解答题，10 分，在计算前要学会利用奇偶性、二重积分的几何意义等进行化简，减少计算量．

【考试要求】

考试要求	科目	考 试 内 容
了解	数学一	二重积分的中值定理
	数学二	二重积分的概念与性质
	数学三	二重积分的概念与性质
理解	数学一	二重积分的概念与性质
	数学二	积分区域的可加性
	数学三	积分区域的可加性
会	数学一	二重积分的应用，二重积分的不等式性质
	数学二	二重积分的奇偶性，轮换对称性
	数学三	二重积分的奇偶性，轮换对称性
掌握	数学一	二重积分的计算
	数学二	二重积分的计算
	数学三	二重积分的计算

【知识网络图】

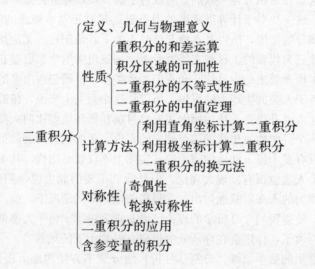

【内容精讲】

10.1　二重积分的定义及几何意义

10.1.1　二重积分的定义

定义 10.1.1.1　设 $f(x, y)$ 是有界闭区域 D 上的有界函数．将闭区域 D 任意分成 n 个小闭区域 $\Delta\sigma_1$，$\Delta\sigma_2$，$\cdots$，$\Delta\sigma_n$，

其中 $\Delta\sigma_i$ 表示第 i 个小闭区域，也表示它的面积．在每个 $\Delta\sigma_i$ 上任取一点 (ξ_i, η_i)，以 f

$(\xi_i,\ \eta_i)$ 为高作乘积 $f(\xi_i,\ \eta_i)\Delta\sigma_i\ (i=1,\ 2,\ \cdots,\ n)$，并作和 $\sum\limits_{i=1}^{n}f(\xi_i,\ \eta_i)\Delta\sigma_i$．如果当各小闭区域的直径中的最大值 λ 趋于零时，这和的极限总存在，则称此极限为函数 $f(x,\ y)$ 在闭区域 D 上的二重积分，记作 $\iint\limits_{D}f(x,\ y)\mathrm{d}\sigma$，即 $\iint\limits_{D}f(x,\ y)\mathrm{d}\sigma=\lim\limits_{\lambda\to0}\sum\limits_{i=1}^{n}f(\xi_i,\ \eta_i)\Delta\sigma_i$

其中 $f(x,\ y)$ 叫作被积函数，$f(x,\ y)\mathrm{d}\sigma$ 叫作被积表达式；$\mathrm{d}\sigma$ 叫作面积元素，x 与 y 叫作积分变量，D 叫作积分区域，$\sum\limits_{i=1}^{n}f(\xi_i,\ \eta_i)\Delta\sigma_i$ 叫作积分和．

10.1.2　二重积分的几何意义

如图 10-1 所示，设 $f(x,\ y)\geqslant0$，被积函数 $f(x,\ y)$ 可作为曲顶柱体在点 $(x,\ y)$ 处的竖坐标（高），用底面积 $\mathrm{d}\sigma$ 乘以高 $f(x,\ y)$，就得到一个"小竖条"的体积，再在区域 D 上把所有的"小竖条"累加起来，就得到了整个曲顶柱体的体积，若 $f(x,\ y)<0$，柱体就在 xOy 面的下方，二重积分的绝对值仍等于柱体的体积，但二重积分的值是负的．不过，无论高 $f(x,\ y)$ 是正还是负，底面积 $\mathrm{d}\sigma$ 不能是负的，即 $\mathrm{d}\sigma>0$，这一点要注意，否则就不符合二重积分的定义了．$\iint\limits_{D}f(x,\ y)\mathrm{d}\sigma\overset{\triangle}{=\!=\!=}\lim\limits_{\Delta\sigma_i\to0}\sum f(\xi_k,\ \eta_k)\Delta\sigma_k$

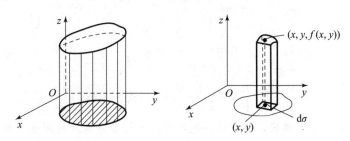

图 10-1

10.2　二重积分的性质

10.2.1　二重积分的存在性

（1）设平面有界闭区域 D 由一条或者几条逐段光滑闭曲线所围成，当 $f(x,\ y)$ 在 D 上连续时，则它在 D 上可积，也就是二重积分存在．

（2）设平面有界闭区域 D 由一条或者几条逐段光滑闭曲线所围成，当 $f(x,\ y)$ 在 D 上有界，且在 D 上除了有限个点和有限条光滑曲线外都是连续的，则它在 D 上可积，也就是二重积分存在．

直角坐标下的二重积分定义

$$\iint\limits_{D}f(x,\ y)\mathrm{d}\sigma=\iint\limits_{D}f(x,\ y)\mathrm{d}x\mathrm{d}y$$

其中，$\iint$ 称为二重积分号；D 叫作积分区域；函数 $f(x,\ y)$ 叫作被积函数；$\mathrm{d}\sigma=\mathrm{d}x\mathrm{d}y$ 称为面积元素；$x,\ y$ 称为积分变量．

【例 10.1】 求极限 $I = \lim\limits_{n \to \infty} \sum\limits_{i=1}^{n} \sum\limits_{j=1}^{i} \left[\dfrac{1}{(n+i+1)^2} + \dfrac{1}{(n+i+2)^2} + \cdots + \dfrac{1}{(n+i+j)^2} \right]$.

【分析】 这个和式可以写成 $\sum\limits_{i=1}^{n} \sum\limits_{j=1}^{i} \dfrac{1}{\left(1 + \dfrac{i}{n} + \dfrac{j}{n}\right)^2} \cdot \dfrac{1}{n^2}$，故所求极限是双重的"无限个无穷小的

和". 因此，容易想到二重积分.

【解】 考虑正方形域 D（见图 10-2）上的函数 $u = \dfrac{1}{(1+x+y)^2}$. 将 D 用

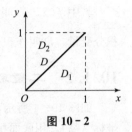

图 10-2

直线 $x = \dfrac{i}{n}$，$y = \dfrac{j}{n}$ $(i, j = 1, 2, \cdots, n)$

分为 n^2 个正方形区域，面积为 $D_{ij} = \dfrac{1}{n^2}$.

由二重积分定义，有

$$I = \lim_{n \to \infty} \sum_{i=1}^{n} \sum_{j=1}^{i} \frac{1}{\left(1 + \dfrac{i}{n} + \dfrac{j}{n}\right)^2} \cdot \frac{1}{n^2}$$

$$= \lim_{n \to \infty} \frac{1}{2} \left[\sum_{i=1}^{n} \sum_{j=1}^{i} \frac{1}{\left(1 + \dfrac{i}{n} + \dfrac{j}{n}\right)^2} \cdot \frac{1}{n^2} + \sum_{j=1}^{n} \sum_{i=1}^{j} \frac{1}{\left(1 + \dfrac{i}{n} + \dfrac{j}{n}\right)^2} \cdot \frac{1}{n^2} \right]$$

$$= \frac{1}{2} \iint\limits_{D_1 + D_2} \frac{\mathrm{d}x\mathrm{d}y}{(1+x+y)^2} = \frac{1}{2} \int_0^1 \mathrm{d}x \int_0^1 \frac{\mathrm{d}y}{(1+x+y)^2}$$

$$= \frac{1}{2} \int_0^1 \left(\frac{1}{1+x} - \frac{1}{2+x} \right) \mathrm{d}x = \ln 2 - \frac{1}{2} \ln 3$$

注 在微积分中，从近似到精确，除数列的逼近外，更有函数逼近的问题. 如从泰勒公式发展为泰勒级数，从三角多项式发展为傅里叶级数，都是函数的逼近，这种逼近更具一般性. 这个和式是某个二重积分的近似. 积分区域可选取如图 10-2 的三角形域 D_1，但要注意对角线 $y = x$ 上的和式表达式，选正方形域 D 要简便些.

10.2.2 积分函数线性性质

设 k_1，k_2 为任意常数，则有

$$\iint\limits_{D} [k_1 f(x, y) \pm k_2 g(x, y)] \mathrm{d}\sigma = k_1 \iint\limits_{D} f(x, y) \mathrm{d}\sigma \pm k_2 \iint\limits_{D} g(x, y) \mathrm{d}\sigma$$

10.2.3 积分区域可加性

如果区域 D 被连续曲线分为 D_1 与 D_2，则有 $\iint\limits_{D} f(x, y) \mathrm{d}\sigma = \iint\limits_{D_1} f(x, y) \mathrm{d}\sigma + \iint\limits_{D_2} f(x, y) \mathrm{d}\sigma$.

10.2.4 单位性

如果在区域 D 上 $f(x, y) \equiv 1$，σ 为区域 D 的面积，那么 $\iint\limits_{D} 1 \mathrm{d}\sigma = \iint\limits_{D} \mathrm{d}\sigma = \sigma$.

注 $\iint\limits_{D} 1 \mathrm{d}\sigma = \iint\limits_{D} \mathrm{d}\sigma = \sigma$，这里只是说积分值在数值上等于积分区域 D 的面积，但是实质上，$\iint\limits_{D} 1 \mathrm{d}\sigma$ 的

几何意义仍然表示以区域 D 为底，高为 1 的平顶柱体的体积.

这三个性质是微积分中所有积分都具有的性质，本质原因是积分是线性的求和叠加，所以具有前两个性质，积分的产生都具有实际的社会发展需求，自然有一个基本的物理或者几何意义.

10.2.5 保号性

若在区域 D 上，$f(x, y) \geqslant 0$，则有 $\iint\limits_{D} f(x, y) \mathrm{d}\sigma \geqslant 0$.

10.2.6 保序性

若在区域 D 上，$f(x, y) \leqslant g(x, y)$，则有 $\iint\limits_{D} f(x, y) \mathrm{d}\sigma \leqslant \iint\limits_{D} g(x, y) \mathrm{d}\sigma$.

该性质说明：当两个相同区域上的二重积分比较大小时，可以由它们的被积函数在积分区域上的大小而确定.

推论 1 二重积分的绝对值小于等于函数绝对值的二重积分
$$\left| \iint\limits_{D} f(x, y) \mathrm{d}\sigma \right| \leqslant \iint\limits_{D} |f(x, y)| \mathrm{d}\sigma.$$

【例 10.2】 设 $I_1 = \iint\limits_{D} \cos \sqrt{x^2 + y^2} \mathrm{d}\sigma$，$I_2 = \iint\limits_{D} \cos(x^2 + y^2) \mathrm{d}\sigma$，

$I_3 = \iint\limits_{D} \cos(x^2 + y^2)^2 \mathrm{d}\sigma$，

其中 $D = \{(x, y) \mid x^2 + y^2 \leqslant 1\}$，则 （　　）.

A. $I_3 > I_2 > I_1$　　B. $I_1 > I_2 > I_3$　　C. $I_2 > I_1 > I_3$　　D. $I_3 > I_1 > I_2$

【分析】 关键在于比较 $\sqrt{x^2 + y^2}$，$x^2 + y^2$ 与 $(x^2 + y^2)^2$ 在区域 $D = \{(x, y) \mid x^2 + y^2 \leqslant 1\}$ 上的大小.

【解】 应选 A.

在区域 $D = \{(x, y) \mid x^2 + y^2 \leqslant 1\}$ 上，有 $0 \leqslant x^2 + y^2 \leqslant 1$，从而有
$$\frac{\pi}{2} > 1 \geqslant \sqrt{x^2 + y^2} \geqslant x^2 + y^2 \geqslant (x^2 + y^2)^2 \geqslant 0.$$

由于 $\cos x$ 在 $\left(0, \dfrac{\pi}{2}\right)$ 上为单调减函数，于是
$$0 \leqslant \cos \sqrt{x^2 + y^2} \leqslant \cos(x^2 + y^2) \leqslant \cos(x^2 + y^2)^2,$$

因此，$\iint\limits_{D} \cos \sqrt{x^2 + y^2} \mathrm{d}\sigma < \iint\limits_{D} \cos(x^2 + y^2) \mathrm{d}\sigma < \iint\limits_{D} \cos(x^2 + y^2)^2 \mathrm{d}\sigma$，故应选 A.

10.2.7 有界性——估值定理

设 M 与 m 是 $f(x, y)$ 在有界闭区域 D 上的最大值和最小值，则 $m\sigma \leqslant \iint\limits_{D} f(x, y) \mathrm{d}\sigma \leqslant M\sigma$

其中 σ 为区域 D 的面积，该不等式称为二重积分的估值不等式.

10.2.8 中值定理

设函数 $f(x, y)$ 在有界闭区域 D 上连续，σ 为区域 D 的面积，则在 D 上至少存在一点

(ξ, η)，使得 $\iint\limits_{D} f(x, y)\mathrm{d}\sigma = f(\xi, \eta)\sigma$.

中值定理几何解释：如果 $f(x, y) \geqslant 0$，曲顶柱体体积等于与它同底而高为曲顶上某点的竖坐标的平顶柱体的体积.

【例 10.3】 设 $f(x, y)$ 在区域 D：$x^2 + y^2 \leqslant t^2$ 上连续，则当 $t \to 0$ 时，求

$$\lim_{t \to 0} \frac{1}{\pi t^2} \iint\limits_{D} f(x, y)\mathrm{d}x\mathrm{d}y.$$

【解】 利用积分中值定理：$\iint\limits_{D} f(x, y)\mathrm{d}x\mathrm{d}y = \pi t^2 f(\xi, \eta)$，其中 (ξ, η) 为 D 内一点，显然，当 $t \to 0$ 时，$(\xi, \eta) \to (0, 0)$. 由 $f(x, y)$ 的连续性得

$$\lim_{t \to 0} \frac{1}{\pi t^2} \iint\limits_{D} f(x, y)\mathrm{d}x\mathrm{d}y = \lim_{t \to 0} f(\xi, \eta) = f(0, 0).$$

10.2.9 奇偶对称性和轮换对称性

二重积分的几何背景是曲顶柱体的体积. 请理解并牢记下面这句话："用底面积 $\mathrm{d}\sigma$ 乘以高 $f(x, y)$，得到一个'小竖条'的体积，再在区域 D 上把所有的'小竖条'累加起来，就得到了整个曲顶柱体的体积". 基于这个概念，就可以谈普通对称性和轮换对称性了.

10.2.9.1 普通对称性

设区域 D 关于 y 轴对称，取对称的两块小面积 $\mathrm{d}\sigma$，对称点分别为 (x, y) 与 $(-x, y)$，则对称点处的高分别为 $f(x, y)$ 与 $f(-x, y)$，依据定义，对称位置的两个"小竖条"的体积分别为 $f(x, y)\mathrm{d}\sigma$ 与 $f(-x, y)\mathrm{d}\sigma$，由于 $\mathrm{d}\sigma$ 一样，所以，当 $f(x, y) = f(-x, y)$ 时，$f(x, y)\mathrm{d}\sigma = f(-x, y)\mathrm{d}\sigma$ 体积相同，则只需计算一半的对称区域，然后再乘以 2，即可得到整个积分值；而当 $f(x, y) = -f(-x, y)$ 时，$f(x, y)\mathrm{d}\sigma = -f(-x, y)\mathrm{d}\sigma$，对称位置的体积正好相反，这样累加起来的总体积自然就是 0，如表 10-1 所示.

表 10-1

积分类型	积分区域对称性	被积函数的奇偶性	简化结果
二重积分	D_1 和 D_2 关于 $y = 0$（x 轴）对称	$f(x, -y) = f(x, y)$	$I = 2I_1$
		$f(x, -y) = -f(x, y)$	$I = 0$
	D_1 和 D_2 关于 $x = 0$（y 轴）对称	$f(-x, y) = f(x, y)$	$I = 2I_1$
		$f(-x, y) = -f(x, y)$	$I = 0$

关于奇偶性的说明：当考虑被积函数 x 的奇偶性时，把 y 当成常数.

注 利用对称性计算二重积分，要同时考虑被积函数的奇偶性和积分区域的对称性，不能只注意积分区域关于坐标轴的对称性，而忽视了被积函数应具有相应的奇偶性.

【例 10.4】 计算 $I = \iint\limits_{D} x[1 + yf(x^2 + y^2)]\mathrm{d}x\mathrm{d}y$，其中 D 由 $y = x^3$，$y = 1$，$x = -1$ 所围成，f 是 D 上的连续函数.

【解】 积分区域本身不具有对称性，但若添加辅助线 $y = -x^3$，将区域 D 分成两部分 D_1 和

D_2，如图 10-3 所示，则 $I = \iint\limits_{D_1} x[1+yf(x^2+y^2)]\mathrm{d}x\mathrm{d}y +$

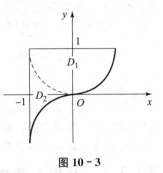

图 10-3

$\iint\limits_{D_2} x[1+yf(x^2+y^2)]\mathrm{d}x\mathrm{d}y$

其中 D_1：关于 y 轴对称，因为被积函数关于 x 为奇函数，故 $\iint\limits_{D_1} x[1+yf(x^2+y^2)]\mathrm{d}x\mathrm{d}y = 0$

D_2：关于 x 轴对称，因为被积函数关于 y 为偶函数，故

$$\iint\limits_{D_2} x[1+yf(x^2+y^2)]\mathrm{d}x\mathrm{d}y = \iint\limits_{D_2} x\mathrm{d}x\mathrm{d}y = \int_{-1}^0 \mathrm{d}x \int_{x^3}^{-x^3} x\mathrm{d}y = -\frac{2}{5}.$$

10.2.9.2 轮换对称性

这是考研的重点，也是很多考生始终弄不明白的地方．先看下面的一个问题：请问 $\iint\limits_{D_1:\frac{x^2}{4}+\frac{y^2}{3}\leqslant 1} (2x^2+3y^2)\mathrm{d}x\mathrm{d}y$ 是否等于 $\iint\limits_{D_1:\frac{y^2}{4}+\frac{x^2}{3}\leqslant 1} (2y^2+3x^2)\mathrm{d}y\mathrm{d}x$? 答案显然是肯定的．因为上述两个积分只是将 x 与 y 这两个字母对调了，之所以相等，是因为积分值与用什么字母表示是无关的，这里并无任何对称性可言．抽象来说，便有

$$\iint\limits_{D_\sigma} f(x,y)\mathrm{d}x\mathrm{d}y \equiv \iint\limits_{D_\varpi} f(y,x)\mathrm{d}y\mathrm{d}x.$$

再看一个问题：请问 $\iint\limits_{D:\frac{x^2}{4}+\frac{y^2}{3}\leqslant 1} (2x^2+3y^2)\mathrm{d}x\mathrm{d}y$ 是否等于 $\iint\limits_{D:\frac{y^2}{4}+\frac{x^2}{3}\leqslant 1} (2y^2+3x^2)\mathrm{d}y\mathrm{d}x$? 答案当然也是肯定的．理由如上，不再重复．不过，你是否注意到，这第二个问题中的区域 D 有个特点，就是当你把 x 与 y 对调后，区域 D 不变（事实上，这个区域 D 就叫作关于 $y=x$ 对称）！于是抽象化写出的式子为 $\iint\limits_D f(x,y)\mathrm{d}x\mathrm{d}y = \iint\limits_D f(y,x)\mathrm{d}y\mathrm{d}x$，

令 $\mathrm{d}\sigma = \mathrm{d}x\mathrm{d}y = \mathrm{d}y\mathrm{d}x$，则 $\iint\limits_D f(x,y)\mathrm{d}\sigma = \iint\limits_D f(y,x)\mathrm{d}\sigma$．

整理一下，我们可以这样来描述：

若把 x 与 y 对调后，区域 D 不变（或称区域 D 关于 $y=x$ 对称），则

$$\iint\limits_D f(x,y)\mathrm{d}\sigma = \iint\limits_D f(y,x)\mathrm{d}\sigma.$$

这就是轮换对称性．

【例 10.5】 设区域 $D=\{(x,y)|x^2+y^2\leqslant 1, x\geqslant 0, y\geqslant 0\}$，$f(x)$ 为 D 上的正值连续函数，a,b 为常数，求 $I = \iint\limits_D \dfrac{a\sqrt{f(x)}+b\sqrt{f(y)}}{\sqrt{f(x)}+\sqrt{f(y)}}\mathrm{d}\sigma$.

【解】 被积函数是抽象的，无法直接计算，不过我们发现，若把 x 与 y 对调后，区域 D 不变，也就是区域 D 关于 $y=x$ 对称，根据轮换对称性，有

$$I = \iint\limits_D \frac{a\sqrt{f(x)}+b\sqrt{f(y)}}{\sqrt{f(x)}+\sqrt{f(y)}}\mathrm{d}\sigma = \iint\limits_D \frac{a\sqrt{f(y)}+b\sqrt{f(x)}}{\sqrt{f(y)}+\sqrt{f(x)}}\mathrm{d}\sigma,$$

故 $\quad 2I = \iint\limits_D \dfrac{a\sqrt{f(x)}+b\sqrt{f(y)}}{\sqrt{f(x)}+\sqrt{f(y)}}\mathrm{d}\sigma + \iint\limits_D \dfrac{a\sqrt{f(y)}+b\sqrt{f(x)}}{\sqrt{f(y)}+\sqrt{f(x)}}\mathrm{d}\sigma$

$$= \iint\limits_{D} (a+b)\mathrm{d}\sigma = (a+b)\frac{1}{4}\pi \cdot 1^2, \text{ 于是 } I = \frac{a+b}{8}\pi.$$

10.3 二重积分的计算

刚刚学完定义和性质已经可以算一部分二重积分了，一般的小怪我们是可以应付的，但是仅仅靠性质，兵单力薄，面对"纳什男爵"这样级别的 BOSS 我们还是会感到极其困难. 现在专门对这个问题进行一下系统的研究. 分别针对不同的情况我们给出计算的一般思路.

10.3.1 利用直角坐标计算二重积分

二重积分大部分都化为二次积分（相当于进行了两次定积分计算，故曰二次积分）. 先来给个定限法则的武功秘籍，然后我们再去修炼.

定限法则：

(1) 后积先定限：积分上下限均为常数，看积分变量是谁，比如说是 x，那区域内 x 的最小值就是下限，最大值就是上限.

(2) 先积域内划条线，看积分变量是谁比如说是 y，那就在积分区域内画条和 y 平行的线，沿着 y 轴正向走，先交的是下限，后交的是上限，一般是关于后积变量的函数）.

①当 D 是图 10-4 型区域时，则

$$V = \iint\limits_{D} f(x, y)\mathrm{d}\sigma = \int_a^b A(x)\mathrm{d}x = \int_a^b \left[\int_{y_1(x)}^{y_2(x)} f(x, y)\mathrm{d}y\right]\mathrm{d}x \xlongequal{\text{记作}} \int_a^b \mathrm{d}x \int_{y_1(x)}^{y_2(x)} f(x, y)\mathrm{d}y$$

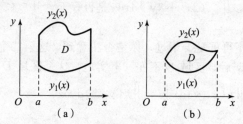

图 10-4

②当 D 是图 10-5 型区域时，则 $\iint\limits_{D} f(x, y)\mathrm{d}\sigma = \int_c^d \left[\int_{x_1(y)}^{x_2(y)} f(x, y)\mathrm{d}x\right]\mathrm{d}y$

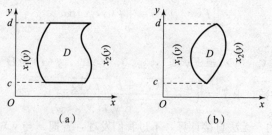

图 10-5

注 (1) 上式第一个积分 $\int_{y_1(x)}^{y_2(x)} f(x, y)\mathrm{d}y$ 中把 x 看作常数，对 y 计算从 $y_1(x)$ 到 $y_2(x)$ 的定积分，这时计算结果是一个 x 的函数；然后再计算第二次积分时，x 是积分变量，对 x 计算在 $[a, b]$ 上的定积分，计算结果是一个定值.

（2）二重积分化为二次积分时，两次积分的下限必须不大于上限，先对 y 积分的积分限中不能含有积分变量 y，后对 x 积分的积分限必定是常数.

10.3.2 利用极坐标计算二重积分

直角坐标系下的计算相对比较简单，所以题目如果让你一看用直角坐标系求，很有可能你做不正确，而是要转化为我们接下来要学到的极坐标的方法. 对于极坐标系，大家初犯问题是遗漏了极坐标面积元素中的因子 ρ，为了加深理解，我们先来细致说下这个极坐标下面积元素的推导过程.

在图 10 - 6 (a)~(b) 中，将 $[a, b]$ 平均分成 m 个子区域 $[r_{i-1}, r_i]$ $(i=1, 2, \cdots, m)$，则第 i 个子区域是以原点为圆心，半径为 r_{i-1}，r_i 的圆环与原区域相交的部分，且有

$$\Delta r = r_i - r_{i-1} = (b-a)/m,$$

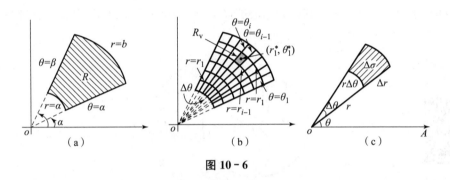

图 10 - 6

将 $[\alpha, \beta]$ 平均分成 n 个子区域 $[\theta_{j-1}, \theta_j]$ $(j=1, 2, \cdots, n)$，则第 j 个子区域为射线 $\theta=\theta_{j-1}$ 逆时针地转到 $\theta=\theta_j$ 所扫过的平面区域，且有 $\Delta\theta=\theta_j-\theta_{j-1}=(\beta-\alpha)/n$，

则圆周 $r=r_i (i=1, 2, \cdots, m)$ 和射线 $\theta=\theta_j (j=1, 2, \cdots, n)$ 将矩形划分成小的极坐标下的矩形区域（如图 10 - 6 (c) 所示）.

取 $r_i^* = \dfrac{1}{2}(r_i+r_{i-1})$ 和 $\theta_j^* = \dfrac{1}{2}(\theta_j+\theta_{j-1})$，则 $(r_i^*, \theta_j^*) \in R_{ij}$，且 R_{ij} 的面积为

$$\Delta A_{ij} = \frac{1}{2}r_i^2\Delta\theta - \frac{1}{2}r_{i-1}^2\Delta\theta = \frac{1}{2}(r_i+r_{i-1})(r_i-r_{i-1})\Delta\theta = r_i^*\Delta r\Delta\theta.$$

记 $\xi_{ij}=r_i^*\cos\theta_j^*$，$\eta_{ij}=r_i^*\sin\theta_j^*$. 由极坐标与直角坐标的关系知 $(\xi_{ij}, \eta_{ij}) \in R_{ij}$，故有

$$\iint\limits_R f(x, y)\mathrm{d}A = \lim_{\substack{m\to\infty \\ n\to\infty}} \sum_{i=1}^m \sum_{j=1}^n f(\xi_{ij}, \eta_{ij})\Delta A_{ij} = \lim_{m, n\to\infty} \sum_{i=1}^m \sum_{j=1}^n f(r_i^*\cos\theta_j^*, r_i^*\sin\theta_j^*)r_i^*\Delta r\Delta\theta$$

$$= \iint\limits_R f(r\cos\theta, r\sin\theta)r\mathrm{d}r\mathrm{d}\theta.$$

注 因为在极坐标系中，区域 D 的边界曲线方程通常总是用 $\rho=\rho(\theta)$ 来表示，即区域 D：$\rho_1(\theta) \leqslant \rho \leqslant \rho_2(\theta)$，$\alpha \leqslant \theta \leqslant \beta$，所以一般是选择先积 ρ 后积 θ 的次序. 先积 θ 后积 ρ 的次序不太常用.

如果你要是想"出类拔萃"你试试辛苦不辛苦就懂了. 算完之后再来一道题目强化一下思维过程吧！

【例 10.6】 交换极坐标下累次积分 $I = \displaystyle\int_{-\frac{\pi}{4}}^{\frac{\pi}{4}} \mathrm{d}\theta \int_0^{2a\cos\theta} f(\rho\cos\theta, \rho\sin\theta)\rho\mathrm{d}\rho$ 的次序.（$a>0$）

【分析】 先确定并画出积分域 D，然后交换积分次序确定积分限.

【解】$\rho = 2a\cos\theta$ 是圆 $x^2 + y^2 = 2ax$，即 $(x-a)^2 + y^2 = a^2$，由原积分式可知积分域 D 如图 10-7 所示，要将原积分化为先 θ 后 ρ 的积分，用 $\rho = C$（中心在原点的同心圆）穿过区域 D，当 $0 \leqslant C \leqslant \sqrt{2}a$ 时，圆弧 $\rho = C$ 是从 $\theta = -\dfrac{\pi}{4}$ 进入区域 D，从 $\rho = 2a\cos\theta(\theta < 0)$ 进入区域 D，从 $\rho = 2a\cos\theta(\theta > 0)$ 穿出区域 D；则

$$I = \int_0^{\sqrt{2}a} \mathrm{d}\rho \int_{-\frac{\pi}{4}}^{\arccos\frac{\rho}{2a}} f(\rho\cos\theta, \rho\sin\theta)\rho\mathrm{d}\theta$$
$$+ \int_{\sqrt{2}a}^{2a} \mathrm{d}\rho \int_{-\arccos\frac{\rho}{2a}}^{\arccos\frac{\rho}{2a}} f(\rho\cos\theta, \rho\sin\theta)\rho\mathrm{d}\theta.$$

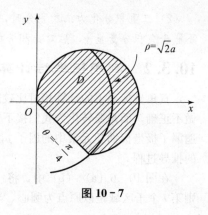

图 10-7

【例 10.7】计算 $\displaystyle\iint_D \sqrt{x^2 + y^2}\,\mathrm{d}\sigma$，其中 D 由心脏线 $\rho = 1 + \cos\theta$ 和圆 $\rho \geqslant 1$ 所围成．（仅数一）

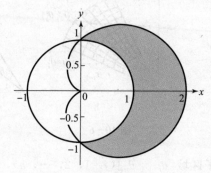

图 10-8

【解】积分区域如图 10-8 所示，故有

$$\iint_D \sqrt{x^2 + y^2}\,\mathrm{d}\sigma = \int_{-\frac{\pi}{2}}^{\frac{\pi}{2}} \mathrm{d}\theta \int_1^{1+\cos\theta} \rho \cdot \rho\,\mathrm{d}\rho = \frac{1}{3}\int_{-\frac{\pi}{2}}^{\frac{\pi}{2}} \left[(1+\cos\theta)^3 - 1\right]\mathrm{d}\theta = \left(\frac{22}{9} + \frac{\pi}{2}\right).$$

注 心脏线方程 $x^2 + y^2 = a(x + \sqrt{x^2 + y^2})$ 在直角坐标系下表示比较复杂，但若用极坐标表示则相对简单．关于心脏线多说几句，消除一下大家的恐惧．

$a > 0$ 时，形式为 $r = a(1 \pm \sin\theta)$ 或 $r = a(1 \pm \cos\theta)$ 的极坐标方程表示的曲线称心脏线．a 的大小，决定了"心脏"的大小；方程式中用的是正弦还是余弦，决定了心脏是竖着还是横着的；方程式里的正负号，则决定了凹进去的部位，在竖着的情形是朝下还是朝上，在横着的情形是朝左还是朝右，如图 10-9 所示．

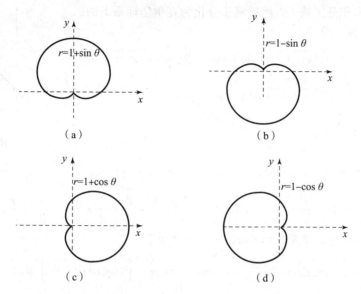

图 10 - 9

【例 10.8】 计算 $I = \int_0^1 dx \int_{1-x}^{\sqrt{1-x^2}} \frac{x+y}{x^2+y^2} dy$.

【解】 本题乍一看，也许我们会先考虑题目是否在积分次序上设置了障碍，是否需要交换积分次序再做积分，但是，细致做来（请你做做看），我们会发现不管是先对 x 积分，还是先对 y 积分，都不容易计算；看来这不是积分次序上的问题，这时想想看是不是选择何种坐标系的问题呢？被积函数中含有 x^2+y^2 的形式，且积分区域是圆的部分，显然应该优先考虑极坐标系，题目给出的却是直角坐标系，我们需要改变坐标系. 于是，结合图 10 - 10 所示，有

$$\int_0^1 dx \int_{1-x}^{\sqrt{1-x^2}} \frac{x+y}{x^2+y^2} dy = \int_0^{\frac{\pi}{2}} d\theta \int_{\frac{1}{\cos\theta+\sin\theta}}^1 \frac{r(\cos\theta+\sin\theta)}{r^2} r dr$$

$$= \int_0^{\frac{\pi}{2}} (\cos\theta+\sin\theta)\left(\frac{\cos\theta+\sin\theta-1}{\cos\theta+\sin\theta}\right) d\theta$$

$$= \int_0^{\frac{\pi}{2}} \cos\theta d\theta + \int_0^{\frac{\pi}{2}} \sin\theta d\theta - \int_0^{\frac{\pi}{2}} d\theta = 1+1-\frac{\pi}{2} = 2-\frac{\pi}{2}.$$

【例 10.9】 计算 $I = \iint_D \sqrt{1-r^2\cos2\theta}\, r^2 \sin\theta dr d\theta$，其中

$$D = \left\{ (r, \theta) \mid 0 \leqslant r \leqslant \sec\theta,\ 0 \leqslant \theta \leqslant \frac{\pi}{4} \right\}.$$

【分析】 这就是一个普通的课后练习题改成的 2010 年的考研题，如果题目直接告诉我们，请计算 $I = \iint_D y\sqrt{1-x^2+y^2} dx dy$，

其中 D 是由 $y=x$，$x=1$，$y=0$ 所围成的平面区域（如图 10 - 11 所示），恐怕没有人会一上来就用极坐标去计算，因为显然，被积函数中不含 x^2+y^2 的形式，且积分区域不是圆的部分，所以优先考虑的应该是直角坐标系. 而当命题人"故意选择错误的路子"去做题，做到某一步做不下去的时候，他停下来，请你帮他继续做下去，就出现了如上的考题.

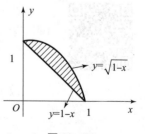

图 10 - 10

【解】我们先画出积分区域 D，然后将积分化为直角坐标系下的二重积分，再去计算，即

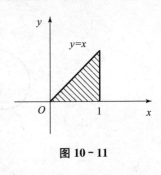

$$I = \iint\limits_{D} r^2 \sin\theta \sqrt{1 - r^2\cos^2\theta + r^2\sin^2\theta} \, \mathrm{d}r\mathrm{d}\theta = \iint\limits_{D} y\sqrt{1 - x^2 + y^2} \, \mathrm{d}x\mathrm{d}y$$

$$= \frac{1}{2}\int_0^1 \mathrm{d}x \int_0^x \sqrt{1 - x^2 + y^2} \, \mathrm{d}(1 - x^2 + y^2)$$

$$= \frac{1}{3}\int_0^1 (1 - x^2 + y^2)^{\frac{3}{2}} \Big|_0^x \, \mathrm{d}x$$

$$= \frac{1}{3}\int_0^1 [1 - (1 - x^2)^{\frac{3}{2}}] \, \mathrm{d}x.$$

图 10-11

设 $x = \sin t$，则 $I = \frac{1}{3} - \frac{1}{3}\int_0^{\frac{\pi}{2}} \cos^4 t \, \mathrm{d}t = \frac{1}{3} - \frac{1}{3} \cdot \frac{3}{4} \cdot \frac{1}{2} \cdot \frac{\pi}{2} = \frac{1}{3} - \frac{\pi}{16}$.

注 本题的计算很关键，需要熟稔于心的公式总结如下：

①基本公式：$\int_0^{\frac{\pi}{4}} \sin x \mathrm{d}x = 1 - \frac{\sqrt{2}}{2}$，$\int_{\frac{\pi}{4}}^{\frac{\pi}{2}} \sin x \mathrm{d}x = \frac{\sqrt{2}}{2}$，$\int_0^{\frac{\pi}{2}} \sin x \mathrm{d}x = 1$，$\int_0^{\pi} \sin x \mathrm{d}x = 2$；

②华里士（Wallis）公式：

$$\int_0^{\frac{\pi}{2}} \sin^n x \mathrm{d}x = \int_0^{\frac{\pi}{2}} \cos^n x \mathrm{d}x = \begin{cases} \dfrac{n-1}{n} \dfrac{n-3}{n-2} \cdots \dfrac{1}{2} \cdot \dfrac{\pi}{2}, & n \text{ 为正的偶数}, \\ \dfrac{n-1}{n} \dfrac{n-3}{n-2} \cdots \dfrac{2}{3}, & n \text{ 为大于 1 的奇数}; \end{cases}$$

$$\int_0^{\pi} \sin^n x \mathrm{d}x = 2\int_0^{\frac{\pi}{2}} \sin^n x \mathrm{d}x; \int_0^{\pi} \cos^n x \mathrm{d}x = \begin{cases} 2\int_0^{\frac{\pi}{2}} \cos^n x \mathrm{d}x, & n \text{ 为偶数}, \\ 0, & n \text{ 为奇数}; \end{cases}$$

$$\int_0^{2\pi} \sin^n x \mathrm{d}x = \int_0^{2\pi} \cos^n x \mathrm{d}x = \begin{cases} 4\int_0^{\frac{\pi}{2}} \sin^n x \mathrm{d}x, & n \text{ 为偶数}, \\ 0, & n \text{ 为奇数}; \end{cases}$$

$$\int_0^{\frac{\pi}{2}} f(\sin x) \mathrm{d}x = \int_0^{\frac{\pi}{2}} f(\cos x) \mathrm{d}x; \int_0^{\pi} f(\sin x) \mathrm{d}x \neq \int_0^{\pi} f(\cos x) \mathrm{d}x;$$

$$\int_0^{\pi} x f(\sin x) \mathrm{d}x = \frac{\pi}{2}\int_0^{\pi} f(\sin x) \mathrm{d}x = \pi\int_0^{\frac{\pi}{2}} f(\sin x) \mathrm{d}x.$$

【例 10.10】计算广义积分 $I = \int_0^{+\infty} \mathrm{e}^{-x^2} \mathrm{d}x$.

【解】本题若用直角坐标计算，这个积分是"积不出"的. 如图 10-12 所示，根据积分的变量不变性，利用二重积分，并选择极坐标进行计算，有

$$I^2 = \int_0^{+\infty} \mathrm{e}^{-x^2} \mathrm{d}x \int_0^{+\infty} \mathrm{e}^{-y^2} \mathrm{d}y = \int_0^{+\infty}\int_0^{+\infty} \mathrm{e}^{-x^2-y^2} \mathrm{d}x\mathrm{d}y$$

$$= \int_0^{\frac{\pi}{2}} \mathrm{d}\theta \int_0^{+\infty} \mathrm{e}^{-\rho^2} \rho \mathrm{d}\rho = \frac{\pi}{2}\left(-\frac{\mathrm{e}^{-\rho^2}}{2}\right)\Big|_0^{+\infty} = \frac{\pi}{4}$$

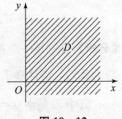

图 10-12

故 $I = \int_0^{+\infty} \mathrm{e}^{-x^2} \mathrm{d}x = \frac{\sqrt{\pi}}{2}$（概率积分）.

10.3.3 Γ 函数简介

定义 10.3.3.1 积分 $\Gamma(\alpha) = \int_0^{+\infty} x^{\alpha-1} e^{-x} dx (\alpha > 0)$ 称为 Γ 函数.

性质 10.3.3.1 递推公式 $\Gamma(s+1) = s\Gamma(s)(s > 0)$.

证明 $\Gamma(s+1) = \int_0^{+\infty} x^s e^{-x} dx = \lim_{\varepsilon \to 0^+} \lim_{b \to +\infty} \int_\varepsilon^b x^s e^{-x} dx$

$$= \lim_{\varepsilon \to 0^+} \lim_{b \to +\infty} \left[(-x^s e^{-x}) \Big|_\varepsilon^b + \int_\varepsilon^b x^{s-1} e^{-x} dx \right] = s \int_0^{+\infty} x^{s-1} e^{-x} dx = s\Gamma(s).$$

特别地，当 $s = n$ 为自然数时，有 $\Gamma(n+1) = n\Gamma(n) = n(n-1)\Gamma(n-1) = \cdots = n! \ \Gamma(1)$.

而 $\Gamma(1) = \int_0^{+\infty} e^{-x} dx = 1$，所以 $\Gamma(n+1) = n!$

可见 Γ 函数是阶乘的推广.

Γ 函数还可以写成另一种形式 $\Gamma(\alpha) = 2\int_0^{+\infty} t^{2\alpha-1} e^{-t^2} dt$，$\Gamma\left(\frac{1}{2}\right) = 2\int_0^{+\infty} e^{-t^2} dt$.

证明如下：

在 Γ 函数的积分表达式 $\int_0^{+\infty} e^{-x} x^{p-1} dx$ 中，作积分换元 $x = u^2$，则 $\Gamma(p) = 2\int_0^{+\infty} e^{-u^2} u^{2p-1} du$，

从而 $\int_0^{+\infty} e^{-u^2} u^{2p-1} du = \frac{1}{2}\Gamma(p)$.

令 $p = \frac{1}{2}$，则 $\int_0^{+\infty} e^{-u^2} u^{2p-1} du = \int_0^{+\infty} e^{-u^2} du = \frac{1}{2}\Gamma\left(\frac{1}{2}\right) = \frac{\sqrt{\pi}}{2}$，即

$$\int_0^{+\infty} e^{-x^2} du = \frac{\sqrt{\pi}}{2}.$$

【例 10.11】 计算 $\int_0^{+\infty} x^5 e^{-x} dx$.

【解】 $\int_0^{+\infty} x^5 e^{-x} dx = \Gamma(6) = 5! = 120$.

【例 10.12】 计算 $\int_0^{+\infty} \sqrt{x} e^{-x} dx$.

【解】 $\int_0^{+\infty} \sqrt{x} e^{-x} dx = \int_0^{+\infty} x^{\frac{3}{2}-1} e^{-x} dx = \Gamma\left(\frac{3}{2}\right) = \Gamma\left(\frac{1}{2}+1\right) = \frac{1}{2}\Gamma\left(\frac{1}{2}\right) = \frac{1}{2}\sqrt{\pi}$.

数一和数三考概率的同学要牢牢掌握这个积分，可以在概率论解题中大大提高解题效率.

至于用什么方法呢，我们要养成一个良好的习惯，下面给大家一个练武步骤：

（1）做出积分区域 D 的图形，借助积分区域图可以选定合适的坐标系、积分顺序，明确是否使用对称性，更重要的是积分区域图有助于准确确定积分限.

（2）充分利用奇偶对称性.

（3）选择适当的坐标系. 一般地，当积分区域 D 是圆域、圆环域或圆域、环域的一部分（例如扇形区域），而被积函数形如 $f(x,y) = f(x^2+y^2)$ 或 $f\left(\frac{y}{x}\right)$ 时，采用极坐标系较为简单，其余多采用直角坐标系.

（4）选择恰当的积分次序. 一般地，在直角坐标系，X-型域先积 y，Y-型域先积 x；在极坐标下，先积 ρ. 选择积分次序的原则是使计算尽量简单，积分区域分块要少，累次积分好

算为妙.

（5）确定正确的积分限. 请牢记定限口诀：后积先定限，域内划条线，先交是下限，后交是上限.

特别注意，先积分变量的积分上下限通常是后积分的变量的函数（个别情况为常数），而后积分的变量的积分上下限一定是常数，二重积分最后的结果是一个数值.

10.3.4 积分次序选择问题

在二重积分的计算中，选择恰当的积分次序能够简化计算量. 有时被积函数对某个变量的积分的原函数可能不是初等函数，因此积分次序的选取在二重积分化为二次积分时是关键的. 选择积分先后顺序的依据有两条：一是积分区域被分割得越少越好；二是看被积函数先对哪个自变量的积分比较简单、容易.

一般地，遇到如下形式的积分：$\int \dfrac{\sin x}{x}\mathrm{d}x$，$\int \sin x^2 \mathrm{d}x$，$\int \cos x^2 \mathrm{d}x$，$\int \mathrm{e}^{x}\mathrm{d}x$，$\int \mathrm{e}^{x^2}\mathrm{d}x$，$\int \dfrac{1}{\ln x}\mathrm{d}x$ 等，一定要将其放在后面积分.

【例 10.13】计算 $\displaystyle\iint\limits_{D}\dfrac{\sin y}{y}\mathrm{d}x\mathrm{d}y$，$D$ 是由直线 $y=x$ 及抛物线 $x=y^2$ 所围成的区域.

【分析】如图 10-13 所示，若按 X-型区域计算，此时区域 D 可表示成

$$D：x\leqslant y\leqslant \sqrt{x},\ 0\leqslant x\leqslant 1$$

则有 $\displaystyle\iint\limits_{D}\dfrac{\sin y}{y}\mathrm{d}x\mathrm{d}y=\int_0^1\mathrm{d}x\int_x^{\sqrt{x}}\dfrac{\sin y}{y}\mathrm{d}y$

由于被积函数 $\dfrac{\sin y}{y}$ 的原函数不能用初等函数表示，积分无法进行.

【解】由上述分析可知，只能选择按 Y-型域进行计算，则

$$D：y^2\leqslant x\leqslant y,\ 0\leqslant y\leqslant 1,$$

故

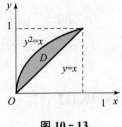

图 10-13

$$\iint\limits_{D}\dfrac{\sin y}{y}\mathrm{d}x\mathrm{d}y=\int_0^1\mathrm{d}y\int_{y^2}^{y}\dfrac{\sin y}{y}\mathrm{d}x=\int_0^1\dfrac{\sin y}{y}(y-y^2)\mathrm{d}y$$

$$=\int_0^1\sin y\mathrm{d}y-\int_0^1 y\sin y\mathrm{d}y$$

$$=(-\cos y)\big|_0^1-(-y\cos y+\sin y)\big|_0^1=1-\sin 1.$$

【例 10.14】计算积分 $\displaystyle\iint\limits_{D}x^2\mathrm{e}^{-y^2}\mathrm{d}x\mathrm{d}y$，其中 D 是以 $(0,0)$，$(1,1)$，$(0,1)$ 为顶点的三角形.（2011 年数学真题）

【解】因为 $\int \mathrm{e}^{-y^2}\mathrm{d}y$ 不能用有限形式表示出其结果，所以不能先积分，如图 10-14 所示，故

$$\iint\limits_{D}x^2\mathrm{e}^{-y^2}\mathrm{d}x\mathrm{d}y=\int_0^1\mathrm{e}^{-y^2}\mathrm{d}y\int_0^{y}x^2\mathrm{d}x=\dfrac{1}{3}\int_0^1 y^3\mathrm{e}^{-y^2}\mathrm{d}y$$

$$=-\dfrac{1}{6}\int_0^1 y^2\mathrm{d}(\mathrm{e}^{-y^2})=\dfrac{1}{6}\left(1-\dfrac{2}{e}\right).$$

图 10-14

10.3.5　分段函数的二重积分

被积函数是绝对值的重积分，需要借助积分区域将被积函数表示成分段函数，然后根据几何图形的性质分区域进行积分.

【例 10.15】计算 $I = \iint\limits_{D} |y - x^2| \max\{x, y\} \mathrm{d}\sigma$，其中
$$D = \{(x, y) \mid 0 \leqslant x \leqslant 1, 0 \leqslant y \leqslant 1\}.$$

【解】用曲线 $y = x^2$ 和直线 $y = x$ 将区域 D 分为三块：D_1，D_2，D_3，如图 10-15 所示. 在 D_1 上，$\begin{cases} y \geqslant x^2 \Rightarrow |y - x^2| = y - x^2, \\ y \geqslant x \Rightarrow \max\{x, y\} = y. \end{cases}$

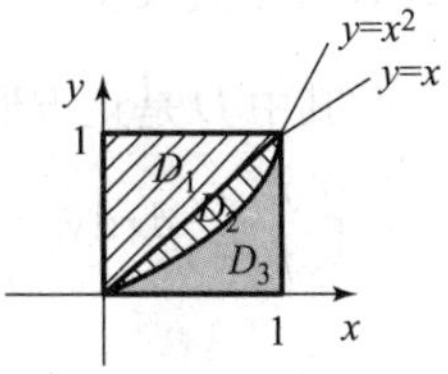

在 D_2 和 D_3 上可同理分析，故

图 10-15

$$\iint\limits_{D} |y - x^2| \max\{x, y\} \mathrm{d}x\mathrm{d}y$$
$$= \iint\limits_{D_1} (y - x^2) y\,\mathrm{d}x\mathrm{d}y + \iint\limits_{D_2} (y - x^2) x\,\mathrm{d}x\mathrm{d}y + \iint\limits_{D_3} (x^2 - y) x\,\mathrm{d}x\mathrm{d}y$$
$$= \int_0^1 \mathrm{d}x \int_x^1 (y^2 - x^2 y)\,\mathrm{d}y + \int_0^1 \mathrm{d}x \int_{x^2}^x (xy - x^3)\,\mathrm{d}y + \int_0^1 \mathrm{d}x \int_0^{x^2} (x^3 - xy)\,\mathrm{d}y$$
$$= \int_0^1 \left(\frac{1}{3} - \frac{x^3}{3} - \frac{x^2}{2} + \frac{x^4}{2} \right) \mathrm{d}x + \int_0^1 \left(\frac{x^3}{2} - \frac{x^5}{2} - x^4 + x^5 \right) \mathrm{d}x + \int_0^1 \left(x^5 - \frac{x^5}{2} \right) \mathrm{d}x = \frac{11}{40}.$$

10.3.6　二重积分不等式的证明

思路启迪：常用重积分的估值定理、比较性定理、单调性来证明.

(1) 对于二重积分不等式的证明，常用的定理及公式：重积分的性质，尤其是比较和估值定理以及公式，$f^2(x) + g^2(x) \geqslant 2f(x)g(x)$. 常用的方法：估值法、判别式法和辅助函数法.

(2) 凡是题设条件中告知被积函数严格单调没有说明可导的命题，其证明均是从差式出发进行证明.

【例 10.16】设 $f(x)$ 是 $[0，1]$ 上的正值连续函数，且 $f(x)$ 单调递减，证明：

$$\frac{\int_0^1 x f^2(x)\,\mathrm{d}x}{\int_0^1 x f(x)\,\mathrm{d}x} \leqslant \frac{\int_0^1 f^2(x)\,\mathrm{d}x}{\int_0^1 f(x)\,\mathrm{d}x}.$$

【证明】将欲证的不等式等价变形为 $\int_0^1 x f^2(x)\,\mathrm{d}x \cdot \int_0^1 f(y)\,\mathrm{d}y \leqslant \int_0^1 f^2(y)\,\mathrm{d}y \int_0^1 x f(x)\,\mathrm{d}x$，

即 $\iint\limits_{D} x f(x) f(y) [f(x) - f(y)]\,\mathrm{d}x\mathrm{d}y \leqslant 0$ 　　　　　　　　　　　　(1)

或 $\iint\limits_{D} y f(y) f(x) [f(y) - f(x)]\,\mathrm{d}x\mathrm{d}y \leqslant 0$ 　　　　　　　　　　　　(2)

其中 D 为矩形域：$0 \leqslant x \leqslant 1$，$0 \leqslant y \leqslant 1$，$x \leqslant y$，将式 (1) 与式 (2) 相加，可知欲证的不等式就是 $\dfrac{1}{2} \iint\limits_{D} f(x) f(y) (x - y) [f(x) - f(y)]\,\mathrm{d}x\mathrm{d}y \leqslant 0$，

由于 $f(x)$ 单调递减，故 $(x - y)[f(x) - f(y)] \leqslant 0$，又 $f(x) > 0$，$f(y) > 0$，由二重积分的性质，即知式成立，从而原不等式成立.

【例 10.17】 设函数 $f(x)$ 是 $[a,b]$ 上的正值连续函数，试证 $\iint\limits_{D}\dfrac{f(x)}{f(y)}\mathrm{d}x\mathrm{d}y \geqslant (b-a)^2$，其中 D 为 $a \leqslant x \leqslant b$，$a \leqslant y \leqslant b$.

【证明1】 因为 $f(x)$ 是 $[a,b]$ 上的正值连续函教，所以 $f(x)$ 和 $\dfrac{1}{f(y)}$ 在 $[a,b]$ 上可积，且积分域 D 关于直线 $y=x$ 对称，故有 $\iint\limits_{D}\dfrac{f(x)}{f(y)}\mathrm{d}x\mathrm{d}y = \iint\limits_{D}\dfrac{f(y)}{f(x)}\mathrm{d}x\mathrm{d}y$

其中 D 是正方形域 $a \leqslant x \leqslant b$，$a \leqslant y \leqslant b$. 于是

$$\iint\limits_{D}\frac{f(x)}{f(y)}\mathrm{d}x\mathrm{d}y = \frac{1}{2}\iint\limits_{D}\left[\frac{f(x)}{f(y)}+\frac{f(y)}{f(x)}\right]\mathrm{d}x\mathrm{d}y = \iint\limits_{D}\frac{f^2(x)+f^2(y)}{2f(x)f(y)}\mathrm{d}x\mathrm{d}y \geqslant \iint\limits_{D}\mathrm{d}x\mathrm{d}y = (b-a)^2.$$

【证明2】（利用许瓦兹不等式）$\left[\displaystyle\int_a^b f(x)g(x)\mathrm{d}x\right]^2 \leqslant \int_a^b f^2(x)\mathrm{d}x \int_a^b g^2(x)\mathrm{d}x$

$$\iint\limits_{D}\frac{f(x)}{f(y)}\mathrm{d}x\mathrm{d}y = \int_a^b f(x)\mathrm{d}x \int_a^b \frac{1}{f(y)}\mathrm{d}y = \int_a^b f(x)\mathrm{d}x \int_a^b \frac{1}{f(x)}\mathrm{d}x$$

$$= \int_a^b \left[\sqrt{f(x)}\,\right]^2 \mathrm{d}x \int_a^b \left[\frac{1}{\sqrt{f(x)}}\right]^2 \mathrm{d}x \text{（用许瓦兹不等式）}$$

$$\leqslant \left[\int_a^b \sqrt{f(x)}\cdot\frac{1}{\sqrt{f(x)}}\mathrm{d}x\right]^2 = \left(\int_a^b \mathrm{d}x\right)^2 = (b-a)^2.$$

10.4 二重积分的应用

本部分难度不大，各位同学只需在理解的基础上记住公式会计算即可，大纲要求也仅限于此，所以复习重心还是放到计算上来. 常用的公式，如表 10-2 所示.

表 10-2

几何形（体）所求量	平　　面
几何度量	面积 $S = \iint\limits_{D}\mathrm{d}x\mathrm{d}y$
质量（ρ 为密度）	$m = \iint\limits_{D}\rho(x,y)\mathrm{d}x\mathrm{d}y$
质心	$\bar{x} = \dfrac{\iint\limits_{D}x\rho(x,y)\mathrm{d}x\mathrm{d}y}{\iint\limits_{D}\rho(x,y)\mathrm{d}x\mathrm{d}y}$ $\bar{y} = \dfrac{\iint\limits_{D}y\rho(x,y)\mathrm{d}x\mathrm{d}y}{\iint\limits_{D}\rho(x,y)\mathrm{d}x\mathrm{d}y}$

续表

几何形（体）所求量	平　面
转动惯量	$I_x = \iint\limits_D y^2 \rho(x, y)\mathrm{d}\sigma$ $I_y = \iint\limits_D x^2 \rho(x, y)\mathrm{d}\sigma$

【例 10.18】设均匀平面薄板 D 由 $x^2 \leqslant y \leqslant 1$ 所确定，其密度为 u，求该薄板关于过 D 的形心和点 $(1, 1)$ 的直线的转动惯量.

【解】设 D 的形心为 $(\bar{x}, \bar{y})$，则 $\bar{x} = 0$，$\bar{y} = \dfrac{\iint\limits_D y\mathrm{d}\sigma}{\iint\limits_D \mathrm{d}\sigma} = \dfrac{\int_{-1}^1 \mathrm{d}x \int_{x^2}^1 y\mathrm{d}y}{\int_{-1}^1 \mathrm{d}x \int_{x^2}^1 \mathrm{d}y} = \dfrac{\dfrac{4}{5}}{\dfrac{4}{3}} = \dfrac{3}{5}.$

过点 $\left(0, \dfrac{3}{5}\right)$ 和 $(1, 1)$ 的直线方程为 $5y - 2x - 3 = 0$. 点 (x, y) 到该直线的距离为

$$d = \frac{|5y - 2x - 3|}{\sqrt{25 + 4}}.$$

则 D 关于直线 $5y - 2x - 3 = 0$ 的转动惯量为

$$I = u\iint\limits_D \frac{(5y - 2x - 3)^2}{29}\mathrm{d}\sigma = \frac{u}{29}\iint\limits_D (25y^2 + 4x^2 + 9 + 12x - 30y - 20xy)\mathrm{d}\sigma$$

$$= \frac{u}{29}\int_{-1}^1 \mathrm{d}x \int_{x^2}^1 (25y^2 + 4x^2 + 9 + 12x - 30y - 20xy)\mathrm{d}y = \frac{352}{3045}u.$$

第 11 章 三重积分

【导言】

【导言】

三重积分相当于二重积分的进阶版本，但是难度绝对不是简单的线性增加，相信很多同学在本科阶段学过微积分这门课，而且有很多老师对这部分的球面坐标系是一带而过的，因为书上在这一部分标了一个星，这部分的内容对于数一的学生来讲重要性要高于二重积分，需要同学们有一定的空间想象能力和画图的技巧，计算量通常也会比较大，基于这些原因，这部分内容老师尽量讲得详细一些.

备考本章时要重点掌握三重积分的计算，通常是 10 分的解答题，解答此题的关键在于画图和确定坐标系及相应的积分上下限.

【考试要求】

考试要求	科目	考 试 内 容
了解	数学一	三重积分的定义，物理意义、三重积分的计算（直角坐标系、柱面坐标、球面坐标）
理解		三重积分的概念
会		三重积分的计算（直角坐标系、柱面坐标、球面坐标）、三重积分的应用
掌握		三重积分的计算（直角坐标系、柱面坐标、球面坐标）

【知识网络图】

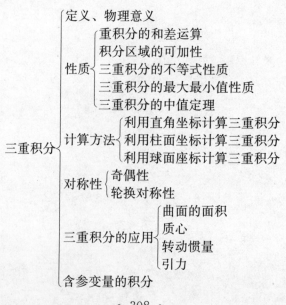

【内容精讲】

11.1　三重积分的概念

11.1.1　三重积分的定义

我们由前面学习的定积分和二重积分以及极限的概念，我们可以很自然地推广到三重积分．我们先来上一个定义看看吧．

定义 11.1.1.1　设 $f(x, y, z)$ 是空间有界闭区域 Ω 上的有界函数．将 Ω 任意分成 n 个小闭区域

$$\iiint\limits_{\Omega} f(x, y, z) \mathrm{d}v$$

其中 Δv_i 表示第 i 个小闭区域，也表示它的体积．在每个 Δv_i 上任取一点 (ξ_i, η_i, ζ_i)，作乘积 $f(\xi_i, \eta_i, \zeta_i)\Delta v_i (i=1, 2, \cdots, n)$，并作和 $\sum\limits_{i=1}^{n} f(\xi_i, \eta_i, \zeta_i)\Delta v_i$．如果当各小闭区域直径中的最大值 λ 趋于零时这和的极限总存在，则称此极限为函数 $f(x, y, z)$ 在闭区域 Ω 上的三重积分．记作 $\iiint\limits_{\Omega} f(x, y, z)\mathrm{d}v$，即

$$\iiint\limits_{\Omega} f(x, y, z)\mathrm{d}v = \lim_{\lambda \to 0} \sum_{i=1}^{n} f(\xi_i, \eta_i, \zeta_i)\Delta v_i, \tag{1}$$

其中 $\mathrm{d}v$ 叫作体积元素．

相当于把一整块牛肉分成一块块的小肉丁，然后每块小肉丁的体积乘以它自己的密度，（因为即使在这一小块牛肉上，每个更细分的点密度也不一样，我们只能近似先取一点代替整小块的密度）当然就是每块小牛肉丁近似的质量了，再然后无限细分成小肉泥，就能精确刻画一整块牛肉的质量了，不知你听明白了没有呢？

三重积分的被积函数 $f(x, y, z)$ 定义在三维空间区域 Ω 上，从几何上来说很抽象了，是四维空间的图形体积，无法画出图形；但是其物理背景仍然可以被我们所理解，就是以 $f(x, y, z)$ 为点密度的空间物体的质量．

简要说来，前面我们用"分割、近似、求和、取极限"的方法与步骤求出了二维平面上"曲边梯形的面积"（定积分）和三维空间中"曲顶柱体的体积"（二重积分），现在问题升到了四维空间，我们可以用同样的办法求出"四维空间的图形体积"，这就是三重积分 $\iiint\limits_{\Omega} f(x, y, z)\mathrm{d}v$．

定义 11.1.1.2　直角坐标系下的三重积分的定义

$$\iiint\limits_{\Omega} f(x, y, z)\mathrm{d}v = \lim_{n\to\infty} \sum_{i=1}^{n}\sum_{j=1}^{n}\sum_{k=1}^{n} f\left(a+\frac{b-a}{n}i, c+\frac{d-c}{n}j, e+\frac{f-e}{n}k\right)\frac{b-a}{n}\cdot\frac{d-c}{n}\cdot\frac{f-e}{n}$$

这里的 Ω 不是一般的空间有界闭区域，而是一个"长方体区域"．

类比之前，我们可以给出"凑三重积分定义"的步骤如下：

(1) 先提出 $\dfrac{1}{n}\cdot\dfrac{1}{n}\cdot\dfrac{1}{n}$．(2) 再凑出 $\dfrac{i}{n}$，$\dfrac{j}{n}$ 与 $\dfrac{k}{n}$．

(3) 由于 $\dfrac{i}{n}=0+\dfrac{1-0}{n}i$，故 $\dfrac{i}{n}$ 可以读作"0 到 1 上的 x"．同理，$\dfrac{j}{n}=0+\dfrac{1-0}{n}j$，故 $\dfrac{j}{n}$ 可

以读作"0 到 1 上的 y"，$\dfrac{k}{n}=0+\dfrac{1-0}{n}k$，故 $\dfrac{k}{n}$ 可以读作"0 到 1 上的 z"，且 $\dfrac{1}{n}=\dfrac{1-0}{n}$，既可以读作"0 到 1 上的 d$x$"也可以读作"0 到 1 上的 d$y$"或"0 到 1 上的 d$z$"，于是，"凑定义"成功！请看一个例子．

【例 11.1】$\displaystyle\lim_{n\to\infty}\sum_{i=1}^{n}\sum_{j=1}^{n}\sum_{k=1}^{n}\frac{k}{(n+i)(n^2+j^2)n}=$ _____ ．

【解】应填 $\dfrac{\pi}{8}\ln2$．

$$\lim_{n\to\infty}\sum_{i=1}^{n}\sum_{j=1}^{n}\sum_{k=1}^{n}\frac{k}{(n+i)(n^2+j^2)n}$$
$$=\lim_{n\to\infty}\sum_{i=1}^{n}\sum_{j=1}^{n}\sum_{k=1}^{n}\frac{1}{\left(1+\dfrac{i}{n}\right)\left(1+\dfrac{j^2}{n^2}\right)}\frac{k}{n}\cdot\frac{1}{n}\cdot\frac{1}{n}\cdot\frac{1}{n}$$
$$=\iiint\limits_{\Omega}\frac{z}{(1+x)(1+y^2)}\mathrm{d}x\mathrm{d}y\mathrm{d}z=\int_0^1\frac{1}{1+x}\mathrm{d}x\int_0^1\frac{1}{1+y^2}\mathrm{d}y\int_0^1 z\mathrm{d}z=\frac{\pi}{8}\ln2.$$

11.1.2　三重积分的性质

三重积分和二重积分类似都有线性、单位性（表示体积）、保号性、估值定理、中值定理等都无需赘述，联想拓展一下即可，很少考到，考到也可以从定积分中类推．唯一要提示的就是对称性，这个性质我们后面专门有个专题进行再次讲解．

说三重积分的计算之前我们先说一个基本知识，那就是坐标系．

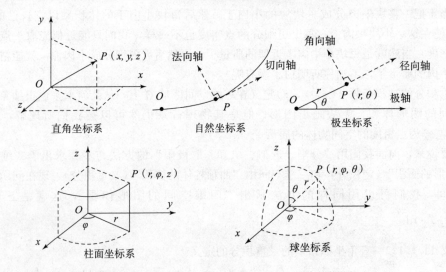

图 11-1

11.1.3　坐标系

为了定量确定一个物体相对于某参考系的位置，需要在参考系上选用一个固定的坐标系，而物体的位置就由它在此坐标系中的坐标来确定．最常用的坐标系是直角坐标系，它的 3 条坐标轴（x 轴、y 轴和 z 轴）互相垂直．根据需要，也可以选用其他的坐标，例如自然坐标系、平面极坐标系、柱面坐标系和球坐标系等，如图 11-1 所示．坐标系实质上是由生活实际中实物进行数学抽象后形成的参考系，在讨论运动的一般性问题时，人们往往给出坐标系而不必具体地指明它所参考的物体．

当参考系确定之后，则坐标系的类型、坐标原点的位置、坐标轴的方向都可以根据需要自行选择．参考系一旦确定，所描述的某个物体运动的快慢、轨道的形状等运动性质也就确定了，不会因坐标系的选择不同而有所不同．

这里介绍了好多种坐标系，为何有这么多坐标系呢，主要原因就是坐标系有多种，但是描述的都是同一个东西，但是不同的坐标系下进行微积分计算的困难程度有很大的差别，这一点后面大家会体会到．

11.2 三重积分的计算

11.2.1 直角坐标系下的三重积分计算

直角坐标系下的体积元素 $dV = dxdydz$ 相信大家都不会觉得难，我们直接说接下来在计算中的难点，也就是三重积分是化成定积分和二重积分来计算（加起来要进行三次积分运算），和二重积分类似，难点在于由积分区域确定三次积分的积分次序和积分的上下限．

11.2.1.1 截面法

先说下截面法即先二后一法：

这种计算方法的思想是把积分区域切割为无限片垂直于最后要积分的变量对应的坐标轴的薄片，然后把这些薄片叠加在一起求和就是要计算三重积分值了，这里要再说一下定积分，包括推广后的二重积分三重积分曲线曲面积分的结果都是个数．此方法在空间区域是旋转体或者容易看出对 Z 的上下限时常用．

11.2.1.2 投影法

还有种方法是投影法（先一后二法），先一后二法也称为投影穿线法，一般来说我们先考虑先二后一，如果不能使用先二后一，并且又容易找到 x,y 投影关系时，一般采用先一后二法．

【例 11.2】计算三重积分 $I = \iiint\limits_{\Omega} zdxdydz$，其中 Ω 是上半球体：

$$x^2 + y^2 + z^2 \leqslant a^2,\ z \geqslant 0.$$

【解】如图 11-2 所示，积分区域在 xOy 平面的投影区域 D：$x^2 + y^2 \leqslant a^2$．

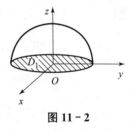

图 11-2

Ω 由曲面 $z=0$ 与 $z=\sqrt{a^2-x^2-y^2}$ 围成，因此有

$$I = \iiint\limits_{\Omega} zdxdydz = \iint\limits_{D} dxdy \int_0^{\sqrt{a^2-x^2-y^2}} zdz = \iint\limits_{D} \frac{1}{2}(a^2 - x^2 - y^2)dxdy$$

再利用极坐标计算此二重积分得

$$I = \frac{1}{2}\int_0^{2\pi} d\theta \int_0^a (a^2 - \rho^2)\rho d\rho = \frac{1}{2}\int_0^a d\rho \int_0^{2\pi} (a^2 - \rho^2)\rho d\theta$$

$$= \frac{1}{2}\int_0^a [(a^2 - \rho^2)\rho\theta \big|_0^{2\pi}]d\rho$$

$$= \frac{1}{2} \int_0^a 2\pi (a^2 - \rho^2) \rho \mathrm{d}\rho = \pi \int_0^a (a^2 - \rho^2) \mathrm{d}\frac{\rho^2}{2} = -\frac{\pi}{4}(a^2 - \rho^2)^2 \Big|_0^a$$

$$= \frac{1}{4}\pi a^4.$$

【例11.3】用"截面法"计算 $\iiint\limits_\Omega z\mathrm{d}x\mathrm{d}y\mathrm{d}z$，其中 Ω 是上半球体：$x^2 +$ $y^2 + z^2 \leqslant a^2$，$z \geqslant 0$.

【解】如图 11-3 所示，积分区域 Ω 在 z 轴上的投影区间为 $[0, a]$，对于 $[0, a]$ 中任一点 z，做平面 $z = z$ 与球面的截面 $D(z)$ 为圆域 $x^2 + y^2 \leqslant a^2 - z^2$，则

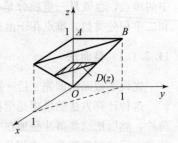

图 11-3

$$\iint\limits_{D(z)} \mathrm{d}x\mathrm{d}y = \pi(a^2 - z^2)$$

于是

$$\iiint\limits_\Omega z\mathrm{d}x\mathrm{d}y\mathrm{d}z = \int_0^a z\mathrm{d}z \iint\limits_{D(z)} \mathrm{d}x\mathrm{d}y = \int_0^a \pi z(a^2 - z^2)\mathrm{d}z = \frac{1}{4}\pi a^4.$$

【例11.4】计算 $\int_0^1 \mathrm{d}x \int_0^{1-x} \mathrm{d}y \int_{x+y}^1 \frac{\sin z}{z}\mathrm{d}z$.

【解】积分区域 Ω 是由 $z = x + y$，$x = 0$，$y = 0$ 和 $z = 1$ 所围成的区域，如图 11-4 所示．Ω 在 z 轴上的投影区间为 $[0, 1]$，对 $[0, 1]$ 上的任一点，区域 Ω 内相应的截面 $D(z)$ 为一个等腰直角三角形区域，直角边长为 $|z|$，面积为 $\frac{1}{2}z^2$．于是可得

图 11-4

$$\int_0^1 \mathrm{d}x \int_0^{1-x} \mathrm{d}y \int_{x+y}^1 \frac{\sin z}{z}\mathrm{d}z = \int_0^1 \frac{\sin z}{z}\mathrm{d}z \iint\limits_{D(x)} \mathrm{d}x\mathrm{d}y$$

$$= -\frac{1}{2}\int_0^1 z\mathrm{d}\cos z = -\frac{1}{2}\left[z\cos z \Big|_0^1 - \int_0^1 \cos z\mathrm{d}z\right]$$

$$= -\frac{1}{2}\left[z\cos z - \sin z\right]\Big|_0^1 = \frac{1}{2}(\sin 1 - \cos 1).$$

注 (1) 由于画不出立体图形，很难将 $\iiint\limits_\Omega \frac{\sin z}{z}\mathrm{d}v$ 还原．

(2) 由于 $\int \frac{\sin z}{z}\mathrm{d}z$ 不可求积，故考虑调换积分次序．

(3) 只好交换积分顺序

$$I \stackrel{\textcircled{1}}{=\!=\!=} \int_0^1 \mathrm{d}x \int_x^1 \mathrm{d}z \int_0^{z-x} \frac{\sin z}{z}\mathrm{d}y \stackrel{\textcircled{2}}{=\!=\!=} \int_0^1 \mathrm{d}z \int_0^z \mathrm{d}x \int_0^{z-x} \frac{\sin z}{z}\mathrm{d}y$$

$$= \int_0^1 \frac{\sin z}{z} \cdot \left[-\frac{1}{2}(z-x)^2\right]\Big|_0^z \mathrm{d}z = \frac{1}{2}\int_0^1 z\sin z\mathrm{d}z = \frac{1}{2}(\sin 1 - \cos 1).$$

其中：①处是交换 y，z 的次序，x 当作常数；②处是交换 x，z 的次序．

11.2.2 柱坐标下三重积分的计算

我们先看看在柱坐标下体积微元 $\mathrm{d}V$ 是怎么来的，现在大家想象一个几何体，垂直于 z 轴方向对几何体进行薄片式切割，那每一个薄片投影到 xOy 面时，对这个投影的计算是不是已

经降到二维了，也就是二重积分的计算了，我们就可以采用极坐标来计算这个二重积分了，非常细小的微元叠加到一起的时候就是我们要计算的结果．从上面叙述可以看出微元 $dV = dz \cdot r dr \cdot d\theta$，整理一下 $dV = r dr d\theta dz$，从而有 $\iiint\limits_{\Omega} f(x, y, z) dx dy dz = \iiint\limits_{\Omega} f(r\cos\theta, r\sin\theta, z) r dr d\theta dz$

用柱面坐标进行计算时，应将 Ω 的边界曲面的直角坐标系下的方程转化为柱面坐标下的方程．

(1) $x^2 + y^2 = a^2 \Leftrightarrow \rho = a$（圆柱面）

(2) $x^2 + y^2 + z^2 = a^2 \Leftrightarrow \rho^2 + z^2 = a^2$（球面）

(3) $x^2 + y^2 = z^2 \Leftrightarrow r^2 \sin^2\varphi \Leftrightarrow \tan\varphi = \pm 1 \Leftrightarrow \varphi = \pm \dfrac{\pi}{4}$（旋转抛物面）

(4) $x^2 + (y-a)^2 + z^2 = a^2 \Leftrightarrow x^2 + y^2 + z^2 = 2ay \Leftrightarrow \rho^2 + z^2 = 2a\rho\sin\theta$（球面）

实际解题中切的不一定非得是 z 轴，根据函数的特征（长相）定，也有可能切的是 x 轴，比如【例 11.5】.

【例 11.5】计算三重积分 $\iiint\limits_{\Omega} (y^2 + z^2) dV$，其中 Ω 是由 xOy 平面上曲线 $y^2 = 2x$ 绕 x 轴旋转而成的曲面与平面 $x = 5$ 所成的闭区域.

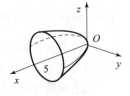

图 11 - 5

【解】被积函数中含有 $y^2 + z^2$，投影区域是圆，用柱坐标计算较简单．积分区域如图 11-5 所示，根据区域的特点，应向 yOz 面投影计算比较简单．利用柱坐标 $\begin{cases} x = x \\ y = \rho\cos\theta \\ z = \rho\sin\theta \end{cases}$

区域 Ω 可表示为 Ω：$\begin{cases} \dfrac{1}{2}\rho^2 \leqslant x \leqslant 5 \\ 0 \leqslant \rho \leqslant \sqrt{10} \\ 0 \leqslant \theta \leqslant 2\pi \end{cases}$

（其中因为曲线 $y^2 = 2x$ 绕 x 轴旋转后的曲面方程为 $y^2 + z^2 = 2x$ 得 $(\rho\cos\theta)^2 + (\rho\sin\theta)^2 = 2x$，$\rho^2 = 2x$，$\dfrac{\rho^2}{2} = x$ 即得出 x 的积分下限）

因此 $\iiint\limits_{\Omega} (y^2 + z^2) dV = \int_0^{2\pi} d\theta \int_0^{\sqrt{10}} \rho^3 d\rho \int_{\frac{\rho^2}{2}}^5 dx = \dfrac{250}{3}\pi$.

11.2.3 球面坐标系

球面坐标系体积微元 dV 是怎么来的，说这个之前我们先说下球坐标系和直角坐标系的转换关系．

我们以球面为例，建立它的一种参数方程．设 $M(x, y, z)$ 是 $x^2 + y^2 + z^2 = r^2$ 上任意一点，则 M 在 xOy 面上的投影为 $P(x, y, 0)$，作向量 $\overrightarrow{OM}$ 和 $\overrightarrow{OP}$，取 (θ, φ, r) 为 $M(x, y, z)$ 的球坐标，如图 11-6 所示，

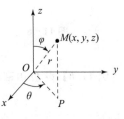

则有 $|\overrightarrow{OM}| = r$. $\begin{cases} x = |\overrightarrow{OP}| \cos\theta = r\sin\varphi\cos\theta \\ y = |\overrightarrow{OP}| \sin\theta = r\sin\varphi\sin\theta \\ z = |\overrightarrow{OM}| \cos\varphi = r\cos\varphi \end{cases}$

图 11 - 6

这里有 (θ, φ, r) 三个参数，如果要计算出来积分值，那就需要确

定它们的积分限了，我们来看看如何确定．如图 11-7 所示，先说 θ，大家想象在 z 轴上加个带竖轴的门，从门的底边与 x 轴重合时，$\theta=0°$，绕着 z 轴转一圈之后 $\theta=360°$，这是 θ 最大的取值范围，实际中需要根据题目意思，比如说是 Ω：$x^2+y^2+z^2=r^2$

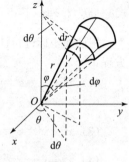

（$y\geqslant0$），这时就是一个右半圆，从门的底边与 x 轴重合时，接触到 Ω，当 $\theta=180°$ 后，门离开了圆球．所以 $0\leqslant\theta\leqslant\pi$；下面看下这个 φ，把 z 轴想象成为一个可以同时向两边对称倒的竹竿，我们现在把它以垂直于 xOy 面的方式往空间体上放倒，是不是竹竿首先挨着空间体了，这时候这个放倒的竹竿和 z 轴正向的夹角就是 φ 的下限，$\varphi=0$ 为所有几何体可能取到的下限；假设这个竹竿有某种魔力，能穿透这个空间体，穿过之后正好要离开空间体时，放倒的竹竿和 z 轴正向的夹角就是 φ 的上限．当这个竹竿放倒到与 z 轴正向夹角是 180 度时，因为竹竿是可以向两边倒的，这时候两边倒到一起了，所以这时候也是 φ 能取

图 11-7

到的最大值．比如 Ω 是：$x^2+y^2+z^2\leqslant2z$．按照上述叙述可以推出，竹竿和 z 轴重合时，在几何体内，此时 $\varphi=0$，继续以垂直于 xOy 面的方式往空间体上放倒，当 $\varphi=\dfrac{\pi}{2}$ 时，竹竿离开了几何体，即得上限．最后说下 r，想象成你在坐标原点处拿着一个激光笔向着几何体照射，这个光束刚触到几何体时得到下限，刚穿透几何体时取得上限．

从上面推导中我们可以立即得出球面坐标系体积微元 $dV=dr\cdot rd\varphi\cdot r\sin\varphi d\theta$，整理一下即可有 $dV=r^2\sin\varphi d\theta d\varphi dr$．

用球坐标进行计算时，应将 Ω 的边界曲面的直角坐标系下的方程转化为球坐标系下的方程．

（1）$x^2+y^2+z^2=a^2\Leftrightarrow r=a$（球面），如图 11-8 所示．

（2）$x^2+y^2=z\Leftrightarrow r^2\sin^2\varphi=r\cos\varphi\Leftrightarrow r=\dfrac{\cos\varphi}{\sin^2\varphi}$（旋转抛物面），如图 11-9 所示．

（3）$x^2+(y-a)^2+z^2=a^2\Leftrightarrow x^2+y^2+z^2=2ay\Leftrightarrow r=2a\sin\varphi\sin\theta$（球面），如图 11-10 所示．

（4）$x^2+y^2=z^2=r^2\sin^2\varphi\Leftrightarrow\tan\varphi=\pm1\Leftrightarrow\varphi=\pm\dfrac{\pi}{4}$（圆锥面），如图 11-11 所示．

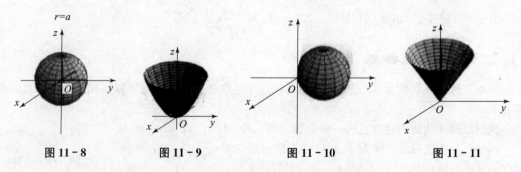

图 11-8　　　　图 11-9　　　　图 11-10　　　　图 11-11

【例 11.6】设 Ω 由锥面 $z=\sqrt{x^2+y^2}$ 和球面 $z=\sqrt{1-x^2-y^2}$ 所围成，计算三重积分

$$I = \iiint\limits_{\Omega} (x+z)\mathrm{d}V.$$

【解 1】 $\quad I = \iiint\limits_{\Omega} (x+z)\mathrm{d}V = \iiint\limits_{\Omega} x\mathrm{d}V + \iiint\limits_{\Omega} z\mathrm{d}V = I_1 + I_2$

考虑 I_1：因为被积分函数是关于 x 的奇函数，且 Ω 关于 $x=0$（yOz 面）对称，所以

$$I_1 = \iiint\limits_{\Omega} x\mathrm{d}V = 0.$$

考虑 I_2：用球坐标 $I_2 = \iiint\limits_{\Omega} z\mathrm{d}V = \int_0^{2\pi}\mathrm{d}\theta\int_0^{\frac{\pi}{4}}\sin\varphi\cos\varphi\mathrm{d}\varphi\int_0^1 r^3\mathrm{d}r = \dfrac{\pi}{8}.$

【思考】 这里，虽然积分区域是球体，但是请思考是否可以用截面法计算积分 $I = c\iiint\limits_{\Omega} z\mathrm{d}V$，与球坐标相比，哪个计算简单些?

【解 2】 Ω 为锥面 $z = \sqrt{x^2+y^2}$ 和球面 $z = \sqrt{1-x^2-y^2}$ 所围成，则由

$$\begin{cases} z = \sqrt{x^2+y^2} \\ z = \sqrt{1-x^2-y^2} \end{cases} \text{得 } z = \frac{\sqrt{2}}{2}$$

因此 $I = c\iiint\limits_{\Omega} z\mathrm{d}v = c\left[\int_0^{\frac{\sqrt{2}}{2}} z\mathrm{d}v\iint\limits_{D_{xy}}\mathrm{d}x\mathrm{d}y + \int_{\frac{\sqrt{2}}{2}}^1 z\mathrm{d}z\iint\limits_{D_{xy}}\mathrm{d}x\mathrm{d}y\right]$

$$= c\left[\int_0^{\frac{\sqrt{2}}{2}} z\cdot\pi z^2\mathrm{d}z + \int_{\frac{\sqrt{2}}{2}}^1 z\cdot\pi(1-z^2)\mathrm{d}z\right] = \pi c\left[\frac{1}{16} + \frac{1}{16}\right] = \frac{\pi c}{8}$$

【例 11.7】 求由曲面 $z = \sqrt{5-x^2-y^2}$，$4z = x^2+y^2$ 围成的立体 Ω 的体积.

【解】 如图 $11-12$ 所示，区域为球顶抛物底.

方法一：按直角坐标计算

$$V = 4\int_0^2\mathrm{d}x\int_0^{\sqrt{4-x^2}}\mathrm{d}y\int_{\frac{x^2+y^2}{4}}^{\sqrt{5-x^2-y^2}}\mathrm{d}z = \frac{2\pi(5\sqrt{5}-4)}{3}.$$

方法二：按柱坐标计算

$$V = \int_0^{2\pi}\mathrm{d}\theta\int_0^2\rho\mathrm{d}\rho\int_{\frac{\rho^2}{4}}^{\sqrt{5-\rho^2}}\mathrm{d}z = \frac{2\pi(5\sqrt{5}-4)}{3}.$$

方法三：按球坐标计算

$$\begin{cases} z = \sqrt{5-x^2-y^2} \\ 4z = x^2+y^2 \end{cases} \text{解得 } z=1 \text{ 或 } z=-5 \text{（舍去）}.$$

当 $z=1$ 时，投影在 xOy 面上为圆 $x^2+y^2=4$，

当采用球坐标计算时要分两部分. 第一部分是 r 从 $4z = x^2 + y^2$ 穿出其中 $0\leqslant r\leqslant\dfrac{4\cos\varphi}{\sin^2\varphi}$，第二部分是 r 从 $z = \sqrt{5-x^2-y^2}$ 穿出，

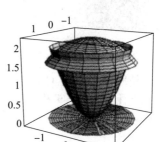

图 $11-12$

其中 $0\leqslant r\leqslant\sqrt{5}$. 由上算 $z=1$，投影在 xoy 面 $x^2+y^2=4$，取特殊 $y=0$，则 $x=2$，所以 $\tan\varphi=\dfrac{2}{1}=2$，所以 $\varphi=\arctan2$，所以

$$V = \int_0^{2\pi} d\theta \int_0^{\arctan 2} \sin\varphi d\varphi \int_0^{\sqrt{5}} r^2 dr + \int_0^{2\pi} d\theta \int_{\arctan 2}^{\frac{\pi}{4}} \sin\varphi d\varphi \int_0^{\frac{4\cos\varphi}{\sin^2\varphi}} r^2 dr = \frac{2\pi(5\sqrt{5}-4)}{3}.$$

方法四：按定积分计算，因为该立体是旋转体，可以利用旋转体的体积公式

$$V = \pi\int_0^1 4z dz + \pi\int_1^{\sqrt{5}}(5-z^2)dz = \frac{2\pi(5\sqrt{5}-4)}{3}.$$

方法五：按二重积分计算

$$V = \int_0^{2\pi} d\theta \int_0^2 \rho\left(\sqrt{5-\rho^2} - \frac{\rho^2}{4}\right)d\rho = \frac{2\pi(5\sqrt{5}-4)}{3}.$$

【例 11.8】 计算三重积分 $\iiint\limits_{\Omega} y\sqrt{1-x^2}dxdydz$，其中 Ω 由曲面 $y = -\sqrt{1-x^2-z^2}$，$x^2+z^2=1$，$y=1$ 所围成．

【解】 如图 11-13 所示，Ω 在 xoz 平面的投影 D_{xz}：$x^2+z^2 \leqslant 1$，先对 y 积分，再求 D_{xz} 上二重积分，

$$原式 = \iint\limits_{D_{xz}} \sqrt{1-x^2}dxdz \int_{-\sqrt{1-x^2-z^2}}^1 ydy$$

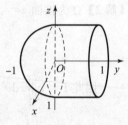

图 11-13

$$= \int_{-1}^1 dx \int_{-\sqrt{1-x^2}}^{\sqrt{1-x^2}} \sqrt{1-x^2} \cdot \frac{x^2+z^2}{2}dz$$

$$= \frac{1}{2}\int_{-1}^1 \left[\sqrt{1-x^2}\left(x^2 z + \frac{z^3}{3}\right)\right]\Big|_{-\sqrt{1-x^2}}^{\sqrt{1-x^2}} dx$$

$$= \int_{-1}^1 \frac{1}{3}(1+x^2-2x^4)dx = \frac{28}{45}$$

【例 11.9】 求半径为 a 的球面与半顶角为 α 的内接锥面所围成的立体的体积．

【解】 如图 11-14 所示，在球坐标系下空间立体所占区域为

$$\Omega:\begin{cases} 0 \leqslant r \leqslant 2a\cos\varphi \\ 0 \leqslant \varphi \leqslant \alpha \\ 0 \leqslant \theta \leqslant 2\pi \end{cases}$$

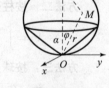

图 11-14

则立体体积为

$$V = \iiint\limits_{\Omega} dxdydz = \int_0^{2\pi}d\theta \int_0^{\alpha}\sin\varphi d\varphi \int_0^{2a\cos\varphi} r^2 dr = \frac{4}{3}\pi a^3(1-\cos^4\alpha)$$

【例 11.10】 计算 $I = \iiint\limits_{\Omega}(x^2+y^2)dxdydz$，其中 Ω 是曲线 $y^2=2z$，$x=0$ 绕 z 轴旋转一周而成的曲面与两平面 $z=2$，$z=8$ 所围成的立体．

【解1】 由 $\begin{cases} y^2=2z \\ x=0 \end{cases}$ 绕 z 轴旋转得旋转面方程为 $x^2+y^2=2z$

（绕谁转谁不变，另外一个变量变成 $\pm\sqrt{x^2+y^2}$，平方后即为 $x^2+y^2=2z$），所围成立体的投影区域如图 11-15 所示，

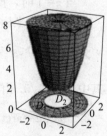

图 11-15

$$D_1: x^2+y^2=16, \quad \Omega_1:\begin{cases} 0\leqslant\theta\leqslant2\pi \\ 0\leqslant r\leqslant4 \\ \dfrac{\rho^2}{2}\leqslant z\leqslant8 \end{cases} \qquad D_2: x^2+y^2=4, \quad \Omega_2:\begin{cases} 0\leqslant\theta\leqslant2\pi \\ 0\leqslant r\leqslant2 \\ \dfrac{\rho^2}{2}\leqslant z\leqslant2 \end{cases}$$

$$I = I_1 - I_2 = \iiint\limits_{\Omega_1} (x^2 + y^2) \mathrm{d}x\mathrm{d}y\mathrm{d}z - \iiint\limits_{\Omega_2} (x^2 + y^2) \mathrm{d}x\mathrm{d}y\mathrm{d}z$$

$$I_1 = \int_0^{2\pi} \mathrm{d}\theta \int_0^4 \mathrm{d}\rho \int_{\frac{\rho}{2}}^8 \rho \cdot \rho^2 \mathrm{d}z = \frac{4^5}{3}\pi \quad I_2 = \int_0^{2\pi} \mathrm{d}\theta \int_0^2 \mathrm{d}\rho \int_{\frac{\rho}{2}}^2 \rho \cdot \rho^2 \mathrm{d}z = \frac{2^5}{6}\pi$$

原式 $= I = \dfrac{4^5}{3}\pi - \dfrac{2^5}{6}\pi = 336\pi$.

【解 2】 $I = \int_0^{2\pi} \mathrm{d}\theta \int_0^2 \rho\mathrm{d}\rho \int_2^8 \rho^2 \mathrm{d}z + \int_0^{2\pi} \mathrm{d}\theta \int_2^4 \rho\mathrm{d}\rho \int_{\frac{\rho}{2}}^8 \rho^2 \mathrm{d}z = 336\pi.$

【例 11.11】 设 $\Omega = \{(x, y, z) \mid x^2 + y^2 + z^2 \leqslant 1\}$，求 $\iiint\limits_{\Omega} z^2 \mathrm{d}x\mathrm{d}y\mathrm{d}z$.

【解】 由轮换对称性可知，$\iiint\limits_{\Omega} z^2 \mathrm{d}x\mathrm{d}y\mathrm{d}z = \iiint\limits_{\Omega} x^2 \mathrm{d}x\mathrm{d}y\mathrm{d}z = \iiint\limits_{\Omega} y^2 \mathrm{d}x\mathrm{d}y\mathrm{d}z$，所以

$$\iiint\limits_{\Omega} z^2 \mathrm{d}x\mathrm{d}y\mathrm{d}z = \frac{1}{3} \iiint\limits_{\Omega} (x^2 + y^2 + z^2) \mathrm{d}x\mathrm{d}y\mathrm{d}z$$

$$= \frac{1}{3} \int_0^{2\pi} \mathrm{d}\theta \int_0^{\pi} \mathrm{d}\varphi \int_0^1 r^4 \sin\varphi \mathrm{d}r = \frac{2\pi}{3} \int_0^{\pi} \sin\varphi \mathrm{d}\varphi \int_0^1 r^4 \mathrm{d}r = \frac{4\pi}{15}.$$

11.2.4 关于"平移穿线穿面定限法"

如果上面三节的内容对于你来讲 so easy，那么本小节你可以直接跳过去看三重积分的应用部分，写这一节的初衷和原因是有位同学问了老师一个问题：为什么最外边定的上限和下限都是常数呢？这位同学提的问题非常好，直击问题本质，当然通过理解我们知道，不管几重积分，我们最后得到的结果都是一个数，既然是我们计算遇到的问题，一定是可以算出来的，除了印刷什么的小概率事件发生，那么在算多重积分时，你先积分得出的结果可能是函数或者数，但最后一层积分算完一定是一个确定的数字，所以，最后的积分上下限一定为确定的数字．当然了作为认真细致负责的老师，一定会给出严密的逻辑过程的，所以相同疑问或者对积分过程有一些疑问的同学请看下面具体推演．积分的定限原理来自于积分的"微元法"（或称"元素法"）．对于定积分 $\int_a^b f(x)\mathrm{d}x$，它表示曲边梯形的面积．其中的积微元 "$f(x)\mathrm{d}x$" 是从它的"母公式"即矩形的面积公式 $S = a \times b$（其中 a 为底，b 为高）变化而来；$\int_a^b$ 表示积分变量 x 的积分范围是区间 $[a, b]$，所以定积分上下限的本质是被积区间的两个端点，所以定上下限就是定区间．这是"平移穿线穿面定限法"的基础．

11.2.4.1 平移穿线穿面定限法的原理

现在研究重积分的计算．以三重积分为例．其定义式为

$$\iiint\limits_{\Omega} f(x, y, z) \mathrm{d}V = \lim_{\lambda \to 0} \sum_{t=1}^m f(\xi_t, \eta_t, \zeta_t) \Delta V_t. \tag{1}$$

因为数学上对多变量的处理方法是"逐个处理"的，因此，在确定可积的前提下，我们对体积微元 ΔV_t 分割时可以用平行于坐标面的平面进行分割，这样就有 $\Delta V_t = \Delta x_i \Delta y_j \Delta z_k$. 按照 z，y，x 的顺序选择体积微元，式（1）可以改写成

$$\iiint\limits_{\Omega} f(x, y, z) \mathrm{d}x\mathrm{d}y\mathrm{d}z = \lim_{\lambda \to 0} \sum_{i=1}^n \sum_{i=m_i}^{n_i} \sum_{k=m_{ij}}^{n_{ij}} f(\xi_t, \eta_t, \zeta_t) \Delta x_i \Delta y_j \Delta z_k$$

$$= \lim_{\lambda \to 0} \sum_{i=1}^{n} \Delta x_i \sum_{i=m_i}^{n_i} \Delta y_i \sum_{k=m_{ij}}^{n_{ij}} f(\xi_i, \eta_j, \zeta_k) \Delta z_k \qquad (2)$$

说明：m_{ij}，n_{ij} 表示它与 i，j（对应 Δx 与 Δy）的取法均有关，m_i，n_i 表示它与 i（对应 Δx）的取法有关．

大家不要觉得式（2）复杂，实际上它就是先对 z 作"累积"，而让 x，y 均暂时作为"常量"来对待．将 z"累积"完后再积下一个变量，如此继续下去，最终积掉所有变量，取极限后得累次积分公式 $\int_a^b dx \int_{y_1(x)}^{y_2(x)} dy \int_{z_1(x,y)}^{z_2(x,y)} f(x, y, z) dz$（大家与式（2）比较一下）．其实就是作三次针对区间的定积分．最终的关键问题变成记录三对上下限．由此看来，它和定积分相比．无非是多几次"分割"的过程罢了！先"积"区间的范围自然是后积变量的函数．如果将体积微元视为一个"点"，则微元累积的过程可形象地视为"平移扫描"的过程，形象地说，如同医院做"CT"一般，使得被积区域无所遗漏．总之用一句话概括上面的过程，即：点动成线，线动成面，面动成体（是不是有一种回到小学学几何的感觉！）（如图 11-16 所示），这就是平移穿线穿面定限法的原理．

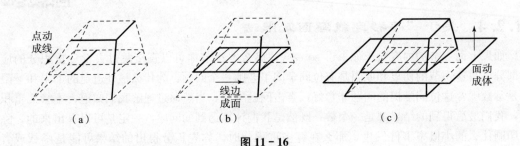

图 11-16

11.2.4.2 "平移穿线穿面定限法"的具体操作方法

有了上面的定限理论，就不难确定其操作方法．

（一）操作总则

（1）直角（坐标）平行移，极（坐标）旋转移，不重不漏．

（2）点移成线，线移成面，面移成体．

（3）先积后写，后积先写，先积的写成后积的表达式．

基本要求：①平移边界的交点个数不能大于 2，若交点个数大于 2 时必须分片处理．②扫描边界的函数表达式不能改变，若表达式会改变必须分段处理．

（二）操作细则

（1）针对二重积分

①直角坐标的情形

作一根垂直某坐标轴的直线，沿着垂直于此直线的方向平行"移动"．在经过积分区域时，记录两对值：先记录直线相交于坐标轴对应变量活动的区间范围（后积先写）；后记录直线相交于区域的上下边界的函数表达式（先积后写）．

具体分：①竖线横移（X—型）：先积 y 后积 x（如图 11-17 所示）；②横线竖移（Y—型）：先积 x 后积 y（如图 11-18 所示）．

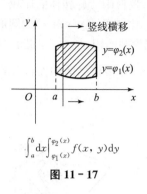

$$\int_a^b \mathrm{d}x \int_{\varphi_1(x)}^{\varphi_2(x)} f(x, y)\mathrm{d}y$$

图 11 - 17

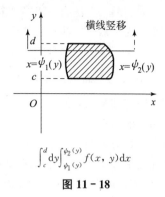

$$\int_c^d \mathrm{d}y \int_{\psi_1(y)}^{\psi_2(y)} f(x, y)\mathrm{d}x$$

图 11 - 18

②极坐标的情形

取一根以极点为端点的射线，从 $\theta=0$ 开始以逆时针方向旋转作"射线旋转扫"（如同逆行的时针）. 在经过积分区域时，记录两对值：先记录射线对应 θ 活动的区间范围（后积先写）；后记录射线相交于区域的上下边界的极坐标函数表达式（先积后写），如图 11 - 19 所示.

(2) 针对三重积分

①直角坐标的情形

对于三重积分，须比二重积分多一次扫描的过程. 有先一后二（即先高后底，如图 11 - 20 所示）和先二后一（即先底后高，如图 11 - 21 所示）两种方法. 实际上它们本质上都一样，都是先将三重积分转化为一次定积分和一次二重积分，然后再对二重积分化累次积分. 只是被积变量积分的顺序不同而已.

如"先一后二"法. 先作垂直 xOy 面的直线，穿过被积立体的边界交于两点. 记录 z 的两个边界函数，然后此直线沿着平行 xOy 面方向作"竖线四周扫"，记录扫描所得的 xOy 上的投影区域 D_{xy}，最后作 D_{xy} 上的二重积分的扫描定限与二重积分的情形相同，如图 11 - 20 所示.

"先二后一"法，先作平行于 xOy 面的平面，然后此平面沿着 z 轴的方向从下往上作"平面平扫"，记录扫过 z 的区间，并记录平面与被积立体的截面 D_z（其中 z 是参量，D_z 随 z 的变化而变化），最后作 D_z 上的二重积分，D_z 上扫描定限与二重积分的情形相同，如图 11 - 21 所示.

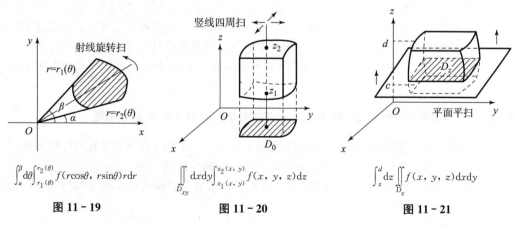

$$\int_\alpha^\beta \mathrm{d}\theta \int_{r_1(\theta)}^{r_2(\theta)} f(r\cos\theta, r\sin\theta)r\mathrm{d}r$$

图 11 - 19

$$\iint_{D_{xy}} \mathrm{d}x\mathrm{d}y \int_{z_1(x, y)}^{z_2(x, y)} f(x, y, z)\mathrm{d}z$$

图 11 - 20

$$\int_z^d \mathrm{d}z \iint_{D_z} f(x, y, z)\mathrm{d}x\mathrm{d}y$$

图 11 - 21

针对"先二后一"法有一点需要特别说明,《高等数学》教材中"旋转体的体积"的求法就是运用了"先二后一"法. 它体现了"面动成体"的思想:比如函数 $y=f(x)$ 的图形绕 x 轴旋转一周,求 $x \in [a, b]$ 部分的体积. 可取定 x,旋转的面积为圆面积 $\pi f^2(x)$,因此所求体积为 $\int_a^b \pi f^2(x) dx$. 与上面重积分不同的是截面的面积无需积分,直接根据圆的面积公式即可得出,但是其原理却是相同的.

②极坐标的情形

用极坐标积分有两种方法:柱面坐标与球面坐标. 实际上,所谓柱面坐标是"半拉子"极坐标. 它即为三重积分中的"先一后二",可先对 z 作直角坐标的定积分. 然后对剩下的 x 和 y 的二重积分转化成极坐标. 因此我们可将它算作二重积分的极坐标形式,不需要专门讨论了.

③球坐标的情形

这里主要讲球面坐标. 球面坐标是"完全的"极坐标. 它先取以原点为端点的一条射线. 射线从 z 轴开始,从 $\varphi=0$ 到 $\varphi=\pi$ 固定 θ 的半平面沿着垂直 xOy 面方向"展开",作"射线旋转扫",然后此半平面从 $\theta=0$ 到 $\theta=2\pi$ 作"半面旋转扫"扫描一周,如图 11-22 所示. 需要记录三对值:先记录

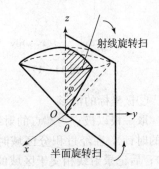

$$\int_{\theta_1}^{\theta_2} d\theta \int_{\varphi_1(\theta)}^{\varphi_2(\theta)} d\varphi \int_{r_1(\varphi, \theta)}^{r_2(\varphi, \theta)} f(r\sin\varphi\cos\theta,$$
$$r\sin\varphi\sin\theta, r\cos\varphi) r^2 \sin\varphi dr$$

图 11-22

θ 的范围;再看 φ 随着 θ 的变化情况,记录对应上下边界的 φ 关于 θ 的一对函数表达式;最后看 r 随着 φ, θ 的变化情况,记录对应的 r 关于 φ, θ 的一对函数表达式.

注 这样做看起来很复杂,实际情形下 φ, θ 通常是常数. 如表达式太复杂则不用它. 需要注意以下几点:

(1) 关于如何选择积分次序,有三点需要考虑:

①对二重积分判断积分区域是 X 型还是 Y 型;对三重积分先判断用"先一后二"还是"先二后一".

②尽可能不分段或分片.

③必须以积分计算简便为原则.

(2) 一定要先画图. 要将交点和交线表示出来. 图形不一定要精准. 但是交点位置和图像的上下位置绝不能错!

总之,平移穿线穿面定限法形象地描述了微元累积的过程. 它的优点在于:一是直观、形象;二是无需过多分类,即二重积分的"横线竖移"与"竖线横移"可以不分. 极坐标也无需像教科书中那样罗列四种情况,而且教科书中的许多定限式根据上述"操作总则"也易于记住.

11.2.5 直角坐标化极坐标、球面坐标、柱面坐标问题

(1) 题目类型:直角坐标下的二重积分化极坐标以及三重积分化球面坐标与柱面坐标.

(2) 适用范围:被积函数或积分区域表达式含平方和的情形.

(3) 转化步骤:利用"分段现形法",先将被积函数转化,再将变量微分部分转化,最后转化积分范围(即积分限).

①被积函数转化

（Ⅰ）二重 $\begin{cases} x = r\cos\theta, \\ y = r\sin\theta. \end{cases}$ （Ⅱ）三重 $\begin{cases} x = r\sin\varphi\cos\theta, \\ y = r\sin\varphi\sin\theta, \\ z = r\cos\varphi. \end{cases}$

②微分部分转化

（Ⅰ）二重 $d\sigma = r d\theta dr.$ （Ⅱ）三重 $dV = r^2 \sin\varphi d\theta d\varphi dr.$

实际上此部分就是面积（体积）公式的转化，也是可以用口诀"以直代曲微转换"来理解．如二重积分的转换式：将极坐标面积微元"当作"扇形．据扇形公式 $S = \dfrac{1}{2}\theta r^2$，得

$$d\sigma = \frac{1}{2}d\theta dr^2 = \frac{1}{2}d\theta(2r dr) = r d\theta dr$$

注意直接写成" $dx dy = r d\theta dr$ "与" $dx dy dz = r^2 \sin\varphi d\theta d\varphi dr$ "不恰当，因为等式两边分别属于不同的分割方法，只是在积分收敛的前提下不同的分割方法之间可以转化．

③积分范围（积分限）转化

积分范围的转化顺序是：先将直角坐标的限还原成积分范围的图像，然后根据图像严格按照前面所述的极坐标定积分限．其中画图像实际上就是将"平移穿线穿面定限法"反过来用的过程．

考虑到为了突出重点，下面例题的计算有所省略，有的题目根据需要给出了简明扼要的计算步骤．大家重点体会定限的要点，发挥自己的空间想象力，若空间想象力不够，也要找到权变的方法．这样才不会在做题时不知如何下手，后文将介绍到．下面"平移穿线穿面定限法"简称为"定限法"．

【例 11.12】求下列二重积分

(1) $\displaystyle\iint\limits_{D} \frac{x}{y+1} d\sigma$，$D$ 由 $y = x^2 + 1$，$y = 2x$，$x = 0$ 围成．

(2) $\displaystyle\iint\limits_{D} y e^x d\sigma$，$D$ 由 $y = \sin x$，$y = \cos x$，$0 \leqslant x \leqslant \dfrac{\pi}{2}$ 围成．

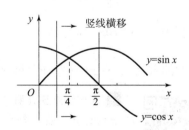

"定限法"分析：第（1）题，如图 11-23 所示，用"竖线横移"无需分段；如用"横线竖移"则需要分段．

第（2）题，如图 11-24 所示，用"竖线横移"，不用"横线竖移"是因为交点数大于 2.
需要分片．

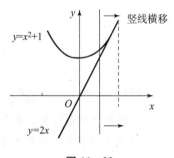

图 11-23

图 11-24

【解】(1) 联立 $\begin{cases} y=x^2+1, \\ y=2x, \end{cases}$ 得交点（1，2），围成的区域如图 11-23 所示．因此

$$\iint_D \frac{x}{y+1}d\sigma = \int_0^1 dx \int_{2x}^{x^2+1} \frac{x}{y+1}dy = \int_0^1 x\ln|y+1| \Big|_{2x}^{x^2+1} dx$$

$$= \int_0^1 x[\ln(x^2+2) - \ln(2x+1)]dx$$

$$= \frac{1}{2}\int_0^1 \ln(x^2+2)d(x^2+2) - \int_0^1 x\ln(2x+1)dx$$

其中 $\int_0^1 x\ln(x^2+2)dx = \frac{1}{2}\int_0^1 \ln(x^2+2)d(x^2+2)$

$$= \frac{1}{2}\left[\ln(x^2+2) \cdot (x^2+2) \Big|_0^1 - 2\int_0^1 x dx\right] = \frac{3}{2}\ln3 - \ln2 - \frac{1}{2}$$

其中 $\int_0^1 x\ln(2x+1)dx = \frac{1}{2}\int_0^1 \ln(2x+1)dx^2 = \frac{1}{2}\left[\ln3 - 2\int_0^1 \frac{x^2}{2x+1}dx\right]$

$$= \frac{1}{2}\left[\ln3 - 2\int_0^1 \frac{x^2 - \frac{1}{4} + \frac{1}{4}}{2x+1}dx\right]$$

$$= \frac{1}{2}\left[\ln3 - 2\int_0^1 \frac{1}{2}\left(x - \frac{1}{2}\right) + \frac{\frac{1}{4}}{2x+1}dx\right]$$

$$= \frac{1}{2}\left[\ln3 - 2\int_0^1 \left(\frac{x}{2} - \frac{1}{4} + \frac{1}{4} \cdot \frac{1}{2x+1}\right)dx\right] = \frac{3}{8}\ln3$$

所以，原式 $= \frac{9}{8}\ln3 - \ln2 - \frac{1}{2}$．

(2) 联立 $\begin{cases} y=\cos x, \\ y=\sin x, \end{cases}$ 得 $0 \leqslant x \leqslant \frac{\pi}{2}$ 内的交点 $\left(\frac{\pi}{4}, \frac{\sqrt{2}}{2}\right)$，围成的区域如图 11-24 所示．因此

$$\int_0^{\frac{\pi}{4}} dx \int_{\sin x}^{\cos x} ye^x dy + \int_{\frac{\pi}{4}}^{\frac{\pi}{2}} dx \int_{\cos x}^{\sin x} ye^x dy$$

$$= \frac{1}{2}\int_0^{\frac{\pi}{4}} e^x(\cos^2 x - \sin^2 x)dx + \frac{1}{2}\int_{\frac{\pi}{4}}^{\frac{\pi}{2}} e^x(\sin^2 x - \cos^2 x)dx$$

$$= \frac{1}{2}\int_0^{\frac{\pi}{4}} e^x\cos 2x dx - \frac{1}{2}\int_{\frac{\pi}{4}}^{\frac{\pi}{2}} e^x\cos 2x dx$$

因为 $\int e^x\cos 2x dx = \frac{e^x}{5}(\cos 2x + 2\sin 2x)$

故原式 $= \frac{1}{2} \cdot \frac{e^x}{5}(\cos 2x + 2\sin 2x) \Big|_0^{\frac{\pi}{4}} - \frac{1}{2} \cdot \frac{e^x}{5}(\cos 2x + 2\sin 2x) \Big|_{\frac{\pi}{4}}^{\frac{\pi}{2}} = \frac{2}{5}e^{\frac{\pi}{4}} + \frac{1}{10}e^{\frac{\pi}{2}} - \frac{1}{10}$．

注 这里还是要说明一下累次积分的具体计算．会做定积分的计算，那么重积分的计算自然就会了，因为当积某个变量时，只要将其他变量一概作为常数最对待即可．

【例 11.13】求下列二重积分．

(1) $\iint_D \frac{\sin y}{y}d\sigma$，$D$ 由 $y=2$，$y=x$，$y=2x$ 围成．

(2) $\iint\limits_{D} xy\mathrm{d}x\mathrm{d}y$，$D$ 由 $y^2=x$，$y^2=4x-3$ 围成．

"定限法"分析：第（1）题，被积函数如果先积 y，则 $\dfrac{\sin y}{y}$ 无初等函数的原函数．因此必须先积 x，故只能用"横线竖移"，如图 11-25 所示．

第（2）题．如图 11-26 所示，被积区域先积 x 时无需分段，先积 y 则需要分三段，故用"横线竖移"．

【解】（1）区域 D 如图 11-25 所示，则

$$原式 = \int_0^2 \mathrm{d}y \int_{\frac{y}{2}}^{y} \frac{\sin y}{y} \mathrm{d}x = \int_0^2 \frac{\sin y}{y} x \Big|_{\frac{y}{2}}^{y} \mathrm{d}y = \frac{1}{2} \int_0^2 \sin y \mathrm{d}y = -\frac{1}{2}(\cos 2 - 1).$$

（2）区域 D 如图 11-26 所示，$y^2=x$，$y^2=4x-3$ 的交点为（1，1）和（1，-1），则

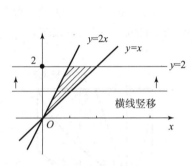

图 11-25

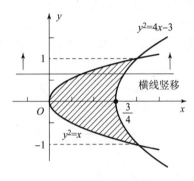

图 11-26

$$原式 = \int_{-1}^1 \mathrm{d}y \int_{y^2}^{\frac{y^2+3}{4}} xy\mathrm{d}x = \int_{-1}^1 \frac{1}{2} yx^2 \Big|_{y^2}^{\frac{y^2+3}{4}} \mathrm{d}y = \frac{1}{2} \int_{-1}^1 y\left[\left(\frac{y^2+3}{4}\right)^2 - y^4\right] \mathrm{d}y = 0.$$

注 第（2）题也可以根据被积函数关于 y 为奇函数且积分区域关于 x 轴对称、利用对称性解题，积分的值为零．

【例 11.14】改变下列二重积分的积分次序：$\int_0^1 \mathrm{d}x \int_0^x f(x,y)\mathrm{d}y + \int_1^2 \mathrm{d}x \int_0^{2-x} f(x,y)\mathrm{d}y.$

"定限法"分析：先从积分限还原出积分区域图像，然后根据图像分析定限，原积分是"竖线横移"．还原图像时，注意先看后积的区间，定出两个带形区域 $0\leqslant x\leqslant 1$ 和 $1\leqslant x\leqslant 2$；然后看先积的上下限：$y=x$，$y=0$ 以及 $y=2-x$，定出上下两个函数图像，如图 11-27（a）所示；最后换成"横线竖移"定限，如图 11-27（b）所示．

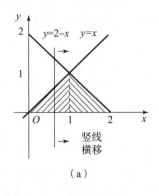

（a）

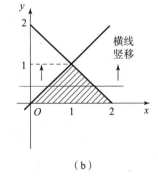

（b）

图 11-27

【解】积分区域如图 11-27（a）所示，改变积分顺序后如图 11-27（b），成为

$$\int_0^1 dy \int_y^{2-y} f(x, y)dx.$$

【例 11.15】求下列三重积分.

（1）$\iiint_\Omega z dx dy dz$，D 由单叶双曲面 $x^2 + y^2 - z^2 = 1$ 与 $z = \pm 1$ 围成.

（2）$\iiint_\Omega xz dx dy dz$，$D$ 由 $z = 0$，$z = y$，$y = 1$，$y = x^2$ 围成.

"定限法"分析：第（1）题，单叶双曲面如图 11-28 所示，它的特点是在 xOy 面的投影区域不明显，但是垂直截 z 轴的截面明显，它为圆，因此用"先二后一"法，即"平面平扫"法.

第（2）题，如图 11-29 所示，它的特点与上题相反，是在 xOy 面的投影区域明显，截面相对不明显，因此用"先一后二"法. 不过建议有兴趣的学生用"先二后一"法做一做，难度也不太大，做完后更能体会两者实际上是一样的，最终累次积分的积分限是一致的.

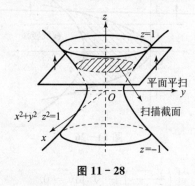

图 11-28

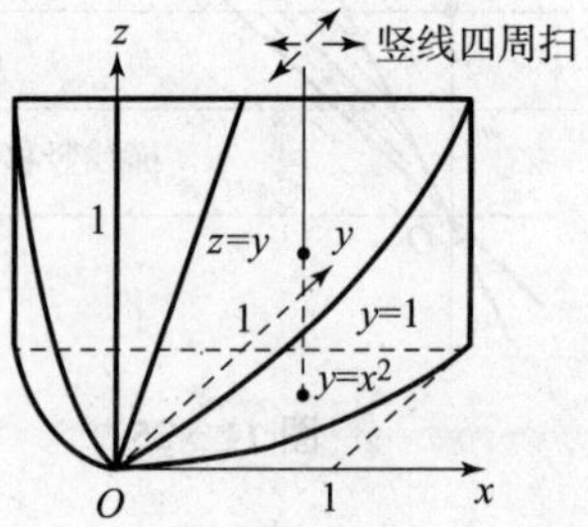

图 11-29

【解】（1）任意取定满足 $-1 \leqslant z \leqslant 1$ 的 z，作垂直于 z 轴的平面 $Z = z$ 截 Ω，如图 11-28 所示. 由单叶双曲面的方程 $x^2 + y^2 - z^2 = 1$ 可知截得的边界方程为 $x^2 + y^2 = 1 + z^2$，它围成区域 D_z. 又由三重积分的"先二后一"法，可得

$$\iiint_\Omega z dx dy dz = \int_{-1}^1 dz \iint_{D_{xy}} z dx dy = \int_{-1}^1 z dz \iint_{D_{xy}} dx dy = \int_{-1}^1 z(1+z^2)\pi dz = 0$$
$$(D_z : x^2 + y^2 \leqslant 1 + z^2)$$

注 直接计算有些复杂，利用对称性可直接得结果为零.

（2）用"先一后二"法，如图 11-29 所示. 易见 Ω 在 xOy 面的投影区域为 $y = x^2$，$y = 1$ 围成的区域，记为 D. 在投影区域 D 上作垂直于 xOy 面的直线，得到两个交点：$z = 0$，$z = y$，因此

$$\iiint_\Omega xz dx dy dz = \iint_D \left(\int_0^y xz dz \right) dx dy \quad (D \text{ 由 } y = x^2, y = 1 \text{ 围成})$$

$$= \int_{-1}^1 dx \int_{x^2}^1 dy \int_0^y xz dz = \frac{1}{2} \int_{-1}^1 dx \int_{x^2}^1 xz^2 \Big|_0^y dy$$

$$= \frac{1}{2} \int_{-1}^1 dx \int_{x^2}^1 xy^2 dy = \frac{1}{6} \int_{-1}^1 x(1-x^6) dx = 0.$$

注 （1）比较"先一后二"与"先二后一"这两种方法，"先一后二"这种方法好用一些，因为一般来说"静态的"投影还是比较好求，而"先二后一"这种方法的截面是"动态的"，容易

出错.

(2) 画图的要点：关于重积分尤其是三重积分中积分区域的画图，要善于将"图"变"限"及将"限"变"图"．无论是平面区域还是立体区域，用代数的方法表示出来必定是若干不等式，如：$-1 \leqslant z \leqslant 1$，$-\sqrt{1+z^2} \leqslant y \leqslant \sqrt{1+z^2}$，$-\sqrt{1+z^2-y^2} \leqslant x \leqslant \sqrt{1+z^2-y^2}$．

但是往往题目给的条件为等式，如此题区域为"由单叶双曲面 $x^2+y^2-z^2=1$ 与 $z=\pm 1$ 围成"．作为等式描述的是这个区域的边界：立体区域的边界是曲面，平面区域的边界是曲线．这就有一个转换的问题，画图是转换必经的步骤，也是重积分定限的关键！

画图的要点在于"定边界"，立体区域须定出包含它的若干曲面及其曲面之间相交的曲线，平面区域须定出包含它的若干曲线及其曲线之间相交的交点，实际上运用的方法还是"截法"．

将"限"变"图"往往在直角坐标化极坐标以及改变积分次序中用得上，实际上是将上面的步骤颠倒过来，此时的原则是：后积的先画，将双边不等式换成两条曲线或曲面，如不等式 $-\sqrt{1+z^2} \leqslant y \leqslant \sqrt{1+z^2}$ 转换为两条曲线 $y=-\sqrt{1+z^2}$ 及 $y=\sqrt{1+z^2}$，而 $-\sqrt{1+z^2-y^2} \leqslant x \leqslant \sqrt{1+z^2-y^2}$ 转换为两条曲面 $x=-\sqrt{1+z^2-y^2}$ 及 $x=\sqrt{1+z^2-y^2}$．

选同济版教材中的一个典型的题目来演练一下（此题许多学生画不出图），如下题．

【例 11.16】计算 $\iiint\limits_{\Omega} xy^2z^3 \mathrm{d}x\mathrm{d}y\mathrm{d}z$，其中 Ω 是曲面 $z=xy$ 与平面 $y=x$，$x=1$ 和 $z=0$ 围成的闭区域．

【分析】实际上，按照上述画图的原则，除了面 $z=xy$ 最难画，其他的表面还是容易画出来的．因此先画出框架，如图 11-30（a）所示，然后只要定出面 $z=xy$ 与其他表面的交界线即可．易见 $z=xy$ 与 $x=1$ 的交线是 $\begin{cases} z=y, \\ x=1, \end{cases}$ 它是一条空间直线；为求 $z=xy$ 与 $y=x$ 的交线，以 OB 为横轴、z 为纵轴．因此得交线 $\begin{cases} z=x^2, \\ y=x, \end{cases}$ 它是抛物线 $\overset{\frown}{OC}$．

如图 11-30（b）所示，最后将多余的线拆除即可定稿，如图 11-30（c）所示．

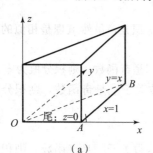 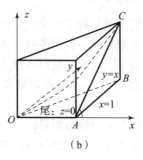 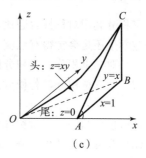

（a） （b） （c）

图 11-30

（a）定框架；（b）定边界；（c）拆除多余线定稿

【解】定限 $\iiint\limits_{\Omega} xy^2z^3 \mathrm{d}x\mathrm{d}y\mathrm{d}z = \int_0^1 \mathrm{d}x \int_0^x \mathrm{d}y \int_0^{xy} xy^2z^3 \mathrm{d}z = \dfrac{1}{364}$．

11.2.6 针对立体感不好的学生的"权宜"定限办法

在画图中并不见得每一边界曲面都必须画得准确无误，先尽可能将常见的简单曲面画准确．对于较难画的图、或对于一些立体感不好，不太会画图的同学，此处有三种"权宜"的办法（此法只适合"先一后二"）.

（一）第一种情形

边界是两个曲面的交线．此时的关键是求投影，实际上，若实在理解不了教科书中求投影的方法．请务必记住：只要将两曲面的方程联立，代换掉 z，剩下 x，y 的方程就是边界曲线在 xOy 面上的投影柱面．再令 $z=0$ 就是在 xOy 面上的投影．至于定 z 的限，只要用代数的方法知道哪个曲面在上、哪个曲面在下即可．如：Ω 由 $z=\sqrt{x^2+y^2}$ 与 $z=\sqrt{1-x^2-y^2}$ 围成．联立两方程，除去 z 后，投影柱面为

$$x^2+y^2=\frac{1}{2},$$

投影区域即为 D：$x^2+y^2\leqslant\frac{1}{2}$，此时易见 $\sqrt{x^2+y^2}\leqslant z\leqslant\sqrt{1-x^2-y^2}$，因此定限：

$$\iint_D dxdy\int_{\sqrt{x^2+y^2}}^{\sqrt{1-x^2-y^2}} f(x,y,z)dz.$$

（二）第二种情形

题目中含有现成柱面的情形．用"顾尾不顾头法"：未必要画出全图，针对已知是柱面所围成的区域．底部为 xOy 面．只要画出在 xOy 面上的投影区域，然后知道上面有个"盖子"，盖子的方程知道．形状无所谓，只要知道在 xOy 面上方（或在下方）即可定限．

（三）第三种情形

旋转体用球面坐标积分的情形．因为旋转体有对称性，不必画出全图，只需要在旋转体的母线与旋转轴所在的平面上画出对应的图形．如下面的【例 11.17】（1）用球面坐标定限时，φ，r 不随着 θ 的变化而变化．因此只要画出上述平面即可方便地定限．

上面几种方法虽然可以解决不少问题，但是要知道，最好的办法还是彻底学明白，因为用任何权宜的方法均无法囊括全部情形.

11.2.7 用对称性简化积分计算

定积分利用对称性解题比较容易，可是对于二重积分或三重积分，虽然道理是相似的，但是一些学生还是会觉得有点糊涂，这里给出一种简便的方法：

（1）对二重积分，若积分区域关于□对称，被积函数关于□是奇函数，则积分值为零.

（2）对三重积分，若积分区域关于□O□面对称，被积函数关于□是奇函数，则积分值为零.

这里也总结一下用对称性解曲线曲面积分的题目：

（3）对第一类曲线积分，若积分曲线关于□轴对称，被积函数关于□是奇函数．则积分值为零.

（4）对第一类曲面积分，若积分曲面关于□O□面对称．被积函数关于□是奇函数．则积分值为零.

说明：（1）、（3）中的两个"□"将 x 与 y 随意填入，不可重复；（2）、（4）中的三个"□"将 x，y，z 随意填入，不可重复.

由于第二类曲线曲面积分与曲线曲面的方向有关，情形复杂，这里不作归纳.

另外，在三重积分中，若空间想象力不够．这里也有一个简便的不画图即可分辨曲面对称性的方法：若 $f(x,y,z)=0$ 是曲面，且 $f(x,y,-z)=f(x,y,z)$，则它关于 xOy 面对

称. 若空间区域中所有边界曲面均关于 xOy 面对称，则空间区域关于 xOy 面对称，其他三种情形同理. 我们给这样的方法取一个名称："基于符号判断对称性的方法".

【例 11.17】 用球面坐标或柱面坐标计算下列三重积分.

(1) 计算 $\iiint\limits_{\Omega}(x+z)\mathrm{d}V$，$\Omega$ 由 $z=\sqrt{x^2+y^2}$ 与 $z=\sqrt{1-x^2-y^2}$ 围成.

(2) 计算 $\iiint\limits_{\Omega}z\mathrm{d}V$，$\Omega$ 由 $z=x^2+y^2$ 与 $z=\sqrt{2-x^2-y^2}$ 围成.

"定限法"分析：第（1）题，积分区域边界中锥面、球面的方程是平方和的形式，因此用球面或柱面坐标做. 对锥面常取球面坐标，这是因为对锥面，φ 的上下限均为常数的缘故. 此题扫描方式为"射线旋转移"与"半面旋转移"，如图 11-31 所示.

注意图像关于 zOy 对称. 因此可得 $\iiint\limits_{\Omega}x\mathrm{d}V=0$.

第（2）题. 区域边界中旋转抛物面、球面的方程是平方和的形式，因此用球面或柱面坐标做，对旋转抛物面常取柱面坐标. 此题也可用球面坐标，但是用球面坐标需要分块，较麻烦. 如图 11-32 所示. 此题扫描方式为"竖线四周移".

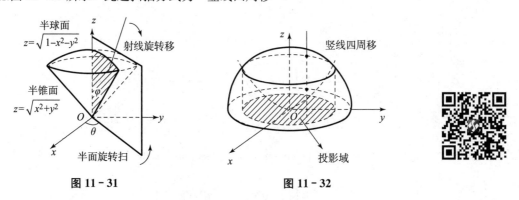

图 11-31　　　　　　图 11-32

【解】（1）积分立体如图 11-31 所示，用球曲坐标，Ω 可用不等式

$$0\leqslant\theta\leqslant2\pi,\ 0\leqslant\varphi\leqslant\frac{\pi}{4},\ 0\leqslant r\leqslant1$$

来表示，注意到图形关于 yOz 对称，$f(x,y,z)=x$ 是 x 的奇函数，故 $\iiint\limits_{\Omega}x\mathrm{d}V=0$，则

$$原式=\iiint\limits_{\Omega}z\mathrm{d}V=\int_0^{2\pi}\mathrm{d}\theta\int_0^{\frac{\pi}{4}}\mathrm{d}\varphi\int_0^1 r\cos\varphi\cdot r^2\sin\varphi\mathrm{d}r$$

$$=\frac{1}{2}\int_0^{2\pi}\mathrm{d}\theta\int_0^{\frac{\pi}{4}}\sin2\varphi\mathrm{d}\varphi\int_0^1 r^3\mathrm{d}r=\frac{\pi}{8}.$$

注意以下的定限是错误的：$\int_0^{2\pi}\mathrm{d}\theta\int_0^{\frac{\pi}{4}}\mathrm{d}\varphi\int_r^{\sqrt{1-r^2}}r\cos\varphi\cdot r^2\sin\varphi\mathrm{d}r$，错误原因你发现了吗?

（2）积分立体如图 11-32 所示，用柱面坐标做，Ω 可用不等式

$$0\leqslant\theta\leqslant2\pi,\ 0\leqslant r\leqslant1,\ r^2\leqslant z\leqslant\sqrt{2-r^2}$$

来表示，因此

$$原式=\int_0^{2\pi}\mathrm{d}\theta\int_0^1 r\mathrm{d}r\int_{r^2}^{\sqrt{2-r^2}}z\mathrm{d}z=\frac{1}{2}\int_0^{2\pi}\mathrm{d}\theta\int_0^1 r\left[(2-r^2)-r^4\right]\mathrm{d}r=\frac{7\pi}{12}.$$

注 一般来说，柱面坐标比球面坐标容易许多，且用球面坐标能做的. 用柱面坐标一般也都能

做．因此，对球面坐标掌握得不够好的学生考试时尽可能用柱面坐标做题．

【例 11.18】 计算重积分 $\iiint\limits_{\Omega} |z^2-x^2-y^2|\,\mathrm{d}V$，其中 Ω： $0\leqslant z\leqslant\sqrt{1-x^2-y^2}$．

"**定限法**"**分析**：这是被积函数中含有绝对值的题目，必须先去绝对值．去绝对值之后，积分区域分成了两块空间区域，此积分自然地分成了两部分．

注意划分区域时，关键是求出区域的边界，即令绝对值内的表达式为零．得边界曲面方程 $z^2-x^2-y^2=0$，它是锥面．

此题考虑到边界曲面为锥面与球面，用球面积分比较简易，即用"射线旋转移"法．

【解】 因为

$$|z^2-x^2-y^2|=\begin{cases}z^2-x^2-y^2, & z^2\geqslant x^2+y^2,\\ x^2+y^2-z^2, & z^2<x^2+y^2,\end{cases}$$

所以可将 Ω 分成两部分：

$$\Omega_1:\ 0\leqslant z\leqslant\sqrt{1-x^2-y^2},\ z^2\geqslant x^2+y^2.$$
$$\Omega_2:\ 0\leqslant z\leqslant\sqrt{1-x^2-y^2},\ z^2<x^2+y^2.$$

因此

$$\iiint\limits_{\Omega}|z^2-x^2-y^2|\,\mathrm{d}V=\iiint\limits_{\Omega_1}(z^2-x^2-y^2)\,\mathrm{d}V+\iiint\limits_{\Omega_2}(x^2+y^2-z^2)\,\mathrm{d}V$$

$$=\int_0^{2\pi}\mathrm{d}\theta\int_0^{\frac{\pi}{4}}\mathrm{d}\varphi\int_0^1(r^2\cos^2\varphi-r^2\sin^2\varphi)r^2\sin\varphi\,\mathrm{d}r$$

$$+\int_0^{2\pi}\mathrm{d}\theta\int_{\frac{\pi}{4}}^{\frac{\pi}{2}}\mathrm{d}\varphi\int_0^1(r^2\sin^2\varphi-r^2\cos^2\varphi)r^2\sin\varphi\,\mathrm{d}r$$

$$=2\pi\int_0^{\frac{\pi}{4}}(\cos^2\varphi-\sin^2\varphi)\sin\varphi\,\mathrm{d}\varphi\int_0^1r^4\mathrm{d}r$$

$$+2\pi\int_{\frac{\pi}{4}}^{\frac{\pi}{2}}(\sin^2\varphi-\cos^2\varphi)\sin\varphi\,\mathrm{d}\varphi\int_0^1r^4\mathrm{d}r$$

$$=\frac{2\pi}{5}\int_0^{\frac{\pi}{4}}(\cos^2\varphi-\sin^2\varphi)\sin\varphi\,\mathrm{d}\varphi+\frac{2\pi}{5}\int_{\frac{\pi}{4}}^{\frac{\pi}{2}}(\sin^2\varphi-\cos^2\varphi)\sin\varphi\,\mathrm{d}\varphi$$

$$=\frac{2\pi}{5}\left(\frac{\sqrt2}{3}-\frac13\right)+\frac{2\pi}{5}\frac{\sqrt2}{3}=\frac{4\sqrt2-2}{15}\pi.$$

11.3　三重积分的应用

11.3.1　平面薄片的质心

在物理学上，研究质点系或刚体的运动时，常常用到质心的概念，质心是质点系或刚体的质量中心简称．设 xOy 平面上有一质点系，有 n 个质点 $(x_1,\ y_1)$，$(x_2,\ y_2)$，…，$(x_n,\ y_n)$，其质量分别为 m_1，m_2，…，m_n，则该质点系的质心坐标为

$$\bar{x}=\frac{M_y}{M}=\frac{\sum\limits_{i=1}^{n}m_ix_i}{\sum\limits_{i=1}^{n}m_i},\ \bar{y}=\frac{M_x}{M}=\frac{\sum\limits_{i=1}^{n}m_iy_i}{\sum\limits_{i=1}^{n}m_i}$$

其中 $M = \sum\limits_{i=1}^{n} m_i$ 为质点系统的总质量，M_y、M_x 分别为该质点系对 y 轴、x 轴的静力矩.

利用广义微元法可以把质点系的转动惯量公式推广到平面薄片或空间物体的情形.

设有一平面薄板，在 xOy 平面上占有区域 D，在点 (x, y) 处的面密度为 $\rho(x, y)$，且

$\rho(x, y)$ 在 D 上连续，则平面薄片的质心坐标为 $\bar{x} = \dfrac{\displaystyle\iint_D x\rho(x, y)\mathrm{d}\sigma}{\displaystyle\iint_D \rho(x, y)\mathrm{d}\sigma}$，$\bar{y} = \dfrac{\displaystyle\iint_D y\rho(x, y)\mathrm{d}\sigma}{\displaystyle\iint_D \rho(x, y)\mathrm{d}\sigma}$

$\mathrm{d}\sigma$ 关于 x 轴、y 轴的静力矩为 $\mathrm{d}M_x = y\rho(x, y)\mathrm{d}\sigma$，$\mathrm{d}M_y = x\rho(x, y)\mathrm{d}\sigma$

所以此薄板关于 x 轴、y 轴的静力矩为 $M_x = \iint_D y\rho(x, y)\mathrm{d}\sigma$，$M_y = \iint_D x\rho(x, y)\mathrm{d}\sigma$

特别地，如果平面薄片是均匀的，即面密度是常数，则 $\bar{x} = \dfrac{1}{A}\iint_D x\mathrm{d}\sigma$，$\bar{y} = \dfrac{1}{A}\iint_D y\mathrm{d}\sigma$

其中 A 为区域 D 的面积. $\bar{z} = \dfrac{1}{M}\iiint_\Omega z\rho(x, y, z)\mathrm{d}V$

如果物体是均匀的，则物体体积 $V = \iiint_\Omega \mathrm{d}V$，$\bar{x} = \dfrac{1}{V}\iiint_\Omega x\mathrm{d}V$，$\bar{y} = \dfrac{1}{V}\iiint_\Omega y\mathrm{d}V$，$\bar{z} = \dfrac{1}{V}\iiint_\Omega z\mathrm{d}V$

11.3.2 平面薄片的转动惯量

设 xOy 面上有 n 个质点，其质量分别为 $m_i (i=1, 2, \cdots, n)$，坐标为 (x_i, y_i) $(i=1, 2, \cdots, n)$，该质点系对于 x 轴以及 y 轴的转动惯量分别为 $I_x = \sum\limits_{i=1}^{n} y_i^2 m_i$，$I_y = \sum\limits_{i=1}^{n} x_i^2 m_i$

对于原点的转动惯量为 $I_0 = \sum\limits_{i=1}^{n} (x_i^2 + y_i^2)m_i$.

与求质心时的方法类似，用广义微元法可以把质点系的转动惯量公式推广到平面薄片或空间物体的情形.

设有一平面薄片，占有 xOy 平面上的区域 D，点 (x, y) 处的面密度为 D 上的连续函数 $\rho(x, y)$，则该薄片对 x 轴、y 轴及原点的转动惯量为

$$I_x = \iint_D y^2\rho(x, y)\mathrm{d}\delta, \quad I_y = \iint_D x^2\rho(x, y)\mathrm{d}\delta, \quad I_o = \iint_D (x^2 + y^2)\rho(x, y)\mathrm{d}\delta$$

给定物体 Ω 对于 xOy 平面，对于 x 轴以及对于原点 O 的转动惯量分别是

$$I_{xOy} = \iiint_\Omega z^2\rho(x, y, z)\mathrm{d}V, I_x = \iiint_\Omega (y^2 + z^2)\rho(x, y, z)\mathrm{d}V, I_0 = \iiint_\Omega (x^2 + y^2 + z^2)\rho(x, y, z)\mathrm{d}V.$$

11.3.3 引力问题

11.3.3.1 平面薄片对质点的引力

设有一平面薄片，占有 xOy 平面上的闭区域 D，在点 (x, y) 处的面密度为 $\rho(x, y)$，假定 $\rho(x, y)$ 在 D 上连续. 现在要求该薄片对位于 z 轴上的点 $M_0(0, 0, a)$ $(a>0)$ 处的单位质量的质点的引力.

我们还是利用广义微元法来分析：在 D 上任取一块闭区域 $\mathrm{d}\sigma$（其面积也记作 $\mathrm{d}\sigma$）. 薄片中相应于 $\mathrm{d}\sigma$ 部分的质量可看作集中于某一点 (x, y) 处，近似等于 $\rho(x, y)\mathrm{d}\sigma$. 由两质点间的引

力公式可得出这部分薄片对该质点的引力为 $G\dfrac{\rho(x,\ y)\mathrm{d}\sigma}{r^2}$，方向与 $\{x,\ y,\ 0-a\}$ 一致，其中 $r=\sqrt{x^2+y^2+z^2}$，G 为引力常数．于是薄片对该质点的引力在三个坐标轴上的投影 F_x，F_y，F_z 的微元元素分别为

$$\mathrm{d}F_x=G\dfrac{\rho(x,\ y)x\mathrm{d}\sigma}{r^3},\ \ \mathrm{d}F_y=G\dfrac{\rho(x,\ y)y\mathrm{d}\sigma}{r^3},\ \ \mathrm{d}F_z=G\dfrac{\rho(x,\ y)(0-a)\mathrm{d}\sigma}{r^3}$$

以这些元素为被积表达式，在闭区域 D 上积分，便有

$$F_x=G\iint\limits_{D}\dfrac{\rho(x,\ y)x}{(x^2+y^2+a^2)^{\frac{3}{2}}}\mathrm{d}\sigma,\ F_y=G\iint\limits_{D}\dfrac{\rho(x,\ y)y}{(x^2+y^2+a^2)^{\frac{3}{2}}}\mathrm{d}\sigma,\ F_z=-Ga\iint\limits_{D}\dfrac{\rho(x,\ y)}{(x^2+y^2+a^2)^{\frac{3}{2}}}\mathrm{d}\sigma.$$

11.3.3.2 空间物体的引力

设有一物体，占有空间闭区域 Ω，在点 $(x,\ y,\ z)$ 处的密度为 $\rho(x,\ y,\ z)$，假定 $\rho(x,\ y,\ z)$ 在 Ω 上连续，现在要计算该物体对于其外部一点 $M_0(x_0,\ y_0,\ z_0)$ 处的质量为 m 的质点的引力．

我们像前面那样，把物体近似地看作是由 n 个质点组成的质点系，这个质点系对质点 m 的引力为 $\sum\limits_{i=1}^{n}\Delta F_i$，它在三个坐标轴上的分量为

$$Gm\sum_{i=1}^{n}\dfrac{x^i-x_0}{r_i^3}\rho(x_i,\ y_i,\ z_i)\Delta V_i,$$

$$Gm\sum_{i=1}^{n}\dfrac{y^i-y_0}{r_i^3}\rho(x_i,\ y_i,\ z_i)\Delta V_i,$$

$$Gm\sum_{i=1}^{n}\dfrac{z^i-z_0}{r_i^3}\rho(x_i,\ y_i,\ z_i)\Delta V_i$$

取极限后，得到引力 F 在三个坐标轴上的分量

$$F_x=Gm\iiint\limits_{\Omega}\dfrac{x-x_0}{r^3}\rho(x,\ y,\ z)\mathrm{d}V,\ F_y=Gm\iiint\limits_{\Omega}\dfrac{y-y_0}{r^3}\rho(x,\ y,\ z)\mathrm{d}V,$$

$$F_z=Gm\iiint\limits_{\Omega}\dfrac{z-z_0}{r^3}\rho(x,\ y,\ z)\mathrm{d}V.$$

其中 G 为引力常数．

【例 11.19】求锥面 $z=\sqrt{x^2+y^2}$ 被抛物柱面 $z^2=2x$ 所割下部分的面积．

"扫描法"分析：求曲面面积时注意：第一，一定要分清哪个曲面是用来求面积的．哪个曲面是用来定限的．此题中锥面用来求面积，柱面用来定限．第二，须清楚如何求投影．

【解】联立 $\begin{cases}z=\sqrt{x^2+y^2},\\ z^2=2x,\end{cases}$ 消去 z 得到投影区域 D：$(x-1)^2+y^2\leqslant1$

对于 $z=\sqrt{x^2+y^2}$，可得 $\dfrac{\partial z}{\partial x}=\dfrac{x}{\sqrt{x^2+y^2}}$，$\dfrac{\partial z}{\partial y}=\dfrac{y}{\sqrt{x^2+y^2}}$，故 $\sqrt{1+\left(\dfrac{\partial z}{\partial x}\right)^2+\left(\dfrac{\partial z}{\partial y}\right)^2}=\sqrt{2}$，因此所求面积 $S=\iint\limits_{D}\sqrt{2}\mathrm{d}\sigma=\sqrt{2}S_D=\sqrt{2}\pi.$

【例 11.20】求下列曲面所围成的立体体积：

$$x^2+y^2+z^2=2az\ (a>0)\ \text{及}\ x^2+y^2=z^2\ (z\ \text{正半轴的部分})$$

"扫描法"分析如图 11-33 所示.

方法 1 二重积分：

$$\iint\limits_{D}(a+\sqrt{a^2-x^2-y^2}-\sqrt{x^2+y^2})\mathrm{d}\sigma,$$

$$D:x^2+y^2\leqslant a^2.$$

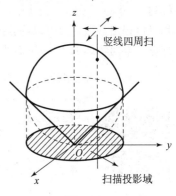

竖线四周扫

方法 2 三重积分（"先一后二"）：

$$\iiint\limits_{\Omega}\mathrm{d}x\mathrm{d}y\mathrm{d}z=\iint\limits_{D}\mathrm{d}x\mathrm{d}y\int_{\sqrt{x^2+y^2}}^{a+\sqrt{a^2-x^2-y^2}}\mathrm{d}z,$$

$$D:x^2+y^2\leqslant a^2.$$

比较上面两种方法，发现三重积分法将 z 积出后就和二重积分法的式子一样了，这样看来，两种方法殊途同归.

【解】依据二重积分的几何意义，得

$$\iint\limits_{D}(a+\sqrt{a^2-x^2-y^2}-\sqrt{x^2+y^2})\mathrm{d}\sigma$$

$$=\int_{0}^{2\pi}\mathrm{d}\theta\int_{0}^{a}(a+\sqrt{a^2-r^2}-r)r\mathrm{d}r=\pi a^3$$

扫描投影域

图 11-33

【例 11.21】求平面 $\dfrac{x}{a}+\dfrac{y}{b}+\dfrac{z}{c}=1$ 被三坐标面所截出部分 Σ 的面积，其中 a, b, $c>0$.

【解】平面方程可以改写为：$z=c-\dfrac{c}{a}x-\dfrac{c}{b}y$，为单值函数，记 D_{xy} 为 Σ 在 xOy 面的投影，则

$$A=\iint\limits_{D_{xy}}\sqrt{1+z_x'^2+z_y'^2}\mathrm{d}\sigma=\iint\limits_{D_{xy}}\sqrt{1+\dfrac{c^2}{a^2}+\dfrac{c^2}{b^2}}\mathrm{d}\sigma$$

$$=\dfrac{1}{ab}\sqrt{a^2b^2+b^2c^2+a^2c^2}\iint\limits_{D_{xy}}\mathrm{d}\sigma=\dfrac{1}{ab}\sqrt{a^2b^2+b^2c^2+a^2c^2}\cdot\pi ab$$

$$=\pi\sqrt{a^2b^2+b^2c^2+a^2c^2}.$$

【例 11.22】求由曲面 $1-z=\sqrt{x^2+y^2}$，$x=z$，$x=0$ 所围成的立体之体积.

【解】我们同样不需要画出图形，大家只要知道 $1-z=\sqrt{x^2+y^2}$ 是一个顶点在 $(0,0,1)$ 且开口向下的锥面，$x=z$ 是一个斜平面，$x=0$ 就是 yOz 面，这三个面围成了一个立体. 关键的工作是求投影区域：联立 $\begin{cases}1-z=\sqrt{x^2+y^2}\\ x=z\end{cases}$，消去 z 就立即得到曲面 $1-z=\sqrt{x^2+y^2}$ 与平面 $x=z$ 的

交线在 xOy 平面上的投影曲线为 $1-x=\sqrt{x^2+y^2}$，即抛物线 $1-y^2=2x$，故

积分区域 $D=\left\{(x,y)\,\middle|\,0\leqslant x\leqslant\dfrac{1-y^2}{2},\ -1\leqslant y\leqslant 1\right\}$.

于是所求体积 $V=\iint\limits_{D}(1-\sqrt{x^2+y^2}-x)\mathrm{d}x\mathrm{d}y$. 由于该立体关于 xOz 面对称，则

$$V=2\int_{0}^{1}\mathrm{d}y\int_{0}^{\frac{1-y^2}{2}}(1-\sqrt{x^2+y^2}-x)\mathrm{d}x=2\int_{0}^{1}\left[\dfrac{1-y^2}{2}-\dfrac{1-y^4}{8}+\dfrac{y^2}{2}\ln y-\dfrac{(1-y^2)^2}{8}\right]\mathrm{d}y$$

$$=2\int_{0}^{1}\left(\dfrac{1-y^2}{4}+\dfrac{y^2}{2}\ln y\right)\mathrm{d}y=\left(\dfrac{y}{2}-\dfrac{y^3}{6}+\dfrac{y^3}{3}\ln y-\dfrac{y^3}{9}\right)\bigg|_{0}^{1}=\dfrac{2}{9}.$$

【例 11.23】 设空间物体 $\Omega=\{(x,\ y,\ z)\,|\,x^2+y^2\leqslant z\leqslant 1\}$，求 Ω 的形心的竖坐标 $\bar{z}$.

【解】 在重心（质心）公式中，当密度 $\rho(x,\ y)$ 或者 $\rho(x,\ y,\ z)$ 为常数时（在公式中分子分母均可以提出常数，故可以约分掉），重心就成为了形心，本题考查空间物体 Ω 的形心公式及其计算．空间物体 Ω 在 xOy 面的投影为 $D=\{(x,\ y)\,|\,x^2+y^2\leqslant 1\}$，则

$$(1)\ \mathrm{d}v=\iint\limits_{D_{xy}}\mathrm{d}x\mathrm{d}y\int_{x^2+y^2}^{1}\mathrm{d}z=\iint\limits_{D}(1-x^2-y^2)\mathrm{d}x\mathrm{d}y=\int_0^{2\pi}\mathrm{d}\theta\int_0^1(1-r^2)r\mathrm{d}r=\frac{\pi}{2}.$$

$$(2)\ \iiint\limits_{\Omega}z\mathrm{d}v=\iint\limits_{D}\mathrm{d}x\mathrm{d}y\int_{x^2+y^2}^{1}z\mathrm{d}z=\frac{1}{2}\iint\limits_{D}[1-(x^2+y^2)^2]\mathrm{d}x\mathrm{d}y$$

$$=\frac{1}{2}\int_0^{2\pi}\mathrm{d}\theta\int_0^1(1-r^4)r\mathrm{d}r=\frac{\pi}{3}.\ \text{故}\ \bar{z}=\frac{\iiint\limits_{\Omega}z\mathrm{d}x\mathrm{d}y\mathrm{d}z}{\iiint\limits_{\Omega}\mathrm{d}x\mathrm{d}y\mathrm{d}z}=\frac{2}{3}.$$

【例 11.24】 设有一半径为 R 的球体，P_0 是该球表面的一个定点，球体上任一点处的密度与该点到点 P_0 的距离的平方成正比（比例常数 $k>0$）．求球体的重心位置．

【解】 记球体为 Ω，以球心为原点，射线 OP_0 为 x 轴正向建立直角坐标系，则 P_0 的坐标为 $(R,\ 0,\ 0)$，球面方程为 $x^2+y^2+z^2=R^2$，球体上任一点处的密度为 $k[(x-R)^2+y^2+z^2]$．设 Ω 的重心为 $(\bar{x},\ \bar{y},\ \bar{z})$，由对称性知

$$\bar{y}=\bar{z}=0,\ \bar{x}=\frac{\iiint\limits_{\Omega}xk[(x-R)^2+y^2+z^2]\mathrm{d}v}{\iiint\limits_{\Omega}k[(x-R)^2+y^2+z^2]\mathrm{d}v},$$

其中，$\iiint\limits_{\Omega}[(x-R)^2+y^2+z^2]\mathrm{d}v=\iiint\limits_{\Omega}(x^2+y^2+z^2)\mathrm{d}v+R^2\iiint\limits_{\Omega}\mathrm{d}V-2R\iiint\limits_{\Omega}x\mathrm{d}v$

（其中 $\iiint\limits_{\Omega}x\mathrm{d}v$ 根据对称性知 $\iiint\limits_{\Omega}x\mathrm{d}v=0$）

$$=\int_0^{2\pi}\mathrm{d}\theta\int_0^{\pi}\mathrm{d}\varphi\int_0^R r^2\cdot r^2\sin\varphi\mathrm{d}r+\frac{4}{3}\pi R^5-0=\frac{32}{15}\pi R^5.$$

$$\iiint\limits_{\Omega}x[(x-R)^2+y^2+z^2]\mathrm{d}v=\iiint\limits_{\Omega}x(x^2+y^2+z^2+R^2)\mathrm{d}v-2R\iiint\limits_{\Omega}x^2\mathrm{d}v$$

$$=0-\frac{2}{3}R\iiint\limits_{\Omega}(x^2+y^2+z^2)\mathrm{d}v=-\frac{2}{3}R\cdot\frac{4}{5}\pi R^6=\frac{8}{-15}\pi R^6$$

（其中 $x(x^2+y^2+z^2+R^2)$ 关于 x 为奇函数，$\iiint\limits_{\Omega}x(x^2+y^2+z^2+R^2)\mathrm{d}v=0$）

故 $\bar{x}=\dfrac{-\dfrac{8}{15}\pi R^6}{\dfrac{32}{15}\pi R^5}=-\dfrac{R}{4}$，故球体的重心为 $\left(-\dfrac{R}{4},0,0\right)$．

注 记住 $\iiint\limits_{x^2+y^2+z^2\leqslant R^2}(x^2+y^2+z^2)\mathrm{d}v=\int_0^{2\pi}\mathrm{d}\theta\int_0^{\pi}\mathrm{d}\varphi\int_0^R r^2\cdot r^2\sin\varphi\mathrm{d}r=\frac{4}{5}\pi R^5$ 这个结果．

【例 11.25】 求密度为常数 ρ，底面半径为 R，高为 l 的均匀圆柱对其轴线的转动惯量．

【解】 取底心为原点，轴线为 z 轴，于是所给柱体由圆柱面 $x^2+y^2=R^2$ 及平面 $z=0$，$z=l$ 围成，故它对 z 轴的转动惯量为

$$I_z = \iiint\limits_{\Omega}(x^2 + y^2)\rho\mathrm{d}\upsilon = \rho\int_0^{2\pi}\mathrm{d}\theta\int_0^R r^3\,\mathrm{d}r\int_0^l\mathrm{d}z = \frac{\pi}{2}\rho lR^4.$$

【**例 11.26**】由平面图形 $1\leqslant x\leqslant 2$，$0\leqslant y\leqslant\sqrt{x}$ 绕 x 轴旋转生成旋转体 Ω，其密度 $\rho(x,\ y,\ z)=1$，求该旋转体 Ω 对 x 轴的转动惯量.

【**解**】由图 11 - 34 所示，有

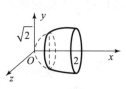

图 11 - 34

$$\begin{aligned}I_x &= \iiint\limits_{\Omega}(y^2 + z^2)\rho(x,y,z)\mathrm{d}\upsilon\\ &= \int_1^2\mathrm{d}x\iint\limits_{D_{yz}}(y^2 + z^2)\cdot 1\mathrm{d}y\mathrm{d}z\\ &= \int_1^2\mathrm{d}x\int_0^{2\pi}\mathrm{d}\theta\int_0^{\sqrt{x}}r^2\cdot r\mathrm{d}r\\ &= 2\pi\int_1^2\frac{1}{4}\left(\sqrt{x}\right)^4\mathrm{d}x = \frac{7\pi}{6}.\end{aligned}$$

【**例 11.27**】设有一段均匀圆柱面 Σ：$x^2 + y^2 = 1(0\leqslant z\leqslant 2)$，其面密度 $\rho=1$，G 为引力常系数，求该段圆柱面 Σ 对原点处单位质点的引力.

【**解**】这是一道有相当计算量的大题，是数学一考试的重点.

先由对称性，立即得出该段圆柱面对质点的引力的 x，y 分量 $F_x = F_y = 0$. 对于 z 分量 F_z，由于 $\rho=1$，$m=1$，根据公式，即得

$$F_z = Gm\iint\limits_{\Sigma}\frac{\rho(x,y,z)(z - z_0)}{\left[(x - x_0)^2 + (y - y_0)^2 + (z - z_0)^2\right]^{\frac{3}{2}}}\mathrm{d}S = G\iint\limits_{\Sigma}\frac{z}{(x^2 + y^2 + z^2)^{\frac{3}{2}}}\mathrm{d}S.$$

将该曲面积分投影到 yOz 面，得投影区域 $D_{yz} = \{(y,\ z)\mid -1\leqslant y\leqslant 1,\ 0\leqslant z\leqslant 2\}$. 投影有重合，故分为前后两个半曲面计算，又由对称性，计算前半曲面即可. 写出前半曲面 Σ_1 的方程 $x = \sqrt{1 - y^2}$，$(y,\ z)\in D_{yz}$，则 $\dfrac{\partial x}{\partial y} = -\dfrac{y}{x}$，$\dfrac{\partial x}{\partial z} = 0$，$\sqrt{1 + \left(\dfrac{\partial x}{\partial y}\right)^2 + \left(\dfrac{\partial x}{\partial z}\right)^2} = \dfrac{1}{\sqrt{1 - y^2}}$，

$$\begin{aligned}\text{于是}\ F_z &= G\iint\limits_{\Sigma}\frac{z}{(x^2 + y^2 + z^2)^{\frac{3}{2}}}\mathrm{d}S = 2G\iint\limits_{\Sigma_1}\frac{z}{(x^2 + y^2 + z^2)^{\frac{3}{2}}}\mathrm{d}S\\ &= 2G\iint\limits_{D_{yz}}\frac{z}{(x^2 + y^2 + z^2)^{\frac{3}{2}}}\sqrt{1 + \left(\frac{\partial x}{\partial y}\right)^2 + \left(\frac{\partial x}{\partial z}\right)^2}\mathrm{d}y\mathrm{d}z\\ &= 2G\iint\limits_{D_{yz}}\frac{z}{(1 + z^2)^{\frac{3}{2}}}\frac{1}{\sqrt{1 - y^2}}\mathrm{d}y\mathrm{d}z = 2G\int_0^2\frac{z}{(1 + z^2)^{\frac{3}{2}}}\mathrm{d}z\int_{-1}^1\frac{\mathrm{d}y}{\sqrt{1 - y^2}}\\ &= 2G\left(-\frac{1}{\sqrt{1 + z^2}}\bigg|_0^2\right)\cdot 2\arcsin y\bigg|_0^1 = 2G\pi\left(1 - \frac{1}{\sqrt{1 + 2^2}}\right) = 2\left(1 - \frac{1}{\sqrt{5}}\right)G\pi.\end{aligned}$$

于是引力 $F = \left(0,\ 0,\ 2\left(1 - \dfrac{1}{\sqrt{5}}\right)G\pi\right)$.

【**例 11.28**】设平面薄片所占的区域 D 由抛物线 $y = x^2$ 及直线 $y = x$ 所围成，它在 $(x,\ y)$ 处的密度 $\rho(x,\ y) = x^2 y$，求此薄片的重心.

【**解**】设此薄片的重心为 $(\bar{x},\ \bar{y})$，则

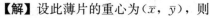

$$\bar{x} = \frac{\iint\limits_{D}x\rho(x,\ y)\mathrm{d}\sigma}{\iint\limits_{D}\rho(x,\ y)\mathrm{d}\sigma} = \frac{\int_0^1\mathrm{d}x\int_{x^2}^x x^3 y\mathrm{d}y}{\int_0^1\mathrm{d}x\int_{x^2}^x x^2 y\mathrm{d}y} = \frac{\dfrac{1}{48}}{\dfrac{1}{35}} = \frac{35}{48},$$

$$\bar{y} = \frac{\iint\limits_{D} y\rho(x, y)\mathrm{d}\sigma}{\iint\limits_{D} \rho(x, y)\mathrm{d}\sigma} = \frac{\int_0^1 \mathrm{d}x \int_{x^2}^x x^2 y^2 \mathrm{d}y}{\frac{1}{35}} = \frac{\frac{1}{54}}{\frac{1}{35}} = \frac{35}{54}.$$

【例 11.29】 设半球体 Ω_1：$0 \leqslant z \leqslant \sqrt{1-x^2-y^2}$，密度为 1，现在其底面接上一个同质柱体 Ω_2：$-h \leqslant z < 0$，$x^2 + y^2 \leqslant 1 (h>0)$，试确定 h，使整个物体 $\Omega = \Omega_1 + \Omega_2$ 的质心恰好在半球的球心处．

【解】 设整个物体 Ω 的质心为 $(\bar{x}, \bar{y}, \bar{z})$，由对称性得 $\bar{x} = 0$，$\bar{y} = 0$，而 $\bar{z} = \dfrac{\iiint\limits_{\Omega} \rho z \mathrm{d}v}{\iiint\limits_{\Omega} \rho \mathrm{d}v}$，根据题设

要求 $\bar{z} = 0$，即 $\iiint\limits_{\Omega} \rho z \mathrm{d}v = \iiint\limits_{\Omega} z \mathrm{d}v = 0$ 即可．

$$\begin{aligned}
\iiint\limits_{\Omega} z \mathrm{d}v &= \int_{-h}^0 \mathrm{d}z \iint\limits_{x^2+y^2 \leqslant 1} z \mathrm{d}x\mathrm{d}y + \int_0^1 z \mathrm{d}z \iint\limits_{x^2+y^2 \leqslant 1-z^2} \mathrm{d}x\mathrm{d}y \\
&= \int_{-h}^0 z \mathrm{d}z \iint\limits_{x^2+y^2 \leqslant 1} 1 \mathrm{d}x\mathrm{d}y + \int_0^1 z \mathrm{d}z \iint\limits_{x^2+y^2 \leqslant 1-z^2} 1 \mathrm{d}x\mathrm{d}y \\
&= \pi \int_{-h}^0 z \mathrm{d}z + \pi \int_0^1 z(1-z^2) \mathrm{d}z \\
&= -\frac{\pi}{2} h^2 + \pi\left(\frac{1}{2} - \frac{1}{4}\right) = -\frac{\pi}{2} h^2 + \frac{1}{4}\pi,
\end{aligned}$$

由 $\iiint\limits_{\Omega} z \mathrm{d}v = 0$，得 $h = \dfrac{\sqrt{2}}{2}$．于是，当 $h = \dfrac{\sqrt{2}}{2}$ 时，整个物体的质心恰好在半球的球心处．

【例 11.30】 设有一高度为 $h(t)$（t 为时间）的雪堆在融化过程中，其侧面满足方程 $z = h(t) - \dfrac{2(x^2+y^2)}{h(t)}$（设长度单位为厘米，时间单位为小时），雪堆体积减小的速率与侧面积成正比（比例系数 0.9），问高度为 130（厘米）的雪堆全部融化需多少小时？

【解】 记 V 为雪堆体积，S 为雪堆的侧面积，则

$$V = \int_0^{h(t)} \mathrm{d}z \iint\limits_{x^2+y^2 \leqslant \frac{1}{2}[h^2(t)-h(t)z]} \mathrm{d}x\mathrm{d}y = \int_0^{h(t)} \frac{1}{2}\pi[h^2(t) - h(t)z]\mathrm{d}z = \frac{\pi}{4} h^3(t),$$

$$\begin{aligned}
S &= \iint\limits_{x^2+y^2 \leqslant \frac{h^2(t)}{2}} \sqrt{1 + (z_x')^2 + (z_y')^2}\, \mathrm{d}x\mathrm{d}y \\
&= \iint\limits_{x^2+y^2 \leqslant \frac{h^2(t)}{2}} \sqrt{1 + \frac{16(x^2+y^2)}{h^2(t)}}\, \mathrm{d}x\mathrm{d}y = \frac{2\pi}{h(t)} \int_0^{\frac{h(t)}{\sqrt{2}}} [h^2(t) + 16r^2]^{\frac{1}{2}} r \mathrm{d}r \\
&= \frac{13\pi h^2(t)}{12}.
\end{aligned}$$

由题意知 $\dfrac{\mathrm{d}V}{\mathrm{d}t} = -0.9S$，所以 $\dfrac{\mathrm{d}h(t)}{\mathrm{d}t} = -\dfrac{13}{10}$，因此 $h(t) = -\dfrac{13}{10}t + C$．由 $h(0) = 130$ 得

$h(t) = -\dfrac{13}{10}t + 130$．令 $h(t) \to 0$，得 $t = 100$（小时）．因此高度为 130 厘米的雪堆全部融化所需时间为 100 小时．

第 12 章　曲线、曲面积分

【导言】

　　欢迎同学们来到曲线、曲面积分，这部分内容对很多同学来讲还是很混乱的，究其原因，概念不清楚，计算功底不深厚，而且很多老师在这部分讲解的时候也是一带而过，给同学们一句：这个和我们前面学习的积分学类似，你们算去吧！真的简单到不必赘述的程度吗？经过笔者多年考研数学的研究，这部分对学生来讲难度还是存在的．请学生谨记，"概念不牢，地动山摇"，并引以为戒．而且，值得高兴的是，细细算完本章的内容，你会认为，这才是真正的数学－微积分，前面的那些真是太小儿科了．自会乐在其中，那种成就的幸福感和充实感是用语言无法形容的，加油吧！精准而优雅，是这部分对于你们的所有要求．

　　备考本章重在计算，常以解答题的形式考查，属于必考题，10 分．不过本章计算量大，在进行计算前应考虑化简减少计算量．

【考试要求】

考试要求	科目	考 试 内 容
了解	数学一	对面积的曲面积分的概念，对坐标的曲面积分的概念、性质
理解	数学一	对弧长的曲面积分的概念、性质，对坐标的曲线积分的概念、性质
会	数学一	对弧长曲线积分的计算方法，对坐标的曲线积分的计算方法，平面上曲线积分与路径无关的条件
掌握	数学一	格林公式、高斯公式的内涵外延，利用高斯公式计算曲面积分

【知识网络图】

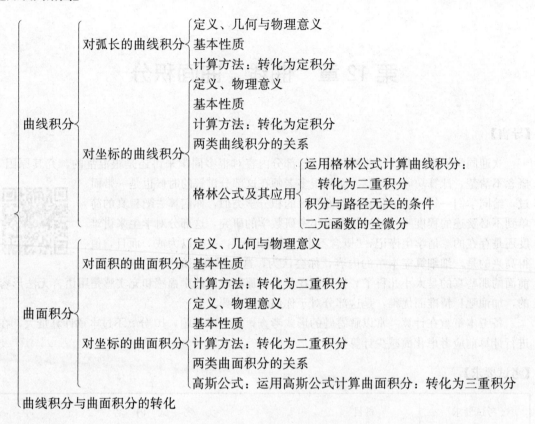

【内容精讲】

12.1　曲线曲面概况

这一章知识在本科学习的时候，很多同学感到恐惧，究其原因，计算量大，概念间的区别与联系没有把握好，所以越学越糊涂，这里简要地先给个曲线曲面的概况，建立一种直观的概念印象，然后咱们再去学习其中的细节.

12.1.1　曲线曲面积分的初步印象

表 12 - 1

积分类型	几何定义域	能否用定义域函数替代积分函数	经典积分符号样式
定积分	直线段	不能	$\int, \int_a^b f(x)\mathrm{d}x$
二重积分	平面闭区域	不能	$\iint_D, \iint_{x^2+y^2\leqslant 1} f(x,\ y)\mathrm{d}x\mathrm{d}y$
三重积分	空间有界闭区域	不能	$\iiint_\Omega, \iiint_{x^2+y^2+z^2\leqslant 1} f(x,\ y,\ z)\mathrm{d}x\mathrm{d}y\mathrm{d}z$

续表

积分类型	几何定义域	能否用定义域函数替代积分函数	经典积分符号样式
曲线积分	曲线段上	可以	$\int_L, \int_L f(x, y)\mathrm{d}s, \int_L P(x, y)\mathrm{d}x + Q(x, y)\mathrm{d}y$
曲面积分	曲面块上	可以	$\iint_\Sigma, \iint_\Sigma f(x, y, z)\mathrm{d}S$ $\iint_\Sigma (x^2 + y^2 + z^2)\mathrm{d}S$ $\iint_\Sigma \vec{F} \cdot \vec{\mathrm{d}s} = \iint_\Sigma P\mathrm{d}y\mathrm{d}z + Q\mathrm{d}y\mathrm{d}z + R\mathrm{d}x\mathrm{d}y$

表 12 - 2

大类	积分域	积分微元	物理背景	经典积分符号样式
第一类 （无方向）	曲线	弧长微元	变密度曲线求质量	$\int_L f(x, y)\mathrm{d}s$
	曲面	面积微元	变密度曲面求质量	$\iint_\Sigma f(x, y, z)\mathrm{d}s$
第二类 （有方向）	曲线	$\vec{F} \cdot \vec{\mathrm{d}s}$	变力沿曲线做功	$\int_L \vec{F}(x, y, z)\vec{\mathrm{d}s} =$ $\int_L P(x, y, z)\mathrm{d}x + Q(x, y, z)\mathrm{d}y$ $+ R(x, y, z)\mathrm{d}z$
	曲面	$\vec{F} \cdot \vec{\mathrm{d}s}$	流量	$\iint_\Sigma \vec{F} \cdot \vec{\mathrm{d}s} = \iint_\Sigma P\mathrm{d}y\mathrm{d}z + Q\mathrm{d}y\mathrm{d}z + R\mathrm{d}x\mathrm{d}y$

曲线 L，曲面 Σ 都可往被积函数中代入，以简化计算．

这张表并不是要求你现在就能看懂的，只是建立一些初步的印象，比如对弧长积分、对面积积分，是不是有方向，二者之间有没有联系（只需知道有或者无，到这里还不需要知道联系是什么，如果您的基础比较好，那你可以一次性全掌握）

12.1.2　曲线、曲面积分的基本知识储备

12.1.2.1　平面区域 D 的边界曲线 L 的正向

定义 12.1.2.1.1　对平面区域 D 的边界曲线 C，我们规定 C 的正向如下：当观察者沿曲线 C 在如图 12-1 所示，逆时针这个方向行走时，区域 D 总在他的左侧；反之，顺时针行走时，区域 D 总在他的右侧时，称曲线 C 的这个方向是负向的．

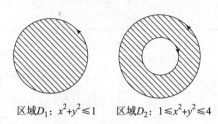

区域D_1：$x^2+y^2\leqslant 1$ 　　　区域D_2：$1\leqslant x^2+y^2\leqslant 4$

图 12 - 1

D_1 的边界曲线正向是逆时针方向；D_2 的边界曲线正向：外围是逆时针方向，内围是顺时针方向．（更标准的说法是，我们沿着区域边界线行走时，左手在 D 内，即为正向．想象一下田径比赛怎么跑的呢?）

12. 1. 2. 2　曲面的侧与有向曲面

通常遇到的曲面都是双侧的．例如，旋转抛物面 $z=x^2+y^2$ 有上侧与下侧之分，yOz 平面有前侧与后侧之分，球面有外侧与内侧之分．以后我们总假定所考虑的曲面是双侧的．

数学上可以通过曲面上法向量的指向来确定曲面的侧．例如，对于曲面 $z=z(x,y)$，如果取它的法向量 $\vec{n}$ 的指向朝上，我们就认为取定曲面的上侧，反之，即为下侧；又如，对于闭曲面如果取它的法向量的指向朝外，我们就认为取定曲面的外侧，这种取定了法向量亦即选定了侧的曲面，就称为有向曲面．

注 通常我们遇到的曲面都是双侧曲面，莫比乌斯带是单侧曲面典型的例子（将长方形的纸条一端扭转 $180°$，再与另一端粘合，就形成这个单侧曲面，如图 12-2 所示，本章仅讨论双侧曲面．

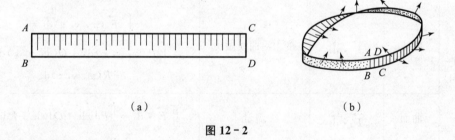

　　　　　（a）　　　　　　　　　　　　　　　　（b）

图 12 - 2

首先，规定曲面法向量的指向为曲面的正向，具体如下：

(1) 对于封闭曲面，规定指向外侧的法向量方向为曲面的正向．

(2) 对于开曲面，当 $z=z(x,y)$，$(x,y)\in D_{xy}$ 时，规定 上侧为正，其正向的法向量为 $\vec{n}=\{-z'_x,\ -z'_y,\ 1\}$，先说下这个法向量怎么算的，因为之前发现好多学生在这里糊涂了，我们回忆一下多元微分学的几何应用见表 12-3.

表 12 - 3

空间曲线	切线（向量），法平面
空间曲面	切平面，法线（向量）

这里是空间曲面求法向量，原函数是不是可以表示成 $F(x,\ y,\ z)=z(x,\ y)-z=0$，求

得的法向量 $\vec{n} = \{F'_x,\ F'_y,\ F'_z\} = \{z'_x,\ z'_y,\ -1\}$，但是题目规定上侧为正，那么就是统一加个负号不就满足要求了嘛，也即 $\{-z_x,\ -z_y,\ 1\}$，或者你在表示函数的时候直接写成 $F(x,\ y,\ z) = z - z(x,\ y)$ 也可以得到同样的结果.

此时，$\cos\gamma = \dfrac{\vec{n}\cdot\vec{k}}{|\vec{n}|\,|\vec{k}|} = \dfrac{1}{\sqrt{1+z'^2_x+z'^2_y}} > 0$，即法向量正向与 z 轴正向的夹角 γ 为锐角. 当 $y = y(z,\ x)$，$(z,\ x) \in D_{zx}$ 时，规定右侧为正，其正向的法向量为 $\vec{n} = \{-y_x,\ 1,\ -y_z\}$，此时，$\cos\beta = \dfrac{\vec{n}\cdot\vec{j}}{|\vec{n}|\,|\vec{j}|} = \dfrac{1}{\sqrt{1+y^2_x+y^2_z}} > 0$，法向量正向与 y 轴正向的夹角 β 为锐角.

当 $x = x(y,\ z)$，$(y,\ z) \in D_{yz}$ 时，规定前侧为正，其正向的法向量为 $\vec{n} = \{1,\ -x_y,\ -x_z\}$，此时 $\cos\alpha = \dfrac{\vec{n}\cdot\vec{i}}{|\vec{n}|\,|\vec{i}|} = \dfrac{1}{\sqrt{1+x^2_y+x^2_z}} > 0$ 法向量正向与 x 轴正向的夹角 α 为锐角.

总结起来就是，上侧即法向量沿 z 方向分量为正，前侧即法向量沿 x 方向分量为正，右侧即法向量沿 y 方向分量为正.

因为曲面曲线积分在工科类中有非常实际的应用背景，属于服务于生产力发展而构造出来的积分种类，当然了也可以理解为定积分的推广，所以这一块概念相对于计算的准确度来说，还是以能准确快速的计算为主. 反正与考试相关的概念和计算我们接下来都会讲，您需要精心跟着来学哈.

正如之前所说，凡是由积分为基础建立起来的理论都是有什么线性啦，可加性啦. 同时因为第一类曲线曲面积分和方向无关，所以还有保号性、估值定理、中值定理等等，但是这些都不常考，考的话你就往定积分这些性质上靠拢，美其名曰考查大家的推理能力，实际上可以断定哈，这些考的概率非常非常小，因为目前学的这些都可以称之为应用了，既然是应用那就是看这个概念本身的物理和几何意义，怎么算啦，什么时候采用这个方法算，什么时候采用那个方法算，重在用. 所以我想命题老师肯定不会违背考研数学学科考查本质，出一个我们从来用不到的东西考一考.

12.2 第一型曲线积分

12.2.1 定义

第一型曲线积分的几何物理背景：我们学习过了定积分，相当于求一个曲边梯形的面积，下面呢，我们对问题进行升级，如果积分线段变成平面内的或空间内的一条曲线，相当于求隔壁老王家菜园子篱笆的面积（篱笆扎在土里的边界线是曲线），其实就是把平面的底变成曲线，这时候的积分其实就是第一型的曲线积分；另一方面，其物理意义可以理解为求一个线性零件的质量.

设 L 为 xOy 面上的分段光滑曲线弧段，$f(x,\ y)$ 为定义在 L 上的有界函数，则 $f(x,\ y)$ 在 L 上对弧长的线积分为 $\displaystyle\int_L f(x,\ y)\mathrm{d}s = \lim_{\lambda\to 0}\sum_{i=1}^{n} f(\xi_i,\ \eta_i)\Delta s_i$

其中 Δs_i 表示第 i 段小弧段长度，$\lambda = \max\limits_{1\leqslant i\leqslant n}\Delta s_i$，如果 $f(x,\ y)$ 在 L 上连续，则 $\displaystyle\int_L f(x,\ y)\mathrm{d}s$ 存在. 这里 Δs_i 表示弧长，求长度而不是位移，故 $\Delta s_i > 0$.

12.2.2 性质

由于第一型曲线积分是弧长的积分，即 $ds>0$. 故无方向，只是弧段上的积分，所以与积分路径方向无关，即 $\int_{L(\widehat{AB})} f(x,\,y)\,ds = \int_{L(\widehat{BA})} f(x,\,y)\,ds$，同时有积分区域和被积函数的可加性，这个结合几何与物理意义也不难理解．

12.2.3 计算

12.2.3.1 直接法

第一型曲线积分的微元是弧长微元，这个在定积分的应用部分做过详细的推导，即根据高等数学以曲代直的思想，当 dx，dy 均趋向于无穷小时，$ds=\sqrt{(dx)^2+(dy)^2}$，即

（1）若平面曲线 L 由 $y=y(x)\,(a\leqslant x\leqslant b)$ 给出，则

$$ds=\sqrt{(dx)^2+(dy)^2}=\sqrt{1+\left(\frac{dy}{dx}\right)^2}\,dx=\sqrt{1+[y'(x)]^2}\,dx,\ 且$$

$$\int_L f(x,\,y)\,dx = \int_a^b f[x,\,y(x)]\sqrt{1+[y'(x)]^2}\,dx.$$

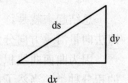

（2）若平面曲线 L 由参数式 $\begin{cases} x=x(t),\\ y=y(t) \end{cases}(\alpha\leqslant t\leqslant\beta)$ 给出，则

$$ds=\sqrt{(dx)^2+(dy)^2}=\sqrt{\left(\frac{dx}{dt}\right)^2+\left(\frac{dy}{dt}\right)^2}\,dt=\sqrt{[x'(t)]^2+[y'(t)]^2}\,dt,\ 且$$

$$\int_L f(x,\,y)\,dx = \int_\alpha^\beta f[x(t),\,y(t)]\sqrt{[x'(t)]^2+[y'(t)]^2}\,dt,$$

$\because ds>0,\ \therefore dt>0$，$t$ 下限小，上限大．

（3）若平面曲线 L 由 $L:r=r(\theta)\,(\alpha\leqslant\theta\leqslant\beta)$ 给出，则

$$ds=\sqrt{(dx)^2+(dy)^2}=\sqrt{\left(\frac{dx}{d\theta}\right)^2+\left(\frac{dy}{d\theta}\right)^2}\,d\theta$$

$$=\sqrt{\left(\frac{d[r(\theta)\cos\theta]}{d\theta}\right)^2+\left(\frac{d[r(\theta)\sin\theta]}{d\theta}\right)^2}\,d\theta=\sqrt{[r(\theta)]^2+[r'(\theta)]^2}\,d\theta$$

$\because ds>0,\ \therefore d\theta>0$

下限小，上限大．

推广：若曲线 Γ 的方程为：$x=x(t)$，$y=y(t)$，$z=z(t)\,(\alpha\leqslant t\leqslant\beta)$，则

$$\int_\Gamma f(x,\,y,\,z)\,ds = \int_\alpha^\beta f[x(t),\,y(t),\,z(t)]\sqrt{x'^2(t)+y'^2(t)+z'^2(t)}\,dt,$$

这里的 t 可以是 x 自己，也可以是 t，还可以是极坐标中的 θ．

计算方法与步骤：

（1）画出积分路线图形．

（2）写出积分曲线 L 的参数方程：$\begin{cases} x=x(t)\\ y=y(t) \end{cases}(\alpha\leqslant t\leqslant\beta)$．

（3）利用代换将其化为定积分：

①将曲线 L 参数方程 $\begin{cases} x=x(t)\\ y=y(t) \end{cases}$ 代入被积函数．

②弧长元素 $ds = \sqrt{x'^2(t) + y'^2(t)}\, dt$.

③积分曲线 L 上的曲线积分转化为定积分，即

$$\int_L f(x, y)\, ds = \int_a^\beta f(x(t), y(t)) \sqrt{x'^2(t) + y'^2(t)}\, dt.$$

注　求解过程："一代、二换、三定限"；上限＞下限.

边界方程代入被积函数（由于被积函数就定义在边界方程上，所以可以把边界方程的表达式代入到被积函数中，从而达到简化计算的目的）.

12.2.3.2　利用奇偶性和对称性

表 12－4　　　　　　　　　　　第 I 型曲线积分的对称性

对称轴（中心）	函数的特点	积分的值	说　明
y 轴 $(x=0)$	$f(-x, y) = -f(x, y)$	$\displaystyle\int_L f(x, y)\, ds = 0$	L 关于 y 轴对称的部分弧； $L_1 = \{(x, y) \mid (x, y) \in L,\ x \geqslant 0\}$
	$f(-x, y) = f(x, y)$	$\displaystyle\int_L f(x, y)\, ds$ $= 2\displaystyle\int_{L_1} f(x, y)\, ds$	
x 轴 $(y=0)$	$f(x, -y) = -f(x, y)$	$\displaystyle\int_L f(x, y)\, ds = 0$	L 关于 x 轴对称的部分弧； $L_2 = \{(x, y) \mid (x, y) \in L,\ y \geqslant 0\}$
	$f(x, -y) = f(x, y)$	$\displaystyle\int_L f(x, y)\, ds$ $= 2\displaystyle\int_{L_2} f(x, y)\, ds$	
原点	$f(-x, -y) = -f(x, y)$	$\displaystyle\int_L f(x, y)\, ds = 0$	L 关于原点对称的部分弧； $L_3 = \{(x, y) \mid (x, y) \in L,\ x \geqslant 0;\ y \geqslant 0\}$
	$f(-x, -y) = f(x, y)$	$\displaystyle\int_L f(x, y)\, ds$ $= 2\displaystyle\int_{L_3} f(x, y)\, ds$	

轮换对称性：若把 x 与 y 对调后，Γ 不变，则 $\displaystyle\int_\Gamma f(x, y, z)\, ds = \int_\Gamma f(y, x, z)\, ds$，这就是轮换对称性，具体见下面的【例 12.1】.

【例 12.1】 计算 $I = \displaystyle\oint_\Gamma \left[(x+2)^2 + (y-3)^2 \right] ds$，其中

$$\Gamma: \begin{cases} x^2 + y^2 + z^2 = a^2 \\ x + y + z = 0 \end{cases} \quad (a > 0).$$

【解】 将被积函数展开，得

$$I = \oint_\Gamma (x^2 + y^2 + 4x - 6y + 13)\, ds = \oint_\Gamma (x^2 + y^2)\, ds + \oint_\Gamma (4x - 6y)\, ds + \oint_\Gamma 13\, ds$$

下面分为三个部分来计算：

(1) 计算 $\displaystyle\oint_\Gamma (x^2 + y^2)\, ds$.

曲线 Γ 为平面 $x+y+z=0$ 在球面 $x^2+y^2+z^2=a^2$ 上所截的大圆，半径为 a，故其周长为 $2\pi a$. 由轮换对称性，有 $\oint_{\Gamma}x^2\mathrm{d}s=\oint_{\Gamma}y^2\mathrm{d}s=\oint_{\Gamma}z^2\mathrm{d}s$，则

$$\oint_{\Gamma}(x^2+y^2)\mathrm{d}s=\frac{2}{3}\oint_{\Gamma}(x^2+y^2+z^2)\mathrm{d}s=\frac{2}{3}a^2\cdot2\pi a=\frac{4}{3}\pi a^3.$$

(2) 计算 $\oint_{\Gamma}(4x-6y)\mathrm{d}s$.

有两种思路可以解决这个积分.

思路一：由于 Γ 的圆心在原点，所以 $\bar{x}=\bar{y}=0$，用形心公式得

$$\oint_{\Gamma}(4x-6y)\mathrm{d}s=4\cdot\bar{x}\cdot l-6\bar{y}\cdot l=0;$$

思路二：用对称性也能解决问题，由于 $\oint_{\Gamma}x\mathrm{d}s=\oint_{\Gamma}y\mathrm{d}s=\oint_{\Gamma}z\mathrm{d}s$，则

$$\oint_{\Gamma}x\mathrm{d}s=\frac{1}{3}\oint_{\Gamma}(x+y+z)\mathrm{d}s=0.$$

(3) 计算 $\oint_{\Gamma}13\mathrm{d}s$. $\oint_{\Gamma}13\mathrm{d}s=13\oint_{\Gamma}\mathrm{d}s=13\cdot2\pi a$.

故 $I=\dfrac{4}{3}\pi a^3+0+13\cdot2\pi a=\dfrac{4}{3}\pi a^3+26\pi a$.

注 (1) 如将曲线改为 Γ_1：$\begin{cases}x^2+y^2+z^2=a^2\\x+y+z=a\end{cases}$ $(a>0)$，则 Γ_1 为平面 $x+y+z=a$ 在球面 $x^2+y^2+z^2=a^2$ 上所截的小圆，求小圆的半径成为关键.

① 球心 $(0,0,0)$ 到平面 $x+y+z=a$ 的距离 $d=\dfrac{a}{\sqrt{3}}\left(d=\dfrac{|Ax_0+By_0+Cz_0+D|}{\sqrt{A^2+B^2+C^2}}\right)$，则 Γ_1 的半径为 $r=\sqrt{a^2-d^2}=\dfrac{\sqrt{6}}{3}a$，故周长为 $2\pi\cdot\dfrac{\sqrt{6}}{3}a=\dfrac{2\sqrt{6}}{3}\pi a$，于是

$$\oint_{\Gamma_1}(x^2+y^2)\mathrm{d}s=\frac{2}{3}\oint_{\Gamma_1}(x^2+y^2+z^2)\mathrm{d}s=\frac{2}{3}a^2\cdot\frac{2\sqrt{6}}{3}\pi a=\frac{4\sqrt{6}}{9}\pi a^3.$$

② 用对称性，由于 $\oint_{\Gamma_1}x\mathrm{d}s=\oint_{\Gamma_1}y\mathrm{d}s=\oint_{\Gamma_1}z\mathrm{d}s$，且 $\oint_{\Gamma_1}(x+y+z)\mathrm{d}s=a\cdot\dfrac{2\sqrt{6}}{3}\pi a$，则

$$\oint_{\Gamma_1}(4x-6y)\mathrm{d}s=4\oint_{\Gamma_1}x\mathrm{d}s-6\oint_{\Gamma_1}y\mathrm{d}s=-2\oint_{\Gamma_1}x\mathrm{d}s=-2\cdot\frac{1}{3}\cdot a\cdot\frac{2\sqrt{6}}{3}\pi a=-\frac{4\sqrt{6}}{9}\pi a^2.$$

③ $\oint_{\Gamma_1}13\mathrm{d}s=13\cdot\dfrac{2\sqrt{6}}{3}\pi a=\dfrac{26\sqrt{6}}{3}\pi a$.

(2) 若将曲线改为 Γ_2：$\begin{cases}x^2+y^2+z^2=a^2\\x+y=0\end{cases}$ $(a>0)$，则曲线 Γ_2 为平面 $x+y=0$（过原点）在球面 $x^2+y^2+z^2=a^2$ 上所截的大圆，半径为 a，故其周长为 $2\pi a$.

① 用形心公式可得出 $\oint_{\Gamma_2}(4x-6y)\mathrm{d}s=4\cdot\bar{x}\cdot l-6\bar{y}\cdot l=0$.

② 由对称性可知 $\oint\limits_{\Gamma_2}(x^2+y^2)\mathrm{d}s=2\oint\limits_{\Gamma_2}x^2\mathrm{d}s$，写出参数方程 $\begin{cases}x=\dfrac{a}{\sqrt{2}}\cos\theta,\\[2mm]y=-\dfrac{a}{\sqrt{2}}\cos\theta,\\[2mm]z=a\sin\theta,\end{cases}$ 因为是闭曲线，故

$0\leqslant\theta\leqslant2\pi$，所以 $\mathrm{d}s=\sqrt{(x')^2+(y')^2+(z')^2}\,\mathrm{d}\theta=a\mathrm{d}\theta$

$$\Rightarrow\oint\limits_{\Gamma_2}x^2\mathrm{d}s=\int_0^{2\pi}\frac{a^2}{2}\cos^2\theta\cdot a\mathrm{d}\theta=\int_0^{2\pi}\frac{a^3}{2}\cdot\frac{1+\cos2\theta}{2}\mathrm{d}\theta=\frac{a^3}{4}\cdot2\pi=\frac{1}{2}a^3\pi.$$

③ $\oint\limits_{\Gamma_2}13\mathrm{d}s=13\cdot2\pi a=26\pi a.$

(3) 形心公式：$\begin{cases}\bar{x}=\dfrac{\displaystyle\int_l x\,\mathrm{d}s}{\displaystyle\int_l \mathrm{d}s}\\[6mm]\bar{y}=\dfrac{\displaystyle\int_l y\,\mathrm{d}s}{\displaystyle\int_l \mathrm{d}s}\end{cases}$

12.3　第一型曲面积分

12.3.1　定义

第一型曲面积分的被积函数 $f(x,y,z)$ 定义在空间曲面 Σ 上，其物理背景是以 $f(x,y,z)$ 为面密度的空间物质曲面的质量，与前面类似，我们可以用"分割、近似、求和、取极限"的方法与步骤写出第一型曲面积分 $\iint\limits_{\Sigma}f(x,y,z)\mathrm{d}S$

如前所述，仅理解到此是不够的，不妨把二重积分和第一型曲面积分放在一起做个对比加深我们对概念的理解.

二重积分定义在"二维平面"上，而第一型曲面积分则是定义在"空间曲面"上设 Σ 为分片光滑曲面片，$f(x,y,z)$ 为定义在 Σ 上的有界函数，$f(x,y,z)$ 在 Σ 上对面积的面积分为 $\iint\limits_{\Sigma}f(x,y,z)\mathrm{d}S=\lim\limits_{\lambda\to\infty}\sum\limits_{i=1}^{n}f(\xi_i,\eta_i,\zeta_i)\Delta S_i,$

其中 ΔS_i 为第 i 个小曲面块的面积，如果 $f(x,y,z)$ 在 Σ 上连续，则 $\iint\limits_{\Sigma}f(x,y,z)\mathrm{d}S$ 存在. 与第一类曲线积分类似，这里 ΔS_i 为曲面面积，故 $\Delta S_i>0.$

12.3.2　性质

这里因为是对曲面面积的积分，即 $\mathrm{d}S>0$，故无方向性，与曲面侧的选取无关，即 $\iint\limits_{\Sigma}f(x,y,z)\mathrm{d}S=\iint\limits_{-\Sigma}f(x,y,z)\mathrm{d}S$，其中 $-\Sigma$ 表示曲面 Σ 的另外一侧.

12.3.3 计算

12.3.3.1 直接法

对面积的曲面积分 $\iint\limits_{\Sigma} f(x, y, z)\mathrm{d}S$，其计算的基本思想是转化为二重积分．为什么可以这么操作呢，是因为这里的积分域是一个面，约束关系是 $z = f(x, y)$，这里和二重积分、三重积分不一样的哦，所以可以直接带进去 $\iint\limits_{\Sigma} f(x, y, f(x, y))\mathrm{d}S$，这不就转化成二重积分的计算了嘛．

下面咱们研究一下这个 $\mathrm{d}S$，因为它是一个面积微元呀，而且空间曲面复杂多变，不好算，如何在一块平坦的面上进行计算呢，很明显，要转化，咱们来研究一下这个转化关系吧．

设空间曲面 S 的方程为 $z = f(x, y)$，它在 xOy 平面的投影区域为 D_{xy}，函数 $f(x, y)$ 在 D_{xy} 上有连续的一阶偏导数 $\dfrac{\partial f}{\partial x}$，$\dfrac{\partial f}{\partial y}$（这样的曲面称为光滑曲面，光滑曲面在每一点处都有切平面），下面求该曲面的面积．

在区域 D_{xy} 上任取一直径很小的区域 $\mathrm{d}\sigma$（符号 $\mathrm{d}\sigma$ 也表示它的面积），在 $\mathrm{d}\sigma$ 上任取一点 $M(x, y)$，对应的曲面 S 上有一点 $P(x, y, f(x, y))$，过点 P 作曲面 S 的切平面，以小区域 $\mathrm{d}\sigma$ 的边界曲线为准线，作母线平行于 z 轴的柱面，该柱面在曲面 S 上截下一小曲面记作 ΔS，该柱面在曲面 S 过 P 点的切平面上截下一小平面记作 $\mathrm{d}S$，如图 12-3 所示．

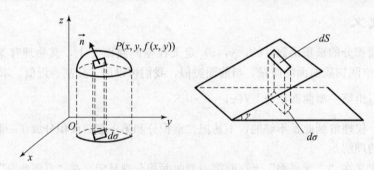

图 12-3

显然，$\mathrm{d}\sigma$ 同时是 ΔS 和 $\mathrm{d}S$ 在 xOy 平面的投影．由于 $\mathrm{d}\sigma$ 直径很小，所以 $\mathrm{d}S \approx \Delta S$．设在点 P 处曲面 S 上的法向量 $\vec{n} = \{-f_x(x, y), -f_y(x, y), 1\}$（指向朝上）与 z 轴所夹的角为 γ，则 $\mathrm{d}S = \dfrac{\mathrm{d}\sigma}{\cos\gamma}$．

为何是除以 $\cos\gamma$ 呢，如果上面不好想象，可以当成 $\mathrm{d}S$ 为三角形的斜边，$\mathrm{d}S$ 和 $\mathrm{d}\sigma$ 的夹角为 γ，这时候由三角形关系就出来了．我们也可以这么理解，两平面的夹角等于各自法线的夹角（或者是夹角的补角），如果规定夹角特指所夹锐角，那么 $\cos\gamma > 0$，xOy 面的法向量为轴，法向量为 $\mathbf{k} = (0, 0, 1)$，平面的法向量为 $\mathbf{n} = (-f_x', -f_y', 1)$，两向量的夹角的余弦为

$$\cos\gamma = \frac{\mathbf{n} \cdot \mathbf{k}}{|\mathbf{n}| \times |\mathbf{k}|} = \frac{1}{\sqrt{f_x'^2 + f_y'^2 + 1}}$$

你可能说一个是面一个是线能一样吗？是一样的，因为面也可以分割成线，只要是一一对

应的（这里前提是假设了 $dS=\Delta S$，不是一个曲面面积和下面具有这种一一对应了，dS 那一小块面积是斜坡平坦式的面积），关系自然是成立的．而且在这里夹角为 γ 也是法向量和 z 轴的夹角，也就是方向余弦里面的那个 $\cos\gamma$，所以由方向余弦的计算公式我们知道 $\cos\gamma=\dfrac{1}{\sqrt{1+f_x'^2(x,\ y)+f_y'^2(x,\ y)}}$ 所以 $dS=\sqrt{1+f_x'^2(x,\ y)+f_y'^2(x,\ y)}d\sigma$ 同时提示一下，

图 12-4（b）是方向余弦角度的示意图，你会疑惑地发现这里的夹角为 γ，得出来的关系似乎是 $dS=\dfrac{d\sigma}{\sin\gamma}$，真的吗？要注意上面的 $dS=\sqrt{1+f_x'^2(x,\ y)+f_y'^2(x,\ y)}d\sigma$ 是由法向量推出来的哈，知道了法向量后，归一化处理得到的方向余弦，而 $dS=\dfrac{d\sigma}{\sin\gamma}$ 是空间直线方向向量的方向余弦，两者不同呢．如果曲面 S 的方程为 $x=g(y,\ z)$ 或 $y=h(z,\ x)$，则可将曲面投影到 yOz 面和 zOx 面，相应地有曲面的面积公式

$$S=\iint\limits_{D_{yz}}\sqrt{1+g_y'^2(y,\ z)+g_z'^2(y,\ z)}\,dydz \text{ 和 } S=\iint\limits_{D_{zx}}\sqrt{1+h_z'^2(z,\ x)+h_x'^2(z,\ x)}\,dzdx,$$

其中 D_{yz}，D_{zx} 分别为曲面在 yOz 和 zOx 面上的投影区域．

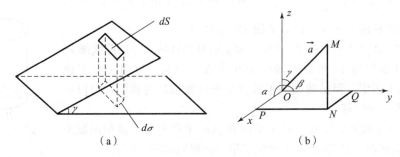

图 12-4

经过刚刚的推导我们可以得出：第一类曲面积分的计算，首先要画出积分区域的图形，观察是否可以应用对称性定理简化，再按照口诀"一代二换三投影"的步骤来计算．此口诀的含义如下：

"一代"是指将 Σ 的方程代替被积函数中的某一变量，如果没有不代换．

"二换"是指将 dS（曲面的面积元素）换成投影面上的直角坐标系中的面积元素．

"三投影"是指将积分曲面 Σ 投向使投影面积非零的坐标面，在此区域上计算二重积分．

由于 $dS>0$，而 $dS=\sqrt{1+f_x'^2+f_y'^2}\,dxdy$，故 $dxdy>0$．实际上，$dxdy$ 为 xOy 的面积微元．本身是正的，但我们要求 $dx>0$，且 $dy>0$ 不可同为负，故 x 的下限小上限大，y 的下限小上限大．

【例 12.2】计算曲面积分 $I=\iint\limits_{\Sigma}zdS$，其中 Σ 为锥面 $z=\sqrt{x^2+y^2}$ 在柱体 $x^2+y^2\leqslant 2x$ 内的部分．

【分析】Σ 在 xOy 面上的投影区域比较规范，故将曲面积分转化为 xOy 面上二重积分比较方便．

【解】"一代"曲面方程 Σ：$z=\sqrt{x^2+y^2}$；

"二换"面积元素 $dS=\sqrt{1+z_x'^2+z_y'^2}\,dxdy=\sqrt{2}dxdy$；

"三投影" Σ 在 xOy 面上的投影区域为 D：$x^2+y^2\leqslant 2x$．

于是，有 $I = \iint\limits_{\Sigma} z \mathrm{d}S = \iint\limits_{D} \sqrt{x^2+y^2}\sqrt{2}\mathrm{d}x\mathrm{d}y \xrightarrow{\text{直角坐标转化为极坐标}} \sqrt{2}\int_{-\frac{\pi}{4}}^{\frac{\pi}{4}}\mathrm{d}\theta \int_0^{2\cos\theta}\rho^2\mathrm{d}\rho = \frac{32}{9}\sqrt{2}$.

注 由积分曲面的形状来决定曲面向哪个坐标面（如 xOy 面）投影，然后将曲面方程改写为该坐标面上的显函数（如 $z=f(x,y)$），最后由此曲面方程表达面积元素（如 $\mathrm{d}S = \sqrt{1+f_x'^2+f_y'^2}\mathrm{d}x\mathrm{d}y$）.

12.3.3.2 利用对称性计算

若积分曲面 Σ 关于 xOy 坐标面对称，且被积函数 $f(x,y,z)$ 关于 z 有奇偶性，则

$$\iint\limits_{\Sigma} f(x,y,z)\mathrm{d}S = \begin{cases} 2\iint\limits_{\Sigma_1} f(x,y,z)\mathrm{d}S, & \text{当 } f(x,y,z) \text{ 关于 } z \text{ 为偶函数} \\ 0, & \text{当 } f(x,y,z) \text{ 关于 } z \text{ 为奇函数} \end{cases},$$

其中 Σ_1 为 Σ 在 xOy 坐标以上的部分.

当积分曲面 Σ 关于 xOz 坐标面对称，且被积函数 $f(x,y,z)$ 关于 y 有奇偶性，或当积分曲面 Σ 关于 yOz 坐标面对称且被积函数 $f(x,y,z)$ 关于 x 有奇偶性有相应的结论.

【例 12.3】 计算曲面积分 $\iint\limits_{\Sigma} \dfrac{1}{x^2+y^2+z^2}\mathrm{d}S$，其中 Σ 是界于平面 $z=0$ 及 $z=H$ 之间的圆柱面 $x^2+y^2=R^2$，如图 12-5 所示.

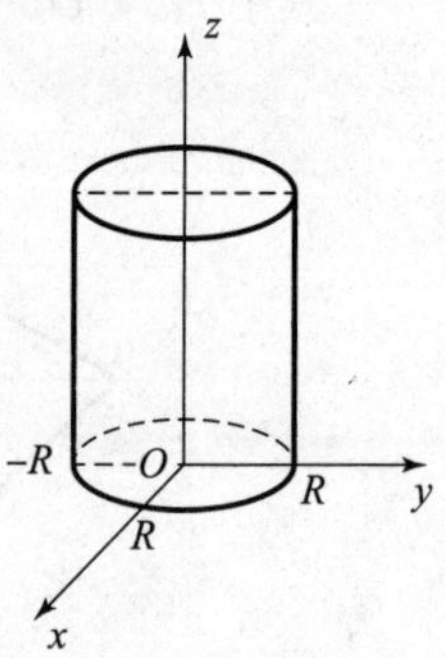

【分析】 因为柱面 $x^2+y^2=R^2$ 在 xOy 平面上的投影区域为一条曲线圆 $x^2+y^2=R^2$，其面积为 0，所以不能往 xOy 平面上投影，可向 yOz 平面（或 zOx 平面）投影，但是曲面关于另两个坐标面都是对称的，可以应用对称性定理简化计算.

【解】 由对称性定理知，Σ 关于 zOx 平面和 yOz 平面对称，被积函数关于 y 与 x 为偶函数，设 Σ_1 表示 Σ 的位于第一卦限的部分，则有

图 12-5

$$\Sigma_1: x = \sqrt{R^2-y^2} \ (0 \leqslant y \leqslant R), \quad D_{yz}: 0 \leqslant y \leqslant R, \ 0 \leqslant z \leqslant H$$

$$\mathrm{d}S = \sqrt{1+x_y'^2(y,z)+x_z'^2(y,z)}\mathrm{d}y\mathrm{d}z = \frac{R}{\sqrt{R^2-y^2}}\mathrm{d}y\mathrm{d}z$$

$$\iint\limits_{\Sigma} \frac{1}{x^2+y^2+z^2}\mathrm{d}S = 4\iint\limits_{\Sigma_1} \frac{1}{x^2+y^2+z^2}\mathrm{d}S = 4\iint\limits_{D_{yz}} \frac{1}{R^2+z^2} \cdot \frac{R}{\sqrt{R^2-y^2}}\mathrm{d}y\mathrm{d}z$$

$$= 4R\int_0^R \frac{1}{\sqrt{R^2-y^2}}\mathrm{d}y \int_0^H \frac{1}{R^2+z^2}\mathrm{d}z = 2\pi\arctan\frac{H}{R}$$

注（1）若满足对称性定理转化为第一卦限的部分来计算，各积分的上下限均为非负数使得计算更方便.

（2）典型错误：因为积分曲面 $\sum$ 在 xOy 平面上的投影区域 D_{xy} 的面积为零，所以

$$\iint\limits_{\Sigma} \frac{\mathrm{d}S}{x^2+y^2+z^2} = 0.$$

错误辨析：此题的错误在于不看积分曲面 $\sum$ 的方程 $F(x,y,z)=0$ 的具体形式，一味地向 xOy 平面投影. 事实上，计算对面积的曲线积分时，$\sum$ 应向哪一坐标平面投影，一般取决于 $\sum$ 的方程 $F(x,y,z)=0$ 中究竟哪个变量能用另外两个变量的显式形式表示. 如 $\sum$ 的方程为单值函数 $z=z(x,y)$，则应将 $\sum$ 向 xOy 平面上投影；若 $x=x(y,z)$，则应将 $\sum$ 向

yOz 平面上投影；若 $y=y(z,x)$，则应将 $\sum$ 向 zOx 平面上投影；若 $\sum$ 的方程既可化为 $z=z(x,y)$，又可化为 $y=y(z,x)$ 或 $x=x(y,z)$，则可适当选择一个坐标面作为投影平面. 在本题中，由于从 $x^2+y^2=R^2$ 不能确定 z 是 x，y 的函数，只能确定 $x=\pm\sqrt{R^2-y^2}$ 或 $y=\pm\sqrt{R^2-x^2}$，所以将 $\sum$ 向 xOy 平面上投影是错误的.

12.3.3.3 利用轮换对称性计算

如果积分曲面 Σ 的方程中某两个变量对调其方程不变，则将被积函数中这两个变量对调积分值不变.

【例 12.4】计算下列曲线积分：

(1) $I=\oiint\limits_{\Sigma}3x^2\mathrm{d}S$，其中 Σ 是球面 $x^2+y^2+z^2=a^2$.

(2) $I=\iint\limits_{\Sigma}(x+2y+z)\mathrm{d}S$，其中 Σ 是球面 $x^2+y^2+z^2=a^2$ 在第一卦限的部分.

【分析】积分曲面 Σ 均为球面 $x^2+y^2+z^2=a^2$，关于三个变量具有轮换对称性，被积函数的每一项的对应法则又一致，又由于积分曲面的方程可以代入到被积函数中去，从而可以应用轮换对称性简化计算.

【解】(1) 由轮换对称性有 $\oiint\limits_{\Sigma}x^2\mathrm{d}S=\oiint\limits_{\Sigma}y^2\mathrm{d}S=\oiint\limits_{\Sigma}z^2\mathrm{d}S$，故

$$I=\oiint\limits_{\Sigma}3x^2\mathrm{d}S=\oiint\limits_{\Sigma}(x^2+y^2+z^2)\mathrm{d}S=\oiint\limits_{\Sigma}a^2\mathrm{d}S=4\pi a^4.$$

(2) 注意到 $\iint\limits_{\Sigma}x\mathrm{d}S=\iint\limits_{\Sigma}y\mathrm{d}S=\iint\limits_{\Sigma}z\mathrm{d}S$，$\mathrm{d}S=\dfrac{a}{\sqrt{a^2-x^2-y^2}}\mathrm{d}x\mathrm{d}y$，故

$$I=4\iint\limits_{\Sigma}z\mathrm{d}S=4\iint\limits_{D_{xy}}\sqrt{a^2-x^2-y^2}\cdot\frac{a}{\sqrt{a^2-x^2-y^2}}\mathrm{d}x\mathrm{d}y=4a\cdot\frac{1}{4}\pi a^2=\pi a^3.$$

注 计算曲面积分时，应注意观察其积分的特点，选取恰当的方法可简化计算. 球的面积等于 $4\pi r^2$，r 为球的半径. 第一卦限的圆球投影到 xoy 面为整个圆的面积的四分之一. 对坐标的曲面积分 $\iint\limits_{\Sigma}P\mathrm{d}y\mathrm{d}z+Q\mathrm{d}z\mathrm{d}x+R\mathrm{d}x\mathrm{d}y$ 不是二重积分，即使其中的一部分 $\iint\limits_{\Sigma}R\mathrm{d}x\mathrm{d}y$ 也不能视为二重积分，因为被积函数 $P(x,y,z)$，$Q(x,y,z)$，$R(x,y,z)$ 都是三元函数，$\mathrm{d}y\mathrm{d}z$，$\mathrm{d}z\mathrm{d}x$，$\mathrm{d}x\mathrm{d}y$ 是有向曲面元素 $\mathrm{d}\vec{S}$ 在三个坐标面上的投影，而不是三个坐标面上的面积元素.

12.4 第二型曲线积分（对坐标的线积分）

12.4.1 定义

从这一小节我们就开始接触和向量矢量相关的积分，首先我们需要复习一下中学关于"场"的概念. 什么是"场"？这个在物理上是一个比较复杂的概念，我们数学上，对从物理模型中抽象出来的场的定义是空间区域 Ω 上的一种对应法则. 如果 Ω 上的每一点 $M(x,y,z)$ 都对应着一个数量 u，则在 Ω 上就确定了一个数量函数 $u=u(x,y,z)$，它表示一个数量场，数量场的例子有很多，比如温度场，数量场无方向，标量，只有大小；另一种情况如果 Ω 上每一点 $M(x,y,z)$ 都对应着一个向量 F，则在 Ω 上就确定了一个向量函数

$$F(x, y, z) = P(x, y, z)\boldsymbol{i} + Q(x, y, z)\boldsymbol{j} + R(x, y, z)\boldsymbol{k},$$

它表示一个向量场，向量场的例子也很多，比如引力场，向量场有方向．

第二型曲线积分的物理意义之一：变力沿曲线做功．例如在一个向量场——变力场中，设某动点在变力 $F(x, y, z)$ 作用下，沿着有向曲线 Γ 从起点 A 移动到终点 B，总共做了多少功？（出过真题哦，你知道关于下面内容该怎么做）

设沿着有向曲线 Γ 在 $M(x, y, z)$ 点移动了一个位移 $dr = dx\boldsymbol{i} + dy\boldsymbol{j} + dz\boldsymbol{k}$，将变力 $F(x, y, z)$ 近似看作常力，则力在此微位移上的微功 $dW = F(x, y, z) \cdot dr$，于是变力 $F(x, y, z)$ 沿着有向曲线 Γ 从起点 A 移动到终点 B 所作的总功为

$$
\begin{aligned}
W &= \int_\Gamma dW = \int_\Gamma F(x, y, z) \cdot dr \\
&= \int_\Gamma (P(x, y, z), Q(x, y, z), R(x, y, z)) \cdot (dx, dy, dz) \\
&= \int_\Gamma P(x, y, z)dx + Q(x, y, z)dy + R(x, y, z)dz,
\end{aligned}
$$

于是我们就引出了第二型曲线积分的概念．是不是很酷呢？

定义设 $\vec{ds}$ 是光滑有向曲线 L 上的任意有向弧段，在 $\vec{ds}$ 上任取一点 (x, y)，对于 L 上连续的向量函数 $\vec{F}(x, y)$，一定存在实数 I，使得向量函数 $\vec{F}(x, y)$ 在 L 上的第 II 型曲线积分存在，即 $\int_L \vec{F}(x, y) \cdot \vec{ds}$，其中，$L$ 称为有向积分弧段，$\vec{F}(x, y) = P(x, y)\vec{i} + Q(x, y)\vec{j}$，$\vec{ds} = \{dx, dy\}$ 相应的坐标形式为 $\int_L \vec{F}(x, y) \cdot \vec{ds} = \int_L \{P(x, y), Q(x, y)\} \cdot \{dx, dy\}$

$$= \int_L P(x, y)dx + Q(x, y)dy,$$

简记为：$\int_L Pdx + Qdy$，所以第 II 型曲线积分也称对坐标的曲线积分．

注 在对坐标的曲线积分中，若 L 为空间内一条光滑有向曲线，变力为

$$\vec{F}(x, y, z) = P(x, y, z)\vec{i} + Q(x, y, z)\vec{j} + R(x, y, z)\vec{k}$$

则相应的空间第 II 型曲线积分形式为

$$\int_L \vec{F}(x, y, z) \cdot \vec{ds} = \int_L P(x, y, z)dx + Q(x, y, z)dy + R(x, y, z)dz.$$

12.4.2　性质

与积分路径 L 的方向有关，即 $\int_{L(\widehat{AB})} pdx + Qdy = -\int_{L(\widehat{BA})} pdx + Qdy.$

12.4.3　两类线积分的关系

$$\int_L Pdx + Qdy = \int_L (P\cos\alpha + Q\cos\beta)ds,$$

其中 $\cos\alpha$，$\cos\beta$ 为有向曲线 L 的切线的方向余弦．

注 两类曲线积分的关系的推导：

设平面曲线 $L_{\widehat{AB}}$ 在点 (x, y) 的切向量方向余弦为 $\cos\alpha$，$\cos\beta$，则

$$\int_{L_{\widehat{AB}}} Pdx + Qdy = \int_{L_{AB}} \left(P\frac{dx}{ds} + Q\frac{dy}{ds} \right)ds = \int_{L_{AB}} (P\cos\alpha + Q\cos\beta)ds$$

设空间曲线 Γ_{AB} 在点 (x, y, z) 的切向量方向余弦 $\cos\alpha$, $\cos\beta$, $\cos\gamma$, 则

$$\int_{\Gamma_{AB}} P\mathrm{d}x + Q\mathrm{d}y + R\mathrm{d}z = \int_{\Gamma_{AB}} \left(P\frac{\mathrm{d}x}{\mathrm{d}s} + Q\frac{\mathrm{d}y}{\mathrm{d}s} + R\frac{\mathrm{d}z}{\mathrm{d}s}\right)\mathrm{d}s = \int_{\Gamma_{AB}} (P\cos\alpha + Q\cos\beta + R\cos\gamma)\mathrm{d}s$$

设平面有向曲线弧 L 的起点为 A, 终点为 B. 点 M 是曲线弧 L 上的动点, 取 $\overset{\frown}{AM} = s$, 以 s 作为参数, 设 L 的参数方程为: $\begin{cases} x = x(s), \\ y = y(s) \end{cases}$ $(0 \leqslant s \leqslant l)$.

函数 $x(s)$, $y(s)$ 以 0 及 l 为端点的闭区间上具有一阶连续导数. 且 $x'^2(s) + y'^2(s) \neq 0$. 又函数 $P(x, y)$, $Q(x, y)$ 在 L 上连续. 于是, 由对坐标的曲线积分计算公式有

$$\int_L P(x, y)\mathrm{d}x + Q(x, y)\mathrm{d}y = \int_0^l \{P[x(s), y(s)]x'(s) + Q[x(s), y(s)]y'(s)\}\mathrm{d}s \quad (1)$$

又有向曲线弧 L 的切向量 (沿 s 增加的方向) 的方向余弦为 $\cos\alpha = \dfrac{\mathrm{d}x}{\mathrm{d}s}$, $\cos\beta = \dfrac{\mathrm{d}y}{\mathrm{d}s}$, 且 $\left(\dfrac{\mathrm{d}x}{\mathrm{d}s}\right)^2 + \left(\dfrac{\mathrm{d}y}{\mathrm{d}s}\right)^2 = 1$, 或 $[x'(s)]^2 + [y'(s)]^2 = 1$, 所以

$$\int_0^l \{P[x(s), y(s)]x'(s) + Q[x(s), y(s)]y'(s)\}\mathrm{d}s$$
$$= \int_0^l \{P[x(s), y(s)]\cos\alpha + Q[x(s), y(s)]\cos\beta\}\mathrm{d}s$$

另一方面, 由对弧长的曲线积分的计算公式可得

$$\int_L [P(x, y)\cos\alpha + Q(x, y)\cos\beta]\mathrm{d}s$$
$$= \int_0^l \{P[x(s), y(s)]\cos\alpha + Q[x(s), y(s)]\cos\beta\} \sqrt{x'^2(s) + y'^2(s)}\mathrm{d}s$$
$$= \int_0^l \{P[x(s), y(s)]\cos\alpha + Q[x(s), y(s)]\cos\beta\}\mathrm{d}s \quad (2)$$

比较 (1)、(2) 两式, 可得平面有向曲线上两类曲线积分之间的关系:

$\displaystyle\int_L P\mathrm{d}x + Q\mathrm{d}y = \int_L (P\cos\alpha + Q\cos\beta)\mathrm{d}s$, 其中 α, β 为有向曲线弧 L 上点 (x, y) 处的切向量的方向角.

12.4.4 计算

12.4.4.1 直接法

定理 12.4.4.1.1 设 $P(x, y)$、$Q(x, y)$ 是定义在光滑有向平面曲线 L: $x = \varphi(t)$, $y = \psi(t)$ 上的连续函数, 当参数 t 单调地由 α 变到 β 时, 点 $M(x, y)$ 从 L 的起点 A 沿 L 运动到终点 B, 则 $\displaystyle\int_L P(x, y)\mathrm{d}x + Q(x, y)\mathrm{d}y = \int_\alpha^\beta \{P[\varphi(t), \psi(t)]\varphi'(t) + Q[\varphi(t), \psi(t)]\psi'(t)\}\mathrm{d}t$.

【证】 不妨设 $\alpha \leqslant \beta$. 对应于 t 点与曲线 L 的方向一致的切向量为 $\vec{T} = \{\varphi'(t), \psi'(t)\}$, 所以 $\cos\tau = \dfrac{\varphi'(t)}{\sqrt{\varphi'^2(t) + \psi'^2(t)}}$, 其中 τ 为 $\vec{T}$ 与 x 轴正向的夹角, 从而

$$\int_L P(x, y)\mathrm{d}x = \int_L P(x, y)\cos\tau \mathrm{d}s$$
$$= \int_\alpha^\beta P[\varphi(t), \psi(t)]\frac{\varphi'(t)}{\sqrt{\varphi'^2(t) + \psi'^2(t)}} \sqrt{\varphi'^2(t) + \psi'^2(t)}\mathrm{d}t$$

$$= \int_\alpha^\beta P[\varphi(t), \psi(t)]\varphi'(t)\mathrm{d}t$$

类似可证：$\int_L Q(x, y)\mathrm{d}y = \int_\alpha^\beta Q[\varphi(t), \psi(t)]\psi'(t)\mathrm{d}t$，两者相加，即可得.

推广：若空间曲线 Γ 由参数方程 $x=\varphi(t)$，$y=\psi(t)$，$z=\omega(t)$ 给出，那么曲线积分

$$\int_\Gamma P(x, y, z)\mathrm{d}x + Q(x, y, z)\mathrm{d}y + R(x, y, z)\mathrm{d}z$$

$$= \int_\alpha^\beta \{P[\varphi(t), \psi(t), \omega(t)]\varphi'(t)$$

$$+ Q[\varphi(t), \psi(t), \omega(t)]\psi'(t) + R[\varphi(t), \psi(t), \omega(t)]\omega'(t)\}\mathrm{d}t$$

其中 α 对应于 Γ 的起点，β 对应于 Γ 的终点.

12.4.4.2 对称性

观察 $\int_\Gamma P(x,y,z)\boxed{\mathrm{d}x} + Q(x,y,z)\boxed{\mathrm{d}y} + R(x,y,z)\boxed{\mathrm{d}z}$，我们发现各个项的积分元素均不同，所以第二型曲线积分没有轮换对称性，且由于其物理背景是做功，做功有正负之别，所以对称性的结论与前面接触的所有积分都不一样.

假设 Γ 是 xOy 面上的曲线，关于 x 轴对称，若被积函数 $f(x, -y) = -f(x, y)$，$\mathrm{d}x>0$. 则 $\int_\Gamma f(x, -y)\mathrm{d}x = 2\int_{\Gamma_1} f(x,y)\mathrm{d}x$，同样，若 $f(x, -y) = f(x, y)$，则 $\int_\Gamma f(x,y)\mathrm{d}x = 0$. 如图 12-6 所示.

【例 12.5】计算空间曲线积分 $I = \oint_L (y-z)\mathrm{d}x + (z-x)\mathrm{d}y + (x-y)\mathrm{d}z$，

其中曲线 L 为圆柱面 $x^2+y^2=a^2$ 与平面 $\dfrac{x}{a}+\dfrac{z}{h}=1(a>0, h>0)$ 的交线，从 z 轴正向看去，曲线是逆时针方向（如图 12-7 所示）.

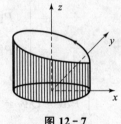

图 12-7

【解】令 $x=a\cos t$，$y=a\sin t$，则 $z=h\left(1-\dfrac{x}{a}\right)=h(1-\cos t)$，于是，根据两类曲线积分之间的关系可得：

$$I = \int_0^{2\pi} \{[a\sin t - h(1-\cos t)]\cdot(-a\sin t) + [h(1-\cos t) - a\cos t]\cdot$$

$$a\cos t + (a\cos t - a\sin t)h\sin t\}\mathrm{d}t = -a(a+h).$$

注 (1) 设曲线弧 L 的参数方程为 $\begin{cases} x=\varphi(t), \\ y=\psi(t), \end{cases}$

由线性代数中向量知识知，有向曲线弧 L 的切向量为 $T = \{\varphi'(t), \psi'(t)\}$（$T$ 的指向为曲线参数增大的方向），它的方向余弦为 $\cos\alpha = \dfrac{\varphi'(t)}{\sqrt{\varphi'^2(t)+\psi'^2(t)}}$，$\cos\beta = \dfrac{\psi'(t)}{\sqrt{\varphi'^2(t)+\psi'^2(t)}}$.

(2) 曲线可以代入被积函数进行简化运算，积分下限为起点，积分上限为终点，这里的上限不一定是大于下限的.

12.4.4.3 利用格林公式

（一）格林公式的预备知识

　　定义 12.4.4.3.1 设 D 为平面区域，如果 D 内任一闭曲线

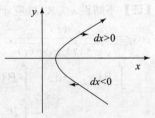

图 12-6

所围的部分都属于 D，则称 D 为平面单连通区域，否则称为复连通区域，如图 12-8 所示.

 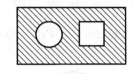

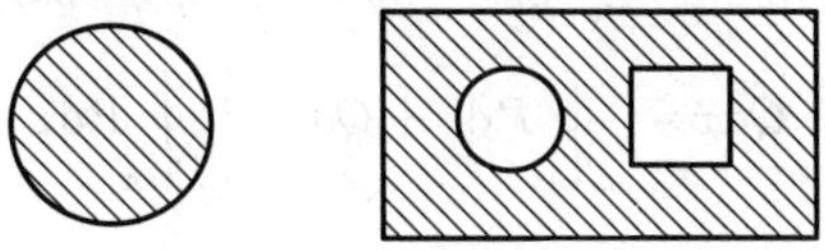

单连通区域　　　　　复连通区域

图 12-8

注 通俗地讲，单连通区域内没有"洞"，复连通区域内至少有一个"洞"．例如，圆形区域 $\{(x,y)|x^2+y^2<1\}$ 及上半平面 $\{(x,y)|y>0\}$ 都是平面单连通区域，圆环形区域 $\{(x,y)|1<x^2+y^2<4\}$ 及 $\{(x,y)|0<x^2+y^2<2\}$ 都是平面复连通区域.

学习格林公式另外一个基础知识：关于曲线正向规定的问题在本章开篇已经说明了，不再重复.

（二）格林公式定理

定理 12.4.4.3.2 设连通的闭区域 D 由分段光滑的曲线 L 围成，函数 $P(x,y)$ 及 $Q(x,y)$ 在 D 上具有一阶连续偏导数，则有 $\iint\limits_{D}\left(\dfrac{\partial Q}{\partial x}-\dfrac{\partial P}{\partial y}\right)\mathrm{d}x\mathrm{d}y=\oint\limits_{L}P\mathrm{d}x+Q\mathrm{d}y$

其中 L 是 D 的正向边界曲线.

【证】（1）先就 D 既是 X—型又是 Y—型区域情形证明，如图 12-9 所示.

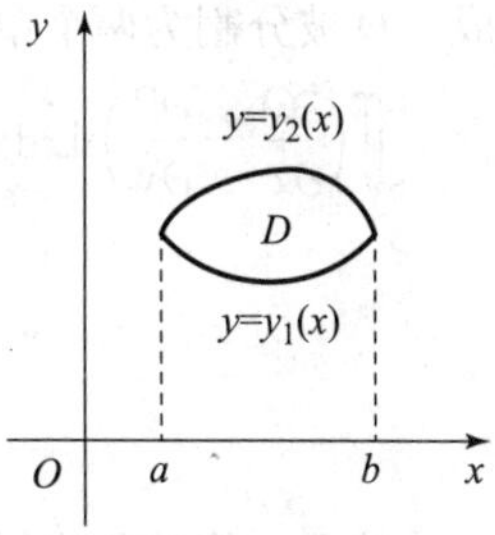

设 $D=\{(x,y)|y_1(x)\leqslant y\leqslant y_2(x),a\leqslant x\leqslant b\}$，因为 $\dfrac{\partial P}{\partial y}$ 连续，所以由二重积分的计算法有

$$\iint\limits_{D}\frac{\partial P}{\partial y}\mathrm{d}x\mathrm{d}y=\int_a^b\mathrm{d}x\int_{y_1(x)}^{y_2(x)}\frac{\partial P(x,y)}{\partial y}\mathrm{d}y$$

$$=\int_a^b\{P[x,y_2(x)]-P[x,y_1(x)]\}\mathrm{d}x$$

图 12-9

另一方面，由对坐标的曲线积分的性质及计算法有

$$\oint\limits_{L}P\mathrm{d}x=\int_{L_1}P\mathrm{d}x+\int_{L_2}P\mathrm{d}x=\int_a^b P[x,y_1(x)]\mathrm{d}x+\int_b^a P[x,y_2(x)]\mathrm{d}x$$

$$=\int_a^b\{P[x,y_1(x)]-P[x,y_2(x)]\}\mathrm{d}x$$

因此 $-\iint\limits_{D}\dfrac{\partial P}{\partial y}\mathrm{d}x\mathrm{d}y=\oint\limits_{L}P\mathrm{d}x$.

类似地可证：$\iint\limits_{D}\dfrac{\partial Q}{\partial x}\mathrm{d}x\mathrm{d}y=\oint\limits_{L}Q\mathrm{d}x$，由于 D 既是 X—型又是 Y—型区域，所以以上两式同时成立，两式合并即得 $\iint\limits_{D}\left(\dfrac{\partial Q}{\partial x}-\dfrac{\partial P}{\partial y}\right)\mathrm{d}x\mathrm{d}y=\oint\limits_{L}P\mathrm{d}x+Q\mathrm{d}x$.

（2）若区域 D 是由分段光滑的闭曲线围成的单连通区域，如图 12-10（a）所示，分别在每个小的简单区域上应用格林公式得：

$$\iint\limits_{D}\left(\frac{\partial Q}{\partial x}-\frac{\partial P}{\partial y}\right)\mathrm{d}x\mathrm{d}y=\iint\limits_{D_1+D_2+D_3}\left(\frac{\partial Q}{\partial x}-\frac{\partial P}{\partial y}\right)\mathrm{d}x\mathrm{d}y$$

$$\iint_{D_1}\left(\frac{\partial Q}{\partial x}-\frac{\partial P}{\partial y}\right)\mathrm{d}x\mathrm{d}y+\iint_{D_2}\left(\frac{\partial Q}{\partial x}-\frac{\partial P}{\partial y}\right)\mathrm{d}x\mathrm{d}y+\iint_{D_3}\left(\frac{\partial Q}{\partial x}-\frac{\partial P}{\partial y}\right)\mathrm{d}x\mathrm{d}y$$

$$=\oint_{L_1+CA}P\mathrm{d}x+Q\mathrm{d}x=\oint_{L_2+AB}P\mathrm{d}x+Q\mathrm{d}x=\oint_{L_3+CA}P\mathrm{d}x+Q\mathrm{d}x$$

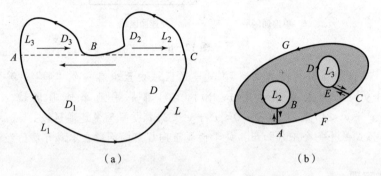

（a）　　　　　　　　　　（b）

图 12-10

因为 $-\displaystyle\int_{AB}-\int_{BC}=\int_{CA}=\int_{L_1}P\mathrm{d}x+Q\mathrm{d}y+\int_{L_2}P\mathrm{d}x+Q\mathrm{d}y+\int_{L_3}P\mathrm{d}x+Q\mathrm{d}y=\int_{L}P\mathrm{d}x+Q\mathrm{d}y$

（3）若区域 D 为复连通区域，如图 12-10（b）所示.

添加直线段 AB，CE，则 D 的边界曲线由 AB，BA，CE，EC，CGA，AFC，L_2，L_3 构成，D 被分割为两个单连通区域，分别在每个单连通区域上应用格林公式得：

$$\iint_{D}\left(\frac{\partial Q}{\partial x}-\frac{\partial P}{\partial y}\right)\mathrm{d}x\mathrm{d}y=\left\{\int_{AB}+\int_{L_2}+\int_{BA}+\int_{AFC}+\int_{CE}+\int_{L_3}+\int_{EC}+\int_{CGA}\right\}\cdot(P\mathrm{d}x+Q\mathrm{d}y)$$

$$=\left(\oint_{L_2}+\oint_{L_3}+\oint_{L_1}\right)(P\mathrm{d}x+Q\mathrm{d}y)$$

$$=\oint_{L}P\mathrm{d}x+Q\mathrm{d}y(L_1,L_2,L_3\text{ 对 }D\text{ 来说为正方向})$$

综上，格林公式得到了证明.

注1 格林公式是平面区域 D 上的二重积分与沿区域边界上的曲线积分之间的桥梁，不仅如此，格林公式还给出了通过二重积分计算第Ⅱ型曲线积分的方法，从而简化了相当一部分曲线积分的计算.

注2 用格林公式务必检查三点：

（1）曲线是否为闭曲线.

（2）曲线 C 是否取正向.

（3）$P(x,y)$，$Q(x,y)$ 在 $D+C$ 上是否具有连续的一阶偏导数.

【例 12.6】计算 $I=\displaystyle\int_{C}(x^2-y)\mathrm{d}x+(x+\sin^2 y)\mathrm{d}y$，其中 C 是闭区域 D：$(x-1)^2+\dfrac{y^2}{4}=1$ 的上半周，即弧 OAB.

【解】验证可知该题不符合格林公式条件，首先曲线 C 是开曲线，此时我们可以添加直线段使之成为闭曲线：添加线段 BO 如图 12-11 所示，令 $l=C+\overline{BO}=OABO$ 弧，则 l 围成闭区域 D，其次，$l=C+\overline{BO}=OABO$ 弧的方向是负向，这在应用格林公式时，只要在右端添加负号即可.

即 $\displaystyle\oint_{l}=-\iint_{D}$ 展开为 $\oint_{l}P\mathrm{d}x+Q\mathrm{d}y=-\iint_{D}\left(\frac{\partial Q}{\partial x}-\frac{\partial P}{\partial y}\right)\mathrm{d}x\mathrm{d}y$

又注意到 $P=x^2-y$　$Q=x+\sin^2 y$ 在 $l+D$ 上具有连续的一阶偏导数，这样经过修改后，

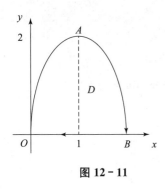

图 12 - 11

应用格林公式得

$$I = \int_C (x^2 - y)\mathrm{d}x + (x + \sin^2 y)\mathrm{d}y$$

$$= \oint_{C + \overline{BO}} (x^2 - y)\mathrm{d}x + (x + \sin^2 y)\mathrm{d}y -$$

$$\int_{\overline{BO}} (x^2 - y)\mathrm{d}x + (x + \sin^2 y)\mathrm{d}y$$

$$= -\iint_D \left(\frac{\partial Q}{\partial x} - \frac{\partial P}{\partial y}\right)\mathrm{d}x\mathrm{d}y - \int_{\overline{BO}} (x^2 - y)\mathrm{d}x + (x + \sin^2 y)\mathrm{d}y$$

$$= -\iint_D 2\mathrm{d}x\mathrm{d}y - \int_2^0 x^2 \mathrm{d}x = -2\pi + \frac{8}{3}$$

注 该例给出了利用格林公式计算开（非闭合）曲线积分的方法.

【例 12.7】 计算 $\oint_L \dfrac{x\mathrm{d}y - y\mathrm{d}x}{x^2 + y^2}$，其中 L 为一条无重点、分段光滑且不经过原点的连续闭曲线，L 的方向为逆时针方向.

【解】 令 $P = \dfrac{-y}{x^2 + y^2}$，$Q = \dfrac{x}{x^2 + y^2}$，当 $x^2 + y^2 \neq 0$ 时，$\dfrac{\partial Q}{\partial x} = \dfrac{y^2 - x^2}{(x^2 + y^2)^2} = \dfrac{\partial P}{\partial y}$. 若记 L 所围成的闭区域为 D，下面分两种情形讨论.

情形 1 当 $(0,0) \notin D$ 时 $(x^2 + y^2 \neq 0)$，故有 $\dfrac{\partial Q}{\partial x} = \dfrac{y^2 - x^2}{(x^2 + y^2)^2} = \dfrac{\partial P}{\partial y}$，应用格林公式可得

$$\oint_L \frac{x\mathrm{d}y - y\mathrm{d}x}{x^2 + y^2} = \iint_D \left(\frac{\partial Q}{\partial x} - \frac{\partial P}{\partial y}\right)\mathrm{d}x\mathrm{d}y = 0$$

如图 12 - 12 所示.

情形 2 当 $(0,0) \in D$ 时，由于 $\dfrac{\partial Q}{\partial x}$，$\dfrac{\partial P}{\partial y}$ 在 D 上不连续，不能直接应用格林公式，如图 12 - 13 所示，在 D 内取一圆周 l：$x^2 + y^2 = \varepsilon^2$，由 L 及 l^- 围成了一个复连通区域 D_1，D_1 的边界取正向，在 D_1 上 $\dfrac{\partial Q}{\partial x}$，$\dfrac{\partial P}{\partial y}$ 连续，应用格林公式，有

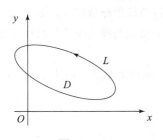

图 12 - 12

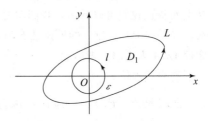

图 12 - 13

$$\oint_{L + l^-} \frac{x\mathrm{d}y - y\mathrm{d}x}{x^2 + y^2} = \oint_L \frac{x\mathrm{d}y - y\mathrm{d}x}{x^2 + y^2} - \oint_l \frac{x\mathrm{d}y - y\mathrm{d}x}{x^2 + y^2} = \iint_{D_1} \left(\frac{\partial Q}{\partial x} - \frac{\partial P}{\partial y}\right)\mathrm{d}x\mathrm{d}y = 0$$

其中 l 的方向取逆时针方向. 于是

$$\oint_L \frac{x\mathrm{d}y - y\mathrm{d}x}{x^2 + y^2} = \oint_l \frac{x\mathrm{d}y - y\mathrm{d}x}{x^2 + y^2} = \int_0^{2\pi} \frac{\varepsilon^2 \cos^2\theta + \varepsilon^2 \sin^2\theta}{\varepsilon^2} \mathrm{d}\theta = 2\pi.$$

【例 12.8】利用曲线积分求椭圆 $\dfrac{x^2}{a^2}+\dfrac{y^2}{b^2}=1$ 的面积.

【解】取参数方程 $x=a\cos t$，$y=b\sin t(0\leqslant t\leqslant 2\pi)$，面积

$$A=\frac{1}{2}\oint_L x\mathrm{d}y-y\mathrm{d}x=\frac{1}{2}\int_0^{2\pi}ab(\cos^2 t+\sin^2 t)\mathrm{d}t=\pi ab.$$

注 利用曲线积分求区域的面积还可利用 $\displaystyle\iint_D\mathrm{d}x\mathrm{d}y=\oint_L x\mathrm{d}y=\oint_L y\mathrm{d}x.$

在格林公式 $\displaystyle\iint_D\left(\frac{\partial Q}{\partial x}-\frac{\partial P}{\partial y}\right)\mathrm{d}x\mathrm{d}y=\oint_L P\mathrm{d}x+Q\mathrm{d}y$ 中，取 $P=-y$，$Q=x$，即得

$$2\iint_D\mathrm{d}x\mathrm{d}y=\oint_L x\mathrm{d}y-y\mathrm{d}x$$

上式左端是闭区域 D 的面积的 2 倍，因此有 $S_D=\dfrac{1}{2}\oint_L x\mathrm{d}y-y\mathrm{d}x$

这个公式可以用来求平面区域的面积.

12.4.4.4 曲线积分与路径无关

表 12－5

名 称	想要建立的关系
牛顿莱布尼茨公式	$\displaystyle\int_a^b F'(x)\mathrm{d}x=F(b)-F(a)$
我们想要去发现的东西	$\displaystyle\int_L P\mathrm{d}x+Q\mathrm{d}y=F(x,y)\Big|_A^B$

从这个表 12－5 中可以看出，我们想要像定积分那样只在终点和起点计算一下第二类曲线积分值，如果可以这样，多爽啊，可以选取一条最方便计算积分的路径进行计算啊. 既然只与起点和终点有关，言外之意，沿着哪条积分路径是没有关系的呗，有所得也有所失，能如此简便计算，肯定要额外多加些约束条件嘛，所以这个条件也叫曲线积分与路径无关.

从上面叙述我们可以看出，我们需要干两件事情，一个是找到曲线积分与路径无关的条件是什么，二是找 $P\mathrm{d}x+Q\mathrm{d}y$ 的原函数 $F(x,y)$.

定理 12.4.4.4.1 设函数 $P(x,y)$、$Q(x,y)$ 及其一阶偏导数在平面单连通区域 D 上连续，则下列命题等价：

(1) 曲线积分 $\displaystyle\int_L P\mathrm{d}x+Q\mathrm{d}y$ 在 D 内与路径无关；

(2) 存在二元函数 $u(x,y)$，使得 $\mathrm{d}u=P\mathrm{d}x+Q\mathrm{d}y$；

(3) 对任何 $(x,y)\in\mathbf{Q}$，恒成立 $\dfrac{\partial P}{\partial y}=\dfrac{\partial Q}{\partial x}$；

(4) 沿 D 内任何一条光滑或分段光滑的闭曲线 L，都有 $\displaystyle\oint_L P\mathrm{d}x+Q\mathrm{d}y=0$.

【证明】(1)$\Rightarrow$(2) 任意固定 D 内一点 (x_0,y_0)，对于 D 内任意一点 (x,y)，由于曲线积分在 D 内与路径无关，所以仅与起点 (x_0,y_0) 和终点 (x,y) 有关的曲线积分 $\displaystyle\int_C P\mathrm{d}x+Q\mathrm{d}y$ 可以写

成 $\int_{(x_0, y_0)}^{(x, y)} P\mathrm{d}x + Q\mathrm{d}y$，显然它是终点 (x, y) 的变限函数（积分上限不是固定值），记 $u(x, y) = \int_{(x_0, y_0)}^{(x, y)} P\mathrm{d}x + Q\mathrm{d}y$，如果 $\dfrac{\partial u}{\partial x} = P$，$\dfrac{\partial u}{\partial y} = Q$，那么由 $\mathrm{d}u = P\mathrm{d}x + Q\mathrm{d}y$ 可知，$u(x, y)$ 就是我们要找的原函数．下面证明 $\dfrac{\partial u}{\partial x} = P$．

因为 $\Delta_x u(x, y) = u(x + \Delta x, y) - u(x, y)$

$$= \int_{(x_0, y_0)}^{(x, y)} P\mathrm{d}x + Q\mathrm{d}y - \int_{(x_0, y_0)}^{(x, y)} P\mathrm{d}x + Q\mathrm{d}y = \int_{(x, y)}^{(x+\Delta x, y)} P\mathrm{d}x + Q\mathrm{d}y$$

$$= \int_x^{x+\Delta x} P(x, y)\mathrm{d}x = P(\xi, y)\Delta x$$

其中 ξ 介于 x 和 $x + \Delta x$ 之间，又由 $P(x, y)$ 连续，所以有

$$\frac{\partial u}{\partial x} = \lim_{\Delta x \to 0} \frac{\Delta_x u(x, y)}{\Delta x} = \lim_{\Delta x \to 0} \frac{P(\xi, y)\Delta x}{\Delta x} = P(x, y)$$

同理可证 $\dfrac{\partial u}{\partial y} = Q$．从而 $\mathrm{d}u = \dfrac{\partial u}{\partial x}\mathrm{d}x + \dfrac{\partial u}{\partial y}\mathrm{d}y = P\mathrm{d}x + Q\mathrm{d}y$．

(2)⟹(3) 由于 $\dfrac{\partial u}{\partial x} = P$，$\dfrac{\partial u}{\partial y} = Q$，而 $P(x, y)$、$Q(x, y)$ 具有连续的一阶偏导数，从而 $u(x, y)$ 的二阶偏导数连续，故 $\dfrac{\partial^2 u}{\partial x \partial y} = \dfrac{\partial P}{\partial y} = \dfrac{\partial^2 u}{\partial y \partial x} = \dfrac{\partial Q}{\partial x}$．

(3)⟹(4) 当 $\dfrac{\partial P}{\partial y} = \dfrac{\partial Q}{\partial x}$ 时，由格林公式恒有 $\oint_L P\mathrm{d}x + Q\mathrm{d}y = \pm\iint_D \left(\dfrac{\partial Q}{\partial x} - \dfrac{\partial P}{\partial y}\right)\mathrm{d}x\mathrm{d}y = 0$

(4)⟹(1) 设 C_1，C_2 分别为 D 内任意两条具有相同起点和终点的光滑或分段光滑的路径，则 $C_1 + C_2$ 是 D 内光滑或分段光滑的闭曲线，于是

$$\int_{C_1} P\mathrm{d}x + Q\mathrm{d}y + \int_{C_2^-} P\mathrm{d}x + Q\mathrm{d}y = \int_{C_1} P\mathrm{d}x + Q\mathrm{d}y - \int_{C_2} P\mathrm{d}x + Q\mathrm{d}y$$

$$= \oint_{C_1 + C_2^-} P\mathrm{d}x + Q\mathrm{d}y = 0 \ \text{即} \int_{C_1} P\mathrm{d}x + Q\mathrm{d}y = \int_{C_2} P\mathrm{d}x + Q\mathrm{d}y$$

由 C_1，C_2 的任意性知，曲线积分 $\int_L P\mathrm{d}x + Q\mathrm{d}y$ 在 D 内与路径无关．

至此，我们证明了四个命题是相互等价的．

【例 12.9】设 $f(x, y)$ 具有一阶连续偏导数，曲线 L：$f(x, y) = 1$ 过第二象限内的点 M 和第四象限内的点 N，Γ 为 L 上从点 M 到点 N 的一段弧，则下列积分小于零的是（　　）．

A. $\displaystyle\int_\Gamma f(x, y)\mathrm{d}x$ 　　　　 B. $\displaystyle\int_\Gamma f(x, y)\mathrm{d}y$

C. $\displaystyle\int_\Gamma f(x, y)\mathrm{d}s$ 　　　　 D. $\displaystyle\int_\Gamma f_x'(x, y)\mathrm{d}x + f_y'(x, y)\mathrm{d}y$

【解】应选 B.

在 Γ 上 $f(x, y) = 1$，可将其代入被积函数，化简积分表达式，且由题意，设 M，N 点的坐标分别为 $M(x_1, y_1)$，$N(x_2, y_2)$，则必有 $y_1 > y_2$，$x_1 < x_2$，于是

$$\int_\Gamma f(x, y)\mathrm{d}x = \int_\Gamma \mathrm{d}x = x_2 - x_1 > 0; \quad \int_\Gamma f(x, y)\mathrm{d}y = \int_\Gamma \mathrm{d}y = y_2 - y_1 < 0;$$

$$\int_\Gamma f(x, y)\mathrm{d}s = \int_\Gamma \mathrm{d}s = s > 0; \quad \int_\Gamma f_x'(x, y)\mathrm{d}x + f_y'(x, y)\mathrm{d}y = \int_\Gamma \mathrm{d}f(x, y) = 0.$$

故选择 B.

【例 12.10】 计算 $I = \int_{AMB} [f(y)\cos x - \pi y]\mathrm{d}x + [f'(y)\sin x - \pi]\mathrm{d}y$，其中，$AMB$ 为连接点 A $(\pi, 2)$ 与点 $B(3\pi, 4)$ 的线段 $\overline{AB}$ 下方的任意路线，且该路线与线段 $\overline{AB}$ 所围成的图形面积为 2.

【解】 $P = f(y)\cos x - \pi y,\ Q = f'(y)\sin x - \pi,$

$$\frac{\partial P}{\partial y} = f'(y)\cos x - \pi,\quad \frac{\partial Q}{\partial x} = f'(y)\cos x,$$

$$I = \int_{AMB} = \int_{AMB} + \int_{\overline{BA}} + \int_{\overline{AB}} = \oint_{AMBA} + \int_{\overline{AB}}.$$

$$I = \int_{AMB} [f(y)\cos x - \pi y]\mathrm{d}x + [f'(y)\sin x - \pi]\mathrm{d}y \xrightarrow{\text{格林公式}} \iint_{D}\left(\frac{\partial Q}{\partial x} - \frac{\partial P}{\partial y}\right)\mathrm{d}x\mathrm{d}y$$

$$= \iint_{D} \pi \mathrm{d}x\mathrm{d}y = 2\pi\qquad \overline{AB}: y = \frac{x}{\pi} + 1\ (\pi \leqslant x \leqslant 3\pi),$$

$$\int_{\overline{AB}} = \int_{\pi}^{3\pi}\left[f\left(\frac{x}{\pi}+1\right)\cos x - \pi\left(\frac{x}{\pi}+1\right)\right]\mathrm{d}x + \int_{\pi}^{3\pi}\left[f'\left(\frac{x}{\pi}+1\right)\sin x - \pi\right]\cdot\frac{1}{\pi}\mathrm{d}x$$

$$= \int_{\pi}^{3\pi}f\left(\frac{x}{\pi}+1\right)\cos x\mathrm{d}x + f\left(\frac{x}{\pi}+1\right)\sin x\bigg|_{\pi}^{3\pi} - \int_{\pi}^{3\pi}f\left(\frac{x}{\pi}+1\right)\cos x\mathrm{d}x$$

$$- \left[(\pi+1)x + \frac{1}{2}x^2\right]\bigg|_{\pi}^{3\pi} = -2\pi(1+3\pi).$$

故 $I = 2\pi - 2\pi(1+3\pi) = -6\pi^2.$

【例 12.11】 已知平面区域 $D = \{(x, y)\ |\ 0 \leqslant x \leqslant \pi,\ 0 \leqslant y \leqslant \pi\}$，$L$ 为 D 的正向边界. 试证

(1) $\oint_{L} x\mathrm{e}^{\sin y}\mathrm{d}y - y\mathrm{e}^{-\sin x}\mathrm{d}x = \oint_{L} x\mathrm{e}^{-\sin y}\mathrm{d}y - y\mathrm{e}^{\sin x}\mathrm{d}x.$

(2) $\oint_{L} x\mathrm{e}^{\sin y}\mathrm{d}y - y\mathrm{e}^{-\sin x}\mathrm{d}x \geqslant \frac{5}{2}\pi^2.$

【证明】 (1) 根据格林公式，得

$$\oint_{L} x\mathrm{e}^{\sin y}\mathrm{d}y - y\mathrm{e}^{-\sin x}\mathrm{d}x = \iint_{D}(\mathrm{e}^{\sin y} + \mathrm{e}^{-\sin x})\mathrm{d}x\mathrm{d}y,$$

$$\oint_{L} x\mathrm{e}^{-\sin y}\mathrm{d}y - y\mathrm{e}^{\sin x}\mathrm{d}x = \iint_{D}(\mathrm{e}^{-\sin y} + \mathrm{e}^{\sin x})\mathrm{d}x\mathrm{d}y.$$

根据轮换对称性，所以 $\iint_{D}(\mathrm{e}^{\sin y} + \mathrm{e}^{-\sin x})\mathrm{d}x\mathrm{d}y = \iint_{D}(\mathrm{e}^{-\sin y} + \mathrm{e}^{\sin x})\mathrm{d}x\mathrm{d}y,$

故 $\oint_{L} x\mathrm{e}^{\sin y}\mathrm{d}y - y\mathrm{e}^{-\sin x}\mathrm{d}x = \oint_{L} x\mathrm{e}^{-\sin y}\mathrm{d}y - y\mathrm{e}^{\sin x}\mathrm{d}x.$

(2) 由于 $\mathrm{e}^{t} + \mathrm{e}^{-t} \xrightarrow{\text{泰勒展开}} 2\sum_{n=0}^{\infty}\frac{t^{2n}}{(2n)!} \geqslant 2\left(1 + \frac{t^2}{2!}\right) = 2 + t^2$，于是 $\mathrm{e}^{\sin x} + \mathrm{e}^{-\sin x} \geqslant 2 + \sin^2 x$，

故

$$\oint_{L} x\mathrm{e}^{\sin y}\mathrm{d}y - y\mathrm{e}^{-\sin x}\mathrm{d}x = \iint_{D}(\mathrm{e}^{\sin y} + \mathrm{e}^{-\sin x})\mathrm{d}\sigma = \iint_{D}(\mathrm{e}^{\sin x} + \mathrm{e}^{-\sin x})\mathrm{d}\sigma \geqslant \iint_{D}(2 + \sin^2 x)\mathrm{d}\sigma$$

$$= \iint_{D}2\mathrm{d}\sigma + \iint_{D}\sin^2 x\mathrm{d}\sigma = 2\pi^2 + \frac{1}{2}\pi^2 = \frac{5}{2}\pi^2$$

注 $\iint_{D}\sin^2 x\mathrm{d}\sigma = \int_{0}^{\pi}\mathrm{d}x\int_{0}^{\pi}\sin^2 x\mathrm{d}y = \pi\int_{0}^{\pi}\sin^2 x\mathrm{d}x = \pi\int_{0}^{\pi}\frac{1-\cos 2x}{2}\mathrm{d}x = \pi\left(\frac{x}{2} - \frac{\sin 2x}{4}\right)\bigg|_{0}^{\pi} = \frac{\pi^2}{2}.$

【例 12.12】 确定常数 λ，使得在右半平面 $x > 0$ 上的向量

$\vec{A}(x, y)=2xy(x^4+y^2)^\lambda \vec{i} - x^2(x^4+y^2)^\lambda \vec{j}$ 为某二元函数 $u(x, y)$ 的梯度，并求 u (x, y).

【解】记 $\vec{A}(x, y)=P\vec{i}+Q\vec{j}$，则 $P=2xy(x^4+y^2)^\lambda$，$Q=-x^2(x^4+y^2)^\lambda$，若 $\vec{A}$ 为二元函数 u (x, y) 的梯度 $\mathbf{grad}u=\left(\dfrac{\partial u}{\partial x}, \dfrac{\partial u}{\partial y}\right)$，则 $P=\dfrac{\partial u}{\partial x}$，$Q=\dfrac{\partial u}{\partial y}$. 注意到：

$$\frac{\partial^2 u}{\partial x \partial y}=\frac{\partial P}{\partial y}=2x(x^4+y^2)^\lambda+4\lambda xy^2(x^4+y^2)^{\lambda-1},$$

$$\frac{\partial^2 u}{\partial y \partial x}=\frac{\partial Q}{\partial x}=-2x(x^4+y^2)^\lambda-4\lambda x^5(x^4+y^2)^{\lambda-1}.$$

易见 $\dfrac{\partial^2 u}{\partial x \partial y}$ 与 $\dfrac{\partial^2 u}{\partial y \partial x}$ 为连续函数，因此 $\dfrac{\partial^2 u}{\partial x \partial y}=\dfrac{\partial^2 u}{\partial y \partial x}$，可得

$$2x(x^4+y^2)^\lambda+4\lambda xy^2(x^4+y^2)^{\lambda-1}=-2x(x^4+y^2)^\lambda-4\lambda x^5(x^4+y^2)^{\lambda-1},$$

即 $4x(x^4+y^2)^\lambda(\lambda+1)=0$，解得 $\lambda=-1$.

由于 $\dfrac{\partial P}{\partial y}=\dfrac{\partial Q}{\partial x}$，则 $\mathrm{d}u=P\mathrm{d}x+Q\mathrm{d}y$，因此：$u(x, y)=\displaystyle\int_{x_0}^x P(x, y_0)\mathrm{d}x+\int_{y_0}^y Q(x, y)\mathrm{d}y+C$.

在半平面内任取一点，如 $(1, 0)$ 作为 (x_0, y_0)，则：

$$u(x, y)=\int_1^x \frac{2x \cdot 0}{x^4+0^2}\mathrm{d}x-\int_0^y \frac{x^2}{x^4+y^2}\mathrm{d}y+C=-\arctan\frac{y}{x^2}+C.$$

【例 12.13】设 $f(x)$ 是二阶可微函数，且 $f(1)=f'(1)=0$，若 $3f'(x)y\mathrm{d}x+[xf'(x)-x^3]\mathrm{d}y=0$ 是全微分方程，试求 $f(x)$.

【解】由 $\dfrac{\partial P}{\partial y}=\dfrac{\partial Q}{\partial x}$，得 $xf''(x)-2f'(x)=3x^2$，即

$$f''(x)-\frac{2}{x}f'(x)=3x.$$

设 $f'(x)=p(x)$，化方程为 $p'-\dfrac{2}{x}p=3x$，可得

$$p=\mathrm{e}^{\int \frac{2}{x}\mathrm{d}x}\left(\int 3x\mathrm{e}^{-\int \frac{2}{x}\mathrm{d}x}\mathrm{d}x+C_1\right)=x^2\left(\int \frac{3}{x}\mathrm{d}x+C_1\right)=x^2(3\ln|x|+C_1),$$

由 $f'(1)=0$ 知 $C_1=0$，从而 $f'(x)=3x^2\ln|x|$，于是

$$f(x)=3\int x^2\ln|x|\mathrm{d}x=x^3\ln|x|-\int x^2\mathrm{d}x=x^3\ln|x|-\frac{x^3}{3}+C_2,$$

由 $f(1)=0$ 知 $C_2=\dfrac{1}{3}$，故 $f(x)=x^3\ln|x|-\dfrac{x^3}{3}+\dfrac{1}{3}$.

【例 12.14】设 $f(x)$ 具有连续导数，满足 $f(1)=\dfrac{1}{2}$，且在平面区域 $x>1$ 内的

任一封闭曲线 Γ 的积分 $\displaystyle\oint_\Gamma \left[ye^x f(x)-\frac{y}{x}\right]\mathrm{d}x-\ln f(x)\mathrm{d}y=0$，试求函数 $f(x)$.

【解】由条件：$\displaystyle\oint_\Gamma \left[ye^x f(x)-\frac{y}{x}\right]\mathrm{d}x-\ln f(x)\mathrm{d}y=0$，得 $\dfrac{\partial}{\partial y}\left[ye^x f(x)-\dfrac{y}{x}\right]=\dfrac{\partial}{\partial x}[-\ln f(x)]$，

即 $e^x f(x)-\dfrac{1}{x}=-\dfrac{f'(x)}{f(x)}$，且 $f(1)=\dfrac{1}{2}$，此方程为伯努利方程 $f'(x)-\dfrac{1}{x}f(x)=-e^x f^2$

(x). 令 $z=\dfrac{1}{f(x)}$，原方程化为 $z'+\dfrac{1}{x}z=e^x$，于是

$$\frac{1}{f(x)}=z=e^{-\int\frac{1}{x}dx}\left[\int e^x\cdot e^{\int\frac{1}{x}dx}dx+C\right]=\frac{1}{x}\left[\int xe^x dx+C\right]=\frac{1}{x}\left[e^x(x-1)+C\right],$$

即 $f(x)=\dfrac{x}{e^x(x-1)+C}$. 由 $f(1)=\dfrac{1}{2}$，得 $C=2$，故方程通解 $f(x)=\dfrac{x}{e^x(x-1)+2}$.

12.4.4.5　全微分

如果 $P(x,y)$、$Q(x,y)$ 及其一阶偏导数在平面单连通区域 D 上连续，且有 $\dfrac{\partial P}{\partial y}=\dfrac{\partial Q}{\partial x}$，那么 $Pdx+Qdy$ 的原函数存在，而且原函数可表示为变上限的曲线积分形式：$z(x,y)=\displaystyle\int_{(x_0,y_0)}^{(x,y)}Pdx+Qdy$. 于是，当曲线积分与路径无关时，由变上限的曲线积分可知，从点 A 到点 B 的曲线积分可以表示为 $\displaystyle\int_A^B Pdx+Qdy=\left[u(x,y)\right]_A^B$. 该公式形式上和定积分中的牛顿—莱布尼茨公式相同，称之为曲线积分的牛顿—莱布尼茨公式. 若 $v(x,y)$ 是 $Pdx+Qdy$ 的另一个原函数，则有 $dv=du$，$d(v-u)=0$，从而 $v=u+C$，也就是说，$u(x,y)+C$ 是 $Pdx+Qdy$ 的所有原函数的一般表达式. 求 $Pdx+Qdy$ 的所有原函数的一般表达式的过程称为全微分求积，显然全微分求积只要求出一个原函数即可.

定理 12.4.4.4　若在单连通区域 D 内，$u(x,y)$ 是 $Pdx+Qdy$ 的原函数，而 $A(x_1,y_1)$，$B(x_2,y_2)$ 为 D 内任意两点，则 $\displaystyle\int_A^B Pdx+Qdy=u(x,y)\Big|_{(x_1,y_1)}^{(x_2,y_2)}=u(x_2,y_2)-u(x_1,y_1)$　(1)

【证明】在单连通区域 D 内，$Pdx+Qdy$ 存在原函数等价于 $\displaystyle\int_L Pdx+Qdy$ 与路径无关，记 $v(x,y)=\displaystyle\int_{(x_1,y_1)}^{(x_2,y_2)}Pdx+Qdy$ 则 $v(x,y)$ 也是 $Pdx+Qdy$ 的原函数，于是有

$$v(x,y)=u(x,y)+C\ (C\text{是任意常数})\tag{2}$$

将 $A(x_1,y_1)$ 代入式（2）得

$0=v(x_1,y_1)=u(x_1,y_1)+C$，从而 $C=-u(x_1,y_1)$. 将 $B(x_2,y_2)$ 代入式（2）得

$$v(x_2,y_2)=\int_{(x_1,y_1)}^{(x_2,y_2)}Pdx+Qdy=u(x_2,y_2)-u(x_1,y_1)=u(x,y)\Big|_{(x_1,y_1)}^{(x_2,y_2)}$$

即 $\displaystyle\int_{(x_1,y_1)}^{(x_2,y_2)}Pdx+Qdy=u(x,y)\Big|_{(x_1,y_1)}^{(x_2,y_2)}$，定理得证.

如果已知 $u(x,y)$ 是 $Pdx+Qdy$ 的原函数，那么如何求原函数 $u(x,y)$ 呢？

在 D 内取定一点 $A(x_0,y_0)$ 和任意一点 $B(x,y)$，如图 12-14 所示，则

$$\int_A^B Pdx+Qdy=u(x,y)\Big|_{(x_0,y_0)}^{(x,y)}=u(x,y)-u(x_0,y_0)$$

由于积分与路径无关，选取直线段 $\overline{AC}+\overline{CB}$

$$u(x,y)=\int_A^B Pdx+Qdy+u(x_0,y_0)$$

$$=\int_{\overline{AC}}Pdx+Qdy+\int_{\overline{CB}}Pdx+Qdy+u(x_0,y_0)$$

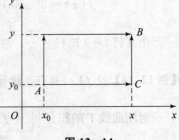

图 12-14

$$= \int_{x_0}^x P(x, y_0)\mathrm{d}x + \int_{y_0}^y Q(x, y)\mathrm{d}y + u(x_0, y_0)$$

于是 $P\mathrm{d}x + Q\mathrm{d}y$ 的原函数可取

$$u(x, y) = \int_{x_0}^x P(x, y_0)\mathrm{d}x + \int_{y_0}^y Q(x, y)\mathrm{d}y + C.$$

【例 12.15】 验证下列 $P(x, y)\mathrm{d}x + Q(x, y)\mathrm{d}y$ 在整个 xOy 平面内是某一函数 $u(x, y)$ 的全微分，并求这样的一个 $u(x, y) = (2x\cos y + y^2\cos x)\mathrm{d}x + (2y\sin x - x^2\sin y)\mathrm{d}y$.

【解】方法一： 原式 $= (2x\cos y\mathrm{d}x - x^2\sin y\mathrm{d}y) + (y^2\cos x\mathrm{d}x + 2y\sin x\mathrm{d}y)$

$$= \mathrm{d}(x^2\cos y) + \mathrm{d}(y^2\sin x) = \mathrm{d}(x^2\cos y + y^2\sin x),$$

从而原式是某一函数 $u(x, y)$ 的全微分；且 $u(x, y) = x^2\cos y + y^2\sin x$.

方法二： $P'_y = -2x\sin y + 2y\cos x = Q'_x$，

故 $P\mathrm{d}x + Q\mathrm{d}y = \mathrm{d}u$. 下面用这线路径或用计算公式求 $u(x, y)$.

$$u = \int_{(0, 0)}^{(x, y)} (2x\cos y + y^2\cos x)\mathrm{d}x + (2y\sin x - x^2\sin y)\mathrm{d}y$$

$$= \int_0^x (2x\cos 0 + 0)\mathrm{d}x + \int_0^y (2y\sin x - x^2\sin y)\mathrm{d}y$$

$$= x^2 + y^2\sin x + (x^2\cos y)\Big|_0^y = x^2\cos y + y^2\sin x.$$

或 $u = \int_0^y o\mathrm{d}y + \int_0^x (2x\cos y + y^2\cos x)\mathrm{d}x = x^2\cos y + y^2\sin x.$

方法三：（偏积分方法） 易知 $P'_y = Q'_x$，所以 $P\mathrm{d}x + Q\mathrm{d}y = \mathrm{d}u = \dfrac{\partial u}{\partial x}\mathrm{d}x + \dfrac{\partial u}{\partial y}\mathrm{d}y$，从而 $\dfrac{\partial u}{\partial x} = 2x\cos y + y^2\cos x$，偏 x 即对 x 求积分（暂视 y 为常量），得

$$u = x^2\cos y + y^2\sin x + C(y); \qquad\qquad ①$$

这里 $C(y)$ 是待定函数. 将上式对 y 求导，又得

$$\frac{\partial u}{\partial y} = -x^2\sin y + 2y\sin x + \frac{\mathrm{d}C(y)}{\mathrm{d}y} = 2y\sin x - x^2\sin y, \quad \frac{\mathrm{d}C(y)}{\mathrm{d}y} = 0 \Rightarrow C(y) = C.$$

本题只须求出一个原函数 $u(x, y)$，不妨取 $C = 0$，将 $C(y) = 0$ 代入①式，得

$$u(x, y) = x^2\cos y + y^2\sin x.$$

【例 12.16】 选择 a，b，使 $(2ax^3y^3 - 3y^2 + 5)\mathrm{d}x + (3x^4y^2 - 2bxy - 4)\mathrm{d}y$ 是某一函数 $u(x, y)$ 的全微分，并求 $u(x, y)$.

【解】方法 1： 由于 $P(x, y) = 2ax^3y^3 - 3y^2 + 5$，$Q(x, y) = 3x^4y^2 - 2bxy - 4$ 在整个平面上都有连续一阶偏导数，所以它是某一函数全微分的充分必要条件

为 $\dfrac{\partial Q}{\partial x} = \dfrac{\partial P}{\partial y}$，即 $\begin{cases} \dfrac{\partial Q}{\partial x} = 12x^3y^2 - 2by \\[2mm] \dfrac{\partial P}{\partial y} = 6ax^3y^2 - 6y \end{cases}$，$12x^3y^2 - 2by = 6ax^3y^2 - 6y$，得 $a = 2$，$b = 3$.

所以 $u(x, y) = \int_0^x P(x, 0)\mathrm{d}x + \int_0^y Q(x, y)\mathrm{d}y = \int_0^x 5\mathrm{d}x + \int_0^y (3x^4y^2 - 6xy - 4)\mathrm{d}y$

$$= 5x + x^4y^3 - 3xy^2 - 4y.$$

方法 2： $\dfrac{\partial u}{\partial x} = 4x^3y^3 - 3y^2 + 5$，$\dfrac{\partial u}{\partial y} = 3x^4y^2 - 6xy - 4$，

由 $\dfrac{\partial u}{\partial x} = 4x^3y^3 - 3y^2 + 5$ 得：$u(x, y) = \int (4x^3y^3 - 3y^2 + 5)\mathrm{d}x = x^4y^3 - 3xy^2 + 5x + c(y).$

上式两边关于 y 求偏导得：$\dfrac{\partial u}{\partial y}=3x^4y^2-6xy+c'(y)=3x^4y^2-6xy-4$

化简得 $c'(y)=-4$，解得 $c(y)=-4y+C$. 所以 $u(x,y)=x^4y^3-3xy^2+5x-4y+C$.

注 (1) 在求 $u(x,y)$ 时，由于选择的点 (x_0,y_0) 不同，所得结果也不同，但彼此相差的是一个常数.

(2) 对此类求原函数的题，应确定是求一个原函数还是全部原函数.

【例 12.17】 验证 $\dfrac{xdy-ydx}{x^2+y^2}$ 在区域 D 内是某个函数的全微分，并求出一个这样的函数. 其中 D：

(1) $x>0$；(2) $y>0$；(3) 除原点以外的全平面.

【解】 (1) $P(x,y)=\dfrac{-y}{x^2+y^2}$，$Q(x,y)=\dfrac{x}{x^2+y^2}$，当 $x>0$ 时，

$$\frac{\partial Q}{\partial x}=\frac{y^2-x^2}{(x^2+y^2)^2}=\frac{\partial P}{\partial y}.$$

所以在 $x>0$ 上是某个函数全微分（$x>0$ 是单连通域），

$$u(x,y)=\int_{(1,0)}^{(x,y)}\frac{xdy-ydx}{x^2+y^2}=\int_1^x-\frac{0}{x^2+0^2}dx+\int_0^y\frac{x}{x^2+y^2}dy=\arctan\frac{x}{y}.$$

(2) 当 $y>0$ 时，$\dfrac{\partial Q}{\partial x}=\dfrac{\partial P}{\partial y}$，所以在此区域上是某个函数全微分.

$$u(x,y)=\int_{(0,1)}^{(x,y)}\frac{xdy-ydx}{x^2+y^2}=\int_0^x\frac{-y}{x^2+y^2}dx=-\arctan\frac{x}{y}.$$

(3) 当 $x^2+y^2>0$ 是复连通域. 因为 $\displaystyle\int_{x^2+y^2=1}\frac{xdy-ydx}{x^2+y^2}=2\pi\frac{\pi}{2}$（积分与路径有关）.

在区域 $x^2+y^2>0$ 内找不到 $u(x,y)$，使 $du=Pdx+Qdy$.

【例 12.18】 求方程 $\dfrac{\partial^2 z}{\partial x\partial y}=x+y$ 满足条件 $z(x,0)=x$，$z(0,y)=y^2$ 的解 $z=z(x,y)$.

【解】 $\dfrac{\partial^2 z}{\partial x\partial y}=x+y$ 两端对 y 积分，得 $\dfrac{\partial z}{\partial x}=xy+\dfrac{1}{2}y^2+\varphi_1(x)$；再对 x 积分，得

$$z=\frac{1}{2}x^2y+\frac{1}{2}xy^2+\varphi(x)+\psi(y).$$

现在来确定 $\varphi(x)$ 和 $\psi(y)$：

由于已知 $z(x,0)=x$，$z(0,y)=y^2$，故有 $x=\varphi(x)+\psi(0)$，$y^2=\varphi(0)+\psi(y)$，于是 $z=x+y^2+\dfrac{1}{2}x^2y+\dfrac{1}{2}xy^2-[\varphi(0)+\psi(0)]$. 又因 $z(0,0)=0$，故 $\varphi(0)+\psi(0)=0$，故最后可得所求的解 $z=z(x,y)=x+y^2+\dfrac{1}{2}x^2y+\dfrac{1}{2}xy^2$.

注 是不是觉得求个原函数也不过如此吗，同学如果你上面这道题目能轻松做出来的话，恭喜你，说明你的基础知识掌握还算可以，这部分是可以设计出非常优秀的题目的，下面这道题同学先别看答案，自己试着做一下，如果你能直接做出来，恭喜你，你可能就是今年 150 分的苗子.

【例 12.19】 设函数 $f(x,y)$ 可微，$\dfrac{\partial f}{\partial x}=-f$，$f\left(0,\dfrac{\pi}{2}\right)=1$，且满足

$$\lim_{n\to\infty}\left[\frac{f\left(0,\ y+\dfrac{1}{n}\right)}{f(0,\ y)}\right]^{n}=\mathrm{e}^{\cot y},\ \text{求}\ f(x,\ y).$$

【解】$\displaystyle\lim_{n\to\infty}\left[\frac{f\left(0,\ y+\dfrac{1}{n}\right)}{f(0,\ y)}\right]^{n}$

$$=\lim_{n\to\infty}\left\{\left[1+\frac{f\left(0,\ y+\dfrac{1}{n}\right)-f(0,\ y)}{f(0,\ y)}\right]^{\frac{f(0,y)}{f\left(0,y+\frac{1}{n}\right)-f(0,y)}}\right\}^{\frac{f\left(0,y+\frac{1}{n}\right)-f(0,y)}{f(0,y)}\cdot n}$$

注意到 $\displaystyle\lim_{n\to\infty}\dfrac{f\left(0,\ y+\dfrac{1}{n}\right)-f(0,\ y)}{f(0,\ y)}=0,$

$$\lim_{n\to\infty}\frac{f\left(0,\ y+\dfrac{1}{n}\right)-f(0,\ y)}{f(0,\ y)}\cdot n=\lim_{n\to\infty}\frac{f\left(0,\ y+\dfrac{1}{n}\right)-f(0,\ y)}{\dfrac{1}{n}}\frac{1}{f(0,\ y)}=\frac{f'_y(0,\ y)}{f(0,\ y)}.$$

借助于重要极限 $\displaystyle\lim_{t\to0}(1+t)^{\frac{1}{t}}=\mathrm{e}$ 可得 $\displaystyle\lim_{n\to\infty}\left[\frac{f\left(0,\ y+\dfrac{1}{n}\right)}{f(0,\ y)}\right]^{n}=\mathrm{e}^{\frac{f'_y(0,y)}{f(0,y)}}=\mathrm{e}^{\cot y},$

所以 $\dfrac{f'_y(0,\ y)}{f(0,\ y)}=\cot y.$ 由 $\dfrac{\partial f}{\partial x}=-f,$ 即 $\dfrac{1}{f}\dfrac{\partial f}{\partial x}=-1,$ 两边对 x 积分得 $\ln|f|=-x+C(y),$ $f(x,\ y)=C(y)\mathrm{e}^{-x},$（这两部分的 $C(y)$ 已经变化了，但由于不影响结果，我们简单处理之，你看懂了吗？）从而 $f'_y(x,\ y)=C'(y)\mathrm{e}^{-x},$ $C'(y)=f'_y(0,\ y)=f(0,\ y)\cot y=C(y)\cot y,$

在方程 $\dfrac{\mathrm{d}C(y)}{C(y)}=\cot y\mathrm{d}y$ 两边对 y 积分得 $\ln|C(y)|=\ln|\sin y|+a,$ $C(y)=\mathrm{e}^{a}\sin y=b\sin y.$

将 $f\left(0,\ \dfrac{\pi}{2}\right)=1$ 代入 $f(x,\ y)=C(y)\mathrm{e}^{-x}=b\sin y\cdot\mathrm{e}^{-x}$ 得 $b=1,$ 所以 $C(y)=\sin y,$ $f(x,\ y)=\mathrm{e}^{-x}\sin y.$

12.4.4.6 曲线积分的计算方法小结

（1）当积分曲线 L 是平面曲线，如果求 $\displaystyle\int_L P\mathrm{d}x+Q\mathrm{d}y$，我们首先看 $\dfrac{\partial P}{\partial y}$ 是否等于 $\dfrac{\partial Q}{\partial x}$，然后根据积分曲线是开曲线还是闭曲线选择适宜的计算方法．

（2）当积分曲线是空间曲线 L 时，求 $\displaystyle\int_L P\mathrm{d}x+Q\mathrm{d}y+R\mathrm{d}z$，可以用如下的方法：

①直接法．把积分曲线转化成参数方程的形式，根据参数的变化范围，确定积分限．

②利用斯托克斯公式．如果曲线是闭曲线，可以直接利用斯托克斯公式转化成曲面积分，如果不是闭曲线，可以补充曲线成闭曲线，然后用斯托克斯公式．

③将空间曲线积分转化成平面曲线积分．

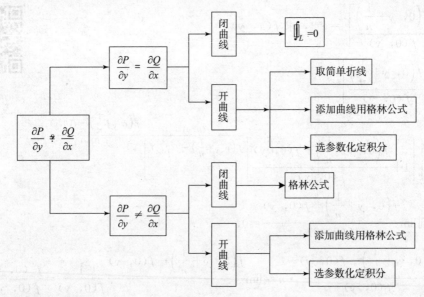

④利用两类曲线积分之间的关系.

【例 12.20】计算 $\int_L \dfrac{(x-y)\mathrm{d}x+(x+y)\mathrm{d}y}{x^2+y^2}$，其中 L 为摆线 $\begin{cases} x=t-\sin t-\pi \\ y=1-\cos t \end{cases}$ 从 $t=0$ 到 $t=2\pi$ 的一段.

【解】$\dfrac{\partial P}{\partial y}=\dfrac{y^2-x^2-2xy}{(x^2+y^2)^2}=\dfrac{\partial Q}{\partial x}$，积分与路径无关，但是从 $(-\pi,0)$ 到 $(\pi,0)$ 的直线经过 $(0,0)$，故可作从 $(-\pi,0)$ 到 $(\pi,0)$ 的上半圆 C_1：$y=\sqrt{\pi^2-x^2}$，由格林公式：

$$\oint_{C+C_1} \frac{(x-y)\mathrm{d}x+(x+y)\mathrm{d}y}{x^2+y^2}=0$$

即原式 $=-\displaystyle\int_{C_1} \frac{(x-y)\mathrm{d}x+(x+y)\mathrm{d}y}{x^2+y^2}$

$$=\int_\pi^0 \frac{\pi^2(\cos\theta-\sin\theta)(-\sin\theta)+\pi^2(\cos\theta+\sin\theta)\cos\theta}{\pi^2}\mathrm{d}\theta=-\pi$$

【例 12.21】计算曲线积分 $I=\oint_L (z-y)\mathrm{d}x+(x-z)\mathrm{d}y+(x-y)\mathrm{d}z$，其中 L 是曲线 $\begin{cases} x^2+y^2=1 \\ x-y+z=2 \end{cases}$，从 z 轴正向看 L 的方向是顺时针的.

【解1】直接法. 先写出参数方程，然后用曲线积分化为定积分的公式.

曲线 L 的参数方程为：$x=\cos t$，$y=\sin t$，$z=2-\cos t+\sin t$，t：$2\pi\to0$ 代入可以先化简一下被积表达式

$I=\oint_L (z-y)\mathrm{d}x+(x-z)\mathrm{d}y+(x-y)\mathrm{d}z$

$=\displaystyle\int_{2\pi}^0 (2-\cos t)(-\sin t)\mathrm{d}t+\int_{2\pi}^0 [\cos t-(2-\cos t+\sin t)]\cos t\mathrm{d}t$

$\quad +\displaystyle\int_{2\pi}^0 [2-(2-\cos t+\sin t)](\sin t+\cos t)\mathrm{d}t$

$=0+\displaystyle\int_{2\pi}^0 (2\cos^2 t-\sin t\cos t-2\cos t)\mathrm{d}t+0=-2\int_0^{2\pi}\cos^2 t\mathrm{d}t=-2\pi.$

【解 2】 斯托克斯公式.

记 Σ 为平面 $x-y+z=2$ 上 L 所围成的部分，由 L 的定向，按右手法则 Σ 取下侧.

$$I = \iint\limits_{\Sigma} \begin{vmatrix} \mathrm{d}y\mathrm{d}z & \mathrm{d}z\mathrm{d}x & \mathrm{d}x\mathrm{d}y \\ \dfrac{\partial}{\partial x} & \dfrac{\partial}{\partial y} & \dfrac{\partial}{\partial z} \\ z-y & x-z & x-y \end{vmatrix} = \iint\limits_{\Sigma} 2\mathrm{d}x\mathrm{d}y$$

Σ 在 xOy 平面上的投影区域 D_{xy}：$x^2+y^2 \leqslant 1$，将第二类曲面积分化为二重积分得

$$I = -2\iint\limits_{D_{xy}} \mathrm{d}x\mathrm{d}y = -2\pi.$$

【解 3】 将空间曲线积分转化成平面曲线积分.

L 在 xOy 面上的投影曲线为 L'：$x^2+y^2=1$，$z=0$，也取顺时针方向，由 Σ 的方程得 $z=2-x-y$，$\mathrm{d}z=-\mathrm{d}x+\mathrm{d}y$，代入被积表达式得

$$I = \oint_{L'}(2-x)\mathrm{d}x + (2x-2-y)\mathrm{d}y + (x-y)(-\mathrm{d}x+\mathrm{d}y)$$

$$= \oint_{L'}(2-2x+y)\mathrm{d}x + (-2+3x-2y)\mathrm{d}y = -\iint\limits_{D}(3-1)\mathrm{d}x\mathrm{d}y = -2\pi.$$

【例 12.22】 设 L 是平面单连通有界区域 σ 的正向边界线，$\vec{n}^0$ 是 L 上任一点 (x,y) 处的单位外法线矢量. 设平面封闭曲线 L 上点 (x,y) 的矢径 $\vec{r}=x\vec{i}+y\vec{j}$，$r=|\vec{r}|$；$\theta$ 是 $\vec{n}^0$ 与 $\vec{r}$ 的夹角，试求 $\oint_{L}\dfrac{\cos\theta}{r}\mathrm{d}s$.

【解】 注意到第二型曲线积分是考虑曲线 L 在其上点 (x,y) 处的单位切线矢量，设其为 $\vec{\tau}^0 = \cos\alpha\vec{i} + \cos\beta\vec{j}$. 因为曲线 L 在其上点 (x,y) 处的法矢量 $\vec{n}^0$ 与切线矢量 $\vec{\tau}^0$ 互相垂直，并使闭曲线 L 沿正向，故取 $\vec{n}^0 = \cos\beta\vec{i} - \cos\alpha\vec{j}$. 根据两矢量内积的定义及 $\mathrm{d}x=\cos\alpha\mathrm{d}s$，$\mathrm{d}y=\cos\beta\mathrm{d}s$，得

$$\cos\theta\mathrm{d}s = \frac{\vec{r}\cdot\vec{n}^0}{r}\mathrm{d}s = \frac{1}{r}(x\cos\beta - y\cos\alpha)\mathrm{d}s = \frac{1}{r}(-y\mathrm{d}x + x\mathrm{d}y).$$

于是，原曲线积分 $\oint_{L}\dfrac{\cos\theta}{r}\mathrm{d}s = \oint_{L}\dfrac{1}{r^2}(-y\mathrm{d}x + x\mathrm{d}y)$ 取包含原点的任意小的圆域，其半径为 $\varepsilon > 0$，则 $x=\varepsilon\cos t$，$y=\varepsilon\sin t$. 于是 上式 $= \dfrac{1}{\varepsilon^2}\displaystyle\int_0^{2\pi}\left[(-\varepsilon\sin t)\mathrm{d}(\varepsilon\cos t) + \varepsilon\cos t\mathrm{d}(\varepsilon\sin t)\right] = 2\pi.$

注 本题考查第一类曲线积分与第二类曲线积分之间的转化关系：$\displaystyle\int_{L}(P\cos x + Q\cos\beta)\mathrm{d}s = \int_{L}P\mathrm{d}x + Q\mathrm{d}y$. 需注意第二类曲线积分是考虑曲线 L 在其上点 (x,y) 处的单位切向量.

12.5 第二型曲面积分（对坐标的曲面积分）

12.5.1 定义

设 Σ 为光滑有向曲面，$P(x,y,z)$，$Q(x,y,z)$，$R(x,y,z)$ 在 Σ 上有界，则

$$\iint\limits_{\Sigma} P\mathrm{d}y\mathrm{d}z + Q\mathrm{d}z\mathrm{d}x + R\mathrm{d}z\mathrm{d}y \xlongequal{\triangle}$$

$$\lim_{n\to\infty}\sum_{i=1}^{n}\left[P(\xi_i,\ \eta_i,\ \zeta_i)(\Delta S_i)_{yz}+Q(\xi_i,\ \eta_i,\ \zeta_i)(\Delta S_i)_{zx}+R(\xi_i,\ \eta_i,\ \zeta_i)(\Delta S_i)_{xy}\right],$$

其中 $(\Delta S_i)_{yz}$ 表示有向曲面块 ΔS_i 在 yOz 坐标面上的投影，$(\Delta S_i)_{zx}$，$(\Delta S_i)_{xy}$ 类似. 如果 P，Q，R 在 Σ 上连续，则 $\iint\limits_{\Sigma}Pdydz+Qdzdx+Rdzdy$ 存在.

12.5.2 性质

积分与曲面的侧有关，即 $\iint\limits_{\Sigma}Pdydz+Qdzdx+Rdzdy=-\iint\limits_{-\Sigma}Pdydz+Qdzdx+Rdzdy$，

其中 $-\Sigma$ 表示 Σ 的另外一侧.

12.5.3 两类曲面积分的联系

$$\iint\limits_{\Sigma}Pdydz+Qdzdx+Rdzdy=\iint\limits_{\Sigma}(P\cos\alpha+Q\cos\beta+R\cos\gamma)dS,$$

其中 $\cos\alpha$，$\cos\beta$，$\cos\gamma$ 为曲面 Σ 上点 $(x,\ y,\ z)$ 处指定侧的法线向量的方向余弦.

12.5.4 计算

12.5.4.1 直接法

如前面我给大家建立第二类曲线、曲面积分的初步印象时所说，第一类是无方向性问题的，类似标量，现在还有个有方向的，类似矢量的，那怎么办，多加一类呗，所以有了第二类曲线曲面积分. 我们先来看看这里的投影方向吧.

设 Σ 是有向曲面，在 Σ 上取一小块曲面 ΔS，把 ΔS 投影到 xOy 面上得一投影区域，用 $(\Delta\sigma)_{xy}$ 表示该投影区域，同时代表投影区域的面积. 假定 ΔS 上各点处的法向量与 z 轴的夹角 γ 的余弦 $\cos\gamma$ 有相同的符号（即 $\cos\gamma$ 都是正的或都是负的）. 我们规定 ΔS 在 xOy 面上的投影 $(\Delta S)_{xy}$ 为：$(\Delta S)_{xy}=\begin{cases}(\Delta\sigma)_{xy}, & \cos\gamma>0\\ -(\Delta\sigma)_{xy}, & \cos\gamma<0\\ 0, & \cos\gamma=0\end{cases}$

其中 $\cos\gamma=0$ 也就是 $(\Delta\sigma)_{xy}=0$ 的情形. 类似地可以定义 ΔS 在 yOz 面及在 zOx 面上的投影 $(\Delta S)_{yz}$ 及 $(\Delta S)_{zx}$ 对坐标的曲面积分可以化成二重积分进行计算，下面分几种情形讨论.

情形 I 设 Σ：$z=f(x,\ y)$ 取正侧，也即 Σ：$-f(x,\ y)+z=0$，则其法向量为 $\vec{n}=\{-f_x,\ -f_y,\ 1\}$，于是归一化后得方向余弦 $\vec{n}_2=\dfrac{\{-f_x,\ -f_y,\ 1\}}{\sqrt{1+(f_x)^2+(f_y)^2}}$，故

$$I=\iint\limits_{\Sigma}Pdydz+Qdzdx+Rdxdy=\iint\limits_{\Sigma}\vec{F}\cdot\vec{n}_2dS$$

$$=\iint\limits_{\Sigma}\{P,\ Q,\ R\}\cdot\dfrac{\{-f_x,\ -f_y,\ 1\}}{\sqrt{1+(f_x)^2+(f_y)^2}}dS$$

$$=\iint\limits_{D_\sigma}\{P,\ Q,\ R\}\cdot\dfrac{\{-f_x,\ -f_y,\ 1\}}{\sqrt{1+(f_x)^2+(f_y)^2}}\sqrt{1+(f_x)^2+(f_y)^2}dxdy$$

$$= \iint\limits_{D_{xy}} \{P[x, y, z(x, y)], Q[x, y, z(x, y)], R[x, y, z(x, y)]]\} \cdot$$
$$\{-f_x, -f_y, 1\} \mathrm{d}x\mathrm{d}y$$

对坐标的曲面积分化成了 xOy 面上的二重积分，这种方法称为向量点积法.

注　如果 $\Sigma: z = f(x, y)$ 取负侧，取 $\iint\limits_{\Sigma} P\mathrm{d}y\mathrm{d}z + Q\mathrm{d}z\mathrm{d}x + R\mathrm{d}x\mathrm{d}y$

$$= -\iint\limits_{D_{xy}} \{P, Q, R\} \cdot \{-f_x, -f_y, 1\} \mathrm{d}x\mathrm{d}y \text{ 即可.}$$

先就这一个情况啰嗦几句，首先需要知道这个法向量是怎么来的，然后这个面元怎么换到 xOy 面的二重积分的. 然后呢，大家发现这个过程隐含的信息没？后面我们再说.

情形 II　设 $\Sigma: y = f(z, x)$ 取正侧，其法向量为 $\vec{n} = \{-f_x, 1, -f_z\}$，则有

$$\iint\limits_{\Sigma} P\mathrm{d}y\mathrm{d}z + Q\mathrm{d}z\mathrm{d}x + R\mathrm{d}x\mathrm{d}y$$

$$= \iint\limits_{D_{zx}} \{P[x, y(z, x), z], Q[x, y(z, x), z], R[x, y(z, x), z]\}$$
$$\cdot \{-f_x, 1, -f_z\} \mathrm{d}z\mathrm{d}x$$

情形 III　设 $\Sigma: x = f(y, z)$ 取正侧，其法向量为 $\vec{n} = \{1, -f_y, -f_z\}$，则有

$$\iint\limits_{\Sigma} P\mathrm{d}y\mathrm{d}z + Q\mathrm{d}z\mathrm{d}x + R\mathrm{d}x\mathrm{d}y$$

$$= \iint\limits_{D_{yz}} \{P[x(y, z), y, z], Q[x(y, z), y, z], R[x(y, z), y, z]\}$$
$$\cdot \{1, -f_y, -f_z\} \mathrm{d}y\mathrm{d}z$$

情形 IV　当被积函数只有一部分时，不必用向量点积法，直接化成二重积分.

例如，设 $\Sigma: z = f(x, y), \iint\limits_{\Sigma^+} R\mathrm{d}x\mathrm{d}y = \iint\limits_{D_{xy}} R[x, y, z(x, y)]\mathrm{d}x\mathrm{d}y;$

$$\iint\limits_{\Sigma^+} R\mathrm{d}x\mathrm{d}y = -\iint\limits_{D_{xy}} R[x, y, z(x, y)]\mathrm{d}x\mathrm{d}y$$

看出来没，口诀为：缺谁代谁夹谁.

例如 $\iint\limits_{\Sigma} f(x, y, z)\mathrm{d}x\mathrm{d}y$，从 $\mathrm{d}x\mathrm{d}y$ 看缺 z，所以把曲面的 z 表示成 $z = z(x, y)$ 的形式，代替表达式 $f(x, y, z)$ 中的 z 得到 $f(x, y, z(x, y))$，于是，有

$$\iint\limits_{\Sigma} f(x, y, z)\mathrm{d}x\mathrm{d}y = \pm \iint\limits_{D_{xy}} f(x, y, z(x, y))\mathrm{d}x\mathrm{d}y$$

其中，D_{xy} 为 Σ 在 xOy 平面内的投影.

考查 Σ 的正方向法向量与 z 轴正向夹角成锐角还是钝角，若成锐角则取正号，否则取负号. 总之都是：

"一代"是指将 Σ 的方程代替被积函数中的某一变量，如果没有不代换.

"二投"是指将积分曲面投向指定的坐标面.

"三定号"是指将积分曲面所给的侧确定二重积分的符号.

因为这个属于常规算法，接下来还会学到高斯公式，所以等都学了我们再做几个题目.

12.5.4.2 两类曲面积分的关系

设曲面 Σ 在 (x, y, z) 处的单位法向量 $\vec{n}^0 = \cos\alpha\,\vec{i} + \cos\beta\,\vec{j} + \cos\gamma\,\vec{k}$，（其中 α，β，γ 为 $\vec{n}^0$ 的方向角）$\vec{dS} = \{(dS)_{yz}, (dS)_{zx}, (dS)_{xy}\} = \{\cos\alpha dS, \cos\beta dS, \cos\gamma dS\}$

其中 $(dS)_{yz} = \cos\alpha dS$，$(dS)_{zx} = \cos\beta dS$，$(dS)_{xy} = \cos\gamma dS$ 分别表示有向曲面面积元素 $\vec{dS}$ 在 yOz 平面，zOx 平面，xOy 平面上的投影，分别记这些投影为

$$(dS)_{yz} = \cos\alpha dS = dydz, \quad (dS)_{zx} = \cos\beta dS = dzdx, \quad (dS)_{xy} = \cos\gamma dS = dxdy.$$

那么 $\vec{dS}$ 可表示为 $\vec{dS} = \vec{n}^0 \cdot dS = \{dydz, dzdx, dxdy\}$

称 $\vec{dS} = \vec{n}^0 \cdot dS = \{dydz, dzdx, dxdy\}$ 为有向面积元素. 进而得到第 II 型曲面积分的几种等价形式：

$$\iint\limits_{\Sigma} \vec{F} \cdot \vec{dS} = \iint\limits_{\Sigma} \{P, Q, R\} \cdot \{\cos\alpha, \cos\beta, \cos\gamma\} dS$$

$$= \iint\limits_{\Sigma} \{P, Q, R\} \cdot \{\cos\alpha dS, \cos\beta dS, \cos\gamma dS\}$$

$$= \iint\limits_{\Sigma} \{P\cos\alpha + Q\cos\beta + R\cos\gamma\} dS$$

$$= \iint\limits_{\Sigma} \{P, Q, R\} \cdot \{dydz, dzdx, dxdy\}$$

$$= \iint\limits_{\Sigma} Pdydz + Qdzdx + Rdxdy$$

12.5.4.3 如何将组合式的第二型曲面积分化为单一式的第二型曲面积分

第二型曲面积分常以组合形式（指至少有两项不为零）出现，即

$$I = \iint\limits_{\Sigma} P(x, y, z)dydz + Q(x, y, z)dzdx + R(x, y, z)dxdy,$$

其中曲面 S 为分片光滑的有向曲面，P，Q，R 在曲面 S 上连续（否则分割区域）.

如果曲面 S 的方程是 $z = z(x, y)$，则曲面 S 上的单位法矢量

$$\vec{n} = \{\cos\alpha, \cos\beta, \cos\gamma\} = \pm\left\{\frac{-z_x}{\sqrt{1+z_x^2+z_y^2}}, \frac{-z_y}{\sqrt{1+z_x^2+z_y^2}}, \frac{1}{\sqrt{1+z_x^2+z_y^2}}\right\}$$

（曲面 S 取上侧时取正号，取下侧时取负号）.

因为 $dydz = \cos\alpha dS$，$dzdx = \cos\beta dS$，$dxdy = \cos\gamma dS$

所以 $dydz = \dfrac{\cos\alpha}{\cos\gamma}dxdy = -z_x dxdy$，$dzdx = \dfrac{\cos\beta}{\cos\gamma}dxdy = -z_y dxdy$，

从而 $\iint\limits_{S} P(x,y,z)dydz + Q(x,y,z)dzdx + R(x,y,z)dxdy = \iint\limits_{S} (-z_x P - z_y Q + R)dxdy$，

这样，就将本应分别在三个坐标面投影处理的积分转化为只需向一个坐标面投影的积分. 当曲面 S 的方程是 $y = y(x, z)$ 及 $x = x(y, z)$ 时，其转化方法类似.

12.5.4.4 高斯公式

如表 12-6 所示，高斯公式和格林公式对照着记忆.

表 12-6

转换公式名称	功　　能
格林公式	平面区域上二重积分和区域边界的曲线上的曲线积分之间的关系
高斯公式	空间封闭区域内的三重积分与封闭区域边界曲面上的曲面积分之间的关系

定理 12.5.4.4.1　设空间闭区域 Ω 是由光滑或分片光滑的闭曲面 Σ 所围成，函数

$$P(x,\ y,\ z)、Q(x,\ y,\ z)、R(x,\ y,\ z)$$

在 Ω 上具有一阶连续偏导数，则有 $\iiint\limits_{\Omega}\left(\dfrac{\partial P}{\partial x}+\dfrac{\partial Q}{\partial y}+\dfrac{\partial R}{\partial z}\right)\mathrm{d}v=\oiint\limits_{\Sigma}P\mathrm{d}y\mathrm{d}z+Q\mathrm{d}z\mathrm{d}x+R\mathrm{d}x\mathrm{d}y$

$$或\iiint\limits_{\Omega}\left(\frac{\partial P}{\partial x}+\frac{\partial Q}{\partial y}+\frac{\partial R}{\partial z}\right)\mathrm{d}v=\oiint\limits_{\Sigma}(P\cos\alpha+Q\cos\beta+R\cos\gamma)\mathrm{d}S \tag{1}$$

其中曲面 Σ 取 Ω 的整个边界的外侧。$\vec{n}=\{\cos\alpha,\ \cos\beta,\ \cos\gamma\}$ 是曲面 Σ 上点 $(x,\ y,\ z)$ 处的正法向量的方向余弦，式（1）被称为高斯公式.

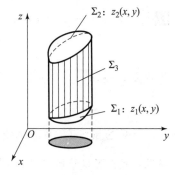

图 12-15

【证】 设 Ω 是一柱体，上边界曲面为 Σ_2：$z=z_2(x,\ y)$，取上侧，下边界曲面为 Σ_1：$z=z_1(x,\ y)$，取下侧. 侧面为柱面 Σ_1 取外侧，如图 12-15 所示，根据三重积分的计算法，有

$$\iiint\limits_{\Omega}\frac{\partial R}{\partial z}\mathrm{d}V=\iint\limits_{D_{xy}}\mathrm{d}x\mathrm{d}y\int_{z_1(x,\ y)}^{z_2(x,\ y)}\frac{\partial R}{\partial z}\mathrm{d}z$$

$$=\iint\limits_{D_{xy}}\{R[x,\ y,\ z_2(x,\ y)]-R[x,\ y,\ z_1(x,\ y)]\}\mathrm{d}x\mathrm{d}y$$

由第二类曲面积分知识可以知道（缺谁带谁夹谁）

$$\iint\limits_{\Sigma_1}R(x,\ y,\ z)\mathrm{d}x\mathrm{d}y=-\iint\limits_{D_{xy}}R[x,\ y,\ z_1(x,\ y)]\mathrm{d}x\mathrm{d}y$$

$$\iint\limits_{\Sigma_2}R(x,\ y,\ z)\mathrm{d}x\mathrm{d}y=\iint\limits_{D_{xy}}R[x,\ y,\ z_2(x,\ y)]\mathrm{d}x\mathrm{d}y$$

$$\iint\limits_{\Sigma_3}R(x,\ y,\ z)\mathrm{d}x\mathrm{d}y=0$$

以上三式相加，得 $\oiint\limits_{\Sigma}R(x,\ y,\ z)\mathrm{d}x\mathrm{d}y=\iint\limits_{D_{xy}}\{R[x,\ y,\ z_2(x,y)]-R[x,\ y,\ z_1(x,\ y)]\}\mathrm{d}x\mathrm{d}y$

所以 $\iiint\limits_{\Omega}\dfrac{\partial R}{\partial z}\mathrm{d}V=\oiint\limits_{\Sigma}R(x,\ y,\ z)\mathrm{d}x\mathrm{d}y$

类似地有：$\iiint\limits_{\Omega}\dfrac{\partial P}{\partial z}\mathrm{d}V=\oiint\limits_{\Sigma}P(x,\ y,\ z)\mathrm{d}x\mathrm{d}y$，$\iiint\limits_{\Omega}\dfrac{\partial Q}{\partial z}\mathrm{d}V=\oiint\limits_{\Sigma}Q(x,\ y,\ z)\mathrm{d}x\mathrm{d}y$

把以上三式两端分别相加，即得高斯公式.

在上述的证明中，对闭区域 Ω 作了这样的限制：假设穿过 Ω 内部且平行于坐标轴的直线与 Ω 的边界曲面 Σ 的交点恰好是两个，如果条件不满足. 可以引进辅助曲面把区域 Ω 分为若干个闭区域，使得每个闭区域满足所限制的条件. 由于沿辅助曲面相反两侧的两个曲面积分值的绝对值相等而符号相反，其和恰好抵消为零，所以高斯公式在那样的闭区域上仍然成立.

从高斯公式定义可以看出，公式必须要满足两个条件，缺一不可，所以一般出题人往往逆其道而行之，将题目设置成：

（1）Σ 不是封闭曲面，也就是没有围成一个空间有界闭区域 Ω；

（2）即使 Σ 围成了一个空间有界闭区域 Ω，但是 P，Q，R，$\dfrac{\partial P}{\partial x}$，$\dfrac{\partial Q}{\partial y}$，$\dfrac{\partial R}{\partial z}$ 在 Ω 上不连续．

【例 12.23】 计算曲面积分 $I=\displaystyle\iint\limits_{\Sigma}(x^3+az^2)\mathrm{d}y\mathrm{d}z+(y^3+ax^2)\mathrm{d}z\mathrm{d}x+(z^3+ay^2)\mathrm{d}x\mathrm{d}y$，其中 Σ 为上半球面 $z=\sqrt{a^2-x^2-y^2}$ 的上侧．

【解】 记 S 为平面 $z=0(x^2+y^2\leqslant a^2)$ 下侧，Ω 为 Σ 与 S 所围成的空间区域．

$$I=\oiint\limits_{\Sigma+S}(x^3+az^2)\mathrm{d}y\mathrm{d}z+(y^3+ax^2)\mathrm{d}z\mathrm{d}x+(z^3+ay^2)\mathrm{d}x\mathrm{d}y$$

$$-\iint\limits_{S}(x^3+az^2)\mathrm{d}y\mathrm{d}z+(y^3+ax^2)\mathrm{d}z\mathrm{d}x+(z^3+ay^2)\mathrm{d}x\mathrm{d}y$$

$$=\iiint\limits_{\Omega}3(x^2+y^2+z^2)\mathrm{d}v+\iint\limits_{x^2+y^2\leqslant a^2}ay^2\mathrm{d}x\mathrm{d}y$$

$$=3\int_0^{2\pi}\mathrm{d}\theta\int_0^{\frac{\pi}{2}}\sin\varphi\mathrm{d}\varphi\int_0^a r^4\mathrm{d}r+\int_0^{2\pi}a\sin^2\theta\mathrm{d}\theta\int_0^a r^3\mathrm{d}r=\frac{6}{5}\pi a^5+\frac{1}{4}\pi a^5=\frac{29}{20}\pi a^5.$$

注 $\displaystyle\iiint\limits_{\Omega}3(x^2+y^2+z^2)\mathrm{d}v$ 转化为极坐标形式进行计算的时候，主要是确定积分限，因为 Σ 为上半球面 $z=\sqrt{a^2-x^2-y^2}$ 的上侧，所以 $\begin{cases}0\leqslant r\leqslant a\,(射线超过\,a\,后离开空间体)\\[2mm]0\leqslant\varphi\leqslant\dfrac{\pi}{2}\left(竹竿散开\dfrac{\pi}{2}后离开空间体\right).\\[2mm]0\leqslant\theta\leqslant 2\pi\,(门要绕一圈)\end{cases}$

针对 Σ 围成了一个空间有界闭区域 Ω，但是 P，Q，R，$\dfrac{\partial P}{\partial x}$，$\dfrac{\partial Q}{\partial y}$，$\dfrac{\partial R}{\partial z}$ 在 Ω 上不连续这类情况，我们可以采取"挖去法"，把不连续点（称为"奇点"）挖去，使条件得以满足，从而可以使用高斯公式，这样说有些抽象，请看个例子．

【例 12.24】 计算曲面积分 $I=\displaystyle\oiint\limits_{\Sigma}\dfrac{x\mathrm{d}y\mathrm{d}z+y\mathrm{d}z\mathrm{d}x+z\mathrm{d}x\mathrm{d}y}{(x^2+y^2+z^2)^{\frac{3}{2}}}$，其中 Σ 是曲面 $2x^2+2y^2+z^2=4$ 的外侧．

【解】 先计算 $\dfrac{\partial P}{\partial x}+\dfrac{\partial Q}{\partial y}+\dfrac{\partial R}{\partial z}$：

（1）$\dfrac{\partial}{\partial x}\left[\dfrac{x}{(x^2+y^2+z^2)^{\frac{3}{2}}}\right]=\dfrac{y^2+z^2-2x^2}{(x^2+y^2+z^2)^{\frac{5}{2}}}$；

（2）$\dfrac{\partial}{\partial y}\left[\dfrac{y}{(x^2+y^2+z^2)^{\frac{3}{2}}}\right]=\dfrac{x^2+z^2-2y^2}{(x^2+y^2+z^2)^{\frac{5}{2}}}$；

（3）$\dfrac{\partial}{\partial z}\left[\dfrac{z}{(x^2+y^2+z^2)^{\frac{3}{2}}}\right]=\dfrac{x^2+y^2-2z^2}{(x^2+y^2+z^2)^{\frac{5}{2}}}$，故 $\dfrac{\partial P}{\partial x}+\dfrac{\partial Q}{\partial y}+\dfrac{\partial R}{\partial z}=0.$

被积函数及其偏导数在点 $(0,0,0)$ 处不连续，取封闭曲面 Σ_1：$x^2+y^2+z^2=\delta^2$ 的外侧，其中 δ 足够小以保证其在曲面 $2x^2+2y^2+z^2=4$ 内部，于是

$$\oiint\limits_{\Sigma}=\oiint\limits_{\Sigma+\Sigma_1}-\oiint\limits_{\Sigma_1}=\iiint\limits_{\Omega}0\mathrm{d}v+\oiint\limits_{\Sigma_1}\dfrac{x\mathrm{d}y\mathrm{d}z+y\mathrm{d}x\mathrm{d}z+z\mathrm{d}x\mathrm{d}y}{\delta^3}=\dfrac{1}{\delta^3}\iiint\limits_{x^2+y^2+z^2\leqslant\delta^2}3\mathrm{d}v=\dfrac{3}{\delta^3}\cdot\dfrac{4\pi\delta^3}{3}=4\pi.$$

提示 原本不封闭的曲面，为了使用高斯公式补上一个面，这个既然是补上的，好比向人借钱，还是要还回去的，不要忘了减去补上的面的区域上的第二类曲面积分值．还有这个补面

可以补好多个成为封闭曲面，但是我们只补那种好算的平面，否则你补了一个曲面，算起来岂不是更麻烦，没有起到简化计算的作用呀．关于例 12.24 为何是偏导数和被积函数在 $(0,0,0)$ 处不连续呢，原因是被积函数在 $(0,0,0)$ 无定义，既然无定义怎么谈连续呢，多元函数连续是沿着所有可能的路径极限值都相等并且等于这一点处的函数值，那我们看看偏导数是不是连续吧，偏导数是不是连续要用定义吧，定义式请按照多元微分知识写出，你会发现也与 $(0,0,0)$ 函数值有关，即便没有关系，我们假设成 0，也会发现 $(0,0,0)$ 处偏导数值为无穷大，反正你不管怎么去考虑，偏导数肯定是在 $(0,0,0)$ 是不连续的．至此我们终于可以总结一下第二类曲面积分的计算问题了．

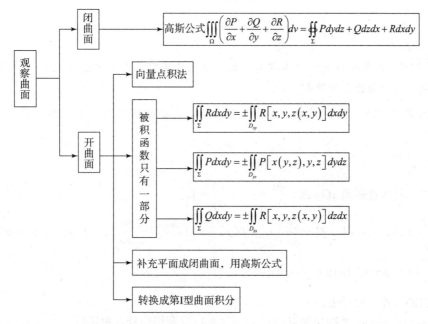

高斯公式或者补面使用高斯公式例题之前讲了几个了，现在讲下向量点积法和转化为第一类曲面积分．

【**例 12.25**】计算 $\iint\limits_{\Sigma}[f(x,y,z)+x]\mathrm{d}y\mathrm{d}z+[2f(x,y,z)+y]\mathrm{d}z\mathrm{d}x+[f(x,y,z)+z]\mathrm{d}x\mathrm{d}y$，$\Sigma$ 为平面 $x-y+z=1$ 第四卦限内的部分的前侧．

【**解**】如图 12-16 所示．

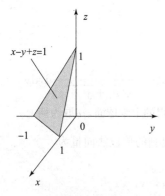

图 12-16

方法一　平面 $x-y+z=1$ 的法向量 $\vec{n}=(1,-1,1)$，方向向上，其方向余弦为 $\cos\alpha=\dfrac{1}{\sqrt{3}}$，$\cos\beta=-\dfrac{1}{\sqrt{3}}$，$\cos\gamma=\dfrac{1}{\sqrt{3}}$，由两类曲面积分间的关系，得

$$\iint\limits_{\Sigma}[f(x,y,z)+x]\mathrm{d}y\mathrm{d}z+[2f(x,y,z)+y]\mathrm{d}z\mathrm{d}x+[f(x,y,z)+z]\mathrm{d}x\mathrm{d}y$$

$$=\iint\limits_{\Sigma}[(f+x)\cos\alpha+(2f+y)\cos\beta+(f+z)\cos\gamma]\mathrm{d}S$$

$$=\iint\limits_{\Sigma}\left[(f+x)\frac{1}{\sqrt{3}}+(2f+y)\left(-\frac{1}{\sqrt{3}}\right)+(f+z)\frac{1}{\sqrt{3}}\right]\mathrm{d}S$$

$$=\frac{1}{\sqrt{3}}\iint\limits_{\Sigma}(x-y+z)\mathrm{d}S=\frac{1}{\sqrt{3}}\iint\limits_{\Sigma}\mathrm{d}S=\frac{1}{\sqrt{3}}\cdot\frac{\sqrt{3}}{2}=\frac{1}{2}.$$

注 (1) 这个方法先是根据曲线（本题为平面）求出法向量，然后单位化之后求得方向余弦，然后就是第二类曲面积分的步骤了.

(2) $\iint\limits_{\Sigma}\mathrm{d}S$ 等于等边三角形面积，有好几种算法，这里随便列举一种求得三角形的高等于 $\sqrt{\dfrac{3}{2}}$，进而 $\iint\limits_{\Sigma}\mathrm{d}S=\dfrac{1}{2}\cdot\sqrt{\dfrac{3}{2}}\cdot\sqrt{2}=\dfrac{\sqrt{3}}{2}$.

方法二　转换投影到 xOy 面，$\dfrac{\partial z}{\partial x}=-1$，$\dfrac{\partial z}{\partial y}=1$.

$$I=\iint\limits_{D_{xy}}[f(x,y,z)+x]\left(-\frac{\partial z}{\partial x}\right)+[2f(x,y,z)+y]\left(-\frac{\partial z}{\partial y}\right)+[f(x,y,z)+z]\mathrm{d}x\mathrm{d}y$$

$$=\iint\limits_{D_{xy}}(x-y+z)\mathrm{d}x\mathrm{d}y=\iint\limits_{D_{xy}}\mathrm{d}x\mathrm{d}y=\frac{1}{2}.$$

方法二的另外一种写法：

已知 $z=1+x+y$，Σ 的法向量 $\vec{n}=\{1,-1,1\}$，利用向量点积法得

$$I=\iint\limits_{D_{xy}}\{[f(x,y,z)+x],[2f(x,y,z)+y],[f(x,y,z)+z]\}\cdot\{1,-1,1\}\mathrm{d}x\mathrm{d}y$$

$$=\iint\limits_{D_{xy}}\{[f(x,y,z)+x]-[2f(x,y,z)+y]-[f(x,y,z)+z]\}\mathrm{d}x\mathrm{d}y$$

$$=\iint\limits_{D_{xy}}(x-y+z)\mathrm{d}x\mathrm{d}y;将 z=1+x+y 代入被积函数，有$$

$$I=\iint\limits_{D_{xy}}(x-y+z)\mathrm{d}x\mathrm{d}y=\iint\limits_{D_{xy}}1\mathrm{d}x\mathrm{d}y=\frac{1}{2}.$$

【例 12.26】 计算第二类曲面积分

$$I=\iint\limits_{\Sigma}\frac{x}{\sqrt{x^2+y^2+z^2}}\mathrm{d}y\mathrm{d}z+\frac{y}{\sqrt{x^2+y^2+z^2}}\mathrm{d}z\mathrm{d}x+\frac{z}{\sqrt{x^2+y^2+z^2}}\mathrm{d}x\mathrm{d}y$$

其中 Σ 是球面 $x^2+y^2+z^2=R^2$ 被平面 $z=0$ 所截得的上半球面，$\vec{n}$ 取为朝上.

【解】 $\vec{F}=\dfrac{1}{\sqrt{x^2+y^2+z^2}}\{x,y,z\}$ 上半球面 Σ 指定侧的单位法向量为

$$\vec{n}^0=\{\cos\alpha,\cos\beta,\cos\gamma\}=\frac{1}{\sqrt{x^2+y^2+z^2}}\{x,y,z\}$$

由公式可得 $I = \iint\limits_{S} \dfrac{x}{\sqrt{x^2+y^2+z^2}}\mathrm{d}y\mathrm{d}z + \dfrac{y}{\sqrt{x^2+y^2+z^2}}\mathrm{d}z\mathrm{d}x + \dfrac{z}{\sqrt{x^2+y^2+z^2}}\mathrm{d}x\mathrm{d}y$

$$= \iint\limits_{S}\left(\frac{x}{\sqrt{x^2+y^2+z^2}}\cos\alpha + \frac{y}{\sqrt{x^2+y^2+z^2}}\cos\beta + \frac{z}{\sqrt{x^2+y^2+z^2}}\cos\gamma \right)\mathrm{d}S$$

$$= \iint\limits_{S}\left(\frac{x}{\sqrt{x^2+y^2+z^2}}\cdot\frac{x}{\sqrt{x^2+y^2+z^2}} + \frac{y}{\sqrt{x^2+y^2+z^2}}\cdot\frac{y}{\sqrt{x^2+y^2+z^2}} \right.$$

$$\left. + \frac{z}{\sqrt{x^2+y^2+z^2}}\cdot\frac{z}{\sqrt{x^2+y^2+z^2}} \right)\mathrm{d}S = \iint\limits_{S}\mathrm{d}S = \frac{1}{2}\cdot 4\pi R^2 = 2\pi R^2.$$

12.5.4.5 斯托克斯公式的初步印象

表 12-7

转换公式名称	功　能
格林公式	平面区域上二重积分和区域边界的曲线上的曲线积分之间的关系
高斯公式	空间封闭区域内的三重积分与封闭区域边界曲面上的曲面积分之间的关系
斯托克斯公式	空间有界曲面上的曲面积分与曲面的边界曲线上的曲线积分之间的关系

表 12-8　　　　　　　　　　　　　　　微元法

积分类型	典型实例	母公式	被积变量	被积函数的变化	积分范围	微元	最终积分式
定积分	曲边梯形面积	矩形面积 $S=xh$	长度 x	h 变为 $f(x)$	区间 $[a, b]$	$f(x)\mathrm{d}x$	$\int_a^b f(x)\mathrm{d}x$
二重积分	曲顶柱体体积	平面柱体体积 $V=\sigma h$	面积 σ	h 变为 $f(x, y)$	区域 D	$f(x, y)\mathrm{d}\sigma$	$\iint\limits_{D} f(x, y)\mathrm{d}\sigma$
三重积分	非均匀物体的质量	均匀物体的质量 $M=\rho V$	体积 V	ρ 变为 $f(x, y, z)$	立体 Ω	$f(x, y, z)\mathrm{d}V$	$\iiint\limits_{\Omega} f(x, y, z)\mathrm{d}V$
曲线积分(I)	非均匀曲线的质量	均匀曲线的质量 $M=\rho s$	弧长 s	ρ 变为 $f(x, y)$（线密度）	曲线 L（无向）	$f(x, y)\mathrm{d}s$	$\int_L f(x, y)\mathrm{d}s$
曲线积分(II)	变力沿曲线做的功	恒力沿同一方向做的功 $W=F\cdot s$ $s=(\Delta x, \Delta y)$	有向线段 s	$F=P(x, y)i+Q(x, y)j$	曲线 L（有向）	$F\cdot\mathrm{d}s=P\mathrm{d}x+Q\mathrm{d}y$ 其中 $\mathrm{d}s=(\mathrm{d}x, \mathrm{d}y)$	$\int_L P\mathrm{d}x+Q\mathrm{d}y$
曲面积分(I)	非均匀曲面的质量	均匀曲面的质量 $M=\rho S$	面积 S	ρ 变为 $f(x, y, z)$（面密度）	曲面 Σ（无向）	$f(x, y, z)\mathrm{d}S$	$\iint\limits_{\Sigma} f(x, y, z)\mathrm{d}S$
曲面积分(II)	非恒定场通过曲面的通量	恒定场通过平面的通量 $\Phi=v\cdot n\cdot S$	有向面积 $S=n\cdot S$	$v=Pi+Qj+Rk$	曲面 Σ（有向）	$v\cdot n\cdot\mathrm{d}S$	$\iint\limits_{\Sigma} P\mathrm{d}y\mathrm{d}z+Q\mathrm{d}z\mathrm{d}z$ $+R\mathrm{d}x\mathrm{d}y$

【例 12.27】 在 xOy 面的第一象限有一条曲线，过曲线上任一点垂直于 x 轴的直线与两坐标轴以及此曲线所围成的曲边梯形的面积之值等于该段曲线长度的两倍，曲线通过点 $(3，2)$，求曲线的方程.

【分析】 "寻微法"：此题的题目中出现了"曲边梯形的面积"，因此要想到利用变上限的定积分，根据定积分的几何意义即可列出积分方程，求导后即为微分方程.

【解】 设曲线的方程为 $y＝y(x)$. 根据定积分的几何意义，题目中曲边梯形的面积为定积分：$\int_0^x y(x)\mathrm{d}x$；而题目中曲线长度为 $\int_0^x \sqrt{1+[y'(x)]^2}\,\mathrm{d}x$. 依题意，得到等式

$$\int_0^x y(x)\mathrm{d}x = 2\int_0^x \sqrt{1+[y'(x)]^2}\,\mathrm{d}x.$$

等式两端对 x 求导，得到微分方程 $y=2\sqrt{1+y'^2}$，即 $\dfrac{\mathrm{d}y}{\mathrm{d}x}=\pm\sqrt{\dfrac{y^2}{4}-1}$，分

离变量并积分得 $2\arccos\dfrac{y}{2}=\pm x+C$.

据 $y=2\sqrt{1+y'^2}$ 可知 $y\geqslant0$，因此方程的通解为 $\arccos\dfrac{y}{2}=\dfrac{\pm x+C}{2}$，即 $y=2\cos\left(\dfrac{\pm x+C}{2}\right)$.

据曲线经过点 $(3，2)$，得初始条件 $y(3)=2$，代入得通解：$y=2\cos\dfrac{1}{2}(x-3)$ 或

$$y=2\cos\left[\dfrac{1}{2}(3-x)\right].$$

【例 12.28】 甲乙双方军事对抗. 甲方的飞机先发射一枚普通导弹，乙方的飞机在做出拦截反映时的高度与导弹高度相同，以甲方导弹初始位置为原点，水平方向为 x 轴建立坐标系，如图 12-17 所示. 甲方的弹道曲线为 $\begin{cases} x_1=1000t, \\ y_1=100t-5t^2 \end{cases}$（$t$ 为时间，单位：s；x_1，y_1 为长度，单位：m），在 $t=0$ 时乙方于坐标 $(2\times10^4，0)$ 处发射一枚含定位系统的导弹进行拦截，导弹在任何时刻的运动方向均指向甲方，且在水平方向保持速度为 $1000\ \mathrm{m\cdot s^{-1}}$ 的匀速运动.

问：(1) 假设乙方导弹的加速度可达到任意值，求出乙方导弹理论上的弹道曲线.

(2) 在实际拦截过程中，乙方导弹加速度的上限为 $500\ \mathrm{m\cdot s^{-2}}$，且双方导弹的 x 和 y 的坐标差均在 100 m 内达到乙方导弹爆炸范围，此时导弹立即引爆，视为拦截成功，问在此方案下乙方是否能够拦截成功？

"寻微法"分析：根据第一个问句，主变量似乎应为乙方拦截导弹的坐标 x 与 y，但据此题的特点，仅需求出它们关于时间 t 的参数方程 $\begin{cases} x=x(t), \\ y=y(t), \end{cases}$ 而乙方水平方向为匀速运动，因此 x 与 t 的关系容易确定，所以此题的主变量为 y 与 t.

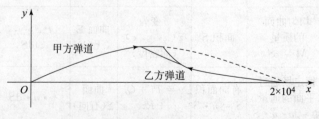

图 12-17

根据题目中的关键句"导弹在任何时刻的运动方向均指向甲方",可以依据函数导数的几何意义来确定含导数的初始式 $\dfrac{\mathrm{d}y}{\mathrm{d}x}=\dfrac{y-y_1}{x-x_1}$,这里涉及 5 个变量:$x$,$y$,$x_1$,$y_1$,$t$,据已知条件. x_1,y_1,x 均可用 t 表示,有向链图如图 12-18(加粗的肩头两端对应主变量)过滤掉它们即可确立微分方程.

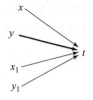

图 12-18

【解】(1) 设在某时刻 t 时,乙方导弹的坐标为 (x,y),甲方导弹的坐标为 (x_1,y_1). 按照题目中乙方导弹的运动情况,可得

$$\begin{cases} \dfrac{\mathrm{d}y}{\mathrm{d}x}=\dfrac{y-y_1}{x-x_1}=\dfrac{y-(100t-5t^2)}{x-1000t}, \\ x=2\times10^4-10^3\cdot t. \end{cases}$$

将 $x=2\times10^4-10^3\cdot t$,$\mathrm{d}x=-10^3\cdot \mathrm{d}t$ 代入上面方程组中的第一式,整理得微分方程

$$\begin{cases} \dfrac{\mathrm{d}y}{\mathrm{d}t}=\dfrac{-y}{20-2t}+\dfrac{100t-5t^2}{20-2t}, \\ y\big|_{t=0}=0. \end{cases}$$

这是一阶非齐次线性微分方程,解之得 $y=500+\dfrac{5}{12}(20-2t)^2-\dfrac{100\sqrt{20}}{3}\sqrt{20-2t}$.

因此乙方的理想弹道曲线为 $\begin{cases} x=2\times10^4-10^3\cdot t, \\ y=500+\dfrac{5}{12}(20-2t)^2-\dfrac{100\sqrt{20}}{3}\sqrt{20-2t}\,(t\in[0,10)) \end{cases}$

(2) 因为 $\dfrac{\mathrm{d}y}{\mathrm{d}t}=-\dfrac{5}{3}(20-2t)+\dfrac{100\sqrt{20}}{3\sqrt{20-2t}}$,易见当 $t=0$ 时,$\dfrac{\mathrm{d}y}{\mathrm{d}t}=0$,且 $\dfrac{\mathrm{d}y}{\mathrm{d}t}$ 为单调增函数.

令 $0\leqslant x-x_1\leqslant100$,即得 $10-\dfrac{1}{20}\leqslant t\leqslant10$,此时

$$|y_1-y|\leqslant495-5\times\left(10-\dfrac{1}{20}\right)^2+\dfrac{100\sqrt{2}}{3}-\dfrac{5}{1200}\leqslant495-5\times(100-10)+\dfrac{100\times1.5}{3}=95\leqslant100,$$

它满足乙方导弹的爆炸条件. 而当 $t=10-\dfrac{1}{20}$(s)时,$\dfrac{\mathrm{d}y}{\mathrm{d}t}=-\dfrac{5}{30}+\dfrac{1000\sqrt{2}}{3}<500$(m/s),由于乙方导弹能达到此要求,因此拦截成功.

【例 12.29】(2001 年考研数学 1 真题)设有一高度为 $h(t)$(t 为时间)的雪堆在融化过程中,其侧面满足方程 $z=h(t)-\dfrac{2(x^2+y^2)}{h(t)}$(设长度单位为 cm,时间单位为 h),已知体积减少的速率与侧面积成正比(系数为 0.9),问高度为 130 cm 的雪堆全部融化需多少时间?

"寻微法"分析:此考研题的难点在于变量较多,若是对多变量分析法不甚明了,易弄成一团乱麻. 先写出题目设计四个变量:体积 V、时间 t、侧面积 $S_{侧}$ 和高度 h,四个变量相互有集中函数关系,根据最后问句涉及的高度 h 与时间 t,可确定主变量为 h 与 t,其函数为 $h=h(t)$,再根据题目中的关键句"体积减少的速率与侧面积成正比"可以建立初始式

$$-\dfrac{\mathrm{d}V}{\mathrm{d}t}=kS_{侧}=0.9S_{侧}.$$

因此问题的关键就是要将初始式中的 V 及 $S_{侧}$ 转化为 h 与 t. 易知 $S_{侧}$ 与 V 均为 h 的函数,且这两个函数均可通过重积分求出,有向链图(加粗的箭头两端对应主变量)为图 12-19. 确立此图后,

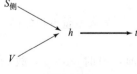

图 12-19

变量转化起来就简单了.

【解】设时间为 t，雪堆的侧面积为 $S_{侧}$，体积为 V. 根据雪堆侧面满足的方程，可知雪堆底面边界满足的方程为 $x^2+y^2=\dfrac{h^2}{2}$（$h=h(t)$ 为雪堆的高度），因此有

$$S_{侧}=\iint_D \sqrt{1+z_x^2+z_y^2}\,\mathrm{d}\sigma=\iint_D \frac{\sqrt{h^2+16x^2+16y^2}}{h}\,\mathrm{d}\sigma\left(D:x^2+y^2\leqslant \frac{h^2}{2}\right)$$

$$=\int_0^{2\pi}\mathrm{d}\theta\int_0^{\frac{h}{\sqrt{2}}}\frac{\sqrt{h^2+16r^2}}{h}r\,\mathrm{d}r=\frac{13\pi h^2}{12}.$$

$$V=\iint_D\left[h-\frac{2(x^2+y^2)}{h}\right]\mathrm{d}\sigma=\int_0^{2\pi}\mathrm{d}\theta\int_0^{\frac{h}{\sqrt{2}}}\left(h-\frac{2r^2}{h}\right)r\,\mathrm{d}r=\frac{\pi h^3}{4}.$$

再依题目的条件得 $-\dfrac{\mathrm{d}V}{\mathrm{d}t}=0.9S_{侧}$，用上面两个等式代换 $S_{侧}$ 与 V，因此得

$$-\frac{3\pi h^2}{4}\frac{\mathrm{d}h}{\mathrm{d}t}=0.9\times\frac{13\pi h^2}{12},$$

化简得 $\dfrac{\mathrm{d}h}{\mathrm{d}t}=-\dfrac{13}{10}$，最终解得 $h=-\dfrac{13}{10}t+C.$

根据题意 $h(0)=130$，可定出 $C=130$，即 $h=-\dfrac{13}{10}t+130.$ 令 $h=0$，得

$$t=100(\mathrm{h}).$$

注 此题最后得出的"微分方程"竟十分简单！有些地方将它列入其他非微分方程的题型，我们认为其解题的思想完全是列微分方程，只不过列出的方程凑巧十分简单罢了. 若现确立函数 $V=V(t)$，然后 $S_{侧}$ 转化为 h，最后通过 h 转化为 V，这样做微分方程会复杂一些.

【例 12.30】一个质量为 m 的物体以初速度 v_0 从原点沿竖直方向上升，假设空气阻力与物体运动速率的平方成正比（比例系数设为 k，$k>0$），试求物体上升的高度所满足的含初始条件的微分方程，并求物体上升的最大高度（设万有引力常数为 g）.

"寻微法"分析：凡是遇到涉及运动轨迹的问题都要想到用中学学过的牛顿第二定律：$F_{合}=ma^2$（$F_{合}$ 为合力，a 为加速度）

此定律将力与运动结合在一起. 由于加速度 $a=\dfrac{\mathrm{d}^2s}{\mathrm{d}t^2}$，速度 $v=\dfrac{\mathrm{d}s}{\mathrm{d}t}$ 都是属于"变化率"且均与 s 与 t 相关，因此上式可以作为此类题的初始式，主变量为 s 与 t，结合受力分析，必可得出微分方程.

【解】设物体上升的高度为 y，由于它是时间 t 的函数，所以设为 $y=y(t)$. 根据牛顿第二定律，$y=y(t)$ 满足的微分方程为 $m\dfrac{\mathrm{d}^2y}{\mathrm{d}t^2}=-mg-k\left(\dfrac{\mathrm{d}y}{\mathrm{d}t}\right)^2.$

其初始条件为：$y(0)=0$，$y'(0)=v_0.$ 下面解此微分方程.

因为速度 $v=\dfrac{\mathrm{d}y}{\mathrm{d}t}$，将之代入原方程，得 $m\dfrac{\mathrm{d}v}{\mathrm{d}t}=-mg-kv^2.$

分离变量再积分得 $\dfrac{1}{ab}\arctan\dfrac{bv}{a}=-t+C$（其中 $a=\sqrt{g}$，$b=\sqrt{\dfrac{k}{m}}$），因为已知初速度为 v_0，

即 $t=0$ 时，$v=v_0$，故 $C=\dfrac{1}{ab}\arctan\dfrac{bv_0}{a}$，得特解 $\dfrac{1}{ab}\arctan\dfrac{bv}{a}=-t+\dfrac{1}{ab}\arctan\dfrac{bv_0}{a}.$

令 $v=0$，得上升到最高点的时间为 $t=\dfrac{1}{ab}\arctan\dfrac{bv_0}{a}\xlongequal{\triangle}t_1$，则有

$$\arctan\frac{bv}{a}=ab(t_1-t),\quad v=\frac{a}{b}\tan ab(t_1-t).$$

因此上升的最大高度为

$$y=\int_0^{t_1}\frac{a}{b}\tan ab(t_1-t)\mathrm{d}t=\frac{1}{b^2}\ln\cos[ab(t_1-t)]\Big|_0^{t_1}=\frac{1}{2b^2}\ln\Big(1+\frac{b^2v_0^2}{a^2}\Big).$$

【例 12.31】 在某厂房中用鼓风机鼓入外面的空气以保持氧气的体积分数（即氧气的体积比例）. 设厂房的体积为 $3000\ \mathrm{m^3}$，原来的空气中氧气的体积分数为 18%，每秒钟鼓入外面的空气 $1\ \mathrm{m^3}$，其中氧气的体积分数为 21%，每秒钟设备和人员消耗的氧气量为 $0.01\ \mathrm{m^3}$. 设鼓风机鼓入风后空气立即混合均匀. 求：

(1) 需要多长时间才能使空气中氧气的体积分数升至 19%？

(2) 氧气体积分数为多少时可以达到平衡？

"寻微法"分析：先确定主变量为氧气体积分数 x 及时间 t，x 是 t 的函数. 此题直接看不出变化率，因此要寻找微分. 给出 x 与 t 的微分为 $\mathrm{d}x$ 与 $\mathrm{d}t$，在时间段 $[t,t+\mathrm{d}t]$ 内找出它们的关系. 初始式为：氧气的增量等于鼓入空气中的氧气量减排出的氧气量再减消耗的氧气量.

【解】 设在 t（单位：s）时刻时氧气的体积分数为 $100x\%$（$0\leqslant x\leqslant 1$，下面用 x 表示），则 x 是时间 t 的函数.

在长为 $\mathrm{d}t$ 的某时间段 $[t,t+\mathrm{d}t]$ 内，氧气体积分数的增量对应为 $\mathrm{d}x$，即氧气增量为 $3000\mathrm{d}x$，因此微分方程为 $3000\mathrm{d}x=1\times0.21\mathrm{d}t-1\times x\mathrm{d}t-0.01\mathrm{d}t$，即 $3000\mathrm{d}x=(0.2-x)\mathrm{d}t$.

其初始条件为 $x(0)=0.18$.

解此方程得通解 $x=0.2+C\mathrm{e}^{\frac{-t}{3000}}$，代入初始条件得特解 $x=0.2-0.02\mathrm{e}^{\frac{-t}{3000}}$. 要使得空气中氧气体积分数为 0.19，将 $x=0.19$ 代入上面的特解，得 $t=3000\ln2(\mathrm{s})$.

因为 $\dfrac{\mathrm{d}x}{\mathrm{d}t}=\dfrac{0.02}{3000}\mathrm{e}^{\frac{-t}{3000}}$，所以当 $t\to\infty$ 时，$\dfrac{\mathrm{d}x}{\mathrm{d}t}\to0$，即氧气体积分数达到平衡. 此时氧气体积分数为 20%.

【例 12.32】 一场降雪开始于中午 12：00 前某时刻，并一直持续到整个下午，降雪量稳定. 某人从中午 12：00 开始从头到尾（不返回）清扫某街的人行道，若他的铲雪速度和清扫面宽度均不变，到 14：00 他扫了两个街区，到 16：00 他又扫了一个街区，3 个街区的长度和宽度均相等. 问雪是什么时刻开始下的？

"寻微法"分析：此题须注意两点：一是题目中涉及的常量很多且没有给出具体值；二是对"扫雪"的理解要到位：扫雪是从一头扫到另一头，至于扫过的部分后来再落下的雪不可能回过头来再去扫.

此题的关键句不明显，只能根据题目叙述的情形判断. 寻初始式为：此人扫过的街道的雪量等于扫前积累的雪量加清扫过程中增加的雪量.

此题的问句中下雪的初始时间是个常量，题目中涉及的主变量为此人扫过的街道长度 x 与时间 t，x 是 t 的函数. 此题不易寻找到变化率，因此立足于寻找微分，除了设出 x 与 t 外，还必须设出它们的微分：$\mathrm{d}x$ 与 $\mathrm{d}t$. 在 $t\in[t,t+\mathrm{d}t]$ 的短暂时间段内结合初始式进行分析.

【解】 设雪是在中午 c 小时前开始下的. 另设时间为 t（单位：h），中午 12：00 整记为 $t=0$；设此人扫过的街道长为 x，则 x 为 t 的函数：$x=x(t)$.

据此人扫的宽度不变，为简化问题，可假设街道为一条直线，并且假设一个街区的长度为

1 个单位；再设每单位小时、单位长度的下雪量为 1，此人每小时铲雪量为 v. 根据此假设易见，中午开始清扫时每单位长度积累的雪量为 c.

任取 $t\in[t, t+dt]$ 的时间段，在此段时间内此人清扫的雪量为 vdt，对应清扫的街道长度为 dx，则此段长度上的积雪量为 $(c+t+dt)dx$.

现在可列出微分式：$vdt=(c+t+dt)dx$，此式不宜直接求，由于 $dtdx$ 为 $(c+t)dx$ 的高阶

无穷小量，因此可以略去．依照题意微分等式化为 $\begin{cases} vdt=(c+t)dx, \\ x(0)=0. \end{cases}$

分离变量、积分后并代入初始条件得 $v\ln(c+t)=x+v\ln c$.

再据题意，有 $x(2)=2$，$x(4)=3$，代入特解得 $\begin{cases} v\ln(c+2)=2+v\ln c, \\ v\ln(c+4)=3+v\ln c, \end{cases}$ 解

此方程组得 $c=-1\pm\sqrt{5}$，除去不符合题意的根 $c=-1-\sqrt{5}$，得 $c=\sqrt{5}-1$. 因此雪是从中午前 $(\sqrt{5}-1)h$ 开始下的．

注 (1) 从此题可见，所求的变量未必是方程对应的隐函数的自变量或因变量，也可以是函数中的某个常量．

(2) 此题解题时有大量的"设"，要注意"设"的合理性，在不影响问题本质时可以抓住主要矛盾，从而简化问题的讨论．

下面我们来看看斯托克斯定理和证明吧（不要求掌握，适当理解就好）．

定理 12.5.4.5.1 设 Γ 为分段光滑的空间有向闭曲线，Σ 是以 Γ 为边界的光滑或分片光滑的有向曲面，Γ 的正向与 Σ 的侧符合右手规则，函数 $P(x, y, z)$、$Q(x, y, z)$、$R(x, y, z)$ 在曲面 Σ（连同边界）上具有一阶连续偏导数，则有

$$\iint_{\Sigma}\left(\frac{\partial R}{\partial y}-\frac{\partial Q}{\partial z}\right)dydz+\left(\frac{\partial P}{\partial z}-\frac{\partial R}{\partial x}\right)dzdx+\left(\frac{\partial Q}{\partial x}-\frac{\partial P}{\partial y}\right)dxdy=\oint_{\Gamma}Pdx+Qdy+Rdz.$$

【证明】 先假定 Σ 与平行于 z 轴的直线相交不多于一点，并设 Σ 为曲面 $z=f(x, y)$ 的上侧．Σ 的正向边界在 xoy 平面上的投影为平面有向曲线 C，C 所围成的闭区域为 D_{xy}（如图 12-20 所示）．

我们设法把曲面积分 $\iint_{\Sigma}\frac{\partial P}{\partial z}dzdx-\frac{\partial P}{\partial y}dxdy$ 化为闭区域 D_{xy} 上的二重积分，然后通过格林公式使它与曲线积分相联系．

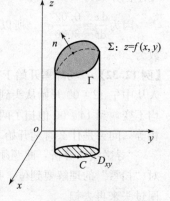

图 12-20

根据第一类曲面积分和第二类曲面积分间的关系，有

$$\iint_{\Sigma}\frac{\partial P}{\partial z}dzdx-\frac{\partial P}{\partial y}dxdy=\iint_{\Sigma}\left(\frac{\partial P}{\partial z}\cos\beta-\frac{\partial P}{\partial y}\cos\gamma\right)dS, \qquad (1)$$

而有向曲面 Σ 的法向量的方向余弦为

$$\cos\alpha=\frac{-f_x}{\sqrt{1+f_x^2+f_y^2}}, \quad \cos\beta=\frac{-f_y}{\sqrt{1+f_x^2+f_y^2}}, \quad \cos\gamma=\frac{1}{\sqrt{1+f_x^2+f_y^2}},$$

因此 $\cos\beta=-f_y\cos\gamma$，把它代入式 (1) 得

$$\iint_{\Sigma}\frac{\partial P}{\partial z}dzdx-\frac{\partial P}{\partial y}dxdy=-\iint_{\Sigma}\left(\frac{\partial P}{\partial z}+\frac{\partial P}{\partial y}\cdot f_y\right)\cos\gamma dS,$$

即

$$\iint_{\Sigma}\frac{\partial P}{\partial z}dzdx-\frac{\partial P}{\partial y}dxdy=-\iint_{\Sigma}\left(\frac{\partial P}{\partial z}+\frac{\partial P}{\partial y}\cdot f_y\right)dxdy, \qquad (2)$$

上式右端的曲面积分化为二重积分时，应把 $P(x, y, z)$ 中的 z 用 $f(x, y)$ 来代替．而由

复合函数的微分法，有 $\dfrac{\partial}{\partial y}P[x,\ y,\ f(x,\ y)]=\dfrac{\partial P}{\partial y}+\dfrac{P}{\partial z}\cdot f_y$，所以，式 (2) 可写成

$$\iint_{\Sigma}\frac{\partial P}{\partial z}\mathrm{d}z\mathrm{d}x-\frac{\partial P}{\partial y}\mathrm{d}x\mathrm{d}y=-\iint_{D_{xy}}\frac{\partial}{\partial y}P[x,y,f(x,y)]\mathrm{d}x\mathrm{d}y.$$

根据格林公式的证明过程，上式右端的二重积分可化为沿闭区域 D_{xy} 的边界 C 的曲线积分，即 $-\iint_{D_{xy}}\dfrac{\partial}{\partial y}P[x,\ y,\ f(x,\ y)]\mathrm{d}x\mathrm{d}y=\oint_{C}P[x,\ y,\ f(x,\ y)]\mathrm{d}y$，于是 $\iint_{\Sigma}\dfrac{\partial P}{\partial z}\mathrm{d}z\mathrm{d}x-\dfrac{\partial P}{\partial y}\mathrm{d}x\mathrm{d}y=$ $\oint_{C}P[x,\ y,\ f(x,\ y)]\mathrm{d}z$，因为函数 $P[x,\ y,\ f(x,\ y)]$ 在曲线 C 上点 $(x,\ y)$ 处的值与函数 P $(x,\ y,\ z)$ 在曲线 Γ 上对应点 $(x,\ y,\ z)$ 处的值一样，并且两曲线上的对应小弧线段在 x 轴上的投影也一样，根据曲线积分的定义，上式右端的曲线积分等于曲线 Γ 上的曲线积分 $\int_{\Gamma}P(x,\ y,\ z)\mathrm{d}x$. 因此，我们证得

$$\iint_{\Sigma}\frac{\partial P}{\partial z}\mathrm{d}z\mathrm{d}x-\frac{\partial P}{\partial y}\mathrm{d}x\mathrm{d}y=\int_{\Gamma}P(x,\ y,\ z)\mathrm{d}x \tag{3}$$

如果 Σ 取下侧，Γ 也相应地改成相反的方向，那么式 (3) 两端同时改变符号，因此式 (3) 仍成立.

其次，如果曲面与平行于 z 轴的直线的交点多于一个，则可作辅助曲线把曲面分成几部分，然后应用公式 (3) 并相加. 因为沿辅助曲线而方向相反的两个曲线积分相加时正好抵消，所以对于这一类曲面积分，公式 (3) 仍然成立.

同样可证
$$\iint_{\Sigma}\frac{\partial Q}{\partial x}\mathrm{d}x\mathrm{d}y-\frac{\partial Q}{\partial y}\mathrm{d}y\mathrm{d}z=\int_{\Gamma}Q(x,\ y,\ z)\mathrm{d}y \tag{4}$$
$$\iint_{\Sigma}\frac{\partial R}{\partial y}\mathrm{d}y\mathrm{d}z-\frac{\partial R}{\partial x}\mathrm{d}z\mathrm{d}x=\int_{\Gamma}R(x,\ y,\ z)\mathrm{d}z \tag{5}$$

把它们与公式 (3) 相加便得公式. 证毕.

方便记忆的记法：
$$\iint_{\Sigma}\begin{vmatrix}\mathrm{d}y\mathrm{d}z & \mathrm{d}z\mathrm{d}x & \mathrm{d}x\mathrm{d}y\\ \dfrac{\partial}{\partial x} & \dfrac{\partial}{\partial y} & \dfrac{\partial}{\partial z}\\ P & Q & R\end{vmatrix}=\oint_{\Gamma}P\mathrm{d}x+Q\mathrm{d}y+R\mathrm{d}z.$$

要理解上式，我们把其中的行列式按第一行展开，并把 $\dfrac{\partial}{\partial y}$ 与 R 的"积"理解为 $\dfrac{\partial R}{\partial y}$，$\dfrac{\partial}{\partial z}$ 与 Q 的"积"理解为 $\dfrac{\partial Q}{\partial z}$ 等，于是这个行列式就"等于"

$$\left(\frac{\partial R}{\partial y}-\frac{\partial Q}{\partial z}\right)\mathrm{d}y\mathrm{d}z+\left(\frac{\partial P}{\partial z}-\frac{\partial R}{\partial x}\right)\mathrm{d}z\mathrm{d}x+\left(\frac{\partial Q}{\partial x}-\frac{\partial P}{\partial y}\right)\mathrm{d}x\mathrm{d}y.$$

利用两类曲面积分间的关系，可得斯托克斯公式的另一形式

$$\iint_{\Sigma}\begin{vmatrix}\cos\alpha & \cos\beta & \cos\gamma\\ \dfrac{\partial}{\partial x} & \dfrac{\partial}{\partial y} & \dfrac{\partial}{\partial z}\\ P & Q & R\end{vmatrix}\mathrm{d}S=\oint_{\Gamma}P\mathrm{d}x+Q\mathrm{d}y+R\mathrm{d}z.$$

其中 $\vec{n}=(\cos\alpha,\ \cos\beta,\ \cos\gamma)$ 为有向曲面 Σ 在点 $(x,\ y,\ z)$ 处的单位法向量.

如果 Σ 是 xoy 平面上的一块闭区域，这时 $\cos\alpha$ 与 $\cos\beta$ 同时为 0，$z=0$ 从而 $R\mathrm{d}z=0$，斯托

克斯公式就变成格林公式. 因此, 格林公式是斯托克斯公式的一种特殊形式.

【例 12.33】利用斯托克斯公式计算曲线积分 $\oint_\Gamma z\mathrm{d}x + x\mathrm{d}y + y\mathrm{d}z$, 其中 Γ 为平面 $x+y+z=1$ 被三个坐标面所截成的三角形的整个边界, 它的正向与这个三角形上侧的法向量之间符合右手规则.

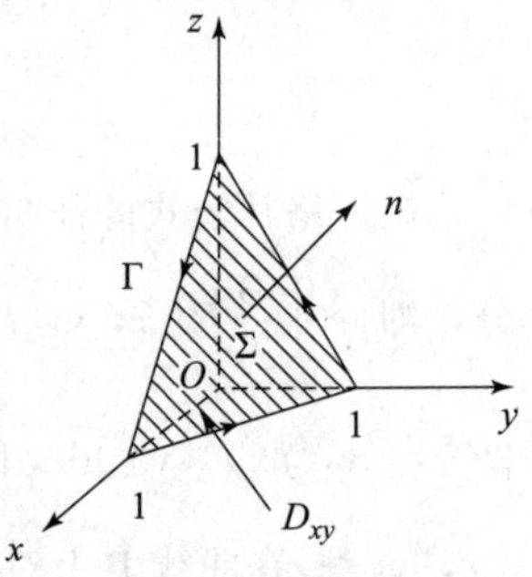

【解】设 Σ 为闭曲线 Γ 所围成的三角形平面, Σ 在 yOz 面、zOx 面和 xOy 面上的投影区域分别为 D_{yz}、D_{zx} 和 D_{xy}, 如图 12-21 所示, 按斯托克斯公式, 有

$$\oint_\Gamma z\mathrm{d}x + x\mathrm{d}y + y\mathrm{d}z = \iint_\Sigma \begin{vmatrix} \mathrm{d}y\mathrm{d}z & \mathrm{d}z\mathrm{d}x & \mathrm{d}x\mathrm{d}y \\ \dfrac{\partial}{\partial x} & \dfrac{\partial}{\partial y} & \dfrac{\partial}{\partial z} \\ z & x & y \end{vmatrix}$$

$$= \iint_\Sigma \mathrm{d}y\mathrm{d}z + \mathrm{d}z\mathrm{d}x + \mathrm{d}x\mathrm{d}y$$

$$= \iint_{D_{yz}} \mathrm{d}y\mathrm{d}z + \iint_{D_{zx}} \mathrm{d}z\mathrm{d}x + \iint_{D_{xy}} \mathrm{d}x\mathrm{d}y = 3\iint_{D_{xy}} \mathrm{d}x\mathrm{d}y = \frac{3}{2}$$

图 12-21

【例 12.34】Γ 为柱面 $x^2+y^2=2y$ 与平面 $y=z$ 的交线, 从 z 轴正向看为顺时针, 计算

$$I = \oint_\Gamma y^2\mathrm{d}x + xy\mathrm{d}y + xz\mathrm{d}z$$

【解】设 Σ 为平面 $z=y$ 上被 Γ 所围椭圆域, 且取下侧, 则其法线方向余弦

$$\cos\alpha=0, \quad \cos\beta=\frac{1}{\sqrt{2}}, \quad \cos\gamma=-\frac{1}{\sqrt{2}}$$

利用斯托克斯公式得 $I = \iint \begin{vmatrix} \cos\alpha & \cos\beta & \cos\gamma \\ \dfrac{\partial}{\partial x} & \dfrac{\partial}{\partial y} & \dfrac{\partial}{\partial z} \\ yz & xy & xz \end{vmatrix} \mathrm{d}S = \frac{1}{\sqrt{2}}\iint_\Sigma (y-z)\mathrm{d}S = 0.$

本题主要是想象出来柱面和平面相交后所得的曲面（这里是平面）的朝向, 为什么, 因为是要确定法向量的方向呀, 从 z 轴看是顺时针, 这时候由右手法则知道, 大拇指指向 z 轴负方向的, 所以得到平面的法向量为（未知, 未知, -1）, 再来看看平面的方程, 注意斯托克斯公式说的是边界曲线的曲线积分转化为曲面的曲面积分对吧, 所以边界是柱面和平面交线, 交线在平面 $y=z$ 所包含的面就是斯托克斯公式所要寻找的这个曲面. 所以平面的法向量为 $(0, 1, -1)$, 单位化得到方向余弦为 $\left(0, \dfrac{1}{\sqrt{2}}, -\dfrac{1}{\sqrt{2}}\right)$. 既然我们得出方向余弦更容易, 很显然继续往第一类曲面积分转换计算比较容易.

【例 12.35】计算 $\oint_\Gamma (y-z)\mathrm{d}x - (z-x)\mathrm{d}y + (x-y)\mathrm{d}z$, 其中 Γ 为圆柱面 $x^2+y^2=a^2$ 和平面 $\dfrac{x}{a}+\dfrac{z}{h}=1$ 的交线, 且对着 z 轴正方向看去 Γ 的方向为逆时针方向, $a>0$ 且 $h>0$.

【解】设 Γ 围成平面方程为 $\Sigma: \dfrac{x}{a}+\dfrac{z}{h}=1, \ x^2+y^2\leqslant a^2$

因为 $P=y-z, \ Q=z-x, \ R=x-y$, 由斯托克斯公式

$$\oint_{\Gamma} = \iint_{\Sigma} (-1-1)dydz + (-1-1)dzdx + (-1-1)dxdy$$

$$= -2\iint_{\Sigma} dydz + dzdx + dxdy$$

Σ 在 zOx 面上无投影域，$\iint_{\Sigma} dzdx = 0$，Σ 在 xOy 面上投影域为 $D_{xy}: x^2 + y^2 \leqslant a^2$，所以

$$\iint_{\Sigma} dxdy = \iint_{D_{xy}} dxdy = \pi a^2.$$

Σ 在 yOz 面上投影域为 $D_{yz}: \dfrac{y^2}{a^2} + \dfrac{(z-h)^2}{h^2} \leqslant 1$，所以 $\iint_{\Sigma} dydz = \iint_{D_{yz}} dydz = \pi ah$

所以 $\oint_{\Gamma} = -2\pi a(a+h).$

注 实际上之前我们讲过这个题目，只不过那时候用的是第二类曲线积分的计算方法做的．

12.5.5 曲线、曲面积分的方向问题总结

关于曲线（曲面）积分的方向问题，许多学生觉得十分迷茫，下面重点总结一下关于曲线（曲面）积分方向的问题．

（1）定积分有方向吗？

定积分没有方向，定积分解决的是无方向标量的乘积问题．问题是定积分不是常常朝着 x 轴正方向积分的吗？这是因为往往标量都为正，比如求面积，所以它是一种约定俗成（也有例外，比如实数的可为负）．因此大家也就明白了为什么第一类曲线积分须朝着参数增大的方向积分，并不是因为它有方向，而是为了保证它转化成定积分时符合这种约定．

（2）为什么有的积分要求有方向？有方向的积分解决的是怎样的问题？

所谓有方向的积分必为向量的积分．实际上向量的乘积最终都转化成坐标形式的内积，无论它如何转化，都必须考虑方向．注意：方向都是靠向量来定的．

（3）曲线方向与曲面方向的特点

①曲线的方向：曲线的方向就是其切线的方向，而切线作为一条直线有互为相反的两个方向，因此在积分中必须确定它取哪一个方向，在实际操作中只要知道曲线的起点和终点即可．注意它本身无所谓"正向"和"负向"．那么格林公式中封闭曲线不是有"正向"吗？实际上这是相对于它相应的区域来说的．

②曲面的方向：类似曲线方向的分析，曲面的方向即其切平面的方向．对于一个平面，根据立体几何的知识，垂直一条固定直线的所有平面平行，因此可用此平面的法线来定方向．同样，法线作为直线也有两个方向．因此在积分中必须确定它取哪一个方向，在实际操作中只要知道取曲面的哪一面进行积分即可．

③曲线与曲面的"相对"方向：在格林公式与斯托克斯公式中，分别涉及平面曲线与区域的关系及空间曲线与曲面的位置关系问题，为什么要那样规定曲线的正向？应该这样理解：比如一个人，若没有参照物，他往任何一个方向走都无所谓正负，若他走近教室，以教室为参照，就有两个方向；进教室或者出教室，这样就必须做出一个规定，比如把进教室看作"正向"，出教室则看作"负向"，目的是区分两者的"相对方向"．因此要明白：所谓格林公式中曲线的"正向"，是相对于区域而言的，脱离了区域就无所谓正负了，也不能认为正向就一定是逆时针方向！斯托克斯公式同理．两个公式中方向的规定均须与右手坐标系一致．

12.6 场论初步

12.6.1 梯度

详见多元函数微分学——方向导数与梯度.

12.6.2 通量

12.6.2.1 定义

设有向量场 $\mathbf{A}(x, y, z) = P(x, y, z)\mathbf{i} + Q(x, y, z)\mathbf{j} + R(x, y, z)\mathbf{k}$，则称沿场中某有向曲面 Σ 的某一侧的面积分 $\Phi = \iint\limits_{\Sigma} \mathbf{A} \cdot d\mathbf{S}$ 为向量场穿过曲面 Σ 这一侧的通量.

12.6.2.2 计算

$$\mathbf{A} = P\mathbf{i} + Q\mathbf{j} + R\mathbf{k},$$
$$d\mathbf{S} = dydz\mathbf{i} + dzdx\mathbf{j} + dxdy\mathbf{k},$$
$$\Phi = \iint\limits_{\Sigma} Pdydz + Qdzdx + Rdxdy.$$

12.6.3 散度

只要求记住散度计算公式会计算即可，其余可看可不看.

下面来说明高斯公式

$\iiint\limits_{\Omega}\left(\dfrac{\partial P}{\partial x} + \dfrac{\partial Q}{\partial y} + \dfrac{\partial R}{\partial z}\right)dv = \oiint\limits_{\Sigma} Pdydz + Qdzdx + Rdxdy$ 的物理意义，并导出向量场的散度的概念.

设稳定流动的不可压缩（假定密度为 1）的流体的流速构成的速度场为

$$v(x, y, z) = P(x, y, z)\vec{i} + Q(x, y, z)\vec{j} + R(x, y, z)\vec{k}$$

Σ 是速度场中的一片有向曲面，函数 $P(x, y, z)$，$Q(x, y, z)$，$R(x, y, z)$ 具有一阶连续偏导数，则在单位时间内流向 Σ 指定侧的流量为 $\Phi = \iint\limits_{\Sigma} Pdydz + Qdzdx + Rdxdy$

现在取 Σ 是高斯公式中 Ω 的边界曲面，并取外侧，则高斯公式中的右边是单位时间内从 Ω 向外流出的流体的总质量. 由于流体是不可压缩的，且流动是稳定的，现在既然有液体从 Ω 向外流出，则在 Ω 内必然有产生流体的"源头"，因此高斯公式的左边可解释为分布在 Ω 内的"源"在单位时间内所产生的流体的总质量.

$$\Phi = \iint\limits_{\Sigma} v(x, y, z) \cdot \vec{dS} = \iint\limits_{\Sigma} P(x, y, z)dydz + Q(x, y, z)dzdx + R(x, y, z)dxdy$$

通过曲面 Σ 的流量 Φ 是流入量与流出量之差，一般有三种情况：

(1) $\Phi > 0$，即流出量大于流入量，此时称曲面 Σ 内有"源"（源泉）.

(2) $\Phi < 0$，即流出量小于流入量，此时称曲面 Σ 内有"汇"（漏洞）.

（3）$\Phi=0$，即流出量等于流入量，此时称曲面 Σ 内有可能既无"源"也无"汇"，也可能既有"源"也有"汇"，"源"和"汇"的流量互相抵消.

在高斯公式的两边同除以 Ω 的体积 V，得

$$\frac{1}{V}\iiint\limits_{\Omega}\left(\frac{\partial P}{\partial x}+\frac{\partial Q}{\partial y}+\frac{\partial R}{\partial z}\right)\mathrm{d}v=\frac{1}{V}\oiint\limits_{\Sigma}P\mathrm{d}y\mathrm{d}z+Q\mathrm{d}z\mathrm{d}x+R\mathrm{d}x\mathrm{d}y \tag{1}$$

此式的左边表示 Ω 内的源在单位时间内单位体积所产生的流体质量的平均值.

对式（1）的左边用积分中值定理，得

$$\left(\frac{\partial P}{\partial x}+\frac{\partial Q}{\partial y}+\frac{\partial R}{\partial z}\right)_{(\xi,\eta,\zeta)}=\frac{1}{V}\oiint\limits_{\Sigma}P\mathrm{d}y\mathrm{d}z+Q\mathrm{d}z\mathrm{d}x+R\mathrm{d}x\mathrm{d}y$$

其中，$(\xi,\eta,\zeta)\in\Omega$. 在 Ω 内任意取定一点 $M(x,y,z)$，当 Ω 缩向点 M 时，对上式两边取极限，由于 P,Q,R 有一阶连续偏导数，且 $(\xi,\eta,\zeta)\rightarrow(x,y,z)$，于是有

$$\lim_{\Omega\to M}\left(\frac{\partial P}{\partial x}+\frac{\partial Q}{\partial y}+\frac{\partial R}{\partial z}\right)_{(\xi,\eta,\zeta)}=\lim_{\Omega\to M}\left(\frac{\partial P}{\partial x}+\frac{\partial Q}{\partial y}+\frac{\partial R}{\partial z}\right)_{(x,y,z)}$$

$$=\lim_{\Omega\to M}\frac{1}{V}\oiint\limits_{\Sigma}P\mathrm{d}y\mathrm{d}z+Q\mathrm{d}z\mathrm{d}x+R\mathrm{d}x\mathrm{d}y$$

$$\frac{\partial P}{\partial x}+\frac{\partial Q}{\partial y}+\frac{\partial R}{\partial z}=\lim_{\Omega\to M}\frac{1}{V}\oiint\limits_{\Sigma}P\mathrm{d}y\mathrm{d}z+Q\mathrm{d}z\mathrm{d}x+R\mathrm{d}x\mathrm{d}y$$

上式左边表示稳定流动的不可压缩的流体在点 M 处单位时间内单位体积所产生的流体的质量，称为在点 M 处源的强度或流体在点 M 处的"散度"，记作 $div\vec{v}$，即 $div\vec{v}=\frac{\partial P}{\partial x}+\frac{\partial Q}{\partial y}+\frac{\partial R}{\partial z}$ 则有：

（1）若 $div\vec{F}(M)>0$，M 点是"源"，它的值表示源的强度.

（2）若 $div\vec{F}(M)<0$，M 点是"汇"，它的值表示汇的强度.

（3）若 $div\vec{F}(M)=0$，M 点既不是"源"，也不是"汇".

注 高斯公式的另一种写法 $\iiint\limits_{\Omega}\vec{F}\cdot\vec{n}=\oiint\limits_{\Sigma}\vec{F}\cdot\vec{n}\mathrm{d}S=\oiint\limits_{\Sigma}F_n\mathrm{d}S$

其中 $F_n=\vec{F}\cdot\vec{n}=P\cos\alpha+Q\cos\beta+R\cos\gamma$

【例 12.36】设向量场 $\vec{a}=\{4xy,3yz,2zx\}$，$\vec{b}=\{x,y,z\}$，求 $div(\vec{a}\times\vec{b})$.

【解】$\vec{a}\times\vec{b}=\begin{vmatrix}\vec{i}&\vec{j}&\vec{k}\\4xy&3yz&2zx\\x&y&z\end{vmatrix}=\{3yz^2-2xyz,2x^2z-4xyz,4xy^2-3xyz\}$

$$div(\vec{a}\times\vec{b})=-2yz-4xz-3xy$$

【例 12.37】设 $r=\sqrt{x^2+y^2+z^2}$，求 $div(\mathbf{grad}r)\big|_{(1,-2,2)}$.

【解】$\mathbf{grad}r=\left\{\frac{\partial r}{\partial x},\frac{\partial r}{\partial y},\frac{\partial r}{\partial z}\right\}=\left\{\frac{x}{r},\frac{y}{r},\frac{z}{r}\right\}$

$$div(\mathbf{grad}r)=\frac{\partial}{\partial x}\left(\frac{x}{r}\right)+\frac{\partial}{\partial y}\left(\frac{y}{r}\right)+\frac{\partial}{\partial z}\left(\frac{z}{r}\right)$$

$$= \left(\frac{1}{r} - \frac{x^2}{r^3}\right) + \left(\frac{1}{r} - \frac{y^2}{r^3}\right) + \left(\frac{1}{r} - \frac{z^2}{r^3}\right) = \frac{3}{r} - \frac{x^2+y^2+z^2}{r^3} = \frac{2}{r}$$

因此 $div(\mathbf{grad}r)\big|_{(1,-2,2)} = \frac{2}{3}$.

【例 12.38】设 S 为曲面 $z = x^2 + y^2$，$(0 \leqslant z \leqslant h)$，求流速场 $\vec{v} = (x+y+z)\vec{k}$ 穿过 S 的下侧流量 Φ.

【解】设曲面 S_1：$z = h(x^2 + y^2 \leqslant h)$，取上侧

$$\left(\iint\limits_{S} + \iint\limits_{S_1}\right) v \cdot \mathrm{d}S = \oiint\limits_{S+S_1} v \cdot \mathrm{d}S = \iiint\limits_{\Omega}\left(\frac{\partial V_x}{\partial x} + \frac{\partial V_y}{\partial y} + \frac{\partial V_z}{\partial z}\right)\mathrm{d}V =$$

$$\iiint\limits_{\Omega}\frac{\partial(x+y+z)}{\partial z}\mathrm{d}V = \iint\limits_{D_{xy}}\mathrm{d}x\mathrm{d}y\int_{x^2+y^2}^{h}\mathrm{d}z = \iint\limits_{D_{xy}}(h-x^2-y^2)\mathrm{d}x\mathrm{d}y = \int_0^{2\pi}\mathrm{d}\theta\int_0^{\sqrt{h}}(h-r^2)r\mathrm{d}r = \frac{1}{2}\pi h^2$$

其中 Ω 是由 S 与 S_1 所围成的立体流量

$$\Phi = \left[\left(\iint\limits_{S} + \iint\limits_{S_1}\right) - \iint\limits_{S_1}\right]v \cdot \mathrm{d}S = \frac{1}{2}\pi h^2 - \iint\limits_{S_1}v \cdot \mathrm{d}S = \frac{1}{2}\pi h^2 - \iint\limits_{S_1}(x+y+z)\mathrm{d}x\mathrm{d}y$$

$$= \frac{1}{2}\pi h^2 - \iint\limits_{D_{xy}}(x+y+h)\mathrm{d}x\mathrm{d}y = \frac{1}{2}\pi h^2 - \iint\limits_{D_{xy}}h\mathrm{d}x\mathrm{d}y = \frac{1}{2}\pi h^2 - \pi h^2 = -\frac{1}{2}\pi h^2.$$

【例 12.39】设 Σ 是 $z = x^2 + y^2$ 与 $z = 1$ 围成立体 Ω 的表面的外侧. 试用曲面积分来计算向量 $\vec{A} = x^2\vec{i} + y^2\vec{j} + z^2\vec{k}$ 穿过 Σ 指定侧的流量.

【解】流量 $Q = \oiint\limits_{\Sigma}\vec{A} \cdot \vec{\mathrm{d}S} = \oiint\limits_{\Sigma}x^2\mathrm{d}y\mathrm{d}z + y^2\mathrm{d}z\mathrm{d}x + z^2\mathrm{d}x\mathrm{d}y$，$\Sigma$ 所围立体 Ω，用高斯公式 $Q =$

$$\iiint\limits_{\Omega}(2x+2y+2z)\mathrm{d}V \text{ 由对称性 } \iiint\limits_{\Omega}x\mathrm{d}V = 0, \quad \iiint\limits_{\Omega}y\mathrm{d}V = 0$$

$$Q = 2\iiint\limits_{\Omega}z\mathrm{d}V = \int_0^{2\pi}\mathrm{d}\theta\int_0^1\rho\mathrm{d}\rho\int_{\rho^2}^1 z\mathrm{d}z = \frac{2}{3}\pi.$$

12.6.4 旋度和环流量

12.6.4.1 定义

设向量场 $\vec{F}(x, y, z) = P(x, y, z)\vec{i} + Q(x, y, z)\vec{j} + R(x, y, z)\vec{k}$，函数 $P(x, y, z)$、$Q(x, y, z)$、$R(x, y, z)$ 在曲面 Σ（连同边界）上具有一阶连续偏导数，则 $\left(\frac{\partial R}{\partial y} - \frac{\partial Q}{\partial z}\right)\vec{i} + \left(\frac{\partial P}{\partial z} - \frac{\partial R}{\partial x}\right)\vec{j} + \left(\frac{\partial Q}{\partial x} - \frac{\partial P}{\partial y}\right)\vec{k}$ 称为向量场 $\vec{F}(x, y, z)$ 的旋度，记为 $rot\,\vec{F}$

$$\mathbf{rot}\,\vec{F} = \begin{vmatrix} \vec{i} & \vec{j} & \vec{k} \\ \dfrac{\partial}{\partial x} & \dfrac{\partial}{\partial y} & \dfrac{\partial}{\partial z} \\ P & Q & R \end{vmatrix}$$

根据旋度的定义和公式，斯托克斯公式可表示为 $\iint\limits_{\Sigma}rot\vec{A} \cdot \vec{n}\mathrm{d}S = \int_{\Gamma}\vec{A} \cdot \vec{\tau}\mathrm{d}s.$

12.6.4.2 环流量

设有向量场 $A(x, y, z) = P(x, y, z)i + Q(x, y, z)j + R(x, y, z)k$，沿有向闭曲线 Γ 的曲线积分 $\oint_{\Gamma} P\mathrm{d}x + Q\mathrm{d}y + R\mathrm{d}z$ 称为向量场 A 沿有向闭曲线 Γ 的环流量.

斯托克斯公式现在可叙述为：向量场 A 沿有向闭曲线 Γ 的环流量等于向量场 A 的旋度场通过 Γ 所张成的曲面 Σ 的通量，这里 Γ 的正向与 Σ 的侧应符合右手规则. 向量场 $A(x, y, z)$ 的沿有向闭曲线 Γ 的环流量就是 $A(x, y, z)$ 在 Γ 上的第二类曲线积分.

根据旋度、环流量的定义和斯托克斯公式可知，向量场 $A(x, y, z)$ 沿有向闭曲线 Γ 的环流量等于向量场 $A(x, y, z)$ 的旋度通过 Γ 所张成的曲面 Σ 的通量. 在流量问题中，环流量表示流速为 $A(x, y, z)$ 的不可压缩的流体，在单位时间内沿曲线 Γ 的流体总量，反映了立体沿 Γ 旋转时的强弱程度. 当 $rotA = 0$ 时，沿任意闭曲线的环流量为零，即流体流动时不成旋涡，这时称向量场为无旋场.

【例 12.40】 设数量场 $u(x, y, z) = \ln\sqrt{x^2 + y^2 + z^2}$，计算：

(1) $\mathbf{grad}u(x, y, z)$.

(2) $div(\mathbf{grad}u(x, y, z))$.

(3) $rot(\mathbf{grad}u(x, y, z))$.

【解】 由于 $u(x, y, z) = \dfrac{1}{2}\ln(x^2 + y^2 + z^2)$，则有

$$\mathbf{grad}u(x, y, z) = \left(\frac{\partial u}{\partial x}, \frac{\partial u}{\partial y}, \frac{\partial u}{\partial z}\right) = \frac{1}{x^2 + y^2 + z^2}(x, y, z),$$

于是有

$$
\begin{aligned}
div(\mathbf{grad}u(x, y, z)) &= div\left[\frac{1}{x^2 + y^2 + z^2}(x, y, z)\right] \\
&= \frac{x^2 + y^2 + z^2 - 2x^2}{(x^2 + y^2 + z^2)^2} + \frac{x^2 + y^2 + z^2 - 2y^2}{(x^2 + y^2 + z^2)^2} + \frac{x^2 + y^2 + z^2 - 2z^2}{(x^2 + y^2 + z^2)^2} \\
&= \frac{1}{x^2 + y^2 + z^2}
\end{aligned}
$$

和

$$\mathbf{rot}(\mathbf{grad}u(x, y, z)) = \begin{vmatrix} \vec{i} & \vec{j} & \vec{k} \\ \dfrac{\partial}{\partial x} & \dfrac{\partial}{\partial y} & \dfrac{\partial}{\partial z} \\ \dfrac{\partial u}{\partial x} & \dfrac{\partial u}{\partial y} & \dfrac{\partial u}{\partial z} \end{vmatrix} = (0, 0, 0).$$

注 可以证明，若 $u(x, y, z)$ 具有连续的二阶偏导数，则 $\mathbf{rot}(\mathbf{grad}u(x, y, z)) = 0$.

【例 12.41】 求向量场 $A = xe^{yz}\vec{i} + ye^{zx}\vec{j} + ze^{xy}\vec{k}$ 在点 $(2, -1, 0)$ 处的旋度.

【解】 $rotA = \begin{vmatrix} \vec{i} & \vec{j} & \vec{k} \\ \dfrac{\partial}{\partial x} & \dfrac{\partial}{\partial y} & \dfrac{\partial}{\partial z} \\ xe^{yz} & ye^{zx} & ze^{xy} \end{vmatrix}$

$$= \{ xze^{xy} - xye^{zx}, \ xye^{yz} - yze^{xy}, \ yze^{zx} - xze^{yz} \}$$

$$\mathbf{rot}A \big|_{(2,-1,0)} = \{2, \ -2, \ 0\}$$

散度和旋度几乎都是服务于流体力学和电磁场与电磁波的专业实际而定义的，所以索性给大家提供几个专业相关的向量微分算子，供大家业余消遣.

(Hamilton) 哈密顿算子 $\nabla \xrightarrow{\text{定义为}} \dfrac{\partial}{\partial x}\vec{i} + \dfrac{\partial}{\partial y}\vec{j} + \dfrac{\partial}{\partial z}\vec{k}$.

(Laplace) 拉普拉斯算子 $\Delta \xrightarrow{\text{定义为}} \dfrac{\partial^2}{\partial x^2} + \dfrac{\partial^2}{\partial y^2} + \dfrac{\partial^2}{\partial z^2}$.

数量场 u 的梯度 $\mathbf{grad}u \xrightarrow{\text{定义为}} \left\{ \dfrac{\partial u}{\partial x}, \ \dfrac{\partial u}{\partial y}, \ \dfrac{\partial u}{\partial z} \right\} = \nabla u$.

$\nabla \cdot \mathbf{grad}u = \nabla \cdot (\nabla u) = \nabla^2 u = \Delta u$.

向量场 $\vec{A}$ 的散度 $div\vec{A} \xrightarrow{\text{定义为}} \dfrac{\partial P}{\partial x} + \dfrac{\partial Q}{\partial y} + \dfrac{\partial R}{\partial z} = \nabla \cdot \vec{A}$.

向量场 $\vec{A}$ 的旋度 $\mathbf{rot}\vec{A} \xrightarrow{\text{定义为}} \begin{vmatrix} \vec{i} & \vec{j} & \vec{k} \\ \dfrac{\partial}{\partial x} & \dfrac{\partial}{\partial y} & \dfrac{\partial}{\partial z} \\ P & Q & R \end{vmatrix} = \nabla \times \vec{A}$.

高斯公式 $\iiint\limits_{\Omega} (\nabla \cdot \vec{A})\,dv = \oiint\limits_{\Sigma} A_n\,ds = \oiint\limits_{\Sigma} \vec{A} \cdot d\vec{S}$.

斯托克斯公式 $\iint\limits_{\Sigma} (\nabla \times \vec{A})_n\,dS = \oint\limits_{\Gamma} A_t\,dl$.

(这里的曲面元 dS 与曲线元 dl 不是有向曲面元 $d\vec{S}$ 与有向曲线元 $d\vec{l}$) $\iint\limits_{\Sigma} (\nabla \times \vec{A}) \cdot d\vec{S} = \oint\limits_{\Gamma} \vec{A}\,d\vec{l}$

$\vec{n}$ 为 Σ 的法向量，$\vec{t}$ 为 Γ 的切向量.

前方高能，请大家准备好体力之后一口气拿下下面的这道例题，记住，耐得住寂寞方得成功.

【例 12.42】设曲面 Σ_1：$z = \sqrt{4a^2 - x^2 - y^2}\,\dfrac{1}{2}$，$\Sigma_2$：$x^2 + y^2$

$$= 2ax\,(0 \leqslant x \leqslant 2a).$$

(1) 求 Σ_1，Σ_2 及 $z=0$ 所围立体的体积.

(2) 求 Σ_1 被 Σ_2 所截部分的表面积.

(3) 求 Σ_2 被 Σ_1 所截部分的侧面积.

(4) 若 S 表示 Σ_1 被 Σ_2 所截的部分曲面，求 $I = \iint\limits_{S} (x^2 + y^2 + z^2)\,dS$.

(5) 若 S 表示 Σ_1 被 Σ_2 所截的部分曲面，求 $I = \iint\limits_{S} x^2\,dS$.

(6) 若 S 表示 Σ_1 被 Σ_2 所截的部分曲面，密度为常数 ρ，求其位于原点、质量为 m 的质点的引力.

(7) 若 S 表示 Σ_2 被 Σ_1 所截的部分曲面，求 $I = \iint\limits_{S} (x^2 + y^2 - 2ax + 3)\,dS$.

(8) 若 Σ 表示 Σ_1 被 Σ_2 所截曲面的上侧部分，求 $I = \iint\limits_{\Sigma} x\,dydz + y\,dzdx + z\,dxdy$.

(9) 若 Γ 表示曲面 Σ_1，Σ_2 的交线在第一卦限的部分曲线，从 z 轴正向往负向看是逆时针，设力 $\vec{F}=x\vec{i}+y\vec{j}+2z\vec{k}$，求该力沿曲线 Γ 从 $A(2a,0,0)$ 到 $B(0,0,2a)$ 所做的功.

(10) 若其他条件同 (9)，力为 $\vec{F}=x\vec{i}+y\vec{j}+z\vec{k}$，此时所做的功为多少？若 B 点为 Γ 上任一点，所做的功又为多少？如何从物理上解释？

(11) 求 $I=\iint\limits_{\Sigma_1}\dfrac{(x-a)\mathrm{d}y\mathrm{d}z+y\mathrm{d}z\mathrm{d}x+z\mathrm{d}x\mathrm{d}y}{\left[(x-a)^2+y^2+z^2\right]^{\frac{3}{2}}}$，其中 Σ_1 取上侧.

分析：本题涉及曲面面积、曲面所围立体体积；第一、第二型曲线积分；第一、第二型曲面积分，以及其相关应用问题. 希望通过在相同曲面或曲线背景下，解答不同角度的问题，从而熟悉和掌握曲线和曲面积分涉及的基本概念与基本方法.

【解】(1) Σ_1，Σ_2 及 $z=0$ 所围立体的体积如图 12-22 所示. 由二重积分的几何意义，得

$$V=\iint\limits_{D_{xy}}\sqrt{4a^2-x^2-y^2}\,\mathrm{d}x\mathrm{d}y,\quad D_{xy}:x^2+y^2\leqslant 2ax$$

利用极坐标并结合对称性，有

$$V=2\int_0^{\frac{\pi}{2}}\mathrm{d}\theta\int_0^{2a\cos\theta}r\sqrt{4a^2-r^2}\,\mathrm{d}r=\frac{16a^3}{3}\left(\frac{\pi}{2}-\frac{2}{3}\right).$$

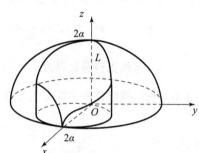

图 12-22

(2) 记所截部分曲面为 Σ，其面积为 S，则 Σ：$z=\sqrt{4a^2-x^2-y^2}$，在 xOy 平面上的投影为 D_{xy}：$x^2+y^2\leqslant 2ax$，所以 $S=\iint\limits_{\Sigma}\mathrm{d}S=\iint\limits_{\Sigma}\sqrt{1+z_x'^2+z_y'^2}\,\mathrm{d}x\mathrm{d}y=\iint\limits_{D_{xy}}\dfrac{2a}{\sqrt{4a^2-x^2-y^2}}\,\mathrm{d}x\mathrm{d}y$，

利用极坐标并结合对称性，有 $S=4a\int_0^{\frac{\pi}{2}}\mathrm{d}\theta\int_0^{2a\cos\theta}\dfrac{r\mathrm{d}r}{\sqrt{4a^2-r^2}}=8a^2\left(\dfrac{\pi}{2}-1\right)$.

注 由 (1)、(2) 结果易知，若用两个圆柱面 $x^2+y^2=\pm 2ax$ 截球面 $x^2+y^2+z^2\leqslant 4a^2$，则所剩立体的表面积为 $32a^2$，体积为 $\dfrac{128}{9}a^3$，都与 π 无关. 从而否定了"由球面组成的曲面的表面积必与 π 有关"和"边界曲面含有部分球面的立体的体积必与 π 有关"的两个猜测. 这类立体 (被圆柱面截得的部分球体) 常冠以它的发现者意大利数学家维维安尼之名.

(3) **方法一** 利用第一类曲线积分之几何意义来计算.

$$S=\int_L f(x,y)\mathrm{d}S,$$

其中 L 是平面曲线 $x^2+y^2=2ax$，$f(x,y)=\sqrt{4a^2-x^2-y^2}$. 将 L 化为参数方程 $\begin{cases}x=a+a\cos t\\ y=a\sin t\end{cases}$ $(0\leqslant t\leqslant 2\pi)$，并利用对称性，得

$$S=\int_L\sqrt{4a^2-x^2-y^2}\,\mathrm{d}S=2\int_0^{\pi}\sqrt{4a^2-a^2(1+\cos t)^2-a^2\sin^2 t}\,a\,\mathrm{d}t$$

$$=2a^2\int_0^{\pi}\sqrt{2(1-\cos t)}\,\mathrm{d}t=4a^2\int_0^{\pi}\sin\frac{t}{2}\,\mathrm{d}t=8a^2.$$

方法二 直接计算.

曲面方程为 $y=\sqrt{2ax-x^2}$，在 xOz 平面的投影曲线为 $z^2+2ax=4a^2$，由于公式 $S=\iint\limits_{D_{xz}}$

$\sqrt{1+y_x^2+y_z^2}\,\mathrm{d}x\mathrm{d}z$，这里 $y_x=\dfrac{a-x}{\sqrt{2ax-x^2}}$，$y_z=0$，所以，由对称性，有

$$S=2\iint\limits_{D_{xz}}\sqrt{1+\left(\frac{a-x}{\sqrt{2ax-x^2}}\right)^2}\,\mathrm{d}x\mathrm{d}z=2\iint\limits_{D_{xz}}\frac{a-x}{\sqrt{2ax-x^2}}\,\mathrm{d}x\mathrm{d}z$$

$$=2\int_0^{2a}\mathrm{d}x\int_0^{\sqrt{4a^2-2ax}}\frac{a}{\sqrt{2ax-x^2}}\,\mathrm{d}x\mathrm{d}z=2a\int_0^{2a}\sqrt{\frac{4a^2-2ax}{2ax-x^2}}\,\mathrm{d}x$$

$$=2a\int_0^{2a}\frac{\sqrt{2a}}{\sqrt{x}}\,\mathrm{d}x=8a^2.$$

(4) 因为 S 表示 Σ_1 被 Σ_2 所截的部分曲面，而在 Σ_1 上总有 $x^2+y^2+z^2=4a^2$，因此，

$$I=\iint\limits_S 4a^2\,\mathrm{d}S=4a^2\iint\limits_S\mathrm{d}S=4a^2\times 8a^2\left(\frac{\pi}{2}-1\right)=32a^4\left(\frac{\pi}{2}-1\right).$$

(5) 这题很容易误以为 $I=\iint\limits_S x^2\,\mathrm{d}S=\dfrac{1}{3}\iint\limits_S(x^2+y^2+z^2)\,\mathrm{d}S$，实际上积分曲面 S 关于坐标面并不对称，故应该按常规方法计算.

$$I=\iint\limits_S x^2\,\mathrm{d}S=\iint\limits_{D_{xy}}x^2\sqrt{1+z_x^2+z_y^2}\,\mathrm{d}x\mathrm{d}y=2a\iint\limits_{D_{xy}}\frac{x^2}{\sqrt{4a^2-x^2-y^2}}\,\mathrm{d}x\mathrm{d}y$$

$$=4a\int_0^{\frac{\pi}{2}}\mathrm{d}\theta\int_0^{2a\cos\theta}\frac{(r\cos\theta)^2}{\sqrt{4a^2-r^2}}r\mathrm{d}r=4a\int_0^{\frac{\pi}{2}}\cos^2\theta\left[\frac{1}{2}\sqrt{4a^2-r^2}\left(-\frac{16}{3}a^2-\frac{2r^2}{3}\right)\right]_0^{2a\cos\theta}\mathrm{d}\theta$$

$$=\frac{32a^4}{3}\int_0^{\frac{\pi}{2}}(2\cos^2\theta-2\sin\theta\cos^2\theta-\sin\theta\cos^4\theta)\mathrm{d}\theta=\frac{32a^4}{3}\left(\frac{\pi}{2}-\frac{13}{15}\right).$$

(6) 由牛顿引力定律，引力元素大小为 $|\mathrm{d}F|=k\dfrac{m\cdot\rho\mathrm{d}S}{r^2}$，所以

$$\mathrm{d}F_x=km\rho\frac{x\mathrm{d}S}{r^3},\quad\mathrm{d}F_y=km\rho\frac{y\mathrm{d}S}{r^3},\quad\mathrm{d}F_z=km\rho\frac{z\mathrm{d}S}{r^3};$$

由对称性知，$F_y=0$，则

$$F_x=km\rho\iint\limits_S\frac{x\mathrm{d}S}{r^3}=\frac{km\rho}{8a^3}\iint\limits_{D_{xy}}\frac{2ax}{\sqrt{4a^2-x^2-y^2}}\,\mathrm{d}x\mathrm{d}y$$

$$=2\cdot\frac{km\rho}{4a^2}\int_0^{\frac{\pi}{2}}\mathrm{d}\theta\int_0^{2a\cos\theta}\frac{r\cos\theta}{\sqrt{4a^2-r^2}}r\mathrm{d}r$$

$$=\frac{km\rho}{2a^2}\int_0^{\frac{\pi}{2}}\cos\theta\left[-\frac{r}{2}\sqrt{4a^2-r^2}+2a^2\arcsin\frac{r}{2a}\right]_0^{2a\cos\theta}\mathrm{d}\theta$$

$$=\frac{km\rho}{2a^2}\int_0^{\frac{\pi}{2}}\cos\theta\left[-2a^2\sin\theta\cos\theta+2a^2\left(\frac{\pi}{2}-\theta\right)\right]\mathrm{d}\theta$$

$$=\frac{km\rho}{2a^2}\cdot\frac{4a^2}{3}=\frac{2km\rho}{3},$$

$$F_z=km\rho\iint\limits_S\frac{z\mathrm{d}S}{r^3}=\frac{km\rho}{8a^3}\iint\limits_{D_{xy}}z\cdot\frac{2a}{z}\,\mathrm{d}x\mathrm{d}y=\frac{km\rho}{8a^3}\cdot 2a\cdot\pi a^2=\frac{km\rho\pi}{4},$$

故引力为 $F=\left\{\dfrac{2km\rho}{3},\ 0,\ \dfrac{km\rho\pi}{4}\right\}.$

(7) 因 S 是 Σ_2 的部分曲面，而在 Σ_2 上恒有 $x^2+y^2=2ax$，所以

$$I = \iint\limits_{S} (x^2 + y^2 - 2ax + 3)\,\mathrm{d}S = \iint\limits_{S} (0 + 3)\,\mathrm{d}S = 3\iint\limits_{S}\mathrm{d}S,$$

利用（3）的结论，得 $I = 3 \times 8a^2 = 24a^2$.

（8）利用"统一投影法"，化为 xOy 平面上的二重积分.

因 $z = \sqrt{4a^2 - x^2 - y^2}$，$z'_x = -\dfrac{x}{z}$，$z'_y = -\dfrac{y}{z}$，且曲面取上侧部分，所以

$$I = \iint\limits_{\Sigma} x\mathrm{d}y\mathrm{d}z + y\mathrm{d}z\mathrm{d}x + z\mathrm{d}x\mathrm{d}y = \iint\limits_{D_{xy}}\left[x\left(\frac{x}{y}\right) + y\left(\frac{y}{z}\right) + z\right]\mathrm{d}x\mathrm{d}y = 4a^2\iint\limits_{D_{xy}}\frac{\mathrm{d}x\mathrm{d}y}{\sqrt{4a^2 - x^2 - y^2}},$$

利用（3）的结论，得 $I = 16a^3\left(\dfrac{\pi}{2} - 1\right)$.

（9）所做的功 $W = \displaystyle\int_{\Gamma} \vec{F} \cdot \mathrm{d}\vec{r} = \int_{\Gamma} x\mathrm{d}x + y\mathrm{d}y + 2z\mathrm{d}z$

将 Γ 化为参数方程 Γ：$\begin{cases} x = a + a\cos t, \\ y = a\sin t, \\ z = 2a\sin\dfrac{t}{2}, \end{cases}$ $t: 0 \to \pi$，所以

$$W = \int_0^{\pi}\left[a(1 + \cos t)(-a\sin t) + a\sin t \cdot a\cos t + 2 \cdot 2a\sin\frac{t}{2} \cdot 2a\cos\frac{t}{2} \cdot \frac{1}{2}\right]\mathrm{d}t = a^2\int_0^{\pi}\sin t\mathrm{d}t = 2a^2.$$

（10）**方法一**　同（9）$W = \displaystyle\int_{\Gamma} x\mathrm{d}x + y\mathrm{d}x + z\mathrm{d}z = \int_0^{\pi} 0\mathrm{d}t = 0$.

方法二　因 $rot\ \vec{F} = \begin{vmatrix} \vec{i} & \vec{j} & \vec{k} \\ \dfrac{\partial}{\partial x} & \dfrac{\partial}{\partial y} & \dfrac{\partial}{\partial z} \\ x & y & z \end{vmatrix} = \vec{0}$，故 W 与路径无关，只与起始点有关；又

$$x\mathrm{d}x + y\mathrm{d}y + z\mathrm{d}z = \frac{1}{2}\mathrm{d}(x^2 + y^2 + z^2) = \mathrm{d}U,$$

所以 $W = \displaystyle\int_A^B \mathrm{d}U = U(B) - U(A) = 2a^2 - 2a^2 = 0$.

若 B 点为 Γ 上任一点，功为 0，这是因为 $W = \displaystyle\int_{\Gamma}\vec{F} \cdot \vec{e}_t\mathrm{d}s$，由所给的 Γ 方程，得 $2x + 2yy'_x + 2zz'_x = 0$，

即 $\{x,\ y,\ z\}\{1,\ y'_x,\ z'_x\} = 0$ 或 $\vec{F} \cdot \vec{e}_t = 0$，亦即力 $\vec{F}$ 的方向始终垂直于运动方向（切线方向）$\vec{e}_t$，从而 $W = 0$.

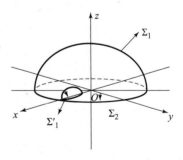

图 12 - 23

（11）作辅助面 Σ'_1：$(x - a)^2 + y^2 + z^2 = \varepsilon^2$ $(z \geqslant 0)$，且半径 ε 足够小使 Σ'_1 完全包含在 Σ_1 内，取内侧；Σ_2 表示在 xOy 平面上介于曲面 Σ_1 和 Σ'_1 之间并取下侧的曲面（见图 12 - 23），记 Σ_1，Σ'_1，Σ_2 所围空间区域为 Ω，则 $I = \displaystyle\oiint\limits_{\Sigma_1 + \Sigma'_1 + \Sigma_2} - \iint\limits_{\Sigma'_1} - \iint\limits_{\Sigma_2}$.

由高斯公式，有 $\displaystyle\oiint\limits_{\Sigma_1 + \Sigma'_1 + \Sigma_2} = \iiint\limits_{\Omega}\left\{\frac{\partial}{\partial x}\frac{x - a}{[(x - a)^2 + y^2 + z^2]^{\frac{3}{2}}} + \frac{\partial}{\partial y}\frac{y}{[(x - a)^2 + y^2 + z^2]^{\frac{3}{2}}}\right.$

$$\left. + \frac{\partial}{\partial z}\frac{z}{[(x - a)^2 + y^2 + z^2]^{\frac{3}{2}}}\right\}\mathrm{d}v = \iiint\limits_{\Omega} 0\mathrm{d}v = 0.$$

由于 Σ_2 的方程为 $z=0$，所以 $\iint\limits_{\Sigma_2}=0$，故 $I=-\iint\limits_{\Sigma_1}=\dfrac{1}{\varepsilon^3}\iint\limits_{-\Sigma_1}(x-a)\mathrm{d}y\mathrm{d}z+y\mathrm{d}z\mathrm{d}x+z\mathrm{d}x\mathrm{d}y$.

作曲面 Σ_3：$z=0\,((x-a)^2+y^2\leqslant\varepsilon^2)$，取下侧，$-\Sigma_1'$ 和 Σ_3 所围区域为 Ω_1，再由高斯公式，有 $I=\dfrac{1}{\varepsilon^3}\Big[\oiint\limits_{-\Sigma_1'+\Sigma_3}-\iint\limits_{\Sigma_3}\Big]=\dfrac{1}{\varepsilon^2}\Big[\iiint\limits_{\Omega}3\mathrm{d}v-0\Big]=2\pi$.

【例 12.43】 设函数 f 在空间区域 Ω 上有二阶连续偏导数，且为调和函数，即满足关系式：$\Delta f=\dfrac{\partial^2 f}{\partial x^2}+\dfrac{\partial^2 f}{\partial y^2}+\dfrac{\partial^2 f}{\partial z^2}=0$；$S$ 为 Ω 内的封闭曲面.

(1) 证明：$\displaystyle\iint\limits_{S}\dfrac{\partial f}{\partial\vec{n}}\mathrm{d}S=0$（$\vec{n}$ 为 S 的外法线方向）.

(2) 对于 S 内的任意点 A，证明：$f(A)=\dfrac{1}{4\pi}\displaystyle\iint\limits_{S}\Big[\dfrac{1}{r}\dfrac{\partial f}{\partial\vec{n}}-f\dfrac{\partial}{\partial\vec{n}}\Big(\dfrac{1}{r}\Big)\Big]\mathrm{d}S$，其中 $\vec{n}$ 为 S 的外法线方向，r 为 S 内的动点 P 与 A 的距离.

【证明】（1）由第一、第二型曲面积分关系及高斯公式，得

$$\iint\limits_{S}\dfrac{\partial f}{\partial\vec{n}}=\iint\limits_{S}(f_x\cos\alpha+f_y\cos\beta+f_z\cos\gamma)\mathrm{d}S$$

$$=\iint\limits_{S}(f_x\mathrm{d}y\mathrm{d}z+f_y\mathrm{d}z\mathrm{d}x+f_z\mathrm{d}x\mathrm{d}y)=\iiint\limits_{V}(f_{xx}+f_{yy}+f_{zz})\mathrm{d}v=0.$$

其中 V 是 S 所包围的空间区域.

(2) 在 S 内作一个以 A 为中心，半径为 ε 的球面 S_ε，取外侧；S 和 S_ε^- 之间的空间区域为 V_ε，则

$$\iint\limits_{S}\Big[\dfrac{1}{r}\dfrac{\partial f}{\partial\vec{n}}-f\dfrac{\partial}{\partial\vec{n}}\Big(\dfrac{1}{r}\Big)\Big]\mathrm{d}S=\iint\limits_{S+S_\varepsilon^-}\Big[\dfrac{1}{r}\dfrac{\partial f}{\partial\vec{n}}-f\dfrac{\partial}{\partial\vec{n}}\Big(\dfrac{1}{r}\Big)\Big]\mathrm{d}S+\iint\limits_{S_\varepsilon}\Big[\dfrac{1}{r}\dfrac{\partial f}{\partial\vec{n}}-f\dfrac{\partial}{\partial\vec{n}}\Big(\dfrac{1}{r}\Big)\Big]\mathrm{d}S=I_1+I_2$$

利用高斯公式：设点 A 坐标为 $A(x_0,\ y_0,\ z_0)$，$r=\sqrt{(x-x_0)^2+(y-y_0)^2+(z-z_0)^2}$，$\vec{n}=\{\cos\alpha,\ \cos\beta,\ \cos\gamma\}$ 为外法线矢量，则

$$I_1=\iint\limits_{S+S_\varepsilon}\Big[\Big(\dfrac{f_x}{r}+\dfrac{(x-x_0)f}{r^3}\Big)\cos\alpha+\Big(\dfrac{f_y}{r}+\dfrac{(y-y_0)f}{r^3}\Big)\cos\beta+\Big(\dfrac{f_z}{r}+\dfrac{(z-z_0)f}{r^3}\Big)\cos\gamma\Big]\mathrm{d}S$$

$$=\iint\limits_{S+S_\varepsilon}\Big(\dfrac{f_x}{r}+\dfrac{(x-x_0)f}{r^3}\Big)\mathrm{d}y\mathrm{d}z+\Big(\dfrac{f_y}{r}+\dfrac{(y-y_0)f}{r^3}\Big)\mathrm{d}z\mathrm{d}x+\Big(\dfrac{f_z}{r}+\dfrac{(z-z_0)f}{r^3}\Big)\mathrm{d}x\mathrm{d}y$$

$$=\iiint\limits_{V_\varepsilon}\Big[\dfrac{\partial}{\partial x}\Big(\dfrac{f_x}{r}+\dfrac{(x-x_0)f}{r^3}\Big)+\dfrac{\partial}{\partial y}\Big(\dfrac{f_y}{r}+\dfrac{(y-y_0)f}{r^3}\Big)+\dfrac{\partial}{\partial z}\Big(\dfrac{f_z}{r}+\dfrac{(z-z_0)f}{r^3}\Big)\Big]\mathrm{d}v$$

$$=\iiint\limits_{V_\varepsilon}\Big[\Big(\dfrac{f_{xx}}{r}+\dfrac{r^2-3(x-x_0)^2}{r^3}f\Big)+\Big(\dfrac{f_{yy}}{r}+\dfrac{r^2-3(y-y_0)^2}{r^3}f\Big)+\Big(\dfrac{f_{zz}}{r}+\dfrac{r^2-3(z-z_0)^2}{r^3}f\Big)\Big]\mathrm{d}v$$

$$=\iiint\limits_{V_\varepsilon}\Big[\dfrac{f_{xx}+f_{yy}+f_{zz}}{r}+\dfrac{3r^2-3r^2}{r^3}f\Big]\mathrm{d}v=0.$$

下面计算 I_2

在 S_ε 上 $r=\varepsilon$，$\dfrac{\partial}{\partial\vec{n}}\Big(\dfrac{1}{r}\Big)=-\dfrac{1}{r^2}$，所以有 $I_2=\dfrac{1}{\varepsilon}\iint\limits_{S_\varepsilon}\dfrac{\partial f}{\partial\vec{n}}\mathrm{d}S+\dfrac{1}{\varepsilon^2}\iint\limits_{S_\varepsilon}f\mathrm{d}S$.

由（1）的结果知第一个积分为 0，再由积分中值定理，得

$$I_2=\dfrac{1}{\varepsilon^2}\times4\pi^2 f(\xi,\ \eta)=4\pi f(\xi,\ \eta),$$

其中 $(\xi,\ \eta)$ 为 S_ε 所围区域内某一点. 综上有 $\iint\limits_{S}\left[\dfrac{1}{r}\dfrac{\partial f}{\partial \vec{n}}-f\dfrac{\partial}{\partial \vec{n}}\left(\dfrac{1}{r}\right)\right]\mathrm{d}S=4\pi f(\xi,\ \eta).$

然后令 $\varepsilon\to 0\Rightarrow f(\xi,\ \eta)\to f(A)$，故有 $f(A)=\dfrac{1}{4\pi}\iint\limits_{S}\left[\dfrac{1}{r}\dfrac{\partial f}{\partial \vec{n}}-f\dfrac{\partial}{\partial \vec{n}}\left(\dfrac{1}{r}\right)\right]\mathrm{d}S.$

12.7　多元积分学的应用

这部分通常是以填空题的形式考查，只要将相应公式记住，就是送分题.

12.7.1　必背的公式及结论

表 12 - 9

体积	在曲面 $z=f(x,\ y)$ 与区域 D 之间的直柱体体积为 $V=\iint\limits_{D}f(x,\ y)\mathrm{d}x\mathrm{d}y.$
曲面积	设曲面 $z=f(x,\ y)$，则曲面积为 $S=\iint\limits_{D_{xy}}\sqrt{1+(z'_x)^2+(z'_y)^2}\,\mathrm{d}x\mathrm{d}y.$
质量	设 $\mu(x,\ y)$ 为平面薄板 D 的面密度，则 $M=\iint\limits_{D}\mu(x,\ y)\mathrm{d}x\mathrm{d}y.$
质心	$\bar{x}=\dfrac{1}{M}\iint\limits_{D}x\mu\mathrm{d}x\mathrm{d}y,\ \bar{y}=\dfrac{1}{M}\iint\limits_{D}y\mu\mathrm{d}x\mathrm{d}y,$ 质心 $(\bar{x},\ \bar{y}).$
转动惯量	平面薄片对 x 轴、y 轴、原点的转动惯量分别为： $I_x=\iint\limits_{D}y^2\mu\mathrm{d}\sigma,\ I_y=\iint\limits_{D}x^2\mu\mathrm{d}\sigma,\ I_O=\iint\limits_{D}(x^2+y^2)\mu\mathrm{d}\sigma,$ 即 $I_O=I_x+I_y$

表 12 - 10

几何形体＼所求量	平面板	曲线	曲面
几何度量	面积: $S=\iint\limits_{D}\mathrm{d}\rho$	弧长: $L=\displaystyle\int_c\mathrm{d}s$	面积: $S=\iint\limits_{\Sigma}\mathrm{d}S$
质量	$m=\iint\limits_{D}\rho(x,\ y)\mathrm{d}\rho$	$m=\displaystyle\int_c\rho(x,\ y,\ z)\mathrm{d}s$	$m=\iint\limits_{\Omega}\rho(x,\ y,\ z)\mathrm{d}S$
质心	$\bar{x}=\dfrac{\iint\limits_{D}x\rho(x,\ y)\mathrm{d}\sigma}{\iint\limits_{D}\rho(x,\ y)\mathrm{d}\sigma}$	$\bar{x}=\dfrac{\displaystyle\int_c x\rho(x,\ y)\mathrm{d}s}{\displaystyle\int_c \rho(x,\ y)\mathrm{d}s}$	$=\dfrac{\iint\limits_{\Sigma}x\rho(x,\ y)\mathrm{d}S}{\iint\limits_{\Sigma}\rho(x,\ y)\mathrm{d}S}$
转动惯量	$I_x=\iint\limits_{D}y^2\rho(x,\ y)\mathrm{d}\rho$	$I_x=\displaystyle\int_c(y^2+z^2)\rho(x,\ y,\ z)\mathrm{d}s$	$I_x=\iint\limits_{\Sigma}(y^2+z^2)\rho(x,\ y,\ z)\mathrm{d}S$

上表将二重积分，三重积分，第一类线积分及第一类面积分在几何及物理上的应用已全部汇总起来，第二类线积分和第二类面积分各自有以下应用：

（1）变力做功

设有力场 $F(x, y, z) = Pi + Qj + Rk$，则力 F 沿曲线 $\overset{\frown}{AB}$ 从 A 到 B 所作的功为

$$W = \int_{\overset{\frown}{AB}} P\mathrm{d}x + Q\mathrm{d}y + R\mathrm{d}z.$$

（2）通量

设有向量场 $u(x, y, z) = Pi + Qj + Rk$，$\sum$ 为有向曲面，则向量场 $u(x, y, z)$ 穿过曲面 $\sum$ 的指定侧的通量为 $\Phi = \iint\limits_{\sum} P\mathrm{d}y\mathrm{d}z + Q\mathrm{d}x\mathrm{d}z + R\mathrm{d}x\mathrm{d}y.$

12.7.2 几何应用

我们针对几何应用的题目理解起来一般是不存在难度的，所以这部分的题目会有一定的计算量，希望同学们对一些典型题目做适当总结，还有涉及到曲率、曲率半径的公式不要忘了，这些内容应该作为知识的"边角料"经常拿出来记一记，切莫因为这些东西简单而"大意失荆州"。

【例 12.44】 半径为 R 的球面 $\sum$ 的球心在定球面 $x^2 + y^2 + z^2 = a^2 (a > 0)$ 上，问当 R 为何值时，球面 $\sum$ 在定球面内部的那部分面积最大？

分析：先求出球面 $\sum$ 在定球面内的面积 $S(R)$，再求 $S(R)$ 的最大值，为了方便，$\sum$ 的球心不妨取在 z 轴上．

【解】 设 $\sum$ 的方程为 $x^2 + y^2 + (z-a)^2 = R^2$，则两球面的交线在 xOy 平面上的投影曲线方程为 $\begin{cases} x^2 + y^2 = R^2 - \dfrac{R^4}{4a^2}, \\ z = 0, \end{cases}$ 令 $R^2 - \dfrac{R^4}{4a^2} = b^2$，$(R < 2a, b > 0)$ 从而，球面 $\sum$ 在定球面内的面积为

$$S(R) = \iint\limits_{x^2 + y^2 \leqslant b^2} \sqrt{1 + z_x'^2 + z_y'^2}\, \mathrm{d}x\mathrm{d}y = \iint\limits_{x^2 + y^2 \leqslant b^2} \frac{R}{\sqrt{R^2 - x^2 - y^2}}\, \mathrm{d}x\mathrm{d}y = 2\pi R^2 - \frac{\pi R^3}{a}. \ (0 < R < 2a)$$

$S'(R) = 4\pi R - \dfrac{3\pi R^2}{a}$，令 $S'(R) = 0$，得 $R = \dfrac{4}{3}a$，且 $S''\left(\dfrac{4}{3}a\right) < 0$，故 $R = \dfrac{4}{3}a$ 是极大值点，又极值点唯一，故当 $R = \dfrac{4}{3}a$ 时，球面 $\sum$ 在定球面内的那部分面积最大．

12.7.3 物理应用

下面这道题目是咱们考研真题里面非常经典的一道题目，同学可以先做一下，看能不能根据题意把这道题目的式子列出来，这是应用题用数学建模的基础，经实测，这道题目的得分率并不高，也算一道小压轴题了，你能不看答案做出来吗？

【例 12.45】 设有以高为 $h(t)$ （t 为时间）的雪堆在融化过程中，其侧面能满足方程 $z = h(t) - \dfrac{2(x^2 + y^2)}{h(t)}$ （设长度单位为厘米，时间单位为小时），已知体积减少的速率与侧面积成正比（比例系数为 0.9），问高度为 130 厘米的雪堆全部融化需多少小时？

【解】 设雪堆的体积为 $V(t)$，表面积为 $S(t)$，则

$$V(t) = \int_0^{h(t)} \mathrm{d}z \iint\limits_{x^2+y^2 \leqslant \frac{1}{2}[h^2(t)-zh(t)]} \mathrm{d}x\mathrm{d}y = \int_0^{h(t)} \frac{1}{2}\pi[h^2(t)-zh(t)]\mathrm{d}z = \frac{\pi}{4}h^3(t)$$

$$S(t) = \iint\limits_{x^2+y^2 \leqslant \frac{h^2(t)}{2}} \sqrt{1+z_x'^2+z_y'^2}\,\mathrm{d}x\mathrm{d}y = \iint\limits_{x^2+y^2 \leqslant \frac{h^2(t)}{2}} \sqrt{1+\frac{16(x^2+y^2)}{h^2(t)}}\,\mathrm{d}x\mathrm{d}y$$

$$= \frac{2\pi}{h(t)} \int_0^{\frac{h(t)}{\sqrt{2}}} [h^2(t)-16r^2]^{\frac{1}{2}}\,r\mathrm{d}r = \frac{13\pi h^2(t)}{12}.$$

由题设知$\dfrac{\mathrm{d}V}{\mathrm{d}t} = -0.9S$，即$\dfrac{3\pi h^2(t)}{4}\dfrac{\mathrm{d}h(t)}{\mathrm{d}t} = -0.9 \cdot \dfrac{13\pi h^2(t)}{12}$.

故$\dfrac{\mathrm{d}h(t)}{\mathrm{d}t} = -\dfrac{13}{10} \Rightarrow h(t) = -\dfrac{13}{10}t + C$

由 $h(0)=130$ 得，$h(t) = -\dfrac{13}{10}t + 130$. 令 $h(t)=0$，得 $t=100$（小时）.

因此，高度为 130 厘米的雪堆全部融化所需时间为 100 小时.

第13章 无穷级数

（仅数一、数三）

【导言】

这一章我们研究级数，什么是无穷级数呢？它为什么要放到我们微积分的书里面来讲呢？无穷级数和我们高等数学微积分课程的积分、求导这些基本工具又有什么联系呢？在中学的时候，我们学习过数列的基本知识，以及简单等差、等比数列及求前 n 项和．那么我们做一个简单的推广，如果 n 趋向于无穷的时候，还有和吗？以及什么情况下这个数列无限项的和存在呢？换一个高端的说法，数列的一般项长什么样子的时候这个无穷数列收敛呢？是不是迫不及待想开启我们无穷级数的奇幻世界了呢？

备考本章需要考生熟练记忆常见初等函数的幂级数展开式，掌握幂级数求和的方法和技巧，尤其是对数三的考生来说是必考的一道 10 分送分题，但计算量大，级数判敛常在选择题里考查，4 分，收敛区间、收敛半径往往在填空题考查，4 分，数一考生除了上述内容外还需掌握傅里叶级数，往往和幂级数交叉年份考查，这道解答题不绕弯，思路单一，只是计算量大．

【考试要求】

考试要求	科目	考 试 内 容
了解	数学一	级数的收敛与发散，收敛级数的和的概念，级数的基本性质和级数收敛的必要条件
	数学三	
理解	数学一	任意项级数绝对收敛与条件收敛的概念以及绝对收敛与收敛的关系，交错级数的莱布尼兹判别法、幂级数在其收敛区间内的基本性质（和函数的连续型、逐项求导和逐项积分）、几个重要的麦克劳林展开式
	数学三	
会	数学一	求幂级数的收敛半径、收敛区间及收敛域，求简单幂级数在收敛域区间内的和函数
	数学三	
掌握	数学一	傅里叶级数的正弦级数、余弦级数展开
	数学三	几何级数及 p 级数的收敛与发散的条件，正项级数收敛性的比较判别法和比值判别法

【知识网络图】

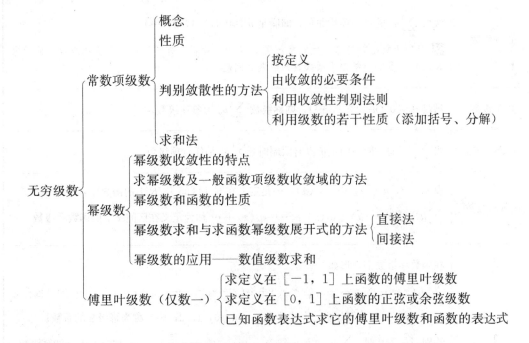

【内容精讲】

13.1 常数项级数

13.1.1 级数的概念和性质

13.1.1.1 定义

设有数列 u_1，u_2，$\cdots$，u_n，$\cdots$，则表达式 $u_1+u_2+\cdots+u_n+\cdots$ 称为（常数项）无穷级数，记作 $\sum\limits_{n=1}^{\infty} u_n = u_1+u_2+\cdots+u_n+\cdots$，式中的每一项都是常数，所以又叫常数项级数，简称级数．

既然是无穷级数，无穷多项求和涉及到一个无穷的概念，而且这里的无穷是正无穷大．我们知道一旦涉及到了无穷肯定要引入极限的概念．这里的思维方法可以看成：有限和无限的对比联想和拓展，为此先弄个有限项表达式，来研究级数的前 n 项和，记

$$S_n = u_1+u_2+u_3+\cdots+u_n$$

称之为级数的部分和．

下面我们进行项数个数的拓展，把有限拓展到无限，因为 $\lim\limits_{n\to\infty} S_n = \sum\limits_{n=1}^{\infty} u_n$，所以级数 $\sum\limits_{n=1}^{\infty} u_n$ 是否存在等价于极限 $\lim\limits_{n\to\infty} S_n$ 是否存在．借助极限的概念，可以引入级数收敛与发散的概念．

表 13 - 1 　　　　　　　　　　　　　级数学习初步印象表

正项级数	级数 $\sum\limits_{n=1}^{\infty} u_n$ 的每一项均非负, 即满足 $u_n \geqslant 0$ $(n=1, 2, \cdots)$ **注** 正项级数比较特殊, 也非常重要. 以后会看到, 有些级数 (非负项级数) 的敛散性问题, 可以归结为正项级数的敛散性问题
负项级数	满足 $u_n \leqslant 0$ $(n=1, 2, \cdots)$, 则称级数 $\sum\limits_{n=1}^{\infty} u_n$ 为负项级数
任意项级数	当 $\sum\limits_{n=1}^{\infty} u_n$ 的一般项的正负没有限制时, $\sum\limits_{n=1}^{\infty} u_n$ 是任意项级数
函数项级数	设 $u_1(x)$, $u_2(x)$, $\cdots$, $u_n(x)$, $\cdots$ 是定义在同一区间 $I \subseteq R$ 上的函数序列, 则 $$\sum\limits_{n=1}^{\infty} u_n(x) = u_1(x) + u_2(x) + \cdots + u_n(x) + \cdots$$ 称为定义在区间 I 上的函数项级数
幂级数	在函数项级数中, 形如 $$\sum\limits_{n=0}^{\infty} a_n(x-x_0)^n = a_0 + a_1(x-x_0) + a_2(x-x_0)^2 + \cdots + a_n(x-x_0)^n + \cdots$$ 的级数称为关于 $(x-x_0)$ 的幂级数, 其中常数 a_n $(n=0, 1, 2, \cdots)$ 称为幂级数的系数; 特别当 $x_0 = 0$ 时, $\sum\limits_{n=0}^{\infty} a_n x^n = a_0 + a_1 x + a_2 x^2 + \cdots + a_n x^n + \cdots$ 称为关于 x 的幂级数; 幂级数把一类不是幂函数的函数表示成幂函数的形式, 架起一座桥, 沟通不同函数
傅里叶级数 (仅数一)	设 $f(x)$ 是周期为 2π 的周期函数, 且能展开成三角级数 $$f(x) = \frac{a_0}{2} + \sum\limits_{n=1}^{\infty}(a_n \cos nx + b_n \sin nx), \text{ 其中} \begin{cases} a_0 = \dfrac{1}{\pi}\displaystyle\int_{-\pi}^{\pi} f(x)\,\mathrm{d}x \\[2mm] a_n = \dfrac{1}{\pi}\displaystyle\int_{-\pi}^{\pi} f(x)\cos nx\,\mathrm{d}x\,(n=1,2,\cdots) \\[2mm] b_n = \dfrac{1}{\pi}\displaystyle\int_{-\pi}^{\pi} f(x)\sin nx\,\mathrm{d}x\,(n=1,2,\cdots) \end{cases}$$ 傅里叶级数在信息和热动学科有着广泛的应用
交错级数	形如 $\sum\limits_{n=1}^{\infty}(-1)^{n-1} u_n$ (其中 $u_n > 0$) 的级数, 称为交错级数

从表 13 - 1 中和本章导言可以看出, 我们需要重点研究无穷级数什么性质呢? 对于常数项级数而言, 它们本身每一项是常数了 (其他级数类似), 无限个常数相加, 科研工作者想知道什么, 肯定是看它能不能被表示出来呗, 也就是主要看它们无穷项相加的和是不是一个有限值 (即极限存在). 那我们先来看看都有哪些情况下的收敛, 如果收敛的话将会有哪些比较好的性质呢?

若级数 $\sum\limits_{n=1}^{\infty} |u_n|$ 收敛, 则称级数 $\sum\limits_{n=1}^{\infty} u_n$ 绝对收敛; 若级数 $\sum\limits_{n=1}^{\infty} |u_n|$ 发散, 而 $\sum\limits_{n=1}^{\infty} u_n$ 收敛, 则称级数 $\sum\limits_{n=1}^{\infty} u_n$ 条件收敛.

定理（级数收敛的必要条件）若级数 $\displaystyle\sum_{n=1}^{\infty} u_n$ 收敛，则必有 $\displaystyle\lim_{n\to\infty} u_n = 0$.

【证明】 设级数 $\displaystyle\sum_{n=1}^{\infty} u_n$ 收敛于和 S，即 $\lim S_n = S$，故有 $\lim_{n\to\infty} u_n = \lim S_n - \lim S_{n-1} = S - S = 0$，证毕.

注 该定理的逆否命题是判别级数发散的一种方便且有效的方法，即"若 $\lim_{n\to\infty} u_n \neq 0$，则级数 $\displaystyle\sum_{n=1}^{\infty} u_n$ 发散."在判断收敛题目的第一步先用这个必要条件判断下是否收敛，不要忽略，否则算了半天发现连这个条件都不满足，得出的结论虽然一致，但是花费的时间却差了很多.

同时需要注意，$\lim_{n\to\infty} u_n = 0$ 是级数收敛的必要条件而不是充分条件. 不要误认为"若 $\lim_{n\to\infty} u_n = 0$，则级数 $\displaystyle\sum_{n=1}^{\infty} u_n$ 收敛". 事实上，当 $\lim_{n\to\infty} u_n = 0$ 时，相应级数 $\displaystyle\sum_{n=1}^{\infty} u_n$ 可能收敛，也可能发散. 比如下面两个例子：

(1) 级数 $\displaystyle\sum_{n=1}^{\infty} \dfrac{1}{2^n}$ $(u_n \to 0, n \to \infty)$ 收敛；(2) 调和级数 $\displaystyle\sum_{n=1}^{\infty} \dfrac{1}{n}$ $(u_n \to 0, n \to \infty)$ 发散.

13.1.2　性质

性质 I　设级数 $\displaystyle\sum_{n=1}^{\infty} u_n$ 与 $\displaystyle\sum_{n=1}^{\infty} v_n$ 都收敛，它们和分别为 S 和 σ，k 为非零常数，则

(1) 级数 $\displaystyle\sum_{n=1}^{\infty} k u_n$ 收敛，$\displaystyle\sum_{n=1}^{\infty} k u_n = kS$.

(2) 级数 $\displaystyle\sum_{n=1}^{\infty} (u_n \pm v_n)$ 收敛，$\displaystyle\sum_{n=1}^{\infty} (u_n \pm v_n) = S \pm \sigma$.

也即两个收敛的级数可以逐项数乘、相加或相减.

性质 II　在级数的前面加上或去掉有限项，其敛散性不变.

设原级数为 $\displaystyle\sum_{n=1}^{\infty} a_n$，去掉级数的前 m 项后得到另一个级数 $\displaystyle\sum_{n=1}^{\infty} b_n$，则

$$\sum_{n=1}^{\infty} b_n = a_{m+1} + a_{m+2} + \cdots = S_{n+m} - S_m$$

由于级数的前 m 项（有限个）之和 S_m 是个定常数，不影响级数的敛散性，所以级数 $\displaystyle\sum_{n=1}^{\infty} b_n$ 与 $\displaystyle\sum_{n=1}^{\infty} a_n$ 同敛散. 特别地，当级数 $\displaystyle\sum_{n=1}^{\infty} a_n = S$ 收敛时，则有 $\displaystyle\sum_{n=1}^{\infty} b_n = \lim(S_n - S_m) = S - S_m$.

性质 III　若级数 $\displaystyle\sum_{n=1}^{\infty} u_n$ 收敛，则在级数的相邻项间任意加括号后所成的新级数仍收敛，且它的和不变.

注 收敛级数去掉括号后的级数未必收敛. 例如，级数 $(1-1)+(1-1)+\cdots$ 收敛于零，但级数 $1-1+1-1+\cdots$ 却是发散的.

推论　如果加括号后所成的级数发散，则原来级数发散.

【思考】(1) 若级数 $\displaystyle\sum_{n=1}^{\infty} a_n$ 与 $\displaystyle\sum_{n=1}^{\infty} b_n$ 均发散，则级数 $\displaystyle\sum_{n=1}^{\infty} (a_n + b_n)$ 是否发散？

(2) 若级数 $\displaystyle\sum_{n=1}^{\infty} a_n$ 收敛，而 $\displaystyle\sum_{n=1}^{\infty} b_n$ 发散，则级数 $\displaystyle\sum_{n=1}^{\infty} (a_n + b_n)$ 是否发散？

13.1.3 级数的判敛准则

13.1.3.1 正项级数审敛法

正项级数收敛的充要条件是它的部分和数列有界.

（一）比较审敛法

设有两个正项级数 $\sum\limits_{n=1}^{\infty} u_n$ 及 $\sum\limits_{n=1}^{\infty} v_n$，且 $u_n \leqslant v_n$，其部分和分别为 S_n 和 σ_n，

(1) 如果级数 $\sum\limits_{n=1}^{\infty} v_n$ 收敛，则级数 $\sum\limits_{n=1}^{\infty} u_n$ 也收敛.

(2) 如果级数 $\sum\limits_{n=1}^{\infty} u_n$ 发散，则级数 $\sum\limits_{n=1}^{\infty} v_n$ 也发散.

记忆口诀：大收 $\Rightarrow$ 小收，小发 $\Rightarrow$ 大发.

作为比较法的参照级数，调和级数 $\sum\limits_{n=1}^{\infty} \dfrac{1}{n}$ 发散和级数 $\sum\limits_{n=1}^{\infty} \dfrac{1}{n^p}$ 的敛散性结果：

$$\sum_{n=1}^{\infty} \frac{1}{n^p} \begin{cases} p \leqslant 1, & \text{发散} \\ p > 1, & \text{收敛} \end{cases}, \text{请务必记住！}$$

在广义积分中，我们曾研究过 p—积分，$\displaystyle\int_1^{+\infty} \dfrac{1}{x^p}\mathrm{d}x = \begin{cases} \dfrac{1}{p-1}, & p > 1 \\ +\infty, & p \leqslant 1 \end{cases}$，比较可见 p—积分和

p—级数的敛散性完全一致. 仔细体会两者的内涵，我们是否可以这样理解：级数是离散的积分，积分是连续的求和？

证明：**（柯西积分判别法）** 设函数 $f(x)$ 在 $x \geqslant 1$ 上非负、连续且单调减，则级数 $\sum\limits_{n=1}^{\infty} f(n)$

与广义积分 $\displaystyle\int_1^{+\infty} f(x)\mathrm{d}x$ 同敛散.

【证明】 当 $k \leqslant x \leqslant k+1$ 时，$a_{k+1} = f(k+1) \leqslant f(x) \leqslant f(k) = a_k (k=1, 2, \cdots)$，因此，$a_{k+1} = f(k+1) \leqslant \displaystyle\int_k^{k+1} f(x)\mathrm{d}x \leqslant f(k) = a_k$. 记 $u_k = \displaystyle\int_k^{k+1} f(x)\mathrm{d}x$，求和得

$$\sum_{k=1}^{n+1} a_k - a_1 \leqslant \sum_{k=1}^{n} u_k = \int_1^{n+1} f(x)\mathrm{d}x \leqslant \sum_{k=1}^{n} a_k$$

故 $\displaystyle\int_1^{+\infty} f(x)\mathrm{d}x$ 与 $\sum\limits_{n=1}^{\infty} u_n$ 同敛散. 再由比较审敛法知级数 $\sum\limits_{n=1}^{\infty} a_n$ 与 $\sum\limits_{n=1}^{\infty} u_n$ 同敛散，因而证明了

广义积分 $\displaystyle\int_1^{+\infty} f(x)\mathrm{d}x$ 与级数 $\sum\limits_{n=1}^{\infty} f(n)$ 同敛散.

【例 13.1】 证明 p—级数 $\sum\limits_{n=1}^{\infty} \dfrac{1}{n^p}$，当 $p > 1$ 时收敛，当 $p \leqslant 1$ 时发散.

【证明】 当 $p \leqslant 0$ 时，级数的通项 $\dfrac{1}{n^p}$ 不趋于零（$n \to \infty$），级数收敛的必要条件不满足，所以级数发散，故只要讨论 $p > 0$ 情形. 此时，可用柯西积分判别法. 由于

$$\int_1^{+\infty} \frac{\mathrm{d}x}{x^p} = \begin{cases} \lim\limits_{M \to +\infty} \dfrac{1}{1-p}(M^{1-p} - 1) & (p \neq 1) \\[2mm] \lim\limits_{M \to +\infty} \ln M & (p = 1) \end{cases}$$

当 $p>1$ 时收敛，当 $p \leqslant 1$ 时发散. 于是，p 一级数当 $p>1$ 时收敛，当 $p \leqslant 1$ 时发散.

推论　设有两个正项级数 $\sum\limits_{n=1}^{\infty} u_n$ 及 $\sum\limits_{n=1}^{\infty} v_n$，且 $u_n \leqslant k v_n$（其中 $k>0$），则

①若级数 $\sum\limits_{n=1}^{\infty} v_n$ 收敛，则级数 $\sum\limits_{n=1}^{\infty} u_n$ 也收敛.

②若级数 $\sum\limits_{n=1}^{\infty} u_n$ 发散，则级数 $\sum\limits_{n=1}^{\infty} v_n$ 也发散.

（二）比较法的极限形式

设正项级数 $\sum\limits_{n=1}^{\infty} u_n$ 及 $\sum\limits_{n=1}^{\infty} v_n$，若有 $\lim\limits_{n \to \infty} \dfrac{u_n}{v_n} = l$，则

①当 $0 < l < +\infty$ 时，$\sum\limits_{n=1}^{\infty} u_n$ 与 $\sum\limits_{n=1}^{\infty} v_n$ 同时收敛或同时发散.

②当 $l=0$ 时，若 $\sum\limits_{n=1}^{\infty} v_n$ 收敛，则 $\sum\limits_{n=1}^{\infty} u_n$ 收敛.

③当 $l = +\infty$ 时，若 $\sum\limits_{n=1}^{\infty} v_n$ 发散，则 $\sum\limits_{n=1}^{\infty} u_n$ 发散.

思考题：

①对于正项级数 $\sum\limits_{n=1}^{\infty} u_n$，当 $\lim\limits_{n \to \infty} n u_n \neq 0$，$\sum\limits_{n=1}^{\infty} u_n$ 必发散，想一想，为什么？

②对于正项级数 $\sum\limits_{n=1}^{\infty} u_n$，若 $p>1$，且 $\lim\limits_{n \to \infty} n^p u_n \neq \infty$，$\sum\limits_{n=1}^{\infty} u_n$ 必收敛，想一想，为什么？

③设有两个正项级数 $\sum\limits_{n=1}^{\infty} u_n$ 及 $\sum\limits_{n=1}^{\infty} v_n$，若有 $u_n = o(v_n)$（u_n 和 v_n 是同阶无穷小量），则 $\sum\limits_{n=1}^{\infty} u_n$ 与 $\sum\limits_{n=1}^{\infty} v_n$ 的敛散性相同，想一想，为什么？

比较法及其推论是正项级数的基本审敛法，但是若不能找到合适的参照级数，则其应用会受到限制，下面介绍一种更方便的方法.

（三）比值审敛法

设有正项级数 $\sum\limits_{n=1}^{\infty} u_n$，若 $\lim\limits_{n \to \infty} \dfrac{u_{n+1}}{u_n} = \rho$，则

（1）当 $\rho < 1$ 时，级数收敛.

（2）当 $\rho > 1$（或 $\rho = \infty$）时，级数发散.

（3）当 $\rho = 1$ 时，级数可能收敛，也可能发散.

（四）根值审敛法

设 $\sum\limits_{n=1}^{\infty} u_n$ 是正项级数，若 $\lim\limits_{n \to \infty} \sqrt[n]{u_n} = \rho$，则

（1）当 $\rho < 1$ 时，级数收敛.

（2）当 $\rho > 1$（或 $\rho = \infty$）时，级数发散.

（3）当 $\rho = 1$ 时，级数可能收敛，也可能发散.

【理解】 如果 $\lim\limits_{n \to \infty} \dfrac{u_{n+1}}{u_n} = \rho$，则 $\dfrac{u_{n+1}}{u_n} = \rho + \alpha$（$\alpha$ 是无穷小量），那么 $u_{n+1} \approx \rho u_n$，由此看来，级数近似

于一个公比为 ρ 的等比级数 $\sum\limits_{n=1}^{\infty} \rho^n$. 根据等比级数的性质，结论自然得出.

如果 $\lim\limits_{n \to \infty} \sqrt[n]{u_n} = \rho$，则 $\sqrt[n]{u_n} = \rho + \alpha$（$\alpha$ 是无穷小量），那么 $u_{n+1} \approx \rho^n$，由此看来，级数近似于一

个公比为 ρ 的等比级数 $\sum\limits_{n=1}^{\infty} \rho^n$. 根据等比级数的性质，结论自然得出.

以上理解不能代替证明过程，但是可以帮助大家记忆和运用.

注 《数学分析》中有定理："若数列 $\{x_n\}$，$x_n \geqslant 0$，则 $\lim\limits_{n \to \infty} \sqrt[n]{x_n} = \lim\limits_{n \to \infty} \dfrac{x_{n+1}}{x_n}$"，即比值审敛法与根值

审敛法是等价的，当一种方法失效时另一种方法也失效，此时需改用其他审敛法判别. 有兴趣

的读者可阅读其证明过程.

$$\sum_{n=1}^{\infty} \frac{n^k}{a^n} \begin{cases} \text{收敛}, & a > 1 \\ \text{发散}, & 0 < a \leqslant 1 \end{cases}, k \text{ 为常数}$$

正数项级数审敛步骤：

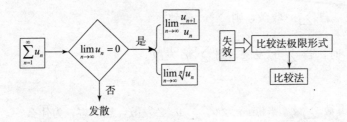

（五）四种正项级数敛散性审敛法的常用情形总结

利用比较审敛法的关键是如何寻找恰当的参照级数，通常的参照级数有 $p-$级数和几何级

数. 一般项 $u_n = f(n^p)$ 时，通常先找出与 u_n 等价或同阶的无穷小量，或用洛必达法则、泰勒

公式来确定 u_n 关于 $\dfrac{1}{n}$ 的阶，然后用比较审敛法的极限形式和 $p-$级数的敛散性进行讨论. 当通

项 u_n 中含有 a^n、$n!$ 等因子时，适宜用比值审敛法. 当 u_n 中含有参数时，往

往需对参数的不同取值进行讨论，以确定级数的敛散性. 当 u_n 中含有 n^n 因子

时，一般用根值审敛法.

【例 13.2】 判别下列级数的敛散性.

(1) $\sum\limits_{n=1}^{\infty} 2^n \sin \dfrac{\pi}{3^n}$.　　(2) $\sum\limits_{n=1}^{\infty} \dfrac{2^n \cdot n!}{n^n}$.　　(3) $\sum\limits_{n=1}^{\infty} \left(1 - \cos \dfrac{\pi}{n}\right)$.

(4) $\sum\limits_{n=1}^{\infty} \dfrac{1}{\sqrt{n}} \ln\left(1 + \dfrac{1}{n}\right)$.　　(5) $\sum\limits_{n=1}^{\infty} 2^{-n-(-1)^n}$.　　(6) $\sum\limits_{n=1}^{\infty} \dfrac{1}{2^{2n-1}(3n-1)}$.

(7) $\sum\limits_{n=1}^{\infty} \dfrac{n^n}{(n+1)^{n+1}}$.　　(8) $\sum\limits_{n=1}^{\infty} \dfrac{1}{1+p^n}$ $(p > 0)$.

【解】 (1) 因为当 $n \to \infty$ 时，$2^n \sin \dfrac{\pi}{3^n} \sim \left(\dfrac{2}{3}\right)^n \pi$，而级数 $\sum\limits_{n=1}^{\infty} \left(\dfrac{2}{3}\right)^n \pi$ 收敛，所以 $\sum\limits_{n=1}^{\infty} 2^n \sin \dfrac{\pi}{3^n}$

收敛.

(2) 级数通项 u_n 中含有 $n!$，考虑用比值法.

$$\lim_{n\to\infty}\frac{u_{n+1}}{u_n}=\lim_{n\to\infty}\frac{2^{n+1}\cdot(n+1)!}{(n+1)^{n+1}}\cdot\frac{n^n}{2^n\cdot n!}=\lim_{n\to\infty}\frac{2n^n}{(n+1)^n}=2\lim_{n\to\infty}\frac{1}{\left(1+\dfrac{1}{n}\right)^n}=\frac{2}{e}<1$$

所以级数 $\displaystyle\sum_{n=1}^{\infty}\frac{2^n\cdot n!}{n^n}$ 收敛.

（3）因为当 $n\to\infty$ 时，$1-\cos\dfrac{\pi}{n}\sim\dfrac{\pi^2}{2n^2}$，级数 $\displaystyle\sum_{n=1}^{\infty}\frac{\pi^2}{2n^2}$ 收敛，所以级数 $\displaystyle\sum_{n=1}^{\infty}\left(1-\cos\frac{\pi}{n}\right)$ 收敛.

（4）因为当 $n\to\infty$ 时，$\dfrac{1}{\sqrt{n}}\ln\left(1+\dfrac{1}{n}\right)\sim\dfrac{1}{n^{\frac{3}{2}}}$，级数 $\displaystyle\sum_{n=1}^{\infty}\frac{1}{n^{\frac{3}{2}}}$ 收敛，所以级数 $\displaystyle\sum_{n=1}^{\infty}\frac{1}{\sqrt{n}}\ln\left(1+\frac{1}{n}\right)$ 收敛.

（5）级数通项是 $2^{-n-(-1)^n}$，用根值法检验较简单，因为 $\lim_{n\to\infty}\sqrt[n]{2^{-n-(-1)^n}}=\lim_{n\to\infty}2^{-1-\frac{(-1)^n}{n}}=\dfrac{1}{2}<1$，所以级数 $\displaystyle\sum_{n=1}^{\infty}2^{-n-(-1)^n}$ 收敛.

（6）因为 $\lim_{n\to\infty}\dfrac{\dfrac{1}{2^{2n-1}(3n-1)}}{\dfrac{1}{2^{2n}}}=\lim_{n\to\infty}\dfrac{2^{2n}}{2^{2n-1}(3n-1)}=\lim_{n\to\infty}\dfrac{2}{(3n-1)}=0$，而级数 $\displaystyle\sum_{n=1}^{\infty}\frac{1}{2^{2n}}$ 收敛，所以级数 $\displaystyle\sum_{n=1}^{\infty}\frac{1}{2^{2n-1}(3n-1)}$ 收敛.

（7）因为

$$\lim_{n\to\infty}\sqrt[n]{\frac{n^n}{(n+1)^{n+1}}}=\lim_{n\to\infty}\frac{n}{(n+1)^{1+\frac{1}{n}}}=\lim_{n\to\infty}\frac{1}{\left(1+\dfrac{1}{n}\right)(n+1)^{\frac{1}{n}}}=\lim_{n\to\infty}\frac{1}{\left(1+\dfrac{1}{n}\right)e^{\frac{1}{n}\ln(n+1)}}=1.$$

根值法失效，那么比值法必然也失效. 考虑用比较法的极限形式

$$\lim_{n\to\infty}\frac{\dfrac{n^n}{(n+1)^{n+1}}}{\dfrac{1}{n}}=\lim_{n\to\infty}\frac{n^{n+1}}{(n+1)^{n+1}}=1$$

而级数 $\displaystyle\sum_{n=1}^{\infty}\frac{1}{n}$ 发散，所以级数 $\displaystyle\sum_{n=1}^{\infty}\frac{n^{n-1}}{(n+1)^{n+1}}$ 发散.

注　$\lim_{x\to+\infty}\dfrac{1}{x}\ln(x+1)=\lim_{x\to+\infty}\dfrac{1}{x+1}=0$

（8）当 $0<p<1$ 时，$\lim_{n\to\infty}u_n=\lim_{n\to\infty}\dfrac{1}{1+p^n}=1$，级数发散；

当 $p=1$ 时，$\lim_{n\to\infty}u_n=\dfrac{1}{2}$，级数发散；

当 $p>1$ 时，$\dfrac{1}{1+p^n}\sim\dfrac{1}{p^n}$，因为 $\dfrac{1}{p}<1$，故级数 $\displaystyle\sum_{n=1}^{\infty}\frac{1}{p^n}$ 收敛，从而原级数

$$\sum_{n=1}^{\infty}\frac{1}{1+p^n}\begin{cases}\text{发散，}&0<p\leqslant1\\\text{收敛，}&p>1\end{cases}.$$

13.1.3.2 交错级数审敛法

定理 13.1.3.2.1 （莱布尼茨定理）若交错级数 $\sum\limits_{n=1}^{\infty}(-1)^{n-1}u_n$ 满足条件：

(1) $u_n \geqslant u_{n+1}$ $(n=1,2,3,\cdots)$.

(2) $\lim\limits_{n\to\infty}u_n=0$.

则级数 $\sum\limits_{n=1}^{\infty}(-1)^{n-1}u_n$ 收敛，且其和 $S \leqslant u_1$，其余项 r_n 的绝对值 $|r_n| \leqslant u_{n+1}$.

【证明】 先证明前 $2m$ 项的和的极限 $\lim\limits_{m\to\infty}S_{2m}$ 存在，为此把 S_{2m} 写成两种形式：

$$S_{2m}=(u_1-u_2)+(u_3-u_4)+\cdots+(u_{2m-1}-u_{2m}) \text{（形式 1）}$$

和 $S_{2m}=u_1-(u_2-u_3)-(u_4-u_5)-\cdots-(u_{2m-2}-u_{2m-1})-u_{2m}$ （形式 2）.

根据条件（形式 1）知道所有括弧中的差是非负的，由第一种形式可见 $S_{2m} \geqslant 0$ 且 $|S_{2m}|$ 单调增加，由第二种形式可见 $S_{2m} < u_1$. 于是，根据单调有界数列必有极限的准则知道，S_{2m} 存在极限 S，并且 S 不大于 u_1，即 $\lim\limits_{m\to\infty}S_{2m}=S \leqslant u_1$，

再证明前 $2m+1$ 项的和的极限 $\lim\limits_{m\to\infty}S_{2m+1}=S$. 事实上，我们有 $S_{2m+1}=S_{2m}+u_{2m+1}$，

由于 $\lim\limits_{m\to\infty}S_{2m+1}=0$，因此 $\lim\limits_{m\to\infty}S_{2m+1}=\lim\limits_{m\to\infty}(S_{2m}+u_{2m+1})=S$.

由 $\lim\limits_{m\to\infty}S_{2m}=\lim\limits_{m\to\infty}S_{2m+1}=S$，即得 $\lim\limits_{n\to\infty}S_n=S$，故级数 $\sum\limits_{n=1}^{\infty}(-1)^{n-1}u_n$ 收敛于和 S，且 $S \leqslant u_1$.

注意如果取 S_n 作为收敛交错级数和的近似值，那么误差 $|R_n| \leqslant u_{n+1}$.

【例 13.3】 判别级数 $\sum\limits_{n=1}^{\infty}\dfrac{(-1)^n}{n^p}$ 的敛散性.

【解】 当 $p>1$ 时，因为 $\sum\limits_{n=1}^{\infty}\left|\dfrac{(-1)^n}{n^p}\right|=\sum\limits_{n=1}^{\infty}\dfrac{1}{n^p}$ 收敛，所以 $\sum\limits_{n=1}^{\infty}\dfrac{(-1)^n}{n^p}$ 绝对收敛.

当 $0<p\leqslant 1$ 时，$\lim\limits_{n\to\infty}\dfrac{1}{n^p}=0$，且 $\dfrac{1}{n^p}>\dfrac{1}{(n+1)^p}$ 由此可见 $\left\{\dfrac{1}{n^p}\right\}$ 单调递减，由莱布尼茨定理知 $\sum\limits_{n=1}^{\infty}\dfrac{(-1)^n}{n^p}$ 收敛，而此时 $\sum\limits_{n=1}^{\infty}\dfrac{1}{n^p}$ 发散，故 $\sum\limits_{n=1}^{\infty}\dfrac{(-1)^n}{n^p}$ 条件收敛.

当 $p \leqslant 0$ 时，$\lim\limits_{n\to\infty}\dfrac{(-1)^n}{n^p} \neq 0$，原级数发散.

综上可得 $\sum\limits_{n=1}^{\infty}\dfrac{(-1)^n}{n^p}\begin{cases} p>1 & \text{级数绝对收敛} \\ 0<p\leqslant 1 & \text{级数条件收敛} \\ p\leqslant 0 & \text{级数发散} \end{cases}$

特别地，$\sum\limits_{n=1}^{\infty}\dfrac{(-1)^n}{n}=-\ln 2$ 是特殊的交错的条件收敛的 p-级数.

【例 13.4】 判别级数 $\sum\limits_{n=2}^{\infty}\dfrac{(-1)^n\sqrt{n}}{n-1}$ 的敛散性.

【解】 注意到级数的一般项不连续，为了利用导数判断单调性，取 $y=\dfrac{\sqrt{x}}{x-1}$，其中 $x>1$ 由

$$y'=\left(\dfrac{\sqrt{x}}{x-1}\right)'=\dfrac{-(1+x)}{2\sqrt{x}\,(x-1)^2}<0$$

可知 $\{u_n\}$ 单调递减. 又因为 $\lim\limits_{n \to \infty} \dfrac{\sqrt{n}}{n-1}=0$, 由莱布尼茨定理知 $\sum\limits_{n=2}^{\infty}$

$\dfrac{(-1)^n \sqrt{n}}{n-1}$ 收敛.

进一步, $\sum\limits_{n=2}^{\infty} \left| \dfrac{(-1)^n \sqrt{n}}{n-1} \right| = \sum\limits_{n=2}^{\infty} \dfrac{\sqrt{n}}{n-1}$ 发散, 所以级数 $\sum\limits_{n=2}^{\infty} \dfrac{(-1)^n \sqrt{n}}{n-1}$ 条件收

敛.

【例 13.5】 判别级数 $\sum\limits_{n=1}^{\infty} (-1)^{n-1} \dfrac{n+1}{n} \dfrac{1}{\sqrt[100]{n}}$ 的敛散性.

【解】 把级数一分为二,

$$\sum_{n=1}^{\infty} (-1)^{n-1} \dfrac{n+1}{n} \dfrac{1}{\sqrt[100]{n}} = \sum_{n=1}^{\infty} (-1)^{n-1} \dfrac{1}{\sqrt[100]{n}} + \sum_{n=1}^{\infty} (-1)^{n-1} \dfrac{1}{n} \cdot \dfrac{1}{\sqrt[100]{n}}$$

注 级数 $\sum\limits_{n=1}^{\infty} (-1)^{n-1} \dfrac{1}{\sqrt[100]{n}}$ 和级数 $\sum\limits_{n=1}^{\infty} (-1)^{n-1} \dfrac{1}{n} \cdot \dfrac{1}{\sqrt[100]{n}}$ 分别为 $p=\dfrac{1}{100}$ 和 $p=\dfrac{101}{100}$ 的交错 p 一级数,

可见, 第一个级数条件收敛, 第二个级数绝对收敛, 所以原级数条件收敛.

【思考】 (1) 若级数 $\sum\limits_{n=1}^{\infty} a_n$ 收敛, 且 $\lim\limits_{n \to \infty} \dfrac{b_n}{a_n}=1$, 问级数 $\sum\limits_{n=1}^{\infty} b_n$ 是否收敛?

(2) 若级数 $\sum\limits_{n=1}^{\infty} a_n$ 与 $\sum\limits_{n=1}^{\infty} b_n$ 均收敛, $a_n \leqslant c_n \leqslant b_n$ ($n=1$, 2, $\cdots$), 问级数 $\sum\limits_{n=1}^{\infty} c_n$ 是否收敛?

13.1.4 任意项级数判敛

任意项级数可分为五种类型:

(1) $\{u_n\}$ 中, $u_n \geqslant 0$ ($n=1$, 2, $\cdots$), 级数是正项级数.

(2) $\{u_n\}$ 中, $u_n \leqslant 0$ ($n=1$, 2, $\cdots$), $-\sum\limits_{n=1}^{\infty} u_n$ 是正项级数.

(3) $\{u_n\}$ 中, 有有限项为负.

(4) $\{u_n\}$ 中, 有有限项为正.

(5) $\{u_n\}$ 中, 有无穷多项为正, 无穷多项为负.

前四种情形均可化为正项级数处理, 于是只需寻求第五种即一般任意项级数敛散性判别的途径. 很自然会想到的问题是: 能否借助正项级数的审敛法讨论任意项级数呢? 这取决于能否找到连接任意项级数与正项级数的纽带.

把任意项级数 $\sum\limits_{n=1}^{\infty} u_n$ 变成正项级数并不难, 只要取 $\sum\limits_{n=1}^{\infty} |u_n|$ 即可. 需要讨论的问题是:

(1) $\sum\limits_{n=1}^{\infty} |u_n|$ 收敛时, $\sum\limits_{n=1}^{\infty} u_n$ 的敛散性如何?

(2) $\sum\limits_{n=1}^{\infty} |u_n|$ 发散时, $\sum\limits_{n=1}^{\infty} u_n$ 的敛散性如何?

(3) $\sum\limits_{n=1}^{\infty} |u_n|$ 的敛散性如何判别?

【答】 绝对收敛与条件收敛的概念

若级数 $\sum\limits_{n=1}^{\infty} |u_n|$ 收敛, 则称级数 $\sum\limits_{n=1}^{\infty} u_n$ 绝对收敛.

若级数 $\sum\limits_{n=1}^{\infty} u_n$ 收敛，而级数 $\sum\limits_{n=1}^{\infty} |u_n|$ 发散，则称级数 $\sum\limits_{n=1}^{\infty} u_n$ 条件收敛.

故 (1) 中 $\sum\limits_{n=1}^{\infty} u_n$ 收敛. (2) 中 $\sum\limits_{n=1}^{\infty} u_n$ 敛散性不定，如 $\sum\limits_{n=1}^{\infty} u_n = \sum\limits_{n=1}^{\infty} (-1)^{n-1} \dfrac{1}{n}$ 条件收敛，再如 $\sum\limits_{n=1}^{\infty} u_n = \sum\limits_{n=1}^{\infty} \dfrac{1}{n}$ 则是发散的. (3) 中 $\sum\limits_{n=1}^{\infty} |u_n|$ 则要根据正项级数判敛方法去判定.

定理 13.1.4.1 若 $\sum\limits_{n=1}^{\infty} |u_n|$ 收敛，则 $\sum\limits_{n=1}^{\infty} u_n$ 收敛

若绝对值级数收敛，则原级数必定收敛. 但是，若绝对值级数发散，却不能断定原级数发散.

定理 13.1.4.2 绝对收敛级数经改变项的次序后所得的新级数仍绝对收敛，并且级数的和不变（即绝对收敛级数满足加法交换律）. 这个性质在概率论中有应用，离散随机变量期望存在，要求绝对收敛.

【证明】(1) 先证定理对于收敛的正项级数正确.

设级数 $\sum\limits_{n=1}^{\infty} u_n$ 为正项级数，其部分和为 s_n，和为 s，设级数 $\sum\limits_{n=1}^{\infty} u_n^*$ 为改变 $\sum\limits_{n=1}^{\infty} u_n$ 项次序后所得的级数，其部分和为 s_n^*，和为 s^*.

对于任意自然数 n，当 m 足够大时，使 $u_1^*, u_2^*, \cdots, u_n^*$ 各项都出现在 $s_m = u_1 + u_2 + \cdots + u_m$ 中，于是有 $s_n^* \leqslant s_m \leqslant s$

注意到数列 $\{s_n^*\}$ 单调递增，可知 $\lim\limits_{n \to \infty} s_n^*$ 存在，且 $\lim\limits_{n \to \infty} s_n^* = s^* \leqslant s$

反过来，也可以将 $\sum\limits_{n=1}^{\infty} u_n$ 看成 $\sum\limits_{n=1}^{\infty} u_n^*$ 改变项次序所得的级数，应用刚才所证的结论，也有 $s \leqslant s^*$. 所以，必有 $s_n^* = s$.

(2) 再证定理对绝对收敛的任意项级数正确.

设级数 $\sum\limits_{n=1}^{\infty} u_n$ 绝对收敛，知正项级数 $\sum\limits_{n=1}^{\infty} u_n^+$ 及 $\sum\limits_{n=1}^{\infty} u_n^-$ 均收敛，且 $\sum\limits_{n=1}^{\infty} u_n = \sum\limits_{n=1}^{\infty} u_n^+ - \sum\limits_{n=1}^{\infty} u_n^-$，$\sum\limits_{n=1}^{\infty} |u_n| = \sum\limits_{n=1}^{\infty} u_n^+ + \sum\limits_{n=1}^{\infty} u_n^-$.

对于改变级数 $\sum\limits_{n=1}^{\infty} u_n$ 项次序所得级数 $\sum\limits_{n=1}^{\infty} u_n^*$，同样有正项级数 $\sum\limits_{n=1}^{\infty} u_n^{*+}$ 及 $\sum\limits_{n=1}^{\infty} u_n^{*-}$. 它们可分别看作级数 $\sum\limits_{n=1}^{\infty} u_n^+$ 及 $\sum\limits_{n=1}^{\infty} u_n^-$ 改变项次序后所得的级数.

由 (1) 证得的结论可知，$\sum\limits_{n=1}^{\infty} u_n^{*+} = \sum\limits_{n=1}^{\infty} u_n^+$，$\sum\limits_{n=1}^{\infty} u_n^{*-} = \sum\limits_{n=1}^{\infty} u_n^-$，从而知 $\sum\limits_{n=1}^{\infty} |u_n^*| = \sum\limits_{n=1}^{\infty} u_n^{*+} + \sum\limits_{n=1}^{\infty} u_n^{*-}$ 收敛，即 $\sum\limits_{n=1}^{\infty} u_n^*$ 绝对收敛，且其和 $\sum\limits_{n=1}^{\infty} u_n^* = \sum\limits_{n=1}^{\infty} u_n^{*+} - \sum\limits_{n=1}^{\infty} u_n^{*-} = \sum\limits_{n=1}^{\infty} u_n^+ - \sum\limits_{n=1}^{\infty} u_n^- = \sum\limits_{n=1}^{\infty} u_n$ 证毕.

注 $\sum\limits_{n=1}^{\infty} u_n^{*-}$ 表示在任意项级数中取负数的那些项之和.

如果级数条件收敛，则改变项次序后所得的级数可能收敛也可能发散，且级数的和可能改变，即条件收敛的级数不满足加法交换律.

例如，级数 $\sum\limits_{n=1}^{\infty} \dfrac{(-1)^{n-1}}{n} = 1 - \dfrac{1}{2} + \dfrac{1}{3} - \dfrac{1}{4} + \cdots$ 条件收敛，按"每一个正项后面接两个负

项"改变次序得一个新级数 $1-\dfrac{1}{2}-\dfrac{1}{4}+\dfrac{1}{3}-\dfrac{1}{6}-\dfrac{1}{8}+\cdots+\dfrac{1}{2k-1}-\dfrac{1}{4k-2}-\dfrac{1}{4k}+\cdots.$

设原级数 $\sum\limits_{n=1}^{\infty}\dfrac{(-1)^{n-1}}{n}$ 的部分和为 s_n，上述新级数的部分和为 s_n^{*}，则

$$S_{3n}^{*}=\sum_{k=1}^{n}\left(\frac{1}{2k-1}-\frac{1}{4k-2}-\frac{1}{4k}\right)=\sum_{k=1}^{n}\left(\frac{1}{4k-2}-\frac{1}{4k}\right)=\frac{1}{2}\sum_{k=1}^{n}\left(\frac{1}{2k-1}-\frac{1}{2k}\right)=\frac{1}{2}S_{2n}$$

若原级数的和为 s，即 $\lim\limits_{n\to\infty}s_n=s$，则 $\lim\limits_{n\to\infty}s_{3n}^{*}=\dfrac{1}{2}\lim\limits_{n\to\infty}s_{2n}=\dfrac{1}{2}s$

因为 $\lim\limits_{n\to\infty}s_{3n-1}^{*}=s_{3n}^{*}+\dfrac{1}{4n}$，$s_{3n+1}^{*}=s_{3n}^{*}+\dfrac{1}{2n+1}$，所以 $\lim\limits_{n\to\infty}s_{3n-1}^{*}=\dfrac{1}{2}s$，$\lim\limits_{n\to\infty}s_{3n+1}^{*}=\dfrac{1}{2}s.$ 从而有

$\lim\limits_{n\to\infty}s_n^{*}=\dfrac{1}{2}s$，即新级数的和为 $\dfrac{1}{2}s$，与原级数的和不相同．

定理 13.1.4.3　设级数 $\sum\limits_{n=1}^{\infty}u_n$ 及 $\sum\limits_{n=1}^{\infty}v_n$ 都绝对收敛，其和分别为 s 和 σ，则它们的柯西乘积仍然绝对收敛，且其和为 $s\sigma.$

由于 $\sum\limits_{n=1}^{\infty}|u_n|$ 是正项级数，把正项级数的审敛法作相应的修改，就可得到任意项级数 $\sum\limits_{n=1}^{\infty}u_n$ 的比值审敛法和根值审敛法．

定理 13.1.4.4　设 $\sum\limits_{n=1}^{\infty}u_n$ 是任意项级数，若 $\lim\limits_{n\to\infty}\dfrac{|u_{n+1}|}{|u_n|}=\rho$ 或 $\lim\limits_{n\to\infty}\sqrt[n]{|u_n|}=\rho$

则均有

（1）当 $\rho<1$ 时，级数 $\sum\limits_{n=1}^{\infty}u_n$ 绝对收敛；

（2）当 $\rho>1$（或 $\rho=\infty$）时，级数 $\sum\limits_{n=1}^{\infty}u_n$ 发散；

（3）当 $\rho=1$ 时，级数 $\sum\limits_{n=1}^{\infty}u_n$ 可能收敛，可能发散．

小结：

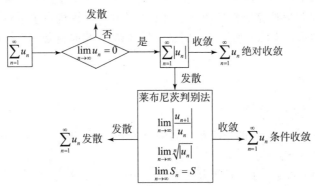

13.2　幂　级　数

常数项级数因为每一项都是常数，所以无穷项叠加之后要么发散要么收敛，但是函数项级

数每一项的取值是不确定呀, 要怎么描述函数项级数在某个范围内收敛, 范围外发散呢? 好吧, 不卖关子了, 直接上个定义.

13.2.1 幂级数定义

13.2.1.1 函数项级数及收敛域与和函数

定义 13.2.1.1.1 对于级数, 若存在 $x_0 \in I$, 使得 $\sum\limits_{n=1}^{\infty} u_n(x_0)$ 收敛, 则称 x_0 为级数的收敛点; 若 $x_0 \in I$, 使得 $\sum\limits_{n=1}^{\infty} u_n(x_0)$ 发散, 则称 x_0 为级数的发散点. 级数 $\sum\limits_{n=1}^{\infty} u_n(x)$ 的所有收敛点的全体称为收敛域, 记作 $I_{收}$, 级数 $\sum\limits_{n=1}^{\infty} u_n(x)$ 的所有发散点的全体称为发散域, 记作 $I_{发}$, 即

$$I_{收} = \left\{ x \,\middle|\, \sum_{n=1}^{\infty} u_n(x) \text{ 收敛} \right\}, \quad I_{发} = \left\{ x \,\middle|\, \sum_{n=1}^{\infty} u_n(x) \text{ 发散} \right\}$$

如果函数项级数 $\sum\limits_{n=1}^{\infty} u_n(x)$ 收敛, 其和 S 依赖于 x, 即是 x 的函数 $S(x)$, 称 $S(x)$ 为函数项级数的和函数, 即 $S(x) = \sum\limits_{n=1}^{\infty} u_n(x)$. 显然和函数 $S(x)$ 的定义域是 $I_{收}$.

在函数项级数中, 最简单最常用的函数项级数是幂级数.

(1) 当自变量 x 限制在一定范围内时, 函数项级数可能是收敛的, 且其和也是自变量 x 的一个函数.

(2) 自变量 x 的一个函数有可能用函数项级数的形式表达出来.

13.2.1.2 幂级数的定义

下面轮到幂级数登场了, 为啥我们要研究幂级数的性质呢? 你看哈, 高等数学是不是都在研究各种形式的函数呀, 任意项级数虽然我们已经做了详细的研究, 但是你看看还没有拿出我们的看家法宝来研究无穷级数呢, 而且一旦牵涉到了函数, 研究内容肯定更加宽广更加丰富多彩. 因为函数项级数更多地被看成一种泛指的理论 (本书中要学的有幂级数和傅里叶级数), 我们先来研究一个在数值计算时常用的 (求收敛级数和, 计算机对于不整的数保存的位数有限, 因为有限字长效应, 实际上所用的肯定是近似计算), 也是函数项级数中一个最常见的幂级数.

定义 在函数项级数中, 形如

$$\sum_{n=0}^{\infty} a_n(x-x_0)^n = a_0 + a_1(x-x_0) + a_2(x-x_0)^2 + \cdots + a_n(x-x_0)^n + \cdots \qquad (1)$$

的级数称为关于 $(x-x_0)$ 的幂级数, 其中常数 a_n $(n=0, 1, 2, \cdots)$ 称为幂级数的系数.

特别当 $x_0 = 0$ 时, 级数 (式 1) 变为

$$\sum_{n=0}^{\infty} a_n x^n = a_0 + a_1 x + a_2 x^2 + \cdots + a_n x^n + \cdots \qquad (2)$$

称为关于 x 的幂级数.

作代换 $t = x - x_0$, 级数 (式 1) 便可化成级数 (式 2) 的形式.

注 幂级数在 $x=0$ 处总是收敛的, 即一切幂级数的收敛域都包括原点.

上述叙述中我们好几次感受到了，研究无穷级数，如何判断级数 $\sum\limits_{n=1}^{\infty} u_n$ 收敛还是发散（判别问题）？如果级数收敛，其和是多少（求和问题）？是我们必然要研究的课题．我们一个个来研究，怎么样判断这个无穷级数的判别准则，先来看看常数项的无穷级数，接着再学习幂级数的判敛方法．

【例 13.6】 判别下列级数的敛散性．

(1) $\sum\limits_{n=1}^{\infty} \dfrac{(-1)^{n-1}}{n-\ln n}$.　　　　(2) $\sum\limits_{n=2}^{\infty} \sin\left(n\pi + \dfrac{1}{\ln n}\right)$.

【解】 (1) 由于 $\left| \dfrac{(-1)^{n-1}}{n-\ln n} \right| = \dfrac{1}{n-\ln n} > \dfrac{1}{n}$，而级数 $\sum\limits_{n=1}^{\infty} \dfrac{1}{n}$ 发散，所以原级数不是绝对收敛的．

又 $[n+1-\ln(n+1)] - (n-\ln n) = 1 - \ln\left(1+\dfrac{1}{n}\right) > 0$，所以 $\dfrac{1}{n-\ln n} > \dfrac{1}{n+1-\ln(n+1)}$，

而且 $\lim\limits_{n\to\infty} \dfrac{1}{n-\ln n} = \lim\limits_{n\to\infty} \dfrac{1}{n\left(1-\dfrac{\ln n}{n}\right)} = 0$

即 $\left\{ \dfrac{1}{n-\ln n} \right\}$ 单调递减且趋近于零，由莱布尼茨判别法可知，级数收敛，从而级数 $\sum\limits_{n=1}^{\infty} \dfrac{(-1)^{n-1}}{n-\ln n}$ 条件收敛．

(2) 由于 $\sin\left(n\pi + \dfrac{1}{\ln n}\right) = (-1)^n \sin\dfrac{1}{\ln n}$，所以

$$\sum\limits_{n=2}^{\infty} \sin\left(n\pi + \dfrac{1}{\ln n}\right) = \sum\limits_{n=2}^{\infty} (-1)^n \sin\dfrac{1}{\ln n}$$

又 $\lim\limits_{n\to\infty} \dfrac{\sin\dfrac{1}{\ln n}}{\dfrac{1}{\ln n}} = 1$，而级数 $\sum\limits_{n=2}^{\infty} \dfrac{1}{\ln n}$ 发散，故原级数不是绝对收敛的．

注意到，$\dfrac{1}{\ln n}$ 单调减少，所以 $\sin\dfrac{1}{\ln n}$ 单调减少，且 $\lim\limits_{n\to\infty} \sin\dfrac{1}{\ln n} = 0$

由莱布尼茨判别法可知，级数收敛，从而级数条件收敛．

【例 13.7】 设常数 $\lambda > 0$，且 $\sum\limits_{n=1}^{\infty} a_n^2$ 收敛，则级数 $\sum\limits_{n=1}^{\infty} (-1)^n \dfrac{|a_n|}{\sqrt{n^2 + \lambda}}$ （　　　）.

　A. 发散　　　　　　　　　B. 条件收敛

　C. 绝对收敛　　　　　　　D. 收敛性与 λ 有关

【解】 由于 $\left| (-1)^n \dfrac{|a_n|}{\sqrt{n^2+\lambda}} \right| \leqslant \dfrac{1}{2}\left(a_n^2 + \dfrac{1}{n^2+\lambda} \right)$，且级数 $\sum\limits_{n=1}^{\infty} a_n^2$ 与 $\sum\limits_{n=1}^{\infty} \dfrac{1}{n^2+\lambda}$ 均收敛，故级数绝对收敛，应选 C.

 此处利用了重要不等式 $ab \leqslant \dfrac{a^2+b^2}{2}$.

【例 13.8】 设 $u_n = (-1)^n \ln\left(1 + \dfrac{1}{\sqrt{n}}\right)$，则级数 （　　　）.

A. $\sum\limits_{n=1}^{\infty} u_n$ 与 $\sum\limits_{n=1}^{\infty} u_n^2$ 都收敛　　　　B. $\sum\limits_{n=1}^{\infty} u_n$ 与 $\sum\limits_{n=1}^{\infty} u_n^2$ 都发散

C. $\sum\limits_{n=1}^{\infty} u_n$ 收敛,而 $\sum\limits_{n=1}^{\infty} u_n^2$ 发散　　　　D. $\sum\limits_{n=1}^{\infty} u_n$ 发散,而 $\sum\limits_{n=1}^{\infty} u_n^2$ 收敛

【解】$\sum\limits_{n=1}^{\infty} u_n$ 是交错级数,满足莱布尼茨判别法的条件,所以收敛. 而 $\sum\limits_{n=1}^{\infty} u_n^2$ 是正项级数,同时

$u_n^2 = \ln^2\left(1+\dfrac{1}{\sqrt{n}}\right) \sim \left(\dfrac{1}{\sqrt{n}}\right)^2 = \dfrac{1}{n}$,由于级数 $\sum\limits_{n=1}^{\infty} \dfrac{1}{n}$ 发散,所以 $\sum\limits_{n=1}^{\infty} u_n^2$ 发散. 故选 C.

【例 13.9】设 α 是常数,则级数 $\sum\limits_{n=1}^{\infty} \left[\dfrac{\sin(n\alpha)}{n^2} - \dfrac{1}{\sqrt{n}}\right]$ （　　）.

A. 绝对收敛　　　　　　　　B. 条件收敛

C. 发散　　　　　　　　　　D. 收敛性与 α 有关

【解】由于 $\left|\dfrac{\sin(n\alpha)}{n^2}\right| \leqslant \dfrac{1}{n^2}$,则 $\sum\limits_{n=1}^{\infty} \dfrac{\sin(n\alpha)}{n^2}$ 收敛,而 $\sum\limits_{n=1}^{\infty} \dfrac{1}{\sqrt{n}}$ 发散,从而原级数发散,应选 C.

注 收敛级数加上发散级数等于发散级数.

【例 13.10】设常数 $k>0$,则级数 $\sum\limits_{n=1}^{\infty} (-1)^n \dfrac{k+n}{n^2}$ （　　）.

A. 绝对收敛　　　　　　　　B. 条件收敛

C. 发散　　　　　　　　　　D. 收敛性与 k 有关

【解】由于 $\sum\limits_{n=1}^{\infty} (-1)^n \dfrac{k+n}{n^2} = \sum\limits_{n=1}^{\infty} (-1)^n \dfrac{k}{n^2} + \sum\limits_{n=1}^{\infty} (-1)^n \dfrac{1}{n}$,而 $\sum\limits_{n=1}^{\infty} (-1)^n \dfrac{k}{n^2}$ 绝对收敛,

$\sum\limits_{n=1}^{\infty} (-1)^n \dfrac{1}{n}$ 条件收敛,从而原级数条件收敛,应选 B.

注 绝对收敛级数加上条件收敛级数等于条件收敛级数.

【例 13.11】判定级数 $\sum\limits_{n=1}^{\infty} \int_0^{\frac{\pi}{n}} \dfrac{\sin x}{1+x} \mathrm{d}x$ 的敛散性.

【解】因为 $0 \leqslant \int_0^{\frac{\pi}{n}} \dfrac{\sin x}{1+x} \mathrm{d}x \leqslant \int_0^{\frac{\pi}{n}} \sin x \mathrm{d}x \leqslant \int_0^{\frac{\pi}{n}} x \mathrm{d}x = \dfrac{\pi^2}{2} \cdot \dfrac{1}{n^2}$

而级数 $\sum\limits_{n=1}^{\infty} \dfrac{1}{n^2}$ 收敛,从而原级数收敛.

【例 13.12】设 $f(x)$ 在 $(-\infty, +\infty)$ 上有定义,在 $x=0$ 的邻域内 f 有连续的导数,且 $\lim\limits_{x\to 0}$

$\dfrac{f(x)}{x} = a>0$,讨论级数 $\sum\limits_{n=1}^{\infty} (-1)^{n+1} f\left(\dfrac{1}{n}\right)$ 的敛散性.

【解】由于 $\lim\limits_{x\to 0} \dfrac{f(x)}{x} = a>0$,所以 $x\to 0$ 时,$f(x) \sim ax$,$f\left(\dfrac{1}{n}\right) \sim \dfrac{a}{n}$,而级数 $\sum\limits_{n=1}^{\infty} \dfrac{a}{n}$ 发散,所以

级数 $\sum\limits_{n=1}^{\infty} (-1)^{n+1} f\left(\dfrac{1}{n}\right)$ 非绝对收敛. 又由条件可得 $f(0)=0$ $\left(\lim\limits_{x\to 0} \dfrac{f(x)}{x}=a>0\right.$,当 $x\to 0$,如果 $\lim\limits_{x\to 0}$

$f(x) \neq 0$,$\lim\limits_{x\to 0} \dfrac{f(x)}{x}$ 必然为无穷大,矛盾,所以 $\lim\limits_{x\to 0} f(x)=0$,又因为函数连续,

故 $f(0)=0$),又 $f'(0) = \lim\limits_{x\to 0} \dfrac{f(x)-f(0)}{x} = \lim\limits_{x\to 0} \dfrac{f(x)}{x} = a$

且 $a>0$,因 $f'(x)$ 在 $x=0$ 连续,所以存在 $x=0$ 的某邻域 U,其内 $f'(x)>$

0，因而在 U 中 $f(x)$ 严格递增，于是当 n 充分大时，有 $f\left(\dfrac{1}{n+1}\right)<f\left(\dfrac{1}{n}\right)$

即 $\left\{f\left(\dfrac{1}{n}\right)\right\}$ 单调递减，且 $\lim\limits_{n\to\infty}f\left(\dfrac{1}{n}\right)=f(0)=0$，应用莱布尼兹法则即得原级数条件收敛．

【例 13.13】 若级数 $\sum\limits_{n=1}^{\infty}b_n(b_n\geqslant0)$ 收敛，级数 $\sum\limits_{n=1}^{\infty}(a_n-a_{n-1})$ 也收敛，证明：级

数 $\sum\limits_{n=1}^{\infty}a_nb_n$ 绝对收敛．

【证明】 由 $\sum\limits_{n=1}^{\infty}(a_n-a_{n-1})$ 收敛，故其部分和数列 $S_n=a_1-a_0+a_2-a_1+\cdots+a_n$

$-a_{n-1}=a_n-a_0$ 收敛（当 $n\to\infty$），于是存在 A 使 $\lim a_n=A$，且存在 $M\in R^+$，使得 $|a_n|\leqslant M$. 所

以 $|a_nb_n|\leqslant M|b_n|$，根据比较判别法得 $\sum\limits_{n=1}^{\infty}a_nb_n$ 绝对收敛．

【例 13.14】 试判断级数 $\sum\limits_{n=1}^{\infty}(-1)^n\tan(\sqrt{n^2+2})\pi$ 是否收敛．若收敛，是绝对

收敛还是条件收敛？

【解】 令 $a_n=\tan(\sqrt{n^2+2})\pi$，则

$$a_n=\tan(\sqrt{n^2+2}-n)\pi=\tan\frac{2\pi}{\sqrt{n^2+2}+n}$$

显见 $a_n\to0(n\to\infty)$，且数列 $\{a_n\}$ 单调递减（$n=2,3,\cdots$）．应用莱布尼兹判别法，得

$\sum\limits_{n=1}^{\infty}(-1)^na_n$ 收敛．因为 $a_n=\tan\dfrac{2\pi}{\sqrt{n^2+2}+n}>\dfrac{2\pi}{\sqrt{n^2+2}+n}>\dfrac{2\pi}{n+1+n}>\dfrac{1}{n}$

且 $\sum\limits_{n=1}^{\infty}\dfrac{1}{n}$ 发散，所以原级数非绝对收敛．故原级数条件收敛．

【例 13.15】 对常数 p，讨论级数 $\sum\limits_{n=1}^{\infty}(-1)^{n+1}\dfrac{\sqrt{n+1}-\sqrt{n}}{n^p}$

何时绝对收敛、何时条件收敛、何时发散．

【解】 令 $a_n=\dfrac{\sqrt{n+1}-\sqrt{n}}{n^p}(>0)$，则

$$a_n=\frac{1}{(\sqrt{n+1}+\sqrt{n})n^p}=\frac{1}{\sqrt{n}\left(\sqrt{1+\dfrac{1}{n}}+1\right)n^p}\sim\frac{1}{2n^{p+\frac{1}{2}}}\quad\left(\text{其中}\left(\sqrt{1+\frac{1}{n}}+1\right)\xrightarrow{n\to\infty}2\right)$$

故当 $p+\dfrac{1}{2}>1\left(\text{即 }p>\dfrac{1}{2}\right)$ 时 $\sum\limits_{n=1}^{\infty}a_n$ 收敛，则原级数绝对收敛；当 $p+\dfrac{1}{2}\leqslant1\left(\text{即 }p\leqslant\dfrac{1}{2}\right)$ 时

$\sum\limits_{n=1}^{\infty}a_n$ 发散，则原级数非绝对收敛．

当 $0<p+\dfrac{1}{2}\leqslant1\left(\text{即}-\dfrac{1}{2}<p\leqslant\dfrac{1}{2}\right)$ 时显然 $a_n\to0(n\to\infty)$．令

$$f(x)=x^p(\sqrt{x+1}+\sqrt{x})(x>0)$$

由于 $f'(x)=px^{p-1}(\sqrt{x+1}+\sqrt{x})+\dfrac{1}{2}\dfrac{1}{\sqrt{x+1}}x^p+\dfrac{1}{2}\dfrac{1}{\sqrt{x}}x^p$

$$= x^{p-1} \left(p\sqrt{x+1} + p\sqrt{x} + \frac{1}{2}\frac{x}{\sqrt{x+1}} + \frac{1}{2}\sqrt{x} \right)$$

$$= x^{p-1} \left(\sqrt{x+1} + \sqrt{x} \right) \left(p + \frac{1}{2}\frac{\sqrt{x}}{\sqrt{x+1}} \right)$$

且 $x^{p-1} > 0$，$\sqrt{x+1} + \sqrt{x} > 0$，而 $\lim\limits_{x \to +\infty} \left[p + \frac{\sqrt{x}}{2\sqrt{x+1}} \right] = p + \frac{1}{2} > 0$

所以 x 充分大时 $f(x)$ 单调增，于是 n 充分大时，$a_n = \dfrac{1}{f(n)}$ 单调减少，应用莱布尼兹判别法推知 $-\dfrac{1}{2} < p \leqslant \dfrac{1}{2}$ 时原级数条件收敛．

当 $p + \dfrac{1}{2} \leqslant 0$ 时 $a_n \to 0 (n \to \infty)$，故 $p \leqslant -\dfrac{1}{2}$ 时原级数发散．

13.2.2 幂级数的收敛半径，收敛区间及收敛域

由于幂级数 $\sum\limits_{n=0}^{\infty} a_n x^n$ 在 $x=0$ 处总是收敛（等于 a_0）的，即一切幂级数的收敛域都包括原点．其他点怎么判别呢，别急，阿贝尔定理解决了这个事情．

13.2.2.1 阿贝尔（Abel）定理

（1）如果幂级数 $\sum\limits_{n=0}^{\infty} a_n x^n$ 在 $x=x_0 (x_0 \neq 0)$ 处收敛，则它在满足不等式 $|x| < |x_0|$ 的一切 x 处绝对收敛．

（2）如果幂级数 $\sum\limits_{n=0}^{\infty} a_n x^n$ 在 $x=x_0$ 处发散，则它在满足不等式 $|x| > |x_0|$ 的一切 x 处发散．

注（1）此定理适用于幂级数类型 $\sum\limits_{n=0}^{\infty} a_n x^n$，如果是 $\sum\limits_{n=0}^{\infty} a_n (x-x_0)^n$ 类型应先做变换；

（2）若幂级数 $\sum\limits_{n=0}^{\infty} a_n x^n$ 在一点 x 处收敛，仅可判断以原点为圆心，$|x|$ 长为半径的区域内部的敛散性，该区域外部以及边界无法判定．

（3）若幂级数 $\sum\limits_{n=0}^{\infty} a_n x^n$ 在一点 x 处发散，则只能判定上述区域外部的敛散性，而区域内部及边界则无法判定．

要说明的是，a_n 决定了收敛半径，和后面的 x^n 或者 $(x-x_0)^n$ 没有任何关系，$(x-x_0)^n$ 决定了对称的收敛域进行左移或者右移，这里给个口诀，左加右减，也就是说 $(x-x_0)^n$ 使得收敛域向右边移动了 x_0 个单位，$(x+x_0)^n$ 使得收敛域向左边移动了 x_0 单位．

定理 13.2.2.1.1 如果 $\lim\limits_{n \to \infty} \left| \dfrac{a_{n+1}}{a_n} \right| = \rho$，其中，$a_n$，$a_{n+1}$ 为幂级数 $\sum\limits_{n=0}^{\infty} a_n x^n$ 的相邻两项的系数，则幂级数的收敛半径 $R = \begin{cases} \dfrac{1}{\rho}, & \rho \neq 0 \\ +\infty, & \rho = 0 \\ 0, & \rho = +\infty \end{cases}$

证明：考查幂级数 $\sum\limits_{n=0}^{\infty} a_n x^n$ 的各项取绝对值所成的正项级数

$$|a_0| + |a_1 x| + |a_2 x^2| + \cdots + |a_{n-1} x^{n-1}| + |a_n x^n| + \cdots$$

此级数的相邻两项之比为 $\dfrac{|a_{n+1} x^{n+1}|}{|a_n x^n|} = \left|\dfrac{a_{n+1}}{a_n}\right| |x| = \rho |x|$

（1）如果 $\lim\limits_{n\to\infty}\left|\dfrac{a_{n+1}}{a_n}\right| = \rho (\rho \neq 0)$ 存在，由比值审敛法，则当 $\rho |x| < 1$，也就是 $|x| < \dfrac{1}{\rho}$ 时，幂级数 $\sum\limits_{n=0}^{\infty} |a_n x^n|$ 收敛，从而级数 $\sum\limits_{n=0}^{\infty} a_n x^n$ 绝对收敛；当 $\rho |x| > 1$，也就是 $|x| > \dfrac{1}{\rho}$ 时，幂级数 $\sum\limits_{n=0}^{\infty} |a_n x^n|$ 发散，可以推得幂级数 $\sum\limits_{n=0}^{\infty} a_n x^n$ 也必发散．若不然，存在 $x_1 \left(|x_1| > \dfrac{1}{\rho}\right)$ 使 $\sum\limits_{n=0}^{\infty} a_n x_1^n$ 收敛，则对满足 $|x_1| > |x| > \dfrac{1}{\rho}$ 的 x，由阿贝尔定理可知 $\sum\limits_{n=0}^{\infty} a_n x^n$ 应绝对收敛，这便与上面结果：当 $|x| > \dfrac{1}{\rho}$ 时，$\sum\limits_{n=0}^{\infty} |a_n x^n|$ 发散相矛盾，于是收敛半径为 $R = \dfrac{1}{\rho}$．

（2）如果 $\rho = 0$，则对于任何 $x \neq 0$，$\lim\limits_{n\to\infty}\left|\dfrac{a_{n+1} x^{n+1}}{a_n x^n}\right| = \lim\limits_{n\to\infty}\left|\dfrac{a_{n+1}}{a_n}\right| |x| = 0 < 1$，级数 $\sum\limits_{n=0}^{\infty} |a_n x^n|$ 收敛，从而幂级数 $\sum\limits_{n=0}^{\infty} a_n x^n$ 绝对收敛，且注意到对 $x = 0$，任何幂级数都是收敛的，于是 $R = +\infty$．

（3）如果 $\rho = +\infty$，则除 $x = 0$ 外，$\lim\limits_{n\to\infty}\left|\dfrac{a_{n+1} x^{n+1}}{a_n x^n}\right| = \lim\limits_{n\to\infty}\left|\dfrac{a_{n+1}}{a_n}\right| |x| = +\infty$，故级数 $\sum\limits_{n=0}^{\infty} |a_n x^n|$ 发散，从而对任何 $x \neq 0$ 级数 $\sum\limits_{n=0}^{\infty} a_n x^n$ 发散，若不然，存在 $x_1 (|x_1| > 0)$ 使 $\sum\limits_{n=0}^{\infty} a_n x_1^n$ 收敛，由阿贝尔定理可知，对满足 $0 < |x| < |x_1|$ 的 x，$\sum\limits_{n=0}^{\infty} a_n x^n$ 绝对收敛，这便与上面的结果矛盾，因此 $R = 0$．（反证法）

【例 13.16】 求级数 $\sum\limits_{n=1}^{\infty} \dfrac{2n-1}{2^n} x^{2n-1} = \dfrac{1}{2} x + \dfrac{3}{2^2} x^3 + \cdots + \dfrac{2n-1}{2^n} x^{2n-1} + \cdots$ 的收敛半径及收敛域．

【解 1】 注意到该级数缺少偶数项，收敛半径公式不能直接使用，利用比值法有

$$\lim_{n\to\infty}\left|\dfrac{a_{n+1} x^{n+1}}{a_n x^n}\right| = \lim_{n\to\infty}\left|\dfrac{\dfrac{2n+1}{2^{n+1}} x^{2n+1}}{\dfrac{2n-1}{2^n} x^{2n-1}}\right| = \dfrac{1}{2} x^2$$

故当 $\dfrac{1}{2} x^2 < 1$，即 $|x| < \sqrt{2}$ 时，级数绝对收敛，当 $x = \sqrt{2}$ 时，原级数成为 $\sum\limits_{n=1}^{\infty} \dfrac{2n-1}{\sqrt{2}}$，因为 $\lim\limits_{n\to\infty} u_n = \lim\limits_{n\to\infty} \dfrac{2n-1}{\sqrt{2}} \neq 0$，故原级数发散；当 $x = -\sqrt{2}$ 时，原级数成为 $-\sum\limits_{n=1}^{\infty} \dfrac{2n-1}{\sqrt{2}}$，显然也发散；所以级数的收敛半径为 $R = \sqrt{2}$，收敛域为 $(-\sqrt{2}, \sqrt{2})$．

【解2】 把原级数记为 $\sum\limits_{n=1}^{\infty} b_{2n-1} x^{2n-1}$，并记 $R_b = \lim\limits_{n\to\infty} \dfrac{\dfrac{2n-1}{2^n}}{\dfrac{2n+1}{2^{n+1}}} = 2$，则原级数的收敛半径 $R = \sqrt{R_b} =$

$\sqrt{2}$，端点处的情形如解1所述，所以级数的收敛域为 $(-\sqrt{2}, \sqrt{2})$.

推论 当级数为 $\sum\limits_{n=0}^{\infty} a_{2n} x^{2n}$（缺少奇数项）或 $\sum\limits_{n=0}^{\infty} a_{2n+1} x^{2n+1}$（缺少偶数项）时，

$$\lim_{n\to\infty} \left| \frac{a_{2n+2}}{a_{2n}} \right| = \rho \quad \left(\text{或} \lim_{n\to\infty} \left| \frac{a_{2n+1}}{a_{2n-1}} \right| = \rho\right),$$

则当 $\rho \neq 0$ 时，$R = \dfrac{1}{\sqrt{\rho}}$. 想一想：为什么？

幂级数的收敛域是一个容易确定的对称区间，在收敛域内部，幂级数绝对收敛；收敛端点外，级数可能收敛、可能发散，收敛时可能绝对收敛，也可能条件收敛，需单独讨论. 如图 13-1 所示.

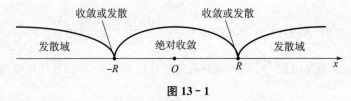

图 13-1

【思考题】 (1) $\sum\limits_{n=0}^{\infty} a_n x^n$ 在 $x = x_0$ 处条件收敛，问该级数的收敛半径是多少？

(2) 如果设两个幂级数 $\sum\limits_{n=0}^{\infty} \dfrac{a_n}{n} x^n$，$\sum\limits_{n=0}^{\infty} \dfrac{b_n}{n} x^n$ 的收敛半径分别为 R_a，R_b，那么级数

$\sum\limits_{n=0}^{\infty} \dfrac{a_n + b_n}{n} x^n$ 的收敛半径等于多少？

【例 13.17】 确定下列函数项级数的收敛域.

(1) $\sum\limits_{n=1}^{\infty} \dfrac{(-1)^n}{n} \left(\dfrac{1}{1+x}\right)^n$.　　(2) $\sum\limits_{n=1}^{\infty} \dfrac{(-1)^{n-1}}{(n^2+2n+3)^x}$.

(3) $\sum\limits_{n=1}^{\infty} \dfrac{x}{n^x}$.　　(4) $\sum\limits_{n=1}^{\infty} \dfrac{(-1)^n}{2n-1} \left(\dfrac{1-x}{1+x}\right)^n$.

【解】 (1) 由比值审敛法

$$\lim_{n\to\infty} \frac{|u_{n+1}(x)|}{|u_n(x)|} = \lim_{n\to\infty} \frac{n}{n+1} \cdot \frac{1}{|1+x|} = \frac{1}{|1+x|}$$

当 $\dfrac{1}{|1+x|} < 1$，即 $x > 0$ 或 $x < -2$ 时，原级数绝对收敛；

当 $\dfrac{1}{|1+x|} > 1$，即 $-2 < x < 0$ 时，原级数发散；

当 $|1+x| = 1$，即 $x = 0$ 或 $x = -2$ 时，需进一步讨论.

当 $x = 0$ 时，级数变为 $\sum\limits_{n=1}^{\infty} \dfrac{(-1)^n}{n}$，条件收敛；

当 $x = -2$ 时，级数变为 $\sum\limits_{n=1}^{\infty} \dfrac{1}{n}$，发散.

所以级数 $\displaystyle\sum_{n=1}^{\infty}\frac{(-1)^n}{n}\left(\frac{1}{1+x}\right)^n$ 的收敛域为 $(-\infty,\ -2)\bigcup[0,\ +\infty)$.

(2) 当 $x>0$ 时,由于 $\dfrac{1}{(n^2+2n+3)^x}$ 单调递减趋近于零,故级数 $\displaystyle\sum_{n=1}^{\infty}\frac{(-1)^{n-1}}{(n^2+2n+3)^x}$ 满足莱布尼茨判别法的两个条件,因此收敛.

当 $x\leqslant 0$ 时,因为级数的通项不趋于零,所以发散. 总之,级数 $\displaystyle\sum_{n=1}^{\infty}\frac{(-1)^{n-1}}{(n^2+2n+3)^x}$ 的收敛域为 $(0,\ +\infty)$.

(3) $\displaystyle\sum_{n=1}^{\infty}\frac{x}{n^x}=x\sum_{n=1}^{\infty}\frac{1}{n^x}$,

当 $x>1$ 时,级数 $\displaystyle\sum_{n=1}^{\infty}\frac{1}{n^x}$ 收敛,故 $\displaystyle\sum_{n=1}^{\infty}\frac{x}{n^x}$ 也收敛;

当 $x\leqslant 1$ 时,级数 $\displaystyle\sum_{n=1}^{\infty}\frac{1}{n^x}$ 发散,级数 $\displaystyle\sum_{n=1}^{\infty}\frac{x}{n^x}$ 也发散;

但是,当 $x=0$ 时,原级数各项均为 0,因而原级数收敛,故原级数收敛域为 $\{0\}\bigcup(1,\ +\infty)$.

(4) $\displaystyle\lim_{n\to\infty}\sqrt[n]{|u_n(x)|}=\lim_{n\to\infty}\sqrt[n]{\frac{1}{2n-1}\left|\frac{1-x}{1+x}\right|^n}=\left|\frac{1-x}{1+x}\right|$,

当 $\left|\dfrac{1-x}{1+x}\right|<1$,即 $x>0$ 时,级数 $\displaystyle\sum_{n=1}^{\infty}\frac{(-1)^n}{2n-1}\left(\frac{1-x}{1+x}\right)^n$ 收敛;

当 $x=0$ 时,原级数为 $\displaystyle\sum_{n=1}^{\infty}\frac{(-1)^n}{2n-1}$,收敛;故级数 $\displaystyle\sum_{n=1}^{\infty}\frac{(-1)^n}{2n-1}\left(\frac{1-x}{1+x}\right)^n$ 的收敛域为 $[0,\ +\infty)$.

【例 13.18】求下列幂级数的收敛半径和收敛域.

(1) $\displaystyle\sum_{n=1}^{\infty}\frac{\ln(1+n)}{n}x^{n-1}$;

(2) $\displaystyle\sum_{n=1}^{\infty}\frac{(x-1)^{2n}}{n-3^{2n}}$.

【解】(1) 因为

$$R=\lim_{n\to\infty}\frac{|a_n|}{||a_{n+1}||}=\lim_{n\to\infty}\frac{\dfrac{\ln(1+n)}{n}}{\dfrac{\ln(1+n+1)}{n+1}}=\lim_{n\to\infty}\frac{n+1}{n}\cdot\frac{\ln n+\ln\left(1+\dfrac{1}{n}\right)}{\ln n+\ln\left(1+\dfrac{2}{n}\right)}=1$$

所以级数 $\displaystyle\sum_{n=1}^{\infty}\frac{\ln(1+n)}{n}x^{n-1}$ 的收敛半径为 $R=1$.

考查两个端点 $x=\pm 1$ 的敛散性.

当 $x=1$ 时,级数变为 $\displaystyle\sum_{n=1}^{\infty}\frac{\ln(1+n)}{n}$,与 $\displaystyle\sum_{n=1}^{\infty}\frac{1}{n}$ 比较,显然可得 $\displaystyle\sum_{n=1}^{\infty}\frac{\ln(1+n)}{n}$ 是发散的;

当 $x=-1$ 时,级数变为 $\displaystyle\sum_{n=1}^{\infty}(-1)^{n-1}\frac{\ln(1+n)}{n}$ 是收敛的;

所以级数 $\displaystyle\sum_{n=1}^{\infty}\frac{\ln(1+n)}{n}x^{n-1}$ 的收敛域为 $[-1,\ 1)$.

(2) $\displaystyle R=\lim_{n\to\infty}\sqrt[n]{|u_n(x)|}=\lim_{n\to\infty}\sqrt[n]{\frac{|x-1|^{2n}}{|n-3^{2n}|}}=\frac{|x-1|^2}{3^2}$

当 $\dfrac{|x-1|^2}{3^2}<1$，即 $-2<x<4$ 时，级数收敛；

当 $\dfrac{|x-1|^2}{3^2}>1$，即 $x<-2$ 或 $x>4$ 时，级数发散；

当 $x=-2$ 时，级数变为 $\displaystyle\sum_{n=1}^{\infty}\dfrac{(-3)^{2n}}{n-3^{2n}}$ 发散；

当 $x=4$ 时，级数变为 $\displaystyle\sum_{n=1}^{\infty}\dfrac{3^{2n}}{n-3^{2n}}$ 发散；

因此级数 $\displaystyle\sum_{n=1}^{\infty}\dfrac{(x-1)^{2n}}{n-3^{2n}}$ 的收敛域为 $(-2,4)$，收敛半径 $R=\dfrac{4-(-2)}{2}=3$.

【例 13.19】 已知幂级数 $\displaystyle\sum_{n=0}^{\infty}a_n x^n$ 在 $x=-1$ 处条件收敛，能否推出该级数的收敛半径?

【解】 可以，它的收敛半径 $R=1$，从两方面说明：一方面，按阿贝尔定理，已知幂级数

$\displaystyle\sum_{n=0}^{\infty}a_n x^n$ 在 $x=-1$ 处收敛．那么，对于满足 $|x|<|-1|$，即 $|x|<1$ 的一切

点，幂级数 $\displaystyle\sum_{n=0}^{\infty}a_n x^n$ 是绝对收敛的．另一方面，注意到幂级数 $\displaystyle\sum_{n=0}^{\infty}a_n x^n$ 在 $x=-$

1 处是条件收敛，因此，任何 $|x|>1$ 的点都不可能使该幂级数收敛，否则，

据阿贝尔定理，该幂级数在 $x=-1$ 处就不是条件收敛，而是绝对收敛了，这与假设矛盾.

【例 13.20】 设幂级数 $\displaystyle\sum_{n=0}^{\infty}a_n x^n$ 的收敛半径为 $R=3$，求幂级数 $\displaystyle\sum_{n=1}^{\infty}na_n(x-1)^{n+1}$ 的收敛区间.

【解】 由幂级数收敛性可知，幂级数 $\displaystyle\sum_{n=0}^{\infty}a_n x^n$ 与 $\displaystyle\sum_{n=1}^{\infty}a_n(x-1)^n$ 有相同的收敛半径．又

$\left[\displaystyle\sum_{n=1}^{\infty}a_n(x-1)^n\right]'=\displaystyle\sum_{n=1}^{\infty}na_n(x-1)^{n-1}$，由于幂级数逐项求导后收敛半径不

变，故 $\displaystyle\sum_{n=1}^{\infty}na_n(x-1)^{n-1}=(x-1)^2\displaystyle\sum_{n=1}^{\infty}na_n(x-1)^{n-1}$ 与 $\displaystyle\sum_{n=0}^{\infty}a_n x^n$ 有相同的收

敛半径 $R=3$，从而所求收敛区间为 $(-2,4)$.

注 收敛级数乘以常数后仍收敛，幂级数逐项求导和逐项积分后收敛半径不变.

【例 13.21】 设幂级数 $\displaystyle\sum_{n=1}^{\infty}a_n(x-1)^n$ 在 $x=3$ 时条件收敛，则该级数的收敛半径为（ ）.

    A. $R=1$ B. $R=2$ C. $R=3$ D. $R=4$

【解】 由阿贝尔定理，根据下图 13-2 可知，级数在收敛半径 R 所确定的区间 $(-R,R)$ 内是绝对收敛的，只在端点 $x=\pm R$ 处可能条件收敛，从而可以确定幂级数的收敛半

径.

    考查级数 $\displaystyle\sum_{n=1}^{\infty}a_n t^n$，在 $x=3$，即 $t=2$ 时，级数条件收敛，因而级数 $\displaystyle\sum_{n=1}^{\infty}a_n t^n$

的收敛半径为 $R=2$，故幂级数 $\displaystyle\sum_{n=1}^{\infty}a_n(x-1)^n$ 的收敛半径为 $R=2$，应选 B.

注 解决此类问题的关键是应用阿贝尔定理.

【例 13.22】 设幂级数 $\displaystyle\sum_{n=1}^{\infty}a_n(x-3)^n$ 在 $x=0$ 时收敛，在 $x=6$ 时发散，则该级数的收敛半径为

（ ）.

    A. $R=1$ B. $R=2$ C. $R=3$ D. $R=4$

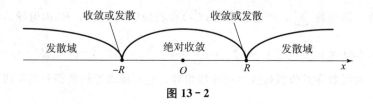

图 13-2

【解】考查级数 $\sum\limits_{n=1}^{\infty} a_n t^n$，在 $x=0$，即 $t=-3$ 时，级数收敛；在 $x=6$，即 $t=3$

时，级数发散，因而由阿贝尔定理知，级数 $\sum\limits_{n=1}^{\infty} a_n t^n$ 的收敛半径为 $R=3$，故幂

级数 $\sum\limits_{n=1}^{\infty} a_n (x-3)^n$ 的收敛半径为 $R=3$，应选 C.

13.2.3 幂级数和函数

学完幂级数的收敛域，数值计算的功用还没有体现出来对不对，下面就轮
到了讲它了——幂级数和函数.

先说下前人发现并总结出来的幂级数运算性质，好比我们知道了润滑油的性质之后，就知
道了在什么场合使用合适的润滑油. 实际上我们也可以推导出的，但是没有必要多花那份
力气.

13.2.3.1 幂级数的代数运算性质

所谓幂级数的代数运算性质是指幂级数的四则运算性质，这里只介绍幂级数的加减法与乘
法.

设幂级数 $\sum\limits_{n=0}^{\infty} a_n x^n = a_0 + a_1 x + a_2 x^2 + \cdots + a_n x^n + \cdots$ 及 $\sum\limits_{n=0}^{\infty} b_n x^n = b_0 + b_1 x + b_2 x^2 + \cdots + b_n x^n$
$+\cdots$ 分别在 $(-R_1, R_1)$ 及 $(-R_2, R_2)$ 内收敛，对于这两个幂级数，在区间 $(-R, R)$ 内可进行
加减法与乘法的运算，其中 $R = \min\{R_1, R_2\}$.

（1）加减法
$$(a_0 + a_1 x + a_2 x^2 + \cdots + a_n x^n + \cdots) \pm (b_0 + b_1 x + b_2 x^2 + \cdots + b_n x^n + \cdots)$$
$$= (a_0 \pm b_0) + (a_1 \pm b_1) x + (a_2 + b_2) x^2 + \cdots + (a_n \pm b_n) x^n + \cdots$$

即 $\sum\limits_{n=0}^{\infty} a_n x^n \pm \sum\limits_{n=0}^{\infty} b_n x^n = \sum\limits_{n=0}^{\infty} (a_n \pm b_n) x^n$

（2）乘法
$$(a_0 + a_1 x + a_2 x^2 + \cdots + a_n x^n + \cdots) \cdot (b_0 + b_1 x + b_2 x^2 + \cdots + b_n x^n + \cdots)$$
$$= a_0 b_0 + (a_0 b_1 + a_1 b_0) x + (a_0 b_2 + a_1 b_1 + a_2 b_0) x^2 + \cdots + (a_0 b_n + a_1 b_{n-1} + \cdots + a_n b_0) x^n + \cdots$$

即 $\left(\sum\limits_{n=0}^{\infty} a_n x^n\right)\left(\sum\limits_{n=0}^{\infty} b_n x^n\right) = \sum\limits_{n=0}^{\infty} (a_0 b_n + a_1 b_{n-1} + \cdots + a_n b_0) x^n$.

13.2.3.2 幂级数的解析性质

所谓幂级数的解析性质是指幂级数的连续性、可导性及可积性等.

（1）连续性：幂级数 $\sum\limits_{n=0}^{\infty} a_n x^n$ 的和函数 $s(x)$ 在其收敛域上连续.

(2) 可导性：幂级数 $\sum\limits_{n=0}^{\infty} a_n x^n$ 的和函数 $s(x)$ 在收敛区间 $(-R,R)$ 内可导，且对该区间内任意一点 x 有 $s'(x) = \left(\sum\limits_{n=0}^{\infty} a_n x^n\right)' = \sum\limits_{n=1}^{\infty} (a_n x^n)' = \sum\limits_{n=1}^{\infty} n a_n x^{n-1} \, (\,|x| < R)$

上式表明：幂级数在其收敛区间内可逐项求导，且逐项求导后所得到的幂级数和原级数有相同的收敛半径.

反复应用上述结论可得：幂级数 $\sum\limits_{n=0}^{\infty} a_n x^n$ 的和函数 $s(x)$ 在其收敛区间 $(-R,R)$ 内具有任意阶导数.

(3) 可积性：幂级数 $\sum\limits_{n=0}^{\infty} a_n x^n$ 的和函数 $s(x)$ 在收敛区间 $(-R,R)$ 内可积分，且对该区间内任意一点 x 有 $\int_0^x s(x)\mathrm{d}x = \int_0^x \left(\sum\limits_{n=0}^{\infty} a_n x^n\right)\mathrm{d}x = \sum\limits_{n=0}^{\infty} \int_0^x (a_n x^n)\mathrm{d}x = \sum\limits_{n=0}^{\infty} \frac{a_n}{n+1} x^{n+1}$

表明：幂级数在其收敛区间内可逐项积分，且逐项积分后所得到的幂级数和原级数有相同的收敛半径.

注 幂级数 $\sum\limits_{n=0}^{\infty} a_n x^n$ 经逐项求导或逐项积分后，收敛半径不变，但收敛域可能变化. 也就是说，经逐项求导或逐项积分后的级数在端点处的收敛性可能会发生变化.

例如，幂级数 $\sum\limits_{n=0}^{\infty} (-1)^n x^n = 1 - x + x^2 - x^3 + \cdots$，逐项积分后所得的幂级数为 $\int_0^x \left(\sum\limits_{n=0}^{\infty} (-1)^n x^n\right)dx = \sum\limits_{n=0}^{\infty} (-1)^n \frac{x^{n+1}}{n+1} = 1 - \frac{x^2}{2} + \frac{x^3}{3} - \frac{x^4}{4} + \cdots$. 不难求得它们的收敛半径均为 $R=1$，但前者的收敛域为 $(-1,1)$，而后者的收敛域却为 $(-1,1]$.

我们说性质的目的是什么，就是为了求幂级数的和函数呀，这个才是数值计算需要的呢. 但是一般情况下幂级数的和函数并不是很好求，正好有了这些性质，性质告诉我们可以对幂函数逐项求导和逐项求积分后收敛半径没有发生改变，哈哈，这个真是极大地方便了幂级数和函数的求解呀.

【例 13.23】 求级数 $\sum\limits_{n=1}^{\infty} (-1)^{n-1} \dfrac{x^n}{n}$ 的和函数.

【解】 设 $S(x) = \sum\limits_{n=1}^{\infty} (-1)^{n-1} \dfrac{x^n}{n}$，显然 $S(0)=0$，先逐项求导得

$$S'(x) = 1 - x + x^2 - x^3 + \cdots = \frac{1}{1+x} \quad (-1 < x < 1)$$

再两边积分得 $\int_0^x S'(x)\mathrm{d}x = S(x) - S(0) = \int_0^x \frac{1}{1+x}\mathrm{d}x = \ln(1+x)$

即 $S(x) = \ln(1+x)$，又当 $x=1$ 时，$\sum\limits_{n=1}^{\infty} (-1)^{n-1} \dfrac{1}{n} = \ln 2$ 收敛，当 $x=-1$ 时，$\sum\limits_{n=1}^{\infty} (-1)^{n-1} \dfrac{1}{n}$ 发散，所以和函数的定义域为 $-1 < x \leqslant 1$.

注 解题时应用了公式 $\int_0^x F'(x)\mathrm{d}x = F(x) - F(0)$，即 $F(x) = F(0) + \int_0^x F'(x)\mathrm{d}x$.

【例 13.24】 求幂级数 $\sum\limits_{n=0}^{\infty} \dfrac{1}{n+1} x^n$ 的和函数.

【解】由比值判别法原级数的收敛半径 $R=1$，且当 $x=1$ 时，级数为 $\sum\limits_{n=0}^{\infty}\dfrac{1}{n+1}$，发散；当 $x=-1$ 时，级数为 $\sum\limits_{n=0}^{\infty}\dfrac{(-1)^n}{n+1}$，收敛. 所以幂级数的收敛域为 $[-1,1)$.

设 $S(x)=\sum\limits_{n=0}^{\infty}\dfrac{1}{n+1}x^n$，$x\in[-1,1)$，显然 $S(0)=1$. 注意到

$$S(x)=\frac{1}{x}\sum_{n=0}^{\infty}\frac{1}{n+1}x^{n+1}=\frac{1}{x}\int_0^x\Big[\sum_{n=0}^{\infty}\frac{1}{n+1}x^{n+1}\Big]'\mathrm{d}x=\frac{1}{x}\int_0^x\Big[\sum_{n=0}^{\infty}\frac{1}{n+1}(n+1)x^n\Big]\mathrm{d}x$$

$$=\frac{1}{x}\int_0^x\sum_{n=0}^{\infty}x^n\mathrm{d}x=\frac{1}{x}\int_0^x\Big[\sum_{n=0}^{\infty}x^n\Big]\mathrm{d}x=\frac{1}{x}\int_0^x\frac{1}{1-x}\mathrm{d}x=\frac{-\ln(1-x)}{x}\ (0<|x|<1)$$

从而 $S(x)=\begin{cases}-\dfrac{1}{x}\ln(1-x) & 0<|x|<1\\[2mm]1 & x=0\end{cases}$

由和函数在收敛域上的连续性，$S(-1)=\lim\limits_{x\to-1^+}S(x)=\ln 2$.

综上可得 $S(x)=\begin{cases}-\dfrac{1}{x}\ln(1-x), & x\in[-1,0)\bigcup(0,1)\\[2mm]1, & x=0\end{cases}$

注 (1) 应用逐项求导或逐项积分后，收敛域端点处的敛散性可能有变化，所以求得和函数后，在端点处是否有定义还需要特别验证.

(2) $x=0$ 对于和函数 $-\dfrac{1}{x}\ln(1-x)$ 属于无意义点，但是很显然 $\sum\limits_{n=0}^{\infty}\dfrac{1}{n+1}x^n$ 当 $x=0$ 时 $\sum\limits_{n=0}^{\infty}\dfrac{1}{n+1}x^n=1$，所以以分段函数的形式补上.

到这里还没有体现出数值计算的用处哦，我们对这个例题进行一个拓展，比如我们求常数项级数 $\sum\limits_{n=0}^{\infty}\dfrac{(-1)^n}{n+1}$ 的和 $S(-1)=\sum\limits_{n=0}^{\infty}\dfrac{(-1)^n}{n+1}=\ln 2$.

注 利用幂级数的和函数，可以为某一些常数项级数求和提供一种方法.

【例 13.25】求下列幂级数的和函数.

(1) $\sum\limits_{n=1}^{\infty}\dfrac{1}{2^n\cdot n}x^{n-1}$. (2) $\sum\limits_{n=1}^{\infty}\dfrac{2n-1}{2^n}x^{2n-2}$. (3) $\sum\limits_{n=0}^{\infty}(2n+1)x^n$. (4) $\sum\limits_{n=0}^{\infty}\dfrac{x^{2n}}{(2n)!}$.

【解】(1) 级数的收敛半径为 $R=\lim\limits_{n\to\infty}\dfrac{\dfrac{1}{2^n\cdot n}}{\dfrac{1}{(n+1)2^{n+1}}}=2$

当 $x=2$ 时，级数变为 $\sum\limits_{n=1}^{\infty}\dfrac{1}{2n}$，发散；

当 $x=-2$ 时，级数变为 $\sum\limits_{n=1}^{\infty}(-1)^{n-1}\dfrac{1}{2n}$，收敛；所以级数的收敛域为 $[-2,2)$. 所以，

$$S(x)=\sum_{n=1}^{\infty}\frac{1}{2^n\cdot n}x^{n-1}=\frac{1}{x}\sum_{n=1}^{\infty}\frac{1}{2^n\cdot n}x^n$$

$$=\frac{1}{x}\int_0^x\Big(\sum_{n=1}^{\infty}\frac{1}{2^n\cdot n}x^n\Big)'\mathrm{d}x=\frac{1}{x}\int_0^x\Big(\sum_{n=1}^{\infty}\frac{1}{2^n}x^{n-1}\Big)\mathrm{d}x=\frac{1}{x}\int_0^x\Big(\sum_{n=1}^{\infty}\frac{x^{n-1}}{2^n}\Big)\mathrm{d}x$$

$$= \frac{1}{x}\int_0^x \frac{1}{x}\sum_{n=1}^{\infty}\left(\frac{x}{2}\right)^n \mathrm{d}x = \frac{1}{x}\int_0^x \frac{1}{x}\frac{\frac{x}{2}}{1-\frac{x}{2}}\mathrm{d}x = \frac{1}{x}\int_0^x \frac{1}{2-x}\mathrm{d}x$$

$$= \frac{1}{x}\left[\ln 2 - \ln(2-x)\right], x \neq 0$$

因为和函数 $S(x)$ 在收敛域内是连续的，所以

$$S(0) = \lim_{x\to 0}S(x) = \lim_{x\to 0}\frac{\ln 2 - \ln(2-x)}{x} = \lim_{x\to 0}\frac{1}{2-x} = \frac{1}{2}\left| \text{ 也可以由 }\sum_{n=1}^{\infty}\frac{1}{2^n\cdot n}x^{n-1} \text{ 当 } x=0 \text{ 且}\right.$$

$n=1$ 时 $\sum_{n=1}^{\infty}\dfrac{1}{2^n\cdot n}x^{n-1}$ 仅第一项有值，等于 $\dfrac{1}{2}\bigg|$

从而级数的和函数为 $S(x)=\begin{cases}\dfrac{1}{x}\left[\ln 2 - \ln(2-x)\right], & x\in[-2,\,0)\bigcup(0,\,2) \\[2mm] \dfrac{1}{2}, & x=0\end{cases}$

(2) 级数的收敛半径为 $R = \sqrt{\lim\limits_{n\to\infty}\dfrac{\frac{2n-1}{2^n}}{\frac{2n+1}{2^{n+1}}}} = \sqrt{2}$

当 $x = \pm\sqrt{2}$ 时，级数变为 $\sum\limits_{n=1}^{\infty}\dfrac{2n-1}{2}$，发散，所以级数的收敛域为 $(-\sqrt{2},\,\sqrt{2})$. 所以，

$$S(x) = \sum_{n=1}^{\infty}\frac{2n-1}{2^n}x^{2n-2} = \left(\int_0^x \sum_{n=1}^{\infty}\frac{2n-1}{2^n}x^{2n-2}\mathrm{d}x\right)'$$

$$= \left(\sum_{n=1}^{\infty}\int_0^x \frac{2n-1}{2^n}x^{2n-2}\mathrm{d}x\right)' = \left(\sum_{n=1}^{\infty}\frac{1}{2^n}x^{2n-1}\right)'$$

$$= \left(\frac{1}{x}\sum_{n=1}^{\infty}\left(\frac{x^2}{2}\right)^n\right)' = \left(\frac{x}{2-x^2}\right)' = \frac{2+x^2}{(2-x^2)^2}, x\in(-\sqrt{2},\,\sqrt{2}).$$

(3) 显然级数的收敛半径为 $R=1$，当 $x=1$ 时，级数变为 $\sum\limits_{n=0}^{\infty}(2n+1)$，发散；

当 $x=-1$ 时，级数变为 $\sum\limits_{n=0}^{\infty}(-1)^n(2n+1)$，也发散；所以级数的收敛域为 $(-1,\,1)$. 所

以，$S(x) = \sum\limits_{n=0}^{\infty}(2n+1)x^n = \sum\limits_{n=0}^{\infty}2nx^n + \sum\limits_{n=0}^{\infty}x^n$

$$= 2x\left(\sum_{n=1}^{\infty}\int_0^x nx^{n-1}\mathrm{d}x\right)' + \frac{1}{1-x} = 2x\left(\sum_{n=1}^{\infty}x^n\right)' + \frac{1}{1-x}$$

$$= \frac{2x}{(1-x)^2} + \frac{1}{1-x} = \frac{1+x}{(1-x)^2}, x\in(-1,\,1).$$

注 系数为若干项代数和的幂级数，求和函数时应先将级数写成各个幂级数的代数和，然后分别求出其和函数，最后对和函数求代数和，即得所求级数的和函数.

(4) 级数收敛半径 $R = \lim\limits_{n\to\infty}\dfrac{\frac{1}{(2n)!}}{\frac{1}{(2(n+1))!}} = \infty$

令 $S(x) = \sum\limits_{n=0}^{\infty} \dfrac{x^{2n}}{(2n)!} = 1 + \dfrac{1}{2!}x^2 + \dfrac{1}{4!}x^4 - \cdots + \dfrac{x^{2n}}{(2n)!} + \cdots$，则

$$S'(x) = x + \dfrac{1}{3!}x^3 + \dfrac{1}{5!}x^5 - \cdots + \dfrac{x^{2n-1}}{(2n-1)!} + \cdots$$

于是 $S(x) + S'(x) = 1 + x + \dfrac{1}{2!}x^2 \cdots + \dfrac{1}{n!}x^n + \cdots = e^x$

这是一个一阶非齐次线性微分方程，这里我们直接给出其通解 $S(x) = Ce^{-x} + \dfrac{1}{2}e^x$.

当 $x = 0$ 时，级数 $\sum\limits_{n=0}^{\infty} \dfrac{x^{2n}}{(2n)!} = 1$，即 $S(0) = 1$，代入通解可得 $C = \dfrac{1}{2}$，从而幂级数

$$\sum\limits_{n=0}^{\infty} \dfrac{x^{2n}}{(2n)!} = \dfrac{1}{2}(e^{-x} + e^x), \quad x \in (-\infty, +\infty)$$

注 本题不用逐项积分或微分，而是利用微分方程求幂级数的和函数.

【**例 13.26**】已知 $f_n(x)$ 满足 $f_n'(x) = f_n(x) + x^{n-1}e^x$，$n$ 为正整数，且 $f_n(1) = \dfrac{e}{n}$，求函数项

级数 $\sum\limits_{n=1}^{\infty} f_n(x)$ 之和.

【**解**】由已知 $f_n'(x) - f_n(x) = x^{n-1}e^x$. 这是一个一阶线性微分方程，其通解为

$$f_n(x) = e^{\int dx}\left(C + \int x^{n-1}e^x \cdot e^{-\int dx}dx\right) = e^x\left(C + \dfrac{x^n}{n}\right).$$

由已知条件 $f_n(1) = \dfrac{e}{n}$ 得到 $C = 0$. 所以 $f_n(x) = \dfrac{1}{n}x^n e^x$. 从而

$$\sum\limits_{n=1}^{\infty} f_n(x) = \sum\limits_{n=1}^{\infty} \dfrac{1}{n}x^n e^x = e^x \cdot \sum\limits_{n=1}^{\infty} \dfrac{x^n}{n}.$$

记 $s(x) = \sum\limits_{n=1}^{\infty} \dfrac{x^n}{n}$，其收敛域为 $[-1, 1)$. 当 $x \in (-1, 1)$ 时，$s'(x) = \sum\limits_{n=1}^{\infty} x^{n-1} = \dfrac{1}{1-x}$，此

时，$s(x) = \int_0^x \dfrac{1}{1-t}dt = -\ln(1-x)$；当 $x = -1$ 时，$\sum\limits_{n=1}^{\infty} f_n(-1) = -e^{-1}\ln 2$.

综上所述，当 $-1 \leqslant x < 1$ 时，$\sum\limits_{n=1}^{\infty} f_n(x) = -e^x\ln(1-x)$.

【**例 13.27**】（1）验证函数 $y(x) = 1 + \dfrac{x^3}{3!} + \dfrac{x^6}{6!} + \dfrac{x^9}{9!} + \cdots + \dfrac{x^{3n}}{(3n)!} + \cdots \ (-\infty < x < +\infty)$

满足微分方程 $y'' + y' + y = e^x$.

（2）利用（1）的结果求幂级数 $\sum\limits_{n=0}^{\infty} \dfrac{x^{3n}}{(3n)!}$ 的和函数.

【**解**】（1）$y(x) = 1 + \dfrac{x^3}{3!} + \dfrac{x^6}{6!} + \cdots + \dfrac{x^{3n}}{(3n)!} + \cdots$,

$$y'(x) = \dfrac{x^2}{2!} + \dfrac{x^5}{5!} + \dfrac{x^8}{8!} + \cdots + \dfrac{x^{3n-1}}{(3n-1)!} + \cdots,$$

$$y''(x) = x + \dfrac{x^4}{4!} + \dfrac{x^7}{7!} + \cdots + \dfrac{x^{3n-2}}{(3n-2)!} + \cdots,$$

将它们代入到微分方程中得：$y'' + y' + y = e^x$.

（2）$y''+y'+y=e^x$ 对应齐次方程的特征方程为 $r^2+r+1=0$，特征根为 $r_{1,2}=-\dfrac{1}{2}\pm\dfrac{\sqrt{3}}{2}i$.

通解为 $Y=e^{-\frac{x}{2}}\left(C_1\cos\dfrac{\sqrt{3}}{2}x+C_2\sin\dfrac{\sqrt{3}}{2}x\right)$.

设非齐次微分方程的特解为 $y^*=Ae^x$，将 Ae^x 代入 $y''+y'+y=e^x$，解得 $A=\dfrac{1}{3}$，所以 y^*

$=\dfrac{1}{3}e^x$. 原方程通解为 $y=Y+y^*=e^{-\frac{x}{2}}\left(C_1\cos\dfrac{\sqrt{3}}{2}x+C_2\sin\dfrac{\sqrt{3}}{2}x\right)+\dfrac{1}{3}e^x$

当 $x=0$ 时，$y(0)=1=C_1+\dfrac{1}{3}$，$y'(0)=0=-\dfrac{1}{2}C_1+\dfrac{\sqrt{3}}{2}C_2+\dfrac{1}{3}$，解得 $C_1=\dfrac{2}{3}$，$C_2=0$.

所以，$\displaystyle\sum_{n=0}^{\infty}\dfrac{x^{3n}}{(3n)!}$ 的和函数为 $y(x)=\dfrac{2}{3}e^{-\frac{x}{2}}\cos\dfrac{\sqrt{3}}{2}x+\dfrac{1}{3}e^x\,(-\infty<x<+\infty)$.

本例题的科研意义：很多微分方程并不能用我们在高等数学的学习中学习到的方法解出通解，这时候我们可能借助于计算机和泰勒级数求得微分方程的数值解（没事儿，不想听就当我没说）.

13.2.4 函数的幂级数展开

幂级数无论是其表达式、收敛半径、收敛域，还是其代数运算和微分运算，处处体现其结构对称、排列整齐，具有立体和动态的双重美，这些都是多项式所无法比拟的，幂级数决不是多项式的推广. 通过对幂级数的研究，我们不仅了解了幂级数丰富、优雅的性质，而且还充分感受到了从有限到无穷变换的美妙和神奇.

13.2.4.1 泰勒级数

无论在近似计算，还是在理论分析中，我们都希望能用一个简单的函数来近似一个比较复杂的函数，这将会带来很大的方便. 一般来说，最简单的是多项式，因为多项式是关于变量加、减、乘的运算，但是，怎样从一个函数本身得出我们所需要的多项式呢？

1712 年 7 月 26 日，英国数学家泰勒（B. Taylor，1685—1731）在致他的老师（梅钦）的信中给出了著名的泰勒定理：函数在一点的邻域内的值可以用函数在该点的值及各阶导数值组成的无穷级数表示出来，即

$$f(x)=f(x_0)+f'(x_0)(x-x_0)+\dfrac{f''(x_0)}{2!}(x-x_0)^2+\cdots+\dfrac{f^{(n)}(x_0)}{n!}(x-x_0)^n+\cdots$$

这就是著名的泰勒级数.

让我们沿着泰勒的思路欣赏这位才华横溢的数学家导出泰勒级数的历程. 泰勒定理开创了有限差分理论，使任何单变量函数都可以展开成幂级数. 泰勒公式是数学分析中重要的内容，也是研究函数极限和估计误差等方面不可或缺的数学工具，泰勒公式集中体现了微积分"逼近法"的精髓，在近似计算上有独特的优势. 利用泰勒公式可以将非线性问题化为线性问题，且具有很高的精确度，因此其在微积分的各个方面都有重要的应用. 泰勒公式可以应用于求极限、判断函数极值、求高阶导数在某点的数值、判断广义积分收敛性、近似计算、不等式证明等方面. 一元泰勒公式的推导证明、多元泰勒公式及泰勒级数，神经网络模型的数学基础就是泰勒引理，"牛"得让我们仰视.

设函数 $f(x)$ 在含有 x_0 的开区间内具有直到 $(n+1)$ 阶导数，泰勒设想用关于 $(x-x_0)$ 的 n

次多项式 $P_n(x) = \sum\limits_{k=0}^{n} a_k (x-x_0)^n$ 来近似表达 $f(x)$，即

$$f(x) \approx a_0 + a_1(x-x_0) + a_2(x-x_0)^2 + \cdots + a_n(x-x_0)^n = P_n(x)$$

其近似程度的误差 $|R_n(x)| = |f(x) - P_n(x)|$ 为 $o((x-x_0)^n)$，即 $(x-x_0)^n$ 的高阶无穷小.

为了使 $R_n(x)$ 尽可能地贴近 $f(x)$，泰勒假设 $R_n(x)$ 与 $f(x)$ 在 x_0 点的 $k(k=0,1,2,\cdots,n)$ 阶导数均相等，从而得到下面一系列结果

$$P_n(x_0) = [a_0 + a_1(x-x_0) + a_2(x-x_0)^2 + \cdots + a_n(x-x_0)^n]\big|_{x=x_0} = f(x_0)$$

$$P_n'(x_0) = [a_1 + a_2(x-x_0) + \cdots + na_n(x-x_0)^{n-1}]\big|_{x=x_0} = f'(x_0)$$

$$P_n''(x_0) = [2a_2 + 3\times2a_3(x-x_0) + \cdots + n(n-1)a_n(x-x_0)^{n-2}]\big|_{x=x_0} = f''(x_0)$$

$$\vdots$$

$$P_n^{(n)}(x_0) = n!\,a_n = f^{(n)}(x_0)$$

从而有 $a_0 = f(x_0)$，$a_1 = f'(x_0)$，$a_2 = \dfrac{1}{2!}f''(x_0)$，$a_3 = \dfrac{1}{3!}f'''(x_0)$，$\cdots$，$a_n = \dfrac{1}{n!}f^{(n)}(x_0)$

写成统一形式 $a_k = \dfrac{1}{k!}f^{(k)}(x_0)(k=0,1,2,\cdots,n)$

于是 $P_n(x)$ 可以写成下列形式

$$P_n(x) = f(x_0) + f'(x_0)(x-x_0) + \frac{f''(x_0)}{2!}(x-x_0)^2 + \cdots + \frac{f^{(n)}(x_0)}{n!}(x-x_0)^n$$

这个多项式被称为 $f(x)$ 的泰勒多项式，其中 $a_k = \dfrac{1}{k!}f^{(k)}(x_0)(k=0,1,2,\cdots,n)$ 被称为 $f(x)$ 的泰勒系数. 泰勒系数简洁、对称、和谐、奇异，极具数学之美! 也许正是这位具有非凡音乐和绘画造诣的数学家，把音乐和绘画的美融进了这组系数，才使得它具有非凡的魅力. 那么，研究 $f(x)$ 的泰勒多项式能否替代对 $f(x)$ 的研究呢? 泰勒进一步的研究为我们找到了答案.

13.2.4.2　麦克劳林级数

（一）泰勒中值定理

若函数 $f(x)$ 在含有 x_0 的某个区间 (a,b) 内具有直到 $n+1$ 阶的连续导数，则对任意的 $x\in(a,b)$，$f(x)$ 可以按 $(x-x_0)$ 的方幂展开为

$$f(x) = f(x_0) + f'(x_0)(x-x_0) + \frac{1}{2!}f''(x_0)(x-x_0)^2 + \cdots$$

$$+ \frac{1}{n!}f^{(n)}(x_0)(x-x_0)^n + R_n(x)$$

其中 $R_n(x) = \dfrac{f^{(n+1)}(\xi)}{(n+1)!}(x-x_0)^{n+1}$（$\xi$ 介于 x_0 与 x 之间）.

上式称为函数 $f(x)$ 的泰勒公式，余项 $R_n(x)$ 称为拉格朗日型余项.

在不需要余项的精确表达式时，n 阶泰勒公式也可写成

$$f(x) = f(x_0) + f'(x_0)(x-x_0) + \frac{1}{2!}f''(x_0)(x-x_0)^2 + \cdots$$

$$+ \frac{1}{n!}f^{(n)}(x_0)(x-x_0)^n + o[(x-x_0)^n]$$

这种余项形式称为皮亚诺型余项.

当 $x_0 = 0$ 时，泰勒公式变为

$$f(x) = f(0) + f'(0)x + \frac{f''(0)}{2!}x^2 + \cdots + \frac{f^{(n)}(0)}{n!}x^n + R_n(x)$$

其中 $R_n(x) = \frac{f^{(n+1)}(\xi)}{(n+1)!}x^{n+1}$（$\xi$ 介于 0 与 x 之间）. 此公式称为 $f(x)$ 的麦克劳林 (C. Maclaurin, 1698—1746) 公式.

如果把泰勒公式中的多项式记作 $S_n(x)$，那么泰勒公式可表示为 $f(x) = S_n(x) + R_n(x)$

若函数 $f(x)$ 在含有 x_0 的某个区间 (a, b) 内具有任意阶连续导数，且

$$f(x) = \lim_{n \to \infty} S_n(x) + \lim_{n \to \infty} R_n(x)$$

不难看出，$f(x) = \lim_{n \to \infty} S_n(x)$ 成立的充要条件为 $\lim_{n \to \infty} R_n(x) = 0$，而

$$\lim_{n \to \infty} S_n(x) = \lim_{n \to \infty} \sum_{k=0}^{n} \frac{1}{k!} f^{(k)}(x_0)(x - x_0)^k = \sum_{n=0}^{\infty} \frac{1}{n!} f^{(n)}(x_0)(x - x_0)^n = f(x)$$

即

$$f(x) = \sum_{n=0}^{\infty} \frac{1}{n!} f^{(n)}(x_0)(x - x_0)^n \qquad (1)$$

也就是说，此时，$f(x)$ 可以展开成以 $a_n = \frac{1}{n!} f^{(n)}(x_0)$ 为系数的幂级数，称幂级数式（1）为泰勒级数. 其中它的前 $n+1$ 项的和 $S_{n+1}(x)$ 称为泰勒级数的部分和. a_n 称为泰勒系数.

在 $f(x)$ 的泰勒展开式中，令 $x_0 = 0$，得到 $f(x)$ 关于 x 的幂级数，即

$$f(0) + f'(0)x + \frac{f''(0)}{2!}x^2 + \cdots + \frac{f^{(n)}(0)}{n!}x^n + \cdots,$$

此级数称为 $f(x)$ 的麦克劳林级数.

1742 年，英国数学家麦克劳林以泰勒级数为基本工具叙述了函数在 $x=0$ 处的展开定理，并用待定系数法给出证明. 其实，早在 1717 年泰勒就讨论了函数在 $x=0$ 处的展开式，但由于历史的误会，函数在 $x=0$ 处的展开的级数被称为"麦克劳林级数". 记作 $f(x) \sim \sum_{n=0}^{\infty} \frac{f^{(n)}(0)}{n!} x^n$. 为什么不写等号呢？1822 年，天才数学家柯西发表了一个著名的例子：

由于函数 $f(x) = \begin{cases} e^{-\frac{1}{x^2}}, & x \neq 0 \\ 0, & x = 0 \end{cases}$，在 $x=0$ 处任何阶导数都等于 0，即

$$f^{(n)}(0) = 0, \ n = 1, 2, \cdots,$$

所以 $f(x)$ 在 $x=0$ 的泰勒级数为 $0 + 0 \cdot x + \frac{0}{2!}x^2 + \cdots + \frac{0}{n!}x^n + \cdots$.

显然它在 $(-\infty, +\infty)$ 上收敛，且其和函数 $S(x) = 0$. 由此看到，对一切 $x \neq 0$ 都有 $f(x) \neq S(x)$.

这个例子说明，具有任意阶导数的函数，其泰勒级数并不是都能收敛于函数本身. 所以一般写 $f(x) \sim \sum_{n=0}^{\infty} \frac{f^{(n)}(0)}{n!} x^n$，则不写等号.

下面定理指出：具备什么条件的函数 f，它的泰勒级数才能收敛于 f 本身.

（二）$f(x)$ 的泰勒级数收敛于函数 $f(x)$ 本身的充要条件

设 $f(x)$ 在区间 $(x_0 - R, x_0 + R)$ 内具有任意阶导数，则 $f(x) = \sum_{n=0}^{\infty} \frac{f^{(n)}(x_0)}{n!}(x - x_0)^n$

的充要条件是：对一切满足不等式 $|x-x_0|<R$ 的 x，有

$$\lim_{n\to\infty}R_n(x)=\lim_{n\to\infty}\frac{f^{(n+1)}(\xi)}{(n+1)!}(x-x_0)^{n+1}=0,$$

其中 ξ 介于 x 与 x_0 之间，$R_n(x)$ 是 $f(x)$ 在 x_0 处的泰勒公式余项.

13.2.4.3 某些初等函数的幂级数展开式

（一）直接展开法（仅以将 $f(x)$ 展开成麦克劳林级数为例）

步骤如下：

第一步，求出函数 $f(x)$ 的各阶导数值 $f(0)$，$f'(0)$，$f''(0)$，…$f^{(n)}(0)$，…

第二步，写出幂级数 $f(0)+f'(0)x+\dfrac{f''(0)}{2!}x^2+\cdots+\dfrac{f^{(n)}(0)}{n!}x^n+\cdots$

求该级数的收敛域.

第三步，考查当 x 在收敛域内时 $R_n(x)$ 的极限是否为零，即

$$\lim_{n\to\infty}R_n(x)=\lim_{n\to\infty}\frac{f^{(n+1)}(\xi)}{(n+1)!}x^{n+1} \quad (\xi介于0与x之间)$$

如果为零. 则写出幂级数的展开式.

太麻烦了很少用，而且考不出数学水平，原理简单，通常借助软件 MATLAB 来计算，所以这种题目较少出现在考研卷子上.

如图 13-3 所示，在 $x=0$ 附近，用 n 次多项式 $\displaystyle\sum_{k=0}^{n}\frac{x^k}{k!}$ 来

近似代替 e^x 时，随着次数 n 逐渐增大，其近似精度越来越高.

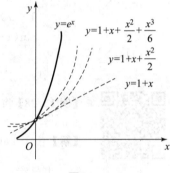

图 13-3

（二）间接展开法

由于函数的幂级数展开式是唯一的，所以可以利用一些已知的函数展开式通过变量代换、四则运算、恒等变形、逐项求导、逐项积分等方法，把函数展开成幂级数. 这种方法称为间接展开法.

利用下列 11 个标准

幂级数展开结论作为"零部件"组装，通过变量代换、四则运算、逐项求导或逐项积分等得到函数展开式与幂级数求和，读者必须熟记它们的展开形式和收敛域.

(1) $\dfrac{1}{1-x}=\displaystyle\sum_{n=0}^{\infty}x^n=1+x+x^2+\cdots+x^n+\cdots,\ x\in(-1,1)$

(2) $\dfrac{1}{1+x}=\displaystyle\sum_{n=0}^{\infty}(-1)^nx^n=1-x+x^2-\cdots+(-1)^nx^n+\cdots,\ x\in(-1,1)$

(3) $e^x=\displaystyle\sum_{n=0}^{\infty}\frac{x^n}{n!}=1+x+\frac{1}{2!}x^2+\cdots+\frac{1}{n!}x^n+\cdots,\ x\in(-\infty,+\infty)$

(4) $\sin x=\displaystyle\sum_{n=0}^{\infty}(-1)^n\frac{x^{2n+1}}{(2n+1)!}$

$\qquad =x-\dfrac{1}{3!}x^3+\dfrac{1}{5!}x^5-\cdots+(-1)^n\dfrac{x^{2n+1}}{(2n+1)!}+\cdots,\ x\in(-\infty,+\infty)$

(5) $\cos x=\displaystyle\sum_{n=0}^{\infty}(-1)^n\frac{x^{2n}}{(2n)!}$

$$= 1 - \frac{1}{2!}x^2 + \frac{1}{4!}x^4 - \cdots + (-1)^n \frac{x^{2n}}{(2n)!} + \cdots, \ x \in (-\infty, +\infty)$$

注：(3)～(5) 在 1664－1669 年由牛顿凭借自己发现的二项式定理得到的.

(6) $\ln(1+x) = \displaystyle\sum_{n=1}^{\infty} (-1)^{n-1} \frac{x^n}{n}$

$$= x - \frac{1}{2}x^2 + \frac{1}{3}x^3 - \cdots + (-1)^{n-1} \frac{x^n}{n} + \cdots, \ x \in (-1, 1]$$

(7) $\arctan x = \displaystyle\sum_{n=0}^{\infty} (-1)^n \frac{x^{2n+1}}{2n+1}$

$$= x - \frac{1}{3}x^3 + \frac{1}{5}x^5 - \cdots + (-1)^n \frac{x^{2n+1}}{2n+1} + \cdots, \ x \in [-1, 1]$$

(8) $\displaystyle\sum_{n=1}^{\infty} nx^n = \frac{x}{(1-x)^2} \ (|x| < 1)$

(9) $\displaystyle\sum_{n=1}^{\infty} n(n+1)x^{n-1} = \frac{2}{(1-x)^3} \ (|x| < 1)$

(10) $\displaystyle\sum_{n=1}^{\infty} n^2 x^{n-1} = \frac{1+x}{(1-x)^3} \ (|x| < 1)$

(11) $\displaystyle\sum_{n=1}^{\infty} \frac{x^{n-1}}{n} = \begin{cases} -\dfrac{\ln(1-x)}{x}, & (-1 \leqslant x < 1, \ x \neq 0) \\ 1, & x = 0 \end{cases}$

【例 13.28】将 $\arctan \dfrac{1+x}{1-x}$ 展开成 x 的幂级数.

【解】由于 $\left(\arctan \dfrac{1+x}{1-x} \right)' = \dfrac{1}{1+x^2} = \displaystyle\sum_{n=0}^{\infty} (-1)^n x^{2n}$，两端积分得

$$\arctan \frac{1+x}{1-x} = \int_0^x \sum_{n=0}^{\infty} (-1)^n t^{2n} dt + \arctan \frac{1+x}{1-x} \bigg|_{x=0}$$

$$= \arctan 1 + \int_0^x \sum_{n=0}^{\infty} (-1)^n t^{2n} dt = \frac{\pi}{4} + \sum_{n=0}^{\infty} (-1)^n \int_0^x t^{2n} dt$$

$$= \frac{\pi}{4} + \sum_{n=0}^{\infty} (-1)^n \frac{x^{2n+1}}{2n+1}, \ x \in [-1, 1)$$

注 函数直接展开比较复杂，若先求导展开后再积分，计算起来较方便.

本题源头可以追溯到 1674 年，莱布尼兹首次给出 $\dfrac{\pi}{4} = \displaystyle\sum_{n=0}^{\infty} (-1)^n \frac{1}{2n+1}$，是历史上第一个 π 的无穷级数表达式，但其收敛速度很慢（当 n 很大之后才和 π 非常接近）.

【例 13.29】将 $\dfrac{1}{x^2+3x+2}$ 在 $x=1$ 点展开成指定点处的幂级数.

【解】因为 $\dfrac{1}{x^2+3x+2} = \dfrac{1}{(x+1)(x+2)} = \dfrac{1}{x+1} - \dfrac{1}{x+2}$，其中

$$\frac{1}{x+1} = \frac{1}{2+(x-1)} = \frac{1}{2\left(1+\dfrac{x-1}{2}\right)} = \frac{1}{2} \sum_{n=0}^{\infty} (-1)^n \left(\frac{x-1}{2} \right)^n, \ x \in (-1, 3)$$

$$\frac{1}{x+2} = \frac{1}{3+(x-1)} = \frac{1}{3\left(1+\dfrac{x-1}{3}\right)} = \frac{1}{3}\sum_{n=0}^{\infty}(-1)^n\left(\frac{x-1}{3}\right)^n,\ x \in (-2,\,4)$$

所求展开式为

$$\frac{1}{x^2+3x+2} = \frac{1}{x+1} - \frac{1}{x+2} = \sum_{n=0}^{\infty}(-1)^n\left(\frac{1}{2^{n+1}} - \frac{1}{3^{n+1}}\right)(x-1)^n,\ x \in (-1,\,3)$$

13.3 傅里叶级数（仅数一）

把一个函数展开成幂级数的目的是为了用简单的多项式函数逼近复杂的函数，泰勒多项式就是函数的较好的局部逼近. 但是，泰勒级数对展开成幂级数的函数要求任意阶可导，并且这种近似不是全局近似，所以需要寻求一类比幂级数应用范围更广的函数作为工具进行逼近.

客观世界中的许多过程都带有周期性和重复性，例如，声波是由空气分子周期性振动产生的，心脏的跳动、肺的呼吸运动、弹簧的简谐振动等都属于周期现象. 而周期函数反映的就是这种客观世界中的周期运动. 我们希望能在对周期函数要求尽可能低的条件下，用一串简单的周期函数逼近复杂的周期函数，这就是傅里叶级数. 傅里叶级数也是工程技术中比较重要的函数项级数.

13.3.1 三角函数及其正交性

三角函数系 $\{1,\ \cos x,\ \sin x,\ \cos 2x,\ \sin 2x,\ \cdots,\ \sin nx\}$ 在区间 $[-\pi,\ \pi]$ 上正交，是指该函数中任何两个不同函数积在 $[-\pi,\ \pi]$ 上的积分为零，即

$$\int_{-\pi}^{\pi}\cos nx\,\mathrm{d}x = 0,\ \int_{-\pi}^{\pi}\sin nx\,\mathrm{d}x = 0,\ n = 1,\ 2,\ \cdots$$

$$\int_{-\pi}^{\pi}\sin nx\cos mx\,\mathrm{d}x = 0,\ m,\ n = 1,\ 2,\ \cdots$$

$$\int_{-\pi}^{\pi}\cos mx\cos nx\,\mathrm{d}x = \int_{-\pi}^{\pi}\sin mx\sin nx\,\mathrm{d}x = 0,\ m,\ n = 1,\ 2,\ \cdots,\ m \neq n.$$

13.3.2 傅里叶级数

本节内容仅数一要求，且对数一来说也很少重点考查，因为其在实际科研和理论分析中主要以应用为主，信息类考研专业课诸如信号与系统、通信原理等，虽然一般来说以考查傅里叶变换为主，但相对来说傅里叶级数掌握好更佳.

定义 13.3.2.1 形如 $\dfrac{1}{2}a_0 + \sum\limits_{n=1}^{\infty}(a_n\cos nx + b_n\sin nx)$ 的级数称为三角级数，其中 $a_0,\ a_n,\ b_n(n=1,\ 2,\ \cdots)$ 都是常数.

要使 $f(x)$ 展开成三角级数，首先要确定三角级数的一系列系数 $a_0,\ a_n,\ b_n(n=1,\ 2,\ \cdots)$，然后讨论由这样的一系列系数构成的三角级数的收敛性. 如果级数收敛，再进一步考虑它的和函数与函数 $f(x)$ 是否相同，如果在某个范围内两个函数相同，则在这个范围内 $f(x)$ 可展开成三角级数.

设 $f(x)$ 是周期为 2π 的周期函数，且能展开成三角级数

$$f(x) = \frac{a_0}{2} + \sum_{k=1}^{\infty}(a_k\cos kx + b_k\sin kx)$$

那么系数 a_0，a_n，$b_n (n=1, 2, \cdots)$ 与函数 $f(x)$ 之间存在着怎样的关系呢？

假定三角级数 $f(x) = \frac{a_0}{2} + \sum_{k=1}^{\infty}(a_k\cos kx + b_k\sin kx)$ 可逐项积分，则有

$$\int_{-\pi}^{\pi}f(x)\mathrm{d}x = \frac{a_0}{2}\int_{-\pi}^{\pi}\mathrm{d}x + \sum_{k=1}^{\infty}\left(a_k\int_{-\pi}^{\pi}\cos kx\,\mathrm{d}x + b_k\int_{-\pi}^{\pi}\sin kx\,\mathrm{d}x\right)$$

由三角函数系的性质可知，式 $\frac{a_0}{2}\int_{-\pi}^{\pi}\mathrm{d}x + \sum_{k=1}^{\infty}\left(a_k\int_{-\pi}^{\pi}\cos kx\,\mathrm{d}x + b_k\int_{-\pi}^{\pi}\sin kx\,\mathrm{d}x\right)$ 除第一项外，其余各项积分均为零，所以 $\int_{-\pi}^{\pi}f(x)\mathrm{d}x = \frac{a_0}{2}2\pi = \pi a_0$

可得 $a_0 = \frac{1}{\pi}\int_{-\pi}^{\pi}f(x)\mathrm{d}x$

在式 $f(x) = \frac{a_0}{2} + \sum_{k=1}^{\infty}(a_k\cos kx + b_k\sin kx)$ 两端乘以 $\cos nx$ 后，在 $[-\pi, \pi]$ 上逐项积分，

得 $\int_{-\pi}^{\pi}f(x)\cos nx\,\mathrm{d}x = \int_{-\pi}^{\pi}\frac{a_0}{2}\cos nx\,\mathrm{d}x + \sum_{k=1}^{\infty}\left[a_k\int_{-\pi}^{\pi}\cos kx\cos nx\,\mathrm{d}x + b_k\int_{-\pi}^{\pi}\sin kx\cos nx\,\mathrm{d}x\right]$

由三角函数系的性质可知，$\int_{-\pi}^{\pi}\frac{a_0}{2}\cos nx\,\mathrm{d}x + \sum_{k=1}^{\infty}\left[a_k\int_{-\pi}^{\pi}\cos kx\cos nx\,\mathrm{d}x + b_k\int_{-\pi}^{\pi}\sin kx\cos nx\,\mathrm{d}x\right]$

除 $k=n$ 这一项外，其余各项积分均为零，所以 $\int_{-\pi}^{\pi}f(x)\cos nx\,\mathrm{d}x = a_n\int_{-\pi}^{\pi}\cos^2 nx\,\mathrm{d}x = a_n\pi$

即 $a_n = \frac{1}{\pi}\int_{-\pi}^{\pi}f(x)\cos nx\,\mathrm{d}x (n = 1, 2, \cdots)$

类似地，可得 $\int_{-\pi}^{\pi}f(x)\sin nx\,\mathrm{d}x = b_n\pi$，从而 $b_n = \frac{1}{\pi}\int_{-\pi}^{\pi}f(x)\sin nx\,\mathrm{d}x (n = 1, 2, \cdots)$

综上有
$$\begin{cases} a_0 = \dfrac{1}{\pi}\displaystyle\int_{-\pi}^{\pi}f(x)\mathrm{d}x \\ a_n = \dfrac{1}{\pi}\displaystyle\int_{-\pi}^{\pi}f(x)\cos nx\,\mathrm{d}x (n = 1, 2, \cdots) \\ b_n = \dfrac{1}{\pi}\displaystyle\int_{-\pi}^{\pi}f(x)\sin nx\,\mathrm{d}x (n = 1, 2, \cdots) \end{cases} \tag{1}$$

如果上述式（式 1）中的积分均存在，则所确定的系数 a_0，a_n，$b_n (n=1, 2, \cdots)$ 称为函数 $f(x)$ 的傅里叶系数.

上述推导系数的思想在所有正交分解的场合都适用，这里专门提示并不是为了考研数学，而是部分学科的考研专业课需要知道如何推导上述系数，以及傅里叶之外的其他正交分解要求的分解系数都是按照上述思路来做.

拓展后的傅里叶系数（周期不再是 2π，或者是展开成正弦级数或余弦级数）

（1）将普通周期函数 $f(x)$ 在 $[-l, l]$ 上展开为傅里叶级数（不论 $f(x)$ 本身以 $2l$ 为周期，还是仅在 $[-l, l]$ 上，$f(x)$ 以 $2l$ 为周期的傅里叶级数），展开系数为

$$\begin{cases} a_0 = \dfrac{1}{l}\displaystyle\int_{-l}^{l} f(x)\mathrm{d}x, \\[3mm] a_n = \dfrac{1}{l}\displaystyle\int_{-l}^{l} f(x)\cos\dfrac{n\pi x}{l}\mathrm{d}x(n=1,\,2,\,3,\,\cdots), \\[3mm] b_n = \dfrac{1}{l}\displaystyle\int_{-l}^{l} f(x)\sin\dfrac{n\pi x}{l}\mathrm{d}x(n=1,\,2,\,3,\,\cdots). \end{cases}$$

(2) 将奇偶周期函数 $f(x)$ 在$[-l,\,l]$上展开为傅里叶级数.

当 $f(x)$ 为奇函数时，展开系数为 $\begin{cases} a_0 = 0, \\[2mm] a_n = 0(n=1,\,2,\,3,\,\cdots), \\[2mm] b_n = \dfrac{2}{l}\displaystyle\int_{0}^{l} f(x)\sin\dfrac{n\pi x}{l}\mathrm{d}x(n=1,\,2,\,3,\,\cdots). \end{cases}$

此时的傅里叶展开式由于只含正弦函数表达式，故也称为正弦级数；

当 $f(x)$ 为偶函数时，展开系数为 $\begin{cases} a_0 = \dfrac{2}{l}\displaystyle\int_{0}^{l} f(x)\mathrm{d}x, \\[3mm] a_n = \dfrac{2}{l}\displaystyle\int_{0}^{l} f(x)\cos\dfrac{n\pi x}{l}\mathrm{d}x(n=1,\,2,\,3,\,\cdots), \\[3mm] b_n = 0(n=1,\,2,\,3,\,\cdots). \end{cases}$

此时的傅里叶展开式由于只含余弦函数表达式，故也称为余弦级数.

(3) 将非对称区间$[0,\,l]$上的函数 $f(x)$ 展开为正弦级数或者余弦级数.

$$[0,\,l]\text{上的}f(x)\begin{cases} \xrightarrow[\text{需作奇延拓}]{\text{若要求展开成正弦级数}}\text{得到}[-l,\,l]\text{上的奇函数}f(x), \\[3mm] \xrightarrow[\text{需作偶延拓}]{\text{若要求展开成余弦级数}}\text{得到}[-l,\,l]\text{上的偶函数}f(x). \end{cases}$$

当 $f(x)$ 为奇函数时，展开系数为 $\begin{cases} a_0 = 0, \\[2mm] a_n = 0(n=1,\,2,\,3,\,\cdots), \\[2mm] b_n = \dfrac{2}{l}\displaystyle\int_{0}^{l} f(x)\sin\dfrac{n\pi x}{l}\mathrm{d}x(n=1,\,2,\,3,\,\cdots). \end{cases}$

此时的傅里叶展开式只含正弦函数表达式，即展开为正弦级数；

当 $f(x)$ 为偶函数时，展开系数为 $\begin{cases} a_0 = \dfrac{2}{l}\displaystyle\int_{0}^{l} f(x)\mathrm{d}x, \\[3mm] a_n = \dfrac{2}{l}\displaystyle\int_{0}^{l} f(x)\cos\dfrac{n\pi x}{l}\mathrm{d}x(n=1,\,2,\,3,\,\cdots), \\[3mm] b_n = 0(n=1,\,2,\,3,\,\cdots). \end{cases}$

此时的傅里叶展开式只含余弦函数表达式，即展开为余弦级数.

那么，大家不禁要问，什么样的信号可以展开成傅里叶级数呢？有限多个连续函数累加起来仍然是连续函数，而无限多个连续函数累加起来是否可以收敛到一个不连续函数呢？这其实就是傅里叶与他同时代的学者争论的焦点.

13.3.3　收敛性定理

傅里叶认为，周期信号无论连续与否都可以表示为傅里叶级数，但后来的学术发展证明了傅里叶当初的论断至少在数学上是不严密的. 从数学上来讲，无穷级数的收敛是有条件的. 如果级数不收敛，那么级数的表示也是不成立的. 在傅里叶级数的收敛性研究方面，傅里叶的学生狄利克雷等人做出了卓有成效的工作，给出了傅里叶级数的收敛条件．由于收敛条件的证明过于专业化，即便是考研专业课也不考查，不在本书中展开详细的讨论，本节只是给出了这些收敛条件的理论结果．

狄里克雷（Dirichlet）条件，该条件包括三个部分，分别是：

条件 1：在任何周期内，$x(t)$ 必须绝对可积（Absolutely Integrable），即：

与平方可积条件相同，这一条件保证了每一系数 a_k 都是有限值．不满足该条件的周期信号可以举例如下：$x(t) = I/t$ $\quad 0 < t \leqslant 1$

也就是说，$x(t)$ 是周期的，且周期为 1，该信号如图 13-4（a）所示．

条件 2：在任意有限区间内，$x(t)$ 具有有限个起伏变化．也就是说，在任何单个周期内，$x(t)$ 的极大值和极小值数目有限．

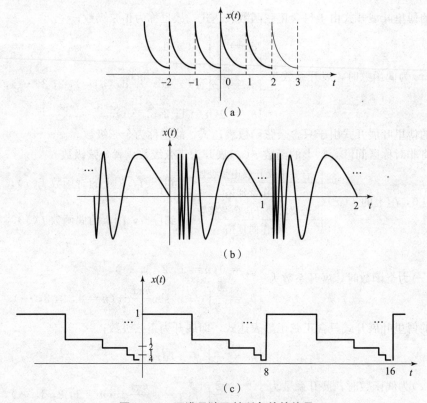

图 13-4 不满足狄里赫利条件的信号

（a）不满足条件 1；（b）不满足条件 2；（c）不满足条件 3

满足条件 1 而不满足条件 2 的一个函数是：$x(t) = \sin(2\pi/t)$ $\quad 0 < t \leqslant 1$ 如图 13-4（b）所示，此函数的周期为 1，且 $\int_0^1 |x(t)|\,dt < 1$ 但是它在一个周期内有无限多的极大值和极小值点．

条件 3：在任何有限区间内，只有有限个不连续点，而且在这些不连续点上函数是有限值．

不满足条件 3 的例子如图 13-4（c）所示．该信号的周期 $T = 8$，且后一个阶梯的高度和宽度都是前一个阶梯的一半．因此 $x(t)$ 在一个周期内的面积不会超过 8，即满足条件 1．但是不连续点的数目却是无穷多个，从而不满足条件 3．

13.3.3.1 狄利克雷收敛定理

设 $f(x)$ 是以 $2l$ 为周期的可积函数，如果在 $[-l, l]$ 上 $f(x)$ 满足：

(1) 连续或只有有限个第一类间断点.

(2) 至多只有有限个极值点.

则 $f(x)$ 的傅里叶级数处处收敛，记其和函数为 $S(x)$，则

$$S(x) = \frac{a_0}{2} + \sum_{n=1}^{\infty} \left(a_n \cos \frac{n\pi x}{l} + b_n \sin \frac{n\pi x}{l} \right)$$

且 $S(x) = \begin{cases} f(x), & x \text{ 为连续点}, \\ \dfrac{f(x^-) + f(x^+)}{2}, & x \text{ 为第一类间断点}, \\ \dfrac{f(-l^+) + f(l^-)}{2}, & x \text{ 为端点}. \end{cases}$

注 在 $[-l, l]$ 之外，$S(x)$ 是以 $2l$ 为周期的周期函数（不论 $f(x)$ 是仅在 $[-l, l]$ 上，还是以 $2l$ 为周期）.

这个定理看起来抽象，实际上很有用处：当 x_0 为连续点时，我们可以利用 $S(x_0) = f(x_0)$ 这个事实，用傅里叶级数知识求某些数项级数的和.

显然，狄利克雷定理中的条件比泰勒定理中的条件弱得多，一般地，工程技术中所遇到的周期函数都满足狄利克雷条件，所以都能展开成傅里叶级数. 这里顺便说下，数学追求的是绝对的满足，条件比实际工程需要更加严苛，有些学生问为何专业课学习了狄利克雷条件之后，解答题目的时候很少专门去判断函数是否满足，原因就在此，实际中都能满足，根本不需要考虑，之所以加上这个限制，是为了学科基础更加牢固，学科体系更加完整.

【例 13.30】 设 $f(x)$ 是周期为 2π 的周期函数，它在 $[-\pi, \pi]$ 上的表达式为

$$f(x) = \begin{cases} x, & -\pi \leqslant x < 0 \\ 0, & 0 \leqslant x < \pi \end{cases} \quad \text{将 } f(x) \text{ 展开成傅里叶级数.}$$

【解】 所给函数满足收敛定理的条件，它在点 $x = (2k+1)\pi \ (k=0, \pm1, \pm2, \cdots)$ 处不连续，因此，$f(x)$ 的傅里叶级数在 $x = (2k+1)\pi$ 处收敛于

$$S(x) = \frac{1}{2}[f(x-0) + f(x+0)] = \frac{1}{2}(0 - \pi) = -\frac{\pi}{2}$$

在连续点 $x(x \neq (2k+1)\pi)$ 处级数收敛于 $f(x)$.

傅里叶系数计算如下：

$$a_0 = \frac{1}{\pi} \int_{-\pi}^{\pi} f(x) \mathrm{d}x = \frac{1}{\pi} \int_{-\pi}^{0} x \mathrm{d}x = -\frac{\pi}{2}$$

$$a_n = \frac{1}{\pi} \int_{-\pi}^{\pi} f(x) \cos nx \, \mathrm{d}x = \frac{1}{\pi} \int_{-\pi}^{0} x \cos nx \, \mathrm{d}x$$

$$= \frac{1}{\pi} \left(\frac{x \sin nx}{n} + \frac{\cos nx}{n^2} \right) \bigg|_{-\pi}^{0} = \frac{1}{n^2 \pi} (1 - \cos n\pi)$$

$$= \begin{cases} \dfrac{2}{n^2 \pi} & n = 1, 3, 5, \cdots \\ 0 & n = 2, 4, 6, \cdots \end{cases}$$

$$b_n = \frac{1}{\pi} \int_{-\pi}^{\pi} f(x) \sin nx \, \mathrm{d}x = \frac{1}{\pi} \int_{-\pi}^{0} x \sin nx \, \mathrm{d}x = \frac{1}{\pi} \left(\frac{x \cos nx}{-n} + \frac{\sin nx}{n^2} \right) \bigg|_{-\pi}^{0} = -\frac{\cos n\pi}{n}$$

$$= \frac{(-1)^{n+1}}{n} \quad (n = 1, 2, \cdots)$$

于是 $f(x)$ 的傅里叶级数展开式为

$$f(x) = -\frac{\pi}{4} + \left(\frac{2}{\pi}\cos x + \sin x\right) - \frac{1}{2}\sin 2x + \left(\frac{2}{3^2\pi}\cos 3x + \frac{1}{3}\sin 3x\right) - \frac{1}{4}\sin 4x$$

$$+ \left(\frac{2}{5^2\pi}\cos 5x + \frac{1}{5}\sin 5x\right) - \cdots (-\infty < x < +\infty; \ x \neq \pm\pi, \ \pm 3\pi, \ \cdots)$$

【例 13.31】 将函数 $f(x) = x + 1 (0 \leqslant x \leqslant \pi)$ 分别展开成正弦级数和余弦级数.

【解】 先求正弦级数. 为此对函数 $f(x)$ 进行奇延拓, 再周期延拓, 如图 13-5 所示得

$$a_n = 0 \quad (n = 1, 2, \cdots)$$

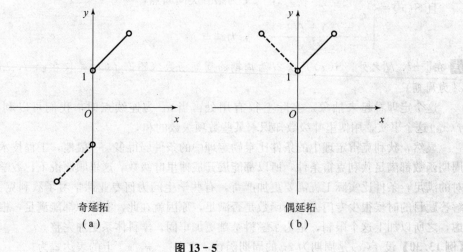

奇延拓　　　　　　　　偶延拓
（a）　　　　　　　　　（b）

图 13-5

$$b_n = \frac{2}{\pi}\int_0^\pi f(x)\sin nx \, dx = \frac{2}{\pi}\int_0^\pi (x+1)\sin nx \, dx$$

$$= \frac{2}{\pi}\left(-\frac{x\cos nx}{n} + \frac{\sin nx}{n^2} - \frac{\cos nx}{n}\right)\Big|_0^\pi$$

$$= \frac{2}{n\pi}(1 - \pi\cos n\pi - \cos n\pi) = \begin{cases} \dfrac{2}{\pi}\cdot\dfrac{\pi+2}{n} & (n = 1, 3, 5, \cdots) \\[2mm] -\dfrac{2}{n} & (n = 2, 4, 6\cdots) \end{cases}$$

于是函数的正弦级数展开式为

$$x + 1 = \frac{2}{\pi}\left[(\pi+2)\sin x - \frac{\pi}{2}\sin 2x + \frac{1}{3}(\pi+2)\sin 3x - \frac{\pi}{4}\sin 4x + \cdots\right](0 < x < \pi)$$

在端点 $x = 0$ 及 $x = \pi$ 处, 级数的和显然为零, 它不代表原来函数 $f(x)$ 的值.

再求余弦级数. 为此对 $f(x)$ 进行偶延拓, 再周期延拓, 得

$$b_n = 0 \quad (n = 1, 2, \cdots)$$

$$a_n = \frac{2}{\pi}\int_0^\pi f(x)\cos nx \, dx = \frac{2}{\pi}\int_0^\pi (x+1)\cos nx \, dx = \frac{2}{\pi}\left(\frac{x\sin nx}{n} + \frac{\cos nx}{n^2} + \frac{\sin nx}{n}\right)\Big|_0^\pi$$

$$= \frac{2}{n^2\pi}(\cos n\pi - 1) = \begin{cases} 0 & (n = 2, 4, 6, \cdots) \\[2mm] -\dfrac{4}{n^2\pi} & (n = 1, 3, 5, \cdots) \end{cases}$$

$$a_0 = \frac{2}{\pi} \int_0^\pi (x+1) \mathrm{d}x = \frac{2}{\pi} \left(\frac{x^2}{2} + x \right) \Big|_0^\pi = \pi + 2$$

于是函数的余弦级数展开式为

$$x+1 = \frac{\pi}{2} + 1 - \frac{4}{\pi} \left(\cos x + \frac{1}{3^2} \cos 3x + \frac{1}{5^2} \cos 5x + \cdots \right) \qquad 0 \leqslant x \leqslant \pi$$

【例 13.32】设函数 $f(x) = \begin{cases} -1, & -\pi < x \leqslant 0 \\ 1+x^2, & 0 < x \leqslant \pi \end{cases}$，则其以 2π 为周期的傅里叶级数在点 $x = \pi$ 处
收敛于_____.

【解】周期延拓之后，可将 $f(x)$ 展开成傅里叶级数，$x = \pi$ 是函数定义区间端点，由狄利克雷
收敛定理可知，在 $x = \pi$ 处，其傅里叶级数的和函数为

$$S(\pi) = \frac{f(-\pi+0) + f(\pi-0)}{2} = \frac{-1 + (1+\pi^2)}{2} = \frac{\pi^2}{2}.$$

【例 13.33】设函数 $f(x) = x^2$，$x \in [0, \pi]$，将 $f(x)$ 展开成以 2π 为周期的傅
里叶级数，并证明 $\sum_{n=1}^{\infty} \frac{1}{n^2} = \frac{\pi}{6}$.

【解】$f(x)$ 不是周期函数，首先要进行奇偶延拓，将 $f(x)$ 延拓到 $[-\pi, 0]$ 上去．由于题目未
限定延拓的方式，所以采用奇延拓、偶延拓或者其他形式的延拓（比如零延拓）都是可以的．
延拓方式不同，其展开式也不同．

令 $F(x) = x^2$，$-\pi \leqslant x \leqslant \pi$，则 $F(x) = f(x) = x^2$，$x \in [0, \pi]$，由于
$F(x)$ 是偶函数，故其展开式为余弦级数，系数

$$b_n = 0 \quad (n=1, 2, \cdots), \; a_0 = \frac{2}{\pi} \int_0^\pi x^2 \mathrm{d}x = \frac{2}{3}\pi^2$$

$$a_n = \frac{2}{\pi} \int_0^\pi x^2 \cos nx \, \mathrm{d}x = \frac{2}{n\pi} x^2 \sin(nx) \Big|_0^\pi - \frac{4}{n\pi} \int_0^\pi x \sin nx \, \mathrm{d}x$$

$$= \frac{4}{n^2 \pi} x \cos(nx) \Big|_0^\pi - \frac{4}{n^2 \pi} \int_0^\pi \cos nx \, \mathrm{d}x = (-1)^n \frac{4}{n^2} \quad (n=1, 2, \cdots)$$

故由收敛定理，可知 $f(x) = \frac{\pi^2}{3} + 4 \sum_{n=1}^{\infty} \frac{(-1)^n}{n^2} \cos nx$，$(0 \leqslant x \leqslant \pi)$

令 $x = \pi$ 得，$\pi^2 = \frac{\pi^2}{3} + 4 \sum_{n=1}^{\infty} \frac{1}{n^2}$，于是有 $\sum_{n=1}^{\infty} \frac{1}{n^2} = \frac{\pi^2}{6}$.

傅里叶级数很多同学学到这里感觉很吃力，其实这一块概念很少，但是计算复杂，考验大
家在考研自习室里坐板凳的坐功，其实考研过程也是修炼自己坐功的过程，要知道社会上会有
很多比做傅里叶级数还要棘手还要耗时的事情，所以能不能冷静地去处理，能不能很好地处
理，很大程度上决定了未来人生道路的分化．

13.4 趣味阅读

（一）有关泰勒定理的奇闻轶事：泰勒展开式的剩余项救人一命！

在俄国革命期间（1917 年左右），数学物理学家塔姆外出寻找食物，在靠近敖德伊的乡间
被反共产主义的保安人员逮捕．保安人员怀疑他是反乌克兰的共产主义者，于是把他带回总
部．

头目问：你是做什么的？

头目心存怀疑，拿着枪，手指扣着扳机，对准他，手榴弹也在他的面前晃动.

头目说：好吧，对一个函数作泰勒展开到第 n 项之后，你把误差项算出来，如果你算对了，就放你一条生路，否则就立刻枪毙.

于是塔姆手指发抖，战战兢兢地慢慢计算，当他完成时，头目看过答案，挥手叫他赶快离开.

塔姆在 1958 年获得诺贝尔物理奖，但是他从未再遇到或认出这位非凡的头目.

（二）美国西北大学数学系 The Klein Four 创作的《二阶有限单群》

Fin ite Simple Group（of Order Two）

二阶有限单群

The path of love is never smooth

爱的道路永远是不光滑的

But mine's continuous for you

但我对你的爱是连续的

You're the upper bound in the chains of my heart

你是我心中的上界

You're my Axiom of Choice，you know it's true

你是我的选择公理，这是你知道的

But lately our relation's not so well—defined

因此我不是一个定义良好的函数

I'll prove my proposition and I'm sure you'll find

我要证明我的一个性质，而且我保证你也会发现它

We're a finite simple group of order two

我们是一个二阶的有限单群

I'm losing my identity

我渐渐地找不到了自己的单位元

I'm getting tensor every day

我感觉到自己身上长出了张量

And without loss of generality

在不失去一般性的条件下

I will assume that you feel the same way

我做出一个假设，你会和我一样

Since every time I see you，you just quotient out

因为每一次我看见你时，你总是通过商映射

The faithful image that I map in to

得到我被映射到的那个象

But when we're one—to—one you'll see what I'm about

但当我们之间的映射是一对一的时候，你会看清真实的我是什么样的

Cause we're a finite simple group of order two

因为，我们是一个二阶的有限单群

Our equivalence was stable

我们的等价关系是稳定的

A principal love bundle sitting deep inside

在我们的内心深处有一个爱的主丛

But then you drove a wedge between our two—forms

但是之后你在我们的形式之间插入了一个 "" 符号

Now everything is socom plexified

这样一切都被复杂化了

When we first met，we simply connected

我们第一次见面时，我们是单连通的

My heart was open but too dense

我的心是开的，但是太稠密了

Our system was already directed

我们之间的系统是有向的

To have a finite limit，in some sense

在某种意义下，这意味着它会有一个有限的极限

I'm living in the kernel of a rank—one map

我在一个秩为 1 的映射的核中

From my domain，its image looks so blue

从我所在的定义域上看，所有的象都是蓝色的

Cause all I see are zeroes，it's a cruel trap

这是因为我看到的都是零点——这是一个残酷的陷阱

But we're a finite simple group of order two

然而，我们是一个二阶的有限单群

I'm not the smoothest operator in my class

我不是在我所在的类里面最光滑的算子

But we're a mirror pair，me and you

但是我们是互为镜像的一对儿

So let's apply forgeifulfunctors to the past

因此我们可用一个运算符，去遗忘过去的那些不愉快

And be a finite simple group，a finite simple group

做出一个有限单群，注意，是有限单群

Let's be a finite simple group of order two

一个二阶的有限单群

—Oughter:" Why not three?" —

画外音："为什么不是三阶的呢?"

I've proved my proposition now，as you can see

我已经证明出了我的性质，就像你也可以看见的一样

So let's both be associative and free

我们在相互结合的同时可以保持自由

And by corollary，this shows you and I to be Purely in separable. Q. E. D.

而且，根据一个推论，你和我是永远不可分的．证毕

《二阶有限单群》是一首经典的数学歌曲，作者用函数关系类比了两人关系，用从 Z_2（表示模 2 的剩余类群 $\{0，1\}$）生成二阶有限单群的过程来象征两人的结合．一开始"我"和"她"是两个 Z_2，如果想在两个 Z_2 建立起一个函数关系，必须要定义出一个 relation，但一开始这个 relation 是不完备的．之后作者又非常巧妙地利用了群的第一同态定理，通过商映射把真实和虚幻联系了起来，解释两个人在感情发展过程中有过的误会与不愉快……当然最后还有那些很重要的那个二阶有限单群的性质，我们不得不惊叹：作者太有才了！

（三）泰勒级数、傅立叶级数可以写成某个通项公式的和

是不是真理都是简单而美丽，就像毕达哥拉斯所设想的一样？这个观点也许搞反了因果的方向．我们看一下泰勒级数是怎么得到的．泰勒假设 $f(x)=f(a)+f'(x)(x-a)+o(x-a)^2$，这个是牛顿—莱布尼茨公式可以推出来的，那么有了一次项以后，如何继续逼近？方法类似，一次的求解是 $g_1(x)=f(x)-f(a)=f'(x)(x-a)$，那么可以写出 $g_2(x)=f(x)-f(a)=f'(x)(x-a)$ 两边对 x 求导再求不定积分，就得到了 2 阶的泰勒级数．依次类推，可以得到 N 阶的泰勒级数．由于每一阶的推导过程是"相似"的，所以泰勒项数的子项肯定也就具有了某种形式意义上的相似性．说白了，不是因为客观存在某种规律使得函数可以展开成具有通项公式的幂级数，而是为了把函数展开成具有通项公式的幂级数再去看每个子项应该等于什么，然后为了保证严格再给出收敛以及一致收敛的条件．

不是客观存在某种"简单而且美"的真理，而是主体把某种"简单而且美"的形式强加给客观，再看客观在"强加"语境下的特性如何．傅里叶级数的思想，频率分析的思想，和这个相似，是把我们心中的某个概念赋予外界的实在，按主观意识的想法来拆解外界——只有这样，思想才能被理解．当然，实数范围的泰勒级数和傅里叶级数展开的条件仍然比较严格，复变函数引入了对应的洛朗级数和傅里叶/拉普拉斯变换，通用性强多了．说白了，复变函数就是函数逼近论．为了解决初等思想没法解决的不可能想明白的问题而引入的高等方法．

实际的模型总是难以精确地解释的，所以我们创造一些理想模型去逼近现实．当然，两者不会相等，但是只要误差在容许的范围之内，我们认为数学的分析就成功了．这就是一切数学建模的思想．工科电子类的专业课，第一门数学建模的课程就是电路分析．这里传输线的问题被一个等效电路替代了．实际电源被一个理想的电压源加上一个电阻替代了，三级管放大电路的理论模型就是电流控制的电流源．一切都是为了分析的方便．只要结果足够近似，我们就认为自己的理论是有效的．出了这个边界，理论就需要修正．理论反映的不是客观实在，而是我们"如何去认识"的水平，理论是一种主观的存在，当实际情况可以映射到同一种理论的时候，我们说理论上有了一种主观的"普遍联系"，就像电路分析和网络流量的拓扑分析有很多共同点．这种普遍联系不是客体的属性，只和主体的观点有关．

第14章 数三专题

（经济学应用）

【导言】

　　考虑到数三对经济学数学的考查，以及数一、数二不考此专题，再者还有相当一部分属于跨考经济、金融专业的考生，所以有必要单独将这类知识汇总为一个专题．对于本科是经济类专业的考生，学过的知识点，您只需要快速地浏览即可，重点在于记住那些之前忽略的知识点，跨专业的同学，建议您仔细看看，因为经济类考研专业课的学习会用到本节知识，差分方程常以填空题的形式送4分，只需要掌握最基本的公式，记住通解及其特解的求解套路即可，导数应用这块是重点，尤其是需求的价格弹性以应用解答题的形式出现，属于高频考点，分值10分左右，无论是从计算量还是做题思路上都相对简单，容易得分，应高度重视．

【考试要求】

考试要求	科目	考 试 内 容
了解	数学三	导数的经济意义（含边际与弹性的概念）；差分与差分方程及其通解与特解等概念；一阶常系数线性差分方程的求解方法
理解		
会		利用定积分求解简单的经济应用问题；利用简单多元函数的最大值和最小值解决简单的经济应用问题；用微分方程求解简单的经济应用问题
掌握		

【知识网络图】

$$
\text{数三专题（经济学应用）}
\begin{cases}
\text{经济学常用函数} \\
\text{复利} \\
\text{导数在经济学中的应用}
\begin{cases}
\text{需求的价格弹性} \\
\text{最优化问题}
\end{cases} \\
\text{定积分在经济学中的应用} \\
\text{常微分方程在经济学中的应用} \\
\text{差分方程}
\end{cases}
$$

【内容精讲】

14.1 经济学中常用函数

经济学专业课中的函数和高等数学的函数表达式一致，但是微观经济学中对函数进行画图时，往往是横轴是因变量，竖轴是自变量，这个和高等数学中的二维函数图相反，比如斜率为零和斜率为无穷的情况和高数是相反的．

14.1.1 总成本函数

总成本函数是指在一定的时期内，生产某种产品所消耗的费用总和．一般地，以货币计值的总成本 C 是产量 x 的函数，记为 $C=C(x)$ $(x \geqslant 0)$

当产量 $x=0$ 时，对应的成本函数值 $C(0)$ 就是产品的固定成本值

$\bar{C}(x) = \dfrac{C(x)}{x}$ $(x>0)$，$\bar{C}(x)$ 称为单位成本函数或平均成本函数．

产品总成本可分为固定成本和变动成本两部分．所谓固定成本，是指一定时期内不随产量变化的那部分成本；所谓变动成本，是指随产量变化而变化的那部分成本．

14.1.2 需求函数

需求函数是指在某一特定时期内，市场上某种商品各种可能的购买量和决定这些购买量的诸因素之间的数量关系．

假定其他因素（如消费者的货币收入、偏好和相关商品的价格等）不变，则决定某种商品需求量的因素就是这种商品的价格．此时，需求函数表示的就是商品需求量和价格这两个经济变量之间的数量关系．

$$Q=f(P)$$

其中，Q 表示需求量；P 表示价格．需求函数的反函数 $P=f^{-1}(Q)$ 称为价格函数，习惯上将价格函数也统称为需求函数．

一般地，商品的需求量随价格的下降而增加，随价格的上涨而减少，因此，需求函数是单调减少函数．例如，函数 $Q_a=ap+b$ $(a<0,\ b>0)$ 称为线性需求函数．

14.1.3 供给函数

供给函数是指在某一特定时期内，市场上某种商品各种可能的供给量和决定这些供给量的诸因素之间的数量关系．

假定生产技术水平、生产成本等其他因素不变，则决定某种商品供给量的因素就是这种商品的价格．此时，供给函数表示的就是商品的供给量和价格这两个经济变量之间的数量关系 $S=f(P)$，其中，S 表示供给量；P 表示价格．

供给函数以列表方式给出时称为供给表，而供给函数的图像则称为供给曲线．

一般地，商品的供给量随价格的上涨而增加，随价格的下降而减少，因此，供给函数是单调增加函数．

14.1.4 收入函数与利润函数

销售某产品的收入 R，等于产品的单位价格 P 乘以销售量 x，即 $R=P \cdot x$，称其为收入函

数．而销售利润 L 等于收入 R 减去成本 C，即 $L=R-C$，称其为利润函数．

当 $L=R-C>0$ 时，生产者盈利；

当 $L=R-C<0$ 时，生产者亏损；

当 $L=R-C=0$ 时，生产者盈亏平衡．使 $L(x)=0$ 的点 x_0 称为盈亏平衡点（又称为保本点）．

一般地，利润并不总是随销售量的增加而增加的，因此，如何确定生产规模以获取最大的利润对生产者来说是一个不断追求的目标．

14.2　连续复利问题

设本金为 A_0，利率为 r，期数为 t，如果每期结算一次，则本利和 A 为：$A=A_0(1+r)^t$，如果每期结算 m 次，则 t 期本利和 $A_m=A_0\left(1+\dfrac{r}{m}\right)^{mt}$．

在现实世界中有许多事物是属于这种模型的，而且是立即产生、立即结算的，即 $m\to\infty$．如物体的冷却、镭的衰变、细菌的繁殖，都需要应用下面的极限：$\lim\limits_{m\to\infty}A_m=\lim\limits_{m\to\infty}A_0\left(1+\dfrac{r}{m}\right)^{mt}$

这个式子反映了现实世界中一些事物生长或消失的数量规律，下面我们来计算这个极限．

$$\lim_{m\to\infty}A_m=\lim_{m\to\infty}A_0\left(1+\frac{r}{m}\right)^{mt}=A_0\mathrm{e}^{rt}$$

【例 14.1】银行 X 提供每月支付一次、年利率为 7％的复利，而银行 Y 提供每月支付一次、年利率为 6.9％的复利，哪种收益好？若分别用 100 元投资于两个银行，写出 t 年后每个银行中所存余额的表达式．

【解】由题意知，设在银行 X 一年后的余额为 A_1，t 年后的余额为 A_t，设在银行 Y 一年后的余额为 B_1，t 年后的余额为 B_t．由题意知

$$A_1=100\left(1+\frac{0.07}{12}\right)^{12}=100(1.005833)^{12}\approx107.23$$

$$B_1=100\left(1+\frac{0.069}{12}\right)^{12}\approx107.12$$

所以银行 X 账户的年有效收益 $\approx7.23\%$，银行 Y 账户的年有效收益 $\approx7.12\%$，因此，银行 X 提供的投资效益好．

若分别用 100 元投资于两个银行，则 t 年后两个银行中所存余额分别为：

$$A_t=100\left(1+\frac{0.07}{12}\right)^{12t}=100(1.005833)^{12t}\approx100(1.0723)^t$$

$$B_t=100(1.0712245)^t\approx100(1.0712)^t$$

【例 14.2】你买的彩票中奖 1000000 元，你要在两种兑奖方式中进行选择，一种为分四年每年支付 250000 元的分期支付方式，从现在开始支付；另一种为一次支付总额为 920000 元的一次付清方式．如果从现在开始支付，假设银行年利率为 6％，以连续复利的方式计息，又假设不交税，那么你选择哪种兑奖方式？

【解】设以四次每次 250000 元的支付方式的现总值为 P，则

$$P=250000+250000\mathrm{e}^{-0.06}+250000\mathrm{e}^{-0.06\times2}+250000\mathrm{e}^{-0.06\times3}$$

$$\approx250000+235411+221730+208818=915959<920000$$

因此，最好是选择现在一次付清 920000 元这种兑奖方式．

14.3　导数在经济学中的应用

导数是函数关于自变量的变化率，它客观地反映了事物变化的规律．在微观经济学中，很多变化率的问题其实质都是数学问题，可以利用导数知识加以研究并解决．

边际与弹性是经济学中的两个重要概念，它们与导数之间有着密切的关系，是导数在经济学中的重要应用之一．

14.3.1　边际问题

在经济学中，边际就是描述经济函数的变化率．

定义 14.3.1.1　设经济函数 $f(x)$ 可导，则其导数 $f'(x)$ 称为经济函数 $f(x)$ 的边际函数．例如成本函数 $C(x)$ 的导数 $C'(x)$ 称为边际成本函数；收益函数 $R(x)$ 的导数 $R'(x)$ 称为边际收益函数；利润函数 $L(x)$ 的导数 $L'(x)$ 称为边际利润函数．$C'(x)$，$R'(x)$，$L'(x)$ 分别表示在一定的生产水平下再多生产一件产品而产生的成本，多售出一件产品而产生的收入与利润．

【例 14.3】 某产品在生产 8 到 20 件的情况下，生产 x 件的成本与销售 x 件的收入分别为

$$C(x)=x^3-2x^2+12x \text{ 与 } R(x)=x^3-3x^2+10x$$

某工厂目前每天生产 10 件，试问每天多生产一件产品的成本为多少？每天多销售一件产品而获得的收入为多少？

【解】 在每天生产 10 件的基础上再多生产一件的成本大约为 $C'(10)$，

$$C'(10)=\frac{\mathrm{d}}{\mathrm{d}x}(x^3-2x^2+12x)=3x^2-4x+12, \quad C'(10)=272 \text{（元）}$$

即多生产一件的附加成本为 272 元．边际收入为

$$R'(x)=\frac{\mathrm{d}}{\mathrm{d}x}(x^3-3x^2+10x)=3x^2-6x+10, \quad R'(10)=250 \text{（元）}$$

即多销售一件产品而增加的收入为 250 元．

【例 14.4】 设某种产品价格为 P，需求函数为 $x=1000-100P$，求需求量 $x=300$ 时的总收入、平均收入和边际收入．

【解】 销售 x 件价格为 P 的产品收入为 $R(x)=Px$，将需求函数 $x=1000-100P$ 及 $P=10-0.01x$ 代入，得总收入函数 $R(x)=(10-0.01x)x=10x-0.01x^2$

平均收入函数为 $\bar{R}(x)=\dfrac{R(x)}{x}=10-0.01x$

边际收入函数为 $R'(x)=(10x-0.01x^2)'=10-0.02x$

$x=300$ 时的总收入为 $R(300)=10\times300-0.01\times300^2=2100$

平均收入为 $\bar{R}(300)=10-0.01\times300=7$

边际收入为 $R'(300)=10-0.02\times300=4$.

14.3.2　弹性分析

在边际分析中所研究的是函数的绝对改变量与绝对变化率，经济学中常需研究一个变量对另一个变量的相对变化情况．例如一台空调的价格为 2000 元，一个计算器的价格为 20 元，它们各涨 2 元，这两种商品价格的绝对改变量都是 2 元，但对于空调机来讲，上涨 2 元是无关紧要的，因为只涨了 0.1%；而对于计算器就不同了，它上涨了 10%. 这说明，仅有绝对变化率

是不够的，因此有必要研究函数的相对改变量和相对变化率．这种相对变化率在经济分析中十分有用，它刻画了函数随自变量变化的灵敏程度．

定义 14.3.2.1 设函数 $y=f(x)$ 可导，函数的相对改变量 $\dfrac{\Delta y}{y}=\dfrac{f(x+\Delta x)-f(x)}{f(x)}$

与自变量的相对改变量 $\dfrac{\Delta x}{x}$ 之比 $\dfrac{\Delta y/y}{\Delta x/x}$，称为函数 $f(x)$ 在 x 与 $x+\Delta x$ 两点间的弹性（或相

对变化率）．而极限 $\lim\limits_{\Delta x \to 0}\dfrac{\Delta y/y}{\Delta x/x}$ 称为函数 $f(x)$ 在点 x 处的弹性（或相对变化率），记为

$$\frac{E}{Ex}f(x)=\frac{Ey}{Ex}=\lim_{\Delta x \to 0}\frac{\Delta y/y}{\Delta x/x}=\lim_{\Delta x \to 0}\frac{\Delta y}{\Delta x}\frac{x}{y}=y'\frac{x}{y}$$

例如，求函数 $y=3+2x$ 在 $x=3$ 处的弹性，由 $y'=2$，得

$$\frac{Ey}{Ex}=y'\frac{x}{y}=\frac{2x}{3+2x},\quad \frac{Ey}{Ex}\bigg|_{x=3}=\frac{2\times 3}{3+2\times 3}=\frac{6}{9}=\frac{2}{3}\approx 0.67$$

设需求函数 $Q=f(P)$，这里 P 表示产品的价格．于是，定义该产品在价格为 P 时的需求弹性如下：$\eta=\eta(p)=\lim\limits_{\Delta P \to 0}\dfrac{\Delta Q/Q}{\Delta P/P}=\lim\limits_{\Delta P \to 0}\dfrac{\Delta Q}{\Delta P}\dfrac{P}{Q}=P\dfrac{f'(P)}{f(P)}$

当 ΔP 很小时，有 $\eta=P\dfrac{f'(P)}{f(P)}\approx \dfrac{P}{f(P)}\dfrac{\Delta Q}{\Delta P}$．

故需求弹性 η 近似地表示价格为 P 时，价格变动 1%，需求量将变化 $\eta\%$．

14.3.2.1 需求弹性 $\varepsilon_{Q,p}$ 或 η

在经济学中常用到需求弹性 $\varepsilon_{Q,p}$（指需求对价格的弹性，也可以写作 η），它也是经济类考生必考的重点内容．"需求"是指在一定价格条件下，消费者愿意购买并且有支付能力购买的商品量．设 P 表示商品价格，Q_d 表示需求量函数，那么需求函数：$Q_d=f(P)$．

需求弹性 $\varepsilon_{Q,p}$ 为（注意它与基本的弹性定义差一个负号，这仅仅是需求弹性的特点）

$$\varepsilon_{Q,p}=-\frac{p}{Q_d}\cdot \frac{\mathrm{d}Q_d}{\mathrm{d}p}$$

一般说来，商品价格低，需求大；商品价格高，需求小．因此，一般需求函数 $Q=f(P)$ 是单调减少函数，$\dfrac{\mathrm{d}Q_d}{\mathrm{d}p}<0$，而 $\varepsilon_{Q,p}=-\dfrac{p}{Q_d}\cdot \dfrac{\mathrm{d}Q_d}{\mathrm{d}p}>0$，这就是为什么加上一个负号的原因，这也是符合教育部对经济类考生的命题规范的，所以，读者切忌乱改上述定义及其有关符号．需求弹性是刻画的是当商品价格变动时引起需求变动的强弱．

注 在解题时，我们要常常用到下列形式：

① $p\mathrm{d}Q_d=-\varepsilon_{Q,p}Q_d\mathrm{d}p$

② $\dfrac{\Delta Q_d}{Q_d}\approx -\varepsilon_{Q,p}\dfrac{\Delta p}{p}$

③ $\Delta R=(1-\varepsilon_{Q,p})Q_d\mathrm{d}p$

$(R=Q_dp\Rightarrow \Delta R=\Delta(Q_dp)\approx \mathrm{d}(Q_dp)=Q_d\mathrm{d}p+p\mathrm{d}Q_d=Q_d\mathrm{d}p-\varepsilon_{Q,p}Q_d\mathrm{d}p\Rightarrow (1-\varepsilon_{Q,p})Q_d\mathrm{d}p)$

【例 14.5】 设某商品需求函数为 $Q=\mathrm{e}^{-\frac{p}{5}}$，求：

（1）需求弹性函数．

（2）$P=3$，$P=5$，$P=6$ 时的需求弹性，并说明其经济意义．

【解】（1）已知有 $Q' = -\dfrac{1}{5}e^{-\frac{P}{5}}$，则

$$\varepsilon_{QP} = \frac{1}{5}e^{-\frac{P}{5}} \cdot \frac{P}{e^{-\frac{P}{5}}} = \frac{P}{5}.$$

（2）

$$\varepsilon_{QP}(3) = \frac{3}{5} = 0.6.$$

$$\varepsilon_{QP}(5) = \frac{5}{5} = 1.$$

$$\varepsilon_{QP}(6) = \frac{6}{5} = 1.2.$$

$\varepsilon_{QP}(5)=1$，说明当 $P=5$ 时，价格上升 1%，需求量则下降 1%. 可见此时价格与需求变动的幅度相同；

$\varepsilon_{QP}(3)=0.6$，说明当 $P=3$ 时，价格上涨 1%，需求只减少 0.6%，此时需求变动的幅度小于价格变动的幅度；

$\varepsilon_{QP}(6)=1.2$，说明当 $P=6$ 时，价格上涨 1%，需求减少 1.2%. 此时需求变动的幅度大于价格变动的幅度.

【例 14.6】 设某种商品的需求量 Q 与价格 P 的关系为 $Q(P) = 1600\left(\dfrac{1}{4}\right)^{P}$，求

（1）需求弹性 $\eta(P)$.

（2）当商品的价格 $P=10$ 元时，再上涨 1%，分析该商品需求量的变化情况.

【解】（1）需求弹性为

$$\eta(P) = -P\frac{Q'(P)}{Q(P)} = -P\frac{\left[1600\left(\frac{1}{4}\right)^{P}\right]'}{1600\left(\frac{1}{4}\right)^{P}} = -P\frac{1600\left(\frac{1}{4}\right)^{P}\ln\frac{1}{4}}{1600\left(\frac{1}{4}\right)^{P}}$$

$$= -P\ln\frac{1}{4} = (2\ln 2)P \approx 1.39P$$

说明商品价格 P 上涨 1% 时，商品需求量 Q 将减少 $1.39P\%$.

（2）当商品价格 $P=10$ 元时，$\eta(10)=1.39\times10=13.9$，这表示价格 $P=10$ 元时，价格上涨 1%，商品的需求量将减少 13.9%，若价格降低 1%，商品的需求最将增加 13.9%.

14.3.2.2 弹性的四则运算

（1）加法性质

设 $f_1(x)$ 与 $f_2(x)$ 于 x 处的弹性为 $\varepsilon_{f_1 x}$ 与 $\varepsilon_{f_2 x}$，则 $f_1(x) \pm f_2(x)$ 在 x 处的弹性为

$$\varepsilon_{yx} = \frac{f_1(x)\varepsilon_{f_1 x} \pm f_2(x)\varepsilon_{f_2 x}}{f_1(x) \pm f_2(x)}.$$

【证明】
$$y = f_1(x) \pm f_2(x)$$

按弹性定义有 $\varepsilon_{yx} = y' \cdot \dfrac{x}{y} = \dfrac{x[f_1'(x) \pm f_2'(x)]}{f_1(x) \pm f_2(x)} = \dfrac{f_1(x)\dfrac{x}{f_1(x)}f_1'(x) \pm f_2(x)\dfrac{x}{f_2(x)}f_2'(x)}{f_1(x) \pm f_2(x)}$

$$= \frac{f_1(x)\varepsilon_{f_1 x} \pm f_2(x)\varepsilon_{f_2 x}}{f_1(x) \pm f_2(x)}.$$

推论　设 $f_i(x)$ 在 x 处的弹性为 $\varepsilon_{f_i x}(i=1,\ 2,\ \cdots,\ n)$，则 $y=\sum\limits_{i=1}^{n}f_i(x)$ 在 x 处的弹性为

$$\varepsilon_{yx}=\sum_{i=1}^{n}f_i(x)\varepsilon_{f_i x}\Big/\sum_{i=1}^{n}f_i(x).$$

（2）乘法性质

设 $f_1(x)$ 与 $f_2(x)$ 于 x 处的弹性为 $\varepsilon_{f_1 x}$ 与 $\varepsilon_{f_2 x}$，则 $y=f_1(x)f_2(x)$ 在 x 处的弹性为

$$\varepsilon_{yx}=\varepsilon_{f_1 x}+\varepsilon_{f_2 x}.$$

【证明】 按弹性定义有 $\varepsilon_{yx}=y'\cdot\dfrac{x}{y}=\left[f_1'(x)f_2(x)+f_1(x)f_2'(x)\right]\dfrac{x}{f_1(x)f_2(x)}$

$$=f_1'(x)\frac{x}{f_1(x)}+f_2'(x)\frac{x}{f_2(x)}=\varepsilon_{f_1 x}+\varepsilon_{f_2 x}.$$

即函数的乘积的弹性等于各自弹性的和.

（3）除法性质

设 $f_1(x)$ 与 $f_2(x)$ 于 x 处的弹性为 $\varepsilon_{f_1 x}$ 与 $\varepsilon_{f_2 x}$，则 $y=\dfrac{f_1(x)}{f_2(x)}$ 在 x 处的弹性为

$$\varepsilon_{yx}=\varepsilon_{f_1 x}-\varepsilon_{f_2 x}.$$

即函数的商的弹性等于分子的弹性减去分母的弹性. 该公式请读者自证.

14.4　经济函数的优化问题

14.4.1　平均成本最小问题

设成本函数 $C=C(x)$（x 是产量），一个典型成本函数的图像如图 14-1 所示，注意到在前一段区间上曲线呈凸的形状，也即边际成本函数在此区间上单调下降，接着曲线上有一拐点，曲线随之变成凹的形状，边际成本函数呈递增态势，引起这种变化的原因可能是由于超时工作带来的高成本，或者是生产规模过大带来的低效性.

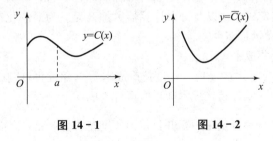

图 14-1　　　　　图 14-2

每单位产品所承担的成本费用为平均成本函数（如图 14-2 所示），即 $\overline{C}(x)=\dfrac{C(x)}{x}$（$x$ 是产量），又由 $\overline{C}'(x)=\dfrac{xC'(x)-C(x)}{x^2}=0\Rightarrow C'(x)=\dfrac{C(x)}{x}$，即当边际成本等于平均成本时，平均成本达到最小.

【例 14.7】 某产品总成本 C 为月产量 x 的函数 $C(x)=\dfrac{1}{5}x^2+4x+20$，产品销售价格为 p，需求函数为 $x(p)=160-5p$，求（1）月产量 x 为多少时，才能使得平均单位成本 $\overline{C}$ 最低？最低平均单位成本值为多少？（2）销售价格 p 为多少时，才能使得每月产品全部销售后获得的总收

益 R 最高？最高收益值为多少？

【解】（1）自变量为月产量 x，因变量为平均单位成本 $\bar{C}$，平均单位成本即目标函数为

$$\bar{C}(x)=\frac{C(x)}{x}=\frac{1}{5}x+4+\frac{20}{x}\ (x>0)$$

令 $\bar{C}'(x)=\frac{1}{5}-\frac{20}{x^2}=0$，得 $x=10$，又因为 $\bar{C}''(x)=\frac{40}{x^3}>0$，于是 $x=10$ 为最小值点，此时 $\bar{C}(x)=8$ 为最优值.

（2）目标函数为 $R(p)=p(160-5p)=160p-5p^2\ (0<p<32)$，

令 $R'(p)=160-10p=0$，得 $p=16$，因为 $R''(p)=-10<0$，所以销售价格 p 为 16 时，才能使得每月产品全部销售后获得的总收益 R 最高，最高收益值为 1280.

14.4.2 存货成本最小化问题

商业的零售商店关心存货成本，假定某个商店每年销售 360 套文件柜，商店可能通过一次整批订购所有文件柜保证营业. 但是另一方面，店主将面临储存所有文件柜要承担的持产成本（例如保险、房屋面积等）. 于是他可能分成几批较小的订货单，例如 4 批，因而必须存储的最大数是 90，但是每次再订货，却要为送货费用、劳动力等支付成本. 因此，似乎在持产成本和再订成本之间存在一个平衡点. 下面将讨论如何利用微分学方法确定这个平衡点. 首先最小化下述函数：总存货成本＝（年度持产成本）＋（年度再订购成本）

所谓批量 x 是指每个再订购期所订货物的最大量，如果 x 是每期的订货量，则在那一时段，现有存货量是在 0 到 x 之间的某个整数. 为了得到一个关于在该期间每个时刻现有存货量的表达式，可以采用平均量 $\frac{x}{2}$ 来表示该年度相应时段的平均存货量. 也就是说，如果该批量是 360，则在前后两次订货之间的时段中，现有存货处在 0 到 360 的某个位置，现存货物取平均存量为 360/2 即 180；如果批量是 180，则在前后两次订货之间的时段中，现有存货处在 0 到 180 的某个位置，现存货物取平均存量为 180/2 即 90.

【例 14.8】某计算器零售商店每年销售 360 台计算器，库存一台计算器一年的费用是 8 元，为再订购，需付 10 元的固定成本，以及每台计算器另加 8 元. 为最小化存货成本，商店每年应订购计算器几次？每次批量是多少？

【解】设 x 表示批量，存货成本表示为

$$C(x)=（年度持产成本）＋（年度再订购成本）$$

分别讨论年度持产成本和年度再订购成本：

现有平均存货量是 $\frac{x}{2}$，并且每台年度花费为 8 元，因而

年度持产成本＝（每台年度成本）×（平均台数）$=8\times\frac{x}{2}=4x$

已知 x 表示批量，又假定每年再订购 n 次，于是 $n=360/x$，因而

年度再订购成本＝（每次订购成本）×（再订购次数）$=(10+8x)\frac{360}{x}=\frac{3600}{x}+2880$

因此 $C(x)=4x+\frac{3600}{x}+2880$.

令 $C'(x)=4-\frac{3600}{x^2}=0$，解得驻点 $x=\pm30$，又 $C''(x)=\frac{7200}{x^3}>0$

因而在区间 $[1，360]$ 内只有一个驻点，即 $x=30$，所以在 $x=30$ 处有最小值，因此为了最小化存货成本，商店应每年订货 $360/30=12$ 次．

【思考】在这样一类问题中，当答案不是整数时会发生什么情形呢？对于这些函数，可以考虑与答案最接近的两个整数，然后把它们代入 $C(x)$，使 $C(x)$ 较小的值就是其批量值．

再讨论上述例题，如果把存货成本 8 元改成 9 元，采用上述例题提供的数据，为使存货成本最小化，商店应按多大的批量再订购计算器且每年应订购几次？

把这个例子与上例作比较，求其存货成本，它变成

$$C(x)=9\times\frac{x}{2}+(10+9x)\frac{360}{x}=\frac{9x}{2}+\frac{3600}{x}+3240$$

令 $C'(x)=\frac{9}{2}-\frac{3600}{x^2}=0\Rightarrow x=\sqrt{800}\approx28.3$

因为每次再订购 28.3 台没有意义，考虑与 28.3 最接近的两个整数，它们是 28 和 29，现在有 $C(28)\approx3494.57$（元）和 $C(29)\approx3494.64$（元）

由此可得，最小化库存成本的批量是 28.

使总存货成本最小的批量常称为经济订购量，在用上述方法来确定经济订购量时，要做三个假设．首先，在全年中，每次发出订货单与接收货物之间的时间是一致的；其次，产品的需求在全年是一样的，但对于季节性商品例如滑雪板或服装，这可能不合理；最后，所涉及的各种成本（如仓储、运输费用等）是不变的．这在通货膨胀或通货紧缩时，可能是不合理的，但是可以计算出这些成本，例如通过预测它们可能是多少以及利用平均成本来计算，所以，上面所述的方法仍然是有用的，使我们能够利用微分学方法来分析一些看似困难的问题．

14.4.3 利润最大化问题

利用微分学概念解决经济中的优化问题，关键要掌握经济问题中的概念与数学中的概念之间的关系，正确理解边际、弹性、成本、收益、利润、需求、供给等经济问题中常见的概念，要选择好适当的自变量，建立正确的目标函数．

销售某商品的收入 R 等于产品的单位价格 P 乘以销售量 x，即 $R=Px$，而销售利润 L 等于收入 R 减去成本 C，即 $L=R-C$.

【例 14.9】某服装有限公司卖出 x 套服装，其单价应为 $p=150-0.5x$，生产 x 套服装的总成本可表示成 $C(x)=4000+0.25x^2$. 求（1）总收入 $R(x)$．（2）总利润 $L(x)$．（3）为使利润最大化，公司必须生产并销售多少套服装？（4）最大利润是多少？（5）为实现这一最大利润，其服装的单价应定为多少？

【解】（1）总收入 $R(x)=xp=x(150-0.5x)=150x-0.5x^2$.

（2）总利润 $L(x)=R(x)-C(x)=(150x-0.5x^2)-(4000+0.25x^2)$
$$=-0.75x^2+150x-4000.$$

（3）为求 $L(x)$ 的最大值，令 $L'(x)=-1.5x+150=0$，得 $x=100$又因为 $L''(x)=-1.5<0$，所以 $L(100)$ 是最大值．

（4）最大利润是 $L(100)=-0.75\times100^2+150\times100-4000=3500$（元）．因此公司必须生产并销售 100 套服装来实现 3500 元的最大利润．

（5）实现最大利润所需单价是 $p=150-0.5\times100=100$（元）．

现在一般考查总利润函数以及与它有关的函数．图 14-3 展示了一个关于总成本函数与总收入函数的例子，根据观察，可以估计到最大利润可能是 $R(x)$ 与 $C(x)$ 之间的最宽差距，即

C_0R_0，点 B_1 和 B_2 是盈亏平衡点．

如图 14-4 所示，是一个关于总利润函数的例子，注意到当产量太低（$<x_0$）时会出现亏损，这是因为高固定成本或高初始成本以及低收入所致．当产量大于 x_0 时也会出现亏损，这是由于高边际成本和低边际利润所致（如图 14-5 所示）．

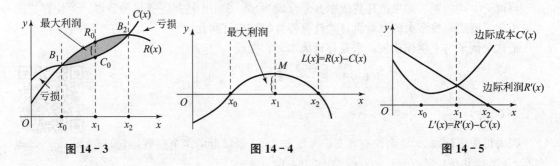

图 14-3   图 14-4   图 14-5

商业在 x_0 和 x_2 之间的每一个赢利之处运转，注意最大利润出现在 $L(x)$ 的驻点 x_1 处．如果假定对某个区间（通常取 $[0, \infty)$）的所有 x，$L'(x)$ 都存在，则这个驻点出现在使得 $L'(x)=0$，$L''(x)<0$ 的某个数 x 处．因为 $L(x)=R(x)-C(x)$，由此可得
$$L'(x)=R'(x)-C'(x) \text{ 和 } L''(x)=R''(x)-C''(x)$$
因此，最大利润出现在使得
$$L'(x)=R'(x)-C'(x)=0 \text{ 和 } L''(x)=R''(x)-C''(x)<0$$
或 $R'(x)=C'(x)$ 和 $R''(x)<C''(x)$
的某个数 x 处．

综上所述，有下面的定理．

定理 14.4.3.1 当边际利润等于边际成本且边际利润的变化率小于边际成本的变化率时，即 $R'(x)=C'(x)$ 和 $R''(x)<C''(x)$ 时，可以实现最大利润．

【例 14.10】 生产某种产品，固定成本为 20000 元，每生产 1 件成本增加 100 元，已知总收益 R 是月产量 x 的函数，

$$R(x)=\begin{cases}400x-0.5x^2, & 0\leqslant x\leqslant 400 \\ 80000, & x>400\end{cases}$$

问每月生产多少件时，总利润最大？最大总利润是多少？

【解】 由题意知，总成本函数为 $C(x)=20000+100x$.

利润函数为
$$L(x)=R(x)-C(x)=\begin{cases}300x-0.5x^2-20000, & 0\leqslant x\leqslant 400 \\ 60000-100x, & x>400\end{cases}$$

下面讨论当 x 取何值时，$L(x)$ 取最大值．

因为 $L'(x)=\begin{cases}300-x, & 0\leqslant x\leqslant 400 \\ -100, & x>400\end{cases}$，令 $L'(x)=0$ 解得 $x=300$.

又因为当 $0\leqslant x\leqslant 400$ 时，$L''(x)=-1$，$L''(300)=-1<0$，所以 $x=300$ 为 $L(x)$ 的唯一极值点（极大值点），故该点即为最大值点，因此当产量为 300 件时，企业获得最大利润为 $L(300)=25000$ 元．

14.4.4　需求弹性分析与总收益变化的问题

总收益 R 是商品价格 P 与销售量 Q 的乘积，即 $R=PQ=Pf(P)$

由 $R'=f(P)+Pf'(P)=f(P)\left[1+f'(P)\dfrac{P}{f(P)}\right]=f(P)(1-\varepsilon_{Q,P})$ 可知：

①$\varepsilon_{Q,P}>1$，称为高弹性，需求变动的幅度大于价格变动的幅度，$R'<0$，R 递减，即价格上涨，总收益减少；价格下跌，总收益增加.

②$\varepsilon_{Q,P}=1$，称为单位弹性，需求变动的幅度等于价格变动的幅度，$R'=0$，降价或提价使总收益没有明显影响.

③$\varepsilon_{Q,P}<1$，称为低弹性，需求变动的幅度小于价格变动的幅度，$R'>0$，R 递增，降价可使总收益减少，提价可使总收益增加.

综上所述，总收益的变化受需求弹性的制约，随商品需求弹性的变化而变化的.

【例 14.11】 录像带商店其录像带租金的需求函数，为 $Q=120-20P$，其中 Q 是当每盒租金是 P 时每天出租录像带的数量，求（1）当 $P=2$ 元和 $P=4$ 元时的弹性，并说明其经济意义；（2）当 $\eta(P)=1$ 时 P 的值，并说明其经济意义；（3）总收益最大时的价格 P.

【解】（1）首先求出需求弹性.

$$\eta(P)=-\frac{P}{Q}\cdot\frac{\mathrm{d}Q}{\mathrm{d}P}=-P\frac{-20}{120-20P}=\frac{P}{6-P}$$

当 $P=2$ 元时，有 $\eta(2)=\dfrac{2}{6-2}=\dfrac{1}{2}$.

$\eta(2)=\dfrac{1}{2}<1$，表明出租数量改变量的百分比与价格改变量的百分比的比率

小于 1，价格的小幅度增加所引起的出租数量减少的百分比小于价格改变量的百分比.

当 $P=4$ 元时，有 $\eta(4)=\dfrac{4}{6-4}=2$.

$\eta(4)=2>1$，表明出租数量改变量的百分比与价格改变量的百分比的比率大于 1，价格的小幅度增加所引起的出租数量减少的百分比大于价格改变量的百分比.

（2）令 $\eta(P)=1$，即 $\dfrac{P}{6-P}=1\Rightarrow P=3$.

因此，当每盒租金是 3 元时，出租数量改变量的百分比与价格改变量的百分比的比率是 1.

（3）总收益是 $R(P)=PQ=120P-20P^2$，令 $R'(P)=120-40P=0\Rightarrow P=3$，

因为 $R''(P)=-40<0$，所以 $P=3$ 为 $R(P)$ 的极大值点，也是最大值点，即当每盒租金是 3 元时，总收益最大.

14.5　定积分的经济学应用

定积分的思想已融入到经济学之中，并在解决经济问题中起着重要作用，下面我们仅从两个方面介绍一下定积分在经济领域的简单应用.

14.5.1　由边际函数求经济总量及其改变量

【例 14.12】 设某产品在时刻 t 总产量的变化率 $Q'(t)=100+12t-0.6t^2$（单位/小时），试求从 $t=2$ 到 $t=4$ 这两个小时的总产量.

【解】因为总产量 $Q(t)$ 是它的变化率的原函数，所以从 $t=2$ 到 $t=4$ 这两个小时的总产量为

$$Q(t)=\int_2^4 Q'(t)\mathrm{d}t=\int_2^4 (100+12t-0.6t^2)\mathrm{d}t=260.8.$$

【例 14.13】已知生产某产品 x 单位时，边际收益函数为 $R'(x)=200-\dfrac{x}{50}$（元/单位），试求生产 x 单位这种产品时总收益 $R(x)$ 及平均单位收益 $\bar{R}(x)$，并求生产这种产品 2000 单位时的总收益及平均单位收益.

【解】因为总收益是边际收益函数在 $[0，x]$ 上的定积分，所以生产 x 单位这种产品时总收益为

$$R(x)=\int_0^x \left(200-\frac{x}{50}\right)\mathrm{d}x=200x-\frac{x^2}{100}$$

则平均单位收益为

$$\bar{R}(x)=\frac{R(x)}{x}=200-\frac{x}{100}$$

生产这种产品 2000 单位时，总收益为

$$R(2000)=200\times 2000-\frac{2000^2}{100}=360000 \text{（元）}$$

平均单位收益为 $\bar{R}(2000)=200-\dfrac{2000}{100}=180$（元）.

14.6 多元函数微积分在经济学中的应用

在对经济问题的分析过程中，我们通常用函数来描述经济变量之间的变化关系. 例如，在商品的供求关系中，定义某种商品价格为 P，需求量为 Q_D，供给量为 Q_S. 那么，需求与价格的函数关系可以表示为：$Q_D=f(P)$，$Q_S=g(P)$. 然而我们所处的经济环境是非常复杂的. 每一个经济变量都要受到多种因素的影响. 因此，采用一元函数来分析经济问题就会有很大的局限性. 所以我们常常采用多元函数来研究经济问题. 多元函数在一个函数关系中的函数值是由多个变量确定的，用 $y=f(x_1,x_2,\cdots,x_n)$ 的形式来表示，它表示因变量 y 的值取决于 n 个自变量 $x_1,x_2,\cdots,x_n$ 的大小.

例如在消费理论的基本假设中，每个消费者都同时对多种商品有需求，"效用"取决于所消费的各种商品的数量，效用函数就可以表示为 $U=f(x_1,x_2,\cdots,x_n)$，其中 U 表示消费者的效用，$x_1,x_2,\cdots,x_n$ 是对 n 种商品的消费量，这个函数称为效用函数. 同样，生产函数常表示为 $y=f(K,L)$，y 为产出水平，K 表示资本，L 表示劳动力，它说明产出水平既取决于劳动力又取决于资本，见图 14-6 所示.

多元函数微积分在经济学中有以下几方面的应用.

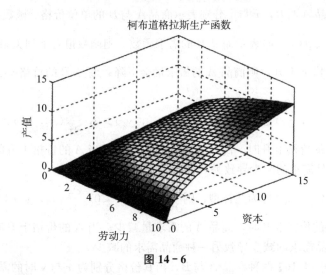

图 14 - 6

14.6.1 利用偏导数对经济增量进行解释

【例 14.14】设柯布道格拉斯生产函数为 $P(K, L) = 20K^{0.3}L^{0.7}$，求 $P'_K(1, 1)$ 及 $P'_L(1, 1)$，并解释其含义.

【解】
$$P'_K = 6K^{-0.7}L^{0.7}, \quad P'_K(1, 1) = 6 \times 1^{-0.7} \times 1^{0.7} = 6$$

含义为 $P'_K = 6$ 表示当资本在 1 个单位时，每增加 1 个单位，产量约增加 6 个单位. 称为资本的边际生产量.

$$P'_L = 14K^{0.3}L^{-0.3}, \quad P'_L(1, 1) = 14 \times 1^{0.3} \times 1^{-0.3} = 14$$

含义为 $P'_L = 14$ 表示当劳动在 1 个单位时，每增加 1 个单位，产量约增加 14 个单位. 称为劳动的边际生产量.

【例 14.15】已知某企业雇佣熟练工 x，非熟练工 y，日产量由二元函数 $Q(x, y) = 1000x + 300y + x^2y - x^3 - y^2$ 决定. 已知该企业雇佣熟练工 20 人，非熟练工 50 人，若增加熟练工 1 人，试估计对产量的影响.

【解】根据题意，必须求得 $\dfrac{\partial Q}{\partial x}\Big|_{(20,50)}$，因为
$$Q'_x = 1000 + 2xy - 3x^2,$$
$$Q'_x(20, 50) = 1000 + 2 \times 20 \times 50 - 3 \times 20^2 = 1800$$

所以，日产大约会增加 1800 个单位.

实际上，日产量增加的真实值为 $Q(21, 50) - Q(20, 50) = 1789$，用 $Q'(20, 50)$ 来逼近 $Q(21, 50) - Q(20, 50)$ 是恰当的.

14.6.2 利用偏导数对两种商品之间的性质进行解释

偏导数可用来描述两种商品彼此是为替代型还是互补型.

替代型：一种商品的需求增加时，伴随的结果是另一种商品需求的减少. 例如国产汽车与进口汽车、猪肉和鸡蛋等.

互补型：一种商品的需求增加时，另一种商品的需求也跟着增加. 例如高尔夫球杆与高尔夫球鞋、CD 机和光盘等.

假设有两种商品 A 与 B，x 与 y 分别表示商品 A 与 B 的单位价格．函数 $f(x, y)$ 表示商品 A 的需求函数，函数 $g(x, y)$ 表示商品 B 的需求函数．则函数恒有下列关系：$\dfrac{\partial f}{\partial x}<0$，$\dfrac{\partial g}{\partial y}<0$

即商品 A 的价格 x 上升，则商品 A 的需求量会下降；商品 B 的价格 y 上升，则商品 B 的需求量会下降．

两商品在价格 (x_0, y_0) 处为替代型，则 $\dfrac{\partial f}{\partial y}(x_0, y_0)>0$，$\dfrac{\partial g}{\partial x}(x_0, y_0)>0$

表示当商品 B 的价格上升时，商品 A 的需求量增加；当 A 的价格上升时，商品 B 的需求量增加．即一种商品需求的减少导致另一种商品需求的增加．

两商品在价格 (x_0, y_0) 处为互补型，则 $\dfrac{\partial f}{\partial y}(x_0, y_0)<0$，$\dfrac{\partial g}{\partial x}(x_0, y_0)<0$

表示当商品 B 的价格上升时，商品 A 的需求量减少；当 A 的价格上升时，商品 B 的需求量减少．即一种商品需求的减少导致另一种商品需求的减少．

【例 14.16】两种商品 A 与 B，当其价格分别为 x 与 y 时的需求函数为
$$f(x, y)=300-6x^2+10y^2 \quad (A \text{ 的需求函数})$$
$$g(x, y)=600+6x-2y^2 \quad (B \text{ 的需求函数})$$
试问这两种商品为替代型还是互补型？

【解】$\dfrac{\partial f}{\partial y}=20y>0$，$\dfrac{\partial g}{\partial x}=6>0$，所以，两种商品为替代型关系．

14.6.3 利用全微分在经济分析中进行近似计算

【例 14.17】已知一工厂的日产量是由熟练工的工作时数 x 与非熟练工的工作时数 y 所决定的，且 $Q(x, y)=2x^2y$，现在，$x=8$ 小时，$y=16$ 小时，若工厂计划增加熟练工的工作时数 1 小时，试估计需减少非熟练工的工作时数几小时，才能使日产量不变．

【解】因为 $Q'_x=4xy$ 且 $Q'_y=2x^2$，所以，$Q'_x(8, 16)=512$，$Q'_y(8, 16)=128$．由于，$\Delta z=0$，$\Delta z \approx dz$，$dz \approx 0$，所以

$$\Delta y \approx -\frac{Q_x(8, 16)}{Q_y(8, 16)} \qquad \Delta y \approx -\frac{512}{128}=-4$$

即需减少非熟练工的工作时数 4 小时，才能使日产量维持不变．

14.6.4 利用极值求经济变量的最大值和最小值

【例 14.18】假设刘先生拥有一口泉井，使用自有的泉源生产矿泉水且为小镇的唯一供货商，因为生产成本极低，此处忽略不计．如果他的价格函数为 $p=60-0.01x$，$x \leqslant 6000$ 升，其中 p 表示每日可以卖出 x 的价格．求其最大收入．

【解】刘先生的收入函数为 $R(x)=(60-0.01x)x=60x-0.01x^2$．要使收入最大，求 $R'(x)$ 并

令其等于 0，$R'(x)=60-0.02x=0 \Rightarrow x=\dfrac{60}{0.02}=3000$

因此，刘先生每日售出 3000 升（饱和需求量的一半），售价则为
$$p=60-0.01 \times 3000=30 \ （元/升）$$

最大收入为（因为二阶导数为负）$R(3000)=90000$．

【例 14.19】刘先生的邻居陈先生也开了一口泉井生产矿泉水，这样就和刘先生展开了竞争，

两人争夺同一市场. 设陈先生每日售出 y. 求两人的收入最大各为多少?

【解】这时两人的价格函数为 $p=60-0.01(x+y)=60-0.01x-0.01y$

各自的收入函数分别为
$$R_L=px=(60-0.01x-0.01y)x=60x-0.01x^2-0.01xy$$
$$R_C=py=(60-0.01x-0.01y)y=60y-0.01y^2-0.01xy$$

两人都想追求最大收入，故分别取导数并令其为 0.

$$\left.\begin{array}{l}R'_L=60-0.02x-0.01y=0\\R'_C=60-0.01x-0.02y=0\end{array}\right\}\Rightarrow x=2000,\ y=2000$$

所以每人每日都卖出 2000 升（饱和需求量的 1/3）. 售价为 $p=60-0.01\times 4000=20$（元/升）. 每个人的收入分别为 40000 元.

由表 14-1 可知共同经营的情况会生产较多的矿泉水，且售价也降低了. 结论：竞争的状态较独占的状态对消费者更有利. 比较独家经营与共同经营情况下的差异见表 14-1.

表 14-1

	独家经营	共同经营
数量	3000 升	每人 2000 升，共 4000 升
售价	30 元/升	20 元/升
收入	90000 元	每人 40000 元，共 80000 元

但是，聪明的商人最后会了解其收入 40000 元小于 90000 元的一半，这会促使经营者走向合作，共享市场，最后变成独占的状态. 这种状态称为联合垄断.

【例 14.20】某工厂预估其生产函数为 $p(K,L)=100K^{1/4}L^{3/4}$，其中 K 与 L 分别代表资本和劳动力的单位数量. 每单位的资本成本为 200 元，每单位的劳动力成本为 100 元. 若每日所能使用的资本及劳动力成本限制为 8000 元，求日产量达到最大时资本与劳动力的配置数量.

【解】问题转化成目标函数为 $p(K,L)=100K^{1/4}L^{3/4}$，

条件函数为 $200K+100L=8000$，$\tilde{L}(K,L,\lambda)=100K^{1/4}L^{3/4}+\lambda(200K+100L-8000)$

令其偏导数为 0，$\begin{cases}\tilde{L}_K=25K^{-3/4}L^{3/4}+200\lambda=0\\\tilde{L}_L=75K^{1/4}L^{-1/4}+100\lambda=0\\\tilde{L}_\lambda=20K+100L-8000=0\end{cases}$

解出 $K=10$，$L=60$ 时日产量达到最大

14.7　常微分方程在经济学中的应用

【例 14.21】已知某商品的需求量 x 对价格 p 的弹性 $\eta=-3p^2$，而市场对该商品的最大需求量为 1（万件），求需求函数.

【解】根据弹性的定义，有 $\eta=\dfrac{\mathrm{d}x}{x}\bigg/\dfrac{\mathrm{d}p}{p}=-3p^2$

分离变量得 $\dfrac{\mathrm{d}x}{x}=-3p\,\mathrm{d}p$

两边积分得 $x=Ce^{-\frac{3}{2}p^2}$，C 为待定常数.

由题设知 $p=0$ 时，$x=1$，从而 $C=1$.

于是，所求的需求函数为 $x = \mathrm{e}^{-\frac{1}{2}p^2}$.

【例 14.22】已知某商品的需求量 D 和供给量 S 都是价格 p 的函数，$D = D(p) = \dfrac{a}{p^2}$，$S = S(p) = bp$，其中 $a > 0$，$b > 0$ 为常数；价格 p 是时间 t 的函数且满足方程

$$\frac{\mathrm{d}p}{\mathrm{d}t} = k[D(p) - S(p)] \quad (k \text{ 为正的常数}).$$

假设当 $t = 0$ 时价格为 1，试求：

(1) 需求量等于供给量时的均衡价格 p_e；

(2) 价格函数 $p(t)$；

(3) 极限 $\lim\limits_{t \to \infty} p(t)$.

【解】(1) 当需求量等于供给量时，有 $\dfrac{a}{p^2} = bp$，$p^3 = \dfrac{a}{b}$，因此均衡价格为 $p_e = \left(\dfrac{a}{b}\right)^{1/3}$.

(2) 由条件知 $\dfrac{\mathrm{d}p}{\mathrm{d}t} = k[D(p) - S(p)] = k\left[\dfrac{a}{p^2} - bp\right] = \dfrac{kb}{p^2}\left(\dfrac{a}{b} - p^3\right)$.

因此有 $\dfrac{\mathrm{d}p}{\mathrm{d}t} = \dfrac{kb}{p^2}(p_e^3 - p^3)$，即 $\dfrac{p^2 \mathrm{d}p}{p^3 - p_e^3} = -kb\mathrm{d}t$.

两边同时积分，得 $p^3 = p_e^3 + C\mathrm{e}^{-3kbt}$.

由条件 $p(0) = 1$，可得 $C = 1 - p_e^3$.

于是价格函数为 $p(t) = [p_e^3 + (1 - p_e^3)\mathrm{e}^{-3kbt}]^{1/3}$.

(3) $\lim\limits_{t \to \infty} p(t) = \lim\limits_{t \to \infty} [p_e^3 + (1 - p_e^3)\mathrm{e}^{-3kbt}]^{1/3} = p_e$.

14.8 差 分 方 程

14.8.1 差分与差分方程的概念

将函数 $y = f(x)$ 记为 y_x，x 取非负整数时的函数值构成一个数列，$y_0, y_1, y_2, \cdots, y_n$，称 $y_{n+1} - y_n = \Delta y_n$ 为 y_x 的一阶差分.

并称 $\Delta(\Delta y_n) = \Delta^2 y_n = \Delta(y_{n+1} - y_n) = y_{n+2} - 2y_{n+1} + y_n$ 为 y_x 的二阶差分.

含有未知函数的差分或表示函数几个时期关系的方程称为差分方程. 差分方程中未知数的下标最大值与最小值的差称为差分方程的阶，大纲要求只需掌握一阶差分方程的解法及其简单经济学应用即可.

14.8.2 一阶差分方程的一般解法——代定系数试解法

一阶差分方程的标准形式：$y_{t+1} - ay_t = f(x)$，对应齐次方程的通解为 $Y_t^{(0)} = ca^t$.

特解分下列 4 种典型形式：

① $f(x) = b$ 试探解取：$\begin{cases} \overline{Y}_t = A \to \overline{Y}_t = \dfrac{b}{1-a} & (a \neq 1) \\ \overline{Y}_t = At \to \overline{Y}_t = bt & (a = 1) \end{cases}$

② $f(x) = b_0 + b_1 t$ 试探解取：

$\begin{cases} \overline{Y}_t = B_0 + B_1 t & (a \neq 1) \\ \overline{Y}_t = (B_0 + B_1 t)t & (a = 1) \end{cases} \Rightarrow$ 代入原方程确定未知参数 B_0，B_1

③$f(x)=bd^t$ 试探解取：$\begin{cases}\overline{Y_t}=Ad^t & (d\neq a)\\ \overline{Y_t}=Atd^t & (d=a)\end{cases}$ ⇒代入原方程确定未知参数 A,d

④$f(x)=b_1\cos\omega t+b_2\sin\omega t$

试探解取：$\begin{cases}\overline{Y_t}=B_1\cos\omega t+B_2\sin\omega t & (D=(a+\cos\omega t)^2+\sin^2\omega\neq0)\\ \overline{Y_t}=t(B_1\cos\omega t+B_2\sin\omega t) & (D=(a+\cos\omega t)^2+\sin^2\omega=0)\end{cases}$

技巧 如果 $f(x)$ 为上述四种的任意组合形式，则首先写出与 $f(x)$ 形式完全相同但系数待定的试探特解 $\overline{Y_t}$，代入原差分方程，若求解困难或出现矛盾结论，则将前试探解再乘上 t 后再代入，即可求出特解.

【例 14.23】求解差分方程：$3y_t-3y_{t-1}=t3^t+1$.

【解】原方程整理成标准形式：$y_t-y_{t-1}=t3^{t-1}+\dfrac{1}{3}\Rightarrow y_{t+1}-y_t=(t+1)3^t+\dfrac{1}{3}$

通解为 $Y_t^{(0)}=ca^t=c$

根据叠加原理，上述方程等价于 $y_{t+1}-y_t=(t+1)3^t$ 和 $y_{t+1}-y_t=\dfrac{1}{3}$ 的叠加.

对 $y_t-y_{t-1}=t3^{t-1}$，设试探解为：$\overline{Y_1}=(A+Bt)3^t$（与 $(t+1)3^t$ 形式相同）

代入得 $(2A+3B)+2Bt=t+1\Rightarrow A=-\dfrac{1}{4}$，$B=\dfrac{1}{2}\Rightarrow\overline{Y_1}=\left(\dfrac{1}{2}t-\dfrac{1}{4}\right)3^t$

对 $y_{t+1}-y_t=\dfrac{1}{3}$，设试探解为：$\overline{Y_2}=A$（与 $\dfrac{1}{3}$ 形式相同，即零次多项式）

代入得 $0=\dfrac{1}{3}$ 矛盾，故改设 $\overline{Y_2}=At$ 再代入得 $A=\dfrac{1}{3}\Rightarrow\overline{Y_2}=\dfrac{1}{3}t$

所以，原方程的解为：$Y_t=Y_t^{(0)}+\overline{Y_1}+\overline{Y_2}=c+\left(\dfrac{1}{2}t-\dfrac{1}{4}\right)3^t+\dfrac{1}{3}t$.

【例 14.24】求解差分方程 $(2+3Y_t)Y_{t+1}=4Y_t$ 满足 $Y_0=\dfrac{1}{2}$ 的特解.

【解】原方程变形为：$\dfrac{1}{Y_{t+1}}=\dfrac{1}{2}\cdot\dfrac{1}{Y_t}+\dfrac{3}{4}\xrightarrow{\text{令 }u_t=\frac{1}{Y_{t+1}}}$ 得标准形式

$$u_{t+1}-\dfrac{1}{2}u_t=\dfrac{3}{4}$$

$u_t=\left(\dfrac{1}{2}\right)^t+\dfrac{b}{1-a}=c\left(\dfrac{1}{2}\right)^t+\dfrac{\frac{3}{4}}{1-\frac{1}{2}}=c\left(\dfrac{1}{2}\right)^t+\dfrac{3}{2}\Rightarrow Y_t=\left[c\left(\dfrac{1}{2}\right)^t+\dfrac{3}{2}\right]^{-1}$

$$Y_0=\dfrac{1}{2}\Rightarrow c=\dfrac{1}{2}\Rightarrow Y_t=\dfrac{1}{\left(\frac{1}{2}\right)^{t+1}+\frac{3}{2}}$$

【例 14.25】设某商品 t 时刻供给量为 S_t，需求量为 D_t，价格为 P_t，它们的关系为：

$$S_t=3+2P_t;\ D_t=4-3P_{t-1}$$

又假定在每个时期中 $S_t=D_t$，且当 $t=0$ 时，$P_t=P_0$，求价格随时间的变化规律.

【解】$S_t=D_t\Rightarrow 3+2P_t=4-3P_{t-1}\Rightarrow P_t+\dfrac{3}{2}P_{t-1}=\dfrac{1}{2}\Rightarrow P_{t+1}+\dfrac{3}{2}P_t=\dfrac{1}{2}$

$$得\ P_t = c\left(-\frac{3}{2}\right)^t + \frac{b}{1-a} = c\left(-\frac{3}{2}\right)^t + \frac{\frac{1}{2}}{1-\left(-\frac{3}{2}\right)} = c\left(-\frac{3}{2}\right)^t + \frac{1}{5}$$

$$t = 0 \Rightarrow P_t = P_0 \Rightarrow c = P_0 - \frac{1}{5} \Rightarrow P_t = \frac{1}{5} + \left(P_0 - \frac{1}{5}\right)\left(-\frac{3}{2}\right)^t$$

【例 14.26】 求解差分方程：$Y_{t+1} - 3Y_t = \sin\frac{\pi}{2}t$

【解】 设特解形式为 $Y_1 = A\cos\frac{\pi}{2}t + B\sin\frac{\pi}{2}t$. 代入原方程

$$\Rightarrow \left[A\cos\left[\frac{\pi}{2}(t+1)\right] + B\sin\left[\frac{\pi}{2}(t+1)\right]\right] - 3\left[A\cos\frac{\pi}{2}t + B\sin\frac{\pi}{2}t\right] = \sin\frac{\pi}{2}t$$

$$\Rightarrow (B-3A)\cos\frac{\pi}{2}t - (A+3B)\sin\frac{\pi}{2}t = \sin\frac{\pi}{2}t$$

$$\Rightarrow \begin{cases} B-3A=0 \\ A+3B=-1 \end{cases} \Rightarrow \begin{cases} A=-0.1 \\ B=-0.3 \end{cases} \Rightarrow Y = c3^t - 0.1\cos\frac{\pi}{2}t - 0.3\sin\frac{\pi}{2}t$$

14.8.3　二阶差分方程

考研中需要用到的常系数二阶差分方程的一般式为：$D_n = pD_{n-1} + qD_{n-2}$，它在求解齐次线性方程组中起重要作用，希望读者记住下列公式.

求解方法如下：

$$D_n = pD_{n-1} + qD_{n-2} \Rightarrow \lambda^2 - p\lambda - q = 0 \Rightarrow \lambda_1,\ \lambda_2 \Rightarrow D_n = \begin{cases} c_1\lambda_1^n + c_2\lambda_2^n & (\lambda_1 \neq \lambda_2) \\ (c_1 + c_2 n)\lambda^n & (\lambda_1 = \lambda_2 = \lambda) \end{cases}$$

其中 c_1, c_2 需要由两个初始条件联立确定.

第 15 章　反例与反证法

【导言】

在现实生活中，我们通过大量的观察，建立起直观性的经验，从而归纳得到种种猜想，这种猜想要么能通过严格的证明而成为定理，要么通过举反例来否定其正确性．否则，它将永远是一个猜想．如果确实能严格地证明一个命题不成立的反例是找不到的，那么也就从反面证明了一个命题是正确的，这就形成了反证法．所以反例与反证法看似风马牛不相及，实际上却是相辅相成、密切相关的概念与方法．

证明一个命题，要考虑全部可能和所有情形，然而要推翻一个结论，往往只需举出一个反例即可．反例是符合题设条件却与命题结论相悖的例子，来说明命题是不正确的．从这个意义上来说，用举反例的方法来否定一个命题的正确性，比用证明的方法来肯定一个命题的正确性要容易得多．

在高等数学也有许多重要的反例，了解并学会构造它们，无论对于加深数学概念的理解，还是对于掌握解题的方法、技巧都有益处．以下反例仅仅属于考研中常见的部分反例，在做选择题时会用到，一般来说，使用到反例的选择题几乎都是考查学生对基本概念和基本知识的理解，命题人巧妙的设置障眼法，把定理或者性质的某一个前提条件去掉或者绝对化一般性的结论使得某个选项错误，这时需要大家仔细地去判别，这也是相当一部分考生认为这类题比计算题还要难的原因，计算题好歹能顺着计算下去，这种命题人故意设置成似是而非的概念考查题，一不留神就因为概念理解得不深刻而做错，因此备考本章时，不光要记住下文中列举的例子，而且在自己平常做题时，也要加强积累，这样才能快人一步．

【考试要求】

考试要求	科目	考 试 内 容
掌握	数学一	记忆特例，用于选择题排除选项
	数学二	
	数学三	

【知识网络图】

$$反例\begin{cases} 单调性、周期性、奇偶性 \\ 连续性 \\ 可微与连续 \\ 可导 \\ 可积 \\ 二元函数极限 \\ 连续与偏导数可微 \\ 不可交换运算顺序 \\ 广义积分敛散性 \\ 无穷级数（数二不要求） \end{cases}$$

【内容精讲】

15.1 单调、周期性、奇偶函数

（1）两个单调函数的和不是单调函数

$f(x)=\sin x$ 和 $g(x)=\cos x$，$x\in\left[0,\dfrac{\pi}{2}\right]$ 均单调．但 $f(x)+g(x)=\sin x+\cos x$ 在 $\left[0,\dfrac{\pi}{2}\right]$ 上不单调．

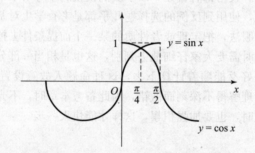

（2）两个周期函数的和或积不是周期函数

$f(x)=\sin x$ 和 $g(x)=\sin ax$（a 是无理数）在 $(-\infty,+\infty)$ 上均为周期函数．

但 $f(x)+g(x)=\sin x+\sin ax$ 不是周期函数．$f(x)\cdot g(x)$ 不是周期函数．

注 $f(x)=\sin x$，$T=2\pi$；$g(x)=\sin ax$，$T=\dfrac{2\pi}{\alpha}$．

（3）无最小正周期的周期函数

$f(x)=c$（常数），$x\in(-\infty,+\infty)$ 以任何实数 a 为周期，但无最小正周期．

再如 Diricnlet 函数：$f(x)=\begin{cases} 1, & x\text{ 为有理数} \\ 0, & x\text{ 为无理数} \end{cases}$ 任何有理数均为其周期，但无最小者．

注 如前所述，Diricnlet 函数还可写成极限形式：$\lim\limits_{x\to\infty}\left[\lim\limits_{k\to\infty}(\cos n!\ \pi x)^{2k}\right]$．

15.2 连 续 性

（1）一切初等函数都有原函数

反例如初等函数 $f(x)=\sqrt{\sin x-1}=0\left(x=2k\pi+\dfrac{\pi}{2},\ k=0,\ \pm1,\ \pm2,\ \cdots\right)$ 因函数定义域是由无穷个弧立点构成的，显然 $f(x)$ 没有原函数，故本命题错误．

（2）说明命题"若 $\lim\limits_{x\to x_0}f(x)=A$，$\lim\limits_{x\to x_0}g(x)$ 不存在，则 $\lim\limits_{x\to x_0}f(x)g(x)$ 也一定不存在．"是错误的．

粗略一思考，似乎可以用反证法来证明命题是正确的．若 $\lim\limits_{x\to x_0}f(x)g(x)=B$ 成立，则由 $g(x)=\dfrac{f(x)g(x)}{f(x)}$，可知 $\lim\limits_{x\to x_0}g(x)=\dfrac{B}{A}$，这与条件矛盾．

但仔细检查一下以上推导过程，会发现有一个重大漏洞，就是在用极限四则运算法则 $\lim\limits_{x\to x_0}g(x)\dfrac{\lim\limits_{x\to x_0}f(x)g(x)}{\lim\limits_{x\to x_0}f(x)}=\dfrac{B}{A}$ 时，必须有一个前提条件 $A\ne0$，而这一条件命题中没有给出来．这一漏洞就是我们构造反例的"关键点"，顺着它说明这一命题是错误的反例是 $f(x)=x-x_0$，$g(x)=\sin\dfrac{1}{x-x_0}$，此时 $\lim\limits_{x\to x_0}f(x)=0$，$\lim\limits_{x\to x_0}g(x)$ 不存在，但 $\lim\limits_{x\to x_0}f(x)g(x)=0$．

（3）说明猜想"无穷多个无穷小量（在自变量的同一趋限过程下）之积一定仍是无穷小量"是错误的．

粗略一思考，似乎这一命题非常容易证明，因为每一个无穷小量 $f_k(x)$ $(k=1,\ 2,\ \cdots,\ n,\ \cdots)$ 在自变量的一定范围内，能使 $|f_k(x)|<\varepsilon<1$，这些无穷小量相乘必定是越乘越小，即 $\cdots<\varepsilon^n<\varepsilon^{n-1}<\cdots<\varepsilon^2<\varepsilon$

现在不妨在 $x\to+\infty$ 时，试着"证明"此猜想，因为对一切正整数 k 都有 $\lim\limits_{n\to\infty}f_k(x)=0$，$k=1,\ 2,\ \cdots,\ n,\ \cdots$

所以对于任意给定的整数 $\varepsilon<1$，必存在正数 $X_1,\ X_2,\ \cdots,\ X_n,\ \cdots$．

使当 $x>X_k$ 时，有 $|f_k(x)|<\varepsilon<1$，$k=1,\ 2,\ \cdots,\ n\cdots$．

取 $X=\max(X_1,\ X_2,\ \cdots,\ X_n,\ \cdots)$．

则当 $x>X$ 时，则必有 $|f_1(x)|<\varepsilon$，$|f_k(x)|<1$，$k=2,\ 3,\ \cdots,\ n,\ \cdots$．从而有 $|f_1(x)f_2(x)\cdots f_n(x)\cdots|<\varepsilon$.

所以结论为正确的．

但再仔细推敲一下，可以发现问题出在 $X_1,\ X_2,\ X_3,\ \cdots,\ X_n,\ \cdots$ 的最大值，正确地说是上界是否一定存在？反例的"关键点"就是使无穷多个正数 $X_1,\ X_2,\ X_3,\ \cdots,\ X_n,\ \cdots$，上界不存在，例如使 $\{X_n\}$ 单调增加趋于 ∞．本题之反例就是设法从 $X_n=n$ 出发构造出来的．

（4）初等函数在其定义域内必可导．

反例如函数 $f(x)=x^{\frac{1}{3}}$，$x\in(-\infty,\ +\infty)$，则 $\lim\limits_{x\to0}\dfrac{f(x)-f(0)}{x}=\lim\limits_{x\to0}\dfrac{x^{\frac{1}{3}}-0}{x}=\lim\limits_{x\to0}x^{-\frac{2}{3}}=\infty$

不存在，故 $f(x)=x^{\frac{1}{3}}$ 在点 $x=0$ 处不可导，故本命题错误．

（5）命题："若 $f'(x)$ 在 $(-\infty,\ +\infty)$ 上连续，$f(x)$ 在 $(-\infty,\ +\infty)$ 上有界，则 $f'(x)$ 在 $(-\infty,\ +\infty)$ 上也有界"是否正确？为什么？

要回答这样的问题，不是两个字"正确"或三个字"不正确"就可以的，还要清楚"为什么?",这就需要在回答"正确"时给出严格的证明,在回答"不正确"时给出令人信服的反例.本问题实际上又是一个有限与无限的一对矛盾.根据 $f'(x)$ 的连续性,很容易证明 $f'(x)$ 在任意大的有界闭区间 $[-X, X]$ 是有界的,但却无法证明 $f'(x)$ 在 $(-\infty, +\infty)$ 上有界.这时我们就应考虑命题可能有错.而且可以推测反例的"关键点"应在"无穷大处".

因为 $f(x)$ 是有界,所以我们还必须使它作"振荡",而且在"振幅"有限的情况下应使 $f(x)$ 在 $x \to +\infty$ 时振荡的频率逐渐加强以至无限"强力振荡",这样我们就很容易地得到反例 $f(x) = \sin x^2$.

函数 $f(x)$ 在 $(-\infty, +\infty)$ 上有界且有连续的导数可导,但在 $x_n = \sqrt{2n\pi}$ 点处有 $f'(x_n) = (\sin x_n^2)' = 2x_n \cos x_n^2 = 2\sqrt{2n\pi} \cos 2n\pi = 2\sqrt{2n\pi}$,从而有 $\lim\limits_{n \to \infty} f'(x_n) = \infty$.

类似地,$f(x) = \cos x^3$ 或 $f(x) = \sin e^{\frac{1}{x^2}}$ 等都可作为此题的反例.

若能充分注意到 $\sin \dfrac{1}{x}$ 或 $\cos x^2$ 所特有的有界性,即分别在 $x = 0$ 的邻域,∞ 点邻域内的无限振荡性,及狄利克莱函数在任一点的任一邻域内的无线振荡性,则很多举反例的问题就会迎刃而解了.

(6) 如函数在 x_0 处极限存在但不一定连续

反例如 $f(x) = \dfrac{\sin x}{x}$ 在点 $x = 0$ 处 $\lim\limits_{x \to 0} \dfrac{\sin x}{x} = 1$,但是在点 $x = 0$ 处函数没有定义,点 $x = 0$ 为间断点.

(7) 若 $|f(x)|$ 在 $(-\infty, +\infty)$ 连续,但是有 $f(x)$ 在 $(-\infty, +\infty)$ 处处不连续.

反例如函数 $f(x) = \begin{cases} 1, & x \in Q \\ -1, & x \notin Q \end{cases}$,可见 $|f(x)| = 1$ 在 $(-\infty, +\infty)$ 连续,但是 $f(x)$ 在 $(-\infty, +\infty)$ 处处不连续.同样 $f(x) = \begin{cases} 1, & x \geqslant 0 \\ -1, & x < 0 \end{cases}$,$|f(x)| = 1$ 在 $x = 0$ 处连续,但 $f(x)$ 在 $x = 0$ 处间断.

(8) 可导必连续,但连续未必可导.

反例 $f(x) = |x|$ 在 $x = 0$ 连续,但不可导.

(9) 若函数 $f(x)$ 在 $(-\infty, +\infty)$ 上处处可导,则 $f'(x)$ 在 $(-\infty, +\infty)$ 上连续.

反例如函数 $f(x) = \begin{cases} x^{\frac{3}{2}} \sin \dfrac{1}{x}, & \text{当 } x \neq 0 \text{ 时} \\ 0, & \text{当 } x = 0 \text{ 时} \end{cases}$

当 $x \neq 0$ 时,$f'(x) = \dfrac{3}{2} x^{\frac{1}{2}} \sin \dfrac{1}{x} - x^{-\frac{1}{2}} \cos \dfrac{1}{x}$

当 $x = 0$ 时,$f'(0) = \lim\limits_{x \to 0} \dfrac{x^{\frac{3}{2}} \sin \dfrac{1}{x} - 0}{x} = 0$

所以 $f'(x) = \begin{cases} \dfrac{3}{2} x^{\frac{1}{2}} \sin \dfrac{1}{x} - x^{-\frac{1}{2}} \cos \dfrac{1}{x}, & \text{当 } x \neq 0 \text{ 时} \\ 0, & \text{当 } x = 0 \text{ 时} \end{cases}$

当 $(-\infty, +\infty)$ 上处处可导,但 $\lim\limits_{x \to 0} f'(x)$ 不存在,故 $f'(x)$ 在 $x = 0$ 处不连续.本命题错误.

（10）判断命题"若 $f(x)$ 在点 x_0 可导，则 $f(x)$ 在点 x_0 的某个邻域内连续"的正确性．

由于函数 $f(x)$ 在点 x_0 可导，所以 $f(x)$ 在点 x_0 必连续无疑，但要使 $f(x)$ 在点 x_0 在任一去心邻域内不连续，则这种间断点必有无穷多个，这就只有求助于狄利克雷函数了．于是可得反例 $f(x)=(x-x_0)^2$，$D(x)=\begin{cases}(x-x_0)^2, & x\in Q\\ 0, & x\in\overline{Q}\end{cases}$

容易看出 $f(x)$ 在除在点 x_0 处连续外其余多点不连续，但 $f(x)$ 在 $x=x_0$ 可导，且 $f'(x_0)=0$.

（11）有人说："若 $f(x)$ 在点 x_0 在某个 δ 邻域内可导，且 $f'(x_0)>0$，则必存在 $\delta_1\in(0,\delta)$，使 $f(x)$ 在 $|x-x_0|<\delta_1$ 内单调增加"，你认为这个结论对不对？为什么？

这里如果有条件 $f'(x)$ 在点 x_0 连续，则根据 连续函数的局部保号性定理 可知结论确是正确的，由此可断定反例之"关键点"是破坏 $f'(x)$ 在点 x_0 的连续性．由题意可知狄利克莱函数是不适用了，可尝试使用函数 $\sin\dfrac{1}{x-x_0}$，利用我们所熟知的

$$g(x)=\begin{cases}(x-x_0)^2\sin\dfrac{1}{x-x_0}, & x\neq x_0;\\ 0, & x=x_0.\end{cases}$$

在 $(-\infty,+\infty)$ 内可导，$g'(x_0)=0$，$g'(x)$ 在 $x=x_0$ 不连续特点，构造出反例

$$f(x)=\begin{cases}x+100\,(x-x_0)^2\sin\dfrac{1}{x-x_0}, & x\neq x_0;\\ x_0, & x=x_0.\end{cases}$$

容易证明 $f'(x)=\begin{cases}1+200(x-x_0)\sin\dfrac{1}{x-x_0}-100\cos\dfrac{1}{x-x_0}, & x\neq x_0;\\ 1, & x=x_0,\end{cases}$

有 $f'(x_0)=1>0$，而在 x_0 的任意小的可去心邻域 $0<|x-x_0|<\delta_1$ 内，总存在点

$$x^n=x_0+\frac{1}{2n\pi}，\text{其中 } n+1+\left[\frac{1}{2\pi\delta_1}\right].\text{ 使 } f'(x^n)=-99<0.$$

（12）若函数 $f(x)$ 在点 x_0 处连续，$g(x)$ 在点 x_0 处不连续，问 $f(x)+g(x)$ 在点 x_0 处是否连续？试证明你的结论．

$f(x)+g(x)$ 在 x_0 处不连续．（用反证法证明）

假设 $\varphi(x)=f(x)+g(x)$ 在 x_0 处连续，则由" 连续函数的代数和的连续性 "知，$g(x)=\varphi(x)-f(x)$ 在 x_0 处连续，这与已知 $g(x)$ 在 x_0 处不连续的条件相矛盾．

故 $\varphi(x)=f(x)+g(x)$ 在点 x_0 处不连续．

如果不用反证法证明，不妨使用其他方法来证明此题，恐怕很难说得清楚．在用反证法时，应特别注意作为论据的命题必须是真命题．在本例中真命题："连续函数的代数和连续"对论证的成立起了保证作用．

证明所给命题为假叫反驳，其证明方法有两种：一种是证明该命题的否命题为真，另一种是构造或举出反例．

反例的作用可用来解释所给命题会导出明显错误，从而达到了否定所给命题真实性的目的．细心的读者会发现，证明命题 B 是命题 A 成立的必要而非充分条件，几乎全是用举出反例的方法证明的．

(13) 无处处连续的函数，但其绝对值处处连续.

$$f(x)=\begin{cases}1, & x\text{ 是有理数}\\ -1, & x\text{ 是无理数}\end{cases}\quad(-\infty<x<+\infty)\text{，无处处连续，但}|f(x)|=1\text{ 处处连续.}$$

注 无处处连续的函数还有上述 Diricnlet 函数等.

(14) 仅在一点连续的函数

$$f(x)=\begin{cases}x, & x\text{ 是有理数}\\ -x, & x\text{ 是无理数}\end{cases}\quad(-\infty<x<+\infty)\text{，仅在 }x=0\text{ 点连续.}$$

(15) 在每个无理点连续，而在每个有理点间断的函数.

$$f(x)=\begin{cases}\dfrac{1}{n}, & \text{若 }x=\dfrac{m}{n}\text{，这里 }m\in\mathbf{Z},\ n\in\mathbf{Z}^+\text{，且}(|m|,\ n)=1\text{，即}|m|,\ n\text{ 互素}\\ 0, & x\text{ 是无理数}\end{cases}$$

注 在每个有理点连续，而在每个无理点处间断的函数不存在.

(16) $f(x)$ 在 $(-\infty,\ +\infty)$ 上连续，$g(x)$ 在 $x=x_0$ 处间断，则 $f(x)g(x)$ 在 $x=x_0$ 处不一定间断.

如 $f(x)\equiv0$，$g(x)$ 在 $x=x_0$ 处间断，由于 $f(x)g(x)\equiv0$，知其连续.

(17) $f(x)$ 在 $(-\infty,\ +\infty)$ 上连续，$g(x)$ 在 $x=x_0$ 处间断，但 $f(g(x))$ 不一定间断.

如 $f(x)=|x|$，$g(x)=\begin{cases}1, & x\geqslant0\\ -1, & x<0\end{cases}$，在 $x=0$ 处间断，但 $f(g(x))$ 在 $x=0$ 连续.

15.3 可微与连续

(1) 函数可微但其导函数有间断点

函数 $f(x)=\begin{cases}x^2\sin\dfrac{1}{x}, & x\neq0\\ 0, & x=0\end{cases}$，其导函数 $f'(x)=\begin{cases}2x\sin\dfrac{1}{x}-\cos\dfrac{1}{x}, & x\neq0\\ 0, & x=0\end{cases}$ 在原点间断.

注 更一般地可有：若 $f(x)=\begin{cases}x^a\sin(x^b), & x>0\\ 0, & x\leqslant0\end{cases}$，$(b<0)$.

①当 $0<a\leqslant1$ 时，$f(x)$ 连续但不可微，这只需注意到 $\lim\limits_{x\to0^+}\dfrac{f(x)-f(0)}{x}=\lim\limits_{x\to0^+}x^{a-1}\sin(x^b)$ 不存在.

②当 $1<a<1-b$ 时，函数 $f(x)$ 在 $[-1,\ 1]$ 上可微，但 $f'(x)$ 在其上无界，即

$$\lim\limits_{x\to0^+}f'(x)=\lim\limits_{x\to0^+}[ax^{a-1}\sin(x^b)+bx^{a-1+b}\cos(x^b)]$$

无界.

③当 $a=1-b$ 时，$f(x)$ 可微，且 $f'(x)$ 在 $[-1,\ 1]$ 上有界，但 $f'(x)$ 不连续，即 $\lim\limits_{x\to0+}\dfrac{f(x)-f(0)}{x}=\lim\limits_{x\to0+}x^{-b}\sin(x^b)=0=f'(0)$，但 $\lim\limits_{x\to0+}f'(x)=\lim\limits_{x\to0+}b\cos(x^b)$ 不存在.

(2) 处处连续但不一定可微的函数

$f(x)=|x|$ $(-\infty<x<+\infty)$ 处处连续，但在 $x=0$ 点不可微.

(3) 处处连续但无处处可微的函数

这个问题是微积分中十分重要的概念，人们先后给出不少这类例子，首先是魏尔斯特拉斯

(K. T. W. Weierstrass) 给出的：$f(x)=\sum\limits_{x=0}^{+\infty}b^x\cos(a^x\pi x)$，其中 $0<a<1$，又 b 是奇数且 $ab>$

$\dfrac{1+3\pi}{2}$. 1930 年范·德·瓦尔登（Van der Waerden）也曾给出例子：

设 $f_1(x)=|x|$，当 $|x|\leqslant\dfrac{1}{2}$；对 $|x|>\dfrac{1}{2}$，则用周期 $T=1$ 来延拓：

对每个实数 x 和整数 n，均有 $f_1(x+n)=f_1(x)$.

当 $n>1$ 时，定义 $f_n(x)\equiv 4^{1-n}f_1(4^{n-1}x)$ 最后在 $(-\infty,+\infty)$ 上定义

$$f(x)\equiv\sum_{n=1}^{+\infty}f_n(x)=\sum_{n=1}^{+\infty}\frac{f_1(4^{n-1}x)}{4^{n-1}}$$

2002 年刘文又给出无穷乘积形式的这类处处连续而无处处可微的函数：

设 $0<a_n<1(n=1,2,3,\cdots)$ 且 $\displaystyle\sum_{n=1}^{\infty}a_n<\infty$，又设 p_n 是偶数，令 $b_n=\displaystyle\prod_{n=1}^{\infty}p_n$.

若 $\displaystyle\lim_{n\to\infty}\frac{2^n}{a_np_n}=0$，则 $f(x)=\displaystyle\prod_{n=1}^{\infty}(1+a_n\sin b_n\pi x)$ 是一个无处处可微的连续函数.

15.4　可　导

（1）函数在一点导数大于 0，但函数在该点邻域内不单调

考虑 $f(x)=\begin{cases}x+2x^2\sin\dfrac{1}{x}, & x\neq 0 \\ x, & x=0\end{cases}$，这时 $f'(x)=\begin{cases}1+4\sin\dfrac{1}{x}-2\cos\dfrac{1}{x}, & x\neq 0 \\ 1, & x=0\end{cases}$.

显然 $f'(0)>0$，但 $f(x)$ 在 $(-\delta,\delta)$ 内不单调.

（2）若 $f(x)=g_1(x)+g_2(x)$，且 $f(x)$ 可导，但 $g_1(x)$，$g_2(x)$ 均不可导

考虑 $g_1(x)=x-|x|$，$g_2(x)=|x|$，它们在 $x=0$ 皆不可导.

但 $f(x)=g_1(x)+g_2(x)=x$ 在 $x=0$ 可导.

（3）若 $f(x)=g_1(x)g_2(x)$，且 $f(x)$ 可导，但 $g_1(x)$，$g_2(x)$ 皆不可导

考虑 $g_1(x)=|x|$，$g_2(x)=|x|$，它们在 $x=0$ 皆不可导. 但 $f(x)=g_1(x)g_2(x)=|x|^2$ 在 $x=0$ 可导.

15.5　可　积

（1）偶函数的原函数不一定是奇函数，奇函数的原函数不一定是偶函数.

$f(x)=x^3+1$ 不是奇函数，但 $f'(x)=3x^2$ 是偶函数. 考虑 $f(x)=c$（常函数），它既可看作奇函数，也可看作偶函数，但其积分或原函数 $F(x)=\displaystyle\int f(x)\mathrm{d}x=cx+C,C\neq 0$ 它既非奇函数，也非偶函数.

（2）闭区间上有界但不可积的函数

显然，这里是指黎曼可积，在 $[0,1]$ 上的 Diricnlet 函数：$f(x)=\begin{cases}1, & x\text{ 为有理数} \\ 0, & x\text{ 为无理数}\end{cases}$ 有界但不可积.

（3）没有原函数的可积函数

符号函数 $\mathrm{sgn}x=\begin{cases}1, & x>0 \\ 0, & x=0 \\ -1, & x<0\end{cases}$ 在 $[-1,1]$ 上可积，但没有原函数.

（4）有无穷多个不连续点的可积函数

考虑函数 $f(x)=\begin{cases}\dfrac{1}{n}, & \text{若 } x=\dfrac{m}{n}, \text{ 这里 } m\in\mathbf{Z}, \ n\in\mathbf{Z}^{+}, \\ 0, & \text{若 } x \text{ 是无理数}.\end{cases}$ 此函数对任意的实数 a，b 均有

$$\int_a^b f(x)\equiv 0.$$

二元函数的极限、连续、可微等方面问题，较一元函数复杂，因而这方面的反例尤显重要.

（5）周期函数的积分（原函数）不一定是周期函数

考虑 $f(x)=c$ 是周期函数 C（任何实数皆为其周期），但 $\displaystyle\int f(x)\mathrm{d}x=cx+C$ 不是周期函数. 也可以考虑 $f(x)=\sin x+c$ 的例子，与上类同.

15.6 二元函数极限

（1）$\displaystyle\lim_{x\to\infty}\lim_{y\to b}f(x, y)$ 和 $\displaystyle\lim_{y\to b}\lim_{x\to a}f(x, y)$ 都存在但不相等的函数 $f(x, y)$

考虑函数 $f(x, y)=\begin{cases}\dfrac{x^2-y^2}{x^2+y^2}, & x^2+y^2\neq 0 \\ 0, & x^2+y^2=0\end{cases}$ 则 $\displaystyle\lim_{x\to 0}\{\lim_{y\to x}f(x, y)\}=\lim_{x\to 0}\dfrac{0}{2x^2}=0$

而 $\displaystyle\lim_{y\to 0}\{\lim_{x\to 0}f(x, y)\}=\lim_{y\to 0}\dfrac{-y^2}{y^2}=-1$

（2）对各个变量都连续的间断函数

考虑函数 $f(x, y)=\begin{cases}\dfrac{xy}{x^2+y^2}, & x^2+y^2\neq 0 \\ 0, & x^2+y^2=0\end{cases}$ 当点 P 沿直线 $y=kx$ 趋向于点 $O(0, 0)$ 时，有

$$\lim_{\substack{P\to O\\ y=kx}}f(x, y)=\lim_{\substack{P\to O\\ y=kx}}\dfrac{kx^2}{x^2+k^2x^2}=\lim_{\substack{P\to O\\ y=kx}}\dfrac{k}{1+k^2}=\dfrac{k}{1+k^2}$$

随 k 的变化使函数当 $(x, y)\to(0, 0)$ 时的值也变，故函数在原点极限不存在.

（3）沿任意直线逼近原点均有极限，但函数在原点无极限的函数

考虑函数 $f(x, y)=\begin{cases}\dfrac{x^2y}{x^4+y^2}, & x^2+y^2\neq 0 \\ 0, & x^2+y^2=0\end{cases}$

当 $P(x, y)$ 沿直线 $y=kx$ 趋向于原点 O 时 $\displaystyle\lim_{\substack{P\to O\\ y=kx}}f(x, y)=\lim_{\substack{P\to O\\ y=kx}}\dfrac{kx}{x^2+k^2}=0$

但当 P 沿抛物线 $x=y^2$ 趋向于原点 O 时 $\displaystyle\lim_{\substack{P\to O\\ x=y^2}}f(x, y)=\lim_{\substack{P\to O\\ x=y^2}}\dfrac{y^4}{y^4+y^4}=\dfrac{1}{2}$

结论：多元函数在某点处连续需要函数沿着任意路径趋近于该点时极限都存在且相等时，才能说多元函数在该点极限存在.

（4）下面三种极限① $\displaystyle\lim_{(x, y)\to(a, b)}f(x, y)$，② $\displaystyle\lim_{x\to a}\lim_{y\to b}f(x, y)$，③ $\displaystyle\lim_{y\to b}\lim_{x\to a}f(x, y)$，恰仅有其中的两个存在，而另一个不存在的函数.

②、③存在而①不存在的例子：

设函数 $f(x,y)=\begin{cases}\dfrac{xy}{x^2y^2}, & x^2+y^2\neq0 \\ 0, & x^2+y^2=0\end{cases}$ 考虑 $f(x,y)$ 在 $(0,0)$ 点的情况.

①、③存在而②不存在的例子:

设 $f(x,y)=\begin{cases}y+x\sin\dfrac{1}{y}, & 若\ y\neq0 \\ 0, & 若\ y=0\end{cases}$ 考虑 $f(x,y)$ 在 $(0,0)$ 点的情况.

①、②存在而③不存在的例子:

设函数 $f(x,y)=\begin{cases}x+y\sin\dfrac{1}{x}, & 若\ x\neq0 \\ 0, & 若\ x=0\end{cases}$ 考虑 $f(x,y)$ 在 $(0,0)$ 点的情况.

注 若极限①、②或①、③都存在,则它们须相等.

(5) 三种极限① $\lim\limits_{(x,y)\to(a,b)}f(x,y)$,② $\lim\limits_{x\to a}\lim\limits_{y\to b}f(x,y)$,③ $\lim\limits_{y\to b}\lim\limits_{x\to a}f(x,y)$,仅有一个存在,而另两个不存在的函数.

①存在,②、③不存在的例子:

设函数 $f(x,y)=\begin{cases}x\sin\dfrac{1}{y}+y\sin\dfrac{1}{x}, & xy\neq0, \\ 0, & xy=0.\end{cases}$ 考虑 $f(x,y)$ 在 $(0,0)$ 点的情形.

②存在,①、③不存在的例子:

设函数 $f(x,y)=\begin{cases}\dfrac{xy}{x^2+y^2}+y\sin\dfrac{1}{x}, & x\neq0, \\ 0, & x=0\end{cases}$ 考虑 $f(x,y)$ 在 $(0,0)$ 点的情形.

③存在,①、②不存在的例子:

设函数 $f(x,y)=\begin{cases}\dfrac{xy}{x^2+y^2}+x\sin\dfrac{1}{y}, & y\neq0, \\ 0, & y=0.\end{cases}$ 考虑 $f(x,y)$ 在 $(0,0)$ 点的情形.

15.7　连续与偏导可微

(1) 在某一点处不连续但存在一阶偏导数的函数

考虑 $f(x,y)=\begin{cases}\dfrac{xy^2}{x^2+y^4}, & (x,y)\neq(0,0) \\ 0, & (x,y)=(0,0)\end{cases}$,在 $(0,0)$ 点,当 (x,y) 沿 $y=kx^2$ 趋向

$(0,0)$ 时,$f(x,y)\to\dfrac{k}{1+k^2}$,其随 k 变化,故 $\lim\limits_{\substack{x\to0\\y\to0}}f(x,y)$ 不存在.

但 $f'_x(0,0)=\lim\limits_{x\to0}\dfrac{f(x,0)-f(0,0)}{x}=0$,且 $f'_y(0,0)=\lim\limits_{y\to0}\dfrac{f(0,y)-f(0,0)}{y}=0.$

(2) 可微但二阶导数不相等的函数

考虑函数 $f(x,y)=\begin{cases}\dfrac{xy(x^2-y^2)}{x^2+y^2}, & x^2+y^2\neq0 \\ 0, & x=y=0.\end{cases}$ 注意到

$$f'_y(x,\ 0)=\begin{cases} x, & x\neq 0 \\ \lim\limits_{k\to 0}\dfrac{f(0,\ k)}{k}=0, & x=0 \end{cases}\text{及}\ f'_x(0,\ y)=\begin{cases} -y, & y\neq 0 \\ \lim\limits_{k\to 0}\dfrac{f(h,\ 0)}{h}=0, & x=0 \end{cases}$$

因而在原点 $O(0,\ 0)$ 有

$$f'_{xy}(0,\ 0)=\lim_{k\to 0}\frac{f_y(h,\ 0)-f_y(0,\ 0)}{h}=\lim_{k\to 0}\frac{h}{h}=1$$

$$f'_{yx}(0,\ 0)=\lim_{k\to 0}\frac{f_x(0,\ k)-f_x(0,\ 0)}{k}=\lim_{k\to 0}\frac{-k}{k}=-1$$

又 f 的偏导数 $\dfrac{\partial f}{\partial x}$，$\dfrac{\partial f}{\partial g}$ 处处连续，故函数 f 连续可微.

15.8　不可交换运算顺序

（1）积分与极限运算不可变换的函数

若 $f(x,\ y)=\begin{cases} \dfrac{x}{y^2}e^{-\frac{x}{y}}, & y\neq 0, \\ 0, & y=0. \end{cases}$ 考虑 $\lim\limits_{y\to 0}\int_0^1\dfrac{x}{y^2}e^{-\frac{x}{y}}dx$ 和 $\int_0^1\left(\lim\limits_{y\to 0}\dfrac{x}{y^2}e^{-\frac{x}{y}}\right)dx$

注意到 $\lim\limits_{y\to 0}\int_0^1\dfrac{x}{y^2}e^{-\frac{x}{y}}dx=\lim\limits_{y\to 0}\left[-\dfrac{1}{2}e^{-\frac{x}{y}}\right]_{x=0}^{x=1}=\lim\limits_{y\to 0}\dfrac{1}{2}(1-e^{-\frac{1}{y}})=\dfrac{1}{2}$

但 $\int_0^1\left(\lim\limits_{y\to 0}\dfrac{x}{y^2}e^{-\frac{x}{y}}\right)dx=\int_0^1 0dx=0.$

（提示：$\lim\limits_{y\to 0}\dfrac{x}{y^2}e^{-\frac{x}{y}}=x\lim\limits_{y\to 0}\dfrac{1}{y^2 e^{\frac{x}{y}}}\xlongequal{\text{令}\frac{1}{y}=t}x\lim\limits_{t\to +\infty}\dfrac{t}{e^{xt}}=x\lim\limits_{t\to +\infty}\dfrac{1}{x^2 e^{xt}}=0$）

（2）积分与微分运算不可交换的函数

考虑 $f(x,\ y)=\begin{cases} \dfrac{1}{y^2}x^2 e^{-\frac{x}{y}}, & y>0 \\ 0, & y=0 \end{cases}$，考虑其积分后再求导.

由 $g(x)=\int_0^1 f(x,y)dy=xe^{-x^2}$，则 $g'(x)=e^{-x^2}(1-2x^2)$

而先求导再积分则有：

若 $x\neq 0$ 有 $\int_0^1 f'_x(x,\ y)dy=\int_0^1 e^{-\frac{x}{y}}\left(\dfrac{2x^2}{y^2}-\dfrac{2x^4}{y^3}\right)dy=e^{-x^2}(1-2x^2)$

当 $x=0$ 时，对任何 y 有 $f'_x(0,\ y)=0$，故 $\int_0^1 f'_x(0,\ y)dy=\int_0^1 0dy=0$

即 $\dfrac{d}{dx}\int_0^1 f(x,\ y)dy\neq\int_0^1\left[\dfrac{\partial}{\partial x}f(x,\ y)\right]dy.$

（3）积分次序不能变换的函数

考虑 $f(x,\ y)=\begin{cases} y^{-2}, & 0<x<y<1 \\ -x^{-2}, & 0<y<x<1 \\ 0, & 0<x\leq 1,\ 0<y\leq 1 \end{cases}$

若 $0<y<1$，有 $\int_0^1 f(x,\ y)dx=\int_0^y\dfrac{dx}{y^2}-\int_y^1\dfrac{dx}{x^2}=1$

故 $\int_0^1 \int_0^1 f(x,\ y)\mathrm{d}x\mathrm{d}y = \int_0^1 1\mathrm{d}y = 1$（先对 x 积分再对 y 积分）

而 $0 < x < 1$，有 $\int_0^1 f(x,\ y)\mathrm{d}y = -\int_0^x \dfrac{\mathrm{d}y}{x^2} + \int_x^1 \dfrac{\mathrm{d}y}{y^2} = -1$

故 $\int_0^1 \int_0^1 f(x,\ y)\mathrm{d}y\mathrm{d}x = \int_0^1 (-1)\mathrm{d}x = -1$（先对 y 积分再对 x 积分）

再如函数 $f(x,\ y) = \begin{cases} 0, & x=0 \text{ 或 } y=0 \\ \dfrac{y^2-x^2}{(x^2+y^2)^2}, & \text{其余的 } 0 \leqslant x \leqslant 1,\ 0 \leqslant y \leqslant 1 \end{cases}$

容易算得 $\int_0^1 \mathrm{d}y \int_0^1 f(x,\ y)\mathrm{d}x = \dfrac{\pi}{4}$，而 $\int_0^1 \mathrm{d}x \int_0^1 f(x,\ y)\mathrm{d}y = -\dfrac{\pi}{4}$.

（4）极限与求和运算不能交换的函数

考虑 $\lim\limits_{x \to \infty}\left[\sum\limits_{n=1}^{\infty} \dfrac{x^2}{(1+x^2)^n} \right]$ 和 $\sum\limits_{n=1}^{\infty} \lim\limits_{x \to \infty} \dfrac{x^2}{(1+x^2)^n}$ $(x \neq 0)$；

由等比数列前 n 项和公式 $\lim\limits_{x \to \infty}\left[\sum\limits_{n=1}^{\infty} \dfrac{x^2}{(1+x^2)^n} \right] = \lim\limits_{x \to 0} \dfrac{x^2}{1+x^2} \cdot \dfrac{1}{1-\dfrac{1}{1+x^2}} = 1, x \neq 0;$ 而

$$\sum\limits_{n=1}^{\infty}\left[\lim\limits_{x \to \infty} \dfrac{x^2}{(1+x^2)^n} \right] = \sum\limits_{n=1}^{\infty} 0 = 0.$$

15.9　广义积分敛散性

（1）广义积分 $\int_a^{+\infty} f(x)\mathrm{d}x$ 收敛，但 $x \to +\infty$ 时，$f(x) \not\to 0$

考虑 $f(x) = \begin{cases} 1, & x=k+a(k=1,\ 2,\ 3,\ \cdots) \\ \dfrac{1}{(x+a)^2}, & \text{其他}(a \neq 0) \end{cases}$

则 $\displaystyle\int_a^{+\infty} f(x)\mathrm{d}x = \lim\limits_{x \to \infty} \sum\limits_{k=1}^{n} \int_{k-1+a}^{k+a} \dfrac{\mathrm{d}t}{(t+a)^2} = \lim\limits_{x \to \infty} \sum\limits_{k=1}^{n}\left[-\dfrac{1}{k+2a} + \dfrac{1}{(k-1)+2a} \right]$

$$= \lim\limits_{x \to \infty}\left(\dfrac{1}{2a} - \dfrac{1}{n+2a} \right) = \dfrac{1}{2a}$$

但当 $x \to +\infty$ 时，$f(x) \not\to 0$.

再如 $\int_0^{+\infty} \sin(x^2)\mathrm{d}x = \dfrac{1}{2} \int_0^{+\infty} \dfrac{\sin t}{\sqrt{t}}\mathrm{d}t \ (x^2 = t)$

而 $\lim\limits_{t \to 0^+} \dfrac{\sin t}{\sqrt{t}} = 0$，故 $t=0$ 不是后一积分的瑕点，易证 $\int_0^{+\infty} \dfrac{\sin t}{\sqrt{t}}\mathrm{d}t$ 收敛，但 $\lim\limits_{x \to +\infty} \sin(x^2)$ 不存在.

（2）广义积分 $\int_0^{+\infty} \dfrac{\cos x}{(1+x)}\mathrm{d}x = \int_0^{+\infty} \dfrac{\sin x}{(1+x)^2}\mathrm{d}x$，但前者绝对收敛，后者则不绝对收敛

由 $\displaystyle\int_0^{\infty} \dfrac{\cos x}{1+x}\mathrm{d}x = \lim\limits_{t \to \infty} \int_0^t \dfrac{\cos x}{1+x}\mathrm{d}x = \lim\limits_{t \to \infty}\left[\dfrac{\sin x}{1+x} \Big|_0^t + \int_0^t \dfrac{\sin x}{(1+x)^2}\mathrm{d}x \right]$

$$= \lim\limits_{t \to \infty}\left[\dfrac{\sin t}{1+t} + \int_0^t \dfrac{\sin x}{(1+x)^2}\mathrm{d}x \right] = \int_0^{\infty} \dfrac{\sin x}{(1+x)^2}\mathrm{d}x$$

但 $\dfrac{|\sin x|}{(1+x)^2} \leqslant \dfrac{1}{(1+x)^2}$，由 $\int_0^{\infty} \dfrac{\mathrm{d}x}{(1+x)^2}$ 收敛，故 $\int_0^{\infty} \dfrac{\sin x}{(1+x)^2}\mathrm{d}x$ 绝对收敛；

因而 $|\cos x| \geqslant \cos^2 x = \dfrac{1+\cos 2x}{2}$

故有 $\displaystyle\int_0^\infty \dfrac{|\cos x|}{1+x}\mathrm{d}x \geqslant \int_0^\infty \dfrac{\cos^2 x}{1+x}\mathrm{d}x = \int_0^\infty \dfrac{\mathrm{d}x}{2(1+x)} + \int_0^\infty \dfrac{\cos 2x}{2(1+x)}\mathrm{d}x$

上式右第二个积分收敛，第一个积分发散.

故积分 $\displaystyle\int_0^\infty \dfrac{|\cos x|}{1+x}\mathrm{d}x$ 发散，或积分 $\displaystyle\int_0^\infty \dfrac{\cos x}{1+x}\mathrm{d}x$ 不绝对收敛.

15.10 无穷积分（仅数一、数三）

(1) 无穷积分 $\displaystyle\int_0^{+\infty} f(x)\mathrm{d}x$ 收敛，但 $\lim\limits_{x\to+\infty} f(x)$ 不存在

例如，对每一整数 $n>1$，令 $g(n)=1$，且在闭区间 $[n-n^{-2}, n]$ 和 $[n, n+n^{-2}]$ 上定义 $g(x)$ 是线性的，而在非整数端点处命函数值为 0，同时对 $x\geqslant 1$ 时，$g(x)$ 未定义的地方，定义 $g(x)=0$.

易见，这样定义的 $g(x)$ 在 $[1, +\infty)$ 上连续，且无穷限积分 $\displaystyle\int_0^{+\infty} g(x)\mathrm{d}x = \sum_{k=2}^\infty \dfrac{1}{k^2} < +\infty$

但 $\lim\limits_{n\to+\infty} g(n)=1$，$\lim\limits_{n\to+\infty} g\left(n+\dfrac{1}{2}\right)=0$，故 $\lim\limits_{x\to\infty} g(x)$ 不存在.

(2) $f(x)$ 在 $x=0$ 处有各阶导数 $f^{(x)}(0)$，但 $f(x)$ 相应的泰勒级数的和在 $x=0$ 的任一领域上均不等于 $f(x)$

例如函数 $f(x)=\begin{cases} \mathrm{e}^{-\frac{1}{x^2}}, & x\neq 0 \\ 0, & x=0 \end{cases}$ 可以证明对任意的自然数 n，当 $x\neq 0$ 时有 $f^{(n)}(x)=P_n\left(\dfrac{1}{x}\right)\mathrm{e}^{-\frac{1}{x^2}}$，这里 $P_n(t)$ 为 t 的 $3n$ 次多项式.

故 $f(x)$ 在 $x=0$ 处各阶导数（利用定义及洛必达法则）$f^{(n)}(0)=0$，$n=1, 2, 3, \cdots$.

则 $f(x)$ 相应的泰勒级数和为 $\displaystyle\sum_{n=0}^\infty \dfrac{f^{(n)}(0)}{n!}x^n = \sum_{n=0}^\infty 0 = 0$

即对一切 $x\in(-\infty, +\infty)$ 级数收敛于恒为 0 的函数，而 $f(x)$ 在 $x=0$ 的任一邻域上不恒为 0，故级数和不等于 $f(x)$.

(3) 级数 $\displaystyle\sum u_n$ 收敛，但 $\displaystyle\sum (-1)^n\dfrac{u_n}{n}$ 发散

考虑 $u_n=(-1)^n \dfrac{1}{\ln n}$，$\{u_n\}$ 单减递减于 $0(n\to+\infty$ 时)，故 $\displaystyle\sum u_n$ 收敛.

但 $\displaystyle\sum (-1)^n\dfrac{u_n}{n} = \sum \dfrac{1}{n\ln n}$ 发散（注意到 $\displaystyle\int_e^{+\infty} \dfrac{\mathrm{d}x}{x\ln x} = \ln(\ln x)\Big|_e^{+\infty}$ 发散）.

$u_n\to 0$ 是级数 $\displaystyle\sum_{n=1}^\infty u_n$ 收敛的必要条件，而非充分条件的，反例是调和级数 $\displaystyle\sum_{n=1}^\infty \dfrac{1}{n}$.

第 16 章　对称性专题

【导言】

　　数学是一门很美的学科，它的美甚至足够我们用一生的时间去感受和学习．数学美在何处？给大家提几个问题：彩虹为什么是弧形的？我们在同一时间看到的彩虹是同一个吗？云层和水流为什么用偏微分方程来描述？闪电和高斯定理又有什么关系呢？是牛顿引力发现了海王星，科学家不是通过望远镜，而是用笔和纸计算出来的，向日葵和海螺，为什么会展现出黄金分割和斐波那契数列？数，是万物之源，数学是我们探究未知的钥匙，所有那些我们认为无比美妙、无比神秘的创造，在逻辑里都可以找到解释，这个奇迹的世界遵从的就是数学原理．而其中对称性就是这个美丽苍穹中非常靓丽的一笔．

　　当然我们这门课叫微积分，这门课中关于积分学的对称性是考研考查的一个重要内容，其大体可以分为以下几种：①奇偶对称性；②轮换对称性．

　　在计算多元积分时，巧用对称性往往可以起到事半功倍的效果，而对称性正是数形结合方法的一种完美体现．前面已经有一些多元积分的例子，在计算过程中应用对称性简化计算．

　　本部分在考研中不会单独考查，往往是通过对称性的性质化简解答题的计算步骤，减少计算难度，考场上 180 分钟做 150 分的题目，对大家计算能力的要求显然是比较高的，有些题目按照常规方法从理论上是可以得到正确结果的，但是计算量一大，很多考生就不见得有耐心去计算下去了，甚至怀疑自己是不是分析错了，质疑理论了，导致题目做不下去，就算耐着性子把题目做出结果了，但时间浪费了很多，做其他题目时间不够了，很容易焦虑，导致情绪波动，考场状态不佳，很难超常发挥，因此很有必要掌握利用对称性简化计算过程的技巧，变繁为简．能用到这个技巧的题目至少 10 分．

　　但由于数二、数三考生只考二重积分，不考的内容做了标注，所以本部分内容数一的考生重点掌握．

【考试要求】

考试要求	科目	考 试 内 容
掌握	数学一	利用对称性化简运算，降低题目难度．
	数学二	
	数学三	

【知识网络图】

$$\text{对称性}\begin{cases}\text{奇偶对称性}\\\text{轮换对称性（数一常考）}\end{cases}$$

【内容精讲】

16.1 对称性总览

16.1.1 偶倍奇零原则

关于"偶倍奇零"原则，适用于第一型积分，见表 16-1.

表 16-1

性质 ╲ 积分类型	积分域图形关于 $x=0$ 对称	f 关于变量 x 为偶（奇）函数	积分为"偶倍奇零"
定积分	$[-a, a]$：对称于原点	$f(-x)=\pm f(x)$	$I_1 = \displaystyle\int_{-a}^{a} f(x)\,\mathrm{d}x = \begin{cases} 2\displaystyle\int_{0}^{a} f\,\mathrm{d}x \\ 0 \end{cases}$
二重积分	D：对称于 y 轴	$f(-x, y)=\pm f(x, y)$	$I_2 = \displaystyle\iint_{D} f(x, y)\,\mathrm{d}\sigma = \begin{cases} 2\displaystyle\iint_{D_1} f\,\mathrm{d}\sigma \\ 0 \end{cases}$
平面第一型曲线积分（数一）	L：对称于 y 轴	$f(-x, y)=\pm f(x, y)$	$I_3 = \displaystyle\int_{L} f(x, y)\,\mathrm{d}s = \begin{cases} 2\displaystyle\int_{L_1} f\,\mathrm{d}s \\ 0 \end{cases}$
三重积分（数一）	Ω：对称于 yOz 面	$f(-x, y, z)=\pm f(x, y, z)$	$I_4 = \displaystyle\iiint_{\Omega} f(x, y, z)\,\mathrm{d}v = \begin{cases} 2\displaystyle\iiint_{\Omega_1} f\,\mathrm{d}v \\ 0 \end{cases}$
空间第一型曲线积分（数一）	Γ：对称对 yOz 面	$f(-x, y, z)=\pm f(x, y, z)$	$I_5 = \displaystyle\int_{\Gamma} f(x, y, z)\,\mathrm{d}s = \begin{cases} 2\displaystyle\int_{\Gamma_1} f\,\mathrm{d}s \\ 0 \end{cases}$
第一型曲面积分（数一）	Σ：对称于 yOz 面	$f(-x, y, z)=\pm f(x, y, z)$	$I_6 = \displaystyle\iint_{\Sigma} f(x, y, z)\,\mathrm{d}S = \begin{cases} 2\displaystyle\iint_{\Sigma_1} f\,\mathrm{d}S \\ 0 \end{cases}$

注 (1) 当积分域图形关于 $x=0$（y 轴）对称时，怎么识别 f 关于变量 x 是奇函数还是偶函数，只需要在 y 轴左右两边找一对对称点：二维情况下是 (x, y) 与 $(-x, y)$，三维情况下是 (x, y, z) 与 $(-x, y, z)$，分别代入到被积函数中去，如果得到的相等就是偶函数，得到的若是相反数则是奇函数.

(2) 对于数二数三的考生来说，只需掌握二重积分.

(3) 对于二维的积分 I_2，I_3，还有积分域及被积函数关于 y 性质的类似描述.

(4)（数一）对于三维的积分 I_4，I_5，I_6，还有积分域及被积函数分别关于 y 与 z 性质的类似描述.

16.1.2 多元积分对称性的若干结论

本节对各类积分的对称性结论作一个较为一般性的小结，所有对称性分别取决于关于点、直线或平面为对称的两个对称点的坐标的关系特征.

(1) xOy 平面上曲线 L：$L(x, y)=0$ 的对称性（见表 16-2）.

表 16 - 2

对称于	$L(x, y) = 0$ 的特征	L 的采用部分
原点 O	$L(x, y) = L(-x, -y) = 0$	L_2：L 的 $x \geq 0$ 部分 L_1：L_2 的 $y \geq 0$ 部分
x 轴	$L(x, y) = L(x, -y) = 0$	
y 轴	$L(x, y) = L(-x, y) = 0$	
直线 $y = x$	$L(x, y) = L(y, x) = 0$	L_2：L 的 $x \geq y$ 的部分 L_1：L_2 的 $y \geq 0$ 部分
直线 $y = -x$	$L(x, y) = L(-y, -x) = 0$	
平面有界闭区域 D 的对称性⇔边界曲线 ∂D 的对称性		D_2：D 的相应对称区域之半

（2）$O-xyz$ 空间曲面 S：$S(x, y, z) = 0$ 的对称性（见表 16 - 3）（数一）.

表 16 - 3

对称于	$S(x, y, z) = 0$ 的特征	S 的采用部分
原点 O	$S(x, y, z) = S(-x, -y, -z) = 0$	S_2：S 的 $x \geq 0$ 部分 S_1：S_2 的 $y \geq 0$ 部分
x 轴	$S(x, y, z) = S(x, -y, -z) = 0$	
y 轴	$S(x, y, z) = S(-x, y, -z) = 0$	
z 轴	$S(x, y, z) = S(-x, -y, z) = 0$	
$y = x$	$S(x, y, z) = S(y, x, z) = 0$	S_2：S 的 $x \geq y$ 部分
$y = -x$	$S(x, y, z) = S(-y, -x, z) = 0$	S_2：s 的 $x \geq -y$ 部分
yOz 平面	$S(x, y, z) = S(-x, y, z) = 0$	S_2：S 的 $x \geq 0$ 部分
zOy 平面	$S(x, y, z) = S(x, -y, z) = 0$	S_2：S 的 $y \geq 0$ 部分
xOy 平面	$S(x, y, z) = S(x, y, -z) = 0$	S_2：S 的 $z \geq 0$ 的部分
空间有界闭区域 Ω 的对称性⇔边界曲面 $\partial \Omega$ 的对称性		Ω_2：Ω 的相应对称区域之半
空间曲线 Γ：$\begin{cases} F(x, y, z) = 0 \\ G(x, y, z) = 0 \end{cases}$ 的对称性 ⇔曲面 F 与 G 相交部分的同类对称性		Γ_2：G 的相应对称曲线之半

函数的奇偶性约定：设函数 $f(x, y, z)$ 在所论区域 D 中，分别关于原点 O，x 轴、y 轴或 z 轴，直线 $y = x$ 或 $y = -x$，坐标平面 yOz，zOx 或 xOy 为对称，而 $P(x, y, z)$ 和 $P'(x', y', z')$ 是 D 中的任两个对称点.

若 $f(P) = f(P')$，则称 $f(x, y, z)$ 在相应对称性意义下为偶性；

若 $f(P) = -f(P')$，则称 $f(x, y, z)$ 在相应对称性意义下为奇性.

对于函数 $f(x, y)$，$f(x)$ 的奇偶性也作类似的约定.

16.1.3　多元积分的对称性

先约定一些记号.

（1）设 D 统一表示为：或定积分的积分区间，或（平面/空间）第一型曲面积分的积分路线，或二、三重积分的积分区域，或第一型曲面积分的积分曲面．

（2）当 D 具有上述对称性之一时，在 xOy 平面情形，记 D_2 如表 16-2 中的 L_2 或 D_2；［在 $O-xyz$ 空间，记 D_2 为表 16-3 中的 S_2，或 Ω_2 或 Γ_2，L_+ 表示正向平面曲线，Γ_+ 表示正向空间曲线，S_+ 表示正侧曲面（数一）］．

（3）$f(P)(P\in D\subset \mathbf{R}^k$，$k=1$，2 或 3）是 D 上的一元、二元或三元函数．$\int_D f(P)\mathrm{d}w$ 表示函数 $f(P)$ 在 D 上的上述相应的定积分，［（平面/空间）第一型曲线积分，二/三重积分，或第一型曲面积分（数一）］．

关于积分的对称性见表 16-4 所列的结论．

表 16-4

D 的对称性	$f(P)$ 在 D 上奇偶性	积分表示
具有各种对称性之一	奇性	$\int_D f(P)\mathrm{d}w = 0$
	偶性	$\int_D f(P)\mathrm{d}w = 2\int_{D_2} f(P)\mathrm{d}w$
对称于原点 O，x 轴，或 y 轴（数一）	奇性	第二型曲线积分 $\int_{L_+/\Gamma_+} f(P)\mathrm{d}x(/\mathrm{d}y) = 2\int_{L_2}+/\Gamma_2+ f(P)\mathrm{d}x(/\mathrm{d}y)$
	偶性	$\int_{L_+/\Gamma_+} f(P)\mathrm{d}x(/\mathrm{d}y) = 0$
对称于原点 O，x 轴，y 轴，或 yOz 面（数一）	奇性	第二型曲面积分 $\int_{S_+} f(P)\mathrm{d}y\mathrm{d}z = 2\int_{S_{2+}} f(P)\mathrm{d}y\mathrm{d}z$
	偶性	$\int_{S_+} f(P)\mathrm{d}y\mathrm{d}z = 0$
（数一）对 $\int_{S_+} f(P)\mathrm{d}x\mathrm{d}y$ 和 $\int_{S_+} f(P)\mathrm{d}z\mathrm{d}x$ 结论类似		
对称轴 $y=\pm x$	无奇偶性要求	$\iint_D f(x,y)\mathrm{d}x\mathrm{d}y = \iint_D f(\pm y,\pm x)\mathrm{d}x\mathrm{d}y$ $= \frac{1}{2}\iint_D [f(x,y)+f(\pm y,\pm x)]\mathrm{d}x\mathrm{d}y$
	奇性	$=0$
	偶性	$= 2\iint_{D_2} f(x,y)\mathrm{d}x\mathrm{d}y$
三重积分情形结论类似（数一）		
轮换替代 D 总不变（数一） $x \longrightarrow y$ ...... z	对三重积分，第一型空间曲线积分，	$\int_D f(x,y,z)\mathrm{d}w = \int_D f(y,z,x)\mathrm{d}w = \int_D f(z,x,y)\mathrm{d}w$ $= \frac{1}{3}\int_D [f(x,y,z)+f(y,z,x)+f(z,x,y)]\mathrm{d}w$

图形的对称性，都源于任意两点关于点（对称中心）、轴（对称轴）、或平面（对称平面）的对称性．而函数的对称性，则是函数图形的对称性，即在定义域空间与值域空间的"和空间"上函数图形的对称性．

简单情形就是：对称中心，对称轴或对称平面分别取为坐标原点，坐标轴或坐标平面．

稍复复杂的情形是，对称轴（或对称面）取为象限（或卦限）的平分线（或平分面）．

然而，对于具有方向的曲线或曲面的对称性，还需要另行考查两个对称点处方向的"对称性"，一个直观的判断方法是借用光线的反射定律：两对称点指定的法向量与对称的轴线共面，夹角相等，但都是入射光线，或都是反射光线．借用一元函数的奇偶性概念，对于多元函数，在其对称的定义区间/曲线/区域上任两个对称点处，函数值相等，则为偶性，函数值互为相反数，则为奇性．当然限于所论的区间/曲线/区域上．

考查积分的对称性质，须兼备两个方面：积分线/域的对称性，被积函数的奇偶性，缺一不可．

16.2　奇偶对称性

16.2.1　定义

所谓奇偶对称性是指被积函数具有某奇偶性，而积分区域具有相应的对称性，这时对积分可以施行一种简化运算．被积函数的奇偶性可以单指某一变量而言，也可以对某几个变量而言．但实际上只要考虑一个变量就可以了．

对于一元函数 $y=f(x)$，$x \in I$．若 $\forall x \in I \Rightarrow -x \in I$，且 $f(-x)=f(x)$，则称 $f(x)$ 为（关于 x 的）偶函数；若 $f(-x)=-f(x)$，则称 $f(x)$ 为（关于 x 的）奇函数．

对于二元函数 $z=f(x, y)$，$(x, y) \in D$．若 $\forall (x, y) \in D \Rightarrow (-x, y) \in D$，且 $f(-x, y)=f(x, y)$，则称 $f(x, y)$ 为关于 x 的偶函数；若 $f(-x, y)=-f(x, y)$，则称 $f(x, y)$ 为关于 x 的奇函数．关于 y 的情形与此类似．

对于三元函数 $u=f(x, y, z)$，$(x, y, z) \in \Omega$．若 $\forall (x, y, z) \in \Omega \Rightarrow (-x, y, z) \in \Omega$，且 $f(-x, y, z)=f(x, y, z)$，则称 $f(x, y, z)$ 是关于 x 的偶函数；若 $f(-x, y, z)=-f(x, y, z)$，则称 $f(x, y, z)$ 为关于 x 的奇函数．关于 y、z 的情形与此类似．（数一）

奇偶对称性广泛存在于定积分、重积分和线、面积分中，其表现形式（公式）很多，现在用一种统一的方式表述如下．

16.2.2　奇偶对称性公式的统一表达

16.2.2.1　数二数三

如果被积函数关于变量 x（或 y，或 z）为奇函数，且此时积分域关于 $x=0$（或 $y=0$，或 $z=0$）为对称，则在定积分、重积分其积分值都等于 0；如果被积函数关于变量 x（或 y，或 z）为偶函数，且此时积分域关于 $x=0$（或 $y=0$，或 $z=0$）为对称，则在定积分、重积分其积分值等于积分域关于 $x=0$（或 $y=0$，或 $z=0$）对称的半域上的积分的 2 倍．这里，对于定积分、二重积分而言，$x=0$ 分别表示原点、y 轴；$y=0$ 表示 x 轴．

16.2.2.2　数一

如果被积函数关于变量 x（或 y，或 z）为奇函数，且此时积分域关于 $x=0$（或 $y=0$，或

$z=0$) 为对称, 则在定积分、重积分和第一类线、面积分其积分值都等于 0; 如果被积函数关于变量 x (或 y, 或 z) 为偶函数, 且此时积分域关于 $x=0$ (或 $y=0$, 或 $z=0$) 为对称, 则在定积分、重积分和第一类线、面积分中其积分值等于积分域关于 $x=0$ (或 $y=0$, 或 $z=0$) 对称的半域上的积分的 2 倍. 这里, 对于定积分、二重积分与第一类曲线积分、三重积分与第一类曲面积分而言, $x=0$ 分别表示原点、y 轴和 yoz 面; $y=0$ 分别表示 x 轴和 zox 面; $z=0$ 则表示 xOy 面.

第二类线、面积分也有奇偶对称性, 但与上面所述有两点不同: 一是其对称性对于不同的项只对于相应的指定的坐标轴或坐标面才有意义, 例如 $\iint\limits_{\Sigma} P(x, y, z)\mathrm{d}y\mathrm{d}z$ 只能对 yoz 面谈对称性. 二是所得结论与第一类线、面积分恰恰相反. 比如, 设 $P(x, y, z)$ 关于 x 为奇函数 (或偶函数), 而 Σ 关于 $x=0$ 即 yoz 面对称, 则 $\iint\limits_{\Sigma} P(x, y, z)\mathrm{d}y\mathrm{d}z = 2\iint\limits_{\Sigma_1}$ (或 $=0$)

其中 Σ_1 是 Σ 在 yoz 面前侧的部分.

我们对第二类线、面积分的奇偶对称性不作过多讨论.

在使用奇偶对称性计算积分值时, 应先考查被积函数关于单个变量的奇偶性, 再考查积分域是否关于这个变量具有对称性. 这不只是抓住了被积函数的奇偶性与积分域的对称性之间的最本质的联系, 而且由于这种联系的枢纽就是这个变量本身, 而使奇偶对称性的表述具有独有的简明直接, 因而此处关于奇偶对称性的统一表述形式在解题过程中表现出独特的魅力. 下面请听题.

【例 16.1】 计算 $I = \int_{-\frac{\pi}{2}}^{\frac{\pi}{2}} (x^3 + \sin^2 x)\cos^2 x\,\mathrm{d}x$.

【分析】 把被积函数拆成两部分, 一奇一偶, 再利用奇偶对称性.

【解】
$$I = \int_{-\frac{\pi}{2}}^{\frac{\pi}{2}} x^3 \cos^2 x\,\mathrm{d}x + \int_{-\frac{\pi}{2}}^{\frac{\pi}{2}} \sin^2 x \cos^2 x\,\mathrm{d}x$$

$$= 2\int_{0}^{\frac{\pi}{2}} \sin^2 x(1-\sin^2 x)\,\mathrm{d}x$$

$$= 2\left[\int_{0}^{\frac{\pi}{2}} \sin^2 x\,\mathrm{d}x - \int_{0}^{\frac{\pi}{2}} \sin^4 x\,\mathrm{d}x\right] = 2\left(\frac{1}{2}\cdot\frac{\pi}{2} - \frac{3}{4}\cdot\frac{1}{2}\cdot\frac{\pi}{2}\right) = \frac{\pi}{8}.$$

注 一般地, 若积分区间是对称区间而被积函数又特别复杂时, 要考虑用奇偶对称性.

【例 16.2】 设 $M = \int_{-\frac{\pi}{2}}^{\frac{\pi}{2}} \frac{\sin x}{1+x^2}\cos^4 x\,\mathrm{d}x, N = \int_{-\frac{\pi}{2}}^{\frac{\pi}{2}} (\sin^3 x + \cos^4 x)\,\mathrm{d}x, P = \int_{-\frac{\pi}{2}}^{\frac{\pi}{2}} (x^2\sin^3 x - \cos^4 x)\,\mathrm{d}x$, 则有_____.

A. $N<P<M$ B. $M<P<N$

C. $N<M<P$ D. $P<M<N$

【解】 由于积分区域对称, 根据奇偶对称性, $M=0, N=2\int_{0}^{\frac{\pi}{2}} \cos^4 x\,\mathrm{d}x > 0$,

$$P = -2\int_{0}^{\frac{\pi}{2}} \cos^4 x\,\mathrm{d}x < 0.$$ 显然应选 D.

【例 16.3】 计算 $I = \int_{-1}^{1} \frac{\mathrm{d}x}{1+2^{1/x}}$

【分析】 利用公式 $\int_{-a}^{a} f(x)\mathrm{d}x = \int_{0}^{a} [f(x)+f(-x)]\mathrm{d}x$

【解】$I = \int_0^1 \left[\dfrac{1}{1+2^{1/x}} + \dfrac{1}{1+2^{-1/x}} \right] \mathrm{d}x = \int_0^1 \left(\dfrac{1}{1+2^{1/x}} + \dfrac{2^{1/x}}{1+2^{1/x}} \right) \mathrm{d}x = 1.$

【例 16.4】计算二重积分 $I = \iint\limits_D \sqrt{R^2 - x^2 - y^2}\, \mathrm{d}\sigma$,

其中 D 是由圆周 $x^2 + y^2 = Rx$ 所围成的区域. 如图 16 - 1 所示.

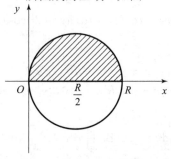

图 16 - 1

【分析】被积函数关于 y 为偶函数,而积分域 D 关于 $y=0$（x 轴）为对称,故可使用奇偶对称性.

【解】$\iint\limits_D \sqrt{R^2 - x^2 - y^2}\, \mathrm{d}\sigma = \int_{-\frac{\pi}{2}}^{\frac{\pi}{2}} \mathrm{d}\theta \int_0^{R\cos\theta} \sqrt{R^2 - r^2} \cdot r \mathrm{d}r = 2\int_0^{\frac{\pi}{2}} \mathrm{d}\theta \int_0^{R\cos\theta} \sqrt{R^2 - r^2} \cdot r \mathrm{d}r$

$\qquad = 2\int_0^{\frac{\pi}{2}} -\dfrac{1}{3} \left[(R^2 - r^2)^{3/2} \right]_0^{R\cos\theta} \mathrm{d}\theta = -\dfrac{2}{3} \int_0^{\frac{\pi}{2}} (R^3 \sin^3\theta - R^3)\mathrm{d}\theta$

$\qquad = -\dfrac{2}{3} R^3 \left(\dfrac{2}{3} - \dfrac{\pi}{2} \right) = \dfrac{R^3}{3} \left(\pi - \dfrac{4}{3} \right),$

其中用到了华里士公式 $\int_0^{\frac{\pi}{2}} \sin^3\theta \mathrm{d}\theta = \dfrac{2}{3}.$

【注】虽然被积函数关于 x 亦为偶函数,但积分域不是 $x=0$（即 y 轴对称的）,故在这个方向上不能使用奇偶对称性.

【例 16.5】设 D 为 xOy 面上以 $(1,1)$,$(-1,1)$ 和 $(-1,-1)$ 为顶点的三角形区域,D_1 是 D 在第一象限中的部分,则 $\iint\limits_D (xy + \cos x \sin y)\mathrm{d}x\mathrm{d}y$ 等于

_____ .

A. $2\iint\limits_{D_1} \cos x \sin y \mathrm{d}x\mathrm{d}y$ 　　　　B. $2\iint\limits_{D_1} xy \mathrm{d}x\mathrm{d}y$

C. $4\iint\limits_{D_1} (xy + \cos x \sin y)\mathrm{d}x\mathrm{d}y$ 　　D. 0

【解】将 D 剖分为如图 16 - 2 所示的四个等腰直角三角形.

(1) 由于 xy 关于 x 是奇函数,而 D_1 与 D_2 关于 $x=0$（即 y 轴）为对称,$\Rightarrow \iint\limits_{D_1+D_2} xy\mathrm{d}x\mathrm{d}y = 0.$

(2) 由于 xy 关于 y 是奇函数,D_3 与 D_4 关于 $y=0$（即 x 轴）为对称,$\Rightarrow \iint\limits_{D_3+D_4} xy\mathrm{d}x\mathrm{d}y = 0.$

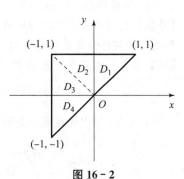

图 16 - 2

由 (1)、(2) $\Rightarrow \displaystyle\iint_D xy\mathrm{d}x\mathrm{d}y = 0$.

（3）由于 $\cos x\sin y$ 关于 x 是偶函数，关于 y 是奇函数，

$$\Rightarrow \iint_{D_1+D_2}\cos x\sin y\mathrm{d}x\mathrm{d}y = 2\iint_{D_1}\cos x\sin y\mathrm{d}x\mathrm{d}y,\quad \iint_{D_3+D_4}\cos x\sin y\mathrm{d}x\mathrm{d}y = 0.$$

综合 (1)、(2)、(3) 可知 $\displaystyle\iint_D(xy+\cos x\sin y)\mathrm{d}x\mathrm{d}y = 2\iint_{D_1}\cos x\sin y\mathrm{d}x\mathrm{d}y$,

故应选 A.

【例 16.6】（数一）设有空间区域 $\Omega_1 : x^2+y^2+z^2\leqslant R^2$，$z\geqslant 0$

$$\Omega_2 : x^2+y^2+z^2\leqslant R^2,\ x\geqslant 0,\ y\geqslant 0,\ z\geqslant 0$$

则 _____.

A. $\displaystyle\iiint_{\Omega_1}x\mathrm{d}v = 4\iiint_{\Omega_2}x\mathrm{d}v$ B. $\displaystyle\iiint_{\Omega_1}x\mathrm{d}v = 4\iiint_{\Omega_2}y\mathrm{d}v$

C. $\displaystyle\iiint_{\Omega_1}z\mathrm{d}v = 4\iiint_{\Omega_2}z\mathrm{d}v$ D. $\displaystyle\iiint_{\Omega_1}xyz\mathrm{d}v = 4\iiint_{\Omega_2}xyz\mathrm{d}v$

【解】 Ω_1 是上半球，而 Ω_2 是 Ω_1 的 $\dfrac{1}{4}$，位于第一卦限内．由于 $f(x,\ y,\ z)=z$ 既关于 x 又关于 y 是偶函数，而如上所述，Ω_2 是 Ω_1 的 $\dfrac{1}{4}$，且 Ω_1 既关于 $x=0$（即 yoz 面）又关于 $y=0$（即 zox 面）是对称的，所以 $\displaystyle\iiint_{\Omega_1}z\mathrm{d}v = 4\iiint_{\Omega_2}z\mathrm{d}v$，

选 C.

【例 16.7】（数一）设 L 为椭圆 $\dfrac{x^2}{4}+\dfrac{y^2}{3}=1$，其周长记为 a，则 $\displaystyle\oint_L(2xy+3x^2+4y^2)\mathrm{d}s =$ _____.

【分析】 积分分为两项，前一项 $2xy$ 利用奇偶对称性，后一项 $3x^2+4y^2$ 用代入技巧.

【解】 由于 $f(x,\ y)=2xy$ 关于 x 是奇函数，而 L 关于 $x=0$ 即 y 轴为对称，故由奇偶对称性知 $\displaystyle\oint_L 2xy\mathrm{d}s = 0$（当然对于变量 y 也有同样结论）由 $3x^2+4y^2=12\left(\dfrac{x^2}{4}+\dfrac{y^2}{3}\right)$，所以由代入技巧 $\displaystyle\oint_L(3x^2+4y^2)\mathrm{d}s = 12\oint_L\mathrm{d}s = 12a$，所以原式$=12a$.

【例 16.8】（数一）计算球面 $x^2+y^2+z^2=a^2$ 从圆柱体 $x^2+y^2\leqslant ax$ 所截得的立体的体积．如图 16-3 所示.

【分析】 利用几何图形的对称性简化计算．由此题看出，这样得出的对称性实质就是奇偶对称性.

【解】 因为立体关于 xOy 面和 zOx 面都对称，所以

$$V = 4V_1 = 4\iiint_{\Omega_1}\mathrm{d}v$$

其中 V_1 是立体在第一卦限的部分 Ω_1 的体积.

由 $\begin{cases} x^2+y^2+z^2=a^2 \\ x^2+y^2=ax \end{cases}$ 消去 z 得投影柱面 $x^2+y^2=ax\Rightarrow\Omega_1$

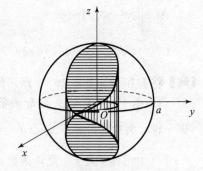

图 16-3

在 xoy 面的投影区域 D_{xy}：$\begin{cases} x^2 + y^2 \leqslant ax \\ z = 0 \end{cases}$.

$$\Rightarrow V_1 = \iiint\limits_{\Omega_1} \mathrm{d}v = \int_0^{\frac{\pi}{2}} \mathrm{d}\theta \int_0^{a\cos\theta} r\mathrm{d}r \int_0^{\sqrt{a^2-r^2}} \mathrm{d}z = \int_0^{\frac{\pi}{2}} \mathrm{d}\theta \int_0^{a\cos\theta} \sqrt{a^2-r^2}\,r\mathrm{d}r$$

$$= \int_0^{\frac{\pi}{2}} \frac{a^3}{3}(1-\sin^3\theta)\mathrm{d}\theta = \frac{4}{3}\left(\frac{\pi}{2} - \frac{2}{3}\right)a^3,$$

以上是用柱坐标计算的.

所以 $V = 4V_1 = \dfrac{4}{3}\left(\dfrac{\pi}{2} - \dfrac{2}{3}\right)a^3$.

【例 16.9】（数一）计算 $\displaystyle\int_L |x|\mathrm{d}s$，其中 L 是双纽线 $(x^2+y^2)^2 = x^2 - y^2$.

【分析】利用奇偶对称性去掉绝对值号. 此外利用代数方法可知双纽线之极坐标方程为

$$r^2 = \cos 2\theta.$$

【解】由于被积函数 $f(x, y) = |x|$ 既关于 x 又关于 y 为偶函数，而 L 既关于 $x=0$（即 y 轴）对称又关于 $y=0$（即 x 轴）对称，所以 $\displaystyle\int_L |x|\mathrm{d}s = 4\int_{L_1} x\mathrm{d}s$

其中 L_1 是 L 在第一象限的部分.

由代数方法易知 L_1：$r = \sqrt{\cos 2\theta}$，$0 \leqslant \theta \leqslant \dfrac{\pi}{4}$，$x = \sqrt{\cos 2\theta}\cos\theta$，$\mathrm{d}s = $

$\sqrt{r^2 + r'^2_\theta}\,\mathrm{d}\theta = \dfrac{1}{\sqrt{\cos 2\theta}}\mathrm{d}\theta$，所以 $\displaystyle\int_L = 4\int_{L_1} x\mathrm{d}s = 4 \cdot \int_0^{\frac{\pi}{4}} \sqrt{\cos 2\theta}\cos\theta \cdot \dfrac{1}{\sqrt{\cos 2\theta}}\mathrm{d}\theta = 2\sqrt{2}$

【例 16.10】（数一）计算 $\displaystyle\oiint\limits_{\Sigma} (ax+by+cz)\mathrm{d}S$，其中 Σ：$x^2+y^2+z^2 = 2Rz$.

【分析】利用奇偶对称性计算 $\displaystyle\oiint\limits_{\Sigma} x\mathrm{d}S$ 及 $\displaystyle\oiint\limits_{\Sigma} y\mathrm{d}S$，利用形心公式计算 $\displaystyle\oiint\limits_{\Sigma} z\mathrm{d}S$.

【解】由于 $\displaystyle\oiint\limits_{\Sigma} x\mathrm{d}S$ 及 $\displaystyle\oiint\limits_{\Sigma} y\mathrm{d}S$ 分别关于 x 及 y 是奇函数，而 Σ 是中心在 $(0, 0, R)$、半径为 R 的球，它关于 $x=0$（即 yOz 面）及 $y=0$（即 zOx 面）对称，故由奇偶对称性知

$$\oiint\limits_{\Sigma} x\mathrm{d}S = 0, \quad \oiint\limits_{\Sigma} y\mathrm{d}S = 0.$$

由于 Σ 的形心在 $(0, 0, R)$ 处，而由形心公式得

$$\bar{z} = \frac{\displaystyle\oiint\limits_{\Sigma} z\mathrm{d}S}{\displaystyle\oiint\limits_{\Sigma} \mathrm{d}S} \Rightarrow \oiint\limits_{\Sigma} z\mathrm{d}S = \bar{z} \cdot \oiint\limits_{\Sigma} \mathrm{d}S = R \cdot 4\pi R^2 = 4\pi R^3.$$

所以 $\displaystyle\oiint\limits_{\Sigma} (ax+by+cz)\mathrm{d}S = 4\pi cR^3$.

注 请读者考虑：为什么 $\displaystyle\oiint\limits_{\Sigma} z\mathrm{d}S$ 不能用奇偶对称性.

【例 16.11】（数一）计算 $\displaystyle\iint\limits_{\Sigma} \left|\dfrac{xy}{z}\right|\mathrm{d}S$，其中 Σ 是曲面 $z = \dfrac{1}{2}(x^2+y^2)$ 介于 $\dfrac{1}{2} \leqslant z \leqslant 2$ 之间的部分.

【分析】利用奇偶对称性去掉被积式中的绝对值号.

【解】记 Σ_1 为 Σ 在第一卦限的部分，则由于 $\left|\dfrac{xy}{z}\right|$ 关于 x 和 y 都是偶函数，所以

$$\iint\limits_{\Sigma}\left|\frac{xy}{z}\right|\mathrm{d}S = 4\iint\limits_{\Sigma_1}\frac{xy}{z}\mathrm{d}S.$$

把 Σ_1 投影到 yOz 面，D_{yz} 由 $y=0$，$z=\dfrac{1}{2}$，$z=2$，$z=\dfrac{1}{2}y^2$ 围成，而 Σ_1：$x=\sqrt{2z-y^2}$，$\mathrm{d}S$

$$=\sqrt{\frac{1+2z}{2z-y^2}}\mathrm{d}y\mathrm{d}z. \text{ 从而}\iint\limits_{\Sigma_1}\frac{xy}{z}\mathrm{d}S = \iint\limits_{D_{yz}}\frac{\sqrt{2z-y^2}\cdot y}{z}\sqrt{\frac{1+2z}{2z-y^2}}\mathrm{d}y\mathrm{d}z$$

$$=\iint\limits_{D_{yz}}\frac{y\sqrt{1+2z}}{z}\mathrm{d}y\mathrm{d}z$$

$$=\int_{\frac{1}{2}}^{2}\mathrm{d}z\int_0^{\sqrt{2z}}\frac{y\sqrt{1+2z}}{z}\mathrm{d}y = \frac{1}{3}\left(5\sqrt{5}-2\sqrt{2}\right),$$

所以 $I=\dfrac{4}{3}\left(5\sqrt{5}-2\sqrt{2}\right)$.

【例 16.12】（数一）计算区面积分 $\displaystyle\iint\limits_{S}\frac{x\mathrm{d}y\mathrm{d}z+z^2\mathrm{d}x\mathrm{d}y}{x^2+y^2+z^2}$

其中 S 是由曲面 $x^2+y^2=R^2$ 及两平面 $z=R$，$z=-R(R>0)$ 所围成的立体的表面的外侧.

【分析】利用第二类曲面积分的奇偶对称性（注意与第一类曲面积分的奇偶对称性相反）.

【解】由于被积函数 $\dfrac{z^2}{x^2+y^2+z^2}$ 关于 z 为偶函数，而 S 关于 $z=0$ 即 xOy 面对称，故由第二类曲面积分的对称性知 $\displaystyle\iint\limits_{S}\frac{z^2\mathrm{d}x\mathrm{d}y}{x^2+y^2+z^2}=0$.

设 S_1、S_2、S_3 分别为 S 的上、下底面和圆柱面部分，由于 S_1、S_2 在 yOz 面投影面积为 0，故 $\displaystyle\iint\limits_{S_1}\frac{x\mathrm{d}y\mathrm{d}z}{x^2+y^2+z^2}=\iint\limits_{S_2}\frac{x\mathrm{d}y\mathrm{d}z}{x^2+y^2+z^2}=0$.

记 S_4 为 S_3 的前半部分，由于被积函数 $\dfrac{x}{x^2+y^2+z^2}$ 关于 x 为奇函数，而 S_3 关于 $x=0$ 即 yOz 面对称，再由第二类曲面积分的对称性知

$$\iint\limits_{S_3}\frac{x\mathrm{d}y\mathrm{d}z}{x^2+y^2+z^2}=2\iint\limits_{S_4}\frac{x\mathrm{d}y\mathrm{d}z}{x^2+y^2+z^2}=2\iint\limits_{D_{yz}}\frac{\sqrt{R^2-y^2}}{R^2+z^2}\mathrm{d}y\mathrm{d}z$$

$$=2\int_{-R}^{R}\sqrt{R^2-y^2}\mathrm{d}y\int_{-R}^{R}\frac{\mathrm{d}z}{R^2+z^2}=\pi^2 R.$$

综上可知原式 $=\pi^2 R$.

【例 16.13】（数一）计算 $\displaystyle\oint\limits_{ABCDA}\frac{\mathrm{d}x+\mathrm{d}y}{|x|+|y|}$，其中 $ABCDA$ 为逆时针正方形闭回路，$|x|+|y|=1$，A 点在 x 正方向上. 如图 16-4 所示.

【分析】利用第二类曲面积分的奇偶对称性是最简单的方法，还可以使用代入技巧后用格林公式，当然也可以直接计算.

【解】由于被积函数 $\dfrac{1}{|x|+|y|}$ 关于 x 为偶函数，而正方形 $ABCDA$ 关于 $x=0$（即 y 轴）为对

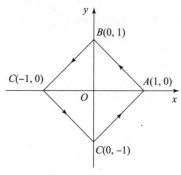

图 16 - 4

称，故有 $\displaystyle\int_{ABCDA}\frac{\mathrm{d}y}{|x|+|y|}=0$.

又由于被积函数 $\dfrac{1}{|x|+|y|}$ 关于 y 为偶

函数，而正方形 $ABCDA$ 关于 $y=0$（即 x

轴）为对称，故有 $\displaystyle\int_{ABCDA}\frac{\mathrm{d}x}{|x|+|y|}=0$，

所以原式＝0.

注　正如我们在本节要点中所说的那样，第二类曲面积分只对于相应的指定的坐标轴才有意义. 比如此题中，对微元为 $\mathrm{d}y$ 的项只能考虑曲线是否关于 y 轴对称，当然相应地只能考虑被积函数关于 x 说法为奇（偶）函数. 而对微元为 $\mathrm{d}x$ 的项则只能考虑曲线是否关于 x 轴对称，当然相应地只能考虑被积函数关于 y 是否为奇（偶）函数. 同时再一次强调，第二类曲面积分的奇偶对称性恰与第一类曲面积分相反.

类题训练

由于这部分较简单，并且是大家常见的形式，故编者未给出解答过程.

1. 计算积分 $\displaystyle\iint_{D}(|x|+|y|)\mathrm{d}\sigma$，其中 D：$|x|+|y|\leqslant1$. 提示利用奇偶对称性.

答案：$\dfrac{4}{3}$

2. 求下列定积分

(1) $\displaystyle\int_{-3}^{3}(x^3+4)\sqrt{9-x^2}\,\mathrm{d}x$;　　(2) $\displaystyle\int_{-\frac{\pi}{2}}^{\frac{\pi}{2}}(\cos^4x+\sin^3x)\sin^2x\,\mathrm{d}x$.

答案：(1) 18π，(2) $\dfrac{\pi}{16}$

3. 计算 $I=\displaystyle\iint_{D}(|x|+|y|)\mathrm{d}x\mathrm{d}y$，其中 D：$x^2+y^2\leqslant1$.

答案：$\dfrac{8}{3}$

4. 设 $f(x)$ 在 $[a，b]$ 上连续，证明 $\displaystyle\int_{-a}^{a}f(x)\mathrm{d}x=\int_{0}^{a}[f(x)+f(-x)]\mathrm{d}x$ 并利用此计算

$$\int_{-\frac{\pi}{4}}^{\frac{\pi}{4}}\frac{\cos^2x}{1+e^{-x}}\mathrm{d}x.$$

答案：$\dfrac{\pi}{8}+\dfrac{1}{4}$

5. 计算 $I=\displaystyle\iint_{x^2+y^2\leqslant a^2}(x^2-2x+3y+2)\mathrm{d}\sigma$.

答案：$\dfrac{\pi}{4}a^4+2\pi a^2$

6. 求 $I=\displaystyle\iint_{D}x\mathrm{e}^{y}\mathrm{d}\sigma$，其中 D：$x^2+(y-1)^2\leqslant1$.

答案：0

7.（数一）设空间闭区域 Ω 由曲面 $z=a^2-x^2-y^2$ 与平面 $z=0$ 围成，其中 a 为正的常数，

记 Ω 的表面外侧为 S，Ω 的体积为 V，则 $\oiint\limits_{S} x^2 yz^2 \,dydz - xy^2 z^2 \,dzdx + z(1+xyz)\,dxdy = \underline{\qquad}$.

  A. O B. V C. $2V$ D. $3V$

  答案：B.

8. （数一）求曲面积分 $\oint\limits_{L} y^3 \sqrt{x^2+y^2}\,dx$，其中 L 为圆 $(x-1)^2+y^2=1$ 的整个圆周.

  答案：0

9. （数一）计算 $I = e^{|z|}\,dv$，其中 Ω：$x^2+y^2+z^2 \leqslant 1$.

  答案：2π

10. （数一）计算 $I = \iiint\limits_{\Omega} (1+xz+yz)\,dv$，其中 Ω 是由曲面 $z=\sqrt{x^2+y^2}$ 及 $z=12-x^2-y^2$ 所围成的区域.

  答案：$\dfrac{99}{2}\pi$

11. （数一）计算 $\displaystyle\int_{L} (x\sin\sqrt{x^2+y^2}+x^2+4y^2-7y)\,dx$，其中 L 是椭圆 $\dfrac{x^2}{4}+(y-1)^2=1$，又设 L 的全长为 l.

  答案：l

12. （数一）计算 $\oint\limits_{L} (y^2+2x\sin y)\,dx + x^2(\cos y+x)\,dy$，其中 L 是以 $A(1,0)$，$B(0,1)$，$E(-1,0)$，$F(0,-1)$ 为顶点的逆时针方向的正方形.

  答案：1

13. （数一）计算 $\iint\limits_{\Sigma} y^2\,dydz + x^2\,dzdx + z^2\,dxdy$，其中 Σ 是 $z=\sqrt{x^2+y^2}$ 与 $z=\sqrt{2-x^2-y^2}$ 所围立体表面外侧.

  答案：π

14. （数一）计算 $\iiint\limits_{\Omega} \dfrac{z\ln(1+x^2+y^2+z^2)}{1+x^2+y^2+z^2}\,dv$，其中 Ω 是球体 $x^2+y^2+z^2\leqslant 1$.

  答案：0

15. （数一）计算曲面积分 $\iint\limits_{\Sigma} y\sin(x^2+y^2+z^2)\,dS$，其中 Σ 为旋转抛物面 $z=x^2+y^2$ 被平面 $z=4$ 所截得的部分.

  答案：0

16.3　轮换对称性

16.3.1　轮换定义（仅数一）

  要讲清轮换对称性首先要明了轮换的意义. 在积分问题中所谓的轮换是对被积函数和积分域两者都常用的一种变换手段. 以三重积分 $\iiint\limits_{\Omega} f(x,y,z)\,dv$ 为例，当 x 变为 y，y 变为 z，z 变为 x（简记为 $x \to y \to z \to x$）时，被积函数 $f(x,y,z)$ 变为 $f(y,z,x)$，这就完成了被积函数的一次轮换. 同样, 如 Ω 的表达式为: $\varphi_1(x, y) \leqslant z \leqslant \varphi_2(x, y)$, $h_1(x) \leqslant y \leqslant h_2(x)$, $a \leqslant x \leqslant b$, 则当 $x \to y \to z \to x$ 时, 其表达式变为: $\varphi_1(y, z) \leqslant x \leqslant \varphi_2(y, z)$, $h_1(y) \leqslant z \leqslant h_2(y)$, $a \leqslant y \leqslant b$. 这也就完成了对积分域的一次轮换. 从几何角度看, 经此轮换后, 积分域 Ω 的形状没有发生任何变化, 但它在空间直角坐标系中的位置发生了变化.

下面的论断是显然的:

当被积函数和积分域同步进行同一轮换时, 积分的值不变. 这里的积分包括所有重积分和线、面积分.

16.3.2 轮换对称性 (仅数一)

下面再说轮换对称性, 仍以三重积分 $\iiint\limits_{\Omega} f(x, y, z)\mathrm{d}v$ 为例, 若 $f(x, y, z) = f(y, z, x)$, 则被积函数 $f(x, y, z)$ 对于轮换 $x \to y \to z \to x$ 具有轮换对称性. 同时, 若 Ω: $\varphi_1(x, y) \leqslant z \leqslant \varphi_2(x, y)$, $h_1(x) \leqslant y \leqslant h_2(x)$, $a \leqslant x \leqslant b$, 在轮换 $x \to y \to z \to x$ 之下表达式不变, 则称 Ω 对于这个轮换具有轮换对称性.

在此要强调一点, 在谈积分的轮换对称性时, 我们总假定对被积函数和积分域施行了一次同样的轮换. 此时应当有以下四种情形发生:

(1) 被积函数和积分域都具有轮换对称性, 这种情形可称为双轮换对称性.

(2) 被积函数具有轮换对称性而积分域没有.

(3) 积分域有轮换对称性而被积函数没有.

(4) 被积函数和积分域都没有轮换对称性.

注 (2) 和 (3) 可称为单轮换对称性.

双轮换对称性把原题变成了原题, 所以对我们解题没有任何帮助. 例如题目: 计算 $I = \iiint\limits_{\Omega}(x+y+z)\mathrm{d}v$, 其中 Ω: $x^2+y^2+z^2 \leqslant 1$, 做同步轮换: $x \to y \to z \to x$ 后仍变成了原题. 所以, 我们主要在单轮换对称的情形 (上述的 (2)、(3)) 使用轮换对称性解题, 而尤以 (3) 的情形为最多见. 至于 (4) 的情形, 对它们进行同步轮换, 则可以在不改变积分值的情形下使积分域的表达式和图像转化为我们习惯的情形, 在计算曲面积分时要向 zOx 面投影, 做起来比较生疏, 如对原题进行 $x \to y \to z \to x$ 的同步轮换, 则 S 方程变为 $z = 1 + x^2 + y^2$ ($1 \leqslant z \leqslant 3$), 最终计算积分只需投影到 xOy 面上, 这正是大家惯常的做法, 这样解起题来, 顺畅自然不易出错.

16.3.3 一些重要的轮换对称性公式

(一) 二重积分 $\iint\limits_{D} f(x, y)\mathrm{d}\sigma$

公式 I 若积分域 D 关于 x、y 具有轮换对称性 (即 D 的图形关于直线 $y=x$ 对称), 则

$$\iint\limits_{D} f(x, y)\mathrm{d}\sigma = \iint\limits_{D} f(y, x)\mathrm{d}\sigma \tag{1}$$

从而

$$\iint\limits_{D} f(x, y)\mathrm{d}\sigma = \frac{1}{2}\iint\limits_{D}[f(x, y)+f(y, x)]\mathrm{d}\sigma \tag{2}$$

注 显然这里用到单轮换对称性.

公式 II 若 D 关于 x、y 具有轮换对称性 (即 D 的图形关于直线 $y=x$ 对称), 记 D_1 为 D

位于直线 $y=x$ 的上半部分，则

①当 $f(x, y)$ 关于 x、y 具有轮换对称性即 $f(x, y)=f(y, x)$ 时，

$$\iint\limits_{D}f(x, y)\mathrm{d}\sigma = 2\iint\limits_{D_1}f(x, y)\mathrm{d}\sigma \tag{3}$$

②当 $f(x, y)$ 关于 x、y 具有反轮换对称性即 $f(x, y)=-f(y, x)$ 时，

$$\iint\limits_{D}f(x, y)=0 \tag{4}$$

（二）三重积分 $\iiint\limits_{\Omega}f(x, y, z)\mathrm{d}v$（仅数一）

公式 I 若积分域 Ω 关于变量 x、y 有局部轮换对称性（$x \leftrightarrow y$、z 不变时，Ω 的表达式不变），则

$$\iiint\limits_{\Omega}f(x, y, z)\mathrm{d}v = \iiint\limits_{\Omega}f(y, x, z)\mathrm{d}v \tag{5}$$

一般地，若 Ω 关于变量 x、y、z 有（整体）轮换对称性，则

$$\iiint\limits_{\Omega}f(x, y, z)\mathrm{d}v = \iiint\limits_{\Omega}f(y, z, x)\mathrm{d}v = \iiint\limits_{\Omega}f(z, x, y)\mathrm{d}v$$

$$= \frac{1}{3}\iiint\limits_{\Omega}[f(x, y, z)+f(y, z, x)+f(z, x, y)]\mathrm{d}v \tag{6}$$

在这种情形下也有

$$\iiint\limits_{\Omega}f(x)\mathrm{d}v = \iiint\limits_{\Omega}f(y)\mathrm{d}v = \iiint\limits_{\Omega}f(z)\mathrm{d}v = \frac{1}{3}\iiint\limits_{\Omega}[f(x)+f(y)+f(z)]\mathrm{d}v \tag{7}$$

这个公式也是用到单轮换对称性.

注 可以依照上面的思路得出与上述公式完全类似的关于第一类和第二类线、面积分的相应公式.

（三）具有轮换对称性的积分域的几何特征

除了如上用代数方法描述具有轮换对称性的积分域的特征外，这种积分域还具有一定的几何特征. 比如，当平面区域 D 的图形关于直线 $y=x$ 具有几何上的对称性时，该区域一定有轮换对称性. 再如，当空间区域 Ω 的图形关于空间直线 $x=y=z$ 具有几何上的对称性时，该区域一定有轮换对称性.

（四）关于局部轮换对称性（仅数一）

前面叙述的可以称为整体轮换对称性. 它对于出现三个变量 x、y、z 的积分，必须对被积函数和积分域进行 $x \rightarrow y \rightarrow z \rightarrow x$ 的同步轮换. 现在再讨论所谓局部轮换对称性. 这就是在出现三个变量 x、y、z 的积分问题中，只对其中两个变量（例如 x、y）进行轮换，即 $x \leftrightarrow y$，z 保持不变. 这时，若积分域在轮换下不变时，便有局部轮换对称性发生.

（五）性质总结（仅数一）

这个性质在二重积分、三重积分、第一类曲线积分和第一类曲面积分等四类多元函数积分中都成立. 但对于第二类曲线、曲面积分不成立，因为第二类积分元不完整，积分形式作为矢量作乘积时是部分对称性，并且由于两个矢量存在方向性的问题，对称型具有新的形式，需结合具体题目具体分析.

【例 16.14】 计算 $I = \iint\limits_{D}\dfrac{af(x)+bf(y)}{f(x)+f(y)}\mathrm{d}\sigma$，其中 D：$x^2+y^2 \leqslant R^2$，而 $f(x)$ 为恒正的连续函数.

【分析】 单轮换对称性题（积分域有轮换对称性，被积函数不具有），利用本节

公式 I 之式（2）

【解】显然 D 的图形关于 $y=x$ 为对称，即 D 具有轮换对称性，于是由本节公式 I 之式（2）得

$$I = \frac{1}{2}\iint\limits_{D}\left[\frac{af(x)+bf(y)}{f(x)+f(y)} + \frac{af(y)+bf(x)}{f(y)+f(x)}\right]\mathrm{d}\sigma$$

$$= \frac{1}{2}\iint\limits_{D}(a+b)\mathrm{d}\sigma = \frac{1}{2}(a+b)\pi R^2.$$

【例 16.15】设函数 $f(x)$ 在区间 $[0,1]$ 上连续，并设 $\int_0^1 f(x)\mathrm{d}x = A$，求

$$I = \int_0^1 \mathrm{d}x \int_x^1 f(x)f(y)\mathrm{d}y.$$

【解 1】使用变量无关性可得 $I = \int_0^1 \mathrm{d}y \int_y^1 f(y)f(x)\mathrm{d}x$，再对称二次积分换序，再把所得结果与原式相加

$$2I = \int_0^1 f(x)\mathrm{d}x \int_x^1 f(y)\mathrm{d}y + \int_0^1 f(y)\mathrm{d}y \int_y^1 f(x)\mathrm{d}x$$

$$= \int_0^1 f(x)\mathrm{d}x \int_x^1 f(y)\mathrm{d}y + \int_0^1 f(x)\mathrm{d}x \int_0^x f(y)\mathrm{d}y$$

$$= \iint\limits_{D_1} f(x)f(y)\mathrm{d}\sigma + \iint\limits_{D_2} f(x)f(y)\mathrm{d}\sigma$$

$$= \int_0^1 f(x)\mathrm{d}x \int_0^1 f(y)\mathrm{d}y = A^2$$

所以 $I = \frac{1}{2}A^2$

这里 D_1 和 D_2 分别是正方形被直线 $y=x$ 所分成的左上和右下部分，如图 16-5 所示.

【解 2】把二次积分恢复为二重积分，然后利用单轮换对称性（注意：这里是很少见的被积函数具有轮换对称性而积分域没有的情形）.

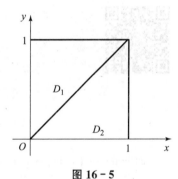

图 16-5

$$I = \iint\limits_{D_1} f(x)f(y)\mathrm{d}\sigma = \iint\limits_{D_2} f(x)f(y)\mathrm{d}\sigma，于是$$

$$2I = \iint\limits_{D_1} f(x)f(y)\mathrm{d}\sigma + \iint\limits_{D_2} f(x)f(y)\mathrm{d}\sigma = \iint\limits_{D_1+D_2} f(x)f(y)\mathrm{d}\sigma = \int_0^1 f(x)\mathrm{d}x \int_0^1 f(x)\mathrm{d}x = A^2$$

因此 $I = \dfrac{A^2}{2}$.

【例 16.16】（数一）计算 $\oint_{\Gamma}(x^2+y^2+2z)\mathrm{d}x$，其中 Γ 为曲线：$x^2+y^2+z^2=R^2$，$x+y+z=0$.

【分析】轮换对称性的题目（积分域具有整体轮换对称性，而被积函数具有局部轮换对称性）.

【解】显然，积分曲线 Γ 具有轮换对称性. 对积分曲线 Γ 与被积函数进行同步轮换，有

$$\oint_{\Gamma} x^2\mathrm{d}s = \oint_{\Gamma} y^2\mathrm{d}s = \oint_{\Gamma} z^2\mathrm{d}s \Rightarrow \oint_{\Gamma}(x^2+y^2)\mathrm{d}s = \frac{2}{3}\oint_{\Gamma}(x^2+y^2+z^2)\mathrm{d}s = \frac{2}{3}R^2\oint_{\Gamma}\mathrm{d}s$$

（代入 $x^2+y^2+z^2=R^2 = \dfrac{2}{3}R^2 \cdot 2\pi R = \dfrac{4}{3}\pi R^3$），

同理，$\oint_{\Gamma} x\mathrm{d}s = \oint_{\Gamma} y\mathrm{d}s = \oint_{\Gamma} z\mathrm{d}s \Rightarrow \oint_{\Gamma} z\mathrm{d}s = \frac{1}{3}\oint_{\Gamma}(x+y+z)\mathrm{d}s = 0 \Rightarrow \oint_{\Gamma} 2z\mathrm{d}s = 0$，所以原式 =

$\dfrac{4}{3}\pi R^3$.

注 上述做法中我们利用轮换对称性为使用代入技巧创设了条件，使问题的解决巧妙而简捷．而在使用代入技巧时，虽针对的是同一曲线 Γ，但对于不同的被积函数代入的是不同的方程（如对 x^2+y^2+z 代入的方程是 $x^2+y^2+z^2=R^2$，对于被积函数 $x+y+z$ 代入的方程是 $x+y+z=0$），这给问题的解决带来了极大的灵活性．

【例 16.17】（数一）求力 $\vec{F}=(y,\ z,\ x)$ 沿有向闭曲线 Γ 所做的功，其中 Γ 为平面 $x+y+z=1$ 被三个坐标面所截成的三角形的整个边界，从 z 轴正向看去，沿顺时针方向．

【解】 $w=\oint_{\Gamma}y\mathrm{d}x+z\mathrm{d}y+x\mathrm{d}z$.

如图 16-6 所示，显然 Γ 具有轮换对称性（注意 Γ 是有向曲线弧），所以 $\oint_{\Gamma}y\mathrm{d}x=\oint_{\Gamma}z\mathrm{d}y=\oint_{\Gamma}x\mathrm{d}z$，所以 $w=3\oint_{\Gamma}y\mathrm{d}x$，

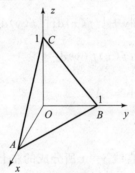

图 16-6

而 $\oint_{\Gamma}y\mathrm{d}x=\left(\int_{AC}+\int_{CB}+\int_{BA}\right)y\mathrm{d}x=\int_{BA}y\mathrm{d}x=\int_{0}^{1}(1-x)\mathrm{d}x=\dfrac{1}{2}$，所以 $w=\dfrac{3}{2}$.

注 因为在 AC 上 $y=0$，所以 $\oint_{AC}y\mathrm{d}x=0$，在 CB 上 $x=0$，所以 $\mathrm{d}x=0\Rightarrow\oint_{CB}y\mathrm{d}x=0$.

【例 16.18】（数一）计算 $I=\iiint_{\Omega}(ax^2+by^2+cz^2)\mathrm{d}v$，其中 Ω 是由平面 $x+y+z=1$ 和三个坐标面所围成的区域．

【分析】 单轮换对称型题（被积函数无轮换对称性）．先利用轮换对称性把积分化为 $(a+b+c)\iiint_{\Omega}z^2\mathrm{d}v$，再用先二后一法计算 $\iiint_{\Omega}z^2\mathrm{d}v$.

【解】 显然 Ω 既关于平面 $x=y$ 对称，又关于平面 $y=z$ 对称，所以 Ω 具有轮换对称性．于是 $\iiint_{\Omega}x^2\mathrm{d}v=\iiint_{\Omega}y^2\mathrm{d}v=\iiint_{\Omega}z^2\mathrm{d}v$. 从而

$$I=(a+b+c)\iiint_{\Omega}z^2\mathrm{d}v=(a+b+c)\int_{0}^{1}z^2\mathrm{d}z\iint_{D_z}\mathrm{d}\sigma$$

$$=(a+b+c)\dfrac{1}{2}\int_{0}^{1}z^2(1-z^2)\mathrm{d}z=\dfrac{1}{60}(a+b+c).$$

注 $\iint\limits_{D_z} d\sigma$ 表示 D_z 的面积,计算此面积最好利用相似形面积比等于相似比的平方.

【例 16.19】(数一)计算 $\oiint\limits_{\Sigma}(x^4+2y^2z^2)dS$,其中 Σ 是闭曲面 $x^2+y^2+z^2=a^2$.

【分析】轮换对称性(被积函数无轮换对称性).利用轮换对称性为使用代入技巧创设条件.

【解】因为积分曲面 Σ 关于 x、y、z 具有轮换对称性,所以

$$\oiint\limits_{\Sigma}(x^2+2y^2z^2)dS=\frac{1}{3}\oiint\limits_{\Sigma}\big[(x^4+2y^2z^2)+(y^4+2z^2x^2)+(z^4+2x^2y^2)\big]dS$$

$$=\frac{1}{3}\oiint\limits_{\Sigma}(x^2+y^2+z^2)^2dS=\frac{1}{3}\oiint\limits_{\Sigma}a^4dS=\frac{4}{3}\pi a^6.$$

【例 16.20】(数一)计算 $I=\oiint\limits_{\Sigma}xzdxdy+xydydz+yzdzdx$,其中 Σ 是由平面 $x=0$,$y=0$,$z=0$ 及 $x+y+z=1$ 所围成的空间区域填的整个边界的外侧.

【分析】(从 $\oiint\limits_{\Sigma}xzdxdy$ 看)单轮换对称性(被积函数无轮换对称性)的题目.

【解1】思路 利用轮换对称性化组合型曲面积分为单一型曲面积分.

方法 由于积分区域是曲面 Σ,故关于其轮换对称性的研究用代数方法.我们先看三个侧面 $x=0$、$y=0$、$z=0$ 组成的区域 Σ_1,点 (x,y,z)、(y,z,x)、(z,x,y) 中任何一个 $\in\Sigma_1$,必有其余两个也 $\in\Sigma_1$;再看平面 Σ_2:$x+y+z=1$,其轮换对称性是显然的.由这两方面的考查可知,$\Sigma=\Sigma_1+\Sigma_2$ 具有轮换对称性.

由于积分曲面 Σ 关于 x、y、z 有轮换对称性,所以 $\oiint\limits_{\Sigma}xzdxdy=\oiint\limits_{\Sigma}yxdydz=\oiint\limits_{\Sigma}zydzdx$.

从而 $I=3\oiint\limits_{\Sigma}xzdxdy=3\iint\limits_{\Sigma_2}xzdxdy=3\iint\limits_{D_{xy}}x(1-x-y)d\sigma=3\int_0^1xdx\int_0^{1-x}(1-x-y)dy=\frac{1}{8}$.

【解2】思路 先用高斯公式再用轮换对称性.

由高斯公式得 $I=\iiint\limits_{\Omega}(x+y+z)dv$

由轮换对称性得 $\iiint\limits_{\Omega}xdv=\iiint\limits_{\Omega}ydv=\iiint\limits_{\Omega}zdv,\Rightarrow\iiint\limits_{\Omega}(x+y+z)dv=3\iiint\limits_{\Omega}zdv$

$$=3\int_0^1zdz\iint\limits_{D_z}d\sigma=\frac{3}{2}\int_0^1z(1-z)^2dz=\frac{1}{8}.$$

【例 16.21】(数一)计算 $\iint\limits_{\Sigma}y^2dS$,其中 Σ 为圆柱面 $x^2+y^2=a^2$ 介于平面 $z=0$ 与 $z=h$ 之间的部分.

【分析】局部转换对称性.

【解】由于 $x\leftrightarrow y$ 时,Ω 的方程不变,故

$$\iint\limits_{\Sigma}x^2dS=\iint\limits_{\Sigma}y^2dS=\frac{1}{2}\iint\limits_{\Sigma}(x^2+y^2)dS=\frac{1}{2}\iint\limits_{\Sigma}a^2dS(代入技巧)$$

$$=\frac{a^2}{2}\iint\limits_{\Sigma}dS=\frac{a^2}{2}\cdot2\pi ah(几何意义)=\pi a^3h.$$

类题训练

(1) 计算 $\iint\limits_{D}(x^2+y^2)\mathrm{d}\sigma$，其中 D 是以 $(0,0)$、$(1,0)$、$(0,1)$ 为顶点的三角形．

【解】$\iint\limits_{D}(x^2+y^2)\mathrm{d}\sigma=2\iint\limits_{D}x^2\mathrm{d}\sigma=2\int_0^1\mathrm{d}x\int_0^{1-x}x^2\mathrm{d}y=2\int_0^1\frac{x^3}{3}\Big|_0^{1-x}\mathrm{d}x=2\int_0^1\frac{(1-x)^3}{3}\mathrm{d}x=\frac{1}{6}$．

(2) 设有等腰直角三角形薄片，腰长为 a，各点处的密度为该点到直角顶点的距离的平方，求薄片之重心．

【解】
$$\bar{x}=\frac{\iint\limits_{D}x(x^2+y^2)\mathrm{d}\sigma}{\iint\limits_{D}(x^2+y^2)\mathrm{d}\sigma}=\frac{\int_0^a\mathrm{d}x\int_0^{a-x}x(x^2+y^2)\mathrm{d}y}{\int_0^a\mathrm{d}x\int_0^{a-x}(x^2+y^2)\mathrm{d}y}=\frac{2}{5}a$$

$$\bar{y}=\bar{x}=\frac{2}{5}a.$$

(3)（数一）计算 $\iiint\limits_{\Omega}(x+y+z)\mathrm{d}v$，其中 Ω：$x^2+y^2+z^2\leqslant R^2$，$x\geqslant0$，$y\geqslant0$，$z\geqslant0$．

【解】$\iiint\limits_{\Omega}(x+y+z)\mathrm{d}v=3\iiint\limits_{\Omega}z\mathrm{d}v=3\int_0^{\frac{\pi}{2}}\mathrm{d}\theta\int_0^{\frac{\pi}{2}}\mathrm{d}\varphi\int_0^R r\cos\varphi\cdot r^2\sin\varphi\mathrm{d}r=\frac{3}{16}\pi R^4$．

(4)（数一）计算 $\iiint\limits_{\Omega}(x^2+z^2)\mathrm{d}v$，其中 Ω：$x^2+y^2+z^2\leqslant1$．（提示由轮换对称性）
$$\iiint\limits_{\Omega}(x^2+z^2)\mathrm{d}v=\frac{1}{3}\iiint\limits_{\Omega}[(x^2+z^2)+(y^2+x^2)+(z^2+y^2)]\mathrm{d}v.$$

【解】$\iiint\limits_{\Omega}(x^2+z^2)\mathrm{d}v=2\iiint\limits_{\Omega}z^2\mathrm{d}v=2\int_0^{2\pi}\mathrm{d}\theta\int_0^{2\pi}\mathrm{d}\varphi\int_0^1(r\cos\varphi)^2\cdot r^2\sin\varphi\mathrm{d}r=\frac{8}{15}\pi$．

(5)（数一）计算 $\iint\limits_{\Sigma}(ax+by+cz)\mathrm{d}S$，其中 Σ 是球面 $x^2+y^2+z^2=R^2$ 在第一卦限的部分．

【解】$\iint\limits_{\Sigma}(ax+by+cz)\mathrm{d}S=(a+b+c)\iint\limits_{\Sigma}z\mathrm{d}S=(a+b+c)\iint\limits_{\Sigma}\sqrt{R^2-x^2-y^2}\mathrm{d}S$

$=(a+b+c)\iint\limits_{D}\sqrt{R^2-x^2-y^2}\sqrt{\left(\frac{-x}{\sqrt{R^2-x^2-y^2}}\right)^2-\left(\frac{-y}{\sqrt{R^2-x^2-y^2}}\right)^2-1^2}\mathrm{d}x\mathrm{d}y$

$=(a+b+c)\iint\limits_{D}R\mathrm{d}x\mathrm{d}y=\frac{a+b+c}{4}\pi R^3$．

(6)（数一）计算 $\oiint\limits_{\Sigma}\frac{x\mathrm{d}y\mathrm{d}z+y\mathrm{d}z\mathrm{d}x+z\mathrm{d}x\mathrm{d}y}{(x^2+y^2+z^2)^{3/2}}$，其中 Σ 为 $x^2+y^2+z^2=a^2$ 的外侧．（提示利用轮换对称性化复合型为单一型）

【解】$\oiint\limits_{\Sigma}\frac{x\mathrm{d}y\mathrm{d}z+y\mathrm{d}z\mathrm{d}x+z\mathrm{d}x\mathrm{d}y}{(x^2+y^2+z^2)^{3/2}}=\oiint\limits_{\Sigma}\frac{x\mathrm{d}y\mathrm{d}z+y\mathrm{d}z\mathrm{d}x+z\mathrm{d}x\mathrm{d}y}{a^3}=\frac{3}{a^3}\oiint\limits_{\Sigma}z\mathrm{d}x\mathrm{d}y$

$=\frac{6}{a^3}\oiint\limits_{\Sigma_1}z\mathrm{d}x\mathrm{d}y=\frac{6}{a^3}\iint\limits_{D}\sqrt{a^2-x^2-y^2}\mathrm{d}x\mathrm{d}y=\frac{6}{a^3}\int_0^{2\pi}\mathrm{d}\theta\int_0^a\sqrt{a^2-\rho^2}\rho\mathrm{d}\rho=4\pi a^3$

其中，Σ_1 是 Σ 位于 xoy 平面以上的部分．D 是 Σ_1 在 xoy 平面上的投影．

(7)（数一）求 $\iiint\limits_{\Omega}\sqrt{x^2+y^2+z^2}\mathrm{d}v$，其中 Ω：$x^2+y^2+z^2\leqslant x$（用同步轮换化为常规图形：
$$x^2+y^2+z^2\leqslant z)$$

【**解**】$\iiint\limits_{\Omega}\sqrt{x^2+y^2+z^2}\mathrm{d}v=\iiint\limits_{\Omega_1}\sqrt{x^2+y^2+z^2}\mathrm{d}v=\int_0^{2\pi}\mathrm{d}\theta\int_0^{2\pi}\mathrm{d}\varphi\int_0^{\cos\varphi}r\cdot r^2\sin\varphi\mathrm{d}r=\dfrac{1}{10}\pi$

其中，$\Omega_1:x^2+y^2+z^2\leqslant z$.

（8）（数一）求 $I=\iiint\limits_{\Omega}(x+y+z)\mathrm{d}v$，其中 Ω 为：$x\geqslant0$，$y\geqslant0$，$z\geqslant0$，$x^2+y^2+z^2\leqslant R^2$.

【**解**】$\iiint\limits_{\Omega}(x+y+z)\mathrm{d}v=3\iiint\limits_{\Omega}z\mathrm{d}v=3\int_0^{\frac{\pi}{2}}\mathrm{d}\theta\int_0^{\frac{\pi}{2}}\mathrm{d}\varphi\int_0^R r\cos\varphi\cdot r^2\sin\varphi\mathrm{d}r=\dfrac{3}{16}\pi R^4$.

16.4　代入技巧（仅数一）

在线、面积分中巧妙地使用代入技巧，能收到意想不到的效果．所谓代入技巧就是把积分弧段或积分曲面的方程代入到被积函数中而使运算简化的一种计算方法．

（1）代入技巧的功能

利用代入技巧可以消除由闭曲线或闭曲面所包围的区域内的奇点，从而使格林公式和高斯公式得以顺利使用

（2）易错辨析

代入技巧在重积分中不能使用．例如设 $L:x^2+y^2=a^2$ 围成平面区域 D，则 $\oint_L\dfrac{x^3}{3}\mathrm{d}y-\dfrac{y^3}{3}\mathrm{d}x$

$=\iint\limits_{D}(x^2+y^2)\mathrm{d}\sigma=\iint\limits_{D}a^2\mathrm{d}\sigma=\pi a^4$ 的计算是错误的．错在倒数第二步用代入技巧．因为二重积分中积分变量应在积分区域 D 上取值（例如可在点 $\left(\dfrac{a}{2},\dfrac{a}{2}\right)$ 处），而不是仅在其边界曲线 x^2+y^2 $=a^2$ 上取值，故代入技巧不能用．同样在三重积分 $I=\iiint\limits_{\Omega}(x^2+y^2+z^2)\mathrm{d}v$，$\Omega:x^2+y^2+z^2\leqslant$ a^2 的计算中也不能把 Ω 的边界曲面 Σ 的方程：$x^2+y^2+z^2=a^2$ 代入被积函数中做如下计算

$$I=\iiint\limits_{\Omega}(x^2+y^2+z^2)\mathrm{d}v=\iiint\limits_{\Omega}a^2\mathrm{d}v=\dfrac{4}{3}\pi a^5.$$

（3）解题策略

代入技巧往往与轮换对称性结合起来使用，因为轮换对称性的使用可为代入技巧的使用创设条件，通过例题进一步加深代入技巧的使用．

【**例 16.22**】证明 $\oint_L\dfrac{(x+y)\mathrm{d}x-(x-y)\mathrm{d}y}{x^2+y^2}=-2\pi$. 其中 L 是以原点为圆心的正向单位圆周．

【**分析**】因为原点是奇点，所以此题不能直接用格林公式，只能直接计算．然而使用代入技巧后由于改变了被积函数从而消除了奇点，为使用格林公式扫平了道路．这是一种非常简捷的方法．

【**证明**】将 L 的方程 $x^2+y^2=1$ 代入有 左边 $=\oint_L(x+y)\mathrm{d}x-(x-y)\mathrm{d}y$，这时 L 所围区域内已无奇点，于是由格林公式得 左边 $=\iint\limits_{D}(-2)\mathrm{d}\sigma=-2\pi=$ 右边．

注 虽然上面的解法既要代入，又要使用格林公式，但还是比直接计算简便得多．

【例 16.23】 计算 $I = \oiint\limits_{\Sigma} \dfrac{x\mathrm{d}y\mathrm{d}z + y\mathrm{d}z\mathrm{d}x + z\mathrm{d}x\mathrm{d}y}{(x^2 + y^2 + z^2)^{3/2}}$，其中 Σ 为 $x^2 + y^2 + z^2 = a^2$ 的外侧.

【分析】 此题解法很多，可以利用直接计算、可以化为第一类曲面积分、可以化组合型为单一型、可以利用轮换对称性化组合型为单一型. 由于 Σ 所围区域 Ω 内含有奇点 $O(0, 0, 0)$，所以不能直接使用高斯公式. 但采用代入技巧，可以消除奇点，再使用高斯公式，此法最简单.

【解】 将 Σ 的方程 $x^2 + y^2 + z^2 = a^2$ 代入有

$$I = \frac{1}{a^3}\oiint\limits_{\Sigma} x\mathrm{d}y\mathrm{d}z + y\mathrm{d}z\mathrm{d}x + z\mathrm{d}x\mathrm{d}y = \frac{1}{a^3}\iiint\limits_{\Omega}3\mathrm{d}v \text{（高斯公式）} = \frac{3}{a^3} \cdot \frac{4}{3}\pi a^3 = 4\pi.$$

【例 16.24】 求积分 $I = \iint\limits_{\Sigma}\left(x^2 + \frac{1}{2}y^2 + \frac{1}{4}z^2\right)\mathrm{d}S$，其中 Σ 为球面 $x^2 + y^2 + z^2 = a^2$.

【分析】 此题可以先利用奇偶对称性再直接计算，然而还是比较麻烦. 最简单的办法就是利用轮换对称性为使用代入技巧创设条件.

【解】 由轮换对称性

$$\iint\limits_{\Sigma}x^2\mathrm{d}S = \iint\limits_{\Sigma}y^2\mathrm{d}S = \iint\limits_{\Sigma}z^2\mathrm{d}S = \frac{1}{3}\iint\limits_{\Sigma}(x^2 + y^2 + z^2)\mathrm{d}S = \frac{1}{3}\iint\limits_{\Sigma}a^2\mathrm{d}S$$

$$= \frac{1}{3}a^2\iint\limits_{\Sigma}\mathrm{d}S = \frac{4}{3}\pi a^4,$$

所以 $I = \frac{4}{3}\pi a^4 + \frac{1}{2} \cdot \frac{4}{3}\pi a^4 + \frac{1}{4} \cdot \frac{4}{3}\pi a^4 = \frac{7}{3}\pi a^4.$

类题训练

(1) 计算 $\iint\limits_{\Sigma}\dfrac{ax\mathrm{d}y\mathrm{d}z + (z+a)^2\mathrm{d}x\mathrm{d}y}{(x^2 + y^2 + z^2)^{1/2}}$，其中 Σ 为下半球面 $z = -\sqrt{a^2 - x^2 - y^2}$ 的上侧，a 为大于零的常数.

【解】 $I = \iint\limits_{\Sigma}\dfrac{ax\mathrm{d}y\mathrm{d}z + (z+a)^2\mathrm{d}x\mathrm{d}y}{(x^2 + y^2 + z^2)^{1/2}} = \frac{1}{a}\iint\limits_{\Sigma}ax\mathrm{d}y\mathrm{d}z + (z+a)^2\mathrm{d}x\mathrm{d}y$

$$I_1 = \frac{1}{a}\iint\limits_{\Sigma_1}ax\mathrm{d}y\mathrm{d}z + (z+a)^2\mathrm{d}x\mathrm{d}y$$

其中，Σ_1 是 Σ 在 xOy 平面上的投影，取下侧.

$$I + I_1 = \frac{1}{a}\iint\limits_{\Sigma + \Sigma_1}ax\mathrm{d}y\mathrm{d}z + (z+a)^2\mathrm{d}x\mathrm{d}y = -\frac{1}{a}\iiint\limits_{\Omega}(3a + 2z)\mathrm{d}v$$

$$= -3\iiint\limits_{\Omega}\mathrm{d}v - \frac{2}{a}\iiint\limits_{\Omega}z\mathrm{d}v = -3 \cdot \frac{2}{3}\pi a^3 - \frac{2}{a}\int_0^{2\pi}\mathrm{d}\theta\int_{\frac{\pi}{2}}^{\pi}\mathrm{d}\varphi\int_0^r r\cos\varphi \cdot r^2\sin\varphi\mathrm{d}r$$

$$= -2\pi a^3 + \frac{1}{2}\pi a^3 = -\frac{3}{2}\pi a^3$$

$$I_1 = \frac{1}{a}\iint\limits_{\Sigma_1}ax\mathrm{d}y\mathrm{d}z + (z+a)^2\mathrm{d}x\mathrm{d}y = -\frac{1}{a}\iint\limits_{D}a^2\mathrm{d}x\mathrm{d}y = -\pi a^3$$

$$I = I + I_1 - I_1 = -\frac{1}{2}\pi a^3.$$

(2) 计算 $\oint\limits_{L}\dfrac{xy^2\mathrm{d}y - x^2y\mathrm{d}x}{x^2 + y^2}$，其中 L 为 $x^2 + y^2 = a^2$ 的顺时针方向. 提示使用代入技巧去掉

奇点.

【解】
$$\oint_L \frac{xy^2\mathrm{d}y - x^2y\mathrm{d}x}{x^2+y^2} = \frac{1}{a^2}\oint_L xy^2\mathrm{d}y - x^2y\mathrm{d}x = -\frac{1}{a^2}\iint_D (y^2-(-x^2))\mathrm{d}x\mathrm{d}y$$
$$= -\frac{1}{a^2}\iint_D (x^2+y^2)\mathrm{d}x\mathrm{d}y = -\frac{1}{a^2}\int_0^{2\pi}\mathrm{d}\theta\int_0^a \rho^2 \cdot \rho\mathrm{d}\rho = -\frac{\pi}{2}a^2$$

其中，D 是 L 围成的区域：$x^2+y^2 \leqslant a^2$.

(3) 计算 $\oiint_\Sigma z^2\mathrm{d}S$，其中 Σ：$x^2+y^2+z^2=R^2$.

【解】$\oiint_\Sigma z^2\mathrm{d}S = \frac{1}{3}\oiint_\Sigma (x^2+y^2+z^2)\mathrm{d}S = \frac{R^2}{3}\oiint_\Sigma \mathrm{d}S = \frac{R^2}{3} \cdot 4\pi R^2 = \frac{4}{3}\pi R^4.$

(4) 设 Γ：$x^2+y^2+z^2=a^2$，$y+z=a$，计算 $\oint_L (x^2+y^2+z^2)\mathrm{d}s.$

【解】$\oint_L (x^2+y^2+z^2)\mathrm{d}s = a^2\oint_L \mathrm{d}s = a^2 \cdot \pi \cdot \sqrt{2}a = \sqrt{2}\pi a^3.$

(5) 计算曲面积分 $I = \int_L \sqrt{2y^2+z^2}\mathrm{d}s$，其中 L 为球面 $x^2+y^2+z^2=a^2$ 与平面 $x=y$ 相交的圆周 $(a>0)$.

【解】$I = \int_L \sqrt{2y^2+z^2}\mathrm{d}s = \int_L \sqrt{a^2}\mathrm{d}s = a\int_L \mathrm{d}s = a \cdot 2\pi a = 2\pi a^2.$

16.5 专题综合训练题（仅数一）

【例 16.25】设 $I = \iint_\Sigma x^2\mathrm{d}y\mathrm{d}z + y^2\mathrm{d}z\mathrm{d}x + z^2\mathrm{d}x\mathrm{d}y$，其中 Σ 为球面 $(x-a)^2+(y-b)^2+(z-c)^2 = R^2$ 的外侧，试计算 I 的值.

【解】
$$I = \iint_\Sigma x^2\mathrm{d}y\mathrm{d}z + y^2\mathrm{d}z\mathrm{d}x + z^2\mathrm{d}x\mathrm{d}y$$
$$= \iint_{\Sigma_1} (x+a)^2\mathrm{d}y\mathrm{d}z + (y+b)^2\mathrm{d}z\mathrm{d}x + (z+c)^2\mathrm{d}x\mathrm{d}y$$
$$= \iiint_\Omega 2(x+y+z+a+b+c)\mathrm{d}v = \iiint_\Omega 2(a+b+c)\mathrm{d}v$$
$$= 2(a+b+c)\iiint_\Omega \mathrm{d}v = \frac{8}{3}(a+b+c)\pi R^3$$

其中，Σ_1：$x^2+y^2+z^2=R^2$，Ω：$x^2+y^2+z^2 \leqslant R^2$.

【例 16.26】计算 $\iiint_\Omega (x+y+z+1)^2\mathrm{d}v$，其中 Ω：$x^2+y^2+z^2 \leqslant R^2$ $(R>0)$.（提示将被积函数 $(x+y+z+1)^2$ 展开后分项分别利用奇偶对称性和轮换对称性解之，但不能用代入技巧）

【解】$\iiint_\Omega (x+y+z+1)^2\mathrm{d}v$

$$= \iiint_\Omega (x^2+y^2+z^2+2xy+2xz+2yz+2x+2y+2z+1)\mathrm{d}v$$
$$= \iiint_\Omega (x^2+y^2+z^2+1)\mathrm{d}v = \iiint_\Omega (x^2+y^2+z^2)\mathrm{d}v + \iiint_\Omega \mathrm{d}v$$

$$= \int_0^{2\pi} d\theta \int_0^\pi d\varphi \int_0^R r^2 \cdot r^2 \sin\varphi dr + \frac{4}{3}\pi R^3 = \frac{4}{5}\pi R^5 + \frac{4}{3}\pi R^3.$$

【例 16.27】计算 $\displaystyle\iint_\Sigma \left| x - \frac{a}{3} \right| dydz + \left| y - \frac{2b}{3} \right| dzdx + \left| z - \frac{c}{4} \right| dxdy$，其中 Σ 是六面体 $0 \leqslant x \leqslant a$，$0 \leqslant y \leqslant b$，$0 \leqslant z \leqslant c$ 的外表面．（利用同步轮换由第三项积分值推出第一、二项积分值）

【解】$\displaystyle\iint_\Sigma \left| x - \frac{a}{3} \right| dydz = \iint_{D_{yz}} \left| a - \frac{a}{3} \right| dydz - \iint_{D_{yz}} -\left| 0 - \frac{a}{3} \right| dydz$

$$= \iint_{D_{yz}} \frac{2a}{3} dydz - \iint_{D_{yz}} -\frac{a}{3} dydz = a\iint_{D_{yz}} dydz = abc$$

其中，D_{yz}：$x=0$，$0 \leqslant y \leqslant b$，$0 \leqslant z \leqslant c$

$$\iint_\Sigma \left| y - \frac{2b}{3} \right| dzdx = \iint_\Sigma \left| z - \frac{c}{4} \right| dxdy = abc$$

$$\iint_\Sigma \left| x - \frac{a}{3} \right| dydz + \left| y - \frac{2b}{3} \right| dzdx + \left| z - \frac{c}{4} \right| dxdy = 3abc.$$

【例 16.28】计算 $I = \displaystyle\iint_\Sigma x^2 dydz + y^2 dzdx + z^2 dxdy$，其中 Σ 是下半球面 $z = -\sqrt{R^2 - x^2 - y^2}$ 的下侧．

【解】方法一 $\qquad\qquad I_1 = \displaystyle\iint_{\Sigma_1} x^2 dydz + y^2 dzdx + z^2 dxdy$

其中，Σ_1 是 Σ 在 xOy 平面上的投影，取上侧．

$$I + I_1 = \iint_{\Sigma + \Sigma_1} x^2 dydz + y^2 dzdx + z^2 dxdy = \iiint_\Omega (2x + 2y + 2z) dv$$

$$= 2\iiint_\Omega z dv = 2\int_0^{2\pi} d\theta \int_{\frac{\pi}{2}}^\pi d\varphi \int_0^R r\cos\varphi \cdot r^2 \sin\varphi dr = -\frac{1}{2}\pi R^4$$

$$I_1 = \iint_{\Sigma_1} x^2 dydz + y^2 dzdx + z^2 dxdy = 0$$

$$I = I + I_1 - I_1 = -\frac{1}{2}\pi R^4.$$

方法二

$$\iint_\Sigma x^2 dydz = \iint_\Sigma y^2 dydz = 0$$

$$I = \iint_\Sigma z^2 dxdy = -\iint_D \sqrt{R^2 - x^2 - y^2} dxdy = -\int_0^{2\pi} d\theta \int_0^R (R^2 - \rho^2)\rho d\rho = -\frac{1}{2}\pi R^4.$$

【例 16.29】计算 $\displaystyle\oiint_\Sigma x^2 dydz + z^2 dxdy$，其中 Σ 是 $z = x^2 + y^2$ 和 $z=1$ 所围立体边界的外侧．

【解】$\displaystyle\oiint_\Sigma x^2 dydz + z^2 dxdy = \oiint_\Sigma z^2 dxdy = -\iint_D (x^2 + y^2)^2 dxdy + \iint_D dxdy$

$$= -\int_0^{2\pi} d\theta \int_0^1 \rho^4 \cdot \rho d\rho + \pi = \frac{2}{3}\pi$$

其中，D：$z=1$，$x^2 + y^2 \leqslant 1$.

【例 16.30】计算 $\displaystyle\iint_\Sigma (ax + by + cz + d) dS$，其中 Σ 是球面 $x^2 + y^2 + z^2 = R^2$.

【解】$\iint\limits_{\Sigma}(ax+by+cz+d)\,\mathrm{d}S = d\iint\limits_{\Sigma}\mathrm{d}S = 4\pi dR^2.$

【例 16.31】计算 $\iint\limits_{\Sigma}(x^2+y^2+z^2)\,\mathrm{d}S$,其中 Σ 是曲面 $|x|+|y|+|z|=a$.(提示用轮换对称性和奇偶对称性)

【解】$\iint\limits_{\Sigma}(x^2+y^2+z^2)\,\mathrm{d}S = 8\iint\limits_{\Sigma_1}(x^2+y^2+z^2)\,\mathrm{d}S = 24\iint\limits_{\Sigma_1}z^2\,\mathrm{d}S$

$$= 24\iint\limits_{D}(a-x-y)^2\cdot\sqrt{3}\,\mathrm{d}x\mathrm{d}y$$

$$= 24\sqrt{3}\int_0^a\mathrm{d}x\int_0^{a-x}(a-x-y)^2\,\mathrm{d}y$$

$$= 24\sqrt{3}\int_0^a\frac{(a-x)^3}{3}\,\mathrm{d}x = 2\sqrt{3}a^4$$

其中,Σ_1 是 Σ 在第一象限的部分,D 是 Σ_1 在 xoy 平面上的投影.

【例 16.32】计算 $\iint\limits_{\Sigma}(x^3\cos\alpha+y^2\cos\beta+z\cos\gamma)\,\mathrm{d}S$,其中 Σ 是柱面 $x^2+y^2=a^2$ 介于 $0\leqslant z\leqslant h$ 的部分,$\cos\alpha$、$\cos\beta$、$\cos\gamma$ 是 Σ 的外法线的方向余弦.

【解】$\iint\limits_{\Sigma}(x^3\cos\alpha+y^2\cos\beta+z\cos\gamma)\,\mathrm{d}S = \iint\limits_{\Sigma}x^3\,\mathrm{d}y\mathrm{d}z+y^2\,\mathrm{d}z\mathrm{d}x+z\,\mathrm{d}x\mathrm{d}y$

$$= \iint\limits_{\Sigma}x^3\,\mathrm{d}y\mathrm{d}z = 2\iint\limits_{\Sigma_1}x^3\,\mathrm{d}y\mathrm{d}z = 2\iint\limits_{D}(a^2-y^2)^{\frac{3}{2}}\,\mathrm{d}y\mathrm{d}z$$

$$= 2\int_0^h\mathrm{d}z\int_{-a}^a(a^2-y^2)^{\frac{3}{2}}\,\mathrm{d}y = 2h\int_{-\frac{\pi}{2}}^{\frac{\pi}{2}}a^4\cos^4\theta\,\mathrm{d}\theta = \frac{3}{4}\pi ha^4$$

其中,Σ_1 是 Σ 的 $x>0$ 的部分,D 是 Σ_1 在 yOz 平面上的投影.

【例 16.33】计算 $I = \iint\limits_{x^2+y^2\leqslant z^2}(x^2-2x+3y+2)\,\mathrm{d}\sigma.$

【解】$I = \iint\limits_{x^2+y^2\leqslant z^2}(x^2-2x+3y+2)\,\mathrm{d}\sigma = \iint\limits_{x^2+y^2\leqslant z^2}(x^2+2)\,\mathrm{d}\sigma$

$$= \iint\limits_{x^2+y^2\leqslant z^2}x^2\,\mathrm{d}\sigma + 2\iint\limits_{x^2+y^2\leqslant z^2}\mathrm{d}\sigma$$

$$= \frac{1}{2}\iint\limits_{x^2+y^2\leqslant z^2}(x^2+y^2)\,\mathrm{d}\sigma+2\pi z^2 = \frac{1}{2}\int_0^{2\pi}\mathrm{d}\theta\int_0^z\rho^2\cdot\rho\,\mathrm{d}\rho+2\pi z^2 = \frac{1}{4}\pi z^4+2\pi z^2.$$

【例 16.34】计算 $\iiint\limits_{x^2+y^2+z^2\leqslant 2\pi}(ax+by+cz)\,\mathrm{d}v.$(提示利用奇偶对称性及重心计算)

【解】$\iiint\limits_{x^2+y^2+z^2\leqslant 2\pi}x\,\mathrm{d}v = \iiint\limits_{x^2+y^2+z^2\leqslant 2\pi}y\,\mathrm{d}v = \iiint\limits_{x^2+y^2+z^2\leqslant 2\pi}z\,\mathrm{d}v = 0$

$$\iiint\limits_{x^2+y^2+z^2\leqslant 2\pi}(ax+by+cz)\,\mathrm{d}v = 0.$$

【例 16.35】计算三重积分 $\iiint\limits_{\Omega}(x+z)\,\mathrm{d}v$,其中 Ω 是由曲面 $z=\sqrt{x^2+y^2}$ 与 $z=\sqrt{1-x^2-y^2}$ 所围成的区域.

【解】$\iiint\limits_{\Omega}(x+z)\,\mathrm{d}v = \iiint\limits_{\Omega}z\,\mathrm{d}v = \int_0^{2\pi}\mathrm{d}\theta\int_0^{\frac{\pi}{4}}\mathrm{d}\varphi\int_0^1 r\cos\varphi\cdot r^2\sin\varphi\,\mathrm{d}r = \frac{\pi}{4}.$

【例 16.36】计算积分 $\oiint_{\Sigma} x^3 \mathrm{d}y\mathrm{d}z + y^3 \mathrm{d}z\mathrm{d}x + z^3 \mathrm{d}x\mathrm{d}y$，其中 Σ 为球面 $x^2 + y^2 + z^2 = R^2$ 的外侧.

【分析】（1）先由第二类曲面积分对称性，得

$$\iint_{\Sigma} z^3 \mathrm{d}x\mathrm{d}y = 2\oiint_{\Sigma} z^3 \mathrm{d}x\mathrm{d}y = 2\iint_{D_{xy}} (R^2 - x^2 - y^2)^{3/2} \mathrm{d}x\mathrm{d}y$$

$$= 2\int_0^{2\pi} \mathrm{d}\theta \int_0^{\pi} (R^2 - r^2)^{3/2} r\mathrm{d}r = \frac{4}{5}\pi a^5.$$

再由轮换对称性得 $I = 3 \cdot \dfrac{4}{5}\pi a^5 = \dfrac{12}{5}\pi a^5.$

（2）利用高斯公式，但不能用代入技巧.

【解】$\oiint_{\Sigma} x^3 \mathrm{d}y\mathrm{d}z + y^3 \mathrm{d}z\mathrm{d}x + z^3 \mathrm{d}x\mathrm{d}y = \iiint_{\Omega} 3(x^2 + y^2 + z^2)\mathrm{d}v = 9\iiint_{\Omega} z^2 \mathrm{d}v$

$$= 9\int_0^{2\pi} \mathrm{d}\theta \int_0^{\pi} \mathrm{d}\varphi \int_0^R r^2 \cos^2\varphi \cdot r^2 \sin\varphi \mathrm{d}r = \frac{12}{5}\pi a^5$$

其中，$\Omega: x^2 + y^2 + z^2 \leqslant R^2.$